2018年2月1日，农业部党组书记、部长韩长赋来到中国农业科学院，登门看望庄巧生院士。农业部党组成员、中国农业科学院院长唐华俊陪同看望

2018年12月15—16日，农业农村部党组书记、部长韩长赋到中国农业科学院哈尔滨兽医研究所调研

2018年6月29日，十三届全国政协农业和农村委员会主任罗志军一行到中国农业科学院调研。全国政协委员、农业农村部副部长余欣荣陪同调研。全国政协委员、中国农业科学院党组书记陈萌山主持调研座谈会

2018年9月21日，由中国农业科学院作物科学研究所和宿州市人民政府主办的中黄13一亿亩收获暨国家大豆良种攻关黄淮海现场会在安徽省宿州市召开。农业农村部副部长余欣荣，中国农业科学院党组书记张合成出席现场会

2018年5月25日，中国农业科学院第八届学术委员会第三次会议在北京召开。16位两院院士、122位委员出席会议。会议特邀农业农村部党组副书记、副部长，中央农村工作领导小组办公室副主任韩俊作了“加快农业科技创新　为乡村振兴提供强有力支撑”主题报告

2018年9月20日，由农业农村部科技教育司指导，中国农业科学院、农业农村部科技发展中心和中国农学会共同主办的“2018中国农业农村科技发展高峰论坛”在北京召开。农业农村部副部长张桃林出席论坛并讲话

2018年2月24日，中国农业科学院召开2018年全面从严治党工作会议。中央纪委驻农业部纪检组组长吴清海出席会议并讲话

2018年8月1日，中国农业科学院国家薯类作物研究中心（NECTAR）在马铃薯分子育种国际研讨会期间成立。农业农村部副部长屈冬玉，农业农村部党组成员、中国农业科学院院长唐华俊出席会议并讲话。会议由中国农业科学院党组书记陈萌山主持

2018年2月11日，农业部党组成员、中国农业科学院院长唐华俊赴马连洼院区调研、慰问一线职工，并召开现场办公会议

2018年4月12日，中国农业科学院党组书记陈萌山会见江西省科学院院长熊绍员一行

2018年11月21日，中国农业科学院党组书记张合成到中国水稻研究所调研指导工作

2018年2月12日，中国农业科学院召开2018年党外人士迎新春座谈会，副院长李金祥出席座谈会并讲话

2018年4月24—26日，中国农业科学院在南京举办2018年纪检监察干部培训班。院党组成员、纪检组组长李杰人出席开班仪式并讲话

2018年5月16日，中国农业科学院—山东省农业科学院创新工程协同创新任务“区域农业绿色发展关键技术与集成示范”2018年工作部署会议在山东召开。中国农业科学院副院长、任务总指挥吴孔明出席会议并讲话

2018年3月26日，中国农业科学院蔬菜花卉研究所在辽宁大连瓦房店市举办了中农26号黄瓜品种展示及成果研讨会。中国农业科学院副院长王汉中，中国工程院方智远、陈温福、李天来、邹学校院士出席会议

2018年12月18日，中国农业科学院在上海召开2018年科研管理工作会议，副院长万建民出席会议并讲话

2018年5月29日，第22届中韩农业科技工作组会议在中国农业科学院茶叶研究所召开，中国农业科学院副院长梅旭荣出席会议

2018年6月14—21日，中国农业科学院党组成员、研究生院院长刘大群率团访问了新西兰梅西大学、新西兰皇家食品与植物研究所、澳大利亚塔斯马尼亚大学以及澳大利亚自然资源管理组织南部分支

2018年5月22—24日，中国农业科学院在南京举办离退休工作培训班，院党组成员、人事局局长贾广东出席培训班并讲话

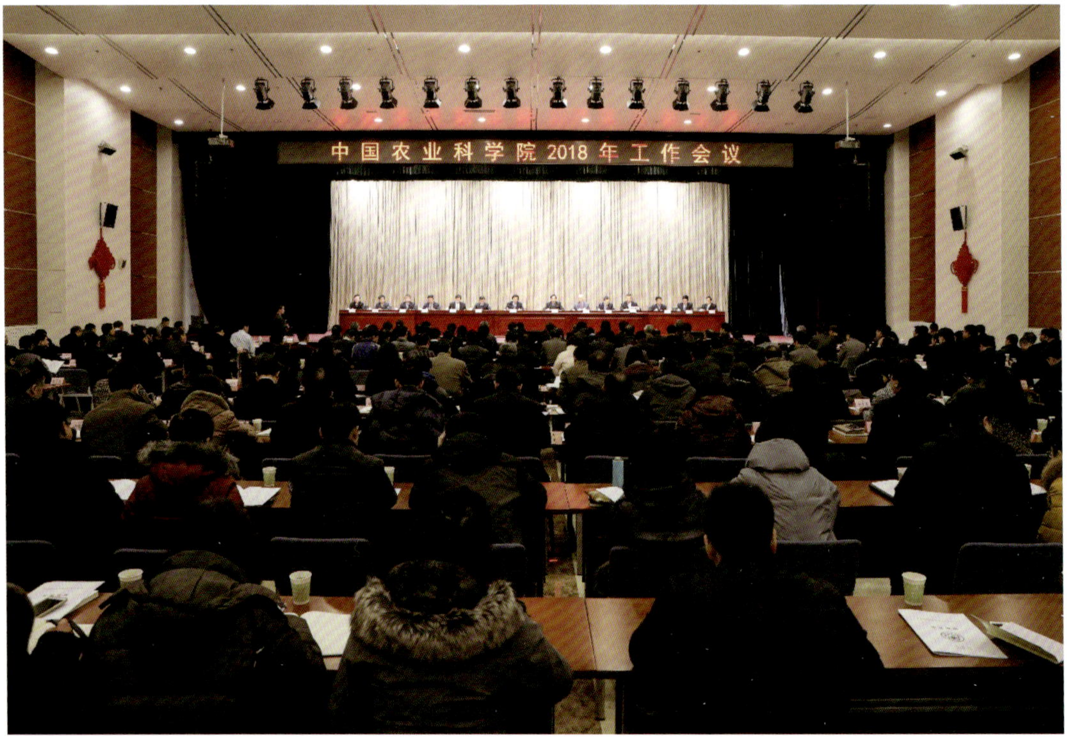

2018年1月23—25日，中国农业科学院2018年工作会议在北京召开

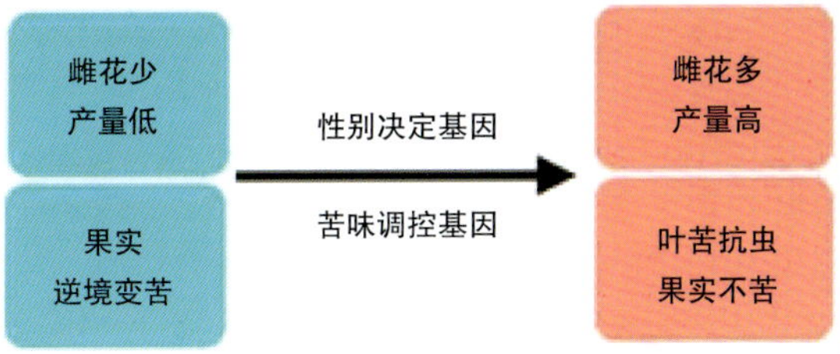

荆州李埠镇5 000亩黄瓜示范大棚

中国农业科学院蔬菜花卉研究所黄三文研究员牵头完成的“黄瓜基因组和重要农艺性状基因研究”荣获2018年度国家自然科学奖二等奖

周麦18　小麦-冰草衍生系　济麦22

创制的大穗多粒、高千粒重小麦-冰草衍生系新种质

中国农业科学院作物科学研究所李立会研究员牵头完成的“小麦与冰草属间远缘杂交技术及其新种质创制”荣获2018年度国家技术发明奖二等奖

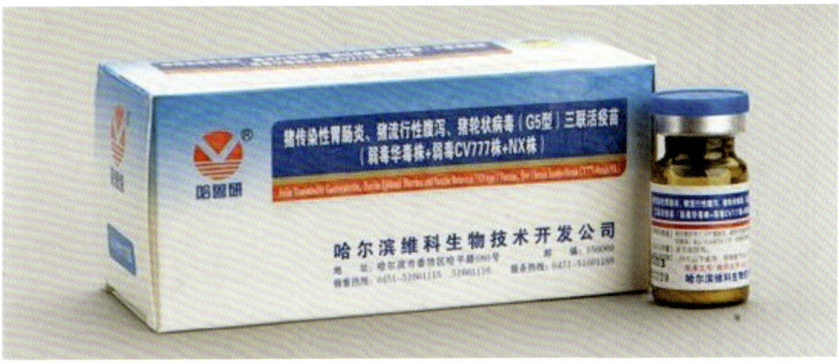

中国农业科学院哈尔滨兽医研究所冯力研究员牵头完成的“猪传染性胃肠炎、猪流行性腹泻、猪轮状病毒三联活疫苗创制与应用”荣获2018年度国家技术发明奖二等奖

中国农业科学院作物科学研究所邱丽娟研究员牵头完成的“大豆优异种质资源创制与新品种选育”荣获2018年度国家科技进步奖二等奖

中国农业科学院蔬菜花卉研究所顾兴芳研究员牵头完成的“黄瓜优质多抗种质资源创制与新品种选育”荣获2018年度国家科技进步奖二等奖

中国农业科学院农业资源与农业区划研究所徐明岗研究员牵头完成的“我国典型红壤区农田酸化特征及防治关键技术构建与应用”荣获2018年度国家科技进步奖二等奖

中国农业科学院农业环境与可持续发展研究所董红敏研究员牵头完成的“畜禽粪便污染监测核算方法和减排增效关键技术研发与应用”荣获2018年度国家科技进步奖二等奖

中国农业科学院农产品加工研究所张德权研究员牵头完成的“羊肉梯次加工关键技术及产业化”荣获2018年度国家科技进步奖二等奖

2018年9月8—9日，中国农业科学院人才工作推进会在郑州召开

2018年，中国农业科学院研究生院积极推进“一流学科”和“一流研究生院”建设，不断拓宽招生渠道，提升教学质量，完善学科体系，加强思政教育，优化就业服务，深化国际交流，助力乡村振兴，取得一系列丰硕成果。2018年累计招生1 717人，较2017年增加126人。其中，招收博士生569人，基本实现一位博导年均招收1名博士生的目标，为我国农业发展培养了大批高层次科技人才

2018年，中国农业科学院共有8项专利获得了中国专利奖，其中1项银奖

2018年11月15日，农业农村部韩长赋部长参观全国新农民新技术创业创新博览会（南京）中国农业科学院新技术展区

中国农垦乳业联盟成员大会暨全国乳业科技成果转化大会于2018年8月15—18日在新疆石河子市隆重召开

2018年8月10日，在新建成的锡林郭勒盟乌拉盖管理区哈拉盖图农牧场肉牛交易展示中心举行了首届全国种公牛拍卖会。拍卖会由全国畜牧总站、中国农业科学院北京畜牧兽医研究所等单位主办

2018年，中国农业科学院取得发明专利727件，实用新型专利1 233件，植物新品种权99件

2018年，中国农业科学院与黑龙江、山东、甘肃3个省，以及宁波、黔南布依族苗族自治州等8个市（州）人民政府签署了战略合作协议，重点围绕乡村振兴、农业绿色发展、协同创新、共建试验示范基地等内容开展深入务实合作。在环京津地区、武陵山区、秦巴山区以及大兴安岭南麓片区组织开展了科技扶贫行动。继续推进科技援疆援藏工作，取得新的成效

2018年，中国农业科学院16个绿色发展技术集成模式研究与示范项目共集成国内外先进实用技术184项，构建适合不同区域生态条件的农业绿色发展综合技术模式53套；在27个省（区、市）建立示范基地160个，面积44万亩，辐射带动2 890万亩，示范畜禽2 700万头（只），为乡村振兴和脱贫攻坚战略提供了技术支撑和技术储备

2018年，中国农业科学院构建面向全球的科技创新合作体系。策划召开国际大科学宣讲研讨会、首届中国—澳大利亚可持续农业技术论坛、首届中国—法国农业科学家峰会等系列学术会议，新签续签院级合作协议和备忘录16份，新建合作平台25个，积极参与CGIAR、G20、APEC等多边机制下的农业科技合作

2018年，中国农业科学院积极拓展与“一带一路”沿线国家农业科技合作。启动实施创新工程国际合作任务——推动农业科技“走出去”协同创新与集成示范研究，成立全国农业科技“走出去”联盟，积极推动与中亚、中东欧、南亚、东南亚等地区的国家在作物育种、畜牧兽医、种质资源交换、植物保护等方面的科技交流和能力建设，切实服务农业“走出去”

2018年，中国农业科学院扎实落实“三个面向”重要指示精神，进一步强化党建引领，大力营造良好的科研氛围，推进创新文化建设，努力讲好农科故事，相关单位（集体）和个人荣获了一系列表彰（二）

2018年11月21日，中国农业科学院开展纪委书记述职考评

中国农业科学院年鉴

2018

中国农业科学院办公室　编

中国农业科学技术出版社

图书在版编目（CIP）数据

中国农业科学院年鉴．2018 / 中国农业科学院办公室编．—北京：中国农业科学技术出版社，2020.9

ISBN 978-7-5116-4848-8

Ⅰ.①中…　Ⅱ.①中…　Ⅲ.①中国农业科学院-2018-年鉴　Ⅳ.①S-242

中国版本图书馆 CIP 数据核字（2020）第 117487 号

责任编辑　史咏竹
责任校对　李向荣

出 版 者　中国农业科学技术出版社
北京市中关村南大街 12 号　邮编：100081
电　　话　(010)82105169(编辑室)
(010)82109702(发行部)
(010)82109709(读者服务部)
传　　真　(010)82106626
网　　址　http://www.castp.cn
经 销 者　各地新华书店
印 刷 者　北京地大天成文化发展有限公司
开　　本　787mm×1 092mm　1/16
印　　张　63.5　　插页　22 面
字　　数　1 460 千字
版　　次　2020 年 9 月第 1 版　2020 年 9 月第 1 次印刷
定　　价　268.00 元

《中国农业科学院年鉴2018》

编 辑 委 员 会

目　录

一、总　类

二、科研创新与创新工程

三、科技兴农与脱贫攻坚

四、国际合作与交流

五、人事管理与人才建设

六、计划财务管理与条件建设

七、研究生教育与管理

八、综合政务管理

九、党的建设、思想政治和党风廉政工作

十、人物介绍

十一、大事记

十二、附　　录

一、总　　类

中国农业科学院召开干部大会宣布中共中央关于中国农业科学院党组书记调整的决定

2018年8月1日，中国农业科学院召开干部大会。中组部[①]干部四局局长钟海东宣布中央决定：张合成同志任中国农业科学院党组书记，免去陈萌山同志中国农业科学院党组书记职务。农业农村部[②]党组书记、部长韩长赋出席会议并讲话。农业农村部党组成员、中国农业科学院院长唐华俊主持会议。

韩长赋指出，农业农村部党组坚决拥护党中央决定。中央决定张合成同志担任中国农业科学院党组书记，充分体现了以习近平同志为核心的中共中央对农业农村部工作的充分肯定，对中国农业科学院领导班子和干部队伍建设的亲切关怀。

韩长赋指出，6年来，陈萌山同志与李家洋同志、唐华俊同志紧密配合，团结带领院党组一班人和全院干部职工，全面落实从严治党要求，始终把党的政治建设摆在首位，认真抓好中央巡视整改落实，大力推进科技创新工程实施，积极推动农业科技创新联盟建设，启动实施乡村振兴科技支撑行动，组织实施“青年英才”计划，推动全院党的建设、干部人才队伍建设、现代院所建设等工作取得明显进步，赢得了大家的充分信赖和高度评价。张合成同志政治鉴别力和政治敏锐性强，熟悉党的建设和农业科研工作，熟悉农业农村情况，工作思路清晰，善于攻坚克难，具有较强的组织领导和驾驭全局的能力。近年来紧紧围绕部党组中心任务，在推进农业供给侧结构性改革、构建“十三五”农业现代化规划体系、建设现代农业示范区和划定“两区”、狠抓产业扶贫等方面做了大量工作，取得显著成绩。张合成同志注重学习，作风务实，雷厉风行，团结同志，自我要求严格，是中国农业科学院党组书记的合适人选。

韩长赋强调，中国农业科学院建院60周年之际，习近平总书记专门发来贺信，李克强总理专门作出批示。习近平总书记的贺信，是对广大农业科技工作者的鼓舞与激励，同时也是鞭策和期望。希望中国农业科学院：一要坚持把政治建设摆在首位，切实增强“四个意识”，坚定“四个自信”，把学习贯彻习近平新时代中国特色社会主义思想引向深入，加强民主集中制建设，持续推进全面从严治党。二要坚持“三个面向”战略定位，加强基础理论研究，突破关键核心技术，做抢占国际竞争制高点的引领者；深入推进国家农业科技创新联盟，促进产学研协同创新，做改革创新农业科技体制机制的引领者；着力解决乡村发展对新技术新装备的需求，做科技支撑乡村振兴的引领者。

① 中国共产党中央委员会组织部，全书简称中组部。

② 中华人民共和国农业农村部，全书简称农业农村部。

三要牢固树立人才是第一资源理念，加强对人才的政治引领，着力夯实创新发展人才基础，营造人才建功立业的良好环境。

陈萌山表示，坚决拥护中共中央的决定。虽然要离开工作岗位，但作为一名中国共产党党员和中国农业科学院职员，必须继续严格要求、锤炼党性，保持清正廉洁；必须坚守终身学习理念，保持积极进取的状态；必须牢固树立“四个意识”，履行参政议政职责，做一名合格的全国政协委员；必须根据部、院党组要求，力所能及地做一些研究咨询工作，为中国农业科学院发展、为党的事业增添正能量。

张合成表示，中央任命我担任中国农业科学院党组书记，深感责任重大，使命光荣。我将牢固树立“四个意识”，努力践行科技兴农重大使命，严守党的纪律和规矩，履行好党建工作第一责任人职责，落实好院党组政治领导责任，发挥好院党组把方向、管大局、保落实的重要作用，和大家一起撸起袖子加油干，奋力谱写新时代科技兴农和中国农业科学院高质量发展新篇章。

唐华俊要求，全院广大科技人员和干部职工要切实把思想和行动统一到中央决定精神上来，认真贯彻落实党中央、国务院和部党组的各项决策部署，牢固树立“四个意识”，坚定“四个自信”，以更强烈的使命担当，真抓实干，在党的建设、科技创新、产业支撑、人才培养等方面实现新的突破和新的发展，为国家农业科技事业整体跃升作出新的更大的贡献。

中国农业科学院领导班子成员，部分离退休老领导、院士，院属京区单位领导班子成员、京外单位党政主要负责同志，以及院机关各部门副处级以上领导干部参加会议。

张合成同志简介：张合成，1962 年出生，甘肃省武威市人，中共党员，1984 年 7 月参加工作，研究员。甘肃农业大学兽医系兽医专业、中国农业大学经济管理学院农业经济管理专业双学士。2004 年 6 月任农业部[①]渔业船舶检验局局长，2005 年 11 月任中国水产科学研究院院长、党组书记，2008 年 9 月任农业部办公厅副主任、巡视员，2011 年 2 月任农业部市场与经济信息司司长，2015 年 12 月任农业部发展计划司司长（全国农业资源区划办公室主任），2017 年 9 月任农业部总经济师，农业部发展计划司司长（全国农业资源区划办公室主任），2018 年 1 月任农业部总经济师，2018 年 7 月至今任中国农业科学院党组书记。

① 中华人民共和国农业部，全书简称农业部。2018 年 3 月国务院机构改革，将农业部的职责整合，组建中华人民共和国农业农村部。

深入贯彻落实党的十九大精神 努力开创新时代中国农业科学院工作新局面

——中国农业科学院2018年工作会议报告

农业农村部党组成员、中国农业科学院院长　唐华俊

2018年1月23日

同志们：

今年的院工作会议，与往年相比，意义十分重大。2017年正值我院建院60周年，习近平总书记专门发来贺信，对我院明确提出了“三个面向”“两个一流”和“整体跃升”的发展要求，指明了中国农业科学院未来的发展方向。举世瞩目的党的十九大胜利召开，中国特色社会主义进入了新时代，在习近平新时代中国特色社会主义思想的指导下，开启了建设社会主义现代化强国的新征程。站在中国特色社会主义新时代和中国农业科学院一个甲子年的新起点，我们必须牢记农业科研国家队的使命，振奋精神，锐意进取，绝不辜负习近平总书记对我院的殷切期望，绝不辜负新时代赋予我院的历史重任。

前不久刚刚结束的中央农村工作会议、全国农业工作会议，深刻阐述了实施乡村振兴战略的重大意义，对“三农”工作作出了重要部署。我们这次会议的主要任务是，认真学习贯彻习近平新时代中国特色社会主义思想和党的十九大精神，贯彻落实中央经济工作会议、中央农村工作会议以及全国农业工作会议精神，认真总结2017年中国农业科学院工作，全面分析面临的新形势新任务，研究部署2018年和今后一个时期的工作。

一、2017年各项工作取得长足进步，发展基础进一步夯实

2017年是中国农业科学院发展史上非常重要的一年，也是成果丰硕的一年。在习近平总书记贺信精神指引激励下，全院上下团结一心、积极进取、扎实工作，促改革、求创新、谋发展，各项工作取得了显著成效。

（一）建院60周年系列活动圆满举办

建院60周年之际，习近平总书记专门发来贺信，李克强总理作出批示，汪洋副总理专程来农科院考察调研和看望广大干部职工，这是我院发展历史上里程碑式的大事，充分体现了中共中央、国务院对农业科技工作的高度重视和关心。召开建院60周年成就展暨表彰大会，重温60年光辉历程，表彰30项重大科技成就，主办国际农业科技发展峰会，用《大地丰碑》宣传片和《中国农业科学院60年》成果集展现了几代农科院人为国家干事业，为农业谋发展，为农民谋福祉的非凡业绩。院党组及时召开专门会议，制定工作方案，对学习贯彻落实习近平总书记贺信精神进行全面部署，全院上下迅速开展了一系列学习贯彻活动，切实把思想和行动统一到贺信精神上来，切实用贺信要求统领各项工作，极大地激发了广大科技人员创新活力和创造激情。2017年年底，我们又将贯彻落实情况向习近平总书记进行了专门汇报。

（二）科研立项与重大成果产出再获丰收

创新工程的引领作用进一步凸显。组织召开了科技创新工程全面推进期工作会议，启动了19个协同创新任务项目，初步建立了以创新工程为引领，以大项目、大成果为目标的资源配置机制。国家科技计划立项再获丰收。新增主持各级各类课题2 222项，年合同经费达20.6亿元。国家重点研发计划获得32个项目，中央财政支持经费9.35亿元，立项数占农口的22.8%，经费占25.1%，继续保持显著占位优势。国家自然科学基金资助项目310项，获得资金支持1.54亿元。其中，重大研究计划项目1项、优青项目[①]2项、其他重大类项目6项，杰青项目[②]时隔5年再次取得突破，首次获得国家重大科研仪器研制项目。重大科技成果不断涌现。全院共取得获奖成果114项。以第一完成单位荣获国家科技奖7项，占农业领域授奖总数的23.3%，其中“蜂产品加工新技术及应用”获国家技术发明奖二等奖，“中国野生稻资源调查与利用”等6项成果获国家科技进步奖二等奖。“盲蝽类重要害虫绿色防控”等11项成果获2016—2017年度中华农业科技奖一等奖，占一等奖总数的27.5%，“旱作农业”等4个团队获中华农业科技优秀创新团队奖。“新型饲用抗生素替代品”等29项成果获省级一等奖。评选产生中国农业科学院杰出科技创新奖10项、青年科技创新奖5项。全院共发表SCI/EI论文2 516篇，同比增长16.6%，出版著作321部。以第一署名单位在*Science*、*Nature*、*Pnas*、*Cell Research*、*Global Change Biology*等国际高水平期刊发表论文23篇。这些重大成果彰显了国家队的实力和地位。强化农业宏观战略研究。积极参加农业绿色发展、

① 优秀青年科学基金项目，全书简称优青项目或优青。

② 国家杰出青年科学基金项目，全书简称杰青项目或杰青。

"一带一路"农业合作等重大问题调研、规划编制和政策创设，多项政策建议得到党和国家领导人的批示，先后发布了《中国农业展望报告（2017—2026）》《全国农业现代化评估报告》等，为政府有关部门农业宏观决策提供了理论依据和科学支撑。

（三）创新联盟建设与院地合作开创新局面

国家农业科技创新联盟取得可喜进展。重点建设了 20 个标杆联盟。由牧医所牵头的奶业联盟，把全国 21 家大型乳制品企业牢牢吸引到联盟平台，加大品质优异、营养健康的奶制品开发力度，大幅提升了企业应对进口冲击的能力。由棉花所牵头的棉花联盟，通过全产业链一体化机制创新，找出一条解决棉花产业传统困境的新路子，为促进我国棉花产业供给侧结构性改革树立了典范。由环发所牵头的农业废弃物联盟，开展京津冀养殖废弃物综合利用科技联合行动，为改善区域环境质量、促进农业绿色发展提供了科技支撑。绿色增产增效技术集成与示范成效显著。深入实施 12 个技术集成与示范项目，集成 180 多项技术，构建 38 套生产模式，建立试验示范基地 120 个，示范面积 15 万亩①，带动区域 100 多万亩，示范奶牛、肉羊、生猪 40 多万头，覆盖全国 18 个省份，大大促进了农业产业提质增效、绿色发展。全面推进科技精准扶贫。重点帮扶太行山区的阜平、秦巴山区的安康等贫困地区，制定了精准帮扶方案，派出干部挂职，实施科技项目，开展技术培训，有效促进了当地特色农业产业发展，加快了贫困地区脱贫致富的步伐。同时，加大援疆援藏工作力度，为新疆②、西藏③选派 8 名干部挂职，深化与新疆生产建设兵团、西藏农牧科学院等科技战略合作。强化农业科技成果转化。全年获发明专利 673 件，实用新型专利 905 件，植物新品种权 79 件，有 8 项专利获得中国专利优秀奖。科技成果转化收入 5.36 亿元，同比增长 11.9%。

（四）科研基础设施建设取得新成绩

国家重点实验室评估取得佳绩。经过院所共同努力，中国农业科学院 6 个国家重点实验室顺利通过科技部④评估，其中，兽医生物技术、水稻生物学 2 个实验室被评为优秀。试验基地管理服务水平稳步提升。组织召开首次全院基地管理工作会议，出台了试验基地管理 24 条意见，进一步加强基地考核评价，推进管运分离，南口、廊坊、新乡 3 个院属综合基地机制改革基本到位。重大战略性科研布局稳步推进。新疆昌吉西部农业研究中心正式挂牌，完成了 205 亩建设用地、2 000 亩试验用地划拨，基本建设顺利开工。国家成都农业科技中心暨都市农业研究所共建协议正式签署，争取地方 10 亿元

① 1 亩≈667 平方米，全书同。

② 新疆维吾尔自治区，全书简称新疆。

③ 西藏自治区，全书简称西藏。

④ 中华人民共和国科学技术部，全书简称科技部。

基建投资、3 000 亩试验用地和每年 3 000 万元专项科研经费。积极参与雄安新区建设，拟订了“三农”发展规划、政策创设和重大科学平台共建等合作协议。基础条件建设成效明显。2017 年共完成投资 3.28 亿元，同比增长 42%，28 个项目通过竣工验收。国家作物种质库建设取得积极进展，国家动物疫病防控高级别实验室通过项目初验，国家畜禽改良中心完成验收，科研条件、支撑能力进一步提升。

（五）农业科技国际合作成果丰硕

农业科技全球布局进一步完善。贯彻落实“一带一路”倡议和农业“走出去”方针，发布了海外中心发展规划，与相关国家新建农业联合实验室 23 个，巩固提升 16 个，打造农业科技国际合作新格局。近几年，我院与发达国家建立了联合实验室，既引进了我们想要的思想、技术、方法和材料，又输出了我院比较成熟的技术和产品，国际合作形式发生很大的变化。国际合作引领作用不断增强。牵头全国农业科研单位，与国际农业研究磋商组织（CG）、欧盟（EU）、金砖五国（BRICS）、东盟及二十国集团（G20）开展了广泛的农业科技合作。全球农业科技协作进一步加强。组织召开“一带一路”、中非“10+10”、亚太经合组织农业工作组会议、中国—欧盟等大型农业科技研讨会 20 多次，积极推动了一批国际性重大科技项目、基金项目、大科学计划与我院优势学科对接，为我院发起国际性大科学计划储备经验。国际合作更加深入，成效初显，2017 年全院共获批国际合作项目 175 项，新增经费超过 1 亿元。

（六）科研放管服深入推进

贯彻落实中央 50 号文件精神。认真贯彻落实中共中央办公厅、国务院办公厅《关于进一步完善中央财政科研项目资金管理等政策的若干意见》，以创新管理机制和完善制度体系为抓手，出台了差旅费、会议费、横向经费、科研财务助理等 19 项管理办法，进一步为科技创新工作松绑，大大激发了科技人员创新积极性。部门预算总规模再创新高。2017 年全院部门预算批复资金规模达 75.4 亿元。其中，财政拨款 33.7 亿元，同比增长 5.7%；科技创新工程经费 8 亿元，加上基本科研业务费 2.28 亿元，两项合计自主安排经费超过 10 亿元，再创历史新高，极大增强了自主性、连续性、长期性的科研安排，为农业科技创新和院所改革发展提供了重要的财力保障。

（七）干部和人才队伍建设迈上新台阶

干部队伍建设持续加强。选拔对党绝对忠诚、有战略眼光和开拓创新精神的干部进入院属单位领导班子，优化所局级班子结构，增强班子整体功能。全年完成 2 个单位的行政班子和 7 个研究所党委换届，任免部、院管理干部 148 人次。注重培养选拔年轻干部，2017 年共提拔 17 名“70 后”和 1 名“80 后”进入所级班子。人才强院战略加快实施。系统谋划部署全院人才工作，在建院 60 周年之际，韩长赋部长亲自为我院启动实施青年人才工程，在深圳召开了建院以来首次人才工作会议。出台促进人才发展的 30 条改革措施；人才跨所流动、人才专项资金、人才住房租售等配套政策相继实施；强化用人主体责任，引入竞争淘汰机制。比如，作科所推出人才强所工作举措，信息所出台人才引进培养“双百”计划，水稻所制定“中稻英才计划”，这些政策措施大大激发了科技人员创新活力。2017 年，在高层次人才培养方面，王汉中研究员、陈化兰研究员分别当选中国工程院院士和中国科学院院士，新增国家杰青、千人计划、万人计划等国家级人才 50 余人次，新引进青年英才 29 人，择优支持青年英才 34 人。实施农科英才特殊支持办法，遴选农科英才 259 名。研究生教育规模质量实现“双升”。招生规模再创新高，全年累计招生 1 591 人，同比增长 10.5%。其中招收博士生 335 人，增长 22%，为我国农业发展培养了大批高层次农业科技人才。学科建设取得显著成效，在全国第四轮学科评估中，作物学、植物保护、畜牧学、兽医学 4 个学科被评为 A+，生物学、农业资源与环境 2 个学科被评为 A-，A 类学科数占参评学科数的 42.9%。

（八）新时代党的建设取得新进展

切实加强政治思想建设。把加强党的建设作为重大政治任务摆在首要位置。多形式、多层次传达学习习近平新时代中国特色社会主义思想，切实把全院干部职工的思想和行动统一到党的十九大精神上来。夯实基层党组织基础，实现党务工作机构全覆盖。严格党内政治生活，扎实推进“两学一做”学习教育常态化制度化，规范研究所党委参与“三重一大”决策，开展“院地共建支部，服务农村基层”主题党日活动，各级党组织的政治核心作用、战斗堡垒作用和广大党员的先锋模范作用进一步凸显。继续抓好文明单位创建，4 个单位（集体）和个人分别荣获“全国文明单位”“全国巾帼文明岗”和“全国三八红旗手”称号。落实全面从严治党责任。出台贯彻落实《中国共产党问责条例》实施细则和贯彻中央八项规定实施办法。持续推进中央巡视整改，对 6 个所分别开展专项巡视和“回头看”。举办 34 场“全面从严治党主体责任和科研放管服”宣讲活动，做到党员干部、科研人员全覆盖，既激发创新活力，又强化底线意识、红线意识。拉长监督探头，开展院所办企业、试验基地、学会协会、期刊杂志、质检中心五个领域专项整治，筑牢廉政风险防控“堤坝”。坚持把纪律挺在前面，充分运用“四种形态”，抓早抓小，对违纪违规行为敢于动真碰硬，问责一个，警醒一片，形成不敢腐的震慑。

（九）院区服务和保障水平持续提升

院区环境更加优美。推进院区供热降氮改造，全面实现院区清洁供热，得到地方政府高度肯定和广大居民欢迎。职工生活更加便利。进一步提高职工就餐就医服务水平、改善就餐环境，在院门诊部加装电梯。幼儿园获评“一级一类示范园”称号。增设新能源汽车充电桩，不断改善服务设施。离退休服务工作继续加强。认真为离退休职工办好事办实事，组织了理论学习、文体健身、建言献策等系列活动，受到了上级有关部门表彰。平安院区建设成效显著。经过全院上下的共同努力，保密工作、维稳工作和安全生产管理更加深入细致，被农业部授予“平安建设先进单位”称号。

2017 年我院取得的各项成就，归功于中共中央、国务院的高度重视，归功于农业部党组的正确领导，归功于中组部、科技部、财政部①、国家自然科学基金委员会等部门的大力支持，归功于全院广大干部职工的共同努力。在此，我代表中国农业科学院领导班子，向长期关心支持我院发展的各级领导、各界朋友以及付出辛勤汗水的全院广大干部职工，表示衷心的感谢和崇高的敬意！

二、以党的十九大精神为统领，加快“两个一流”建设步伐

当前我国已经进入全面建设社会主义现代化强国的新时代。农业科技发展面临前所未有的机遇和挑战，中国农业科学院作为农业科研国家队，必须以习近平新时代中国特色社会主义思想为指导，深入贯彻党的十九大精神和习近平总书记贺信精神，全面落实中央农村工作会议、全国农业工作会议的决策部署，加快“两个一流”建设步伐。

（一）深刻认识新时代对农业科技发展的新要求

深刻认识习近平总书记贺信对农业科技发展提出的新要求。习近平总书记的贺信把握世情、国情、农情，提出了“农业现代化关键在科技进步和创新”的科学论断，要求农业科技“努力抢占世界农业科技竞争制高点，牢牢掌握我国农业科技发展主动权”，对全国农业科技发展具有划时代的指导意义。贺信站在党和国家事业发展全局的战略高度，给我们提出了“三个面向”“两个一流”和“推动我国农业科技整体跃升”的要求，是我院今后建设发展的总遵循。我们要认真学习、深刻领会、系统把握、坚决贯彻，自觉用习近平总书记贺信指导新时代农业科技和中国农业科学院工作。

深刻认识加快建设创新型国家对农业科技发展提出的新要求。党的十九大提出，创新是引领发展的第一动力，是建设现代化经济体系的战略支撑，进一步强化了科技在建设现代化经济体系中的战略地位，为新时代科技发展指明了方向。在科技创新方面，强调实现前瞻性基础研究、引领性原创成果重大突破，突出关键共性技术、前沿引领技术、现代工程技术、颠覆性技术创新，对科技成果的产出质量提出了更高要求。在体制机制方面，提出深化科技体制改革，建立产学研深度融合的技术创新体系，促进科技成

① 中华人民共和国财政部，全书简称财政部。

果转化，加强科技人才队伍建设，明确了科技体制机制改革的总体导向和政策取向。我们要明确目标、把握关键、强力攻关、重点突破，加快产出一批前沿性、战略性、革命性、颠覆性成果，为加快建设创新型国家作出应有的贡献。

深刻认识实施乡村振兴战略对农业科技发展提出的新要求。党的十九大提出实施乡村振兴战略，作为新时代党和国家事业发展的七大战略之一。中央农村工作会议又专门作出了全面部署，为新时代农业农村改革发展描绘了蓝图，指明了方向。从乡村振兴的总要求来看，实现产业兴旺、做大做强，保障产出高效、产品安全，走质量兴农之路，迫切需要科技支撑；实现生态宜居、清新清净，加强环境治理和资源保护，走乡村绿色发展之路，迫切需要科技支撑；实现乡风文明、治理有效、生活富裕，同样需要加强农村政策、管理体制机制等方面研究，为政府决策提供理论依据。我们要深入研究乡村振兴科技需求，强化技术集成、成果转化和示范应用，为乡村振兴提供强力的科技支撑。

（二）准确把握中国农业科学院农业科技面临的新挑战

党的十八大以来，我国农业科技有了长足发展，科技进步贡献率超过56%。但与农业发达国家相比，我国农业科技仍然存在着一些问题，创新体系不完善，学科发展不平衡，重大标志性成果不多。据科技部咨询报告，我国农业科技仅19%处于国际领先，17%处于并行，64%处于跟跑，加快农业科技创新体系建设，大幅提升创新能力和水平任重道远。

就我院农业科技发展来看，还面临以下几方面的挑战和问题。

一是体制机制还不适应创新型国家建设目标的要求。中共中央、国务院在科技体制改革、科研“放管服”方面出台了一系列政策，我们有些研究所、有些同志还没有充分认识到改革的紧迫性，一些政策还没有完全吃透、还未能深入贯彻执行；科研机构分类改革与拟转企研究所的问题还没有落地，有些研究所未能抓住实施科技创新工程的历史机遇，主动改革创新，采取应对措施；院所两级科技评价体系尚不健全，分类评价、学科评价还未完全建立；创新工程增量撬动存量的激励机制尚未很好发挥作用，部分研究所依然存在小富即安的思想，担当意识、危机意识、创新意识、开放意识不足。各单位要认真思考，利用好国家改革的大好时机，利用好实施创新工程的大好机会，把研究所发展得更好。

二是科研布局和重点研究方向还不适应农业供给侧结构性改革的要求。近二三十年来，我国农作物品种和区域布局发生了重大变化，“三农”发展进入新阶段，而我们的研究方向、学科布局等还没有全面跟上和快速适应，优势学科大多集中在生产环节和传统农畜产品的技术创新上，质量兴农、绿色发展等方面研究力量相对较弱，缺少重大标志性成果支撑。在宏观战略研究方面，农科院的声音、影响还比较小，与农业科技国家队的地位还不相称。

三是人才团队和人才结构与“两个一流”建设目标还有差距。当前，科研院校的人才竞争进入白热化状态。我院科技人才的实际情况是，青年领军人才和后备人才不足，科研人员年龄总体偏大，挑大梁的主要还是“60后”“70后”和“80后”人才断档。科研人员中研究员平均年龄51岁，团队首席平均年龄52岁。管理队伍也面临老化，院级、正所局级、副所局级领导干部平均年龄都在50岁以上，而且年龄差距不大。人才的学科分布、区域分布也很不平衡，新兴学科和交叉学科人才短缺，京外研究所引进人才困难。有些单位对引进人才的配套措施落实落地还不够有力，促进人才优先发展的良好氛围尚未形成，人才管理体制机制还不够灵活，人才创新创造活力还未充分迸发，反映出这些单位主要领导对人才“第一资源”和优先发展的重要性、紧迫性认识还不够深刻，贯彻人才工作会议的决策部署还不够积极主动。对于这些问题，我们必须高度重视，采取切实有效的措施加以解决。

（三）新时代中国农业科学院发展思路

面对新形势、新要求和新挑战，我们要从优势、特色和新兴前沿等多角度，再思考、再认识中国农业科学院的战略目标，紧跟党中央步伐，主动融入加快建设创新型国家和实施乡村振兴战略的总体部署和工作大局，坚持用习近平“三农”思想、科技创新思想指导新时代农业科技创新工作。

1. 战略定位

一是面向世界农业科技前沿，打造全球农业科学珠峰。把握科学前沿，引领创新方向，超前部署、自主创新，勇于挑战最前沿的科学问题，提出原创性思想、作出原创性发现、产生原创性力量，在战略必争的农业基础科学和前沿技术领域要实现率先跨越，打造全球农业科学珠峰。

二是面向国家重大需求，建设国家战略性技术创新高地。紧紧围绕粮食安全、绿色发展、食品安全、农民增收、美丽乡村建设等重大农业科技需求，加大核心关键技术、共性技术和战略性技术创新，催生引领性、革命性、颠覆性重大成果，建设战略性技术创新高地。

三是面向现代农业建设主战场，成为引领全国农业产业转型升级的科技硅谷。更加注重农业应用技术创新、成果转让、示范转化、推广培训，更加注重科技与农业产业整体联动、融合发展的模式与方式，更加注重创新链、产业链、金融链的融合，促进农业产业跨越发展，建成引领农业产业转型升级的科技硅谷。

2. 发展目标

按照党的十九大绘制的宏伟蓝图和实施乡村振兴战略要求，为实现习近平总书记提出的“两个一流”目标，综合分析国际、国内形势和中国农业科学院的发展条件和基础，自2018年起，分三个阶段推进“两个一流”建设。

第一阶段，到2020年要初步建成一批世界一流的学科和一流的研究所，全院自主创新能力、创新效率和创新活力明显提升，科技竞争力和国际影响力显著增强，引领和支撑现代农业发展的能力持续提高，符合农业科技发展规律的体制机制创新取得新突破。培育国内外拥有重要影响力、充满活力的创新团队，使1/5左右的学科成为引领世界农业科技前沿的世界一流学科；1/5左右的研究所建成定位准确、布局合理、运行高效的世界一流科研院所，引领全国农业科技整体跃升。

第二阶段是在此基础上，再奋斗15年，到2035年，全院2/3以上学科领域达到世界一流学科水平，2/3研究所建成世界一流科研院所，带动全国农业科技进入世界前列。

第三阶段是到2050年，全面建成世界一流学科和世界一流院所，科学研究综合实力和国际影响力在全球居于领先水平，推动全国农业科技跃居世界前列。

3. 发展思路

总体思路是：深入学习贯彻习近平新时代中国特色社会主义思想和党的十九大精神，全面落实“三个面向”“两个一流”和“整体跃升”的要求，以乡村振兴科技支撑行动为总抓手，以科技创新工程为引领、以国家农业科技创新联盟为载体、以体制机制创新为动力，科技创新和转化并重，加快建设世界一流学科和一流科研院所，推动我国农业科技创新能力整体跃升，为实施乡村振兴战略、促进农业农村现代化提供强有力的科技支撑。

4. 主要任务

一是创新一批农业基础理论方法。要进一步强化农业科技基础性长期性工作，加强基础理论和应用基础研究，在农业基因调控及分子育种、农作物抗逆机理、生物固氮机制、植物纤维裂解机理、作物高光效机理、资源高效利用等方面有所突破。

二是突破一批重大关键技术。扎实推进实施“藏粮于地、藏粮于技”战略，紧紧围绕粮食等重要农产品有效供给、耕地质量提升、农产品质量安全、农业智能装备、农产品加工、农业资源环境保护、种养循环、清洁能源、物联网、空间信息、智能制造、一二三产业融合等领域突破一批关键共性技术和颠覆性前沿技术，引领农业农村现代化。

三是转化一批助推农业转型升级技术。以调结构、创品牌、增效益为主攻方向，围绕节本增效、质量安全、生态安全等技术需求，重点在优质高产品种、轻简机械化、节水节肥节药、绿色生态环保、高附加值加工利用等领域开展集成创新、技术示范和推广应用，集成组装一批增产增效、符合绿色发展和企业竞争力提升的技术模式，拓展农业功能，打造绿色高产高效模式，加快转变生产方式，着力推动传统产业转型升级。

四是建设一批重大科研设施平台。围绕加快建设创新型国家、支撑乡村振兴战略实施和建设“两个一流”对科研基础设施和创新条件的需要，谋划和建设一批重点实验室、基础研究设施、科技成果孵化转化平台和综合科研试验基地，打造一批农业科学研究的“国之重器”，为我院开展基础研究、应用技术研究、成果转化推广，提供重大科技平台支撑。

五是培育一批高端创新人才。要始终坚持人才强院战略，构建全方位人才建设体系，从人才引进、培养、评价、激励、保障等方面落实措施，营造尊重知识、尊重人才、激发活力的良好创新氛围，建成整体规模适度、结构功能明晰、学科布局合理、年龄梯次配备、以服务“三农”为己任的创新、转化、管理和支撑人才队伍。

六是实施一批国际合作项目。服务国家整体外交战略，深化与“一带一路”沿线及周边国家的农业科技合作，推动建立广泛的农业科技创新共同体，提升农业科技话语权，成为国际重要科技领域的引领者和重要规划的贡献者。建设一批海外研发基地和“走出去”技术转移平台，建立健全开放创新的体制机制和农业科技“走出去”“请进来”的激励政策，营造有利于国际科技创新合作的良好氛围。

七是创设一批现代科研院所管理制度。加强院所治理体系和治理能力建设，建立健全符合农业科技创新要求、责权利明确、层次分明、协作高效的现代院所管理制度。遵循农业科技创新规律，改进评价方法，注重评价实效，全面推进绩效管理改革，完善科技创新激励机制，鼓励科研人员潜心研究、勇于创新、献身“三农”。

三、狠抓重点工作落实，开创中国农业科学院工作新局面

2018 年是贯彻落实党的十九大精神、实施乡村振兴战略的开局之年，是决胜全面建成小康社会、实施“十三五”规划的关键一年，做好各项工作意义重大。重点抓好以下 10 个方面的工作。

（一）实施乡村振兴科技支撑行动

实施乡村振兴战略是国家关于“三农”工作的重大部署，我院将以实施乡村振兴科技支撑行动作为科技工作的总抓手。科技支撑行动总体思路是，按照“产业兴旺、生态宜居、乡风文明、治理有效、生活富裕”总要求，以创新工程为引领，采取“整合资源、强化协同、示范引导、绩效评价”的工作机制，加快构建政产学研用一体化和农业产业上中下游一条龙的科研创新体系，重点突破一批基础前沿技术、攻克一批核心关键技术、集成一批农业绿色发展模式、转化一批科技创新成果、打造一批乡村振兴科技示范样板，为乡村振兴战略实施提供前沿引领、技术支撑、政策供给和典型示范。2018 年，要按照国家乡村振兴战略规划进一步完善科技支撑行动的工作方案，重点编好我院乡村振兴科技支撑行动的发展规划和实施方案，在典型区域建立乡村振兴战略实施的新样板。

（二）推进科技创新工程向纵深发展

要进一步调整优化全院学科体系。进一步优化全院学科体系设置，突出乡村振兴和农业供给侧结构性改革的重大科技需求，强化优势和特色学科建设，拓展新兴学科领域

及方向，重点研究方向要再聚焦、再强化、再突出，用新的学科体系引领支撑创新工程实施。深入开展研究所监测与创新团队的诊断评估。落实全面加强创新工程管理的要求，对研究所的发展定位、重点方向、管理机制、发展态势进行全面评估，进一步校正发展方向，激发创新活力。对创新工程团队任务与协同创新任务执行情况进行重点评估，根据评估结果及时调整科研团队与协同创新任务。加强共享平台建设。紧密围绕国家粮食安全、生态安全等重大战略需求，深入开展农业领域国家实验室建设的系统调研和项目谋划，瞄准国际科技前沿，体现国家目标导向，积极谋划国家实验室建设。集中力量谋划大项目、培育大成果。紧紧跟踪国家科技计划管理要求的改革和形势变化，着力提高国家重点研发计划、国家自然科学基金项目申报的质量和竞争力。紧扣农业农村现代化建设的关键科技问题，凝练重大产出科研选题，重点支持一批前沿理论创新类选题、一批产业应用类选题、一批支撑服务类选题，推动重大标志性成果产出。

（三）深入推进创新联盟建设

发挥联盟在推进乡村振兴战略实施中的重要作用，探索农业科技协同攻关和转化应用的重大机制创新，建立全国农业科技协同攻关新模式。以保障绿色农产品有效供给和推进产业结构调整为主攻方向，围绕节本增效、质量安全、绿色环保、区域发展等重大问题，凝聚全国优势农业科技力量，实施一批重大协同创新任务。加大协同创新与技术集成转化应用力度，强化科技支撑与示范带动，形成一批可复制可推广的综合技术解决方案和模式。继续完善政府支持、任务牵引、资源共享和评价激励的联盟运行机制，更好地发挥联盟引导性、系统性、整体性的综合创新优势和解决“三农”重大问题的独特作用。

（四）加强农业宏观战略研究

加快建设中国农业科学院农业政策与科技发展战略研究中心和中国农业发展战略研究院的工作。强化农业宏观战略研究，重点围绕“两个一流”、新时代中国农业科技及农科院发展战略、“卓越 2050”、乡村振兴战略、农业绿色发展、农业农村现代化、城乡融合发展等领域开展宏观战略研究，为农业农村经济发展提供政策建议和解决方案。开展改革开放 40 周年系列调研活动。进一步强化海外农业研究，提供海外农业情报系列研究产品，为政府利用两种资源、两种市场，制定海外农业发展政策提供决策参考，为涉农企业“走出去”提供咨询服务。

（五）进一步加强人才队伍建设

2018 年人才工作的重点是要在抓推进、抓落实、抓成效上下功夫。今年将适时召开全院第二次人才工作会议，进一步挖掘先进典型，宣传成功经验，推动人才工作整体提升。进一步深入实施“青年英才计划”，落实竞争淘汰机制，提高青年英才的质量；实行更加开放的引才政策，围绕院所中心工作编制引才目录，实现按需精准引才，推行柔性引才。进一步提高人才服务的水平，探索实施人才分类评价，出台深化职称制度改革的实施意见。加强研究生教育工作，进一步提升教育规模和教育质量，积极跟进新增学科申报及学科评估建设工作。进一步推进干部人事制度体系改革，按照中央要求，出台培养选拔优秀年轻干部的一揽子政策，选优配强领导队伍，加强干部教育培训和挂职锻炼。积极稳妥推进绩效工资制度改革，增强管理干部队伍的获得感，进一步落实以增加知识价值为导向的分配政策，让作出贡献的人才“名利双收”。进一步做好离退休职工和老干部工作，真正做到老有所依、老有所助、老有所为。

（六）加快成果转化与技术推广集成服务

继续推进绿色增产增效模式研究与示范。切实发挥“双首席”的机制作用，强化绩效考核，发挥好辐射带动作用，促进区域农业绿色高效发展。拓宽绿色增产增效模式示范范围，增加相关产品比如苹果、茶叶等项目。切实发挥成果转化平台作用。筹备首届全国农业科技成果转化大会，完善线上线下联动交易平台，加强知识产权价值评估、分级分类管理和运用，提升成果转化效率。进一步加强院国有资产经营公司管理。进一步完善资产管理的架构，控制经营风险，提升经营效益。推动院所办企业发展壮大，今年要重点推进有关研究所的所办企业改制，加快推进有条件的院所企业上市。进一步加强试验基地标准化管理。制定现代化试验基地建设和管理标准，打造样板基地，强化基地考评工作，提升试验基地支撑科技创新和成果转化的能力。

（七）加大科技平台与基础设施建设力度

按照“立足现状，深挖潜力”的原则，主动适应京津冀协同发展要求和北京市“瘦身健体”的政策导向，以京区土地利用总规划为基础，统筹考虑京区土地利用方案和项目建设，为中国农业科学院跨越式发展拓展空间、提供保障。进一步推进成都科技中心（都市农业研究所）、新疆西部农业研究中心、深圳农业基因组所、北方水稻中心等重大科研布局和建设取得突破性进展。进一步加强典型生态区、主要农产品优势区的综合性试验基地建设，作为全院实施乡村振兴科技支撑行动的载体和抓手。推动国家作物种质库项目如期开工，西部中心综合服务楼年底基本建成，哈兽研、兰兽研两个高等级生物安全实验室争取通过国家验收，加速形成全院重大建设项目梯次推进的格局。

（八）强化农业科技国际合作

进一步加强我院创新工程与国际大科学计划的有效对接，积极推进发起以我院为主的大科学计划，形成国内外资源的优势互补，使我院成为国际农业科技领域的引领者、规则的制定者；加强不同区域、不同类型、不同需求的海外联合实验室平台建设，构建面向全球的科技创新体系；切实做好科技创新工程国际合作专项的相关任务，推进海外农业研究中心建设，集成科技成果，服务国家农业"走出去"；高标准建设国际教育学院，做好留学生的培养、优秀人才的引进、海外技术经纪人的培育等工作。

（九）全面加强党的建设

以习近平新时代中国特色社会主义思想为指导，深入学习贯彻党的十九大精神，全面推进我院党的建设各项工作。坚持党的全面领导，把政治建设摆在首位，开展"不忘初心、牢记使命"主题教育，持续推进"两学一做"学习教育常态化制度化，牢固树立"四个意识"。全面加强组织建设，实施"红旗党支部创建行动"，切实提升基层党组织的凝聚力战斗力。深入推进创新文化建设，培育和践行社会主义核心价值观，进一步提升"农科讲坛"影响力，传承和弘扬农科精神，推动精神文明创建活动再上新台阶。认真贯彻落实新时代全面从严治党新要求，加强纪律教育，覆盖每一个基层党组织、每一个团队、每一名党员，引导党员干部严守政治纪律和政治规矩，知敬畏、存戒惧、守底线。紧盯"四风"新动向，锲而不舍落实中央八项规定精神，营造风清气正的创新氛围。充分发挥"两个平台"对科研经费使用管理的监督作用，加强工程建设领域廉政风险防范。坚持无禁区、全覆盖、零容忍，持续开展重点领域专项整治，巩固深化五个领域专项整治成果。充分运用"四种形态"，强化谈话函询、廉政约谈、提醒谈话、诫勉谈话运用，建立领导干部廉政档案，对顶风违纪问题依纪依规严肃处理、严厉问责，重遏制、强高压、长震慑。

（十）开展管理效益年活动

"两个一流"建设，关键靠人，靠高效管理。因此，我们将 2018 年作为中国农业科学院管理效益活动年，通过提升管理的科学化水平，引领一流学科和一流院所建设，促进院所治理体系和治理能力现代化。要切实提高管理意识。充分认识加强科研院所管理的作用和意义，准确把握其内涵与实质，按照新时代农业科技管理要求、科技创新规律和现代农业发展特点，转变思维方式，突破体制机制束缚，不断完善制度体系，合理配置资源，提高整体运行效率。要全面增强工作能力。加强政策理论和业务知识学习，提升适应新形势、分析新问题的能力，让中央的好政策在各个研究所真正接得住、抓得好、管得住。特别是对一些“老大难”的研究所，要进一步加强院级指导，激发研究所内在动力，增强创新活力。要明确重点管理任务。全面加强决策管理、科研管理、资金管理、人事人才管理、党务政务管理、安全生产管理、信息保密管理，推进院所管理科学化、规范化、精细化。制定管理效益年活动方案，强化管理工作考核。要抓好重点工作落实。尽快制定实施方案，将全年重点工作细化到研究所、到创新团队、到具体人员。加快研究制定一流学科和一流院所的标准，编制院所两级“两个一流”建设发展规划，明确目标任务，强化学科、团队和研究所的监测、评估和评价。要持续改进工作作风。切实改进调查研究，改进文风会风，提高工作质量效率。要积极作为、主动担当、不等不靠，将中央政策措施尽快细化落地，让科研人员享受到改革红利。要加强院务所务公开，为职工办实事、办好事、解难事。要营造良好的发展环境。积极推进马连洼院区学生公寓、西部中心综合服务楼和薯类中心综合改造项目建设。进一步加强改善餐饮、门诊、幼儿教育、物业、房屋出租等综合服务管理，加大廊坊、南口、马连洼等院区管理力度，不断提升服务质量。

同志们，站在新的历史起点上，我们要牢记党中央的嘱托，以习近平新时代中国特色社会主义思想为指引，深入贯彻落实党的十九大精神，把握“三个面向”，瞄准“两个一流”，不忘初心、牢记使命、积极进取、勇于创新，努力开创新时代中国农业科学院工作的新局面，为推动我国农业科技整体跃升、加快农业农村现代化、实现“两个一百年”的奋斗目标和中华民族伟大复兴的中国梦作出新的更大的贡献。

中国农业科学院党组书记陈萌山在2018年院工作会议上的总结讲话

2018年1月24日

同志们：

这次院工作会议，在大家共同努力下，完成了全部的会议日程。大家普遍反映，这次会议内容丰富、安排紧凑，开得很成功，为做好全院今年工作，加快“两个一流”建设进一步凝聚了共识、明确了方向、增添了信心。大家一致认为，唐院长的工作报告是一个理论性、实践性很强的报告，是一个政治性、总揽性很强的报告，是一个操作性、针对性很强的报告，是指导我院今后建设发展十分重要的报告。

刚才，旭荣同志向大家报告了乡村振兴战略科技支撑行动，这是在唐院长报告的基础上进一步强调这项工作，这项工作是引领今年和今后一段时期我院工作的总抓手。刚才4个单位的典型发言，干货很多、亮点纷呈，听了以后很受感动。这4个单位的发言，我看了一下也是4个方面的样板，也是贯彻这次会议要求需要强化的4个重点领域工作。昨天下午的分组讨论发言踊跃、情绪高涨，刚才4个组的交流发言，质量也很高。在统一思想认识上达到了一定的高度，围绕交流讨论的主题提出了很有见地很有价值的意见，也交流了各个所很好的做法。可以说，这次会议达到了预期的目标。这里需要肯定和表扬的是，院办公室牵头的会务组励精图治、全心全意做好筹备组织工作，有效保证了会议高质量圆满完成。

下面，我就贯彻这次会议精神，主要是贯彻落实唐院长工作报告，提两点要求。

一、切实加强管理

加强院所管理是推进中国农业科学院全面深化改革的必然要求，是不断推进中国农业科学院治理体系和治理能力现代化的战略举措，更是建设世界一流学科、一流科研院所最重要的保障。

近年来，院党组高度重视院所管理工作，以“定位明确、法人治理、管理高效、开放包容、评价科学”为原则，在推动科技创新、促进跨越式发展中，推进现代科研院所建设，有效促进了全院各项事业的快速发展。但是，与建设“两个一流”的目标要求相比，与建设现代院所管理制度的要求相比，我们在管理上还存在不小的差距。从前年的中央专项巡视、我院这几年开展的巡视，还有每年研究所的评价、部门的绩效评估来看，院所两级都还存在管理薄弱、管理意识不强、管理水平不高的问题。有的单位，我们花了大量的时间查，最后是管理毛糙造成的，严重损害了公信力，影响单位科学发展；有的研究所一到职称申请、成果申报、干部选用时就会出问题，说明程序不够规范、民意沟通不够及时通畅；有的研究所在创新工程等重大机遇面前，没有很好地因势利导、主动作为，还是按照一般的项目管理，没有充分发挥创新工程的撬动效应、研究所的主体作用，管理职能的丧失耽误了院所的发展，特别是通过服务来加强管理的意识差距比较大。为此，我们要高度重视加强管理问题。这个问题我们过去强调得不够，现在到了不强化不行的时候了，我们要努力通过提升管理的科学化和现代化水平，来引领一流学科和一流院所建设。

科研单位怎样加强管理，我认为要重点把握好以下 4 点。

（一）准确把握科研院所管理的内涵和实质

科研管理是一门学问，我们很多所长是自然科学家，管理是社会科学，我们要系统了解一下管理对我们有什么要求。一个组织机构有效、有序地运行，要有科学的手段和方法，手段和方法作用的过程就是管理。正如“科学管理之父”弗雷德里克·泰罗所说的，“管理就是确切地知道你要别人干什么，并使他用最好的方法去完成”。管理的目的，就是促使我们研究所的全体成员能够主动地、自觉地执行计划、落实指令。刚才曹永生介绍的经验，三有作风，凡事有交代，件件有着落，事事有回应；四敢四先，敢于跟强的比，敢于跟高的攀，敢于跟大的争，敢于跟快的赛，说尽千言万语，走遍千山万水，想尽千方百计，历经千辛万苦，这就是管理理念在行动当中的体现，这就是管理科学。管理的本质就是协调，包括协调内部资源组成一个有强大竞争能力的有机整体，协调组织与外部环境之间的关系，使大家能够支持你。协调的过程就是决策、计划、组织、指导、实施和控制的过程。现代科研院所的管理，就是要按照科技创新规律和现代农业发展特点，不断改革完善现代科研院所管理制度和评价体系，对各种资源进行合理配置，优化组织，协调控制，努力营造奋发向上的科研环境，提高整体运行效率，从而达到科研产出和成果转化的效率最大化。怎么把研究所的资源要素整合好、调控好、协调好，使内部系统是合理的、协调的、顺畅的，外部的联系是畅通的、有利的，这就是管理。

（二）充分认识加强科研院所管理的作用和意义

管理的意义在于更有效地改善作为，在什么样的环境下，我们每个人都有作为，有效的管理就有有效的作为，无效的管理就可能是乱作为。要通过有效的改善提高效率、效果和效益。随着我国经济社会发展进入新时代，社会主要矛盾转化为人民日益增长的美好生活需要和不平衡不充分的发展之间的矛盾，农业工作导向也随之发生重大转变，由增产导向转向提质导向，农业生产将更加注重农业科技创新、注重提高竞争力、注重可持续的绿色发展，这对农业科技和科技管理提出了新要求。近几年，国家对科研机构下放了自主调剂项目预算、自主确定劳务费比例、自主安排人员绩效奖励、自主决定差旅会议标准、自主支配项目结余资金、自主使用横向经费、自主转化科研项目成果7项自主权。在座的各位所长书记，这7项自主权我们运用的怎么样，是不是还有习惯的思维，惯性的运作？从全院来看，我们思想观念仍然转变不够到位，“等、靠、要”的习惯思维依然存在，管理体制机制不适应这7个方面的自主发挥，开放协作机制还不完善，评价体系还不够科学，国家政策红利还未能充分体现、充分释放。因此，我们必须迅速调整思维，按照国家科技计划管理改革出台的政策要求，切实加强管理，突破传统农业科研院所体制机制弊端，实现院所决策机制、组织机制、管理机制、评价机制的创新，解放我们的生产力，真正实现政策给研究所松绑，放给研究所的能接得住、抓得好、管得住。

（三）明确加强科研院所管理的重点任务

做好科研院所管理，科学决策是前提和基础，科技资源配置、人才团队建设、科研经费管理是核心，管党治党是政治保证。

一要强化决策管理。大力提升科学办院办所、依法办院办所水平。要严格落实中央决策部署，认真贯彻落实中共中央关于加强“三农”和科技创新工作的一系列部署要求，牢记中国农业科学院“科技兴农、服务三农”的神圣使命和重大责任，把落实党的方针政策与推进落实改革发展紧密结合起来，把住科研服务“三农”的正确方向。要严格执行民主集中制，坚持以群众利益、集体利益为取向，重大事项集体研究决策。要进一步完善决策制度，规范决策程序，推动重大事项决策科学化、民主化和制度化。这是我们的决策管理，要有程序、有规范。现在出现的很多问题，就是有了制度，但是制度执行不严格，程序不完善，过程不完整，这就是管理不到位，管理打了折扣。

二要强化科研管理。按照“三个面向”“两个一流”的要求，充分体现需求导向和问题导向，需求导向就是目标导向，问题导向就是要解决具体的障碍。我们发展的具体问题，各个单位既有共性问题，也有个性问题，需求导向、目标导向是解决共性问题，问题导向是解决个性问题。各研究所之间需求导向、目标导向是一致的，问题导向是不同的。要加强科技发展战略研究，准确把握科技创新前沿，准确把握科技发展规律和特点，准确把握经济社会发展对科技创新的重大需求，优化学科布局，凝练重大命题，培育重大成果。

三要强化人事管理。管理的核心是人，科研院所管理的核心任务是加强人才队伍建设。要高度重视科研、管理、转化、支撑四支队伍的建设，为人才发挥作用提供施展平台，创造发展空间，营造和谐氛围，做好服务保障。院里明确把今年定为人才工作深化落实年，要切实采取有效措施，推进实施青年人才工程，落实促进人才发展的30项改革意见。要深化人才工作会议精神的贯彻落实，强化督导落实，这是严肃的，既是发展任务，也是政治任务。

四要强化资金管理。转变科研经费管理理念，改革创新科研经费管理方式，革新配套管理制度，更好地释放科研人员活力，为科研活动松绑，为科技人员放权，激发科技创新的积极性。要吃透中央文件精神，细化政策规定，打通政策“堵点”，让 7 个自主能够落实落地。要确保科研经费监管不放松，放下的权我们要管好，营造良好的科研氛围和环境。“放管服”要全面落实，确保接得住、用得好、管得牢。

五要从严管党治党。在加快建设世界一流学科和世界一流科研院所的征程中，党的工作要统揽全院工作。需要强调的是，要通过深化全面从严治党，为科研把好方向、创造条件、优化环境、营造氛围。要通过加强党的建设，构造一流的科研环境。这个环境要有创造力，能够释放创新要素，促进科研人员积极进取、奋发向上，追求卓越、勇攀高峰。这个环境要有凝聚力，能够一呼百应，振奋精神，促使科研人员相互团结、密切合作，主动对接中央要求和国家需求，在服务“三农”发展中创造优秀的科研成果。这个环境要有安全感，能够容错纠错、守住底线，促使科研人员专注创新、心无旁骛，诚信务实、不畏失败。

（四）强化对院所管理工作的考核评估

唐院长工作报告提出今年要开展管理效益年活动，院办要制定活动方案，明确目标要求，细化内容任务，加强组织领导，强化监督考核。院机关各部门要率先行动，发挥表率作用。要建立管理台账，及时跟踪重大任务的执行，年底要进行验收。

二、全力抓好落实

习近平总书记在 2018 年新年致辞中强调：“要把蓝图变为现实，必须不驰于空想、不骛于虚声，一步一个脚印，踏踏实实干好工作。”中共中央以及部党组的重大决策部署能否落地，我院今年的重点任务能否完成、工作目标能否实现，关键在于落实。抓落实，是我们治理能力的重要体现，也是对各级领导干部工作能力的重要检验。

第一，要围绕重点任务抓落实。要抓住“牛鼻子”，从牵一发而动全身的关键问题抓起，创新工程、创新联盟、乡村振兴科技支撑行动，是我院牵一发动全身的重中之重；要从制约院所发展的短板抓起，各个研究所、院机关各部门，要找准自己的短板是什么；要从增强科技人员积极性创造性的重点领域抓起。这三点是从方法论来讲的重点，从具体工作来讲，唐院长强调今年要抓好 10 项重点工作，我们要围绕这 10 项工作统一思想，凝聚共识，心往一处想、劲往一处使，各单位各部门紧盯“施工图”、对照“任务清单”，毫不犹豫引领推动重点工作落实，时不我待抓紧干。院办公室要对任务进行分解，明确牵头院领导、主办部门和责任人，形成文件下发。

第二，要加强学习调研抓落实。科研单位管理是一门学问，是有规律可循的。在实践当中，我们往往存在不懂规律、不懂门道，但是缺乏学习、缺乏知识、缺乏本领，面对新情况容易按照老套路做、按照旧习惯办的问题，其结果不是不对路，就是事与愿违。即使我们是学管理的，也要清醒地认识到，我们学的那些东西只是一点点，如果不继续学习，今天用一些，明天用一些，渐渐就告罄了。我在农业部也学了一些东西，但是到农科院来，深深地感到自己的本领不够，能力不够，知识不够。“器虚则受，实则不受”，要感到不足，才会去学，才会有收获，如果感觉自己什么都懂，是学不进去的。面对当前全新的形势、严峻的挑战、繁重的任务，我们要有强烈的危机意识，切实增强学习的主动性，克服能力恐慌、知识恐慌，提升驾驭错综复杂局面的能力。这要求我们必须把加强学习放在首位，认真研究新情况、探索新方法、解决新问题。要不断学习新知识新思想，深入学习习近平新时代中国特色社会主义思想，特别是经济思想和“三农”思想，以及关于科技创新工作的重要论述，掌握新时代推动农业科技创新工作的新本领，善用战略思维、创新思维、辩证思维，想办法、求突破、见成效。学习是永恒的课题，是终生的任务。一个人的能力高低、学问多寡，跟学历有一定的关系，但不是画等号的。我们还要在学习的基础上，下大力气开展调查研究，深入一线，深入实际，从职工群众中汲取破解难题的智慧，不断克服不合时宜的思想观念，不断破除各种阻碍发展的束缚，推动问题得到有效解决，推动部署得到有效落实。

第三，要转变工作作风抓落实。“空谈误国、实干兴邦”，要发扬求真务实、真抓实干的优良作风，坚决杜绝形式主义，把精力投到狠抓落实中。开会是为了了解情况、倾听意见、集思广益，发现矛盾、分析矛盾、解决矛盾；制定文件，是为开展和落实各项工作提供遵循和依据。开会和发文件是必要的，但是会议精神和文件再好，如果不落实，仍会劳而无功。抓落实的重心要放在一线、放在实践，解决落实不到位问题的思路和办法也要到一线中去寻找。要坚持眼睛向下看、身子往下沉，切实解决“最后一公里”的问题。要抓具体抓细致，天下大事必作于细，要坚持从基础做起，一环扣一环地去抓，一锤接着一锤敲，一步一个脚印走，积小胜为大胜，积小功以成大业。要强化对标意识，消除自满思想。始终保持昂扬向上、奋发有为的精神状态，始终保持脚踏实地、埋头苦干的工作作风，始终保持夙夜在公、念兹在兹的专注精神，撸起袖子加油干，扑下身子抓落实，毫不松懈地加快“两个一流”建设。

第四，要主动担当作为抓落实。研究所的所长书记对研究所的发展非常重要，我在院里工作这几年有很深的体会。所长书记是研究所的灵魂人物，特别是所长，是一个研究所流动的符号。所长的性格修养直接影响到研究所的风格，所长的管理理念直接影响到研究所的文化建设，所长的管理水平直接影响到研究所的发展速度，甚至所长的情绪也直接影响到研究所的状态。我们一定要有大局观大胸怀，舍小我全力为研究所这个“大我”做好服务。所以，今天我特别强调所长书记要有责任意识和机遇意识，要充分认识到在你的任期内，错失了机遇就错失了研究所大好的发展时光，这个错失是别人难以弥补的，以后再努力也是难以挽回的。所长书记肩负着党组的重托，肩负着全体职工的期待，要有强烈的责任意识和使命意识，更加凝神静气，全神贯注，投入谋划研究所发展和日常管理中。我再次提醒大家，一般性活动要严格控制、主动控制。我到一个研究所去调研，有同志跟我讲，有时候很长时间看不到所长，我们的时间精力要更加集中一些，所长的主要精力和时间都要投入到研究所管理中。我们要跟这个要求比一比、查一查，看看是否还有差距。要及时发现并尽早解决矛盾和问题，努力使简单矛盾不演化成复杂矛盾，小问题不延误成大问题。要在矛盾突出的地方消除隐患，到困难集中的地方解决问题。要紧盯重大问题，千方百计谋划新举措，经常抓、反复抓、持久抓，咬定青山不放松，不达目的不罢休，再困难的所，也能够重现光辉，再好的所，如果不励精图治也管不好。

第五，我强调一下安全生产和保密工作。对安全生产必须警钟长鸣、常抓不懈，丝毫放松不得。去年，在全院的共同努力下，安全生产没有出现大的问题，保证了平安和谐。农业部授予我院“平安建设优秀单位”称号，是对我们的认可、鼓励和鞭策，我们要继续坚定不移地贯彻安全发展理念，牢固树立发展绝不能以牺牲安全为代价的红线意识；要严格落实安全生产责任制，强化主体责任落实，完善安全监管制度，深化安全生产检查，做到安全投入到位、管理到位、救援到位，创造良好的安全生产环境。

再强调一下保密工作。保密工作事关国家安全利益，保密责任重于泰山。各单位各部门要把保密工作摆在重要位置，充分认识保密工作的重要性。去年，我们开展了涉密人员培训，加大保密宣传教育力度，印发了保密工作要点。今年，我们要继续保持良好势头，抓好定密规范管理、涉密人员管理、网络保密管理，加强保密队伍思想建设、能力建设和作风建设，增强责任意识，筑牢保密防线，确保党和国家的秘密安全，维护国家安全和利益。

同志们，我们规划用 30 年时间建成世界一流的农科院，这是一个需要永不停歇的攀登过程。创造一个重大农业科技成果至少需要 10 年以上的时间，需要凝聚一代人甚至两代人的全部心血。农业科技事业是一项需要耐得住寂寞的匠人事业，国际一流科研院所的建设，是一个没有图纸的、恢宏的巨型工程，需要我们日复一日、竭心尽力。全院上下要坚持以习近平新时代中国特色社会主义思想为指导，按照中央部署以及农业部安排，按照唐院长工作报告的布局和要求，瞄准目标任务，出实招、求实效，一步一步往前走。让我们紧密团结在以习近平同志为核心的党中央周围，不忘初心，牢记使命，锐意进取，大力实施乡村振兴科技支撑行动，加快建设世界一流学科和世界一流科研院所，为推动农业农村现代化、决胜全面建成小康社会作出新的更大的贡献！

中国农业科学院工作规则

第一章　总　则

第一条　为使中国农业科学院工作制度化、规范化、科学化，进一步提高工作质量和办事效率，根据农业农村部工作规则，结合中国农业科学院工作实际，制定本规则。

第二条　中国农业科学院工作的指导思想是，在以习近平同志为核心的党中央坚强领导下，高举中国特色社会主义伟大旗帜，以马克思列宁主义、毛泽东思想、邓小平理论、“三个代表”重要思想、科学发展观、习近平新时代中国特色社会主义思想为指导，认真贯彻党的基本理论、基本路线、基本方略，牢固树立“四个意识”，坚定“四个自信”，做到“两个维护”，坚持和加强党的全面领导，严格遵守宪法和法律，坚决贯彻落实中共中央、国务院以及农业农村部工作部署，为建设世界农业科技强国发挥战略核心和骨干引领作用。

第三条　中国农业科学院的办院方针是，按照面向世界农业科技前沿、面向国家重大需求、面向现代农业建设主战场，加快建设世界一流学科和一流科研院所，推动我国农业科技整体跃升的总要求，扎实推进科技创新工作，为促进农业农村现代化、实现“两个一百年”奋斗目标和中华民族伟大复兴的中国梦提供强有力的科技支撑。

第四条　中国农业科学院在农业农村部领导下，实行院长负责制。

第五条　中国农业科学院院训是：求真笃行，敬农致用。

第二章　科研定位和方向

第六条　中国农业科学院是国家倚重的战略科技力量，担负全国农业重大基础与应用基础研究、应用研究和高新技术研究的任务，致力于解决我国农业及农村经济社会发展中战略性、基础性、全局性、关键性重大科技问题，全面推进科技创新、国际合作、成果转化、人才培养和智库建设。

第七条　中国农业科学院必须面向世界农业科技前沿，致力于解决基础和前沿科学问题，在重要农业学科领域跻身世界领先行列，主要科研团队达到世界一流水平，掌握新一轮全球科技竞争的主动权。必须面向国家重大需求，致力于破解“三农”发展中的核心、关键科技难题，围绕资源节约、环境友好、营养健康、绿色发展、农民增收、节本增效、进口替代、现代种业等重大问题，优化调整科研方向和创新路径，加大颠覆性技术的创新力度，不断提升我国农业科技自主创新水平，努力确保核心关键技术自主可控。必须面向现代农业建设主战场，致力于农业技术推广、示范转化、科技培训以及发展模式创新、技术集成创新，围绕乡村振兴、粮食安全、绿色发展、脱贫攻坚、“一带一路”等主战场，加速农业转型升级，推进农业供给侧结构性改革，充分发挥中国农业科学院农业科研国家队和主力军的作用。

第八条 中国农业科学院作为农业科研国家队，坚持改革创新，与时俱进，以科技创新工程为引领、以国家农业科技创新联盟为载体、以体制机制创新为动力，不断探索农业科研发展新路径、协同攻关新模式、成果转化应用新机制，作农业科技体制机制创新的引领者。

第九条 中国农业科学院实行国家“三农”任务导向与农业科技问题导向相结合的科研管理模式。坚持以绩效为杠杆，强化目标管理，完善世界一流学科和一流科研院所的评价制度，建立激发科研活力的科技管理机制。坚持同行学术评价与社会评价相融合，构建充分体现农业科技特点的科学、规范、高效、诚信的科技评价体系，引导全院科技创新发展。

第三章　学　术

第十条 中国农业科学院充分发挥学术委员会在科学决策、学术管理、战略咨询等方面的重要职能，加强学术指导，促进学术民主，营造学术氛围，繁荣农业科学技术，提升科技创新能力。

第十一条 中国农业科学院学术委员会是院实施学术领导的最高学术评议、评审和咨询机构。下设粮食作物学部、经济与园艺作物学部、畜牧学部、兽医学部、资源环境与微生物学部、质量标准与农业工程学部、经济与信息学部 7 个学部。

第十二条 中国农业科学院按照学科集群、学科领域、重点方向进行三级学科体系布局。围绕作物科学、园艺科学、畜牧科学、兽医科学、植物保护科学、农业资源与环境科学、农业机械与工程科学、农产品质量与加工科学、农业信息与经济科学等重点学科集群，部署学科领域及重点方向。

第十三条 充分发挥学科在科研力量布局调整、科技资源优化配置中的指挥棒作用，按学科统筹配置各类科技资源，撬动全院资源要素，激发科研人员创新活力，促进科研稳定产出。

第十四条 积极推进现代院所一流学科建设，与时俱进优化学科设置，建设优势和特色学科，拓展新兴学科领域，推进学科团队和平台建设，凝练重大科技命题，组织学科评价，开展学科共建，推动学科快速发展。

第十五条 加强学术活动组织策划，促进科研人员信息互通、学术交流和思想碰撞。倡导和组织农业科研大协作，积极主办和承办国际性、全国性、专业性学术交流研讨活动，邀请国际、国内知名学术专家开展专题讲座和咨询活动，聚焦科学问题，推动协同创新，提升全院学术地位和影响。

第四章　学　风

第十六条　尊重科研规律，鼓励科研创新，坚持求真求实的科学精神，提高学术质量，促进学术进步，营造良性和谐包容的学术环境和学术氛围。

第十七条　坚定理想信念，秉承潜心钻研、甘于寂寞、艰苦奋斗、乐于奉献的学术品格，发扬勇于开拓、敢为人先的创新精神，心系“三农”，扎根基层，助推“两个一流”建设。

第十八条　坚守科研诚信行为准则，加强科研诚信宣传教育，提高科研人员职业道德素养，维护学术道德，增强学术自律，规范学术行为，建立健全奖惩结合的制度体系，保障科技创新工作持续健康开展。

第十九条　坚持立德树人准则，不断加强师德师风建设，全面落实研究生导师队伍建设主体责任，强化对导师队伍的管理和考核，努力造就一支有理想信念、道德情操、扎实学识、仁爱之心的研究生导师队伍。

第二十条　采用负面清单方式客观记录相关责任主体的失信行为，对学术失范行为采取“零容忍”政策。发挥院学术道德委员会在仲裁学术纠纷、监督指导学风建设等方面的作用，防止学术不端行为发生。

第二十一条　树立体现农科精神的科研道德和学术风气，鼓励自由探索，发扬学术民主，提倡学术争鸣，推动形成制度完善、学风优良、宽容失败、环境和谐的创新文化，为科研人员安心研究、施展才华，提供先进的文化指引和有力的精神支持。

第五章　人　才

第二十二条　坚持人才是第一资源，树立人才优先发展理念，实施人才强院战略，建立符合人才成长规律和农业科研规律的人事人才管理体系，建设国家农业创新人才高地。

第二十三条　落实科研单位进一步简政放权、放管结合、优化服务的要求，建立院所两级齐抓共管的人才管理机制，实行积极、开放、有效的人才引进机制，强化高端引领、重点支持、协同推进的培养机制，实施人才分类评价机制，完善人才服务保障机制，着力激发人才创新创造活力，全面提高科技创新能力。

第二十四条　严格执行国家收入分配制度和社会保障政策，依法保障职工的合法权益。按照体现岗位职责、突出业绩贡献、兼顾公平和效率的原则，实行与我国经济发展水平和院创新发展要求相适应的薪酬分配制度，激发各类人才创新创业积极性。

第二十五条　依法建立促进科技成果转化的成果认定、收入核算、考核评价及收益分配制度，实行以增加知识价值为导向的奖励分配政策，建立科技人员、转化人员、管理人员和支撑人员成果转化收益分享制度。

第二十六条　坚持引育并举，着眼“高精尖缺”，着力加强高层次人才引进培养。利用全球创新资源，强化效益意识理念，用好柔性引才政策。分类制定人才成长规划，强化人才梯队建设，培养懂农业、爱农村、爱农民的农业科技人才。

第二十七条　围绕“三农”工作队伍建设，定期面向基层农技人员、新型职业农民开展培训和技术指导，发挥农业科研国家队服务“三农”主力军作用。

第二十八条　健全院士服务机制，建立信息报告、医疗保障、学习研修、拜访慰问等制度。两院院士由其团队所在单位配备专职学术助理，为院士开展科技活动、学术交流合作等提供相关服务。院士担任院领导的，其专职学术助理随院领导在院办公室办公，归院办公室管理。

第六章　工作机制

第二十九条　院长主持中国农业科学院的全面工作，党组书记主持中共中国农业科学院党组的全面工作。副院长、党组副书记、党组成员协助院长、党组书记工作，分工负责某方面的工作或专项任务，并可代表中国农业科学院进行其他公务活动。

第三十条　院长出访、出差、脱产学习、休假期间，由院党组书记代行院长职责，或委托其他院领导主持工作。

第三十一条　院领导定期到分管部门和联系单位调研，听取部门、单位领导班子工作汇报，研究解决其在改革和发展中面临的困难和问题。

第三十二条　院办公室主任在院长、党组书记领导下，负责协调处理院机关日常工作，重大事项及时向院长、院党组书记报告。

第三十三条　院机关各部门实行局长负责制，局长出差期间，委托一位副局长主持局内的日常工作。

第三十四条　建立院重要文稿起草工作机制。院办公室牵头成立院重要文稿起草组，成员由相关部门和单位的领导、处级干部、专家组成。起草组成员共同确定写作提纲并分工负责起草工作。相关部门和单位领导要全力配合，依照职责，层层把关，确保文稿质量。

第三十五条　院机关各部门要顾全大局，精诚团结，恪尽职守，维护政令统一，切实贯彻落实院的各项工作部署。

第七章　依法科学民主办院

第三十六条　中国农业科学院机关要带头维护宪法和法律权威，坚持依法治院。按照合法合理、程序正当、诚实守信、权责统一的要求，健全完善规章制度，履行职责，承担责任。

第三十七条　中国农业科学院制定规章和规范性文件，要符合宪法、法律和党中央、国务院以及农业农村部等部委的有关规定。要坚持科学民主，从实际出发，准确反映中国农业科学院发展要求，确立的制度要能切实解决问题，备而不繁，简明易行。

第三十八条　中国农业科学院要完善重大事项决策的规则和程序，把公众参与、专家论证、风险评估、合法性审查和集体讨论决定作为重大决策的法定程序，推进决策的科学化、民主化。

第三十九条　认真落实民主集中制。坚持集体领导与个人分工负责相结合，凡属“三重一大”事项，按照个别酝酿、会议决定的原则，由院务会、院常务会、院党组会集体研究决定，不得以传阅、会签、网络会议和个别征求意见等方式代替以上会议。班子成员负责分工范围内的工作，有责有权，敢抓敢管敢负责，重大事项及时向主要领导请示报告。

第四十条　中国农业科学院对重大事项作出决策前，根据需要通过多种形式，听取专家学者、职工群众及有关方面的意见和建议。院机关各部门提请院审议的重大事项或决策建议，在会前要认真研究，充分准备；涉及其他部门的事项，主办部门要主动协商，形成一致意见后呈报；经协商不能取得一致意见的，报由分管的院领导协调；如有必要，也可由分管的院领导组织召开院长办公会议研究，形成明确意见后呈报。

第四十一条　中国农业科学院报请农业农村部等上级部门研究决定的重大事项，一般应经过调查研究和科学论证；涉及院属单位、相关地方的，应事先听取意见；涉及群众切身利益的，要广泛征求各方面及群众的意见。在实施过程中，要及时跟踪重大决策执行情况，了解利益相关方和广大科技人员、职工群众对决策实施的意见和建议，全面评估决策执行效果。

第四十二条　院领导要主动谋划政策举措，解决矛盾问题，亲力亲为抓落实，主要精力抓管理，确保政令畅通。

院机关各部门必须坚决贯彻落实中国农业科学院的决定，部门主要负责同志是第一责任人。要细化任务措施，层层压实责任，强化政策配套，加强协同攻坚，及时跟踪和反馈执行情况。涉及多部门参与的工作，牵头部门要发挥主导作用，协办部门要积极配合，形成工作合力。

院办公室要加强对院机关各部门、院属各单位的督查，坚持全面督查和专项督查相结合，健全限期报告、核查复核、督促整改、情况通报及第三方评估制度，充分利用信息技术手段推动中国农业科学院重大决策部署和领导指示批示精神贯彻落实。

第八章　工作布局与政务公开

第四十三条　中国农业科学院要认真落实农业农村部工作安排部署，并定期报告执行情况，遇重大事件要及时上报。

第四十四条　中国农业科学院机关要加强工作的计划性、系统性和预见性，做好年度工作。要按照工作目标责任制认真落实各项目标任务，并在相关会议上进行报告。

第四十五条　中国农业科学院机关要大力推进政务公开，完善各类公开办事制度，健全信息发布制度，提高透明度和公信力。

第四十六条　中国农业科学院院务会议、院常务会议、院领导工作例会、院长办公会议讨论决定的事项，制定的各项规章制度，除确需保密的外，应及时在相应范围内公布。

第四十七条　凡涉及群众切身利益、需要群众广泛知晓的事项及规章制度，均应通过中国农业科学院网站、院报、公告、广播、电视、网络、新媒体等方式，依法、及时、全面、准确、具体地公开。

第九章　监督制度

第四十八条　中国农业科学院要自觉接受纪检、监察、巡视、审计等各方面的监督，虚心听取意见建议，对发现的问题要认真整改，重大问题要及时向上级报告。

第四十九条　中国农业科学院要重视群众来信来访工作，坚持分级分类原则，进一步完善信访接待制度，畅通和规范群众诉求表达、利益协调、权益保障渠道；院领导及院机关各部门负责人要亲自阅处重要的群众来信，督促解决重大信访问题。

第五十条　中国农业科学院要接受社会公众和新闻舆论的监督。对新闻媒体报道和各方面反映的重大问题，院机关有关部门要认真调查核实情况，及时依法依规处理和改进，并向院领导报告，重要情况要按程序向上级报告。重大问题要向社会公布处理结果。

第五十一条　中国农业科学院要严格执行工作责任制，严格绩效管理，加强对重大决策部署落实、部门职责履行、重点工作推进以及自身建设等方面的考核评估，建立健全重大决策终身责任追究制度及责任倒查机制，健全激励约束、容错纠错机制，提高机关公信力和执行力。

第十章　会议制度

第五十二条　中国农业科学院实行院务会议、院常务会议、院党组会议、院领导工作例会和院长办公会议制度。

第五十三条　中国农业科学院院务会议由院长、院党组书记、副院长、院党组成员，院巡视组组长、院机关各部门主要负责人组成。根据需要可安排院属有关单位负责人列席。院务会议由院长根据需要召集和主持。院务会议的主要任务是：

（一）传达贯彻上级的重大部署，通报重大事项；

（二）讨论决定中国农业科学院重大事项；

（三）讨论审议院改革发展有关综合规划和专项规划、院年度计划、年度经费预决算、院重要规章制度等；

（四）研究中国农业科学院机构设置、职能、人员编制等事项；

（五）部署中国农业科学院的重要工作；

（六）其他事项。

第五十四条　中国农业科学院常务会议由院长、院党组书记、副院长、院党组成员组成，院办公室主任列席。根据需要，可安排议题所涉及部门（单位）的负责人和其他有关人员列席。院常务会议由院长召集和主持，一般每月召开一次。院常务会议实行末位表态制，每次会议须有半数以上常务会议组成人员出席方可召开。院常务会议的主要任务是：

（一）传达贯彻上级重要指示、决定；

（二）研究向上级部门请示的重要事项和重要决策建议；

（三）听取重要专项工作汇报，研究布置阶段性工作；

（四）研究决定重大事项决策、重要项目安排和大额资金的使用等事项；

（五）其他事项。

第五十五条　中国农业科学院党组会议制度按照《中国共产党中国农业科学院党组工作规则》有关规定执行。

第五十六条　院领导工作例会是院领导通报情况、推进工作、研究重要事项的例行会议，由院领导班子成员组成，院办公室主任列席。会议由院长召集，院领导班子成员汇报上周工作进展及下周工作安排，一般每周一上午举行。

第五十七条　院长办公会议是处理院日常业务工作的会议，可以现场办公等形式召开，由院领导召集和主持。按院领导分管的业务范围，研究处理有关具体工作，院机关有关部门（单位）负责人参加。

第五十八条　中国农业科学院院务会议、常务会议的议题由分管院领导提出，经分管院办公室的院领导审核后，报院长确定。院长办公会议的议题由主持会议的院领导确定。分管院领导会前对上会材料严格审核。院务会议和院常务会议的组织工作，由院办公室负责，文件和议题于会前送达与会人员。院长办公会议的组织工作，由院机关主办部门负责。

第五十九条　院领导不能出席院务会议、院常务会议、院领导工作例会，须向院长、书记请假；对议题的意见或建议，可在会前提出。院务会议其他成员或常务会议列席人员请假，由院办公室汇总向院长报告。

第六十条　中国农业科学院院务会议和院常务会议纪要，由院长签发，会议议定事项的督查督办工作，由院办公室负责。院长办公会议纪要由主持会议的院领导签发，会议议定事项的督查督办工作，由主办部门负责。

第六十一条　中国农业科学院要加强会议管理，进一步改进会风，提高会议效率和质量。坚持务实、精简、高效、节约的原则，提倡开短会、讲短话、求实效。要充分运用网络视频等现代信息技术手段，改进会议形式。要紧密结合业务工作确定会议地点，严禁在国家明令禁止的风景名胜区召开会议，严禁借机组织旅游或参观，严禁以任何名义发放纪念品。

第六十二条　中国农业科学院对拟召开的会议实行计划管理，严格审批。院本级会议计划须经院常务会议审定；凡未列入年度计划的会议确需召开的，要按程序报院常务会议审批。中国农业科学院召开各类会议都要充分准备，重在解决问题和推动工作，确保会议效果。

第十一章　公文管理

第六十三条　院机关各部门办理的中国农业科学院公文，要符合《中国农业科学院公文处理办法》及电子公文管理规定，严格遵循行文规则和程序。行文应当确有必要，讲求实效；未经批准不得越级行文，不得多头报文；请示应当一文一事，报告不得夹带请示事项。

第六十四条　院机关各部门草拟的中国农业科学院公文，由院办公室按照院领导分工呈批，重大事项报院长、院党组书记审批。

第六十五条　院机关各部门起草的公文涉及其他部门职能时，必须事先征求相关部门意见并会签。部门之间有分歧的，主办部门主要负责人要主动协商；协商后仍不能取得一致意见的，主办部门应列明各方理据，提出办理建议，与相关部门负责人会签后报分管院领导决定。

部门之间征求意见或会签文件时，除主办部门另有时限要求外，一般应在 5 个工作日内回复；不能按期回复的，应主动与主办部门沟通并商定回复时限及方式。

第六十六条　以中国农业科学院名义上报的公文，一般由分管院领导签发；涉及重大事项的公文，报院长、党组书记签发或审阅。分管院领导离京出访、出差和休假期间，其分管工作的公文，如不便 OA 运转处理，可经主办单位电话请示分管院领导同意后，附上《呈报说明》送院长或院党组书记签发。以中国农业科学院办公室名义发文，一般由主办部门主要负责人签发、由院办公室主任核签；涉及重要事项的，应由主办部门主要负责人提出意见，经院办公室主任核签后，报分管院领导签发。院机关各部门向院领导的工作请示，以“中国农业科学院院内签报”形式报送，由院办公室按有关规定审核后，呈送院领导审批。

第六十七条　院办公室对收到的各类文件，要提出明确办理意见。对办理意见有分歧的事项，分管院领导应主动加强协调，取得一致意见或提出倾向性建议。院办公室主任要协助分管院领导做好协调工作。

第六十八条　严格控制发文数量和规格。凡法律、行政法规、规章已作出明确规定的，一律不再制发文件；没有实质内容的文件简报一律不发。属院机关各部门职权范围的内部事务，不以中国农业科学院或中国农业科学院办公室名义发文。非涉密文件通过电子政务系统运转制发，除文件存档和确需纸质件外，原则上不再印发纸质文件。院主要领导的讲话稿以《中国农业科学院情况通报》印发。严格印章管理，规范审批流程，申请使用院章一般由院领导签批。经院主要领导同意，院办公室主任可代为签批。

第六十九条　切实提高公文质量和办理效率。公文起草人员应认真起草公文，各级公文审核人员应层层负责，严格审核，保证公文质量。严格规范文件、简报资料报送程序及格式，加强综合协调和审核把关，提高公文办理和运转效率。

第七十条　进一步改进文风。起草公文要简短精练、实事求是。要规范简报管理，压缩简报种类，控制发送范围，提高简报质量。要逐步实现文件资料网络传输和网上办理，切实减少各类文件、讲话、简报、资料、调研报告、论文汇编和画册的印刷。

第十二章　工作纪律

第七十一条　中国农业科学院工作人员要坚决贯彻执行党和国家的路线方针政策，落实上级工作部署。严格遵守纪律，严格执行请示报告制度，有令必行，有禁必止。

第七十二条　中国农业科学院工作人员必须坚决执行上级和中国农业科学院的决定，如有不同意见可按组织原则和工作渠道正式反映，在没有重新作出决定前，不得有任何与上级和中国农业科学院决定相违背的言论和行为。

第七十三条　中国农业科学院工作人员要严格遵守保密纪律和外事纪律，严禁泄露国家秘密、工作秘密或者因履行职责掌握的商业秘密、敏感信息等，坚决维护国家的安全、荣誉和利益。

第七十四条　发布涉及政府重要工作部署、经济社会发展重要问题的信息，要经过严格审定，重大情况要及时向农业农村部报告。

第七十五条　院领导要优先保证出席中共中央、国务院以及农业农村部等有关部委、中国农业科学院的会议和活动，具体日程由院办公室统一协调安排。

第七十六条　按照内外有别、分级分类的原则接待各级政府、组织和机构来院执行公务活动。外事接待活动由国际合作局牵头负责。国内各级政府、组织和机构的接待活动原则上由对口业务部门牵头负责。需院领导主持接待的，由对口部门提前商院办公室并提交接待方案、有关背景材料及讲话稿，由院办公室报请院领导出席。国内重大接待活动的组织由院办公室牵头负责。

第七十七条　严格执行请假制度。院长、党组书记离京，应提前3天向农业农村部办公厅报告。其他院领导离京，由院办公室统一履行报批手续，报院党组书记审批，院长阅知。院机关各部门、院属各单位主要负责人凡因公、因私离开单位所在省（直辖市、自治区），均应提前3天填报“院机关各部门及院属各单位负责人外出报告单”，由院办公室统一呈报分管（联系）院领导批准，报院长、书记阅知。院机关各部门、院属各单位领导班子其他成员因公、因私离开单位所在省（直辖市、自治区），应事先向本单位和本部门主要负责人报批。

第十三章　廉政和作风建设

第七十八条　中国农业科学院要认真贯彻全面从严治党要求，严格落实中央八项规定及其实施细则精神，坚持不懈反对“四风”，严格执行廉洁从政各项规定，切实加强廉政建设和作风建设。

第七十九条　中国农业科学院对职权范围内的事项要按程序和时限积极负责地办理，对不符合规定的事项要坚持原则不予办理；对因推诿、拖延等官僚作风及失职、渎职造成影响和损失的，要追究责任；对越权办事、以权谋私等违规、违纪、违法行为，要严肃查处。

第八十条　中国农业科学院要严格执行财经纪律，严格执行住房、办公用房、公务用车等方面的规定，严格控制差旅、会议经费等一般性支出，切实降低行政成本，建设节约型机关。院机关各部门各项支出要全部纳入预算管理。

严格控制因公出国（境）团组数量和规模。改革和规范公务接待工作，不得违反规定公款送礼和宴请，不得违反规定接受地方的送礼和宴请。严格控制和规范国际会议、论坛、庆典、节会等活动。

第八十一条　中国农业科学院领导班子成员要廉洁从政，严格执行领导干部重大事项报告制度，不得利用职权和职务影响为本人或特定关系人谋取不正当利益；加强对亲属和身边工作人员的教育和约束，决不允许搞特权。

第八十二条　中国农业科学院工作人员要强化责任担当，勤勉干事创业，真抓实干、埋头苦干，不能简单以会议贯彻会议、以文件落实文件。

第八十三条　中国农业科学院机关要建设学习型机关，院领导及院机关各部门负责人要做学习的表率。

第八十四条　院领导和院机关各部门负责人要深入基层，调查研究，指导工作，研究解决问题。院主要领导出席会议活动、考察调研一般由院办公室及业务相关部门派员陪同，其他院领导出席会议活动、考察调研原则上由业务相关部门派员陪同。要改进调查研究，注重实际效果，减少陪同人员，简化接待工作。

第八十五条　院领导在公务活动中，一般不以个人名义发贺信、贺电，不题词、题字。

第八十六条　各类公务接待活动按照上级及院有关文件规定执行。

第十四章　附　则

第八十七条　中国农业科学院院属各单位应遵照本规则制定本单位的工作规则，并报院办公室备案。

第八十八条　本规则自发布之日起施行。2009 年 12 月 31 日印发的《中国农业科学院工作规则》同时废止。之前的有关规定与本规则不一致的，按本规则执行。

中国共产党中国农业科学院党组工作规则

第一章 总 则

第一条 为进一步加强和规范中国共产党中国农业科学院党组（以下简称院党组）工作，根据《中国共产党章程》《关于新形势下党内政治生活的若干准则》《中国共产党廉洁自律准则》《中国共产党党组工作条例（试行）》《中国共产党党内监督条例》和有关党内法规，结合中国农业科学院实际，制定本规则。

第二条 院党组是党在中国农业科学院设立的领导机构，发挥领导核心作用，服从党中央、农业农村部党组领导，向农业农村部党组请示报告党的工作。

第三条 院党组工作应当遵循以下原则：

（一）坚持党的领导，保证党的理论和路线方针政策贯彻落实；

（二）坚持全面从严治党，依据党章和其他党内法规开展工作，落实管党治党主体责任；

（三）坚持民主集中制，确保院党组的活力和党的团结统一；

（四）坚持院党组发挥领导核心作用与院领导班子依法履行职责相统一，把党的主张通过法定、民主程序转化为院领导班子的决定，保障院长负责制的落实。

第二章 党的领导

第四条 深入学习贯彻习近平新时代中国特色社会主义思想和党的十九大精神，牢固树立政治意识、大局意识、核心意识、看齐意识，坚定道路自信、理论自信、制度自信、文化自信，坚决维护习近平总书记党中央核心、全党核心地位，坚决维护党中央权威和集中统一领导。

第五条 全面贯彻落实习近平总书记“面向世界农业科技前沿、面向国家重大需求、面向现代农业建设主战场”的重要指示精神，确保党中央决策第一时间传达贯彻、久久为功见到实效，确保农业农村部党组部署得到迅速执行、见人见事见效，动员全院党员干部职工投身到建设世界一流学科和一流科研院所的事业中。

第六条 把党的领导落实到一切工作中，始终坚定政治方向、把牢政治原则、提高政治能力。党组书记支持院长依法行使职权，紧紧依靠党组班子，凝聚团队智慧，把院党组建设成为信念过硬、政治过硬、责任过硬、能力过硬、作风过硬、朝气蓬勃、团结一心的领导集体。

第七条　牢固树立一切工作到支部的鲜明导向，把支部建在科研团队，把党的领导落实到科研团队，坚持中心工作开展到哪里，党的建设就跟进到哪里。

第八条　加强党组对群团组织的领导，支持群团组织依法依章程创造性开展工作，为科研创新凝聚力量。加强党组对统战工作的领导，利用多种方法和渠道，搭建平台、创新环境，培养和举荐党外人士，发挥他们的专业特长和优势。

第三章　党的建设

第九条　全面贯彻落实新时代党的建设总要求和党的组织路线，以提升组织力为重点，突出政治功能，不断加强和改进基层党的建设，推动基层党组织全面进步、全面过硬。

第十条　大力推进党的政治建设、思想建设、组织建设、作风建设、纪律建设，把制度建设贯穿其中，深入推进反腐败斗争，不断提高党的建设质量。

第十一条　坚持围绕创新、服务创新、促进创新，发挥好党的建设工作在推动发展、服务群众、凝聚人心、促进和谐中的作用。把党的建设工作与科技创新工作紧密结合起来，同步规划、同步推进、同步落实、同步考核。

第十二条　加强宣传思想工作和创新文化建设，重点宣传新时期党的路线、方针与政策，宣传优良传统和创新文化、宣传优秀人物和典型经验，引导广大科技工作者和干部职工践行“求真笃行，敬农致用”的院训。

第十三条　院党组领导全院党的工作，是推进全院党建工作的责任主体，落实党的建设工作责任制，重点履行好指导、用人、保障、管理、考核责任。

第四章　从严治党

第十四条　认真履行党要管党、全面从严治党政治责任，加强对院系统全面从严治党工作的指导，落实主体责任和监督责任。坚持问题导向，发扬“钉钉子”精神，抓好各项工作措施的落实。

第十五条　认真执行党内各项法规，严守六大纪律，严明政治规矩，严肃党内政治生活，着力增强政治性、时代性、原则性、战斗性。

第十六条　严格落实中央、农业农村部党组和院党组关于改进工作作风、密切联系群众的各项规定，驰而不息纠正形式主义、官僚主义、享乐主义和奢靡之风，严格遵守党员领导干部廉洁从政有关规定，自觉接受监督，推动全院作风建设不断深入。

第十七条　坚持把纪律教育挺在前面，正面教育和警示教育相结合，筑牢廉洁自律的思想防线，弘扬科研道德，提倡优良学风，发展廉政文化，营造纪律严明、环境宽松的创新氛围。

第十八条　充分运用监督执纪“四种形态”，特别要践行好“第一种形态”，紧盯重点领域，抓早抓小，防微杜渐，强化日常监督和风险防控，持之以恒正风肃纪；坚持“第二、第三、第四种形态”不放松，推动管党治党严紧硬，确保全面从严治党无禁区、全覆盖、零容忍。

第十九条　加强和改进巡视工作，发挥巡视利剑作用。认真贯彻中央巡视工作方针，把巡视整改作为“四个意识”的试金石，透过业务看政治，不断深化政治巡视和专项巡视，使巡视发现问题、形成震慑、推动改革、促进发展的作用得到充分发挥。

第五章　重要作用

第二十条　院党组坚决贯彻执行党的路线、方针、政策和决定，领导全院各级党组织加强党的建设，落实全面从严治党主体责任，锐意进取、改革创新、服务“三农”，切实发挥把方向、管大局、保落实的重要作用。

第二十一条　加强院党组对农业科技创新工作的领导，科学研判和准确把握未来农业和农业科技发展态势，推动完善科研选题产生、科研团队稳定支持和重大问题协同攻关机制，统筹推进学科、人才、项目、平台、成果、制度、文化等创新要素“一体化”发展。

第二十二条　以党建促业务，以党建促发展，使院党组的主张通过规范程序变成全院自觉行动，协助院长统揽全局，确保决策部署落实，推动全院出成果、出人才、出效益。

第二十三条　坚持不懈推进党的政治建设，全力保障创新工程、人才工程和创新联盟建设，加快培育重大理论发现、重大科技成果和重大应用产品，推动中国农业科学院实现率先跨越，引领全国农业科技整体跃升。

第二十四条　推动现代院所建设，提高学术质量，加强师德师风建设，努力营造制度完善、学风优良、宽容失败、环境和谐的体现中国农业科学院精神的创新文化氛围。

第六章　职责要求

第二十五条　认真履行政治领导责任，做好理论武装和思想政治工作，负责学习、宣传、贯彻执行党的理论和路线方针政策，贯彻落实中共中央、农业农村部党组的决策部署。

第二十六条　院党组讨论和决定中国农业科学院下列重大事项：

（一）学习、宣传、贯彻党的路线方针政策，贯彻落实中共中央、国务院决策、部署、指示、决定等事项；

（二）需要向中共中央、农业农村部党组请示报告的重要事项；

（三）直属机关党委和院属各单位党委请示报告的重要事项；

（四）院机关各部门、院属各单位机构设置、职责、人员编制等事项；

（五）重大决策、重要人事任免、重大项目安排、大额资金使用等事项；

（六）院机关各部门和院属各单位领导班子建设、干部队伍建设和人才队伍建设，干部奖惩事宜；

（七）院机关各部门、院属各单位党组织建设、党员教育和党员队伍建设方面的重要事项；

（八）意识形态工作、思想政治工作、精神文明建设和创新文化建设方面的重要事项；

（九）全面从严治党、党风廉政建设和反腐败工作方面的重要事项；

（十）统战工作、群团工作、离退休人员管理服务工作等方面需要经院党组讨论决定的重要事项；

（十一）加强院党组自身建设有关事项；

（十二）其他应当由院党组讨论决定的重要事项。

院党组可根据工作需要对议事内容适时进行调整。

第二十七条　选拔任用干部必须坚持党章规定的干部条件，坚持党管干部原则，坚持德才兼备、以德为先，坚持五湖四海、任人唯贤，坚持事业为上、公道正派，坚持注重实绩、群众公认，坚持信念坚定、为民服务、勤政务实、敢于担当、清正廉洁的好干部标准，严格执行“凡提四必”和“三个不上会”“两个不得”“五个不准”的要求。

进一步强化院党组的领导和把关作用，树立正确的用人导向，加强干部队伍建设，完善干部培养选拔机制，强化干部教育培训，组织开展巡视工作，从严管理监督干部。

贯彻党管人才原则，按照中共中央、国务院、农业农村部关于人才工作重要决策部署，加强农业科研、转化、管理和支撑人才队伍建设。

第二十八条　加强对院系统统战工作和工会、共青团、妇女组织等群团组织的领导，重视对党外知识分子、人才的培养使用，更好地团结带领党外干部和群众，凝聚各方面智慧力量，着力推进农业科技创新和“两个一流”建设。

第二十九条　落实党建工作责任制，院党组书记履行抓党建第一责任人的职责，院党组专职副书记具体负责抓好党的建设各项工作，其他院党组成员根据分工抓好职责范围内党的建设工作。

加强对直属机关党委以及院机关各部门、院属各单位党组织工作的领导；支持院直属机关党委接受农业农村部直属机关党委的领导；支持院直属机关党委履行对院机关各部门、院属京区各单位党组织工作的领导职责，对院属京外各单位党组织工作的指导职责；按属地管理原则，支持院属京外各单位党组织接受地方党组织的领导。

第三十条　加强对纪检组工作的领导，院党组认真履行全面从严治党主体责任，院纪检组落实全面从严治党监督责任。院长、院党组书记履行党风廉政建设第一责任人的责任，其他院党组成员严格落实“一岗双责”；从严管理干部；加强对权力运行的制约和监督；持之以恒抓作风建设；支持并自觉接受上级纪检监察组织的监督，构建不敢腐、不能腐、不想腐的长效机制。院党组纪检组办公室设在院监察局，承担相关日常工作，院监察局局长应兼任院党组纪检组副组长。

第三十一条　院党组及其成员要不断加强思想政治建设，坚定理想信念，严守政治纪律和政治规矩。加强和规范党内政治生活，坚定不移贯彻新时代党的组织路线，坚持和完善民主集中制，严格党的组织生活，带头增强政治性、时代性、原则性、战斗性。自觉践行“三严三实”要求，持续推进“两学一做”学习教育常态化制度化，扎实开展“不忘初心，牢记使命”主题教育。严格遵守党员领导干部廉洁从政有关规定，自觉接受院机关各部门、院属各单位党组织和党员群众的监督，永葆共产党人清正廉洁的政治本色。

第三十二条　院党组书记主持党组全面工作，负责召集和主持院党组会议，组织院党组活动，签发院党组文件。

院党组副书记协助院党组书记工作，受院党组书记委托履行相关职责。

院党组成员根据院党组决定，按照授权负责有关工作，行使相关职权。

院党组秘书由院办公室主任担任，列席院党组会议。

第七章　组织原则

第三十三条　院党组及其成员必须在思想、政治、行动上始终同中共中央保持高度一致，坚决执行中共中央、国务院、农业农村部党组的指示和决定，坚决维护习近平总书记党中央核心、全党核心地位，坚决维护中共中央权威和集中统一领导，确保中央政令畅通。

第三十四条　院党组每年至少向农业农村部党组作 1 次全面报告，遇有重大问题及时请示报告。执行中共中央、国务院、农业农村部党组重要指示和决定的情况，可进行专题报告。

第三十五条　院党组对有关重要问题作出决定时，应当根据需要充分征求院机关各部门、院属各单位党组织及党员群众的意见。

第三十六条　院党组对重大事项和重要情况及时进行通报。由院党组书记根据党内有关规定、工作需要和通报内容决定通报范围和形式。

第三十七条 院党组实行集体领导制度。凡属院党组职责范围内的事项，按照少数服从多数原则，由院党组成员集体讨论决定。

院党组书记带头执行民主集中制，充分发扬党内民主，善于集中各方意见，自觉接受其他成员的监督。院党组成员认真执行党组集体决定，勇于担当、敢于负责，切实履行职责。

第三十八条　以院党组名义发布或者上报的文件、发表的文章，院党组成员代表院党组的讲话和报告，应事先经院党组集体讨论或者传批审定。院党组成员署名发表的与工作有关的文章，应事先经院党组审定或者经院党组书记批准。

院党组成员在调查研究、检查指导工作或者参加其他活动时发表的个人意见，应符合院党组决定精神。

第八章　议事规则

第三十九条　院党组议事决策坚持集体领导、民主集中、个别酝酿、会议决定，重大决策充分协商，实行科学决策、民主决策、依法决策。

第四十条　院党组作出重大决策，一般应在调查研究基础上提出方案，充分听取各方面意见，进行风险评估和合法合规性审查，经过集体讨论决定。

院党组讨论决定人事任免事项，应当严格按照《党政领导干部选拔任用工作条例》执行。

第四十一条　院党组议事决策一般采用院党组会议形式。院党组会议一般每月召开 1 次，遇有重要情况可以随时召开。

院党组会议议题由院党组书记提出，或者由院党组其他成员提出建议，院党组书记综合考虑后确定。

第四十二条　院党组会议应当有半数以上院党组成员到会方可召开。讨论决定干部任免事项必须有 2/3 以上院党组成员到会。院党组成员因故不能参加的，应当在会前向会议召集人请假，对会议议题的意见可以用书面形式表达。院党组会议议题涉及本人或者其亲属以及存在其他需要回避情形的，有关院党组成员应当回避。

根据工作需要，院党组会议可以请不是院党组成员的院领导班子成员列席；必要时，会议召集人可以根据议题指定有关人员列席会议，或者邀请上级党组织派员列席会议。

第四十三条　院党组会议议题提交表决前，应当进行充分讨论。会议主持人应充分发扬民主，认真听取其他院党组成员的意见；各位院党组成员应以对事业高度负责的精神，充分发表个人意见。

院党组会议表决可以采取口头、举手、无记名投票或者记名投票等方式进行，赞成票超过应到会院党组成员人数的半数为通过。未到会院党组成员书面意见不计入票数。表决实行主持人末位表态制。会议研究决定多个事项的，应当逐项进行表决。

第四十四条　院党组会议召开的时间和议题应提前通知与会人员。院党组成员如对会议议题有意见或建议，应在会议召开前提出。院党组会议所需文件、材料由院办公室会同相关部门负责准备，一般应提前半天送达。

第四十五条　对未公开的院党组讨论决定事项和有关情况，院党组成员和其他与会人员应严格保密。

第四十六条　院党组决策一经作出，应当坚决执行。院党组成员对院党组决策有不同意见的，可以保留或者向中共中央、农业农村部党组及有关部门反映，但在院党组决策改变前应当坚决执行。加强院党组决策贯彻落实的督促检查，及时跟踪和反馈执行情况，确保落实到位。

第四十七条　院党组会议由专门人员如实记录，按规定存档备查。

第四十八条　院党组会议印发会议纪要，由院党组书记签发，院办公室负责印发，会议议定事项的督促落实由院办公室会同相关部门负责。

第九章　理论学习

第四十九条　坚持解放思想、实事求是的思想路线，大力弘扬理论联系实际的学风，不断加强学习，促进院党组思想政治建设，全面提高院领导班子成员的理论素质和领导能力。

院党组及其成员应当把理论学习与专题调研结合起来，扎实调查和研究问题。院党组成员每年应撰写 1 篇以上有情况、有对策的调研报告。

第五十条　坚持中心组学习制度。院党组中心组学习是在坚持经常性自学和调查研究基础上的集中学习，每年不少于 4 次。

第五十一条　院党组中心组由院领导班子成员组成，根据需要可适当吸收有关人员参加。院党组书记任院党组中心组组长，负责审定学习计划，确定学习主题和研讨专题，提出学习要求，主持集中学习研讨，指导和检查院党组中心组其他成员的学习。

第五十二条　院党组中心组年度学习计划经院党组会议研究同意并报农业农村部直属机关党委备案后实施。每次院党组中心组集中学习主题确定后，院党组中心组成员应围绕主题，认真学习，并结合实际准备学习体会。

第五十三条　院党组中心组集中学习结束后，向农业农村部党组及时报送学习情况。

每半年报送 1 次党组中心组学习情况，并于 1 月底前将本年度学习计划报农业农村部直属机关党委。

第十章　组织生活

第五十四条　坚持党的组织生活各项制度，创新方式方法，增强党的组织生活活力。院党组要严格执行组织生活制度，确保党的组织生活经常、认真、严肃。

院党组成员严格按照规定参加双重组织生活，自觉以普通党员身份参加所在党支部、党小组的组织生活，坚持院党组成员讲党课制度。每个院党组成员都要按规定自觉、按时、足额交纳党费。

第五十五条　院党组严格按照规定召开民主生活会，开展严肃认真的批评与自我批评。

第五十六条　院党组民主生活会一般每年召开 1 次，由院党组书记主持召开，院党组成员出席。院领导班子其他成员，院办公室、人事局、直属机关党委、监察局有关负责同志列席会议。

根据需要，可邀请农业农村部直属机关党委、人事司、科教司、驻部纪检监察组、中央组织部干部四局派员参加。

第五十七条　每次民主生活会前，院党组按照中央部署要求，结合党性党风方面存在的突出问题，确定院党组民主生活会的主题和具体安排，提前报送农业农村部直属机关党委审核。

第五十八条　院党组民主生活会召开前，按要求通报上年度民主生活会整改措施落实情况，院党组及其成员要围绕主题加强学习，广泛征求意见建议，深入开展谈心谈话，认真撰写对照检查材料，准备书面发言提纲，做好召开民主生活会的准备。

第五十九条　院党组民主生活会上，院党组书记代表院党组进行对照检查，院党组成员发表意见。院党组成员逐一作个人对照检查，严肃认真开展批评和自我批评，坦诚进行思想交流。不是院党组成员的院领导班子成员，在院党组民主生活会上可提交书面发言材料，对党组成员提出批评意见。

第六十条　院党组民主生活会后及时研究制定整改措施，切实解决存在的问题。坚持开门整改，以适当形式通报会议有关情况和整改措施，及时公开整改工作情况。

会后按要求向农业农村部有关部门报送民主生活会情况和相关材料。

第十一章　文件制度

第六十一条　院党组文件是院党组议决事项的重要载体，按中国农业科学院公文管理办法统一管理。下列事项以“中共中国农业科学院党组文件”行文：

（一）向农业农村部党组等上级党组织的请示、报告；

（二）向中央纪委国家监委驻农业农村部纪检监察组的请示、报告；

（三）向农业农村部所属单位党组、党组织行文；

（四）经院党组研究决定需要贯彻执行的事项；

（五）转发中央或农业农村部党组文件；

（六）院党组研究、决定的干部任免中，需向农业农村部报告、备案的事项，需向地方相关党组织征求意见的事项和党的系统干部的任免事项；

（七）其他需院党组行文办理的事项。

第六十二条　下列事项以“中共中国农业科学院党组函件”行文：

（一）向农业农村部所属单位及社会团体党委，各省（直辖市、自治区）党委商洽工作、询问和答复有关问题；

（二）转发中央或农业农村部有关文件；

（三）对院属各单位党组织请示件的批复；

（四）以院党组名义召开会议的通知；

（五）其他需要以院党组函件形式办理的事项。

第六十三条　院党组文件办理程序：

（一）根据院党组会议的决定或院党组书记、副书记的批示，由主办部门按《中国农业科学院公文处理办法》和电子公文管理要求拟办，所在部门领导审核；

（二）院办公室负责上报文件和重要文件的核稿；

（三）院党组书记签发，或授权副书记签发。

第十二章　责任追究

第六十四条　按照中央要求，院党组书记严格执行述职制度，院党组及其成员严格执行履职考核制度。述职和履职考核每年开展1次，可以与院党组工作报告和院领导班子年度考核、民主生活会结合开展。

院党组及其成员自觉接受纪律检查机关、本单位基层党组织和党员群众对自身执行《中国共产党党组工作条例（试行）》及本规则情况的监督，配合相关部门对自身违反《中国共产党党组工作条例（试行）》及本规则的行为开展调查并落实责任追究。

第六十五条　有下列情形之一的，应当追究有关院党组成员的责任：

（一）贯彻执行党的理论和路线方针政策、党中央指示和决定，农业农村部党组部署和要求不及时不得力的；

（二）因违反决策程序或者决策失误造成重大损失或者恶劣影响的；

（三）干部选拔任用方面出现重大问题的；

（四）不认真履行从严治党责任，造成本单位或分管部门、联系单位党组织软弱涣散、党建工作削弱的；

（五）不履行党风廉政建设主体责任，造成严重后果的；

（六）擅自公开发表或者出版同中央精神、农业农村部党组、院党组决定不符的讲话、报告、文章、著作的，或者在互联网上发表与中央精神、农业农村部党组、院党组决定不符的言论的；

（七）泄露应当保密的会议内容和讨论情况的；

（八）对其他造成严重后果或者恶劣社会影响的行为负有责任的。

第六十六条　对违反《中国共产党党组工作条例（试行）》及本规则的党组成员，根据情节轻重，给予相应处理。

第六十七条　院党组及其成员违反党章和其他党内法规，不履行或者不正确履行职责，依照《中国共产党纪律处分条例》《中国共产党问责条例》《中国共产党党内监督条例》等规定处理。

第十三章　附　则

第六十八条　院属各单位党委应当根据《中国共产党党章》《中国共产党党和国家

机关基层组织工作条例》等党内法规及本规则，结合实际制定完善《党委工作规则》，并报院办公室备案。

第六十九条　本规则由院办公室商人事局、直属机关党委、监察局具体承担解释工作。

第七十条　本规则自发布之日起实施。

中国农业科学院2018年研究所评价结果通报

2018年中国农业科学院研究所评价结果经2019年第二次院常务会议审议通过。

2018年全院发展实力总分同2017年相比增长5.36%。现将发展实力、发展速度和人均实力排名前五名的研究所通报如下。

一、发展实力排名前五名的研究所为作科所、植保所、资划所、蔬菜所、牧医所。

二、发展速度。排名前五名的研究所依次为郑果所、基因组所、沼科所、农经所、质标所。

三、人均实力排名前五名的研究所为植保所、作科所、资划所、蔬菜所、质标所。

二、科研创新与创新工程

中国农业科学院 2018 年科研计划执行情况

2018 年是全面贯彻落实党的十九大精神开局之年，也是中国农业科学院深入学习贯彻习近平总书记“三个面向”贺信精神一周年。在农业农村部党组和院党组的领导下，在财政部、科技部等部委的大力支持下，全院广大科技人员求实奋进、勤勉工作，全面完成了承担的各级各类科技计划项目任务，科研立项与重大成果产出再获丰收，科技创新工作取得新成效，自主创新与产业支撑能力进一步提升。全院共主持各级各类科技计划项目（课题）4 921 项，年度合同总经费 73. 3 亿元，其中新增主持项目（课题）2 840 项，合同经费 16. 9 亿元。全年以第一作者或通讯作者共发表论文 5 323 篇，其中 SCI/EI 等收录 2 858 篇，在 *Science*、*Nature*、*Cell* 等国际顶尖 SCI 期刊发表论文 5 篇。全年审定（认定、登记）农作物新品种 202 个，其中国家审定 111 个；培育家禽新品种 1 个；获新兽药、农药、肥料、饲料添加剂新产品证书 29 项；获植物新品种保护权 92 项；制定标准 189 项，其中国家标准 79 项；获软件著作权 1 038项，出版科技著作 272 部。全年共获各类科技成果 137 项，其中获奖成果 88 项。以第一完成单位获国家奖 8 项，其中自然科学奖二等奖 1 项、技术发明奖二等奖 2 项、科技进步奖二等奖 5 项，获省部级奖 44 项、院科技成果奖 15 项，获社会力量等其他奖励 21 项。

一、国家重点研发计划专项项目

共牵头承担项目 83 项，主持课题 379 个。围绕“七大农作物育种”“粮食丰产增效科技创新”“化学肥料和农药减施增效综合技术研发”“畜禽重大疫病防控与高效安全养殖综合技术研发”“农业面源和重金属污染农田综合防治与修复技术研发”“智能农机装备”等 10 多个重点专项，在相关领域的基础前沿、重大共性关键技术、装备研发和应用示范方面取得系列重要进展。

（一）“七大农作物育种”专项

主要农作物优异种质资源形成与演化规律研究：揭示了水稻亚种间杂种不育的遗传基础，发现毒蛋白是导致不育的内因；揭示了番茄产量提升过程中重要代谢成分量的变化，发现了影响番茄食味品质的关键调控因子，绘制了番茄品质改良行动路线图；在小麦、棉花、油菜等多倍体作物中发现亚基因组进化和育种选择的非对称性；构建了不同作物的 NAM、MAGIC 遗传群体，创造了大批中间材料。

主要粮食作物种质资源精准鉴定与创新利用：精准鉴定了 8 034 份主粮作物种质资源多生态点表型性状，利用重测序法和 SNP 芯片法完成了 3 380 份种质的基因型扫描，筛选出优异种质 807 份，提供利用 5 530 份次。创制远缘杂交材料 216 份，筛选和创制地方品种纯系和导入系 515 份，创制目标性状突出综合性状优良的新种质 109 份。

主要农作物诱变育种：完成辐射终端升级改造，利用错配修复突变体构建了高效的水稻诱变育种技术体系，优化了水稻表型及基因型高通量鉴定技术；创制高产、优质、抗逆等目标性状突出且适合未来育种需求的特异种质 36 份，培育适合不同地区的优质、多（高）抗、（超）高产小麦、水稻等新品种 21 个，推广示范 524.01 万亩。

长江中下游籼稻优质高产高效新品种培育：审定品种 45 个，其中早籼稻 8 个、双季晚籼稻 10 个、单季晚稻 17 个、麦后稻 10 个，累计推广 687.5 万亩；获植物新品种权保护 21 项，获发明专利 7 项，制定新品种配套生产技术规程 2 项，杂交水稻轻简机械化制种技术获得突破。

北部麦区优质抗旱节水高产小麦新品种培育：6 个小麦新品种通过审定，其中轮选 13、轮选 16 和轮选 66 通过国家审定，轮选 266、轮选 310 和轮选 117 通过京津冀审定，新品种累计推广种植 122 万亩；轮选 13 等 6 个品种完成新品种转让。

黄淮海耐密抗逆适宜机械化夏玉米新品种培育：创制优良育种材料 120 份，组织黄淮海区品种展示 5 个试点，组织品种区域试验 20 点次，筛选优良品种 6 个并大面积推广，申请专利和植物品种权 10 项。

黄淮海大豆优质高产广适新品种培育：建立和完善黄淮海地区大豆育种材料表型鉴定平台，筛选出 26 份性状优异材料，创制优异新材料 25 份，培育 22 个新品种，在服务产区建立展示示范基地 15 个，多个新品种（系）实收测产创造 300 千克以上高产典型，品种及配套栽培技术示范推广 125.0 万亩。

长江中游油菜高产优质适宜机械化新品种培育：获得适宜机械化优异材料 41 份和优良亲本 13 个；采用分子育种结合回交育种，开展了优良亲本的早熟改良和迟熟及更早熟改良，选育沣油 306 等优质高产油菜新品种 5 个；在长江中游油菜主产区建立了完善的多点生态测试网点 28 个，建立 5 个全程机械化示范点，示范推广 125 万亩；制定了 1 项中熟油菜品种旱作全程机械化生产技术规程。

棉花杂种优势利用技术与强优势杂交种创制：创建棉花杂种优势类群 4 个，创制优良亲本材料 19 份、不育系 15 份、恢复系 12 份；培育强优势杂种 11 个，其中国审品种 1 个、省审品种 10 个，共计示范推广 115.6 万亩。

西北内陆优质机采棉花新品种培育：获得了宜机采的棉花优异资源 100 多份，针对目标性状开发了相关的 SNP、SSR 标记等；探索建立高效育种技术体系，推荐 51 份品系参加各级区试；审定品种 9 个，示范推广 200 多万亩；建立机采棉高效配套技术体系 3 项。

长江流域高产高效棉花新品种培育：获得 900 多个自交系，创制突变体材料 100 余份，完成了2 000余份棉花材料的耐盐筛选鉴定；30多个品系参加了长江流域的区域试验或生产试验，其中中棉所425完成了安徽省早熟棉区域试验，南农991通过浙江省审定；在江苏兴化、盐城进行了短季棉集成与示范，在湖北6个县市进行了直播棉集成和示范。

黄河流域高效轻简化棉花新品种培育：创制了株型紧凑、早熟性强、吐絮集中、适合机采、抗逆性强的高产、优质育种新材料41份，创制综合性状好、配合力高的优良亲本材料7份，培育了适合黄河流域棉区种植的棉花新品种11个，示范推广20万亩，建立黄河流域棉区高效轻简化植棉配套技术规程3套，建立轻简化示范点10个。

主要经济作物种质资源精准鉴定与创新利用：完成7 193份大豆、油菜、棉花、蔬菜种质资源第一生长周期重要性状表型精准鉴定，完成3 050份重要性状基因型鉴定，筛选遗传背景清楚的优异种质221份，创制经分子鉴定确证的优异远缘育种杂交中间材料117份，获得有育种利用价值的地方品种纯系和导入系253份，创制创新目标性状突出且综合性状好的优异种质207份，获得育种利用创新种质22份。

主要农作物杂种优势利用技术与强优势杂交种创制：首次获得远缘杂交育性恢复系并成功转育甘蓝抗根肿病基因，建立了白菜、甘蓝、番茄、辣椒和黄瓜骨干亲本或核心资源杂种优势群，预测了白菜、番茄作物的杂种优势；建立了甘蓝自交亲和、番茄雄性不育、辣椒抗青枯病等基因快速筛选技术，建立了辣椒耐低温弱光、黄瓜耐热鉴定技术；育成白菜、甘蓝、番茄、辣椒、黄瓜等强优势新材料30份，选育出春绿2号、苏牛2号、中椒1615等强优势杂交组合29个，累计推广强优势新品种35.74万亩。

十字花科蔬菜优质多抗适应性强新品种培育：完成根肿病等病原菌鉴定，建立和完善了耐寒、耐热、耐抽薹等鉴定技术；优化了小孢子培养技术，完善了不结球白菜、花椰菜/青花菜、萝卜雄性不育转育技术，获得了505份雄性不育材料；新引进种质资源材料1 460份，鉴定育种材料11 221份，获得抗病、抗逆优良育种材料773份；试配、鉴定杂交组合15 512个，育成符合目标性状新品种73个；推广育成品种面积173.2万亩，建立繁育基地18个、示范基地32个。

茄科蔬菜优质多抗适应性强新品种培育：完成初选特异材料重复鉴定及新引种质鉴定2 218份，初选抗逆和优良品质材料184份，选择优异株系588份；初步开发和优化各类分子标记105个，初步构建番茄和辣椒耐寒和耐热鉴定技术6项；试配新组合8 929个，品比鉴定新组合5 486个，示范推广已有新品种114.99万亩。

（二）“粮食丰产增效科技创新”专项

粮食作物产量与效率层次差异及其丰产增效机理：初步阐明了区域三大粮食作物产量差和效率差的时空分布和多年动态变化规律；分析了不同障碍胁迫水平下三大粮食主产区作物产量变化差异及原因，解析了造成产量差的气候、品种、土壤、栽培技术等因素的贡献率，明确了三大作物产量和效率差异形成的生理生态机制；明确了作物增产增效的优势区域，初步创新集成了三大作物三大区域的缩差增效栽培调控技术途径。

稻作区土壤培肥与丰产增效耕作技术：明确了高产稻田肥力关键限制因子，探明了稻田丰产和减排的协调途径，揭示了生态稻作对稻田资源利用效率的提升效应及其机制，阐明了耕作对土壤物理和生物特性的影响机制；研发稻田耕作与培肥关键技术 4 项，生物有机培肥产品 6 个，秸秆腐熟剂 3 类；形成了 6 套丰产高效与环境友好的耕作模式，示范面积 150 余万亩。

小麦生产系统对气候变化的响应机制及其适应性栽培途径：初步明确了区域尺度气候变化对小麦生产系统的影响，揭示了气候变化对产量、品质及生长发育的影响，以及小麦适应气候变化的生理生态和分子调控机理；分别针对黄淮海北部、黄淮海南部及江淮地区的气候变化特点，初步明确了应对气候变化的栽培技术途径及机制，以及不同栽培措施的减排效果及调控机理；初步筛选适应气候变化品种 22 个。

玉米生产系统对气候变化的响应机制及其适应性栽培途径：对全国玉米生产生态区进行了重新分区，基于 OTC 系统和 Mini-FACE 系统研究大气 CO_2浓度升高的影响，解析了玉米对温度和 CO_2升高响应相关的分子和生理机制；采用静态箱—气相色谱法研究了不同施肥措施对东北春玉米土壤温室气体排放的影响；完善了不同基因型间混作互补增抗技术。

粮食主产区主要气象灾变过程及其减灾保产调控关键技术：系统收集整理了 13 个粮食主产省 1 400 多个县级气象站的日值、全国历史重大气象灾害、全国玉米水稻小麦生育期和三大作物不同品种抗逆特性数据，以及三大作物主要灾种抗灾技术；明确了 13 个灾种在气候学及天气学两个尺度的指标，制定了不同的灾害指标。

（三）“化学肥料和农药减施增效综合技术研发”专项

肥料养分推荐方法与限量标准：构建了小麦、玉米、水稻等 17 种作物基于产量反应与农学效率的推荐施肥方法；提出了作物有机肥替代化肥及秸秆还田养分高效利用技术，阐明了参与秸秆腐解的微生物类群；研究了推荐施肥、养分有机替代、秸秆高效还田对化肥减施增效的影响，开展了农学、经济、生态及环境效应评价，建立化学肥料减施增效技术体系，初步提出主要粮食作物化肥减施增效技术模式。

化学农药归趋特征及限量标准：初步明确我国大量使用的吡虫啉等 27 种农药在不同种植体系中的沉积、迁移、消解、代谢规律，绘制了我国粮食、蔬菜、果树、经济作物体系下常用农药的沉积谱、消解谱和代谢谱；证明了 95%的农药在植物中的半衰期为 0.6~28 天；制定农药施用限量标准原则和方法，并制定吡虫啉、啶虫脒等在不同种植体系中的农药施药限量标准草稿 24 项。

化学农药对靶高效传递与沉积及调控：系统研究了典型场景下农药在水稻冠层的沉积结构；利用纳米材料和控制释放技术，构建了基于有害生物为害时空规律的剂量传递与分布调控缓释粒剂型，研究了农药在水稻植株中的剂量传输与分布规律，制定了基于水稻种植农艺模式的省力化使用技术。

化肥农药减施增效的环境效应评价：初步构建了化肥农药减施增效环境效应评价基础数据库、信息共享平台和环境效应监测网络；制定了化肥减施增效环境效应评价方法2套、监测指标体系1套、评价指标体系和技术方法2套、监测技术规范2套，开发了基于“互联网+模式”的减施增效监控及成果应用系统。

新型复混肥料及水溶肥料研制：研制作物专用复混肥料、增效复混肥料、作物专用水溶肥料及功能水溶肥料新产品64个，建立肥料新产品生产线18条，累计产能超过150万吨/年，合计生产销售肥料新产品30.6万吨，建立示范基地32个，推广应用1 038.2万亩；建立智能配肥站200个、示范工程12个，推广应用600余万亩；制定《腐殖酸类肥料分类》国家标准。

化学农药协同增效关键技术及产品研发：完成了典型农区和典型种植模式下13省38个地区9种农作物17种重点有害生物对32个常规药剂敏感性变化检测，建立了快速选药技术5项，研制群体水平选药试剂盒39个、生化和基因水平选药试剂盒6个；筛选获得高效敏感单剂34个，协同增效组合90个，协同增效助剂、剂型及组合26个，优化制剂配方14个，建立了11个对靶精准智能释药体系和相关产品，集成了16套单项或全程化学防治减量协同增效技术，新建生产线3条，2个产品获得产品登记证。相关产品和技术在黑龙江、辽宁等多地验证面积约335.9万亩。

作物免疫调控与物理防控技术及产品研发：获得高效抗病虫免疫诱导子15个，研制免疫诱导剂新产品6个，建立规模化生产线3条，获得农药正式登记1个；获得高效杀虫靶标基因33个，其中12个基因5天致死率在90%以上；构建高效靶标基因双链RNA工程菌和转基因植株，获得RNAi新产品1个；完成了昆虫趋光行为机制、主要天敌敏感波长及害虫对非发光材料的反应规律研究，研制新光源新能源诱虫灯新产品等6个；建立了作物免疫调控和物理防控综合技术集成核心区。

新型高效生物杀虫剂研发：筛选改造获得35个高效株系，获得32个活性代谢产物；建立新生产工艺7项，累计研制新剂型5个，研制生物杀虫剂7个，获得农药登记证8个；提出4项新减药理论，在此基础上建立提出配套技术11项，应用示范82万亩次，辐射推广800万亩次。

天敌昆虫防控技术及产品研发：研发新工艺新方法22套、新产品新装置11个，建立规模化生产线7条，扩繁15种产品，年产能3 000亿头；研发田间高效释放配套设备7套，建立天敌活体资源库1个、天敌DNA指纹图谱库1个，评价了13种新天敌的控害能力，在吉、黑、津、鲁、粤、渝等地示范176万亩，显著减低农药用量。

种子、种苗与土壤处理技术及配套装备研发：制定种传病原物检测技术规程16项，确定了三七等9种作物土传病害的优势病原物并建立了检测技术；研发了高效低风险种子、种苗处理产品10个，获得悬浮种衣剂2个、秧盘处理缓释颗粒剂10个、土壤处理新产品3个及配套应用技术3项；研发了生物熏蒸等3项土壤消毒新技术。

北方玉米化肥农药减施技术集成研究与示范：鉴定出氮高效宜机收品种20个；明

确了北方玉米杂草演化现状及难治杂草种群，提出精准选药方案；初步建立了化肥农药减施综合技术模式 14 项，示范应用 360 万亩，化肥利用率提高 8%以上、减量 17%以上，农药减量 30%~50%，增产 7.2%以上。

棉花化肥农药减施技术集成研究与示范：提出新技术、新产品 22 项（个），形成技术规程 4 个，制定行业标准 6 件、企业标准 2 件，化肥农药减施综合技术模式示范应用 540 万亩，辐射推广 1 180 万亩。

马铃薯化肥农药减施技术集成研究与示范：掌握了六大区域马铃薯施肥现状、病虫害主要种类及防治方法；筛选了新型肥料 10 个、化肥增效剂 2 个；开展了马铃薯块茎蛾性诱剂等绿色防控技术及产品研发、晚疫病综合防控技术模式及植物源新农药研发。

露地蔬菜化肥农药减施技术集成研究与示范：筛选、优化露地蔬菜化肥减施关键技术 7 项，筛选出专业新型肥料产品 5 个；提出露地蔬菜农药减施技术 5 项、农药替代产品和技术 7 项、露地蔬菜水肥药协同共效技术 7 项；建立适合叶菜类、果菜类、根茎类、葱蒜类等露地蔬菜优势区化肥农药减施增效技术模式 17 项，建立示范基地 20 个，建成示范区 12 万亩，示范推广 40 余万亩。

设施蔬菜化肥农药减施增效技术集成研究与示范：建立设施蔬菜优势区化肥农药减施增效技术模式 12 项、关键技术、产品与综合技术模式在核心示范区示范 119 万亩，示范区减施化肥 35.0%，提高化肥氮利用率 15.2%，化学农药减量施用 35%，蔬菜平均增产 3%。

茶园化肥农药减施增效技术集成研究与示范：验证筛选了组装集成的技术模式，形成了区域主推技术模式，构建茶园化肥农药减施增项技术模式 13 套，建立示范区 6 万余亩，在核心示范区可减少化肥施用量 25%~29%，化学农药减量 30%以上，新增示范推广面积 45 万亩。

（四）“畜禽重大疫病防控与高效安全养殖综合技术研发”专项

动物流感病毒遗传进化与致病机理研究：揭示了 H5N1 亚型禽流感病毒的抗原变异机制以及感染驴的 H3N8 马流感病毒的分子特征；发现宿主蛋白 PLSCR1 通过与流感病毒 NP 蛋白互作，阻止 NP 进入细胞核，进而抑制流感病毒复制；研制了具有自主复制能力的 H5N1-、H7N9-和 H9N2-NA Venus 荧光报告病毒，并对其应用进行了探索。

新发与再现畜禽重大疫病的致病与免疫机制研究：在猪伪狂犬病毒变异与免疫逃逸的分子机制、猪伪狂犬病毒潜伏感染及其致病机制、BST-2 调控猪流行性腹泻病毒增殖的分子机制和病毒环状 RNA 分子相关研究方面取得重要进展。制备了重组病毒的灭活疫苗，鉴定 PRV、PRRSV、PEDV、JEV 和 SAV 等病毒编码的环状 RNA 谱。

畜禽重要病原共感染与协同致病机制研究：研究发现鸡传染性支气管病毒混合感染的地区分布次序与我国家禽存栏量的地区分布现状相符，肉鸡发生鸡传染性支气管病毒混合感染的比例远高于蛋鸡；在病毒混合感染中主要是 NDV 与 IBV 发生共感染，可造成显著的协同致病增强效果。

家禽重要疫病诊断与检测新技术研究： 成功研制了禽流感病毒 H7 亚型竞争 ELISA 抗体检测试剂盒等 11 种禽重要疫病的检测试剂盒；建立和完善了金属纳米探针结合暗场显微镜检测新技术等 20 余项；研发了高通量恒温扩增微流控检测设备，研制禽腺病毒Ⅰ群琼脂扩散及阴阳性血清等标准物质 3 种。

猪重要疫病免疫防控新技术研究： 完成了 5 个新增示范场的主要疫病流行病学调查及抗体水平检测，初步创建了示范场猪重要疫病抗体检测数据库；获得了仔猪大肠杆菌病、产气荚膜梭菌病二联灭活疫苗生产批文，完成猪瘟基因工程活疫苗、PCV2 Cap 蛋白亚单位疫苗的临床试验，猪脾转移因子注射液产品获得批准；研发了猪用疫苗新型水溶性佐剂并用于制备猪圆环疫苗和传染性胃肠炎、流行性腹泻疫苗。

严重危害畜禽的寄生虫病诊断、检测与防控新技术研究： 建立了马泰勒虫、驽巴贝斯虫等的套式多重 PCR 等检测方法；完成鉴别牛巴贝斯虫和双芽巴贝斯虫感染的 ELISA 方法实验室评价、血清库及批量抗原的制备及试剂盒组装；完成 36 种牛羊犬梨形虫反向线状印迹和 18 种牛羊犬梨形虫高分辨率熔解曲线方法的特异性和敏感性实验室评价。

烈性外来动物疫病防控技术研发： 开展了非洲猪瘟病毒免疫逃逸机制研究，阐明非洲猪瘟病毒免疫逃逸蛋白 UK、MGF360 对宿主免疫系统的逃逸机制；构建表达非洲猪瘟病毒主要保护性抗原的腺病毒、伪狂犬病毒载体疫苗和 DNA 鸡尾酒疫苗，初步在实验动物水平验证了免疫原性；开发了用于非洲猪瘟减毒活疫苗生产的猪骨髓源巨噬细胞系。

畜禽疫病防控专用实验动物开发： 组建了 SPF 大白猪和长白猪基础群，建立了猪剖宫产、无菌接生及仔猪人工饲喂关键技术体系，改造完成 SPF 比格犬屏障系统，研制了大部分 SPF 猪和犬病原相关抗原和抗体建立方法，完成犬细小病毒胶体金试纸条的新兽药证书申报。

种畜场口蹄疫净化技术集成与示范： 建立了 3 种测定口蹄疫病毒 146S 抗原含量的方法，建立了特异性好、灵敏度高、稳定性好的口蹄疫抗体化学发光 ELISA 检测法，建立了 2 种抗体检测试纸并建立了中试生产线 2 条；制定了种猪场口蹄疫生物安全建设规范，建立了内外环境消毒及评测制度。

养殖环境对畜禽健康的影响机制研究： 系统开展了温热、湿度、密度、有害气体、光照、颗粒物等主要环境因子对畜禽生长和健康的影响机制研究，提出肉鸡、肉鸭温热环境综合评价指标 4 套，猪、奶牛、水牛温热环境适宜参数 3 套，畜禽舍内饲养密度与群体规模 1 套，建立生长猪有害气体限值与多元优化控制措施、集约化猪舍小气候多元模型各 1 套。

畜禽养殖废弃物生物降解与资源转化调控机制： 挖掘促进畜禽养殖废弃物高效转化的昆虫资源 2 种，筛选得到促进昆虫高效转化废弃物的微生物 2 种，并克隆出相关功能基因 1 个，分离并鉴定了畜禽病原微生物 144 个，建立了病原体检测技术 4 种。

畜禽废弃物无害化处理与资源化利用新技术新产品研发：研发了液体粪污农田安全利用新技术及设备，开展了原位催化过硫酸盐去除抗生素效果研究，开发了液体粪便专用施肥设备；开发了厌氧膜生物反应器配套的“产气速率-pH”自动调控技术、序批式膜生物反应器配套的“pH-氧化还原电位”实时控制耦合膜出水自动控制技术；开发了死畜禽就地密闭式连续动态堆肥技术及装备。

绿色水禽高效安全养殖技术应用与示范：针对肉鸭全封闭式立体笼养模式开展研究，确定了最优的养殖密度和环境温度，探索了营养饲料和免疫方式；采集了肉鸭饲料原料代谢能和酶水解能营养价值基础数据。

（五）“农业面源和重金属污染农田综合防治与修复技术研发”专项

农田系统重金属迁移转化和安全阈值研究：初步构建了土壤锑毒性回归模型，完成了对土壤生物和玉米、小麦的生态毒性阈值研究；研究了重金属及其复合污染对不同生态系统中不同作物生理生化特性和品质的影响；初步建立了不同类型土壤中5种典型重金属生物暴露及效应量化关系；开展了农田土壤典型重金属生态风险评估方法标准化研究。

重金属污染耕地安全利用技术与产品研发：研发出能有效降低稻米镉含量的综合农艺调控技术“VFR模式”（品种+肥料+调理剂）；构建了土壤重金属镉、砷、铅含量和小麦、玉米籽粒中含量点对点数据库，建立了小麦、玉米籽粒中重金属含量预测方程；确定了我国华北地区小麦、玉米种植区土壤重金属镉、砷、铅的含量阈值。

农业面源和重金属污染检测技术设备研发及标准研制：组装了2套常压辉光放电微等离子体激发源，设计和研制了电磁感应电热蒸发进样部件，初步开展了仪器性能和土壤分析方法测试；完成土壤氮磷生物有效原位提取检测系统硬件设计，形成了原理样机2套；初步形成了土壤污染物长期监测点布局方案，开发完成了土壤重金属采样调查系统原型机。

中南镉砷污染农田综合防治与修复技术示范：开展镉砷富集和超富集植物育苗技术及强化萃取技术、植物—微生物联合阻隔技术、镉砷协同钝化等技术研发与示范，形成适合中南地区镉砷污染农田植物萃取、耕地安全利用、间作修复技术模式5套。

农田有毒有害化学/生物污染防控技术与产品研发：构建了农田优先控制有毒有害污染物筛选方法，分离到高效氯代酰胺类降解菌株和啶氧菌酯降解菌；构建了抗生素污染土壤生物电化学修复系统，评估了环糊精传质改善剂的污染修复性能；探明了水稻壳生物炭对乙氧氟草醚污染土壤种植玉米、油菜、甘蓝等后茬作物明显的抑制修复作用及其影响因素；形成农田抗生素、激素等污染物的生物炭吸附催化降解技术与产品。

水稻主产区氮磷流失综合防控技术与产品研发：全面开展田—沟—塘生态系统氮磷迁移过程监测及其模型研发；开展水稻对最高和最低水位的适应性观测，得到稻田精准控水阈值范围；完成对稻田氮磷源转汇途径解析和各生育期中灌排水质水量特征及流失风险期识别，完成田—沟—塘水量水质协同调控与循环利用方案及试用；构建稻田氮磷流失综合防控技术体系，初步完成智慧型流失综合防控智能平台研发。

黄淮海蔬菜主产区面源污染综合防治技术示范：研究菜地养分缓控固持材料，开展养分流失综合阻控技术集成研究，构建排水氮磷生态拦截系统；构建尾菜肥料化生产线，筛选尾菜高值转化菌群，研发残膜回收机械；量化技术应用效果评价指标，确定技术评价模型与方法；建设露地蔬菜污染防治技术核心示范区与辐射示范区。

集约化养殖粪污污染综合防治技术与装备研发：开发了基于移动地板关键技术的粪污实时分离收运设备，研发了两阶段闭式循环氨吹脱/吸收技术，初步构建了基于霍普水丝蚓与绿狐尾藻为主体的养殖废水高效转化技术；研发了养殖粪污重金属、氮磷现场快速检测技术与设备，研制了养殖场气体原位速测装备，开发基于多点特征吸收光谱的粪污重金属原位检测方法。

（六）“智能农机装备”专项

信息感知与动物精细养殖管控机理研究：开展不同条件下奶牛生理、生长、生态指标研究，揭示了不同泌乳水平奶牛的行为差异及对生产性能的影响；构建了种猪的感知指标体系，建立生长调控模型，发现不同生态指标对母猪生理生长指标的影响；研制了哺乳母猪精准下料控制系统，采用预设的个性化采食量模型与变容积精确控制技术，实现对预设饲喂量的准确投喂。

智能化油料作物收获技术与装备研发：研发了低损割台、切纵流有序脱粒分离等技术以及气力落粒回收、防缠绕拨禾轮等核心装置；研制了高效低损履带式油菜联合收割机、高效低损轮式油菜联合收割机、高地隙中央铺放油菜割晒机和两节齿带式油菜捡拾脱粒机，可降低油菜机械化收获损失 18%以上；研发了花生条铺收获机、捡拾联合收获机等。

蔬菜智能化精细生产技术与装备研发：研制蔬菜耕翻埋茬旋耕机 2 台、耕整作畦机 3 台、精量播种机 1 台；研制高速定植系统试验平台 1 套、叶类蔬菜高速定植机 1 台套；开发高速定植监控系统，突破青梗菜柔性主动喂入与有序引导输送技术、结球甘蓝柔性引拔与高速旋转切根技术等，研制青梗菜收获割台装置 1 台套、甘蓝收获割台装置 1 台套。

农用航空作业关键技术研究与装备研发：解决绝对高度控制方法难以适应作物和地形起伏变化的问题，通过田间三维作业场景快速重构与自动避障技术创新，实现农用无人机在复杂农田环境内的全自动避障作业，开展了基于最短路径算法的避障路径规划方法、基于相对速度空间的旋翼无人机路径规划与避障方法研究。

（七）“现代食品加工及粮食收储运技术与装备”专项

食品加工过程中组分结构变化及品质调控机制研究：初步明确了食品原料特征组分物质基础，创建了加工适宜性评价新模型与新方法，初步揭示了食品加工过程中蛋白质、多糖等多尺度结构变化，以及蛋白质与脂质、蛋白质与多糖、淀粉与单宁等关键组分互作的动态变化机制，初步阐明了动态高压微射流条件下油水界面 3D 网络结构与高内相 Pickering 乳液稳定性、高水分挤压组织化中蛋白纤维化结构与拉丝蛋白质构和黏弹性等关键结构（域）与其品质功能的关联机制，初步构建了基于大数据关联的食品品质功能预测模型与可视化平台。

（八）“食品安全关键技术研发”专项

主要畜禽产品中关键危害物迁移转化机制及安全控制机理研究：调查了奶牛养殖中二噁英污染源，分析了生猪养殖中重金属污染与分布，开发了饲料畜禽样品新型 POPs 和新兴内分泌干扰物高灵敏检测技术，初步摸清了饲料中隐蔽型伏马毒素发生规律、活菌添加剂中毒素形成机制和消长规律、肉鸡体内多溴联苯醚迁移转化规律，初步建立了本底数据库 3 个，开发高灵敏检测方法 5 套。

食品中生物源危害物阻控技术及其安全性评价：研发了一种龙葵碱降毒菌剂，建立了木薯全粉生氰糖苷超声减控技术；开发了酶水解法消减杏仁致敏源技术；建立了粮仓储藏粮霉菌危害活动在线快速检测方法与装备；建立了小麦重力分选、光电分选、摩刷消减和剥皮脱毒 4 项技术，研制了微型小麦剥皮制粉机组和毒素新型摩刷消减装备样机；分离得到 2 种真菌毒素降解酶，建立了玉米皮中 ZEN 绿色降解技术和玉米胚芽粕中 DON 绿色降解技术。

（九）“典型脆弱生态修复与保护研究”专项

北方草甸退化草地治理技术与示范：初步揭示了北方草甸退化草地系统退化与恢复机理，初步提出北方草甸退化草地恢复治理技术体系，探索了呼伦贝尔、锡林郭勒、科尔沁、松嫩平原和寒地黑土区的退化草甸草地综合治理模式，开展退化草甸草地恢复治理技术示范 15 000 亩，退化放牧场通过综合治理可以达到生态良好和可持续利用，退化打草场综合治理可提高生产力 1~2 倍。

（十）“生物安全关键技术研发”专项

主要入侵生物动态分布与资源库建设：完成入侵生物本底数据 500 余种，绘制入侵生物电子图集0.7万张，采集各类入侵生物标本0.83万号；开发完成入侵生物智能化野外调查应用软件1套，编制入侵生物数据库的数据采集、储存、交换与分析利用等行业技术规范/标准6套；建立了3个入侵物种标本库及其配套信息数据库，建立了外来入侵生物溯源追踪与可视化信息共享平台。

重大/新发农业入侵生物风险评估及防控关键技术研究：初步构建不同类群潜在农业入侵生物本底信息库平台，研发了多源异构入侵生物信息数据处理融合与重构技术、潜在新发重大农业入侵种快速检测技术；筛选拮抗细菌候选菌株25株，获棒孢霉落叶病复配药剂1个、不同施药剂型配方4个，研发杀螺高活性先导物2个、新型杀螺剂中试产品1个；集成综合防控技术体系3套。

主要入侵生物防制技术与产品：围绕10余种新发/重大入侵生物，研发了快速识别与早期预警技术平台和生物防治技术，完善了5类入侵物种的DNA条码快速识别系统，优化建立了12种天敌规模化繁育技术/产品；建立了6种新发/局部分布的入侵生物监测阻截与应急防控技术；构建了6种重大入侵物种的区域减灾技术体系。

（十一）“国家质量基础的共性技术研究与应用”专项

新型农业投入品与优势特色农产品质量评价标准与标准样品实物研究：针对新型肥料、饲料等投入品，稻米、玉米、猪肉等优势大宗农产品，及茶叶、石斛、烟草等优势特色农产品，研制了一批标准和标准样品。已立项国家标准11项，其中2项已发布；已立项行业标准16项，其中5项已发布。已立项标准样品30项，其中5项已获标准样品证书。

（十二）“重大自然灾害监测预警与防范”专项

林果水旱灾害监测预警与风险防范技术研究：建立长时间序列的我国林果灾害综合数据库及其管理系统的架构设计和主要数据收集与整理；确定了主要水旱灾害及其伴生灾害的农业气象等级指标，初步构建了基于综合指数法的林果干旱监测模型。完成了林果水旱灾害综合监测预警与风险评估平台顶层设计，针对集成减损保产、提质增效技术体系，初步揭示了灾害影响及果树对水分胁迫的响应机制。

（十三）“战略性先进电子材料”专项

用于设施农业生产的LED关键技术研发与应用示范：建设了2套适于番茄和甜瓜的LED嫁接愈合室、1套LED草莓立体育苗装备与1套立体栽培装备、4款育苗专用LED光源；明确了远红光提升人工光叶菜生产光能利用率的机理，完成了叶菜生产专用LED光源智能化仿生系统的中试设备开发；研制出适用于果菜补光、果菜设施栽培苗期和营养生长期的LED光源设备各1套；设计菌类和藻类生产LED光源各2种；研发出新型诱虫灯产品1种。

二、国家科技重大专项重大课题

共主持承担转基因生物新品种培育重大专项课题27项，持续开展基因克隆新技术和新方法、转基因生物新品种培育、转基因生物安全评价技术等研究，获得了一批目标性状优异的转基因新材料和新品系，形成了安全评价的技术体系；主持承担水体污染控制与治理科技重大专项课题6项，开展农业面源污染综合防控技术体系研究与示范，支撑了农业面源污染防控。

（一）转基因生物新品种培育重大专项

基因克隆新技术和新方法研究：建立了“基于病毒介导的植物开花”技术体系，研究了基因修饰对开花基因功能的影响；通过病毒共表达Cas9和sgRNA，获得对植物靶基因的特异编辑，首次明确了“基于病毒介导的植物基因编辑”技术体系的可行性，突破了在Cas9转基因植物中用病毒表达sgRNA来诱导基因编辑的局限性。

抗逆和抗除草剂关键基因克隆及功能验证：建立了极端污染土壤微生物样品的DNA免培养分离技术及功能基因筛选平台，克隆了一系列新型草甘膦抗性EPSPS编码基因，获国内专利授权8项，美国专利授权2项；开展了除草剂麦草畏、2,4-D等新型抗性基因的发掘工作。

规模化转基因技术体系构建：基本建立水稻、小麦、玉米、大豆、棉花五大作物和猪、牛、羊三大动物的规模化转基因技术体系，并提供了210个载体的转化服务。

抗病转基因水稻新品种培育：共创制抗病转基因水稻新材料352份，获得植物新品种权3项；制定了1项抗病转基因水稻产业技术规程；筛选出多份无选择标记的转*Xa23*基因水稻新材料，其中2份已申请环境释放。

抗逆、抗除草转基因水稻新品种培育：新鉴定获得抗逆性显著提高的转基因材料200份以上，部分正在进行环境释放，田间表现、产量、米质、抗逆性方面表现突出；转基因抗除草剂水稻培育已进入新品系阶段，培育出高产杂交组合10个以上，增产幅度3%~17%。转*Bar*基因抗除草剂杂交早稻获得农业转基因生物生产性试验证书，完成生产性试验。

抗逆转基因小麦新品种培育：完成8个抗旱转基因小麦新品系环境释放试验，MG11-1品系完成食品及环境安全性评价试验；抗旱转基因小麦在干旱条件下产量超过受体及当地区试对照品种15%以上。

抗逆转基因玉米新品种培育：筛选出正常条件下与对照相当、节水50%条件下较对照增产8%以上的转基因杂交组合2个；筛选出增产杂交组合13个、抗逆性显著提高的新种质16份；转*ABP9*基因、*SbSNAC1*基因的两个品系进入环境释放阶段。

优质功能型转基因玉米新品种培育：回交选育出10个转植酸酶基因玉米新材料，适应东华北、黄淮海、西北等玉米生态区。开展优质多性状功能聚合型玉米新品种培育，进行了植酸酶、维生素E和木聚糖酶、葡聚糖酶、葡萄糖氧化酶等性状的聚合。

高产高效转基因棉花新品种培育：创制新型抗虫、高产、抗除草剂、株型塑造等转基因新材料86份；筛选转基因高产高效棉花新品系18个，并参加各级区域试验；培育转基因高产高效棉花新品种3个，获得新品种保护权2项。

优质纤维转基因棉花新品种培育：创造转优质纤维、新型抗棉铃虫、抗棉蚜等基因的新种质材料12份，通过了中间试验阶段；筛选优质纤维、抗虫的转基因棉花新品系4个，审定品种3个，获得植物新品种权1项。

转耐旱耐盐碱基因棉花新品种培育：培育获得了抗除草剂、耐旱耐盐碱棉花新材料，与国内多家单位合作进行了育种应用；抗除草剂基因已经进入安全性评价环境释放审批阶段，有望产业化应用。

抗除草剂转基因大豆新品系培育：新培育出36个抗除草剂转基因大豆新种质，3个转化体完成了环境释放试验；高抗草甘膦转基因大豆新品系ZH10-6申请进入生产性试验，新培育出转*EPSPS*基因抗草甘膦大豆新品系。开展田间展示明这些新品系抗除草剂特性突出，综合农艺性状优良，显示出良好的产业化前景。

养分高效利用转基因大豆新品种培育：克隆了3个氮高效利用基因，完成了转基因大豆中间试验，筛选出表现突出的转基因材料1份，正在申报环境释放试验；克隆了2个根瘤发育相关基因，获得转基因大豆；建立了大豆根瘤发育及衰老研究平台；获得了转*GmCYS2*、*GmCYS20*等基因大豆材料。

转基因抗虫水稻环境安全评价技术：进一步完善了转基因抗虫作物对非靶标节肢动物潜在影响的评估技术体系，证实了两例转基因抗虫作物新品系对天敌昆虫和水生生物的安全性；阐明了Bt和非Bt水稻对靶标害虫二化螟及非靶标害虫种群行为的协同调控作用，揭示了靶标害虫中肠受体蛋白的缺失突变导致的Bt抗性演化机制。

转基因玉米小麦大豆环境安全评价技术：建立基于重要土壤微生物与环境指示生物的环境安全评价技术各1项，建立风险评价模型1个；完善和标准化抗旱性状转基因生物环境安全评价技术体系1项。

转基因棉花环境安全评价技术：研究并完善了Bt蛋白对蜜蜂和中红侧沟茧蜂影响的评价技术；研究了新型抗除草剂棉花材料对目标及非目标性状除草剂耐受性评价、花粉萌发力评价及生存竞争能力评价技术；对有产业化应用前景的转基因抗草甘膦棉花GGK-2进行了系统的环境安全评价。

外源基因和蛋白安全评价共性技术：通过肠道微生物测序及肠道黏膜基因表达分析，表明在饲料存在差异的情况下，相同猪种的粪便及肠道各段微生物种类和分布存在差异；通过不同肠道位置的差异表达基因分析，发现肠道黏膜存在少量与营养代谢相关的基因受到微生物分布结构差异的影响。

农业生态风险监测与控制技术：全面开展 Bt 抗虫棉花和玉米、抗除草剂大豆和玉米靶标害虫抗性监测与治理技术、非靶标生物种群监测及其控制技术研究，正向和反向遗传学证据明确了棉铃虫 *HaTSPAN1* 基因 T92C 点突变与 Bt 显性抗性之间的因果关系。

节粮型高瘦肉率转基因猪新品种培育：系统开展了 MSTN 基因编辑大白、梅山猪的生产性能测定和安全评价工作，表明 MSTN 基因编辑猪的猪肉在长期喂养试验中并没有对大鼠的健康状况产生任何不利的影响；获得了 MSTN 基因编辑的大白猪新种质。

猪规模化转基因技术体系构建：建立了双 sgRNA 编辑技术体系，编辑效率达 70%以上，可快速获得遗传稳定的基因编辑猪群体；双 sgRNA 获得 3 种基因编辑猪新材料。

（二）水体污染控制与治理科技重大专项

海河下游多水源灌排交互条件下农业排水污染控制技术集成于流域示范：在华北海河流域粮食主产区，围绕农田增效减负和种养平衡形成了 4 项关键技术，集成了“农田面源污染增效减负和清洁生产技术体系”，并在山东建立了“种养一体化农业增效减负示范工程”，促进了海河下游灌区生产方式的转变。

洱海流域农业面源污染综合防控技术体系研究与示范：突破了奶牛分散养殖区粪便高效收集、种养一体化农业废弃物食用菌基质化利用和生态农田构建等 3 项关键技术，创新了“政府主导—企业支撑—农民主体”的农业面源污染防控规模化组织运行机制，形成了以污染防治—绿色发展—合作共赢为导向的“种养一体化农业面源污染系统防控技术体系”标志性成果，并在洱海流域进行了工程示范。

三、国家自然科学基金重点重大项目

共新增主持自然科学基金各类项目 342 项，直接经费 1.66 亿元。围绕水稻、小麦、玉米、棉花、油菜、马铃薯等主要农作物品质、抗逆等重要功能性状基因挖掘和调控网络解析，农业重要病虫害致病机理、防控技术研究，猪、牛、肉鸡等重要畜禽营养代谢和重要形状形成调控规律开展基础研究和前沿探索，进一步强化农业农村高质量发展的源头创新能力。

水稻抗白叶枯病种质资源筛选及其优异等位基因发掘：对有代表性的 701 份全球水稻育种材料进行全基因关联分析，共检测到 13 192 个显著关联信号，分析表明候选基因的功能多集中在防御反应，细胞凋亡，蛋白质氨基酸磷酸化等；选择 10 个重要的候选基因进行功能验证，证明新基因 *OsBBR*1 具有抗白叶枯病功能。

油菜素内酯调控水稻重要农艺性状的分子机制：利用突变体材料遗传分析了油菜素内酯特异控制的水稻茎节伸长模式调控基因，克隆了基因 *OFP1*、*BG3*、*DIP2*、*TSG2* 等，发现这些基因分别通过调控油菜素内酯和细胞分裂素功能发挥作用。

小麦 D 基因组在驯化过程中的演变规律及多基因作用机制研究：完成了粗山羊草

小穗数、叶片数、节点数等产量表型的第三次鉴定，发现粗山羊草各性状在材料间存在丰富的变异，变异系数为10.71%~30.05%，各性状在材料间表型变异呈显著水平。

利用全基因组关联分析技术发掘小麦产量、品质和抗旱基因及育种芯片研制：利用小麦90K SNP芯片的Rht24紧密连锁的分子标记对200多份国内外小麦品种进行了分析，初步明确了Rht24的起源、分布及其与其他株高基因间的组合情况；开发了小麦50K和15K育种芯片。

发掘利用抗旱耐热性状及其等位基因改良中国小麦：鉴定出苗期和成株期均表现抗旱的种质21份，筛选出小麦响应极端温度和渗透胁迫的基因；发现小麦基因*TaPR-1-1*受冷冻和渗透胁迫诱导表达，能增强对胁迫的耐受性；生长素响应因子基因*TaARF4*在小麦各组织中普遍表达，TaARF4-B单倍型HapⅡ是控制高秆、长根系的等位基因。

合成小麦提高小麦产量的分子机制研究：通过农艺性状调查、田间条锈病抗性鉴定，从308份不同类型的人工合成小麦遴选出7个综合性状较好、抗条锈性强的人工合成小麦，与北方小麦品种周麦22、郑7698配组获得F_1。

玉米耐旱性的分子遗传基础解析：克隆并确认了*gl6*基因，发现*gl6*基因参与了玉米表皮蜡质的累积，并影响玉米对干旱胁迫的响应；鉴定了一批差异表达基因，快速克隆了两个玉米表皮蜡质新基因。

玉米氮和磷高效利用与耐贫瘠优异基因资源发掘与验证：鉴定了玉米耐低氮关键基因*zmGS1*，获得了*zmGS1*的阳性转化植株，发现在低氮和正常氮处理下，阳性转化植株在叶片叶绿素含量、谷氨酰胺合成酶活力、籽粒产量性状存在显著差异。

玉米粒形关键基因遗传调控及互作网络解析：图位克隆到影响玉米籽粒宽度关键基因，初步阐明其遗传调控机理。开展了粒形关键基因优异单倍型多基因聚合材料、双基因敲除和三基因敲除转基因材料、多基因过表达聚合材料创制。

玉米SNAC家族逆境适应性机理与育种应用研究：分析发现RNA水平的代谢调控是玉米干旱胁迫下最主要的活动路径，NAC转录因子影响干旱胁迫诱导的功能基因在应激后期表现出相应的耐性变化；克隆到一个新的干旱胁迫相关NAC基因。

杂粮作物种质资源研究与利用：获得一批潜在的可用于谷子C_4遗传机理研究实验材料，并完成一个谷子叶色突变体基因的定位和克隆。

大豆持绿抗衰老新基因*GmSG*的图位克隆、作用机制及分子机理解析：构建了*GmSG*基因植物表达载体转化大豆，获得了转基因植株，发现表达*GmSG*可以使植株的生育期比野生型延长，在荚成熟之后叶片和茎还表现出持绿的表型，转基因植株的百粒重有明显增加。

棉花纤维发育机制在育种中的应用基础研究：转化棉花纤维发育相关基因12个，建立了以中棉所24为受体的高效基因编辑体系；选育株型紧凑、丰产性好、品质优良的新品系18份，选育满足“双30”早熟棉新品系10份。

棉花种质创新和高产分子育种：对243株二倍体棉花进行全基因组重测序分析，绘制基因组变异图谱，揭示了中国的亚洲棉群体呈现出不同的地理格局。发现几种表型如产量和抗病性状在棉花从中国南部迁徙到长江再到黄河，经历了显著的变化，而这一变化受到了当地环境和人为选择的影响。确定了 *GaKAS*Ⅲ基因可以促进棉花脂肪酸链的延伸和含油量，发现了 2 种典型的 *GaGSTF9* 基因单倍型启动子与 FOV 抗性相关。

半野生棉对新疆次生盐碱的应答机制及应用：证实了活性氧平衡系统是棉花调控复合盐碱胁迫响应的重要系统；构建了中 12 与毛棉种间遗传连锁图，检测到 30 个稳定的抗旱相关 QTL，并进行了抗旱、抗盐等功能验证；构建了达尔文氏棉×海岛棉、瑟伯氏棉×三裂棉的种间遗传图谱。

马铃薯重要农艺性状遗传区段解析与优异种质发掘：精细定位了马铃薯生理成熟早熟性主效 QTL 位点，找出了候选主效基因，并构建了其植物表达载体；精细定位了马铃薯薯形主效基因位点，找出了主栽品种“米拉”高频遗传和改变的遗传区段。

白菜叶球形成的遗传解析与亚种间杂种优势的应用：完成了 14 份白菜变种材料基因组草图组装，构建了 9 个叶球性状分离的遗传群体，利用开发的 100 个均匀分布于基因组的非结球白菜背景筛选的 InDel 标记筛选出 79 个结球性状良好的 F_2 单株，完成了结球白菜结球期不同叶片不同部位共 48 个样品的转录组测序。

黄瓜果实形态建成的遗传机制：精细定位了一个主效的果长 QLT 基因 *COO*，发现与其紧密连锁的 m6A 的 reader 基因 YTH 能通过遗传互作来调控黄瓜果长。证明在栽培黄瓜体内第三个外显子上的同义突变使得 *COO* 基因的 mRNA 在该区域形成了明显的茎环二级结构，结果显示 *COO* 基因 mRNA 表观修饰变化是导致黄瓜果实驯化变长的重要机制。

双生病毒致病的分子机理研究：发现 TYLCCNB-βC1 模拟磷酸化可以降低其回复转录水平基因沉默的能力和减弱其抑制转录后水平基因沉默及与寄主因子 *AS1* 相互作用的能力。进一步明确了植物 SnRK1 激酶磷酸化 TYLCCNB-βC1 蛋白从而抵御双生病毒侵染的分子机制。

苏云金芽孢杆菌母细胞裂解和晶体细胞分化的机理研究：鉴定了一个新的参与 Bt 母细胞裂解的基因 *cwlC* 并解析其功能；获得高活性的非 cry 基因的启动子并成功用于指导表达 Cry 蛋白，发现一个高转录活性的非 cry 基因的启动子，其转录活性受 SigE 的控制。

水稻条纹病毒突破介体灰飞虱中肠屏障的机制：对 RSV 侵染灰飞虱中肠上皮细胞时发挥重要作用的糖转运蛋白 6 进行了研究，发现 LsST6 作为一个关键因子参与了 RSV 侵染灰飞虱中肠上皮细胞的过程，但是不会影响 RSV 在细胞内的复制。

昆虫化学生态学：确定了棉铃虫性信息素主要成分引起的信号在嗅小球上的投射区域及反应强度；利用基因组编辑技术敲除棉铃虫的性信息素受体，对性信息素受体与受体神经元的对应关系及受体神经元的投射方式进行了验证。

基于气候变化下表型可塑性差异及遗传变异的麦蚜种群动态研究：发现热浪发生时高温天持续时间的增加对害虫核心生命参数有不利影响，但这种影响的程度与高温天在时间上的动态分布密切相关；极端高温事件和热浪的影响取决于高温天热损伤和常温天修复的动态平衡。

MAPK 信号途径调控小菜蛾对 Bt 杀虫蛋白抗性的遗传网络解析：在全基因组水平上鉴定和克隆了小菜蛾 MAPK 信号途径所有 17 个基因，发现 Bt Cry1Ac 抗性小菜蛾种群中 MAPK 信号途径关键基因的转录水平、蛋白水平、蛋白翻译后磷酸化水平显著升高，表明 MAPK 信号途径主要通过蛋白磷酸化激活的复杂四级信号级联网络反式调控多个中肠抗性基因差异表达，从而导致小菜蛾对 Bt Cry1Ac 产生高抗性。

杀虫剂驱动 Q 烟粉虱替代 B 烟粉虱的分子机理及其调控机制：完成了 B、Q 烟粉虱重要 *P450* 基因 RNAi 后吡虫啉药剂敏感性差异的比较，发现 17 个 *P450* 基因可能介导 B/Q 烟粉虱对吡虫啉药剂敏感性的差异；发现 MAPK 信号途径能够调节 CREB 蛋白的磷酸化水平，从而调控烟粉虱 CYP6CM1 蛋白水平，影响烟粉虱对吡虫啉的抗药性。

花生荚壳抗黄曲霉侵染种质的发掘及抗性 QTL 分析：获得荚果感染指数稳定在 0.50 以下的稳定抗黄曲霉侵染种质 1 份，初步获得感染指数稳定在 0.50 以下的材料 60 余份；完成了 700 对多态性 SSR 引物对中国花生微核心种质的多态性检测，构建了包含 1 443 个SSR 标记位点的高密度遗传连锁图。

奶牛瘤胃尿素分解优势菌群及其代谢尿素的分子机理：开展了外源尿素添加诱导的奶牛瘤胃微生物及机体血浆的代谢物或代谢通路的变化研究，发现瘤胃中泛酸盐及辅酶 A 的生物合成，β-丙氨酸代谢，及缬氨酸，亮氨酸和异亮氨酸的代谢，血液中谷胱甘肽代谢受尿素氮浓度影响显著。分析表明瘤胃中天冬氨酸和谷氨酸浓度与血浆中尿素浓度显著相关。

PI3K/Akt 通路调控猪肌肉发育及产肉量的整合表观遗传学机制：鉴定了猪肌肉生长发育相关 PI3K/Akt 通路关键基因和表观因子，并揭示其在不同类型猪肌肉生长发育中的作用；阐明其生物学功能，构建了整合遗传网络，阐明了对猪产肉量的遗传效应。

动物流感病毒的进化及其与宿主互作机制：发现高致病性 H7N9 病毒在我国出现后快速进化，H5N1 亚型禽流感病毒 HA 蛋白通过糖基化修饰和氨基酸插入影响抗原性变异；宿主蛋白 PLSCR1 通过与流感病毒 NP 蛋白互作，阻止 NP 进入细胞核，进而抑制流感病毒复制。

传染性法氏囊病强、弱毒侵染宿主细胞的分子机制：发现 IBDV 超强毒上调巨噬细胞迁移抑制因子是 vvIBDV 引起鸡急性法氏囊炎症的关键因素，发现 vvIBDV 感染可通过上调 HMGB1 的乙酰化而触发 HMGB1 的释放，进而促进巨噬细胞迁移到法氏囊，并活化巨噬细胞内的 NLRP3 炎症小体。

猪瘟病毒新型细胞受体的鉴定及其介导病毒入侵的分子机制：发现宿主分子 Mertk 正调控 CSFV 复制，可通过促进病毒内化和拮抗天然免疫信号通路两种方式促进感染；发现 25-羟基胆固醇能够通过调控细胞内胆固醇生物合成通路，进而抑制 CSFV 的感染过程。

新城疫病毒劫持宿主细胞蛋白翻译系统的机制研究：通过无病毒系统 poly I：C 或

热应激刺激细胞，验证了 SG 作为天然免疫信号识别和传递平台的普遍性，观察到在不同感染过程中不同信号蛋白在 SG 的聚集，通过试验初步证实泛素化不影响信号蛋白在 SG 的聚集。

旱地不同覆盖条件下作物根系吸水机制与数值模拟： 分析了不同覆盖模式下春玉米根系吸水机制土壤水时空动态变化规律、作物物质累积与生长过程，定量估算了覆膜和露地种植春玉米的耗水动态过程，进行了作物二维根系吸水机制模型 Hydrus-2D 初步模拟。

长期不同施肥下中美英典型农田土壤固碳过程的差异与机制： 探明我国农田土壤固碳特征的区域差异及其影响机制，系统收集和整理了中国、美国、英国 16 个典型长期定位试验的土壤—植物基础数据和气象数据，补充和完善了土壤固碳分析所需要的相关数据；全面测定了 16 个长期试验剖面及历史土壤的碳库组分，明确了不同农田土壤固碳的组分差异机制。

重大冲击和变化对中国—全球农业影响模拟模型的研究和开发： 利用微观调研数据更新了模型部分参数，总结了 17 个产业的研究成果，合力完成了中国农业产业模型开发，并应用 CASM 模型对近期一系列热点问题进行政策模拟分析和未来发展趋势预测，发布《中国农业产业发展报告》。

四、改革前科技计划项目

共主持在研的国家重点基础研究发展计划、国家高技术研究发展计划、国家科技支撑计划、公益性行业科研专项、科技基础性工作专项等项目（课题）75 项，参加课题 106 项，取得了一批重要研究进展。

（一）国家重点基础研究发展计划（“973”计划）

油菜高产油量形成的分子生物学机制： 明确了细胞质基因 *ORF188* 对含油量的调控机理，分析了角果皮和叶片光合作用对种子含油量等重要农艺性状的影响和贡献差异，解析了胚乳亲本印迹基因的甲基化调控方式。

猪繁殖与呼吸综合征病毒的免疫抑制与免疫逃逸机制： 阐明了猪繁殖与呼吸综合征病毒感染引起免疫抑制和免疫逃逸的复杂机制，解析了 *nsp4* 在抑制 SLA-I 表达过程中的具体作用机制。

牛羊重要寄生虫致病机制的分子基础： 解析了片形吸虫不同发育阶段的 mRNA 特征，阐明甲胎蛋白和肝细胞尿素合成能力随原头蚴生长发育的变化情况，鉴定出细粒棘球绦虫感染宿主后应对宿主免疫反应相关的 miRNA 分子。

食用菌产量和品质形成的分子机理及调控： 明确高温导致“烧菌性烂棒”的无氧呼吸生理途径、优先通风预防烧菌的栽培技术路径；阐明了高温导致食用菌抗病性下降、诱导木霉菌侵染力增强的“侵染性烂棒”发生机制，发现ROS和NO是热胁迫条件下调控海藻糖代谢的重要信号途径。

天然草原生产力调控机制与途径研究：阐明了草原植物对长期过度放牧响应的关键过程及生产力维持机制，揭示了过度放牧导致草原生产力衰减的土壤学和植物学关键机制、放牧优化与人工干预快速恢复草原生产力原理与技术途径。

（二）国家高技术研究发展计划（“863”计划）

作物生长水分与营养土壤生境调控技术：研发了维持土壤水分平稳的方法和设备，研制了高性能负压维持器和高分子负压渗水材料，配制了负压下水溶性复混肥配方，筛选了平稳土壤水分下的作物水肥参数，形成了作物主动式土壤水分养分平稳供应技术并进行了应用示范。

大豆、油菜、花生功能基因组学研究与应用：建立了油料作物功能基因组研究平台、油菜分子育种平台和高通量、安全、高效的油料作物遗传转化技术。联合开发出全基因组60KSNP芯片，并在国内广泛应用，设计出包含优异性状关联SNP位点1 000点以上的芯片一套。

（三）国家科技支撑计划

棉花商业化育种技术研究与示范：建立了棉花新品种（系）生态适应性测试体系，开展新品种配套栽培技术研究与示范推广，建立新品种良种繁育、产业化网络和技术推广服务体系等。

新型动物药剂创制与产业化关键技术研究：完成了五氯柳胺原料药及其制剂新药申报审批一审和二审意见的补充修订；制备了水溶性氟苯尼考明胶纳米药物，合成了明胶—环糊精聚合物；注射用重组犬α-干扰素（水针剂）获得临床批件并建立了质量标准。

（四）公益性行业科研专项

马铃薯主粮化关键技术体系研究与示范：构建了不同马铃薯主食产品与普通主食产品营养价值比对的数据库，存储数据达4 680个；开展马铃薯主食化区域布局推进，构建了马铃薯价格预测模型与季节性水平模型。

苜蓿高效种植技术研究与示范：提炼形成华北平原地区苜蓿高效种植的土壤养分丰缺指标与配方施肥技术1项，集成根瘤菌匹配技术、测土配方施肥、植株密度调控、苜蓿刈割调控等技术，构建高效种植关键技术体系并示范推广。

黏虫综合防控技术研究与示范：明确了地磁场在维持黏虫幼虫发育、成虫交配和定向行为等方面有重要作用，分析了多巴胺通路关键基因在迁飞型和居留型黏虫不同龄期的表达差异，研究了由 5-HT、OA 介导的不同型黏虫的免疫反应能力差异，和紫云英、毛叶苕子和箭筈豌豆对黏虫的生长发育、繁殖和种群增长的作用及其生理机制，阐明桥梁寄主在黏虫发生中的作用。

作物孢囊线虫综合治理技术方案：设计出针对甜菜孢囊线虫的 SCAR 特异性引物、一步双重 PCR、荧光定量 PCR 检测技术；发现生防菌黑曲霉 NBC001 可以提高大豆根系中胼胝质沉积，激发活性氧爆发，提高防御相关基因 *PR1a* 和 *EBERP* 的表达量。

中国南方经济作物副产物饲料化利用技术研究与示范：完成了肉羊对苎麻叶、甘蔗梢、香蕉茎叶、木薯渣、桑枝叶的组合效应研究，筛选出上述副产物与蛋白质饲料及能量饲料的组合效应及组合比例；明确了配套的山羊日粮配方，解决了全株甘蔗在山羊饲粮中替代全株玉米的应用问题。

生鲜乳质量安全评价技术及生产规程研究与示范：构建了生鲜乳中黄曲霉毒素 M_1、黄曲霉毒素 B_1、赭曲霉毒素 A、伏马菌素 B_1 高灵敏生物传感器，建成了监管部门、技术支撑系统、社会自然人共同维护的危害因子公众风险预警社交平台。

有机化学品污染农田和农产品质量安全综合防治技术：明确了高生态毒性和代谢增毒型杀虫剂、高频使用杀菌剂、长残留除草剂在露地水稻等作物中的残留规律；筛选获得高效降解农药的菌株，明确其发酵工艺参数与保藏条件，组建铁氧化物/腐殖质强化降解及微生物—蚯蚓联合降解技术体系。

典型流域主要农业源污染物入湖负荷及防控技术研究与示范：提出了一套基于源位流失和输移过程衰减的主要农业源氮、磷污染物入湖负荷评估方法；研发了农业清洁生产、农业废弃物种养一体化循环利用和农业与农村排水高效处理与循环利用等关键技术，并进行组装集成；创建了适合于高原湖泊流域、丘陵库区和平原水网区综合调控技术体系。

水田两熟区耕地培肥与合理农作制：建立水田两熟区示范样板基地 4 个，建立了耕地培肥与农作制协同优化的合理农作制体系 3 套；构建典型两熟区水田土壤培肥指标体系 1 项，建立典型农作制农机农艺配套的土壤培肥技术模式 2 项，研制出水田两熟区轮作体系的轮作制施肥技术模式 3 项。

基于农产品禁止生产区划分的环境质量多源评估与自动识别技术研究与推广：提出了污染产地种植结构调整技术规范及激励补偿的长效监督机制和相关保障措施，构建农产品产地重金属污染监测数据中心，完善农产品产地禁产区划分软件系统，形成完整的农产品产地安全数据采集系统和管理系统移动服务技术解决方案。

农村沼气集中供气技术集成及配套设备研究与示范：完成了秸秆与牛粪二元原料混配比例优化研究，构建了经济可靠的供气分布与管网建设技术，推广了管道压力监控网和灵敏的支管调压系统及设备。

（五）科技基础性工作专项

水稻新资源收集引进：收集国内外水稻新资源500份，完成3 021份资源的鉴定评价；完成田间自然病圃稻瘟病复鉴126份，以及691份资源6个稻瘟病菌株的苗期抗性复鉴。

主要农作物有害生物及其天敌资源调查：完成60多个县市200多个样点的农田杂草发生危害情况调查和样品采集，采集杂草植株和种子样本3 150份，提取保存杂草DNA样本440份；初步建成中国水稻、小麦、玉米、棉花等作物田杂草发生名录数据库和重要农田杂草DNA条形码数据库。

农产品中高风险农药助剂残留调查、危害分析及助剂分类：建立了农产品及其生产环境中两类7种高风险农药助剂的残留检测方法；完成了我国4种粮食和8类10种蔬菜主产区及农药使用区土壤、水和农产品等9 538个样品的助剂残留水平调查，构建了两类高风险农药助剂残留数据库。

我国主要畜禽饲料资源及其矿物元素含量与分布调查：开展了我国不同地域约4 000份饲料样品的常规概略养分及主要矿物元素含量调查和分析，建立了数据库。

传统中兽医药资源抢救和整理：对完成的古籍、著作、传统方剂等进行了电子化整理，汇编1套中兽医药模型、标本、器具图片文集，完成炼丹术、中药炮制法、针灸术、阉割术、修蹄术等内容影像材料5套，完善传统中兽医药资源的电子信息化共享平台建设。

中蒙俄国际经济走廊草地资源与生态调查：制定草地评估模型，为草地资源大数据库建立提供了基础数据，并为国家草地生态保护政策制定提供了理论依据。

中国农业科学院 2018 年科技成果统计表

（单位：项）

合计	国家级奖			省部级奖			院级奖		
	小计	一等奖	二等奖	小计	一等奖	二等奖	小计	杰出奖	青年奖
41	8	0	8	18	8	10	15	10	5

中国农业科学院 2018 年获奖成果

一、获国家奖成果

序号	项目名称	第一完成人	第一完成单位	奖励类别	奖励等级
1	黄瓜基因组和重要农艺性状基因研究	黄三文	蔬菜所	自然科学奖	二等奖
2	小麦与冰草属间远缘杂交技术及其新种质创制	李立会	作科所	技术发明奖	二等奖
3	猪传染性胃肠炎、猪流行性腹泻、猪轮状病毒三联活疫苗创制与应用	冯　力	哈兽研	技术发明奖	二等奖
4	大豆优异种质挖掘、创新与利用	邱丽娟	作科所	科技进步奖	二等奖
5	黄瓜优质多抗种质资源创制与新品种选育	顾兴芳	蔬菜所	科技进步奖	二等奖
6	畜禽粪便污染监测核算方法和减排增效关键技术研发与应用	董红敏	环发所	科技进步奖	二等奖
7	我国典型红壤区农田酸化特征及防治关键技术构建与应用	徐明岗	资划所	科技进步奖	二等奖
8	羊肉梯次加工关键技术及产业化	张德权	加工所	科技进步奖	二等奖

二、获省部级奖成果

序号	项目名称	第一完成人	第一完成单位	奖励类别	奖励等级
1	我国主要农作物区域专用复合肥料研制与产业化	赵秉强	资划所	2018 年北京市科学技术奖	一等奖

（续表）

序号	项目名称	第一完成人	第一完成单位	奖励类别	奖励等级
2	玉米生产者补贴对东北地区农户种植业生产行为的影响研究	刘　慧	农经所	2017 年度农业部软科学优秀研究成果奖	一等奖
3	主要粮食作物节本增效潜力及途径研究	毛世平	农经所	2017 年度农业部软科学优秀研究成果奖	一等奖
4	新型安全畜禽呼吸道感染性疾病防治药物的研究与应用	张继瑜	兰牧药	2018 年甘肃省科技进步奖	一等奖
5	主要食用植物油料油脂特异品质检测技术及标准的研制与应用	李培武	油料所	2018 年湖北省技术发明奖	一等奖
6	高产优质多抗大豆新品种的培育与应用	周新安	油料所	2018 年湖北省科技进步奖	一等奖
7	禽重要免疫抑制病防控关键技术创制与应用	王笑梅	哈兽研	2018 年黑龙江省科技进步奖	一等奖
8	动物流感病毒跨种传播能力研究	陈化兰	哈兽研	2018 年黑龙江省自然科学奖	一等奖
9	植物免疫诱导蛋白新农药的创制与应用	邱德文	植保所	2018 年北京市科学技术奖	二等奖
10	家畜养殖数字化关键技术与智能饲喂装备创制与应用	熊本海	牧医所	2018 年北京市科学技术奖	二等奖
11	农民以土地入股的风险防范机制研究	陈珏颖	农经所	2018 年农业农村部软科学优秀成果奖	二等奖
12	葡萄生产消费特征及产业发展趋势研究	安　岩	农经所	2018 年农业农村部软科学优秀研究成果奖	二等奖
13	作物水分信息自动采集与智能灌溉控制技术及设备	段爱旺	灌溉所	2018 年河南省科技进步奖	二等奖
14	五味子新品种选育及产业化关键技术集成与应用	艾　军	特产所	2018 年吉林省科技进步奖	二等奖

（续表）

序号	项目名称	第一完成人	第一完成单位	奖励类别	奖励等级
15	疫苗新产品创制及综合防控技术研究与应用	闫喜军	特产所	2018年吉林省科技进步奖	二等奖
16	微米中草药添加剂提高茸鹿生产性能的应用研究与示范推广	赵　蒙	特产所	2018年吉林省科技进步奖	二等奖
17	生活污泥沼气化处理利用技术及设备研究与应用	张克强	环保所	2018年天津市科技进步奖	二等奖
18	植保无人飞机高效安全作业关键技术创新与应用	薛新宇	农机化所	2018年江苏省科学技术奖	二等奖
19	奶牛重要细菌病防治药物创制与应用	李秀波	饲料所	2018年北京市科学技术奖	三等奖
20	跨国公司开拓中国农产品市场策略研究	钟　钰	农经所	2017年度农业部软科学优秀研究成果奖	三等奖
21	畜禽粪污资源化利用的PPP模式及效果研究	朱　宁	农经所	2017年度农业部软科学优秀研究成果奖	三等奖
22	黄河水滴灌抗堵塞技术集成与应用	冯俊杰	灌溉所	2018年河南省科技进步奖	三等奖
23	水稻盘育秧毯状秧苗质量控制技术研发与应用	欧阳由男	水稻所	2018年浙江省技术发明奖	三等奖
24	棉花优良品种中棉所76和sGK中3017的选育技术与应用	王红梅	棉花所	2018年河南省科技进步奖	三等奖
25	强优势杂交棉品种中棉所66与中棉所63选育及应用	杨代刚	棉花所	2018年江西省科技进步奖	三等奖
26	西瓜绿色增产高效栽培技术及其应用	邓　云	郑果所	2018年河南省科技进步奖	三等奖
27	果品质量安全监测、评估与控制技术及应用	谢汉忠	郑果所	2018年河南省科技进步奖	三等奖

（续表）

序号	项目名称	第一完成人	第一完成单位	奖励类别	奖励等级
28	动物重要寄生虫线粒体基因组解析及系统发育研究	朱兴全	兰兽研	2018 年甘肃省自然科学奖	三等奖
29	含芳杂环侧链的截短侧耳素类衍生物的化学合成与构效关系研究	尚若锋	兰牧药	2018 年甘肃省自然科学奖	三等奖
30	麝鼠良种繁育及香料加工关键技术研究与示范	赵伟刚	特产所	2018 年吉林省科技进步奖	三等奖
31	我国家兔种质资源创新与高效利用	徐佳萍	特产所	2018 年吉林省科技进步奖	三等奖
32	铝毒性研究	朱言柱	特产所	2018 年吉林省自然科学奖	三等奖
33	茶园全程机械化关键技术装备及应用	肖宏儒	农机化所	2018 年江苏省科学技术奖	三等奖
34	烟田烟粉虱灾变规律及综合治理技术研究与应用	陈德鑫	烟草所	2018 年中国烟草总公司科技进步奖	三等奖

三、获中国农业科学院科学技术成果奖成果

序号	成果名称	主要完成单位	主要完成人员
杰出科技创新奖（5 项）			
1	高产优质广适玉米品种中单 808 选育与应用	中国农业科学院作物科学研究所、北京金色农华种业科技股份有限公司	黄长玲　王　石　刘志芳　司　斌　吴宇锦　林　勇　王红武　李分民　胡小娇　毛友康　李　坤　郑淑云　马兴林　田志国　敖　榜
2	加工番茄育种技术研究及系列新品种的选育与应用	中国农业科学院蔬菜花卉研究所、中蔬种业科技（北京）有限公司、中粮屯河种业有限公司	李君明　刘　磊　郑　峥　甘中祥　冯锡刚　张忠华　周永健　徐和金　李风春　韩启新　高富欣　武　剑　魏　强　宋　燕　舒金帅

（续表）

序号	成果名称	主要完成单位	主要完成人员
3	饲料质量安全与高效加工关键技术研究与应用	中国农业科学院北京畜牧兽医研究所、中国农业科学院饲料研究所、中国农业大学、河南工业大学	秦玉昌　李军国　张军民 王红英　王卫国　李　俊 薛　敏　董颖超　谷　旭 赵青余　杨　洁　汤超华 牛力斌
4	猪育种材料创制新技术	中国农业科学院北京畜牧兽医研究所、湖北省农业科学院畜牧兽医研究所、天津市畜牧兽医研究所、天津市宁河原种猪场	李　奎　郑新民　杨述林 牟玉莲　崔茂盛　毕延震 鞠辉明　刘志国　吴添文 华再东　李继良　任红艳 阮进学　周　荣　王冰源
5	我国主要农作物区域专用复合肥料研制与产业化关键技术	中国农业科学院农业资源与农业区划研究所、中国—阿拉伯化肥有限公司、深圳市芭田生态工程股份有限公司	赵秉强　沈　兵　袁　亮 林治安　李燕婷　黄培钊 王金铭　王礼龙　郑秀兴 张运森　段继贤　张兵印 马　凯　车升国　石学勇
6	动物养殖中未知添加物筛查与确认技术研发与应用	中国农业科学院农业质量标准与检测技术研究所、浙江省兽药饲料监察所、上海市兽药饲料检测所、中国饲料工业协会、无锡中德伯尔生物技术有限公司	杨曙明　邱　静　陈　刚 黄士新　王黎文　周　炜 李　林　陈爱亮　赵　燕 徐贞贞　陈慧华　曹　莹 刘士杰　范　理　罗长财
7	抗病、高产、优质专用早籼超级稻品种中早39的选育及应用	中国水稻研究所	杨长登　马良勇　施俊生 季芝娟　唐昌华　李西明 韩娟英　寿建尧　胡依君 曾宇翔　张华丽　梁　燕 刘　鑫　杨曙东　严百元
8	食品工业专用茶高值化加工关键技术与产业化	中国农业科学院茶叶研究所、婺源县聚芳永茶业有限公司、深圳市深宝华城科技有限公司、漳州天福茶业有限公司、江苏鑫品茶业有限公司	尹军峰　许勇泉　罗龙新 袁海波　蔡烈伟　钱晓军 尹福生　金寿珍　彭永华 陈建新　邓余良　何群仙 陈根生　汪　芳
9	猪瘟病毒复制的分子调控机制与防控理论创新	中国农业科学院哈尔滨兽医研究所	仇华吉　李　素　李永锋 李连峰　孙　元　罗玉子

（续表）

序号	成果名称	主要完成单位	主要完成人员
10	茶叶机械化采摘技术装备创制与应用	农业农村部南京农业机械化研究所、南京林业大学	肖宏儒　韩　余　秦广明　陈　勇　宋志禹　丁文芹
青年科技创新奖（5 项）			
11	黄瓜基因组与重要性状功能基因	中国农业科学院蔬菜花卉研究所	张忠华　顾兴芳　李锡香　谢丙炎　苗　晗　孙进京　杨学勇　张圣平
12	油料脂质组高效分析关键技术及其应用	中国农业科学院油料作物研究所、恩施土家族苗族自治州农业科学院、嘉必优生物技术（武汉）股份有限公司、武汉轻工大学	魏　芳　陈　洪　李翔宇　张维农　殷红清　龚阳敏　董绪燕　向极钎　胡志雄　朱云芬　郑明明　齐玉堂　陆姝欢　吕　昕　肖　敏
13	桃分子标记育种技术体系的构建与应用	中国农业科学院郑州果树研究所、浙江大学	曹　珂　王力荣　高中山　朱更瑞　方伟超　李雄伟　陈昌文　王新卫　贾惠娟
14	水貂主要传染病防控技术创新集成示范与应用	中国农业科学院特产研究所、吉林特研生物技术有限责任公司	白　雪　胡　博　张　蕾　闫喜军　赵建军　张海玲　柴秀丽　罗国良　鲁荣光　王　洋　史　宁　赵传芳　廉士珍　刘　昊　薛向红
15	农产品产地重金属污染阻隔与修复机制	农业农村部环境保护科研监测所、南开大学、农业农村部规划设计研究院	孙约兵　徐应明　梁学峰　王　林　刘维涛　赵玉杰　沈玉君

中国农业科学院2018年获奖科技成果简介

一、国家级奖

1. 黄瓜基因组和重要农艺性状基因研究

主要完成单位 中国农业科学院蔬菜花卉研究所

主要完成人员 黄三文，张忠华，尚 铁，金危危，陈惠明

起 止 时 间 2006年12月—2014年11月

获 奖 情 况 2018年国家自然科学奖二等奖

成 果 简 介

首次利用新一代基因组测序技术，破解了第一个蔬菜作物—黄瓜的基因组遗传密码，发现了导致果实变大且基本失去苦味等性状改变的基因，推动黄瓜育种进入分子设计时代，带动我国蔬菜基因组学科进入国际领先行列。发现了控制黄瓜苦味物质合成的9个基因及其精准调控机制，并培育了蔬研系列黄瓜品种，成功解决了华南黄瓜品种变苦而丧失商品价值的生产难题，累计推广约100万亩，创造约80亿元的经济价值，取得了显著的社会效益。

2. 小麦与冰草属间远缘杂交技术及其新种质创制

主要完成单位 中国农业科学院作物科学研究所

主要完成人员 李立会，杨欣明，刘伟华，张锦鹏，李秀全，董玉琛

起 止 时 间 1988年1月—2014年11月

获 奖 情 况 2018年国家技术发明奖二等奖

成 果 简 介

针对限制我国小麦育种取得突破的关键问题，历时30年，创立了小麦远缘杂交新技术体系，破解了小麦与冰草属间杂交及其改良小麦的国际难题；创制育种紧缺的高穗粒数、广谱抗病性等新材料392份；建立创新种质高效利用新途径，培育携带冰草多粒、广谱抗性基因新品种，驱动育种技术与品种培育新发展。解决远缘杂交关键技术和科学问题，显著提升了我国种质资源的原始创新能力和国际影响力，社会经济效益显著。

3. 猪传染性胃肠炎、猪流行性腹泻、猪轮状病毒三联活疫苗创制与应用

主要完成单位 中国农业科学院哈尔滨兽医研究所，哈尔滨维科生物技术开发公

司，哈尔滨国生生物科技股份有限公司

主要完成人员　冯　力，时洪艳，陈建飞，佟有恩，张　鑫，王牟平

起止时间　2003 年 1 月—2013 年 12 月

获奖情况　2018 年国家技术发明奖二等奖

成果简介

发明了适应传代细胞系的安全性高、免疫原性好，具有独特分子标记的 TGEV、PEDV 和 PoRV（G5 型）弱毒株，攻克了 3 种猪腹泻病毒难以适应细胞、致弱过程中免疫原性减弱、强弱毒株难以区分的世界性难题；创制了我国首个安全高效的猪病毒性腹泻三联活疫苗，主动、被动免疫保护率分别高达 96.15% 和 88.67%，实现了一针防三病；创立了与疫苗配套应用的检测和监测技术体系，实现了猪病毒性腹泻精准高效防控。获国家发明专利 2 项、国家二类新兽药证书 1 项；制定行业标准 2 项；获黑龙江省技术发明奖一等奖 1 项、中国专利优秀奖 1 项；发表文章 81 篇（SCI 23 篇）。疫苗转让含 4 家上市公司在内的 7 家生产企业，金额 1.10 亿元。疫苗在全国累计应用 2 560 万头份，免疫覆盖仔猪 1.54 亿头，实现销售收入 2.01 亿元。经测算经济效益为 38.94 亿元，社会生态效益显著。

4. 大豆优异种质挖掘、创新与利用

主要完成单位　中国农业科学院作物科学研究所，东北农业大学，黑龙江省农业科学院佳木斯分院，黑龙江省农业科学院绥化分院，内蒙古自治区呼伦贝尔市农业科学研究所

主要完成人员　邱丽娟，常汝镇，韩英鹏，郭　泰，李英慧，付亚书，关荣霞，朱振东，孙宾成，刘章雄

起止时间　1996 年 1 月—2014 年 12 月

获奖情况　2018 年国家科技进步奖二等奖

成果简介

大豆是我国重要的植物油脂和蛋白质来源。该成果针对大豆主产区疫霉根腐病、灰斑病和干旱/盐碱等危害严重，大豆品种油分含量低，优异种质资源缺乏等问题，创建大豆种质资源表型与分子标记相结合的鉴定技术体系，在国际上率先建立大豆核心种质，挖掘优异种质 149 份；率先构建和解析大豆泛基因组，挖掘抗逆、高油等重要性状 QTL/基因 72 个，建立分子标记育种技术体系，创制抗病优质新种质 8 份；创建大豆种质资源高效共享平台，选育出抗病、优质、高产新品种 17 个，2006—2017 年累计推广 1.25 亿亩，新增社会经济效益 97.82 亿元；2015—2017 年累计推广 2 575 万亩，新增社会经济效益 18.54 亿元。获国家发明专利授权 9 项，植物新品种权 10 项，出版专著 4 部，发表论文 166 篇，完全他引 1 694 次，部分成果获省级一等奖 3 项。

5. 黄瓜优质多抗种质资源创制与新品种选育

主要完成单位 中国农业科学院蔬菜花卉研究所

主要完成人员 顾兴芳，张圣平，苗 晗，王 烨，谢丙炎，方秀娟，刘 伟，梁洪军，李竹梅

起止时间 1991 年 1 月—2014 年 12 月

获奖情况 2018 年国家科技进步奖二等奖

成果简介

黄瓜是我国第一大设施蔬菜。该成果创建了高效的抗病鉴定和品质评价技术；解析了 21 个重要品质和抗病性状的遗传规律，并开发紧密连锁分子标记，创建了国际领先的分子标记多基因聚合育种技术；创制出聚合多个优质性状和抗多种病害的自交系 12 个，攻克了优质和抗病基因难以聚合的难题；培育出新一代不同生态型的突破性新品种 8 个，累计推广 1 187.9 万亩，实现了密刺型黄瓜优质多抗育种的突破，为推动黄瓜育种技术变革和蔬菜产业发展作出了重要贡献。

6. 畜禽粪便污染监测核算方法和减排增效关键技术研发与应用

主要完成单位 中国农业科学院农业环境与可持续发展研究所，江苏省农业科学院，华南农业大学，中国科学院生态环境研究中心，广东温氏食品集团股份有限公司，全国畜牧总站，农业农村部农业生态与资源保护总站

主要完成人员 董红敏，廖新俤，常志州，魏源送，陶秀萍，黄宏坤，杨军香，张祥斌，朱志平，尚 斌

起止时间 2003 年 1 月—2013 年 12 月

获奖情况 2018 年国家科技进步奖二等奖

成果简介

首创了我国畜禽粪便污染核算方法，揭示了排放规律和成因，探明了减排路径；首次创建了污水源头减量工艺，发明了污水沼液再生利用，堆肥臭气减排与氨氮回收利用关键技术与装备；集成创建了种养结合、清洁回用、集中处理 3 个系列的技术模式，不同类型多元利用，实现减排增效。成果在 14 个省 5 226 个养殖场或处理中心、8 035 个家庭农场中应用；为国家政策制定和重大行动实施提供了科技支撑，社会、经济和环境效益十分显著。

7. 我国典型红壤区农田酸化特征及防治关键技术构建与应用

主要完成单位 中国农业科学院农业资源与农业区划研究所，中国科学院南京土壤研究所，农业农村部耕地质量监测保护中心，湖南省土壤肥料研究所，江西省农业科学院土壤肥料与资源环境研究所，福建省农业科学院土壤肥料研究所，成都新朝阳作物科学有限公司

主要完成人员　徐明岗，徐仁扣，周世伟，马常宝，李九玉，文石林，鲁艳红，彭春瑞，张　青，詹绍军

起止时间　2003 年 1 月—2013 年 12 月

获奖情况　2018 年国家科技进步奖二等奖

成果简介

该成果对 6 个典型省域长期监测试验点近 30 年联网研究，明确了典型红壤区农田酸化时空演变特征，构建了红壤酸化驱动因子效应模型，揭示了化学氮肥施用是农田酸化的主要驱动力，阐明了化学氮肥驱动、有机肥阻控土壤酸化的机制及贡献率，创建了以“石灰类物质精准施用降酸、有机肥阻酸、减氮控酸”为核心的酸化防治关键技术，研发了酸性土壤调理剂等产品；集成了区域特色的农田酸化综合防治技术模式，大面积示范和推广应用，经济和生态环境效益显著。

8. 羊肉梯次加工关键技术及产业化

主要完成单位　中国农业科学院农产品加工研究所，中国农业机械化科学研究院，宁夏大学，山东省农业科学院原子能农业应用研究所（山东省辐照中心、山东省农业科学院农产品研究所），内蒙古蒙都羊业食品股份有限公司

主要完成人员　张德权，张春晖，王振宇，陈　丽，潘　满，李　欣，罗瑞明，李　铮，柳尧波，穆国锋

起止时间　2003 年 1 月—2013 年 1 月

获奖情况　2018 年国家科技进步奖二等奖

成果简介

针对我国羊肉“分级分割—保质保鲜—深加工”梯次加工技术缺乏的突出问题，首次系统解析了我国羊肉加工特性，创建了适合我国饮食习惯的羊肉加工适宜性评价技术，研发了羊肉标准化分级分割、冰温和亚过冷保鲜、低温高湿变温解冻、中式羊肉制品工程化关键技术与装备，突破了羊肉加工特性不清分级分割准确率低、品质劣变重货架期短、工业化程度低品质保持难的三大技术瓶颈，研建了羊肉梯次加工技术体系，开发了中式分级分割、烧烤、酱卤、调理、风干和香肠六大类系列新产品。项目相关技术在四大肉羊主产区广泛应用，援助到非洲和南美洲国家，产品远销中亚和中东等地区，取得了显著的经济和社会效益，实现了羊肉加工从“手工经验”向“标准化工业化”的跨越。整体技术处国际领先水平。

二、省部级奖

1. 我国主要农作物区域专用复合肥料研制与产业化

主要完成单位　中国农业科学院农业资源与农业区划研究所，中国—阿拉伯化肥有

限公司，深圳市芭田生态工程股份有限公司

主要完成人员 赵秉强，沈　兵，袁　亮，林治安，李燕婷，黄培钊，王金铭，王礼龙，郑秀兴，张运森，段继贤，张兵印，梁红江，车升国，石学勇

起止时间 2001年1月—2016年12月

获奖情况 2018年北京市科学技术奖一等奖，2018年度中国农业科学院杰出科技创新奖

成果简介

创建了作物区域专用复合肥配方制定的理论与方法，攻克了料浆工艺高氮肥、高塔工艺高磷肥等一系列作物专用复合肥生产技术难题，创立了中国特色的“配方—生产—服务—销售”一体化专用肥产业发展模式；推动我国专用肥产量由15年前不足100万吨发展到2016年约4 500万吨，占复合肥总量的70%。近3年推广专用肥447万吨，在全国不同生态区主要粮经作物、果树、蔬菜上应用过亿亩。实现复合肥产业升级，奠定了我国复合肥料产业新格局和国际领先地位。

2. 玉米生产者补贴对东北地区农户种植业生产行为的影响研究

主要完成单位 中国农业科学院农业经济与发展研究所

主要完成人员 刘　慧，秦　富，赵一夫，周向阳，朱　宁

起止时间 2017年4月—2017年12月

获奖情况 2017年度农业部软科学优秀研究成果一等奖

成果简介

本项研究主要在我国政府于2016年在东北地区和内蒙古①建立玉米生产者补贴制度的背景下，将东北地区和内蒙古玉米主产区分为优势产区和非优势产区，研究不同区域农户种植业生产行为如何变化问题。主要研究内容：玉米生产者补贴制度进展情况；玉米生产者补贴制度对农户种植业生产行为的冲击；提出完善玉米生产者补贴制度、引导农户种植业生产行为的政策建议。

3. 主要粮食作物节本增效潜力及途径研究

主要完成单位 中国农业科学院农业经济与发展研究所

主要完成人员 毛世平，薛思蒙，孙立新，吴敬学，等

起止时间 2017年4月—2017年12月

获奖情况 2017年度农业部软科学优秀研究成果一等奖

成果简介

经济发展新常态下，推动粮食产业发展由数量增长为主向数量质量效益并重转变、

① 内蒙古自治区，全书简称内蒙古。

由主要依靠物质要素投入向依靠科技创新转变、由依靠拼资源和消耗向绿色生态可持续发展转变，是降低粮食作物生产的成本、提高粮食生产综合效益、增加农民收入的主动选择。

4. 新型安全畜禽呼吸道感染性疾病防治药物的研究与应用

主要完成单位　中国农业科学院兰州畜牧与兽药研究所，湖北武当动物药业有限责任公司，成都中牧生物药业有限公司

主要完成人员　张继瑜，周绪正，李　冰，魏小娟，程富胜，李剑勇，牛建荣，尚小飞，陈国明，廖成斌，刘希望，杨亚军

起止时间　1996 年 1 月—2017 年 12 月

获奖情况　2018 年甘肃省科技进步奖一等奖

成果简介

畜禽感染性疾病是养殖业长期以来面临的最大生产难题之一，对我国畜牧养殖业构成了严重威胁，造成了巨大的经济损失。发展高效、安全畜禽抗感染性药物是我国现代农业可持续发展、公共卫生、食品安全体系建设和生态环境保护的重大需求。本成果针对中兽药物规模化生产关键技术和新兽药开展创新研究，并进行新技术和新产品的推广应用，解决我国抗畜禽呼吸道感染性疾病防治中存在的疫苗预防措施不足、有效的化学防治药物缺乏、微生物耐药性严重、药物残留及中兽药产业中存在的生产技术落后、质量控制技术不完善、有效性差的关键技术问题，对我国流行广泛、危害严重、缺乏安全有效防治药物的畜禽呼吸道感染性疾病的防控提供技术支撑。

成功研制了 1 种防治畜禽呼吸道感染性疾病的药物组合物“板黄口服液”，建立了药物的规模化生产工艺路线，生产工艺合理、简单，便于操作；研制了 1 种防治畜禽温热病的药物组合物“炎毒热清注射液”，建立了药物的制备工艺，临床使用方便、高效、安全无毒；建立了 1 种西藏雪山及雪层杜鹃挥发油的提取技术，收率显著提高，通过分离鉴定获得 26 种新发现化合物；建立了 1 种超声波辅助法提取杜鹃多糖技术，提取时间缩短，多糖得率显著提高 1%以上；建立了 1 种同时提取骆驼蓬中骆驼蓬粗多糖、黄酮类和生物碱类化合物的方法，实现了高效提取和综合利用的目的；建立了 1 种骆驼蓬生物碱的微波辅助提取方法，收率提高了 17%以上，提取时间短、提取率高，更适合用于工业化生产。

项目通过实施，成果获得国家新兽药证书 1 项，获国家新兽药生产批文 2 项；建立了 1 项新兽药质量控制标准；建立了 5 个试验示范基地和 2 条中试生产线；获国家授权发明专利 6 项、实用新型专利 4 项；发表论文 19 篇，其中 SCI 收录 8 篇；建立了“中兽医药数据库”1 项；出版著作 3 部。

本成果在甘肃等 28 个省（区、市）推广，应用于畜禽呼吸道疾病防治，应用动物数量 1 500 多万头（只），产生直接经济效益 3. 68 亿元，同时产生了显著的社会效益。

本研究技术成果可广泛适用于同类中兽药的开发，研究成果属高效、安全、污染

少、残留小、价廉、使用方便的农业投入品，具有显著的经济效益和推广应用前景，产业化优势明显。研制的新兽药对临床有效防治畜禽呼吸道感染性疾病、保障畜牧养殖业健康发展和我国动物源性食品安全、公共卫生安全和生态环境保护具有重要意义。

5. 主要食用植物油料油脂特异品质检测技术及标准的研制与应用

主要完成单位 中国农业科学院油料作物研究所

主要完成人员 李培武，张良晓，魏　芳，马　飞，王秀嫔，陈　洪

起止时间 2005 年 1 月—2017 年 12 月

获奖情况 2018 年湖北省技术发明奖一等奖

成果简介

该成果创建了植物油脂分子及特异品质检测技术及标准体系，突破了植物油脂分子分离识别难、特质成分富集纯化难和特异品质现场检测难的三大瓶颈难题。发现了植物油脂分子离子树结构漏斗裂解规律，发明了植物油料油脂分子直接检测技术，植物油品质由脂肪酸跨越到甘油酯分子检测水平；创制磁性氧化石墨烯、磁性亲水多壁碳纳米管等油料特质营养成分固相萃取剂，建立了基于新材料的植物油中甾醇、白藜芦醇、芝麻素及风味物质等系列检测技术，提升了油料油脂特质成分精准检测水平；发明油料品质快速检测集群算法和辣椒素生物识别材料，创建了植物油料油脂油酸、芝麻素、辣椒素等特异品质速测技术，实现了特异品质检测技术的现场化、简便化、实用化和标准化。

6. 高产优质多抗大豆新品种的培育与应用

主要完成单位 中国农业科学院油料作物研究所，全国农业技术推广服务中心，江西省农业科学院作物研究所，长江大学，西南大学

主要完成人员 周新安，蔡淑平，陈海峰，杨中路，邱德珍，周　蓉，何艳琴，赵现伟，单志慧，刘　芳，张晓娟，吴学军，沙爱华，陈李淼，易泽林

起止时间 1999 年 1 月—2017 年 12 月

获奖情况 2018 年湖北省科技进步奖一等奖

成果简介

该成果系统解析了大豆骨干亲本中豆 32 产量构成因子、抗倒伏、抗病等重要性状的遗传特征；发明了大豆性状高效精准鉴定新技术 5 项，构建了“优异种质发掘+骨干亲本改造+生态穿梭育种+性状精准鉴定+分子标记辅选”的集成育种技术体系；创制出 16 份特异新种质，为培育突破性品种提供了核心材料和关键技术支撑；培育出高产、优质、多抗、广适等创新性突出的大豆新品种 5 个；建立了新品种与南方地区耕作制度相配套的高产高效栽培技术。本成果突破性解决了大豆粒荚性状和抗倒性改良的关键理论与技术难题，育成了创新性突出的新品种并实现了不同品种的互补配套，取得了显著的经济和社会效益，为推动我国大豆产业发展和行业科技进步

作出了重要贡献。

7. 禽重要免疫抑制病防控关键技术创制与应用

主要完成单位　中国农业科学院哈尔滨兽医研究所，哈尔滨维科生物技术开发公司，哈尔滨国生生物科技股份有限公司，北京华都诗华生物制品有限公司，北京市兽医生物药品厂

主要完成人员　王笑梅，高玉龙，刘长军，祁小乐，张艳萍，高宏雷，王永强，王牟平，李海燕，张连祥，高　立

起 止 时 间　2013 年 1 月—2016 年 2 月

获 奖 情 况　2018 年黑龙江省科技进步奖一等奖

成 果 简 介

本成果针对混合感染和鉴别诊断难题，创建禽免疫抑制病诊断试剂研发平台，靶向鸡传染性法氏囊病（IBD）、马立克氏病（MD）、禽白血病（AL），创制精确诊断技术及产品 8 种，并进行了有效转化，实现了禽免疫抑制病快速、精确鉴别诊断，打破了同类试剂长期依赖于进口的被动局面；针对集约化养殖精细化免疫新需求，改进 IBD 活疫苗（Gt 株）、814 株 MD 液氮疫苗的生产工艺，提升疫苗品质，提升了免疫防控效果；针对不同鸡群和不同病原，建立禽重要免疫抑制病防控与净化技术体系，种源性疫病（AL）的精准净化，结合 IBD 和 MD 疫苗的精细免疫，实现了科学精准防控。本成果解决了禽免疫抑制病频发难控的难题，完善了禽病的综合防控体系，提高了我国生物制品行业的竞争力。

8. 动物流感病毒跨种传播能力研究

主要完成单位　中国农业科学院哈尔滨兽医研究所

主要完成人员　陈化兰，施建忠，邓国华，杨焕良，李雁冰，乔传玲，陈　艳，李呈军，曾显营，何希君，关云涛，田国彬，姜永萍，刘丽玲，柳金雄，陈普成，王秀荣，姜　丽，包红梅

起 止 时 间　2009 年 1 月—2015 年 12 月

获 奖 情 况　2018 年黑龙江省自然科学奖一等奖

成 果 简 介

该成果重点评估和揭示了 H1、H5、H7 等新型流感病毒跨越种间屏障感染并引起人流感大流行的潜力。发现 H7N9 病毒在人体内复制过程中可发生关键位点的突变，进一步增强其对人类的致病力及其人间水平传播的风险；具有在人群引起暴发流行的高度风险；揭示了 H5N1 病毒对公共卫生蕴藏的巨大风险；发现“类禽”H1N1 猪流感病毒已具备了在人群中高效传播的能力，而目前使用的人流感疫苗和人群现有免疫力不能针对这些病毒为人体提供足够保护。对不同亚型动物流感病毒跨种感染和传播的能力进行了系统研究，揭示了它们引起人流感大流行的潜力，为动物流感的防控和人流感的预警

预报以及应对政策制定提供了重要科学依据。

9. 植物免疫诱导蛋白新农药的创制与应用

主要完成单位 中国农业科学院植物保护研究所，河北中保绿农作物科技有限公司，北京绿色农华作物科技有限公司，普绿通（北京）生物有限公司，北京市农林科学院植物保护环境保护研究所，北京市植物保护站，北京绿富隆农业有限责任公司，北京市密云区植保植检站

主要完成人员 邱德文，杨秀芬，陈 昶，张云华，郭喜红，刘建华，曾洪梅，郭立华，林梅根，符江华，刘 宇，张 宁，徐 军，董义杰，袁京京

起止时间 2013 年 9 月—2014 年 2 月

获奖情况 2018 年北京市科学技术奖二等奖

成果简介

实施农药零增长和保障农产品质量安全是国家重大战略需求。新型免疫诱导蛋白生物农药创制与应用是实现国家农业绿色发展战略的重要举措。增强植物自身免疫能力、提高植物抗性是转变农作物有害生物防控方式的重要途径。针对植物免疫诱导蛋白产品缺乏，定向发掘和科学评价技术缺乏等问题，本团队历经十多年科技攻关，在蛋白产品创制、筛选与评价技术以及有害生物防控理念等方面取得了多项创新与突破。

（1）挖掘出提高植物抗性的新免疫蛋白，建立了“蛋白—基因—蛋白”的定向筛选新技术，克服了从基因文库反复调取基因片段拼接全长蛋白筛选时的效率低、周期长和非定向等技术瓶颈，活性蛋白筛选效率提高 50% 以上；创建了多指标综合评价技术，创建了激发植物免疫防御反应和植物健康生长的多项指标的综合评价技术体系。应用该技术体系，从 1 007 种微生物中获得了 9 个新型植物免疫诱导蛋白，为创制免疫诱导蛋白产品提供了技术支撑。

（2）系统研究了规模化蛋白发酵新技术，建立了分级发酵、提取、后处理和剂型加工新工艺，解决了蛋白产量低、成本高的技术难题，蛋白产量提高 4 倍以上，生产成本降低了 60%；确定了高效保护和稳定蛋白的缓冲系统，有效解决了制剂加工及贮存过程中蛋白不稳定的瓶颈技术，使蛋白制剂的货架期由原来的 6 个月提高到 2 年以上；创立了蛋白高效制剂生产新工艺，突破了制约蛋白产业化的技术瓶颈，实现了规模化生产，自主研发了一条高效低成本的免疫诱导蛋白规模化生产线。

（3）创制了全球第一个抗植物病毒病的微生物蛋白新农药，获得农药临时登记；开创了免疫诱导蛋白生物农药新产业；提出了基于植物免疫诱导机理创制生物农药的新思路，建立了配套技术规程；实现了大规模推广应用，引领了蛋白质生物农药产业发展。

9 年来，在全国 28 个省（区、市）累计推广应用 5 000 万亩次，对农作物病毒病等重要病害的平均防效达 65%，减少化学杀菌剂用量 20% 以上；近 3 年推广应用

3 500 万亩次，经济效益达 54. 32 亿元，社会、生态效益显著本成果为京津冀地区农业绿色发展、农产品质量提升、农村生态环境改善提供了重要支撑。本项目获授权发明专利 4 项，论文 101 篇，获省部级一等奖 2 项。

10. 家畜养殖数字化关键技术与智能饲喂装备创制与应用

主要完成单位　中国农业科学院北京畜牧兽医研究所，河南南商农牧科技股份有限公司，北京农学院，江苏省农业科学院，无锡市富华科技有限责任公司，广东温氏食品集团股份有限公司，北京大北农科技集团股份有限公司

主要完成人员　熊本海，蒋林树，杨　亮，曹　翠，胡肄农，罗远明，温志芬，高华杰，郑姗姗，曹　沛，罗清尧，潘晓花，陈　丽

起止时间　1999 年 1 月—2017 年 3 月

获奖情况　2018 年北京市科技进步奖二等奖

成果简介

针对我国家畜饲料营养基础数据的数字化及标准化整理无序、养分需求预测模型不全，设施养殖环境控制混乱，智能设备及家畜标识自主品牌缺乏，导致的家畜生产信息化管理水平落后，环境控制与设备装备水平低下，畜产品的可追溯水平薄弱等问题，开展了以下 4 个方面的研究。

（1）饲料数据库构建与挖掘。建立了中国饲料原料分类的饲料描述规范及属性数据规范，发展了中国饲料数据库；研究获得了单一饲料原料及部分分类饲料原料的有效养分估测模型 300 余套，经长期验证模型预测准确度高达 93%以上，饲料利用效率提高 30%以上。

（2）家畜营养精准调控。构建了主要家畜关键养分营养需求的动态预测模型，建立了华北地区中国荷斯坦奶牛不同胎次、不同泌乳潜力及不同季节下乳产量及乳成分形成规律的机理模型，为家畜营养的动态、精准调控奠定了理论基础。

（3）养殖设备创新研制。集成物联网技术、智能控制及家畜精细管控理论，创制了家畜设施养殖环境感知及智能控制系统，获得了精准饲喂、内嵌模型控制、采食数据自动采集等机电信于一体的主要家畜养殖饲喂设备 20 余种，形成了智能养殖设备的技术体系。

（4）家畜专用 RFID 芯片创制。自主设计研发了针对主要家畜养殖和体征监测的专用低频 RFID 芯片，实现了家畜个体标识和主要生理指标的数字化监测，生产过程的数字化、标识产品的国产化及畜产品质量的全程可追溯，实现了家畜标识产品的市场国际化。

本项目获授权发明专利 13 项，转让专利 4 项，授权其他知识产权 157 项，出版专著 21 部，发表论文 166 篇（含 SCI/EI 25 篇），获国际 ICAR 机构检测报告 2 份，国家 NCTC 检测报告 1 份，省级高新技术产品认定证书 3 份，培养研究生 35 名。

本项目经济效益及社会效益明显：研发的技术及产品推广应用到全国22个省(区、市)、43个国家，应用效果主要包括提高饲料数据利用率30%以上，饲料转化率15%以上，降低畜禽死淘率10%以上，减少养殖单位劳动力需求30%以上，提高畜产品全程可追溯的效率50%以上，截至2017年3月，产生的经济效益累计达23.255亿元，同时成果在促进资源节约、保护养殖环境及节省劳动力等方面产生了明显的生态及社会效益。在促进科技进步上，主要体现在突破了国际在电子标识技术及家畜智能产品对我们的技术封锁，并助推了饲料科技数据共享经济的发展。

11. 农民以土地入股的风险防范机制研究

主要完成单位 中国农业科学院农业经济与发展研究所

主要完成人员 陈珏颖，刘合光

起 止 时 间 2017年4月—2017年12月

获 奖 情 况 2018年农业农村部软科学优秀成果奖二等奖

成 果 简 介

农民以土地入股是当前稳定土地承包经营制度、促进农业规模化、解决小农户与大市场对接难题、化解农业发展资本短缺难点、保护农民利益的有效措施之一，分析主要风险因素及其影响机理，对于如何保障农民权益、防范农业经营风险、化解农村社会冲突、促进农业健康稳定发展具有重要的意义。本研究全面梳理我国农民以土地入股面对的主要风险，深入调研不同地区农民以土地入股的模式、案例与实际做法，考察主要的风险因素及其影响机理，设计风险防范机制，提出我国农民以土地入股风险防范的有效对策措施，就进一步推进我国农民土地股份合作制、化解土地入股风险、促进我国农业健康发展提出切实可行的宏微观政策建议。

12. 葡萄生产消费特征及产业发展趋势研究

主要完成单位 中国农业科学院农业经济与发展研究所

主要完成人员 安 岩，王秀东

起 止 时 间 2017年1月—2018年12月

获 奖 情 况 2018年农业农村部软科学优秀研究成果奖二等奖

成 果 简 介

葡萄在我国是一种重要的水果，仅次于苹果、柑橘、梨及桃。近20年来，随着葡萄育种、栽培及管理技术的提高，加上葡萄生产的相对较高的经济收益吸引，我国葡萄种植已由传统的优势产区发展到全国各省（区、市）都有种植，特别是南方产区葡萄的种植面积增长较快。目前，我国葡萄产量位居世界第一，栽培面积位居世界第二，鲜食葡萄约占世界产量的50%，连续多年居世界首位，并以每年两位数的速度增长。同时，一些新的生产方式和发展方式正在快速融入葡萄产业，使其处于传统农业与工业农业混合型向现代农业迈进的关键时期。具有“绿地”与“绿色产业”功能的观光葡萄产业将持续发展，庞大内需为主的消费群体、鲜食葡萄出口量的增加和多样的环境条件、耐旱节土的种性特征，使葡萄产业在相当长的时期处于可持续稳步发展阶段。在农业供给侧结构性改革的新形势下，本研究通过对葡萄生产、消费、贸易、价格进行全面和系统的梳理，定量分析并预测葡萄产业发展趋势，展望产业发展前景，并提出相关政策建议，将对促进农业结构调整，开辟农业增效、农民增收新路径具有重要意义。

13. 作物水分信息自动采集与智能灌溉控制技术及设备

主要完成单位　中国农业科学院农田灌溉研究所，北京农业智能装备技术研究中心，西安交通大学，中国农业科学院资源与区划研究所，西北农林科技大学，北京东方润泽生态科技股份有限公司

主要完成人员　段爱旺，孟兆江，郑文刚，魏正英，王利民，马孝义，余　萍，张寄阳，张石锐，范兴科

起 止 时 间　2002 年 1 月—2016 年 12 月

获 奖 情 况　2018 年河南省科技进步奖二等奖

成 果 简 介

1. 作物需水信息自动采集技术与设备

（1）研发了基于互联网运行管理的智能化土壤墒情监测仪（智墒仪）。

（2）研制了基于恒定水面蒸发、适用于指导大田作物灌溉的“傻瓜式”灌溉预警装置，监测误差小于 5%，灌溉预警时间误差小于 2 天。

（3）开发了区域土壤水分状况遥感监测系统，具有物理机理明确、对地面校正依赖性小、时间频次高、区域适用性强等优点，监测精度达到 95%。

2. 智能灌溉控制技术

（1）研制了灰色预测模糊 PID 控制技术，与水肥精量灌溉智能控制机结合，同步实现水肥精量控制。

（2）研发了基于 KBE 的灌溉智能决策支持系统，并构建了配套的作物、土壤、水肥和气象信息数据库，使灌溉决策系统具有了良好的自学习功能。

（3）开发了基于物联网的智能灌溉远程控制系统，可通过 Internet 浏览器、手机短信及 Zigbee 无线网络等多种途径实现灌溉控制程序的远程实时查看、编辑与运行，实现对水肥精量控制机和温室环境的远程实时监测与控制。

3. 智能灌溉控制设备

（1）集成灌溉系统首部智能控制系统、用水计量及调度系统、灌溉智能控制系统和灌溉决策关键因子监测系统，构建了系列化、标准化、组态化的灌溉智能决策与控制平台。

（2）研制了自动反冲洗过滤器控制器、精准灌溉施肥机、IC 卡水电双重计量器、无线自组网灌溉调度预付费水表、无线自组网控制器、无线电磁阀控制器和可编程灌溉控制开发平台 7 种设备，均已经实现批量生产。

4. 构建了基于互联网运行的农田墒情预测和灌溉预报服务系统

将大数据技术、数据库技术和网络化服务技术相融合，构建了基于互联网运行的农田墒情预测和灌溉预报远程技术服务系统，实现了农田用水管理服务的实时化。

14. 五味子新品种选育及产业化关键技术集成与应用

主要完成单位 中国农业科学院特产研究所

主要完成人员 艾 军，王振兴，许培磊，赵 滢，张 瑞，张宝香，李 刚，刘迎雪，孙 丹，范书田，秦红艳，肖盛元，韩松云

起止时间 2007 年 1 月—2017 年 12 月

获奖情况 2018 年吉林省科学技术进步奖二等奖

成果简介

五味子是我国东北地区的常用名贵中药材，还可用于生产果汁饮料、五味子茶等保健品及美容护肤品等，具有广阔的开发利用前景。由于野生资源不断减少及市场需求不断增加，客观上促进了五味子人工栽培产业的发展。据统计，吉林省五味子的人工栽培高峰期发展面积达 15 万亩，在吉林省农业种植结构调整、农民增收致富领域发挥了重要作用。但是由于五味子的栽培历史较短，限制五味子产业发展的诸多关键技术环节并未得到解决。主要表现为：良种化程度低，丰产稳产性差、病虫害发生严重等。该项目在科技部及吉林省科技厅的支持下，针对五味子产业中的制约性关键技术环节，系统开展种质资源收集、评价及新品种选育、无性快繁技术、高效栽培技术集成与推广等研究工作。收集保存资源 360 份，选育品种 2 个；出版国际标准 1 项；获苗木无性繁殖发明专利 2 项、加工品发明专利 4 项，研发花性分化调控技术、适宜栽培模式、病虫害综合防治技术，并组装配套。在提高产量和品质、有效防治病虫害的同时降低了生产成本，3 年累计直接经济效益 10 812. 1 万元，节省支出 341. 8 万元。充分显示了良种、良法在种植与加工业的重要作用。该项目取得的技术成果已在五味子主产区推广应用，对农业种植结构调整和精准扶贫等将具有重要意义。

15. 疫苗新产品创制及综合防控技术研究与应用

主要完成单位 中国农业科学院特产研究所，特研生物

主要完成人员 闫喜军，赵建军

获奖情况 2018 年吉林省科技进步奖二等奖

成果简介

研究采用流行病学、病原生物学、免疫学以及分子生物学技术开展水貂犬瘟热和出血性肺炎两种主要传染病高效疫苗创制及综合防控配套技术的研究；通过项目攻关，完成了水貂犬瘟热、水貂出血性肺炎流行病学调查；研制水貂犬瘟热活疫苗和水貂出血性肺炎灭活疫苗两种新产品，完成了疫苗临床试验及新兽药申报，获得新兽药注册证书。通过生产企业进行了产品的转化和生产。集成了水貂主要传染病学、鉴别诊断技术、疫

苗及使用配套技术，并进行推广应用，实现成果的技术转移和市场化，满足毛皮动物产业发展的需要。

16. 微米中草药添加剂提高茸鹿生产性能的应用研究与示范推广

主要完成单位　中国农业科学院特产研究所

主要完成人员　赵　蒙，王士勇，常忠娟，齐俊生，魏海军，薛海龙，罗剑通，李淑杰，曹新燕，赵靖波，杨镒峰，陈秀敏，徐　超

起 止 时 间　2014 年 1 月 1 日—2016 年 12 月 31 日

获 奖 情 况　2018 年吉林省科技进步奖二等奖

成 果 简 介

饲喂微米中草药添加剂可以大幅度提高鹿茸的产量和质量，上锯公鹿在大约 90 天的生茸期内（头茬和二茬）一般可以实际增加鹿茸产量达 0. 45~0. 65 千克，个别的鹿只可增加鹿茸产量达到 0. 75 千克左右；鹿茸的质地鲜嫩，骨化程度降低，显得肥嫩，从而使得药理活性物质相对增加；饲喂此添加剂的母鹿，越冬期膘情良好，提高抗寒能力和机体免疫力，不轻易患病，减少鹿只损失，提高繁殖母鹿的生产性能。经过现场实际应用，深受养鹿场的欢迎。项目实施推动了梅花鹿养殖产业的快速发展和科技进步。项目实施后，可间接对保护我国的梅花鹿资源以及中草药资源，减少鹿只的发病概率，增加茸鹿养殖业的收入，形成具有较大应用的群体规模，以中草药为原料研制的微米中草药添加剂，能够增加头茬、二茬的产量，且锯别相对高，效果越佳。同时对茸鹿的免疫机能也得到了显著提高。在项目区开展示范推广工作，主要推广模式为“科研单位+协会+企业+基地+养殖户”，通过项目实施使得梅花鹿的生产性能提高 20%以上，获得直接经济效益 6 700 余万元。

17. 生活污泥沼气化处理利用技术及设备研究与应用

主要完成单位　农业农村部环境保护科研监测所，天津大学，北京市农林科学院，农业农村部农业生态与资源保护总站，农业农村部沼气科学研究所，西安墙体材料研究设计院有限公司，中国农业大学，北京化工大学，西北农林科技大学

主要完成人员　张克强，杜连柱，李茹莹，李顺江，梁军锋，石祖梁，杨　鹏，李　强，权宗刚，林　聪，袁海荣，王　芬，尹小波，邱　凌，宋　心，高文萱，沈丰菊

起 止 时 间　2013—2017 年

获 奖 情 况　2018 年天津市科技进步奖二等奖

成 果 简 介

针对我国生活污泥处理利用核心技术支撑不足、关键设备缺乏及资源化利用安全风险不清等问题，以生活污泥沼气化处理和利用为目标，开展应用技术研究与示范，主要

成果如下。

（1）创新了生活污泥超声耦合碱解预处理—高浓度沼气发酵、微生物强化—厌氧干发酵新工艺。创制了密集多探头槽式低能耗超声破解设备，处理生活污泥 TS 浓度达到 8%、处理量提升 2~5 倍、能耗降低 25%~50%；选育高浓度氨氮和丙酸耐受微生物菌系，沼气发酵甲烷产率提高 50%以上；创制了一体化干发酵设备与工艺，TS≥20%，发酵周期缩短 10~15 天，平均容积产气率达到 0.8 立方米/（立方米·天）。

（2）开发了消化污泥肥料化制备与农田安全利用技术，建立了基于重金属人体摄入安全量的污泥肥农田利用评价方法。创新了干发酵污泥堆肥除臭保氮技术，氨挥发累计速率降低 48.7%~56.4%，与常规堆肥相比全氮含量升高 11.8%~12.4%；发明了臭氧/紫外—动电重金属分离技术，沼液中 Zn、Cu、Cr 等重金属去除率达 45.7%~61.7%；提出了生活污泥安全农用推荐用量。

（3）创建了高污泥掺配量制备墙体材料新工艺，建立了沼气干发酵污泥制备墙体材料生产线。研制了沼气干发酵污泥制备墙体材料新配方，将污泥掺配量从 15%提高到 30%，创建了国内首条年产 6 000 万块优质烧结砖生产线。

发表学术论文 72 篇，其中 SCI 论文 16 篇，授权专利 22 项，其中发明专利 8 项，出版著作 4 部，制定国家标准 1 项；形成的“生活污泥高效预处理及高浓度厌氧发酵关键技术研究与应用”“生活污泥气肥联产及安全农用的关键技术与应用示范”和“生活污泥制备墙体材料关键工艺技术研究与应用”3 项成果经第三方评价均处于国际先进水平。项目成果在北京、天津、陕西和河南等地推广应用，取得了显著的社会效益、经济效益和环境效益。

18. 植保无人飞机高效安全作业关键技术创新与应用

主要完成单位 农业农村部南京农业机械化研究所，华南农业大学，中国农业科学院植物保护研究所，全国农业技术推广服务中心，广州极飞科技有限公司，安阳全丰航空植保科技股份有限公司，无锡汉和航空技术有限公司

主要完成人员 薛新宇，兰玉彬，袁会珠，王凤乐，张宋超，秦维彩，孙 竹，周立新，彭 斌，王志国，孙向东

起止时间 2009 年 9 月—2015 年 12 月

获奖情况 2018 年江苏省科学技术奖二等奖

成果简介

本研究在国家公益性科研专项等项目支持下，创制适应复杂农田条件下的系列植保无人飞机，取得了传统农业向现代农业转型的标志性成果，重要创新成果如下。

（1）创立了植保无人飞机“两低一高”（低空低量高浓度）施药作业技术体系。以近地耦合风场作用下低空喷洒雾滴沉降规律等应用基础理论研究为支撑，结合作物常见病虫害发生规律，创制了航空喷洒蒸发抑制剂，针对不同病虫害和农药剂型，优化了

不同作业条件下的施药参数，创立了植保无人飞机“两低一高”施药作业技术体系，攻克了施药技术与病虫害防治要求不匹配的技术难题。相较于常规人工施药作业效率提高 100 倍，农药施用量减少 20%以上。

（2）发明了复杂农田作业条件下的植保无人飞机高精度施药自动导航系统。针对航空喷雾作业中极易出现重喷漏喷的问题，以优工作效率、短飞行路径为目标，基于田块尺寸形状、农田气象环境、安全隔离区等多参数，融合了位姿高精度获取、断点续航、超低空自适应施药等技术，在国内首创了“航路规划、自主飞行、定点施药”技术框架，发明了植保无人飞机高精度施药自动导航系统，导航精度达厘米级，居国际领先水平，引领了国内该技术的发展。

（3）创制了适宜不同作业条件、施药要求的系列植保无人飞机。攻克了植保无人飞机低空飞行稳定性技术难题，研发了适应低空、低速作业条件的无人飞行运载平台；开发了航空植保专用离心喷头，融合了适用于各生长期病虫害防治需求的精量化施药技术、不同作业条件的高精度自动导航技术等，创制了适宜不同作业条件、施药要求的系列植保无人飞机。

（4）创建了植保无人飞机性能与施药效果测试平台。创新性地建立了以高低速植保专用风洞、移动式旋翼风场测试设备、无人机喷洒两相流场模拟测试平台等为核心的航空专用试验测试体系，为植保无人飞机设计、参数优化、系统集成及试验验证提供技术支撑。

（5）建立了以作业安全为目标的植保无人飞机技术规范与标准。以公共安全、人员安全、机具安全、施药安全、环境安全为目标，以电子围栏、失效保护、能源载荷匹配、自动避障、在线远程监管、飘移模型预测等核心技术为支撑，提出了包括航空监管、安全作业要求等内容的植保无人飞机规范与标准框架，保证了行业健康可持续发展。

19. 奶牛重要细菌病防治药物创制与应用

主要完成单位 中国农业科学院饲料研究所，北京市畜牧总站，中牧实业股份有限公司，华秦源（北京）动物药业有限公司

主要完成人员 李秀波，路永强，刘义明，徐　飞，陈孝杰，石　波，赵炳超，马书宇，郭江鹏，任　康，杨宇泽，张正海，李　萌，王　峥，梁景乐

起 止 时 间 1997 年 1 月—2016 年 12 月

获 奖 情 况 2018 年北京市科学技术奖三等奖

成 果 简 介

该项成果针对我国奶牛用兽药品种少、剂型单一、国外产品垄断等现状，围绕奶牛乳房炎等主要细菌性疾病，系统开展了氟苯尼考、盐酸沃尼妙林、盐酸头孢噻呋及硫酸头孢喹肟等抗菌药物原料及制剂的研制与生产关键技术研究，阐明了药物在奶牛体内代

谢及残留消除规律，创制了一批奶牛专用的高效、安全、低残留、低成本的新兽药，并通过示范点辐射带动的方式，进行了新兽药的推广应用工作，为我国奶牛疾病防控和保障牛奶质量安全提供了强有力的技术支撑。

该成果首次建立了我国奶牛主要细菌性病原库及病原信息数据库，库容量已达到7万余株；阐明了引起奶牛乳房炎、子宫内膜炎、呼吸系统疾病的主要致病菌分别为金黄色葡萄球菌、巴氏杆菌及支原体等，为奶牛细菌性疾病防治和药物创制提供了研究基础和理论依据。

筛选出氟苯尼考、盐酸沃尼妙林、盐酸头孢噻呋及硫酸头孢喹肟等6种高活性抗菌原料药；建立了9个原料及制剂新工艺，创新了2种局部给药新剂型，成本较国外产品降低了2/3；开发了2种配套给药装置。系统开展了药物毒理学、药物代谢动力学、靶动物安全性、残留消除试验、临床药效试验研究，阐明了药物在体内代谢动力学参数，明确了药物在牛奶中残留消除规律，为临床制定弃奶期和合理应用提供了理论依据。创制了9个新兽药（其中5个国家二类新兽药），极大地填补了国内空白，市场占有率53%；针对奶牛乳房炎药物，从干乳期预防到泌乳期治疗，全方位系统的建立了奶牛乳房炎的防治体系，奶牛乳房炎发病率降低7.2%，有效率达85.5%；子宫内膜炎药物，与同期对照产品比较，使用由4次降为2次，疾病有效率由58.5%提高到了81.5%；奶牛呼吸道疾病药物，有效率达82.3%；形成了9个国家兽药标准，为我国奶牛细菌性疾病防治提供了重要的技术手段，为产品的标准化生产和兽药行业监管提供了技术依据。

成果目前已在北京、山东、天津、河北、黑龙江等22个省（区、市），225个奶牛养殖场（户）进行了示范推广，经济社会效益显著，应用前景广阔。

20. 跨国公司开拓中国农产品市场策略研究

主要完成单位 中国农业科学院农业经济与发展研究所，中国农业科学院科技局

主要完成人员 钟 钰，苗水清

起止时间 2017年5月—2017年10月

获奖情况 2017年度农业部软科学优秀研究成果三等奖

成果简介

随着中国整体经济实力和企业开拓能力的不断增强，我国农业投资由以往的“引进来”逐渐转变为“引进来”与“走出去”相结合，直至当前鼓励“走出去”的发展阶段。尽管近些年我国农业对外直接投资发展较快，但从邓宁（Dunning）的投资发展周期理论来看，中国总体上处于投资发展周期的第二阶段。但值得注意的是，一些跨国涉农公司遵循供应链管理模式，已大举开拓经营中国种业市场，根据近年的中国《外商投资产业指导目录》显示，种业属于限制外商投资产业。他们如何进入中国市场、采取什么样的经营策略维护并进一步经营中国市场，很值得已“走出去”或要“走出去”国内企业学习借鉴。因此，本研究通过调研部分主要的国际种业公司，剖析他们的经营策略，旨在为推动国内农业“走出去”和提升产业竞争力提供有益借鉴。限于

时间和精力限制，本研究选择了三家具有代表性的全球三大跨国种业公司，2017 年 7—8 月陆续调研拜访了孟山都生物技术研究院（北京）有限公司、杜邦先锋北亚区先锋种子事业部和先正达（中国）投资公司。概括起来跨国种业公司进入中国的路径为“一二三四五多”，即单一合作模式、双轮效应驱动、育繁推三维结合、凭借四大优势、通过五环精髓和多种农作物并进。

21. 畜禽粪污资源化利用的 PPP 模式及效果研究

主要完成单位 中国农业科学院农业经济与发展研究所

主要完成人员 朱　宁，秦　富，赵一夫，刘合光，贾　伟，曹　博

起 止 时 间 2017 年 4 月—2017 年 12 月

获 奖 情 况 2017 年度农业部软科学优秀研究成果三等奖

成 果 简 介

PPP 模式应用于畜禽粪污资源化利用领域，对于推进畜禽粪污资源化利用、补齐现代畜牧业发展的环境短板，进而改善农村居民的生产生活环境、提供清洁能源、改善土壤地力以及治理农业面源污染，均具有重要意义。

22. 黄河水滴灌抗堵塞技术集成与应用

主要完成单位 中国农业科学院农田灌溉研究所，华北水利水电大学，河南省田雨灌溉设备有限公司

主要完成人员 冯俊杰，邓　忠，翟国亮，仵　峰，范永申，韩启彪，孙　浩

起 止 时 间 2006 年 1 月—2015 年 12 月

获 奖 情 况 2018 年河南省科技进步奖三等奖

成 果 简 介

引用黄河水灌溉是我国的独有现象，因其含沙量大、泥沙颗粒细两大显著特点，黄河水滴灌时常会引起滴头易堵塞、过滤器清洗频繁、导致设备运行不良、灌溉系统瘫痪的问题。随着水资源日益短缺，引黄灌区迫切需要抗堵塞高效节水灌溉技术。

项目在总结黄河含沙水流的运动变化规律、分析携带悬浮固体物能力的基础上，针对黄河水的杂质特点和滴灌堵塞方式，以“前堵、中输、后排”的研究方法，确定了“排浑取清”的高效取水模式，有效去除黄河水中 50%以上的泥沙；采用“明渠+暗涵管”的明暗结合方式，提高取水保证率到 92%，降低黄河取水成本 25%以上；通过大流量低能耗过滤技术、抗堵塞关键技术和结构优化等理论技术研究，创新研制复合过滤器、系列化抗堵塞滴头和快速管件等关键产品，突破了滴头易堵塞的技术瓶颈，从引黄取水、拦堵沙粒的过滤水、运送沙粒的输水、末级灌水器的配水排沙的灌溉全过程，系统地集成滴灌抗堵塞技术，优化形成了适用引黄灌区的黄河水防堵塞滴灌系统应用模式 3 套：定流量移动式滴灌系统、小流量固定式滴灌系统和变流量自调节式滴灌系统，并

在宁夏[①]、甘肃、内蒙古及河南等省区累计示范 4.3 万亩大田作物、设施经济作物，在周边辐射推广 20.5 万余亩。

项目已授权发明专利 4 项、实用新型专利 8 项，登记计算机软件著作权 1 项；发表论文 31 篇，编写著作 3 部。成果的节水、节能、增产、增收效果明显，经济、社会和生态效益显著，明显地改变了不能直接利用黄灌水滴灌的技术现状，填补了黄河水有效实施滴灌的技术空白，解决了长期制约黄河水滴灌的应用技术问题，为全面发展实用、绿色、生态、高效的农业节水灌溉模式提供了技术保障。

23. 水稻盘育秧毯状秧苗质量控制技术研发与应用

主要完成单位 中国水稻研究所，浙江省农业科学院，河南农业大学

主要完成人员 欧阳由男，陈代波，占小登，王艳丽，秦叶波，赵全志

起止时间 2011 年 4 月—2017 年 12 月

获奖情况 2018 年浙江省技术发明奖三等奖

成果简介

水稻是我国重要的粮食作物，机插秧有利于提高水稻综合生产能力和产量。本项目围绕当前水稻机插栽培技术育秧环节中的秧苗素质差、备土及育秧管理难等关键技术问题，针对移栽水稻生产“早生快发”的实际需求，对水稻机插高密度盘育秧、带土移栽和稀植机插的内在生理特征，以及外源植物生长调节剂对秧苗叶片和根系的影响和调控等内容进行了系统的理论和应用研究，获得以下诸多重大突破。

（1）创新了水稻盘育毯状秧苗理想株型理论及其关键技术指标特征，为解决秧苗瘦弱、根系细长、机插后返青慢等问题，对以“促进秧苗分蘖、优化群体建成”为核心目标的机插育秧技术研发和实际生产指导提供了理论和方法。

（2）发明了以萘乙酸钠天然功能替代物复酞核酸为核心成分的水稻秧苗叶面肥，开创了新型毯状秧苗质量的调控技术。

（3）发明了以腐殖酸碳肥、生物有机质和全价全量营养为核心的复合型水稻毯状秧苗无土育秧新基质。

（4）开发了以控温控湿为核心的毯状秧苗质量管理的农艺控制技术及其物化产品。

本项技术发明成果共获得国际发明专利（PCT，日本证书）1 项、国家发明专利 4 项和实用新型专利 5 项，发表相关学术论文 7 篇，其中 SCI 收录 2 篇。4 项发明专利分别于 2012 年和 2016 年转化 2 家企业，第一完成单位直接收益分别为 100 万元和 10 万元，合计 110 万元。转化企业实现销售收入 10 278 万元，利润 256.95 万元。2015—2017 年，本项发明在浙江省、安徽省和河南省等地进行试验、示范和推广，累计应用面积 1 622.6 万亩、增收稻谷 119.7 万吨，新增稻谷产值 34.63 亿元。本项技术发明在水稻盘育毯状秧苗质量控制技术理论和物化产品研发上均居国际领先

① 宁夏回族自治区，全书简称宁夏。

水平。

24. 棉花优良品种中棉所 76 和 sGK 中 3017 的选育技术与应用

主要完成单位　中国农业科学院棉花研究所

主要完成人员　王红梅，赵云雷，陈　伟，龚海燕，桑晓慧，崔艳利，宋　慧，李运海，赵　佩，薛中立

起 止 时 间　2001 年 1 月—2017 年 12 月

获 奖 情 况　2018 年河南省科学技术进步奖三等奖

成 果 简 介

针对我国现有棉花品种纤维品质类型单一、纤维强度偏低和抗病性差、抗病育种周期长、选择效率低的生产实际问题，开展高产、优质、抗病虫棉花品种选育技术研究，将常规育种技术与分子标记辅助选择育种技术有机结合，突破了棉花产量、品质、抗性难以同步提高的技术瓶颈，创新了棉花新品种选育技术方法，育成纤维品质优良、丰产性突出、抗病虫性好的 2 个棉花新品种中棉所 76 和 sGK 中 3017，创造了显著的经济效益和社会效益。本项目主要取得以下创新成果。

（1）培育出纤维品质优良、丰产性突出、抗病虫的棉花新品种中棉所 76 和 sGK 中 3017，实现了优质、抗病和高产等性状的协同改良，为黄萎病防治和机采棉的开展提供了品种保障。中棉所 76 丰产性稳定，纤维品质优良，平均长度 30. 8 毫米，比强度 31. 6 厘牛/特克斯，马克隆值 4. 4，能纺 80 支以上的高支纱，符合目前机采棉对棉花品种纤维品质的要求；抗虫性好，抗枯萎病耐黄萎病，2009 年 7 月国家农作物品种审定委员会审定通过。sGK 中 3017 高产稳产，产量比对照鲁棉研 28 增产达 10%；抗病性好，黄萎病指平均 22. 0；抗虫性好；2014 年 6 月通过河南省农作物品种审定委员会审定。

（2）创制出优质亲本材料，实现了对棉花纤维品质的定向改良。通过海陆种间杂交、回交技术，创制出优质亲本材料 9901，该材料纤维长度 32. 2 毫米，比强度 32. 3 厘牛/特克斯，马克隆值 4. 2。解决了现有棉花品种纤维品质类型单一，纤维强度偏低的问题。

（3）明确了棉花对黄萎病的抗性遗传规律，发明了棉花抗黄萎病分子鉴定及选择技术，实现了利用分子手段对抗病性的快速鉴定和对抗病基因型的直接选择。通过研究陆地棉品种对黄萎病的抗性遗传规律及抗黄萎病分子标记定位，明确了棉花对黄萎病的抗性遗传规律，发明了抗黄萎病分子标记辅助选择育种方法和基于优势等位基因效应值的抗黄萎病分子鉴定技术，实现了对抗病性的快速鉴定和对抗病基因型的直接选择，有效解决了当前抗病性鉴定周期长、选择效率低的技术难题。相关技术获国家发明专利 3 项，软件著作权 1 项。

（4）发明了一种快速有效鉴定棉花抗虫性的方法，实现了对抗虫性强弱的快速判断，有效提高了棉花亲本材料抗虫性的选择，解决了当前棉花品种抗虫性下降的问题。利用叶片涂抹和生物接虫反复鉴定法实现对抗虫性强弱的快速判断，筛选抗虫强的棉花

亲本材料，提高和稳定棉花的抗虫性，减少和延缓棉铃虫对抗虫棉的耐受进化进程。

（5）研究建立了中棉所76制种技术规程和sGK中3017高产高效栽培技术规程，有效保障了棉花生产，创造了显著的经济和社会效益。制定了中棉所76制种技术规程及sGK中3017生产技术规范，通过良种良法相结合，促进了两个品种在我国主产棉区推广种植，创造了显著的经济效益和社会效益：中棉所76和sGK中3017累计推广种植285.9万亩，实现累计增产20 298.9万吨，新增经济效益2.49亿元。

该项目创制出优质棉花亲本1个，育成2个棉花新品种，至2017年，累计推广285.9万亩，新增经济效益为2.49亿元，有效提升了棉花品种质量，创造了显著的经济效益和社会效益。项目获国家发明专利3件，植物新品种权1件，软件著作权1件，制定地方标准2项，发表论文10篇，其中SCI论文3篇。

25. 强优势杂交棉品种中棉所66与中棉所63选育及应用

主要完成单位 中国农业科学院棉花研究所，江西省经济作物技术推广站

主要完成人员 杨代刚，梁木根，万自成，李　威，马雄风，唐淑荣，周晓箭，周　红，付小琼，裴小雨，周关印

起止时间 2003年6月—2017年12月

获奖情况 2018年获江西省科技进步奖三等奖

成果简介

针对生产上棉花品种存在高产、优质与多抗难以协同改良的问题和生产需求，在国家科技支撑计划等项目支持下，从2003年开始，通过技术创新实现种质创新，将新种质应用于育种，育成了中棉所66（2008年国审）和中棉所63（2007年国审），连续多年列为农业部、江西等省主推品种；在国家农业科技成果转化资金等项目的支持下，研发了配套的种子生产、鉴定和绿色高效栽培技术，得以长期在长江流域棉区大面积推广应用，提升了生产效益。

（1）鉴定了棉花多抗基因与优良种质资源，创新了亲本培育方法，选育出杂交亲本类群。以长江流域优良品种为基础，将异地丰产优质新种质和远缘杂交高世代材料通过多代复合杂交、回交和多环境的性状精准鉴定，聚合优良基因，结合低世代选择大铃、高衣分、抗枯萎病和中高世代选择结铃性强、耐黄萎病和理想株型的选择方法，构建了棉花杂交种的优势亲本群，获得9053、中9018等结铃性强、丰产性好、抗逆性强的优异亲本。

（2）创新了棉花双列杂交与分子标记评价相结合的杂交种选育技术，选育出强优势杂交棉新品种中棉所66和中棉所63，产量与主要经济性状实现了协同改良。通过分子标记评价亲本遗传多样性，利用双列杂交遗传效应分析指导杂交组合配制，通过对位叶光合性能等选择强优势杂交组合，培育出中棉所66和中棉所63两个增产极显著的强优势杂交棉新品种。它们在长江流域国家棉花区试中均比对照增产10%以上，居第一位，纤维品质指标协调性好，抗病虫性强；累计19年次被农业部和江西等省列为主导

品种或主栽品种。

（3）创建了杂交种种子生产、检测、绿色高效栽培等配套关键技术，实现了杂交棉品种在生产上的持续增产目标。建立了从亲本繁殖到杂交制种的全程标准化体系，解决了棉花品种退化难题；应用制种当代棉铃种皮和种仁 SSR 指纹图谱监控杂交制种，提升了种子质量；构建了以合理密植、轻化调控、节肥减药、安全除草等为核心的绿色高效种植标准化技术，首次实现长江流域棉区籽棉亩产超千斤①。本项目国审品种 2 个，获得植物新品种权 2 个，授权专利 5 项，发表学术论文 6 篇，制定地方标准 3 项，选育品种及配套技术累计推广面积 2 090 万亩，新增社会经济效益 64. 30 亿元，其中 2015—2017 年累计推广 337 万亩，新增社会经济效益 11. 44 亿元，有力推动了江西省乃至我国棉花产业和学科发展。

26. 西瓜绿色增产高效栽培技术及其应用

主要完成单位　中国农业科学院郑州果树研究所

主要完成人员　邓　云，刘君璞，朱迎春，安国林，李卫华，孙德玺，徐小军

起 止 时 间　2005 年 1 月—2016 年 12 月

获 奖 情 况　2018 年河南省科技进步奖三等奖

成 果 简 介

针对河南省西瓜生产上存在的栽培技术不规范、化肥农药过量和盲目施用、品质差、比较效益降低等问题，本课题以优质果蔬发展的国家需求为导向，在国家现代农业产业技术体系和中国农业科学院科技创新工程专项经费的资助下，围绕西瓜绿色增产高效这一主题，综合应用遗传、生理、栽培、土壤等学科的原理和技术，历经 10 多年的攻关，取得了如下成果。

（1）育成了一批抗病抗逆高产的西瓜砧木新品种，集成了配套嫁接栽培技术规程，从“根”上保障了河南省西瓜生产的绿色增产。收集并评价西瓜砧木种质 316 份，筛选出抗南方根结线虫西瓜本砧资源 7 份，创制抗南方根结线虫砧木材料 1 份；培育出抗病抗逆性强、适应性广、对西瓜品种影响小的西瓜砧木新品种 4 个（西嫁强生、郑抗砧 2 号、郑抗砧 1 号和野力 1 号）；研制西瓜种子催芽箱和 LED 植物生长灯各 1 个，授权专利 2 项，制定配套西瓜嫁接栽培技术标准 2 项，新品种及配套嫁接栽培技术在全国大面积示范推广，极大地减少了西瓜生产中化肥农药的使用。

（2）集成创建了以“绿色”为核心的西瓜绿色高效栽培技术体系，为河南省西瓜的安全优质生产提供了技术支撑。集成创建了以“绿色或无公害产地—嫁接育苗—配方施肥—水肥耦合—病虫害绿色综合防控”为重点的西瓜绿色高效栽培技术体系，制定了河南省地方标准“露地无公害西瓜生产技术规程”和“绿色食品西瓜生产技术规程”，在河南省大面积示范推广，显著提升了河南省西瓜品质。

---

① 1 斤＝500 克，全书同。

（3）集成创建了以“轻简化”为核心的西瓜节本增效栽培技术体系，为河南省西瓜的规模化高效种植提供了技术保障。引进筛选出适合河南省露地西瓜简约化栽培的机械化农机具4台套，研制农机具2套，授权专利2项，集成河南省露地西瓜栽培水肥一体化技术和露地西瓜简约化栽培农艺管理技术各1套，集成创建了以“适宜西瓜及砧木品种—集约化嫁接育苗—稀植栽培—机械整地覆膜施肥—水肥一体化—轻简化农艺管理”为重点的露地西瓜轻简化高效栽培技术体系，制定了河南省地方标准“露地西瓜简约化栽培技术规程”，在全省大面积示范推广，节本增效效果显著。

该成果授权实用新型专利4项，培育新品种4个，颁布省市地方标准5项，发表论文18篇。研究成果于2014—2016年在全国各地累计示范推广约50万亩，增收节支约5.93亿元，促进了河南省西瓜产业的健康发展，取得了显著的经济效益、社会效益和生态效益。

27. 果品质量安全监测、评估与控制技术及应用

主要完成单位 中国农业科学院郑州果树研究所

主要完成人员 谢汉忠，庞荣丽，方金豹，李　君，罗　静，等

起 止 时 间 2003年12月—2017年12月

获 奖 情 况 2018年河南省科技进步奖三等奖

成 果 简 介

农产品质量安全是食品安全的基础，事关广大人民群众健康与安全，事关农业农村经济可持续发展和全面建成小康社会目标的实现。我国是水果生产大国，水果也是我国农业经济发展的支柱产业，但是在果品质量安全监测方面仍存在检测方法不足、监测体系不健全、关键危害因子家底不清、全程标准化控制技术缺乏等问题。中国农业科学院郑州果树研究所在“国家农产品质量安全风险评估重大专项（2012—2017年）”“国家农产品质量安全普查（2003—2012年）”“河南省主要果品质量安全专项监测（2012—2016年）”等项目资助下，围绕上述问题，经过多年系统研究和公关，针对性地开展相关研究、开发关键技术，进行技术示范推广应用。

项目的完成，实现了对我国苹果、梨、桃、樱桃、枣、石榴等主要果品中危害因子的全面、连续的监测，探明了果品中关键危害因子及风险水平；果品质量安全全程控制技术的开发，实现了葡萄、苹果等果品生产标准化、科学化和规范化，减少了高毒、高残留农业投入品的施用，对提升我国果品质量、效益和竞争力及政府科学监管提供了技术保障；开发的检测技术方法及制定的相关标准，解决了我国果品品质及危害因子测定中的技术难题，丰富了我国果品品质分析中通用、有效、可控的方法规程。项目开发的检测技术被检测中心、实验室广泛应用，控制技术规程在我国苹果、葡萄等主产区广泛实施和推广；项目实施过程中，充分发挥了应急评估作用，挽回烟台苹果上亿元经济损失。前期的推广应用表明，本项目形成的系列检测技术准确可靠，质量安全全程控制技术实用有效，应用前景广阔。

28. 动物重要寄生虫线粒体基因组解析及系统发育研究

主要完成单位 中国农业科学院兰州兽医研究所

主要完成人员 朱兴全，刘国华，贾万忠，林瑞庆，闫鸿斌

起 止 时 间 2009 年 1 月—2017 年 12 月

获 奖 情 况 2018 年甘肃省自然科学奖三等奖

成 果 简 介

本项目以动物重要寄生虫作为研究对象，应用线粒体基因组学、比较基因组学、分子分类学、分子系统发育学等研究手段，首次解码了动物 30 多种寄生虫的线粒体基因组，阐明了其基因组碱基组成、结构和排序等特征。通过比较线虫线粒体基因组的结构和排序，发现多种线虫线粒体基因组存在显著重排现象。基于线粒体基因组编码蛋白质的氨基酸序列，厘清了人和猪毛首线虫、欧氏对盲囊线虫、双腔吸虫、片形吸虫、血红扇头蜱等多种寄生虫的分类混乱问题。研究结果不仅丰富了寄生虫线粒体基因组数据，而且为寄生虫的群体遗传学、分子分类学、系统发育学、分子进化等研究及诊断、检测提供了新的遗传标记，具有重要的科学意义及应用前景。

项目的研究成果发表在 *PLoS Neglected Tropical Diseases*、*BMC Genomics*、*Molecular Phylogenetics and Evolution* 等学科国际主流刊物；共计发表 SCI 论文 22 篇，其中 5 篇代表性 SCI 论文被 *Clinical Microbiology Reviews*、*Annual Review of Microbiology* 和 *Nucleic Acids Research* 等国际顶尖级及主流 SCI 期刊他引 129 次。本项目的研究成果产生了较大的国际学术影响，引领了相关研究领域的国际前沿。

29. 含芳杂环侧链的截短侧耳素类衍生物的化学合成与构效关系研究

主要完成单位 中国农业科学院兰州畜牧与兽药研究所

主要完成人员 尚若锋，梁剑平，衣云鹏，刘 宇，郭文柱

起 止 时 间 2011 年 1 月—2017 年 8 月

获 奖 情 况 2018 年度甘肃省自然科学奖三等奖

成 果 简 介

本项目首先对截短侧耳素 C-14 位侧链设计引入不同类型的芳杂环结构，并用化学合成的方法制备出 61 个的截短侧耳素类衍生物。其次，对制备的衍生物进行了体外抑菌试验研究，并进行了该类衍生物的构效关系（Structure-activity relationship）研究。最后，对于筛选出活性较好的部分化合物进行了杀菌动力学、致病模型小鼠的治疗试验和分子对接等生物活性研究，并筛选出 1 个截短侧耳素类候选药物，可用于进一步的一类新兽药研发。

通过截短侧耳素侧链引入芳杂环结构与其衍生物生物活性之间的构效关系的研究，总结了截短侧耳素类衍生物 C-14 侧链中芳杂环的化学结构对其生物活性的影响，丰富了截短侧耳素类衍生物侧链结构与生物活性之间的构效关系，为该类衍生物的结构设计

提供理论依据。另外，我国畜牧养殖业总体水平上规模较大，从而推动兽用药物的大量生产和应用。但由于兽用抗生素的滥用问题尤为突出，导致现有的兽用抗菌药物难以有效地控制畜禽耐药菌。因此，通过本项目筛选的截短侧耳素粪候选药物若能进一步研发成一类新兽药，用于畜禽革兰氏阳性菌引起的呼吸道疾病的防治，将具有显著的经济效益和社会效益。

近年来，本项目涉及的截短侧耳素类衍生物结构改造方面研究已经步入了国际前沿，具有较高的学术水平、系统的理论和扎实的基础研究。通过本项目的研究，已筛选出 1 个截短侧耳素类候选药物，并转让给山东齐发药业有限公司；获国家知识产权发明专利 4 项；发表相关 SCI 论文共 18 篇。

30. 麝鼠良种繁育及香料加工关键技术研究与示范

主要完成单位 中国农业科学院特产研究所

主要完成人员 赵伟刚，陈玉山，赵家平，张　宇，刁云飞，王丽虹，常　彤，庄宝策

起止时间 2006 年 1 月 1 日—2015 年 12 月 31 日

获奖情况 2018 年吉林省科学技术进步奖三等奖

成果简介

（1）根据麝鼠繁殖和营居生物学特性，创建了全封闭、水封洞立体仿生窝室，使其产仔率由 60%提高到 92.21%，年成活率达 10.42 只和年产仔达 2.1 胎的较高水平。越冬期麝鼠成活率 95%。总结出了麝鼠疾病防治综合技术，建立了诊断标准和防治技术。

（2）针对当前麝鼠育种基础和现状，应用现代动物遗传育种理论，建立了麝鼠良种繁育体系，通过良种选育，筛选出麝鼠个体大（雄体 1.0 千克，雌体 0.8 千克），标准毛色（棕褐色），取香量 3.0 克/（只·年），用优良个体进行扩繁，使麝鼠种用性能得到进一步提高。

（3）系统研究了麝鼠繁殖期、育成期、越冬准备期和越冬期的营养需要量、日粮配方及饲喂标准。通过营养试验、消化试验和代谢试验获得了繁殖期精料混合料的 CP 水平为 17%、GE 浓度为 4 200 千卡/千克、育成期 CP 水平为 13.76%、越冬准备期和越冬期分别为 13.28%和 11.71%的适宜营养水平。

（4）从麝鼠香腺囊的组织解剖结构、光镜组织结构、电镜组织结构方面深入探讨麝鼠泌香组织学基础，观察了麝鼠香腺囊的组织结构，揭示出香腺囊由腺细胞、支持细胞和排香管组成，呈顶浆分泌方式泌香，在此基础上对麝鼠香腺细胞进行接种和培养，传代培养液中收集到麝鼠香脂滴，对其采用薄层层析和气质谱联用技术分析，呈现了天然动物香料的主要特征。表明通过体外分离培养麝鼠香囊腺细胞，进而用细胞工程方法大量生产人工麝鼠香成为可能。

（5）对麝鼠香进行提纯加工，使其具有典型动物氤氲香气、气息清灵、留香持久、

头香稍带酯类的果香的麝鼠香香料，产品为浅黄色油状液体，改变了原香易变质、不稳定和香气不足不能直接作为动物香料应用的状况。修订了麝鼠香地方标准，规范了麝鼠香质量。

（6）药理试验表明麝鼠香具有抗炎、耐缺氧、降低心肌耗氧量、减少血氧的利用、降低血压、减慢心率、增加冠脉血流量、抗衰老、抗凝血和溶栓等多种活性。毒理试验表明麝鼠香无任何毒副作用及不良反应。

31. 我国家兔种质资源创新与高效利用

主要完成单位 中国农业科学院特产研究所，江苏省农业科学院

主要完成人员 徐佳萍，翟　频，荣　敏，秦　枫，李　洋，鞠　妍，杨　杰，杨　颖

起 止 时 间 2003—2017 年

获 奖 情 况 2018 年吉林省科学技术进步奖三等奖

成 果 简 介

本成果针对家兔产业发展中优良品种少、对国外依赖性强、生产效率较低、配套养殖技术薄弱的问题，开展家兔种质资源收集和整理，评价与品种创制，构建高效健康养殖技术体系并应用，为家兔产业发展提供技术支撑。培育出苏系长毛兔新品种 1 个，获得授权专利 5 项、颁布地方标准 3 个，发表论文 14 篇，出版书籍 9 部。培养硕士研究生 4 名，项目成果已在吉林省、江苏省、山东省等 26 个家兔养殖场进行了推广应用。据近 3 年不完全统计，累计新增产值 3 570 万元。促进了家兔养殖业的健康持续发展，经济和社会效益显著，应用前景广阔。

32. 铝毒性研究

主要完成单位 中国农业科学院特产研究所，东北农业大学

主要完成人员 朱言柱，李艳飞，苗利光，宋　淼，廉士珍

获 奖 情 况 2018 年吉林省自然科学奖三等奖

成 果 简 介

揭示了铝的免疫毒性；检测了脾脏中铝、铁、铜、锌、白细胞介素 2、肿瘤坏死因子 α 含量和脾指数。测定血清中 CD3+、CD4+、CD8+T 淋巴细胞、血中酸性非特异性活性酯酶（ANAE+）、血清中白细胞介素-2（IL-2）和肿瘤坏死因子-α（TNF-α）的水平。测定血清免疫球蛋白（Ig）G，IgA、IgM、IgE、补体因子 C3 和 C4 的含量。检测趋药性、粘附性、吞噬作用、肿瘤坏死因子（TNF-α）分泌、循环磷酸腺苷酸含量（cAMP）、β2 肾上腺素受体（β2-AR）密度和巨噬细胞信使 RNA（mRNA）表达。揭示了铝的肝毒性：检测了肝脏的脏器系数，细胞色素 P450，细胞色素 b5，肝微粒体蛋白含量，NADPH-细胞色素 C 还原酶，氨基比林-N-脱甲基酶，红霉素-N-脱甲基酶和苯胺 4 羟化酶含量。解释了铝的生殖毒性：检测睾丸组织中铝（Al）、铁（Fe）、铜

(Cu)、锌(Zn)、酸性磷酸酶(ACP)、琥珀酸脱氢酶(SDH)、乳酸脱氢酶(LDH)及乳酸脱氢酶同工酶(LDH-x)的含量。计数精子数量和精子畸形率。

33. 茶园全程机械化关键技术装备及应用

主要完成单位 农业农村部南京农业机械化研究所,南京林业大学,盐城市盐海拖拉机制造有限公司,江苏云马农机制造有限公司,无锡华源凯马发动机有限公司

主要完成人员 肖宏儒,秦广明,宋志禹,丁文芹,韩 余,梅 松,陈 勇,夏建林,季顺中,张士兴

起止时间 2008年1月—2015年12月

获奖情况 2018年江苏省科学技术奖三等奖

成果简介

茶是国饮,是中华文化的载体,是主产区的支柱产业。我国茶叶种植超过4 530万亩,年产值逾1 920亿元。由于茶园广布于丘陵、山区,生产机械化难度大,机械化率不足10%,劳动力成本超过茶叶生产成本的60%。茶产业的综合竞争力和可持续发展受到了严重制约,实现茶园生产全程机械化迫在眉睫。项目瞄准生产全程机械化,坚持模式引导,以动力平台通用化及作业部件模块化为核心,以板结土壤耕作、绿色植保和名优茶采摘等技术为重点,着力提升茶园生产机械化技术水平。主要创新成果如下。

(1)根据平地、缓坡、陡坡茶园的基本特征,创新提出了"动力平台+"的茶园机械化技术模式。提出"平地跨行乘用式""缓坡超低地隙行间行走"和"陡坡轻简型"3种机械化作业技术模式,研发跨茶蓬高地隙(地变隙轨距)、行间窄幅超低地隙和手扶式3类动力平台及作业部件,形成了3类典型茶园全程机械化生产技术模式与装备体系。

(2)针对茶园土壤板结问题,创建"针式"仿生耕作理论,创制了仿生耕作机具。模拟人工挖掘,优化挖掘轨迹,利用挖掘反作用力,易破土;创新设计仿生耕作机构和微弧形变曲率半径"针式"耕齿,阻力小,易碎土;集成创制了仿生耕作机具及螺旋式耕作机具,耕作深度由人工挖掘的5~8厘米提高到23.3厘米。成果填补了我国茶园板结土壤深耕施肥技术装备空白。

(3)针对绿色防控的重大需求,创新负压害虫绿色防治技术,创制了系列负压捕虫装备。基于害虫的空气动力学特性,确定最佳风速与风压;优化了风机叶片角度与尺寸,效率与平稳性明显提升;创新设计"扁型""弧形"捕虫口,风压大、分布均匀;创制了负压捕虫装备,首次捕虫率达到70%。为绿色茶产业提供了技术装备支撑。

(4)针对传统机采茶完整率低的问题,创新仿生采茶技术,创制了跨行自走式采茶机和智能化采茶部件。创新设计调控新梢受剪姿态的扶叶机构和采筛一体复式作业机构,集成创制了跨行自走式采茶机。采茶完整率由传统的60.4%增至77%,夏秋茶资源获得充分利用,综合效益提高40%左右。创新嫩梢高效精确识别、精准定位技术,

创制了智能采茶部件，识别率达到 90%，采摘速度达 2 400 个/小时，为高效智能采茶提供关键技术支撑。

34. 烟田烟粉虱灾变规律及综合治理技术研究与应用

主要完成单位　中国农业科学院烟草研究所，青岛农业大学，山东烟草研究院有限公司，安徽农业大学，河南农业大学

主要完成人员　陈德鑫，褚　栋，任广伟，李现道，李茂业，李成军，王秀芳，王新伟，王晓强

起 止 时 间　2004 年 1 月—2016 年 12 月

获 奖 情 况　2018 年中国烟草总公司科技进步奖二等奖

成 果 简 介

（1）揭示了 Q 型烟粉虱的入侵机制，为防控提供了科学依据。查明了我国主产烟区烟粉虱的生物型多以 Q 型为主。首次发现 Q 型烟粉虱传入山东省，监测了 Q 型烟粉虱种群的扩张过程和趋势；揭示了烟粉虱成功入侵的生态机制，Q 型烟粉虱成功入侵中国涉及种群遗传学基础、生态因子及人类活动等多种因素，其中杀虫剂的大量使用对 Q 型取代 B 型的驱动作用是 Q 型成功入侵的重要因素。针对 Q 型烟粉虱与其他烟粉虱隐种难以鉴别的问题，研发了快速检测技术。

（2）阐明了烟田烟粉虱发生特点，解决了规律不清、虫源不明问题。阐明了烟粉虱的生物学特性、对烟叶品质的影响、田间种群发生动态及其影响因子，揭示了烟粉虱为害烟草对后续发生的斜纹夜蛾和烟蚜的影响及其机制明；明确了山东、河南烟区保护地蔬菜是烟田烟粉虱的主要越冬场所，并成为翌年的初始虫源，烟田种植制度、烟田与蔬菜大棚的距离对烟粉虱的发生程度均有显著影响。研究结果为烟粉虱的防控提供了科学依据。

（3）制定了烟草品种对烟粉虱抗性的评价指标并解析了抗虫机制，为抗虫品种利用奠定了基础。首次制定了烟草品种对烟粉虱抗性鉴定方法，明确了抗性评价指标并形成了抗虫性鉴定技术规程；明确了烟草叶面茸毛密度、内在化学成分与抗虫性的相关性，并克隆了相关抗性基因；首次评价了 240 份烟草种质材料的抗虫性，获得 10 份高抗材料和 10 份高感材料。

（4）研发了烟粉虱防控关键技术，制定了综合治理技术体系。研发了以生物防治为主、化学和物理防治为辅的烟粉虱防控关键技术，并制定了综合治理技术体系。形成了寄生性天敌丽蚜小蜂的田间应用技术，获得 2 株对烟粉虱具有高毒力的虫生真菌，评价了 10 种高效低毒农药对烟粉虱的防治效果并建立了应用技术，研发了一种适用于烟田烟粉虱防控的高效施药器械——烟雾机。

三、中国农业科学院科学技术成果奖

1. 高产优质广适玉米品种中单 808 选育与应用

主要完成单位 中国农业科学院作物科学研究所，北京金色农华种业科技股份有限公司

主要完成人员 黄长玲，王 石，刘志芳，司 斌，吴宇锦，林 勇，王红武，李分民，胡小娇，毛友康，李 坤，郑淑云，马兴林，田志国，敖 榜

起 止 时 间 1993 年 1 月—2015 年 12 月

获 奖 情 况 2018 年度中国农业科学院杰出科技创新奖

成 果 简 介

该成果建立了高产优质广适育种技术体系，选育出高产、高配合力自交系 NG5 和抗病、耐瘠薄自交系 CL11，并育成高产优质广适玉米新品种中单 808。中单 808 于 2006 年通过国家审定，连续 9 年被农业农村部推荐为国家农业主导品种。该品种高产稳产，国家区试平均亩产 632.8 千克，比对照增产 19.6%；品质优良，达一等饲料用玉米和二级高淀粉玉米的国家标准；生态适应性广，抗病、抗旱、耐瘠薄，获国家东华北区和西南区 10 省审定。通过集成中单 808 配套高产高效生产技术，该品种至今累计推广 3 240 万亩，是我国西南平坝区推广持续时间最长，推广面积最大的优良品种，按每亩增加 103.7 千克计算，为国家增收粮食 33.6 亿千克，社会经济效益显著。

2. 加工番茄育种技术研究及系列新品种的选育与应用

主要完成单位 中国农业科学院蔬菜花卉研究所，中蔬种业科技（北京）有限公司，中粮屯河种业有限公司

主要完成人员 李君明，刘 磊，郑 峥，甘中祥，冯锡刚，张忠华，周永健，徐和金，李风春，韩启新，高富欣，武 剑，魏 强，宋 燕，舒金帅

起 止 时 间 2000 年 1 月—2017 年 12 月

获 奖 情 况 2018 年度中国农业科学院杰出科技创新奖

成 果 简 介

该成果建立了加工番茄高通量多基因高效聚合育种技术；建立了具有全球代表性的番茄野生种醋栗番茄（*Solanum pimpinellifolium*）种质及其表型和基因型数据库；建立了深入挖掘番茄野生资源优异基因的新技术。育成红杂和 IVF 系列 21 个早中晚熟配套、适合不同区域和产品类型的优良新品种，累计推广 150.48 万亩，有力地促进了西部开发和我国农业产业结构调整，带动了当地经济发展，为农民创产值 40.03 亿元，新增收 4.68 亿元；工厂创产值 95.925 亿元，创外汇 12.79 亿美元，增创外汇 1.4 亿美元。新

增产值 9.09 亿元。为西北地区各族团结和维稳发挥了一定的作用，也为“一带一路”建设奠定了良好基础。

3. 饲料质量安全与高效加工关键技术研究与应用

主要完成单位 中国农业科学院北京畜牧兽医研究所，中国农业科学院饲料研究所，中国农业大学，河南工业大学

主要完成人员 秦玉昌，李军国，张军民，王红英，王卫国，李　俊，薛　敏，董颖超，谷　旭，赵青余，杨　洁，汤超华，牛力斌

起 止 时 间 2001 年 6 月—2016 年 12 月

获 奖 情 况 2018 年度中国农业科学院杰出科技创新奖

成 果 简 介

针对我国饲料质量安全控制和优质高效生产总体水平较低等问题，首次提出饲料中三聚氰胺限量值，创制新型饲料霉菌毒素吸附剂，创建 β-受体激动剂监控技术和饲料质量快速评价检测技术，解决饲料有毒有害成分控制检测关键技术缺乏问题，为保障饲料和动物食品安全提供重要技术支撑；揭示热敏性添加剂加工过程损失规律，优化畜禽饲料加工工艺及参数，发明高效调质低温制粒畜禽饲料生产新工艺，创新饲料原料高效利用挤压膨化预处理工艺技术，解决饲料高效加工关键技术问题，实现饲料生产提质增效；首次创建饲料加工基础数据库，创新适合我国饲料企业的饲料加工过程质量安全管理技术，构建饲料质量安全与高效加工关键技术体系，推动了我国饲料产业高效、安全、可持续发展。

4. 猪育种材料创制新技术

主要完成单位 中国农业科学院北京畜牧兽医研究所，湖北省农业科学院畜牧兽医研究所，天津市畜牧兽医研究所，天津市宁河原种猪场

主要完成人员 李　奎，郑新民，杨述林，牟玉莲，崔茂盛，毕延震，鞠辉明，刘志国，吴添文，华再东，李继良，任红艳，阮进学，周　荣，王冰源

起 止 时 间 2005 年 1 月—2017 年 12 月

获 奖 情 况 2018 年度中国农业科学院杰出科技创新奖

成 果 简 介

根据我国种猪业发展的重大需求，优化了猪原核注射和体细胞克隆及高效扩繁技术体系；改进了猪基因组编辑方法，发现猪友好基因座 H11，并实现了目的基因定点插入和高效表达；创建了多基因复合性状、可控表达等基因修饰猪制备技术。创制优质、高瘦肉率、抗病环保等农用基因修饰猪育种新材料 12 种，心血管和糖尿病等医用基因修饰猪模型 3 种。猪高效繁殖技术在国内种猪企业示范和推广，产生了显著的经济效益。该成果为我国猪育种储备了重要的种质资源，对培育具有国际竞争力的农用新品种和医

用专门化品系、抢占基因工程育种的国际制高点具有重要战略意义。

5. 我国主要农作物区域专用复合肥料研制与产业化

主要完成单位 中国农业科学院农业资源与农业区划研究所，中国—阿拉伯化肥有限公司，深圳市芭田生态工程股份有限公司

主要完成人员 赵秉强，沈　兵，袁　亮，林治安，李燕婷，黄培钊，王金铭，王礼龙，郑秀兴，张运森，段继贤，张兵印，梁红江，车升国，石学勇

起止时间 2001 年 1 月—2016 年 12 月

获奖情况 2018 年北京市科学技术奖一等奖，2018 年度中国农业科学院杰出科技创新奖

成果简介

创建了作物区域专用复合肥配方制定的理论与方法，攻克了料浆工艺高氮肥、高塔工艺高磷肥等一系列作物专用复合肥生产技术难题，创立了中国特色的“配方—生产—服务—销售”一体化专用肥产业发展模式；推动我国专用肥产量由 15 年前不足 100 万吨发展到 2016 年约 4 500 万吨，占复合肥总量的 70%。近 3 年推广专用肥 447 万吨，在全国不同生态区主要粮经作物、果树、蔬菜上应用过亿亩。实现复合肥产业升级，奠定了我国复合肥料产业新格局和国际领先地位。

6. 动物养殖中未知添加物筛查与确认技术研发与应用

主要完成单位 中国农业科学院农业质量标准与检测技术研究所，浙江省兽药饲料监察所，上海市兽药饲料检测所，中国饲料工业协会，无锡中德伯尔生物技术有限公司

主要完成人员 杨曙明，邱　静，陈　刚，黄士新，王黎文，周　炜，李　林，陈爱亮，赵　燕，徐贞贞，陈慧华，曹　莹，刘士杰，范　理，罗长财

起止时间 2007 年 7 月—2016 年 12 月

获奖情况 2018 年度中国农业科学院杰出科技创新奖

成果简介

研发了全国首个动物养殖中具有未知添加物自动分类、快速筛选功能的预警信息系统；创制了可筛查未知添加物的新型快速检测技术及产品；研发了高分辨质谱结合化学计量学的未知物分析确认技术。成果推广区域占全国饲料总量的 19.2%，连续 5 年在全国饲料预警监测进行应用，可乐定等非法添加物检出率大幅下降，协助公安等执法部门破获 8 起食品安全犯罪案件，其中兽药非法添加“瘦肉精”被公安部作为典型案件。

7. 抗病、高产、优质专用早籼超级稻品种中早 39 的选育及应用

主要完成单位　中国水稻研究所

主要完成人员　杨长登，马良勇，施俊生，季芝娟，唐昌华，李西明，韩娟英，寿建尧，胡依君，曾宇翔，张华丽，梁　燕，刘　鑫，杨曙东，严百元

起 止 时 间　2002 年 1 月—2017 年 12 月

获 奖 情 况　2018 年度中国农业科学院杰出科技创新奖

成 果 简 介

该成果创新光合生理特性超亲选育结合稻瘟病抗性人工筛选的育种方法，育成聚合 12 个稻瘟病抗性基因且高产稳产的早籼稻品种中早 39，实现了高产和持久抗病无法兼顾的技术突破。中早 39 抗稻瘟病、低农药残留，优质专用，适合各种轻型栽培；连续 6 年被列入农业部和浙江省主导品种、浙江省省级农作物种子贮备计划，确保了救灾和种子市场应急供种需要。中早 39 是国内首个单产和百亩方平均亩产均超 700 千克的早籼稻品种，至 2017 年年底，增产稻谷 23 万吨，增收 6.08 亿元。

8. 食品工业专用茶高值化加工关键技术与产业化

主要完成单位　中国农业科学院茶叶研究所，婺源县聚芳永茶业有限公司，深圳市深宝华城科技有限公司，漳州天福茶业有限公司，江苏鑫品茶业有限公司

主要完成人员　尹军峰，许勇泉，罗龙新，袁海波，蔡烈伟，钱晓军，尹福生，金寿珍，彭永华，陈建新，邓余良，何群仙，陈根生，汪　芳

起 止 时 间　2000 年 1 月—2017 年 12 月

获 奖 情 况　2018 年度中国农业科学院杰出科技创新奖

成 果 简 介

该成果通过 18 年的系统研究，揭示了茶汁“苦、涩、回甘”滋味形成及其体系不稳定机理；创制出食品专用原料茶加工技术；发明了茶汁逆流浸提柱动态浸提与香气 ARS/微胶囊制备工艺，集成构建速溶茶高品质加工技术；发明了特色茶浓缩汁复合酶修饰与重构技术和固/液态复合发酵技术，构建了食品工业专用茶产品加工技术体系。项目经同行专家鉴定，项目技术整体居国际先进、部分达国际领先水平。成果已在浙江等 9 省产业化应用，近 3 年新增产值 14.85 亿元，新增利润 2.3 亿元，取得了显著的经济和社会效益。

9. 猪瘟病毒复制的分子调控机制与防控理论创新

主要完成单位　中国农业科学院哈尔滨兽医研究所

主要完成人员　仇华吉，李　素，李永锋，李连峰，孙　元，罗玉子

起 止 时 间　2006 年 1 月—2016 年 12 月

获 奖 情 况 2018 年度中国农业科学院杰出科技创新奖

成 果 简 介

该成果以 CSFV 与宿主相互作用为切入点，针对病毒复制的各个环节进行了深入研究，绘制了迄今最完整的 CSFV 与宿主相互作用网络，鉴定了一个新的 CSFV 吸附受体即层粘连蛋白受体（LamR），系统阐明了硫氧还蛋白 2（Trx2）、血红蛋白 β 亚基（HB）和鸟苷酸结合蛋白 1（GBP1）等 8 个调节 CSFV 复制的宿主分子及其调控机制，明确了 CSFV 入侵和复制的主要分子事件，为创新 CSF 防控理论和精准设计高效抗病毒策略提供了科学依据。

10. 茶叶机械化采摘技术装备创制与应用

主要完成单位 农业农村部南京农业机械化研究所，南京林业大学

主要完成人员 肖宏儒，韩 余，秦广明，陈 勇，宋志禹，丁文芹

起 止 时 间 2011 年 7 月—2014 年 12 月

获 奖 情 况 2018 年度中国农业科学院杰出科技创新奖

成 果 简 介

该成果针对茶叶采摘难的问题，发明了弧形双坡面增产采茶技术，机采茶亩均增产 7%。创制了采筛一体跨行自走式仿生采茶机；采茶完整率增至 77%，利用夏秋茶资源，综合效益提高 40%左右。创新嫩梢精确识别技术，创制了智能采茶部件与装备，识别率达 90%，为高效智能化采茶提供技术支撑。整机技术达到国际先进水平。2013—2016 年，该成果全国累计应用达 28.961 万亩，累计节本增效 62 746 万元，经济社会效益显著，为我国茶叶生产提供了重要的装备技术支撑。

11. 黄瓜基因组与重要性状功能基因

主要完成单位 中国农业科学院蔬菜花卉研究所

主要完成人员 张忠华，顾兴芳，李锡香，谢丙炎，苗 晗，孙进京，杨学勇，张圣平

起 止 时 间 2006 年 7 月—2016 年 7 月

获 奖 情 况 2018 年度中国农业科学院青年科技创新奖

成 果 简 介

针对黄瓜遗传育种中的重大科学问题，发现了黄瓜基因组和染色体演化特征，揭示了黄瓜种群遗传变异规律，并阐明了黄瓜性别决定、卷须和果皮浅绿形成的分子机制。在 *Nature Genetics*、*Plant Cell*、*PNAS* 等期刊发表了 10 篇重要论文，被 SCI 引用 1 010 次，SCI 他引 885 次。该发现为重要蔬菜作物黄瓜的基因组演化和农艺性状生物学研究作出了开创性贡献，为黄瓜种质资源的育种利用提供了理论框架，实现了我国蔬菜基因组学研究的跨越发展。

12. 油料脂质组高效分析关键技术及其应用

主要完成单位　中国农业科学院油料作物研究所，恩施土家族苗族自治州农业科学院，嘉必优生物技术（武汉）股份有限公司，武汉轻工大学

主要完成人员　魏　芳，陈　洪，李翔宇，张维农，殷红清，龚阳敏，董绪燕，向极钎，胡志雄，朱云芬，郑明明，齐玉堂，陆姝欢，吕　昕，肖　敏

起 止 时 间　2008 年 1 月—2016 年 12 月

获 奖 情 况　2018 年度中国农业科学院青年科技创新奖

成 果 简 介

该成果发明了表面改性单分散磁性纳米颗粒等油脂萃取材料，建立了油料油脂中脂质高效提取、富集和纯化新方法；发明了银离子固载磺酸基/辛基键合硅胶等色谱固定相，创建了单柱二维液相色谱分离系统，使甘油三酯检测通量提高了 5~10 倍，检测灵敏度提高了 10~20 倍；创建了油料油脂中痕量脂质及脂类伴随物的高选择性、高灵敏定性和定量分析方法，使不同类脂质分子检测灵敏度提高了 10~5 000 倍。为我国油料油脂加工利用与营养评价、油料品质改良与优异资源发掘等研究提供了关键分析方法。成果技术成果已广泛应用于油料优异资源发掘、脂质代谢调控、油料油脂加工利用与营养评价等领域。在国内 13 个省（区、市）27 家科研院所和企业应用，为推动我国油料油脂产业提质增效与转型升级，提高油脂质量、保障消费安全提供了技术支撑。

13. 桃分子标记育种技术体系的构建与应用

主要完成单位　中国农业科学院郑州果树研究所，浙江大学

主要完成人员　曹　珂，王力荣，高中山，朱更瑞，方伟超，李雄伟，陈昌文，王新卫，贾惠娟

起 止 时 间　2006 年 12 月—2017 年 12 月

获 奖 情 况　2018 年度中国农业科学院青年科技创新奖

成 果 简 介

该成果主要针对桃基因组遗传多样性不清、优异基因匮乏、实用标记欠缺、分子育种技术体系尚未建立等突出问题，开展了桃变异组学、群体遗传学和基因鉴定研究。首次从基因组层面明确了桃遗传多样性变异特征；新发掘桃品质和抗性候选基因 9 个，开发实用标记 6 个；创建了准确、高效的桃分子育种技术体系。该成果丰富了桃遗传改良新思路和新方法，实现桃分子标记辅助选择在育种中的有效利用，经济效益显著。

14. 水貂主要传染病防控技术创新集成示范与应用

主要完成单位　中国农业科学院特产研究所，吉林特研生物技术有限责任公司

主要完成人员　白　雪，胡　博，张　蕾，闫喜军，赵建军，张海玲，柴秀丽，罗国良，鲁荣光，王　洋，史　宁，赵传芳，廉士珍，刘　昊，

薛向红

起 止 时 间 2008 年 1 月—2017 年 12 月

获 奖 情 况 2018 年度中国农业科学院青年科技创新奖

成 果 简 介

该成果首次确定了我国水貂出血性肺炎主要流行的血清型为 G 型和 B 型；研制出水貂出血性肺炎二价灭活疫苗（G 型 DL15 株+B 型 JL08 株）并获得了国家新兽药注册证书（二类）；创新培育了细小病毒毒株弱毒株 MEVB-F61 株，成功创制水貂犬瘟热、病毒性肠炎二联活疫苗（CDV3-CL 株+MEVB-F61 株）；开发了以多肽为包被抗原检测水貂阿留申病抗体的 ELISA 检测试剂盒。水貂出血性肺炎二价灭活疫苗（G 型 DL15 株+B 型 JL08 株）的疫苗直接经济效益 734.3 余万元，新增利润 403.86 余万元，新增税收 117.45 万元，转让公司获得转让费 260 万元。该成果将创新技术应用于水貂疫苗中，减少了水貂犬瘟热，细小病毒性肠炎和水貂出血性肺炎的发生，提高了生产效率，降低了生产成本，促进了生产企业技术升级，有力地保障了毛皮动物产业发展，为养殖单位减少经济损失 2 亿~3 亿元。

15. 农产品产地重金属污染阻隔与修复机制

主要完成单位 农业农村部环境保护科研监测所，南开大学，农业农村部规划设计研究院

主要完成人员 孙约兵，徐应明，梁学峰，王　林，刘维涛，赵玉杰，沈玉君

起 止 时 间 2008 年 1 月—2017 年 12 月

获 奖 情 况 2018 年度中国农业科学院青年科技创新奖

成 果 简 介

该成果阐明了典型区域土壤重金属污染发生的基本过程、机制与生态危害；初步建立了以农产品质量为核心，以土壤—作物为综合系统的重金属低积累作物筛选和评判标准，筛选出重金属低积累蔬菜 20 余种，揭示了低积累作物的微观机理及其耐性形成的机制；筛选或研制了高效、环境友好型重金属钝化修复材料 20 余种，构建了高效、简便、环境友好型农田土壤重金属污染修复技术体系。土壤重金属有效态含量降低 26.4%~56.3%，农作物可食部重金属含量最大可降低 55.2%，基本达到国家食品卫生标准。

中国农业科学院2018年获得其他形式成果统计表

（单位：个）

序号	单位	国家审定（认定、登记）农作物新品种	省级审定（认定、登记）农作物新品种	家畜新品种（系）	家畜遗传资源鉴定	家禽新品种（系）	家禽遗传资源鉴定	新农药	新肥料	饲料添加剂新产品证书	一类新兽药	二类新兽药	三类新兽药	农机新产品	国家保健食品批号	食品许可证	食品设备许可证	国家标准	国家一级标准物质	国家二级标准物质	行业标准/地方标准	发明专利	发达国家发明专利	获中国专利金奖专利	获中国专利银奖专利	获中国专利优秀奖专利	软件著作权	植物新品种权	转基因动物安全证书	转基因植物安全证书	转基因微生物安全证书
1	作科所	11	28	0	0	0	0	0	0	0	0	0	0	0	0	0	0	1	0	0	4	48	4	0	0	0	17	33	0	0	0
2	植保所	0	1	0	0	0	0	14	2	0	0	0	0	0	0	0	0	0	0	0	12	54	0	0	0	0	18	1	0	0	0
3	蔬菜所	38	0	0	0	0	0	0	0	0	0	0	0	0	0	0	0	0	0	0	0	12	0	0	0	0	1	5	0	0	0
4	环发所	0	0	0	0	0	0	0	0	0	0	0	0	0	0	0	0	0	0	0	0	9	0	0	0	0	17	0	0	0	0
5	牧医所	1	0	0	0	1	0	0	0	0	0	0	0	0	0	0	0	0	0	0	1	38	0	0	0	0	113	0	0	0	0
6	蜜蜂所	0	0	0	0	0	0	0	0	0	0	0	0	0	0	0	0	0	0	0	2	13	0	0	0	0	43	0	0	0	0
7	饲料所	0	0	0	0	0	0	0	0	0	0	0	0	0	0	0	0	1	0	0	1	13	2	0	0	2	12	0	0	0	0
8	加工所	0	0	0	0	0	0	0	0	0	0	0	0	0	0	0	0	0	0	0	2	71	5	0	0	0	2	0	0	0	0
9	生物所	0	0	0	0	0	0	0	0	0	0	0	0	0	0	0	0	1	0	0	0	26	1	0	0	0	1	0	0	0	0

（续表）

序号	单位	国家审定（认定、登记）农作物新品种	省级审定（认定、登记）农作物新品种	家畜新品种（系）	家畜遗传资源鉴定	家禽新品种（系）	家禽遗传资源鉴定	新农药	新肥料	饲料添加剂新产品证书	一类新兽药	二类新兽药	三类新兽药	农机新产品	国家保健食品批号	食品许可证	食品设备许可证	国家标准	国家一级标准物质	国家二级标准物质	行业标准/地方标准	发明专利	发达国家发明专利	获中国专利金奖专利	获中国专利银奖专利	获中国专利优秀奖专利	软件著作权	植物新品种权	转基因动物安全证书	转基因植物安全证书	转基因微生物安全证书
10	农经所	0	0	0	0	0	0	0	0	0	0	0	0	0	0	0	0	0	0	0	0	0	0	0	0	0	7	0	0	0	0
11	资划所	0	0	0	0	0	0	0	0	0	0	0	0	0	0	0	0	3	0	0	9	31	0	0	0	2	50	0	0	0	0
12	信息所	0	0	0	0	0	0	0	0	0	0	0	0	0	0	0	0	1	0	0	0	16	0	0	0	0	16	0	0	0	0
13	质标所	0	0	0	0	0	0	0	0	0	0	0	0	0	0	0	0	8	1	23	7	19	0	0	0	0	18	0	0	0	0
14	营养所	0	0	0	0	0	0	0	0	0	0	0	0	0	0	0	0	0	0	0	0	0	0	0	0	0	3	0	0	0	0
16	灌溉所	0	0	0	0	0	0	0	0	0	0	0	0	0	0	0	0	0	0	0	0	13	0	0	0	0	38	0	0	0	0
17	水稻所	1	7	0	0	0	0	0	0	0	0	0	0	0	0	0	0	0	0	0	4	36	0	0	0	0	2	23	0	0	0
18	棉花所	4	9	0	0	0	0	0	0	0	0	0	0	0	0	0	0	1	0	0	7	30	2	0	0	0	57	7	0	0	0
19	油料所	7	3	0	0	0	0	0	2	0	0	0	0	0	0	0	0	1	0	0	18	17	1	0	0	1	8	1	0	0	0
20	麻类所	0	21	0	0	0	0	0	0	0	0	0	0	0	0	0	0	0	0	0	1	18	0	0	0	0	79	0	0	0	0
21	果树所	2	1	0	0	0	0	0	0	0	0	0	0	0	0	0	0	1	0	0	5	1	0	0	0	0	11	2	0	0	0
22	郑果所	45	17	0	0	0	0	0	0	0	0	0	0	0	0	0	0	0	0	0	1	11	0	0	0	0	79	19	0	0	0
23	茶叶所	0	0	0	0	0	0	0	0	0	0	0	0	0	0	0	0	0	0	0	6	26	0	0	0	0	6	1	0	0	0
24	哈兽研	0	0	0	0	0	0	0	0	0	1	1	6	0	0	0	0	1	0	0	10	14	0	0	0	2	0	0	0	0	0

（续表）

序号	单位	国家审定（认定、登记）农作物新品种	省级审定（认定、登记）农作物新品种	家畜新品种（系）	家畜遗传资源鉴定	家禽新品种（系）	家禽遗传资源鉴定	新农药	新肥料	饲料添加剂新产品证书	一类新兽药	二类新兽药	三类新兽药	农机新产品	国家保健食品批号	食品许可证	食品设备许可证	国家标准	国家一级标准物质	国家二级标准物质	行业标准/地方标准	发明专利	发达国家发明专利	获中国专利金奖专利	获中国专利银奖专利	获中国专利优秀奖专利	软件著作权	植物新品种权	转基因动物安全证书	转基因植物安全证书	转基因微生物安全证书
25	兰兽研	0	0	0	0	0	0	0	0	0	0	1	1	0	0	0	0	1	0	0	4	31	0	0	1	0	26	0	0	0	0
26	兰牧药	2	0	0	0	0	0	0	0	0	0	0	0	0	0	0	0	2	0	0	0	33	1	0	0	0	41	0	0	0	0
27	上兽研	0	0	0	0	0	0	0	0	0	0	0	1	0	0	0	0	1	0	0	0	15	0	0	0	0	10	0	0	0	0
28	草原所	0	3	0	0	0	0	0	0	0	0	0	0	2	0	0	0	0	0	0	2	6	0	0	0	0	54	0	0	0	0
29	特产所	0	0	0	0	0	0	0	0	0	0	0	0	0	0	0	0	0	0	0	4	20	0	0	0	0	30	0	0	0	0
30	环保所	0	0	0	0	0	0	0	0	0	0	0	0	0	0	0	0	4	0	0	5	9	0	0	0	0	113	0	0	0	0
31	沼科所	0	0	0	0	0	0	0	0	0	0	0	0	0	0	0	0	0	0	0	0	20	0	0	0	0	6	0	0	0	0
32	农机化所	0	0	0	0	0	0	0	0	0	0	0	0	58	0	0	0	0	0	0	5	56	0	0	0	0	138	0	0	0	0
33	烟草所	0	0	0	0	0	0	0	0	0	0	0	0	0	0	0	0	28	0	0	0	22	0	0	0	0	7	0	0	0	0
34	基因组所	0	1	0	0	0	0	0	0	0	0	0	0	0	0	0	0	0	0	0	0	1	0	0	0	0	15	0	0	0	0
35	都市所	0	0	0	0	0	0	0	0	0	0	0	0	0	0	0	0	0	0	0	0	0	0	0	0	0	0	0	0	0	0
	合计	111	91	0	0	1	0	14	4	0	1	2	8	60	0	0	0	55	1	23	110	729	16	0	1	7	1 038	92	0	0	0

中国农业科学院2018年科技论文及著作统计表

序号	单位	SCIENCE、NATURE、CELL3个期刊论文数（篇）	CNS/IF >20 SCI（篇）	JCR 1/IF>8（篇）	JCR 5%（篇）	JCR 5%~25%（篇）	其他SCI/SSCI/EI（篇）		中文核心5%（篇）		中文核心5%~25%（篇）		其他英文/其他中文核心期刊（篇）		专著（部）	编著（部）	译著（部）
							非我院主办	我院主办	非我院主办	我院主办	非我院主办	我院主办	非我院主办	我院主办			
1	作科所	2	0	21	11	129	53	21	1	55	35	4	28	48	1	12	3
2	植保所	0	1	16	22	152	106	25	7	4	14	34	64	29	0	11	1
3	蔬菜所	0	0	8	5	45	44	2	1	24	2	4	16	58	0	0	0
4	环发所	0	0	4	2	39	48	5	4	3	4	6	18	32	7	5	0
5	牧医所	0	0	5	7	105	107	7	23	11	52	6	38	24	2	8	0
6	蜜蜂所	0	0	2	9	28	30	0	0	0	3	0	6	5	2	12	0
7	饲料所	0	0	0	7	40	30	4	6	2	62	0	45	13	3	3	0
8	加工所	0	0	2	30	41	89	4	0	1	14	0	13	6	3	5	0
9	生物所	0	0	8	7	20	22	4	0	1	2	0	5	24	2	0	0
10	农经所	0	0	0	0	2	6	1	3	1	12	15	77	41	14	0	0
11	资划所	0	0	15	8	60	94	11	12	25	8	48	38	45	29	6	3

（续表）

序号	单位	SCIENCE、NATURE、CELL3个期刊论文数（篇）	CNS/IF >20 SCI（篇）	JCR 1/IF>8（篇）	JCR 5%（篇）	JCR 5%~25%（篇）	其他SCI/SSCI/EI（篇）		中文核心5%（篇）		中文核心5%~25%（篇）		其他英文/其他中文核心期刊（篇）		专著（部）	编著（部）	译著（部）
							非我院主办	我院主办	非我院主办	我院主办	非我院主办	我院主办	非我院主办	我院主办			
12	信息所	0	0	1	0	5	13	3	2	0	4	1	34	28	5	16	6
13	质标所	0	1	0	17	22	34	0	0	3	4	0	12	20	0	3	0
14	营养所	0	0	0	0	4	5	1	1	1	3	1	14	13	2	2	2
16	灌溉所	0	0	0	0	9	14	0	0	0	4	3	15	19	1	3	0
17	水稻所	0	0	5	5	53	47	4	1	2	7	12	9	25	0	5	0
18	棉花所	0	2	3	7	53	37	2	2	2	3	1	24	85	2	0	0
19	油料所	0	0	1	17	47	35	1	0	6	1	26	21	24	2	3	0
20	麻类所	0	0	0	2	20	27	0	1	0	3	0	16	24	1	1	0
21	果树所	0	0	0	0	13	6	6	4	14	3	9	6	38	0	8	0
22	郑果所	0	0	1	0	19	18	1	0	9	2	20	23	20	0	16	0
23	茶叶所	0	0	3	16	43	37	1	1	1	7	0	14	20	3	3	0
24	哈兽研	0	0	1	7	30	38	3	1	4	1	38	12	3	0	0	0
25	兰兽研	0	0	2	5	32	61	1	5	0	9	17	17	4	0	4	0
26	兰兽药	0	0	1	0	9	14	1	7	1	6	4	34	9	2	23	0

（续表）

序号	单位	SCIENCE、NATURE、CELL3个期刊论文数（篇）	CNS/IF>20 SCI（篇）	JCR 1/IF>8（篇）	JCR 5%（篇）	JCR 5%~25%（篇）	其他SCI/SSCI/EI（篇）		中文核心5%（篇）		中文核心5%~25%（篇）		其他英文/其他中文核心期刊（篇）		专著（部）	编著（部）	译著（部）
							非我院主办	我院主办	非我院主办	我院主办	非我院主办	我院主办	非我院主办	我院主办			
27	上兽研	0	0	3	8	17	31	1	0	0	0	4	5	11	0	0	0
28	草原所	0	0	0	0	9	10	0	3	1	1	1	12	11	9	2	0
29	特产所	0	0	0	2	11	38	0	14	1	25	3	54	29	0	5	0
30	环保所	0	0	4	3	34	44	0	5	0	4	21	29	1	1	1	0
31	沼科所	0	0	10	7	12	20	0	0	0	0	1	5	14	0	0	0
32	农机化所	0	0	0	0	6	48	0	0	0	2	0	50	38	2	1	0
33	烟草组所	0	0	2	6	21	34	0	7	2	3	1	63	15	3	2	1
34	基因组所	2	1	6	0	27	9	0	0	2	2	0	3	0	0	0	0
35	都市所	0	0	0	0	0	0	0	0	0	0	0	0	0	0	0	0
	总　计	4	5	124	210	1 157	1 249	109	111	176	302	280	820	776	96	160	16

中国农业科学院 2018 年科技平台目录

一、科学研究平台

国家重大科技基础设施

序号	名称	依托单位
1	农作物基因资源与基因改良国家重大科学工程	作科所、生物所
2	国家农业生物安全科学中心	植保所
3	国家动物疫病防控高级别生物安全实验室	哈兽研

国家重点实验室

序号	实验室名称	依托单位
1	植物病虫害生物学国家重点实验室	植保所
2	动物营养学国家重点实验室	牧医所、 中国农业大学
3	水稻生物学国家重点实验室	水稻所、浙江大学
4	兽医生物技术国家重点实验室	哈兽研
5	家畜疫病病原生物学国家重点实验室	兰兽研
6	棉花生物学国家重点实验室	棉花所、河南大学

省部共建国家重点实验室

序号	实验室名称	依托单位
1	特种经济动物分子生物学省部共建国家重点实验室	特产所

农业农村部综合性重点实验室

序号	实验室名称	依托单位
1	农业农村部作物基因资源与种质创制重点实验室	作科所
2	农业农村部麦类生物学与遗传育种重点实验室	作科所

（续表）

序号	实验室名称	依托单位
3	农业农村部作物有害生物综合治理重点实验室	植保所
4	农业农村部园艺作物生物学与种质创制（蔬菜）重点实验室	蔬菜所
5	农业农村部薯类作物生物学与遗传育种重点实验室	蔬菜所
6	农业农村部农业环境重点实验室	环发所
7	农业农村部动物营养与饲料学重点实验室	牧医所
8	农业农村部农产品加工重点实验室	加工所
9	农业农村部农业基因组学重点实验室（北京）	生物所
10	农业农村部植物营养与肥料重点实验室	资划所
11	农业农村部农产品质量安全重点实验室	质标所
12	农业农村部水稻生物学与遗传育种重点实验室	水稻所
13	农业农村部棉花生物学与遗传育种重点实验室	棉花所
14	农业农村部油料作物生物学与遗传育种重点实验室	油料所
15	农业农村部兽用药物与诊断技术重点实验室	哈兽研
16	农业农村部动物病原生物学重点实验室	兰兽研
17	农业农村部农村可再生能源开发利用重点实验室	沼科所
18	农业农村部现代农业装备重点实验室	农机化所
19	农业农村部动物遗传育种与繁殖（家禽）重点实验室	牧医所
20	农业农村部特种经济动植物生物学与遗传育种重点实验室	茶叶所
21	农业农村部产地环境污染防控重点实验室	环保所
22	农业农村部农业遥感重点实验室	资划所

农业农村部专业性（区域性）重点实验室

序号	实验室名称	依托单位
1	农业农村部作物生理生态重点实验室	作科所
2	农业农村部北京大豆生物学重点实验室	作科所
3	农业农村部旱作节水农业重点实验室	环发所
4	农业农村部设施农业节能与废弃物处理重点实验室	环发所
5	农业农村部授粉昆虫生物学重点实验室	蜜蜂所

（续表）

序号	实验室名称	依托单位
6	农业农村部饲料生物技术重点实验室	饲料所
7	农业农村部农业微生物资源收集与保藏重点实验室	资划所
8	农业农村部面源污染控制重点实验室	资划所
9	农业农村部农业信息服务技术重点实验室	信息所
10	农业农村部作物需水与调控重点实验室	灌溉所
11	农业农村部生物毒素检测重点实验室	油料所
12	农业农村部麻类生物学与加工重点实验室	麻类所
13	农业农村部园艺作物种质资源利用重点实验室	果树所
14	农业农村部果树育种技术重点实验室	郑果所
15	农业农村部兽用药物创制重点实验室	兰牧药
16	农业农村部动物寄生虫学重点实验室	上兽研
17	农业农村部牧草资源与利用重点实验室	草原所
18	农业农村部特种经济动物遗传育种与繁殖重点实验室	特产所
19	农业农村部烟草生物学与加工重点实验室	烟草所
20	农业农村部蚕桑遗传改良重点实验室	蚕业所
21	农业农村部农产品质量安全生物性危害因子（植物源）控制重点实验室（试运行）	植保所
22	农业农村部蔬菜质量安全控制重点实验室（试运行）	蔬菜所
23	农业农村部农膜污染防控重点实验室（试运行）	环发所
24	农业农村部休闲农业重点实验室（试运行）	环发所
25	农业农村部牧草种质资源与育种重点实验室（试运行）	牧医所
26	农业农村部奶及奶制品质量安全控制重点实验室（试运行）	牧医所
27	农业农村部蜂产品质量安全控制重点实验室（试运行）	蜜蜂所
28	农业农村部农产品质量安全收贮运管控重点实验室（试运行）	加工所
29	农业农村部农业转基因生物安全评价（分子）重点实验室（试运行）	生物所
30	农业农村部草地资源监测评价与创新利用重点实验室（试运行）	资划所

（续表）

序号	实验室名称	依托单位
31	农业农村部农业大数据重点实验室（试运行）	信息所
32	农业农村部节水灌溉工程重点实验室（试运行）	灌溉所
33	农业农村部油料加工重点实验室（试运行）	油料所
34	农业农村部茶叶质量安全控制重点实验室（试运行）	茶叶所
35	农业农村部兽用化学药物及制剂学重点实验室（试运行）	上兽研
36	农业农村部草地与农业生态遥感重点实验室（试运行）	草原所
37	农业农村部草地生态与修复治理重点实验室（试运行）	草原所
38	农业农村部经济动物疫病重点实验室（试运行）	特产所
39	农业农村部农产品质量安全环境因子控制重点实验室（试运行）	环保所
40	农业农村部农业基因数据分析重点实验室（试运行）	基因组所

农业农村部科学观测实验站

序号	实验站名称	依托单位
1	农业农村部新乡小麦高效育种技术科学观测实验站	作科所
2	农业农村部核辐射农业生物科学观测实验站	作科所
3	农业农村部锡林郭勒草原有害生物科学观测实验站	植保所
4	农业农村部桂林有害生物科学观测实验站	植保所
5	农业农村部廊坊农作物有害生物科学观测实验站	廊坊基地
6	农业农村部蔬菜作物基因资源与种质创制北京科学观测实验站	蔬菜所
7	农业农村部寿阳农业环境与作物高效用水科学观测实验站	环发所
8	农业农村部兽用药物与兽医生物技术北京科学观测实验站	牧医所
9	农业农村部华北动物遗传资源与营养科学观测实验站	牧医所
10	农业农村部祁阳农业环境科学观测实验站	资划所
11	农业农村部呼伦贝尔农业环境科学观测实验站	资划所
12	农业农村部华北设施栽培与施肥科学观测实验站	德州实验站
13	农业农村部商丘农业环境科学观测实验站	灌溉所
14	农业农村部作物基因资源与种质创制浙江科学观测实验站	水稻所
15	农业农村部作物基因资源与种质创制辽宁科学观测实验站	果树所

（续表）

序号	实验站名称	依托单位
16	农业农村部作物基因资源与种质创制河南科学观测实验站	郑果所
17	农业农村部草原畜牧业装备科学观测实验站	草原所
18	农业农村部大理农业环境科学观测实验站	环保所
19	农业农村部西南地区果树科学观测实验站	柑桔所

中国农业科学院重点开放实验室

序号	实验室名称	依托单位
1	中国农业科学院作物种质资源与生物技术重点开放实验室	作科所
2	中国农业科学院作物遗传改良与生物技术重点开放实验室	作科所
3	中国农业科学院粮棉油料作物生理与栽培重点开放实验室	作科所
4	中国农业科学院植物病虫害生物学重点开放实验室	植保所
5	中国农业科学院农药化学与应用技术重点开放实验室	植保所
6	中国农业科学院生物入侵与生物防治重点开放实验室	植保所
7	中国农业科学院杂草鼠害生物学与治理重点开放实验室	植保所
8	中国农业科学院园艺作物遗传与生理重点开放实验室	蔬菜所
9	中国农业科学院农业环境与气候变化重点开放实验室	环发所
10	中国农业科学院旱作节水农业重点开放实验室	环发所
11	中国农业科学院动物营养学重点开放实验室	牧医所
12	中国农业科学院家养动物遗传资源与种质创新重点开放实验室	牧医所
13	中国农业科学院牧草遗传改良与利用重点开放实验室	牧医所
14	中国农业科学院授粉昆虫生物学重点开放实验室	蜜蜂所
15	中国农业科学院饲料生物技术重点开放实验室	饲料所
16	中国农业科学院农产品加工与质量控制重点开放实验室	加工所
17	中国农业科学院农作物分子生物学与生物技术重点开放实验室	生物所
18	中国农业科学院国家农业政策分析与决策支持系统重点开放实验室	农经所
19	中国农业科学院植物营养与养分循环重点开放实验室	资划所
20	中国农业科学院资源遥感与数字农业重点开放实验室	资划所
21	中国农业科学院土壤质量重点开放实验室	资划所

（续表）

序号	实验室名称	依托单位
22	中国农业科学院智能化农业预警技术与系统重点开放实验室	信息所
23	中国农业科学院农产品质量与食物安全重点开放实验室	质标所
24	中国农业科学院农业水资源高效安全利用重点开放实验室	灌溉所
25	中国农业科学院水稻生物学重点开放实验室	水稻所
26	中国农业科学院棉花遗传改良重点开放实验室	棉花所
27	中国农业科学院油料作物生物学重点开放实验室	油料所
28	中国农业科学院茎纤维生物质与工程微生物重点开放实验室	麻类所
29	中国农业科学院麻类遗传育种与生物加工重点开放实验室	麻类所
30	中国农业科学院果树种质资源与育种技术重点开放实验室	果树所
31	中国农业科学院果树生长发育与品质控制重点开放实验室	郑果所
32	中国农业科学院茶及饮料植物产品加工与质量控制重点开放实验室	茶叶所
33	中国农业科学院兽医生物技术重点开放实验室	哈兽研
34	中国农业科学院动物流感重点开放实验室	哈兽研
35	中国农业科学院人兽共患病重点开放实验室	哈兽研、兰兽研
36	中国农业科学院家畜疫病病原生物学重点开放实验室	兰兽研
37	中国农业科学院草食动物疫病重点开放实验室	兰兽研
38	中国农业科学院新兽药工程重点开放实验室	兰牧药
39	中国农业科学院动物寄生虫学重点开放实验室	上兽研
40	中国农业科学院兽药安全评价与兽药残留研究重点开放实验室	上兽研
41	中国农业科学院草地资源生态重点开放实验室	草原所
42	中国农业科学院特种经济动物种质资源遗传改良重点开放实验室	特产所
43	中国农业科学院农业环境与农产品安全重点开放实验室	环保所
44	中国农业科学院能源微生物重点开放实验室	沼科所
45	中国农业科学院农业机械重点开放实验室	农机化所
46	中国农业科学院烟草遗传改良与生物技术重点开放实验室	烟草所
47	中国农业科学院柑桔学重点开放实验室	柑桔所
48	中国农业科学院北方糖料作物资源与利用重点开放实验室	甜菜所
49	中国农业科学院蚕桑遗传改良与生物技术重点开放实验室	蚕业所

（续表）

序号	实验室名称	依托单位
50	中国农业科学院草地农业系统学重点开放实验室	草原生态所
51	中国农业科学院家禽遗传资源评价与繁育重点开放实验室	家禽所
52	中国农业科学院甘薯遗传改良重点开放实验室	甘薯所

农业农村部农产品质量安全风险评估实验室

序号	实验室名称	依托单位
1	农业农村部稻米产品质量安全风险评估实验室（杭州）	水稻所
2	农业农村部谷物产品质量安全风险评估实验室（北京）	作科所
3	农业农村部油料产品质量安全风险评估实验室（武汉）	油料所
4	农业农村部奶产品质量安全风险评估实验室（北京）	牧医所
5	农业农村部蔬菜产品质量安全风险评估实验室（北京）	蔬菜所
6	农业农村部果品质量安全风险评估实验室（郑州）	郑果所
7	农业部果品质量安全风险评估实验室（兴城）	果树所
8	农业农村部柑桔产品质量安全风险评估实验室（重庆）	柑桔所
9	农业农村部茶叶产品质量安全风险评估实验室（杭州）	茶叶所
10	农业农村部蜂产品质量安全风险评估实验室（北京）	蜜蜂所
11	农业农村部农产品质量安全生物性危害因子风险评估实验室（北京）	植保所
12	农业农村部农产品质量安全环境因子风险评估实验室（天津）	环保所
13	农业农村部农产品加工质量安全风险评估实验室（北京）	加工所
14	农业农村部棉花产品质量安全风险评估实验室（安阳）	棉花所
15	农业农村部烟草质量安全风险评估实验室（青岛）	烟草所
16	农业农村部畜产品质量安全风险评估实验室（兰州）	兰牧药
17	农业农村部微生物产品质量安全风险评估实验室（北京）	资划所
18	农业农村部蚕桑产品及食用昆虫质量安全风险评估实验室（镇江）	蚕业所
19	农业农村部糖料产品质量安全风险评估实验室（哈尔滨）	甜菜所
20	农业农村部禽类产品质量安全风险评估实验室（扬州）	家禽所
21	农业农村部动物产品质量安全生物性危害因子风险评估实验室（上海）	上兽研

（续表）

序号	实验室名称	依托单位
22	农业农村部动物产品质量安全环境因子风险评估实验室（北京）	环发所
23	农业农村部植物纤维产品质量安全风险评估实验室（长沙）	麻类所
24	农业农村部特种动植物产品质量风险评估实验室（长春）	特产所
25	农业农村部农产品质量与营养功能风险评估实验室（北京）	营养所
26	农业农村部农产品质量安全肥料源性因子风险评估实验室（北京）	资划所
27	农业农村部动物产品质量安全饲料源性因子风险评估实验室（北京）	饲料所
28	农业农村部农产品质量安全水环境因子风险评估实验室（新乡）	灌溉所
29	农业农村部草产品质量安全风险评估实验室（呼和浩特）	草原所
30	农业农村部生物质发酵产品质量安全风险评估实验室	沼科所

中国农业科学院农产品质量安全风险评估研究中心

序号	研究中心名称	依托单位
1	中国农业科学院谷物产品质量安全风险评估研究中心	作科所
2	中国农业科学院农产品农药残留与生物危害风险评估研究中心	植保所
3	中国农业科学院蔬菜产品质量安全风险评估研究中心	蔬菜所
4	中国农业科学院奶产品质量安全风险评估研究中心	牧医所
5	中国农业科学院蜂产品质量安全风险评估研究中心	蜜蜂所
6	中国农业科学院农产品加工质量安全风险评估研究中心	加工所
7	中国农业科学院食用菌质量安全风险评估研究中心	资划所
8	中国农业科学院稻米产品质量安全风险评估研究中心	水稻所
9	中国农业科学院棉花质量安全风险评估研究中心	棉花所
10	中国农业科学院油料产品质量安全风险评估研究中心	油料所
11	中国农业科学院麻类产品质量安全风险评估研究中心	麻类所
12	中国农业科学院兴城果品质量安全风险评估研究中心	果树所
13	中国农业科学院郑州果品质量安全风险评估研究中心	郑果所
14	中国农业科学院茶叶质量安全风险评估研究中心	茶叶所

（续表）

序号	研究中心名称	依托单位
15	中国农业科学院兰州畜产品质量安全风险评估研究中心	兰牧药
16	中国农业科学院特种经济动植物产品质量安全风险评估研究中心	特产所
17	中国农业科学院农产品产地环境风险评估研究中心	环保所
18	中国农业科学院烟草产品质量安全风险评估研究中心	烟草所
19	中国农业科学院柑桔质量安全风险评估研究中心	柑桔所
20	中国农业科学院蚕业产品质量安全风险评估研究中心	蚕业所
21	中国农业科学院农用水质量安全风险评估研究中心	灌溉所
22	中国农业科学院沼气及发酵产品质量安全风险评估研究中心	沼科所
23	中国农业科学院动物产品质量安全饲料源性因子风险评估研究中心	饲料所
24	中国农业科学院农产品质量安全肥料源性因子风险评估研究中心	资划所
25	中国农业科学院草业产品质量安全风险评估研究中心	草原所

二、技术创新平台

国家工程实验室

序号	实验室名称	依托单位
1	作物分子育种国家工程实验室	作科所
2	作物细胞育种国家工程实验室	蔬菜所
3	棉花转基因育种国家工程实验室	棉花所
4	耕地培育技术国家工程实验室	资划所
5	作物高效用水与抗灾减损国家工程实验室	环发所
6	油料油脂加工技术国家地方联合工程实验室（湖北）	油料所

国家工程技术研究中心

序号	工程中心名称	依托单位
1	国家昌平综合农业工程技术研究中心	中国农业科学院
2	国家饲料工程技术研究中心	中国农业大学、饲料所

（续表）

序号	工程中心名称	依托单位
3	国家油菜工程技术研究中心	华中农业大学、油料所
4	国家茶产业工程技术研究中心	茶叶所
5	国家柑桔工程技术研究中心	柑桔所

国家工程研究中心

序号	研究中心名称	依托单位
1	动物用生物制品国家工程研究中心	哈兽研
2	生物饲料开发国家工程研究中心	饲料所

中国农业科学院工程技术研究中心

序号	研究中心名称	依托单位
1	中国农业科学院粮食作物育种工程技术研究中心	作科所
2	中国农业科学院生物防治工程技术研究中心	植保所
3	中国农业科学院花卉工程技术研究中心	蔬菜所
4	中国农业科学院农业环境工程技术研究中心	环发所
5	中国农业科学院家畜品种改良与繁育工程技术研究中心	牧医所
6	中国农业科学院蜂产品工程技术研究中心	蜜蜂所
7	中国农业科学院饲料安全工程技术研究中心	饲料所
8	中国农业科学院农产品加工工程技术研究中心	加工所
9	中国农业科学院作物生物技术工程技术研究中心	生物所
10	中国农业科学院新型肥料工程技术研究中心	资划所
11	中国农业科学院农业监测预警与大数据工程技术研究中心	信息所
12	中国农业科学院农产品质量安全工程技术研究中心	质标所
13	中国农业科学院双蛋白工程技术研究中心	营养所
14	中国农业科学院节水灌溉工程技术研究中心	灌溉所
15	中国农业科学院超级稻工程技术研究中心	水稻所
16	中国农业科学院棉花工程技术研究中心	棉花所
17	中国农业科学院油料作物分子育种工程技术研究中心	油料所
18	中国农业科学院麻类工程技术研究中心	麻类所

（续表）

序号	研究中心名称	依托单位
19	中国农业科学院落叶果树工程技术研究中心	果树所
20	中国农业科学院果树瓜类种苗工程技术研究中心	郑果所
21	中国农业科学院茶叶加工工程技术研究中心	茶叶所
22	中国农业科学院动物疫病诊断技术工程技术研究中心	哈兽研
23	中国农业科学院草食动物疫病防控工程技术研究中心	兰兽研
24	中国农业科学院羊育种工程技术研究中心	兰牧药
25	中国农业科学院动物热带疫病防控技术研究中心	上兽研
26	中国农业科学院草原生产力保育工程技术研究中心	草原所
27	中国农业科学院特种动物饲养与饲料工程技术研究中心	特产所
28	中国农业科学院农产品产地环境保护与修复工程技术研究中心	环保所
29	中国农业科学院沼气工程技术研究中心	沼科所
30	中国农业科学院农作物收获装备工程技术研究中心	农机化所
31	中国农业科学院烟草工程技术研究中心	烟草所
32	中国农业科学院全基因组育种设计工程技术研究中心	基因组所

国家农作物、畜禽改良中心（分中心）

序号	改良中心（分中心）名称	依托单位
1	国家小麦改良中心	作科所
2	国家大豆改良北京分中心	作科所
3	国家蔬菜改良中心	蔬菜所
4	国家花卉改良中心	蔬菜所
5	国家马铃薯改良中心华北分中心	蔬菜所
6	国家畜禽分子育种中心	牧医所
7	国家牛奶质量改良中心	牧医所
8	国家水稻改良中心	水稻所
9	国家棉花改良中心	棉花所
10	国家油料作物改良中心	油料所
11	国家麻类作物育种中心	麻类所
12	国家苹果育种中心	果树所
13	国家桃、葡萄改良中心	郑果所

（续表）

序号	改良中心（分中心）名称	依托单位
14	国家茶树改良中心	茶叶所
15	国家烟草改良中心	烟草所
16	国家柑桔品种改良中心	柑桔所
17	国家糖料改良中心	甜菜所
18	国家蚕桑育种中心	蚕业所
19	国家禽类实验动物种子中心	哈兽研
20	国家牧草改良中心	草原所
21	国家食用菌改良中心	区划所
22	国家瓜果改良中心	郑果所

现代农业产业技术体系技术研发中心

序号	产业	研发中心名称	依托单位
1	水稻	国家水稻产业技术研发中心	水稻所
2	玉米	国家玉米产业技术研发中心	作科所
3	小麦	国家小麦产业技术研发中心	作科所
4	大豆	国家大豆产业技术研发中心	作科所
5	大麦青稞	国家大麦青稞产业技术研发中心	作科所
6	谷子糜子	国家谷子糜子产业技术研发中心	作科所
7	食用豆	国家食用豆产业技术研发中心	作科所
8	马铃薯	国家马铃薯产业技术研发中心	蔬菜所
9	油菜	国家油菜产业技术研发中心	油料所
10	棉花	国际棉花产业技术研发中心	棉花所
11	麻类	国家麻类产业技术研发中心	麻类所
12	茶叶	国家茶叶产业技术研发中心	茶叶所
13	食用菌	国家食用菌产业技术研发中心	资划所
14	大宗蔬菜	国家大宗蔬菜产业技术研发中心	蔬菜所
15	肉鸡	国家肉鸡产业技术研发中心	牧医所
16	水禽	国家水禽产业技术研发中心	牧医所
17	蜂	国家蜂产品技术研发中心	蜜蜂所
18	绿肥	国家绿肥技术研发中心	资划所

现代农业产业技术体系功能研究室

序号	产业	研究室名称	依托单位
1	水稻	育种与繁育研究室	水稻所
2	水稻	栽培与土肥研究室	水稻所
3	小麦	病虫害防控研究室	植保所
4	玉米	病虫草害防控研究室	植保所
5	大豆	遗传改良研究室	油料所
6	大麦青稞	机械化研究室	农机化所
7	大麦青稞	加工研究室	质标所
8	大麦青稞	产业经济研究室	农经所
9	食用豆	病虫草害防控研究室	作科所
10	食用豆	机械化研究室	农机化所
11	食用豆	加工研究室	加工所
12	食用豆	产业经济研究室	信息所
13	马铃薯	栽培与土肥研究室	蔬菜所
14	马铃薯	产业经济研究室	资划所
15	甘薯	机械化研究室	农机化所
16	油菜	病虫草害防控研究室	油料所
17	油菜	机械化研究室	农机化所
18	油菜	加工研究室	油料所
19	花生	病虫草害防控研究室	油料所
20	花生	机械化研究室	农机化所
21	花生	加工研究室	加工所
22	特色油料	加工研究室	油料所
23	棉花	栽培与土肥研究室	棉花所
24	棉花	病虫草害防控研究室	植保所
25	麻类	遗传改良研究室	麻类所
26	麻类	机械化研究室	农机化所
27	麻类	加工研究室	麻类所
28	蚕桑	家蚕遗传改良与饲养研究室	蚕业所
29	蚕桑	病虫害防控研究室	蚕业所

（续表）

序号	产业	研究室名称	依托单位
30	茶叶	病虫草害防控研究室	茶叶所
31	茶叶	机械化研究室	农机化所
32	茶叶	产业经济研究室	茶叶所
33	食用菌	遗传改良研究室	资划所
34	食用菌	机械化研究室	农机化所
35	绿肥	病虫草害防控研究室	植保所
36	绿肥	机械化研究室	农机化所
37	绿肥	产业经济研究室	资划所
38	大宗蔬菜	遗传改良研究室	蔬菜所
39	大宗蔬菜	病虫害防控研究室	蔬菜所
40	特色蔬菜	病虫害防控研究室	蔬菜所
41	特色蔬菜	加工研究室	质标所
42	西甜瓜	栽培与土肥研究室	郑果所
43	西甜瓜	病虫草害防控研究室	植保所
44	西甜瓜	机械化研究室	农机化所
45	西甜瓜	产业经济研究室	农经所
46	苹果	遗传改良研究室	果树所
47	梨	加工研究室	果树所
48	葡萄	遗传改良研究室	郑果所
49	葡萄	栽培与土肥研究室	果树所
50	葡萄	病虫草害防控研究室	植保所
51	桃	栽培与土肥研究室	郑果所
52	牧草	遗传改良研究室	牧医所
53	牧草	产业经济研究室	农经所
54	奶牛	疾病防控研究室	兰牧药
55	奶牛	生产与环境控制研究室	牧医所
56	肉牛牦牛	遗传改良研究室	牧医所
57	肉羊	营养与饲料研究室	饲料所
58	肉羊	疾病防控研究室	兰兽医

（续表）

序号	产业	研究室名称	依托单位
59	肉羊	加工研究室	加工所
60	绒毛用羊	疾病防控研究室	兰兽医
61	蛋鸡	营养与饲料研究室	牧医所
62	蛋鸡	产业经济研究室	农经所
63	肉鸡	疾病防控研究室	哈兽研
64	肉鸡	生产与环境控制研究室	牧医所
65	肉鸡	产业经济研究室	农经所
66	蜂	遗传改良研究室	蜜蜂所
67	蜂	产业经济研究室	农经所

现代农业产业技术体系综合试验站

序号	产业	试验站名称	依托单位
1	水稻	祁阳综合试验站	资划所
2	小麦	德州综合试验站	资划所
3	麻类	沅江苎麻试验站	麻类所
4	苹果	葫芦岛综合试验站	果树所
5	葡萄	左家综合试验站	特产所
6	葡萄	豫西与黄土高原综合试验站	郑果所
7	桃	郑州综合试验站	郑果所
8	牧草	鄂尔多斯综合试验站	草原所

国家农产品加工技术研发中心、分中心

序号	中心名称	依托单位
1	国家农产品加工技术研发中心	加工所
2	国家油菜籽加工技术研发专业分中心	油料所
3	国家杂粮加工技术研发专业分中心	作科所
4	国家饲料加工技术研发专业分中心	饲料所
5	国家柑橘加工技术研发专业分中心	柑桔所
6	国家茶叶加工技术研发专业分中心	茶叶所

（续表）

序号	中心名称	依托单位
7	国家蜂产品加工技术研发专业分中心	蜜蜂所
8	国家人参鹿茸加工技术研发专业分中心	特产所

三、基础支撑平台

国家科技基础条件平台

序号	平台名称	依托单位
1	国家农作物种质资源平台	作科所
2	国家微生物资源平台	资划所
3	家养动物种质资源平台	牧医所
4	农业科学数据共享中心	信息所

国家级野外台站

序号	野外台站名称	依托单位
1	国家农作物种质资源野外观测研究圃网	作科所
2	国家土壤肥力与肥料效益监测站网	资划所
3	南方红黄壤地区农业生态环境监测试验站	资划所
4	内蒙古呼伦贝尔草原生态系统国家野外科学观测研究站	资划所
5	河南商丘农田生态系统国家野外科学观测研究站	灌溉所

农业农村部野外科学观测试验站

序号	野外台站名称	依托单位
1	农业农村部迁西燕山生态环境重点野外科学观测试验站	资划所
2	农业农村部洛阳旱地农业重点野外科学观测试验站	资划所
3	农业农村部呼伦贝尔草甸草原生态环境重点野外科学观测试验站	资划所
4	农业农村部祁阳红壤生态环境重点野外科学观测试验站	资划所
5	农业农村部昌平潮褐土生态环境重点野外科学观测试验站	资划所

（续表）

序号	野外台站名称	依托单位
6	农业农村部德州农业资源与生态环境重点野外科学观测试验站	资划所
7	农业农村部长白山野生生物资源重点野外科学观测试验站	特产所
8	农业农村部杭州茶树资源重点野外科学观测试验站	茶叶所
9	农业农村部寿阳旱地农业重点野外科学观测试验站	环发所
10	农业农村部鄂尔多斯沙地草原生态环境重点野外科学观测试验站	草原所
11	农业农村部沙尔沁牧草资源重点野外科学观测试验站	草原所
12	农业农村部玉树高寒草原资源与生态环境重点野外科学观测试验站	草原所
13	农业农村部沅江麻类资源重点野外科学观测试验站	麻类所
14	农业农村部廊坊有害生物防治重点野外科学观测试验站	植保所
15	农业农村部锡林浩特草原有害生物防治重点野外科学观测试验站	植保所
16	农业农村部兴城北方落叶果树资源重点野外科学观测试验站	果树所
17	农业农村部武昌花生资源重点野外科学观测试验站	油料所
18	农业农村部商丘农业资源与生态环境重点野外科学观测试验站	灌溉所
19	农业农村部兰州黄土高原生态环境重点野外科学观测试验站	兰牧药
20	农业农村部昌平畜禽资源重点野外科学观测试验站	牧医所
21	农业农村部新乡矮败小麦重点野外科学观测试验站	作科所
22	农业农村部大理农业生态环境重点野外科学观测试验站	环保所
23	农业农村部镇江桑树资源重点野外科学观测试验站	蚕业所
24	农业农村部徐州甘薯资源重点野外科学观测试验站	甘薯所

中国农业科学院野外科学观测试验站

序号	野外台站名称	依托单位
1	中国农业科学院祁阳红壤生态环境野外科学观测试验站	资划所
2	中国农业科学院呼伦贝尔草甸草原生态环境野外科学观测试验站	资划所
3	中国农业科学院洛阳旱地农业野外科学观测试验站	资划所

（续表）

序号	野外台站名称	依托单位
4	中国农业科学院迁西燕山生态环境野外科学观测试验站	资划所
5	中国农业科学院昌平潮褐土生态环境野外科学观测试验站	资划所
6	中国农业科学院德州农业资源与生态环境野外科学观测试验站	资划所
7	中国农业科学院长白山野生生物资源野外科学观测试验站	特产所
8	中国农业科学院杭州茶树资源野外科学观测试验站	茶叶所
9	中国农业科学院寿阳旱地农业野外科学观测试验站	环发所
10	中国农业科学院鄂尔多斯沙地草原生态环境野外科学观测试验站	草原所
11	中国农业科学院沙尔沁牧草资源野外科学观测试验站	草原所
12	中国农业科学院玉树高寒草原资源与生态环境野外科学观测试验站	草原所
13	中国农业科学院沅江麻类资源野外科学观测试验站	麻类所
14	中国农业科学院廊坊有害生物防治野外科学观测试验站	植保所
15	中国农业科学院锡林浩特草原有害生物防治野外科学观测试验站	植保所
16	中国农业科学院兴城北方落叶果树资源野外科学观测试验站	果树所
17	中国农业科学院武昌花生资源野外科学观测试验站	油料所
18	中国农业科学院商丘农业资源与生态环境野外科学观测试验站	灌溉所
19	中国农业科学院兰州黄土高原生态环境野外科学观测试验站	兰牧药
20	中国农业科学院昌平畜禽资源野外科学观测试验站	牧医所
21	中国农业科学院新乡矮败小麦野外科学观测试验站	作科所
22	中国农业科学院大理农业生态环境野外科学观测试验站	环保所
23	中国农业科学院镇江桑树资源野外科学观测试验站	蚕业所
24	中国农业科学院徐州甘薯资源野外科学观测试验站	甘薯所
25	中国农业科学院新乡有害生物防治野外科学观测试验站	植保所

（续表）

序号	野外台站名称	依托单位
26	中国农业科学院天水有害生物防治野外科学观测试验站	植保所
27	中国农业科学院桂林有害生物防治野外科学观测试验站	植保所
28	中国农业科学院廊坊数字水肥野外科学观测试验站	资划所
29	中国农业科学院密云生态农业野外科学观测试验站	资划所
30	中国农业科学院鄂托克旗牧草资源与育种野外科学观测试验站	牧医所
31	中国农业科学院杭州水稻种质资源野外科学观测试验站	水稻所
32	中国农业科学院长江中下游棉花野外科学观测试验站	棉花所
33	中国农业科学院平安油菜育种野外科学观测试验站	油料所
34	中国农业科学院进贤红壤地区油料作物野外科学观测试验站	油料所
35	中国农业科学院汉川转基因油料作物环境安全野外科学观测试验站	油料所
36	中国农业科学院武清转基因生物农田生态系统影响野外科学观测试验站	环保所
37	中国农业科学院藁城农业生态环境野外科学观测试验站	环保所
38	中国农业科学院彭州农产品产地环境野外科学观测试验站	环保所
39	中国农业科学院南京农业机械野外科学观测试验站	农机化所
40	中国农业科学院郑州果树瓜类野外科学观测试验站	郑果所
41	中国农业科学院阿克苏果树瓜类野外科学观测试验站	郑果所
42	中国农业科学院青岛烟草资源与环境野外科学观测试验站	烟草所
43	中国农业科学院张掖牧草及生态农业野外科学观测试验站	兰牧药
44	中国农业科学院苏尼特温带荒漠草原资源与生态环境野外科学观测试验站	草原所
45	中国农业科学院太仆寺旗草地资源生态监测与评价野外科学观测试验站	草原所
46	中国农业科学院葫芦岛落叶果树生理生态及有害生物野外科学观测试验站	果树所
47	中国农业科学院新乡农业水土环境野外科学观测试验站	灌溉所

（续表）

序号	野外台站名称	依托单位
48	中国农业科学院廊坊蔬菜资源野外科学观测试验站	蔬菜所
49	中国农业科学院信息农业野外科学观测试验站	信息所
50	中国农业科学院数字化文献信息服务系统野外科学观测试验站	信息所
51	中国农业科学院岳阳农业环境野外科学观测试验站	环发所
52	中国农业科学院那曲高寒草原生态与气候变化野外科学观测试验站	环发所
53	中国农业科学院密云农业环境野外科学观测试验站	环发所
54	中国农业科学院共和农业环境野外科学观测试验站	环发所
55	中国农业科学院兰州农业环境野外科学观测试验站	环发所、兰牧药
56	中国农业科学院永宁农业环境野外科学观测试验站	环发所
57	中国农业科学院大荔农业环境野外科学观测试验站	环发所
58	中国农业科学院崇明农业环境野外科学观测试验站	环发所
59	中国农业科学院东营农业环境野外科学观测试验站	环发所
60	中国农业科学院西昌烟草资源与环境野外科学观测试验站	烟草所

国家农业科学观测实验站

序号	实验站名称	依托单位
1	国家农业科学土壤质量德州观测实验站	资划所
2	国家农业科学土壤质量祁阳观测实验站	资划所
3	国家农业科学土壤质量昌平观测实验站	资划所
4	国家农业科学土壤质量洛龙观测实验站	资划所
5	国家农业科学植物保护甘谷观测实验站	植保所
6	国家农业科学种质资源管城观测实验站	郑果所
7	国家农业科学农业环境寿阳观测实验站	环发所
8	国家农业科学土壤质量西湖观测实验站	茶叶所

国家农作物种质库

序号	种质库名称	依托单位
1	国家作物种质长期库	作科所
2	国家农作物种质保存中心	作科所
3	农业部植物新品种保护办公室植物新品种保藏中心	作科所
4	国家蔬菜中期库	蔬菜所
5	国家水稻中期库	水稻所
6	国家棉花中期库	棉花所
7	国家油料作物中期库	油料所
8	国家麻类作物中期库	麻类所
9	国家西甜瓜中期库	郑果所
10	国家牧草中期库	草原所
11	国家烟草中期库	烟草所
12	国家甜菜中期库	甜菜所

国家农作物种质圃

序号	种质圃名称	依托单位
1	国家种质北京多年生小麦野生近缘植物圃	作科所
2	国家无性繁殖多年生蔬菜种质圃（北京）	蔬菜所
3	国家种质海南野生棉圃	棉花所
4	国家种质武昌野生花生圃	油料所
5	国家种质沅江苎麻圃	麻类所
6	国家果树种质兴城梨、苹果圃	果树所
7	国家果树种质郑州桃、葡萄圃	郑果所
8	国家种质杭州茶树圃	茶叶所
9	国家种质多年生牧草圃	草原所
10	国家种质左家山葡萄圃	特产所
11	国家果树种质重庆柑桔圃	柑桔所
12	国家种质镇江桑树圃	蚕业所
13	国家种质徐州甘薯试管苗库	甘薯所

国家农业检测基准实验室

序号	质检中心名称	依托单位
1	国家农业检测基准实验室（农药残留）	环保所
2	国家农业检测基准实验室（生物毒素）	油料所
3	国家农业检测基准实验室（饲料非法添加物）	质标所
4	国家农业检测基准实验室（奶及奶制品污染物）	牧医所
5	国家农业检测基准实验室（重金属）	水稻所

国家质量监督检验中心

序号	质检中心名称	依托单位
1	国家饲料质量监督检验中心（北京）	质标所
2	国家化肥质量监督检验中心（北京）	资划所
3	国家植保机械质量监督检验中心	农机化所

部级产品质量监督检验测试中心

序号	中心名称	依托单位
1	农业农村部谷物品质监督检验测试中心	作科所
2	农业农村部农药应用评价监督检验测试中心（北京）	植保所
3	农业农村部植物生态环境安全监督检验测试中心（北京）	植保所
4	农业农村部蔬菜品质监督检验测试中心（北京）	蔬菜所
5	农业农村部畜牧环境设施设备质量监督检验测试中心（北京）	环发所
6	农业农村部奶及奶制品质量监督检验测试中心（北京）	牧医所
7	农业农村部蜂产品质量监督检验测试中心（北京）	蜜蜂所
8	农业农村部农产加工品质量监督检验测试中心	加工所
9	农业农村部微生物肥料和食用菌菌种质量监督检验测试中心	资划所
10	农业农村部农产品质量安全监督检验测试中心	质标所
11	水利部节水灌溉设备质量检测中心	灌溉所
12	农业农村部稻米及制品质量监督检验测试中心	水稻所
13	农业农村部转基因植物环境安全监督检验测试中心（杭州）	水稻所
14	农业农村部棉花品质监督检验测试中心	棉花所

（续表）

序号	中心名称	依托单位
15	农业农村部转基因植物环境安全监督检验测试中心（安阳）	棉花所
16	农业农村部油料及制品质量监督检验测试中心	油料所
17	农业农村部转基因植物环境安全监督检验测试中心（武汉）	油料所
18	农业农村部麻类产品质量监督检验测试中心	麻类所
19	农业农村部果品及苗木质量监督检验测试中心（兴城）	果树所
20	农业农村部果品及苗木质量监督检验测试中心（郑州）	郑果所
21	农业农村部茶叶质量监督检验测试中心	茶叶所
22	农业农村部实验动物质量监督检验测试中心（哈尔滨）	哈兽研
23	农业农村部动物毛皮及制品质量监督检验测试中心（兰州）	兰牧药
24	农业农村部特种经济动植物及产品质量监督检验测试中心	特产所
25	农业农村部环境质量监督检验测试中心	环保所
26	农业农村部植物生态环境监督检验测试中心（天津）	环保所
27	农业农村部沼气产品及设备质量监督检验测试中心	沼科所
28	农业农村部烟草产业产品质量监督检验测试中心	烟草所
29	农业农村部植物及植物用微生物生态环境安全监督检验测试中心（北京）	生物所
30	农业农村部柑桔及苗木质量监督检验测试中心	柑桔所
31	农业农村部甜菜品质监督检验测试中心	甜菜所
32	农业农村部蚕桑产业产品质量监督检验测试中心（镇江）	蚕业所

国家参考实验室

序号	实验室名称	依托单位
1	国家牛传染性胸膜肺炎参考实验室	哈兽研
2	国家禽流感参考实验室	哈兽研
3	国家口蹄疫参考实验室	兰兽研
4	国家动物血吸虫病参考实验室	上兽研
5	国家马鼻疽参考实验室	哈兽研
6	国家马传染性贫血参考实验室	哈兽研
7	国家动物包虫病专业实验室	兰兽研

获 OIE、FAO 认可的参考实验室、中心

序号	实验室名称	依托单位
1	OIE 禽流感参考实验室	哈兽研
2	OIE 马传染性贫血参考实验室	哈兽研
3	OIE 马流感 twinning 实验室	哈兽研
4	OIE 口蹄疫参考实验室	兰兽研
5	OIE 禽传染性法氏囊病 twinning 实验室	哈兽研
6	OIE 人兽共患病亚太区协作中心	哈兽研
7	OIE 羊泰勒虫病参考实验室	兰兽研
8	FAO 动物流感参考中心	哈兽研
9	FAO 沼气技术研究培训参考中心	沼科所

唐华俊院长在科技创新工程全面推进期中期评估会上的讲话

2018 年 11 月 2 日

尊敬的各位院士、专家、同志们：

大家上午好！非常感谢大家于百忙之中抽时间参加我院创新工程全面推进期中期评估工作，在分组评估会前，我简单介绍几点情况。

一、创新工程基本情况和实施成效

2013 年，财政部、农业农村部支持中国农业科学院启动实施了科技创新工程。中国农业科学院将创新工程作为一号工程，高度重视组织实施工作，分 3 批遴选了 33 个研究所 331 个科研团队先后进入创新工程，在科研投入方式、科研组织模式、科技评价机制等方面大胆探索，全院科技创新能力和对全国农业科技的引领能力不断提升，国家公益性科研单位的定位进一步强化，科研人员的积极性显著提高，为国家农业科技体制机制创新和现代科研院所建设提供了试点经验。目前，创新工程已经深深融入全院科研工作各环节，为中国农业科学院持续深入贯彻落实习近平总书记贺信指示提供了强有力的工作抓手。

一是探索建立了科研任务形成新机制，更好地发挥了“国家队”战略作用。按照“三个面向”要求，顶层设计了 9 大学科集群，57 个学科领域，300 个左右研究方向，统领全院科技创新活动。通过学科体系建设，进一步明确了农业科研国家队的定位，院所发展更加聚焦国家重大战略需求。科研团队可以根据产业需求和国际前沿，及时论证设立研究任务，开展储备性、应急性、公益性研究，从技术需求中探究科学问题，从科学结论中明晰技术路径，较好地避免了科研工作与产业需求的脱节，避免了科研滞后于生产的问题。

二是探索建立了团队作战的科研组织新模式，有效解决了科研力量分散、重复等问题。我们将全院 33 个研究所原有的 1 026 个课题组，按照学科体系优化整合为 331 个科研团队，围绕学科方向开展长期稳定的科学研究。科研团队由首席专家、骨干专家、研究助理三类岗位人员按比例组建。通过组建科研团队，凝聚优势科研力量，改变了“大科研、小作坊”的现象，为培育重大成果奠定了基础。

三是探索建立了持续稳定支持的经费资助机制，有利于集中力量培育重大成果。农业科研受动植物生长周期和自然环境等影响较大，具有长期性、未知性和不确定性等特点，重大成果很难短期内取得。近年来，动物育种的国家层面的支持时断时续，严重影响了我国畜禽种业乃至产业的发展。在创新工程经费支持下，中国农业科学院一度中断的肉牛全基因组选择平台建设和肉用西门塔尔牛新品种培育工作得以延续并不断加强，研发的肉牛全基因组选择分子育种技术获 2017 年中华农业科技奖一等奖，并有望 2022 年前后育成肉用西门塔尔牛新品种。

四是探索开展院内外协同攻关，为推动农业科研大协作提供了新借鉴。针对区域农业发展问题、产业发展技术瓶颈和重大科学问题，组织跨学科、跨研究所的科研团队，开展长周期协同创新。先后启动了 20 项协同创新任务，建立了技术总师、行政总师共同负责的“双总”制，加强任务组织协调，各项协同创新任务进展良好，引起主管部门和社会有关方面的关注、重视和支持。不断加深与省级农科院的业务合作，带动许多省院先后设立地方财政支持的科技创新工程，推动全国农业科技创新体系不断完善。

创新工程一系列的创新措施，极大地激发了创新活力，提高了创新效率，各项科研产出呈现量质双升的良好态势。5 年共获得国家科技奖励 34 项，同比增长 22%，获奖数量占农业领域奖项的 1/3。今年是国家科技奖励实行提名制改革的第一年，在竞争大幅加剧的背景下，我院作为第一完成单位共有 8 项成果通过初评，其中自然科学奖 1 项、技术发明奖 2 项、科技进步奖 5 项，总数追平 2012 年的历史最高纪录，创新工程实施以来，再次囊括三大奖项。在论文总数平稳增长的态势下，SCI、EI 收录期刊上发表论文数快速增长，占比从 2012 年的 23%增长到 2017 年的 50. 6%，体现了在科技创新工程的稳定支持下，基础和应用基础研究水平的加速提升，为原创性成果产出作出了重要积累。农作物新品种、植物新品种权、新农药、新肥料、新兽药、国家标准、发明专利等各项成果都呈现较大增幅。

在创新工程支持下，我院农作物基因组学研究、农作物强杂交优势利用与新品种创制、绿色超级稻培育、动物重大疫病流行机制与疫苗研制等方向已达到世界前列甚至领先地位。基因编辑、植物工厂、无人机农业应用、农作物种质资源研究、动植物疫病防控、畜禽健康养殖、生物防治等方向已达到国际先进水平或处于平行地位。

二、创新工程下一阶段推进思路

过去 5 年，创新工程为我院实现跨越发展提供了动力，注入了活力。下一阶段，如何继续推进创新工程做大做强，是我们一直在思考和研究的问题。

2017 年建院 60 周年之际，习近平总书记专门发来贺信，肯定了我院取得的成绩，并对我院未来发展提出了“三个面向”“两个一流”“整体跃升”的更高要求。党的十九大提出实施乡村振兴战略，推进质量兴农、绿色兴农，坚决打赢脱贫攻坚战，对我院农业科技工作提出新要求。作为农业科研“国家队”，我们必须紧跟国家发展脉搏，始终与国家发展和民族振兴同向同行，必须进一步突出创新工程的引领地位，加强科技资源的统筹配置，构建“学科—团队—任务—平台—协同”全院“一盘棋”科技管理体制，引导科技创新更加聚焦“三个面向”，更加突出重点科技问题，更加强化协同攻关，推动重大科技成果产出，以更有力地支撑乡村振兴战略实施和农业农村现代化建设。

一是进一步完善创新工程管理制度，以制度创新带动科技创新。继续深化农业科技体制机制创新探索，总结凝练，形成现代农业科技创新模式。按照中共中央“放管服”精神要求，进一步修改完善创新工程综合管理办法、经费管理办法、岗位管理办法、绩效管理办法等相关文件，为推进创新工程实施创造良好的制度环境。进一步强化绩效考评结果的运用，激发创新活力和创新效率。

二是强化学科体系引领，加强科研团队建设。2018 年院里印发了新版学科简表，进一步校准了学科体系，探索建立院所互动、学科团队互促的学科建设与管理机制。我们要根据新的学科方向和创新工程科研团队评估结果，对科研团队进行调整。加强团队岗位管理，落实首席、骨干、助理岗位职责，加快青年首席的选拔培养。强化团队任务管理，引导团队调整研究重点和任务方向，确保研究选题聚焦全局性、战略性和区域性农业重大科学技术问题。

三是加快重大成果培育。我们已在全院范围内凝练了 8 项重大选题，接下来要以全面推进期中期评估为契机，凝练一批重大科学突破、重大技术创新、重大产品创制任务，形成重大成果培育清单，加大支持力度，加强跟踪管理，积聚社会影响，力争短期内取得重大突破。其中，科技前沿类，重点突破一批重大科学问题和“卡脖子”前沿技术，提升我国农业科技国际竞争力，抢占农业科技制高点。国家重大需求类，围绕资源节约、环境友好、节本增效、营养健康、藏粮于技、进口替代等几个领域进行重点攻关，着力攻克关键核心技术，破解国家重大科技难题。现代农业主战场类，针对脱贫攻坚、乡村振兴、高质量发展和“一带一路”倡议，组织院内多学科、多团队的优势力量开展协同创新，支撑农业农村经济发展。

四是强化科技平台建设。加快国家重点实验室预研储备，力争立项新建 1~2 个国家重点实验室，实现顶级平台建设的新突破。统筹条件能力等经费资源，提升全院“三级三类”科技平台的创新能力和运行效率。创新制度与机制，探索建设公共实验室，扩大共享的内涵、丰富共享的方式，推进重大科研基础设施、大型仪器、试验基地等向社会开放共享。

五是强化协同创新。启动实施协同任务中期评估工作，重点对协同创新任务的工作状态、协同机制、实施前景进行总结评估。对目标定位不符合要求，交叉重复，协同不力，进展缓慢的，及时进行调整。对国家和产业发展急需，科研进展良好的，加大支持力度。加强联盟协同，将联盟机制作为实施乡村振兴科技支撑行动的重要依托，围绕质量兴农、绿色兴农和效益优先的工作目标部署重点工作，在技术集成、模式创新、成果转化、整建制推进等方面凝聚协同创新合力。

六是坚定不移实施人才强院战略。2017 年我院召开了人才工作会议，确立了实施人才强院和人才优先发展战略，将人才队伍建设摆在了全院各项事业发展的重中之重。接下来要以中期评估为契机，继续推进人才工作，做好各类人才的成长规划，立足培养，构建合理的人才梯队。制定科学有效的引才计划，全院协同推进，坚持“高精尖缺”导向，突出精准引进，用好柔性引才政策。建立科学分类的评价标准体系，充分考虑研究所之间、不同岗位之间、不同学科之间的差异。建立激发内生动力的管理制度，引导各单位结合自身实际，坚持问题导向，创新人才工作机制。切实减轻科研人员负担，营造良好的创新创造氛围。

三、关于创新工程中期评估的考虑

习近平总书记的贺信指明了新时代农业科技创新方向和中国农科院的发展目标。新时代的新要求亟需农业科技聚焦重点任务、调整创新方向、加强自主创新、强化集成应用。但是对标新要求，我们仍然面临着学科体系不完善、机构设置不科学、协同创新能力偏弱等突出问题，迫切需要在创新工程实施5年之际，进行一次全面系统的考评和总结，对创新工程进行再思考、再认识、再定位，全面总结成效问题、分析形势任务、聚焦发展重点。

7月以来，我们花了3个月时间，组织开展考核评估工作。目前，已经完成了对第一批进入创新工程的11个研究所的5年考核，组织33个研究所开展了所对团队的中期评估和自评估。5年考核和中期评估都按照研究所对科研团队考评、研究所自评、院对研究所考评3个层级，自下而上，依次开展。考评采取定量考评和定性考评相结合的方式，在对研究所和科研团队的科研产出进行量化评价的基础上，由院领导班子成员任组长，邀请国内知名专家成立专家组，对研究所和科研团队创新工程进展情况进行全面的定性考评。研究所在考评中认真总结成效，查找问题，制定改进措施。可以说，这次考核评估是创新工程实施以来全院最大规模的一次大调研、大检查、大督导。院领导班子成员都深入到了研究所，了解到了真实情况，也发现了一些问题。

今天我们这个会，是院里对研究所创新工程全面推进期也就是2016年以来的工作进展进行中期评估。主要任务有4项。一是对研究所目标定位的判断。对照新时代需求和“三个面向”要求，深入分析研究所发展定位、研究重点、预期突破、发展前景、竞争实力、价值贡献等指标，判断研究所的发展定位是否符合“三个面向”总体要求，是否能担得起国家队的地位；审视研究所的发展是否朝着一流科研院所和一流学科的目标稳步迈进。二是对学科方向设置的合理性、前瞻性进行评估，找出交叉、重复学科方向，指出落后于产业需求的学科方向，确定需要重点扶持的新兴学科方向。三是挖掘苗头性的重大成果产出，分析哪些研究预期可以解决重大科学或技术问题，有望实现突破性进展，还需要在哪方面继续加强。四是检查创新工程各项制度落实情况，实施效果，进一步探索完善创新工程管理制度。通过中期评估，对研究所定位、学科、团队等进行再梳理、再调整、再优化，加快调整研究布局，加快部署一批战略性前沿学科，根据评估结果统筹配置各类科技资源，对苗头性重大成果加大支持力度，力争突破一批重大理论和科学问题，攻克一批关键共性技术和技术集成模式，培育一批新品种、新技术、新产品，加快建设中国特色世界一流学科高地和农业科技创新中心，更好地发挥国家队引领作用。

所以，真诚地希望各位专家帮助我们多多发现存在的问题，在研究所目标定位、学科方向、重大成果培育、团队建设、人才培养、研究所管理等方面，尤其是对研究所未来 5~10 年的前瞻布局，提出好的意见和建议，便于院里和所里有针对性的改进。请专家们一定不要客气，要不留情面、实事求是，少讲好的评价，多提问题和建议，为研究所把好脉，做好诊断，开出良方。

研究所要抓住此次评估契机，切实以创新工程为统领，深入研究，超前布局，进一步优化学科方向和科研团队，加强机制建设，引育高层次人才，努力创造良好的创新文化、创新氛围和创新平台，更大力度地鼓励激励科技人员争取大项目、产出大成果的信心和意志，为产业发展作出更多更大的贡献！

最后，再次诚挚感谢各位专家亲临指导，感谢大家一直以来对我院的支持与帮助，中国农业科学院的发展离不开各位的关心，也感谢专家们接下来一天的辛苦付出，请各位专家多提宝贵意见！谢谢大家！

唐华俊院长在中国农业科学院第八届学术委员会第三次全体会议上的讲话提纲

2018 年 5 月 25 日

同志们：

各位委员，大家上午好！

首先，我代表中国农业科学院对各位委员在百忙之中前来参加八届三次学术委员会表示感谢！感谢大家对中国农业科学院的大力支持。这是第八届学术委员会成立以来的第三次全体会议，这次会议主要是总结过去一年来学术委员会工作，向各位委员汇报我院学习贯彻习近平总书记贺信精神和党的十九大精神的成效与下一步安排，研讨乡村振兴重大科技问题，听取各位委员的意见建议。

刚才，韩俊副部长为我们做了一个很全面的乡村振兴战略实施报告。他系统阐述了实施乡村振兴战略的重大意义和几个关键问题，对农业科技提出了更高要求，对我院科技创新工作具有重要的指导意义。

借此机会，我讲 3 点意见。

一、新时代中国农科院的发展思路

2017 年是中国农业科学院发展史上非常重要的一年。建院 60 周年之际，习近平总书记专门发来贺信，李克强总理作出批示，汪洋副总理专程来农科院考察调研和看望广大干部职工，这充分体现了中共中央、国务院对中国农业科技工作和中国农科院的高度重视和关心。贺信站在党和国家事业发展全局的战略高度，给我们提出了“三个面向”“两个一流”和“推动我国农业科技整体跃升”的要求。中国农业科学院全院上下备受鼓舞、备感振奋，掀起了学习贺信、贯彻贺信的热潮。党的十九大胜利闭幕后，我们将落实中共中央领导指示和党的十九大精神高度统一起来，按照新时代、新要求，综合分析国际、国内形势和中国农业科学院的发展条件和基础，经过反复研讨，凝练提出新时代中国农业科学院发展的战略定位、发展目标、发展思路和重要任务。在此，向各位委员作个汇报。

新时代我院的战略定位：全面贯彻落实习近平总书记“三个面向”要求。面向世界农业科技前沿，勇于挑战最前沿的科学问题，提出原创性思想、作出原创性发现、产生原创性力量，打造全球农业科学高峰。面向国家重大需求，围绕粮食安全、绿色发展等科技需求，加大核心关键技术和共性技术创新，建设国家农业技术创新高地。面向现代农业建设主战场，更加注重应用技术创新、示范转化、推广培训，引领农业产业转型升级。

新时代我院的发展目标：按照建设现代化强国的总体部署，分 3 个阶段实现习近平总书记提出的“两个一流”目标。第一阶段是到 2020 年初步建成一批世界一流的学科和一流的研究所，使 1/5 左右的学科，成为引领世界农业科技前沿的世界一流学科；1/5 左右的研究所建成定位准确、布局合理、运行高效的世界一流科研院所，引领全国农业科技整体跃升。第二阶段是在此基础上，再奋斗 15 年，到 2035 年，全院 2/3 以上学科领域达到世界一流学科水平，2/3 研究所建成世界一流科研院所，带动全国农业科技进入世界前列。第三阶段是到 2050 年，全面建成世界一流学科和世界一流院所，科学研究综合实力和国际影响力在全球居于领先水平，推动全国农业科技跃居世界前列。

新时代我院的发展的总体思路：深入学习贯彻习近平新时代中国特色社会主义思想和党的十九大精神，全面落实“三个面向”“两个一流”和“整体跃升”的要求，以乡村振兴科技支撑行动为总抓手，以科技创新工程为引领、以国家农业科技创新联盟为载体、以体制机制创新为动力，科技创新和转化并重，加快建设世界一流学科和一流科研院所，推动我国农业科技创新能力整体跃升，为实施乡村振兴战略、促进农业农村现代化提供强有力的科技支撑。

新时代我院的发展主要任务：一是创新一批农业基础理论方法。二是突破一批质量兴农、绿色兴农、智能装备重大关键技术。三是集成转化一批增产增效、绿色生态、加工增值技术与模式，助推农业转型升级。四是谋划和建设一批重点实验室、基础研究设施和综合科研试验基地，打造一批农业科学研究的“国之重器”，为农业科研提供重大科技平台支撑。五是构建全方位人才引进、培养、评价、激励、保障体系，培育一批高端创新人才。六是实施一批国际合作项目，建设一批海外研发基地和技术转移平台，深化与“一带一路”沿线及周边国家的农业科技合作，服务国家整体外交战略。七是加强院所治理体系和治理能力建设，创设一批现代科研院所管理制度，鼓励科研人员潜心研究、勇于创新、献身“三农”。

概括起来就是坚持“三个面向”要求，做好基础研究、技术攻关、集成应用、平台建设、人才培养、国际合作、制度建设七个方面重点任务，举全院之力分“三步走”实现“两个一流”。我院这一发展思路与建设富强民主文明和谐美丽的社会主义现代化强国相契合，与全面实现乡村振兴的目标相一致，是农业科研国家队的应有使命和担当，是我院必须长期坚持、持续奋斗的发展思路。

二、深耕自主创新，弥补发展短板，推进乡村振兴战略实施

习近平总书记多次强调科技创新的重要性，并指出核心技术受制于人是最大的隐患。习近平总书记近日在湖北考察时强调，真正的大国重器，一定要掌握在自己手里。

核心技术、关键技术，化缘是化不来的，要靠自己拼搏。前不久，美国针对中兴发布的“禁售令”让中兴陷入了生存恐慌，也给整个中国科技制造业投下了一颗“重磅炸弹”。“中兴事件”暴露出来的不仅是个别企业的问题，而是整个中国多数产业的问题。如果我们不能掌握核心技术，就只能永远替别人打工。反思我们的农业产业，有没有类似的危机，有没有核心技术受制于人的问题？这是中国农业科学院作为国家队必须深刻认识和大力作为的关键所在。

换句话说，中国农业科学院要建设的世界一流，必须是服务国家目标、推动我国农业农村现代化目标上的世界一流，必须首先要解决我们自身发展面临的诸多问题。这就要求我们的科研立项和选题，必须坚持问题导向。要立足我们的发展找准问题，明确着力点和关键点。我们必须深入分析国家重大需求、国情农情特征，来论证我们的科技需求短板，遵循农业科技规律，通过科技攻关补上短板，推动农业强国建设。

为深入贯彻落实习近平总书记贺信精神和讲话要求，中国农业科学院组织有关专家，坚持问题导向和需求导向，以支撑引领质量兴农、效益兴农和绿色兴农为导向，基于我院学科定位与优势，梳理明确了10余项当前受制于人、亟待攻克的核心关键技术。计划聚全院之力开展攻关。在此，向各位委员作个汇报，请大家评议把关。

1. 农作物分子聚合育种技术

长期以来我国农作物育种主要关注产量性状，缺乏对资源高效利用、优质专用、适宜机械化等适应农业生产方式转型升级的性状研究，原创性基因、操作技术和种质缺乏，远远不能满足我国农业对新品种的迫切需要。当前发达国家及大型跨国公司纷纷投巨资布局这一领域的研究，进展很快。我国必须强化分子聚合育种原创性研究，克服隐性基因选育识别难题，提高育种的可预见性和可操作性，高效地聚合主要农作物的优良等位基因，创制一批性状优异的农作物新材料，培育优质、高产、抗病虫、抗逆和营养高效的农作物新品种，满足农业供给侧结构性改革对品种的需求。

2. 畜禽核心种质国产化育种及现代化精准养殖技术

我国是世界养殖大国，畜牧业发展取得显著成就，但核心种源对外依存度较高，其中，祖代白羽肉鸡100%、种猪90%、种公牛70%的核心种质均依赖进口，种业潜在风险度偏高。我国必须加大动物新品种国产化选育工作，开发畜禽核心种质国产化育种技术体系，解决我国畜禽育种关键芯片生产及核心技术缺乏，性能测定技术标准化体系不健全的难题，构建现代高效动物联合育种平台，持续提高现有畜禽核心种群的遗传稳定性和生产性能，培育适应市场需求的具有自主知识产权的商用品种，创新国产化畜禽现代化精准饲养技术，解决畜禽种质国产化新品种培育与繁育的效率问题。

3. 天空地农情信息智能获取技术

智能农业是国际农业信息化发展的新理念和新方向，欧美等发达国家正加速推进智能农业的飞跃式发展。目前符合我国农业生产周期长、季节性变化快等特点的专属卫星星座缺乏，海量高精度遥感数据规模化处理与分析能力亟待提高，无人机应用潜力没有得到充分发挥，大田种植物联网建设标准化滞后。急需加大农情信息获取关键技术研究，构建国家天空地农情信息智能获取系统，实现对我国主要农业生产要素的全数字化获取和监测，全面提升我国智能农情信息获取水平。

4. 生态和谐型绿色农药研发技术

我国农药单位面积用量是美国和欧盟的 2 倍，杀虫剂单位面积用量是美国的 15 倍、欧盟的 10 倍。创制新型绿色农药，降低化学农药使用量，是推进乡村振兴战略的核心任务之一，是当前乃至未来很长一段时间内植物保护领域的迫切需求。必须努力跟踪和突破基因编辑技术、RNA 干扰技术、纳米材料和药物分子设计等现代科技前沿技术，研究新一代植保绿色防控产品，创制高效低风险生物农药、天敌昆虫、天然代谢产物与纳米农药新产品，实现我国生态和谐型绿色农药研发核心技术的重大突破，创制基于新兴技术的绿色防控产品，从根本上改变我国农药结构。

5. 绿色高效肥料产品创新与产业升级技术

推动农业绿色发展，建设美丽中国，迫切需要加快化肥产业技术升级，通过大面积“增效”实现“减量”。我国绿色高效肥料技术创新存在诸多技术短板。大产能、低成本技术未取得实质性突破，产品类型单一，肥料增效策略单一，难以大幅度提高肥效。必须开展肥料用生物活性增效载体研制、增效载体与肥料协调增效技术研究、增值肥料减肥潜力与施用技术研究等，实现系列增值肥料新产品产业化，大幅度改善肥效和提高肥料利用率，实现传统肥料绿色高效化。

6. 非常规原料饲料化提质增效技术

我国非常规饲料资源（植物源及动物源）丰富，但长期以来受科技发展水平的制约，无法得到有效利用，并成为潜在的环境污染源。物理处理方式提升幅度有限，化学处理存在环境污染隐患，生物学处理受制于以效应微生物及酶蛋白为代表的核心技术，整体利用效率低。创新非常规原料高效饲料化和产业化技术，实现秸秆淀粉化、劣质蛋白原料优化提质、特性原料的功能化，替代饲用淀粉、豆粕，实现农业副产物和废弃物的高效转化，是解决我国饲料资源短缺、养殖效益低下及环境污染严重等突出问题的有效手段，是促进养殖业绿色发展转型的有效途径。

7. 气候智慧型精准灌溉施肥核心技术与装备

近年来，随着大数据、云计算、物联网和高精度传感器等高技术向现代农业的渗透，精准化的灌溉施肥一体化技术已经向水分养分实时诊断与灌溉施肥智能化操控方向转变。我国在智能灌溉施肥技术和装备方面还存在几个核心关键技术尚未突破。迫切需要构建国家精准灌溉施肥技术研发团队和平台，突破智能化精量灌溉施肥系统中作物水肥需求信号的感知与智能化诊断、变量施肥灌溉等核心技术，研制并产业化应用基于作物水肥需求信号的智能化灌溉施肥系统，不断提升智能化灌溉施肥核心技术的创新能力。

8. 新型疫苗与兽药创制核心技术

我国细胞悬浮培养生产生物制品的核心技术受制于人，动物疫苗抗原大规模浓缩和纯化相关关键技术受制于人，动物疫苗免疫佐剂和免疫增强剂研发滞后，兽药设计、筛选、评价的技术落后和能力不足、效率低，兽药制剂技术水平落后。必须加快推进动物用疫苗生产工艺核心技术和产品国产化进程，完成重要动物用疫苗细胞悬浮培养生产技术和设备国产化，使大规模抗原浓缩和纯化相关技术体系和产品达到国际先进水平，重要动物疫苗的疫苗佐剂和免疫增强剂的相关技术指标达到国际同类产品水平，并实现大部分疫苗产品的佐剂和免疫增强剂国产化；研制出原创性的动物专用原料药，开发出高技术附加值的制剂，构建起我国兽药创新研发体系。

9. 农产品产地危害物质甄别与高效阻控技术

在农产品产地典型危害物环境风险甄别、污染农产品产地长效阻控与精准修复、污染农产品产地综合安全利用等方面存在技术短板，对农产品产地环境和农产品质量安全科技支撑不足。攻关重点是突破污染物智能化、高精度、多维度、多介质检测监测技术，突破污染农产品产地安全生产全要素评估技术，突破污染农产品产地综合安全利用技术与精准修复技术，为农产品质量安全和农业绿色发展提供强力支撑。

10. 农业领域持久性有机污染物（POPs）防控技术

我国农业领域中 POPs 污染规律研究基本处于空白，污染本底不清，机制不明，分析检测关键材料依赖进口，核心技术严重受制于人，给我国农产品质量安全带来了极大的风险。下一步要重点研究 POPs 迁移蓄积、代谢转化规律，开展重点农产品中 POPs 风险评估，突破抗体、单细胞和分析材料制备和同位素内标合成等技术瓶颈，发展高通量筛查、超痕量识别等关键技术体系，破除国外技术垄断，开发降解和吸附去除技术和产品，实现农业生产中 POPs 源头控制，保障农产品生产过程安全。

11. 农作物秸秆醇—气—肥多联产关键技术

当前秸秆综合利用成本高、效益低、产业链短、秸秆焚烧带来的环境问题严重。迫切需要围绕秸秆高效降解与转化微生物学基础和工程学基础等科学和技术问题，开展协同攻关，挖掘一批微生物菌种资源、环境修复型生物质资源，研发秸秆高效生物转化技术和适合我国农业发展特点、区域特色与发展模式的关键装备，突破微生物菌种（菌群）改造和优化的前沿重大理论与关键技术，形成醇—气—肥多种生物炼制技术模式，提升秸秆资源转化为肥料、沼气、燃料乙醇及生物基化学品等产品的效率。

12. 全生命周期个性化精准营养与食品智能制造技术

营养健康是我国人民日益增长的美好生活新需求，是我国农业发展的新使命新目标。目前我国个性化精准营养与食品智能制造面临食材打印加工特性不明，专用原料缺乏，3D 打印工艺、装备、核心器件及软件等诸多技术短板。急需开展精准营养与健康领域基础数据分析与营养机理研究，3D 打印专用原料、关键工艺研究，智能制造装备及核心器件开发，研制系列 3D 打印专用原料、工艺装备与核心器件，在部分领域实现规模化应用。

13. 智能农业装备

我国农业装备技术基础研究不足，智能化程度低，部分装备只是实现自动化，制约农业装备智能化发展的信息感知、决策智控等基础和关键共性技术还是空白，不能全面满足现代农业发展需要，信息化、智能化技术的快速应用进一步拉大了与发达国家的差距。要重点开展信息感知技术、智能控制技术、智能变量农业作业装备、数字化设计试验验证技术等攻关，在收获机械、植保及资源化利用机械、灌溉技术与工程、沼气工程、农产品加工机械等领域实现创新跨越，显著提高国产装备智能化水平。

14. 优质乳品质评价关键技术与标准体系

奶业质量安全直接关系到每个家庭，是健康中国的重要组成部分。我国奶业长期遭受进口奶冲击，国产奶自给率已经下降到 74. 2%。根本原因是我国奶产品的品质评价和营养功能挖掘技术缺失，没有能够系统阐明奶产品的鲜活特性和充分挖掘国产奶的天然时空优势。需要加快构建风险评估与全程控制、品质评价、优质乳产业化关键技术研究，构建奶产品质量安全与营养功能数据库，建立从原料奶质量安全控制、绿色低碳加工工艺，到优质奶产品开发的一体化技术，推动我国奶业发生革命性变化。

15. 乡村环境建设关键技术及绿色发展模式

我国乡村环境改善的科技贡献率长期不高，在基础研究、关键技术和模式等方面都需要加强科技创新，实现全面突破。急需针对乡村环境治理的主要环节，在乡村环境调查监测与评价、乡村环境与景观建设规划、农村厕所革命、农村废弃物处理及综合利用、农业农村一体化绿色发展等方面开展重点研究。

以上 15 项短板技术，是中国农业科学院下一步要集聚全院力量重点部署研究的方向。我相信，我国的科技创新能够克服从无到有的困难，也必然有信心突破核心技术的瓶颈。中国农业科学院作为国家队就是要在关键领域、卡脖子的地方下大力气、真功夫，凝心聚力取得突破，把挑战变成机遇，把大国重器掌握在自己手里。我们也会根据形势发展变化进行及时调整补充。希望各位委员给予指导。

三、希望各位委员建言献策、关心支持我院发展

中国农业科学院学术委员会是我院最高学术评议、评审和咨询机构，是我院建设世界一流学科和一流院所的重要依托。院里一直高度重视学术委员会建设，第八届学术委员会 2016 年组建，今年是本届学术委员会第三个年头。我们除了一年一度的年度会议外，平时，经常邀请各位委员尤其是院外委员参加各类咨询评议活动，请大家为我院发展把脉问诊，发挥了非常好的指导作用。借此机会，对院学术委员会建设提几点建议。

一是积极实施乡村振兴科技支撑行动。为贯彻落实党的十九大和习近平总书记致中国农业科学院建院 60 周年贺信重要指示精神，强化农业科研国家队的使命担当，我们制定了《中国农业科学院乡村振兴科技支撑行动计划（2018—2035 年）》，以乡村振兴科技支撑行动统领全院科技工作，依托创新工程和国家农业科技创新联盟，加强科技创新、成果转化、典型示范和能力建设，加快形成一批引领和支撑乡村振兴的宏观战略、关键技术和典型模式，为实现农业农村现代化提供理论指导、前沿引领、技术支

撑、政策供给和典型样板。我们在组织制定行动计划、论证重点任务时，各位委员提出了很好的意见建议。下一步，在推进实施中，还希望各位委员踊跃参与、贡献力量，共同把这件大事抓好抓实抓出成效。

二是积极参与国家农业科技创新联盟建设。2014 年，为推动全国农业科技创新和体制创新，由农业农村部主导，中国农业科学院牵头，联合国家级、省级和地市级三级科研院所、涉农高校和企业等近千家单位，成立了国家农业科技创新联盟。目前，在联盟框架下已成立了专业联盟、产业联盟和区域联盟 66 个。作为机制创新的重要探索，联盟已在全国上下形成广泛共识。但是，联盟还是一个新生事物。在内部组织管理与运行机制、重大项目协同攻关、实体化建设等方面还存在不少问题。作为联盟领导小组办公室单位，我院将不断加强与联盟成员单位的协调联系，优化联盟的管理与运行，充分发挥成员单位的优势，组织开展联盟重大科技任务试点。希望各位委员积极呼吁，一同争取财政经费、项目支持，把联盟做大做强，真正推动全国农业科研“一盘棋”、创新“一条龙”、服务“一体化”科研组织游“一条龙”。

三是积极开展农业科技宏观战略研究。农业宏观战略研究一直是我院的一大特色，一批有长远眼观和宏观视野的战略科学家在做好本领域科技工作的同时，积极思考和谋划我国中长期农业农村发展问题，一批调研报告、政策建议为政府有关部门农业宏观决策提供了理论依据和科学支撑。新的时代背景下，我国发展的外部环境条件、科技竞争形势正在发生深刻变化，乡村振兴战略对农业科技提出了新的重大科技需求，必须加强宏观战略和发展规划研究。我院将宏观战略研究作为一项重点工作，我们和中国工程院联合成立了中国农业发展战略研究院，我院还有中国农业政策与科技发展战略研究中心、科技经济政策研究中心、农经所等研究机构。学术委员会也是我们的一大依托平台。下一步，我们将继续发挥院学术委员会作用，围绕乡村振兴重大问题、质量兴农与绿色发展重大技术问题、农业科技中长期发展、城乡融合发展等方面，组织开展系列调研活动，凝练提出重大咨询和政策建议，为政府决策提供支撑。希望各位委员积极建言献策、参谋，为重大议题提供咨询建议。

四是加强科研道德与学风建设。建设一流学科和一流院所，首先要建设一流学风。我院高度重视学术道德和诚信建设。本届学术委员会换届的同时成立了学术道德委员会，目前正在研究制定《科研机构和科研人员信用管理办法》，目的是提高研究所和科研人员的信用意识，建设良好学风，助推“两个一流”建设。希望各位委员密切关注，对我院科研人员的科研诚信苗头性问题早发现、早提醒、早纠正。

五是加强学术委员会自身建设。要将学术委员会作为我院现代院所治理的一项重要制度安排，充分发挥学术委员会的学术指导、学术评议和学术咨询作用，在重要发展规划制订、重大科研布局调整、重要科技资源配置、重大科研项目论证和验收等工作中，充分听取各位委员意见建议。要加强学部建设，鼓励各学部大胆实践、积极创新工作思路，加强重大课题研究和重大学术活动组织协调。要加强研究所学术委员会建设，在人才引进、学科调整、团队评聘等重大议题决策环节，将学术委员会作为必经的一道程序，同时，积极开展研究所层面学术交流活动，营造良好创新氛围。

各位委员、同志们，学术委员会是我院十分重要的学术咨询、参谋、评议机构，希望大家以高度的责任感和求真务实的作风，认真履责，积极建言，为我院建设世界一流学科和世界一流农业科研院所，为我国农业科技事业的发展作出新的更大的贡献。

中国农业科学院第八届学术委员会第三次全体会议工作报告

中国农业科学院第八届学术委员会主任委员　万建民

2018年5月25日

各位委员、同志们：

大家上午好！今天我们在这里召开中国农业科学院第八届学术委员会第三次会议。这是我院贯彻落实党的十九大精神和习近平总书记贺信精神的重要举措，是健全完善现代院所学术治理制度，加快建设世界一流学科和一流院所的重要行动。首先，向各位委员一年来的辛勤工作表示衷心感谢，向大家出席今天的会议表示热烈的欢迎。

下面，我向大家报告院学术委员会一年来的工作，请各位委员审议。

一、2017年度学术委员会工作情况汇报

一年来，学术委员会积极组织各位委员参与我院重大项目和规划论证、科研产出咨询与评议、重点实验室和学科群建设评估、重大问题调研等活动，通过咨询评议、战略研讨、学术交流等多种形式，为我院科技创新和学科发展把脉问诊，发挥了重要作用。

（一）发挥参谋策划作用，服务政策创设与规划制订

在各位委员的支持下，我们瞄准乡村振兴科技支撑行动、农业绿色发展、“一带一路”农业发展战略等重大科技需求，组织专家开展重大问题调研，坚持问题导向和前沿导向，凝练提出重大咨询建议，充分发挥学术委员会“策源地”和“参谋部”作用，引领和支撑政府决策。先后制定了《农业绿色发展技术体系规划》《乡村振兴科技支撑行动方案》《中国农业科学院青年人才工程规划（2017—2030年）》等重要规划，编印了《农业研究前沿》《研究快报》《国际农业科技情报研究简报》《农业科技前沿与政策咨询快报》等系列战略研究报告和智库品牌。受科技部委托，组织完成学科国家重点实验室“十三五”建设实施方案、“一带一路”联合实验室建设方案、国家野外站五年发展实施方案的研讨编制；参与国家野外站管理办法和评估规则等核心制度的设计和制定。逐渐形成了有自身特色的农业科技高端智库品牌，为提升中国农业科学院的政策支撑水平和影响力打下了坚实基础。

（二）发挥高端引领作用，调整完善全院学科体系

根据新时代新要求和习近平总书记贺信精神，为更好地发挥学科在创新工程实施和现代农业科研院所建设中的引领作用，我院对学科体系进行了优化完善和前瞻布局。我们的学科是自身优势、产业需求、科技前沿的有机结合，不同于大学的学科体系，我们的学科与创新工程科技任务、科研团队是密切结合的。这一轮学科调整，院里高度重视，进行了反复咨询论证。各位委员从各自学科领域和科技发展方向出发，对我院学科布局、学科建设、学科评估等工作进行系统把关，为我院学科建设提出了很多建设性的意见和建议，确保学科体系更加符合农业科研发展规律和新时代新矛盾新需求，进一步突出了乡村振兴和农业供给侧结构性改革重大科技需求。同时，我们依托各位委员，相继完成了作物、畜牧、兽医、资环、园艺学科的发展竞争力分析和发展态势评估，全面评价了学科发展水平、存在差距，为一流学科建设提供科学指导。

（三）发挥咨询评议作用，完善现代院所科技管理制度

完善团队评价制度，提请学术委员会审议了拟重点培育卓越团队的遴选评价的目标、范围和坐标，经过征询意见和审议，提出了具体的评价指标体系和评价办法，正式启动了卓越团队评价工作，并选取了 12 个团队开展试点评价。

完善研究所评价指标与权重，响应各位委员的呼吁，提升高水平科技论文赋分值，探索开展中长期论文代表作评价导向与评价方法，逐步实现由重视发文期刊向重视学科影响转变，评价重点由研究成果数量向研究质量、原创价值、学术影响力转变，由“以刊论文”数量评价为主向“以文论文”量质评价并重的转变，由年度短期目标向中长期目标导向的转变。

完善科研仪器设备管理制度，充分听取各位委员的意见建议，制定发布了《中国农业科学院重大科研基础设施和大型科研仪器开放共享管理办法（试行）》，明确了院所两级职责，打通了研究所内部、外部科研设施与仪器运行与服务费支付渠道，推动建立大型设施设备高效服务科技创新工作的良性循环。

（四）发挥评审把关作用，提升项目立项与成果培育质量

按照新时代新要求，组织有关委员，围绕乡村振兴战略、农业供给侧结构性改革等重大部署，积极谋划设立重大科技项目，从基础研究、前沿高新技术、产业发展核心技术、区域综合解决方案等方面，遴选提出一批重大科研选题。各位委员围绕选题定位、方向与内容进行了深入讨论，提出了许多建设性的意见，按照近期、中期、长期取得成果的预期，提出了 17 项重大产出科研选题候选项目并排序。

各位委员密切跟踪国家科技体制改革进程，紧扣各类科技计划特点，提出非常实用的建议，在项目论证、答辩辅导等环节发挥了重要指导作用。去年会议期间，委员们以严谨科学的态度和求真务实的精神，认真评审院级科技成果，共评审出杰出科技创新奖10项、青年科技创新奖5项，在充分肯定研究成果的同时，为培养更大成果提出了进一步完善的建议。在申报2018年重点研发计划项目、国家自然基金重点重大类项目、提名2018年国家奖项目过程中，委员们也积极参与，通过经验分享、指出不足、凝练创新点、提升材料水平等方式，为我院科研立项、成果培育贡献了智慧和力量。

（五）发挥监督指导作用，营造良好学术环境

充分发挥院学术道德委员会作用，监督、指导和督促研究所加强学风建设，在工作制度建设、信用管理等方面积极开展探索实践，研究起草了《中国农业科学院科研机构和科研人员信用管理办法》和《中国农业科学院科研不端行为和学术纠纷问题调查认定办法》。根据农业农村部科教司要求，组织饲料所、牧医所开展饲料添加剂研究领域科研伦理试点，制定了相关试点工作方案，并定期报送试点工作进展。积极参与科技部“科研诚信建设座谈会”，在全国科技工作者日开展相关宣传活动。

（六）发挥沟通联络作用，营造良好学术交流氛围

一年来，以院、所学术委员会名义组织、发起了各种类型学术会议、学术报告活动等，多次邀请国内外知名专家开展专题学术讲座和各类咨询活动，为我院科学家及时了解国内外农业科研动态、宣传促进我院的科研进展提供了交流平台，如邀请*Nature*（《自然》）编辑作了“成就你的研究”学术讲座，近100名青年科学家到场聆听，并与编辑进行了深入对话。在*Nature*开展院长访谈、科学家介绍、人才政策、论文推介等系列宣传活动，向全球宣传展示我院60年发展成就和科学家风采。通过院、所两级学术委员会的共同努力，为农业科技创新营造了浓厚的学术氛围，进一步提升了我院的学术地位和影响力，提高了全院的学术水平，营造了良好的学术氛围。

在各位委员的大力支持和努力下，我院2017年各项工作取得了突出成绩。

科研立项再获丰收。新增主持各级各类课题2 222项，年合同经费达20.6亿元。国家重点研发计划获得32个项目，中央财政支持经费9.35亿元，立项数占农口的23%，经费占25%，继续保持显著占位优势。国家自然科学基金资助项目310项，获得资金支持1.54亿元，平均立项率达24%，超过全国22%的平均水平。其中，重大研究计划项目1项、优青项目2项、其他重大类项目6项，杰青项目时隔5年再次取得突破，首次获得国家重大科研仪器研制项目。

科研产出延续好势头。2017年，我院共取得获奖成果114项，以第一完成单位荣获国家科技奖7项，11项成果获2016—2017年度中华农业科技奖一等奖，29项成果获

省级一等奖。在基础研究方面，全院共发表 SCI/EI 论文 2 516 篇，同比增长 17%，出版著作 321 部。以第一署名单位在 *Science*（《科学》）、*Nature Genetics*（《自然·遗传学》）、*Cell Research*（《细胞研究》）等国际高水平期刊发表论文 23 篇。在应用研究方面，全年共有 127 个作物新品种通过国家或省级审定。中嘉早 17 水稻、中麦 175 小麦、中单 909 玉米、中棉所 49 棉花、中黄 13 大豆、中双 9 号油菜、中甘 11 号甘蓝等品种继续名列全国推广面积前茅。获得国家一类新兽药 2 个，其中口蹄疫病毒标记疫苗为全球首例。在科研平台建设方面，经过努力，全院 6 个国家重点实验室顺利通过科技部评估，其中，兽医生物技术、水稻生物学 2 个实验室被评为优秀。在战略性科研布局方面，新疆昌吉西部农业研究中心正式挂牌，完成了 205 亩建设用地、2 000 亩试验用地划拨，基本建设顺利开工，完善了我院在兰州以西的学科布局。国家成都农业科技中心暨都市农业研究所共建协议正式签署，争取地方 10 亿元基建投资、3 000 亩试验用地和每年 3 000 万元专项科研经费。同时，我们积极探索国家创新工程与地方创新工程合作机制，与山东省农业科学院开展全面对接，围绕解决山东优势特色农业产业重大科技问题，联合双方优势科研团队开展协同攻关，驱动山东现代农业加快发展。

我院取得的这些成绩，离不开各位委员的大力支持和无私付出，在此，向各位委员表示衷心的感谢和崇高的敬意！

二、做好 2018 年学术委员会工作，推动全院科技创新再上新台阶

2018 年是贯彻落实党的十九大精神、实施乡村振兴战略的开局之年，是决胜全面建成小康社会、实施“十三五”规划的关键一年，学术委员会要充分发挥联系广泛、专家云集、学部齐全的优势，带领广大农业科研人员深入贯彻习近平新时代中国特色社会主义思想，全面落实“三个面向”“两个一流”和“整体跃升”的要求，以乡村振兴科技支撑行动为抓手，把智慧和力量凝聚到推动科技创新能力整体跃升上，重点做好以下几个方面工作。

（一）建言献策助力创新工程深入实施

创新工程从咨询论证到试点实施、再到试点期评估，现在已进入全面推进期。每一个环节、每一项改革都凝聚了各位委员的辛勤汗水与聪明才智。创新工程试点期以来，较好地解决了我院研究方向不稳、小而散的问题，创造了稳定支持科研团队的研究组织模式，构建起一整套新型的科研组织管理体系，激发了科研人员的创新活力。创新工程启动实施已经有 5 个年头了，全面推进期也快过半了。为了更好落实“三个面向”要求，推进创新工程深入实施，近期我院部署开展了创新工程中期评估工作，对研究所的发展定位、重点方向、管理机制、发展态势进行全面评估，进一步校正发展方向，激发

创新活力。我们将组成评估组进行专题评估，希望各位委员积极参与，为我院发展把脉问诊。

（二）积极参与乡村振兴科技支撑行动

实施乡村振兴战略是国家关于“三农”工作的重大部署，我院将以实施乡村振兴科技支撑行动作为科技工作的总抓手，加快科技创新、成果转化、能力建设。面向世界农业科技前沿，重点要突破一批重大前沿颠覆性技术；面向国家重大需求，重点要攻克一批关键共性技术和技术集成模式；面向现代农业建设主战场，重点是转化推广一批新品种、新技术、新产品，打造若干乡村振兴科技示范县（乡），全面支撑农业农村现代化。

创新联盟凝聚了全国农业科研院校、企业的优势力量，是推进乡村振兴科技支撑行动的重要平台。我院将充分发挥联盟引导性、系统性、整体性的综合创新优势和解决“三农”重大问题的独特作用，凝聚全国优势农业科技力量，围绕节本增效、质量安全、绿色环保、区域发展等重大问题，实施一批重大协同创新任务；加强技术创新、模式创新的落地示范，形成一批可复制可推广的综合技术解决方案和模式，引领支撑农业农村现代化。

今天下午的学部会议上，我们提交了《中国农业科学院乡村振兴科技支撑行动规划》，征求各位委员的意见，希望各位委员直奔主题、直击要害、直言不讳，真正帮我们规划好重点任务、完善好推进措施，共同推动乡村振兴科技支撑行动落地实施。

（三）群策群力谋划重大科技项目

目前我院正在配合主管部门做好“十四五”科技专项谋划工作。重点在现代种业、主要农产品绿色优质供给、乡村特色产业兴旺、农产品加工增效、藏粮于地、农业农村环境问题、农业疫病防控与生物安全、农业灾害防控等重点方向，系统凝练科学问题、技术瓶颈和产业化问题，研究下一步重点研究任务，提出相关建议。希望各位委员积极参与，共同谋划实施一批重大科技项目，提升我国农业农村科技支撑水平。

（四）同心携手加快重大科技成果培育

目前，我院九成国家奖集中在作物遗传育种、畜牧兽医、资源环境 3 个学科领域，学科分布不平衡，缺乏突破性、标志性科技成果。希望能进一步发挥学术委员会的咨询评议职责，强化我院重大成果培育体系建设，形成从专利、论文等基础成果，到院奖、省部级奖等阶段成果，再到国家奖等重大成果的成果培育体系，持续不断完善重大科研产出选题，整合优势科技资源，进行全方位、持续性倾斜支持，推动取得更多高水平科技成果。

今天下午我们有一部分委员要参加我院 2018 年科学技术成果奖的评审，希望各位专家帮我们挖掘一些有苗头的科技成果，未来通过开展重点培育、主动帮扶指导等方式，全力推动高水平成果脱颖而出。

（五）加强学术治理，优化科研环境

学术委员会作为院长领导下的最高学术机构，要切实担负起营造良好的学术诚信和引领学术道德风尚的职责。各位委员要以德修身、率先垂范，用自己高尚的品德和人格力量教育和感染广大科研人员。要大力加强学风建设，尽快出台我院《科研机构和科研人员信用管理办法》和《学术不端行为调查认定办法》。要认真负责地参与学术评价，切实维护学术尊严、珍惜学术荣誉，营造学术自由、鼓励创新的科研氛围。

同志们，学术委员不仅是一种荣誉，更是一种责任。希望各位委员能够认真履职尽责，积极建言献策，树立优良学风典范，尽可能地参加学术委员会组织开展的各项活动，继续在重要发展规划制定、重大科研布局调整、重要科技资源配置、重大科研项目论证和验收、重大成果评价等方面，充分发挥建言献策、咨询评议、把关指导等职责。

谢谢大家！

万建民副院长在2018年中国农业科学院科研管理工作会议上的讲话提纲

2018年12月18日

同志们：

在年终岁尾，工作最繁忙的时候，邀请各研究所所长、分管科研副所长、科研处长，召开全院科研管理工作会，总结科技创新工程实施成效与问题，分析问题与原因，研判科技发展形势，明确科技创新方向，很有必要。

本次会议的主题是贯彻落实习近平新时代中国特色社会主义思想和建院60周年贺信指示，以创新工程考核评估为契机，调整优化科研团队，统筹配置科技资源，强化学科、平台、任务、人才一体化推进，推动重大科技成果不断涌现，加快建设世界一流学科和一流院所。

下面，我讲4点意见。

一、以“三个面向”为指引推进全院科技创新

去年5月26日，习近平总书记发来贺信，提出了“三个面向”“两个一流”“率先跨越”和“整体跃升”的高要求。今年5月26日，在习近平总书记贺信发表一周年之际，胡春华副总理专程到我院调研农业科技工作，重点是检查中国农科院落实习近平总书记贺信指示的工作部署和推进情况。

习近平总书记对我院提出的“三个面向”指示精神，是我院农业科技创新的总方向、总目标、总任务、总要求、总抓手。全院各研究所、科研团队和广大科研人员，要认真学习贯彻党的十九大精神和习近平总书记贺信指示，切实将思想和行动统一到贯彻落实“三个面向”的要求和目标上来，落实到科技管理各项工作当中。

（一）深刻理解“三个面向”的精神实质

面向世界农业科技前沿，就是要全面清醒认识农业科技前沿与发展态势，超前部署、自主创新，勇于挑战最前沿的科学问题，提出原创思想、作出原创发现、产生原创力量，在战略必争的农业基础科学和前沿技术领域实现率先跨越，引领农业科技创新方向。面向国家重大需求，就是要紧紧围绕粮食安全、资源节约、绿色发展、食品安全、

节本增效、营养健康、美丽乡村建设等国家重大需求，加大农业科技核心关键技术、共性技术和战略性技术创新，催生引领性、革命性、颠覆性重大成果，解决国家重大产业问题和区域问题。面向现代农业建设主战场，就是要瞄准脱贫攻坚、乡村振兴、高质量发展、一带一路等主战场，更加注重科技与农业产业整体联动、融合发展，更加注重创新链、产业链、金融链的融合，加快农业应用技术创新、成果转让、示范转化、推广培训，为农业农村产业发展提供科技支撑，把论文写在大地上。这“三个面向”，既是当前我国农业科技发展的根本着眼点，也是建设农业科技强国，实现中国梦的战略基点。把“三个面向”落到实处，中国农业科学院才能成为当之无愧的农业科研国家队，成为农业科技大国的战略科技力量。

（二）对照“三个面向”要求，明确存在的问题与差距

“三个面向”是实施好创新工程的指南针，各研究所和科研团队要主动对标“三个面向”和“两个一流”，分析差距和问题。一要搞清弄明本领域世界农业科技前沿在哪里，我们处在什么位置，距离前沿还有多远。二要搞清弄明本领域国家亟须解决的关键性问题、亟须攻克的关键性技术和“卡脖子”的重大产业科技问题。三要搞清弄明本领域现代农业建设主战场技术需求，更加注重科技与经济、技术与市场、产品与用户的融合，更加直接地、有效地服务农业农村经济社会发展。

习近平总书记多次强调科技创新的重要性，并指出核心技术受制于人是最大的隐患。他强调，真正的大国重器，一定要掌握在自己手里。核心技术、关键技术，化缘是化不来的，要靠自己拼搏。“中兴事件”暴露出来的不仅是个别企业的问题，而是整个中国多数产业的问题。如果我们不能掌握核心技术，就只能永远替别人打工。反思我们的农业产业，有没有类似的危机，有没有核心技术受制于人的问题？这是中国农业科学院作为国家队必须深刻认识和大力作为的关键所在。

今年 5 月，院里组织专家，对标“三个面向”，梳理了一批农业领域亟待突破的短板技术。主要涵盖重大育种价值的关键基因、农作物分子聚合育种技术、主要园艺作物优质品种国产化育种技术、畜禽核心种质育种技术、新化学实体农药兽药创制关键技术、新型肥料与化肥替代技术、农业传感器技术、智能化大型农机装备研发关键技术。这些技术都是当前受制于人、缺乏自主知识产权、瓶颈制约显著的关键技术，是战略必争领域“要不来、买不来、讨不来的”核心技术，是亟待赶超国际先进水平的新兴前沿技术，是事关技术颠覆与产业变革、抢占国际农业科技制高点的前瞻性高技术。这些短板技术一旦突破，将形成重大原创性成果，显著促进技术进步与产业升级发展。希望各研究所积极谋划布局，加大高精尖人才引进力度，加快组建新兴交叉学科团队，针对技术短板超前部署科技攻关，院里将优先纳入创新工程予以稳定支持。

（三）构建全院“一盘棋”科研治理格局

创新工程是一项系统的改革工程，试点推进期以体制机制创新为主，初步构建起院所改革的“四梁八柱”制度体系，实现了以体制机制创新撬动科技创新的初步目标。目前已进入科技创新与机制创新“双轮驱动”新阶段，必须进一步突出创新工程的引领地位，统筹推进学科、人才、项目、平台、成果等创新要素“一体化”发展，推动全院创新能力、创新实力和创新活力大幅提升，拿出有重要影响、原创性的重大成就和贡献，真正把中国农科院建设成为有中国特色的、世界一流的、大家公认的一流科研机构。

研究所要充分利用创新工程这一自主可控资源，加大统筹配置力度，围绕“三个面向”“两个一流”进行系统谋划，组织科研团队对标对表，明确发展目标，聚焦拟解决的科学重大问题和前沿问题，制定时间表和路线图，并细化行动方案，落实到科研选题、经费、人才、平台、评价考核等具体工作中，加快建设世界一流学科和一流研究所步伐。

二、创新工程实施成效与2018年科技工作进展

为系统总结创新工程实施以来取得的经验和成效，审视全面推进期任务开展情况，推动各研究所深入贯彻落实“三个面向”战略导向，院里组织开展了创新工程5年考核、全面推进期中期评估及协同创新任务中期评估工作。

10位院领导分别带队深入研究所，听取了科研团队和研究所情况汇报，听取了专家评议意见，比较全面地了解到各研究所工作进展与存在问题，并提出了有针对性的意见建议和具体要求。

根据考核结果来看，科技创新工程实施5年来，中国农业科学院各项事业取得长足进步。

通过科技创新工程实施，探索建立了以“三个面向”为导向的三级学科体系，以科研团队为单元的科研组织模式，以稳定支持为核心的科研投入机制，以联合攻关为特征的协同创新机制，以科研产出为导向的绩效管理机制，以建设一流院所为目标的现代院所制度，全院精神面貌焕然一新。在创新工程支持下，组建了331个科研团队，引进220多名优秀青年人才，构建起三级三类科研平台体系和四大类基地体系，人才保障能力、平台支撑能力大幅提升；推进协同创新任务和创新联盟建设，形成了多学科综合解决区域重大问题的新途径，集成了一批可复制可推广的农业绿色发展技术模式，培育创制了一批重要新品种和新产品，强化了农业大数据等基础性工作平台建设，对全国农业科技的引领能力不断增强；主动参与全球科技合作，国际学术影响力持续提升，进一步强化了农业大国战略科技力量的地位。

5 年来各类科技成果产出呈现良好发展势头。重大成果不断涌现，共获得国家奖 33 项，同比增长 22%，获奖数量约占农业领域的 20%。2018 年又获得 8 项国家奖，达到 2000 年国家奖改革以来的最高水平。科技论文量质双升，共发表科技论文 25 690 篇，其中 SCI/EI 论文 10 042 篇，是前一个 5 年的 2. 5 倍。在 *Science*、*Nature*、*Cell* 主刊发表论文 12 篇，同比翻了一番，处于国内领先地位。品种、专利等成果翻倍增长，共审定农作物新品种 638 个，同比增长 50%。获得植物新品种权 234 项，同比增长 270%。创制新农药、新肥料、新兽药 94 个，同比增长 60%。获发明专利 2 931 项，是前一个 5 年的 3 倍，其中获得中国专利奖 36 项，占农业领域全国获奖总数的 68%，生物技术领域和制药领域发明量全球第一。

通过 5 年实施，创新工程全方位提升了中国农业科学院的科技创新能力，增强了科技引领能力和产业支撑能力，为实现“两个一流”目标和率先跨越发展打下了坚实的基础，也为深化农业科技体制改革，推动全国农业科技创新探索了新路径。

2018 年全院科技管理部门秉持服务科研的理念，创新思路与举措，推动全院科技工作取得新进步。8 项科技成果获得国家奖励，其中自然科学奖二等奖 1 项，技术发明奖二等奖 2 项，科技进步奖二等奖 5 项，追平历史最好成绩，时隔 5 年再次囊括三大奖。新增 14 项国家重点研发计划牵头项目，中央财政经费 3. 5 亿元，立项数在农口专项占比 12. 6%，中央财政经费数占比 15. 1%。获得国家自然科学基金各类项目 338 项，直接经费 1. 66 亿元，平均立项率达 24. 5%，获资助项数和直接费用比 2017 年分别增长 10. 1%和 21. 2%。同时，牵头编制乡村振兴科技支撑行动规划方案，调整基本科研业务费支持重点，对院学科体系进行优化完善和前瞻布局，启动 8 项重大产出科研选题，加快科技平台建设与系统谋划工作，科技管理各项工作有序开展。

三、清醒认识创新工程存在的问题

在肯定成绩的同时，我们也清醒地认识到，对照新时代新要求，对照习近平总书记贺信指示，创新工程实施中还存在一些问题，必须引起高度重视。

一是部分科研团队融合不够，整体性有待加强。个别科研团队，组织松散，首席凝聚力、领导力不强，有的科研团队下面仍然以小课题组、小团队为主，没有形成有机统一的整体。在部分研究所，研究室的行政建制与科研团队的组织模式在管理上还存在交叉。

二是个别研究所定位不清，部分学科优化调整行动缓慢。创新工程实施较大程度上解决了研究所发展定位模糊的问题。但随着农业科技前沿的发展，国家重大需求的调整和农业主战场的变化，学科方向和科研重点需要及时进行优化调整。在评估中，有 23 个研究所的专家意见或建议中涉及学科优化问题。例如，专家指出，生物所定位不够清楚，发展方向和思路有偏差。灌溉所学科设置偏旧，不符合现代产业发展趋势。作物科学领域栽培学科相对较弱，植物保护学科领域杂草、鼠害等学科相对较弱，牧药所中兽医学科优势发挥不足等。评估专家建议，要突出学科特色，加强对新兴学科布局，优化调整少数落后学科，重点培育冲击“世界一流”学科等意见和建议。

三是团队首席年龄偏大、领军人才不足、新兴交叉学科人才匮乏。29 个研究所的专家意见和建议中均涉及加强人才引进与培养问题。专家指出，部分研究所存在领军人才总量不足、总体年龄偏大、后继无人等问题。据 2017 年底统计，全院 331 个科研团队首席中未来 5 年将退休的有 128 位，占 39%。全院共有农科英才 259 人，多集中在第一批试点所。其中作科所、植保所、资划所 3 所共有农科英才 69 人，占 26.6%。有近一半的科研团队 1 名农科英才都没有。专家指出，部分新兴交叉学科，如生物组学技术、农业智能机器人、乡村环境治理等存在明显人才缺口，急需加快人才引进与培养。

四是部分科研团队研究任务分散，聚焦“三个面向”不够。有 16 个研究所的专家意见和建议中涉及具体研究方向和重点任务凝练聚焦问题。专家指出，部分研究所和科研团队还存在研究方向分散、没抓住共性学科问题、没找到主攻目标、重点任务不清等问题。有的科研团队自娱自乐，研究任务脱离国家重大需求，不清楚本领域的前沿态势，满足于发发文章、评评职称，也没有做出重点科研攻关部署。有的科研团队进取精神不足，牵头组织凝练重大专项、组织申报国家科技计划、参与国内外交流合作的积极性、主动性不高。据 2017 年年底统计，有近 30%的科研团队研究选题在 4 项以上，其中有 7 个科研团队的研究选题平均超过 10 项。

五是个别领域存在研究方向交叉、研究内容重复问题。专家指出哈兽研、兰兽研、上兽研等相关兽医类研究所之间存在交叉重复。土壤重金属污染等方向环保所、资源所和环发所都有科研团队或人员从事相关研究。水稻所、兰兽研等研究所内部科研团队间分工不明确，研究方向与研究内容重叠严重。专家建议，进一步理清各自侧重点和特色，错位发展。

六是部分协同创新任务组织管理和实施效果欠佳。协同任务中期评估结果显示，部分协同任务的研究内容不聚焦，如主要畜禽国产良种培育及产业化、重要园艺作物品种国产化育种研究和中式食品工程化技术等；部分任务技术总师组织协调不够有力，如东北黑土地地力提升与可持续利用技术等；部分任务的协同深度不够，还未建立起运转高效的协同攻关机制，如粮食作物高效智能装备与技术集成研究等。

分析问题原因主要有以下几方面。

一是部分研究所重视程度不够。有的研究所没有把创新工程作为撬动研究所改革发展的重要契机和抓手，重申报、重总结，轻谋划、轻落实、轻执行，把申报创新工程类同于争取项目经费，经费争取到位，没有下大力气，按照创新工程管理制度推进执行。面对矛盾问题选择性落实、绕道走，很多制度没有落到实处。比如，因人设岗、团队退出机制虚设、绩效考核结果运用不充分等问题。有的研究所领导班子和主要领导改革创新的魄力担当不足，实施创新工程的主动性和创造性不足，还存在等靠要思想。

二是绩效考评结果运用不充分。创新工程实施以来，开展了启动年考评、试点期满考评两次评估。院层面，根据院对所评估结果，调整了研究所创新工程预算，但调整幅度不大，研究所感觉不到疼。研究所层面，对科研团队评估结果，有的研究所做得较好，进行了末位淘汰，但有的研究所执行的较松，动态调整制度执行的不严格，绩效考评的引导作用不强，压力传导不够。

三是统筹治理力度仍需加强。院里确立了以创新工程为引领，各类科技资源统筹配置，学科、团队、人才、平台、项目、成果“一体化”科技管理机制，科技局将传统科技管理业务与创新工程充分融合，建立起机关协同、院所联动的工作机制。但在创新工程试点期，创新工程经费按人头核算，经费与创新任务衔接不够，部分研究所采用扩张团队数量、扩大团队规模的发展思路，存在“铺摊子”的思想，重点研究选题布局与团队组建、经费安排结合不紧密。全面推进期以来，随着创新工程经费分配方式的调整，创新工程管理中心办公室职能调整到科技局，创新工程经费、任务与科技计划项目之间逐步有机融合，但还需要继续强化创新工程的引领地位，强化“一盘棋”治理。

四是协同创新的组织经验不足。协同任务作为体制机制创新一项新的探索，取得了一些亮点成果，获得社会广泛关注。但协同攻关机制和管理制度的建立还有待于进一步的加强和完善，绩效考评与调整机制还不健全。技术总师与众多科研团队之间还需要磨合，科研团队与科研团队之间有机衔接，还待进一步建立。部分牵头研究所对协同创新重要意义认识不足，对技术总师支持不够。技术总师对协同任务的理解不深刻，任务组织实施的经验不足，组织协调能力不够。

五是缺乏人员激励机制。创新工程经费对于稳定科研方向、增强创新能力、提升团队首席自主权发挥了至关重要作用，但经费暂时还不能用于人员绩效奖励。下一步院里将积极和财政部努力争取。也希望各研究所开动脑筋、加大力度，进一步强化激励机制，调动科研团队和科研人员的积极性，科研人员获得感，激发创新人才的创新激情。

四、以科技创新为引领加快培育重大科技成果

我院科技创新工程是获得国家稳定支持并具有明确使命和任务的农业科技工程，是全院贯彻落实习近平总书记贺信精神的重要抓手。我们必须充分认识创新工程的重要性，下大力气解决考核评估中发现的问题，推动科技创新工程快见成效、快见实效。

（一）深化体制机制创新

树立一切工作围绕创新工程、一切工作服务创新工程的理念。院层面，将进一步修订完善科技创新工程管理制度体系，强化学科、人才、平台、团队、项目、成果“一体化”管理。研究所层面，要立足自身实际，深化制度机制创新，理顺科研团队与课题组、研究室的关系，落实首席科学家负责制，给首席科学家充分赋权、充分放权。探索建立科技人员分类评价机制，加大绩效激励力度，激发创新活力和创新效率。

(二) 强化考核评估结果运用

对5年考核和全面推进期中期评估获得优秀等级的研究所和科研团队予以通报表扬，进行宣传报道。同时，联合机关各部门和研究生院，在预算分配、职称评审、评优评先、专家推荐、招生资格、资源配置等方面，优先予以保障，激励研究所和科研团队更加积极工作，争取更大成效。

按照管理办法，对中期评估后10%的科研团队评定为“较差”的近40个团队进行淘汰。对研究所主动上报的团队撤并、团队更名、首席调整等方案，一并予以考虑。同时，对“三个面向”急需，研究所尚未布局的新兴学科、短板技术领域，由研究所组织专家论证团队学科方向和重点研究任务，公开招聘团队首席，组建不超过20个科研团队，鼓励新兴学科发展壮大。对研究重点不突出、协同效果不显著、已有国家相关渠道稳定支持的协同创新任务，下决心予以调减，省出经费稳定支持科研团队。

(三) 加强领军人才和科研团队建设

加快领军人才、团队首席和青年骨干人才培养引进，打造方向合理、任务聚焦、结构优化、协同紧密的一流科研团队。持续实施农科英才特殊支持措施，支持顶端人才和领军人才持续扩大学术影响，支持青年首席快速成长为国内知名专家。强化青年人才的引进和培育，补充团队力量，保障科研团队和创新工作持续开展。

强化对科研团队研究选题的管理，与各团队承担的国家科技计划任务相对表，做到任务更加明确和聚焦，确保科研团队围绕国际科学前沿、国家和产业发展需求，聚焦全局性、战略性和区域性农业重大科学技术问题，开展持续科技攻关。加强对团队任务的实施管理，对目标产出的监督管理，对发现的问题及时进行整改，保证团队科研创新方向的目标不偏离，真正把“三个面向”要求和“两个一流”目标落实到每一个科研团队。

抓好重大项目谋划、立项与实施管理，组织科研团队开展前瞻性、全局性和关键性科技发展战略研究，加强重大项目选题策划、凝练与推荐，争取“十四五”占位。下大力气推动杰青项目等重大类项目的申报立项。做好牵头项目的全周期、精细化过程管理。

(四) 加快推进一流学科和平台建设

制定一流学科建设工作方案，明确一流学科建设的标准、措施和评价指标，深入开展学科评价和竞争力分析，促进研究所学科聚焦，打造一批学科高地。进一步推动西部农业研究中心、国家成都农业科技中心等区域研究中心学科布局和团队建设，探索整合地方优势资源、集聚社会金融资本的融合机制，打造一批区域创新中心。组织实施重大科技战略研究，开展系列专题调研和研究，提出事关未来发展的重大科技工程和政策建议。

紧密跟踪上级部门阶段工作重点，切实做好国家重点实验室、“一带一路”联合实验室、野外科学观测研究站等重大平台的建议立项；积极做好国家工程技术研究中心、国家工程实验室的归并整合工作，力争取得新突破。

推动科研设施与仪器设备向社会开放共享，提升各级各类仪器设备的运转率、使用率和产出率。集聚重点实验室、野外台站、大型设施设备等科技平台资源，建设院科技资源共享平台，提升重大平台运转和管理水平，提高科技平台创新活力和潜力，持续提升平台支撑和引领科技创新的工作效能。

（五）加快重大成果凝练培育

创新工程实施带来了创新效率和成果产出的大幅提升，但对于国家队来说，标志性成果还不多。下一步，院里将持续加强重大科研产出选题凝练、定向支持与跟踪服务，建立科研团队重大科研进展报告制度，加大科技进展宣传力度，加快培育一批高水平论文和重大品种、重大专利、重大产品、重大奖励成果。进一步规范协同任务的组织实施，优化科技资源和力量配置，理顺思路，科学论证，充分利用创新联盟纽带，强化与地方农业科研机构、高校、企业的合作，加快成果和技术的集成创新，力争产出大成果、取得大成效，提升联盟创新能力和服务产业能力，带动全国农业科技整体跃升。

研究所层面，要制定具体的重大成果培育方案，凝练一批重大科学突破、重大技术创新、重大产品创制任务，统筹配置人、财、物等各类科技资源，加快科研成果的集成熟化，力争短期内取得重大突破。通过对团队任务的监测，及时发现重大科研进展和苗头性成果产出，与全院成果培育工作进一步衔接。要高度重视和切实抓好 2019 年度国家科技奖的提名工作，做好 2018—2019 年度中华农业科技奖申报工作。

同志们，创新工程是中国农业科学院“一号工程”，是财政部为国家大院大所更好发挥战略科技力量作用而量身打造的改革工程，体现了中共中央、国务院对农业科技和中国农业科学院的重视和支持。创新工程能否做大做强，取决于各研究所的重视程度、取决于广大科技人员的努力程度、取决于科技成果的显示度。希望各研究所以此次考核评估为契机，对标定向、凝聚力量、再接再厉，以更大干劲、更好成效，迎接创新工程全面推进期总评估，以创新能力、创新成绩提升支撑“两个一流”建设，支撑引领乡村振兴和农业农村现代化。

谢谢大家！

中国农业科学院乡村振兴科技支撑行动计划（2018—2035年）

实施乡村振兴战略，走中国特色社会主义乡村振兴道路，是“三农”发展观的一次飞跃，是统领新时代“三农”工作的重大部署。为贯彻党的十九大精神和习近平新时代中国特色社会主义思想，全面落实习近平总书记致中国农业科学院建院60周年贺信的指示精神，强化农业科研国家队的使命担当，优化科技创新布局和科技供给，推动农业农村经济的质量变革、效率变革和动力变革，组织实施好乡村振兴科技支撑行动，特制定本行动计划。

一、行动背景

创新是引领发展的第一动力，是建设现代化经济体系的战略支撑。实施乡村振兴战略，按照“产业兴旺、生态宜居、乡风文明、治理有效、生活富裕”的总要求，坚持农业农村优先发展，促进城乡融合发展，加快推进农业农村现代化，关键在科技进步和创新，必须依靠科技创新引领。中国农业科学院组织实施乡村振兴科技支撑行动，既是新时代农业科技的新要求，也是近几年创新探索基础上的新实践。

（一）乡村振兴亟须农业科技创新引领和驱动

创新引领驱动乡村振兴，必须准确把握新时代社会主要矛盾转化的客观要求和中国基本国情农情，依靠科技进步破解乡村振兴一系列突出问题，不断强化城乡融合发展和农业农村质量发展、绿色发展、创新发展等领域的科技创新和成果供给。

1. 乡村振兴亟须加强质量兴农科技创新，打造“三农”新引擎

我国农业质量发展的基础还很薄弱，标准化生产体系初步形成，质量安全关键技术创新和标准建立滞后，小农生产与现代化规模生产并存，传统粗放生产模式仍占大多数。迫切需要科技创新引领驱动农业供给侧结构性改革，以实现农产品“量质双升”为核心，大力创新数字农业、安全高效标准化、劳动替代型与自动化、智慧制造与现代食品等领域的基础前沿和核心关键技术，大力发展质量检测监测与溯源技术，建立健全质量安全技术标准体系，支撑粮食、食物及其他农产品的优质高产高效生产，增加绿色

优质农产品供给，切实提高农业质量效益和竞争力。

2. 乡村振兴亟须加强绿色发展科技创新，重构“三农”聚宝盆

近年来，资源环境两道“紧箍咒”越绷越紧，耕地数量减少、质量下降、农业农村环境污染加重等问题凸显，农业生态环境成为突出短板。迫切需要强化“绿水青山就是金山银山”的发展理念，构建绿色技术创新体系，突破智慧乡村、新型能源、绿色优质品种培育、农业绿色投入品、节水控水、耕地质量提升、化肥农药减施增效、污染治理、农业废弃物循环利用、生态修复与保护等领域的基础前沿和核心关键技术，大力推广绿色生产与加工技术，转变农业生产方式和资源利用方式，加快农业环境突出问题治理，修复生态、改善环境、补齐短板，实现绿色发展。

3. 乡村振兴亟须加强融合发展科技创新和政策创设，构建“三农”共同体

我国的城乡二元结构是当前经济社会发展的一个障碍，城乡之间不仅在经济发展上存在较大的差距，也导致经济社会发展的不协调、城乡居民收入和国民待遇不平等。迫切需要针对产城融合、产村融合、产业融合的制约瓶颈，通过科技创新引领支撑传统农业产业转型升级，创新种养加观一体化、一二三产融合、农产品加工、生态服务拓展、农耕文明传承、田园综合体等新产业新业态，建立城乡融合的产业体系、生产体系和经营体系。加强政策创设，建立健全人才、资金、科技、市场等现代生产要素上山下乡的引导与保障机制，促使城乡生产要素由乡村向城市、农业向非农产业的单向流动转向城乡双向流动。加强乡村文化复兴，充分挖掘和拓展农业的多维功能，促进农业产业链条延伸和农业与文化旅游产业的深度融合，促进城乡融合发展。

4. 乡村振兴亟须加强科技扶贫精准脱贫，激活“三农”内生力

农业科技经济“两张皮”问题始终没有得到有效破解，面向产业需求导向的技术研发严重不足，科技第一生产力的作用远没有发挥，农业科技成果转化“最后一公里”没有很好解决。迫切需要加快科技成果转移转化，增强产业支撑保障能力，充分发挥科技创新在驱动产业发展和精准扶贫精准脱贫实践中的支撑引领作用。加大科技下乡、增派科技干部的力度，打造人才培训、成果转化和产业化平台，以增加农民收入为导向，大力集成推广节本降耗、提质增效的农业生产技术，实现农业节本增效、节约增收。以精准脱贫为导向，积极发展特色产品加工业、名特优新产业和农业农村新兴服务业，拓宽农民就业创业和增收渠道。

（二）实施乡村振兴科技支撑行动是国家队的崇高使命和责任担当

习近平总书记致我院60周年贺信中明确要求，中国农业科学院要面向世界农业科技前沿、面向国家重大需求、面向现代农业建设主战场。谋划实施乡村振兴科技支撑行动正是我院作为农业科研国家队的使命担当，是创新驱动发展战略与乡村振兴战略融合发展的具体实现，是我院加快建设世界一流学科和一流科研院所、推动我国农业科技整体跃升的重大举措。以乡村振兴科技支撑行动统领科技创新，以科技创新支撑乡村振

兴，实现“顶天立地、跨越发展”和“两个一流”目标与乡村振兴目标的有机结合，加快构建以满足终端消费需求和市场导向为主的新型现代农业科技创新体系，实现从“科研有选择性地满足技术需求”到“基于技术需求方向的科研”的重大转变，为重大基础前沿技术创新创造条件，为科学技术转化为生产力创造条件，有效解决科技与经济“两张皮”问题，成为乡村振兴科技创新的主力军和创新型国家建设的战略力量，正是农业科研国家队应有的担当和责任。

（三）实施乡村振兴科技支撑行动是已有探索基础上的新实践

党的十八大以来，中国农业科学院立足职能定位和发展基础，在农业部、财政部的大力支持下，举全院之力精心谋划和组织实施了科技创新工程。通过实施科技创新工程，创新科研组织方式，全院创新活力得到激发，创新能力加快提升，现代院所制度逐步完善，发展速度大幅加快，发展水平跃上了新台阶。2013 年起，依托科技创新工程，开展绿色增产增效技术集成模式研究与示范，以“增产增效并重、良种良法配套、农机农艺融合、生产生态协调”为基本原则，拉长产业链，提升价值链，促进一二三产融合，加速农业转型升级，支撑引领现代农业发展，在技术集成、示范转化方面进行了大量有益的探索，取得了显著成效，这些实践和乡村振兴战略的指导思想高度契合。2014 年起，中国农业科学院通过推进国家农业科技创新联盟建设，搭建了分工协作“一盘棋”，创建了覆盖上中下游“一条龙”，构建了多学科集成“一体化”的农业科研新模式，实施了一批农业发展急需的重大科技任务，初步形成了行政主管部门、科研院所、高等院校和涉农企业齐抓共建的新格局，在推动农业科技创新、支撑现代农业发展中的重大作用日益显现。这些实践和探索，对加快提升中国农业科学院乃至全国农业科技创新能力，探索农业科技体制机制改革，具有深远影响。实施乡村振兴科技支撑行动，就是在已有探索和实践基础上，立足我国国情，遵循农业科技规律，促进科技创新工程、农业科技创新联盟以及绿色增产增效技术模式集成示范与实施乡村振兴战略融合发展，实现“三个面向”的有机统一，进一步为我国由农业大国走向农业强国提供坚实科技支撑。

二、总体思路和目标任务

（一）总体思路

全面贯彻习近平新时代中国特色社会主义思想和党的十九大精神，按照“产业兴旺、生态宜居、乡风文明、治理有效、生活富裕”总要求，深化农业科技体制改革和机制创新，以农业供给侧结构性改革为主线，以乡村振兴统领农业科技创新，以科技创新引领支撑农业农村质量发展、绿色发展和融合发展，依托科技创新工程和国家农业科技创新联盟，采取“整合资源、强化协同、示范引导、跟进考核”的工作机制，加强科技创新、成果转化、典型示范和能力建设，加快形成一批引领和支撑乡村振兴的宏观战略、关键技术和典型模式，促进一流院所、一流学科建设，促进科技创新能力整体跃升，为实现农业农村现代化和乡村振兴提供理论指导、前沿引领、技术支撑、政策供给和典型样板。

（二）基本原则

1. 坚持需求导向，优化创新布局

遵照乡村振兴的目标要求，推进传统的科技创新范式变革，建立符合新时代农业农村现代化要求的学科体系，优化完善创新力量区域布局，强化科技成果的精准和有效供给，全面提高乡村振兴科技引领支撑能力。

2. 坚持问题导向，聚焦重点任务

围绕乡村振兴的瓶颈制约，突出质量安全、环境友好、产业融合等核心关键技术创新和政策制度供给，构建市场导向的绿色技术创新体系，破解农业质量发展、乡村绿色发展、城乡融合发展的重大科学问题和技术瓶颈，系统提升创新驱动发展和精准脱贫支撑能力。

3. 坚持统筹推进，强化示范引领

针对制约乡村振兴的突出问题、关键环节和重点区域，探索整建制推进模式，加快科技成果转化，加强单项产品、技术、设施装备等集成示范，因地制宜构建质量兴农、绿色兴农、效益优先的技术集成模式和系统解决方案，打造乡村振兴科技引领示范典型。

4. 坚持双轮驱动，促进整体跃升

以乡村振兴科技支撑行动为统领，坚持体制改革和创新驱动融合发展，构建新型现代农业科技创新体系，完善科技评价机制，推进科技成果权益改革，激活创新主体，放活科技成果，梯次推进世界一流学科和一流院所建设，带动全国农业科技整体跃升。

（三）行动目标

按照“产业兴旺、生态宜居、乡风文明、治理有效、生活富裕”的乡村振兴总要求，落实“三个面向”“两个一流”和“整体跃升”的指示精神，加快科技创新步伐，加快科技成果转化，加快创新能力建设，加快体制机制创新，构建符合新时代要求和适合院情的农业科技创新体系，形成支撑乡村振兴战略实施的科技供给体系。

到 2020 年，围绕“乡村振兴取得重要进展，制度框架和政策体系基本形成”的阶段目标，质量兴农、绿色发展等领域的基础研究和核心关键技术研究取得阶段性重要进展，形成农业农村现代化、城乡融合发展、生态与乡村治理、乡村文化复兴等战略研究成果，完成一批支撑乡村振兴政策和制度的行业基准和技术标准，构建一批因地制宜的综合技术模式，实施若干整县推进试点。通过实施乡村振兴科技支撑行动，构建完善中国农业科学院“优势学科—卓越团队—重点任务—重大平台”一体化的新时代科技创新体系，培育国内外拥有重要影响力、充满活力的创新团队，使1/5左右的学科领域和研究所达到世界一流，引领全国农业科技整体跃升。

到2035年，围绕“乡村振兴取得决定性进展，农业农村现代化基本实现”的阶段目标，培育一支“懂农业、爱农民、爱农村”的农业科技队伍，重点突破一批基础前沿技术，攻克一批核心关键技术，转化一批科技创新成果，集成一批农业绿色发展模式，打造一批乡村振兴科技示范县（乡），加强科学普及、技能培训和技术推广，全面支撑产业兴旺、生态宜居、生活富裕和农业农村现代化。通过实施乡村振兴科技支撑行动，全院农业科技创新动力、创新活力和创新实力大幅跃升，形成若干科学高地和卓越团队，2/3以上学科领域和研究所达到世界一流，带动全国农业科技进入世界前列。

展望2050年，乡村全面振兴，农业强、农村美、农民富全面实现，我院世界一流院所和一流学科全面建成，科研综合实力和国际影响力在全球居于引领地位，带动全国农业科技进入世界科技强国。

（四）主要任务

围绕支撑引领乡村振兴实现质量发展、绿色发展、融合发展和创新发展，重点加强农业科技创新引领、农业科技成果转化、农业科技引领示范、科技创新能力建设四项主要任务，整体提升农业科技创新活力效率和乡村振兴科技支撑能力。

1. 加强乡村振兴的科技创新引领

充分发挥农业智库的决策咨询作用，加强乡村振兴重大战略问题和政策制度、国际经验研究。强化农业科技基础性长期性工作，加强基础理论和应用基础研究，突出关键共性技术、前沿引领技术、现代工程技术、颠覆性技术创新，引领传统农业向现代农业转型发展，强有力支撑农业农村现代化和乡村振兴。

2. 加强乡村振兴的科技成果转化

坚持市场需求和产业问题导向，持续开展农业科技成果权益改革，着力加强重大科技成果的集成熟化和示范推广，重点转化一批绿色优质的重大新品种、科技含量高的新产品新装备、绿色提质增效与环境友好的新技术，构建一批可落地、可复制的绿色发展综合技术模式，提高科技成果对精准扶贫精准脱贫和农业农村现代化发展的综合支撑引领能力。

3. 加强乡村振兴的科技引领示范

坚持生产、生活和生态“三生共赢”的根本导向，坚持因地制宜的基本原则，突出乡村特色和农耕文明传承，重点强化以农业产业振兴引领、农民稳定增收保障、资源环境修复保育、农村社会可持续为核心内容，整合各项碎片化的单项措施，着力优化产业发展环境，突出示范区的科技引领示范作用，促进农业产业化发展和产业集群的形成，实现示范区“四化”同步和城乡一体化发展。

4. 加强乡村振兴的创新能力建设

大力实施“人才强院”发展战略，坚持引育并举、以用为本，不断破除体制机制障碍，促进人才优先发展和流动共享，建设一支“一懂两爱”支撑服务乡村振兴的农业科技队伍，加强高端科技人才培养和新型经营主体培训。围绕“两个一流”建设目标，谋划推动农业国家实验室、重大科学工程、重大成果孵化转化平台等基础设施建设，保障设施装备水平达到国际一流，着力强化运管机制创新和共享共用，推动形成布局合理、技术先进、运行高效、支撑有力的农业科技创新能力条件保障体系。

三、实施重点

（一）突破重大前沿颠覆性技术

立足长远发展和绿色可持续发展，深刻把握信息技术、生物技术、新型材料、清洁能源、物联网、智能制造等加速向农业农村领域渗透的态势，突破一批具有重大产业变革前景的重大前沿和颠覆性技术，培育乡村产业振兴新动能。

（二）攻克核心关键技术

针对质量兴农、绿色兴农、融合发展、创新发展的瓶颈制约，重点在绿色优质品种培育、安全高效标准化、劳动替代型与自动化、农产品加工、现代食品制造、农业绿色投入品、节水控水、耕地质量提升、化肥农药减施增效、污染治理、农业废弃物循环利用、生态修复与保护、智慧乡村、农耕文明等领域突破一批核心关键技术和技术集成模式，为农业农村现代化和乡村全面振兴提供核心科技支撑。

（三）转化农业科技创新成果

围绕有效解决产业兴旺、生态宜居和共同富裕的重大需求和瓶颈制约，重点转化一批经济性状突出、发展潜力大的粮、棉、油等关系到国家粮食安全和农业增产增效的新品种，在适宜地区推广一批优质高端的蔬菜、果树、烟草、茶叶以及畜禽新品种；转化一批技术含量高、市场前景好的新肥料、新兽药、新疫苗、新农药以及农业机械等新产品，推广一批绿色高产高效、重大病虫害绿色防控、畜禽重大疫病防治、农机农艺结合等关键技术，强有力支撑农业产业增效、农民持续增收和乡村生态复兴。

（四）集成农业绿色发展模式

遵照乡村全面振兴的目标要求，以调结构、创品牌、增效益为根本导向，针对质量安全、节本增效、生态安全等技术需求，综合考虑粮食生产功能区、重要农产品保护区、特色农产品优势区和典型生态区，集成组装一批符合高质量发展、绿色发展、融合发展、创新发展的综合技术模式，打造绿色增产增效创建升级版。针对农村特有的自然生态景观、民俗文化、传统特色产业等资源，挖掘农业在休闲观光、农耕文明传承、生态服务等方面的潜力，培育一批新产业新业态新主体。

（五）打造乡村振兴科技示范县（乡）

强化科技对区域经济尤其是县（乡）域经济社会发展的支撑引领作用，探索整建制推进模式，在已创建的“五区三园”、农业竞争力提升科技行动示范县和已认定的美丽休闲乡村基础上，遴选一批作为先行试点，通过实施科技引领工程促进乡村振兴，促进县乡经济和社会全面、协调、可持续发展，为全国推进实施乡村振兴战略提供有益经验和模式借鉴。

（六）创设政策制度和质量标准、行业基准

重点加强农业农村优先发展、质量兴农、城乡融合、绿色发展、科技与人才支撑保障等方面的战略研究、政策研究和制度创设。注重强化产地环境、农业投入品质量安全、农业绿色生产、农产品质量安全评价与监测检测、农业资源核算与生态功能评估等技术标准研制和建立，形成一批支撑乡村振兴的政策制度、技术标准和行业基准。

（七）培育“一懂两爱”农业科技队伍

贯彻人才强农、科技兴农战略，深化农业人才发展体制机制改革，持续推进“青年人才工程”“农科英才特殊支持政策”“青年英才计划”等重大举措，创新引才聚才、评估评价机制，完善考核激励机制，健全服务保障机制，建设创新、转化、支撑和管理四支人才队伍，加强高端科技人才和国际合作人才培养，加大科技下乡和新型经营主体等“三农”工作人员的培训力度，为乡村振兴战略实施提供强有力的人才保障。

（八）强化农业科技创新能力条件建设

按照“定位清晰、布局合理、多元投入、科学运行”原则，加快构建完善以国家

实验室、国家研究中心和国家重点实验室为主干，重大科学基础设施为支撑，野外科学台站为网络的创新平台。结合乡村振兴科技示范县建设，在主产区和典型农业生态区建设一批综合科研试验基地。推进全国农业科技成果转移服务中心、国家种业成果产权交易中心、院技术转移中心等专业化、市场化运行，谋划一批区域科技成果孵化转化平台，组建全国农业科技成果转化联盟，提升成果转化效率。

四、推进机制

（一）优化创新资源配置

依托中国农业科学院科技创新工程专项资金，盘活存量、撬动增量，统筹相关资金资源，围绕农业农村质量发展、绿色发展、融合发展和创新发展的重大科技需求，调整学科和创新力量布局、加强卓越团队建设，强化基础设施建设，加快建成一批世界一流的学科创新中心和技术创新中心。积极参与国家重大农技推广等项目，聚焦“三个面向”和乡村振兴的瓶颈制约，加快科技成果集成转化，按照产业链配置创新链、资金链，整体提升科技创新能力，加快支撑乡村振兴的科技创新步伐。

（二）强化协同机制创新

着力强化国家农业科技创新联盟建设，积极争取各级政府和地方农业科研机构共同投入，围绕农业产业重大问题和区域农业发展的重大命题，谋划设计重大协同创新专项，探索建立国家需求导向、任务目标带动、平台资源共享、激励相容约束的长效协同创新机制，巩固分工协作“一盘棋”、上中下游“一条龙”、多学科集成“一体化”的联合协作新格局，促进突破性大成果的产生和创新效率的提高。探索面向全球，统筹国内国外两个市场两种资源的新型国际合作协作网，有效对接国际一流机构和大科学计划，形成国内外优势互补的农业科技全球布局，提高资源掌握能力、产能合作能力、规则制定能力和服务外交能力。筛选 3~5 个乡村振兴示范县（乡）作为国际农业机构南南合作的基地，推动一带一路农业合作，扩大中国影响力。

（三）加强成果示范引导

推动全国农业科技成果转移中心专业化、市场化运行，探索建立政府推动、市场引导、企业化运作的农业科技成果转移新模式、新机制。充分利用“五园三区”平台功能，积极创新农业科研成果转化和技术转移机制，积极探索“项目+基地+企业”“科研院所+高校+生产单位+龙头企业”等现代农业技术集成与示范转化模式。积极探索整县制推进工作试点，研究不同区域现代农业产业周年绿色、高产、高效综合技术模式和运营管理机制，促进创新成果与农业产业有序对接，创造可落地可复制可推广的模式，为全国推进乡村振兴提供典型样板。

（四）注重绩效跟进考核

根据不同创新活动的规律和特点，建立和完善科技成果第三方独立评估制度。建立分类评价制度，基础研究成果以同行认可和学术影响为依据，应用性研究成果的评价阶段后移，以技术转移、生产和市场应用实际效果为主。建立健全绩效考核奖励制度，根据各参加单位或团队的职责定位和责任分工，制定考核评价办法，强化目标管理、量化考核、绩效奖罚。探索第三方评价机制，建立政府、社会组织、公众等多方参与的评价方式，拓展社会化、专业化、国际化评价渠道，优化管理结构，强化工作督办问责，确保重点工作落地。

五、保障措施

（一）加强组织领导

加强对乡村振兴科技支撑行动的统筹规划和组织领导，制订落实乡村振兴科技支撑行动的实施方案和阶段计划，研究解决和协调处理重大体制机制问题，督促检查乡村振兴科技支撑行动的贯彻实施情况和目标产出情况。建立机关各局（办）参与乡村振兴科技支撑行动的组织协调机制，明确工作职责和任务分工，形成推进合力。在继续做好援疆援藏干部人才输送的基础上，把乡村振兴科技引领示范县作为干部实践锻炼的基地。各研究所、相关创新团队要按照乡村振兴科技支撑行动的部署和要求，把行动目标纳入本研究所、本团队的阶段规划和年度计划，加强绩效管理和激励政策引导，制定细化方案，明确目标责任，认真组织实施，切实提高乡村振兴科技支撑行动的组织保障水平。

（二）加强分类指导

着力强化我院的公益性职能和基础前沿、重大共性技术创新的核心地位，强化联盟在协同创新、技术集成、模式创新和整建制推进示范中的独特作用，发挥企业在技术转移和产业化应用等方面的主体作用。根据我国各地农村地区资源禀赋、生态功能、生产规模、产业基础、经营主体等差异，因地制宜、分类施策，提供适用于不同区域的技术解决方案，推动形成各具特色、平衡协调、良性循环的乡村振兴发展新模式。

（三）加大投入保障

强化乡村振兴科技创新经费保障，在统筹优化科技创新工程、基本科研业务费和修购专项等资源配置，使财政科技投入效益最大化的基础上，争取国家进一步扩大科技创新工程的实施规模，加大经费支持力度，适当扩大实施范围，设立一定比例的间接费；推动国家重点研发计划、重大基础设施专项、基地人才专项等重大项目立项。强化乡村振兴科技成果转化资金保障，积极争取加大对科研院所成果孵化转化、技术模式集成与示范推广的财政专项经费支持，不断提升科技创新支撑服务产业能力。拓宽资金来源渠道，积极引导社会资本投入农业科技创新，充分调动和发挥企业、社会团体等技术创新投资的主体作用。

（四）加大宣传力度

把乡村振兴科技支撑行动作为重点，充分利用电视、广播、报刊、网站、微信等公众媒体，宣传行动实施成效，普及农业科技、乡村政策、治理法规等知识，推介典型案例和成功范式。实行乡村振兴科技成果定期发布制度，对具有重大应用前景的科技成果，采取媒体宣传、现场观摩、集中展示等方式发布和推介，促进技术转移转化，强有力支撑乡村振兴目标实现。利用国际媒体和国际组织渠道，讲好乡村振兴科技支撑行动和乡村振兴模式道路的中国故事。

中国农业科学院乡村振兴科技支撑规划（2018—2035年）

2018年11月

一、规划背景

党的十九大提出实施乡村振兴战略，走中国特色社会主义乡村振兴道路，是“三农”发展观的一次飞跃，是统领新时代“三农”工作的总抓手。创新是引领发展的第一动力，是建设现代化经济体系的战略支撑。实施乡村振兴战略，坚持农业农村优先发展，按照“产业兴旺、生态宜居、乡风文明、治理有效、生活富裕”的总要求，促进城乡融合发展，加快推进农业农村现代化，关键在科技进步和创新，必须依靠科技创新引领。

中国农业科学院组织实施乡村振兴科技支撑行动，是贯彻习近平新时代中国特色社会主义思想和党的十九大精神的重大举措，是全面落实习近平总书记致中国农业科学院建院60周年贺信精神的具体行动，是统筹全院科技工作、实现“顶天立地、跨越发展”的重大机遇。为落实《中共中央 国务院关于实施乡村振兴战略的意见》《国家乡村振兴战略规划（2018—2022年）》和农业农村部《乡村振兴科技支撑行动实施方案》有关部署要求，组织实施好乡村振兴科技支撑行动，强化农业科研国家队的使命担当，优化科技创新布局和科技供给，推动农业农村经济的质量变革、效率变革和动力变革，根据2018年1月25日发布实施的《中国农业科学院乡村振兴科技支撑行动计划（2018—2035年）》，制定本规划。

二、总体思路和目标

（一）总体思路

全面贯彻习近平新时代中国特色社会主义思想和党的十九大精神，按照乡村振兴战略的总目标总要求，深化农业科技体制改革和机制创新，以农业供给侧结构性改革为主线，以乡村振兴统领农业科技创新，以科技创新引领支撑农业农村高质量发展、绿色发展和城乡融合发展，依托科技创新工程和国家农业科技创新联盟，采取“整合资源、强化协同、示范引导、跟进考核”的工作机制，加强科技创新、成果转化、典型示范和能力建设，加快形成一批引领和支撑乡村振兴的宏观战略、政策制度、关键技术和典型模式，促进一流院所、一流学科建设，推动农业科技创新能力和水平进入创新型国家前列，为实现农业农村现代化和乡村振兴提供理论指导、政策供给、技术支撑、前沿引领和示范样板。

（二）总体目标

按照“产业兴旺、生态宜居、乡风文明、治理有效、生活富裕”的乡村振兴总目标，落实习近平总书记贺信中“三个面向”“两个一流”和“一个整体跃升”的指示精神，加快科技创新步伐，加快科技成果转化，加快创新能力建设，加快体制机制创新，构建符合新时代要求和适合院情的农业科技创新体系，形成支撑乡村振兴战略实施的科技供给体系。

到 2020 年，围绕“乡村振兴取得重要进展，制度框架和政策体系基本形成”的阶段目标，质量兴农、绿色发展等领域的基础研究和关键核心技术研究取得阶段性重要进展，形成农业农村现代化、城乡融合发展、生态与乡村治理、乡村文化复兴、食物营养与健康等战略研究成果，完成一批支撑乡村振兴政策和制度的行业基准和技术标准，构建一批因地制宜的综合技术模式，建设和巩固一批科技精准帮扶脱贫示范区，实施若干整县推进科技示范。通过实施乡村振兴科技支撑行动，构建完善中国农业科学院“优势学科—卓越团队—重点任务—重大平台”一体化的新时代农业科技创新体系，培育国内外拥有重要影响力、充满活力的创新团队，使 1/5 左右的学科领域和研究所达到世界一流，引领全国农业科技整体跃升。

到 2035 年，围绕“乡村振兴取得决定性进展，农业农村现代化基本实现”的阶段目标，培育一支“懂农业、爱农民、爱农村”的农业科技队伍，形成定位清晰、布局合理、科学管理、支撑高效的农业科技创新平台体系，重点突破一批基础前沿技术，攻克一批关键核心技术，转化一批重大科技成果，集成一批农业绿色发展模式，打造一批乡村振兴科技示范县，加强科学普及、技能培训和技术推广，全面支撑产业兴旺、生态宜居、生活富裕和农业农村现代化。通过实施乡村振兴科技支撑行动，全院农业科技创新能力、创新活力、创新效率和创新影响力大幅跃升，形成若干科学中心、学科高地和卓越团队，2/3 以上学科领域和研究所达到世界一流，带动全国农业科技进入创新型国家前列。

展望 2050 年，乡村全面振兴，农业强、农村美、农民富全面实现，我院世界一流院所和一流学科全面建成，成为世界主要科学中心和创新高地之一，带动全国农业科技进入世界科技强国行列。

三、基本原则

（一）坚持需求导向，优化创新布局

按照乡村振兴的总体要求，推进传统创新范式变革，建立符合新时代农业农村现代化要求的学科体系，优化完善创新力量区域布局，强化科技成果精准有效供给，系统提高乡村振兴科技引领支撑能力。

（二）坚持问题导向，聚焦重点任务

围绕乡村振兴的瓶颈制约，突出质量、安全、绿色、融合等重大问题导向，加强关键核心技术创新和政策制度供给，破解农业高质量发展、乡村绿色发展、城乡融合发展等重大技术瓶颈，培育乡村振兴新动能。

（三）坚持统筹推进，强化示范引领

针对乡村振兴的关键环节，强化乡村振兴规划引领，加快支撑“五个振兴”的成果供给和转化，加强单项产品、技术和工艺设施装备等集成示范，因地制宜构建质量兴农、绿色兴农和效益优先的技术集成模式和系统解决方案，探索整建制推进模式，助力科技精准帮扶脱贫，打造乡村振兴科技引领典型示范。

（四）坚持双轮驱动，促进整体跃升

聚焦乡村振兴科技支撑行动目标，以机制创新推动科技创新，重塑新时代农业科技创新体系，强化联盟协同创新机制，推进科技成果权益改革，完善科技评价机制，激活创新主体，用活科技成果，梯次推进世界一流学科和一流院所建设，带动全国农业科技水平整体跃升。

四、加强乡村振兴的科技创新引领

科学技术是第一生产力。坚持创新驱动发展，强化农业科技基础性长期性工作，加强农业基础理论和应用基础研究，突出关键共性技术、前沿引领技术、现代工程技术、颠覆性技术创新，加快培育乡村振兴新动能，引领农业农村现代化。

（一）突破科技前沿颠覆性技术

面向国际科技前沿，深刻把握信息技术、生物技术、新型材料、清洁能源、物联网、智能制造等加速向农业农村领域渗透的态势，重点在农业合成生物学、纤维素生物裂解、农业机器人、基因编辑与动植物分子设计、农业大数据与云计算、动植物天然免疫、动物干细胞与生殖调控、精准营养与农业 3D 打印、立体农业、生物固氮工程与产品创制等领域，突出原始创新，强化稳定支持，着力突破一批具有重大产业变革前景的前沿技术和颠覆性技术，培育乡村产业振兴新动能，确保在农业基础和前沿技术领域占有一席之地。

（二）攻克行业关键核心技术

面向建设创新型国家的重大需求，针对质量兴农、绿色兴农、融合发展、创新发展的重大技术瓶颈，在种业创新、智慧农业、食品制造、现代农机装备、污染防控、乡村环境整治等技术领域，突出协同创新，优化资源配置，集中力量攻克一批关键核心技术，支撑农业农村现代化和乡村振兴，在激烈的国际竞争中确保关键核心技术自主可控。

在动植物新品种培育领域：攻克农作物分子聚合育种、农作物高通量表型精准鉴定、农作物育种核心材料高效创制、作物高光效育种、畜禽核心种质育种等技术瓶颈。

在新型农业投入品创制领域：攻克生态和谐型绿色农药合成、绿色高效肥料产品创新、新型疫苗与兽药创制等核心技术。

在乡村环境整治与绿色发展领域：攻克持久性有机污染物防控、农产品产地重金属污染物甄别与高效阻控、乡村生态复育与强化、乡村水环境治理、畜禽粪污资源化利用、农村生活垃圾污水无害化处理、荒漠化石漠化治理、农业生态清洁小流域构建等短板技术。

在资源高效利用领域：攻克土壤耕层构建、气候智慧型精准灌溉施肥、压缩型秸秆生物腐熟发酵、非粮原料饲料化提质增效、农业控水节水、农田集雨保水和高效利用、种养一体化循环、田园景观及生态资源优化配置、田园综合体等技术系统。

在农产品质量安全与营养领域：攻克农产品生物毒素全程安全防控、优质乳品质评价、全生命周期个性化精准营养与食品智能制造等关键技术。

在农业信息化智能化领域：攻克农业传感器、天空地农情信息智能获取、农业人工智能、农业智能装备等“卡脖子”技术。

（三）创新乡村振兴政策制度

针对乡村振兴制度框架和政策体系建设的现实需求，充分发挥农业智库的作用，加强乡村振兴重大制度设计和政策创设等战略研究，为乡村振兴提供决策支持和政策供给。

在农村发展与乡村治理政策方面：重点研究农村现代化发展指标体系创设，农村发展的动力机制，农村“三治”合一的运行机制与制度保障，农村基础设施建设的投入及管理政策，农村人才队伍建设的模式创新与支持政策，农耕文明传承与农村文化复兴政策，乡村治理规划与区域发展模式等。

在乡村财政与金融政策方面：重点研究乡村振兴的财政投入与保障制度，涉农资金配置和管理制度，乡村建设金融支持模式创新与机制，农业支持政策改革路径与效果评价，农村金融体系改革与创新等。

在乡村资源与环境政策方面：重点研究乡村生态资源保育及开发利用政策，乡村人居环境整治、农业废弃物资源化利用的配套支持与激励政策，乡村水土资源可持续利用的配套支持与激励政策，乡村人力资源开发模式创新，农业农村绿色发展技术应用激励政策，支持鼓励农民参与环境保护的配套激励政策等。

在城乡融合发展政策方面：重点研究城乡融合发展模式和动力机制，城乡要素双向流动机制创新与政策保障，城乡融合区域协调发展机制，城乡教育资源融合机制，城乡融合发展的户籍制度改革，农业农村优先发展政策保障等。

（四）创建技术标准及行业基准

针对农业高质量发展、乡村绿色发展和乡村治理中存在的基准标准缺失问题，加快研制一批引领支撑乡村振兴的技术标准和行业基准，有效支撑乡村治理，促进乡村治理能力现代化。

在产地环境技术标准方面：重点研究农产品产地环境质量的监测评估与分级标准、危害因子的快速甄别与检测方法标准，农业面源污染监测防治与修复标准和技术规范，农业水资源开发工程论证评价监测技术标准，典型农业土壤保育技术标准，草场环境质量监测和草场改良利用技术标准，畜牧场粪污土地承载能力评估、有害气体排放评价标准等。

在农业投入品质量控制技术标准方面：重点研究常用肥料中有害物质未知添加物检测分类评价分级标准，新型肥料生产质量控制技术标准，新型特种饲料质量评价与分级技术标准，微生物菌剂饲料功能与安全评价技术标准，智能精准化种植、养殖设施机械的建设运行控制管理等共性技术标准，农业专用传感器设备质量控制技术规范，农业生产经营物联网云服务平台建设管理与数据共享技术标准等。

在农业绿色生产技术标准方面：重点研究大宗贸易农产品污染物全过程削减管控规范，农业病虫害绿色防控技术标准，农业废弃物收储运、废弃物全元素资源化循环利用和再加工技术规范，高质高效作物种植技术标准，农畜产品废弃污染物无害化处理与控制技术标准，种养结合综合技术规范与标准，循环农业质量与效率评价技术标准等。

在农产品质量安全评价与检测技术标准方面：重点研究大宗贸易农产品质量分级技术标准，高附加值特色农产品质量分级标准及营养功能成分识别评估检测技术标准，畜禽产品中药物残留标志物检测及评估技术标准，农作物和动物源产品农兽药限量、检测及安全使用技术标准，鲜活农产品“三剂”使用准则和限量标准，农产品智能化品质评价与分级标准，产地初加工产品安全性评价及加工通用技术标准，动植物副产物中活性物质精深加工技术标准，包装产品检测、包装标识技术等共性技术及专用技术标准，农产品收储运、产地准出、溯源标识等通用管理控制技术标准，主要农产品种植养殖和加工过程废弃物综合利用共性技术标准等。

在农业资源核算与生态功能评估技术标准方面：重点研究农业资源承载力评价标准，农业生态服务功能评估标准，耕地质量保护、黑土地保护、基本草原保护、农业环境监测、农田废旧地膜综合治理、野生动植物保护等技术实施效果评价标准，农村节能减排、农业各产业节能减排技术评价标准，耕地质量、土壤环境质量、农用地膜、饲料添加剂重金属含量等监测与评价标准，农业用水、产地土壤环境基准，农业资源利用效益评估技术标准，农业生态环境损害赔偿标准，农业生态产品市场交易与农业生态保护补偿标准等。

五、加强乡村振兴的科技成果供给与转化

坚持市场需求和产业问题导向，围绕保障粮食安全与农产品有效供给、食品质量安全与营养、农业生态文明等重大需求，着力加强重大科技成果的集成熟化和示范推广，重点转化一批优质高效的重大新品种、绿色提质增效与环境友好的新技术、科技含量高的新产品新装备等，构建一批可落地、可复制的绿色发展综合技术模式，提高科技对区域现代农业和农业农村经济发展的综合引领支撑能力。

（一）转化应用新品种新技术新产品

围绕有效解决产业兴旺、生态宜居和共同富裕的重大技术需求，加快转化应用一批新品种、新技术和新产品，补齐技术短板，促进产业转型升级。

在优质高效绿色新品种方面：重点转化推广一批关系到国家粮食安全和农业提质增效的绿色、高产、优质、高效、多抗以及适宜机械化作业的粮食作物、经济作物、园艺作物新品种，以及优质高端的畜禽新品种。

在高质量发展关键技术方面：重点转化推广区域性标准化作物高产高效栽培、植物

营养调控、有机肥高效施用、废弃物资源化利用、新型粮仓安全储粮、减损保质保鲜、食品溯源与预警、智能饲喂与管理、重大动物疫病分子诊断、疫病监测预警与净化根除等关键技术。

在农药、肥料、兽药等新产品方面：重点转化推广一批安全环保、低毒高效的新型化学农药和生物农药，绿色、高效、多功能的新型智能肥料和施肥决策移动 App，高效安全的禽流感、口蹄疫等重要疫病和人兽共患病疫苗及其检测试剂盒。

在农机新产品新装备方面：重点转化推广无人驾驶自动导航低空施药等智能农机新产品，小麦立体匀播、棉花收获、花生收获、大豆收获、油菜收获、水稻插秧机械、特色作物生产机械化装备以及农机和农艺相结合的广适智能机械。

（二）熟化推广绿色提质增效技术模式

围绕我国区域现代农业发展以及质量安全、提质节本增效、生态环境安全等重大产业需求，以调结构、创品牌、增效益为根本导向，针对粮食生产功能区、重要农产品保护区、特色农产品优势区和典型生态区，集成组装一批符合高质量发展、绿色发展、融合发展、创新发展的综合技术模式，打造绿色增产增效模式升级版，构建现代农业绿色发展技术体系。

在粮食生产功能区：重点集成推广水稻、小麦、玉米、大豆、马铃薯等重要粮食作物的绿色提质增效技术，创建一批保障国家粮食安全的粮食产业绿色发展模式。

在重要农产品保护区：重点集成推广油菜、棉花、蔬菜、奶牛、肉羊、生猪、肉鸭等不同产业的绿色提质增效技术，创建一批促进农业和农民持续增收的核心产业绿色发展模式。

在特色农产品优势区：重点集成推广果树、蔬菜、茶叶等不同特色优势产业的绿色提质增效技术，创建一批具有品牌特色产业的绿色发展模式。

在典型生态区：重点集成推广一批农业绿色持续发展技术模式。通过综合技术模式集成与熟化推广，构建“增产增效并重、良种良法配套、农机农艺融合、生产生态协调”的新型农业技术体系，支撑农业提质增效和绿色可持续发展，提升区域现代农业发展水平。

六、加强乡村振兴的科技引领示范

坚持生产、生活和生态“三生共赢”的根本导向，坚持因地制宜的基本原则，突出乡村特色和农耕文明传承，重点强化农业产业振兴引领、农民稳定增收保障、资源环境修复保育、农村社会可持续发展等核心内容，整合各项碎片化的单项技术措施，建设乡村振兴科技引领示范区，顶层谋划乡村振兴蓝图，探索整建制推进机制和政策措施，强化科技创新驱动作用，促进示范区“四化”同步和城乡一体化发展。

（一）建设科技精准帮扶脱贫示范区

深化实施科技精准帮扶行动，集成和应用一批精准帮扶模式和技术体系，建设科技扶贫、精准脱贫的引领示范区。针对贫困地区特有的自然生态景观、乡土文化、传统特色产业等资源条件，加强优势和特色产业提质增效、乡村环境整治等领域的技术集成，创新乡村旅游、农产品产地初加工、农村电子商务、农村康养服务、农村文化创意等新兴业态发展模式，扶持龙头企业、农民合作社、专业大户、家庭农场、职业农民等新型经营主体开展新模式和新技术的推广应用。重点帮扶太行山区的阜平，秦巴山区的安康，武陵山区的湘西①、恩施②，大兴安岭片区，以及“三区三州”深度贫困地区，加大科技下乡、增派科技干部的力度，打造人才培训、成果转化和产业化平台，谋划一批特色主导产业，协同攻关突破一批关键技术，建设和完善一批成果转化推广基地，培训一批脱贫致富带头人，着力提高贫困地区的“造血”功能和自我发展能力，打造科技扶知扶智扶贫的典型示范。2020 年全面脱贫后，科技扶贫示范县（区）整体纳入乡村振兴整县推进示范。

（二）打造整县推进科技示范样板

深入实施创新驱动发展战略，强化科技对乡村振兴的引领支撑作用，打造乡村振兴科技示范样板，探索整建制推进的模式和体制机制。在已创建的“五区三园”、农业竞争力提升科技行动示范县和已认定的美丽休闲乡村基础上，遴选一批县作为先行试点，促进县乡经济和社会全面、协调、可持续发展，为全国推进实施乡村振兴战略提供有益经验和模式借鉴。按照“院地合作、县为主体、规划先行、科技引领”的原则，加强示范县的乡村振兴规划、模式集成、技术服务和典型示范，重点打造一批乡村振兴整建制推进科技示范县，推动实现产业振兴、人才振兴、文化振兴和生态振兴，成为国内领先的农业高新技术集聚园、先行先试试验田、绿色发展先行区，为全国乡村振兴战略实施提供中国农科院智慧和样板。

七、加强乡村振兴的创新能力建设

坚持“人才是第一资源”的发展理念，深入实施“人才强院”战略，建设和培育一支“一懂两爱”的农业科技队伍。围绕“两个一流”建设目标，谋划推动农业国家重点实验室、重大科学工程、重大成果孵化转化平台等基础设施建设，强化运管机制创

① 湘西土家族苗族自治州，全书简称湘西。
② 恩施土家族苗族自治州，全书简称恩施。

新和共享共用，推动形成布局合理、技术先进、运行高效、支撑有力的农业科技创新能力条件保障体系。

（一）培育“一懂两爱”农业科技队伍

贯彻人才强农、科技兴农战略，深化人才发展体制机制改革，推进实施“青年人才工程”“农科英才特殊支持政策”“青年英才计划”等重大举措，创新引才聚才、评估评价机制，完善考核激励机制，健全服务保障机制，建设创新、转化、支撑和管理四支人才队伍，加强高端科技人才和国际合作人才培养，加大科技下乡和新型经营主体等“三农”工作人员的培训力度，为乡村振兴战略实施提供强有力的人才保障。

1. 加强全院“四支”科技人才队伍建设

建成整体规模适度、结构功能明晰、学科布局合理、年龄梯次配备、以服务“三农”为己任的科技人才队伍。

创新人才队伍：实施更积极、更开放、更高效的创新人才工作政策，完善创新人才培养模式，健全人才评价激励机制，优化创新人才队伍结构。引育一批具有国际学术影响力的战略科技人才、领军人才和具有突出发展潜力的青年人才，建设一支年龄、专业、层级结构合理、动态优化的创新人才队伍。

转化人才队伍：加大培育力度，提高从事成果转化技术转移人才的专业素养、经营能力和示范推广服务能力。打造适合转化人才特点的职业发展通道，建设一支拥有市场开拓能力的成果转化人才队伍。

支撑人才队伍：培养稳定支撑人才队伍，强化支撑人才的激励和评价。统筹兼顾技术支撑和公共服务支撑，建设一支稳定的从事实验技术、农业技术、工程技术、图书出版等技术服务的支撑人才队伍。

管理人才队伍：强化管理人员的使命担当意识教育，不断提升科技管理服务能力和水平。强化乡村振兴示范县作为干部成长摇篮和锻炼选拔干部的重要平台，择优选派专业型干部充实示范县领导班子，制定激励乡村振兴、脱贫攻坚一线干部政策措施，打造政治意识强、素质能力过硬的干部人才队伍。

2. 加强“一懂两爱”农业人才培训

按照培养造就“懂农业、爱农村、爱农民”农业人才工作队伍的目标要求，重点开展科技人才创新创业培训、农业人才技能提升培训和干部教育培训，培优培强乡村振兴人才队伍，破解乡村振兴人才瓶颈制约。积极推动中国农业科学院培训中心实体化建设与运行，组建培养一支数量充足、结构合理、理论造诣精深、实践经验丰富的专职培训队伍。加强培训项目库、讲师资源库、课程资源库、课件教材库、学员档案库等建设，搭建“农业科技培训服务平台”，加大农业农村人才培训基地建设，构建“一懂两爱”农业人才培训体系。

（二）提升完善农业科技创新平台

按照“定位清晰、布局合理、多元投入、科学运行”原则，加快构建完善以国家创新中心、国家实验室、国家研究中心和国家重点实验室为主干，重大科学基础设施为支撑，野外科学台站为网络的创新平台。结合乡村振兴科技示范县建设，在主产区和典型农业生态区建设一批综合科研试验基地。推进各类农业科技成果转化孵化平台专业化、市场化运行，提升成果转化效率。

1. 提升重大基础科研设施规模和水平

谋划建设农业生物育种等国家实验室、作物基因资源等国家重点实验室、作物表型组学等国家重大科学工程，并以国家科技平台为主干，以重大科学设施为支撑，以野外科学台站等为网络，构建农业科技创新设施平台体系。

2. 完善综合科研试验基地布局

优化完善试验基地区域布局，加强试验基地规划建设和运行管理，结合乡村振兴科技示范县建设，在主产区和典型农业生态区建设一批综合科研试验基地，完善集成创新、成果转化、示范引导、辐射带动的平台功能，有效支撑乡村振兴战略实施。

3. 加快科技成果孵化转化平台建设

推进全国农业科技成果转移服务中心、国家种业成果产权交易中心、院技术转移中心的专业化、市场化运行，谋划一批区域科技成果孵化转化平台，组建全国农业科技成果转化联盟，打造线上线下联动交易网络，提升成果转化效率。

八、推进方案

（一）落实重点任务

1. 至 2020 年重点任务

（1）突出战略咨询和政策支持。充分发挥农业智库的决策咨询作用，加强乡村振兴重大战略和政策制度、国际经验等研究，形成一批农业农村现代化、城乡融合发展、生态与乡村治理、乡村文化复兴、食物营养与健康等发展战略、政策和制度创设建议，创建一批技术标准和行业基准。

（2）加强模式创新和典型示范。突出乡村特色和农耕文明传承，通过整合单项绿色生产技术，构建一批因地制宜的综合技术模式，培育优质特色产业，实施若干整县推进试点。

（3）加快机制创新和制度建设。通过实施乡村振兴科技支撑行动，创新科研组织方式，实现从“科研有选择性地满足技术需求”到“基于技术需求方向的科研”的重大转变，构建完善中国农科院“优势学科—卓越团队—重点任务—重大平台”一体化的新时代科技创新系统布局。培育国内外拥有重要影响力、充满活力的创新团队，建设完善世界一流科研院所制度。

2. 至2035年重点任务

（1）突破重大科技成果。强化农业科技基础性长期性工作，加强基础理论和应用基础研究，在关键共性技术、前沿引领技术、现代工程技术、颠覆性技术等领域形成一批突破性创新成果，引领传统农业向现代农业转型发展，强有力支撑农业农村现代化和乡村振兴。

（2）集成重要技术系统。坚持市场需求和产业发展导向，持续开展农业科技成果权益改革，着力加强重大科技成果的集成熟化和示范推广，重点集成应用一批绿色优质的重大新品种、科技含量高的新产品新装备、绿色提质增效与环境友好的新技术，构建一批可落地、可复制的绿色发展综合技术模式和技术系统，提高科技成果对精准扶贫精准脱贫和农业农村现代化发展的综合支撑引领能力。

（3）打造科技引领示范。深化院—院合作、院—地合作机制，落实联盟协同创新机制，促进政产学研用深度融合，合力打造乡村振兴整县推进科技示范。要坚持规划先行，突出模式创新，强化技术集成，完善技术服务，加强人才援助，优化政策支持，统筹推进示范县产业振兴、生态振兴、文化振兴、人才振兴和组织振兴，发挥科学技术引领示范作用，实现示范县“四化”同步和城乡一体化发展。

（4）提升创新能力水平。围绕培育一支“懂农业、爱农民、爱农村”的科技队伍总体目标，培养造就规模宏大、素质优良、结构合理的农业科技创新人才队伍。在农业优势领域，重点培养一批世界一流科学家、科技领军人物，重视培养一批优秀青年科学家，增强科技创新人才后备力量。重点培养一批交叉学科创新团队，促进重大成果产出。培育一支“一懂两爱”农业农村实用人才队伍。按照国家、部级、院级和科学研究、技术创新、基础支撑的三级三类框架，实现国家创新中心、国家实验室等方面的突破，实现国家重点实验室、国家野外科学试验站等方面的新增长，围绕联盟与基础性长期性工作，完善农业科学台站布局建设，形成农业技术推广的多层网络体系，夯实科技创新基础。

（二）落实推进机制

1. 优化创新资源配置

依托中国农业科学院科技创新工程专项资金，盘活存量、撬动增量，统筹相关资金资源，围绕农业农村质量发展、绿色发展、融合发展和创新发展的重大科技需求，调整学科和创新力量布局，加强卓越团队建设，强化基础设施建设，加快建成一批世界一流的科学中心和技术创新中心。积极参与国家重大农技推广等项目，聚焦“三个面向”和乡村振兴的瓶颈制约，加快科技成果集成转化，按照产业链部署创新链和配置资金链，整体提升科技创新能力，加快支撑乡村振兴的科技创新步伐。

2. 强化协同机制创新

强化国家农业科技创新联盟建设，积极争取各级政府和地方农业科研机构共同投入，围绕农业产业重大问题和区域农业发展的重大命题，谋划设计重大协同创新专项，探索建立国家需求导向、任务目标带动、平台资源共享、激励相容约束的长效协同创新机制，巩固分工协作“一盘棋”、上中下游“一条龙”、技术服务“一体化”的联合协作新格局，促进突破性大成果的产生和创新效率的提高。探索面向全球、统筹国内国外两个市场两种资源的新型国际合作协作网，有效对接国际一流机构和大科学计划，形成国内外优势互补的农业科技全球布局，提高资源掌握能力、产能合作能力、规则制定能力和外交服务能力。筛选 3~5 个乡村振兴示范县作为国际农业机构南南合作的基地，推动“一带一路”农业合作，扩大中国影响力。

3. 加强成果示范引导

推动全国农业科技成果转移中心专业化、市场化运行，探索建立政府推动、市场引导、企业化运作的农业科技成果转移新模式、新机制。充分利用“五园三区”平台功能，积极创新农业科研成果转化和技术转移机制，积极探索“项目+基地+企业”“科研院所+高校+生产单位+龙头企业”等现代农业技术集成与示范转化模式。积极探索整县制推进工作试点，研究不同区域现代农业产业周年绿色、高产、高效综合技术模式和运营管理机制，促进创新成果与农业产业有序对接，创造可落地可复制可推广的模式，为全国推进乡村振兴提供典型样板。

4. 注重绩效跟进考核

根据不同创新活动的规律和特点，建立分类评价制度，基础研究成果以同行认可和学术影响为依据；应用研究成果的评价阶段后移，以技术转移有效性、生产和市场应用的实际效果为主。建立健全绩效考核奖励制度，根据各参加单位或团队的职责定位和责任分工，制定考核评价办法，强化目标管理、量化考核、绩效奖罚。探索建立政府、社会组织、公众等多方参与的第三方评价方式，拓展社会化、专业化、国际化评价渠道，优化管理结构，强化工作督办问责，确保重点工作落地。

九、保障措施

（一）加强组织领导

加强对乡村振兴科技支撑行动的统筹规划和组织领导，制订落实乡村振兴科技支撑行动的实施方案和阶段计划，研究解决和协调处理重大问题，督促检查乡村振兴科技支撑行动的贯彻实施情况和目标产出情况。建立机关各部门参与乡村振兴科技支撑行动的组织协调机制，明确工作职责和任务分工，形成推进合力。在继续做好援疆援藏援青干部人才输送的基础上，把乡村振兴科技引领示范县作为干部实践锻炼的基地。各研究所、相关创新团队要按照乡村振兴科技支撑行动的部署和要求，把行动目标纳入本研究所、本团队的阶段规划和年度计划，加强绩效管理和激励政策引导，制定细化方案，明确目标责任，认真组织实施，切实提高乡村振兴科技支撑行动的组织保障水平。

（二）加强分类指导

强化我院的公益性职能和基础前沿、重大共性技术创新的核心地位，强化联盟在协同创新、技术集成、模式创新和整建制推进示范中的独特作用，发挥企业在技术转移和产业化应用等方面的主体作用。根据我国各地农村地区资源禀赋、生态功能、生产规模、产业基础、经营主体等差异，因地制宜、分类施策，提供适用于不同区域的技术解决方案，推动形成各具特色、平衡协调、良性循环的乡村振兴发展新模式、新业态。

（三）加大投入保障

强化乡村振兴科技创新经费保障，在统筹优化科技创新工程、基本科研业务费和修购专项等资源配置，使财政科技投入效益最大化的基础上，争取国家进一步加大对农业科技创新的支持力度，提高科技创新工程的支持强度。推动国家重点研发计划、重大基础设施专项、基地人才专项等重大项目立项。强化乡村振兴科技成果转化资金保障，积极争取加大对科研院所成果孵化转化、技术模式集成与示范推广的财政专项经费支持，不断提升科技创新支撑服务产业能力。拓宽资金来源渠道，积极引导社会资本投入农业科技创新，充分调动和发挥企业、社会团体等技术创新投资的主体作用。

（四）加大宣传力度

把乡村振兴科技支撑行动作为宣传重点，充分利用电视、广播、报刊、网站、微信等公众媒体，宣传行动实施成效，普及农业科技、乡村政策、治理法规等知识，推介典型案例和成功范式。加强农村公共技术传播与技术服务平台建设，通过新媒体系统为农业生产经营主体提供服务。实行乡村振兴科技成果定期发布制度，对具有重大应用前景的科技成果，采取媒体宣传、现场观摩、集中展示等方式发布和推介，促进技术转移转化，强有力支撑乡村振兴目标实现。利用国际媒体和国际组织渠道，讲好乡村振兴科技支撑行动和乡村振兴模式道路的中国故事。

中国农业科学院实施乡村振兴战略十大行动方案（2018—2022 年）

2018 年 11 月

为深入贯彻党的十九大精神，全面落实《中共中央　国务院关于实施乡村振兴战略的意见》和《国家乡村振兴战略规划（2018—2022 年）》，根据农业农村部《乡村振兴科技支撑行动实施方案》和《中国农业科学院乡村振兴科技支撑规划（2018—2035 年）》（以下简称《科技支撑规划》），制定《中国农业科学院实施乡村振兴战略十大行动方案（2018—2022 年）》（以下简称《十大行动方案》）。

一、行动思路与目标

（一）总体思路

围绕国家乡村振兴战略 2022 年阶段目标，以乡村振兴统领全院科技创新，统筹科技创新工程和国家农业科技创新联盟，采取"整合资源、强化协同、示范引导、跟进考核"的推进机制，全面落实《科技支撑规划》中"科技创新、成果转化、典型示范、能力建设"四项重点任务，着力推进实施"十大行动"，为农业农村高质量发展、绿色发展、融合发展和农业农村现代化提供理论指导、政策供给、技术支撑、前沿引领和典型样板。

（二）总体目标

到 2022 年，围绕"乡村振兴取得重要进展，制度框架和政策体系初步健全"的阶段目标，质量兴农、绿色发展等领域的基础研究和关键核心技术研究取得阶段性重要进展，形成农业农村现代化、城乡融合发展、生态与乡村治理、乡村文化复兴、食物营养与健康等战略研究成果，完成一批支撑乡村振兴政策和制度的技术标准和行业基准，构建一批因地制宜的综合技术模式，建设和巩固一批科技精准帮扶脱贫示范区，实施若干整县推进科技示范。通过实施乡村振兴科技支撑行动，构建完善中国农业科学院"优势学科—卓越团队—重点任务—重大平台"一体化的新时代农业科技创新体系，培育国内外拥有重要影响力、充满活力的创新团队，使 1/5 左右的学科领域和研究所达到世界一流，引领全国农业科技整体跃升。

（三）实施原则

1. 规划引领，统筹部署

坚持规划先行，突出顶层设计，全面落实《科技支撑规划》的目标任务，以乡村振兴统领全院科技创新，统筹推进院“十三五”科技发展规划、科技创新工程“十三五”发展规划等的重点工作，集聚科技创新资源和要素，加快支撑引领乡村振兴的科技创新步伐。

2. 有限目标，突出重点

按照2022年乡村振兴制度框架和政策体系初步健全的目标要求，重点开展乡村振兴战略、政策制度创设和技术标准等研究，谋划部署影响长远、决定产业命运的“卡脖子”技术攻关，合理推进农业科技精准帮扶脱贫和乡村振兴科技示范试点，推动形成一批绿色发展模式和系统解决方案，加快乡村振兴科技支撑的典型示范。

3. 院所联动，担当作为

强化农业科技创新国家队的使命担当，建立院党组统筹、研究所为责任主体的工作机制，加强院机关部门间的沟通协调和互动配合，强化各研究所的责任意识和主动作为，强化绩效考核与问责，突出重大成果产出导向，加快提升乡村振兴的科技供给质量和水平。

4. 多方协同，合力推进

落实国家农业科技创新联盟的工作机制，推动院（所）、地方政府、省市农业科学院、农业企业、区域联盟等不同创新和实施主体有机联动，集聚统筹政产学研用和社会资本等多方资源，构建目标任务分工、资源配置、成果共享、宣传引导等方面的一盘棋和一体化实施机制，形成有效推进合力，促进乡村振兴的科技引领示范早见成效。

二、行动部署与实施

围绕行动目标，系统部署实施“乡村振兴政策创设支撑行动、乡村振兴标准体系创建行动、农业科技精准扶贫示范行动、乡村振兴整县推进科技示范行动、农业绿色提质增效技术集成转化行动、农业绿色投入品创制行动、农业关键核心技术跨越行动、农业科技前沿突破行动、‘一懂两爱’农业科技队伍建设行动、农业科技创新平台提升行动”等“十大行动”，加快形成一批引领和支撑乡村振兴的宏观战略成果、政策制度、关键技术和典型模式，促进一流院所、一流学科建设，推动农业科技创新能力和水平整体跃升。

（一）乡村振兴政策创设支撑行动

1. 行动目标

到 2022 年，围绕“乡村振兴取得重要进展，制度框架和政策体系初步健全”的阶段目标，在农业农村现代化、城乡融合发展、生态环境与乡村治理、乡村文化复兴、食物营养与健康等方面，选择约 100 个不同类型的乡村作为数据调查与采集基点，针对不同层次的农户，开展定期的、多形式的实地调研，摸清本底，积累基础数据，研究形成一批政策制度建议、机制模式建议、评价指标体系以及发展战略规划等战略研究成果，为乡村振兴提供理论支撑和政策供给。

2. 重点任务

（1）农村发展与乡村治理政策。重点研究农村现代化发展指标体系创设，农村发展的动力机制，农村“三治”合一的运行机制与制度保障，农村基础设施建设的投入及管理，农村人才队伍建设的模式创新与支持政策，农耕文明传承与农村文化复兴，乡村治理规划与区域发展模式等。

（2）乡村财政与金融政策。重点研究乡村振兴的财政投入与保障制度，涉农资金配置和管理制度，乡村建设金融支持模式创新，农业支持政策改革路径与效果评价，农村金融体系改革与创新等。

（3）乡村资源与环境政策。重点研究乡村生态资源保育及开发利用政策，乡村人居环境整治、农业废弃物资源化利用的配套支持与激励政策，乡村水土资源可持续利用的配套支持与激励政策，农业农村绿色发展技术应用激励政策，支持鼓励农民参与环境保护的配套激励政策等。

（4）城乡融合发展政策。重点研究城乡融合发展模式和动力机制，城乡要素双向流动机制创新与政策保障，城乡融合区域协调发展机制，城乡教育资源融合机制，城乡融合发展的户籍制度改革，农业农村优先发展政策保障等。

3. 实施计划

2018 年重点任务和指标：完善政策研究的考核评价机制，形成一批院内外稳定的乡村振兴政策研究队伍。在乡村振兴科技引领示范县中梳理布局 100 个左右乡村振兴样板村，建立具有代表性的乡村振兴政策研究观察点。

2019 年重点任务和指标：重点围绕农村一二三产业融合发展、乡村产业体系构建和产业兴旺重大需求开展研究。实地调研 4~6 次，提交 1~2 份政策建议，发表 1~2 篇核心期刊文章。进行 100 个村第一次数据采集，形成报告并发布。

2020 年重点任务和指标：重点围绕农村发展与乡村治理、乡村资源与环境政策开展研究。实地调研 4~6 次，提交 1~2 份政策建议，发表 1~2 篇核心期刊文章。进行 100 个村第二次数据采集，形成报告并发布。

2021 年重点任务和指标：重点围绕乡村财政与金融政策、城乡融合政策开展研究。

实地调研 4~6 次，提交 1~2 份政策建议，发表 1~2 篇核心期刊文章。进行 100 个村第三次数据采集，形成报告并发布。

2022 年重点任务和指标：进行 100 个村第四次数据采集，构建 4 期面板数据库，形成报告并发布。开展实地调研 4~6 次，提交 1~2 份政策建议，发表 1~2 篇核心期刊文章。总结前期的研究成果，形成一整套的乡村振兴政策，凝练成大型成果，实现从基础理论到实践的全方位突破。

4. 推进机制

（1）组建政策研究联盟，搭建协同创新平台。联合国内 10~15 家地方农科院、高校，争取专项经费支持，签约组建“乡村振兴政策创设与理论创新联盟”，围绕乡村振兴政策创设与理论研究的重大瓶颈、区域重大政策热点问题和产业发展重大需求，打造“一盘棋”“一体化”“一条龙”的创新格局。一是依托创新联盟，在重点省市基层农村，围绕城乡融合发展模式、城乡要素流动、区域协调发展等方面，联合开展乡村振兴专题调研活动，形成高质量政策建议报告，跨地区联合解决政策瓶颈问题。二是统筹联盟成员科研力量、数据资源等，实现优势互补，整合构建协调统一的科研平台，加强成员单位之间人员互访、课题参与、合作研究、资源共享。三是围绕全国性、区域性以及特定产业开展合作研究，形成多单位联合协作、反映政策热点问题的系列成果，公开向社会发布。

（2）布局数据调查基点，建立全国监测网络。联合地方农业管理部门和科研机构，在全国东、中、西、东北 4 个主要区域进行选点布局，综合考虑少数民族聚居地区、脱贫攻坚重点地区、粮食安全保障地区等因素，在全国范围内抽取 100 个以上村庄作为基点，制定和实施科学的乡村抽样调查方案，通过翔实的农村、农户问卷调查工作，收集可靠的第一手原始微观数据，全力夯实乡村振兴政策创设和管理部门决策的微观支撑基础，增强原始创新，提高理论高度，强化政策建议的问题导向、有效性和可操作性。

（3）建立学术交流机制，打造政策研究品牌。策划和举办多层次的“中国农业科学院乡村振兴政策发展论坛”等品牌学术活动，加快政策研究成果转化实施。一是举办专家对话论坛，以乡村振兴重大政策焦点为中心，组织召开“中国农业科学院乡村振兴政策创设专家对话论坛”，对重大政策问题进行理论研讨，打造重大政策与理论策源高地。二是组织召开“中国农业科学院乡村振兴政策基层论坛”，将论坛设立在乡村区域，以基层乡村干部与新型经营主体为主，突出接地气特点，强化产、学、研结合，重点开展政策宣讲，听取基层涉农人员建议。三是组织召开“中国农业科学院乡村振兴政策研究生学术沙龙”，遴选深入农村基层开展扎实学术研究的研究生开展学术交流和汇报，为培养学农、懂农、爱农人才夯实基础。

（4）建设数据共享平台，动态发布研究成果。依托农经所、信息所、营养所、资划所等相关研究所，联合海外农业中心、中国农业发展战略研究院、中国农业政策与科技发展战略研究中心、农业经济与政策顾问团等现有的政策研究平台资源，搭建乡村振兴监测平台。一是依托各研究所学科优势，起草编制乡村振兴监测方案。二是对接农业农村部相关司局，联合地方农业管理部门，广泛开展乡村振兴各个方面的数据采集和清理，打造乡村振兴监测数据库。三是配备专职科研团队，围绕乡村振兴监测数据库开展动态分析，对乡村振兴战略实施效果进行评价，及时诊断和发现突出问题，提出预警和纠偏方案；通过部委授权，权威发布乡村振兴指数，为乡村振兴提供政策评价依据。

（5）深化“放管服”改革，强化人才激励机制。在人才、项目、经费和现代院所管理中坚持深化“放管服”改革，不断创新评价机制，打造一支强大的乡村振兴政策研究人才队伍，充分激发研究人才的创新动力，为乡村振兴注入新活力。构建有利于科技人才潜心研究和创新的评价制度，最大限度调动科技人才的积极性。构建以科研院所团队为核心，省、市、县、村（镇）多方力量共同推动的良好格局，形成多方助力、环环相扣的新机制。

（二）乡村振兴标准体系创建行动

1. 行动目标

到 2022 年，围绕种植养殖产地环境、农业投入品、生产过程控制、质量安全评价检测、生态资源评估等方面开展技术标准和行业基准研究，提出一批保障我国食品安全、生态安全、农业质量提升的技术标准或行业规范建议，在典型乡村进行产业化、标准化实施示范，完善乡村振兴技术标准，为促进我国农业生产绿色化、优质化、特色化、标准化、品牌化和乡村全面振兴提供标准体系支撑。

2. 重点任务

（1）产地环境技术标准。重点研究农产品产地环境质量的监测评估与分级标准、危害因子的快速甄别与检测方法标准，农业面源污染监测防治与修复标准和技术规范，农业水资源开发工程论证评价监测技术标准，典型农业土壤保育技术标准，草场环境质量监测和草场改良利用技术标准，畜牧场粪污土地承载能力评估、有害气体排放评价标准等。

（2）农业投入品质量控制技术标准。重点研究常用肥料中有害物质未知添加物检测分类评价分级标准，新型肥料生产质量控制技术标准，新型特种饲料质量评价与分级技术标准，微生物菌剂饲料功能与安全评价技术标准，智能精准化种植、养殖设施机械的建设运行控制管理等共性技术标准，农业专用传感器设备质量控制技术规范，农业生产经营物联网云服务平台建设管理与数据共享技术标准等。

（3）农业绿色生产技术标准。重点研究大宗贸易农产品污染物全过程削减管控规范，农业病虫害绿色防控技术标准，农业废弃物收储运、废弃物全元素资源化循环利用和再加工技术规范，高质高效作物种植技术标准，农畜产品废弃污染物无害化处理与控制技术标准，种养结合综合技术规范与标准，循环农业质量与效率评价技术标准等。

（4）农产品质量安全评价与检测技术标准。重点研究大宗贸易农产品质量分级技术标准，高附加值特色农产品质量分级标准及营养功能成分识别评估检测技术标准，畜禽产品中药物残留标志物检测及评估技术标准，农作物和动物源产品农兽药限量、检测及安全使用技术标准，鲜活农产品“三剂”使用准则和限量标准，农产品智能化品质评价与分级标准，产地初加工产品安全性评价及加工通用技术标准，动植物副产物中活性物质精深加工技术标准，包装产品检测、包装标识技术等共性技术及专用技术标准，农产品收储运、产地准出、溯源标识等通用管理控制技术标准等。

（5）农业资源核算与生态功能评估技术标准。重点研究农业资源承载力评价标准，农业生态服务功能评估标准，耕地质量保护、黑土地保护、基本草原保护、农业环境监测、农田废旧地膜综合治理、农业野生动植物保护等技术实施效果评价标准，农村节能减排、农业各产业节能减排技术评价标准，耕地质量、土壤环境质量、农用地膜、饲料添加剂重金属含量等监测与评价标准，农业用水、产地土壤环境基准，农业资源利用效益评估技术标准，农业生态环境损害赔偿标准，农业生态产品市场交易与农业生态保护补偿标准等。

3. 实施计划

2018 年重点任务和指标：开展乡村振兴标准体系框架及标准计划编制工作，在梳理审定现行农业标准体系基础上，提出乡村振兴标准体系项目规划。同时，研究农业产地环境质量安全监测评估与分级，肥料、饲料及兽药等投入品中危害因子快速甄别及安全评价分级，大宗贸易农产品质量评价分级等标准。编制乡村振兴标准体系项目规划 1 份，制定产业环境及投入品绿色生产技术标准草案 20~30 项。

2019 年重点任务和指标：研究农业耕地土壤、养殖草场、农业用水质量评价及保育改良技术规范，新型肥料、饲料等农业投入品及其替代产品质量安全评价标准，农畜产品种养殖过程中污染物迁移转化、残留标志物检测评估及全过程削减管控规范，农作物和动物源产品农药限量、检测及安全使用，高附加值特色农产品质量分级标准及营养功能成分识别评估检测技术等标准。制定农业环境改良、投入品质量安全检测评价、农畜产品品质营养评价及安全检测评估相关标准草案 30~40 项。

2020 年重点任务和指标：研究农业面源污染监测防治与修复技术规范，农业畜牧业病虫害综合防控技术标准，农产品初加工产品安全性评价及加工通用技术标准，鲜活农产品“三剂”使用准则和限量标准，农产品收储运、包装检测、标识标准等。制定农业环境污染防控、农业生产病虫害防控、初加工过程质量安全控制及包装储运等标准草案 30~40 项。

2021 年重点任务和指标：研究智能精准化种植、养殖设施机械建设运行控制共性技术标准，智能化农产品品质评价、分级方法标准，动植物副产物中活性物质精深加工技术标准，主要农产品种养殖和加工过程废弃物综合利用共性技术标准等。制定农业智能化生产、智能化产品评价分级、农业副产物及废弃物综合利用等标准草案 30~40 项。

2022 年重点任务和指标：研究农业生产经营物联网云服务平台建设管理与数据共享技术标准，农业资源承载力、畜牧场粪污土地承载能力评估标准，农业生态产品市场交易与农业生态保护补偿标准，农业资源利用效益评估标准等。在主要产品领域开展乡村振兴战略系列标准集成化、产业化实施示范及效果评估。制定农业生产经营物联网、农业资源核算与生态功能评估技术标准草案 15~20 项；在 3~5 个典型乡村进行产业化、标准化实施示范。

4. 推进机制

（1）搭建标准制修订“绿色通道”。针对乡村振兴发展急需制定的系列标准，与相关标准化技术委员会建立标准快速立项、制定和评审的标准制修订“绿色通道”，确保急需标准能够尽快立项、制定和颁布实施。搭建乡村振兴战略标准意见征集反馈和信息交换平台，充分征集标准相关方意见，形成多方参与、有效互动、注重实效的标准制修订机制。

（2）强化院内协同创新。依托中国农业科学院农产品质量安全学科群和相关专业院所，组建农产品质量安全标准化专家队伍，成立多个标准化专业技术小组，针对农产品产前、产中、产后等环节的质量安全标准化，开展前期基础的协同攻关研究，制定乡村振兴战略技术标准体系规划，组织实施乡村振兴战略急需的国家标准、行业标准的立项、制定和审定把关。

（3）加强院外多方合作。充分发挥农业领域其他科研院所、大学、协会、学会、企业等相关单位在农业标准化的专业或产业优势，大力鼓励推进适应产业发展的乡村振兴团体标准和企业标准的制定，同时加强乡村振兴战略相关团体标准和企业标准实施效果的定期评价。

（三）农业科技精准扶贫示范行动

1. 行动目标

按照到 2020 年全面脱贫的战略目标，针对环京津地区的阜平，秦巴山区的安康，武陵山区的恩施，大兴安岭片区，以及“三区三州”深度贫困地区，重点帮扶一批贫困县（区），各研究所要根据本单位的学科布局，结合以往的工作基础，与 2~3 个县（区）深入结对帮扶。通过科技帮扶，提高贫困地区现代农业发展水平，促进农业农村经济发展，助力地方打赢脱贫攻坚战。2019 年重点实施对环京津地区的阜平县、大兴安岭片区的桦川县、秦巴山区的紫阳县和甘南地区的临潭县的科技帮扶。2020 年全面实现脱贫后，所有对口帮扶县纳入乡村振兴整县示范。

2. 重点任务

（1）培育一批特色主导产业。帮助贫困地区因地制宜发展一批具有区域特色、符合市场需求的产业。树立一批产业脱贫典型，打造产业脱贫样板。在每个贫困县至少培育 3~5 个重点产业，每个贫困村至少发展 1 个特色农产品，形成“一村一品”格局，通过发展壮大特色产业带动贫困村脱贫。

（2）突破一批关键技术。针对制约贫困地区农业产业发展的关键技术瓶颈，重点研发绿色生产关键技术、农产品质量安全关键技术、生态循环可持续发展关键技术，形成一批拥有自主知识产权的技术成果，为贫困地区脱贫致富提供科技支撑和技术储备。

（3）集成一批绿色高效技术模式。针对各贫困地区生态特点和农业生产实际需求，集成一批国内外先进的实用技术，构建50套适宜区域发展的可复制、可推广、可落地的综合农业生产技术模式，提高科技对现代农业产业发展的综合支撑作用。

（4）建设一批成果转化推广基地。到2020年，建设100个示范基地，构建布局合理、定位清晰、功能完善、运转高效、机制先进、开放共享的科技扶贫支撑平台体系，加快科技成果在贫困地区的转化，带动提高周边地区农业生产的科技含量。

（5）培养一批脱贫致富带头人。强化智力帮扶，提高贫困地区的自我发展能力。重点加强对贫困地区的农业企业、农民合作社、种养大户、家庭农场等新型农业经营主体的服务，培养一批懂技术、会管理、善经营的农村实用人才，形成一批带动脱贫致富的主体。到2020年，为贫困地区培养管理型和经纪人才2 000人，培养实用技术人员5 000人。

3. 实施布局

（1）环京津地区的阜平县。按照农业农村部环京津定点扶贫工作部署，结合阜平特色资源优势，全力支持林果、设施蔬菜、食用菌、蜜蜂、鸽业、生态循环养殖、智慧农业等优势特色产业的发展，为阜平县如期精准脱贫和可持续发展提供技术保障。

（2）秦巴山区的安康市。围绕安康市富硒特色产业的发展，以共建中国（安康）富硒产业研究院为依托，通过加强16个协同创新团队的合作攻关，解决富硒产业发展技术瓶颈，加大新产品研发力度，用富硒这一特色产业带动农民增收，促进脱贫致富。

（3）武陵山区。重点强化对湖北恩施和湖南有关地区的帮扶，继续选派科技特派员和科技工作小分队，深入乡村、企业、农户开展面对面帮扶，重点强化对当地油菜、水稻、茶叶、马铃薯、烟草、畜禽等产业的科技帮扶，建立全产业链绿色可持续发展特色产业，增强该地区内生动力和自我发展能力，加快脱贫致富的步伐。

（4）大兴安岭片区。重点对兴安盟、齐齐哈尔市、绥化市、白城市、林甸县、桦川县等地开展科技服务，组织玉米、大豆、蔬菜、马铃薯、奶牛、家禽、农产品加工等领域的专家，到相关地区开展以提高基层农业产业发展水平为目标的技术培训。邀请当地的管理干部来我院开展现代农业、农业政策、组织管理等知识的进修学习。组织有关研究所的团队在有关地区实施玉米、大豆、奶牛等绿色发展技术集成与示范，辐射带动区域相关产业的提质增效和转型升级。

（5）“三区三州”。做好新疆、西藏及有关省藏区、四川凉山、云南怒江、甘肃临夏等地贫困县的帮扶，发展特色产业，开展技术服务，提高经济发展水平，带动脱贫致富。

新疆地区：与新疆有关单位合作实施科技项目，带动提升新疆科技创新能力；加强技术服务工作，提升农牧民的科技素质；开展新品种新技术示范与推广，提高经济收入水平。重点落实我院与新疆维吾尔自治区、新疆生产建设兵团签署的科技合作协议，在农业发展战略研究、技术集成创新与示范、国际合作交流、人才培养等方面开展深入务实的合作。在南疆推广保护地蔬菜生产、干果深加工、高效节水灌溉等技术、发展优质棉绿色生产。强化西部农业研究中心建设，用科技创新引领现代农业的发展。

西藏及有关省藏区：围绕西藏和四川、青海、甘肃等省藏区农牧业发展的重大科技需求，进一步强化科技援藏工作，推进与西藏农牧科学院等单位的科技合作，通过协同创新、共建试验示范基地、开展技术服务等多种形式，在新品种选育、畜禽高效饲养、生态环境保护、新能源开发等领域实现重点突破。在林芝市示范推广果树生产与加工技术。继续做好中国农业科学院基本科研业务费支持下的西藏特色农产品加工项目，不断提高西藏和有关藏区农牧业发展的科技水平和可持续发展能力。

“三州”地区：围绕四川凉山、云南怒江、甘肃临夏等地区资源特点和农业产业发展技术需求，重点开展茶叶、烟草、油菜、蔬菜、瓜果、畜禽和牧草等产业的科技帮扶。通过开展合作研究、共建试验示范基地、联合产品技术研发等，促进提高“三州”地区农业产业科技发展水平，提高产品的技术含量和品质，延长产业链，提升价值链，带动增收增效。

4. 推进机制

整合和调动全院资源，与帮扶地区结对帮扶，集中力量加大对深度贫困地区的帮扶，突出重点，突出特色，促进贫困地区乡村振兴。

（1）突出科技帮扶。充分发挥中国农业科学院的科技优势，实现创新驱动脱贫。按照帮扶地区资源禀赋和产业发展重大技术需求，在贫困地区实施科技项目，带动提升重点产业的科技水平和产品的科技含量；开展科技成果转化与示范工作，辐射带动区域现代农业的发展。

（2）突出精准帮扶。根据帮扶地区农业产业发展的关键技术问题，制定精准帮扶计划，采取精准工作措施，组织对口的专业团队，选用具有针对性的科技成果和技术方法，实施具有针对性的一对一“靶向”帮扶，提高帮扶的精准性、科学性和实效性。

（3）突出绿色帮扶。示范推广节水、节肥、节药等绿色农业生产技术，严格控制农业污染给生态环境带来的压力。示范应用生物农药，推广测土配方施肥技术，推广畜禽粪污等废弃物资源化循环利用技术，减少对环境的污染，实现“绿水青山就是金山银山”。

（4）突出产业帮扶。通过产业兴旺，带动区域经济的发展，实现脱贫致富。强化贫困地区特色产业和优势品牌建设，加强特色产业发展关键技术攻关，促进产业转型升级。着力培育龙头企业，推动产业发展，带动贫困群众就业增收。在贫困地区建立全产业链发展技术体系，拉长产业链，提升价值链，增加附加值。促进一二三产业融合发展，促进农牧结合、农林结合，推进农业与旅游、文化、休闲等产业融合，转变农业生产方式，优化农业产业结构，推动农业农村经济的繁荣发展。

（5）选派科技副县长。在每个对口帮扶县选派一名科技副县长，协调各协同帮扶单位开展工作，为专业帮扶团队服务，帮助地方政府做好战略咨询、发展谋划和科技规划。

（6）建立协同帮扶和激励机制。根据帮扶地区的实际需求，每个定点县以一个研究所为主，结成对口帮扶关系，组织和聚集全院各研究所学科、技术、成果、人才等优势资源条件，开展联合扶贫攻坚，形成全院协同帮扶工作体系。充分发挥国家农业科技创新联盟的作用，组织全国相关联盟单位，建立协同帮扶联盟网络，构建“技术集成、人才集成、资源集成”的协同帮扶工作机制，形成工作合力，提高帮扶工作成效。建立健全职责分工、考核评估、监督检查、奖励激励等工作机制。加强对科技扶贫工作的绩效考核，制定考核评估办法，科学评估帮扶地区精准脱贫效果，形成目标明确、方法科学、可量化、可核查的科学考评体系。表彰在扶贫工作中表现突出的科技人员，在职务晋升和职称评聘等方面给予倾斜。

四、乡村振兴整县推进科技示范行动

1. 行动目标

到2022年，重点打造15~20个乡村振兴整建制推进科技示范县，通过加强示范县的乡村振兴规划、典型模式集成和技术支撑服务，实现产业振兴、人才振兴、文化振兴和生态振兴，成为国内领先的农业高新技术集聚园、先行先试试验田、绿色发展先行区，为全国乡村振兴战略实施提供中国农业科学院的智慧和样板。遴选若干典型示范县成为联合国粮农机构乡村发展的示范点，共同打造和宣传中国乡村模式。

2. 重点任务

（1）研究编制专项规划。调研示范县农业产业现状和制约瓶颈，围绕产业兴旺、生态宜居的重大技术需求，与示范县相关部门做好顶层设计和试点范围选择，构建高效对接和协作机制，共同编制科技示范行动规划、产业发展规划、生态环境规划等专项规划，明确总体思路、建设目标、重点任务、任务分工、保障措施等，为乡村振兴示范县建设提供理论指导和技术支撑，确保任务落地并取得实效。

（2）开展绿色高效生产功能区建设。以保障国家粮食安全为重点，结合示范县粮食主产区、科技园区、产业示范区等重点建设任务，集成水稻、小麦、玉米等重要粮食作物新品种、新技术、新模式，建设粮食作物绿色高效生产功能区，在功能区内重点建设新品种示范区、新技术示范区、新产品示范区、高产高效展示区等，强化示范推广与转化应用。

（3）实施特色农产品三产融合工程。以示范县蔬菜、花卉、食用菌、果树等特色优势产业为重点，以优质、高效、绿色为方向，实施特色农产品优势提升工程，打造农产品区域公用品牌，保护地理标志农产品，形成多模式推进、多主体参与、多利益连接、多要素发力、多业态融合的新格局，推进农产品精深加工产业发展，延伸产业链、增加附加值，促进农村一二三产业融合发展。

（4）实施生态循环农业全产业链工程。践行“绿水青山就是金山银山”的发展理念，以示范县生态产业为抓手，开展农作物秸秆、畜禽养殖废弃物处理及资源化利用，打造集引领、示范、乡游、体验等功能于一体的生态种养循环农业全产业链综合示范工程，推进乡村绿色和可持续发展，为生态文明建设做出示范和样板。

（5）实施智慧农业展示示范园工程。以互联网+智慧农业为载体，实施智慧农业展示示范园工程，建设休闲智慧农业展示区、植物工厂生产区、高效设施农业示范区、现代农业技术集成试验区和县域智慧农业大数据综合管理平台，打造示范县产业深度融合发展的智慧农业发展样板。

（6）实施休闲农业和乡村旅游精品工程。践行以人民为中心的发展理念，以消费者需求为导向，以促进农民就业增收、满足人民美好生活需要为目标，培育一批天蓝、地绿、水净、安居、乐业的美丽休闲乡村和功能科学、布局合理、设施完善、机制健全、带动力强的休闲农业精品园区（农庄），形成具有多重功能、独特魅力和“百花争艳”的休闲农业集聚区。

（7）打造田园综合体和特色小镇。按照功能定位准确、生态环境友好、政策措施有力、带动作用显著、投融资机制明确、运行管理顺畅的要求，在示范县选择产业基础好、环境优美的区域，打造示范县田园综合体和特色小镇，深度挖掘乡村特色资源，倡导低碳、生态等科学理念，着力开发农业多种功能，高标准发展农业“新六产”。

（8）开展技术服务与培训。针对示范县现代农业发展的技术需求，按照“急用、实用、管用”的原则，结合有关科研项目的实施，组织专家深入乡村、企业、农户，针对当地的主导产业开展专题讲座、现场咨询、入户指导、展览展示等形式多样的技术服务与培训活动，提升基层农技人员和农民的科技素质，提高农业生产技术水平，培训一批农业生产技术骨干和产业发展带头人。邀请示范县的农业管理干部、技术人员、农业企业经营者来我院进修，拓展管理干部的发展视野，提高战略谋划能力。

（9）构建多维共建模式。坚持院地合作、以县为主、联盟单位等多方协作的推进路线，构建融合多方力量和资源为一体、大团队联合攻关的共建模式；通过开展技术集成研究与示范，构建支撑产业发展的综合技术模式。

3. 实施计划

2018 年重点任务和指标：开展调研摸底，做好顶层设计和整体布局，制定出台《中国农业科学院关于乡村振兴科技示范县建设的实施意见》等政策文件，明确目标任务和工作机制，指导示范县建设有序开展，在江苏省东海县、河南省兰考县进行试点，探索经验。

2019 年重点任务和指标：重点启动实施江苏省东海县、河南省兰考县、江西省婺源县和四川省邛崃市的整县推进科技示范行动，联合地方政府和科教机构，重点做好对示范县的战略研究、顶层设计、规划制定、技术培训等。

2020 年重点任务和指标：开展核心关键技术研究与集成示范应用，强化技术培训，支持试验示范平台建设，形成地方优势农产品产业发展的新格局，打造支撑行动整县推进模式。同时根据总体布局再启动 3~5 个示范县的建设工作。

2021 年重点任务和指标：组织重大技术成果展示示范现场会，同时根据总体布局再启动3~5个示范县的建设工作。

2022年重点任务和指标：全面总结提炼先期启动的示范县建设的好经验、好做法、好机制、好典型，为推进实施乡村振兴战略提供有益经验和模式。同时根据总体布局再启动3~5个示范县的建设工作。

4. 推进机制

（1）建立协同推进机制。按照“院地合作、县为主体、规划先行、科技引领”的原则，坚持院（所）、省农科院、示范县“三方积极性”为示范县首要遴选标准，激发示范县地方政府的积极性、示范县所在地省市农科院的积极性和中国农业科学院牵头研究所的积极性，建立起政、产、学、研一体化共建体系，由院、示范县、示范县所在地省市科教单位多方协同推进，突出县委县政府与所在地企业的主体作用，强化示范县所在省级农科院的联盟机制，构建协同共建工作网络，形成相互配合、相互促进的高效工作机制。

（2）建立挂职干部选派机制。在每个示范县，选派一位专业领域与示范县产业特色相对应的科技干部挂任副县长，负责协调共建工作，形成共建各方的“桥梁”与“纽带”，协助示范县谋划建设与发展大计，形成紧密合作的共建关系。

（3）加强院所联动和院内协同。强化院、所两级共同负责，每个示范县的建设工作由一名院领导负责、由一个研究所牵头，多个研究所配合。成果转化局是示范县建设的归口管理部门，负责落实共建工作计划，协调各研究所开展示范县共建工作。

（五）农业绿色提质增效技术集成转化行动

1. 行动目标

针对我国区域现代农业发展的重大技术需求，重点推进水稻、玉米、小麦、大豆、油菜、马铃薯、棉花、茶叶、蔬菜、西甜瓜、苹果、梨、奶牛、羊、生猪、肉鸭16个产业绿色增产增效技术集成与转化应用。加快绿色提质增效技术转化应用，重点推广节本降耗、环境友好的农业生产技术，促进农业节本增效和农民增收。到2022年，集成600项先进适用技术，构建160套可复制可推广的综合技术生产模式，形成“高产、优质、高效、生态、安全”的新型生产体系，为我国乡村振兴提供技术支撑和模式储备。

2. 重点任务

（1）集成一批先进适用技术。根据不同区域和产业发展需求，围绕院内外、国内外关于品种、土壤、肥料、植保、栽培、饲料、营养、加工、机械、信息等方面的现有先进适用技术，重点遴选和集成推广一批针对性强、简单易学、容易落地和效果良好的节水、节肥、节药、生态环保、绿色可持续技术。

（2）突破一批核心关键技术。针对农业生产瓶颈问题，结合未来产业发展的技术需求，加强科技创新和关键技术研发，用科技创新突破技术瓶颈，重点加大突破性新品种培育以及全程机械化、肥水药高效利用、病虫草害综合防控等技术的研发与应用，实现“研发一批、储备一批、集成一批、转化一批”，引领产业发展。

（3）集成一批可复制可推广的全产业链综合技术模式。围绕区域农业生产技术需求和关键瓶颈问题，按照周年全产业链绿色高质高效的目标，集成一批适合不同区域特点的国内外现有的成熟先进技术，通过集成构建易操作、可复制、低成本、贯穿生产全过程和全产业链的绿色提质增效综合技术模式，建立完善的生产技术体系，提高单项技术的综合效应，形成区域农业重大技术问题的综合解决方案。

（4）构建协同攻关网络。加强协同攻关，形成所内、院内、国内、国际“四个协同”的工作网络。强化与院外兄弟单位协作，联合省级科研院所、院校等优势单位，集聚全国力量和资源，构建“集团军式”大联合、大协作的高效协同攻关网络，建立覆盖全国的集研究、示范、推广为一体的合作攻关联盟，形成上、中、下游紧密衔接的农业科技攻关和成果转化体系，提出区域农业主要问题系统解决方案。

（5）建立一批试验示范基地。在多区域、多地点设立试验示范基地，开展研究与示范，向社会示范展示集成的技术和模式，形成高效的科技成果集成转化展示服务平台，辐射带动区域农业的发展。长期稳定支持示范条件好、地方积极性高、便于学习观摩的基地，并做大做好，提高工作显示度。

（6）开展全程观摩和示范展示。结合试验示范基地建设，举办现场观摩会，观摩生产全过程以及每项技术措施和技术环节，促进科技成果与生产应用的对接，提升研究示范效果和影响力。

（7）强化技术培训和咨询服务。开展对试验示范基地周边地区的农民、农技人员以及种养大户、农业协会等新型经营主体的技术培训和服务，在技术应用的每一个环节开展技术指导和培训，发放技术“明白纸”，让农民学得会、用得上。针对产业发展存在的问题，组织协同攻关团队开展产业发展战略研究，研究产业发展全局性、战略性重大问题，形成高水平工作建议，为上级部门战略决策提供咨询服务。

3. 实施布局

（1）在粮食生产功能区，重点集成推广水稻、小麦、玉米、大豆、马铃薯等重要粮食作物的绿色提质增效技术 60 项，构建可推广可落地的综合技术模式 10 套，形成保障国家粮食安全的粮食产业绿色发展技术模式。

（2）在重要农产品保护区，重点集成推广油菜、棉花、蔬菜、奶牛、肉羊、生猪、肉鸭等不同产业的绿色提质增效技术 50 项，构建可推广可落地综合技术模式 15 套，创建一批促进现代农业发展和农民持续增收的核心产业绿色发展技术模式。

（3）在特色农产品优势区，重点集成推广果树、蔬菜、茶叶等特色优势产业的绿色提质增效技术 40 项，构建可推广可落地综合技术模式 10 套，创建一批具有品牌特色的产业绿色发展技术模式。

（4）在典型生态区，围绕农业可持续发展和创新农林文化旅游深度融合开展技术集成示范，重点集成推广北方“四位一体”生态模式等 5 套农业绿色可持续发展综合技术体系。

4. 推进机制

（1）强化责任分工。每个产业的绿色提质增效模式集成示范由一个研究所牵头，其他相关研究所根据专业参与，明确任务分工，强化责任落实。牵头单位主要领导为“第一责任人”，分管领导为“主要责任人”，项目实行首席专家负责制。

（2）制定工作计划。各牵头单位组织制定水稻、小麦、玉米等16个产业绿色提质增效技术集成的工作计划，明确目标任务和推进措施，开展专家咨询论证，建立科学合理的工作程序，为绿色技术集成与转化提供指南依据。

（3）加强高效协同。构建科研单位、地方政府、新型经营主体等广泛参与的高效协作机制。通过派遣科技人员到地方挂职等方式，强化院地合作，争取地方政策支持。将模式研究示范工作与地方政府“三农”工作结合起来，成为地方政府农业工作的抓手，建立协同创新、联合成果转化、同步研究示范的工作新机制。

（4）建立多元投入机制。完善支撑条件，将绿色模式研究与示范纳入科技创新工程和基本科研业务费进行稳定经费支持。项目承担单位要整合资源，发挥集聚效应，积极探索建立地方政府、科研单位、企业、新型经营主体多元化投入机制。

（5）完善考评机制。实施科学合理的工作考评机制，将模式研究示范工作纳入研究所年度考核评价和科技创新工程绩效评价体系。把每年试验示范规模、技术集成情况、提质增效情况、技术观摩情况、技术培训情况、与院内外协作情况、工作机制建立情况等，作为评价每个产业项目工作进展与成效的主要考核指标。

（六）农业绿色投入品创制行动

1. 行动目标

到2022年，围绕乡村振兴和农业农村现代化对新品种、新产品和新装备的重大需求，重点选育一批优质高效多抗的粮食作物、经济作物、园艺作物和牧草新品种，提高农产品的优质化率和国产率；研发一批环保高效的肥料、农药、饲料及添加剂、疫苗及诊断制剂、兽药和地膜等新型产品，突破农业生产中资源环境和质量安全等方面的瓶颈问题；创制一批节能智能的栽培、养殖、植保、收获、加工等机械装备，提升农业生产信息化、机械化、智能化水平。力争从源头上为优质农产品有效供给、农业绿色发展和农村人居环境改善，提供农业生产物质基础保障。

2. 重点任务

（1）优质高效多抗农作物新品种创制。针对我国农作物生物种业应用基础研究和原创性育种新技术研发仍然不足，育种效率偏低，突破性新品种缺乏等问题，研发基因组编辑、分子设计、单倍体育种、全基因组选择等前沿育种技术，创制产量、品质、抗病、抗逆、株型等重要性状改良的新材料，选育优质、高产、多抗、资源高效利用、适宜机械化的作物和牧草新品种。

资源高效利用的绿色优质高抗种质资源挖掘。通过表型和基因型分型精准鉴定，发掘一批高产、优质、抗病、抗逆、资源高效利用等主要性状的关键新基因；通过建立表型数据自动采集系统，整合表型、基因型、环境等数据信息，构建和完善国家农作物种质资源数据库。到 2022 年，基本实现主要作物种质资源的信息化和共享服务的智能化，一批优质基因资源得到有效利用，进一步提高种业自主创新能力。

绿色优质高抗等性状遗传基础与组学解析。重点研究农作物优异种质资源形成与演化规律，解析骨干亲本形成的遗传基础；克隆控制高产、优质、抗逆、抗病虫、资源高效利用、适应机械化等重要性状的关键基因，解析基因功能，阐明重要性状形成的分子机制；利用表型组、基因组、表观组、转录组、蛋白组、代谢组等组学技术，阐明重要性状的 DNA-代谢产物网络、蛋白互作网络、转录调控网络和基因调控网络。到 2022 年，在主要作物种质资源形成和演化规律解析，产量、品质、抗病虫、抗逆、资源高效利用、适应机械化等重要性状形成的分子机制方面取得重大进展。

作物高效精准育种新技术新方法与新品种培育。重点开展杂种优势利用、染色体工程、细胞工程、诱发突变、分子标记、全基因组选择、基因组编辑等育种关键技术创新；构建品种分子设计信息系统，与常规育种技术组装集成，构建高效精准的分子育种技术体系；创制高产、优质、抗病虫、抗逆、资源高效利用、适合机械化作业等突破性育种材料；加强基于表型组学的高通量信息获取技术与装备开发。到 2022 年，在分子标记、染色体工程、单倍体育种、基因组编辑、全基因组选择等关键技术方面取得重大进展，基本建立主要作物重要育种性状大数据信息库，创制一批优异育种新材料，培育一批重大新品种。

（2）新型农业生物制品创制。针对我国农药和化肥利用率低，新型农业药物及生物制剂较为匮乏，农产品药物残留日益加剧，农业面源污染严峻等问题，重点开展环保高效的新型生物肥料、农药、疫苗及诊断制剂、兽药产品研发，为确保我国农产品质量安全、农田生态安全和生物安全防控提供关键产品支撑。

生态和谐型绿色生物农药创制。重点研发免疫诱抗产品和新型微生物农药分子设计技术，天敌昆虫工厂化扩繁及产品长期贮存技术，基因编辑、RNA 干扰等核心技术。到 2022 年，在高效低毒低风险生物农药、植物免疫诱抗剂、种子生物制剂处理产品、天敌昆虫产品等新型农药产品方面取得重大进展，进一步提升绿色农药使用占比率和防治成效。

绿色高效肥料产品创制。重点研发肥料、作物、工艺专用型生物活性增效载体制备及其活性快速鉴定技术，增效载体与肥料协同配伍新产品及其产业化技术。到 2022 年，在高效生物肥料等新型肥料产品方面取得重大进展，进一步降低化肥用量，提高绿色肥料利用率和市场占有率。

可降解农业地膜创制。重点开展新型农用地膜、农产品包装纳米材料与环境修复材料研发，改善其物理化学性质与可降解性。到 2022 年，在可降解地膜产品、区域性残膜回收及综合利用配套技术方面取得重大进展，进一步提高可降解农业地膜使用率。

新型疫苗与兽药创制。重点研发新型基因工程疫苗精准定向设计技术和分子疫苗设计技术，研发快速、多重/高通量芯片技术、荧光标记核酸技术以及高敏感原位杂交的新型诊断技术，研发新型佐剂和免疫增强剂及与疫苗配伍技术、疫苗生产工艺优化及疫苗递送技术、靶向病原或宿主蛋白的精准定向药物设计技术，天然药物和中草药抗病活性先导化合物筛选技术等。到2022年，在集成化、高通量快速诊断技术和新型疫苗，高效、低毒、低残留的新型兽药产品等方面取得重大进展。

（3）兽用抗生药替代品与绿色饲料添加剂创制。针对我国饲料利用率低、畜禽养殖污染严峻等问题，重点开展环保高效的饲料及添加剂新型产品研发，为确保我国畜禽质量安全提供关键产品支撑。

新型饲料及安全添加剂创制。重点研究饲料成分快速精准测定方法、畜禽主要养分仿生评定方法和畜禽精准营养技术方案，开发新饲料资源的低能耗、高保真加工技术，开发饲料资源的增值加工和配伍技术。到2022年，在具有新功能、高附加值的新型饲料原料开发，饲用酶制剂、益生菌、活性肽、多糖、寡糖、植物提取物及其他抗生素替代品等新型生物饲料添加剂产品开发等方面取得重大进展，进一步提升对常规饲料资源和饲料药物的替代率。

（4）节能低耗智能化机械装备研发。针对我国农业装备感知及控制技术自主研发水平低，传感控制核心技术及系统仍受制于人，重大农业装备产品整体技术水平差距明显等问题，重点开展栽培、养殖、植保、收获、加工等关键机械和装备研发，促进农业信息化和现代化发展。

农业传感器产品创制。重点研发农业信息先进传感技术和农业传感器组网与多尺度融合技术，突破适于农业高湿热等复杂环境的微小型、可靠、低功耗、智能化、低成本的农业传感器及其相关技术，适于农业作业环境的自感知、自配置、自修复、自管理的组网、传输和管理技术。到2022年，在可规模化应用的低成本和高可靠性的系列传感器产品创制方面取得重大进展，提高国产高端传感器的市场占有率。

轻简型节能低耗农业装备。重点研发轻简节本减排耕种管技术装备，包括种子优选、耕地质量提升、精量播种与高效移栽、作物修整、精准施药、航空施药、精准施肥、节水灌溉、低损收获与清洁处理、秸秆收储及利用、残膜回收、坡地种植收获、牧草节能干燥、绿色高效设施园艺等装备，精准饲喂、废弃物自动处理、饲料精细加工、采收嫁接、分级分选、智能挤奶捡蛋、屠宰加工以及农产品智能精深加工等关键技术与装备。到2022年，在栽培、养殖、植保、收获、加工等轻简型节能低耗农业装备研发方面取得重大进展，进一步提高我国农业机械化水平。

3. 实施计划

2018年重点任务和指标：遴选急需重点研发的新品种、新产品、新机械装备清单及其实施团队，制订年度工作计划，明确考核指标，落实责任到人。

2019—2021年重点任务和指标：按照既定年度工作任务和时间节点，针对制约新品种、新产品和新机械装备适应性中的科学问题开展联合攻关，重点形成能落地的集成配套成果。同时结合应用示范效果，及时调整研发方向和目标任务。

2022 年重点任务和指标：全面评价和总结新品种、新产品和新机械装备的研发成效及转化应用前景，为扩大品种、肥料、农药、饲料及添加剂、疫苗、兽药、地膜等产品以及栽培、养殖、植保、收获、加工等机械装备的使用范围和市场占有率，做好相关技术储备。

4. 推进机制

（1）强化重大产品产出导向。完善有利于重大投入品产出的立项机制，加强投入品研发过程的统筹设计，设置多学科集成的农业科技项目，形成综合性一体化解决方案。完善有利于重大投入品产出的资源配置机制，围绕产品研发和应用链条上的难点问题，合理配置科技力量，共建基础支撑、产品研发和推广应用团队，共同开展上下游协同攻关。完善有利于重大投入品成果产出的评价机制，优化重大投入品科技成果产出的研发环境，评价指标要更加注重中长期评价，更加注重投入品的技术创新性、先进性和成熟度，更加注重引领支撑产业绿色发展的成效。

（2）推动双创鼓励政策落地。积极推动国家鼓励“双创”政策的落地实施，加强我院纪检、监察、审计、财务、科技等部门间的协调，制定具体的实施细则，实施科技人员双向流动、成果权益分配等政策。加强“双创”人才培育，开展技术转移和服务推广等专业培训，鼓励科技人员通过商品化、产业化的方式将科技成果转化为现实生产力。鼓励科技人员离岗创办企业，完善基本待遇保留、人事关系保留、职称正常晋升等管理办法，规范科技人员离岗期间和期满后的权利和义务。

（3）完善双创绩效激励机制。加快实施科技人员分类评价改革，完善以市场满意度和社会经济效益为导向的“双创”绩效评价体系，将转化应用新技术产生的社会效益纳入绩效考核范围。进一步完善科技人员兼职兼薪政策，实施专利权、著作权、植物新品种权及其他科技成果转化形成的股权激励政策，保障科研人员取得合法股权或薪资，充分调动科研人员研发创制绿色农业投入品的积极性。

（七）农业关键核心技术跨越行动

1. 行动目标

到 2022 年，围绕绿色生产、精深加工、质量安全、生态环境治理等核心关键领域和“卡脖子”技术，力争形成一批具有自主知识产权的核心技术成果，推动关键核心技术跨越发展。加快原始创新和自主创新步伐，重点突破“农作物高通量表型精准鉴定、畜禽核心种质育种、高效农业装备智能控制、农村生活垃圾污水无害化处理、优质乳品质评价”等一批受制于人的短板技术，实现关键核心技术自主可控。

2. 重点任务

围绕产业兴旺的重大技术需求，遵循农业科技发展规律，统筹部署“农作物高通量表型精准鉴定、畜禽核心种质育种、高效农业装备智能控制、农村生活垃圾污水无害化处理、优质乳品质评价”等短板技术研发，为推动农业农村现代化发展和乡村振兴提供关键核心技术支撑。

（1）农作物高通量表型精准鉴定技术。针对我国表型设备研究、设施发展和数据解析水平起步较晚，具有竞争能力的科研设备缺乏，严重制约基因挖掘和生物育种发展等突出问题，依托国家种质资源库，以大宗作物为目标，重点突破个体和群体的形态、发育动态、姿态、结构、生理生化、农艺和产量等重要性状的精准鉴定技术，实现图像和数据自动化提取，配合基因组学实现快速基因发掘和标记开发。到 2022 年，初步构建基于新一代物联网技术的天地多维一体并以规模化、精准化和智能化为基本特征的作物表型鉴定平台，初步实现作物育种产业链关键环节的有机整合，进一步提升我国作物育种的整体创新能力。

（2）畜禽核心种质高效育种技术。针对我国畜禽育种核心群体小，分子标记辅助育种和全基因组选择育种等现代分子育种技术应用程度低，性能测定技术标准化体系不健全等问题，重点突破我国主要畜禽品种全基因组选择技术、超数排卵/性别控制技术及移植配套技术，构建畜禽核心种质现代（智慧）育种技术体系；集成性能自动测定、芯片研发等技术，构建现代育种技术共享平台和新品种性能测试标准化技术体系。到 2022 年，在适合国内生产环境和市场需求的优质、高产、抗病畜禽新品种及配套系方面取得重大进展，进一步提高国产品种市场化率。

（3）高效农业装备智能控制技术。针对国内现有农机自动导航系统不能满足高速、宽幅作业需求，耕整地、种植、田间管理、收获和秸秆收集等环节作业质量在线监测与变量控制关键技术尚未突破，智能化农业装备关键部件缺乏等问题，重点突破高速、宽幅、高质量作业相匹配的农机自动导航技术，农机作业土壤状况实时获取技术，高适应性耕整地机械结构参数的智能化调整控制技术，高速作业下播种质量在线监测和精量播种技术，适合于不同区域的肥料精准变量和分层深施技术，高效精准变量施药技术，高效收获作业质量全程智能控制技术，秸秆捡拾揉搓打捆、压缩成型、缠膜青贮一体化智能控制技术。到 2022 年，在适应我国农业生产的智能农业机械装备研发方面取得重大进展，进一步提升耕种收作业效率、化肥和农药等资源利用率。

（4）农村生活垃圾污水无害化处理技术。针对我国乡村生产生活方式方法粗放，生活环境脏、乱、差现象普遍，生态破坏、环境污染突出等问题，重点突破微动力液态或固液混合污废物处置与自循环利用技术，低成本干物料污废物就近消纳与转化利用技术，乡村庭院/村落景观优化与生态强化技术，形成一批乡村生态修复与产业融合发展模式。到 2022 年，基本完善乡村环境承载力评估与功能适配技术规程，形成一批经济适用的乡村污废物处理及循环利用关键技术与装备，构建一批可复制、可推广的乡村生态修复与绿色发展技术模式，进一步提升污废物处理利用率，提升我国乡村家园清洁、田园秀美水平。

（5）优质乳品质评价技术。针对我国奶产品品质差异巨大，品质评价和营养功能挖掘技术缺失，奶产品的鲜活特性研究不足等问题，重点突破优质乳品质评价关键技术，包括奶产品质量安全风险评估及全程控制技术，奶产品品质评价与功能挖掘技术等；研发构建优质乳产业化技术体系，开发从原料奶质量安全控制、绿色低碳加工工艺，到优质奶产品开发的一体化技术。到 2022 年，基本构建奶产品质量安全与营养功能数据库，在奶业国家标准、整套优质乳评价技术规范方面取得重大进展；基本建立优质乳原料奶分级、加工工艺的关键控制点，开发一批优质乳产品。

3. 实施计划

2018 年重点任务和指标：围绕“农作物高通量表型精准鉴定、畜禽核心种质育种、高效农业装备智能控制、农村生活垃圾污水无害化处理、优质乳品质评价”等核心关键“卡脖子”技术，研究提出国家重点研发计划项目建议和自主创新实施方案。

2019 年重点任务和指标：重点推动重大技术专项建议进入国家科技计划重大专项（项目）指南，并纳入“十四五”科技项目发展规划；制定细化工作方案，明确各项任务的实施科研团队，确保责任落实到人，推动任务按计划启动实施。

2020—2022 年重点任务和指标：全面推进“农作物高通量表型精准鉴定、畜禽核心种质育种、高效农业装备智能控制、农村生活垃圾污水无害化处理、优质乳品质评价”等科研创新活动，突破一批关键核心“卡脖子”技术，形成一批具有自主知识产权的技术创新成果，为农业农村现代化发展提供科技支撑。

4. 推进机制

（1）加快推动协同创新。围绕农业产业链上中下游技术创新关键环节，通过国家农业科技创新联盟，有效整合我国农业科技领域优势资源，建立目标一致、优势互补、平台一体、利益共赢的协同创新机制，形成不同主体、区域、学科之间联合协作的核心技术协同创新体系，搭建分工协作、覆盖上中下游、多学科集成的农业科技协同创新格局，实现农业产业全链条、研究开发全过程的集成化创新。

（2）深入推进产学研结合。探索农业科技创新、人才培养和技术推广相互融合的产学研一体化联动工作机制，建立产业需求、技术研发和成果转化之间有机衔接的组织管理模式，打通产学研结合渠道，有效整合中国农业科学院科研优势和企业主体功能，鼓励科技人员创新创业，缩短核心技术成果转化和产业化周期，切实调动企业和研究所两方面的积极性。

（3）强化目标导向机制。进一步凝练科研目标，系统科学布局中国农业科学院学科、平台、人才等科技资源，围绕亟待突破的短板技术，根据不同产业发展的重大需求确定不同攻关方向，明确创新任务和考核指标。各研究所、相关创新团队把技术突破行动目标纳入本研究所、本团队的阶段规划，切实提高农业科技关键核心技术创新的组织保障水平。

（4）完善长期支持机制。建立健全关键核心技术财政投入保障制度，积极争取增量、高效利用存量，统筹安排科技创新工程、基本科研业务费等自主安排的科技经费，按照周期性、持续性和稳定性的方式，对具有重大产业支撑的关键核心技术进行倾斜性、稳定性长期支持。

（八）农业科技前沿突破行动

1. 行动目标

到2022年，瞄准世界农业科技基础前沿，围绕现代生物种业、智慧农业、农业大数据等战略领域，重点在“农业合成生物学技术、作物高光效育种理论与技术、马铃薯二倍体育种技术、动物干细胞与生殖调控技术、立体农业技术、农业大数据与云计算技术”等方面，取得一系列突破性、革命性重大理论，形成一批原创性颠覆性技术成果，提升我国农业科技原始创新能力，强化我国农业科技创新源头供给，努力抢占世界农业科技竞争制高点。

2. 重点任务

面向世界农业科技前沿，面向国家农业重大需求和未来科技发展趋势，聚焦基础前沿科学和交叉学科、新兴产业等战略必争领域，重点突破“农业合成生物学技术、作物高光效育种理论与技术、马铃薯二倍体育种技术、动物干细胞与生殖调控技术、立体农业技术、农业大数据与云计算技术”等方面的前沿颠覆性技术，为确保国家粮食安全、推进农业供给侧结构性改革、支撑乡村产业兴旺、推进农业绿色发展等战略目标实现提供科技引领和创新驱动。

（1）农业合成生物学技术。针对农业动植物性状、功能、产物等精确调控不足与创制效率低等问题，重点集成基因组、转录组、蛋白质组、变异组和代谢组等组学大数据，进行基因组的精确编辑，分析农业动植物抗逆、抗病、优质等特征和生理过程的重要节点，基于组织或细胞特异性组学分析技术挖掘基因顺式表达调控元件和反式作用因子。到2022年，初步建立纤维素酶分子机器、污染物降解、主要和次生代谢产物合成等功能元件和装置，初步建立高效表达调控元件验证和评估体系，进一步提高生物育种效率与靶向性。

（2）作物高光效育种理论与技术。围绕提高C_3作物光合作用效率、水分和氮素利用效率的重大育种需求，重点以水稻、谷子和玉米为主要材料，以突变体和自然种质筛选为基础，筛选获得一批叶脉结构和光合性能明显变化的突变体；开展C_4途径遗传调控的关键基因及表达调控规律研究，阐明C_4作物光合途径关键场所叶片Kranz结构形成的遗传机制；研究C_4途径生化代谢和物质运输的遗传机理，阐明光合途径代谢物质在不同的细胞、组织间的转运机制；以突变体C_3作物为受体，导入C_4途径生化代谢和物质运输等的关键基因，揭示C_4途径基因在C_3宿主中的表达调控规律。到2022年，在具有部分C_4特征的C_3作物中间材料创制方面取得重大进展，初步实现提高作物光合效率、培育高光效品种、提高粮食单产的阶段目标。

（3）马铃薯二倍体育种技术。针对马铃薯优良品种培育时间较长，块茎繁殖用种量高等问题，重点应用基因组大数据分析和合成生物学等技术手段，利用丰富的遗传材料，系统淘汰导致自交不亲和及自交衰退的基因，导入优异性状基因，构建“二倍体杂交育种—种子繁殖”体系。到 2022 年，在优质纯合亲本材料创制方面取得重大进展，初步揭示马铃薯自交衰退的遗传基础，为培育优良自交系提供理论基础和分子育种的靶标。

（4）动物干细胞与生殖调控技术。针对农业动物繁殖世代间隔长、繁殖力低，生殖细胞和干细胞调控技术研发不足等问题，开展农业动物配子发生、精卵融合、胚胎发育、性别分化、妊娠分娩等生殖机理研究，解析高繁殖力形成的生物学机制。到 2022 年，通过研究克隆动物细胞核重编程、卵母细胞激活、基因表达与调控等技术，在体细胞克隆、异种克隆、干细胞工程、治疗性克隆等技术创新方面取得重大进展，初步建立畜禽生殖干细胞的体外培养体系，进一步完善动物发情、妊娠等实时监测技术体系及繁殖障碍调控管理技术体系。

（5）立体农业技术。围绕未来植物工厂生产方式由二维尺度向三维垂直空间拓展的重大科技需求，重点研究大厦型垂直植物工厂结构与新材料技术，基于植物光配方的高光效 LED 光源创制及其智能光环境调控技术，多层立体水耕栽培及其营养液智能管控技术，有机废弃物处理及资源化利用技术，垂直植物工厂环境、营养、生物信息获取及智慧决策与管控技术等。到 2022 年，在垂直智慧植物工厂技术及成套技术产品创制方面取得重大进展，有效提升植物工厂资源利用效率、单位面积食物产能和智慧化管控水平。

（6）农业大数据与云计算技术。针对农业生产中农业信息资源共享开放不足，信息孤岛、数据壁垒、数据碎片化和信息不对称等问题，重点围绕农业生产精细化和管理智能化、农业基因组学研究、农业科研管理及知识服务等方面，研发数据采集、清洗、集成、关联和互操作等模型、方法与工具。开发不同粒度、不同维度的业务系统资源调度技术，研发信息获取、数据处理、知识发现、智能推送等关键技术。到 2022 年，在农业自然资源、农业生产、农产品市场、农业管理、科技信息等方面，初步建立现代农业数据关联分析、数据挖掘、知识发现等精准数据分析模型，进一步提升异构、异地环境下的云计算资源集成技术水平。

3. 实施计划

2018 年重点任务和指标：围绕“农业合成生物学技术、作物高光效育种理论与技术、马铃薯二倍体育种技术、动物干细胞与生殖调控技术、立体农业技术、农业大数据与云计算技术”等交叉前沿关键领域，研究提出重大专项（项目）建议和实施方案。

2019 年重点任务和指标：重点推动重大专项建议进入国家科技计划重大专项（项目）指南，并纳入“十四五”科技项目发展规划；制定细化工作方案，明确各项任务的实施科研团队，确保责任落实到人，推动任务按计划启动实施。

2020—2022 年重点任务和指标：全面推进“农业合成生物学技术、作物高光效育种理论与技术、马铃薯二倍体育种技术、动物干细胞与生殖调控技术、立体农业技术、农业大数据与云计算技术”的原始创新工作，解决一批前沿基础科学问题，形成一批原创性重大理论研究成果，为创新驱动发展提供原动力。

4. 推进机制

（1）强化问题导向。持续加强对世界农业科技发展态势的研判，密切跟踪基础前沿动态趋势，突出目标导向和问题导向，坚持基础性、原创性、关键性和引领性的选题标准，围绕生物种业、智慧农业、农业大数据等事关未来发展战略主动权的前沿交叉领域，谋划凝练一批重大科学问题，组织部署一批基础研究重大选题，建立项目储备库，统筹我院学科、平台、人才等科技资源，组织开展协同攻关和颠覆性创新，积极抢占科技竞争和未来发展制高点。

（2）持续稳定支持。建立院级统筹引导、研究所为实施主体的协同工作机制，加强前沿基础研究的科技力量布局与长期稳定支持，提升在基础数据、材料、设施仪器等方面的支撑保障能力。统筹利用好科技创新工程、基本科研业务费等专项资金，按照周期性、持续性和稳定性的方式，对重点工作持续稳定投入，不断提高财政资金支持强度，推动我院基础研究水平加快提升。

（3）强化评估调整。进一步完善以成果原创性为导向、周期设置合理的评估考核机制，探索实施第三方评价、代表性成果评价等评估方法，同时加强对基础研究发展前景的预测和分析，结合评估考核结果，及时调整研发方向、目标任务和支持强度。

（九）“一懂两爱”农业科技队伍建设行动

1. 行动目标

到 2022 年，通过强化农业科技人才队伍建设、创新青年人才培养方式、丰富农业人才培训模式，壮大科技成果转化人才、技术转移人才、科技推广人才、产业经营人才、新型农民和农业农村实用人才等队伍，提升青年科技人才扎根基层一线、奉献乡村振兴的服务意识，累计开展 44 000 人次专项培训，建立 50 个培训示范基地，培养一批“懂农业、爱农村、爱农民”的农业科技人才，为乡村振兴提供智力支持和人才支撑。

2. 重点任务

探索“一懂两爱”农业科技人才队伍建设新路径，重点实施以下培育和培训任务。

（1）加强农业科技成果转化人才队伍建设。聚焦乡村振兴战略实施和农业供给侧结构性改革，紧密结合农业产业重大需求，制定《中国农业科学院关于加强转化人才队伍建设指导意见》。探索设立中国农业科学院农业科技成果推广（开发）奖，在院所两级分别遴选一批开展成果转化应用效益显著、开展精准扶贫和乡村振兴等工作成效突出的转化人才。强化转化人才能力建设，有针对性地开展知识产权、经营管理、市场营销、投资融资等方面的技能培训。聘请优秀企业家作为转化人才兼职导师。积极选派转化人才到乡村振兴示范县或相关乡镇企业等开展调研交流活动，鼓励转化人才担任科技特派员，参加专家联县（乡、村）工作，到基层或企业挂职锻炼。完善专业技术人员在职或离岗创业制度，加强专业技术人员兼职和在职创办企业、离岗创业的管理等。

（2）加强青年人才“一懂两爱”使命意识教育。加大对我院青年科技人才的培育和培训力度，把青年农业科技人才使命意识教育作为实施乡村振兴科技支撑行动的基础性、战略性工程来抓。在提升青年人才、骨干人才科技创新能力、协同创新能力和服务“三农”能力的同时，对在读硕士、博士及博士后人员强化政治引领，引导青年人才理清思想、正本清源、坚定信念、牢记使命，厚植新时代人才价值观，不断激发人才队伍在新时代胸怀祖国、扎根一线、奉献乡村、立足岗位干事创业的强烈感情和内生动力。

（3）加强农业人才系列专题培训。开展“授渔脱贫培训专项”，针对贫困地区农业农村发展需要，以贫困地区农业产业带头人、技术骨干及贫困户为培训对象，着力培养一批适应高效、绿色生态农业发展需要的新型农民和生产能手。开展“地方人才支持培训专项”，建立院地人才合作交流与培育能力提升的支撑体系，结合当地人才培养与成长需求，大力推动新型农民、农村实用人才和地方科技人才储备与培育。同时加大西部之光访问学者和少数民族特培学员培养力度，强化边远贫困地区、边疆民族地区和革命老区等农业农村人才的培养，发挥学员的桥梁纽带作用，建立培养导师回访制度和科技服务长效机制，着力提高培养质量。开展“联盟科技人才培训专项”，促进创新联盟人才知识更新和农业科研协同创新，围绕国家农业科技创新联盟的职责和任务，着力推动农业科技人才队伍建设，不断提高专业技术人才的综合素质、专业水平和科技创新能力。

3. 实施计划

2018 年重点任务和指标：开展项目启动和调研工作，开展多学科、跨领域农业农村科技相关人才队伍的学习能力、学习目标调查，组织编制“一懂两爱”农业科技队伍建设行动方案，测算行动资金需求额度。

2019 年重点任务和指标：制定《中国农业科学院关于加强转化人才队伍建设指导意见》；设立培训专项经费；制定培训计划，开发和设计培训课程；根据“一懂两爱”农业科技队伍建设培训计划总体部署与要求，制定因地制宜、科学有序、行之有效的人才培训计划；年度累计开展 8 000 人次专项培训。

2020 年重点任务和指标：完善转化人才的激励机制，探索设立中国农业科学院农业科技成果推广（开发）奖，建立专业技术人员在职或离岗创业制度。按照课程设计与开发准则，建立循序渐进的、符合不同人才层次需求与发展目标的课程内容与课程计划体系，开发融合不同产业、技术领域、发展重点、需求层次的课程体系，不断完善课程库及相关资源库建设；年度累计开展 10 000 人次专项培训。

2021 年重点任务和指标：推进急需紧缺转化人才引进工作，开展高层次转化人才遴选和培育工作；成立“中国农业科技培训联盟”；优化课程设置，形成良性机制；完成培训专职队伍组建；根据技术需求与提升目标的变化，对培训课程的设置进行优化；年度累计开展 12 000 人次专项培训。

2022 年重点任务和指标：健全转化人才评价考核体系，建立科学化、社会化、市场化的转化人才评价制度；推进中国农业科学院培训中心实体化建设；总结已有农业农村人才培训基地建设经验，梳理培训示范基地建设模式，建立 50 个示范性基地；加快培训体系建设，年度累计开展14 000人次专项培训。

4. 推进机制

（1）选拔和培养高层次转化人才。实施转化人才培育工程，在院级和所级层面分别选拔一批成果转化应用效益显著、开展精准扶贫和乡村振兴等工作成效突出的转化人才，给予特殊支持。院级转化人才纳入院农科英才管理，经费条件、薪酬待遇等方面结合实际比照农科英才给予支持；所级转化人才比照各单位所级青年英才的经费条件、薪酬待遇予以支持。

（2）组建“中国农业科技培训联盟”。中国农业科技培训联盟旨在通过整合中国农业科学院和各省市自治区农业科研院所、农林高校、农业科技园区、知名企业的优秀教育培训资源，打造专业的农业人才培训合作与资源共享平台。培训联盟将立足未来农业经济发展需要，突出“共建共享、协同创新”的发展机制，培育造就一批“一懂两爱”的高素质专业人才队伍。

（3）加强培训专项的稳定支持。统筹资金渠道，设立“一懂两爱”农业人才培训专项，强化经费保障，专门作为开展培训工作所必需的业务经费和人员经费，促进农业科技人才及队伍建设系列培训向固定化、有序化、正规化方面发展并形成良性循环。培训专项经费管理遵循“目标明确、规划科学、管理规范”的原则，确保资金安全，提高使用效益。

（4）加强培训基础设施建设。组建高素质培训专职队伍，培养建立一支数量充足、结构合理、理论造诣精深、实践经验丰富的专职培训队伍，成为切实做好“一懂两爱”农业科技队伍建设的重要保障；加强“培训资源库”建设，按照“基础建设、应用推广、反馈评估、更新提升”四步，建立健全培训项目管理库、讲师资源库、课程资源库、课件教材库、学员档案库等；搭建“农业科技培训服务平台”，为实施网络培训教育提供优质的软硬件支撑服务平台和实用丰富的课件资源；加大农业农村人才培训基地建设，满足不同农业人才培训的需求，增强现场教学效果。

（5）推动院培训中心实体化运行。鼓励和推动“中国农业科学院培训中心”实体化运行，建设包括培训、教学、实践及生活基础设施的全国“一懂两爱”农业科技队伍培训综合体，形成规划合理、功能齐全、设施完善的培训保障系统，打造全国最具权威性、专业性和国际性的“一懂两爱”农业科技人才的孵化器。

（十）农业科技创新平台提升行动

1. 行动目标

到2022年，科技平台体系布局进一步完善，成果转化平台（基地）服务功能进一步增强，国家级科技平台数量力争突破45个，基本实现重点研究方向和研究所全覆盖，学科体系与平台建设的系统性和配套性进一步增强，平台对学科建设的支撑作用显著提升，形成基础与应用基础研究、高技术发展、共性关键技术创新相衔接，科学技术研究与农业产业发展相结合，定位清晰、布局合理、装备先进、功能完善、运转高效、体系健全、开放共享的现代科技创新平台和成果转化平台（基地）体系，为院“优势学科—卓越团队—重点任务—重大平台”一体化建设提供有力支持，为乡村振兴战略的实施做好基础支撑。

2. 重点任务

立足中国农业科学院已建的国家级、省部级、院级与科学研究、技术创新、基础支撑三级三类的 533 个科技平台基础，跟踪世界农业科技前沿，满足国家农业重大需求，以服务学科发展和创新团队建设为主线，以支撑学科高地、服务卓越团队、激发创新活力和促进成果转化为出发点和落脚点，系统谋划、统筹布局科技平台建设，加强资源整合和顶层设计，明确各学科平台建设的主攻方向和重点任务，以国家重点实验室、国家研究中心、农业科学观测试验站等科技平台为着力点，力争在关键领域尽快实现突破，积极联合院外优势资源力量，引领谋划国家农业科技创新中心（雄安）等国家重要战略创新力量的布局建设。同时，强化重大基础设施、大型仪器设备、野外试验基地、试验材料以及科技信息等平台资源的开放共享，“建设好、管理好、运行好、开放好”院科技创新平台体系。在长期性基础性工作、基础研究、应用基础研究、技术创新、集成转化、产业示范等农业科技创新链条上进行系统性设计和实施，为国家农业农村科技创新奠定牢固基础，为农业农村科学事业发展提供坚实支撑。

（1）加强国家科技平台建设升级。结合“国家科技创新基地优化整合方案”，统筹推进国家重点实验室、国家科技资源共享服务平台、国家重大科技基础设施、国家野外科学试验站、国家研究中心等国家科技平台的建议申报工作，支撑世界级农业科学中心建设，推进优势学科率先跨入世界先进行列。

（2）加强部级科技平台建设升级。结合“农业科技创新能力条件建设规划（2016—2020 年）”，统筹推进农业农村部“学科群”重点实验室、国家农业科学试验站、全国农业科技成果转移服务分中心等申报建设，同步提升支撑与服务能力，整合平台资源，支撑国家级农业科学技术中心建设，夯实重点学科在全国的领军地位。

（3）加强院级科技平台建设部署。结合《中国农业科学院“十三五”科技发展规划实施方案（平台专项）》，统筹推进院重点实验室、院公共实验室、联合实验室等建设，建成“中国农业科学院科技平台开放共享网络管理平台”，院层面试验基地部署基本完成，建成全国野外台站共享体系，形成布局合理、定位清晰、管理科学、支撑有力的基础平台体系。

3. 实施计划

2018 年重点任务和指标：开展作物基因资源、蔬菜生物学等国家重点实验室与园艺作物种质资源等国家科技资源共享服务平台立项申报，整合设施设备、重点实验室、科技资源共享平台、野外台站等存量资源，启动院大型设施设备开放共享网络管理系统升级工作，加强全国农业科技成果转移服务中心的商业化运作等工作。力争实现国家重点实验室立项建设新突破，国家科技资源共享服务平台增加 1～2 项，初步建成“中国农业科学院科技平台开放共享网络管理平台”。按照国家农业科学实验站整体部署，建设国家农业科学数据总中心、分中心和第一批观测试验站。

2019 年重点任务和指标：提出农作物种质表型和基因型等国家重大科技基础设施的实施建议，在前沿、新兴、交叉与空白学科部署启动建设一批院级重点实验室，统筹人、财、物等各方面创新资源，启动大型设施设备开放共享平台建设。力争实现国家重大科技基础设施的立项新突破，新建院重点实验室 10~15 项，建设首批院公共实验室 5~10 项。提高全国农业科技成果转移服务中心的科技成果商业化转移能力和成效。

2020 年重点任务和指标：推进农作物种质资源、土壤肥力与肥料效益等国家野外科学试验站的建设，以智力咨询、技术引领、优势合作为原则，探索与地方科研院所、涉农高校建设一批联合实验室。力争新建国家野外科学试验站 3~6 项，建设首批联合实验室 5~10 项。将全国农业科技成果转移服务中心建设成为农业类科技成果转移服务中心的第一品牌。

2021 年重点任务和指标：开展生物育种、农业生物安全、农业资源环境等国家研究中心策划立项，在科学研究、观测监测、产业示范等领域提升试验基地功能，持续推进院公共实验室建设工作。力争实现国家研究中心的立项突破，全院超过 30%试验基地具备综合创新支撑能力，建设第二批院公共实验室 5~10 项。基本完成国家农业科学观测实验站建设，形成体系化布局。稳步推进建成具有 3~5 个分支机构（分中心、站点等）的网格状全国农业科技成果转移服务中心。

2022 年重点任务和指标：提出农业重大气象灾害模拟舱等国家重大科技基础设施的实施建议，完善全院试验基地布局，依托全国的野外科学试验站、科学观测试验站等建设野外台站开放共享体系，完善机制并启动第二批联合实验室建设。力争实现国家重大科技基础设施立项突破，院层面试验基地部署基本完成，建成全国野外台站共享体系，建设第二批联合实验室 5~10 项。提升全国农业科技成果转移服务中心的全国影响力。

4. 推进机制

（1）完善统筹协调机制。坚持问题与需求导向，面向新兴、交叉、前沿、空白学科，面向农业农村工作主体要求，主动谋划建设国家重点实验室、国家野外台站等国家科技平台，统筹部署院重点实验室、公共实验室、联合实验室等自主平台，系统部署，实现农业基础研究、技术创新、监测观测、示范转化全覆盖。

（2）完善共建共享机制。各类科技创新平台需按照功能定位和目标任务，面向乡村振兴的科技支撑要求，借鉴创新联盟协作等形式，探索政产学研结合机制，发挥政府引导、科技支撑、企业参与等作用，协同国内科研院所、涉农高校等研究力量，实施联合平台建设，通过院科技平台资源共享网站，系统推进大型设施设备、科学台站等开放共享。

（3）完善高效运管机制。建立与平台特点相适应的管理办法，明确建设规模与支持标准，依据平台谋划、平台建设、平台运行、平台共享等工作链条，完善任务部署，形成工作合力。强化专门人才队伍建设，在平台管理、平台运行等环节，建设管理单元与特色功能单元，配备专业支撑人员，做好其培训使用，理顺上升渠道，明确工作定位，推进方法学开发与系统性研究方案创制，推助平台支撑能力持续提升。

（4）完善资源配置机制。完善分类支持方式和稳定支持机制，加强绩效考核与财政支持的衔接，同时，充分调动多渠道、多元化的资金投入，积极争取财政稳定支持，通过中央财政稳定支持条件能力建设，部署长期性工作，每年给予各平台相应的工作任务，并通过创新工程、基本科研业务费等稳定经费，以后补助、工作经费等形式持续支持平台运行。

三、组织保障措施

（一）加强组织领导

成立院乡村振兴科技行动领导小组，中国农业科学院院长和党组书记担任组长，相关分管副院长任副组长，院办公室、科技管理局、人事局、财务局、成果转化局和研究生院等部门主要负责人担任成员；主要负责在院层面进行决策，审议计划、规划和实施方案，推动重点任务落实，开展指导监督，统筹协调重点难点问题，形成快速高效决策机制。成立领导小组工作办公室，相关分管副院长兼任办公室主任，成果转化局主要负责人任办公室常务副主任，成员由院办公室、科技管理局、人事局、财务局、成果转化局和研究生院等部门，以及承接相关任务的研究所主要负责人构成。办公室挂靠成果转化局，具体负责日常组织和协调工作，组织制定实施方案并督促和检查各项任务完成情况，组织开展评估评价，以及各责任主体、参与主体间的组织协调等。

（二）落实责任主体

切实加强“十大行动”的统筹协调，每项行动实行“院领导牵头组织、首席科学家负责落实”的双重协调和推进工作机制，保障行动目标与任务落实落地。进一步明确每项行动的牵头组织单位和责任主体，落实每个示范县的牵头单位和挂职干部，明确各方工作职责和任务分工，加强资源统筹，坚持任务目标导向，形成推进合力。强化乡村振兴科技支撑行动的战略规划、顶层设计和统筹指导，建立院（所）、省市农科院、示范县、区域联盟单位等不同创新主体和实施单位间的利益联结机制，形成分工明晰、权责一致、协同有力的科技创新引领支撑乡村振兴的新格局。

（三）优化资源配置

依托科技创新工程专项资金，统筹相关科研经费、科技平台、人员团队等资源，盘活存量、撬动增量，进一步争取国家加大农业科技创新的支持力度，强化乡村振兴科技支撑行动的创新与工作经费保障。围绕农业农村质量发展、绿色发展、融合发展和创新发展的重大科技需求，坚持目标导向和问题导向，优化调整学科和创新力量布局，按照产业链配置创新链、资金链，加强原始创新，加强成果供给与转化，加强卓越团队建设，加强创新能力建设，促进创新模式由“研学产”实化为“产学研”，加快支撑乡村振兴的科技创新步伐，整体提升科技创新能力。

（四）强化绩效考核

坚持目标管理，把承担乡村振兴科技支撑行动任务，尤其是牵头组织科技示范整县推进工作纳入我院研究所和领导班子的评价考核，制定绩效激励奖励办法。各研究所、相关创新团队要按照乡村振兴科技支撑行动的总体部署和要求，把行动目标纳入本研究所、本团队的阶段规划和年度计划，加强绩效管理和激励政策引导，制定细化方案，明确目标责任，认真组织实施。建立健全分类考核评价制度，强化绩效结果的应用，将评价结果作为调整资源配置的主要依据，强化工作督办问责，确保重点任务落实落地。

（五）注重宣传引导

把乡村振兴科技支撑行动作为宣传重点，充分利用电视、广播、报刊、网站、微信等公众媒体，宣传行动实施成效，普及农业科技、乡村政策、治理法规等知识，推介典型案例和成功范式。加强农村公共技术传播与技术服务平台建设，通过新媒体系统为农业生产经营主体提供服务。实行乡村振兴科技成果定期发布制度，对具有重大应用前景的科技成果，采取媒体宣传、现场观摩、集中展示等方式发布和推介，促进技术转移转化，强有力支撑乡村振兴目标实现。利用国际媒体和国际组织渠道，讲好乡村振兴科技支撑行动和乡村振兴模式道路的中国故事。

中国农业科学院关于印发《中国农业科学院学科设置简表（2018 版）》的通知

院属各单位、院机关各部门：

为深入贯彻落实习近平新时代中国特色社会主义思想和贺信重要指示，有效服务支撑国家创新驱动发展战略和乡村振兴战略，引领推动科技创新工程向纵深发展，科技局组织开展了学科体系调整优化工作。本次调整工作按照“三个面向”“两个一流”和“一个整体跃升”目标要求，在系统梳理现有学科方向的基础上，对范围过窄、力量分散、内容重叠的学科领域进行归并，对同类、同质的重点方向进行整合，同时，适应新时代科技需求，适度超前部署一批急需开辟的新兴交叉学科领域及重点方向，增补一批支撑引领乡村振兴与绿色发展的学科领域及重点方向，形成了《中国农业科学院学科设置简表（2018 版）》（以下简称《学科简表》）。

《学科简表》规范了学科领域间的逻辑关系，明确了各重点方向的目标定位，具有严肃性和指导性。院属各单位、院机关各部门要切实强化学科在科研力量布局调整、科技资源优化配置中的指挥棒作用。一要突出《学科简表》基础性地位，统领学科建设和科技创新。进一步发挥学科体系统筹全院人才团队、科技平台、创新任务、制度建设等科技要素一体化发展的主线作用，紧密围绕学科高效整合科技资源、系统布局科研力量，强化《学科简表》的刚性约束。二要突出《学科简表》标杆式作用，指导创新重点优化调整。进一步落实学科体系对团队建设的引领作用，依据《学科简表》中各重点方向的目标定位，引导科研团队向学科重点方向聚焦，加强科研团队研究方向监测和考核评估，保障科研团队创新质量及其科研选题的稳定性。三要突出《学科简表》指令性功能，引领科技资源优化配置。进一步明确研究所定位和学科建设重点，推动科技创新工程、基本科研业务费等稳定支持的科技资源优先向重点学科领域、短板学科领域和亟须前瞻布局的新兴学科领域倾斜，培强一批优势学科、培优一批特色学科、培植一批前沿交叉学科。四要探索建立院所互动的学科建设与管理机制。进一步强化学科建设责任落实与组织保障，完善由“院引导、研究所建设和团队实施”共同配合构建的学科管理体系，明确院、所和团队三方的职能定位和学科建设任务。持续跟踪世界农业科技发展演化新趋势，密切把握我国农业科技发展新态势，建立符合我院发展特点的学科评价和动态调整机制。

《学科简表》已经 2018 年第六次院常务会审议通过，现印发给你们，请认真贯彻执行，不断强化学科体系对全院科技创新的引领作用，强有力支撑世界一流学科和一流科研院所建设。

中国农业科学院
2018 年 7 月 10 日

中国农业科学院学科设置简表
（2018 版）

（共 9 个学科集群—57 个学科领域—302 个重点方向）

一、作物科学（7 个学科领域—51 个重点方向）

学科领域	重点方向	目标定位
作物种质资源	作物种质资源收集与保护	基础性工作 共性技术研究
	作物种质资源鉴定与发掘	
	水稻种质资源收集、鉴定与评价	基础性工作 应用基础研究
	小麦种质资源收集、鉴定与评价	
	玉米种质资源收集、鉴定与评价	
	大豆种质资源收集、鉴定与评价	
	棉花种质资源收集、鉴定与评价	
	油料作物种质资源收集、鉴定与评价	
	饲料作物种质资源收集、鉴定与评价	
	特种农作物种质资源收集、鉴定与评价（烟草、麻等）	
	地方特色作物种质资源收集、鉴定与评价	
作物遗传育种	水稻遗传育种	应用研究
	小麦遗传育种	
	玉米遗传育种	
	棉花遗传育种	
	油菜遗传育种	
	大豆遗传育种	
	特色油料作物遗传育种（花生、芝麻、亚麻、胡麻等）	
	杂粮作物遗传育种	
	特种农作物遗传育种（烟草、麻等）	

（续表）

学科领域	重点方向	目标定位
作物栽培与耕作	作物高产理论基础	应用基础研究 共性技术研究
	作物生长模拟与智慧管理	
	作物耕作与生态	
	作物生殖与发育	
	水稻生理与栽培	应用基础研究 应用研究
	小麦生理与栽培	
	玉米生理与栽培	
	大豆生理与栽培	
	棉花生理与栽培	
	油料作物生理与栽培	
	特种农作物生理与栽培（烟草、麻等）	
作物分子生物学	作物分子育种理论与技术	应用基础研究 共性技术研究
	作物基因编辑与基因工程	
	作物基因安全评价与应用	
	作物染色体与细胞工程	
	作物生物反应器技术	
作物功能基因组	水稻功能基因组	基础研究 应用基础研究 应用研究
	小麦功能基因组	
	玉米功能基因组	
	棉花功能基因组	
	油料作物功能基因组	
	特种农作物功能基因组	
作物组学技术	作物基因组学技术	基础研究 应用基础研究 共性技术研究
	作物蛋白组学技术	
	作物转录组学技术	
	作物代谢组学技术	
	作物表型组学技术	
	作物表观组学技术	
	作物合成生物学技术	
作物生物信息学	作物生物信息数据挖掘与分析	基础研究 应用基础研究 共性技术研究
	计算仿真技术	

二、园艺科学（3个学科领域—29个重点方向）

学科领域	重点方向	目标定位
园艺作物种质资源与遗传育种	蔬菜种质资源	基础性工作
	十字花科蔬菜遗传育种	应用基础研究 应用研究
	茄科蔬菜遗传育种	
	葫芦科蔬菜遗传育种	
	薯类遗传育种	
	西甜瓜遗传育种	
	特色蔬菜遗传育种	
	花卉遗传育种（切花、盆栽及庭园花等）	
	仁果类果树种质资源与遗传育种	
	核果类果树种质资源与遗传育种	
	浆果类果树种质资源与遗传育种	
	特色果树种质资源与遗传育种	
	茶树种质资源与遗传育种	
	药用植物种质资源与遗传育种	
园艺作物生理与栽培	蔬菜生理与栽培	应用基础研究 应用研究
	薯类生理与栽培	
	瓜类生理与栽培	
	花卉生理与栽培	
	仁果类果树生理与栽培	
	核果类果树生理与栽培	
	浆果类果树生理与栽培	
	特色果树生理与栽培	
	茶树生理与栽培	
	药用植物生理与栽培	
	园艺作物发育与调控	应用基础研究 共性技术研究
园艺作物分子生物学	园艺作物基因挖掘与利用	基础研究 应用基础研究 共性技术研究
	园艺作物分子育种理论与技术	
	园艺作物组学技术	
	园艺作物合成生物学技术	

三、畜牧科学（6 个学科领域—33 个重点方向）

学科领域	重点方向	目标定位
动物种质资源	畜禽种质资源	基础性工作
	特种动物种质资源（鹿、貂等）	
动物遗传育种	猪遗传育种	应用基础研究 应用研究
	牛遗传育种	
	羊遗传育种	
	鸡遗传育种	
	水禽遗传育种	
	特种动物遗传育种（鹿、貂等）	
动物营养与饲养	家畜营养与饲养	基础性工作 应用基础研究 应用研究
	家禽营养与饲养	
	特种动物营养与饲养（鹿、貂等）	
	单胃动物饲料	
	反刍动物饲料	
	水产动物饲料	
	动物健康养殖与动物福利	
	饲料资源开发	
	饲料添加剂	
	饲料加工	
动物生物技术与繁殖	动物分子设计育种理论与技术	基础研究 应用基础研究 共性技术研究
	动物基因组学技术	
	动物蛋白组学技术	
	动物代谢组学技术	
	动物干细胞技术	
	动物胚胎学与繁殖	
	特种动物繁殖（鹿、貂等）	应用基础研究 应用研究

（续表）

学科领域	重点方向	目标定位
草业科学	牧草种质资源	基础性工作
	牧草遗传育种	应用基础研究 应用研究
	牧草栽培与生产	
	牧草加工	
	草地灾害防控	
经济昆虫	经济昆虫资源与育种（蜂、蚕等）	基础性工作 应用基础研究 应用研究
	经济昆虫病虫害防控	
	昆虫授粉与生态保护	

四、兽医科学（6 个学科领域—25 个重点方向）

学科领域	重点方向	目标定位
动物疫病	禽病毒病	应用基础研究 应用研究
	猪病毒病	
	草食动物病毒病	
	禽细菌病	
	猪细菌病	
	草食动物细菌病	
	畜禽寄生虫病	
	畜禽虫媒疫病	
	特种动物疫病	
动物病原学与免疫学	动物病原生物学	基础性工作 基础研究 应用基础研究 共性技术研究
	动物病原生态学	
	动物免疫生物学	
	动物疫苗与免疫诊断试剂	
	动物免疫组学技术	

（续表）

学科领域	重点方向	目标定位
动物兽用药物	兽用化学药物	应用基础研究 应用研究
	兽用天然药物	
	兽药残留与安全评估	
	病原耐药性	
临床兽医学	兽医临床诊疗	应用基础研究 应用研究
	中兽医理论与临床	
公共卫生学	外来人畜共患病	应用基础研究 应用研究
	食源性人畜共患病	
	宠物疫病	
	兽医公共卫生与安全	
实验动物学	实验动物培育与利用	

五、植物保护科学（7 个学科领域—24 个重点方向）

学科领域	重点方向	目标定位
农作物病害	作物病原真菌生物学与控制	基础研究 应用基础研究 共性技术研究
	作物病原细菌生物学与控制	
	作物病原病毒生物学与控制	
	作物线虫生物学与控制	
	粮食作物病害流行监测与防控	基础性工作 应用基础研究 应用研究
	经济作物病害流行监测与防控	
	园艺作物病害流行监测与防控	
农作物虫害	作物害虫生物学与控制	应用基础研究 应用研究
	粮食作物虫害监测与防控	基础性工作 应用基础研究 应用研究
	经济作物虫害监测与防控	
	园艺作物虫害监测与防控	
杂草鼠害	农田草害监测与防控	基础性工作 应用基础研究 应用研究
	农牧区鼠害监测与防控	
农业生物安全	外来入侵生物监测与防控	应用基础研究 应用研究
	转基因生物安全评价	

（续表）

学科领域	重点方向	目标定位
植保生物技术	有害生物功能基因组	基础研究 应用基础研究
	有害生物基因编辑与调控	
生物防治	天敌昆虫	基础性工作 应用基础研究 应用研究
	生防微生物	
	生物源农药	
化学防治	农药药效评价与应用	应用基础研究 应用研究
	农药环境毒理与安全	
	农药生物毒理与抗药性治理	
	农药减施与绿色化学农药创制	

六、农业资源与环境科学（9 个学科领域—42 个重点方向）

学科领域	重点方向	目标定位
农业土壤学	中低产田改良	基础性工作 应用基础研究 应用研究
	耕地质量培育	
	土壤耕作与保育	
	土壤植物互作	
植物营养与肥料学	植物营养诊断与养分调控	应用基础研究 应用研究
	养分循环与施肥技术	
	新型肥料创制	
农业水资源学	农业水资源优化配置	应用基础研究 应用研究
	作物需求与调控	
	雨养农田水分高效利用	
	非常规水资源化利用	
	非充分灌溉原理与技术	
农业气象学	农业温室气体减排	应用基础研究 应用研究
	气候资源与气候变化	
	农业气象灾害防控	
	气候智慧型农业	

（续表）

学科领域	重点方向	目标定位
农业微生物学	微生物资源保藏与利用	基础性工作
	微生物组学与合成生物学技术	基础研究 应用基础研究 共性技术研究
	微生物蛋白质工程	
	微生物遗传改良	
	土壤微生物	应用基础研究 应用研究
	农业环境微生物	
	食用/饲用/加工微生物	
农业生态学	农业生物多样性保护与利用	应用基础研究 应用研究
	种养加一体化循环农业	
	草原生物多样性保护与利用	
	天然草原生态	
	放牧人工草地生态	
农业环境学	农业面源污染防治	应用基础研究 应用研究
	农田重金属污染控制与修复	
	农田有机污染控制与修复	
	农业废弃物综合利用	
	农业环境信息	基础性工作 应用基础研究 共性技术研究
	农业资源监测与预警	
	农业环境监测与评价	
	农业资源环境承载力	
乡村环境	乡村环境规划	应用基础研究 应用研究
	乡村环境治理	
农业区域发展与管理	农业资源利用与区划	应用基础研究 应用研究 共性技术研究
	农业布局与区域发展	
	滩涂农业	应用基础研究 应用研究
	都市农业	

七、农业机械与工程科学（5 个学科领域—22 个重点方向）

学科领域	重点方向	目标定位
农业灌排水工程	节水灌溉技术与装备	应用基础研究 应用研究
	农田排水技术与装备	
	现代灌区节水工程	
	农村给排水与循环利用工程	
农业环境工程	畜牧养殖环境工程	应用基础研究 应用研究
	设施植物环境工程	
	生态农业工程	
生物质能源工程	种植业废弃物资源化工程	用基础研究 应用研究
	沼气工程	
	农村生物质新能源	
农业机械化工程	土壤耕作施肥机械	应用基础研究 应用研究
	种植机械	
	收获机械	
	植保机械	
	畜禽养殖设施装备	
	草地机械装备	
	农产品加工装备	
	农业废弃物资源化利用装备	
	设施园艺装备	
	山地小型自动化机械	
农业材料工程	纳米材料农业应用	应用基础研究 应用研究
	可降解材料农业应用	

八、农产品质量与加工科学（5 个学科领域—40 个重点方向）

学科领域	重点方向	目标定位
农业质量标准与检测	检测技术与农业标准	应用基础研究 共性技术研究
	标准物质与检测材料	
	农产品污染物检测	
	农产品溯源	
产品质量安全与控制	农产品污染物毒理与评价	应用基础研究 共性技术研究
	农产品质量安全风险评估	
	农产品加工过程风险评估与质量控制	
	谷物质量安全与风险评估	基础性工作 应用基础研究 应用研究
	蔬菜质量安全与风险评估	
	畜产品质量安全与风险评估	
	蜂产品质量安全与风险评估	
	饲料质量安全与风险评估	
	棉花质量安全与风险评估	
	油料质量安全与风险评估	
	果品质量安全与风险评估	
	茶叶质量安全与风险评估	
	草产品质量安全与风险评估	
	烟草质量安全与风险评估	
农产品加工	粮食加工	应用基础研究 应用研究
	肉产品加工	
	乳品加工	
	油料产品加工	
	果品加工	
	蔬菜加工	
	茶叶加工	
	蜂产品加工	
	纤维产品加工	
	特种动植物产品加工	
	食品智能制造	

（续表）

学科领域	重点方向	目标定位
农产品贮藏与保鲜	粮油储藏与质量控制	应用基础研究 应用研究 共性技术研究
	畜产品保鲜减损与贮藏	
	特色农产品保鲜与贮藏	
	果蔬采后生物学与保鲜	
	薯类保鲜与贮藏	
	花卉保鲜与贮藏	
食物营养与健康	食品酶工程与营养强化	基础研究 应用基础研究 应用研究 共性技术研究
	农产品营养因子与功效评价	
	食品营养组学	
	精准营养与肠道微生态	
	农产品营养标准	

九、农业信息与经济科学（9 个学科领域—36 个重点方向）

学科领域	重点方向	目标定位
农业情报学	情报学理论与方法	应用基础研究 应用研究 共性技术研究
	数字图书馆技术	
	农业知识管理与信息服务	
	农业文化遗产	基础性工作
农业大数据	农业信息监测与预警	基础性工作 应用基础研究 应用研究 共性技术研究
	农业认知计算	
	农业大数据挖掘与分析	
	农业大数据治理	
农业信息技术	农业物联网技术	应用基础研究 应用研究 共性技术研究
	农业云服务技术	
	农业智能控制技术	

（续表）

学科领域	重点方向	目标定位
智慧农业	农业遥感技术	应用基础研究 应用研究 共性技术研究
	草地生态遥感	
	天空地一体化智能农业系统	
	自动化与智能管理决策系统	
	垂直智慧农业系统与工程	
	农业智能机器人	
	数字草原	
产业经济与政策	产业经济理论与政策	应用基础研究 应用研究
	粮食作物产业经济与政策	
	经济作物产业经济与政策	
	饲料作物产业经济与政策	
	畜牧业经济与政策	
	特色产业经济与政策	
技术经济与政策	技术经济理论与政策	基础研究 应用基础研究 应用研究
	农业农村现代化理论与政策	
	农业技术创新与评价	
区域经济与政策	区域农业经济理论与政策	
	农产品市场与贸易	
	国外农业经济与科技政策	
乡村发展与政策	农村发展与乡村治理	
	农村财政与金融	
	农村资源与环境政策	
	城乡融合政策	
食物营养发展与政策	食物营养发展与战略	
	食物营养产业与政策	

中国农业科学院关于开展科技创新工程考核评估的通知

院属各研究所、院机关各部门：

为深入贯彻落实党的十九大精神和习近平总书记贺信指示，系统总结科技创新工程实施 5 年来的进展与成效，审视全面推进期研究所科技创新工程实施情况，进一步明确发展定位，理清发展思路，推动科技创新工程做大做强，加快“两个一流”建设，按照农业农村部与财政部的要求，根据《中国农业科学院科技创新工程绩效管理办法（试行）》规定，经第五次院常务会议审议通过，决定开展科技创新工程 5 年考核和全面推进期中期评估工作。具体事项通知如下。

一、5 年考核

我院科技创新工程启动实施已满 5 年，有必要进行全面系统总结。重点对第一批进入科技创新工程的 11 个研究所进行 5 年考核，按照研究所对科研团队考核、研究所自评价、院对研究所考核 3 个层级，自下而上，依次开展。研究所对科研团队考核、研究所自评价由研究所自主开展，相关要求见附件 1。院对研究所考核由科技局会同相关部门共同组织开展，考核方案见附件 2。

第二、第三批进入科技创新工程的研究所，仅需要对本研究所科技创新工程启动实施以来的进展和成效进行全面系统总结，提交总结报告，不做分级考核。总结报告格式见附件 3。

二、中期评估

按照规定，今年是全面推进期的中期评估年。全面推进期中期评估的范围是 33 个进入科技创新工程的研究所，考评时段为 2016 年至 2018 年 6 月。按照研究所对科研团队评估、研究所自评估、院对研究所评估 3 个层级，自下而上，依次开展。研究所对科研团队评估、研究所自评估由研究所自主开展，相关要求见附件 4。院对研究所评估由科技局会同相关部门共同组织开展，评估方案见附件 5。

三、相关要求

（一）认真组织实施

请各研究所高度重视本次考核评估，结合本所情况，细化考评方案，做好动员部署，认真开展考评。第一批进入科技创新工程的研究所可根据实际情况统筹安排好5年考核和全面推进期中期评估工作。

（二）按时提交材料

5年考核和中期评估过程中，研究所需要按时提交以下材料。

6月30日前，第一批研究所提交5年考核方案。

7月31日前，第一批研究所提交5年考核自评报告，第二、第三批研究所提交试点以来总结报告。

8月10日前，全部研究所提交中期评估方案。

9月15日前，全部研究所提交研究所对科研团队中期评估报告、研究所全面推进期中期评估自评报告和2018年上半年研究所评价中发展实力指标的数据。

上述材料提交至科技局，电子版发送至创新办邮箱 chuangxinban@ caas. cn，纸质盖章版一式3份提交科技局综合处。

四、联系人

冯晓赟　010-82105526，董照辉　010-82109416

附件：1. 第一批研究所对科研团队考核及自评工作要求
2. 院对第一批研究所5年考核方案
3. 研究所科技创新工程实施情况总结报告格式
4. 研究所对科研团队中期评估及自评工作要求
5. 院对研究所全面推进期中期评估方案

中国农业科学院

2018年6月19日

附件 1

第一批研究所对科研团队考核及自评工作要求

研究所对科研团队考核与研究所自评价是科技创新工程绩效考评的重要组成部分，是全院绩效考评工作的基础。请第一批研究所高度重视此次 5 年考核工作，结合本所实际，研究制定考核方案，认真组织实施。考核方案须报科技局审核备案。相关要求如下。

一、研究所对科研团队考核

（一）考核方式

研究所对科研团队考核由研究所自主开展，须采用定量与定性相结合的方式进行考核。考核对象包括不同批次进入科技创新工程的所有团队，考核时段为各团队进入科技创新工程试点至 2017 年年底。

1. 定量考核

占总分 50%。由研究所对科研团队的科研产出情况进行量化打分。

2. 定性考核

占总分 50%。由研究所成立专家组对科研团队的建设发展情况、创新能力和创新水平等进行定性打分。专家组组长由对口联系院领导担任，成员由相关领域知名专家组成，不少于 9 位，其中所外专家不低于 80%。院机关相关部门派人列席科研团队考核。

（二）考核内容

1. 量化考核内容

主要考核科研团队进入科技创新工程以来在科研立项、科研产出、成果转化、人才队伍、协同创新、国际合作等方面的量化产出情况。具体考核指标和评分标准可由研究所根据本所学科特点制定，也可参考研究所评价指标体系。

2. 定性考核内容

对科研团队的定性考核打分表由研究所根据实际情况制定，但须包含以下内容。

（1）研究方向。科研团队研究方向是否符合研究所的发展定位和发展方向，是否符合“三个面向”要求。

（2）重点任务。重点任务是否聚焦研究方向，是否具有创新性、优势与特色，是否避免了小而散，任务总体目标是否瞄准重大科学突破、技术创新和产品创制。

（3）首席履职。首席专家是否具备领导团队的学术水平和领导能力，作用发挥是否到位，首席研究重点是否与团队方向保持一致，是否能够组织与带领科研团队围绕团队统一目标开展科技创新。

（4）团队建设。团队人员梯队结构是否合理，如首席将于5年内退休，首席后备人选是否到位；岗位、学科配置是否合理，青年人员是否有良好的成长空间。

（5）代表性成果。代表性成果在国内外同领域的水平或影响力，是否能够解决重要科学或产业问题，是否已经成为或能够创制重大产品。

（6）学术影响力。在国内外同领域的水平及影响力，如学科引领、主持国家级或省级等竞争性科研项目的情况等。

（7）产业支撑。对本行业产业发展的支撑能力和作用发挥情况。

（8）其他内容。除上述内容外，研究所可根据本所情况，自行增加对科研团队的考评内容。

（三）考核结果

研究所根据定量和定性考核总分对科研团队进行排序，并对每一个科研团队指出存在的主要问题，提出改进建议，写入研究所5年考核自评报告。

二、研究所自评价

（一）考核方式

研究所自评价由研究所自主开展，考评方式自定。自评价时段为2013—2017年。

（二）考核内容

主要从本所的发展定位、学科布局、研究方向、科技创新、体制机制创新、成果转化与贡献、人才团队建设、科研条件建设、国际合作与交流、资金使用管理、组织管理等方面进行深入分析。

（三）考核结果

研究所按照考评内容，总结进展成效，梳理工作亮点，凝练代表性成果，查找问题，研究提出改进措施和建议，形成5年考核自评报告。

三、时间安排

6 月 30 日前，研究所制定 5 年考核方案，做好对科研团队考核和自评价工作的安排，明确考评方式、内容、程序等。

7 月 31 日前，研究所开展对科研团队考核和自评价工作，深入总结科技创新工程 5 年实施情况，形成 5 年考核自评报告，报告中需包括科研团队考核结果。

四、材料提交

6 月 30 日前，第一批研究所提交 5 年考核方案。

7 月 31 日前，第一批研究所提交 5 年考核自评报告。

上述材料提交至科技局，电子版发送至创新办邮箱 chuangxinban@ caas. cn，纸质盖章版一式 3 份提交科技局综合处。

附件2

院对第一批研究所5年考核方案

院对研究所5年考核以总结成效、发现亮点、梳理经验为目标，对第一批研究所科技创新工程5年实施情况进行考核。按照院里统一部署，科技局牵头院机关相关部门共同对第一批研究所开展科技创新工程5年实施情况考核。具体方案如下。

一、考核方式

院对研究所5年考核采取定量与定性相结合的方式，对研究所科技创新工程的进展成效进行考核打分，总分100分。考核时段为2013—2017年。

（一）定量考核

占总分50%。对研究所5年来的科研投入产出情况进行量化打分，数据来源为研究所评价相关指标数据。

（二）定性考核

占总分50%。由科技局在研究所对科研团队考核基础上，组织专家对研究所的发展水平、创新能力、成果产出和管理水平进行综合打分。专家组组长由院领导担任，副组长由领域专家担任。专家组成员包括领域专家和管理专家。领域专家人数在11位以上，院外专家不低于80%，主要负责对研究所发展水平、创新能力、成果水平等做出综合评价，领域专家打分占定性分数的80%。管理专家人数为3~5位，包括国内管理专家、上级管理部门领导和院内相关部门领导，主要对研究所的管理水平和管理成效做出评价，管理专家打分占定性分数的20%。

二、考核内容

（一）量化考核内容

采用研究所评价相关指标和数据，对研究所5年来在科研立项、科研产出、成果转化、人才队伍、科研条件、协同创新、国际合作7个方面的量化产出进行统计计分。

（二）定性考核内容

主要包括 9 方面内容，由领域专家和管理专家分别对研究所的工作成效和管理状况进行综合评价打分。《院对研究所 5 年考核领域专家打分表》见附表 1，《院对研究所 5 年考核管理专家打分表》见附表 2。

（1）定位与使命。目标定位是否清楚，预期定位是否达到，使命是否担当。

（2）学科布局。学科布局是否符合“三个面向”要求，是否根据世界农业科技前沿、国家重大需求和现代农业建设需求进行了调整。

（3）创新能力和水平。创新能力是否进入世界一流水平或达到国内顶尖水平，是否有显著提升，在国内外同领域的位置和影响力是否显著提高。

（4）代表性成果。是否取得了重大科学突破、重大技术创新、重大产品应用。

（5）产业支撑。对国家主导产业发展的支撑能力和支撑水平，对现代农业发展的贡献情况。

（6）人才团队建设。是否有国际、国内一流科研团队。

（7）科研条件建设。科研条件是否大幅改善，是否为科技创新提供了强大支撑。

（8）国际合作与交流。国际合作是否促进了研究所创新能力和创新水平提升，是否扩大了研究所的国际影响力。

（9）体制机制与运行管理。科技创新工程科研团队建设、绩效管理、院人才工作计划、经费管理等制度是否落实到位，经费使用是否安全规范。

三、现场考核

科技局组织专家组分赴 11 个研究所开展现场考核，每个研究所现场考核时间拟定 1 天。具体考核日期由研究所和科技局在规定时段内共同商定。院对研究所的现场考核具体分 4 个步骤进行。

（一）熟悉材料

专家提前阅读科技创新工程 2017 年度监测报告、研究所 5 年考核自评报告等相关材料，熟悉研究所的基本情况、定位职责、实施成效及问题，做好考核准备。

（二）专家组预备会

院领导介绍考核目的和要求，与专家组进行沟通交流，确定工作重点，统一思想。

（三）现场答辩

由研究所汇报整体情况，重点是科技创新工程实施情况、取得成效、存在问题和改进措施。专家进行询问，双方开展交流。

（四）座谈考察

专家组同研究所领导、科研人员、管理人员进行座谈交流，查阅详细资料，查看实验室、基地、仪器设备等，进一步了解研究所的实际情况。

四、考核结果及反馈

（一）形成考核报告

科技局根据研究所定量考核和定性考核情况，形成全院 5 年考核报告，考核报告包含第一批研究所科技创新工程的实施成效、问题及建议等内容。

（二）报告反馈

5 年考核报告报院常务会议审议，审议通过后正式反馈第一批研究所，并提供给院机关各部门用于决策参考。

五、时间安排

8 月 15 日前，科技局组织审核研究所 5 年考核自评报告，统计计算研究所评价相关数据和分数，开展定量考核。

9 月 15 日前，科技局协同院机关相关部门组织领域专家组和管理专家，分赴 11 个研究所开展现场考核，听取汇报，进行定性考核。

10 月 15 日前，科技局组织院机关相关部门，根据定量考核和定性考核结果，研究撰写 5 年考核报告，报院常务会议审议。

10 月 31 日前，将审议通过的 5 年考核报告反馈第一批研究所，同时提供给院机关各部门。

附表：1. 院对研究所 5 年考核领域专家打分表

2. 院对研究所 5 年考核管理专家打分表

附表 1　院对研究所 5 年考核领域专家打分表

研究所：　　　　　　　　　　　　　　　　　　年　月　日

一级指标	权重	考核标准	评分	单项意见
1. 使命定位	10 分	A. [9, 10] 分　发展目标符合国家队定位，履行使命担当充分 B. [8, 9) 分　发展目标基本符合国家队定位，履行了使命担当 C. [6, 8) 分　发展目标与国家队定位有差距，履行使命担当不足，正在调整优化 D. [0, 6) 分　发展目标与国家队定位有差距，未制订调整计划		
2. 学科布局	15 分	A. [13, 15] 分　学科布局符合"三个面向" B. [10, 13) 分　学科布局基本符合"三个面向"，正在调整优化 C. [9, 10) 分　学科布局与"三个面向"有差距，已制订调整计划并实施 D. [0, 9) 分　学科布局与"三个面向"差距较大，未制订调整计划		
3. 创新能力和水平	15 分	A. [13, 15] 分　创新能力显著提升，在国内外同领域的影响力显著提高，已跻身国际先进行列 B. [10, 13) 分　创新能力大幅提升，在国内外同领域的影响力大幅提高，已达到国内一流水平 C. [9, 10) 分　创新能力有所提升，在国内外同领域的影响力有所提高，已达到国内先进水平 D. [0, 9) 分　创新能力未有提升，在国内外同领域的影响力未提高，未达到国内先进水平		
4. 代表性成果	15 分	A. [13, 15] 分　取得了重大有效的科学、技术或产品突破 B. [10, 13) 分　取得了有重要影响的科学、技术或产品进展，有望产生重大成果 C. [9, 10) 分　取得了一批有影响力的成果，但没有重大成果产出 D. [0, 9) 分　未发现有影响力的成果		
5. 产业支撑	10 分	A. [9, 10] 分　有力支撑、引领了本领域产业发展 B. [8, 9) 分　在本行业领域发挥了重要支撑作用 C. [6, 8) 分　在本行业领域发挥了一定支撑作用 D. [0, 6) 分　对行业领域发展支撑较弱		
6. 人才团队建设	15 分	A. [13, 15] 分　1/2 及以上的科研团队达到国际一流水平 B. [10, 13) 分　1/3 及以上的科研团队达到国际一流水平 C. [9, 10) 分　1/5 及以上的科研团队达到国际一流水平 D. [0, 9) 分　科研团队整体水平较弱		

（续表）

<table>
<tr><th>一级指标</th><th>权重</th><th>考核标准</th><th>评分</th><th>单项意见</th></tr>
<tr><td>7. 科研条件建设</td><td>10 分</td><td>A. ［9，10］分　科技平台或基地条件满足科研工作需要
B. ［8，9）分　科技平台或基地条件基本满足科研工作需要
C. ［6，8）分　科技平台或基地条件不能满足科研工作需要，已实施提升计划
D. ［0，6）分　科技平台或基地条件不能满足科研工作需要，提升计划不明确</td><td></td><td></td></tr>
<tr><td>8. 国际合作与交流</td><td>10 分</td><td>A. ［9，10］分　取得了重要成效，显著提升了研究所国际影响力
B. ［8，9）分　取得了有影响力的国际合作与交流成果，提升了研究所国际影响力
C. ［6，8）分　有实质性国际合作与交流，研究所国际影响力有所提升
D. ［0，6）分　实质性国家合作交流较少，对提升研究所国际影响力作用较小</td><td></td><td></td></tr>
<tr><td colspan="3">总分［优秀：应为 80 分及以上；良好：应为 70～80 分（不包括 80 分）；一般：应为 60～70 分（不包括 70 分；较差：60 分以下］</td><td colspan="2"></td></tr>
<tr><td>9. 总体判断</td><td colspan="4">□A. 实施成效显著，取得了重大进展　□B. 实施效果良好，有亮点
□C. 实施效果一般，基本完成任务　□D. 工作未完成
□E. 其他意见</td></tr>
<tr><td>10. 主要优势</td><td colspan="4"></td></tr>
<tr><td>11. 存在问题</td><td colspan="4"></td></tr>
<tr><td>12. 改进建议</td><td colspan="4"></td></tr>
</table>

备注：1. “考核标准”列分值［0，6）表示 0 分到 6 分，包括 0 分不包括 6 分，方括号表示包括，圆括号表示不包括。其他同理。

2. “评分”列请填写具体分值，不要填写“A”“B”“C”或“D”选项，分值可到小数点后一位。

专家签字：

附表 2　院对研究所 5 年考核管理专家打分表

研究所：　　　　年　月　日

评价指标	权重	考核标准	打分	单项意见
1. 体制机制创新	15 分	A. ［13，15］分　建立了完善的科技创新工程制度体系，实施效果显著 B. ［10，13）分　建立了科技创新工程制度体系，实施有效果 C. ［9，10）分　基本建立了科技创新工程制度体系，实施效果不明显 D. ［0，9）分　未建立科技创新工程制度体系		
2. 组织管理模式	15 分	A. ［13，15］分　构建了完善的科技创新工程组织管理模式，管理规范高效 B. ［10，13）分　构建了科技创新工程组织管理模式，管理比较规范 C. ［9，10）分　基本构建了科技创新工程组织管理模式，管理有待进一步规范 D. ［0，9）分　未构建起相应的组织管理模式		
3. 协同创新机制	10 分	A. ［9，10］分　建立了完善的协同创新机制，牵头科技创新工程协同创新任务，实施效果显著 B. ［8，9）分　建立了协同创新机制，牵头或参与科技创新工程协同创新任务，实施有效果 C. ［6，8）分　基本建立了协同创新机制，参与科技创新工程协同创新任务，实施效果不明显 D. ［0，6）分　未建立协同创新机制，未参与科技创新工程协同创新任务		
4. 成果转化制度	10 分	A. ［9，10］分　建立了完整、科学、具有可操作性的成果转化管理制度，成果转化率显著提升 B. ［8，9）分　建立了比较科学的成果转化管理制度，成果转化率有所提升 C. ［6，8）分　基本建立了成果转化管理制度，实施效果不明显 D. ［0，6）分　未建立成果转化管理制度		
5. 评价激励机制	10 分	A. ［9，10］分　建立了完善的评价激励机制，实施效果显著 B. ［8，9）分　建立了评价激励机制，实施有效果 C. ［6，8）分　基本建立了评价激励机制，实施效果不明显 D. ［0，6）分　未建立评价激励机制		
6. 人才建设	15 分	A. ［13，15］分　人才政策落实到位，岗位、学科、年龄结构合理，团队很有活力 B. ［10，13）分　人才政策落实基本到位，岗位、学科、年龄结构比较合理，团队有活力 C. ［9，10）分　人才政策落实不到位，岗位、学科、年龄结构有待优化 D. ［0，9）分　未落实人才政策，岗位、学科、年龄结构不合理		

（续表）

评价指标	权重	考核标准	打分	单项意见
7. 科研平台管理与共享	10分	A. ［9，10］分　管理规范，运转高效；建立了开放共享机制，全部开放共享 B. ［8，9）分　管理比较规范，运转正常；建立了开放共享机制，开放共享水平较高 C. ［6，8）分　管理水平低，需要加强；开放共享机制有待健全，开放共享水平较低 D. ［0，6）分　管理不佳，需要整顿；没有建立开放共享机制		
8. 资金使用管理	15分	A. ［13，15］分　建立了高效内部控制制度，管理规范，资金使用安全 B. ［10，13）分　建立了内部控制制度，管理比较规范，资金使用安全 C. ［9，10）分　制度有待健全，管理水平低，需要加强，资金使用安全 D. ［0，9）分　制度有待健全，管理不佳，需要整顿		
总分［优秀：应为80分及以上；良好：应为70~80分（不包括80分）；一般：应为60~70分（不包括70分）；较差：60分以下］				
9. 总体判断	□A. 制度健全，管理规范高效，运转有序 □B. 制度健全，管理比较规范，运转正常 □C. 制度有欠缺，管理水平低，需要加强 □D. 制度有欠缺，管理不佳，需要整顿 □E. 其他意见			
10. 存在问题				
11. 改进建议				

备注：1. “考核标准”列分值［0，6）表示0分到6分，包括0分不包括6分，方括号表示包括，圆括号表示不包括。其他同理。

2. “评分”列请填写具体分值，不要填写“A”“B”“C”或“D”选项，分值可到小数点后一位。

专家签字：

附件 3

研究所科技创新工程实施情况总结报告格式

为落实习近平总书记对我院建院 60 周年贺信中提出的“三个面向，两个一流，一个整体跃升”的要求，根据《中国农业科学院科技创新工程绩效管理办法（试行）》规定，按照院里的统一部署和要求，我所开展了科技创新工程实施情况总结，报告如下。

一、研究所发展定位与学科布局

阐述研究所发展定位、学科设置和研究方向等相关情况。

二、实施进展和成效

分别从科技创新、体制机制创新、成果转化与贡献、人才团队建设、科研条件建设、国际合作与交流、资金使用与管理、管理情况等方面总结阐述实施进展和成效，着重总结凝练亮点工作和重大成果产出。

三、主要经验

概括提炼做好科技创新工程的主要经验。

四、存在的问题

深入分析科技创新工程实施过程中存在的问题，逐条列出。

五、下一步调整思路与举措

按照“三个面向”的要求和研究所发展定位，针对存在问题提出可行的调整思路和举措。

第二、第三批研究所不做分级考核，只需提交实施情况总结报告，报告于 7 月 31 日前提交科技局，电子版发送至创新办邮箱 chuangxinban@ caas. cn，纸质盖章版一式 3 份提交至科技局综合处。

附件 4

研究所对科研团队评估及自评工作要求

研究所对科研团队中期评估与研究所自评估是全面推进期科技创新工程绩效考评的重要组成部分，请 33 个研究所高度重视，结合本所实际，研究制定中期评估方案，认真组织实施。研究所中期评估方案须报科技局审核备案。相关要求如下。

一、研究所对科研团队评估

（一）评估方式

研究所对科研团队中期评估由研究所自主开展，须采用定量与定性相结合的方式进行评估。评估时段为 2016 年至 2018 年 6 月。

1. 定量评估

占总分 30%。由研究所对科研团队全面推进期以来的科研产出情况进行统计分析、量化打分。

2. 定性评估

占总分 70%。由研究所成立专家组对科研团队全面推进期以来的建设发展情况、创新能力和创新水平等进行定性打分。专家组组长由对口联系院领导担任，成员由相关领域知名专家组成，不少于 9 位，其中所外专家不低于 80%。院机关相关部门派人列席科研团队中期评估。

（二）评估内容

1. 量化评估内容

主要评估科研团队在科研立项、科研产出、成果转化、人才队伍、协同创新、国际合作等方面的量化产出情况。具体考核指标和评分标准可由研究所根据本所学科特点制定，也可参考研究所评价指标体系。

2. 定性评估内容

对科研团队的定性评估打分表由研究所根据实际情况制定，须包含以下内容。

（1）研究方向。科研团队研究方向是否符合研究所的发展定位和发展方向，是否符合“三个面向”要求。

（2）重点任务。重点任务是否聚焦研究方向，是否具有创新性、优势与特色，是否避免了小而散，任务总体目标是否瞄准重大科学突破、技术创新和产品创制。

（3）首席履职。首席专家是否具备领导团队的学术水平和领导能力，首席作用发挥是否到位，首席研究重点是否与团队方向保持一致，是否能够组织与带领科研团队围绕团队统一目标开展科技创新。

（4）团队建设。团队人员梯队结构是否合理，如首席将于5年内退休，首席后备人选是否到位；岗位、学科配置是否合理，青年人员是否有良好的成长空间。

（5）预期代表性成果。预期代表性成果在国内外同领域的水平，预期能否解决重要科学或产业问题，能否创制重大产品。

（6）学术影响力。在国内外同领域的水平及影响力，如学科引领、主持国家级或省级等竞争性科研项目的情况等。

（7）产业支撑。对本行业产业发展的支撑能力和作用发挥情况。

（8）任务完成情况。科研团队与研究所签订的全面推进期绩效任务书中任务目标的完成情况。

（9）其他内容。除上述内容外，研究所可根据本所情况，自行增加评估内容。

（三）评估结果

研究所要根据评估情况，形成研究所对科研团队的评估报告，包含以下主要内容。

1. 评估总体情况

研究所科研团队整体运行管理情况、研究方向聚焦情况、科研任务进展情况、首席专家作用等内容。

2. 评估结果排序

根据科研团队的定量评估和定性评估总分排序，按照《中国农业科学院科技创新工程绩效管理办法（试行）》中规定的30%、30%、30%、10%的比例，将本所科研团队评估结果分为优秀、良好、一般、较差4个等级。

3. 分科研团队评估意见

对每一个科研团队提出评估意见，指出存在的主要问题，提出改进措施。

4. 研究所科研团队调整方案

根据评估情况提出研究所对科研团队的优化调整方案，包括调整方向、更换首席或退出科技创新工程等。

二、研究所自评估

研究所对照全面推进期绩效任务书和绩效指标体系，对本所科技创新工程全面推进期以来的总体进展情况开展自评估，突出研究所的发展变化和科技创新工程的引领带动作用等，查找问题，提出整改措施。

（一）评估方式

研究所自评估由研究所自主开展，评估方式自定。自评估时段为2016年至2018年6月。

（二）主要评估内容

对照“三个面向”“两个一流”和“一个整体跃升”的总体要求，以及研究所科技创新工程“十三五”发展规划和全面推进期绩效任务书的内容，从本所的发展定位、学科布局、研究方向、科技创新、体制机制创新、成果转化与贡献、人才团队建设、科研条件建设、国际合作与交流、资金使用管理、管理水平等方面进行深入分析。

（三）评估结果

总结进展成效，梳理凝练亮点工作和预期突破性成果，查找问题，研究提出改进措施和建议，形成研究所中期评估自评报告。

三、时间安排

8月31日前，研究所制定中期评估方案，组织开展对科研团队评估，形成研究所对科研团队中期评估报告。

9月15日前，研究所开展自评，对科技创新工程全面推进期实施情况进行自我评估，形成中期评估自评报告。

四、材料提交

8月10日前，33个研究所提交中期评估方案。

9月15日前，33个研究所提交对科研团队中期评估报告和全面推进期中期评估自评报告。

上述材料提交至科技局，电子版发送至创新办邮箱 chuangxinban@ caas. cn，纸质盖章版一式4份提交科技局综合处。

附件 5

院对研究所全面推进期中期评估方案

院对研究所全面推进期中期评估是农业农村部和财政部对我院科技创新工程绩效管理的要求，也是《中国农业科学院科技创新工程绩效管理办法（试行）》的规定程序，对于引导研究所切实按照“三个面向”要求，找准目标定位，校正发展方向，优化学科布局，明确重点任务，提升管理效率，激发科技创新活力和发展动力，确保全面推进期任务目标顺利完成，至关重要。按照院里的统一部署，科技局牵头院机关相关部门共同对研究所科技创新工程开展全面推进期中期评估。具体方案如下。

一、评估方式

全面推进期中期评估采取定性为主、定量为辅的方式，对研究所进行评估，总分 100 分。评估时段为 2016 年至 2018 年 6 月。

（一）定量评估

一是科技局对研究所全面推进期以来的科研产出情况进行量化打分，数据来源为研究所评价中相关指标数据，占总分 30%。二是科技局根据 2017 年年底研究所填报的全面推进期绩效管理指标体系完成情况，进行统计分析，形成监测报告，供专家组参考，不直接作为定量评估的分值。

（二）定性评估

占总分 70%。科技局组织召开评估答辩会，由专家对研究所发展态势和管理情况进行综合打分。专家组组长由院领导担任，副组长由领域专家担任。专家组成员包括领域专家和管理专家。领域专家人数在 9 位以上，院外专家不低于 80%，主要负责对研究所发展水平、创新能力、成果水平等做出综合评价，领域专家打分占定性分数的 80%。管理专家人数在 3~5 位，包括国内管理专家、上级管理部门领导和院内相关部门领导，主要对研究所的管理水平和管理成效做出评价，管理专家打分占定性分数的 20%。

二、评估内容

（一）量化评估内容

量化评估内容包括两部分，一是采用 2016 年、2017 年和 2018 年上半年研究所评价相关指标和数据，对研究所在科研立项、科研产出、成果转化、人才队伍、科研条件、协同创新、国际合作 7 个方面的量化产出进行统计计分。其中，2016 年和 2017 年的数据采用已有数据，2018 年上半年的数据需要研究所填报。二是研究所全面推进期绩效管理指标体系截至 2017 年年底各项指标的进展情况，采用 2017 年年底研究所填报数据。

（二）定性评估内容

主要包括 9 方面内容，由领域专家和管理专家分别对研究所的工作成效和管理状况进行综合评价打分。《院对研究所中期评估领域专家打分表》见附表 1，《院对研究所中期评估管理专家打分表》见附表 2。

（1）定位与使命。研究所发展定位是否准确，是否符合“三个面向”要求，发展目标是否瞄准“两个一流”。

（2）学科布局。学科布局是否根据研究所发展定位、世界农业科技前沿、国家重大需求和现代农业建设需求进行调整，是否有重点学科培育、边缘淘汰学科调整、新兴学科建设计划并实施。

（3）创新能力和水平。是否具有较强的发展潜力和良好的发展态势。

（4）代表性成果。是否有预期可取得的重大科学突破、重大技术创新、重大产品应用，进展如何。

（5）产业支撑。科技创新工作和创新成果与国家重大需求和现代农业主战场结合是否紧密。

（6）人才团队建设。人才结构是否合理，是否有完善的人才发展计划和相关制度，对领军人才和青年英才的引进与培养是否有计划并实施。

（7）科研条件建设。科研基础条件是否根据科技创新工程实施进行重新规划，现有条件是否满足科研创新需求，是否有优化提升计划并实施。

（8）国际合作与交流。国际合作与交流是否依据创新方向进行梳理，是否开展了实质性合作。

（9）运行管理状况。在推进科技创新工程实施方面所做的管理工作是否到位，是否制定了相关制度并实施。经费使用是否安全规范，与其他项目经费等资源是否协调配套又相互区别。

三、分组答辩

科技局牵头组织全面推进期中期评估答辩会，研究所分组集中汇报答辩。专家组对研究所的发展定位、进展成效、存在问题进行深入交流，提出意见建议，做出定性评估。

答辩会拟在院机关会议室召开，每个研究所用 PPT 陈述 20 分钟，答辩 10 分钟。评估答辩会的具体时间地点另行通知。

四、考核结果及反馈

（一）形成评估报告

科技局根据 33 个研究所定量评估和定性评估情况，形成全院全面推进期中期评估报告，报告重在为研究所指出问题，提出改进意见建议。

（二）报告反馈

全面推进期中期评估报告报院常务会议审议，审议通过后报上级主管部门，同时反馈各相关研究所，并提供给院机关各部门用于决策参考。

五、时间安排

9 月 30 日前，科技局组织审核研究所自评报告，统计计算定量评估相关数据和分数。

10 月 31 日前，科技局牵头组织召开评估答辩会，协同院机关相关部门组织领域专家组和管理专家组，听取研究所汇报，进行定性评估。

11 月 30 日前，科技局组织院机关相关部门，根据定量评估和定性评估结果，研究起草全面推进期中期评估报告，报院常务会议审议。

12 月 31 日前，将审议通过的中期评估报告反馈给研究所，同时提供给院机关各部门。

六、材料提交

9 月 15 日前，研究所按照院研究所评价中发展实力的指标体系提交 2018 年上半年数据和清单。研究所评价指标体系和填报要求以电子表格发送。

电子版发送至创新办邮箱 chuangxinban@ caas. cn，纸质盖章版一式三份提交科技局综合处。

附表：1. 院对研究所中期评估领域专家打分表

2. 院对研究所中期评估管理专家打分表

附表 1　院对研究所中期评估领域专家打分表

研究所：　　　　　　　　　　　　　　　　　　　　　　　　　　年　月　日

一级指标	权重	评估标准	评分	单项意见
1. 使命定位	10 分	A. [9，10] 分　目标定位完全符合“三个面向、两个一流”总体要求 B. [8，9) 分　目标定位基本符合“三个面向、两个一流”总体要求 C. [6，8) 分　目标定位与“三个面向、两个一流”总体要求有差距 D. [0，6) 分　目标定位与“三个面向、两个一流”总体要求差距较大		
2. 学科布局	15 分	A. [13，15] 分　布局合理，体现科技前沿和国家需求，与产业布局一致，积极培育有潜力的新兴交叉学科 B. [10，13) 分　布局基本合理，须适当调整或培育少数学科方向 C. [9，10) 分　布局须大幅调整，才能与“三个面向”要求相匹配 D. [0，9) 分　布局须重新规划		
3. 创新能力和水平	15 分	A. [13，15] 分　采取了强有力措施，创新能力和水平显著提升 B. [10，13) 分　采取了有效措施，创新能力和水平有所提升 C. [9，10) 分　采取了一定措施，创新能力和水平提升不明显 D. [0，9) 分　未采取措施或措施无效果		
4. 代表性成果	15 分	A. [13，15] 分　已取得重大突破性成果 B. [10，13) 分　已取得重大进展，有望产生重大突破性成果 C. [9，10) 分　已取得一批有影响力的成果，未发现重大成果苗头 D. [0，9) 分　未发现有影响力的成果苗头		
5. 产业支撑	10 分	A. [9，10] 分　有力支撑、引领了本领域产业发展 B. [8，9) 分　在本行业领域发挥了重要支撑作用 C. [6，8) 分　在本行业领域发挥了一定支撑作用 D. [0，6) 分　对行业领域发展支撑较弱		

（续表）

一级指标	权重	评估标准	评分	单项意见
6. 人才团队建设	15 分	A. ［13，15］分　人才引进与培养措施有力，效果显著 B. ［10，13）分　人才引进与培养措施有一定效果 C. ［9，10）分　落实了人才计划，效果不明显 D. ［0，9）分　人才计划落实不力		
7. 科研条件建设	10 分	A. ［9，10］分　科技平台或基地条件显著改善提升 B. ［8，9）分　科技平台或基地条件有所改善提升 C. ［6，8）分　科技平台或基地条件改善提升效果不明显，有提升计划并实施 D. ［0，6）分　科技平台或基地条件未改善提升，未制订提升计划		
8. 国际合作与交流	10 分	A. ［9，10］分　开展了丰富的实质性合作，对科技创新有显著促进作用 B. ［8，9）分　开展了较多实质性合作，对科技创新有较大促进作用 C. ［6，8）分　开展了一些实质性合作，对科技创新促进作用较小 D. ［0，6）分　未开展实质性合作，科技创新作用无明显促进作用		
总分［优秀：应为 80 分及以上；良好：应为 70～80 分（不包括 80 分）；一般：应为 60～70 分（不包括 70 分）；较差：60 分以下］				
9. 总体判断	□A. 工作成效显著　□B. 工作成效明显 □C. 工作完成情况良好　□D. 工作基本完成，需要调整优化 □E. 其他意见			
10. 主要优势				
11. 存在问题				
12. 改进建议				

备注：1. “评估标准”列分值［0，6）表示 0 分到 6 分，包括 0 分不包括 6 分，方括号表示包括，圆括号表示不包括。其他同理。

2. “评分”列请填写具体分值，不要填写“A”“B”“C”或“D”选项，分值可到小数点后一位。

专家签字：

附表 2 院对研究所中期评估管理专家打分表

研究所： 年 月 日

评价指标	权重	评估标准	打分	单项意见
1. 体制机制创新	15 分	A. [13，15] 分 建立了完善的科技创新工程制度体系，实施效果显著 B. [10，13) 分 建立了科技创新工程制度体系，实施有效果 C. [9，10) 分 基本建立了科技创新工程制度体系，实施效果不明显 D. [0，9) 分 未建立科技创新工程制度体系		
2. 组织管理模式	15 分	A. [13，15] 分 构建了完善的科技创新工程组织管理模式，管理规范高效 B. [10，13) 分 构建了科技创新工程组织管理模式，管理比较规范 C. [9，10) 分 基本构建了科技创新工程组织管理模式，管理有待进一步规范 D. [0，9) 分 未构建起相应的组织管理模式		
3. 协同创新机制	10 分	A. [9，10] 分 建立了完善的协同创新机制，牵头科技创新工程协同创新任务，实施效果显著 B. [8，9) 分 建立了协同创新机制，牵头或参与科技创新工程协同创新任务，实施有效果 C. [6，8) 分 基本建立了协同创新机制，参与科技创新工程协同创新任务，实施效果不明显 D. [0，6) 分 未建立协同创新机制，未参与科技创新工程协同创新任务		
4. 成果转化制度	10 分	A. [9，10] 分 建立了完整、科学、具有可操作性的成果转化管理制度，成果转化率显著提升 B. [8，9) 分 建立了比较科学的成果转化管理制度，成果转化率有所提升 C. [6，8) 分 基本建立了成果转化管理制度，实施效果不明显 D. [0，6) 分 未建立成果转化管理制度		
5. 评价激励机制	10 分	A. [9，10] 分 建立了完善的评价激励机制，效果显著 B. [8，9) 分 建立了评价激励机制，实施有效果 C. [6，8) 分 基本建立了评价激励机制，实施效果不明显 D. [0，6) 分 未建立评价激励机制		

（续表）

评价指标	权重	评估标准	打分	单项意见
6. 人才建设	15 分	A. ［13，15］分　人才政策落实到位，岗位、学科、年龄结构合理，团队很有活力 B. ［10，13）分　人才政策落实基本到位，岗位、学科、年龄结构比较合理，团队有活力 C. ［9，10）分　人才政策落实不到位，岗位、学科、年龄结构有待优化 D. ［0，9）分　未落实人才政策，岗位、学科、年龄结构不合理		
7. 科研平台管理与共享	10 分	A. ［9，10］分　管理规范，运转高效；建立了开放共享机制，全部开放共享 B. ［8，9）分　管理比较规范，运转正常；建立了开放共享机制，开放共享水平较高 C. ［6，8）分　管理水平低，需要加强；开放共享机制有待健全，开放共享水平较低 D. ［0，6）分　管理不佳，需要整顿；没有建立开放共享机制		
8. 资金使用管理	15 分	A. ［13，15］分　建立了高效内部控制制度，管理规范，资金使用安全 B. ［10，13）分　建立了内部控制制度，管理比较规范，资金使用安全 C. ［9，10）分　制度有待健全，管理水平低，需要加强，资金使用安全 D. ［0，9）分　制度有待健全，管理不佳，需要整顿		
总分［优秀：应为 80 分及以上；良好：应为 70~80 分（不包括 80 分）；一般：应为 60~70 分（不包括 70 分）；较差：60 分以下］				
9. 总体判断	□A. 制度健全，管理规范高效，运转有序 □B. 制度健全，管理比较规范，运转正常 □C. 制度有欠缺，管理水平低，需要加强 □D. 制度有欠缺，管理不佳，需要整顿 □E. 其他意见			
10. 存在问题				
11. 改进建议				

备注：1. “评估标准”列分值［0，6）表示 0 分到 6 分，包括 0 分不包括 6 分，方括号表示包括，圆括号表示不包括。其他同理。

2. “评分”列请填写具体分值，不要填写“A”“B”“C”或“D”选项，分值可到小数点后一位。

专家签字：

中国农业科学院关于公布创新工程5年考核与全面推进期中期评估研究所考评结果的通知

院属各研究所：

为深入贯彻落实党的十九大精神和习近平总书记贺信重要指示，系统总结科技创新工程实施经验与成效，引导全院发展方向更加聚焦“三个面向”，加快建设世界一流学科和一流院所，中国农业科学院组织开展了科技创新工程5年考核与全面推进期中期评估。考评结果经中国农业科学院2019年第二次常务会审议通过，现予以公布，详见附件1和附件2。

请各研究所将此次考评作为推进科技创新工程实施和研究所发展的契机，认真总结经验，梳理存在的问题，按照“三个面向”“两个一流”总体要求，加大改革创新步伐，全面提升科技创新能力，力争在全面推进期取得更大成绩。

附件：1. 中国农业科学院科技创新工程5年考核研究所考评结果

2. 中国农业科学院科技创新工程全面推进期中期评估研究所分组考评结果

中国农业科学院

2019年1月23日

附件 1

中国农业科学院科技创新工程 5 年考核研究所考评结果

排名	研究所名称	5 年考核总分
1	作物科学研究所	96. 98
2	植物保护研究所	94. 18
3	农业资源与农业区划研究所	89. 36
4	哈尔滨兽医研究所	86. 82
5	北京畜牧兽医研究所	85. 99
6	油料作物研究所	84. 74
7	中国水稻研究所	84. 74
8	蔬菜花卉研究所	84. 58
9	棉花研究所	84. 33
10	农产品加工研究所	83. 28
11	农业农村部南京农业机械化研究所	79. 92

附件2

中国农业科学院科技创新工程全面推进期中期评估研究所分组考评结果

组别	排名	研究所名称	中期评估总分	等级
第一组	1	作科所	94. 59	优秀
	2	植保所	90. 12	优秀
	3	蔬菜所	84. 88	优秀
	4	棉花所	84. 60	良好
	4	水稻所	84. 60	良好
	6	油料所	83. 28	良好
	7	基因所	82. 56	良好
	8	郑果所	80. 13	良好
	9	茶叶所	77. 17	良好
	10	烟草所	77. 06	良好
	11	生物所	76. 49	一般
	12	麻类所	76. 30	一般
	13	果树所	72. 33	一般
第二组	1	哈兽研	89. 90	优秀
	2	牧医所	87. 75	优秀
	3	兰兽研	85. 74	良好
	4	上兽研	80. 56	良好
	5	蜜蜂所	80. 35	良好
	6	特产所	79. 45	良好
	7	兰牧药	79. 27	良好
	8	饲料所	78. 51	一般
	9	草原所	72. 64	一般

（续表）

组别	排名	研究所名称	中期评估总分	等级
第三组	1	资源所	87.14	优秀
	2	加工所	82.26	优秀
	3	环发所	81.75	优秀
	4	农机化所	79.25	良好
	5	农经所	75.36	良好
	6	环保所	75.30	良好
	7	质标所	74.98	良好
	8	信息所	74.91	良好
	9	灌溉所	72.34	一般
	10	沼科所	71.85	一般
	11	营养所	68.04	一般

备注：表格中研究所名称为简称。

中国农业科学院关于印发《中国农业科学院科研诚信与信用管理暂行办法》和《中国农业科学院学术道德与学术纠纷问题调查认定办法》的通知

院机关各部门、院属各单位：

为贯彻落实《中共中央办公厅　国务院办公厅关于进一步加强科研诚信建设的若干意见》（厅字〔2018〕23 号）和《中共中央办公厅　国务院办公厅关于进一步完善中央财政科研项目资金管理等政策的若干意见》（中办发〔2016〕50 号）精神，加强科研诚信建设，强化信用意识，建设良好学风，我院研究制定了《中国农业科学院科研诚信与信用管理暂行办法》和《中国农业科学院学术道德与学术纠纷问题调查认定办法》，并于 2018 年 9 月 7 日经第九次院常务会议审议通过，现印发给你们，请认真贯彻执行。

中国农业科学院

2018 年 9 月 17 日

中国农业科学院科研诚信与信用管理暂行办法

第一章　总　则

第一条　为贯彻落实《中共中央办公厅　国务院办公厅关于进一步加强科研诚信建设的若干意见》（厅字〔2018〕23 号）和《中共中央办公厅　国务院办公厅关于进一步完善中央财政科研项目资金管理等政策的若干意见》（中办发〔2016〕50 号），加强中国农业科学院科研诚信建设，提高相关责任主体的信用意识，建设良好学风，助推“两个一流”建设，结合科研工作实际，特制定本办法。

第二条　科研诚信是指科研人员实事求是、不欺骗、不弄虚作假，恪守科学价值准则和科学精神的道德品质。科研信用在本办法中特指对个人或机构在参与科技活动时遵守科研诚信准则行为的一种评价。

第三条　科研诚信与信用管理工作遵循保护创新积极性和相关责任主体合法权益的原则，以事实为基本依据，并与项目（课题）及专项管理、科技经费管理等有机结合，协调一致。

第四条　科研诚信管理的任务主要是建立规章制度、明确管理责任、完善内部监督、加强教育预防等。科研信用管理的任务主要是失信行为清单编制与调整、失信行为调查与认定、失信行为记录与惩戒等。

第五条　中国农业科学院学术道德委员会负责全院科研诚信建设与信用管理工作，日常事务由院科技管理局牵头承担。院属各单位承担科研诚信与信用管理的主体责任，院属单位学术委员发挥评议、评定、受理、调查、监督、咨询等作用，日常事务由科技处负责。

第二章　科研诚信管理

第六条　科研诚信管理的对象包括所有在院属各单位从事科研活动的人员，含聘用人员、博士后、客座人员、研究生等。

第七条　院属各单位要通过员工行为规范、岗位说明书等内部规章制度及聘用合同，对本单位科研人员遵守科研诚信要求及责任追究作出明确规定或约定。

第八条　院属各单位、院有关部门在签订人员聘用合同、创新工程绩效任务书、基本科研业务费任务书等环节，要约定科研诚信义务和违约责任追究条款。

第九条　院属各单位要加强科研成果管理，建立学术论文发表诚信承诺制度、科研过程可追溯制度，加强科研活动记录和科研档案保存，完善内部监督约束机制。

第十条　团队首席、项目（课题）负责人、研究生导师等要充分发挥言传身教作用，加强对团队成员、项目（课题）成员、学生的科研诚信管理，对论文等科研成果的署名、研究数据真实性、实验可重复性等进行诚信审核和学术把关。

第十一条 科研人员要恪守科学道德准则，遵守科研活动规范，践行科研诚信要求。科技管理人员要严格履行管理、指导、监督职责，全面落实科研诚信要求。

第十二条 院属各单位要加强科研诚信教育预防，在入学入职、职称晋升、参与科技计划项目等重要节点须开展科研诚信教育。对在科研诚信方面存在倾向性、苗头性问题的人员，院属单位应当及时开展提醒谈话、批评教育。

第三章 科研信用管理

第十三条 科研信用管理的对象包括从事科研活动的院属各单位及所有在院属各单位从事科研活动的人员。

第十四条 失信行为分为科研失信行为和管理失信行为。科研失信行为，指科研人员参与科技活动违反科研诚信规定的行为。管理失信行为，指科研机构违反科研诚信管理规定或管理不规范造成科研失信的行为。

第十五条 采用负面清单管理的方式，对违背科研诚信要求的行为列入失信行为清单进行管理（附件1）。

第十六条 科技局按照《中国农业科学院学术道德与学术纠纷问题调查认定办法》，调查并认定相关主体确实存在失信行为清单所列举的行为的，填写《中国农业科学院责任主体失信记录表》（以下简称《失信记录表》，附件2）。

第十七条 科技局每年对相关责任主体的《失信记录表》内容进行汇总，并依据信用评价标准，按照信用合格、一般失信、严重失信3个级别进行累计评价。

第十八条 建立“中国农业科学院科研机构和人员信用数据库”，对相关责任主体的信用记录和信用等级进行动态管理，并根据需要进行相关责任主体信用信息查询。

第十九条 对相关责任主体的信用记录，联合院相关部门进行守信激励和失信惩戒。

（1）信用合格（***）。即没有发生科研失信行为的机构和个人。将信用合格作为院重大科研选题立项、重大科技任务组织、重大成果评选、先进表彰、专家推荐等工作的必备条件。

（2）一般失信（**）。评为该等级的机构，取消本单位1年内评选各类先进集体的资格。评为该等级的个人，根据情节轻重，予以通报批评、诫勉谈话、组织处理、纪律处分等处理，并责令限期改正，撤销违规所得，1年内不得评选先进、晋升职称职务，1年内不得申报中央财政科研项目。

（3）严重失信（*）。评为该等级的机构，取消本单位3年内评选各类先进集体的资格。评为该等级的个人，根据情节轻重，给予组织处理、纪律处分、解除聘用合同等处理，并责令限期改正，撤销违规所得，3年内不得评选先进、晋升职称职务，3年内不得申报中央财政科研项目。涉嫌违法的移送监察、司法等部门处理。

第二十条 科技局对相关责任主体的信用评级按年度进行更新管理，失信惩戒期满后信用可自动恢复。

第二十一条 相关责任主体在信用调查和确认阶段对其信用记录具有申辩权，对已确认的信用记录内容有异议的，可向科技局提出申辩，对答复意见不满意的，可按相关程序向院学术委员会提起申诉。

第四章 附 则

第二十二条 本办法于发布之日起执行。

第二十三条 本办法由科技局负责解释。

附件：1. 中国农业科学院科研机构失信行为清单/中国农业科学院科研人员失信行为清单

2. 中国农业科学院相关责任主体失信记录表

附件 1

中国农业科学院科研机构失信行为清单

扣分标准	失信记录内容
每符合一项失信记录内容扣一星 *	1. 在项目申请、成果申报等工作中组织提供虚假信息或文件材料 2. 发现重大问题未及时上报造成不良影响 3. 机构内科研人员一年内出现 3 次不良信用记录或 2 次严重失信记录 4. 科研诚信管理不力，造成不良影响
每符合一项失信记录内容扣两星 **	1. 瞒报或谎报重大事件，造成严重后果 2. 科技经费管理和使用出现系统性问题，造成重大损失 3. 其他管理失职行为，造成严重后果

中国农业科学院科研人员失信行为清单

扣分标准	失信记录内容
每符合一项失信记录内容扣一星 *	1. 违反科研道德盗用他人的学术观点、假设、学说 2. 脱离事实过分夸大研究成果的学术价值、经济与社会效益，或刻意隐瞒科研成果不利影响 3. 将同一研究成果提交多个出版机构发表（一稿多投） 4. 用科研资源谋取不正当利益 5. 署名不当行为，将应当署名的人或单位排除在外，或未经他人许可擅自署名，擅自标注或虚假标注获得科技计划（专项、基金等）等资助 6. 其他科研不端行为
每符合一项失信记录内容扣两星 **	1. 在项目申请、成果申报、职称评定等工作中弄虚作假，提供虚假个人信息、获奖证书、论文发表证明、文献引用证明等 2. 伪造、篡改研究数据、研究结论 3. 购买、代写、代投论文，虚构同行评议专家及评议意见 4. 抄袭、剽窃他人科研成果，侵犯或损害他人著作权 5. 恶意干扰或妨碍他人的研究活动，故意毁损、扣压或强占他人研究活动中的文献资料、数据等与科研有关的物品等 6. 违背科研伦理道德造成严重后果

附件 2

中国农业科学院相关责任主体失信记录表

________年

序号	责任主体		失信记录				
	名称	类别	信用类型	具体事项	时间	记录人	批准人

注：“责任主体类别”包括科研机构和科研人员两类。

中国农业科学院学术道德与学术纠纷问题调查认定办法

第一章 总 则

第一条 为规范学术纠纷及学术道德问题处理程序，有效预防和惩处学术不端行为，维护学术诚信，营造良好的科研环境，根据《中国农业科学院学术道德委员会章程》等有关规定，特制定本办法。

第二条 中国农业科学院学术道德委员会是院学术委员会下设的学术道德建设专门机构，负责全院学术道德和学风建设工作，调查、评议和裁定学术道德问题，仲裁学术纠纷，监督和指导院属单位学风建设。学术道德委员会办公室设在科技局，负责日常事务的处理。

第二章 受理与调查程序

第三条 科技局在接到学术纠纷、学术道德问题的举报或获得学术失范问题的线索后，对符合受理范围的，应及时作出受理或者调查决定。对实名举报的，应将受理决定及时通知举报人，不予受理的，应书面说明理由。研究所在接到学术纠纷、学术道德问题的举报后，要及时向院科技局报告，并将调查处理结果及时报送科技局。

第四条 对受理的学术纠纷、学术道德问题的举报一般应符合下列条件：

（1）属于本机构职责权限范围内的举报；

（2）有明确的举报对象；

（3）有客观的证据材料或者查证线索；

（4）实名举报，或以匿名方式举报，但线索明确且证据充分的；

（5）对媒体公开报道或者其他机构、社会组织主动披露的涉及我院的学术失范行为，可主动开展调查处理。

第五条 对于已经受理的学术道德与学术纠纷问题，科技局应当成立调查组，认真研究举报材料，拟定调查方案。

第六条 科技局可以采用直接调查或委托院属单位调查等方式开展调查。

第七条 调查组可通过查询资料、现场查看、实验检验、咨询同行专家、询问证人、举报人和被举报人及其他相关人员等方式进行，有必要时可以委托第三方专业机构就有关事项进行独立调查或验证。

第八条 当事人或者有关人员有义务协助调查组调查核实，应当如实回答询问，说明事实真相，不得隐瞒或者提供虚假信息，有必要时提供相关证据，并对证据的真实性负责。询问或者检查应当制作笔录，当事人以及相关人员应当在笔录上签字。

第九条　委托院属单位调查的，院属单位应当组成专门调查组（不少于 3 人），认真开展调查，形成完整的加盖单位公章的调查报告。调查过程中，调查组应当与当事人面谈，并向科技局提供如下材料：

（1）事实和本单位意见；

（2）有关证明材料；

（3）当事人及调查人员签字的谈话记录；

（4）其他要求的材料。

第十条　调查组在 60 个工作日内完成调查工作，并将书面报告、当事人申诉意见及相关证明材料及时提交科技局。调查报告经相关院领导签批后，科技局根据举报来源直接提交有关部门或正式回复双方当事人。

第三章　复议程序

第十一条　若当事人对调查经过和作出的事实认定有异议，可在 7 个工作日内以书面形式提出申诉意见。

第十二条　科技局接到书面材料后，若认为异议对调查结论并没有实质性影响的，应维持调查组的结论，并告知申诉人不予复查的原因。如果认为异议有可能成立并且对调查结论的形成产生实质性影响的，由科技局或院属单位另行组成调查组，按照规定程序进行复核。

第四章　认定与处理

第十三条　调查组在调查过程中应遵循合法、客观、公正、实事求是的原则，准确把握学术不端行为的界定。若调查结论认为存在学术不端行为的，需提交院长办公会或报相关院领导签批方为有效。

第十四条　学术不端行为情节较轻者，给予批评教育。学术不端行为情节较重和严重者，依据《中国农业科学院科研诚信与信用管理暂行办法》给予相应处理，执行时间从调查组做出调查结论之日起计算；需要给予纪律处分的，应提交院纪检监察部门进行立案调查和处理；涉嫌违法的移送监察、司法等部门处理。若认定被举报人并未构成学术不端行为的，可根据被举报人申请，在知情人或被举报人要求的合理范围内公布事实和结论。

第十五条　若在调查过程中，发现举报人存在捏造事实、诬告陷害等行为的，应提交院纪检监察部门或院长办公会审议，涉嫌违纪违法的提交纪检监察部门调查处理。

第十六条　有关科研机构和人员应当积极配合调查工作，不得以任何形式或手段阻挠对科研不端行为的调查处理。若在调查过程中，发现科研机构或个人存在纵容、包庇、协助有关人员实施不端行为的，应视情节轻重给予通报批评、组织处理、纪律处分等。

第十七条 科技局在受理举报过程中，在作出决定之前，除非公开听证，一切程序和资料均在保密范围之内，调查小组成员和工作人员不得泄露调查情况。在组成调查组和调查处置过程中，与当事人存在近亲属关系、师生关系、合作关系等可能影响公正处理的相关人员，应当主动回避。

第五章 附 则

第十八条 本办法自印发之日起执行。

第十九条 本办法由科技局负责解释。

中国农业科学院　广西壮族自治区农业科学院全面科技合作协议

为深入贯彻习近平总书记致信中国农业科学院建院60周年重要指示精神和视察广西①重要讲话精神，全面落实中国农业科学院与广西壮族自治区人民政府签署的《农业科技战略合作协议》和《深化农业科技合作备忘录》，按照《中共广西壮族自治区党委关于把广西农业科学院建设成为全国一流省级农业科研院所的决定》，经中国农业科学院与广西农业科学院友好协商，决定全面深化科技合作关系，共同推动广西农业农村科技创新、实现重大跨越创新、驱动广西农业产业转型升级和农业农村现代化发展。

一、合作思路与目标

双方围绕党中央赋予广西的“三大定位”，围绕广西农业发展和乡村振兴科技需求，坚持质量兴农、绿色兴农、效益优先，坚持互利合作、试点先行、逐步深化，组织中国农业科学院30个左右科研团队参与广西农业科学院科技创新工程任务团队和学科发展建设，联合研发制约广西特色产业发展的30项关键技术，助推30个广西特色品牌农产品提档升级，为广西乡村振兴提供强有力的科技支撑。

二、合作重点

围绕制约广西优势特色农业产业发展的重大科技问题，以农业“绿色化、优质化、特色化、品牌化”为核心，共同构建农业科研创新体系，积极开展协同攻关，提高科技对广西特色农业提升、生态环境优化和脱贫惠民富民的支撑带动作用。

（一）共同推动创新联盟建设

1. 支持广西组建国家甘蔗产业科技创新联盟

支持广西在国家农业科技创新联盟框架下，联合云南、广东、海南、福建等省区甘蔗研究单位，组建国家甘蔗产业科技创新联盟，建立以甘蔗糖业企业为主体、市场为导

---

① 广西壮族自治区，全书简称广西。

向、产学研结合的国家甘蔗产业科技创新体系，攻克一批制约甘蔗产业发展的“卡脖”问题，提升我国蔗糖产业核心竞争力。

2. 支持广西农业科技创新联盟建设

支持广西农业科学院牵头组建广西农业科技创新联盟，并为联盟提供必要的指导和支持。依托联盟实施一批农业重大科技任务，构建科技创新“一盘棋”的新型创新网络，形成布局合理、分工明确、资源共享、协作密切的科技创新模式。

（二）共同实施协同创新任务

围绕广西现代特色农业产业品种品质品牌“10+3”提升行动、广西九张创新名片建设的工作目标，组织双方优势团队，深化拓展项目合作方式，围绕乡村振兴科技需求，经专家充分论证，重点开展若干协同创新任务。

1. 甘蔗产业关键技术研究与应用

瞄准制约我国甘蔗糖业发展的瓶颈问题，重点开展甘蔗基因组学、甘蔗高产高糖的分子机理、甘蔗全程机械化技术、先进制糖技术与装备、甘蔗高值化利用关键技术、蔗区智慧种植技术、糖厂信息化运行技术等研究，解决我国甘蔗种植成本高、蔗糖深加工和综合利用水平低的关键性问题。

2. 热带亚热带特色果蔬绿色栽培技术与新品种创制

围绕广西秋冬蔬菜产业的突出问题，重点开展广西优势外向型蔬菜绿色高效栽培技术集成与示范，突破“种”和“苗”产业链中砧穗嫁接共生、自动化育苗等关键共性技术。以服务广西水果产业优质高效发展为核心，重点开展柑橘黄龙病防控、香蕉枯萎病防控、特色果品冷链保鲜等关键技术研究，选育一批商品性突出、品质优良的特色果蔬新品种。

3. 传统粮油提质增效关键技术研究与应用

针对广西水稻、玉米、花生、大豆、马铃薯、木薯等传统优势粮油作物，重点开展热带亚热带特色种质创制、重要功能基因挖掘、重大育种技术创新、高产优质新品种选育、绿色高效栽培技术、良种繁育与产业化关键技术等研究。

4. 特色农产品精深加工技术

围绕广西农产品加工业规划，联合攻关特色农产品采后商品化处理技术、外向型农产品加工减损技术，新型非热加工、新型杀菌、高效分离、绿色节能干燥和传统食品工业化关键技术升级与集成应用，重点解决蔗糖、果蔬等特色农产品的精深加工技术及其装备化、智能化，不断推动农产品加工向纵深发展，挖掘民族特色农产品加工潜力，提升增值空间。

5. 田园综合体及现代特色农业示范区建设

支持广西围绕农业产业扶贫部署和乡村振兴战略，共同开展加快广西产业发展和乡村振兴的路径分析、政策研究和规划编制，合力打造产业振兴、农民富裕、生态宜居、农村发展的乡村振兴模式。支持广西在有基础、有优势、有特色、有规模、有潜力的乡村和产业，共同建设田园综合体，发展“三生同步”和“三产融合”的新型农业模式。支持广西农业科学院围绕田园特色资源和农业产业优势，构建支撑田园综合体和特色农业示范区发展的产业体系和技术体系。

6. 富硒农业资源利用与技术研发

围绕打好广西农业“富硒牌”，加强高附加值功能性农产品的开发和技术保障，重点开展富硒土壤资源高效安全利用技术、富硒地理环境研究、富硒功能性农产品开发、富硒食品营养评价等研究。

（三）强化人才团队协作

围绕双方协同创新重点任务，推动科研团队开展长期稳定深入合作。

1. 专家互聘或柔性引进

结合双方科技创新工程学科建设的需要，通过专家互聘或人才柔性引进等方式，进一步优化双方团队结构，建立更加符合农业科研发展规律和产业发展需求的科研团队。

2. 加强团队人才培养

充分发挥中国农业科学院的科研平台、仪器设备、学术交流、导师队伍、科研项目等优势，与广西农业科学院建立长期的人才交流培养机制。广西农业科学院根据需要选派科技人员到中国农业科学院相关实验室进修培训或参加项目研究，定期选派管理人员到中国农业科学院机关各局挂职（跟班学习），中国农业科学院推荐和鼓励其培养的优秀研究生、出站博士后到广西农业科学院从事科技工作，为广西农业科学院一流人才队伍建设出谋划策。

（四）共建共享试验基地

1. 支持广西建设国家农业科学试验基地

按照国家农业基础性长期性科技工作布局，立足广西地域和气候特色，支持广西建设国家农业科学实验站，联合开展专业、综合试验站建设工作，推动国家农业科学数据中心广西分中心建设。

2. 联合建设科技成果转化示范基地

选择具有一定基础的区域，联合建立成果转化基地，优先为双方科研团队合作研究工作提供基础条件保障，共同服务广西现代特色农业示范区，共同打造广西特色优势作物新品种、农产品加工、病虫害绿色防控技术、全程机械化智能技术等高标准示范基地。

三、合作机制

(一)以重大需求引导创新方向

组织双方专家互访考察，明确双方科学研究的具体需求，共同确定协同创新主攻方向和重点研究内容，商定重大创新命题，联合制定任务实施方案，根据需求组织优势科技力量协同攻关，确保人才培养交流和项目合作更有针对性，确保成果产出具有更好的经济与社会效益。

(二)以专项支持保障合作落地

广西农业科学院争取自治区财政专项经费支持，双方从各自创新工程经费中安排资金开展协同创新。广西农业科学院设立院院合作专项基金，支持本院相关团队聘请中国农业科学院领军人才作为学科建设的指导专家，在学科方向、人才交流、项目申报、成果报奖等方面进行实质性合作。

(三)以资源共享提高合作效率

中国农业科学院为双方合作项目实施提供重点实验室、科技文献检索体系、国际联机检索终端等平台优惠服务。广西农业科学院整合协调基地、场所、物资、人力等资源条件，对双方合作项目给予政策倾斜，实现资源高效利用，保障合作项目顺利实施。

(四)以绩效奖励激发创新活力

任务团队实行双首席制，双方协商明确团队成员的任务职责和激励政策措施，界清知识产权归属与分享办法，建立长效合作机制。充分发挥中国农业科学院农业科技创新工程流动岗位和广西农业科学院的地区政策优势，合作任务团队成员经绩效考评合格后可以由对方兑现绩效奖励，最大限度地提高科研人员开展合作研究的积极性，激发创新活力。

四、工作推进机制

(一)建立工作小组，确定重点任务方案

成立由双方领导和业务负责人组成的合作工作小组，建立定期联席会议制度，及时

商定重大合作事项，形成正式会议纪要，扎实推进合作进程；尽快研究明确协同任务、团队构成、任务分工、任务实施机制、配套政策等细化工作方案；指导具体合作项目实施主体签订合作协议，监督双方团队组织实施。工作小组由中国农业科学院一名副院长、广西农业科学院院长担任组长，有关部门领导为工作小组成员，中国农业科学院科技管理局和广西农业科学院科技处具体负责联络工作。

（二）组织双方团队专家开展任务对接

召开任务对接会，组织双方专家尽快确定协同创新任务命题，明确重点任务、预期目标、参与团队、经费统筹、绩效考核等内容，制定基地平台建设、人员交流的具体实施方案，相关经费列入年度预算。

五、附　则

（一）本协议自签字之日起生效。

（二）本协议未尽事宜由双方协调解决。具体合作项目另行签订合作协议，并由双方组织相关部门实施。

（三）本协议一式6份，双方各执3份。

中国农业科学院　　　　　　　　广西壮族自治区农业科学院

授权代表（签字）　　　　　　　授权代表（签字）

2018年8月21日　　　　　　　　2018年8月21日

中国农业科学院　江西省农业科学院
科技创新工程战略合作框架协议

为深入贯彻落实乡村振兴战略和习近平总书记致信中国农业科学院建院60周年重要指示精神，充分发挥中国农业科学院科技资源综合优势和江西省农业科学院区域农业科技创新特色优势，强化科技创新对江西农业现代化发展的引领支撑作用，加快推进江西省农业结构调整，双方秉承“平等互惠、优势互补、资源共享、合作共赢”的原则，经友好协商，达成合作框架协议如下。

一、合作目的与目标

按照乡村振兴战略和江西省加快农业结构调整的要求，全面加强中国农业科学院科技创新工程与江西省农业科学院农业科技创新工程对接，建立农业科技合作长效机制，重点解决江西农业产业发展面临的重大科技问题，支撑江西省农业供给侧结构性改革和“九大产业”发展，助力江西从农业大省向农业强省的转变。

通过双方深度合作，共同打造1个国家级区域现代农业科技创新中心，1个国家级农业高新技术产业示范区，1~2个乡村振兴科技支撑示范县，组建50个高端人才领衔的协同创新团队，联合研发100项农业产业关键技术，精准服务100家农业龙头企业和农业新型经营主体，实现江西乃至全国农业科技整体跃升。

二、合作领域

主要围绕重大协同创新任务、学科团队建设、平台基地共享和农业科技国际合作4方面开展实质性科技合作。

1. 组织协同创新

针对江西省农业结构调整和提质增效的目标，立足江西省优势特色农业产业重大科技需求，双方共同商定重大科技命题和科研选题，组成联合协同创新团队，明确创新主攻方向和突破关键技术，研究制定任务实施方案，厘清双方团队成员的任务职责和激励政策措施，界清知识产权归属与共享办法，建立长效合作机制，在若干重要农业创新领域率先实现重大突破。

2. 加强学科共建

根据江西现代农业发展重大科技需求和农业科技发展趋势，发挥中国农业科学院高层次专家集聚和高层次人才培养基地的优势，通过专家聘用、人才培养、平合开放、联合申报重大项目和成果等方式加强江西省农业科学院学科建设，支持中国农业科学院高层次人才申报江西省“千人计划”等领军人才计划。

3. 共建平台基地

根据国家创新战略规划部署，结合江西区域农业发展优势，以江西省农业科学院高安基地为平台，双方共同打造国家区域现代农业科技创新中心和成果转化示范中心；集聚双方优势科技资源，选定 1~2 个县域主产区，共同打造乡村振兴科技支撑示范县；共同创建井冈山国家农业高新技术产业示范区，全面支撑地方产业发展。

4. 促进国际合作

依托双方优势国际合作资源与创新力量，联合开展海外农业科技的集成创新和海外农业大数据的挖掘利用，积极推动江西乃至我国农业科技“走出去”，服务“一带一路”倡议。

三、合作机制

1. 以重大任务推进团队协同创新

基于现有任务团队或联合设立的重大任务，双方协商确定创新任务目标、参与团队、资金投入等，共同实施创新任务。任务科研经费原则上由各自单位预算安排，任务团队实行双首席制。

2. 以绩效奖励激发创新活力

充分发挥中国农业科学院科技创新工程流动岗位和江西省农业科学院农业科技创新工程智力引进支持政策优势，任务团队成员经绩效考评合格后可以由对方兑现绩效奖励。

3. 以智力引进促进学科发展

安排专项经费支持共建学科，即江西省农业科学院聘请中国农业科学院高层次专家作为学科建设的指导专家，在学科方向、人才培养、项目申报、成果报奖等方面进行实质性合作，实现优势互补与共同发展。

4. 创新解决产业重大问题新模式

在农业科技创新联盟框架下，探索“国家级院+省级院”联动合作新模式新机制，带动江西地市级农科院所和农业龙头企业等相关力量共同服务地方产业，共同面向现代农业主战场实现农业科技整体跃升。

四、保障措施

1. 加强组织领导

双方成立创新工程对接领导小组和工作小组，领导小组建立定期会商制度，及时商定重大合作事项，议定重大合作举措。工作小组具体负责合作任务的落实、日常沟通协调等工作。

2. 落实保障条件

围绕合作领域，双方优先保障人才团队、平台基地、经费投入等支撑条件。中国农业科学院通过科技创新工程支持本院相关创新团队在江西开展工作，江西省农业科学院通过设立江西省农业科技创新工程，每年投入 3 000 万元实施重大创新任务。建立完善配套的支持政策，加大科技资源投入，配强协同创新团队，共创科技合作亮点，培育服务产业典型。

3. 实施绩效评估

研究明确各项重点任务的单位责任人和技术负责人，并赋予组织实施的全权。建立第三方评估机制动态调整，奖优淘劣，确保顺利实现合作目标。

中国农业科学院	江西省农业科学院
代表（签字）：	代表（签字）：
2018 年 10 月 12 日	2018 年 10 月 12 日

三、科技兴农与脱贫攻坚

中国农业科学院2018年科技兴农工作总结

2018年，在农业农村部的正确领导下，中国农业科学院按照中共中央和国务院的战略部署，深入贯彻习近平总书记“三个面向”“两个一流”和“一个整体跃升”的指示精神，组织开展了一系列科技兴农活动，促进农业农村经济的发展，推广应用了一批新品种、新技术、新产品等科技成果，有效提高了服务“三农”的能力，为乡村振兴和脱贫攻坚提供了强有力的科技支撑和技术储备。

一、推进绿色发展技术模式研究，为乡村振兴战略提供技术支持

针对我国区域农业发展重大技术需求，围绕“创新、协调、绿色、开放、共享”的发展理念，继续推进水稻、玉米、小麦、大豆、油菜、马铃薯、棉花、蔬菜、茶叶、苹果、梨、西甜瓜、奶牛、肉羊、生猪、肉鸭16个产业绿色发展技术集成模式研究与示范工作，取得了新的成效。

（一）构建了一批绿色发展综合技术模式

通过严格的试验示范，16个项目共集成国内外先进实用技术184项，构建适合不同区域生态条件的农业绿色发展综合技术模式53套；在27个省（区、市）建立示范基地160个，面积44万亩，辐射带动2 890万亩，示范畜禽2 700万头（只），取得了良好的提质增效和绿色生态效果，为乡村振兴和脱贫攻坚战略提供了技术支撑和技术储备。

（二）进一步完善了协同攻关网络

组织院内26个单位、56个团队、503名科技人员协同攻关；院外有260个单位、2 800人加盟。通过广泛的协作，进一步整合了全院以及国内兄弟单位的成果、人才、平台等资源条件，创新了院内外协同攻关与成果转化机制，完善了覆盖全国主要产区的协同攻关网络，形成了一系列不同区域农业关键问题优化解决方案，有效提升了科技创新与成果转化能力。

（三）举办了一系列现场观摩会

在重点区域，共举办各种形式各类规模的现场观摩会 44 场。农业农村部有关领导、院主要领导、院属有关研究所及部门负责人，地方政府领导、农技推广人员、种养大户等 4 300 多人参加了观摩。通过现场观摩，充分展示了综合技术模式的引领作用，促进了科技与生产的对接，带动了区域农业的发展。国家以及地方各级媒体集中报道了现场会活动情况，产生了良好的社会影响。

（四）开展了广泛的技术服务

结合示范基地建设和现场观摩会，开展了一系列技术培训和技术咨询活动。各项目共举办各种技术培训 189 场，培训农技人员、新型农业生产主体、农民等 16 000 多人，发放技术资料 54 000 多份，有效带动了周边地区农业生产技术水平的提高。

结合研究与示范工作，专家团队还开展了农业发展战略研究，向农业农村部等上级部门和地方政府提出了 8 项有关农业产业发展战略咨询建议，为上级部门和地方政府农业发展决策提供了科学依据。

（五）研究工作取得了显著成效

16 个项目取得了良好的增产增效和绿色生态效果。种植业平均增产 26%，节水 38%，节肥 22%，节省农药 35%，平均每亩节本增效 448 元；养殖业节本增效 32%。

水稻构建了 8 套绿色发展技术模式，每亩增产 142. 8 千克，节本增效 260 元；建立玉米核心示范区 9 840 亩，集成 9 项关键技术，增产 10%以上，减施化肥和农药 15%以上，每亩节本增效 120 元；建立 12 个奶牛示范基地，集成 8 项关键技术，牛奶产量提高了 78. 3%，饲料转化率提高了 66. 7%，生鲜乳质量显著提升；示范羊 80 多万只，集成 27 项关键技术，羊产羔率提高 39%，羔羊平均日增重 103 克，每只羔增产 180 元。

二、以生态发展为目标，“一控二减三基本”工作取得新成效

按照“一控二减三基本”的战略方针，组织开展了一系列以生态建设和可持续发展为目标的技术示范与推广工作，重点开展了农业节水，减施化肥和农药，以及畜禽污染生态化处理、地膜回收、秸秆综合利用等工作。

以农业废弃物循环利用创新联盟为依托，持续推进农业废弃物资源化利用工作，着力解决畜禽粪污、秸秆、废旧地膜等资源化利用关键问题。在江苏宜兴、常熟和海门等地推广应用厌氧干法发酵装置，处理稻麦秸秆 2 000 吨、畜禽粪便 4 200 吨，产沼气 30

万立方米，产有机肥 2 500 吨。在新疆北疆胡杨河开展了棉花控水、减肥减药试验，在水、肥、药减少使用 30%的条件下依然保证了棉花产量。在黄河流域推广麦后棉花移栽水肥高效利用技术，提高水分利用率 20%，节约肥料 20%。示范推广油菜秸秆还田和化肥农药减施技术，苗期病虫草害控制效果良好。在西部肉羊优势区和中东部农牧交错区，推广肉羊全产业链融合发展技术，形成了羊产业立体式绿色循环发展格局。基于多传感器融合的水稻精准变量追肥装备优化和推广，有效控制了后期的追肥量，结合农用无人机应用，精确高效完成超低空低量施药作业，大幅度控制了用水量，减少了农药化肥施用量，促进了水稻产业绿色生态化发展。

针对设施蔬菜生产化肥施用超量、土壤有机质降低、次生盐渍化等问题，提出了优化有机肥和化肥配施技术模式，开展了变深、变位、精量智能施肥技术与装备研究，改变了传统的施肥方式，协调有机肥和化肥养分比例，土肥混合均匀，土层养分均衡，节约肥料 15%~20%，每亩节本 400 元左右。结合国家有机肥替代化肥示范工作，分别在辽宁省瓦房店市、兴城市、绥中县推广果园有机肥+配方肥、有机肥+水肥一体化、生草和绿肥 4 项技术，显著改善了果实品质。

三、用科技推动农业发展方式转变，促进粮棉油增产增效

按照新形势下国家粮食安全战略发展要求，以科技创新为驱动，以转变生产方式为主线，以粮食增产增效为目标，积极组织开展资源要素高效利用、农机农艺深度融合、生产生态相互协调研究与示范工作，提升粮棉油综合生产能力。

通过培肥和耕作试验，研发出水稻秸秆有机还田培肥、有机肥（绿肥）替代种植制度优化技术，建立了区域水稻、油菜、绿肥周年全产业链可持续发展综合技术模式。通过增施有机肥、实施绿色防控等技术，超级稻甬优 12 示范区平均亩产 1 017. 3 千克，再创百亩示范方高产纪录，连续 3 年蝉联浙江省“冠军”。

推广了一批节水抗旱小麦新品种，缓解华北“漏斗区”地下水超采问题。示范区每亩节水 40~50 立方米，节肥 15~20 千克，减少农药用量 1/3，实现节本增收 150 元。在河北省高碑店核心示范区，在全生育期灌溉 2 次水的情况下，大面积亩产达仍然到 500 千克。

根据区域特点和实际需求开展了玉米联合攻关，在黑龙江、辽宁、河南、山东、新疆等地建立核心示范区 9 840 亩，辐射带动 600 万亩。采用机械直收籽粒技术，每亩节省成本 120 元；通过秸秆综合利用技术，减少了秸秆焚烧造成的环境污染，改善了土壤结构，提高了肥力。在东北和黄淮海产区建立大豆试验示范基地 14 个，面积 11 万亩，平均亩产 186. 3 千克，增产 35. 4%，节约成本 49. 9 元，每亩节本增效 230 元。

开展了棉花轻简化栽培技术示范，探索出一套节本提质增效的“宽早优”等行距栽培模式，成为棉花“良种良法配套”核心技术，在黄河流域产区增产 7. 2%。

开展了山地油菜高产创建工作，集成了种子包衣、全营养聚土打孔稀植移栽、缓控

释一次施肥、无人机高效田间管理等技术，优化油稻高产高效栽培模式，实现亩产 210 千克，每亩节本增效 220 元。

四、以促进现代农业发展为核心，积极推进信息化建设工作

根据现代农业发展的需要，开展了信息化技术在栽培、植保、灌溉、气象、设施农业、机械、数字农业等领域的研究与应用。

围绕高效节水农业发展的技术需求，融合电子技术、传感器技术、大数据、云计算和“互联网+”等技术，研发出智能化土壤墒情监测仪“三化”精准灌溉技术。开展了谷物无损实时在线品质检测技术研究和采样装置设计，实现了稻麦联合收割机在线实时谷物品质检测。开展了智能无人机小麦病虫草害防治技术研究与示范，利用大数据预测病虫害流行趋势，通过 GPS 定位进行药量、面积和成本核算，大大提高了防治水平和效率。

通过与企业共建智慧农业技术联合实验室，开展物联网无线信息采集和控制和农业大数据评价体系与分析，为农业环境相关产业的发展提供技术支持。开展了农用无人机远程监管技术、智能农机调度系统、农机优化配置决策支持系统等农机信息化平台研发工作，建成和完善了大麦青稞产业机械化、花生生产机械化、甘薯生产机械化、绿肥生产机械化 4 个信息网络平台。在河南和河北两省的 4 个典型灌区推广应用 WebGIS 区域灌溉预报技术 100 余万亩。启动数字农业业务支撑与智能服务平台建设项目，建设“国家数字农业中心”，农用通物联网环境监测系统、设施蔬菜肥水气一体化应用技术等一大批现代化信息技术和设施得到应用推广，有力地促进了现代农业的发展。

五、积极开展专项攻关，为农业发展战略决策提供支持

根据农业农村部工作部署，在作物良种攻关、禽流感防控、农药残留和重金属检测、可降解地膜技术、外来入侵生物防治、农业机械化、农产品质量安全等领域开展了攻关，取得新的进展和成效。

开展了玉米、大豆、小麦高效协作攻关，筛选出一批优异种质资源和育种新材料，培育出了一批适宜机收籽粒玉米、高产高蛋白大豆、节水抗病小麦等突破性新品种，搭建了优异种质资源发掘、材料创新、品种测试等创新共享平台，建立了大面积生产条件下的新品种测试网络。

针对大豆产业问题，向农业农村部提交了《提高原产美国大豆进口关税的经济影响评估》《全量还田是解决秸秆焚烧问题的根本途径》《我国大豆产业科技发展现状与对策建议》《同等立地条件下中国和美国大豆单产差异解析》《2018 年大豆生产情况调研分析报告》《大豆产业调研报告》等分析报告，提出了促进大豆产业发展的对策措施，为政府决策提供参考。作为国家马铃薯产业技术体系首席单位，组织全国 66 个团

队开展了3项重点任务和7项前瞻性研究，建立了28个数据库，提交了《新时期农业科技创新意见建议》等多个咨询报告。

撰写了多份非洲猪瘟防控建议报送有关部门。参加了一系列有关禽流感防控、马传贫、马鼻疽监测相关活动。围绕现代农业产业发展及收获机械学科领域的重大需求，积极为种植大户、农机用户、相关专业服务组织提供机具选型、维修指导、技术培训等技术服务。牵头成立了国家棉花产业联盟，打造“CCIA”民族品牌，推动建立棉花“技术方+生产方+需求方”一体化发展布局。

推进“无公害食品行动计划”，牵头完成了农产品质量安全例行、专项、风险监测相关工作，成立了“全国名特优新农产品营养品质评价鉴定机构”（CAQS-PJ-0016）和“全国农产品质量安全科普示范基地”（CAQS-KPJD-0016），开展了农产品质量安全科学研究、科普宣传、技术培训、生产指导、生产消费监测评估体验、展览展示和名特优新农产品营养品质评价鉴定等方面的工作。

六、示范推广实用新技术，促进科技成果转化

2018年，全院共推广新品种325个，推广新产品836个，推广新技术234项，推广总面积4.6亿亩，推广畜禽新品种及相关成果3.6亿头（羽），有19项技术被农业农村部纳入农业主推技术，占全部主推技术的27%。

（一）示范推广一批新品种

30个水稻品种获得植物新品种授权。在长江流域区试水稻10组106个品种，生产试验3组17个品种。开展了耐盐稻品种试验示范，在岱山县8亩盐稻平均亩产360千克。在陕西、山西、河南、河北、甘肃等地示范推广小麦新品种中麦36，平均亩产356.3千克，增产12.6%。推广玉米中单909 800万亩，中单808 200万亩，增产30万吨，增收4.8亿元。推广大豆中黄系列品种196万亩，平均每亩增产10千克，增加经济社会效益7 800多万元。推广油菜中双11、中油杂19等品种15个900万亩，推广花生中花16等品种5个210万亩，推广芝麻中芝14等新品种9个180万亩，创造经济效益11亿元。在河北省昌黎县大面积推广中薯系列马铃薯新品种，中薯5亩产超过了5 000千克，中薯4在黑龙江省讷河市亩产也超过了5 000千克。推广茄子5 000亩，创效益2 000万元。推广桃、苹果、葡萄、猕猴桃、梨、石榴、西瓜、甜瓜等瓜果新品种82个，累计面积75万亩，直接经济效益4亿元。在黄河流域、长江流域和新疆建立棉花新品种中试点78个，面积6 120亩，推广中棉所系列品种150万亩，每亩增收220元。推广中烟系列烤烟新品种29万亩，为烟农新增产值2 900万元。

推广中畜草原白羽肉鸭配套系父母代种鸭300万只，生产商品代雏鸭6亿只，市场占有率20%以上，新增经济效益2亿元。中试金陵黑凤鸡配套系父母代种鸡27.3万套，

推广商品肉鸡 3 400 余万只。推广大通牦牛育种核心群 54 群 25 000 头，年供种能力 2 200 头。推广高山美利奴种公羊 4.9 万只、母羊 4.2 万只，改良细毛羊 700 多万只，新增效益近 16 亿元。

（二）示范推广一批新产品

在河南示范推广专利技术产品新型多功能增效肥料“金肽能”150 万亩，减少氮肥施用量 17%。在黑龙江、吉林推广“麻育秧膜在水稻机插育秧中的应用”技术，示范 800 万亩。在苹果产区推广自主研发的苹果树腐烂病高效防治菌剂 2 万余亩，防治有效率达 98%。

推广“梨果早优宝”“座瓜灵”“红提大宝”“噻苯隆”等植物生长调节剂和“康富铁”“活力钙”等小分子肥料产品 12.6 万亩，创直接经济效益 1.26 亿元。推广防病生物有机肥和杀线虫生物制剂“淡紫拟青霉菌剂”系列产品 7 万亩，增产 15%。推广生物农药植物免疫诱抗剂“阿泰灵”1 000 万亩，创经济社会效益 8 亿元。推广“中烟”有机肥 25 万吨，应用面积 260 万亩，减少化肥施用量 4 000 余吨，增收 9 600 余万元。

推广新兽药“苍朴口服液”13 000 头份，直接经济效益 520 万元。“禽流感 DNA 疫苗”和“重组禽流感病毒 H5 亚型灭活疫苗”分别获得一类和三类新兽药注册证书，“2 种细胞源 H5+H7 二价灭活疫苗”获得批准应用，“鸡传染性支气管炎病毒 ELISA 抗体检测试剂盒”获得国家二类新兽药注册证书。

在浙江、江苏推广“无人驾驶自动导航低空施药技术装备”，应用 2 万多亩，每亩增收节支 150 元。在江苏推广“节水灌溉技术装备”，应用 5 000 多亩，创经济效益 1 000 多万元。推广全量秸秆免耕播种系列装备 1 800 多套，作业面积 40 多万亩，节本增效 4 000 多万元。

（三）示范推广一批新技术

在辽宁、安徽等 9 省推广应用“基于无害化微生物发酵养殖废弃物全循环技术”，覆盖 300 余家企业，处理 40 万头猪粪污，生产有机肥 32 万吨，新增经济效益 1.2 亿元。推广“大豆麦茬免耕覆秸精量播种栽培技术”40 万亩，增加经济效益 3 200 万元。在内蒙古、河北示范“玉米秸秆榨糖收贮”7 000 亩，获经济效益 575 万元。“油菜毯状苗机械移栽技术”被农业农村部确定为十大引领性技术，在安徽、江苏、四川、湖南、湖北 5 省开展规模化试验示范。在北京、河北、西藏等地示范推广“设施主要蔬菜基质栽培水肥一体化精准高效智能管理”和“设施生食果蔬生态基质无土栽培高品质稳定生产”技术，减少大中量元素用量 30%，减少微量元素用量 90%，降低成本 40%，节水 30%，节肥 25%，省工 50%，产量提高 20%。

示范茶园病虫害无人机飞防 76 000 多亩，其中生物农药的飞防面积近 40%，防治效果达到 95%。“茶小绿叶蝉天敌友好型色板颜色设定技术”“一种新型机制龙井茶的加工方法”“一种特色红茶的加工方法”等 15 项专利转让 613 万元。在辽宁、河北、山东、云南、贵州和新疆等地推广设施果树现代生产技术 50 余万亩，新增经济效益 10 亿元。

牦牛犊牛早期断奶技术、优质乳标准化技术、肉牛全基因组选择分子育种技术、白羽肉鸡全基因组选择技术、优质青贮行动（GEAF 计划）集成技术等得到广泛应用，取得显著成效。

七、加强院地务实合作，搭建成果转化平台

与黑龙江、山东、甘肃 3 个省，以及宁波、黔南州等 8 个市人民政府签署了战略合作协议，重点围绕乡村振兴、农业绿色发展、协同创新、共建试验示范基地等内容开展深入务实合作。

在贵州毕节开展了马铃薯育种、栽培、绿色提质增效等试验研究，示范新品种 50 余亩。在宁夏贺兰县推广生态基质无土栽培西瓜和辣椒水肥一体化智能管理技术，取得了很好的节肥节水效果。与北京市大兴区合作完成“生态基质无土栽培关键技术在大兴区西甜瓜上的应用”项目。与黑龙江省宝清县政府合作建设北方水稻研究中心，规划建设用地 115 亩，科研用地 302 亩，总投资 8 894 万元，建设工作进展顺利。在吉林、黑龙江、内蒙古建立 5 个北方特色浆果示范基地和 1 个核心技术示范园。

在宁夏、湖北、河南、甘肃建立 16 个示范蜂场，推广中蜂绿色高效养殖技术，推广以点带面滚动发展模式，效果良好。与陕西安康阳晨现代农业集团合作，开发富硒安康黑猪肉产品，指导产业联盟养殖户 152 户，饲养量 20 万头。

启动了乡村振兴战略科技支撑计划，组织对重点区域进行了调研考察，明确了河南兰考、江西婺源等 38 个县作为乡村振兴科技支撑示范县，制定了共建工作方案。2019 年率先启动江苏东海、河南兰考、江西婺源、四川邛崃 4 个示范县共建工作，工作经费纳入了院基本科研业务费预算，围绕“产业兴旺”这一核心目标，组织相关省市农科院参与共建，在农业农村现代化、生态循环、农村能源等领域，开展关键技术集成与示范，打造整县制推进科技支撑发展模式。

八、组织开展科技服务，提高农业生产技术水平

按照农业农村部“为农民办实事”工作部署，组织开展了形式多样的科技服务工作，共组织科技下乡 6.8 万人次，举办科技培训和技术咨询活动 8 300 多场次，培训各类技术人员、种养大户、新型农民 82 万人次，发放技术资料 76 万份，受到了广泛的欢迎。

依托水稻、小麦、玉米、大豆等产业技术体系及绿色发展技术集成模式研究与示范等项目，围绕品种选择、高效栽培、灌溉施肥、病虫害防治和农产品加工等发展需求，开展了一系列系统的技术培训和咨询服务，培训各类技术骨干和农技人员 17 000 多人次。在山东、河南、湖南、新疆等地培训棉花新品种高效栽培生产技术 60 场次 14 000 多人次。

依托蔬菜、苹果、梨、葡萄产业技术体系有关计划项目，在辽宁、河北、北京、天津、山东、山西、陕西、甘肃、江苏、云南、新疆等地，开展了设施蔬菜高效栽培、病虫害综合防控、土传病害防治、农药减施，果树提质增效、贮运保鲜等技术培训和现场指导，培训技术人员和农民 1.7 万人次，发放技术资料 3 万余份。

举办各类茶叶技术培训、讲座、咨询会等 60 多期，培训 7 900 多人次。在浙江、贵州、江苏和福建等省举办茶叶种植与茶园绿色管理技术培训 30 余期，培训人员 6 000 多人次；举办 30 期评茶员、茶艺师培训班，培训 1843 人。在广西昭平建立了"茶叶科技特派员工作站"，在茶园全程机械化、施肥、虫害物理防控等方面开展了广泛的技术培训和技术推广等服务工作。针对各地烟叶种植实际需要，在全国 23 个产区开展技术培训 200 场次，重点培训专业大户、家庭农场、农民合作社、企业、农业社会化服务人员和返乡农民工 10 万人次。

其他研究所也结合自身的学科优势，开展了农产品加工、节水灌溉、生态环保、畜禽疫病防控、农业机械、农产品质量安全、防灾减灾等技术培训工作，有效提高了基层农业生产技术水平。

九、充分发挥科技优势，科技扶贫取得新成效

按照中共中央、国务院的战略部署和习近平总书记关于脱贫攻坚的系列指示精神，中国农业科学院积极落实农业农村部的工作部署，组织专家在环京津地区、武陵山区、秦巴山区以及大兴安岭南麓片区开展了科技扶贫行动，继续推进科技援疆援藏工作，取得了新的成效。

（一）加强党对科技扶贫工作的领导

院里成立了脱贫攻坚工作领导小组，院长唐华俊、党组书记张合成担任组长，副院长王汉中、梅旭荣担任副组长，成员由院属各部门主要领导担任。院属各研究所分别成立了扶贫工作领导小组，党委书记任组长，分管领导任副组长，相关部门、研究室、团队负责人为成员，明确具体任务，强化责任分工。同时，按照习近平总书记提出的"要把扶贫开发同基层组织建设有机结合起来"的指示精神，全院近 50 个党支部与贫困地区党组织结对共建，开展对口精准帮扶，帮助农民解决生产实际问题。成果转化局党支部与蜜蜂研究所科研支部被列为农业农村部结对帮扶共建支部。

（二）建立一系列规章制度

中国农业科学院党组制定了《关于深入推进科技扶贫工作的意见》，提出了“脱贫攻坚的主战场在哪里，中国农业科学院的专家团队就到哪里”的工作纲领，明确了工作任务、工作措施、发展目标，为全院在未来3年的科技扶贫工作中提供了指南。并根据帮扶工作的具体要求，制定了《中国农业科学院科技扶贫行动工作方案》，院属各单位也根据实际情况和帮扶重点任务制订了专项工作计划，细化帮扶任务，画好了科技扶贫“路线图”；出台了《关于干部援派挂职期间有关待遇实施细则》，重点向贫困地区挂职干部倾斜，激发了参加扶贫工作的干部和科技人员工作的积极性。

（三）选派干部建立专业帮扶团队

院所两级先后选派了53名科技和管理干部到贫困地区各级政府、企业挂职，形成了帮扶的“桥梁”和“纽带”，成为贫困地区脱贫攻坚的重要组织和科技力量，有力地推动了科技扶贫工作的顺利开展。挂职干部为当地政府部门当好“参谋”，为专家团队当好“助手”，有多人和团队受到地方党组织和政府表彰。

院属各研究所根据自身的学科专业特点，组织成立专业帮扶团队，开展专业精准帮扶工作，打造“团队式成建制科研人员对口服务模式”。专家深入田间地头、养殖基地、温室大棚、生产车间，对接农业企业、专业合作社、种养殖大户、家庭农场，充分发挥专业人才方面的优势，提高贫困地区农业产业科技含量。其中院士参加扶贫工作近百次。

（四）用科技创新支撑产业发展

组织专家团队在贫困地区开展科技创新，解决制约农业产业发展的关键技术问题。2018年，全院在贫困地区实施各类科技项目150多个，投入经费4 000多万元，有效提高了当地农业生产和产业发展的科技含量，加快了产业升级改造。以市场为导向，围绕种养结合、产业链延伸、功能拓展，支持贫困地区发展特色农业产业，促进农业增效、农民增收。2018年共帮扶2 600多个企业、专业合作社、种养大户、家庭农场等生产经营主体，通过产业发展带动脱贫致富。

（五）建设示范基地辐射带动脱贫

在贫困地区建立和完善了一批科技成果示范展示基地，辐射带动区域农业产业的发展。全院在贫困地区建设和完善示范基地361个。特产所在吉林省汪清等7个县建立示范基地 11 个，面积 5 000 多亩，辐射 10 万亩，带动数百个乡镇。南京农业机械化研究所在四川凉山建立茶园机械化作业示范基地，机械化作业率达到 85%。在湖北恩施、汉寿等地，建立 4 000 亩蔬菜生产机械化示范基地。

（六）开展技术服务提高发展内生动力

按照“扶贫先扶志，扶志先扶智”的理念，我院组织开展了一系列以提高贫困地区农业生产技术水平为目标的科技服务，为贫困地区开展技术咨询 1 200 多次，累计培训各类基层技术人员和农牧民 13 万人次。专家深入田间地头，走村进户，开展了面对面的技术指导和咨询，解决农业生产技术难题。通过技术培训，有效提高了贫困地区农技人员的专业素质和生产技能，提高了自我发展的内生动力。

（七）持续推进援疆援藏工作

在新疆和西藏重点开展了棉花、玉米、蔬菜、果树、农业信息等科技创新和成果转化工作，取得了新的成效。组织培训农技人员和农牧民 5. 5 万多人次，推广新品种 36 个，新技术 50 多项。

棉花研究所在新疆阿克苏建立示范基地 7 500 亩，辐射带动 60 万亩，开展了棉花提质增效试验示范，示范品种 49 个，每亩增效 55 元。在塔城地区建立示范基地 560 亩，平均亩产籽棉 386 千克，折合皮棉 158. 6 千克，衣分 41. 08%，增产 20. 13%。分别在巴州、和硕县、哈密市，示范“宽早优”棉花生产新模式 2400 亩，运用机采、水肥一体化、肥料复合混施技术等，获得亩产 460 千克、成本降低 20%的良好效果。在新疆有关地区建设果树示范基地 3 000 亩，带动 10 万亩，推广新品种新技术，新增社会经济效益 2 亿元，培训当地科技人员和兵团职工 3 000 多人次。在昌吉①建成了优质牧草新品种示范点，完成了 30 份优异灌草资源的田间试验及引种驯化测定。

在西藏林周县示范推广植物免疫诱抗剂“阿泰灵”，显著提高了青稞和燕麦草的出苗率，青稞每亩增产 63 千克，增幅 15%；燕麦增产 202 千克，增幅 20%；在西藏开展青稞、小麦、春油菜病虫害绿色防控技术研究与示范，大幅度提高了农药利用率，提升了农产品质量和食品安全水平。在山南市开展了苜蓿引种繁育研究与示范，建立了 200 亩苜蓿繁种田，鉴定了 100 多份苜蓿种质资源。在山南、日喀则、拉萨完成了 5 个苜蓿新品系区域试验，并开展了中兰 1 号高产栽培和种子繁育技术培训。针对青藏高原牛羊创伤、脓创、传染性结膜炎角膜炎 3 个常见疾病，开展了藏药组方筛选工作，通过药理药效、毒理学试验研究，筛选出复方 2 个，取得了良好的疗效。

---

① 昌吉回族自治州，全书简称昌吉。

中国农业科学院扶贫工作总结（2016—2018年）

党的十八大以来，脱贫攻坚成为全面建成小康社会的底线任务和标志性指标，纳入“五位一体”总体布局和“四个全面”战略布局，以前所未有的力度推进。习近平总书记站在全面建成小康社会、实现中华民族伟大复兴中国梦的战略高度，把脱贫攻坚摆到治国理政突出位置，提出一系列新思想新观点，为打赢打好脱贫攻坚战提供了根本遵循。农业农村部贯彻落实中共中央脱贫攻坚决策部署和习近平总书记脱贫攻坚重要战略思想，把产业扶贫作为农业农村经济工作的大事要事。中国农业科学院深入学习贯彻习近平总书记脱贫攻坚重要理论和中共中央脱贫攻坚决策部署，全院上下以“脱贫攻坚主战场在哪里，中国农科院专家团队就到哪里”的担当精神为引领，充分认识脱贫攻坚、产业扶贫、科技扶贫的重要意义，发挥创新、技术、成果、平台、人才等优势，立足于贫困地区农业农村经济发展的实际需求，切实做到党建、组织、制度、经费、人员等“五项保障”到位，确保科技服务、技能培训、成果转化、项目实施、主体带动、产业帮扶、基地建设、人才培养等“八项措施”落实，科技扶贫工作取得了显著成效。

一、加强学习，提高认识，勇挑科技扶贫重担

中国农业科学院党组始终将总书记关于脱贫攻坚的重要论述作为开展科技扶贫工作的行动指南，不折不扣地落实中共中央和部党组决策部署。中共中央的脱贫攻坚决策部署和总书记就脱贫攻坚做出的重要指示，院党组都在第一时间传达学习。全院从政治和战略高度认识科技扶贫的重要性、必要性、艰巨性和紧迫性，增强政治意识、大局意识、核心意识、看齐意识，整合优势资源，聚焦精准发力，切实为贫困地区产业发展和脱贫致富贡献智慧和力量。一是充分认识脱贫攻坚是全党的重要使命，是各级党组织的重要任务。脱贫攻坚是全党极为严肃、极其重大的政治任务。以总书记提出的“要把扶贫开发同基层组织建设有机结合起来”为根本遵循，以党的坚强领导推动脱贫攻坚。强化党政一把手负总责的领导责任制，明确责任、尽锐出战。充分发挥党的政治引领作用，基层党组织的战斗堡垒作用，党员的模范带头作用。二是充分认识产业扶贫是脱贫攻坚的根本之策、必由之路。总书记指出：“一个地方必须有产业，有劳动力，内外结合才能发展”“要脱贫也要致富，产业扶贫至关重要。”在脱贫攻坚中把产业扶贫放在重要位置，切实通过产业发展提高贫困地区自我发展能力，保证脱贫效果可持续性。推动新阶段脱贫攻坚，必须把产业扶贫摆上更加突出重要的位置，加快把产业发展起来，尽快把贫困地区资源优势转化为产业优势、经济优势。三是充分认识科技扶贫是脱贫攻

坚的有力支撑、坚强保障。1986 年我国提出科技扶贫是开发扶贫的重要组成部分。科技扶贫是由单纯救济式扶贫向依靠科学技术开发式扶贫转变的一个重要标志。随着 21 世纪扶贫工作重心的转移，科技扶贫在整个扶贫工作中发挥着越来越重要的作用。通过科技扶贫使贫困劳动力转变观念、运用技术，改变落后面貌、达到致富目的已成为广泛共识。科技力量是稳定脱贫、长期致富的有力保障。中国农业科学院始终贯彻总书记的“真扶贫、扶真贫、真脱贫”的扶贫思想，大力弘扬不忘初心、勇于担当的攻坚精神，扶贫济困、守望相助的大爱精神，自力更生、开拓进取的奋斗精神，敢想敢干、勇于探索的首创精神，提高认识、聚焦精准、深化帮扶、确保实效，全面打赢科技扶贫攻坚战。

二、高度重视，精心组织，切实做到“五项保障”到位

（一）抓好党建工作，加强政治保障

强化“党建+”理念，充分发挥党的政治优势、组织优势和群众工作优势，促进基层党建与脱贫攻坚深度融合，为全面打赢脱贫攻坚战提供坚强保障。全院形成了院党组、所党委和支部书记的“三级书记抓扶贫”的格局。各级党组织结合“两学一做”学习教育常态化制度化，不断创新学习教育活动方式，深化“院地共建支部　服务乡村振兴　助力脱贫攻坚”主题实践活动。全院近 50 个党支部与地方党组织结对共建，开展精准扶贫、科技下乡等活动，帮助农民解决生产实际问题，助力精准脱贫、乡村振兴。院成果转化局党支部和蜜蜂所科研一支部已被列为农业农村部结对帮扶共建支部，“院地共建支部　服务乡村振兴　助力脱贫攻坚”主题实践活动案例被中共中央和国家机关工委评为 2017 年示范案例。

各级党组织还组织各类捐款捐物活动，资助贫困地区，近 3 年捐赠书籍、农资等物品共 14 多万份，价值 500 多万元。通过“抓党建、促扶贫”工作，充分发挥党建引擎作用，为实现高质量科技扶贫注入了强劲动力。

（二）建立工作机构，加强组织保障

科技扶贫是一项涉及专家队伍选派、技术成果应用、多家单位配合、地方政府协调的系统工程。做好科技扶贫工作是农业科研单位责无旁贷的职责，也是一项重要的政治任务。中国农业科学院成立了扶贫工作领导小组，院长、党组书记任双组长，分管院领导任副组长，院机关有关部门主要负责人为成员，指导协调扶贫工作。院里召开了 20 余次各类扶贫工作会，研究扶贫相关工作。院属 36 个单位分别成立了扶贫工作小组，组建了工作机构，所长、党委书记任双组长，分管所领导任副组长，相关部门、研究室、团队负责人为成员，明确具体任务，强化责任分工。各工作小组作为扶贫工作主体

责任人，发挥各自优势，立足于贫困地区的实际需求，深入推进科技扶贫工作。

（三）制订规章计划，加强制度保障

科技扶贫工作具有艰巨性、复杂性的特点。为了扎实推进扶贫工作，我院狠抓制度建设，院所两个层面出台了一系列制度。我院印发了《中国农业科学院党组关于深入推进科技扶贫工作的意见》，作为全院科技扶贫工作的纲领性文件，涉及指导思想、基本原则、重点任务、工作机制等内容。《乡村振兴科技支撑行动实施方案（2018—2022年）》提出了“科技扶贫主线”，要求通过强化科技创新在驱动产业发展和精准扶贫实践中的支撑引领作用，增加农民收入，实现乡村振兴，专门计划和启动实施“农业科技精准扶贫行动”。《中国农业科学院关于干部援派挂职期间有关待遇实施细则》规定，在贫困地区挂职干部的补助高于非贫困地区，体现了中国农业科学院对贫困地区挂职人员的关爱。在制度体系的框架下，中国农业科学院还根据科技扶贫的具体要求，制定了详尽的工作方案，明确了重点帮扶内容、任务分工、工作要求和保障措施。院属单位也根据本单位实际情况和帮扶重点制订了专项工作计划，落实责任分工，细化帮扶任务，明确了工作时间表，画好了扶贫“路线图”。

（四）筹措各项经费，加强经费保障

科技扶贫是“三农工作”中的重要任务，科研人员需要深入贫困地区，有的还需长期驻守，需要大量工作经费，但科研单位没有专项财政扶贫拨款。为确保扶贫工作稳步开展，院所两级在资金非常紧张的情况下，筹措各类资金，开展技术服务，举办技能培训，解决差旅支出。为了推动科技扶贫项目落地，扶持贫困农户发展，院属单位还发挥“技术整合资源”的优势，通过有力的技术支撑，带动其他单位帮扶资金统筹使用，形成“多个渠道引水，一个龙头放水”的帮扶资金投入格局。这些资金有的支持贫困地区农业产业园区建设，有的以项目的形式支持农业企业发展，有的用于贫困农户技能培训。通过中国农业科学院专家团队的帮助支持，促进了各类帮扶资金科学、高效的使用，提高了帮扶资金利用效率，发挥了帮扶资金最大效用。信息所先后在贵州铜仁、河北阜平等贫困市县开展项目示范应用，投入总经费750万元左右。其中，直接经费300万元，支持智慧农业产品示范、促进贫困地区发展等；带动北京市侨联资金450万元，支持阜平贫困学生教育、菌菇产业发展等扶贫工作。灌溉所、沼科所在经费相对困难的情况下，投入自有资金近百万元，用于帮扶村改善生产生活设施、扶持农民创业、发展特色产业。近3年全院投入自有资金总计 4 509万元，带动帮扶资金总计5 874.84万元。

（五）派出专家团队，加强人员保障

科技扶贫，人才是关键。贫困县大多缺乏科技人才，快速解决生产问题、具有实战经验的专家更是短缺。院属单位根据本单位专业特点和优势学科，结合承担的科技创新和成果转化工作，组织相关科研人员成立专业帮扶团队，按照贫困地区的区域特点和产业需求，开展精准帮扶工作，打造团队式、成建制的扶贫模式。院属单位选派了 654 个专家团队，共计 3 344 名科研人员奋战在科技扶贫的主战场。专家们深入田间地头、养殖基地、温室大棚、生产车间，对接农业企业、专业合作社、种养殖大户、家庭农场，参加扶贫工作达到 14 多万人次，其中院士们参加扶贫工作近百次。通过科研人员、专家团队的投入，进一步发挥院属单位在专业人才、科技成果、创新平台等方面的优势，提高了贫困地区农业产业发展的科技含量，实现了科技推动质量兴农、绿色兴农。院所两级选派 60 多名精干力量到科技帮扶县挂职，加大统筹协调力度，形成了科技帮扶的“桥梁”和“纽带”，成为贫困地区脱贫攻坚的重要科技力量，有力地推动了科技扶贫工作的顺利开展。挂职干部准确切入，主动把自己“摆进”党和国家发展的大局中，“摆进”脱贫攻坚的伟大事业中，为政府部门当好“参谋”，为专家团队当好“助手”。截至 2018 年年底，中国农业科学院还选派 37 名优秀博士参加中组部“博士服务团”，为贫困地区特色产业发展提供技术指导。

由于在扶贫工作中作出了突出贡献，中国农业科学院多个个人、团队受到中央与地方表彰。2017 年 6 月，资划所杨秀春同志获中共中央组织部、中共中央统战部、国家发展和改革委员会、人力资源社会保障部颁发的“全国科技支援新疆先进个人”荣誉称号。兰牧药所 2013 年、2015 年、2017 年被甘肃省委评为“优秀帮扶单位”，陈化琦同志荣获“优秀驻村帮扶工作队队长奖”，杨志强同志荣获兰州市七里河区人大“双联行动优秀人大代表”荣誉称号。2017 年 8 月，灌溉所驻村工作队被评为新乡市“优秀驻村工作队”，2018 年 4 月，灌溉所刘平同志被评为河南省“优秀第一书记”。油料所精准扶贫驻村工作队获得湖北省委省政府“2017 年度全省工作突出的驻村工作队”表彰，李俊同志获“工作突出的第一书记”表彰。

三、突出重点，狠抓落实，科技扶贫成效显著

（一）加强科技服务，助力农业发展

推动贫困地区的农业发展，行之有效的做法就是提高贫困地区的科技服务水平。农业科研单位开展科技服务是法律赋予的重要职责，同时也是“三农”工作、脱贫攻坚的具体要求。院属单位开展了一系列的科技服务，据不完全统计，为贫困地区制定规划、开展咨询 3 347 次，现场指导农业生产 6 417 次，展览展示科技成果 419 次，为脱

贫攻坚提供技术支撑。唐华俊院长多次到联系点四川省简阳市贾家镇快乐村深入调研，研究快乐村脱贫发展的工作思路，形成了专题报告，为快乐村脱贫致富提出了建设性意见。兰兽研专家组先后在甘肃合作市、卓尼县、肃南裕固族自治县、张掖市，新疆博乐市、伊犁哈萨克自治州，青海海北藏族自治州、陕西杨凌示范区、湖北随州市等地开展肉牛和牦牛寄生虫病的流行病学调查，现场指导养殖场和合作社养殖户开展春季肉牛牦牛驱虫技术、重大动物疫病防控和常发动物疫病处置技术的示范推广，手把手指导养殖户配药配料和分群饲喂技术。3 年来提供疫病诊断服务共计 60 余次，累计为畜牧兽医技术人员和养殖户提供服务 2 150 人次，给综合试验站和企业提供疫苗 5 万头份。作科所在燕山—太行山区河北省承德、平泉、井陉、赞皇、尚义等地，山区丘陵地区的重庆城口、甘肃庆城，以及西北地区的新疆阜康、清河等地，开展“企业—科研单位—农户”结合的科技服务，通过冀绿 13 号、冀红 16 号、绿豆/果树套种、膜下滴灌旱作栽培等新品种新技术的示范、培训和指导，实现贫困县市食用豆品种的更新，提高了种植效益，增加了农民收入。据测算，新品种、新技术示范面积 3.0 万亩，增产 12 千克，新增产量 36 万千克，增收 288 万元。郑果所为西藏有关部门起草了《国家青藏高原果树协同创新中心建设方案》《西藏昌都葡萄产业发展规划》，组织编制了《青藏高原果树绿色发展重大科技工程》项目可研报告。实施珠峰脚下种水果行动、林芝良种良法配套、西藏高原夏秋草莓生产、拉萨设施甜樱桃试种、山南乃东猕猴桃引种试种等一系列服务，稳步推进科技扶贫。西藏自治区坚参副主席赞扬该所“举全所之力，主动作为，积极作为，支撑西藏果业发展”。

（二）组织技能培训，提高内生动力

技能培训是促进贫困劳动力“稳定脱贫，绝不返贫”的根本举措。技能培训作为扶贫工作的“金钥匙”，也是中国农业科学院科技扶贫的重要抓手。针对贫困地区农业技术支撑乏力的现状，中国农业科学院在“扶智”上狠下功夫。资划所专家在全国组织开展了测土配方施肥推广示范工作，先后赴吉林、内蒙古、新疆、四川、西藏、贵州、湖北、湖南、山西、甘肃、宁夏等省（自治区）的贫困县乡和农垦、农场开展测土配方施肥技术现场培训及观摩指导。举办测土配方施肥技术培训班 16 期，培训技术骨干和生产一线人员 1 200 余人。植保所围绕土壤有害生物防控、植物病虫害防治等内容，组织技术交流、试验示范、田间咨询、现场观摩等各种培训，全国累计举办培训共 500 多场次，培训农民及专业技术人员共 150 多万人次。

结合农业农村部“为农民办实事”工作部署，全院组织专家开展培训活动 2 427 次，累计培训各类基层技术人员和农牧民 171 万人次，发放技术资料 315 万份。专家深入田间地头，走村进户，开展了面对面的技术指导和咨询，解决农业生产技术难题。通过技术培训，有效提高了基层农技人员的专业素质和生产技能，培养了一批适应现代农业生产发展的技术骨干和新型农民。

（三）转化科技成果，快速推广应用

中国农业科学院结合绿色提质增效技术集成研究与示范项目，围绕“一控二减三基本”发展战略和农业供给侧结构性改革的基本要求，持续推进水稻等 16 个产业绿色提质增效技术集成模式研究与示范工作，共集成 240 多项先进适用技术，构建了 48 套可复制可推广的综合技术生产模式。覆盖各类主产区和典型生态区 18 个省（区），院内有 19 个研究所、48 个团队、225 名科技人员参加，院外有 240 个单位、2 600 多人加盟攻关。茶叶所在四川广元引入本所选育的黄化特异茶树新品种中黄 1 号和中黄 2 号，两个品种的投产茶园亩均产值超过 3 万元，累计新增收入超过 3 亿元。建立黄茶专业合作社 3 个，带动农户超过 200 户，年人均增收 3 000 元，经济和社会效益显著，成为当地精准扶贫的重要抓手。以两个品种为依托打造的“广元黄茶”“广元纯黄茶”公共区域品牌获得国家地理标志证明商标，成为广元市茶产业发展的新名片和金字招牌。作科所发挥中麦 175 的品种优势，助力甘肃精准扶贫。作为甘肃省平凉地区精准扶贫和产业结构调整的重点品种，中麦 175 已连续 6 年作为主栽品种推广种植，2017 年当地夏收面积 30 万亩，平均亩产 500 千克，较当地品种每亩增产 70 千克。国家级贫困县甘肃灵台将中麦 175 作为 2016 年秋播科技扶贫的主推品种，向 260 户贫困户无偿提供种子，其中 1 500 亩平均亩产 410 千克，较当地品种每亩增产 60 千克，2017 年秋播面积约 17 万亩。国家级贫困县泾川向 436 户无偿提供中麦 175 种子，平均亩产 400 千克，较当地品种每亩增产 80 千克，户均收益 3 000 元，科技扶贫优势突显。

3 年来全院累计示范推广新品种 656 个、推广面积 2 975 万亩、73 万头；推广新产品 3 019 个，应用 20 031 万亩，效益达到 15 111 万元；新技术 646 个，推广 18 439.8 万亩、77.2 万头（只）、2 亿羽。围绕贫困地区产业和地方需求，通过科技成果的转化应用，提升了农业生产效率，提高了社会经济效益。

（四）实施科技项目，推动创新发展

作为农业科研的国家队，必须主动对接贫困地区的政府和农业管理部门，着眼区域经济发展，面向生产实际，开展科技合作，解决关键科技问题。针对贫困地区农业生产中的瓶颈问题，通过合作项目的实施，引领贫困地区科技创新，促进农业产业持续发展。全院近 3 年在贫困地区实施了 429 个各类项目，涉及经费 13 654 万元。环发所在西藏实施“藏北高原草地生态修复利用与提质增效关键技术及应用”项目，项目获得经济效益 16.32 亿元，为社会创造经济效益 29.03 亿元，示范户增收 50%以上，惠及 8.34 万牧民，显著提高了牧民收入，有力推进了西藏精准扶贫，为藏北高原及西藏与全国一道建成小康社会作出了重要贡献。哈兽研和乌鲁木齐市动物疾病控制与诊断中心、新疆畜牧科学院兽医研究所共同承担的“乌鲁木齐市人畜间结核病的流行病学研究与调查”“基于基因重组蛋白的牛结核病 ELISA 诊断方法的研究”，联合研究成果获 2014—2016 年全国农牧渔业丰收奖三等奖。和乌鲁木齐市动物疾病控制与诊断中心、新疆维吾尔自治区畜牧科学院兽医研究所、新疆医科大学联合研究成果“畜间结核病流行病学研究及预警模型的建立和应用”获新疆维吾尔自治区科技进步奖。发挥研发优势，通过共同实施科技项目，有力地推动了当地的科技创新。蔬菜所针对新疆和田地区的沙漠温室土壤环境不良、生产效益较差、存在严重生态威胁等问题，承担了北京市援疆和田指挥部“沙漠温室改土培肥技术”项目。在和田市团结新村等地累计建设改土培肥示范温室 215 个，辐射带动周边温室 500 个以上。探索实行沙漠温室公司全托管模式，每户贫困农户出劳力一人，年收益可达到近 20 000 元以上，公司和托管农户都取得了良好的收益，大大增强了科技扶贫和科技脱贫的信心。该项目作为北京市科委主展项目亮相 2017 年全国科技活动周，受到国务院原副总理刘延东和北京市领导的肯定。

（五）扶持帮扶对象，带动脱贫致富

培育新型生产经营主体，引领农业适度规模经营发展、带动农民就业增收、增强农业农村发展新动能，在脱贫攻坚工作中具有重要意义。全院共帮扶 7 974 个企业、专业合作社、种养大户、家庭农场等生产经营主体，引进龙头企业进驻贫困地区，推广股份合作、订单帮扶、生产托管等帮扶模式，让贫困农户分享产业发展红利。水稻所重点支持来自红色革命圣地赣州的江西红一种业科技股份有限公司，开展种质资源、栽培技术和人才培养等全方位合作，开发了万象优 111、万象优华占等系列米质优、口感好的优质稻品种，并积极支持品牌创建，开拓广东、深圳等高档籼米市场。2018 年该系列品种种植面积超过 100 万亩，稻谷加价收购，高于普通稻谷 20%以上，为当地农民直接增加收益 3 亿元以上。牧医所和内蒙古赤峰市宁城县的国家级龙头企业塞飞亚集团战略合作，开展了“科研单位+国家级龙头企业+农户”肉鸭全产业链扶贫，启动了“肉鸭绿色提质增效协同创新行动”，推动内蒙古塞飞亚集团成功跻身于全国肉鸭行业十强、行业综合能力稳居全国前五。平均每年全国范围内推广雏鸭 5 000 万只，带动 160 多个养殖场，覆盖 2 000 多养殖户，为宁城县科技扶贫作出了巨大的贡献。依托京津冀农业科技创新联盟，开展专家和生产经营主体对接。武占会研究员等 9 位专家实现了“一对一”精准对接，签订 3 年服务协议，由责任专家组织服务团队开展精准服务，每个对接主体给予每年 5 万元经费支持，连续支持 3 年。开展技术指导 120 次、技术培训 30 次 470 人次，新品种引进 80 个，技术引进 60 项，带动 400 多农户脱贫致富，对接主体的科技能力得到进一步提升。3 年来，通过中国农业科学院的科技扶贫，企业、专业合作社、种养大户、家庭农场增收共计达到 52 亿元，帮扶成效显著。

（六）发展特色产业，助力精准脱贫

总书记强调“发展产业是实现脱贫的根本之策，把培育产业作为脱贫攻坚的根本出路”“要脱贫也要致富，产业扶贫至关重要”。坚持以市场为导向，以经济效益为中心，以产业发展为杠杆的产业扶贫，在贫困县支持发展特色产业，做大做强县域经济，以产业兴旺助力脱贫攻坚。全院围绕种养结合、链条延伸、功能拓展，支持贫困地区发展设施蔬菜、林果、西洋参、肉鸭、茶叶等特色产业，促进农业增效、农民增收。郑果所积极推动河北阜平县农业产业结构调整，大力发展晚熟桃、苹果、葡萄等优质、高效水果种植，趟出了一条产业扶贫的新路。目前，阜平县新发展林果 5.6 万亩，覆盖到 13 个乡镇 112 个行政村 1 万余户，其中贫困户 3 600 户。进入初果期的果树亩均增收达 4 000 元，预计丰果期后，可实现亩均增收 2 万元左右，户均年增收 2 000 元。阜平县林果产业的蓬勃发展得到国务院扶贫办和省市主要领导的充分认可，国家、省、市先后在阜平召开产业扶贫现场会，央视《新闻联播》也进行了宣传报道。兰牧药所推动大通牦牛的示范推广，让牦牛成为脱贫致富的“摇钱树”。大通牦牛于 2005 年通过国家畜禽品种委员会的审定，目前已成为牦牛产区广泛推广应用的新品种，每年改良家牦牛约 30 万头，覆盖率达我国牦牛产区的 75%，对促进高寒地区少数民族聚集地，尤其是藏民族地区经济社会发展发挥了重要作用。

（七）建设示范基地，辐射带动脱贫

中国农业科学院结合院地合作、院企合作，加快集成展示基地布局建设，建立和完善了一批相对固定的集成展示基地。近年来全院在贫困地区建设 361 个基地，通过示范基地辐射带动产业扶贫。特产所 3 年来在吉林省汪清、大安、靖宇、和龙、镇赉、安图、龙井等县，建立示范基地 11 个，示范面积 5 000 多亩，辐射 10 万亩，带动数百乡镇。农机化所在四川凉山建立帮扶项目示范基地，推广茶园机械化作业技术，机械化作业率达到 85%。在湖北恩施、汉寿等地，建立 4 000 亩蔬菜生产机械化示范基地，辐射带动 5 万亩。烟草所在四川省西昌市大兴乡建设了 224.14 亩西南试验基地。依托西南试验基地，利用凉山州的天然资源优势，开展了凉山山地原生态特色烟叶开发，提升凉山烟叶品牌效应，推进烟草行业转型升级，促进烟农持续收入。

（八）培育人才队伍，提高素质能力

稳定脱贫、长期致富的关键在于本地人才。为贫困地区培养留得住、用得好的各类技术人才，打造“不走的扶贫工作队”是扶贫工作的关键。中国农业科学院承担中组

部“西部之光”访问学者和人社部[1]少数民族特培学员的培养任务。截至目前，已圆满完成了344名“西部之光”访问学者、29名西藏、新疆、内蒙古特培学员的培养工作。近3年培养“西部之光”访问学者、少数民族特培学员85名。中国农业科学院“西部之光”访问学者和少数民族特培工作得到上级部门充分肯定，在2016年举办的全国第五批新疆特培工作启动大会上，中国农业科学院作为培养单位代表作了典型发言。培养博士后研究人员是培养高级人才的重要手段，中国农业科学院帮助贫困地区培养博士后研究人员43人，人员来自甘肃等13个省份，涉及作物学、植物保护、畜牧学、生物学、草学、农业资源与环境等多个学科。中国农业科学院还通过举办专业人才培训班的形式为贫困地区培养人才，连续3年在西藏举办“高中级农牧科技人才培训班”，共为当地培训了296人次，有效促进了西藏地区农牧科技人才队伍建设。院属单位与地方开展全方位、多角度、多形式的合作，为贫困地区培养科技人才。棉花所与塔里木大学签订战略合作协议，合作共建我国首个集棉花学科建设、人才培养、科研服务于一体的棉花科学学院。该学院“立足南疆、面向中亚”，探索棉花可持续繁荣发展的资源高效利用模式。双方共同组建了棉花科学方向本科生实验班，共建实验班是塔大创新人才培养体制改革的一次新探索，也是校所协同培育区域专业人才的一个典范。目前已招收3届棉花实验班学生，共计培养本科、研究生100多人。

在农业农村部党组正确领导下，在院党组高度重视、统筹协调下，在全院科研人员凝心聚力、共同努力下，科技扶贫成效显著。在帮助贫困地区产业发展、脱贫致富的同时，中国农业科学院锻炼了一支技术过硬、贴近群众的科技扶贫中坚力量，凝练了一批制约贫困地区发展、亟须解决的科研选题，总结了一批特点鲜明、意义显著的典型案例，形成了一批具有中国农业科学院特色的扶贫模式，为进一步推进科技扶贫工作打下了坚实的基础。

四、问题导向，科技引领，坚决打赢脱贫攻坚战

2018年6月印发的《中共中央　国务院关于打赢脱贫攻坚战三年行动的指导意见》明确要求，“动员全社会科技力量投入脱贫攻坚主战场，开展科技精准帮扶行动。”体现了国家对科技扶贫的高度重视。作为农业科研单位，中国农业科学院倍感责任重大，使命光荣。中国农业科学院在分析存在问题的基础上，进一步提高思想认识，明确“五个一批”目标，突出“六项帮扶”措施，汇聚全院之力，整合优势资源，加大工作力度，聚焦精准脱贫，在坚决打赢脱贫攻坚战的实践中充分发挥科技的支撑和引领作用，为实现科技帮扶地区全面进入小康社会作出新的更大的贡献。

① 中华人民共和国人力资源和社会保障部，全书简称人社部。

（一）认真分析存在的问题

结合中国农业科学院科技扶贫工作开展的情况，分析目前还存在的问题，主要体现在以下 3 个方面。

一是对扶贫工作的政治站位还不够高，对其复杂性长期性认识还不足。院党组对脱贫攻坚的重要性有充分的认识，始终要求广大干部职工、科研人员牢固树立“四个意识”，深入学习贯彻习总书记关于扶贫工作的重要论述以及中央各项决策部署。但不可否认，一些同志对脱贫攻坚的极端重要性认识仍不够高，没有认识到脱贫攻坚对于实现中国梦和乡村振兴的重大意义。对于短期脱贫目标和促进贫困地区长期发展的认识还有欠缺，扶贫措施的前瞻性、持续性还不够。对脱贫攻坚工作的复杂性认识不足，单兵作战现象仍然存在，团队协同扶贫还不到位。

二是科研人员参与扶贫工作的积极性还需提升。虽然中央已出台相关政策，要求转变“唯论文、唯职称、唯学历、唯奖项”的人才评价导向，但政策落地还需细化的措施，对扶贫的专项激励机制也尚待健全。绝大多数科研人员具有较高的政治觉悟、较强的责任担当，但一线扶贫工作苦、累的事实不可回避，待遇保障低也会降低了科研人员扶贫的积极性。

三是由于地域因素等原因，院属单位参与扶贫工作还不平衡。客观上讲，京外单位由于地处各省，对当地的经济发展水平、产业帮扶需求等有更多了解，对接更加便捷顺畅，帮扶更加持续有力。京内单位由于地处首都，更多关注科技创新，投入扶贫工作的精力相对较少。主观上讲，个别单位政治站位不够高，没有积极主动地开展科技扶贫工作，限制了中国农业科学院在扶贫工作中发挥更大优势，取得更大成效。

认真分析中国农业科学院目前在科技扶贫工作中还存在的问题，找准努力方向，牢固树立“四个意识”，不断提高政治站位，深入贯彻落实中央脱贫攻坚的决策部署和习近平总书记脱贫攻坚重要论述，切实增强干部职工、科研人员参与脱贫攻坚工作的积极性和主动性。

（二）明确“五个一批”目标

按照到 2020 年全面脱贫的战略目标，根据中国农业科学院科技扶贫行动实施方案（2018—2020 年），结合我院乡村振兴战略科技支撑计划的实施，以“五个一批”为目标，深入开展科技扶贫工作，持续加大工作力度，提高贫困地区现代农业发展水平，促进农业农村经济的发展。

一是建立一批特色主导产业。帮助贫困地区因地制宜发展一批具有区域特色、符合市场需求的产业。在每个贫困县至少培育 3~5 个重点产业，每个贫困村至少发展 1 个特色农产品，形成“一村一品”格局，通过发展壮大特色产业带动贫困村脱贫。

二是突破一批关键技术。针对制约贫困地区农业产业发展的关键技术“瓶颈”，强化技术协同攻关，解决重大技术需求，形成一批自主知识产权的技术成果，为贫困地区脱贫致富提供科技支撑和技术储备。

三是集成一批绿色高效技术模式。集成一批国内外先进的实用技术，构建50套适宜区域发展的可复制、可推广、可落地的综合农业生产技术模式。通过综合技术模式的构建和示范推广，辐射带动区域经济的发展。

四是建设和完善一批示范推广基地。结合中国农业科学院现有的基地布局，进一步完善和建设一批对脱贫攻坚有重要价值的新基地，构建布局合理、定位清晰、功能完善、运转高效、机制先进、开放共享的科技扶贫支撑平台体系。

五是培训一批脱贫致富带头人。重点加强对贫困地区的农业企业、农民合作社、种养大户、家庭农场等农业生经营主体的服务，培训一批懂技术、会管理、善经营的农村实用人才，形成一批带动脱贫致富的主体。

（三）突出“六项帮扶”措施

根据农业农村部《环京津贫困地区发展特色农业扶贫共同行动》部署，以及推进贫困地区农业产业扶贫工作总体要求，在全面科技扶贫的基础上，以环京津地区的阜平、秦巴山区的紫阳、武陵山区的恩施、大兴安岭片区的桦川、三区三州的临潭为重点，突出“六项帮扶”措施，打赢科技扶贫硬仗，当好脱贫攻坚的“科技加速器”。

一是突出科技帮扶。实施科技项目，集成先进技术，提升当地科技创新能力，带动提升产业的科技水平和产品的科技含量，构建支撑现代农业产业发展的综合技术体系，辐射带动区域现代农业的发展。

二是突出精准帮扶。找准现代农业发展的关键技术问题，选用具有针对性的科技成果和技术方法，实施一对一“靶向”帮扶，提高帮扶的精准性、科学性、针对性和实效性。

三是突出绿色帮扶。示范推广节水、节肥、节药等绿色农业生产技术，构建农业病虫害绿色防控综合技术体系，减少农业投入品使用量，构建种养循环、农牧结合的绿色产业发展技术体系，探索生态文明建设与经济发展相得益彰的脱贫致富新途径。

四是突出产业帮扶。通过产业兴旺，带动区域经济的发展，实现脱贫致富。重点强化贫困地区特色产业和优势品牌建设，加强特色产业发展关键技术攻关，促进产业转型升级。通过扶持企业以及农民合作社、种养大户等新型生产经营主体，推动产业发展，带动贫困群众就业增收。

五是突出全产业链帮扶。在产前、产中、产后各个环节开展科技帮扶，形成生产、加工、销售、消费的完整产业发展链条，拉长产业链，提升价值链，增加附加值。建立全产业绿色发展链，提升农产品的科技含量、品牌效应和内在品质，促进增收增效。

六是突出产业融合发展帮扶。促进农牧结合、农林结合，推进农业与旅游、文化、休闲等产业深度融合，转变农业生产方式，实现绿色生态循环发展，优化农业产业结构，构建现代农业产业发展新体系，推进农业供给侧结构性改革，探索具有区域特色的现代农业产业融合发展之路。

典型案例：1. 同心协力　扎实推进　助力阜平精准脱贫——中国农业科学院科技帮扶阜平工作情况
2. 以科技支撑产业扶贫　助推乡村振兴——茶叶所扶贫工作情况
3. 科技引领扶贫路　产业花开田凤坪——油料所精准扶贫工作情况
4. 发挥联盟优势　助推产业脱贫——全国马铃薯主食化产业联盟扶贫工作情况
5. 小蜜蜂助力宁夏泾源县精准脱贫——蜜蜂所科技扶贫情况
6. 情满援疆路　绵绵农科缘——第七批援疆干部杨秀春同志先进事迹
7. 太行深山区的“林果县长”——中国农业科学院林果专家、阜平县挂职副县长刘济伟事迹

典型案例 1

同心协力　扎实推进　助力阜平精准脱贫
——中国农业科学院科技帮扶阜平工作情况

2013 年 5 月，中国农业科学院和国家深度贫困县河北省阜平县签署了战略合作协议，在合作实施科技示范项目、促进特色产业发展、联合培养科技人才等方面开展了一系列务实合作。2017 年 3 月，按照农业部环京津农业扶贫对接会议部署，双方又签署了科技帮扶协议，不断加强领导和统筹，聚集资源，在技术培训、规划制定、特色产业发展、人才支持等方面开展了一系列科技帮扶工作，拉开了科技精准扶贫的大幕。

一、加强组织领导，明确工作任务

为了把帮扶工作落到实处，中国农业科学院多次召开专题会议，研究部署阜平的科技帮扶工作，要求院属各单位把科技帮扶工作作为一项重要的政治任务列入工作计划，确定了帮扶重点，明确了任务分工。

中国农业科学院成立了科技帮扶工作领导小组，院长、党组书记任组长，分管副院长和研究生院院长任副组长，院机关有关部门和相关研究所主要负责人为成员。明确郑州果树研究所挂职阜平副县长的刘济伟同志任工作协调小组组长，成果转化局负责协调和组织管理工作。每个帮扶单位由党委书记牵头负责，一个团队具体执行，一位专家长期蹲点指导。

根据阜平县山区综合资源优势、优质生态环境优势和紧邻京津的地理优势，确定帮扶重点在林果业、生态型设施农业、食用菌生产与加工、生态畜牧业和蜜蜂饲养、农产品加工、农业休闲观光和乡村旅游、技术培训与实用人才培养等领域。

经过充分研究讨论，明确了任务分工和工作目标。林果业由郑州果树研究所牵头，重点开展大枣、核桃、桃、猕猴桃、西瓜等产业的技术扶持；设施农业由蔬菜花卉研究所牵头，重点开展小型节能温室建设，示范推广设施蔬菜生产技术；食用菌生产由资源区划研究所牵头，开展相关技术服务工作；农产品加工由农产品加工研究所牵头，组织开展食用菌、大枣等特色农产品加工技术研发与示范；种养循环农业由北京畜牧兽医研究所牵头，在规模饲养、有机肥开发利用等领域提供技术支撑与服务；蜜蜂饲养与蜂产品加工由蜜蜂研究所牵头，重点开发“红色蜜”品牌系列产品生产与加工技术；生态农业休闲旅游由都市农业研究所牵头，重点打造生态休闲农业园区；技术咨询培训由研究生院牵头，开展技术培训与咨询服务，培养实用人才。

二、开展调查研究，为阜平发展建言献策

为了摸清阜平县农业资源与生产情况，为帮扶工作进行顶层设计，陈萌山书记以及李金祥、雷茂良、吴孔明、王汉中等几任分管院领导先后多次带领院有关部门、院属有关研究所的负责人和专家到阜平调研，实地考察了重点乡村农业经济发展情况，与保定市、阜平县领导以及当地政府有关部门举行了深入的研究与探讨，为阜平的脱贫致富出谋划策。提出了要根据阜平发展现代农业的技术需求，通过合作打破限制发展的技术瓶颈；要明确发展定位，制定科学的发展规划；要充分考虑资源、生态、经济、社会的协调与可持续发展，用现代科学技术提高阜平农产品的市场竞争力和经济效益；要做好技术培训，把职业培训、田间学校、示范带动结合起来，培养一批技术能手，提高农民科技素质和自主发展能力；要大力发展优势特色产业，提升品牌效应，带动相关产业和周边地区的发展。

三、制订计划，强化精准帮扶

为了提高帮扶工作的科学性、规范性和可持续性，在全面调研对接的基础上，中国农业科学院研究制定了科技帮扶工作总方案，各牵头研究所也组织制定了不同产业的工作方案，进一步明确了工作任务。一是组织专家帮助阜平县设计现代农业科技示范园，完善特色农业发展规划；二是做大做强食用菌产业，为阜平县食用菌产业发展提供技术指导与服务；三是共建果树试验站，为果树品种更新换代和产业升级提供技术支持；四是合作推进种养循环示范项目，探索种养结合型的生态农业循环发展模式；五是共建农产品加工研究示范基地，拉长产业链，增加附加值；六是共同打造生态农业休闲旅游综合体，促进阜平现代农业提质增效；七是加强技术培训与咨询服务，提升阜平农业生产的科技水平；八是以挂任阜平县副县长为桥梁和纽带，推动各项帮扶工作落到实处。要求各单位要人员到位、对接到位、资金到位、协调到位、管理到位，建立起全新的帮扶工作机制，打造绿色高效可持续发展的帮扶新样板，争取 1 年初见成效，3 年有明显成效且可考核可评估，为到 2020 年全面实现脱贫提供强有力的科技支撑。

针对阜平资源条件和农业生产的技术需求，中国农业科学院还派出专家制定了《阜平环南山农林科技示范园区规划》和《阜平县林果业发展规划》，确定了在稳定发展阜平大枣的基础上，进一步发展核桃、板栗等干果结合苹果、桃、葡萄等特色水果产业的发展思路。

四、派驻挂职干部，建立帮扶工作纽带

为了加强科技帮扶工作，为参加帮扶工作的团队和科研人员提供更好的服务，中国

农业科学院先后选派了郑州果树所刘济伟、草原所那日苏、成果转化局刘洁挂任阜平县副县长，组成了我院帮扶阜平县工作协调小组，形成了科技帮扶的“桥梁”和“纽带”，加大统筹协调力度，有力地推动了科技帮扶工作的顺利开展。

五、积极筹措经费，为帮扶工作提供保障

为确保帮扶工作取得实效，调动参与帮扶工作人员的积极性，中国农业科学院在资金紧张的情况下，筹措自有资金100万元，专门用于阜平县科技帮扶工作，支持各帮扶单位开展技术服务、举办技术培训，解决帮扶人员的交通差旅等经费问题。各科技帮扶单位也筹措经费380多万元，用于产业帮扶项目，为帮扶计划的实施提供保障。

六、依托创新联盟，助力阜平脱贫

依托中国农业科学院畜牧兽医研究所牵头的国家鸽业联盟和奶业联盟，启动了国家鸽业创新联盟助力阜平奔小康富民示范项目和国家奶业创新联盟帮扶阜平助学公益活动，通过技术帮扶、营养帮扶，助力阜平脱贫。“鸽业项目”在品种培育、饲料配制、设施建设、疾病防控、产品加工和文化的挖掘与传承等方面开展了技术研发；“奶业项目”充分体现了四个意识，弘扬了中华互帮互助的优秀传统，着力提高贫困地区青少年的健康水平。

七、支部结对，开展扎实帮扶

为了充分体现党组织在脱贫攻坚中的领导作用，院成果转化局党支部结对帮扶阜平县平阳镇白家峪村党支部，组织专家研究提出“以龙头养殖企业为核心，废弃物资源化为纽带，种植企业为载体”的种养结合多元发展模式，以奶牛等家畜高品质养殖、养殖废弃物综合处理、废弃食用菌棒综合利用等模式建立生态循环农业发展体系，推动农业绿色可持续发展。蔬菜花卉研究所免费提供20多种优质蔬菜种子，从源头提升蔬菜品质，帮助村委会争取北京科技帮扶项目。畜牧兽医研究所、环境发展研究所、草原研究所等单位的专家，对全村养殖户开展了养殖技术及粪污无害化处理技术服务，并按照“技术引领、集中处理、资源化利用”的方针，对3 000头奶牛规模养殖场建设项目进行技术指导，为实现生态养殖、废弃物“零排放”提供技术支撑。

八、发挥科技优势，工作不断取得实效

郑州果树研究所组织专家为阜平县制定了5~15年林果产业发展规划。针对大枣裂果问题，组织专家开展研究，制定了技术措施，效果显著；引进了晚熟桃品种，指导栽

培技术，供应京津冀市场；指导建设的葡萄示范园，示范优良品种 8 个，果实售价是周边县市的 10 倍；建立了第一个礼品西瓜示范园，生产出的富硒礼品瓜，因品质好畅销北京、天津、山西等省市，每亩收益达 4 万元。为了解决大枣积压滞销问题，果品加工团队与阜平县龙门醋厂合作，研发出保健红枣醋等 3 种保健饮品，企业年增收 30 万元，并申请国家发明专利 2 项。开展了农产品产地环境质量调查与评估工作，检测土壤样品 3 000 多份，明确了等级，为阜平优化产业结构和绿色生产可持续发展提供科学依据。

畜牧兽医研究所帮扶团队，多次深入到企业和农户调研，提出了一系列解决制约产业发展技术瓶颈问题方案，指导建立了养殖场科学管理制度，提出了养殖废弃物综合治理方案，在台峪乡开展了“零排放”示范。按照自动化、智能化、规模化、设施化、信息化、生态化的模式，帮助鑫牧肉猪养殖基地建设 1 200 头新型智能工厂化养猪场，每年可出栏生猪 2 万~3 万头，可带动年出栏 500 头以上养猪户 100 户。

农业资源与区划研究所食用菌创新团队，为阜平县引进了 3 个平菇品种，协助绿金生物公司调整产品结构，有效解决了公司产品单一和附加值低的问题。土壤与植物互作创新团队的专家指导台峪乡和白家峪乡制定了养殖业和循环生态产业规划，提出了农业废弃物综合处理及后期有机肥生产方案。

农产品加工研究所与太行山食用菌研究院联合开展了香菇冷链物流保鲜、香菇不控温保鲜技术研发，制定了“香菇冷藏保鲜技术规程”，确定了“不控温保鲜盒”“低温保鲜盒”技术方案，试制出了真空微波香菇脆片样品。

蜜蜂研究所帮扶专家团队对接当地政府、企业、合作社，开展技术服务，为 300 多养蜂户建档，向蜂农赠送专业技术书籍 600 多册，巢础 300 多包。专家重点深入 40 户贫困养蜂户，赠送蜂箱 400 套，种蜂王 30 多只，改善了蜜蜂种群结构和饲养条件，有效提高了养蜂技术水平。

农业信息研究所专家团队制定了阜平县智慧农业发展规划，启动了智慧农业建设项目，重点建设农技云服务站，以实现农情信息定向快速采集、专家远程会诊、农技知识交流共享等，为农业生产提供服务。

研究生院以技术培训中心为依托，开展了以“扶智”为核心的帮扶活动，提高阜平县的自我发展能力，变“输血”式帮扶为“造血”式帮扶。首次把“农科讲堂”搬出农科院在阜平县举办，副院长吴孔明院士为阜平县 100 多名管理和技术干部讲授了现代农业发展问题，提高当地领导干部农业发展战略谋划能力。组织蔬菜花卉所、郑州果树所、畜牧兽医所、资源区划所、蜜蜂所、研究生院等单位先后举办了 30 多场专项技术培训，围绕食用菌栽培、设施蔬菜、林果发展、蜜蜂养殖、畜牧生态养殖等产业问题，从品种的选择到栽培技术，从病虫害综合防控到生产管理，开展了全方位技术培训和服务，培训农技人员、种养大户、企业技术人员、农民 2 900 多人次，发放资料 8 600 多份，有效解决了生产中存在的实际问题，提升了相关产业发展技术水平，受到广泛欢迎和一致好评。

典型案例2

以科技支撑产业扶贫　助推乡村振兴
——茶叶所扶贫工作情况

茶叶研究所一直高度重视在贫困地区的科技扶贫工作，结合自身的科技优势和人才优势开展精准扶贫。在武陵山区、乌蒙山区、秦巴山区、滇桂黔石漠化区、滇西边境山区、罗霄山区、大别山区、新疆、西藏，以及浙江省的欠发达地区，茶叶所与59个产茶市（县）政府签订了促进茶产业发展战略合作协议，开展全方位的科技帮扶，对促进当地茶产业发展、茶农脱贫致富、乡村振兴作出了贡献；在浙江省的科技特派员工作多次获浙江省委省政府表彰，先后9次被评为“浙江省科技特派员工作先进单位”，3名科技特派员被评为浙江省“有突出贡献特派员”，30人次被评为省级优秀科技特派员，2名被评为“功勋科技特派员”。现将茶叶所科技扶贫工作总结如下。

一、开展科技创新，为贫困地区产业发展提供技术支撑

茶叶所坚持创新驱动引领产业升级，围绕产业需求和市场需求，取得了一批原始创新技术突破。建所以来，共取得225项科研成果（第一完成单位），其中获奖成果79项（包括国家级科技奖8项、省部级奖47项），授权专利231项，发表论文3 711篇（SCI收录452篇）、科技著作100多部。制定（修订）国际标准6项、国家标准39项、行业标准74项。

1. 育成了一批茶树良种，推动了贫困地区茶产业良种化进程

育成龙井43、龙井长叶、中茶102、中茶108等9个国家鉴（审）定品种，育成中黄1号、中黄2号等5个省级审（认）定品种，收集保存国内外茶树种质资源3 259份，拥有世界上遗传多样性最丰富的茶树资源。同时，通过建立良种繁育基地、示范茶园等措施，积极在贫困地区推广茶树优良新品种，推动茶树良种化进程和茶叶产品的结构调整。龙井43、中茶302、中茶108、中黄1号、中黄2号成为贫困地区茶区的主推茶树品种，龙井43推广面积达到150万亩，中茶108推广面积达到50万亩；中茶302在四川省的推广面积就达10万亩。

2. 创新出一批茶叶绿色高效生产和质量安全控制技术与产品，促进贫困地区茶业绿色发展

提出了不同生产模式茶园适宜氮素用量控制指标、茶园养分最佳调控管理技术，研制出茶树系列专用肥；开发出数字化色板、天敌友好型LED杀虫灯、茶尺蠖、茶毛虫病毒制剂等绿色防控技术与产品。提出的茶园机械化双侧旋犁耕作配合施肥方法比人工施肥节本50%，建立的灰茶尺蠖减药技术农药减施100%，率先在浙江省开展了化肥、

农药减施技术示范推广，实现化肥减施 25%~46%，茶叶增产 4%~35%。率先开展了茶叶农药残留研究，建立了茶叶中 519 种农药及相关化学品残留量的检测方法，制定了“农药安全使用标准”“农药合理使用准则国家标准”，研究出“茶叶中农药残留预测技术”。2016—2018 年，在贫困地区生物农药推广使用面积 78 340 亩次；天敌友好型窄波 LED 杀虫灯示范推广面积 20 000 亩次；灰茶尺蠖性信息素推广 7 000 亩次。

3. 研发出一批茶叶生产机械，促进了贫困地区茶叶生产机械化

研发出名优针（芽）形绿茶、扁形茶（龙井茶）、炒青绿茶（香茶）、工夫红茶等连续化自动化加工技术与装备，其中名优绿茶清洁化连续化生产线比传统手工或半机械加工提高工效 10~20 倍，节约加工成本 25%~50%，对贫困地区机械化水平提升，对茶产业转型升级起到了积极促进作用。

二、抓好科技服务，为贫困地区产业扶贫提供技术保障

茶叶所积极践行“把论文写在祖国的大地上，把科技成果应用在实现现代化的伟大事业中”使命，抓好成果转化与技术服务，在湖北鹤峰县设立了茶叶所武陵山区科技成果转移转化中心，以推动科技成果在西部的转化应用。2016—2018 年，派出 3 名科技人员赴湖北恩施、贵州贵定县和安徽婺源县挂职帮扶；茶叶所科技人员 2 287 人次深入贫困地区，帮助企业和茶农解决生产中的技术问题，把优良茶树品种、生物农药、茶树专用肥等科技产品，以及栽培、加工等先进实用技术送下乡，发放科技图书、资料等 16 942 份。

1. 选派好科技特派员，助力科技扶贫

自 2003 年以来，连续 15 年向浙江省欠发达地区派出团队特派员和科技特派员达 156 人次，目前在岗省级个人科技特派员 12 位，团队科技特派员 8 个，法人科技特派员 1 个，分别在磐安、松阳、缙云等 14 个重点产茶县（市）开展科技服务。茶叶所也出台相关激励政策，支持、鼓励特派员做好科技帮扶工作。

10 余年来，茶叶所选派的科技特派员在浙江省欠发达地区积极开展科技服务，在帮助当地产业增效和茶农增收上实现了双突破。在磐安双溪乡，先后派出权启爱研究员和许勇泉副研究员，连续 15 年的技术服务，双溪乡从 2003 年的茶园面积不足 1 000 亩、人均茶叶收入 400 元、良种茶园覆盖率只有 10%，到 2017 年茶园面积已达 6 200 亩、人均茶叶收入超过 3 000 元、良种茶园覆盖率已超过 90%，成效显著。在缙云山区，李强高级农艺师扎根 13 年，为缙云茶产业发展出谋划策，缙云县茶园面积、产量和产值分别从 2007 年的 3.63 万亩、784 吨、7 324 万元提升至 2017 年的 5.92 万亩、1 565 吨、3.82 亿元，2017 年度缙云县荣获“全国重点产茶县”称号，李强同志事迹被缙云县委县政府拍摄成纪录片《大山之子》。在淳安文昌镇，通过建立优质高效生产示范茶园、标准化茶叶示范加工厂、扶持成立茶叶专业合作社等措施帮助发展茶产业，文昌镇已发展成为淳安县 9 个茶叶强乡镇之一，全镇茶叶收入从 2002 年的 554 万

元增至 2017 年的 3 100 万元，茶叶产值约占农业总产值的 25%，带动当地农民增收致富明显。

2. 开展“专家联县”和结对帮扶，助力乡村振兴

茶叶所 2012 年制定了《关于开展“专家联系服务产茶县”活动工作的指导意见》，成立“专家联县”工作办公室。先后与四川宜宾、广元、巴中、乐山，湖北恩施、宜昌，陕西汉中，甘肃陇南等贫困地区的 59 个产茶县政府建立科技合作关系，每一个合作产茶县确定一位“联县专家”，由“联县专家”组织服务团队，就当地的茶产业发展规划、新品种选育、茶园建设、茶叶加工技术提升等开展深度合作。

在湖北鹤峰，通过结对帮扶的 9 年努力，鹤峰县已成为全国产茶县中有机认证茶园面积（含有机转换）最大、认证企业数最多的产茶县。鹤峰县农民人均茶叶收入从 2013 年的 2 890 元提高到 2017 年的 4 680 元，占农民现金总收入的 50%以上，茶产业成为全县精准脱贫覆盖面最广、最稳定的产业。

在浙江龙泉塘上等 10 个贫困村，连续 10 年开展帮扶，通过提供帮扶资金、派出帮扶团队培育优势特色产业、开展茶叶基地建设等措施，帮助结对村基本消除了低收入农户，先后 4 次被浙江省委省政府评为结对帮扶先进单位。

在四川广元，连续二十年派出科技人员开展帮扶，通过引进中黄 1 号、中黄 2 号两个特异茶树新品种，广元已成为全国最大的黄化茶种植和生产基地，两个品种的投产茶园亩均产值超过 3 万元，累计新增收入超过 3 亿元，茶农年均收入超 4 000 元，是帮扶前的 50 倍。帮扶专家白堃元研究员被广元市授予“荣誉市民”称号。

3. 服务好茶区，促进茶产业转型升级

大力开展科技成果的转化应用，2016—2018 年，在贫困地区推广新品种 7 个，新产品 12 个，新技术 49 项。服务好贫困地区的产茶县，推动茶产业发展，助力乡村振兴。

茶叶所从 2013 年开始作为技术支撑单位全面参与巴中市茶产业“双百工程”，先后在四川平昌县、南江县指导建立了 3 个产业科技园，其中 2 个园区先后被评为四川省省级农业科技园、国家 4A 级景区，1 个园区被评为省级三产融合示范园区，平昌县科技园区所在村由当地著名贫困村发展为新农村建设示范村和科技部科技示范村。

湖南古丈县是国家级贫困县，陈宗懋院士为助力古丈产业扶贫，根据自身专业优势，以推广茶树病虫害绿色防控技术为抓手，从保障茶叶质量安全，推动古丈茶产业健康发展。2018 年陈院士及其团队成员前往古丈县 6 次，从茶树病虫害发生情况调研、绿色防控方案设计、绿色防控方案落实推进、效果评估等方面全方位提供技术指导。

4. 服务好茶企，助力茶农增收

茶叶所通过科技支持贫困地区的茶企，2016—2018 年服务贫困地区茶企 376 家，通过企业带动周边贫困户增收脱贫，推动当地茶产业发展。

云南双江勐库茶叶有限责任公司位于滇西边境临沧，2002 年还是个销售额不到 300 万元的小企业，茶叶所科技人员从 2003 年开始扎根临沧茶区提供技术服务，通过 15 年

的努力，目前公司已成为农业产业化国家重点龙头企业，年产值 3 亿余元。通过茶叶所协助构建的“公司+协会+农户+基地”管理模式也已初见成效，带动了周边茶农脱贫致富。

陕西紫阳县地处秦巴山区，为国家级贫困县，茶产业是紫阳县第一支柱产业。2016 年茶叶所开始为紫阳焕古庄园富硒茶业科技有限公司提供技术服务，帮助企业创新研发“硒香茶”系列产品。第二年企业就新增销售额 5 000 万元，不仅公司收购茶农的鲜叶价格每千克增长了 40~80 元，由于新产品效益好，公司还集中周边中小型加工企业合力生产“硒香茶”，使得周边茶农增收，也推动了当地茶产业的发展。

5. 发挥智库作用，为政府决策献计献策

茶叶所为推动贫困地区茶产业发展，积极开展调研，撰写决策咨询报告，为政府宏观决策献计献策。2016—2018 年为西藏林芝市、贵州贵定县、湖北巴东县、陕西镇巴县、四川乐山市夹江县、湖北长阳土家族自治县等编制了 9 份茶产业发展规划。

典型案例 3

科技引领扶贫路　产业花开田凤坪
——油料所精准扶贫工作情况

油料所坚持贯彻“四个全面”战略和五大发展理念，按照中共中央决胜全面建设小康社会的重大部署和湖北省委有关安排，成立驻村工作队开展精准扶贫工作，把精准扶贫工作作为落实习近平总书记“三个面向”“两个一流”贺信精神的重要举措、检验研究所责任担当的重要衡量标准、彰显农业科研“国家队”作用的重要抓手。

所领导班子第一时间深入精准扶贫对口驻点的恩施市田凤坪村实地调研，立足当地实际和油料所科技、人才、平台等优势，确定了科技帮扶与选育推广适合当地的品种和生产模式相结合、推进发展与人才培养相结合、整村推进与带动周边区域发展相结合、驻村帮扶与专家组团指导相结合的工作思路。

经过帮扶，至 2018 年 10 月该村实现村集体经济收入比上年翻一番，贫困户人均收入比上年增长三成，全村人均年收入增加 300 元，贫困户减少 112 户。驻村工作队连续两年获得湖北省委“工作突出的驻村工作队”称号，两名同志分别获得工作突出的第一书记和队员称号。

一、推广先进技术　优化产业结构

针对山区特点，整合新技术、新成果，大力集成推广“油菜树”“三超四省”“玉豆带状复合套种”等绿色高产高效种植技术，建设油料所试验示范基地，初步形成了油菜、大豆、马铃薯、油茶四大种植产业。通过规划种植区域、免费发放良种、自筹资金设立种植补贴、采用保护价收购，建立起产业帮扶的长效机制，引导全村发展了优质油菜 4 500 余亩、黑大豆 1 200 余亩，惠及 600 余户农民，其中贫困户近 200 户。先后邀请各领域农业专家开展各类技术培训 23 次，发放技术资料 2 000 余份，培训农户 1 000 余人次。通过开展病虫害防治，发放马铃薯、大豆病虫害防治农药，有效控制了马铃薯晚疫病和大豆根腐病的发生，为全村挽回约 100 余万元的直接经济损失。通过推广新种植技术，油菜最高亩产量达 300 千克以上，大豆单产增加 30%~50%，实现了当地油菜产量和大豆种植效益翻一番的目标，每亩地年增收可达到 1 000 元以上。

二、发展新业态　带动融合发展

针对田凤坪村村企数量少、发展缓慢等问题，带领村支两委到江苏句容、湖北武汉等地学习先进发展经验，制定村级产业鼓励奖补政策。通过引导和支持，开通了屯堡乡第一家村级快递服务中心，成立了油料、养殖等各类专业合作社 11 个、加工厂 1 个，成立了硒农牧业农村电子商务中心等电商平台和 3 家农家乐，成功注册商标 1 个，解决了近 50 人的就业问题，通过推进农业全产业链开发，实现了一二三产业融合发展。

利用田凤坪村丰富的自然景观和人文景观，推动农旅结合。通过免费给村民发放 5 万株牡丹和芍药苗，建设村口实景花园和“318”公路沿线牡丹花长廊。通过举办“油菜花旅游节”等活动，挖掘展示土家民俗文化，每年吸引到村里游客 3 000 余人次，增加经济收入 15 万元，壮大了村级经济基础。

三、加强销售帮扶　增加农民收入

针对村里油菜、红薯、土豆等优质农副产品分散、不集中、不成规模，导致农产品收购成本高、销售困难的问题，主动联系农产品收购公司企业，商定村企合作方案，签订保护价收购合同。目前，已与种子公司签订油菜、大豆中长期收购合同，对村里优质油菜、大豆分别以高于市场价 10%的价格进行收购。已累计帮助村里销售油菜籽、大豆、土豆、大蒜等农产品 169 吨，鸡蛋 20 000 万余枚、土鸡 2 000 多只、土猪 30 多头、200 羊余头，为村里农户带来收益 160 余万元。

四、维护生态环境　建设美丽乡村

该村大坪组有约 100 余亩土地因煤矿开采、硫黄冶炼、石灰煅烧形成高低不平、重金属和有害物质超标的废弃地，严重影响周边居民生活和身体健康。通过申请环保项目资金，采用植物修复技术、废物循环利用技术进行修复，经过近 3 年的努力，100 亩废弃矿渣地变成了绿洲，既美化了村庄环境，又增加了村集体收入。同时，积极加强村级公路等基础设施建设，帮助解决养殖合作社禽畜粪便处理问题，村民用水、出行条件大幅改善，为推进美丽乡村建设、发展乡村旅游打下了坚实的基础。

典型案例 4

发挥联盟优势　助推产业脱贫
——全国马铃薯主食化产业联盟扶贫工作情况

自 2015 年全国马铃薯主食产业联盟成立以来，联盟秘书处中国农业科学院农产品加工研究所在部院领导的亲切关怀与大力支持下，深入贯彻落实中共中央关于精准扶贫和乡村振兴的指示精神，依托联盟平台优势，带动九省七市经济迅猛发展，以推进全国马铃薯主食化产业发展为抓手，促进贫困地区经济发展，农民增产增收，助力农村一二三产业融合发展。

一、充分发挥联盟平台资源优势，以开展联盟年会活动为契机，助力贫困地区引智引资，推动区域经济发展

联盟连续 4 年先后选定甘肃定西、黑龙江克山、陕西定边、山西岚县等贫困市县作为联盟年会活动举办地，通过开展联盟大会、马铃薯主食化产业“十大”评选、展览展示与招商引资、地域马铃薯产业现状发展考察、马铃薯产业发展高端论坛等丰富多彩的活动，汇集“产学研政银”各方优势资源齐聚贫困地区，为年会活动举办地马铃薯产业一二三产业融合发展献计献策。4 年来，先后在甘肃定西、黑龙江克山、陕西定边、山西岚县等地建立了马铃薯主食化研发中心、专家工作站，助力当地马铃薯主食化产业水平提升。成功推动陕西金中昌信、甘肃巨鹏、秦皇岛原滋味等马铃薯主食化加工项目落地建设，投资总额超 10 亿元，延伸当地马铃薯产业链，提高产品附加值，促进企业增效，农民增收。

二、积极开展马铃薯产业调研，开展技术培训，制定地域马铃薯产业发展规划，助力区域技术创新能力提升

近年来，联盟秘书处积极组织加工所马铃薯主食加工专家前往甘肃、宁夏、陕西、山西、内蒙古、湖北、四川、云南、河北、广西等省（区）数十个县市开展马铃薯产业扶贫调研共计 150 余人次。加工所戴小枫所长、张泓研究员、胡宏海副研究员等先后前往定西、固原、恩施、定边、岚县、围场等马铃薯主产区开展马铃薯主食化产业发展培训数十次，培训相关人员 1 万余人，提升了当地政府、企事业单位、合作社、种植大户对马铃薯主食化战略的认识，拓宽了思路，凝聚了共识。加工所马铃薯主食化研发团队与陕西金中昌信、甘肃巨鹏、秦皇岛原滋味等马铃薯主食化加工企业建立长期战略合作协议，建设完成马铃薯原料基地、仓储设施以及马铃薯主食加工系列生产线，实现了

马铃薯全粉、马铃薯主食复配粉、谷物片、面条、烤馕、甜甜圈、牛角包等50余种马铃薯主食产品工业化、连续化、自动化生产，极大提升了马铃薯加工产业技术水平。与黑龙江齐齐哈尔、克山、固原、定边、岚县等地方政府开展战略合作，制定当地马铃薯产业发展规划，打造了定边旅游文化节、岚县土豆花开旅游文化月等一二三产业融合发展模式，推动地域经济发展，助力精准扶贫。

三、积极谋划开展马铃薯主食消费引导与宣传，推动马铃薯主食化品牌建设

在各大媒体对联盟大会活动进行了广泛报道宣传，提升定西、克山、定边、岚县等贫困市县马铃薯的知名度和美誉度。积极组织陕西金中昌信、甘肃巨鹏、薯香园、伊口香等贫困地区马铃薯主食加工企业参加首届中国农民丰收节、中国国际薯业博览会、中阿博览会、农交会、世界马铃薯大会等大型博览会，开展品牌推广宣传。组织相关企业参加全国马铃薯主食化产业“十大”遴选活动，多家企业入选马铃薯主食加工产业“十大领军企业”，获“十大品牌”“十大主食”“十大特色食品”“十大休闲食品”等称号。在2018年举办的首届全国农民丰收节系列活动中成功举办中国最美食材品牌马铃薯展示推介活动，给各地马铃薯及其加工产品提供推介品牌产品、展示品牌魅力、实现品牌价值的大舞台，让小小的马铃薯“从救命薯变成温饱薯，从温饱薯变成致富薯，从致富薯变成健康薯”，对于促进新时期我国马铃薯产业发展过程起到深远影响。协助甘肃巨鹏公司成功通过海湾HALAL清真认证，与马来西亚、阿拉伯联合酋长国等国家签订合作协议，加强了与“一带一路”沿线国家的交流和战略合作。

今后，将继续按照习近平总书记“三个面向”“两个一流”和“一个整体跃升”指示精神，继续深化与贫困地区政府、科研院所、企业单位的合作，以马铃薯主食化为重要抓手，推动贫困地区马铃薯主食化产业发展，促进马铃薯主食加工技术升级，培育马铃薯主食产业龙头企业，带动区域经济发展，促进农民增产增收，助力精准扶贫与乡村战略实施。

典型案例 5

小蜜蜂助力宁夏泾源县精准脱贫
——蜜蜂所科技扶贫情况

宁夏泾源县地处六盘山区，植物品种多、花期长，拥有优越的蜜源植物资源和中华蜜蜂资源，是中蜂养殖的理想之地。但是长期以来由于养蜂技术落后，生态优势和资源优势得不到充分的利用和发挥。2016 年年初，当地政府规划出了依托发展中华蜜蜂养殖产业实现当地农民脱贫致富的发展目标，提出了与中国农业科学院蜜蜂研究所合作，共同推进六盘山区中华蜜蜂养殖产业的发展。蜜蜂所抓住这一契机，全所上下共同努力，撰写规划、专家指导、发放资料、示范培训、疫病防控、蜂场建设等各项任务都精心部署，各部门分工明确，各项工作落实到位，用两年的时间，帮助泾源县创收 3 200 万元，中蜂养殖户户均增收 2 万元左右，把蜂业科技的论文谱写在了宁夏六盘山区的大地上，走出了小蜜蜂助力宁夏泾源精准脱贫第一步。回顾两年来蜜蜂所依靠科技帮助泾源精准脱贫上的工作，有几点值得总结。

一、坚定信心，小蜜蜂在科技扶贫攻坚战中大有可为

为了加强双方在精准扶贫中的沟通和联络，更为了增强地方政府发展中华蜜蜂养殖产业的信心，受蜜蜂所的邀请，2016 年 3 月 21 日，泾源县政府马威虎县长一行 7 人来蜜蜂所调研和学习。双方在蜜蜂所举办了一次宁夏六盘山中蜂养殖可行性调研交流会。交流会上蜜蜂所所长王加启、副所长彭文君、蜜蜂所科技管理处、蜜蜂所各研究团队的专家 20 余人与代表团展开了热烈的讨论，蜜蜂所专家对泾源县中蜂养殖产业给予了充分的肯定，为泾源中蜂产业建言建议、献计献策。通过研讨，双方都增强了信心，一致认为，泾源县拥有中华蜜蜂养殖优势和生态优势，中国农业科学院蜜蜂研究所拥有国家最优秀的蜂业科技专家，通过双方的技术对接，可以切实帮助泾源县实现以中蜂养殖带动农民致富的精准脱贫目标。为了更好开展合作，2016 年 4 月 26 日，蜜蜂所 12 名专家赴宁夏泾源，实地调查了泾源县香山镇沙南村、新民乡先进村，泾河镇冶家村，六盘山镇半个山村、杨庄村、和尚堡村 3 个镇 6 个自然村中蜂饲养情况。同时，蜜蜂所专家受邀参加了六盘山（泾源）中蜂产业发展研讨会，泾源县委、县政府、人大、教科文卫、农业等各部门的领导和各乡镇负责人、蜂业合作社负责人及养殖大户代表 280 余人参加了研讨会。本次研讨会上，泾源县人民政府和蜜蜂所正式签署了合作协议，双方今后的合作对接任务更加明确。

二、顶层设计，帮助泾源科学制定中蜂养殖发展规划

经过近实地调研、专家论证，蜜蜂所与当地政府、主管部门共同制定了《泾源县中蜂产业发展规划》《泾源县中蜂产业发展实施方案》，在养殖户培育、蜜源基地建设、养殖帮带、技术指导、蜂产品研发销售、宣传推介、品牌打造等环节进行了科学了规划。通过规划明确了未来 5~10 年泾源县中华蜜蜂养殖产业发展目标，确保了科技助力精准脱贫目标的实现。在促进蜜蜂养殖产业发展壮大的同时，也对促进六盘山区维护生态环境、保持生态平衡作出了贡献。针对泾源县森林覆盖率达 48.5%，植被覆盖率达 80%左右，境内无工厂、气候温凉、野生蜜源植物种类丰富，尤其是生长着 530 多种中药材的区位优势、环境优势、资源优势，提出了“蜜源固基础、技术促养殖、防疫做保障、市场争效益”的发展思路。在坚持“自繁为主、稳步推进”的发展原则的基础上，结合实际，提出了中蜂养殖合作社、养殖大户帮带养殖示范户的“大手拉小手”，以及 1 个示范户带动 10 户养蜂贫困户的“1+10”养殖模式，按照“专家+合作社+养殖户”发展机制，确保了中蜂产业的健康快速发展。规划实施两年来，泾源中蜂产业得到了强劲的发展，2016 年年底中蜂饲养规模就翻了一番，养殖户人均收入提高 1 倍以上。全县现有建档立卡户 5 328 户，其中参与中蜂养殖的 1 100 户，较上年增加 317 户，占 21%，建档立卡户中蜂养殖量占全县的 64.5%。

三、所地对接，做蜂业科技扶贫的坚实后盾

为了更好地发挥科技在脱贫中的作用，蜜蜂所结合蜂产业技术体系、地方政府、农技推广部门、养殖能手等不折不扣为当地传授中蜂养殖技术。一是坚持实地调研，结合当地实际开展中蜂养殖。2016 年年初，蜜蜂所 12 名专家赴宁夏泾源，实地调查了泾源县香山镇沙南村、新民乡先进村，泾河镇冶家村，六盘山镇半个山村、杨庄村、和尚堡村 3 个镇 6 个自然村中蜂饲养情况、详细询问了当地中蜂饲养中存在的问题。通过实地调研，掌握第一手资料，坚持“问题从生产中来，技术到生产中去”的科学理念，为泾源中蜂产业发展把好技术关，以科技为支撑促进当地蜂业产业发展。二是由蜜蜂所牵头组建专家、县、乡、村四级技术服务团队，通过专家讲座，乡村集中培训和入场观摩培训，电话咨询、微信交流等方式“连帮带”、手把手指导蜂农开展中蜂养殖。三是坚持现场实地指导。为解决广大养殖户在生产中遇到的困难，蜜蜂所 5 名专家受聘为泾源县中蜂技术指导专家，为完成扶贫任务，专家做到了随叫随到，现场指导已经是常态化，与泾源县中蜂管理服务中心一道手把手向蜂农传授养蜂专业知识和技术，两年来蜂农的养殖技术水平整体得到了大幅度提高。四是重点开展蜂病防治工作。针对目前中蜂囊状幼虫病频发、防治难等问题，蜜蜂所专家经过论证在当地建立了县级中蜂疫病监控站 1 个、乡级疫病监测点 4 个，通过大力推广抗病蜂种选育、饲养强群等综合技术，杜

绝了中蜂病害的大面积流行和暴发，为规模化饲养奠定了基础。五是重点规范中蜂养殖技术，总结饲养经验，共同编制了《中蜂养殖实用技术手册》，制定了《泾源县中蜂养殖地方规范》，印发了培训教材与技术服务明白卡，持续向贫困户普及养蜂技术，提高蜂农的技术水平，为中蜂产业发展提供坚强的技术支撑。六是定期举办蜜蜂饲养培训班。几年来与当地政府、农技部门合作举办蜜蜂病害防治技术培训班20余期，受训蜂农3 000余人次、农技术人员100余人次，结合国家蜂产业技术体系工作指导蜂农1 000余人次，发放技术资料1 000余册，均收到了良好的效果，得到了当地政府和广大蜂农的认可，许多蜂农也通过养殖中华蜜蜂实现了发家致富的梦想。

四、争创品牌，实现蜂产品产业化向纵深发展

为了更好地发挥当地资源优势，蜜蜂所专家提出了泾源要大力发展地标产品的建议。目前当地已经成功注册了“六盘山土蜂蜜”公用商标，申报了“泾源土蜂蜜”地理标志，通过加大“三品一标”认定使用管理力度，强化了中蜂系列产品制假售假打假执法检查处置。通过积极招引蜂产品加工企业，延伸产业发展链条，为中蜂产业发展提供了“兜底”保障。

五、所地合作，蜂业科技扶贫结硕果

经过两年来的努力，蜜蜂所在泾源的科技扶贫工作结出了硕果，把蜂业科技的论文写在了大地上。目前，全县共建立中蜂饲养示范场25个，示范乡镇3个，培育中蜂养殖新型经营主体42个，其中合作社38家，发展中蜂养殖户1 515户，养殖中蜂3.1万箱，其中建档立卡养殖户1 100户2万余箱，预计2017年全年可生产销售“泾源土蜂蜜”300吨以上，创收3 200万元，中蜂养殖户户均增收2万元左右。下一步，蜜蜂所将根据泾源县在中蜂扶贫产业发展中的具体需求做好对接，在精准扶贫、品牌培育、人才培养等方面明确目标、制定方案，利用蜜蜂所科技、人才、信息等方面优势结合泾源县资源优势共同推进产业科技创新和成果转化。在精准脱贫、精准扶贫攻坚阶段，蜜蜂所将尽最大努力为泾源县中蜂扶贫产业提供有力的科技支撑，实现共赢。

典型案例 6

情满援疆路　绵绵农科缘

——第七批援疆干部杨秀春同志先进事迹

杨秀春，女，1975 年生，河北迁安人，博士，研究员，硕士生导师。自 2004 年到中国农业科学院农业资源与农业区划研究所工作起，杨秀春一直致力于草原科研工作，先后主持国家自然科学基金、国家国际合作项目课题等 30 多项。作为主要完成人，获省部级科技奖励一等奖 1 项，二等奖 1 项，发表论文 70 多篇，其中 SCI 论文 20 篇，著作 1 部，获国家发明专利 2 项、软件著作权 13 项。近 10 余年，她一直以草原生态研究为事业，为我国民族地区的草原生态建设和牧民生计的提高奉献着青春与热血。

2011 年 8 月至 2014 年 7 月，受中组部和农业部的委派，杨秀春作为中央国家机关第七批援疆干部的一员，怀着无比坚定的信念，毅然奔赴新疆兵团，担任新疆农垦科学院农田水利与土壤肥料研究所副所长。援疆以来，她的足迹遍及北疆和南疆大地，全身心地以自己所学的专业知识服务和奉献于新疆。

一、建言献策，积极为新疆现代畜牧业的发展服务

新疆是我国六大牧区之一，畜牧业在新疆社会经济发展中占有重要地位。援疆以来，杨秀春先后多次深入到南疆四地州、东疆吐鲁番市和北疆塔城地区调研，了解新疆不同地区畜牧业发展情况。她不畏酷热严寒与交通不便等诸多困难，深入到喀什等民族地区一线，大量走访调查，收集新疆各地畜牧业发展及其存在问题的第一手数据与资料。她克服重重困难，多方联络，广泛拜访各地畜牧局，走进维吾尔族村庄，深入天山牧场，与当地基层领导，以及维吾尔族、哈萨克族、蒙古族等农牧民面对面地深入交流，认真倾听当地干部群众对发展新疆畜牧业的意见和建议。

为了更好地了解和掌握新疆草原的基本情况，杨秀春于 2011 年和 2014 年先后 2 次组织由中国农业科学院、新疆畜牧科学院等单位组成的专家团队赴新疆乌昌地区、阿勒泰地区和伊犁地区考察，总历时 1 个多月，顶着烈日、不畏酷暑，克服路途的遥远，采集到大量珍贵的新疆草原地面样方数据，调研了新疆草原的现状及其退化状况。还冒着高温炎热甚至生命危险，穿越了古尔班通古特沙漠，了解荒漠草场的生态环境和生长状况。

上兵伐谋，规划先行。新疆现代畜牧业的发展与实现是非一日之功所能达成的，应先拿出必要的时间进行事先的系统思考与翔实规划，想明白了，理解透了，再付诸行动，才会起到事半功倍的效果。在深入调研和全面掌握新疆畜牧业发展第一手资料和真实情况的基础上，杨秀春组织并带领由中国农业科学院、中国科学院与新疆农垦科学院

等多家单位专家组成的高水平规划团队，先后编制完成了《乌苏市马吉克牧场生态养殖示范基地总体规划》《新疆特色优质牛羊繁育中心总体规划——喀什地区和昌吉地区》《新疆喀什英吉沙县畜牧业产业发展规划》等现代畜牧业发展规划报告，为新疆当地畜牧业发展提供了重要的科学参考和决策支撑。正如新疆鑫阳光生物科技有限公司艾尼瓦尔·阿巴斯总经理所说的那样，“你们的规划给我们指引了方向，帮我们解决了很大的现实问题，以后我们有事情还会找你们。”维吾尔族企业家的无比信任和充分肯定让杨秀春充满了服务新疆、奉献新疆的信心和干劲。

二、为民务实，用高新技术解决生产中遇到的实际问题

援疆期间，杨秀春积极深入基层调研，了解新疆一线农牧民生产中遇到的实际问题，围绕新疆土壤盐渍化等难点问题与热点问题，多次到疆内及疆外等地调研，飞行里程多达 10 余万千米，汽车行程近 3 万千米。到农牧部门、走乡镇、进农户家，上田间地头，对新疆土壤盐渍化和干旱现状、严重性以及治理途径有了深入地认识和全面理解。先后申报并主持了兵团博士资金项目——“干旱区棉花膜下滴灌土壤水盐状况的遥感反演与模拟”及科技支疆项目“干旱区土壤墒情遥感监测关键技术集成及系统研发与示范应用”。利用遥感、地理信息系统等先进的科学技术手段，监测新疆土壤水盐现状及其时空动态变化过程，采用先进的干旱遥感监测方法研究、评价与识别干旱的发生发展过程。杨秀春带领团队还研发出了“干旱区农田旱情遥感监测系统”，不仅可以快速反演地表温度，还可以监测新疆农田干旱的范围和程度，提供可视化的新疆干旱专题图，使新疆农田干旱情况能一目了然。在项目执行过程中，还带动新疆当地科研技术人员积极参与，多次进行野外调研和采样，以及室内样品测定、遥感影像处理和数据分析等工作，搞好传帮带，给年轻人创造更多的工作培训和实践机会。古话说得好：授人以鱼，不如授人以渔。通过援疆科研项目的开展，杨秀春已经为新疆受援单位带出来了一支“能拉得出来、能战斗”的遥感监测技术队伍。

三、交流合作，全方位地发挥援疆干部的桥梁纽带作用

援疆期间，杨秀春积极联系受援单位主要领导到中国农业科学院考察交流和座谈，就进一步加强科技合作进行深入探讨。为了加强研究所之间的联系，2013 年 3 月中国农业科学院科技援疆活动，新疆农垦科学院水土所与中国农业科学院资源区划所就项目申报、成果转化、人才培养、试验基地建设、农业规划等内容签署了合作协议，这次活动的举办，使两院的合作内容更加深入、合作领域更加广泛、合作渠道更加通畅、合作关系更加密切。杨秀春还积极发挥援疆干部的交流沟通优势、信息收集优势、专家领导优势，帮助新疆农垦科学院专家申报农业部、科技部、兵团等科技项目，其中，2013 年杨秀春联合受援单位和选派单位申报的兵团科技支疆项目“干旱区土壤墒情遥感监

测关键技术集成及系统研发与示范应用”获批，项目具体由杨秀春组织团队，指导项目执行和实施。此外，为了扩大交流和宣传，杨秀春还积极邀请我国一流科技期刊编辑来院就科技论文的写作与投稿等开展讲座，为提升新疆受援单位的科研成果的水平提供服务。

四、情系新疆，援疆事“结”情“不断”

援疆工作一干就是 3 年，要做好援疆工作，必须舍“小家”而顾“大家”。尽管现代交通比较发达，但是新疆与北京毕竟相隔近 4 000 千米，责任感和援疆干部的形象也要求他们必须敬业守岗。在与不在，干与不干，有着天壤之别。杨秀春作为第七批农业部 10 位援疆干部中唯一的女性，从事援疆工作，3 年期间大部分时间都留在了新疆兵团。远离家人和朋友，工作的劳累和繁杂让她白天充满了干劲和激情，然而，夜深人静的孤寂和对亲人的思念却常常拂之不去。孩子小升初的关键时期、母亲腰椎间盘突出和关节炎严重的时候，因为身在新疆，杨秀春都不能尽母亲之职、儿女之孝，但她只能把对父母、爱人和孩子深深的歉疚和自责留着心底，努力将之化作动力，用更好的援疆工作成绩来回报亲人们的关心、支持与厚爱。为了新疆的发展，为了祖国“大家”的繁荣与稳定，值得去奉献。

援疆时间上虽然结束了，但援疆的情谊还在延续，援疆的事业还在继续。杨秀春虽然不是新疆人，但通过援疆与新疆结下了深厚的情谊，她现在仍与新疆受援单位同事们保持着密切的联系，俨然成为他们在京的“亲戚”。2014—2016 年，杨秀春 3 次组队深入新疆西天山和乌昌地区野外考察，应用国产高分卫星数据，积极帮助新疆畜牧科学院草业研究所研发了“新疆草地资源环境高分载荷遥感监测评价子系统”，目前该系统已经投入使用，在新疆草原资源监测评价和生态保护中发挥着积极的作用。此外，在“十三五”重点研发计划中，新疆受援单位与杨秀春所在单位在项目申报和立项实施上仍保持着密切的合作。

党和国家也给了她巨大的荣誉，2014 年中央民族工作会议暨国务院第六次全国民族团结进步表彰大会上，杨秀春同志被授予“全国民族团结进步模范个人”荣誉称号，这是农业部系统唯一一位获此殊荣的农业科技专家。3 年援疆的宝贵经历，已经成为她人生中无比珍贵的精神财富。不管以后她走到哪里，她都会骄傲地宣称：她是一名兵团人，她也是新疆的儿女！新疆的发展与稳定，将成为她一生的牵挂！

典型案例 7

太行深山区的“林果县长”
——中国农业科学院林果专家、阜平县挂职副县长刘济伟事迹

刘济伟，男，1958 年出生，中共党员，中国农业科学院郑州果树研究所林果专家、阜平县挂职副县长。2014 年 7 月，按照中央脱贫攻坚战略部署，中国农业科学院选派刘济伟同志到阜平县进行挂职帮扶，任阜平县政府副县长，协管农业、林业和扶贫产业(林果业)，并负责县政府与中国农业科学院的对接联系、沟通协调工作。一年挂职期满后，由于工作表现出色，挂职时间又延期两年。

3 年时间里，刘济伟同志牢记组织嘱托，自觉担负使命，坚持把“挂职”当“任职”，把“异地”当“故乡”，全身心投入阜平脱贫致富建小康的事业中，把自己专长与阜平实际有机结合，积极推动农业产业结构调整，大力发展晚熟桃、苹果、葡萄等优质、高效水果种植，趟出了一条产业扶贫的新路。目前，阜平县新发展林果 53 000 余亩，进入初果期的果树亩均增收达 4 000 元，预计 2018 年丰果期后，可实现亩均增收 20 000 元左右。阜平林果产业的蓬勃发展得到国务院扶贫办和省市主要领导的充分认可，国家、省、市先后在阜平召开产业扶贫现场会，央视《新闻联播》也进行了宣传报道，当地群众亲切地称刘济伟同志为“林果县长”。

一、“思路一变天地宽”

阜平为全山区县，人口 23.04 万人，山场面积 326 万亩，耕地面积仅 21.9 万亩，人均面积 0.96 亩，俗称“九山半水半分田”。过去种植玉米，亩产超不过 1 000 元；种植大枣，由于管理粗放、模式落后，效益低下。刘济伟到阜平挂职后，如何推进农业供给侧结构性改革，调整产业结构，使贫困群众早日脱贫致富，成为摆在他面前的首要难题。

为了深入了解当地林果产业发展现状，他白天深入乡镇、农村和群众座谈交流，晚上加班加点查阅资料，撰写总结报告，分析林果市场需求，经常两三个月不回家。到阜平半年时间里，刘济伟走遍了全县 13 个乡镇的 209 个行政村。

经过深入调研，刘济伟发现阜平县生态环境、土地和水资源条件良好，并且山地冷凉、昼夜温差大，具有发展高效林果产业得天独厚的自然条件。刘济伟向县委、县政府积极建言，先后多次主持召开专家评审论证会，集思广益，就阜平县产业结构调整思路进行讨论、分析、汇总，阜平县把发展林果业当作脱贫致富的重要产业，明确了“以发展苹果、晚熟桃、葡萄等为主的果树种植，全力打造京津冀地区优质特色果品生产供

应基地”的产业发展定位，并确定了“集中建设西部高山苹果种植、中北部晚熟桃树种植、东南部葡萄种植三条林果种植产业带”的发展目标。

为破解林果产业发展资金难题，在刘济伟的主导下，县政府制定出台了《阜平县林果产业发展扶持政策》，参与林果产业发展的企业、团体和个人均可享受金融惠农政策，获得贴息贷款；对新建果园并实行标准化管理种植的企业和个人，给予政策性补贴最高达 3 000 元/亩；凡阜平范围内的农户、家庭农场、农业专业合作社等均可参加农业保险，财政予以保费补贴，对因自然灾害、市场价格波动造成的成本损失，因产品质量安全造成伤亡和损失提供全方位保险保障。

明晰产业发展思路，出台扶持政策，为阜平县调整农业产业结构、推动林果产业快发展明确了方向。

二、“喊破嗓子不如干出样子”

发展“苹果、晚熟桃、葡萄”等水果种植，对于阜平县大多数农户来说是“新生事物”。为帮助群众转变传统种植观念，让“新型林果种植”在阜平落地生根，刘济伟亲自联系指导，在阜平县重点乡镇建设高标准瓜果种植示范园，用事实和成果来说话，打消群众对林果产业发展的顾虑。

2015 年 3 月，刘济伟指导阜平县固镇村建设葡萄种植示范园。从果园选址到现场施工，他都全程参与指导。按照设计好的园区定植图，帮工人一起拉线、撒灰、开沟、施肥，安装节水灌溉和电力设施。根据当前国内葡萄生产销售情况，挑选出 8 个优良葡萄品种，带领葡萄园负责人奔赴几百千米采购种苗。栽植、修剪、抹芽、吊蔓、掐尖，不错过任何一个环节，为工人讲解相应技术知识，同时严格要求按照技术标准操作。2016 年，葡萄首年挂果，亩产就达到 700 多千克。在周围县市葡萄批发价格只有每千克 3 元左右的情况下，阜平葡萄种植园产出的葡萄因品种优良、管理规范，品质极佳，售价高达每千克 20 元，供不应求。

2015 年，在刘济伟的指导下，阜平县辛庄村建立了第一个礼品西瓜种植示范园。短短 3 个月，示范园便成功种出了富硒礼品西瓜。该品种西瓜因其甜度高，品质好，很快打开了市场，畅销于北京、天津、山西等周边省市，每亩种植收益达到了 4 万元。与此同时，晚熟桃、苹果等果树种植示范园和两个晚熟桃种苗繁育基地，也成功建立起来。

种植园区的成功，激发了农民发展林果产业的热情，带动了阜平林果产业的迅猛发展。仅 2016 年，阜平县就新发展晚熟桃种植 4 400 余亩，苹果 4 600 余亩，葡萄 1 000 余亩，礼品西瓜 150 余亩，改接水果枣 10 000 余亩。其中，礼品西瓜当年总产值达到 600 万元；晚熟桃和葡萄预计 2017 年进入结果期，2018 年达到丰产后，晚熟桃、葡萄、苹果也将陆续进入结果期，未来带动当地群众收入户均可达 1.2 万元。

三、“门外汉”变成了“土专家”

随着阜平县林果产业发展规模的快速扩大，掌握种植技术，提高种植效益成为当务之急。

为尽快见到效益，经过实践探索，刘济伟将过去桃树的“三股六杈十二个头”树型改为“Y”字形树型栽培模式，通过增宽行距，缩短株距合理密植的方法使每亩地栽培数量比过去翻了一番，既增强了透光性便于机械化作业又使产出的果品优质，大大提高了种植效益。

除了先进栽培模式的推广，施肥、剪枝、病虫害防治、套袋等常规技术，刘济伟事必躬亲。他经常深入田间地头指导果农，不厌其烦地讲，手把手地教。刘济伟常说，技术服务，面对的是广大农民群众，只有扑下身子，帮助他们解决生产生活中遇到的困难和问题，才能赢得大家的理解和支持。3 年来，刘济伟坚持自己能到的地方，就自己去；能在田间搞的培训，就不让群众跑腿到县城来；自己能解决的事情，就不劳烦别人。

刘济伟的大部分时间都交给了当地果农，很少顾及家人。“刘县长，果树是不是该剪枝了?”“刘县长，过来给指导指导，俺这样拉枝行不行啊?”……果农和农场场主的一个个咨询电话，成为这位县长的工作任务：不分白天黑夜，他总是随叫随到。

2015 年 11 月，正值阜平县果树秋冬季栽植的关键时期。一天，刘济伟正在阜平镇指导果农种植果树，突然接到电话，他爱人胳膊摔伤骨折需要手术，要他赶紧回去。在工作和家庭的两难选择中，刘济伟歉意地给爱人打电话：“我实在离不开，你先住院，我安排妥当了就回去。”令现场的果农和工作人员深受感动。

刘济伟抓紧时间安排好县里的事情后才回到了郑州，等爱人做完手术拆线后，就立刻带着爱人踏上了返回阜平的列车。就这样，刘济伟白天下乡指导，晚上照顾爱人，直到爱人痊愈。

随着阜平县林果产业的发展，刘济伟觉得单凭自己的力量无法满足果农的技术需求，他建议县委、县政府组建一支县级林果产业技术队伍。经过精心筹备，2016 年 6 月，该县成立了林果特色产业专家服务组，每种果树聘请 3 名实践经验丰富的果树专家，每天在县内巡回指导，为各个果园提供一对一的全方位技术服务，并定期组织果农进行技术培训，提升果农果树种植专业知识。

3 年的时间里，刘济伟走遍了阜平的山山水水，每处果园都留下了他忙碌的身影。“是刘县长让我们由种玉米变成了种果树，由果树管理‘门外汉’变成了掌握技术的‘土专家’，由亩收入不足千元变成了上万元。俺们脱贫致富奔小康的底气更足了!”广大果农从心眼里感激这位“林果县长”。

中国农业科学院 2018 年产业发展工作总结

一、搭建全院经营性国有资产监督管理架构

组织召开了院经营性国有资产监督管理委员会第一次会议。会议听取了院资产经营公司工作汇报，明确了经营公司负责人经营业绩考核方案，并讨论了经营公司对外投资方向和重大投资决策程序。制定监督管理委员会工作规则并提请 2018 年第十二次院常务会审议，根据常务会有关决议调整了监督管理委员会组成和主要职责。

制定了经营公司负责人经营业绩考核方案，签订了经营公司负责人 2018 年目标责任书，并根据领导安排，协调处理了经营公司和院机关之间相关业务工作。

初步搭建了全院经营性国有资产监督管理体系框架，明确了中国农业科学院履行国有出资人职责的管理架构，确定了对经营公司负责人的考核激励方式，为下一步规范中国农业科学院经营性国有资产管理工作打下了良好基础。

二、推进清理规范，加强企业监管

（一）严格审核审批对外投资事项

严格执行国家和农业部相关法律法规，按照管理权限，认真履行审核、审批程序，积极推进企业改制和国有资本退出，指导研究所完成股权转让、改制、注销、评估备案等事项。2018 年共审核审批国有资产对外投资事项 23 项，其中企业改制 10 项，股权转让 3 项，评估备案 5 项，企业监管 4 项，企业注销 1 项。按照农业农村部要求，发文集中报备中国农业科学院自 2015 年 8 月至今共 43 项国有资产对外投资审批事项。

（二）推进院所办企业清理规范

按照《农业农村部办公厅关于加快推进部属事业单位所办企业公司制改制有关工作的通知》和《农业农村部计划财务司关于加快推进部属事业单位所办企业清理规范工作的通知》有关要求，梳理全院所办企业清理规范情况，对个别研究所进行现场督导，切实推进所办企业清理规范工作。截至 2018 年年底，2018 年我院所办企业共有 7 家完成公司制改制，2 家完成注销。截至 2018 年年底，除农业部南京设计院暂未进行公司制改制，兰州牧药所 2 家企业正在改制中，中国农业科学院其余非公司制企业均已

完成公司制改制，所办企业清理规范工作取得阶段性成效。

（三）加强所办企业监管

根据《中共中国农业科学院党组纪检组关于进一步推进深化五个领域专项整治工作的通知》（农科院党组纪检组〔2018〕14号）有关精神和《中国农业科学院贯彻落实2018年全面从严治党工作任务分工意见》有关要求，研究分析中国农业科学院对外投资和所办企业监管工作现状，制定印发《中国农业科学院关于进一步加强对外投资管理和所办企业监管的通知》（农科院转化〔2018〕109号），对进一步规范中国农业科学院所办企业，履行出资人职责提出具体要求。组织对院本级中固公司、哈兽研维科公司和植保所中保绿农集团共3家院所办企业开展了专项审计，根据审计结果，督导有关企业进行了整改。

通过开展5个领域专项整治和所办企业专项审计工作，进一步深化了中国农业科学院对外投资和所办企业的监管工作，督促院属单位履行监管主体责任。

（四）做好企业财务信息管理

按照《农业部办公厅关于编报2017年度企业财务会计决算报表的通知》要求，组织召开院级决算审核会，汇总、审核70家国有全资或控股企业决算数据，并通过农业农村部财会中心会审。按月完成52企业财务月度快报工作，及时上报农业农村部。组织武汉中油科技新产品有限公司、哈尔滨国生生物科技股份有限公司完成2018年中央企业国有资本收益申报材料编报，并完成收益上缴工作。组织30家企业开展企业国有资产产权登记工作，审核、汇总、上报农业农村部。

三、开展国有资产集中统一监管试点

按照财政部、农业农村部的工作部署，完成中国农业科学院经营性国有资产集中统一监管工作方案上报工作。在时间短、任务重的情况下，召开了全院所办企业集中统一监管专题工作会，传达改革精神和改革要求，指导院属单位根据实际情况和改革要求，做好对所办企业改革方向的研究分析，做好试点改革统筹谋划。汇总了中国农业科学院共102家所办企业集中统一监管工作统计表，编写了中国农业科学院推进集中统一监管工作方案，按时上报农业农村部。

中国农业科学院 2018 年知识产权工作总结

一、知识产权管理

2013 年年初到 2018 年年底，经过 6 年时间，中国农业科学院知识产权管理从 1.0 版已经升级为 2.0 版。主要有 5 方面提升，即战略规划、管理手段、教育培训、基础工作和专业基础。2018 年中国农业科学院共有 8 项专利获得中国专利奖。

（一）整体战略的提升

在 2013 年 12 月印发《中国农业科学院知识产权管理办法》的基础上，2018 年起草了两部意见，即《中国农业科学院关于进一步加强知识产权创造保护运用的若干意见》《中国农业科学院关于进一步推动成果转化工作的若干意见》。通过两部意见，达成两个共识，即“成果转化是一个系统工程、而不仅是一个部门工作”“知识产权是科技成果向现实生产力转化的桥梁和纽带”。经过院长办公会议等多次讨论，全院对成果转化和知识产权有了更深刻的认识。

（二）管理手段升级

中国农业科学院各所的知识产权管理一直都是人工手动统计管理，经常发生专利过期未缴费、统计不准等情况。为提高研究所专利管理能力，组织了 10 个研究所团购专利管理云平台软件，获得 8 折价格和更优质服务，院级获得免费使用权。该软件由国家知识产权局中国专利信息中心为科研院所量身打造。主要包括五大功能，一是提案管理；二是专利数据统计；三是专利审查信息下载；四是检索；五是其他功能，如专利缴费提醒功能等。利用科技教育司支持的行业管理经费继续购买了 Innography 专利信息分析软件，供各所轮番使用，逐步提高一线科研人员的专利分析能力和工作成效。

（三）强化精准培训

针对科研人员缺乏知识产权基本知识和技能的情况，启动了“知识产权服务科研一线”系列巡回培训活动，第一站在油料所，参与培训人员逾 120 名，得到了人事局领导的支持，颁发了证书，获得了非常好的效果。截至 2018 年年底已有 4 个研究所预约了定制培训。针对目前专利申请难度加大、授权比例降低、申请时间延长的情况，在中关村院区和马连洼院区举办了2场“专利预审加快宣讲会”，得到了中关村专利预审中心的大力支持和认可，也得到了科研人员的积极响应，约有150人参加。与农业信息研究所合作，举办了中国农业科学院第二期“专利检索分析实务培训暨专利情报分析研讨会”，约有50人参加，并在开幕式上颁发了第一届优秀学员证书。与研究生院联系，设计了“农业知识产权概论与实务”选修课，计划2019年9月开课，以提高广大研究生的知识产权综合素质能力。另外，还举办了专利奖申报辅导会和中国专利管理云平台系统使用培训。

（四）展开代理布局

已针对6个研究所开展了专利代理、分析、布局等工作。油料所收获干燥剂等两件专利申请，包括通知书分析和答复、权利要求书修改等。生物所和作科所的测序技术和设备专利申请和咨询。水稻所育种技术的检索布局、后续申请PCT和与代理所沟通的事宜。植保所专利申请和质标所全所专利代理申请等。

（五）引进版权图书翻译

《健康与农业创新的知识产权管理》获得免费版权。全书一共1 998页，组织全院25人翻译队伍，已翻译了1 298页，88.29万字。

二、全国农业科技成果转移服务中心运营

（一）补充组建员工队伍

2018年8月招聘新人到岗后，中心分为6个部门，包括成果转化与市场运营种植业部和养殖业部，项目运行与产业开发部、知识管理与服务部、资源与平台建设部、行政与新媒体部。不断传递中国农业科学院在国家农业创新体系中的地位、中心的建设背景、成果转化工作的重要性等，帮助新入职员工找到工作的意义，理顺各自的职责和定位，与物质奖励相结合，激发其主动性和创造力。

（二）业务内容拓展

1. 政府购买服务

物种品种资源保护费项目。申报农业农村部种业管理司物种品种资源保护费项目申报书，获得项目经费20万元。参加农业农村部种业管理司组织的种业权益改革座谈会

和调研活动，审核修订会议记录和调研报告等。形成种业人才发展和科研成果权益改革调研报告，约 2 万字。

北京市知识产权运营试点单位。经过前期沟通并积极参加有关活动会议等，与北京市知识产权局建立了工作联系，申报成为第一批北京市知识产权运营试点单位。

中关村国家自主创新示范区技术转移服务平台。经院、局领导共同努力，在已有技术转移、技术服务与咨询、知识产权运营等工作基础上，申报成为第一批中关村国家自主创新示范区技术转移服务平台，完成平台工作年终总结、中关村管委会调研座谈会相关准备工作。

2. 分中心建设

协商建立西部分中心、南繁硅谷分中心、武汉分中心，完成建设方案及合作协议；起草雄安国家农业科技创新中心建设方案。完成石家庄分中心建设，并获得经费支持。完成西部分中心协议签署和挂牌仪式，后续工作需协商。

3. 会议会展等活动

全国农业科技成果转移服务中心全年举办如下 8 场活动。

2018 年 8 月　助力全国首届种公牛拍卖

2018 年 9 月　首届营养型农业产业发展论坛暨科技成果转化供需对接会

2018 年 8 月　中国农垦乳业联盟成员大会暨全国乳业科技成果转化大会（新疆石河子）

2018 年 11 月　首届金融与农业科技成果对接会

2018 年 10 月　知识产权服务科研一线系列巡回培训活动暨中国农业科学院油料作物研究所知识产权初级培训班

2018 年 11 月　专利预审加快审查宣讲会

2018 年 9 月　第二十二届中国（廊坊）农产品交易会

2018 年 11 月　全国新农民新技术创业创新博览会中国农业科学院展区

中国农业科学院2018年科研试验基地工作总结

2018年，全院科研试验基地建设和管理认真贯彻落实习近平总书记“三个面向”重要指示，认真贯彻落实《中国农业科学院关于加强科研试验基地管理的若干意见》（农科院转化〔2017〕162号）和《中国农业科学院试验基地“十三五”发展规划》（农科院转化〔2017〕80号），致力建设一流基地、支撑科技创新、服务区域发展，在基地规划、建设、使用、管理等方面取得了新的重要进展，充分发挥了野外条件支撑保障全院科技创新和成果转化、支撑服务创新驱动发展战略、乡村振兴战略和打赢脱贫攻坚战的重要作用。

一、新建了一批试验基地，基地布局进一步完善

截至2018年年底，全院共有科研试验基地118个，分布在除重庆、贵州、陕西、宁夏以外的27个省（直辖市、自治区），涉及30个研究所，总占地10.39万亩，其中产权土地4.74万亩，产权建设用地5 505亩。

院综合试验基地5个。其中，院牵头管理综合试验基地3个。北京南口中试基地占地844亩，由作科所、蔬菜所、牧医所、环发所、蜜蜂所、饲料所、加工所、质标所8个研究所长期入驻开展科研工作。河北廊坊园区占地2 000亩，由作科所、蔬菜所、畜牧所、饲料所、生物所、资划所、质标所、营养所、草原所、特产所10个研究所长期入驻开展科研工作。河南新乡综合试验基地占地4 347亩，由作科所、植保所、环发所、灌溉所、郑州果树所5个研究所长期入驻开展科研工作。院委托管理综合试验基地1个，2018年批复依托院西部农业研究中心新建，新疆昌吉综合试验基地以院西部中心管理为主、院提供政策支持，包括昌吉老龙河试验基地2 000亩产权农业用地和50亩产权建设用地，按照建成新疆绿洲农业“综合性公共田间试验平台”的定位要求，率先向有试验研究需求的全院各研究所开放使用，并积极开展示范推广、科技服务、产业示范等工作，服务区域经济社会发展。院协调管理综合试验基地1个，海南南繁综合试验基地在积极推进中，目前总占地1 416亩，其中产权土地127亩，由作科所、生物所、水稻所、棉花所4个研究所8个地块组成，以各所管理为主、院里提供政策协助。

研究所试验基地113个基地，由院属单位在有关规划和管理制度的指导下自主直接管理。2018年院批复新建研究所试验基地3个。郑州果树所灵宝基地立足黄土高原优质苹果主产区，主要从事苹果新品种选育和新技术研发，服务研究所原始创新；积极开展示范推广和科技培训，加快研究所成果转化，支撑地方果业发展。郑州果树所宁陵基

地立足宁陵、着眼豫东，主要开展酥梨新品种、新技术、新成果的科技研发和试验示范，积极开展科技服务与培训等工作，服务研究所原始创新和成果转化，支撑地方优势果业发展。烟草所宣城基地立足皖东南烟草主产区，重点开展烟草、特种作物及功能农业研发和技术集成转化，服务研究所原始创新及新学科拓展，支撑地方特色农业发展，助推乡村振兴战略实施。

二、在基地实施了一大批建设项目，基地设施条件进一步完善，支撑科技创新与成果转化的物质基础更加坚实

2018 年，全院在试验基地共投入建设资金 2. 82 亿元，在基地实施基本建设、修缮购置项目 46 个，实施金额 2. 43 亿元；其他建设项目 111 个，实施金额 0. 39 亿元。全院基地新增建筑面积 5. 33 万平方米，新增田间设施 4. 3 万平方米，改造试验田 3 734 亩，购置农机具 88 台件，仪器设备 157 台（套）。

植保所 2018 年在基地实施基本建设及修缮项目共 2 个，实施金额 2 889 万元。长岛基地在“中央级科学事业单位修缮购置专项”资助下，野外观测、办公、生活及后勤保障体系得到进一步完善，科研服务能力显著提升。蔬菜所在南口基地立项基建项目 1 项，即国家草本花卉种质资源保存圃建设项目，立项金额为 1 400 万元，项目建成后将有效提高花卉种质资源保存能力。资划所 2018 年在基地实施基建项目 3 项、修购项目 1 项，实施金额 3 989 万元，新建了实验室、温室、网室、晒场、食堂、农机具库，以及围栏、电气、道路等场区配套设施，大幅提高了基地服务保障科研的能力。烟草所在基地实施基本建设项目、修缮项目各 1 项，实施资金 1 251 万元。其中，西昌基地完成了田间灌排系统修缮、梯田田间挡土墙改造、育苗温室升级改造、蓄水池防水处理等；宣城基地完成了一期建设，建成了生物工程组培中心、智能温室、试验用地土地整理、田间道路及排灌沟渠等，具备了开展各类科研试验的基本条件，成为当地现代农业技术孵化的典型代表。

三、在基地实施了一大批科研项目，高水平科技成果不断涌现，支撑全院科技创新能力加速提升

2018 年，全院在试验基地共实施国家重点研发计划、国家自然科学基金、国家良种攻关、现代农业产业体系建设专项等科研项目 1 702 项，总经费 5. 59 亿元。以基地科研数据为技术支撑，全院共获得省部级以上科技奖励成果 35 项，发表高水平论文 1 753 篇，审定新品种 166 个，获得授权专利 626 项。

作科所 2018 年在各基地共实施科研项目 373 项，获得省部级奖励科技成果 8 项，发表论文 212 篇，审定品种 32 个，获得专利 80 项，有力支撑了研究所科技创新。植保所长岛基地目前积累了 10 余年的迁飞昆虫观测数据，相关研究成果促进了“雷达昆虫

学”的形成和完善，美国、英国、澳大利亚等同行专家认为我国已经成为国际上具备昆虫雷达种类最多、监测时间最长、历史数据最完整的国家，该基地正在实施国家自然科学基金重大仪器项目课题“面向动物迁飞机理分析的高分辨多维协同雷达测量仪”(项目经费 8 220 万元)，正在研制世界最先进的高分辨多维协同雷达测量仪，可实现对小至毫克量级昆虫迁飞行为的分析，对解析昆虫迁飞规律、机制有重要意义。该基地建立的相关技术和系统监测结果也已在全国得到广泛推广应用。水稻所 2018 年在基地共实施科研项目 98 项，合同经费 1.9 亿元，以在基地取得的科研数据为支撑，2 项科技成果获得省部以上奖励。资划所 2018 年在全所 11 个基地共实施科研项目 135 个，科研经费 6 155 万元，获省部级以上奖励科技成果 8 项，发表高水平论文 156 篇。其中，依托国家土壤肥力与肥料效益监测站网实施国家省部级项目 50 余项，获省部级科技奖励成果 2 项，发表论文 46 篇；内蒙古呼伦贝尔草原生态系统国家野外科学观测研究站承担和参与了国家（省部级、地方级）科研项目 31 项，其中主持项目（课题）12 项，包括重点研发计划项目 2 项，国家自然基金 6 项、业务运行项目 3 项等，总经费 1 560 万元，留站经费 750 万元。

四、在基地开展了大量成果转化工作，科技示范推广作用凸显，有力助推了全院乡村振兴战略实施和科技扶贫工作

2018 年全院各试验基地结合自身特点，围绕新品种、新产品、新技术的示范推广，通过组织举办成果展示会、现场观摩会、科技培训、技术咨询等形式，推广先进实用技术，培训基层管理和农业技术人员，培训种养大户、家庭农场等新型经营主体，辐射带动基地周边产业发展，增加农民收入，服务区域“三农”发展，成效显著。

2018 年全年在各基地共举办现场会、观摩会 712 次，参加人员 2.4 万人次；举办技术培训班 682 次，培训农民和技术人员 5.4 万人次；推广新品种 529 个，推广面积 7 767 万亩；推广新技术 163 个，面积 6 666 万亩，畜禽 11.6 万头；推广新产品 66 个，推广面积 5 326 万亩。

一是开展实用技术培训。各基地发挥贴近生产、靠近农民的优势，开展实用技术培训，直接提升种养大户、家庭农场、农民专业合作社等科技水平。资划所德州基地 2018 年开展作物高产、新型肥料、高效施肥、冬小麦科学管理等各种类型技术指导、培训班、现场会等 120 余场次，培训农技人员 300 余人次，培训农业种植合作社、种粮大户代表 2 000 余人次，培训农民 10 000 余人次，发放技术资料、明白纸等 20 000 余份，为推动地方农业绿色增产发挥了重要作用。蔬菜所 2018 年在基地组织了春甘蓝、春白菜、秋甘蓝、秋白菜、黄瓜、西甜瓜、番茄、甜（辣）椒、胡萝卜、菠菜等新品种新技术示范展示 10 余场次，零散接待 82 次，开展培训活动，覆盖科技人员、公司员工、农业合作社成员等 800 余人，科技成果有效辐射基地周边地区，给当地带来了较好的经济和社会效益。

二是组织技术推广。各基地面向市场、面向产业，强化了技术集成与成果推广转化力度，切实使先进实用的农业科技成果以基地为载体落地生根。植保所 8 个基地积极与地方政府、企业合作，支持当地“三农”发展，如新乡基地与省市县农业、科技部门结合，开展技术培训，印发资料开展技术服务，推广了土壤消毒技术防治新工艺、盲蝽性诱及食诱诱捕器田间示范等科研成果。桂林基地利用基地平台优势，推广多个区域适宜的小麦新品种，累计推广小麦拌种及玉米二次包衣面积 20 000 余亩，无人机施药累计 5 000 亩；接待周边观摩农户 1 000 人次；举办栽培、植保等各种培训班 40 余次；带动了基地周边村庄农户采用新品种、新技术，提高了科技种田水平，增加了农民收入，加快了农业现代化发展步伐。

三是加强展示示范工作。各基地响应全国科普日号召，加强了新技术新成果的展示示范工作。2018 年全院在基地举办开放日活动 508 次，接待参观人员 6.8 万人次。作科所 2018 年在院部基地中圃场建立了 3.6 亩科普展示田，集中展示研究所近几年育成的优良品种、我国传统地方品种和优异资源以及小麦立体匀播、玉米高产栽培、化学调控玉米降秆增产技术等技术，覆盖玉米、水稻、小黑麦、豆类、谷子、高粱、黍稷、籽粒苋等 14 种作物、78 个品种，并于 9 月 15—21 日全国科普日期间对公众进行了开放。植保所 2018 年在廊坊基地共组织农业科普活动 4 次、农业植保专题讲座 2 次，共培训农民、学生 280 人次。南京农机化所溧水基地 2018 年举行了“农业农村部南京农业机械化研究所白马基地首届开放日”，以后将每年举行。2018 年对技术人员、种植大户、农户等进行培训示范，技术培训、参观调研累计近 1 000 余人次。该基地成为 2018 年度南京市首批“南京市农机化示范基地”，是本批次唯一的市本级示范基地。

五、加强基地开放共享，促进资源充分利用

作科所、植保所、蜜蜂所、饲料所、灌溉所、水稻所、棉花所、油料所、麻类所、茶叶所、哈兽研、兰牧药、环保所、烟草所共 14 个研究所试验基地开放共享面积达 2 926 亩，共享仪器设备 440 台（套），促进了基地资源合理充分利用。

灌溉所商丘基地与国内外 10 余家大专院校、研究院所开展共建共享，与英国洛桑实验站研究人员达成合作研究意向，2018 年南京大学大学生实习基地、河南农业大学大学生实习基地在该基地挂牌。环保所武清基地采用“开放、流动、联合、竞争”的运行管理机制，广泛吸取国内外同行业与交叉学科优秀人才来基地进行开放合作与客座研究，近年来已有北京大学、华中农业大学、解放军南京军事医学研究所、北京市环境保护科学研究院等单位进行了样品采集和项目合作。烟草所 2018 年通过与四川省烟草公司凉山州公司联合共建凉山彝族自治州院企联创烟叶技术中心，联合承担国家烟草专卖局、四川省烟草专卖局等单位的科研项目，针对烟草产区科技需求，联合开展科技攻关，有效发挥基地良好的研究、示范与推广作用。

根据农业农村部的部署安排，2018 年中国农业科学院推荐的 4 个基地经过主管部门遴

选、教育部组织专家评议和综合评定，被教育部①命名为第二批“全国中小学生研学实践教育基地”（教基厅函〔2018〕84号）。它们是依托环发所申报的国家农业科技创新园，依托灌溉所申报的中国农业科学院新乡综合试验基地，依托资划所申报的中国农业科学院衡阳红壤实验站，依托院本级申报的中国农业科学院（万庄）国际农业高新技术产业园。这4家单位将结合自身资源特点，设计开发具有特色、适合不同学段（小学、初中、高中）、与学校教育内容有机衔接的研学实践课程，开展中小学生现代农业科普教育、创新实践、课题研究等方面的研学实践教育活动，提高基地服务社会能力和开放共享水平。

烟草所各基地建成了人才创新实践基地。自基地成立以来，承担了生产技术培训、人才培养等任务，是青岛农业大学、四川农业大学、西昌学院烟草等相关专业的教学实践基地，每年在烟叶生产的关键环节都承接3~4批次的教学实习工作。2018年有50多名博士硕士到基地开展科研工作，青岛农业大学、四川农业大学、西昌学院烟草等相关专业的116多名学生到基地开展教学生产实习活动。

六、加强基础工作，促进基地管理上水平上台阶

据不完全统计，2018年全院从事基地管理的专兼职人员共1 304名，其中在职人员554人，长期合同聘用人员580人。

2018年院里开展了一些打基础的工作，建立了高效的工作展示和交流沟通平台。开通了中国农业科学院试验基地网站（http：//base. caas. cn），设有工作动态、行业资讯、通知通告、基地展示等栏目。试运行了基地管理系统1.0版，设建设、试验、示范、运管等模块。制作了全院第一本基地工作通讯录，收录了33个院属单位分管所领导、主管和参与部门负责人、基地台站负责人等共322条人员信息。建立了“农科基地”工作微信群，长期活跃用户数百人。

研究所基地管理继续创新发展。作科所实行所、处、基地分层管理机制，通过制定完善大田管理办法、农机管理办法、后勤管理办法、物资采购制度、员工岗位职责与考核制度，安全管理制度等基地管理制度，为科研人员提供更加标准、专业的试验服务，保障了研究所各项试验研究在基地的顺利开展和基地平稳高效运行。油料所实行管运分离、企业化自负盈亏的基地管理模式，稳定了运行经费的保障水平。所基地办定性为自负盈亏的公司化管理部门，由所办企业与各课题组签订田间试验协议、承接来自所内外的科研试验并收取试验费，同时，形成监管制度，由所内科研处定期组织科研人员对基地办的田间试验服务能力进行考核。烟草所专门成立了职能管理部门——基地管理处，配备专职管理和技术人员，其中博士2人，硕士2人，平均年龄37岁，对各基地实行统一管理。同时，创新配套政策，例如青岛基地支撑服务岗位比所部同类型岗位工资提高10%，保障了支撑服务人员安心工作。

① 中华人民共和国教育部，全书简称教育部。

中国农业科学院 2018 年度试验基地数据统计表

一、院直属试验基地

序号	所属单位	名称	总面积（亩）	拥有土地使用权面积（亩）			租赁面积及期限	
				小计	建设用地	试验用地	面积（亩）	期限（年）
1	农科院	河南新乡综合试验基地	4 347	342	212	130	4 005	50
2	农科院	河北廊坊农业高新技术产业园	2 000	200	200		1 800	50
3	农科院	北京南口综合试验基地	844	844				
4	农科院	海南南繁综合试验基地	1 416	127			1 289	
5	农科院	新疆昌吉综合试验基地	2 050	2 050	50	2 000		

二、研究所直属试验基地

序号	所属单位	名称	总面积（亩）	拥有土地使用权面积（亩）			租赁面积及期限	
				小计	建设用地	试验用地	面积（亩）	期限（年）
1	作科所	北京海淀作物试验基地	220	220		220		
2	作科所	北京昌平马池口作物试验基地	667	667	104	563		
3	作科所	北京顺义作物试验基地	1 636. 1				1 636. 1	30

（续表）

序号	所属单位	名称	总面积（亩）	拥有土地使用权面积（亩）			租赁面积及期限	
				小计	建设用地	试验用地	面积（亩）	期限（年）
4	作科所	吉林公主岭作物试验基地	300				300	协议一年一签
5	作科所	江西高安作物试验基地	200	200				
6	作科所	河北沽源作物试验基地	45				45	20
7	作科所	河北唐海作物试验基地	45				45	20
8	植保所	中国农业科学院廊坊科研中试基地	577	507	29.4	477.6	70	
9	植保所	山东长岛野外观测试验基地	9.6				9.6	
10	植保所	吉林公主岭野外观测试验基地	200	200		200		
11	植保所	新疆库尔勒野外观测试验基地	215.5	215.5	14.7	200.8		
12	植保所	甘肃天水野外观测试验基地	57	57	15	42		
13	植保所	内蒙古锡林郭勒野外试验基地	600	300	15	285	300	
14	植保所	广西桂林野外试验基地	263	163		163	100	
15	蔬菜所	北京海淀蔬菜花卉试验基地	60	60		60		
16	蔬菜所	北京顺义蔬菜试验基地	375				375	20
17	蔬菜所	国家马铃薯改良中心华北分中心	1 347	30	30		1 317	10
18	环发所	顺义农业环境综合试验基地	1 108.81	37.31	37.31		1 071.5	

（续表）

序号	所属单位	名称	总面积（亩）	拥有土地使用权面积（亩）			租赁面积及期限	
				小计	建设用地	试验用地	面积（亩）	期限（年）
19	环发所	山西寿阳旱地农业试验基地	160	20			140	30
20	环发所	西藏那曲高寒草地生态与气候变化试验基地	1 006	6	6		1 000	30
21	环发所	湖南岳阳农业环境试验基地	142. 45	22. 45	22. 45		120	20
22	环发所	福建海西农业环境试验基地	115. 52	15. 52	15. 52		100	20
23	环发所	山东东营农业环境试验基地	305. 3	20. 6	20. 6		284. 7	20
24	牧医所	昌平马池口基地	289	289	289			
25	牧医所	内蒙古鄂尔多斯鄂托克旗牧草资源与育种试验基地	1 072	10	10		1 062	18
26	牧医所	天津武清转基因猪安全评价试验基地	40				40	20
27	蜜蜂所	北京房山蒲洼蜂场	1	1		1		
28	蜜蜂所	北京门头沟陈家庄蜂场	3	3		3		
29	蜜蜂所	北京石景山黑石头蜂场	2. 4	2. 4		2. 4		
30	加工所	中国农业科学院农产品加工研究所主食加工技术研究院（黑龙江木兰县）	470. 35	20. 35	10. 45	9. 9	450	

（续表）

序号	所属单位	名称	总面积（亩）	拥有土地使用权面积（亩）			租赁面积及期限	
				小计	建设用地	试验用地	面积（亩）	期限（年）
31	加工所	中国农业科学院合肥食品科学与营养创新研究院	369	10	10	359		
32	生物所	北京平谷北方棉花生物技术育种试验基地	60				60	20
33	生物所	湖北麻城长江流域棉区棉花生物技术育种试验基地	109	17	17		92	20
34	生物所	辽宁营口生物技术试验基地	45	21	21		24	无偿使用
35	生物所	安徽灵璧生物技术试验基地	10	10		10		
36	生物所	山东东营抗逆生物育种试验基地	50				50	50
37	生物所	新疆阿瓦提生物育种试验基地	327	327	27	300		
38	生物所	北京延庆生物技术试验基地	195				195	20
39	资划所	农业部德州农业资源与生态环境重点野外科学观测试验站	291. 5	227. 5	10. 5	217	64	
40	资划所	内蒙古呼伦贝尔草原生态系统国家野外科学观测研究站	7 950	3 248	38	3 210	4 702	30或50
41	资划所	中国农业科学院华南（江门）农业资源高效利用观测试验站	50	50	7	43		

（续表）

序号	所属单位	名称	总面积（亩）	拥有土地使用权面积（亩）			租赁面积及期限	
				小计	建设用地	试验用地	面积（亩）	期限（年）
42	资划所	中国农业科学院进贤土壤肥料试验基地	90	90	10	80		
43	资划所	国家土壤肥力与肥料效益监测站网	838	784	32	752		
44	资划所	湖南祁阳农田生态系统国家野外科学观测研究站	693.86	683.86	45.36	638.5	10	5
45	资划所	农业部洛阳旱地农业重点野外科学观测试验站	30	30	5	25		
46	资划所	北京昌平潮褐土生态环境试验站	30	30		30		
47	资划所	中国农业科学院密云生态农业野外科学观测试验站	127.4				127.4	50
48	资划所	农业部迁西燕山生态环境重点野外科学观测试验站	172.14	172.14	22.14	150		
49	资划所	河北平泉国家食用菌改良中心试验基地	45	45	15	30		
50	灌溉所	河南商丘农业资源与生态环境试验基地	83.4	50	6	44	33.4	30
51	灌溉所	河南洪门水资源安全利用试验基地	18	18				
52	水稻所	浙江富阳水稻试验场	1 608	1 608	408	1 200		

（续表）

序号	所属单位	名称	总面积（亩）	拥有土地使用权面积（亩）			租赁面积及期限	
				小计	建设用地	试验用地	面积（亩）	期限（年）
53	水稻所	浙江临安稻瘟病野外试验站	82.78	82.78		82.78		
54	水稻所	北方水稻研究中心	417.43	417.43	114.51	302.92		
55	棉花所	河南安阳棉花试验基地	5 067	5 067	636	4 431		
56	棉花所	郑州科研中心基地	10.73	10.73	2.04	8.69		
57	棉花所	中棉所石河子综合试验站	102.48	102.48	2.48	100		
58	棉花所	中棉所库尔勒综合试验站	417	417		417		
59	棉花所	中棉所阿拉尔综合试验站	669	434	30	404	235	10
60	棉花所	中棉所阿拉尔综合试验站阿克苏原种场基地	1 095	95	95		1 000	30
61	棉花所	长江科研中心合肥基地	30	30	30			
62	棉花所	长江科研中心望江基地	205	5	5		200	10
63	棉花所	中棉所胡杨河试验站	466	300		300	166	30
64	棉花所	江西九江棉花试验基地	90				90	无偿使用
65	油料所	湖北武昌本部试验基地	853.61	853.61	623.61	230		
66	油料所	湖北阳逻综合试验基地	875.38	875.38	66	809.38		
67	油料所	湖北汉川转基因试验基地	143.1	143.1		143.1		

（续表）

序号	所属单位	名称	总面积（亩）	拥有土地使用权面积（亩）			租赁面积及期限	
				小计	建设用地	试验用地	面积（亩）	期限（年）
68	油料所	江西进贤三熟制试验基地	160	160	10	150		
69	油料所	青海平安北繁基地	208	208	28	180		
70	麻类所	湖南沅江麻类作物试验基地	700.97	580.97	93.38	487.59	120	3
71	麻类所	湖南长沙望城麻类创新试验基地	140				140	30
72	麻类所	湖南长沙苎麻与野生纤维植物资源圃	87				87	20
73	麻类所	麻类所泰安麻产业基地	63				63	10
74	麻类所	湖南常德西湖麻类试验基地	80				80	10
75	麻类所	湖北利川功能蔬菜基地	100				100	15
76	果树所	辽宁兴城温泉果树试验基地	464	464		464		
77	果树所	辽宁兴城砬山北方落叶果树试验基地	3 146	3 146		915		
78	果树所	辽宁绥中果树栽培试验基地	130				130	
79	郑果所	河南郑州果树瓜类试验基地	608.27	608.27	128.95	479.72		
80	郑果所	新疆阿克苏果树试验基地	350	350		350		
81	郑果所	河南宁陵酥梨试验站	130	15	15		115	
82	郑果所	河南灵宝苹果试验站	112.78	4.78	4.78		108	27

（续表）

序号	所属单位	名称	总面积（亩）	拥有土地使用权面积（亩）			租赁面积及期限	
				小计	建设用地	试验用地	面积（亩）	期限（年）
83	郑果所	新疆哈密果树瓜类试验基地	3 835	9	9		3 826	
84	茶叶所	浙江杭州茶叶综合试验基地	351.5	351.5	110.2	241.3		
85	茶叶所	浙江嵊州茶叶综合试验基地	341.48	341.48	15.28	326.2		
86	茶叶所	浙江千岛湖茶叶中试试验基地	14.2	14.2	14.2			
87	茶叶所	云南芒市茶叶综合试验基地	0.4	0.4	0.4			
88	茶叶所	云南普洱茶叶试验基地	800	2	2		798	30
89	哈兽研	黑龙江哈尔滨动物试验基地	2 202	2 202	582	1 620		
90	兰牧药	甘肃大洼山综合试验基地	2 386	2 386		1 200		
91	兰牧药	甘肃张掖综合试验基地	3 050	3 050	200	2 850		
92	上兽研	上海松江动物试验基地	30	30	30			
93	草原所	内蒙古农牧交错区试验示范基地（沙尔沁基地）	5 080	5 080	400			
94	草原所	农牧交错区试验示范基地（十二连城基地）	5 000				5 000	
95	草原所	锡林郭勒典型草原试验示范基地（锡林浩特基地）	3 200				3 200	

（续表）

序号	所属单位	名称	总面积（亩）	拥有土地使用权面积（亩）			租赁面积及期限	
				小计	建设用地	试验用地	面积（亩）	期限（年）
96	草原所	锡林郭勒典型草原试验示范基地（太仆寺基地）	15				15	
97	草原所	鄂尔多斯沙地草原试验示范基地	5 000	500	50	450	4 500	
98	草原所	青藏高原高寒草原试验示范基地	5 000	10	10		4 990	
99	草原所	苏尼特荒漠草原试验示范基地	8 300	20	20		8 280	
100	特产所	特产所左家综合试验基地	2 500	2 500	123	2 377		
101	环保所	农业农村部大理农业环境科学观测实验站	242	162	22	140	80	10
102	环保所	中国农业科学院武清转生物农田生态系统影响野外科学观测试验站	64				64	30
103	环保所	中国农业科学院湘潭产地环境质量科学观测实验站	230	130	30	100	100	20
104	环保所	中国农业科学院农业农村部环境保护研监测所庆云试验基地	1 063.09	1 063.09	39.72	1 023.37		
105	沼科所	四川成都双流沼气科学试验基地	57.37	57.37	55.12	2.25		

（续表）

序号	所属单位	名称	总面积（亩）	拥有土地使用权面积（亩）			租赁面积及期限	
				小计	建设用地	试验用地	面积（亩）	期限（年）
106	农机化所	南京农业机械化研究所农业机械化技术创新试验基地	200	200	28.16	171.84		
107	烟草所	山东青岛即墨烟草试验基地	504.4	25.4	25.4		479	30
108	烟草所	四川西昌烟草试验基地	224.14	20.91	20.91		203.23	30
109	烟草所	山东青州烟草试验基地	746	746	47.6			
110	烟草所	安徽宣城烟草试验基地	364.68				364.68	30
111	基因所	广东深圳试验基地	600				600	20

黑龙江省人民政府　中国农业科学院
战略合作框架协议

为贯彻落实习近平总书记对黑龙江省两次重要讲话精神，做好维护国家粮食安全“压舱石”，争当农业现代化建设“排头兵”，实施好乡村振兴战略，推动农业供给侧结构性改革，促进农业农村经济和一二三产融合发展，黑龙江省人民政府与中国农业科学院共同决定建立长期稳定的农业科技合作关系，加强农业科技创新与务实合作，达成本协议。

一、合作宗旨

按照互惠互利和共同发展原则，充分发挥双方的科技优势和资源优势，建立农业科技合作长效机制，实现优势互补资源共享，提高黑龙江农业科技创新能力，促进科技与地方经济结合，构建布局合理、资源共享、运转高效的农业科技创新体系，发挥科技创新、成果孵化、人才培养、资源聚集的多重功能，着力解决制约黑龙江农业发展的关键问题，推进区域农业结构调整和转型升级，加快实现黑龙江由农业大省向农业强省转变。

二、合作内容

（一）共同开展农业农村重大战略研究

将黑龙江省农业农村发展重大战略和科技需求纳入中国农业科学院科技创新工程体系。双方围绕农业供给侧结构性改革、农业转型升级等重大战略问题，共同组织有关专家，不定期开展政策研讨和咨询活动。中国农业科学院积极参与黑龙江省农业产业政策、发展规划、农业科技规划的研究、制定、组织和实施。

（二）共同组织申报国家重大科研项目

围绕做好国家粮食安全“压舱石”和实施“粮头食尾”“农头工尾”战略，双方组织专家联合开展科技攻关，中国农业科学院每年派出各领域著名专家到黑龙江工作，黑龙江省政府积极组织涉农科研、教学、企业等单位参与科技合作，利用双方各自优势，共同组织申报国家重大项目，双方提供优惠合作政策，保证重大科技合作项目顺利实施。

（三）共同组织开展农业重大技术协同创新

针对黑龙江亟须解决的关键技术瓶颈问题，启动设立农业科技协同创新专项，组成联合团队，开展协同攻关，重点在农作物种质资源创新和优良品种选育及畜禽育种、黑土保护利用与施肥技术、农作物耕作栽培技术、农业有害生物发生机理及监测预警防治技术、减肥减药和农业可持续环境保护技术、农畜产品加工与质量安全技术、农业遥感监测及数字与智慧农业技术、农村能源资源综合开发利用技术、畜禽饲料营养、疫病防控、繁殖、饲养管理、环境调控和农牧循环技术等方面启动开展合作研究。

（四）共同建设农业科技创新平台与示范基地

在黑龙江省共建气象与环境、黑土与生态、农业信息农业遥感、水稻分子育种、畜禽胚胎与遗传工程、兽医诊断参考等农业重点实验室，大豆、乳品工程技术研究中心，国家农业大数据中心哈尔滨分中心、黑土生态数据中心、微生物资源中心、区域种质资源库等创新平台，结合黑龙江省实际，共同打造2~3个国家级现代农业科技创新与示范基地集聚双方优势科技资源，开展深入合作，服务、支撑和带动地方产业发展。

（五）共同推进农业科技成果转移转化

做强黑龙江省龙科种业科技成果产权交易中心、黑龙江省龙科企业孵化器、黑龙江省农科产业孵化器、杂粮加工企业解化器、食品加工孵化器，大力开展绿色优质高效、生态安全、高产栽培技术，畜禽繁育、标准化养殖、疫病防控技术集成示范与推广，转化中国农业科学院成熟的农业产业化技术，使中国农业科学院的科技成果和双方合作成果在黑龙江落地生根，以科技引领产业发展，助力乡村振兴战略实施。

（六）共同组织实施农业科技人才培育计划

进一步加强人才交流与合作，选派科技人员、管理人员博士硕士中高级人才到中国农业科学院相关单位开展合作研究，借助中国农业科学院国际合作优势，选派高素质人才赴农业发达国家开展进修和深造，中国农业科学院推荐优秀科技和管理干部到黑龙江省各地（市）挂职，将最新的科研成果带到黑龙江省，转化落地，帮助解决当地农业产业发展的热点难点问题。整合全省农业科研院所、大专院校，组建黑龙江农业科技创新联盟，与中国农业科学院各优势学科对接，将黑龙江建成中国农业科学院人才培养锻炼的基地。

（七）共同推进农业国际合作与交流

积极对接国家“一带一路”发展战略，加强与东北亚周边国家及欧美发达国家的农业合作，组织实施中蒙俄经济走廊规划，为政府、科研、企业搭建对外合作平台，组织国际展销、洽谈、招商等活动，争取和实施国际合作项目，利用黑龙江省对俄农业技术合作中心与俄罗斯及东欧国家长期科技合作的良好基础，建立农业对外开放实验区、境外农业示范区。

（八）共同支持中国农业科学院在黑龙江省的科研单位建设

充分发挥黑龙江省政府属地优势，对中国农业科学院哈尔滨兽医研究所、中国水稻研究所黑龙江分所在学科团队建设、平台基地建设、联合申报重大项目、科技成果转化等方面与中国农业科学院共同给予支持。

三、保障措施

（一）成立合作协调领导小组

黑龙江省政府与中国农业科学院成立由双方主要领导和有关部门负责人组成的领导小组，领导小组下设办公室，分别设在黑龙江省农业委员会和中国农业科学院成果转化局，具体负责双方农业科技合作的组织、协调、跟踪和督办等工作。

成员单位为黑龙江省农业委员会、省财政厅、省发展和改革委员会、省科技厅、省畜牧局、省农业科学院、东北农业大学、黑龙江八一农垦大学、黑龙江农垦科学院、中国科学院东北地理与生态研究所，中国农业科科院成果转化局、中国农业科学院科技管理局、中国农业科学院国际合作局、中国农业科学院哈尔滨兽医研究所等相关单位。

（二）建立沟通交流机制

建立会商制度，定期或一方提议召开联席会议，研究解决相关实际问题，并形成会议纪要等正式文件。

（三）建立项目执行机制

黑龙江省政府与中国农业科学院双方提出的科技合作项目由双方共同安排项目经

费，对于双方共同确定的科技协作项目，黑龙江省政府给予一定资金匹配。具体合作单位另行签署专项协议或合同，并负责项目的推进实施。

（四）落实合作保障条件

围绕具体合作内容，双方在人才团队、平台基地、经费投入等方面给予优先保障和支持，完善资金配套和相关支持政策，加大科技资源投入，加强协同创新团队建设，建立固定和行之有效的保障机制，共同推进实施合作任务。

四、协议附则

协议中未尽事宜，由合作领导小组研究商定。

本协议有效期为5年，签字盖章后生效。期满后，双方可协商续约。

本协议一式4份，双方各执2份。

黑龙江省人民政府

签字：

2018年9月26日

中国农业科学院

签字：

2018年9月26日

甘肃省人民政府　中国农业科学院战略合作框架协议

为全面贯彻习近平新时代中国特色社会主义思想和党的十九大精神，加快推进甘肃省农业农村现代化进程，确保国家生态屏障、构建特色农业产业扶贫体系、加快以乡村振兴为统领的农业科技自主创新，加强集成创新、成果转化、典型示范和能力建设，推动农业供给侧结构性改革，引领甘肃农业绿色发展、高质量发展、融合发展、品牌发展，甘肃省人民政府与中国农业科学院共同决定建立长期稳定的农业科技战略合作关系，加强农业科技创新与务实合作，达成本协议。

一、合作宗旨

按照互惠双赢和共同发展原则，充分发挥双方科技优势和资源优势，建立农业科技合作长效机制，实现优势互补、资源共享，提高甘肃省农业科技创新能力，促进科技与地方经济结合，构建布局合理、资源共享、运转高效的农业科技创新体系，发挥科技创新、成果孵化、人才培养、资源聚集的多重功能，着力解决制约甘肃省农业农村发展的重大难题，推进区域农业结构调整和产业转型升级，加快实现甘肃省由农业大省向农业强省的转变。

二、合作内容

（一）共同开展农业农村重大战略问题研究

双方围绕农业供给侧结构性改革、农业转型升级、特色鲜明的农业扶贫产业体系构建、乡村振兴农业科技支撑发展等重大战略问题，共同组织相关专家，不定期开展政策研讨和咨询活动，中国农业科学院积极参与甘肃省农业产业政策、农业科技规划的研究、制定、组织和实施。

（二）共同组织申报国家重大科研项目

围绕国家农业发展战略布局和甘肃农业转型升级的重大需求，双方组织专家联合开展科技攻关，共同凝练和申报国家重大项目，统筹甘肃省和中国农业科学院相关科技资源，以联盟机制谋划和组织实施甘肃省特色优质农业和绿色发展等重大协同创新项目，引导甘肃特色农业走向“一带一路”沿线国家，依托甘肃省已有科技平台和基地优势，中国农业科学院每年选派专家到甘肃省工作，甘肃省人民政府积极组织涉农单位参与合作双方提供优惠合作政策，保证重大科技合作项目顺利实施。

（三）共同组织开展农业重大技术协同创新

针对甘肃省牛、羊、菜、果、薯、药六大特色农业和十大生态产业亟须解决的关键技术瓶颈，以构建农牧生态产业体系推动绿色崛起为核心，优化和统筹中央与地方科技资源，共建西北旱区农牧产业循环技术中心，发展以秸秆和畜禽粪便利用为纽带的循环生态农业模式；在农作物种质资源创新和优良品种选育、种业科技创新、河西戈壁高效节水与智能控制、旱作区农业绿色优质高效与区域模式、盐碱地治理、高原特色生态农业、甘南草地畜牧业、农艺农机融合与农机具、农业重大病虫害发生机理及防治、优势特色农产品储运保鲜与精深加工农业遥感监测及数字农业、农业面源污染控制、秸秆畜牧业与草畜生态循环产业扶贫模式等方面启动开展合作研究。

（四）共同建设农业科技创新平台与示范基地

在甘肃省共建旱作农业、家畜疫病病原生物学、土壤质量、口蹄疫参考、特色农产品质量标识与溯源、兽用药物创制、西部草业等重点实验室，农畜产品工程技术研究中心，国家农业大数据中心兰州分中心、黄土生态数据中心、区域种质资源库等创新平台。结合甘肃实际，共同打造 1~2 个国家级现代农业科技创新与示范基地，在不同生态类型区，共建共享若干农业绿色发展试验示范基地（站），开展基础性长期性科技工作和科学数据积累。集聚双方优势科技资源，开展深入合作，服务支撑和带动地方产业发展。

（五）共同组织实施乡村振兴整县推进科技示范

在中东部旱作区和河西绿洲荒漠区，选择 1~3 个县整县制推进乡村振兴科技支撑行动，整合科技资源，集成应用现代科学技术与理念，建立乡村绿色发展、高质量发展的先导模式与示范样板，加快农业科技成果转化与应用，支撑甘肃脱贫攻坚工程和乡村产业兴旺。

（六）共同推进农业科技成果转移转化

抓住国务院批复甘肃省建设“丝绸之路知识产权港”的有利契机，共建现代农业技术转移中心（基地），在丝绸之路知识产权港设立“农业科技成果转化和知识产权交易中心”，按照共建共享的原则建设甘肃省农业科学家创业园和产学研一体化示范基地，转化中国农业科学院成熟的农业产业化技术，使中国农业科学院的科技成果和双方合作成果在甘肃省落地生根，以科技引领产业发展，助力乡村振兴战略实施。

（七）共同组织实施农业科技人才培育计划

进一步加强人才交流与合作，甘肃省选派科技人员、管理人员、中高级人才到中国农业科学院相关单位开展合作研究，借助中国农业科学院国际合作优势，选派高素质人才赴农业发达国家开展进修和深造。中国农业科学院推荐优秀科技和管理干部到甘肃省各地（市）挂职，将最新的科研成果带到甘肃省，转化落地，帮助解决当地农业产业发展的热点难点问题，在继续做好“西部之光”人才培养计划的基础上，深化人才交流合作，建立中国农业科学院同甘肃省重点农业科研机构（大学）和相关地方政府人才双向挂职锻炼和交流培养的常态化机制，并纳入人事正规管理渠道。

（八）共同推进农业国际合作与交流

积极对接国家“一带一路”倡议，利用中国农业科学院西部农业研究中心和甘肃省中美农业联合研究中心，加强与周边国家及欧美发达国家的农业合作，组织实施中蒙俄经济走廊规划，为政府、科研、企业搭建对外合作平台，争取和实施国际合作项目，利用甘肃省与俄罗斯及东欧国家长期科技合作的良好基础，建立农业对外开放实验区、境外农业示范区。

（九）共同支持中国农业科学院在甘肃省的科研单位建设

充分发挥甘肃省人民政府属地优势，大力支持中国农业科学院兰州兽医研究所和兰州畜牧与兽药研究所的发展，在学科团队建设、平台基地建设、联合申报重大项目、科技成果转化等方面与中国农业科学院共同给予支持。

三、保障措施

（一）成立合作协调领导小组

甘肃省人民政府与中国农业科学院成立由双方主要领导和有关部门负责人组成的领导小组，领导小组下设办公室，分别设在甘肃省农业科学院和中国农业科学院成果转化局，具体负责双方农业科技合作的组织、协调、跟踪和督办等工作。

成员单位为省财政厅、省发展和改革委员会、省科技厅、省农牧厅、省农业科学院、甘肃农业大学、兰州大学等单位，中国农业科学院成果转化局、中国农业科学院科技管理局、中国农业科学院国际合作局、中国农业科学院兰州兽医研究所和畜牧与兽药研究所等相关单位。

（二）建立沟通交流机制

建立会商制度，定期或一方提议召开联席会议，研究解决相关具体问题，并形成会议纪要等正式文件。

（三）建立项目执行机制

甘肃省人民政府与中国农业科学院双方提出的科技合作项目，由双方共同安排项目经费，对于双方共同确定的科技协作项目，甘肃省人民政府给予 1：1 资金匹配。具体合作单位另行签署专项协议或合同，并负责项目的推进实施。

（四）落实合作保障条件

围绕具体合作内容，双方在人才团队、平台基地、经费投入等方面给予优先保障和支持，完善资金配套和相关支持政策，加大科技资源投入，加强协同创新团队建设，建立固定和行之有效的保障机制，共同推进合作任务落实。

四、附　则

协议中未尽事宜，由合作领导小组研究商定。

本协议有效期为 5 年，签字盖章后生效。期满后，双方可协商续约。

本协议一式 4 份，双方各执 2 份。

甘肃省人民政府	中国农业科学院
签字：	签字：
2018 年 10 月 12 日	2018 年 10 月 12 日

中国农业科学院　吴忠市人民政府
现代农业科技与产业合作框架协议

为全面实施乡村振兴战略，推进质量兴农、绿色兴农、品牌强农，打造中国农业科学院在吴忠市技术试验平台和成果转化基地，实现中国农业科学院技术人才优势与吴忠市特色农业优势“强强联合”，促进吴忠市农业增效、农民增收。经吴忠市人民政府与中国农业科学院友好协商，就加强现代农业科技与产业领域全面合作，达成如下框架协议。

一、合作背景

吴忠市地处宁夏平原腹地，特色产业优势明显，已形成了优质粮食、奶、牛羊肉、设施瓜菜、道地中药材、优质林果、富硒农业等优势特色产业，被誉为“塞上粮仓”“中国滩羊之乡”“中国甘草之乡”。

中国农业科学院是国家级综合性农业科研机构，具有强大的科研创新能力和杰出的人才队伍，在解决我国农业科研的基础性、方向性、关键性重大科技问题以及引领我国农业科学技术发展发挥着重要作用。

双方一致认为，新形势下深化全面合作，是实施乡村振兴战略和创新驱动发展战略的具体行动，是推动农业供给侧结构性改革的重大举措。

二、合作宗旨

本着“优势互补、资源共享、互惠互利、共促发展”的原则，围绕吴忠市农业优势特色产业发展需要，以政府推动为主导，以龙头企业、农民专业合作组织、家庭农场为实施主体，以项目为纽带，以试验示范基地为平台，深入开展现代农业科技与产业合作，全面提升农业科技创新能力，加速科技成果转化应用，创新合作模式，促进科技与经济社会发展的深度融合，推动吴忠市现代农业转型升级。

三、主要合作内容

（一）开展战略研究，服务农业创新发展

双方共同组成现代农业专家顾问团，为吴忠市现代农业发展提供咨询服务。组织开展吴忠市农业区划研究，为农业结构调整提供科学依据；联合制定吴忠市奶业、蔬菜、中药材等优势特色产业发展规划；协助吴忠市引进相关技术、人才、项目。

（二）开展农业科技创新，支撑农业供给侧结构性改革

以农业提质增效为目标，加强关键技术集成创新。围绕优质粮食、草畜、蔬菜、葡萄、枸杞及中药村等特色产业发展的关键技术问题开展协同攻关，形成系统化的解决方案，加快推进吴忠市农业现代化进程。重点开展设施农业生产、“冬麦+N”一年两熟制科技试验示范、园艺作物病虫害绿色防控、滩羊养殖、奶牛健康生产循环养殖、肉牛肉羊标准化养殖、优质牧草高效栽培与饲料调制、畜禽粪污综合处理与利用等关键技术合作研究，建立一套适合吴忠市的技术体系。

（三）共建科技平台，开展协同攻关

双方共建研发中心、试验示范基地等科技平台，开展小麦、水稻、玉米、葡萄、设施蔬菜等高产创建以及新品种筛选的技术试验示范，为现代农业产业提供科技支撑。在国家农业科技创新联盟和西北农业科技创新联盟的框架下，围绕节水农业、奶产业、畜牧养殖业等产业开展协同创新研究与示范工作，为西北地区现代农业发展和脱贫富民提供保障。

（四）强化科技成果转化，引领现代农业发展

中国农业科学院研发的农业新品种、新技术、新产品等科技成果，优先在吴忠市试验示范推广，在吴忠国家农业科技园区建设千亩试验田，辐射带动区域现代农业的发展，打造一批可观摩、可复制、可推广的样板。吴忠市在政策、土地、人力、资金等方面给予支持。

（五）强化人才培养，提高自我发展能力

发挥中国农业科学院人才和智力优势，帮助吴忠市建设农业科技人才队伍，通过开

放平台、合作研究、学术交流等形式，加快吴忠市农业技术人才培养。中国农业科学院选派科技人员到吴忠市开展专题讲座、技术培训等活动，吴忠市选派科技人员、管理干部到中国农业科学院挂职进修等。在吴忠国家农业科技园区成立专家工作站，联合开展技术研发、示范推广和人才培养。

（六）强化信息交流服务，建设农业指挥调度系统

研发并示范适用于农业生产的经济适用型监测（控）硬件设备和智能决策软件系统，开发适用于宁夏中部干旱带区域特点的基于大数据的大田、设施农业和畜禽养殖现场监视、生产管理远程监控等农业指挥调度系统。

四、合作机制

（一）成立领导小组

由双方分管领导、相关部门负责人组成合作领导小组，领导小组下设办公室，分别设在吴忠市农牧局和中国农业科学院成果转化局，负责合作的日常工作，落实双方合作具体事宜。

（二）建立会商机制

建立定期会商协调机制，每年举行两次工作会议，总结交流合作进展情况与成效，研究部署下一步合作事宜。

（三）创断合作模式

采用“1+N”的模式落实合作内容在合作框架协议下，双方所属单位可根据工作需要签订具体的合作项目协议，把合作落在实处。

双方联合设立农业科技合作专项资金，支持农业重大关键技术合作研发和成果转化。

五、附　则

协议中未尽事宜，由双方合作领导小组协商确定。

本协议有效期自签署之日起至 2020 年 12 月 31 日止；期满后，双方可协商续签。

本协议一式 4 份，双方各持 2 份。

中国农业科学院

吴忠市人民政府

授权代表（签字）

授权代表（签字）：

2018 年 8 月 15 日

2018 年 8 月 15 日

中国农业科学院　佳木斯市人民政府 战略合作协议书

为贯彻落实“创新、协调、绿色、开放、共享”发展理念，充分发挥科技对农业发展的引领和支撑作用，推动佳木斯市农业发展和产业化水平快速升级，中国农业科学院与佳木斯市人民政府决定建立全面、长期、稳定的战略合作关系，经协商达成如下协议。

一、合作背景

中国农业科学院是国家级综合性农业科研机构，具有突出的人才、技术和成果等优势，在我国农业科技创新以及科技兴农等方面发挥着引领和支撑作用。佳木斯市地处三江平原腹地，农业资源丰富，生态环境优良，是国家重要的商品粮生产基地，拥有 5 个国家一类口岸，产业特点突出，区位优势明显。中国农业科学院与佳木斯市人民政府开展全面合作，对推动农业领域科技创新与成果转化，促进农业增产增效具有重要意义。

二、合作宗旨

本着“优势互补、互利共赢、共建共享、持续发展”的原则，充分发挥中国农业科学院科技、人才、成果优势，以及佳木斯市区位、资源、政策等优势，通过合作推进农业科技创新和成果转化，将中国农业科学院的科技优势转化为佳木斯市农业发展优势，为佳木斯市现代农业和农村经济发展提供强有力的科技支撑。

三、合作内容

（一）战略咨询

佳木斯市人民政府聘请中国农业科学院相关专家组成佳木斯市现代农业高级专家顾问团开展战略咨询，重点帮助佳木斯市制定和完善现代农业产业园、科技园和创业园发展规划，特色产业发展规划、乡村振兴发展规划等，为佳木斯市现代农业和农村经济发展提供科学依据。

（二）科技创新

中国农业科学院支持佳木斯市有关实验室和研发中心等平台建设，与佳木斯市相关单位合作申请和实施相关科技项目。重点在农作物新优品种选育、先进实用栽培技术研发、病虫草害防控、农产品精深加工、农产品品牌建设与开发以及绿色农业发展等相关领域开展协同创新与技术研发，提升佳木斯农业产业的科技水平。

（三）学科共建

中国农业科学院有关研究所与佳木斯市农业科学研究所、黑龙江省农业科学院佳木斯分院、黑龙江省农业科学院佳木斯水稻研究所合作，推动水稻、大豆、玉米、经济作物等学科的共建与发展。

（四）成果转化

中国农业科学院的科技成果优先在佳木斯市示范转化。佳木斯市人民政府提供土地、人力、政策等相关资源条件，并协助组织实施。支持中国农业科学院在佳木斯实施绿色发展技术集成模式研究与示范项目基地建设和成果转化工作。

（五）人才培养

中国农业科学院对佳木斯市发展现代农业和特色产业进行技术指导，帮助定向培养人才。通过开放科研平台、学术交流、合作研究、技术培训、挂职锻炼等形式，为佳木斯市培养一批科技带头人和实用技术人才。中国农业科学院选派有关人员到佳木斯市挂职，佳木斯市政府选派有关技术人员到中国农业科学院挂职锻炼。

四、合作机制

（一）成立合作工作领导小组

领导小组组长由中国农业科学院主管领导和佳木斯市人民政府主要领导担任。领导小组办公室分别设在中国农业科学院成果转化局和佳木斯市农业委员会，负责合作的日常事务管理与工作协调。

（二）建立高效运行机制

（1）会议机制。每年召开一次领导小组工作会议，总结当年的工作，研究部署下一年工作。

（2）交流机制。中国农业科学院不定期组织专家到佳木斯市考察调研，指导农业科技创新和产业发展工作；佳木斯市组织有关技术人员和企业负责人到中国农业科学院学习进修。

（3）激励机制。佳木斯市人民政府设立专项奖励基金和合作项目配套资金，奖励在院市合作中有突出贡献的专家，支持合作项目的实施。

五、附　则

本协议未尽事宜由双方另行协商决定。

本协议有效期 5 年，自签字之日起生效，期满后双方可协商续签。

本协议一式 4 份，双方各执 2 份。

中国农业科学院

代表（签字）

2018 年 8 月 29 日

佳木斯市人民政府

代表（签字）

2018 年 8 月 29 日

中国农业科学院　济宁市人民政府
深入推进乡村振兴和现代农业发展
战略合作协议书

为全面贯彻落实党的十九大精神，深入推进乡村振兴战略和现代农业发展，充分发挥科技对农业发展的引领与支撑作用，中国农业科学院与济宁市人民政府决定建立全面、长期、稳定的战略合作关系，经协商达成如下合作协议。

一、合作背景

中国农业科学院是国家级综合性农业科研机构，具有突出的人才、技术和成果等优势，在我国农业科技创新及科技兴农等方面发挥着引领带动作用。济宁市位于苏鲁豫皖结合部、黄淮海平原中心地带，地理位置区位优势明显，农林牧渔业等资源丰富，生态环境优良，产业结构完整，是国家重要的粮棉油基地和特色农产品基地。中国农业科学院与济宁市人民政府开展全面合作，对推动中国农业科学院成果转化、加快济宁市乡村振兴和现代农业发展、促进农业增产增效具有重要意义。

二、合作宗旨

以“创新、协调、绿色、开放、共享”发展理念为核心，本着“优势互补、互利共赢、共建共享、共同发展”的原则，充分发挥中国农业科学院科技、人才、成果以及济宁市区位、资源、政策等优势，通过合作推进农业科技创新和成果转化，将中国农业科学院的科技优势转化为济宁市农业发展优势，为济宁市乡村振兴、现代农业和农村经济发展提供强有力的科技支撑。

三、合作内容

（一）战略咨询

济宁市人民政府聘请中国农业科学院相关专家组成济宁市现代农业高级专家顾问团开展战略咨询，重点帮助济宁市制定和完善新六产战略研究、现代农业产业园规划、科技园和创业园发展规划、特色产业发展规划、乡村振兴发展规划等，为济宁市现代农业和农村经济发展提供科学依据。

（二）科技创新

（1）建立协同创新机制。围绕济宁市农业优势主导产业，加快布局一批产业亟需的重大协同创新项目，重点在优质小麦品种培育、大豆良种繁育、水稻品种改良、玉米全程机械化、食用菌/大蒜/辣椒深加工、蔬菜/林果绿色栽培畜禽健康养殖等方面加大创新合作。组建 10 名高端人才领衔的协同创新团队，联合研发 20 项农业产业关键技术，精准服务 10 家农业龙头企业和新型经营主体，打造一批具有引领性的乡村振兴和现代农业发展样板。

（2）谋划济宁区域特色农业发展。有针对性地解决制约济宁区域特色农业发展的瓶颈问题，重点在大蒜、辣椒、水稻、甘薯、食用菌、大豆、畜禽等优势特色产业育种、绿色发展技术、农产品深加工、品牌培育等领域联合开展定向、重点攻关，推进区域特色农业转型升级，高质量发展。

（三）平台共建

（1）学科共建。中国农业科学院有关研究所与济宁市农业科学研究院合作，开展水稻、小麦、玉米、甘薯、大豆、大蒜等相关学科的共建工作。

（2）研发平台建设。中国农业科学院支持济宁市有关科研机构、实验室等平台建设，重点支持中国农业科学院农业经济与发展研究所济宁乡村振兴研究基地和博士工作站建设；中国农业科学院作物科学研究所、济宁市农业科学研究院、济宁高新区共同建设黄淮海现代农业研究中心和示范推广中心项目；济宁市农业科学研究院和金乡县建设大蒜研究院。

（四）成果转化

中国农业科学院的科技成果优先在济宁市示范转化。济宁市人民政府提供土地、人力等相关资源条件，并协助组织实施。支持中国农业科学院在济宁市实施绿色发展技术集成模式研究与示范和成果转化工作。

（五）人才培养

中国农业科学院对济宁市发展现代农业和特色产业进行技术指导，帮助定向培养人才。通过开放科研平台、学术交流、合作研究、技术培训、挂职锻炼等形式，为济宁市培养一批科技带头人和实用技术人才。中国农业科学院选派有关人员到济宁市挂职，济宁市政府选派有关技术人员到中国农业科学院挂职锻炼。

四、合作机制

（一）成立合作工作领导小组

领导小组组长由中国农业科学院与济宁市人民政府主管领导担任。

（二）成立并挂牌“院地合作办公室”

成立“中国农业科学院　济宁市人民政府院地合作工作办公室”（简称“院地合作办公室”），负责领导小组的日常工作和院地合作具体项目的落实。“院地合作办公室”主任由济宁市政府副秘书长兼任；常务副主任由市中国农业科学院主要负责人兼任。

（三）建立高效运行机制

（1）会议机制。每年召开一次联席会议，研究合作计划，安排部署本年度工作目标、任务和措施。

（2）交流机制。中国农业科学院根据需要不定期组织专家到济宁市考察调研，指导农业科技创新和产业发展工作；济宁市组织有关技术人员和企业负责人到中国农业科学院学习进修。

（3）激励机制。济宁市人民政府设立院地合作专项奖励基金和合作项目配套资金，奖励在院地合作中作出突出贡献的专家，支持合作项目的实施。

五、附　则

本协议为框架协议，具体合作内容由双方所属单位另行签订专项协议。

本协议有效期5年，双方签字并加盖公章后生效；期满后双方可协商续约。

本协议一式4份，双方各执2份。

本协议未尽事宜，由双方协商决定。

中国农业科学院　　　　　　　　济宁市人民政府

代表（签字）　　　　　　　　　代表（签字）

2018年9月11日　　　　　　　　2018年9月11日

呼伦贝尔市人民政府　中国农业科学院战略合作框架协议

甲方：呼伦贝尔市人民政府

乙方：中国农业科学院

为贯彻习近平新时代中国特色社会主义思想和党的十九大精神，按照“优势互补、协同创新、成果共享、互惠共赢”的原则，充分发挥双方优势，实施乡村振兴战略科技行动，共建祖国北疆亮丽风景线。经协商，甲乙双方决定建立长期全面的战略合作关系，达成如下协议。

1. 开展绿色发展战略研究

乙方发挥人才和技术优势，为甲方优化调整资源、产业、科技布局提供智库支撑和战略咨询，共同研究在国家生态功能区实施乡村振兴战略的可持续路径，率先在全国探索建立现代农牧业与生态文明深度融合的绿色发展新模式。支持呼伦贝尔市申请创建国家可持续发展议程创新示范区，促进区域经济社会和生态环境可持续发展。

2. 推进农牧业全产业链协同创新

双方围绕种业自主创新、农畜林产品加工、智慧农牧场、生态环境治理、优秀品牌培育等重点领域，通过共建实验室、工程（技术）中心、试验示范基地等形式，开展跨地区、跨学科、跨产业的全产业链协同技术攻关。乙方发挥其在国家农牧业科研领域的引领作用，鼓励符合条件的科研项目在呼伦贝尔市布局，甲方为有关科研和基建项目落地划拨建设用地，并提供有关政府资源保障。

3. 加强科技人才合作培养交流

不断创新人才培养模式，构建灵活的人才交流机制。乙方发挥其高端人才密集优势，支持在呼伦贝尔设立院士工作站，组建呼伦贝尔学院农牧学院和研究生培养基地，双方通过项目合作、人才互访、帮扶共建等人才培养交流机制，培养地方经济社会发展急需的应用型技能技术型人才，联合定向培养硕士和博士研究生。

4. 共建研发和成果转化平台

乙方调整优化科技资源布局，充分发挥创新资源和国际合作优势，提升呼伦贝尔综合试验基地的科研实力，甲方为开展科研活动提供科研用地保障、配套设施改善、生态环境保护等。支持和鼓励呼伦贝尔市各级政府、高校、院所、企业与乙方所属单位开展务实合作，设立形式多样的研发机构或产业化基地，提升科技成果转化水平，乙方科研成果优先在甲方域内转化，甲方为乙方成果转化提供必要条件。

5. 建立战略合作保障机制

双方共同组建战略合作领导小组，组长由双方分管领导担任。分别设立办公室，负责双方合作的组织协调及日常管理工作，甲方负责为推进合作提供必要的资金保障。双方所属单位或部门分别建立相应专业领域的合作关系与机制，合作内容由具体合作单位另行签约。因发展需要对协议进行调整时，双方可协商签订有同等效力的补充协议。

本协议自签字之日起生效，有效期 5 年，期满后经双方同意可续签合作协议，未尽事宜由双方协调解决，协议一式 6 份，双方各执 3 份。

呼伦贝尔市人民政府

代表（签字）

2018 年 10 月 10 日

中国农业科学院

代表（签字）

2018 年 10 月 10 日

中国农业科学院　宁波市人民政府
院市乡村振兴战略合作协议

为全面推进乡村振兴战略，充分发挥科技、人才的引领和创新驱动作用，促进宁波市农业农村现代化高质量发展，中国农业科学院与宁波市人民政府决定开展战略合作，经协商达成如下协议。

一、合作宗旨

中国农业科学院是国家级综合性农业科研机构，具有学科、人才、技术、成果等优势；宁波市经济发达，资源丰富，现代农业发展迅速，城乡融合发展水平高，拥有实施乡村振兴战略的良好基础和条件。双方本着“合作共赢、共建共享、相互支持、由点及面、持续发展”的原则，开展全面战略合作，充分利用双方的优势条件和资源，服务宁波市农业农村经济发展，为宁波市乡村振兴提供科技和人才支撑。宁波市为科技创新、人才发展、成果转化创造良好的环境条件和政策支持，共创院市合作共推乡村振兴的典范。

二、合作内容

（一）战略咨询

根据宁波市乡村振兴战略发展需要，通过课题委托等形式，中国农业科学院组织相关专家为宁波市开展战略咨询和制定发展规划。近期重点在城乡融合发展、农业科技创新工程、现代农业科技园（产业园）建设及特色产业发展等领域，联合或委托中国农业科学院开展专项研究。

（二）共办论坛

双方每年在宁波共同举办一次“中国农业科技创新与乡村振兴”论坛（暂定名），打造在国内外具有一定影响力的乡村振兴理论与实践交流、项目合作的高端峰会和合作平台。双方利用论坛对开展合作情况进行全面梳理总结，部署推进深化合作。

（三）科技合作

中国农业科学院支持宁波市创建“现代农业科技创新工程”，联合实施农业科技创新和科技示范项目，为宁波市的种业、农产品质量安全和加工等领域的发展提供人才和科技支持，宁波市在资金等条件方面给予保障。宁波市选择一批农业龙头企业与中国农科院所属研究所开展深层次的农业科技合作。

（四）成果转化

中国农业科学院的科技成果优先在宁波市示范转化，支持宁波现代农业产业园建设，共同打造成果推广及产业化发展基地；宁波市提供必要的支撑条件并组织实施。

（五）人才培养

中国农业科学院利用教育科研等平台，指导和支持宁波现代农业领军人才、科技人才和实用人才的培养，支持宁波院士工作站建设。宁波市邀请中国农业科学院院士和相关专家指导培养各类人才，组织有关人员到中国农业科学院培训学习。

（六）交流合作

利用中国农业科学院国内外合作与交流平台，联合组织专业人员到有关国家、地区学习交流。通过加强对外合作交流，推动宁波市农业农村对外开放，特别是推进“一带一路”国际农业合作项目建设。

三、合作机制

（一）建立合作组织领导机构

成立院市合作领导小组，领导小组组长由中国农业科学院和宁波市人民政府主管领导担任。领导小组下设办公室，分别设在中国农业科学院成果转化局和宁波市农业农村局，负责合作的日常事务管理与工作协调。领导小组每年召开一次工作会议，总结当年工作，研究部署下一年工作。相关专业领域工作会议视实际需要协商举办。

（二）建立联合科研团队

建立“首席专家+科研团队+项目”的模式，联合实施科技创新和示范项目及中国农业科学院安排在宁波市的科技项目。

（三）建立技术交流制度

中国农业科学院的专家团队定期不定期与宁波市相关单位、专业团队开展多层次的科研和技术交流，组织专家到宁波市考察调研，指导农业科技创新、产业发展和乡村振兴工作，宁波市提供必要的条件保障。宁波市组织有关技术人员到中国农业科学院进修。

（四）设立财政专项经费

宁波市财政每年安排专项经费，用于合作项目的设立、人才培养、交流合作、专家奖励及日常运行等经费支出。

四、附　则

本协议未尽事宜由双方另行协商决定。有关具体合作由宁波市有关单位和中国农业科学院有关研究所另行签署专项协议。

本协议有效期 3 年，自签字之日起生效，期满后双方可协商续签。

本协议一式 4 份，双方各执 2 份。

中国农业科学院　　　　宁波市人民政府

代表（签字）　　　　代表（签字）

2018 年 12 月 6 日　　　　2018 年 12 月 6 日

中国农业科学院 武威市人民政府战略合作协议

为全面推进乡村振兴战略，促进武威市农业农村现代化建设，支撑农业高质量发展，助力打赢精准脱贫攻坚战，中国农业科学院与武威市人民政府决定建立战略合作关系，双方协商达成如下协议。

一、合作宗旨

中国农业科学院是国家级综合性农业科研机构，具有学科齐全、人才聚集、技术领先、成果丰硕等突出优势。武威市资源丰富，沿山、沿川、沿沙特色产业延链成带，是中国葡萄酒城、北方冬季蔬菜基地、高原绿色夏菜基地和肉类生产基地。双方本着“院地共建、真诚合作，相互支持、共赢共享，由点及面、持续发展”的原则，充分发挥中国农业科学院人才、科技、成果和武威市资源、特色产业体等优势，通过合作，将中国农业科学院的科技优势转化为武威市农业农村经济发展优势，为武威市推进乡村振兴和农业现代化发展提供科技支撑。

二、合作内容

（一）战略咨询

武威市人民政府聘请中国农业科学院相关专家组成顾问团开展战略咨询，重点帮助武威市制定和完善农业农村现代化规划、国家农业科技园区建设规划、现代农业产业园、科技园和创业园发展规划、特色产业发展规划、乡村振兴发展规划等，为武威市现代农业和农村经济发展提供科学依据。近期，重点合作制定好《民勤生态特区发展规划》。

（二）科技合作

中国农业科学院支持武威市有关单位业务建设，与武威市联合申请并实施相关科技项目。围绕沿山、沿川、沿沙“三大”特色产业带和牛羊鸡菜果菌薯药八大扶贫产业，重点在北方冬季蔬菜基地和高原绿色夏菜基地建设、现代畜牧业全产业链发展、食用菌工程技术研究与工厂化栽培、中国高原藜麦之都建设、葡萄酒产业体系建设、特色农产品精深加工、智能农业建设、农产品冷链物流体系建设、质量兴农工程、农业废弃物高效开发利用、绿色发展试验示范基地建设、农业“走出去”、乡村振兴整县推进科技示范等领域开展合作。重点联合申报设施农业轻简化集成技术、戈壁农业营养基质栽培及基质本地化、高品质高附加值蔬菜培育、北方食用菌菌种培繁、鲜食食用菌保鲜储藏、设施养殖智能化管控、高原藜麦深度开发、农业废弃物区域化高效循环利用等重大技术研发项目。

（三）成果转化

中国农业科学院的科技成果优先在武威市示范转化，尚未定型成果优先安排在武威市进行区试和熟化；武威市人民政府提供土地、人员、政策等相关支撑条件，并协助组织实施。

（四）人才培养与交流

中国农业科学院指导武威市发展现代农业和特色产业。通过开放科研平台、学术交流、合作研究、技术培训、挂职锻炼等形式，为武威市培养一批科技带头人和实用技术人才。中国农业科学院选派有关人员到武威市挂职，武威市人民政府选派有关技术人员到中国农业科学院进修，提升武威农业技术水平和自我发展能力。

（五）国际合作

利用中国农业科学院国际合作与交流平台，联合组织专业人员到有关国家学习交流，培养相关专业技术人才。利用甘肃（武威）国际陆港等优势，通过加强对外合作交流，推动武威市农业对外开放特别是“一带一路”国际农业合作，促进武威市特色优质农产品“走出去”。

三、合作机制

（一）成立战略合作领导小组

领导小组组长由中国农业科学院和武威市人民政府主管领导担任，成员由双方相关部门人员组成。领导小组办公室分别设在中国农业科学院成果转化局和武威市农牧局，负责合作的日常事务管理与工作协调。领导小组每年至少召开一次工作会议，总结当年工作，研究部署下一年工作。相关专业领域工作会议视实际需要协商召开。

（二）建立联合科研团队

建立“首席专家+科研团队+项目”的模式，分工协作，密切配合，联合实施科技创新和示范项目及中国农业科学院安排在武威市的科技项目。

（三）建立技术交流制度

中国农业科学院不定期组织专家到武威市考察调研，指导农业科技创新和产业发展工作；武威市组织有关技术人员和企业负责人到中国农业科学院学习进修。

（四）建立财政专项经费

武威市财政安排与中国农业科学院合作专项经费，纳入预算。当年出现不足可由财政另行安排补足，当年结余结转下年安排使用。

（五）奖励突出贡献专家

武威市人民政府制定院市合作专项奖励办法，设立专项奖励金，对院市合作中有突出贡献的专家给予奖励。

四、附　则

本协议未尽事宜由双方另行协商决定。有关具体合作由武威市有关单位和中国农业科学院有关研究所另行签署专项协议。

本协议有效期 3 年，自签字之日起生效，期满后双方可协商续签。

本协议一式 4 份，双方各执 2 份。

中国农业科学院　　　　武威市人民政府

代表（签字）　　　　代表（签字）

2018 年 11 月 7 日　　　　2018 年 11 月 7 日

中国农业科学院　广元市人民政府
战略合作协议

为落实中共中央、国务院《乡村振兴战略规划》（2018—2022 年）文件精神，借力中国农科院的技术研发优势和人才优势，结合秦巴山区资源生态禀赋，促进广元农业产业高质量发展，更好服务广元脱贫攻坚和乡村振兴大局，经双方协商，决定开展院市科技合作，并签订如下协议。

一、合作内容

（1）提升广元现代农业园区质量水平，推动广元创建国家现代农业产业园和国家农业高新技术产业示范区。

（2）共建农业科技试验示范基地、科技成果转化基地，推广特色产业新品种、新技术、新机械、新工艺。

（3）建立人才培养机制，共建专家工作站，培养产业技术体系岗位专家、农业产业发展领军人和农业科技创新带头人。

（4）建设一批科技创新服务平台，建立国家产业技术体系试验站、农业科学观测试验站，建设农业产业技术研究院、科技企业孵化器或科技服务中心，联合开展品种选育、病虫害防治、产业融合、绿色发展等重大农业科技攻关。

二、双方职责

（一）甲方职责

（1）指导特色产业发展和现代农业园区建设，推广应用先进农业生产技术、加工储运技术和管理模式，为乙方创建国家现代农业产业园和国家农业高新技术产业示范区提供智力支持。

（2）与乙方共建农业科技试验示范基地、科技成果转化基地，鼓励院士、专家在广元开展有偿技术服务。支持乙方科研机构、企业参与甲方实施的科研项目或推广项目。

（3）联合乙方共建专家工作站。联合或指导乙方建设农业科学观测试验站、国家产业技术体系试验站、农业产业技术研究院、科技企业孵化器或科技服务中心。为乙方培训农业科研专家和产业技术骨干，支持乙方选派技术骨干到甲方接受培训教育。依托科研平台联合开展科技攻关。

（4）推介有实力企业或个人在乙方投资兴业，为乙方新型农业经营主体发展壮大提供信息支持。

（二）乙方职责

（1）整合政府、单位、企业和社会各方资源，为甲方开展工作开辟“绿色通道”，提供全面保障。

（2）根据甲方要求提供真实的生产情况，翔实的气候、土壤等基础资料。

（3）支持甲方在乙方建立农业科技试验示范基地、科技成果转化基地，配套完善基础设施条件，为甲方提供必要的技术服务费用。

（4）支持甲方在乙方转化先进科技成果，对广元产业发展起重大推动作用的转化成果，政府将予以奖励。鼓励、支持双方联合申报和转化科技成果，赋予研发团队独立的科技成果处置权和转化收益权。

（5）为甲方在乙方开展的科技培训、技术讲座、产品推介会、研讨会等工作提供配套服务，承担组织义务。

三、其他事项

（1）双方根据工作需要，共同协商确定技术负责专家人选。具体项目由双方承担单位协商后另行签订专项协议。

（2）中国农业科学院成果转化局和广元市农业科学院负责合作的日常管理工作，落实具体合作事宜。

（3）双方建立工作交流机制，每年就合作事项的进展情况、合作中需要协调解决的事项以及下一步工作重点进行研究交流。

（4）本协议一式4份，双方各执2份，自双方签字盖章后生效。未尽事宜，由双方协商解决。

甲方：中国农业科学院
代表（签字）：

2018年12月14日

乙方：广元市人民政府
代表（签字）：

2018年12月14日

中国农业科学院　黔南布依族苗族自治州人民政府战略合作框架协议

甲方：黔南布依族苗族自治州人民政府（以下简称甲方）

乙方：中国农业科学院（以下简称乙方）

为深入贯彻落实党的十九大乡村振兴战略部署和习近平总书记在贵州省代表团的重要讲话精神，全面深化和推进科研院所与黔南州布依族苗族自治州（以下简称黔南州）的合作，充分发挥中国农业科学院在人才、技术、成果、信息等方面的优势，促进黔南区域经济社会的发展，双方本着“资源共享、优势互补、深化合作、共同发展”的原则，确定在人才培养、成果转化、平台共建、信息共享、人员交流等方面开展高起点、宽领域、全方位、多层次的合作，建立双方战略性合作伙伴关系，实现互利合作，并就此达成如下协议。

一、合作目标

按照“互信互愿、优势互补、互利共赢”的总体要求，在科研平台共建、智力支持、科技指导、人才培养、农业科技试验示范等方面建立长期、全面、深度的战略性合作关系，着力把黔南州打造成中国农业科学院农业科技扶贫示范样板，帮助黔南州规划建设一批国家级高标准农业科技示范基地，形成一批特色农业品牌、培养一批农业技术人员、配套一批新型农业技术、开展一系列科研学术活动，共同转化农业科研成果，全力助推黔南州脱贫攻坚，加速推动黔南州乡村产业全面振兴，实现院州共赢目标。

二、合作领域

（一）搭建科研平台

充分发挥乙方在中国农业科研领域的优势，提高甲方农业科技水平，双方共建黔南州农科院，加强学科、平台共建，在都匀建设实验实训基地，强化科技成果转化与示范应用。

（二）开展人才培养

乙方积极发挥人才培养方面的优势，根据黔南州产业发展需要，协助甲方创建农业科技人才培训基地，定期举办专题培训班，安排相关领域专家对黔南州农业科技人才进行培训，按照乙方现有研究生招生基础，结合乙方优势研究领域，乙方积极帮助黔南州培养农业方面的研究生。乙方负责每年选派2~3名科技干部赴黔南州挂任科技副州长或科技副县（市）长，甲方负责每年选派3~5名科技干部赴中国农业科学院进修学习。

（三）共建国家级农业科技试验示范基地

充分利用“中国天眼”世界级品牌效应，依托黔南州现代山地特色高效农业发展优势，双方共同在“中国天眼”乡村振兴示范区建立集农业科研试验、技术示范与推广、农业科技成果转化、科技人才培养于一体的国家级现代山地高效特色农业科技试验示范基地。支持黔南州创建国家农业公园，为丰富民族地区农耕文化，实现农业转型升级，提升农业综合竞争力奠定基础。

（四）帮助打造黔南特色优势产业

充分发挥乙方人才与科技优势，围绕黔南州生态茶叶、蔬菜、水果、畜牧、刺梨、中药材等六大优势特色产业，为甲方在特色产业提质增效、全产业链发展、培育新兴业态、创建品牌、规划布局等方面提供全方位咨询服务。

三、合作机制

（一）成立领导小组及其办公室

为顺利推进双方合作，双方协商成立战略合作工作领导小组，负责统筹协调各方面合作工作；领导小组下设办公室，办公室分别设在中国农业科学院成果转化局和黔南州农业委员会，负责承办议定合作事项及日常工作事务。

（二）建立会商制度

定期或不定期召开领导小组会议，研究决定双方合作的重大事宜。同时建立信息沟通机制，主要领导开展互访活动，分管合作的领导定期或不定期进行沟通交流，通报合作进展情况，协调解决合作重大难题。

（三）制定合作实施方案

双方按照本协议进一步磋商，制订具体工作计划和落实措施，确保合作项目取得预期成果。

四、权利义务

（一）双方同意在本战略框架协议下，涉及的具体合作项目，双方需另行签订详细的合作协议，进一步明确各方的权利与义务。

（二）本协议未尽事宜，双方另行协商，商定的内容以补充协议、纪要、附件等形式，经双方签字盖章后，作为本协议不可分割的一部分，与本协议具有同等法律效力。

五、其他事项

（一）本协议为框架协议，应是双方今后长期合作的指导性文件，是双方签订相关合同的基础。

（二）本协议一式 4 份，双方各持 2 份。每份具有同等法律效力。

（三）本协议自签订之日起生效。

甲方：黔南州人民政府　　乙方：中国农业科学院

代表（签字）　　代表（签字）

日期：2018 年 10 月 30 日　　日期：2018 年 10 月 30 日

中国农业科学院　兰考县人民政府
科技合作协议

为了落实党的十九大提出的乡村振兴战略，加快构建现代农业产业体系，延伸农业产业链，提升价值链，提高农业综合效益和竞争力。提高科技对现代农业发展的支撑作用，提升兰考县科技创新能力和现代农业产业化水平，中国农业科学院与兰考县人民政府决定建立全面、长期、稳定的战略合作关系，经协商达成如下协议。

一、合作背景

中国农业科学院是国家级综合性农业科研机构，具有人才、技术和成果等优势，在我国农业科技创新以及科技兴农等方面发挥着引领和支撑作用。兰考县地处我国粮食主产区，资源条件丰富，产业布局合理。中国农业科学院与兰考县人民政府开展全面合作，对推动中国农业科学院的成果转化，加快兰考县现代农业发展具有重要意义。

二、合作宗旨

本着“优势互补、互利共赢、共建共享、持续发展”的原则，充分发挥中国农业科学院科技、人才、成果以及兰考县区域、资源、政策等优势，围绕兰考县现代农业产业发展的技术需求，通过合作促进农业科技创新和成果转化，将中国农业科学院的科技优势转化为兰考县农业发展优势，为兰考县现代农业和农村经济发展提供强有力的科技支撑，为创建乡村振兴示范县创造条件。

三、合作内容

（一）开展战略咨询

中国农业科学院组织相关专家，为兰考县开展战略咨询，重点帮助兰考县谋划、制定和完善现代农业产业发展规划，特色产业发展规划、乡村振兴发展规划等，为兰考县现代农业和农村经济发展提供科学依据。

（二）共建示范基地

双方在兰考县共建奶山羊科研示范中心，中国农业科学院负责示范中心的规划设计、技术路线和工作计划的制定；兰考县为示范中心提供建设和试验用地，协助办理相关审批手续，并提供相关优惠政策予以支持。

（三）推动成果转化

中国农业科学院的科技成果优先在兰考县示范转化；兰考县人民政府提供土地、人力等相关资源条件，并协助组织实施。重点开展瓜果绿色发展技术集成模式研究与示范、饲用玉米示范与推广主要粮食和经济作物新品种引种示范等工作。

（四）联合人才培养

中国农业科学院对兰考县发展现代农业和特色产业进行技术指导，帮助定向培养人才，通过开展技术培训、共建科技平台、互派人员挂职锻炼等形式，为兰考县培养一批科技带头人和实用技术人才。

四、合作机制

（一）成立合作工作领导小组

领导小组组长由中国农业科学院和兰考县人民政府主管领导担任，领导小组办公室分别设在中国农业科学院成果转化局和兰考县畜牧局，负责合作的日常事务管理与协调工作。

（二）建立高效运行机制

（1）会议机制。每年召开一次领导小组工作会议，总结当年的工作，研究部署下一年工作。

（2）交流机制。中国农业科学院不定期组织专家到兰考县考察调研，指导农业生产和产业发展工作；兰考县组织有关技术人员和企业负责人到中国农业科学院考察学习。

（3）激励机制。双方设立专项资金，奖励在合作中有突出贡献的专家，支持进展良好的合作项目。

五、附　则

有关具体合作事项可由中国农业科学院有关单位和兰考县另行签署专项协议。

本协议未尽事宜由双方另行协商决定。

本协议有效期 3 年，自签字之日起生效，期满后双方可协商续签。

本协议 4 份，双方各执 2 份。

中国农业科学院

代表（签字）

2018 年 6 月 6 日

兰考县人民政府

代表（签字）

2018 年 6 月 6 日

中国农业科学院关于
进一步加强科技成果转化工作的意见

为全面贯彻落实习近平新时代中国特色社会主义思想和党的十九大精神，坚持创新驱动，面向国家重大需求和现代农业建设主战场，推动科技成果转移转化，有效支撑乡村振兴战略和精准脱贫，根据《中华人民共和国促进科技成果转化法》《关于实行以增加知识价值为导向分配政策的若干意见》等法律法规，结合我院工作实际，制定本意见。

一、总体要求

（一）充分认识科技成果转化的重要意义

科技成果转化是贯彻落实习近平总书记“三个面向”贺信精神的重要手段，也是促进科技与经济结合、实现创新驱动发展的重大举措。促进科技成果转化是科研院所提升竞争力、体现自身价值和利益的重要方式，也是我院现代院所建设和可持续发展的必然要求。加强科技成果转化是激发广大科技人员投身于创新的原动力，也是兼顾国家、单位和个人三方利益的重要途径。

（二）准确把握科技成果转化的基本原则

坚持系统谋划，本着全院“一盘棋”理念，加强科技成果转化顶层设计，提高全院成果转化实效；坚持市场引领，建立以市场应用价值为主要导向的成果评价机制，按照经济规则促进科技成果转化；坚持开放融合，推进科技创新与产业发展、区域发展紧密融合，加快形成创新链、产业链和资金链有效联动的新格局。

（三）建立完善科技成果转化的运行机制

建设全院联动的科技成果转化工作体系，建立切实高效的运行机制，强化科技成果的有效供给，拓宽成果转化实施路径，提升成果转化保障水平，壮大成果转化人才队伍，全面提升我院科技成果转化效率，强力支撑乡村振兴战略和创新驱动发展战略实施。

二、提供高质量的科技成果供给

（一）提升科技成果的市场价值

在面向国际农业科技前沿、勇攀科学高峰的基础上，按照“理论成果技术化、技术成果产品化、产品成果产业化”的方向，强化市场导向，围绕产业需求开展研究和转化，在应用性研究、科技成果中试孵化、知识产权转化运营等环节，合理配置科研团队、项目资金、基地平台等资源，重点支持面向现代农业建设主战场的研发活动，提高科技成果的先进性和实用性。

（二）加速科技成果的转化落地

科技成果中试熟化与示范应用是科技创新的重要组成部分。建设中试车间或孵化基地，开展科技成果中试熟化与产业化开发，推动产业发展亟需的共性技术成果扩散、转化和运用。孵化培育一批具有理论支撑和实践成效的重大科技成果，提供全方位、全链条技术解决方案，加速实现科技成果和产业经济对接。进一步加强创新工程、基本科研业务费、修购专项等资源配置对科技成果中试熟化和示范应用的支持力度。

（三）拓展科技成果供给的范畴

扩大科技成果的内涵和外延，满足市场对科技成果的需求。农业科技成果包括农业投入品，如审定（登记）品种、兽药、疫苗、农药、肥料、饲料和饲料添加剂等；专有技术和知识产权，如专利权、植物新品种权、商业秘密等；粮、棉、油、肉、蛋、奶等优质高科技农产品；亲本材料、菌株、毒株等物化形式成果；检验检测、专家咨询、专业评估、发展规划、技能培训等技术服务；企业、地方政府、国际机构等购买服务；以及我院具有一定社会知名度的商标和品牌等。

三、建立科技成果转化工作体系

（一）搭建科技成果转化组织架构

加强统筹协调，不断完善全院科技成果转化工作体系建设。巩固“院—所—科研团队”三级联动架构，发挥各自优势，形成多方合力。加大院整体谋划力度，提升研究所成果转化能力，激发科研人员投身成果转化工作的积极性和主动性。强化成果转化管理部门政策创制、宏观引领和协调服务的职能。

（二）建立科技成果转化孵化平台

以全国农业科技成果转移服务中心、国家种业科技成果产权交易中心为龙头，建设“北京总部—区域分中心—专业工作站”的网络化孵化平台体系，重点开展知识产权质量提升、价值评估、法律援助、成果推介、展览展示、业务培训等专业服务。强化政策创设和机制融合，打造人才、技术、产品、企业、金融、品牌、政策的集聚高地，促进科技与上述要素深度融合。在北京、西南、西北、华南、华东等地区，建设一批院级或所级成果转化及企业孵化平台。做强做大院所办企业，充分发挥其规模化和组织化程度高、内生动力强、支撑产业发展有力的平台作用，大力开展市场化科技成果转化。

四、创新成果转化机制

（一）建立分类评价机制

推进院属单位分类评价，提高现代科研院所评价指标体系中成果转化相关指标的分值和权重。开展职称分类评审，设置转化人员职称评审系列，制定专门的职称评审标准。在成果转化、产业发展等方面作出突出贡献，获得省部级、院级相关表彰的人员，具备申报高一级职称的资格。为成果转化作出突出贡献，任期内成果转化收入累计达到一定额度的主要完成人，具备优先申报副研究员或研究员的资格。具体标准由各研究所自行制定。

（二）建立收入分配激励机制

按照权责一致、利益共享、激励与约束并重、公平公开的原则，院所自主决定科技成果转化收入分配和奖励方案。充分保障成果完成人和对科技成果转化作出重要贡献人员的合法权益，同时兼顾院、所和个人利益。当年成果转化收入扣除直接成本后，奖励给成果完成人和为成果转化作出重要贡献的其他人员的比例不得低于 50%，其余部分主要由各研究所自主支配，院分配 3%。上述成果转化收入可用于奖励科研管理人员。对完成、转化职务科技成果作出贡献的人员给予奖励和报酬的支出计入当年工资总额，但不受当年工资总额限制、不纳入工资总额基数。

（三）建立成果转化奖励机制

设立中国农业科学院成果转化贡献奖，表彰对成果转化作出突出贡献的单位和个人。每年表彰的单位和个人总数不超过10个。对获奖单位和个人以及按第十条向院足额缴纳成果转化收入的院属各单位，从院自有资金、创新工程、基本科研业务费、修购专项、平台基地等方面给予相应支持；对超额缴纳成果转化收入的院属各单位给予更多支持。

（四）建立多元投入机制

设立院科技成果转化专项资金，由院成果转化收入和院级筹措资金组成，主要用于促进全院成果转化事业发展，支持院所两级中试孵化平台建设，加强成果转化人才队伍建设，奖励成果转化成效突出的集体和个人等。整合国家、地方政府、企业和民间资本、风险投资等多方资源，扩大资金投入渠道，提高资金使用效率，建立长期投入机制。

（五）建立支持科技人员创新创业机制

鼓励科技人员以成果作价入股的方式实现成果转化，经单位同意，允许科技人员兼职兼薪，实现创新创业。作为成果完成人或对科技成果转化作出重要贡献的人员，院和院属单位的党政主要领导可以按照国家规定获得现金奖励，原则上不得获得股权奖励，不得到企业兼职；担任院所副职、处级（室主任）等其他领导职务的科技人员可以获得现金、股权奖励，可以兼职；无领导职务的科技人员可以获得现金、股权奖励，可以兼职兼薪。院属单位和科技人员应准确把握国家有关兼职、持股、收益分配等相关政策法规，避免触碰党纪国法红线，最大限度地享受政策红利。

（六）建立成果转化收入核定机制

院属各单位通过协议定价的科技成果转化应当在本单位公示，涉及商业秘密和技术、咨询、服务类科技成果转化的除外。公示内容包括科技成果名称和拟交易价格，公示时间不少于5个工作日。明确并公开异议处理程序和办法。鼓励院属各单位在全国中心平台上进行公示和交易，由全国中心颁发凭证。

院属各单位年度成果转化收入以年底现代院所评价上报数据为准，核算院分享总额。科技成果转化收入按照会计科目制度记入相应的账务科目，即“事业收入—非科研收入—技术收入”，以备核查。院属各单位每年向院成果转化局报送本单位上一年度科技成果转化情况报告。

（七）营造宽松环境

切实做好有关成果转化法规政策宣贯，确保国家政策法规落地。鼓励院所领导班子大力开展成果转化工作，积极担当作为，履行勤勉尽责义务。科技成果转化过程中，通过技术交易市场、全国中心挂牌交易、拍卖等方式确定价格的，或者通过协议定价并在本单位、技术交易市场和全国中心公示拟交易价格的，在没有牟取非法利益的前提下，不追究院所领导班子或个人在科技成果定价等转化过程中因科技成果转化后续价值变化产生的责任。对于符合“三重一大”决策程序的成果转化事项，不因受让方失信、款项收缴不力等造成单位损失而追究领导班子或个人的责任。

五、保障措施

（一）加强组织领导

成立院成果转化工作领导小组，由院长、党组书记担任组长，主管副院长担任副组长，成员包括院机关各部门主要负责人，负责成果转化重大事项决策，研究解决成果转化中的困难和问题，建立成果转化联席会议制度和协调机制。领导小组办公室设在成果转化局，办公室主任由局长兼任，具体负责成果转化日常管理和组织协调。

（二）强化人才培养

围绕转化人才队伍建设的职责定位、选拔培养、成长通道、激励措施等，制定指导意见。鼓励研究所成立成果转化机构，配备专职人员。利用干部挂职锻炼渠道，选派转化人才到科技成果转化目标地区挂职。加大高层次转化人才招聘、培训力度，多层次培养转化人才，确保成果转化工作需要。

（三）加大宣传力度

建立多渠道成果宣传推介机制，通过各种媒体，结合支部共建、群团推优、科技下乡等活动，广泛宣传成果转化的成功模式、典型案例、新机制、新成效。广泛宣传在成果转化、产业发展、乡村振兴和扶贫攻坚中涌现出的杰出人物，大力弘扬立足现代农业建设主战场、开展成果转化的奉献精神，充分发挥榜样引领示范带动作用。

中国农业科学院印发《中国农业科学院关于进一步加强知识产权创造保护运用的若干意见》的通知

农科院转化〔2018〕131 号

院属各单位、院机关各部门：

《中国农业科学院关于进一步加强知识产权创造保护运用的若干意见》已经 2018 年 7 月 6 日第七次院常务会议审议通过，现印发给你们，请遵照执行。

中国农业科学院

2018 年 7 月 25 日

中国农业科学院关于进一步加强知识产权创造保护运用的若干意见

为了进一步加强我院知识产权创造、保护和运用，提高科技创新对产业发展和乡村振兴的支撑作用，根据《中华人民共和国促进科技成果转化法》《国务院关于新形势下加快知识产权强国建设的若干意见》《实施〈中华人民共和国促进科技成果转化法〉若干规定》《农业部深入实施〈中华人民共和国促进科技成果转化法〉若干细则》等法律法规以及规范性文件，结合中国农业科学院（以下简称我院）以及院属各单位实际情况，提出以下意见。

一、总体要求

（一）充分认识知识产权的重要性

习近平总书记在党的十九大报告中指出，“创新是引领发展的第一动力，是建设现代化经济体系的战略支撑”。我国经济发展进入新常态，农业科技创新成为实施乡村振兴战略的重要支撑。知识产权是激励创新的原动力，是科技成果向现实生产力转化的桥梁和纽带，也是重要的无形资产及可利用资源。强化知识产权的创造、保护和运用，是我院实现“三个面向”“两个一流”和“整体跃升”的重要途径和举措。

（二）明确知识产权的功能定位

充分发挥知识产权制度的激励和保障作用，以我院知识、技术、人才等资源条件为基础，在产业发展关键领域形成原创知识产权，建立以知识产权为纽带的产学研深度融合技术创新体系，加快把农业科技创新成果转化为现实生产力，引领产业转型升级，为乡村振兴战略实施提供科技支撑。

（三）总体目标

以“激励创造、依法保护、科学运用、有效管理”为原则，全面提高我院知识产权创造能力、管理水平、保护力度和运用成效，实现研究、管理和转化“三位一体”协同发展。到 2022 年，建成一支相对完善的知识产权管理队伍，实现知识产权全过程智能化管理，科技人员知识产权保护运用意识明显增强，知识产权创造数量稳步上升、质量不断提高，成果转化收益每年增加10%以上。

二、加强知识产权创造

（一）加强项目立项和执行中的知识产权分析查询

以“服务产业重大科技需求、跃居世界农业科技高端”为目标，在院主导项目的立项论证、中期评估、验收结题、绩效考评等环节，增加知识产权相关内容。立项时，要注重原始创新、市场应用前景并且经过专利信息分析等评议程序，避免低水平重复、跟风式立项，促进研发转型升级。建立成果转化源头储备机制，切实解决产业发展关键技术问题。

（二）不断提高知识产权创造的质量和数量

我院及各所科技创新工作，要针对产业需求开展知识产权创造，注重加强重大科学突破的知识产权保护，围绕技术创新和产品创制建立专利群战略。以转化运用为目标，减少不必要的申请与保护，不断增加高质量知识产权的数量。制定并实施对外合作的知识产权原则，用足相关部门支持政策，提高发明专利和植物新品种权等国外申请及授权数量，加快中国农业知识产权的全球布局。

（三）积极开展与企业的协同创新

为充分发挥企业在创新决策、研发投入、科研组织、成果转化方面的积极作用，我院及各所应指定部门和人员负责与企业对接。建立协同创新机制，积极探索为企业研发、到企业研发等合作模式。支持中小型企业创新，加强与大型企业集团协作，开展以市场需求为导向的合作研发，事先约定知识产权归属，不断提升我院引领产业发展的能力。我院及各所与企业开展技术开发、技术咨询、技术服务等项目活动，在完成项目目标的情况下所取得的净收入视同成果转化收入。

（四）集成配套相关技术和成果

根据区域发展布局和重大产业需求，加强顶层设计、整体谋划，结合供给侧结构性改革要求，按照成套技术示范与转移、专项研发与联合攻关、委托研究与专项咨询、公共检测与平台试验等不同类型项目特点，围绕现代农业产业发展关键问题，集成配套先进、实用、适用的科技成果，构建绿色发展技术集成模式，提供区域现代农业发展一揽子优化解决方案。

三、重视知识产权保护

（一）强化主体责任意识

进一步强化我院及研究所两级知识产权主体责任和意识，我院及各所对其拥有的知识产权，包括专利权、植物新品种权、软件著作权、商标权和标识标志等，各自承担保护、管理与转化运用的主体责任。我院拥有的知识产权由成果转化局负责管理。未经我院书面授权或者许可，各研究所无权擅自同意第三方使用中国农业科学院的名称或标识标志等。研究所与主要职务发明人可按约定共同成为知识产权所有权人，并探索建立责权利相统一的成果转移转化制度。

（二）提升知识产权与成果转化管理水平

我院及各所要完善知识产权保护与成果转化管理机制，研究制定知识产权管理、保护和运用的规章制度及整体规划，规范审批流程，完善决策机制，强化知识产权全程管理的理念和做法。各所应有部门或机构并设专人负责知识产权管理与科技成果转化工作。

（三）创新团队应设立知识产权助理

各所创新团队应设立知识产权助理。作为复合型人才，知识产权助理须掌握相应的知识产权知识和工作技能，负责本团队的知识产权申请、保护和信息分析等工作，提出转化和运用建议。在成果转化收入分配时，知识产权助理的工作成效应有所体现；在职称评聘时，同等条件下应优先考虑。我院及各所结合社会化资质考试，逐步完善知识产权助理的培训、培养和持证上岗机制。

（四）重视知识产权培训

我院及各所要协力加强知识产权培训，整体谋划，各有侧重，协调院内院外资源，共同打造开放式多循环教学培训模式。借鉴国内外成功理念和做法，编制规范教材，打造专修课程，丰富培训方式，增加知识产权管理和成果转化人员短期出国培训指标，不断提升我院从事知识产权创造、保护和运用工作人员的综合素质和能力。逐步开展全国范围内农业科研机构和涉农企业知识产权工作人员培训，扩大基础培训覆盖面，整体提升农业领域知识产权保护意识和成效。

（五）丰富知识产权宣传方式

加强我院科技成果和知识产权的宣传力度，充分利用世界知识产权日、全国知识产权宣传周等时间节点，通过新闻媒体、官方网站、微信公众号等途径，以多种形式对我院成果、产品和品牌进行宣传推广。与地方政府建立信息反馈机制，积极参与各种打假活动，营造重视知识产权保护的创新文化氛围。

四、促进知识产权转化

（一）加强中试熟化与示范

科技成果中试熟化与示范应用是科技创新的重要组成部分，各所要面向产业发展需求组建专业团队，建立中试车间或示范基地，开展科技成果中试熟化与产业化开发，提供全方位技术研发解决方案，推动产业发展亟需的共性技术成果扩散、转化和运用。

（二）开展技术推广和转移对接活动

我院及各所应积极组织开展相关技术推广和转移对接活动，适时向社会发布重大科技成果。针对农业企业、农业合作社、种养大户等新型经营主体，联合地方政府、新闻媒体、金融资本等机构部门，建立农业科技成果转化联盟。开展涉农专利技术、植物新品种推广对接，并通过科技创新发挥农产品商标和地理标志等知识产权在农业产业化中的作用。

（三）全面推动国家级转化交易中心建设

加大全国农业科技成果转移服务中心、国家种业科技成果产权交易中心建设力度，并积极发挥上述中心在我院及全国农业科技成果转化工作中的作用。上述中心应加强技术经纪、评估评价、市场运营、知识产权代理和培训等专业队伍建设，提供公开、高效、规范的交易转化服务。与全国范围内各相关研究所建立人才流动和合作培养机制。构建线上线下结合、全国联动的产权交易智能化管理服务体系。举办全国性、系列化的农业科技成果转化大会和供需对接活动。

（四）建立成果转化公开交易规范

通过协议定价的科技成果转化，应公示科技成果名称和拟交易价格，公示时间不少于 15 日，并明确公开异议处理程序和办法。我院及各所农业科技成果转化要在上述国家级转移服务中心平台上展示、公示及公告。各所自主注册并维护中心平台上的专有账户及线上网页，及时更新科技成果信息数据。每年由中心提供现代科研院所评价相关成果转化数据的核查依据。

五、创新工作机制

（一）建立成果转化收入认定机制

根据“科研院所开展技术开发、技术咨询、技术服务等活动取得的净收入视同成果转化收入”等相关规定，我院成果转化收入包括转让、许可具有知识产权（含专有技术、专有方法、生产工艺等商业秘密）的技术或成果，转化获得行政许可的审定（登记）品种、兽药、疫苗、农药、肥料等，转化亲本材料、菌株、毒株等物化形式的科技成果，以及检测、试验、咨询、评估、规划等科技能力所形成的净收入。

在确定“科技成果转化净收入”时，各所可以根据成果特点确定提成比例，也可以采用合同收入扣除维护该项科技成果、完成转化交易所产生的费用而不计算前期研发投入的方式进行核算。净收入确定方式与所认定的成果转化收入范围应按照相关规定充分听取本单位科技人员的意见，经职工代表大会讨论通过后纳入相应规章制度并实施。

（二）建立科技成果转化收益分配激励机制

进一步落实国家、部门及我院相关促进科技成果转化的收益激励政策和规定，对成果完成人和为转化该成果作出重要贡献的人员给予奖励和报酬激励。各所可以约定或者规定奖励的方式、数额。本单位暂无约定或者规定的，应尽快按照相关法律法规制定规章制度。

我院与各所共同转化科技成果或共同开展技术开发、技术咨询、技术服务等活动所获得的转化收益，实行院所两级共享，院分享比例一般不超过 5% 或视贡献大小而定。院获得的转化收益由院按相关规定进行分配。

（三）建立成果转化和知识产权人才分类评价考核及培养机制

加强知识产权创造、运用和科技成果推广、转化在项目申报、岗位竞聘、职务晋升、职称评聘和人才评定中的权重。对从事应用研究的科研人员，考评增加成果转化收入、转化件数和比例等指标。对从事知识产权保护、转化和管理的人员，考评成果转化成效、目标完成情况等。充分发挥院农科英才计划对应用型研究人才的激励作用。在实践中培育、选拔一批知识产权管理和成果转化骨干及领军人才，并给予特殊支持。根据国家和部门职称改革要求，积极争取获得成果转化相关系列正高级评审权限，稳步推进权限下放，发挥用人单位自主权。

（四）建立研究所成果转化考核评价机制

对各所年度成果转化的考评，以转让、许可、作价入股投资以及开展技术开发、技术咨询、技术服务的科技成果转化合同数、转化收入金额、转化奖励人数等作为主要考核指标。在现代科研院所评价中，提高上述考核指标的计分比重。对成果转化成绩突出的研究所和个人给予表彰，并在院主导科研项目立项时给予倾斜。

（五）建立成果转化多元投入机制

建立我院及各所促进知识产权保护和成果转化的多元投入机制，逐步加大对知识产权管理和成果转化工作的支持力度。各所应整合配置知识产权和成果转化专项经费。鼓励社会资本投入我院知识产权的创造与转化，探索设立成果转化基金，促使我院科技创新资源与社会生产要素更加紧密结合，加快形成创新链、产业链和资金链有效联动的融合发展机制。

（六）建立知识产权国际合作机制

服务国家“一带一路”建设和农业“走出去”行动，与世界一流农业科研院所知识产权管理及技术转移部门开展交流与合作，发展国际战略合作伙伴关系，提高农业领域国外知识产权保护认知与技能，加大对外宣传力度。在拥有自主知识产权和国际比较优势的领域，扩大国际技术转移与运用。

四、国际合作与交流

中国农业科学院2018年合作谅解备忘录/协议签署清单

序号	单位名称	合作谅解备忘录/协议名称（中英文）	外方签署单位名称（中英文）	协议类型	签署时间
1	中国农业科学院	中国农业科学院与柬埔寨农业研究与发展研究院关于水稻研究合作的谅解备忘录（韩长赋部长代签） Memorandum of Understanding between Chinese Academy of Agricultural Sciences and Cambodian Agricultural Research and Development Institute for Cooperation in Rice Research	柬埔寨农业研究与发展研究院 Cambodian Agricultural Research and Development Institute	一般性合作协议	2018. 1. 11
2	中国农业科学院	中华人民共和国中国农业科学院与老挝人民民主共和国农业与林业部关于植物保护合作的谅解备忘录（余欣荣副部长代签） Memorandum of Understanding between Chinese Academy of Agricultural Sciences, the People's Republic of China and Ministry of Agriculture and Forestry, the Lao People's Democratic Republic on Plant Protection Collaboration	老挝人民民主共和国农业与林业部 Ministry of Agriculture and Forestry, The Lao People's Democratic Republic	一般性合作协议	2018. 1. 20

（续表）

序号	单位名称	合作谅解备忘录/协议名称（中英文）	外方签署单位名称（中英文）	协议类型	签署时间
3	中国农业科学院	中国农业科学院与孟加拉农业大学科技合作备忘录 Memorandum of Understanding on Agricultural Research and Development Cooperation between SHER-E-BANGLA Agricultural University, Bangladesh and The Chinese Academy of Agricultural Sciences, China	孟加拉农业大学 SHER-E-BANGLA Agricultural University, Bangladesh	一般性合作协议	2018. 3. 22
4	中国农业科学院	中国农业科学院与泰国农业大学的科技合作备忘录 Memorandum of Understanding between the Kasetsart University of the Kingdom of Thailand and the Chinese Academy of Agricultural Sciences of The People's Republic of China	泰国农业大学 The Kasetsart University of The Kingdom of Thailand	一般性合作协议	2018. 3. 23
5	中国农业科学院	中国农业科学院与泰国农业大学食用豆类作物联合研究中心的备忘录 Memorandum of Understanding for the Joint Laboratory on Food Legume Research between the Kasetsart University of the Kingdom of Thailand and the Chinese Academy of Agricultural Sciences of the People's Republic of China	泰国农业大学 The Kasetsart University of The Kingdom of Thailand	联合实验室协议	2018. 8. 23

（续表）

序号	单位名称	合作谅解备忘录/协议名称（中英文）	外方签署单位名称（中英文）	协议类型	签署时间
6	中国农业科学院	中国农业科学院与韩国首尔大学农业与生命学院合作谅解备忘录 Memorandum of Understanding between the Chinese Academy of Agricultural Sciences and the College of Agriculture and Life Sciences Seoul National University	韩国首尔大学农业与生命学院 The College of Agriculture and Life Sciences Seoul National University	一般性合作协议	2018. 4. 17
7	中国农业科学院	中国农业科学院与塔吉克斯坦国家农业科学院科技合作协议 Agreement on Scientific and Technological Cooperation between Chinese Academy of Agricultural Sciences and The Tajik Agricultural Academy of Sciences of the Republic of Tajikistan（TAAS）	塔吉克斯坦国家农业科学院 The Tajik Agricultural Academy of Sciences of the Republic of Tajikistan	一般性合作协议	2018. 7. 16
8	中国农业科学院	中国农业科学院与澳大利亚塔斯马尼亚大学农业学院联合培养博士项目合作意向会议纪要 Minute of Discussion on Joint Ph. D. Education Program	澳大利亚塔斯马尼亚大学农业学院 Tasmanian Institute of Agriculture，University of Tasmania	会议纪要	2018. 5. 1
9	中国农业科学院	中国农业科学院与加拿大农业与食品部关于油菜遗传改良与利用联合实验室合作协议 Cooperative Arrangement between the Chinese Academy of Agricultural Sciences，the People's Republic of China and The Department of Agriculture and Agri－Food of Canada on the China－Canada Joint Laboratory for Genetic Improvement and Utilization of Canola/Rapeseed	加拿大农业及农业食品部 The Department of Agriculture and Agri－Food of Canada	联合实验室协议	2018. 10. 29

（续表）

序号	单位名称	合作谅解备忘录/协议名称（中英文）	外方签署单位名称（中英文）	协议类型	签署时间
10	中国农业科学院	中国农业科学院与法国农业科学院关于共建植物保护、小麦育种国际联合实验室意向书 Letter of Intent for International Associated Laboratories Between CAAS and INRA	法国农科院 INRA	意向书	2018. 12. 5
11	中国农业科学院	墨西哥合众国农业、畜牧业、农村发展、渔业和食品部（SAGARPA）、中国农业科学院（CAAS）和国际玉米小麦改良中心（CIMMYT）为建立和运转“国际玉米联合工作组”的合作意向书	国际玉米小麦改良中心（CIMMYT）、墨西哥农业部	一般性合作协议	2018. 11. 5
12	中国农业科学院	中国农业科学院（CAAS）与埃塞俄比亚农业研究院（EIAR）及国际农用林业中心（ICRAF）建立农林牧复合系统联合实验室谅解备忘录 Memorandum of Understanding to Support the Joint Laboratory on Integrated Tree - Crop - Livestock Systems Between Chinese Academy of Agricultural Sciences（CAAS）and Ethiopian Institute of Agricultural Research（EIAR）with Support from International Centre for Research in Agroforestry（ICRAF）	埃塞俄比亚农业研究院 Ethiopian Institute of Agricultural Research, EIAR 世界农用林业中心 International Centre for Research in Agroforestry, ICRAF	一般性合作协议	2018. 10
13	中国农业科学院	中国农业科学院与塔吉克斯坦农业大学科技合作谅解备忘录 Memorandum of Understanding on Scientific and Technological Cooperation between Chinese Academy of Agricultural Sciences and Tajik Agrarian University Named Shirinsho Shotemur（TAU）	塔吉克斯坦农业大学 Tajik Agrarian University named Shirinsho Shotemur（TAU）	一般性合作协议	2018. 7. 16

（续表）

序号	单位名称	合作谅解备忘录/协议名称（中英文）	外方签署单位名称（中英文）	协议类型	签署时间
14	中国农业科学院	中国农业科学院与墨西哥农林牧研究院合作谅解备忘录 Agreement of Scientific and Technical Cooperation between the National Forestry, Crops and Livestock Research Institute of the United Mexican States and the Chinese Academy of Agricultural Sciences	墨西哥农林牧研究院 The National Forestry, Crops and Livestock Research Institute of the United Mexican States	一般性合作协议	2018.5.30
15	中国农业科学院	中国农业科学院与加州大学戴维斯分校科技合作协议 Agreement of Cooperation between Chinese Academy of Agricultural Sciences and the Regent of The University of Canifornia on Behalf of the Davis Campus	美国加州大学戴维斯分校 UC Davis	一般性合作协议	2018.11.6
16	作科所	中国农业科学院作物科学研究所与全俄大豆科学研究所合作备忘录 Memorandum of Understanding between Institute of Crop Sciences, Chinese Academy of Agricultural Sciences (Ics - Caas) and All - Russian Scientific Research Institute of Soybean (Arsris)	全俄大豆科学研究所 All - Russian Scientific Research Institute of Soybean (ARSRIS)	一般性合作协议	2018.9.18
17	作科所	墨西哥合众国农业、畜牧业、农村发展、渔业和食品部（SAGARPA）、中国农业科学院（CAAS）和国际玉米小麦改良中心（CIMMYT）为建立和运转“国际玉米联合工作组”的合作意向书	墨西哥合众国农业、畜牧业、农村发展、渔业和食品部（SAGARPA）、国际玉米小麦改良中心（CIMMYT）	合作意向书	2018.11.5

（续表）

序号	单位名称	合作谅解备忘录/协议名称（中英文）	外方签署单位名称（中英文）	协议类型	签署时间
18	作科所	中国农业科学院作物科学研究所与国际生物盐农业研究中心合作备忘录 Memorandum of Understanding (MoU) between the International Center for Biosaline Agriculture (ICBA) and Institute of Crop Sciences, Chinese Academy of Agricultural Sciences (ICS-CAAS)	国际生物盐农业研究中心 The International Center for Biosaline Agriculture (ICBA)	一般性合作协议	2018. 10. 1
19	作科所	欧盟生态育种项目联合协议 Ecobreed Consortium Agreement	斯洛文尼亚农业研究所（Agricultural Institute of Slovenia）等 24 个国外单位	欧盟地平线 2020 项目执行协议	2018. 4. 23
20	作科所	欧洲多瑙河大豆协会和中国农业科学院作物科学研究所谅解备忘录附件 1 Annex 1 to the Memorandum of Understanding between the Danube Soya Association and the Chinese Academy of Agricultural Sciences (Institute of Crop Science and Institute of Animal Sciences)	欧洲多瑙河大豆协会 Danube Soya Association	一般性合作协议	2018. 6. 19
21	蔬菜所	中保开展在土壤科学农业技术和植保领域研究与研究生培养合作协议 Agreement of Research and Graduated Student Training Cooperation Within the Field of Soil Science, Agrotechnologies and Plant Protection	保加利亚普什卡洛夫土壤科学农业技术与植保研究所 Institute of Soil Science, Agritechnologies and Plant Protection "Nikola Poushkarov" Agricultural Academy, Bulgaria	一般性合作协议	2018. 6. 8

（续表）

序号	单位名称	合作谅解备忘录/协议名称（中英文）	外方签署单位名称（中英文）	协议类型	签署时间
22	蔬菜所	中保双方战略合作协议	天津农垦集团保加利亚公司	一般性合作协议	2018. 6. 8
23	蔬菜所	合作谅解备忘录	印度尼西亚 JJM 公司 JJM Indonesia Company	一般性合作协议	2018. 10. 19
24	蔬菜所	中韩在蔬菜设施栽培技术和有机栽培研究领域合作协议 Cooperation Agreement of Vegetable Protected Cultivation Tehcnqiques and Organic Cultivation Research	韩国江陵原州大学生命科学学院 College of Life Science, Gangueung - Wouju National University	一般性合作协议	2018. 11. 14
25	牧医所	非洲和中东绵羊高繁殖的独特分子遗传机制联合研究协议 The Unique Molecular Genetic Mechanisms of High Prolificacy in African and Middle Eastern Sheep	国际旱区农业研究中心	一般性合作协议	2018. 4. 19
26	牧医所	牛奶风险评估与功能评价	美国哈佛医院院麻省总医院儿童胃肠道与营养中心	一般性合作协议	2018. 1. 26
27	加工所	高品质法式薯条和烤制红薯关键技术研究 Research and Development of Key Processing Technologies for High Quality French Fries and Roasted Sweet Potatoes	比利时列日大学 Gembloux Agro-Bio tech, University of Liège	一般性合作协议	2018. 1. 9
28	加工所	科技合作协议 Agreement for Scientific and Technological Cooperation	新西兰 AgResearch 皇家研究所 AgResearch Limited	一般性合作协议	2018. 4. 13

（续表）

序号	单位名称	合作谅解备忘录/协议名称（中英文）	外方签署单位名称（中英文）	协议类型	签署时间
29	加工所	肉品科学与技术合作协议 Collaboration Agreement for Cooperation in Meat Science and Technology	丹麦哥本哈根大学食品科学系 Department of Food Science, University of Copenhagen, Denmark	联合实验室	2018. 6. 1
30	加工所	科技合作协议 Agreement for Scientific and Technological Cooperation	罗马尼亚农林科学院食物生物资源研究所 The National Research and Devolopment Institute For Food Bioresources - IBA, AAFS, Romania	一般性合作协议	2018. 8
31	加工所	谅解备忘录（肉品科学） Memorandum of Understanding（Meat Science）	澳大利亚新南威尔士州基础产业部 The Crown in Right of the State of New South Wales Acting through the Department of Primary Industries	一般性合作协议	2018. 9. 25
32	加工所	中国农业科学院农产品加工研究所–利兹大学化工学院科技合作协议 Non Funded Cooperative Agreement on Scientific & Technological Cooperation between Institute of Food Science and Technology, Chinese Academy of Agricultural Sciences and School of Chemical and Process Engineering, University of Leeds	利兹大学 University of Leeds	一般性合作协议	2018. 10. 1

（续表）

序号	单位名称	合作谅解备忘录/协议名称（中英文）	外方签署单位名称（中英文）	协议类型	签署时间
33	加工所	中国农业科学院农产品加工研究所/美国德雷塞尔大学工学院 3D 打印食品研究中心 Institute of Food Science and Technology, Chinese Academy of Agricultural Science and College of Engineering/Drexel University, USA 3D Printing Food Research Center	美国德雷塞尔大学工学院 College of Enginering, Drexel University, USA	联合实验室	2018. 8. 24
34	生物所	中国农业科学院生物技术研究所—国际水稻研究所光合作用提升与 C_4 水稻创新联合实验室 Memorandum of Agreement between Irri and Bri Caas on THE BRI CAAS-IRRI Joint Laboratory on Photosynthetic Enhancement and Development of C_4 Rice	国际水稻研究所（IRRI）	联合实验室	2018. 8
35	农经所	中国农业科学院农业经济与发展研究所与日本农林水产省农林水产政策研究所研究交流备忘录	日本农林水产省农林水产政策研究所 Policy Research Institute, Ministry of Agriculture, Forestry and Fisheries of Japan	一般性合作研究协议	2018. 8. 20
36	农经所	中国—波兰分别自 1978 年改革与 1989 年转型以来农业农村发展研究 Changes in Agriculture and Rural Areas during the Polish Transformation since 1989 and Chinese Reforms since 1978	波兰国家农科院农业与食物经济研究所 Institute of Agricultural and Food Economics-National Research Institute	一般性合作研究协议	2018. 9. 3

（续表）

序号	单位名称	合作谅解备忘录/协议名称（中英文）	外方签署单位名称（中英文）	协议类型	签署时间
37	资划所	中波土壤可持续发展合作研究平台的谅解备忘录 MOU of Sino-Poland Soil Sustainable Development Joint Research Platform between IARRP，CAAS and IUNG-PIB	波兰土壤科学和作物栽培研究所 Institute of Soil Science and Plant Cultivation - State Research，IUNG-PIB	联合实验室	2018. 7. 23
38	信息所	中国农业科学院农业信息研究所与牛津机器人公司合作备忘录 Memorandum of Understanding between the Agriculture Information Institute of Chinese Academy of Agricultural Sciences and Dynium Robot（Oxford Robotics Ltd.）	牛津机器人公司 Dynium Robot（Oxford Robotics Ltd.）	一般性合作协议	2018. 2. 1
39	信息所	中国农业科学院农业信息研究所与全球农业和营养开放数据（GODAN）合作备忘录 Memorandum of Understanding between the Agriculture Information Institute of Chinese Academy of Agricultural Sciences and Global Open Data for Agriculture and Nutrition（GODAN）	全球农业和营养开放数据 Global Open Data for Agriculture and Nutrition（GODAN）	一般性合作协议	2018. 3. 2
40	信息所	中国农业科学院海外农业研究中心与生命科学蒙古大学合作备忘录 Memorandum of Understanding between Research Center for Agricultural Economics and Development at Mongolian University of Life Sciences and Center for International Agricultural Research at Chinese Academyof Agriculture Sciences	生命科学蒙古大学农业经济与发展研究中心 Research Center for Agricultural Economics and Development at Mongolian University of Life Sciences	一般性合作协议	2018. 6. 22

（续表）

序号	单位名称	合作谅解备忘录/协议名称（中英文）	外方签署单位名称（中英文）	协议类型	签署时间
41	研究生院	Memorandum of Agreement between University College Dublin National University of Ireland and Graduate School of Chinese Academy of Agricultural Science, China for PhD Programme in Agriculture and Food Sciences 爱尔兰国立都柏林大学与中国农业科学院研究生院关于农业与食品科学博士项目的协议备忘录	爱尔兰国立都柏林大学 University College Dublin National University of Ireland	合作办学协议	2018. 3. 12
42	研究生院	中国农业科学院与加拿大阿尔伯塔大学关于合作举办博士学位教育项目的协议 Agreement for a Joint Phd Program between the Graduate School of Chinese Academy of Agricultural Sciences and the Governors of the University of Alberta	加拿大阿尔伯塔大学 The Governors of The University of Alberta	合作办学协议	2018. 7. 16
43	研究生院	协议备忘录 Memorandum of Understanding	澳大利亚新英格兰大学 University of New England	一般性合作协议	2018. 10. 22
44	研究生院	捷克南波希米亚大学农学院与中国农业科学院研究生院的合作协议 Agreement between the Faculty of Agriculture of the University of South Bohemia in Ceske Budejovice Czech Republic and Graduate School of Chinese Academy of Agricultural Sciences	捷克南波希米亚大学 The University of South Bohemia in Ceske Budejovice Czech Republic	一般性合作协议	2018. 6. 11

（续表）

序号	单位名称	合作谅解备忘录/协议名称（中英文）	外方签署单位名称（中英文）	协议类型	签署时间
45	研究生院	泰国瓦来卡大学与中国农业科学院研究生院的谅解备忘录 Memorandum of Understanding between Graduate School of Chinese Academy of Agricultural Sciences (Beijing, the People's Republic of China) and Walailak University (Nakhon Si Thammarat, Thailand)	泰国瓦来卡大学 Walailak University	一般性合作协议	2018. 7. 17
46	研究生院	缅甸 Yezin 大学与中国农业科学院研究生院谅解备忘录 Memorandum of Understanding between Yezin Agricultural University (Ministry of Agriculture, Livestock and Irrigation of the Republic of the Union of Myanmar) and Graduate School of Chinese Academy of Agricultural Sciences (People's Republic of China) for the Bilateral Collaboration in Education and Research	缅甸 Yezin 农业大学 Yezin Agricultural University	一般性合作协议	2018. 8. 28
47	灌溉所	中国农业科学院研究生院与坦桑尼亚 Sokoine 农业大学谅解备忘录 Memorandum of Understanding between Graduate School of Chinese Academy of Agricultural Sciences (Beijing, People's Republic of China) and Sokoine University of Agriculture (Morogoro, the United Republic of Tanzania)	坦桑尼亚 Sokoine 农业大学 Sokoine University of Agriculture	一般性合作协议	2018. 8. 28

（续表）

序号	单位名称	合作谅解备忘录/协议名称（中英文）	外方签署单位名称（中英文）	协议类型	签署时间
48	灌溉所	联合研究中心谅解备忘录 Memorandum of Understanding: Joint Research Centre	詹姆斯·赫顿研究所 James Hutton Institute	一般性合作协议	2018. 8. 20
49	灌溉所	学术交流和合作研究意向书 Letter of Intent for Academic Exchange and Collaborative Research	瓦赫宁根大学环境科学学院 Wageningen University, Department of Environmental Sciences	一般性合作协议	2018. 11. 5
50	水稻所	水稻品种商业化开发协议 License Agreement	印度 SAVANNAH 种业公司 Savannah Seed Private Limited	一般性合作协议	2018. 4
51	水稻所	农药试验协议书	陶氏益农农业科技（中国）有限公司	一般性合作协议	2018. 5
52	水稻所	中德水稻栽培技术指导项目合作协议 Cooperation Agreement	德国 IAK Agrar Consulting GMBH 公司 IAK Agrar Consulting GMBH	一般性合作协议	2018. 6
53	水稻所	农药药效评估试验协议书 1	巴斯夫（中国）有限公司	一般性合作协议	2018. 9
54	水稻所	农药药效评估试验协议书 2	巴斯夫（中国）有限公司	一般性合作协议	2018. 9

（续表）

序号	单位名称	合作谅解备忘录/协议名称（中英文）	外方签署单位名称（中英文）	协议类型	签署时间
55	水稻所	灵斯科农化产品试验协议 Evaluation Agreement	陶氏益农农业科技（中国）有限公司 Dow AgroSciences LLC	一般性合作协议	2018. 9
56	水稻所	农药田间药效探索试验协议	德国拜耳作物科学（中国）有限公司	一般性合作协议	2018. 10
57	水稻所	中挪关于应对气候变化开展环境友好型食品生产和安全研发项目的合作协议 Collaboration Agreement	挪威生物经济研究所 Norwegian Institute of Bioeconomy Research	一般性合作协议	2018. 11
58	油料所	中华人民共和国中国农业科学院与加拿大农业及农业食品部关于中国—加拿大油菜遗传改良与利用联合实验室的合作安排 Cooperative Arrangement between the Department of Agriculture and Agri - food of Canada and the Chinese Academy of Agricultural Sciences of the People's Republic of China on the Joint Laboratory for Genetic Improvement and Utilization of Canola/Rapeseed	加拿大农业及农业食品部 The Department of Agriculture and AGRI-Food of Canada	联合实验室	2018. 10. 30
59	油料所	中泰农产品质量安全合作研究协议 Sino-Thailand Cooperation Agreement for Quality and Safety of Agri-Food	泰国真菌毒素学会 The Association of Mycotoxicoloy，Thailand	一般性合作协议	2018. 3. 16
60	麻类所	中波创新研究联合申报协议 Joint Application Agreement About Polish-Chinese/Chinese-Polish Joint Innovative Research	弗罗茨瓦夫大学 University of Wroclaw	一般性合作协议	2018. 2. 1

（续表）

序号	单位名称	合作谅解备忘录/协议名称（中英文）	外方签署单位名称（中英文）	协议类型	签署时间
61	麻类所	中国和希腊联合创新研究合作协议 Joint Agreement between China and Greece on Cooperation in Innovative Research	雅典农业大学 Agricultural University of Athens	一般性合作协议	2018. 2. 8
62	麻类所	中意医用大麻合作协议 Agreement Medical hemp between China and Italy	意大利农业研究与经济委员会谷物与经济作物研究中心 Council for Research and Experimentation in Agriculture-Research Centre for Industrial Crops（CRA-CI）	一般性合作协议	2018. 8. 1
63	麻类所	中葡科技合作协议：土壤重金属污染植物修复 Cooperative Agreement between China and Portugal: Phytoremediation of Heavy Metal Contaminated Soils	葡萄牙里斯本大学科学技术系 Department of Sciences and Technology of the Biomass of the Faculty of Sciences and Technology, New University of Lisbon	一般性合作协议	2018. 6. 1
64	麻类所	麻类研究所与英属哥伦比亚大学奥卡纳根校区合作协议（2018—2021） Agreement between University of UBC and IBFC about the Cooperation in 2018-2021	英属哥伦比亚大学奥卡纳根校区 University of British Columbia Okanagan Campus	一般性合作协议	2018. 5. 1

（续表）

序号	单位名称	合作谅解备忘录/协议名称（中英文）	外方签署单位名称（中英文）	协议类型	签署时间
65	麻类所	有关酱腌泡菜合作研究的框架协议 Memorandum of Understanding on the Establishment of the Cooperation of Researches on Salted Vegetable Fermentation	世界泡菜研究所 World Institute of Kimchi（WiKim），Republic of Korea	一般性合作协议	2018. 7. 29
66	麻类所	中国农业科学院麻类研究所蔬菜育种实验室与保加利亚普罗夫迪夫农业大学合作协议 Cooperative Agreement By and between Vegtable Breeding Laboratory，Institute of Bast Fiber Crops（VBL－IBFC），Chinese Academy of Agricultural Scneice and Agicultural University–Plovdiv	保加利亚普罗夫迪夫农业大学 Agicultural University－Plovdiv，Bulgarian	联合实验室	2018. 11. 6
67	麻类所	中国农业科学院麻类研究所蔬菜育种实验室与保加利亚农业科学院土壤科学、农业技术和植物保护研究所合作协议 Cooperative Agreement by and between Vegtable Breeding Laboratory，Institute of Bast Fiber Crops（VBL－IBFC），Chinese Academy of Agricultural Scneice，and Institute of Soil Science，Agrotechnologyies and Plant Protection "Nikola Poushkarov" under the Bulgarian Academy of Agricultural Science	保加利亚农业科学院土壤科学、农业技术和植物保护研究所 Institute of Soil Science，Agrotechnologyies and Plant Protection "Nikola Poushkarov" under the Bulgarian Academy of Agricultural Science，Bulgarian	联合实验室	2018. 11. 6

（续表）

序号	单位名称	合作谅解备忘录/协议名称（中英/日文）	外方签署单位名称（中英文）	协议类型	签署时间
68	郑果所	哈萨克斯坦国立农业大学与中国农业科学院郑州果树研究所合作谅解备忘录 Memorandum of Mutual Cooperation between Kazakh National Agrarain University and Zhengzhou Fruit Research Institute, Chinese Academy of Agricultural Sciences of CAAS	哈萨克斯坦国立农业大学 Kazakh National Agrarian University	联合实验室	2018. 7. 20
69	郑果所	中—日果树科学与技术联合实验室谅解备忘录 中一日果樹科学及び技術共同研究室覚え書き	岩手大学 Iwate University	联合实验室	2018. 9. 3
70	郑果所	人才发展合作协议 Talent Development Cooperation Agreement	新西兰皇家植物与食品研究所 The New Zealand Institute for Plant & Food Research Ltd	一般性合作协议	2018. 3. 23
71	郑果所	中国农业科学院郑州果树研究所　巴基斯坦拉费萨拉巴德农业大学园艺学院谅解备忘录 Memorandum of Understanding between University of Agriculture, Faisalabad, Pakistan and Zhengzhou Fruit Tesearch Institute, CAAS, P. R. China	巴基斯坦拉费萨拉巴德农业大学园艺学院 University of Agriculture, Faisalabad, Pakistan	一般性合作协议	2018. 1. 12
72	郑果所	非独家测试和不繁殖协议 Nonexclusive Testing and Non－Propagation Agreement	神农品种管理有限公司（SVM） Grapa Varietiers Ltd	一般性合作协议	2018. 9. 7

（续表）

序号	单位名称	合作谅解备忘录/协议名称（中英文）	外方签署单位名称（中英文）	协议类型	签署时间
73	茶叶所	与孟加拉国茶叶所的合作备忘录 MOU between TRI CAAS and BTRI	孟加拉国茶叶研究所 Bangladesh Tea Research Institute（BTRI）	一般性合作协议	2018. 2
74	茶叶所	与加州大学戴维斯分校的合作协议 Agreement of Cooperation between TRI CAAS and The Regents of The University of California，on Behalf of Its Davis Campus United States of America	加州大学戴维斯分校 University of California Davis Campus	一般性合作协议	2018. 11
75	兰兽研	全球口蹄疫研究联盟（GFRA）谅解备忘录（MOU） United States Depaartment of Agriculture Agricultural Research Service Plum Island Animal Disease Center	英国 Pirbright 研究所等 21 个单位	一般性合作协议	2018. 5. 28
76	兰兽研	中巴动物疫病防控技术合作意向书 China-Pakistan Technical Cooperation Memorandum of Intention on Animal Epidemic Disease Prevention and Control	巴基斯坦农业研究委员会 Pakistan Agricultural Research Council	一般性合作协议	2018. 9. 27
77	兰兽研	巴基斯坦拉哈尔畜牧兽医大学与中国农业科学院兰州兽医研究所谅解备忘录 Letter of Agreement between Lahore University of Livestock and Veterinary Sciences，Pakistan and Lanzhou Veterinary Research Institute，Chinese Academy of Agricutural Sciences	巴基斯坦拉哈尔畜牧兽医大学 Lahore University of Livestock and Veterinary Sciences，Pakistan	一般性合作协议	2018. 10. 4

（续表）

序号	单位名称	合作谅解备忘录/协议名称（中英文）	外方签署单位名称（中英文）	协议类型	签署时间
78	兰兽研	中国农业科学院兰州兽医研究所—匈牙利生物防护和传染病防控欧洲三角研究中心共建动物支原体病防控联合实验室合作协议 Letter of Agreement between the Lanzhou Veterinary Research Institute, Chinese Academy of Agricutural Sciences and the RT-Europe Research Center (RT-ERC), Hungary on Establishmentpf LVRI-RT-ERC Joint Laboratory for Animal Mycoplasmal Disease Control	匈牙利生物防护和传染病防控欧洲三角研究中心 RT-Europe Research Center	联合实验室	2018. 10. 10
79	兰兽研	中国农业科学院兰州兽医研究所与苏丹巴哈利大学谅解备忘录 Memorandum of Understanding between Lanzhou Veterinary Research Institute, Chinese Academy of Agricutural Sciences and University of Bahri Sudan	苏丹巴哈利大学 University of Bahri Sudan	一般性合作协议	2018. 10. 19
80	兰兽研	中东欧 16 国与中国共建 16+1 兽医研究中心 Center for Veterinary Research Cooperation between China and 16 Countries of South East Europe	萨拉热窝大学 University of Sarajevo	研究中心	2018. 12. 6
81	兰牧药	应用针灸手段治疗宠物疾病 Used of Acupuncture in Small Animal TCVM in Small Animal	清迈大学小动物医院 The Small Animal Hospital, Chiang Mai University	一般性合作协议	2018. 7. 26

（续表）

序号	单位名称	合作谅解备忘录/协议名称（中英文）	外方签署单位名称（中英文）	协议类型	签署时间
82	兰牧药	中药及针灸技术在印度的研究与应用 Chinese Medicine and Veterinary Accupuncture in India	Nanaji Deshmukh 兽医科技大学 Nanaji Deshmukh Veterinary Science University	一般性合作协议	2018. 7. 26
83	兰牧药	印度中兽医药学技术研究与应用 Reserch Development in TCVM Veterinary India	Proddatur 兽医科技学院 College of Veterinary Science, Proddatur	一般性合作协议	2018. 7. 26
84	兰牧药	中国药用植物研究技术在苏丹的研究与发展 Chinese Traditional Herbal Grass Medincine in Sudan	Zalingen 大学 University of Zalingen	一般性合作协议	2018. 7. 26
85	兰牧药	中国和印度植物药的药理药效研究 To Work on Pharmacology Herbs & Utlize Different Herbs for Biology Action（Chinese & India）	ShereKashmir 大学农业技术学院 ShereKashmir University of Agriculture Sciences and Technology of Kashmir（SKUAST-K）Shuhama	一般性合作协议	2018. 7. 26
86	上兽研	合作谅解备忘录 Memorandum of Understanding	美国国际卫生研究中心 Center for International Health Research, USA	一般性合作协议	2018. 10. 26

（续表）

序号	单位名称	合作谅解备忘录/协议名称（中英文）	外方签署单位名称（中英文）	协议类型	签署时间
87	特产所	中国与哈萨克斯坦共和国马鹿遗传资源评价利用与产品加工合作研究备忘录 Memorandum of Cooperation on Evaluation and Utilization of Genetic Resources and Product Processing between China and Kazakhstan	哈萨克斯坦共和国国家工程科学院 National Academy of Engineering，Kazakhstan	合作研究备忘录	2018. 1. 23
88	特产所	科罗拉多大学博尔德分校化学和生物化学学院与中国农业科学院特产研究所合作意向书 Letter of Intent between Department of Chemistry and Biochemistry，University of Colorado at Boulder，USA and the Institute of Special Wild Economic Animals and Plants，Chinese Academy of Agricultural Science，China	科罗拉多大学博尔德分校 University of Colorado at Boulder	一般性合作协议	2018. 8. 8
89	特产所	中国农业科学院特产研究所与哈萨克斯坦国家大角鹿商会框架协议 Framework Agreement between Institute of Special Animal and Plant Sciences of Chinese Academy of Agricultural Sciences and Kazakhstan National Horned Deer Chamber of Commerce	哈萨克斯坦国家大角鹿商会 Kazakhstan National Horned Deer Chamber of Commerce	一般性合作协议	2018. 11. 7
90	特产所	人参新品种选育合作协议 Cooperation Agreement on Selection and Breeding of New Ginseng Varieties	韩国庆熙大学 Gyeonghee University	一般性合作协议	2018. 2. 3
91	特产所	无土栽培绿色人参生产技术合作研究协议书 Soilless Cultivation Ginseng Production Technology Cooperation Research Agreement	韩国庆熙大学 Gyeonghee University	一般性合作协议	2018. 7. 9

（续表）

序号	单位名称	合作谅解备忘录/协议名称（中英文）	外方签署单位名称（中英文）	协议类型	签署时间
92	特产所	建立联合实验室谅解备忘录 Memorandum of Understanding on the Establishment of Cooperative Laboratory	赞比亚农业合作社联盟 The Zambia Cooperative Federation	联合实验室	2018. 6. 1
93	沼科所	农业农村部沼气科学研究所与苏丹农业部合作谅解备忘录 MOU of Biogas Institute of Ministry of Agriculture and Ministry of Agriculture of Sudan	苏丹农业部 Ministry of Agriculture of Sudan	谅解备忘录	2018. 11. 1
94	沼科所	农业农村部沼气科学研究所与马来西亚槟城州政府合作谅解备忘录 MOU of Biogas Institute of Ministry of Agriculture and Penang Government of Malaysia	马来西亚槟城州政府 Penang Government of Maylasia	谅解备忘录	2018. 9. 1
95	烟草所	合作谅解备忘录 Memorandum of Understanding	英国约克大学 University of York	一般性合作协议	1905. 7. 10
96	基因组所	中国农业科学院深圳农业基因组研究所—挪威生物经济研究院合作备忘录 MOU of AGIS and NIBIO	挪威生物经济研究院（NIBIO）	一般性合作协议	2018. 5. 13
97	植保所	匈牙利文学院农业研究中心与中国农业科学院植物保护研究所科技合作协议 Agreement of Scientific Collaboration between Centre for Agricultural Research, Hungary Academy of Sciences and Institute of Plant Protection, Chinese Academy of Agricultural Sciences	匈牙利科学院农业研究中心 Centre for Agricultural Research, Hungary Academy of Sciences	一般性合作协议	2018. 1. 5

（续表）

序号	单位名称	合作谅解备忘录/协议名称（中英文）	外方签署单位名称（中英文）	协议类型	签署时间
98	植保所	关于水稻白叶枯病菌研究的科技合作协议 Scientific Collaboration Agreement	美国科罗拉多州立大学 Dr. Jan E. Leach，Colorado State University	一般性合作协议	2018. 11. 5
99	植保所	一带一路农业研究与发展合作的谅解备忘录 Memorandum of Understanding（MOU）on Cooperation in Agricultural Research and Development for the Belt and Road	巴基斯坦国家粮食安全和研究部（CABI）	一般性合作协议	2018. 10. 17
100	植保所	中—法植物保护国际联合实验室合作意向书 Letter of Intent on CAAS-INRA International Associated Laboratory for Plant Protection	法国农科院（INRA）	建立联合实验室	2018. 9. 29
101	植保所	微生物次生代谢产物和它们在生物防治中的应用科学发展备忘录 Developing of Scientific Research in the Area of Microbial Secondary Metabolites and Their Applications as Bio-control Agents	巴基斯坦计算机与新兴科学大学综合生物科学研究所 Institute of Integrative Biosciences，CECOS University of IT and Emerging Sciences，Peshawar，Pakistan	一般性合作协议	2018. 7. 30
102	植保所	关于共同开展植物病毒和木霉菌进化研究的合作协议 Developing of Scientific Research in the Area of Evolution of Plant Virus and Trichordema Spp.	西班牙瓦伦西亚理工大学植物细胞分子生物学研究所 Institute of Molecular Biology of Plant Cell，BMCP（CSIC-UPV）	一般性合作协议（自然基金项目合作研究）	2018. 8. 20

（续表）

序号	单位名称	合作谅解备忘录/协议名称（中英文）	外方签署单位名称（中英文）	协议类型	签署时间
103	植保所	澜湄项目高层论坛会议纪要 Meeting Minutes the High-Level Forum for LMCSF Project "Establishment of the Cooperative Platform for the Green Control and Prevention of Major Crop Diseases and Pests in Lancang-Mekong River Basin"	缅甸农业部，老挝农业部，越南农科院植保所，泰国亚洲医疗和农业研究中心，柬埔寨农业工业部 Plant Protection Division, Department of Agriculture, Myanmar; Department of Agriculture, Lao PDR; Plant Protection Research Institute, Vietnam Academy of Agricultural Sciences, Vietnam; AMARC Co., Ltd, Thailand; Department of Agro-Industry, Cambodia	建立多边合作平台	2018. 11. 21
104	植保所	中国农科院植保所与越南农科院植保所的合作备忘录 MOU for Institutional Cooperation between IPP, CAAS and PPRI, VAAS	越南农科院植保所 Plant Protection Research Institute, Vietnam Academy of Agricultural Sciences	一般性合作协议	2018. 9. 9
105	植保所	中国农科院与老挝农林业司在植物保护领域的合作备忘录 Memorandum of Agreement between Ministry of Agricultrure and Forestry, Lao PDR and CAAS on Plant Protection Preamble	老挝农业林业司 Ministry of Agricultrure and Forestry, Lao PDR	一般性合作协议	2018. 1. 23

（续表）

序号	单位名称	合作谅解备忘录/协议名称（中英文）	外方签署单位名称（中英文）	协议类型	签署时间
106	植保所	中国农业科学院植物保护研究所与加拿大圭尔夫大学的联合研究备忘录 Memorandum of Understanding between iBOL Corporation and IPP-CAAS	加拿大圭尔夫大学 The University of Guelph	一般性合作协议	2018. 5. 16
107	植保所	与生物保护和生物安全研究相关的合作备忘录 MOU in Relation to Bioprotecion and Biosecurity Research	新西兰植物与食物研究所 The New Zealand Institute for Plant & Food Research Limited	一般性合作协议	2018. 5. 8
108	植保所	关于生物防治的北京宣言 Beijing Declaration for Biological Control	IOBC，CABI	一般性合作协议	2018. 5. 16

中国农业科学院 2018 年新建国际合作平台清单

一、海外平台

序号	单位名称	合作国家	外方合作单位名称（中英文）	国际合作平台名称（中英文）	建立时间	所在地区	合作方向
1	资划所	波兰	波兰土壤科学和作物栽培研究所 Institute of Soil Science and Plant Cultivation- State Research，IUNG-PIB	中波土壤可持续发展合作研究平台 Poland-Sino Soil Sustainable Development Joint Research Platform between IUNG-PIB and IARRP，CAAS	2018. 7. 23	中国、波兰	中欧粮食安全、推动农业可持续发展和生态环境建设
2	资划所	奥地利	国际原子能机构 International Atomic Energy Agency（IAEA）	国际原子能机构联合中心 IAEA Collaborating Centre	2018. 12. 31	中国、奥地利	农业核事故应急准备与影响评估
3	棉花所	乌兹别克斯坦	乌兹别克斯坦农业科学生产中心 Uzbekistan Agricultural Science and Production Center	中乌棉花联合实验室 China-Uzbekistan Cotton Joint Laboratory	2018. 2. 6	乌兹别克斯坦	综合植棉技术的展示

（续表）

序号	单位名称	合作国家	外方合作单位名称（中英文）	国际合作平台名称（中英文）	建立时间	所在地区	合作方向
4	兰兽研	匈牙利	匈牙利生物防护和传染病防控欧洲三角研究中心 RT-Europe Research Center	中国农业科学院兰州兽医研究所—匈牙利生物防护和传染病防控欧洲三角研究中心共建动物支原体病防控联合实验室 LVRI-RT-ERC Joint Laboratory for Animal Mycoplasmal Disease Control	2018. 10. 10	匈牙利	动物支原体疫病防控
5	兰兽研	波斯尼亚和黑塞哥维那	萨拉热窝大学 University of Sarajevo	中东欧16国与中国共建16+1兽医研究中心 Center for Veterinary Research Co-operation between China and 16 Countries of South East Europe	2018. 12. 6	波斯尼亚和黑塞哥维那	申报科研项目、师资互派互访、留学生招生培养
6	特产所	赞比亚	赞比亚合作联合会 Zambia Cooperative Federation (ZCF)	中赞兽医生物技术联合实验室 The China-Zambia Joint Laboratory for Veterinary Biotechnology	2018. 6. 1	赞比亚	建立兽医生物安全防护三级实验室
7	植保所	瑞士	国际应用生物科学中心（CABI）	中国农业农村部-CABI欧洲实验室 MARA China-CABI European Laboratory	2018. 1. 1	瑞士	联合开展跨境有害生物防控研究，共同开发和利用原产地天敌和微生物资源，搭建生物防治技术研发平台

二、国内平台

序号	单位名称	合作国家	外方合作单位名称（中英文）	国际合作平台名称（中英文）	建立时间	所在地区	合作方向
1	中国农业科学院	泰国	泰国农业大学 The Kasetsart University of the Kingdom of Thailand	中国农业科学院与泰国农业大学食用豆类作物联合实验室 Joint Laboratory on Food Legume Research Between the Kasetsart University of Thailand and the Chinese Academy of Agricultural Sciences	2018. 8. 23	北京市	食用豆类研究
2	中国农业科学院	加拿大	加拿大农业及农业食品部萨斯卡通研究中心 Saskatoon Research and Development Centre，Agriculture and AGRI-Food，Canada	中国—加拿大油菜遗传改良与利用联合实验室（武汉） China-Canada Joint Lab of Genetic Improvement and Utilization of Rapeseed（Wuhan）	2018. 9. 3	湖北省武汉市	油菜遗传改良与利用
3	加工所	丹麦	丹麦哥本哈根大学食品科学系 Department of Food Science，University of Copenhagen，Denmark	肉品科学与技术联合研究中心 Jiont Research Center for Meat Science and Technology	2018. 9. 5	北京市	肉品科学

（续表）

序号	单位名称	合作国家	外方合作单位名称（中英文）	国际合作平台名称（中英文）	建立时间	所在地区	合作方向
4	加工所	美国	美国德雷塞尔大学工学院 College of Enginering, Drexel University, USA	中国农业科学院农产品加工研究所/美国德雷塞尔大学工学院 3D 打印食品研究中心 Institute of Food Science and Technology, Chinese Academy of Agricultural Science and College of Enginering/Drexel University, USA 3D Printing Food Research Center	2018. 8. 24	北京市	精准营养与 3D 打印
5	生物所	国际组织	国际水稻研究所 International Rice Research Institute	中国农业科学院—国际水稻研究所光合作用与 C_4 水稻联合实验室 Caas-Irri Joint Laboratory on Photosynthetic Improvement And C_4 Rice Development	2018. 11. 5	北京市	作物高光效与 C_4 水稻
6	灌溉所	英国	英国詹姆斯赫顿研究所 The James Hutton Institute, UK	中英水土资源可持续利用联合研究中心 China - UK Water and Soil Resources Sustainable Utilization Joint Research Centre, China - UK Wise	2018. 8. 8	河南省新乡市	农业水和土壤环境质量监测、根际微生物作用过程与调控、农业面源污染与水流域管理、温室气体排放及其调控机制、农业污染物的环境化学行为、农业环境污染物的迁移模型、环境污染物风险评价与控制

（续表）

序号	单位名称	合作国家	外方合作单位名称（中英文）	国际合作平台名称（中英文）	建立时间	所在地区	合作方向
7	水稻所	巴基斯坦	巴基斯坦卡拉奇大学化学和生物科学国际中心 International Center for Chemical and Biological Sciences, Karachi University	中巴杂交水稻研究中心 Sino - Pakistan Hybrid Rice Research Center	2018. 10. 30	浙江省杭州市	杂交水稻品种选育与联合开发
8	麻类所	意大利	意大利国家研究委员会高分子、复合材料和生物材料研究所 Institute of Polymers, Composites and Biomaterials, National Research Council of Italy	IPCB & IBFC 麻纤维复合材料联合实验室 IPCB & IBFC Joint Lab of Bast Fi-ber-based Composites	2018. 7. 12	湖南省长沙市	麻纤维材料研发
9	麻类所	保加利亚	保加利亚普罗夫迪夫农业大学 Agicultural University-Plovdiv, Bulgarian	特色园艺作物联合实验室 Joint Specialty Horticultural Crops Laboratory	2018. 11. 6	湖南省长沙市	特色蔬菜育种
10	麻类所	保加利亚	保加利亚农业科学院土壤科学、农业技术和植保研究所 Institute of Soil Science, Agro-technologyies and Plant Protection "Nikola Poushkarov" under the Bulgarian Academy of Agricultural Science, Bulgarian	特色园艺作物联合实验室 Joint Specialty Horticultural Crops Laboratory	2018. 11. 6	湖南省长沙市	特色蔬菜育种

（续表）

序号	单位名称	合作国家	外方合作单位名称（中英文）	国际合作平台名称（中英文/日文）	建立时间	所在地区	合作方向
11	郑果所	哈萨克斯坦	哈萨克斯坦国立农业大学 Kazakh National Agrarian University	中哈果树生物学国际联合实验室 Kazakhstan–Chinese Joint Laboratory for Horticultural and Biology Sciences	2018. 7. 20	河南省郑州市	果树生物学研究
12	郑果所	日本	岩手大学 Iwate University	中日果树科学与技术联合实验室 中一日果樹科学及び技術共同研究室	2018. 9. 3	河南省郑州市	果树育种和栽培技术研究
13	哈兽研	国际组织	世界动物卫生组织（OIE）	OIE 鸡传染性法氏囊病参考实验室 OIE Reference Laboratory for Infectious Bursal Disease	2018. 5. 29	黑龙江省哈尔滨市	禽病防控
14	兰牧药	“一带一路”沿线国家		草食家畜繁育甘肃省国际科技合作基地 Gansu Province International Scientific and Technological Cooperation Base of Herbivorous Livestock Breeding	2018. 9. 28	甘肃省兰州市	草食家畜育种与繁殖
15	上兽研	美国	美国堪萨斯州立大学 Kansas State University	中美动物流感和禽新发病毒病合作研究实验室 Sino–US Collaborative Laboratory for Animal Influenza and Emerging Avian Viral Diseases	2018. 4. 25	上海市	动物流感和禽新发病毒病

中国农业科学院 2018 年新增国际合作项目清单

序号	单位名称	项目名称	项目来源	承担单位	外方合作单位（中英文）	执行年限
1	作科所	作物突变种质快速利用及新品种高效培育	国际原子能机构	中国农业科学院作物科学研究所	国际原子能机构 International Atomic Energy Agency	2 年
2	作科所	小麦抗病突变材料创制	国际原子能机构	中国农业科学院作物科学研究所	国际原子能机构 International Atomic Energy Agency	5 年
3	作科所	气候智慧型主要粮食作物生产项目（P144531）	农业农村部	中国农业科学院作物科学研究所	世界银行 World Bank 全球环境基金 Global Environment Facility	1 年
4	作科所	中美农作物基因库安全保存与采集技术合作研究	科技部	中国农业科学院作物科学研究所	美国农业部农业局美国国家遗传资源保存实验室 USDA-ARS National Laboratory for Geneetic Resources Preservation（NLGRP）	5 年

（续表）

序号	单位名称	项目名称	项目来源	承担单位	外方合作单位（中英文）	执行年限
5	作科所	发展中国家杰出青年科学家来华工作计划—Essam ElShamey	科技部，国际交流中心	中国农业科学院作物科学研究所	埃及农业研究中心大田作物研究所 Field Crops Research Institute, Agricultural Research Center, Egypt	2年
6	作科所	发展中国家杰出青年科学家来华工作计划—Muhammad Khurshid	科技部，国际交流中心	中国农业科学院作物科学研究所	旁遮普大学 Univerisity of Punjab	2年
7	作科所	中欧大豆优良品种比较和展示	中国农业科学院基本科研业务费专项	中国农业科学院作物科学研究所	多瑙河大豆组织 Danube Soya Association	2年
8	作科所	提高小麦产量遗传进度的育种策略与亲本选配平台研究	国家自然科学基金委员会国际合作项目	中国农业科学院作物科学研究所	国际玉米小麦改良中心（CIMMYT）	5年
9	作科所	玉米氮胁迫相关miRNA的挖掘及其育种应用研究	国家自然科学基金委员会国际合作项目	中国农业科学院作物科学研究所	国际玉米小麦改良中心（CIMMYT）	5年
10	环发所	农业部国际交流与合作专项—中日项目	农业农村部国际合作交流项目	中国农业科学院环境与可持续发展研究所		1年
11	环发所	农业部国际交流与合作专项—APEC 项目	农业部国际合作交流项目	中国农业科学院环境与可持续发展研究所		1年

（续表）

序号	单位名称	项目名称	项目来源	承担单位	外方合作单位（中英文）	执行年限
12	环发所	中国茶叶碳中和项目	联合国粮农组织	中国农业科学院环境与可持续发展研究所	联合国粮农组织（FAO）	1年
13	环发所	用环境核素评价土壤保持	国际原子能机构	中国农业科学院环境与可持续发展研究所	国际原子能机构（IAEA）	6年
14	环发所	气候适应气候变化能力建设	世界自然基金会	中国农业科学院环境与可持续发展研究所	世界自然基金会（WWF）	1年
15	环发所	中—罗农业科技示范园构建及合作研究示范	科技部援外项目	中国农业科学院环境与可持续发展研究所		3年
16	环发所	中国奶牛碳足迹评价与减排项目	国际热带农业研究中心	中国农业科学院环境与可持续发展研究所	国际热带农业研究中心（CIAT）	2年
17	环发所	低碳农业项目	国际热带农业研究中心	中国农业科学院环境与可持续发展研究所	国际热带农业研究中心（CIAT）	3年
18	环发所	中国家畜温室气体排放的测量、报告和核查	国际农业研究磋商组织	中国农业科学院环境与可持续发展研究所	国际农业研究磋商组织（CGIAR）	4年

（续表）

序号	单位名称	项目名称	项目来源	承担单位	外方合作单位（中英文）	执行年限
19	环发所	土地流转对应气候变化的影响	挪威大使馆	中国农业科学院环境与可持续发展研究所	挪威大使馆	1年
20	环发所	IPCC 第六次评估报告中国作者配套经费	国家气候中心	中国农业科学院环境与可持续发展研究所		1年
21	环发所	IPCC 第六次评估报告中国作者配套经费	国家气候中心	中国农业科学院环境与可持续发展研究所		1年
22	环发所	发展中国家妇女科学组织（OWSD）博士生合作研究项目	发展中国家妇女科学组织	中国农业科学院环境与可持续发展研究所	发展中国家妇女科学组织（OWSD）	2年
23	环发所	新型生物降解地膜评价	国际企业	中国农业科学院环境与可持续发展研究所	加拿大环境产品公司 Environmental Production Inc.	1年
24	环发所	推进中日农业科技合作交流	中国农业科学院	中国农业科学院环境与可持续发展研究所		1年
25	环发所	发展非洲廊道伙伴关系项目	全球挑战研究基金	中国农业科学院环境与可持续发展研究所	全球挑战研究基金（GCRF）	4年

（续表）

序号	单位名称	项目名称	项目来源	承担单位	外方合作单位（中英文）	执行年限
26	牧医所	牧草和豆类作物育种以提高欧盟和中国蛋白产量	中国科学技术交流中心	西北农林科技大学	法国农业科学院 National Institute for Agricultural Research	3年
27	牧医所	中国农业科学院—国际家畜研究所畜禽牧草遗传资源联合实验室运行经费	国际家畜研究所	中国农业科学院北京畜牧兽医研究所	国际家畜研究所 International Livestock Research Institute	5年
28	蜜蜂所	蜂胶、蜂王浆质量控制与功能评价体系建设	国家外国专家局	中国农业科学院蜜蜂研究所	巴西坎皮纳斯州立大学药学学院、圣保罗安罕古尔拉大学、澳大利亚联邦科工组织、美国农业部等	1年
29	蜜蜂所	蜜蜂病毒于两种环境下在蜜蜂与胡蜂（原产地中国与入侵地欧洲）间的传播与进化研究	国家自然科学基金委国际合作与交流	中国农业科学院蜜蜂研究所	图尔大学 University of Tours	3年
30	加工所	作物黄萎病菌演化规律及流行检测技术研究	国家外国专家局	中国农业科学院农产品加工研究所	美国加利福尼亚大学戴维斯分校 UC Davis	1年
31	加工所	超高压均质对苹果浊汁品质及贮藏稳定性影响研究	科技部	中国农业科学院农产品加工研究所	农业与食品生物技术研究所 Institute of Agricultural and Food Biotechnology	3年

（续表）

序号	单位名称	项目名称	项目来源	承担单位	外方合作单位（中英文）	执行年限
32	加工所	中阿食品科学技术平台建设研究	农业农村部	中国农业科学院农产品加工研究所	阿根廷拉普拉塔大学 La Plata National University	1年
33	加工所	发展中国家杰出青年科学家来华工作计划项目	科技部	中国农业科学院农产品加工研究所	阿根廷拉普拉塔大学 La Plata National University	1年
34	生物所	科技部杰出青年科学家来访计划	科技部	中国农业科学院生物技术研究所	Kamran Shahzad	1年
35	生物所	水稻叶片空间姿态调控网络及其超级稻分子育种利用	国家自然科学基金委员会	中国水稻研究所、中国农业科学院生物技术研究所、国际水稻研究所	国际水稻研究所（IRRI）	4年
36	农经所	中国农业科研对全球启迪的背景研究	盖茨基金会	中国农业科学院农业经济与发展研究所	国际食物政策研究所 International Food Policy Research Institute	1年
37	农经所	提高中国农业对外合作话语权研究	农业农村部农业国际交流与合作项目	中国农业科学院农业经济与发展研究所		3年

（续表）

序号	单位名称	项目名称	项目来源	承担单位	外方合作单位（中英文）	执行年限
38	农经所	气候变化背景下支持环境友好型粮食生产和粮食安全的技术创新及其对中国与挪威合作的机遇和挑战研究	中国—挪威国际合作项目子课题	中国农业科学院农业经济与发展研究所	挪威生物经济研究院 Norwegian Institute of Bio-economy Research，NIBIO	5年
39	资划所	2018 APEC 粮食安全新动向追踪	农业农村部	中国农业科学院农业资源与农业区划研究所		1年
40	资划所	2018 推动中澳基于作物监测与预测的粮食安全合作计划	农业农村部	中国农业科学院农业资源与农业区划研究所		1年
41	资划所	退化生态系统恢复的技术和机制研究	境外单位	中国农业科学院农业资源与农业区划研究所	国际植物遗传资源研究所 International Plant Genetic's Research Institute（IPGRI）	1年
42	资划所	草地碳收支监测评估技术合作研究	科技部	中国农业科学院农业资源与农业区划研究所	美国密歇根州立大学 Michigan State University	2年
43	信息所	中国东盟粮食安全信息培训	农业农村部国际合作司	中国农业科学院农业信息研究所		1年

（续表）

序号	单位名称	项目名称	项目来源	承担单位	外方合作单位（中英文）	执行年限
44	信息所	扬帆出海培训工程—第二届“一带一路”沿线国家农业政策研究人员研修班	农业农村部国际合作司	中国农业科学院农业信息研究所		1年
45	信息所	中国参与G20农业市场信息系统支撑能力建设及FAO农业信息问卷调研	农业农村部国际合作司	中国农业科学院农业信息研究所		1年
46	信息所	农业对外合作产业与科技信息采集和分析研究	农业农村部国际合作司	中国农业科学院农业信息研究所		1年
47	信息所	金砖国家农业信息分析及系统研发	农业农村部国际合作司	中国农业科学院农业信息研究所		1年
48	信息所	农业展望技术进展研究	经合组织	中国农业科学院农业信息研究所	经合组织（OECD）	1年
49	信息所	“一带一路”框架下农业合作研究	联合国粮食及农业组织	中国农业科学院农业信息研究所	联合国粮食及农业组织（FAO）	1年

（续表）

序号	单位名称	项目名称	项目来源	承担单位	外方合作单位（中英文）	执行年限
50	信息所	国际减贫经验与启示	联合国粮食计划署	中国农业科学院农业信息研究所	联合国粮食计划署（WFP）	1 年
51	信息所	WFP 南南合作知识共享平台项目	联合国粮食计划署	中国农业科学院农业信息研究所	联合国粮食计划署（WFP）	1 年
52	信息所	支持中国 2020 年后扶贫战略与行动研究	福特基金会	中国农业科学院农业信息研究所	福特基金会 The Ford Foundation	3 年
53	信息所	青年基于 ICT 创新性参与价值链发展研究	联合国粮食及农业组织	中国农业科学院农业信息研究所	联合国粮食及农业组织（FAO）	2 年
54	信息所	FAO 中文出版物计划	联合国粮食及农业组织	中国农业科学院农业信息研究所	联合国粮食及农业组织（FAO）	1 年
55	质标所	减少抗菌药物用量的畜禽健康养殖与动物福利综合技术研究与示范	科技部	中国农业科学院农业质量标准与检测技术研究所	瓦赫宁根大学及研究中心畜牧研究所等 Wageningen UR Livestock Research	3 年
56	质标所	挪威使馆援助项目二期	挪威大使馆	中国农业科学院农业质量标准与检测技术研究所	挪威生物经济研究所 Norwegian Institute of Bio-economy Research	3 年

（续表）

序号	单位名称	项目名称	项目来源	承担单位	外方合作单位（中英文）	执行年限
57	质标所	IAEA RAS 5081 项目“运用核技术提高食品安全和保障地区食品真实性”	国际原子能机构	中国农业科学院农业质量标准与检测技术研究所	国际原子能机构等 International Atomic Energy Agency	4 年
58	营养所	中国居民大米消费需求与消费选择行为研究（2016—2020）	日本国际农林水产业研究中心	农业农村部食物与营养发展研究所	日本国际农林水产业研究中心 Japan International Research Center for Agricultural Sciences，JIRCAS	3 年
59	营养所	澳洲小麦在中国面食产业发展中的应用与前景评估	澳大利亚农业部	农业农村部食物与营养发展研究所	澳大利亚农业部 The Australian Government Department of Agriculture and Water Resources	2 年
60	营养所	中国和发展中国家农村儿童营养改善方式及影响和机理的比较研究	国家自然科学基金委员会	农业农村部食物与营养发展研究所	国际食物政策研究所 International Food Policy Research Institute	3 年
61	灌溉所	再生废水长期灌溉后农业土壤微生物组中抗生素和金属抗性基因的多样性和丰度	中英农业可持续集约化发展联合中心（CSIA）	洛桑试验站、灌溉所	英国洛桑试验站	1 年
62	水稻所	水稻机插侧深施肥技术创新与示范	国家外国专家局	中国水稻研究所	日本株式会社佐竹、韩国农村振兴厅	1 年

（续表）

序号	单位名称	项目名称	项目来源	承担单位	外方合作单位（中英文）	执行年限
63	水稻所	稻田天敌多样性研究及天敌图库的构建	浙江省外国专家局	中国水稻研究所	国际水稻研究所	1 年
64	水稻所	水稻减肥增效绿色生产技术示范	浙江省外国专家局	中国水稻研究所	日本株式会社佐竹	1 年
65	水稻所	东盟地区水稻、蔬菜等作物新品种、新技术集成创新与示范	院科技创新工程协同创新项目	中国水稻研究所	东南亚多个国家研究机构	3 年
66	水稻所	水稻叶片空间姿态调控网络及其超级稻分子育种利用	国家自然科学基金委员会	中国水稻研究所	国际水稻研究所	5 年
67	水稻所	农药试验	陶氏益农农业科技（中国）有限公司	中国水稻研究所	陶氏益农农业科技（中国）有限公司	1 年
68	水稻所	农药药效评估试验 1	巴斯夫（中国）有限公司	中国水稻研究所	巴斯夫（中国）有限公司	1 年
69	水稻所	农药药效评估试验 2	巴斯夫（中国）有限公司	中国水稻研究所	巴斯夫（中国）有限公司	1 年
70	水稻所	灵斯科农化产品评估试验	陶氏益农农业科技有限公司	中国水稻研究所	陶氏益农农业科技有限公司	2 年
71	水稻所	农药田间药效探索试验	德国拜耳作物科学（中国）有限公司	中国水稻研究所	德国拜耳作物科学（中国）有限公司	1 年

（续表）

序号	单位名称	项目名称	项目来源	承担单位	外方合作单位（中英文）	执行年限
72	水稻所	中国—挪威关于应对气候变化开展环境友好型食品生产和安全研发项目	挪威生物经济研究所	中国水稻研究所	挪威生物经济研究所	5年
73	棉花所	棉花育种及增产增效技术研究	国家外国专家局	中国农业科学院棉花研究所	澳大利亚莫道克大学 Murdoch University 英国赫特福德郡大学 University of Hertfordshire 英国东茂林研究所 NIAB East Malling Research 美国佐治亚大学 University of Georgia 美国爱荷华州立大学 Iowa State University 美国新墨西哥州立大学 New Mexico State University	1年
74	棉花所	棉花抗逆资源引进及功能基因研究	河南省外国专家局	中国农业科学院棉花研究所	费萨拉巴德农业大学 University of Agriculture, Faisalabad, Pakistan 巴基斯坦旁遮普省农业科学院棉花研究所 Ayub Agricultural Research Institute, Cotton Research Institute, Faisalabad, Pakistan	1年

（续表）

序号	单位名称	项目名称	项目来源	承担单位	外方合作单位（中英文）	执行年限
75	油料所	花生抗青枯病特异种质发掘及抗性分子标记研究	国家自然科学基金委员会	中国农业科学院油料作物研究所	国际半干旱热带作物研究所（ICRISAT）	4 年
76	果树所	杰出青年科学家来访计划	科技部	中国农业科学院果树研究所	缅甸曼德勒分部，生物技术研究部 Plant Tissue Culture Lab，Biotechnolgy Reserach Department，Kyaukse，Ministry of Education，Myanmar	1 年
77	郑果所	中国—罗马尼亚农业科技示范园构建及合作研究示范	科技部	中国农业科学院郑州果树研究所	罗马尼亚农业及兽医药大学 University of Agronomic Sciences and Veterinary Medicine Bucharest	3 年
78	郑果所	桃砧木无性繁殖与工厂化育苗技术消化吸收及示范应用	国家外国专家局	中国农业科学院郑州果树研究所	阿拉贡科研发展基金会（ARAID）	1 年
79	郑果所	葡萄抗寒育种关键技术引进	河南省外国专家局	中国农业科学院郑州果树研究所	美国农业部（USDA）	1 年
80	郑果所	高端精品甜瓜栽培与植保技术示范推广	郑州市外国专家局	中国农业科学院郑州果树研究所		1 年

（续表）

序号	单位名称	项目名称	项目来源	承担单位	外方合作单位（中英文）	执行年限
81	郑果所	甜瓜防治白粉病 IPM 技术	郑州市外国专家局	中国农业科学院郑州果树研究所	康奈尔大学 Cornell University	1 年
82	郑果所	桃常规和分子育种技术引进	郑州市外国专家局	中国农业科学院郑州果树研究所	美国农业部 （USDA）	1 年
83	郑果所	猕猴桃育种及加工技术研究	郑州市外国专家局	中国农业科学院郑州果树研究所	新西兰皇家植物与食品研究所 The New Zealand Institute for Plant & Food Research Ltd	1 年
84	茶叶所	中国的碳平衡茶叶生产：建立技术体系	联合国粮食和农业组织	中国农业科学院茶叶研究所	联合国粮农组织 （FAO）	1 年
85	哈兽研	中国—英国全球食品安全：家禽健康发展中的肿瘤病控制	国家自然科学基金委员会	中国农业科学院哈尔滨兽医研究所（扬州大学为项目主持单位）	英国 Pirbright 研究所 The Pirbright Institute	3 年
86	兰兽研	口蹄疫病毒样颗粒靶向树突状细胞的免疫优化及机制研究	国家自然科学基金项目—国际（地区）合作与交流项目	中国农业科学院兰州兽医研究所	韩国原子能研究院 Korea Atomic Energy Research Institute	2 年
87	兰兽研	中国重大跨境动物疫病监测技术培训班	科技部发展中国家技术培训班	中国农业科学院兰州兽医研究所		1 年

（续表）

序号	单位名称	项目名称	项目来源	承担单位	外方合作单位（中英文）	执行年限
88	兰兽研	表达 Var2 株 S 基因的重组传染性支气管炎病毒的构建及其特性分析中方	科技部国际合作司—中国与波兰科技合作委员会第 37 届例会交流项目	中国农业科学院兰州兽医研究所	波兰国家兽医研究所 Poland National Veterinary Institute	2 年
89	兰兽研	牛支原体感染的细胞免疫学反应研究	科技部国际合作司—中国与波兰科技合作委员会第 37 届例会交流项目	中国农业科学院兰州兽医研究所	波兰国家兽医研究所 Poland National Veterinary Institute	2 年
90	兰兽研	OIE 口蹄疫参考实验室对外交流与合作	农业国际交流与合作	中国农业科学院兰州兽医研究所		1 年
91	兰兽研	非洲猪瘟 Sandwich ELISA 和金标试纸条方法的建立与应用	甘肃省国际科技合作专项	中国农业科学院兰州兽医研究所	波兰国家兽医研究所 Poland National Veterinary Institute	2 年
92	兰牧药	畜禽精准用药技术与减少抗生素用量的新型中兽药制剂的研发	科技部	中国农业科学院兰州畜牧与兽药研究所	瓦赫宁根大学、法国国家农业研究所、法国猪研究所、VitaTrace 营养有限公司 Wageningen University（WU）、French National Institute of Agricultural Research（INRA）、French Pork and Pig Institute（IFIP）、VitaTrace Nutrition Ltd（VTN）	3 年

（续表）

序号	单位名称	项目名称	项目来源	承担单位	外方合作单位（中英文）	执行年限
93	兰牧药	中泰传统兽医学防病技术特色示范	甘肃省科学技术协会	中国农业科学院兰州畜牧与兽药研究所	泰国清迈大学 Chiang Mai University，Thailand	1年
94	兰牧药	奶牛乳房炎疫苗有效性和安全性初评价	外方资助	中国农业科学院兰州畜牧与兽药研究所	香港 PreciVax 诊断试剂有限公司 PreciVax Therapeutics Ltd-HK	1年
95	兰牧药	奶牛乳房炎疫苗保护效果评价	外方资助	中国农业科学院兰州畜牧与兽药研究所	香港 PreciVax 诊断试剂有限公司 PreciVax Therapeutics Ltd-HK	1年
96	上兽研	畜产品中食源性病原体的监测和安全评估技术体系	国家重点研发计划政府间合作项目	中国农业科学院上海兽医研究所	蒙古国生命科学大学 Graduate School，Mongolian University of Life Sciences，Mongolia	3年
97	草原所	苜蓿蚜虫寄生性天敌应用技术的引进创新	科技部	中国农业科学院草原研究所	美国农业部（ARS）	3年
98	草原所	牧草和豆类作物育种以提高蛋白质生产	重点研发课题	中国农业科学院草原研究所	欧盟	4年

（续表）

序号	单位名称	项目名称	项目来源	承担单位	外方合作单位（中英文）	执行年限
99	特产所	寒地浆果种质资源及高效利用关键技术	国家外国专家局	中国农业科学院特产研究所	“马伽拉奇”国家葡萄种植与葡萄酒酿造研究所、全俄伯塔平科葡萄种植与酿酒研究所、联邦东北罗德尼茨农业科学中心、俄罗斯科学院西伯利亚分院中央植物园、俄罗斯科学院远东分院联邦东亚陆地生物多样性科学中心、全俄瓦维洛夫植物栽培研究所远东实验站、全俄瓦维洛夫植物栽培研究所马依科普实验站、俄罗斯国立K. A. 季米里亚泽夫农业大学	1 年
100	特产所	鹿茸再生机制与鹿茸生产技术研究	吉林省外国专家局	中国农业科学院特产研究所	德国法兰克福再生研究中心、悉尼大学、奥塔哥大学	1 年
101	环保所	中英生态环保型农业生产技术研究与示范	农业农村部国际合作交流项目	农业农村部环境保护科研监测所	无	1 年
102	环保所	中国—欧洲农业环境技术国际合作创新平台运行维护	农业农村部国际合作交流项目	农业农村部环境保护科研监测所	无	1 年
103	沼科所	农业国际交流与合作项目	农业农村部	农业农村部沼气科学研究所	摩尔多瓦农业部、葡萄牙能源实验室	1 年

（续表）

序号	单位名称	项目名称	项目来源	承担单位	外方合作单位（中英文）	执行年限
104	沼科所	湄公河流域国家沼气技术培训班	商务部[①]	农业农村部沼气科学研究所		1年
105	沼科所	2018年发展中国家沼气推广管理研修班	商务部	农业农村部沼气科学研究所		1年
106	沼科所	2018年非洲法语国家沼气推广管理官员研修班	商务部	农业农村部沼气科学研究所		1年
107	沼科所	2018年发展中国家沼气技术与农村能源、环境保护培训班	商务部	农业农村部沼气科学研究所		1年
108	沼科所	2018年“一带一路”沿线国家饲料配方推广研修班	商务部	农业农村部沼气科学研究所		1年
109	沼科所	2018年发展中国家农村新能源官员研修班	商务部	农业农村部沼气科学研究所		1年
110	沼科所	2018年发展中国家新型肥料应用技术培训班	商务部	农业农村部沼气科学研究所		1年

① 中华人民共和国商务部，全书简称商务部。

（续表）

序号	单位名称	项目名称	项目来源	承担单位	外方合作单位（中英文）	执行年限
111	沼科所	2018年斯里兰卡城市固体废弃物处理研修班	商务部	农业农村部沼气科学研究所		1年
112	沼科所	2018年巴拿马绿色环保与节能减排研修班	商务部	农业农村部沼气科学研究所		1年
113	沼科所	2018年非洲法语国家沼气技术培训班	商务部	农业农村部沼气科学研究所		1年
114	沼科所	2018年摩洛哥环保和可持续发展研修班	商务部	农业农村部沼气科学研究所		1年
115	沼科所	2018年巴拿马生态旅游开发研修班	商务部	农业农村部沼气科学研究所		1年
116	沼科所	2018年发展中国家农业废弃物沼气化处理利用技术培训班	商务部	农业农村部沼气科学研究所		1年
117	沼科所	2018年发展中国家生物质能源技术改良与利用研修班	商务部	农业农村部沼气科学研究所		1年
118	沼科所	2018年发展中国家生物天然气官员研修班	商务部	农业农村部沼气科学研究所		1年

（续表）

序号	单位名称	项目名称	项目来源	承担单位	外方合作单位（中英文）	执行年限
119	沼科所	2018 年亚洲国家沼气与循环农业培训班	农业农村部	农业农村部沼气科学研究所		1 年
120	沼科所	2018 年老挝沼气推广技术海外培训班	商务部	农业农村部沼气科学研究所		1 年
121	沼科所	2018 年发展中国家生物质能源利用官员研修班	商务部	农业农村部沼气科学研究所		1 年
122	沼科所	2018 年发展中国家村镇污水处理技术培训班	商务部	农业农村部沼气科学研究所		1 年
123	植保所	MOA－CABI 生物安全联合实验室科技合作项目	联合实验室	中国农业科学院植物保护研究所		1 年
124	植保所	中国—挪威合作 Sinograin2：技术创新，支持环保型食品生产、食品安全和气候变化	挪威政府	挪威生物经济研究所（NIBIO）	挪威生物经济研究所 Norwegian Institute of Bioeconomy Research（NIBIO）	4 年
125	植保所	玉米蚜实验室品系	先锋种业国际 Pioneer Hi－Bred International，Inc.	中国农业科学院植物保护研究所	先锋种业国际 Pioneer Hi-Bred International，Inc.	1 年

（续表）

序号	单位名称	项目名称	项目来源	承担单位	外方合作单位（中英文）	执行年限
126	植保所	亚洲玉米螟研究	先锋种业国际 Pioneer Hi-Bred International，Inc.	中国农业科学院植物保护研究所	先锋种业国际 Pioneer Hi-Bred International，Inc.	1 年
127	植保所	转基因玉米田间试验	先锋海外合作公司 Pioneer Overseas Corporation	中国农业科学院植物保护研究所	先锋海外合作公司 Pioneer Overseas Corporation	1 年
128	植保所	茶翅蝽越冬成虫的高效物理诱捕技术研究	新西兰	农业农村部—CABI 联合实验室、西北农林科技大学	CABI 英国国际应用生物科学中心 新西兰植物与食品研究院 The New Zealand Institute for Plant & Food Research Limited 新西兰佳沛集团 ZESPRI Group Limited	1 年
129	植保所	猕猴桃园茶翅蝽发生及为害规律研究	新西兰	农业农村部—CABI 联合实验室、西北农林科技大学	CABI 英国国际应用生物科学中心 新西兰植物与食品研究院 The New Zealand Institute for Plant & Food Research Limited 新西兰佳沛集团 ZESPRI Group Limited	3 年

（续表）

序号	单位名称	项目名称	项目来源	承担单位	外方合作单位（中英文）	执行年限
130	植保所	硫丹替代技术筛选、试验及技术模型集成咨询服务	中国	全国农业技术推广服务中心、农业农村部—CABI联合实验室	CABI 英国国际应用生物科学中心	2 年
131	植保所	澜沧江—湄公河流域农作物主要病虫害绿色防控合作平台的创建	农业农村部	中国农业科学院植物保护研究所	泰国、越南、老挝、柬埔寨	1 年
132	植保所	设施蔬菜真菌病害综合防治技术的示范与推广	国家外国专家局	中国农业科学院植物保护研究所		1 年
133	植保所	绿僵菌与生态协同防控草原蝗虫技术与示范推广	国家外国专家局	中国农业科学院植物保护研究所		1 年
134	植保所	全球气候变化下中捷麦类作物病毒病防控新策略合作研究	政府间国际科技创新合作重点专项	中国农业科学院植物保护研究所		3 年
135	植保所	中欧果树苗木无病毒化合作研究	政府间国际科技创新合作重点专项	中国农业科学院植物保护研究所		3 年
136	植保所	小麦谷物蚜虫和大麦黄矮病毒的远程检测	中英农业可持续集约化发展联合中心种子基金	中国农业科学院植物保护研究所	洛桑研究所	2 年

（续表）

序号	单位名称	项目名称	项目来源	承担单位	外方合作单位（中英文）	执行年限
137	植保所	快速检测镰刀菌空气接种物和杀真菌剂抗性，以改善作物产量和霉菌毒素管理	中英农业可持续集约化发展联合中心种子基金	中国农业科学院植物保护研究所、洛桑研究所	洛桑研究所	2 年
138	植保所	草杂草的收敛性演变：英国和中国种群中的除草剂抗性	中英农业可持续集约化发展联合中心种子基金	中国农业科学院植物保护研究所	洛桑研究所	2 年
139	植保所	Ahmed Salem Abdelkhalek Mohamed	科技部亚非国家杰出青年科学家来华工作	中国农业科学院植物保护研究所	埃及	2 年
140	植保所	Amr Abdelbary Hassan	科技部亚非国家杰出青年科学家来华工作	中国农业科学院植物保护研究所	埃及	2 年
141	植保所	Jamal U Ddin Hajano	科技部亚非国家杰出青年科学家来华工作	中国农业科学院植物保护研究所	巴基斯坦	2 年
142	植保所	Buyanjargal Ba tchuluun	科技部亚非国家杰出青年科学家来华工作	中国农业科学院植物保护研究所	蒙古	2 年
143	植保所	Thinzar Toe	科技部亚非国家杰出青年科学家来华工作	中国农业科学院植物保护研究所	缅甸	2 年
144	植保所	Yu Wah Thein	科技部亚非国家杰出青年科学家来华工作	中国农业科学院植物保护研究所	缅甸	2 年
145	植保所	Shun Lai Bi	科技部亚非国家杰出青年科学家来华工作	中国农业科学院植物保护研究所	缅甸	2 年

中国农业科学院2018年组织召开重大国际会议（外宾30人以上）清单

序号	主办单位	会议名称	会议内容	主要参会国际组织、国家	参会人数（人）		地点	时间
					中宾	外宾		
1	中国农业科学院、国际应用生物科学中心（CABI）	CABI亚太地区成员国磋商会暨农业农村部—CABI生物安全联合实验室10周年研讨会	探讨在“一带一路”倡议下加强农业价值链和贸易联系，提高农业生产率，改善农民收入	CABI、孟加拉、印度、缅甸、巴基斯坦、巴布亚新几内亚等	40	60	北京	10月17—18日
2	植保所	第一届国际生物防治大会	探讨生物防治的前沿研究和产业发展展望	美国、孟加拉、柬埔寨、比利时、芬兰等	700	300	北京	5月14—16日
3	植保所	第二届MycoKey国际真菌毒素大会	真菌毒素控制集成解决方案	意大利、荷兰、美国、西班牙、芬兰等	200	45	湖北武汉	9月16—18日
4	农经所	农业基准研究网络—作物经济2018年年会	交流探讨2017年全球农业生产形势和中国农业发展状况、政策等	美国、加拿大、英国、法国、德国等	30	90	北京	6月3—5日
5	水稻所	第二届中国（三亚）国际水稻论坛	全球水稻全产业链各个领域专家学者、种业米业企业代表开展技术交流和品种展示观摩	美国、日本、印度、印度尼西亚、菲律宾等	580	40	海南三亚	4月16—19日

中国农业科学院 2018 年国际合作与交流工作概况

2018 年，在习近平总书记贺信精神指引下，在院领导的直接指挥和相关单位的大力支持下，中国农业科学院国际合作局认真贯彻落实国家“一带一路”倡议和农业“走出去”战略，不断优化国际合作布局，深化合作内容，提升合作层次，全力打造农业科技创新合作新增长点，形成高低有序、层次合理的三级国际合作新格局，助力中国农业科学院农业科技创新水平的大幅提升。国际合作成果丰硕，亮点纷呈，有力推进了中国农业科学院国际化进程，显著提升了中国农业科学院国际影响力。

一、加强与国外农业科研机构的战略合作伙伴关系，推进多双边合作平台建设

圆满接待了英国首相特蕾莎 · 梅、朝鲜劳动党委员长金正恩、吉尔吉斯斯坦总统热恩别科夫、马来西亚总理马哈蒂尔、索马里总统穆罕默德、萨尔瓦多总统桑切斯 6 位国家元首，2 位正国级外国政要以及 30 多位正部级官员，有力拓展和提升了双边合作关系，扩大了中国农业科学院的国际影响力，为国家外交战略做出积极贡献。

组织院领导出访团组 13 个，新签续签院级合作协议和备忘录 16 份，策划召开 30 多个重要学术国际会议，院属单位新签和续签合作协议、联合实验室协议和备忘录等 95 份，对落实中国农业科学院国际合作发展规划、拓展合作渠道起到重要作用。

在原有 134 个国际合作平台基础上，新建 25 个平台，有力加强了与法国、挪威、乌兹别克斯坦、CABI 的合作关系，开拓建立与赞比亚、波黑、波兰、奥地利、匈牙利等农业科技合作平台。

二、全方位拓展多双边合作机制，构建面向全球的科技创新合作体系

（一）继续与重点发达国家开展农业科技合作，助力中国农业科学院建设国家国际农业科学研究高地

加强与美国、加拿大、英国、法国、荷兰等发达国家农业科研机构的合作，召开首届中—澳可持续农业技术论坛、首届中—法农业科学家峰会，与英国 JIC、洛桑研究所分别召开农业科学家研讨会，与挪威 NIBIO 召开气候变化与北极资源农业利用的农业

科学家研讨会，召开中以农业部长级会议—中以农业科技合作分论坛，与美国北卡罗来纳州立大学联合培养研究生计划取得突破性进展，使我院重点、优势科研领域与发达国家的重点研发计划对接，面向国际科技前沿和产业发展重大问题开展联合研发。

（二）积极拓展与“一带一路”沿线国家合作，推动农业科技“走出去”，助力中国农业科学院建设国家国际农业科技转移中心

启动实施创新工程国际合作任务——推动农业科技“走出去”协同创新与集成示范研究，作为落实国家“一带一路”倡议、服务农业科技“走出去”的具体举措。积极推动与中亚国家在棉花、畜牧兽医、人才培养等领域开展深入合作，推动在中东欧国家“16+1”机制下与中东欧国家的农业科技合作，深化与泰国、孟加拉国、老挝、柬埔寨、缅甸等国家在种质资源交换与育种、植物保护、人才培养等多领域的农业科技合作，夯实澜湄合作机制的科技人文基础；召开第二十二届中韩农业科技合作计划会议，推进中国—巴西农业科学联合实验室、中国—智利农业科技研发中心的合作与建设，继续推动中非农业科技“10+10”合作。

三、发挥牵头和引领作用，夯实国内外联动协同创新机制

（一）积极参与 CGIAR、G20、APEC 等多边机制下的农业科技合作，在国际舞台发挥引领和协调作用

一是代表中国积极参与 CGIAR 各项事务，开展调研为中国对 CGIAR 捐款科学决策提供依据，选派 22 名青年科研人员赴 CGIAR 的 7 家中心培训。二是参与落实 G20 农业首席科学家会议机制倡议，组织开展农业技术共享工作组相关工作，建立中国农业技术共享平台网站（英文版）。三是继续担任 APEC 农业技术工作组牵头人，在巴布亚新几内亚举办的第 22 届 ATCWG 年度会议上顺利完成牵头人连任。四是牵头中欧农业技术工作组工作，参加中欧高层对话、中欧农业与农村发展对话机制第十一次会议、中欧科技合作指导委员会第十四次会议。五是强化与 CABI 及其成员国合作关系，参加第十届联合指导委员会会议，联合承办 CABI 亚太地区成员国磋商会，进一步拓展与 CABI 成员国合作，为“一带一路”农业科技建设提供支撑。六是发挥国际原子能机构（IAEA）/RCA 核农学协调办公室职能，促进合作顺利开展和项目申请、科研人员培训工作。

（二）成立全国农业科技“走出去”联盟，围绕“走出去”需求，凝聚多方资源，形成“走出去”合力

立足农业科技“走出去”任务和农业对外合作需求，集聚国内外科技合作优势资源和力量，围绕国际农业科技合作机制创新、国际农业技术转移、海外农业战略研究、国际合作人才培养 4 项职责，成立了全国农业科技“走出去”联盟。海外中心召开新一届管理委员会和专家委员会会议，举办第二届海外农业研究大会，成立中非技术转移联盟；积极推动海外农业信息和大数据挖掘应用，开展对粮棉油糖等 19 个重点品种的监测，完成 65 个国家国别研究报告，为 110 余名海外农业人才提供培训，为 40 多家“走出去”企业提供全方位、立体式海外农业信息服务，推进高水平海外农业智库建设。

（三）对标“两个一流”，为组织培育和自主发起国际大科学计划进一步夯实基础

组织召开“国际大科学计划宣讲研讨会”，形成《中国农业科学院发起国际农业综合性研究计划建议书》，研究制定“发起国际农业大科学计划路线图”和具体实施方案，将粮仓项目和气候智慧型农业 2 个项目任务作为国际大科学计划培育对接项目。

配合中国农业科学院纪念改革开放 40 周年主题系列活动，组织召开“建设‘两个一流’院所国际合作座谈会”，回顾中国农业科学院改革开放以来国际合作历程，集中梳理分析中国农业科学院学科发展与国际水平的差距和问题，研提促进国际一流学科建设的工作建议。

四、推进国际合作重点项目的组织与管理，服务中国农业科学院农业科技创新能力提升和农业科技“走出去”

积极指导和支持院属单位主持和参与科技部、农业农村部、国家自然基金委员会、国家外专局等部委及欧盟、APEC 和 IAEA 等多双边国际合作项目，开展重点领域合作研究。积极参与并申报南南合作基金项目，统筹安排 2019 年基本科研业务费项目。2018 年，院属单位国际合作项目共计 252 项，经费共计 2. 59 亿元；其中，新增国际合作项目共计 194 项（主持 176 项，参与 18 项），新增经费共计 1. 16 亿元，比 2017 年增加 1 200 万元。组织申报 2018 年国家公派高级研究学者、访问学者、博士后项目获批 45 人、公派研究生项目获批 40 人、博士生导师短期出国交流项目录取 1 人，依托生物技术研究所申报的国家“千人计划”外专项目获批，成为农业农村部系统第一个引进的外专“千人计划”专家。

五、积极做好资源收集和先进技术引进工作，继续开展人才培训

大力引进国外优异种质资源。2018 年，中国农业科学院 12 个研究所在农业种质资源引进方面开展了大量工作，全年共引进国外优异种质资源 11 421 份。其中，小麦、蔬菜、棉花、油料作物等农作物 9 812 份，牧草 1 438 份，畜牧种质资源 19 个，日本梅花鹿资源 148 份，引进红梨花粉资源 7 份。

2018 年，中国农业科学院共获得引进境外技术、管理人才项目 4 项，示范推广项目 2 项。获得因公出国（境）培训计划 6 项、28 人次。

共举办援外国际培训班 34 个，对 47 个国家的 1 778 名学员进行专项技术培训。

六、认真落实"放管服"精神，扎实推进管理效益年活动，不断提升国际合作管理和服务水平

（一）加大国际合作管理政策解读和外事教育宣讲力度

成功召开 2018 年院国际合作工作会议，向院属各单位解读国际合作政策及工作流程，指导国际合作工作。编印《涉外工作流程汇编》《因公出国（境）行前教育手册》和《外事管理政策制度汇编》，为国际交流合作提供行为规范和工作指南。

（二）加强因公出国（境）管理，建立因需出访机制

一是做好因公出国（境）计划管理。在调研基础上，加强出访计划执行率的管理，全年全院计划执行率达到 75%；采用指导性计划和因需出访相结合的方式，科学制定 2019 年出国（境）计划。二是进一步完善制度，印发《关于进一步加强因公出国（境）管理的通知》等文件，精简出国（境）任务审批中的附件，为科研人员减负。

（三）开发智慧农科出入境管理系统

在广泛了解需求和征集意见的基础上，本着严格管理、提高效率、加强服务的原则，梳理、研究和设计出国（境）计划管理、任务审批等外事工作流程的优化方案，实行流程再造，并进行多次磨合修改完善，在全院推广应用。

（四）优化自然类和社科类国际合作重大项目分类考核方式

针对自然类和社科类国际合作重大项目考核"一刀切"的问题，展开专项研究，

提出对自然类和社科类国际合作重大项目实行分类考核的方式，在院研究所评价中予以应用。

（五）按照年初计划和国家有关规定，认真做好出国（境）审核、审批、外国人来华邀请和护照、签证等工作

截至 12 月 31 日，全院执行因公出国（境）团组 856 个、1 779 人次。新办护照 585 本，开具出境证明 191 份，采集生物信息（包括指纹、签名）535 人次，开具《被授权单位邀请函》862 份，邀请外宾 1 238 人次。外事管理规范、有序、高效，保证了中国农业科学院国际交流活动的有效开展。

五、人事管理与人才建设

中国农业科学院 2018 年人事人才工作综述

2018 年，人事局在院党组坚强领导下，坚持以习近平新时代中国特色社会主义思想和党的十九大精神为指引，深入贯彻“三个面向”指示精神，落实新时代党的组织路线要求，坚持深化改革和制度创新，各项工作取得了新进展。

一、开拓进取，人事人才工作取得新成效

（一）深入实施人才强院战略，人才工作稳中求进

2018 年是人才工作落实年，重点推进院人才工作会议部署，深化人才发展体制机制改革，努力建设高水平科技创新队伍。

一是成功召开人才工作推进会。在去年人才工作系统布局的基础上，确保人才工作重点任务取得实效，连续第二年召开人才工作会议，进一步夯实全院抓第一资源的思想共识，总结交流院属单位促进人才发展实践经验，着力破解制约人才发展的深层次问题，巩固院所两级抓人才的工作格局。

二是进一步健全人才制度体系。坚持开放的人才工作思路，制定高层次人才柔性引进管理办法，研究人才分类评价、人才协同引进、支撑人才队伍、转化人才队伍等方面制度，广泛征求全院意见。强化目标任务导向，制定了可量化、可考核的农科英才任务目标基础指标，与全部农科英才签订了聘期协议，并启动年度考核工作。深化职称制度改革，全部下放副高级职称评审权限，新设 35 岁以下评选副高、40 岁以下评选正高特殊通道，助推优秀青年人才脱颖而出，2017 年度职称评审中，40 岁以下晋升正高的占总数的 37%，35 岁以下晋升副高的占总数的 44%。继续增加高级职称指标，正高指标增加了 28%，副高增加了 9%。各单位出台了人才发展规划 22 项、配套措施 87 项，我院人才工作制度体系的“四梁八柱”初步构建。

三是持续加强人才引育工作。强化精准引才，根据用人需求编制引才目录，从美国冷泉港实验室、德国马普学会、中国科学院等知名机构全职引进 22 名青年英才，柔性引进 26 名高层次人才。探索人才分类评价，坚持不唯“帽子”、注重发展潜力，按照基础研究、应用研究和软科学研究等学科类型设置评价标准，遴选出 30 名领军 C 类人才，均为没有各类帽子但业绩、能力突出的科研人员，目前全院农科英才 297 人。新增国家级各类人才 46 人，培育所级青年英才 130 人。加强支撑人才队伍建设，举办第三届支撑人才技能竞赛，253 名科研财务助理开展技能大比武，营造尊重技能人才良好氛

围。及时足额兑现人才各项待遇，全年用于人才的工作经费和岗位补助约 2. 1 亿元。

四是健全办事机构。院人才交流服务中心（深圳）正式挂牌，充分利用各方有利资源，全方位拓宽人才引进渠道，全要素完善人才共享机制。成立了院士工作办公室，强化与主管部门沟通，统筹院士申报推荐，做好各项政策落实和日常服务保障。

（二）优化选人用人机制，建设高素质专业化干部队伍

领导班子和干部队伍建设坚持以党的政治建设为统领，认真践行新时代党的组织路线，加强优秀年轻干部选拔培养，健全干部人事制度体系。

一是选优配强领导班子。全年任免部、院管理干部 42 人次。完成 2 个院属单位领导班子换届工作，为 7 个单位配备党委书记，3 个单位配备 3 名“70 后”副职，完成 5 个单位党委纪委换届候选人预备人选批复。

二是系统谋划优秀年轻干部选拔培养。着眼今后全院事业发展需要，研究加强优秀年轻干部发现培养选拔工作的意见，明确我院开展此项工作的总体要求和目标任务。建立优秀年轻干部名册，为下一步深入调研确定人选奠定基础。组织起草了涉及干部选拔任用、教育培训、交流轮岗、异地任职、援派挂职等制度，制定全院推进工作方案，为优秀年轻干部脱颖而出创造良好环境和机制保障。

三是持续深化干部人事制度建设。制定了院领导联系研究所制度，进一步加强院领导对研究所工作的指导，解决研究所实际问题，确保我院各项重点任务更加有力快速落实。制定了领导人员选拔任用纪实办法，进一步规范我院领导人员选拔任用工作，加强选人用人全程监督和倒查追责。关心关爱挂职干部，院里专门组织慰问援疆干部，提高干部援派挂职期间的待遇，健全援派挂职干部激励保障机制。制定机关部门轮岗交流工作实施方案，有序推进机关干部队伍建设。

四是打造高素质专业化干部队伍。举办第三期“现代农业科研院所建设与发展”培训班，组织 18 名领导干部赴英国学习。优化干部成长路径，注重在基层一线、困难艰苦地区和重要岗位培养锻炼年轻干部，选派 30 名优秀干部到乡村振兴和脱贫攻坚一线挂职锻炼。举办组织人事干部能力建设专题培训，全院 120 名人事干部参加培训，进一步提升全院组织人事干部专业素质。选派 103 名领导参加中组部等上级部门培训。

（三）做好劳资调配管理，保障职工切身利益

一是养老保险制度改革平稳落地。启动京区单位养老金征缴发放，养老保险改革正式入轨。及时计发统筹外退休费，确保与养老金同步发放，研究养老保险改革共性问题，印发《关于院属京区单位养老保险制度改革后若干具体问题的处理意见》，做好改革平稳过渡。协助 7 家京外单位做好养老保险参保工作。

二是稳妥推进绩效工资实施。组织 2016 年、2017 年津贴补贴发放情况清理核查，

为推进绩效工资实施做好准备。加强收入分配政策指导，指导全院顺利完成在职人员基本工资调整、养老金调整和增加离休费，确保资金均足额及时发放到位。

三是完成全年公开招聘工作。优化科研人员选拔方式，尊重用人单位自主权，分级分类组织笔试，建立纪检监察参与机制，保障招聘工作公开公正公平。在部系统京外生源指标减少的情况下，我院增加了 12 个京外生源指标，全年招聘各类人员 249 人，为全院科技创新补充了新生力量。

（四）推动转型升级，提升离退休管理服务水平

一是持续加强政治建设和党组织建设。通过开展主题党日活动、邀请专家辅导报告、组织党务干部培训等形式，深入学习领会习近平总书记新时代中国特色社会主义思想。组织完成离退休党总支、支部委员会换届，10 个支部委员会及总支委员会顺利完成了换届工作，基层组织建设得到进一步加强。

二是进一步提升离退休工作质量。加强对院属单位离退休工作指导，对落实中办 3 号文件精神进行专项督查，对 10 个京外研究所离退休工作进行现场指导，举办离退休工作人员培训班，提升新时期离退休工作水平。

三是积极开展增添正能量主题活动。扎实开展“五个一”活动，举办纪念改革开放 40 周年文艺汇演和座谈会，众多书画作品获部表彰。召开专题座谈会，老领导老专家为乡村振兴战略实施建言献策。开展丰富多彩文体活动，全院参加各类演出 60 余次，获奖 20 次，舞蹈队在高水平比赛中获得第一名。参加部离退休职工运动会，获集体第一名。

四是认真为老同志办好事实事。重点抓好为孤寡、独居、失能老人入住养老机构提供咨询服务，节假日组织对老同志老党员和困难、患病同志进行走访慰问，累计慰问 520 余人次。

二、强化素质，打造服务科研过硬作风

（一）坚持政治引领，用创新理论武装头脑

坚持落实院党组要求，第一时间传达学习中央决策部署，组织党员干部学习习近平新时代中国特色社会主义思想，特别是关于政治建设、“三农”工作、科技创新、乡村振兴、脱贫攻坚等重要论述，领会中央农村工作会议、全国组织工作会议精神，教育党员干部自觉增强“四个意识”，坚定“四个自信”，做到“两个维护”。第一时间贯彻落实部、院党组工作部署，学习研讨韩部长在部组织人事工作会议讲话精神，唐院长在院工作会议和人才工作推进会议讲话精神，张书记在“两委”书记培训班讲话精神。

（二）加强组织力建设，提高党建工作质量

一是保证党内政治生活质量。全局党员干部学习唐华俊院长专题党课，针对党课提出的相关问题，召开中心组学习会研究落实。支部书记带头讲党课 2 次；丰富党课形式，与机关党委开展联合党课。民主生活会、组织生活会严谨规范，开诚布公批评与自我批评，达到统一思想、解决问题、增进团结的目的。专题组织生活会重点突出，对贺信精神进行再学习、再对标、再落实，学习研讨组织人事工作最新精神，研究落实措施。主题党日活动务求实效，重温入党志愿书回顾入党初心，参观主题展览接受历史实践教育。严格执行“三会一课”制度，召开党员大会 14 次，支委会 12 次，中心组学习 10 次，组织生活会 3 次，主题党日活动 7 次。坚持民主集中制，凡“三重一大”事项集体研究决策，召开局务会议 14 次，局长办公会 3 次。按时足额缴纳党费，公示缴费和使用情况。

二是注重组工文化软实力建设。倾力打造支部特色品牌，举办 5 期“组工讲堂”，邀请院机关其他部门和院属有关单位参加，获得良好反响。建立支部“互联共建”常态化机制，与机关和研究所党支部联合组织主题鲜明、内容丰富的活动，开展了主题参观、警示教育、与全国政协委员座谈、《共产党宣言》导读等。营造良好学习环境，开展读书活动，号召全局干部多读书、读好书，发放《习近平谈治国理政（第二卷）》《习近平新时代中国特色社会主义思想三十讲》等理论学习书籍，根据职工专业和兴趣购买图书 95 册。活跃工作氛围，开展“美在四季”摄影活动，职工踊跃参与；加强创新文化建设，推行办公区组工文化展示，制作文化标识办公用品。

三是加强支部自身建设。支部书记参加“两委”书记培训，学习领会新时期院党组党建工作部署。加强组织建设，增补支委，支委力量得到加强。开展政治建设自查，接受院里督查，根据反馈意见及时制定整改方案，立行立改。在院“两优一先”评选中，局支部获先进基层党组织，1 名同志获部优秀党务工作者，1 名同志获院优秀党务工作者，1 名同志获院优秀共产党员。

（三）坚持强化正风肃纪，持之以恒抓作风建设

一是压实廉政建设责任。党支部书记履行第一责任人职责，分管局领导落实“一岗双责”，逐级签订责任书，传导廉政压力，推动责任落实，做好廉政风险防控，把廉政要求贯彻业务工作全过程。

二是率先成立支部纪检小组。支部副书记担任组长，年轻干部担任成员，为加强纪律建设提供组织保证。

三是加强廉政教育。贯彻十九届中央纪委二次全会精神，传达学习总书记关于进一步纠正“四风”、加强作风建设重要批示精神，严格执行中央八项规定及其实施细则精

神，赴北京市全面从严治党警示教育基地参观学习，及时通报中央国家机关和部、院违规违纪案例，建立节假日廉洁过节提醒机制，教育全局党员干部牢固树立红线意识和底线意识，增强全面从严治党自觉。

四是用好调查研究基本功。组织开展人事人才工作专题调研，对院属单位调研指导实现全覆盖，主动向院外同类单位学习，撰写调研报告12篇，为研究制定人才制度、修订机关部门“三定”方案、改进公开招聘、加强劳资和工勤队伍建设等管理决策提供重要支撑。

三、创新思路，谋划2019年人事人才重点工作

2019年，人事局在院党组的坚强领导下，围绕中心工作，服务全院大局，为加快推进“三个面向”“两个一流”目标任务，为科技支撑乡村振兴、脱贫攻坚和农业农村现代化提供坚强组织保证和人才支撑。

一是深入实施人才强院战略，建设高水平人才队伍。统筹推进四支队伍建设，在做好科研人才队伍建设的基础上，进一步加强管理、支撑、转化人才队伍建设。推进人才分类评价工作，制定科技人才分类评价指导意见和指标体系，探索符合岗位特点的分类评价方式，不断深化职称制度改革。深入实施青年英才计划，持续推进人才精准引进和柔性引进，组织遴选一批青年英才给予特殊支持。督促指导研究所加强人才考核，健全能上能下、能进能出的考核机制。加强工作统筹，做好院士增选工作。以乡村振兴对农业科技的重大需求为主题，组织创新团队首席科学家轮训。

二是进一步强化政治引领，建设高素质专业化干部队伍。贯彻新时代党的组织路线，召开全院推进优秀年轻干部选拔培养工作会议，部署优秀年轻干部培养选拔工作，抓好院属单位领导班子换届，培养一批50岁以下的正所级干部，45岁以下的副所级干部，35岁以下的处级干部。推进干部挂职锻炼、轮岗交流，增强干部才干，提高管理效能。

三是深化劳资制度改革，激发职工创新活力。稳步推进绩效工资实施，指导院属单位制定绩效工资分配管理办法，进一步落实以增加知识价值为导向的分配政策，建立重绩效、业绩、贡献的激励机制，让做出贡献的人员有获得感。完成养老保险改革准备期结算，切实保障职工利益。

四是优化服务管理，推动离退休工作再上新台阶。积极落实好老同志政治待遇和生活待遇，坚持为老同志办好事办实事，关心离退休职工身心健康，丰富老干部业余文化生活，听取老同志意见，真正做到老有所依、老有所助、老有所为。

中国农业科学院组织机构图

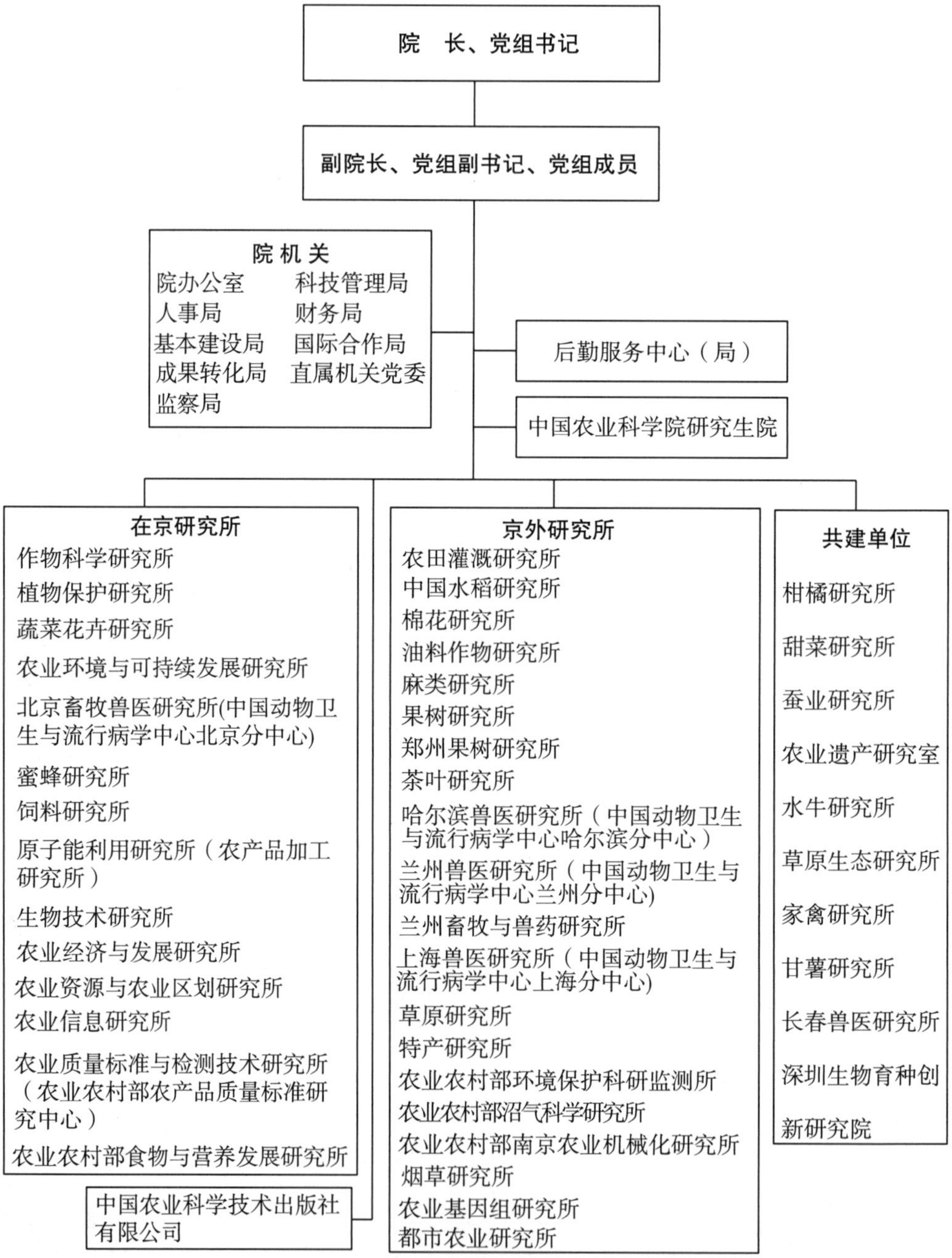

中国农业科学院及院直属单位（部门）领导人员名单

（截至2018年12月底）

院长、党组副书记：唐华俊
党组书记：张合成
副院长：李金祥　吴孔明　王汉中　万建民　梅旭荣
党组纪律检查组组长：李杰人
党组成员：张合成　唐华俊　李金祥　李杰人　吴孔明　王汉中　梅旭荣
　　　　　刘大群　贾广东

农业农村部巡视组

组　长：张逐陈（正局级）
副组长：王志东（副局级）

院办公室

主　任：高士军
副主任：王济民　杨永坤

科技管理局

局　长：任天志
副局长：熊明民

人事局

局　长：贾广东（兼）
副局长：吴京凯　李巨光

财务局

局　长：陈金强
副局长：韩小玲（女）　张士安

基本建设局

局　长：刘现武
副局长：陈　璐　夏耀西

国际合作局

局　长：贡锡锋
副局长：张蕙杰（女）　郝卫平

成果转化局

局　长：王述民
副局长：文　学　冯艳秋（女）

直属机关党委

书　记：唐华俊（兼）
常务副书记：王晓举（正所级）
副书记：赵红梅（女）
副书记、纪委书记：马秀勇

监察局

局　长：舒文华
副局长：李延青　吴限忠（女）

后勤服务中心（局）

主任、党委副书记：吕春生

党委书记：吴胜军
党委副书记、纪委书记：王　欣（女）
副主任：王　勇

研究生院

党委书记、院长：刘大群（兼）
常务副院长、党委副书记：刘瀛弢（女）
党委副书记、纪委书记：罗长富
副院长：王春霞（女）　李哲敏（女）

作物科学研究所

所长、党委副书记：刘春明
党委书记、副所长：范　静（女）
副所长、纪委书记：李新海
副所长：刘录祥

植物保护研究所

所长、党委副书记：周雪平
党委书记、副所长：李红康（女）
副所长、纪委书记：郑永权
副所长：张　杰　沈银书

蔬菜花卉研究所

所长、党委副书记：孙日飞
党委书记、副所长：周　霞（女）
副所长：胡　鸿（女）
副所长、纪委书记：张友军

农业环境与可持续发展研究所

所长、党委副书记：张燕卿
党委书记、副所长：郝志强

副所长：董红敏（女） 朱昌雄
党委副书记、纪委书记：郝先荣（女）

北京畜牧兽医研究所
（中国动物卫生与流行病学中心北京分中心）

所长（主任）、党委副书记：秦玉昌
党委书记、副所长（副主任）：马 莹（女）
副所长（副主任）、党委副书记、纪委书记：文 杰
副所长（副主任）：韩雪松（援疆） 张军民 张之宣

蜜蜂研究所

所长、党委副书记：王加启
党委书记：谢双红（女）
副所长、纪委书记：彭文君
副所长：徐 欢

饲料研究所

所长、党委副书记：齐广海
党委书记、副所长：康 威（援疆）
党委副书记、纪委书记：项伯纯
副所长：姚 斌 吴子林

原子能利用研究所（农产品加工研究所）

所长、党委副书记：戴小枫
党委书记、副所长：王长江
副所长：王 强 王凤忠（援藏） 张德权 王宇鸿（女）
党委副书记、纪委书记：赵俊辉

生物技术研究所

所 长：林 敏
党委书记、副所长：姜梅林（女）

副所长、党委副书记、纪委书记：路铁刚
副所长：张洪岭　张春义

农业经济与发展研究所

所长、党委副书记：袁龙江
党委书记、副所长：李思经（女）
副所长、纪委书记：孙东升
副所长：毛世平

农业资源与农业区划研究所

所长、党委副书记：周清波
党委书记、副所长：郭同军
副所长：王秀芳（女）
副所长、纪委书记：杨　鹏

农业信息研究所

所长、党委副书记：孙　坦
党委书记、副所长：刘继芳
副所长、纪委书记：周国民
副所长：聂凤英（女）

农业质量标准与检测技术研究所（农业农村部农产品质量标准研究中心）

所长（主任）、党委副书记：钱永忠
党委书记、副所长（副主任）：汪飞杰
副所长（副主任）：苏晓鸥
党委副书记、纪委书记：赖燕萍（女）

农业农村部食物与营养发展研究所

党委书记、副所长：柳　正
副所长：王东阳　孙君茂　王晓红

中国农业科学技术出版社

社长、总编辑：张应禄（副所级）
党支部书记：李志平（副所级）（女）

农田灌溉研究所

所长、党委副书记：黄修桥
党委书记、副所长：陆建中
副所长：齐学斌
党委副书记、纪委书记：邓　祥

中国水稻研究所

所长、党委副书记：程式华
党委书记：方　军（女）
党委副书记、纪委书记：方　向
副所长：胡培松　钱　前

棉花研究所

所长、党委副书记：李付广
党委书记、副所长：潘燕荣
党委副书记、纪委书记：宋国立
副所长：张西岭

油料作物研究所

所长、党委副书记：黄凤洪
党委书记、副所长：赵长军
副所长、党委副书记、纪委书记：廖　星
副所长：张学昆

麻类研究所

所长、党委副书记：陈万权
党委书记、副所长：邱化蛟
党委副书记、副所长、纪委书记：王朝云
副所长：李德芳　吕江南

果树研究所

所　长：刘凤之
党委书记、副所长：丛佩华
副所长：程存刚
党委副书记、纪委书记：李建才

郑州果树研究所

所长、党委副书记：曹永生
党委书记、副所长：赵玉林
副所长、纪委书记：方金豹
副所长：王力荣（女）　刘崇怀

茶叶研究所

所长、党委副书记：杨亚军
党委书记、副所长：姜仁华
副所长、纪委书记：江用文
副所长：鲁成银　阮建云

哈尔滨兽医研究所
（中国动物卫生与流行病学中心哈尔滨分中心）

所长（主任）、党委副书记：步志高
党委书记、副所长（副主任）：王笑梅（女）
副所长（副主任）：赵国辉　刘胜旺　冯　力
党委副书记、纪委书记：夏长友

兰州兽医研究所
（中国动物卫生与流行病学中心兰州分中心）

所长（主任）、党委副书记：殷　宏
党委书记、副所长（副主任）：张永光
副所长（副主任）：罗建勋　刘湘涛
党委副书记、纪委书记：赵海燕（女）

兰州畜牧与兽药研究所

党委书记、副所长：孙　研
副所长、纪委书记：张继瑜
副所长：阎　萍（女）　李建喜
党委副书记：杨振刚

上海兽医研究所
（中国动物卫生与流行病学中心上海分中心）

所长（主任）：童光志
党委书记、副所长（副主任）：马志永
副所长（副主任）：丁　铲
党委副书记、纪委书记：王香平（女）

草原研究所

所长、党委副书记：金　轲
党委书记、副所长：王育青
副所长、纪委书记：李志勇
副所长：林克剑

特产研究所

所长、党委副书记：李光玉
党委书记、副所长：梁　波
副所长：王英平　李滋睿

党委副书记、纪委书记：田　欣

农业农村部环境保护科研监测所

所　长：刘荣乐
党委书记、副所长：张国良
党委副书记：胡　梅（女）
副所长、纪委书记：周其文
副所长：张克强

农业农村部沼气科学研究所

所长、党委副书记：王登山
党委书记、副所长：蔡　萍（女）
副所长、纪委书记：胡国全
副所长：邓　宇　王　超

农业农村部南京农业机械化研究所

所长、党委副书记：陈巧敏
党委书记、副所长：胡志超
副所长：曹光乔
党委副书记、纪委书记：肖体琼（女）

烟草研究所

所长、党委副书记：王元英
党委书记、副所长：许发辉
副所长、党委副书记：王树声
副所长、纪委书记：张忠锋

农业基因组研究所

所长、党委副书记：黄三文
党委书记、副所长：骆建忠
副所长：梁富昌　饶敏杰

都市农业研究所

所　长：李金祥（兼）
副所长：杨其长　孙长伟

院资产经营公司

董事长：陈　昶（副所级）

中国农业科学院 2018 年院属各单位人员情况统计表

（单位：人）

序号	单位	职工总数	专业技术人员					管理人员							工勤技能人员				
			小计	正高级	副高级	中级	初级及以下	小计	相当副部	正司局级	副司局级	正处级	副处级	科级及以下	小计	技工一级	技工二级	技工三级	技工四级及以下
	全院合计	6 920	5 324	1 046	1 649	2 160	469	723	3	28	29	163	160	340	873	15	186	587	85
	京内合计	2 922	2 327	588	775	826	138	428	3	16	16	99	95	199	167	13	74	64	16
	京外合计	3 998	2 997	458	874	1 334	331	295		12	13	64	65	141	706	2	112	523	69
1	院机关	196	41	24	17			155	3	9	3	41	29	70					
2	后勤中心	147	29		3	22	4	59		1	2	9	8	39	59	3	29	22	5
3	研究生院	79	39	13	17	8	1	30			1	5	9	15	10		4	6	
4	作科所	348	307	91	115	84	17	25				3	9	13	16	2	6	8	
5	植保所	234	209	67	81	57	4	16			1	4	2	9	9	1	6	2	
6	蔬菜所	205	181	39	70	58	14	10				4	3	3	14	3	5	5	1
7	环发所	168	151	45	43	56	7	13		1		8	3	1	4		2		2
8	牧医所	199	175	40	60	65	10	14			2	1	4	7	10		6	4	
9	蜜蜂所	116	99	19	23	50	7	9		1		2	4	2	8	1	5	1	1

（续表）

序号	单位	职工总数	专业技术人员					管理人员							工勤技能人员				
			小计	正高级	副高级	中级	初级及以下	小计	相当副部	正司局级	副司局级	正处级	副处级	科级及以下	小计	技工一级	技工二级	技工三级	技工四级及以下
10	饲料所	112	100	27	37	35	1	9		1	1	2	4	1	3			2	1
11	加工所	159	125	19	30	62	14	28			1	5	6	16	6		1	4	1
12	生物所	144	128	42	44	39	3	14			2	2	5	5	2	1		1	
13	农经所	110	104	31	34	34	5	6		1			1	4					
14	资划所	276	246	75	89	67	15	24			1	9	3	11	6	1	1	2	2
15	信息所	313	283	35	74	142	32	11		1		3	4	3	19	1	8	7	3
16	质标所	81	77	13	29	31	4	3		1	1		1		1		1		
17	营养所	35	33	8	9	16		2			1	1							
18	灌溉所	161	130	16	31	68	15	16				4	1	11	15		2	12	1
19	水稻所	379	228	43	77	85	23	25		2		4	6	13	126		14	112	
20	棉花所	429	284	39	61	119	65	18			1	6	4	7	127		8	118	1
21	油料所	252	188	25	57	103	3	23		1		4	7	11	41	1	2	31	7
22	麻类所	170	111	20	33	42	16	10		1		1	4	4	49		2	45	2
23	果树所	198	111	16	28	50	17	24			1	2	10	11	63		4	57	2
24	郑果所	187	156	21	48	71	16	16				6	4	6	15		8	6	1
25	茶叶所	166	141	23	46	67	5	7		1		2	1	3	18		5	8	5
26	哈兽研	382	303	44	90	158	11	20			2	7	5	6	59			58	1
27	兰兽研	191	157	43	62	50	2	11				3		8	23		14	6	3

（续表）

序号	单位	职工总数	专业技术人员					管理人员							工勤技能人员				
			小计	正高级	副高级	中级	初级及以下	小计	相当副部	正司局级	副司局级	正处级	副处级	科级及以下	小计	技工一级	技工二级	技工三级	技工四级及以下
28	兰牧药	173	138	19	48	65	6	10			1	3	1	5	25		23		2
29	上兽研	97	88	29	33	25	1	7			1	1	4	1	2				2
30	草原所	139	103	16	36	43	8	6		1	2	1	2		30	1	19	4	6
31	特产所	356	254	14	46	134	60	30		2	2	10	4	12	72		2	37	33
32	环保所	127	121	19	44	55	3	5		1			1	3	1			1	
33	沼科所	110	89	9	25	40	15	16		2	1	2	3	8	5		1	3	1
34	农机化所	262	233	22	54	106	51	13			1	3	5	4	16		8	6	2
35	烟草所	188	142	27	54	53	8	27		1	1	3	3	19	19			19	
36	基因组所	31	20	13	1		6	11				2		9					

注：1. 本表数据以工资统计口径为准。即以本人实际执行的岗位工资类别进行分类统计。

2. 本表统计数据为事业单位编制内人员情况，不含院属企业出版社 66 人。

中国农业科学院 2018 年院属各单位专业技术人员情况统计表

（单位：人）

序号	单位	科技人员总数	职称情况				学历情况			学位情况		年龄情况						专家情况				
			正高级	副高级	中级	初级及以下	研究生	大学	大专及以下	博士	硕士	35 岁及以下	36~40 岁	41~45 岁	46~50 岁	51~54 岁	55 岁及以上	两院院士	国家级专家	部级专家	政府特贴	百千万人才
	全院总计	5 921	1 083	1 775	2 524	539	4 339	1 259	323	2 825	1 755	1 890	1 278	765	731	627	630	8	26	71	112	65
	京内合计	2 681	607	858	1 028	188	2 126	468	87	1 574	643	814	530	359	349	301	328	6	16	31	76	44
	京外合计	3 240	476	917	1 496	351	2 213	791	236	1 251	1 112	1 076	748	406	382	326	302	2	10	40	36	21
	机关小计	185	34	55	81	15	122	59	4	50	80	57	40	11	23	19	35	5			8	4
1	院办公室	30	13	3	11	3	25	5		12	13	12	3		2	4	9	5			8	4
2	科技局	24	3	8	13		20	3	1	15	5	7	8	3	2	1	3					
3	人事局	20	2	6	12		11	9		4	7	6	6	1	3		4					
4	财务局	27	1	11	10	5	12	15		3	12	13	2	1	3	6	2					
5	基建局	15	2	4	7	2	5	10		3	6	5	4	1	3	1	1					
6	国合局	21	4	4	13		17	4		7	10	3	9	1	4	1	3					
7	转化局	20	5	6	7	2	10	8	2	5	6	3	2	3	3		9					

（续表）

序号	单位	科技人员总数	职称情况				学历情况			学位情况		年龄情况						专家情况				
			正高级	副高级	中级	初级及以下	研究生	大学	大专及以下	博士	硕士	35岁及以下	36~40岁	41~45岁	46~50岁	51~54岁	55岁及以上	两院院士	国家级专家	部级专家	政府特贴	百千万人才
8	机关党委	13	1	5	5	2	12		1	1	11	4	3	1	1	3	1					
9	监察局	13	1	8	3	1	9	4			9	4	3		2	3	1					
10	院巡视组	2	2				1	1			1						2					
11	后勤中心	63	1	11	39	12	16	30	17	6	10	11	5	2	21	16	8					
12	研究生院	66	14	19	28	5	43	21	2	18	39	17	16	6	9	10	8				2	1
13	作科所	328	91	118	101	18	278	38	12	225	53	71	68	41	42	50	56		2	7	16	8
14	植保所	220	67	83	64	6	191	24	5	177	25	48	55	33	32	23	29		4	4	9	5
15	蔬菜所	189	42	74	59	14	145	38	6	107	38	52	35	30	32	15	25	1	2	2	11	3
16	环发所	164	46	48	62	8	140	21	3	110	33	53	38	21	14	17	21		2		5	3
17	牧医所	187	41	61	72	13	156	29	2	135	34	62	39	24	21	25	16		2	7	7	7
18	蜜蜂所	108	19	24	58	7	73	34	1	55	27	43	23	15	7	11	9			1	1	1
19	饲料所	107	27	42	37	1	92	10	5	68	24	15	17	27	26	12	10			4	5	2
20	加工所	151	19	32	75	25	124	25	2	82	42	86	24	9	12	7	13		1	1	3	1
21	生物所	139	43	45	46	5	120	12	7	101	19	31	25	26	24	15	18		1	2	4	5
22	农经所	109	32	34	38	5	98	10	1	81	17	38	22	12	13	9	15					
23	资划所	261	72	94	77	18	217	38	6	176	41	37	56	56	36	38	38		2	2	2	4

（续表）

序号	单位	科技人员总数	职称情况				学历情况			学位情况		年龄情况						专家情况				
			正高级	副高级	中级	初级及以下	研究生	大学	大专及以下	博士	硕士	35岁及以下	36~40岁	41~45岁	46~50岁	51~54岁	55岁及以上	两院院士	国家级专家	部级专家	政府特贴	百千万人才
24	信息所	291	36	79	144	32	225	56	10	121	128	147	47	29	27	19	22			1	3	
25	质标所	80	15	29	32	4	56	20	4	39	25	28	16	13	9	12	2					
26	营养所	33	8	10	15		30	3		23	8	18	4	4	1	3	3					
27	灌溉所	128	17	31	68	12	96	23	9	43	53	52	26	10	9	10	21			1		
28	水稻所	245	44	79	93	29	160	62	23	120	52	68	43	33	27	32	42		2	3	4	4
29	棉花所	302	40	66	129	67	166	109	27	78	114	143	46	11	38	41	23	1	3	2	5	5
30	油料所	211	25	58	122	6	167	31	13	110	60	74	50	23	16	21	27			5	2	2
31	麻类所	115	21	33	45	16	78	31	6	48	37	41	33	11	8	11	11			3	1	
32	果树所	128	17	30	65	16	89	28	11	31	71	54	30	13	14	4	13					
33	郑果所	174	23	52	84	15	103	60	11	39	77	55	39	23	16	25	16		1	3	2	1
34	茶叶所	145	24	47	71	3	82	54	9	59	45	45	30	19	26	14	11			1		
35	哈兽研	323	47	97	174	5	248	59	16	186	62	63	105	64	51	21	19	1	1		5	3
36	兰兽研	166	43	61	59	3	117	41	8	105	30	20	22	47	32	25	20			5	4	2
37	兰牧药	147	19	50	70	8	101	30	16	44	57	29	38	21	20	16	23		2	1	4	2
38	上兽研	94	29	34	29	2	65	24	5	56	16	17	28	16	20	8	5			2	1	1
39	草原所	111	19	39	47	6	88	21	2	58	30	31	38	5	7	11	19			1		

（续表）

序号	单位	科技人员总数	职称情况				学历情况			学位情况		年龄情况						专家情况				
			正高级	副高级	中级	初级及以下	研究生	大学	大专及以下	博士	硕士	35岁及以下	36~40岁	41~45岁	46~50岁	51~54岁	55岁及以上	两院院士	国家级专家	部级专家	政府特贴	百千万人才
40	特产所	284	17	53	143	71	194	58	32	73	121	102	75	25	39	24	19			7	2	
41	环保所	124	19	44	60	1	93	27	4	66	27	38	42	20	10	10	4			3	2	
42	沼科所	97	10	26	45	16	62	29	6	20	42	40	25	9	10	4	9			2		
43	农机化所	246	22	57	115	52	144	78	24	27	141	135	30	27	17	27	10				2	
44	烟草所	169	27	57	69	16	137	18	14	69	68	61	32	27	20	20	9			1	1	
45	基因组所	31	13	3	8	7	23	8		19	9	8	16	2	2	2	1		1		1	1

注：1. 本表数据以人员统计口径为准，即具有专业技术职务的全部人员。

2. 本表数据不含出版社人员。

中国农业科学院 2009—2018 年全院离退休人员变化情况统计表

（单位：人）

年份	离退休人员情况							中共党员	高级专业技术职务	
	小计	离休干部	退休干部	工人	退养	退职	街道代管		正高级	副高级
2009	5 563	282	3 209	1 915	66	57	34	1 919	830	1 200
2010	5 647	268	3 281	1 955	56	56	31	2 084	829	1 225
2011	5 729	250	3 359	1 969	54	62	35	2 121	839	1 249
2012	5 813	232	3 437	1 989	60	61	34	2 159	834	1 263
2013	5 970	222	3 532	2 067	53	61	35	2 183	839	1 281
2014	6 036	198	3 608	2 080	51	58	41	2 242	830	1 296
2015	6 131	177	3 690	2 117	48	55	44	2 274	859	1 306
2016	6 189	162	3 723	2 186	42	35	41	2 202	882	1 336
2017	6 298	143	3 816	2 230	37	36	36	2 235	886	1 318
2018	6 365	120	3 872	2 266	37	32	38	2 256	916	1 298

中国农业科学院2018年院属各单位离退休人员情况统计表

（单位：人）

序号	单位	离退休人员情况							中共党员	高级专业技术职务	
		小计	离休干部	退休干部	工人	退养	退职	街道代管		正高级	副高级
	全院总计	6 365	120	3 872	2 266	37	32	38	2 256	916	1 298
	京内小计	2 380	67	1 834	430	33	3	13	1 085	516	656
	京外小计	3 985	53	2 038	1 836	4	29	25	1 171	400	642
1	院机关	450	18	292	116	17	2	5	264	54	76
2	研究生院	48	4	37	6	1			30	14	7
3	作科所	385	13	294	73	3		2	156	96	117
4	植保所	186	4	135	42	2		3	71	35	47
5	蔬菜所	181	7	130	43			1	78	42	46
6	环发所	87	1	84	2				37	20	30
7	牧医所	172	4	131	31	5		1	65	35	52
8	蜜蜂所	97	1	76	19			1	42	22	29
9	饲料所	24		23	1				9	8	4

（续表）

序号	单位	离退休人员情况							中共党员	高级专业技术职务	
		小计	离休干部	退休干部	工人	退养	退职	街道代管		正高级	副高级
10	加工所	137	2	106	28		1		67	25	47
11	生物所	31		25	6				12	9	2
12	农经所	69		66	3				34	28	21
13	资划所	237	8	210	15	4			92	54	92
14	信息所	227	5	179	42	1			102	52	76
15	质标所	29		27	2				16	11	8
16	营养所										
17	出版社	20		19	1				10	11	2
18	灌溉所	123	4	80	39				45	19	30
19	水稻所	707	1	153	535		18		131	33	36
20	棉花所	395	3	141	250		1		91	26	24
21	油料所	220	4	117	99				76	25	42
22	麻类所	133	1	58	74				47	12	16
23	果树所	213	4	109	100				70	12	30
24	郑果所	168	6	99	62		1		2	16	35
25	茶叶所	116	2	74	33		7		46	24	22
26	哈兽研	339	6	175	158				91	29	49

（续表）

序号	单位	离退休人员情况							中共党员	高级专业技术职务	
		小计	离休干部	退休干部	工人	退养	退职	街道代管		正高级	副高级
27	兰兽研	159		109	49		1		42	33	37
28	兰牧药	178	5	143	30				62	31	55
29	上兽研	74		55	19				32	18	16
30	草原所	148		113	35				67	28	40
31	特产所	384	6	180	173			25	32	18	40
32	环保所	96	2	75	18		1		42	15	31
33	沼科所	109	1	96	12				57	12	38
34	农机化所	270	8	189	69	4			116	30	80
35	烟草所	153		72	81				69	19	21

中国农业科学院专家
2018 年获得各项奖项、荣誉称号

序号	单位	姓名	人才称号
1	作科所	刘　斌	万人计划领军人才
2	作科所	李文学	万人计划领军人才
3	植保所	宋福平	万人计划领军人才
4	植保所	周忠实	万人计划领军人才
5	蜜蜂所	吴黎明	万人计划领军人才
6	饲料所	姚　斌	万人计划领军人才
7	饲料所	罗会颖	万人计划领军人才
8	加工所	张春晖	万人计划领军人才
9	加工所	张德权	万人计划领军人才
10	资划所	辛晓平	万人计划领军人才
11	资划所	张瑞福	万人计划领军人才
12	资划所	周　卫	万人计划领军人才
13	油料所	华　玮	万人计划领军人才
14	油料所	黄凤洪	万人计划领军人才
15	哈兽研	李呈军	万人计划领军人才
16	兰兽研	郑海学	万人计划领军人才
17	兰兽研	郭慧琛	万人计划领军人才
18	上兽研	李泽君	万人计划领军人才
19	上兽研	程国锋	万人计划领军人才
20	基因组所	李盛本	万人计划领军人才

（续表）

序号	单位	姓名	人才称号
21	作科所	贾冠清	万人计划青年拔尖人才
22	植保所	高　利	万人计划青年拔尖人才
23	蔬菜所	程　锋	万人计划青年拔尖人才
24	油料所	郑明明	万人计划青年拔尖人才
25	植保所	李云河	科技部“推进计划”中青年领军
26	蔬菜所	张忠华	科技部“推进计划”中青年领军
27	资划所	张文菊	科技部“推进计划”中青年领军
28	水稻所	曾大力	科技部“推进计划”中青年领军
29	油料所	邓乾春	科技部“推进计划”中青年领军
30	哈兽研	高玉龙	科技部“推进计划”中青年领军
31	牧医所	赵桂苹	科技部“推进计划”创新团队
32	牧医所	文　杰	农业农村部中华农业英才奖
33	植保所	周雪平	农业农村部中华农业英才奖
34	油料所	李培武	农业农村部中华农业英才奖
35	作科所	林启冰	第十五届中国青年科技奖
36	蔬菜所	程　锋	第十五届中国青年科技奖
37	植保所	宁约瑟	优秀青年基金项目获得者
38	基因组所	阮　珏	优秀青年基金项目获得者
39	基因组所	黄三文	何梁何利基金科学与技术进步奖

中国农业科学院 2017 年度
晋升专业技术职务任职资格人员名单

院机关

研　究　员：贾广东　夏耀西　陈金强　徐　明
副 研 究 员：徐雷鸣　李　卫　张江丽　王　琤　张士安
助理研究员：赵　辉　魏延迪　石　瑾　赵令卓　李　雪　梁　升　史天楠
曾凡瑞　管　庆
会　计　师：屈　昊
审　计　师：孙　聪

作物科学研究所

研　究　员：王红武　谢瑞芝　赵光耀　李慧慧　付俊杰　童红宁　郝转芳
副 研 究 员：王德梅　刘昌林　朱杉杉　李春辉　魏学宁　汤　沙　张宏军
孙素丽　刘敏轩　么　杨　刘　杰　陶志强
高级实验师：胡学旭
助理研究员：杨　华　刘　荣　纪志远　侯　健　张皓珊　祝秀亮
工　程　师：孙　帅　王利国　王佳宁
会　计　师：齐玄玄
实　验　师：钱亚红

植物保护研究所

研　究　员：高玉林　李云河　刘太国　刘万学　沈银书　宁约瑟
副 研 究 员：李珊珊　罗淑萍　谭晓玲　陈秀萍　田　芳　颜冬冬　崔　丽
张天涛　吴圣勇　刘永强
高级农艺师：张燕宁
助理研究员：杜　慧

蔬菜花卉研究所

研　究　员：武　剑　张淑江　王少丽　程　锋　张扬勇
副研究员：谢学文　吕红豪　王万兴　孙进京　贾瑞冬　薄凯亮
副　编　审：司智霞
助理研究员：霍伶艳　刘　婷　杨丛林　舒金帅　郭兆将　刘广洋　王海敬
农　艺　师：王迎杰

农业环境与可持续发展研究所

研　究　员：苏世鸣　杨世琦　程瑞锋　李艳丽　王耀生　杨建军　王　琰
副研究员：李红娜　李　涛　于寒青　孙东宝　董雯怡　王靖轩
助理研究员：张馨月　马浚诚　申　越　丁军军　高　飞

北京畜牧兽医研究所

研　究　员：王　赞　魏彩虹　吕　林　王丹莉　赵　峰　孙　鹏　蒋　琳
副研究员：何　峰　何晓红　崔焕先　陈　亮　徐　哲
助理研究员：马　琳
会　计　师：朱　琳

蜜蜂研究所

研　究　员：张红城　薛晓锋　田文礼
副研究员：方小明　房　宇　金　玥　胡　菡　徐　响　陈　超
助理研究员：张文秋　马媛媛　汤　娇　高　晶　张　红　王　凯　杨术鹏
李瑞珍

饲料研究所

研　究　员：柏映国　张海军　康　威
副研究员：崔　凯　冉　超　毛若雨　陈志敏　吴万灵　闻治国
助理研究员：陈孝杰　涂　涛

农产品加工研究所

研　究　员：陈捷胤　高　雷　张　波
副 研 究 员：石爱民　孙红男　李淑英　张　苗
高级实验师：孙玉凤
助理研究员：张　志　黄璐璐　刘倩楠　黄亚涛　田桂芳　王　航　孙倩倩
　　　　　　张丽静　孙丽超　马梦梅

生物技术研究所

研　究　员：王旭静　徐妙云　李铁女　张治国　田　健　龙　艳
副 研 究 员：王　娟　苏晓峰　冷鹏飞　唐巧玲　梁成真
助理研究员：尚　辰
会　计　师：爨　玮

农业经济与发展研究所

研　究　员：李　芸　杨艳涛　杨东群　靳淑平
副 研 究 员：孙致陆　张宁宁　项　诚　陈　静　朱　宁
助理研究员：韩昕儒

农业资源与农业区划研究所

研　究　员：张建峰　李玉义　黄晨阳　翟丽梅　姜　昕　闫　湘　范分良
　　　　　　魏海雷　何英彬
副 研 究 员：李　娟　徐丽君　邹亚杰　高　巍　周振亚　王　萌　余强毅
　　　　　　艾　超　袁　亮　刘　洋
高级实验师：刘　蜜
助理研究员：王　芳　孔令娥

农业信息研究所

研　究　员：曲春红　冯建中　王玉芹　吴建寨　陆美芳　孙　巍
编　　　审：林鉴非
副 研 究 员：吴定峰　刘敏娟　沈　辰　顾　蕊　李灯华　贺　勇

副　编　审：李　楠
高级工程师：张丽萍
助理研究员：黄佳琦　李梦希　刘佳佳　朱　聪　张洪宇　计　晗　王　禹
张　悦　王　婷　赵红伟　王兴文　杨鑫浩　朱琳峰　雷　洁
秦艺蕾
馆　　　员：季雪婧　孔令博　张　洁　顾亮亮　王　新　徐　克

农业质量标准与检测技术研究所

研　究　员：金茂俊　樊　霞　郑床木
副 研 究 员：张星联　郑鹭飞　陈志军　冯忠华　程　劼
助理研究员：李　楠　刘晓露　邓　玉
会　计　师：王化柱

农业农村部食物与营养研究所

副 研 究 员：任广旭　梁克红　王晓红
助理研究员：唐振闯　朱　宏

研究生院

副 研 究 员：董一威　佟继旭
助理研究员：张红宜

中国农业科学技术出版社

编　　　审：崔改泵

农田灌溉研究所

研　究　员：范永申
副 研 究 员：王　峰　杜臻杰　段福义　强小嫚
助理研究员：程　千　郭　魏　田广丽　雍蓓蓓　白芳芳　陆红飞
会　计　师：王萌萌　王子丹　李　森

水稻研究所

研　究　员：童汉华　张玉屏　邵国胜　朱　丽
副研究员：王　玲　向　镜　邵高能　龚俊义　曹赵云　徐春梅　吴玮勋
严　清
副　编　审：夏小东
助理研究员：陈俊宇　褚　光　马有宁　纪　龙　于晓玥　杨永杰
农　艺　师：方健华
工　程　师：蔡虎鸣
会　计　师：王良彪　潘洁蕊
主管药师：金春艳

棉花研究所

研　究　员：董合林　吴建勇　付小琼　马小艳
副研究员：刘　记　冯鸿杰　李　伟　王占彪　何守朴　李　威　李慧英
助理研究员：龚举武　胡跃坤　刘　平　刘　政　马亚杰　王　龙　马　丹
马启峰　陈　静　崔艳利　葛　群　葛晓阳　耿晓丽　郭志军
梁　冰　刘艳改　鲁丽丽　默辉娟　石建斌　王文魁　韦京艳
魏　峰　杨德亮　张学贤　朱香镇　左东云
农　艺　师：刘春江　芦建华　马慧娟　闫俊良
实　验　师：曾　嵘
经　济　师：安硕琳

油料作物研究所

研　究　员：马　霓　程　勇　方小平　张兆威　李文林
副研究员：秦　璐　李　俊　闫贵欣　毛　劲　曹　东　顿小玲　时　杰
汤　虎
副　编　审：吴克力
助理研究员：邹仕乔　杨　陈　熊俊兰　罗怀勇　陈文超　刘　晟　谢　婷
高鸿飞　岳晓凤
农　艺　师：刘　星　李　巍

麻类研究所

研　究　员：李建军　刘　珊
副 研 究 员：成莉凤　程超华　程　毅　杨泽茂　邱化蛟　陈继康
高级实验师：汪洪鹰
助理研究员：王满生　王　慧　杨　琦　郭利桃

果树研究所

研　究　员：李志霞
副 研 究 员：胡国君　闫文涛　安秀红
高级农艺师：佟　伟
助理研究员：韩晓蕾　李燕青　陈艳辉　孙海龙

郑州果树研究所

研　究　员：陈锦永　谢汉忠　刘济伟　齐秀娟
副 研 究 员：王苏珂　张春岭　吴会杰　赵光伟　姜建福
高级农艺师：徐善坤
助理研究员：王瑞萍　王　然　吕真真　于会丽　杨文博　贺亮亮　夏乐晗
潘　磊　齐希梁　王平勇
农　艺　师：李金永
工　程　师：彭沛杰

茶叶研究所

研　究　员：王丽鸳　许勇泉
副 研 究 员：徐艳霞　戴伟东　柴云峰　边　磊　李　鑫　孙　亮
副　编　审：张琴梅
助理研究员：张　菲　杨　梅　夏康炎　张　新　陈绎思　邹　纯　王新茹

哈尔滨兽医研究所

研　究　员：关云涛　孟庆文　张　云　周　琦　祁小乐
编　　　审：秦红丽

副 研 究 员：王永强　王秀梅　王海伟　王　斌　危艳武　杨德成　陈普成
罗玉子　郑　君　姜　骞　高彩霞　谢　芳
高级实验师：辛晓光
助理研究员：张朝霞　李苏楠　崔鹏飞　崔子寅　王金良　李连峰　王　翀
吕　闯　杨鸣发

兰州兽医研究所

研　究　员：刘学荣　周继章　独军政　李志勇
副 研 究 员：陈国华　吴锦艳　高闪电　吕建亮　吴国华　颜新敏　江永琴
张念章
助理研究员：曹晓瑜　朱海霞　曲自刚　张进进　茹嘉喜　茹　毅　贺君君

兰州畜牧与兽药研究所

研　究　员：郭　宪　罗永江
副 研 究 员：杨亚军　张景艳　王贵波　张世栋　巩亚东
助理研究员：崔光欣　段慧荣　仇正英　杨　珍
实　验　师：赵　雯　张　彬

上海兽医研究所

研　究　员：苑纯秀　仇旭升　王香平
副 研 究 员：刘　珂　王春梅　宋翠萍　翟　良
高级实验师：宋　斌
助理研究员：俞仓炜

草原研究所

研　究　员：杜建材　丁　勇
副 研 究 员：王　宁　孙娟娟　李　俊　萨茹拉　张利军
助理研究员：夏　燕
实　验　师：李　薇

特产研究所

研　究　员：郑培和　郭　靖　李滋睿
副 研 究 员：曹新燕　王建科　闫梅霞　胡　博　刘　宁　赵海平
高级农艺师：罗国良
助理研究员：于　营　王振军　王　超　杨童奥　张宇飞　郑斯文　史　宁
　　　　　　薛海龙　王　卓　宋　娟　郭倩倩　鲁荣光　陈林红
实　验　师：孟庆江　葛云花

农业农村部环境保护科研监测所

研　究　员：师荣光　杜连柱
副 研 究 员：李晓晶　申　锋　张长波　梁学峰　张国良
高级工程师：陈岫圳
高级实验师：王跃华
助理研究员：陈雅丽　姜红新　强沥文　仇　茉
会　计　师：庞晶晶

沼气科学研究所

研　究　员：承　磊　吴　进
副 研 究 员：马诗淳　刘　刈　王　超
助理研究员：陈城汉　程静思　姜　娜　宁睿婷　张梦舒

农业农村部南京农业机械化研究所

研　究　员：肖体琼　龚　艳　张　彬　张宗毅
副 研 究 员：陈明江　李瑞容　顾峰玮　张宋超　周良富　姚克恒　王祎娜
高级工程师：徐金山　常志光
助理研究员：杨　子　黄　沁　马　聪　徐弘博　崔龙飞　钱震杰　夏先飞
　　　　　　陈　伟　谢　庆　纪　要　王　刚　曹　杰　马　标　高庆生
　　　　　　游兆延　王教领　韩　余　沈　成　陈　满　王振伟　魏　海
工　程　师：张　斌　徐　雨
编　　　辑：李　亮

烟草研究所

研 究 员：张怀宝 戴培刚
副研究员：王程栋 王 杰 刘 旦 宋文静 蒋彩虹
高级实验师：鲁世军
助理研究员：宋 贺 张晓鸣 王晓强 赵栋霖 袁 源 代常波 孟 晨
会 计 师：孟德慧

农业基因组研究所

研 究 员：高 飞
副研究员：孟丽君
助理研究员：李华伟
农 艺 师：陈建涛

中共中国农业科学院党组关于印发《中国农业科学院领导班子成员联系研究所制度》的通知

农科院党组发〔2018〕13号

院属各单位、院机关各部门：

为增进院领导班子成员对院属研究所的了解，密切与职工群众的联系，推动解决实际问题，现将经2018年4月3日第八次院党组会议审议通过的《中国农业科学院领导班子成员联系研究所制度》印发给你们，请结合实际，认真贯彻执行。

中共中国农业科学院党组

2018年4月12日

中国农业科学院领导班子成员联系研究所制度

根据《农业部党组关于坚持干部深入基层和加强实践锻炼的意见》文件精神，为进一步增进院领导班子成员对院属研究所的了解，密切与职工群众的联系，推动解决实际问题，经研究，决定建立院领导班子成员联系研究所制度。

一、指导思想

全面贯彻党的十九大精神，以习近平新时代中国特色社会主义思想为指导，全面落实中共中央、国务院，以及部、院党组重大决策部署，深入调查研究，密切联系基层，着力攻坚克难，推动乡村振兴科技支撑行动顺利实施，加快科技创新工程、“两个一流”建设迈上新台阶、取得新成效。

二、联系工作内容

（一）开展调查研究

着眼全院发展大局，紧扣乡村振兴科技支撑行动、科技创新工程等中心工作，坚持实地调研与案头研究相结合，深入了解联系研究所全面发展情况，准确掌握难点热点问题，密切与基层一线的联系，提出针对性指导意见。

（二）听取意见建议

把联系研究所工作作为听取基层意见建议的重要渠道。通过驻所调研、走访座谈，充分听取各层面，尤其是科研一线的意见和建议，了解掌握所情民意、发展现状、存在问题及意见诉求，体现院党组的关怀和温暖。

（三）推动解决发展难题

遵循矛盾在基层化解、问题在基层解决、安全在基层把控的工作原则，充分发挥院领导的高位综合协调作用，汇聚各方面工作合力，切实帮助联系研究所解决重点难点问题，化解矛盾、促进和谐，扎实有效推进联系研究所各项工作取得新的突破。

（四）发挥以点带面作用

及时了解掌握联系研究所贯彻落实部、院党组重大决策和任务情况，注意总结提炼典型经验和创新做法，并适时推广典型，充分发挥辐射带动作用，切实以点上的突破带动面上的整体推进，确保全院各项改革发展任务顺利完成。

三、联系研究所的确定

每位院领导班子成员负责直接联系若干研究所（含研究生院、中国农业科学技术出版社）。

院领导班子成员联系研究所实行轮换制度，根据工作变动或实际工作需要，可适时进行调整和轮换。

院领导班子成员联系研究所的安排，由院办公室会同人事局，综合考虑院领导班子成员分管工作和本人意见，研究提出建议方案，报院党组研究审定后执行。

四、有关工作要求

（一）加强组织领导

院领导班子成员联系研究所工作在院党组统一领导下开展，人事局、院办公室负责具体活动的统筹安排。院领导班子成员每年至少要到每个联系研究所开展调研、指导和办公活动1次，每年要撰写1篇有分量的调研报告，同时将联系情况作为年度述职报告的一项内容。

（二）确保工作实效

联系工作实行领导责任制，院领导班子成员要切实履行联系职责，对联系研究所遇到的难题，尤其对重大问题、重大事项，要及时召集相关部门和单位协商会办，切实有针对性地推进解决。对于联系研究所工作中发生的重大突发事件，要认真指导和帮助解决，切实维护和谐稳定。

（三）转变工作作风

要本着“多支持、不干预、重服务”的工作原则，以务实的作风和扎实的工作，把联系研究所作为服务基层、服务科研、服务群众的主阵地，不增加联系研究所的负担。

（四）严格遵守纪律

要严格遵守中央八项规定精神和部、院党组有关要求，以身作则，争当表率，带头履行党员义务，自觉接受群众监督，充分发挥先锋模范作用，为联系研究所的干部职工树立榜样。

院领导班子成员联系研究所安排表

序号	姓名	职务	联系研究所
1	李金祥	副院长、党组成员	牧医所、蜜蜂所、加工所、沼科所、都市所
2	李杰人	纪检组组长、党组成员	质标所、果树所、哈兽研、草原所、特产所
3	吴孔明	副院长、党组成员	作科所、饲料所、兰兽研、兰牧药、基因组所
4	王汉中	副院长、党组成员	蔬菜所、环发所、水稻所、麻类所、茶叶所
5	万建民	副院长	植保所、生物所、灌溉所、油料所、郑果所
6	梅旭荣	副院长、党组成员	农经所、信息所、营养所、棉花所、环保所
7	刘大群	党组成员	出版社、上兽研、农机化所
8	贾广东	党组成员	研究生院、资划所、烟草所

中国农业科学院高层次人才柔性引进管理暂行办法

第一章　总　则

第一条　为深入实施“人才强院”战略，构建科学、完善的人才发展体系，积极拓宽人才引进渠道，吸引和凝聚国内外高层次农业科技人才，建立规范有序高效的柔性引才工作机制，根据中国农业科学院《关于深化体制机制改革 促进人才发展的若干措施》，特制定本办法。

第二条　本办法中的柔性引进是指在不改变人才原有户籍、国籍、人事、档案、社保等关系的前提下，通过签订聘用合同的形式，吸引高层次人才（或团队）到中国农业科学院从事科技创新、战略研究、学术指导、学科建设、人才培养和平台建设等方面工作的人才引进方式。

第三条　我院柔性引进高层次人才坚持以下原则：

（1）高端引领，需求导向。

（2）以用为本，因人施策。

（3）合同管理，强化考核。

第四条　院人才工作领导小组负责中国农业科学院柔性引进高层次人才的政策制定等；院人才工作领导小组办公室会同院机关有关部门负责引进备案工作和推进相关政策落实等；院属单位负责岗位需求制定、引进人才招聘、聘用合同签订、工作生活条件保障和任务目标考核等。

第二章　引进对象

第五条　柔性引进的高层次人才应具备以下基本条件：

（1）具有良好的职业素养、严谨的治学态度、扎实的专业基础和较强的协作精神。

（2）引进时非我院的正式在编职工和离退休职工，引进后一般需在中国农业科学院连续工作 3 年以上，且须保证每年到岗工作一定时间。

（3）国（境）外引进的高层次人才，一般应在著名高校、科研机构担任相当于副教授以上职务，或者在国际知名企业、机构担任高级职务；国内引进的高层次人才，一般应在高校、科研机构担任正高级专业技术职务，或者在知名企业、机构担任高级职务。

（4）身体健康。非全职在岗的柔性引进人才，一般应有健全的医疗、养老等社会保险保障。

（5）人才本人应就来中国农业科学院开展工作事项，与其人事劳动关系所在单位达成一致意见。

（6）不存在法律法规限制的情形。

第六条 围绕院所学科体系建设和科技创新工程科研团队需求，重点引进国内外具有重要学术影响力、掌握核心技术、能够推动关键技术突破、带动学科发展的高层次急需紧缺人才，主要包括：

（1）符合农科英才顶端人才、领军人才支持范围的人才。

（2）符合“国（境）外高层次人才支持参考标准”（详见附表）中所列范围的人才。

（3）符合院属单位学科、团队及平台发展需要的其他急需紧缺人才，包括国家重点研发计划项目、国家科技重大专项重大课题、国家自然科学基金重大类项目、科技基础资源调查专项项目或国家社科基金重大项目的主持人（引进时应为在研），国家级科学技术奖励主要完成人（一等奖前 2 名）或省部级科技奖项一等奖的第 1 完成人，以及达到同等水平的高层次人才。

第三章 引进程序

第七条 柔性引进高层次人才的程序：

（1）明确需求。院属单位按年度制定岗位需求方案，岗位的设置须与本单位发展目标、学科建设相结合，优先保证院科技创新工程科研团队建设、重点学科领域和新兴交叉学科及重大科研条件平台等对人才的需求。岗位需求方案应在每年年初报院人才工作领导小组办公室备案，人事局将会同科技管理局等有关部门对岗位需求方案进行审核。

（2）组织招聘。根据院里审定的岗位需求方案，院属单位自行组织招聘。招聘主要采取现场综合评议的方式进行，评审组由不少于 9 位相关领域专家组成（所外专家应占一定比例）。对于国（境）外人才也可采取电话视频面试或结合第三方通讯评审等方式进行。同意引进票数超过 2/3 的，确定为拟聘人选。

（3）签订合同。院属单位应与人才或其人事劳动关系所在单位，签订双方或三方聘用合同。合同须明确岗位职责、任务目标、工作时间、薪酬待遇、考核方式、条件保障、成果（知识产权）归属、商业（社会）保险、免责条款、违约责任等，确保各项指标可量化、可考核，要避免主要任务为咨询、评审等临时性工作。聘用合同所列的岗位职责、任务目标和成果（知识产权）归属等主要条款需经院属单位学术委员会审议通过。院属单位召开党委会议或党政联席会议，研究确定柔性引进高层次人才，并颁发聘书。

（4）报院备案。院属单位应在确定柔性引进高层次人才后 1 个月内，将人才基本信息、聘用合同、招聘评审情况等材料提交院里备案。对于符合农科英才顶端人才、领军人才支持范围和“国（境）外高层次人才支持参考标准”中所列范围的人才，由院颁发农科英才证书。

第四章　支持措施

第八条　院属单位要充分发挥用人单位自主权，积极统筹整合现有资金渠道，给予柔性引进人才充分的条件支持和待遇保障。对于引进本办法第六条所列范围人才的院属单位，院里在绩效评价、项目申报、人才举荐等方面给予相关支持。

（1）设置柔性人才引进评价指标。柔性引才工作情况纳入研究所评价的指标体系，按照引进人才的层次和年度到岗工作时间赋予相应的加分分值。

（2）支持柔性人才申报科技项目。柔性引进人才作为共同主持人申请院基本科研业务费（院统筹部分）时，在同等条件下可优先获得支持。

（3）举荐柔性人才申请人才政策支持。协助院属单位推荐柔性引进人才申请国家及省部级人才政策支持；对于国（境）外的柔性引进人才，积极推荐申报国家“千人计划”创新人才长/短期项目、外国专家项目等。

（4）支持现有人才积极参与柔性引才工作。发挥人才聚集效应，鼓励“以才引才”，现有农科英才入选者作为直接推荐人柔性引进农科英才，经所在单位认定和院备案后，可计入本人支持期任务目标的“人才培养”指标完成情况。

第九条　鼓励院属单位柔性引进的高层次人才全职到岗工作。对于柔性引进且全职在岗工作的农科英才，参照《中国农业科学院农科英才特殊支持管理暂行办法》（以下简称“特支办法”），院里将视同“在编在岗”人员兑现相关支持。

第五章　日常管理

第十条　院属单位在与柔性引进人才充分协商的基础上，采取年薪制或协议工资等形式，确定柔性引进人才的薪酬待遇，并根据柔性引进人才自身需要，按照“一人一策”的方式，保障科研工作需要及生活条件等。

第十一条　院属单位要加强对柔性引进人才的日常跟踪管理，建立人才工作日志和管理台账，详细记录在岗工作时间、工作内容、薪酬待遇兑现、科研条件保障和任务目标完成等情况，并按年度将主要信息在本单位进行公示。

第十二条　院属单位要强化对柔性引进高层次人才任务目标的考核评估。考核评估内容和方式可参照“特支办法”，考核评估结果和退出意见应及时报院人才工作领导小组办公室。

第十三条　院将结合日常工作，加强对院属单位柔性引才管理情况的监督和检查，检查结果将作为院属单位领导班子人才队伍建设情况考核的重要依据。对于管理不善，甚至弄虚作假的，将予以责任追究。

第十四条 根据《中共中央办公厅 国务院办公厅关于进一步加强科研诚信建设的若干意见》和《中国农业科学院科研道德规范》等有关规定，对于出现违反科学道德、品行不端等情况的，一经查实，院将取消其相应人才资格和相关待遇，并在全院进行通报。

第六章 附 则

第十五条 院属单位应结合自身人才发展需要，研究制定本单位柔性引进人才的实施细则，报院人才工作领导小组办公室备案。

第十六条 本办法自发布之日起执行。

第十七条 本办法由人事局负责解释。

附表

国（境）外高层次人才支持参考标准

人才类型	支持参考标准
1. 诺贝尔学奖获得者（物理、化学、生理或医学、经济学奖） 2. 美国、英国、加拿大、澳大利亚等发达国家科学院院士	顶端人才
担任过国（境）外世界知名大学校长、副校长、国（境）外世界知名科研机构的主要负责人或国际著名学术组织主席或副主席的高层次人才	领军人才 A 类
1. 近 5 年，担任过国（境）外高水平科技期刊（《期刊引用报告》JCR 一、二区）正、副总编（主编） 2. 近 5 年，在 *Nature*、*Science*、*Cell* 或所在专业领域影响因子 30 以上的著名科技期刊发表论文的第一作者或唯一通讯作者 3. 担任过国（境）外世界知名大学、世界知名科研机构的教授级专家	领军人才 B 类
担任过国（境）外世界知名大学、世界知名科研机构副教授级专家	领军人才 C 类

注：1. 世界知名大学：上海交通大学高等教育研究院《世界大学学术排名》或泰晤士报《全球顶尖大学排行榜》排名前 150 名的国（境）外大学（申报年度最新排名）。

2. 世界知名科研机构：美国科技信息所（ISI）基本科学指标数据库（ESI）、英国 *Nature* 杂志等权威性科研机构排名榜单近 3 年发布的前 150 名科研机构、科学技术组织（申报年度最新排名）。

中国农业科学院领导人员选拔任用纪实工作实施办法（试行）

第一条 为保证严格执行《党政领导干部选拔任用工作条例》《科研事业单位领导人员管理暂行办法》，规范我院领导人员选拔任用工作，加强选人用人全程监督和倒查追责，坚决防止用人上的不正之风，根据《党政领导干部选拔任用工作责任追究办法（试行）》《关于加强干部选拔任用纪实工作的若干意见》等有关规定，结合我院实际，制定本办法。

第二条 本办法适用于院党组管理的所级领导人员以及院属各单位、院机关各部门内设处级机构领导人员的选拔任用工作纪实。

第三条 纪实工作坚持“客观准确、完整具体、简便管用”的原则，如实记录动议、民主推荐、考察、讨论决定、任职等各选拔任用环节的主要工作和重要情况，确保领导人员的选任过程可追溯、可倒查。

第四条 纪实工作按照干部管理权限和有关规定，实行“谁办理、谁纪实”。院党组管理的所级领导人员以及院机关各部门处级领导人员选拔任用纪实工作由人事局组织实施；院属各单位内设处级机构领导人员选拔任用纪实工作在本单位党委领导下，由组织人事部门组织实施。

第五条 选拔任用纪实内容，主要包括履行选任程序情况和其他重要情况。

1. 履行选任程序情况

（1）动议：主要记录酝酿形成的工作方案情况，包括动议理由、酝酿主体、酝酿过程和酝酿意见等。

（2）民主推荐：主要记录会议推荐和个别谈话推荐情况。采取竞争性选拔的，记录竞聘考评情况。

（3）考察：主要记录考察预告、民主测评、征求意见、考察谈话、干部档案审核、个人有关事项报告查核、征求纪检监察机关意见、线索具体的信访举报核查等情况，以及干部任免审批表和考察材料。

（4）讨论决定：主要记录集体讨论会议参加人员及讨论表决情况。

（5）任职：主要记录任前公示情况，公示期间收到群众反映问题及调查核实情况，任职文件、任前谈话情况，试用期满考核及试用期满正式任职文件等情况。

2. 其他重要情况

经查实存在下列 5 种情形的，记录在案，形成用人上的“负面清单”。

（1）说情打招呼、私自干预下级或原任职单位选人用人的。

（2）要求提拔本人近亲属、指令提拔身边工作人员的。

（3）拉票、跑官要官的。

（4）人选不符合任职资格条件，或廉政等方面存在影响任用的问题时，仍坚持任用的。

（5）阻挠、制止对选人用人问题调查核实和依规依纪处理的。

第六条　领导人员选拔任用纪实工作，实行《中国农业科学院领导人员选拔任用工作纪实表》与文书材料相结合的方式。选任工作结束后，工作人员按要求检查纪实情况；记录不全或材料缺少的，及时进行补记或通知有关人员补齐材料，经本单位组织人事部门负责同志及党组（党委）主要负责同志审核签名后，按一人一表、一批一档整理，形成选拔任用工作纪实档案，由各单位组织人事部门保管。

第七条　纪实人员应严格遵守工作纪律，及时、准确、客观、公正做好纪实；参与选拔任用工作人员应及时向纪实人员提供情况和信息，严禁弄虚作假和故意泄露纪实内容。

第八条　院属各单位应从实际出发，建立健全纪实工作实施细则，完善纪实方式。人事局采取专项检查、随机抽查等方式对院属各单位选拔任用纪实材料进行检查，并作为开展选人用人监督检查和实行责任追究的重要依据。通过强化纪实结果运用，切实发挥纪实的监督制约作用。

第九条　对于没有坚持开展纪实工作或没有按照规定全面如实记录的，给予批评教育或者责令作出书面检查；对在纪实材料上弄虚作假的，视情节轻重依规给予严肃处理。

第十条　本办法由人事局负责解释。

第十一条　本办法自发布之日起施行。

中国农业科学院关于干部援派挂职期间有关待遇实施细则

第一条 为贯彻落实好中共中央和农业农村部党组关于脱贫攻坚及援疆援藏援青决策部署，进一步健全我院援疆援藏援青和挂职干部激励保障制度，鼓励干部在基层一线和困难艰苦地区安心、安身、安业，更好履职奉献，根据中央组织部和农业农村部有关规定，结合我院实际，制定本细则。

第二条 我院援派挂职干部主要包括以下几种情况：

（1）经我院选派，执行中央组织部、农业农村部等上级部门有关任务的挂职干部，如援疆援藏援青干部、扶贫挂职干部、博士服务团成员等。

（2）经我院选派，赴地方开展院地合作、院院合作、科技挂职、特派援助等任务的异地挂职干部。

（3）根据全院科技创新区域布局发展需要，经我院选派，参加机构筹备组建等工作的异地挂职干部，如抽调参加都市农业研究所、西部农业研究中心建设的异地挂职干部。

（4）经我院选派，院系统干部到院属有关单位（部门）培养锻炼的异地挂职干部，如院机关年轻干部到京外研究所实践锻炼等。

第三条 干部援派挂职期间只转组织关系，不转户口和行政、工资关系。如派出单位出现机构整合、单位改制等情况，要妥善安排，不得将其作为分流或下岗对象。

第四条 干部援派挂职期间享受派出单位同类同级人员的工资及各项福利待遇，除国家政策调整外，工资及福利待遇不变。

第五条 干部援派挂职期间发放生活补助，具体标准如下：

（1）援藏援青干部补助标准为 4 000 元/月；援疆干部补助标准为 3 000 元/月，其中在南疆地区工作的为 3 500 元/月。援疆援藏援青干部发放行前一次性补助 10 000 元。

（2）中央组织部选派到西部地区、老工业基地、革命老区挂职的干部，以及农业农村部选派的扶贫挂职干部，在脱贫攻坚期间补助标准为 3 000 元/月；其他挂职干部补助标准为 1 000 元/月。其中，安排到西藏及四川、云南、甘肃三省藏区和青海、新疆的，按月生活补助参照援疆援藏援青干部补助标准执行；行前一次性补助按挂职年限发放，一年 2 000 元，两年 5 000 元，三年 10 000 元。

第六条 按年度为援派挂职干部办理人身意外伤害保险，保险金额不低于 50 万元。因病因伤发生的医疗费用，按本人医疗（医保）关系和有关规定办理。

第七条 干部援派挂职期间，派出单位主要负责同志每年至少到挂职单位走访一次，跟踪了解他们的思想和工作表现，作为干部提拔使用的重要依据。对在援疆援藏援青和脱贫攻坚一线中，敢于担当、表现突出、群众公认且符合任职资格条件的干部，及时予以提拔使用或进一步使用。

第八条　干部援派挂职期间可按规定进行专业技术职务任职资格评审，并在同等条件下优先评审、优先聘任。其中，援疆援藏援青干部可按相关规定参加受援地专业技术职务任职资格评审，申报中级及以下专业技术职务任职资格须经派出单位同意，评审结果抄送派出单位；申报高级专业技术职务任职资格须经派出单位及人事局同意后向农业农村部人事司提出申请，评审结果报人事司备案。

第九条　干部援派挂职期间依法享受国家规定的探亲假、年休假，按规定履行审批手续。其中，援疆援藏援青干部及其配偶、子女每年由派出单位报销一次探亲往返交通费；援藏援青干部援派期满返回派出单位，按受援地有关规定可享受 90 天假期。援派挂职干部因工作需要往返挂职地和派出单位所产生的差旅费等费用，如因特殊情况在挂职地无法报销的由派出单位在有关经费中报销。

第十条　干部援派挂职期间，派出单位为他们每年安排一次体检；要与干部及其家属保持经常联系，关心他们的工作和生活，对家中有困难的，尽量帮助协调解决，解除干部的后顾之忧。

第十一条　以上各类待遇，国家有明确规定的从其规定。院里负责为院选派的挂职干部发放生活补助和行前一次性补助，其余福利待遇如探亲路费、体检费用、保险费用等均由派出单位按财务规定在有关经费中解决。

院属各单位选派挂职干部有关待遇参照执行。

第十二条　本细则由人事局负责解释。

第十三条　本细则自印发之日起执行。

中国农业科学院办公室关于院属京区单位养老保险制度改革后若干具体问题的处理意见

为贯彻落实《国务院关于机关事业单位工作人员养老保险制度改革的决定》（国发〔2015〕2号）和《人力资源社会保障部 财政部关于贯彻落实〈国务院机关事业单位工作人员养老保险制度改革的决定〉的通知》（人社部发〔2015〕28号）等文件精神，经研究决定，现就京区单位养老保险制度改革后遇到的若干共性问题提出以下处理意见。

一、关于社保基金未支付的统筹外项目

养老保险制度改革后，原退休费中未纳入社保统筹基金支付的项目，原则上仍由原单位发放，经费按原渠道列支，主要包括以下项目：在京中央国家机关适当补贴、物业补贴、采暖补贴、提租补贴、自雇费以及政府特贴等。

二、关于正副所局级退休人员补贴标准

对于执行正副所级退休人员补贴标准的所级干部，因院定退休人员补贴标准与国家标准的差额部分未纳入社保统筹基金支付，原则上此部分差额（正所级205元/月；副所级335元/月）仍由原单位发放。

三、关于提高退休费比例

根据人社部发〔2015〕28号文件规定，对于改革后（2014年10月后）符合提高退休费比例的人员，将给予一次性奖励，退休时不再提高基本退休费比例，具体补助标准和执行时间待上级主管部门确定后按照有关政策落实。根据有关精神，京区单位自退休人员从中央养老保险管理中心（以下简称央保中心）领取养老金之月起，我院不再执行提高退休费比例政策。改革后已按原政策办理提高退休费比例的，待国家一次性奖励相关政策出台后，再按照有关政策进行调整。

四、关于退休人员退休费审批

养老保险制度改革后，退休人员养老金由央保中心核定和发放，我院将不再审批退休人员退休费，各单位按照有关政策要求到央保中心办理养老金核定与发放相关手续。《中国农业科学院办公室关于进一步调整明确工资审批管理权限的通知》（农科办人〔2015〕11 号）中关于退休人员退休费的审批权限不再适用。

五、其他有关事宜

（1）国发〔1986〕26 号文件中所涉及的高级专家、中华人民共和国前参加革命工作的老工人的养老金调整，待国家相关政策明确后按照有关规定执行。

（2）已参加北京市企业职工基本养老保险的编制内合同制职工，在养老保险关系未转入央保中心前，各单位采取补足差额的过渡性办法保证养老金水平不低于本单位同等职工水平，待养老保险关系转入央保中心后，再按照有关政策规定执行。

（3）离休人员不纳入事业单位养老保险制度改革范围，仍按照国家统一规定发给离休费，并调整相关待遇。

唐华俊院长在中国农业科学院人才工作推进会上的讲话

2018 年 9 月 8 日

同志们：

今天，我们在郑州召开中国农业科学院人才工作推进会，主要任务是进一步深入学习贯彻落实党的十九大精神，深入学习贯彻习近平总书记在 2018 年两院院士大会和全国组织工作会议上的重要讲话精神，深入贯彻落实习近平总书记对我院建院 60 周年贺信的重要指示精神，围绕全面推进我院人才发展体制机制改革，总结交流经验，分析新形势、新任务，研究新思路、新举措，推动改革落地见效，为加快构建世界一流学科和一流科研院所，全面提升我院科技自主创新能力，为大力实施乡村振兴战略，全面建成小康社会提供坚强有力的人才支撑和科技支撑。下面，我讲 3 点意见。

一、深入领会习近平总书记人才工作思想，牢牢把握当前人才队伍建设的新形势、新任务、新要求，全面推进我院世界一流科研院所建设

党的十八大以来，习近平总书记站在党和国家全局的高度，对人才工作作出一系列重要指示，思想深刻、要求明确，极大丰富了中国特色社会主义人才理论内涵。党的十九大把人才工作放到党和国家工作的重要位置，在对各项工作的部署中，广泛涉及科技人才、教育人才、青年人才等问题，对人才工作进行了新定位、提出了新要求、明确了新任务。这些重要论述构成了习近平新时代中国特色社会主义思想中精彩的“人才篇”，充分体现了我们党对人才规律的深刻把握和人才工作的高度重视，彰显了我们党求贤若渴、广聚英才的博大胸怀，为我们做好新时代的人才工作提供了根本遵循。

今年，习近平总书记在两院院士大会上发表重要讲话，站在建设社会主义强国的高度，把握世界科技革命发展大势，全面总结了党的十八大以来我国科技事业的历史性成就，深刻分析了当前我国科技领域面临的形势任务和突出问题，发出了新时代建设世界科技强国的动员令，为推进我国科技事业和人才发展指明了前进方向，对实现建设世界科技强国目标必将产生重大而深远的影响。在前不久召开的全国组织工作会议上，习近平总书记再次对做好人才工作提出了明确要求，强调指出了人才是实现民族振兴、赢得国际竞争主动的战略资源，深刻阐明了聚天下英才而用之的人才工作方略，进一步拓展

了马克思主义人才理论，是新时代推动人才发展的行动指南。全院上下要深入学习领会“创新是第一动力”的科学论断、增强自主创新能力的重大意义、“六个坚持”“五个着力”的宝贵经验，领会精神实质，把握核心要义，增强农业科技创新的责任感使命感；要深入学习领会“人才引领发展”的丰富内涵，牢牢把握新时代人才队伍建设的新形势、新任务、新要求，推动我院人才工作又好又快发展。

（一）把握好新时代人才工作的新形势

习近平总书记指出，21 世纪以来，全球科技创新进入空前密集活跃的时期，新一轮科技革命和产业变革正在重构全球创新版图、重塑全球经济结构。我们迎来了世界新一轮科技革命和产业变革同我国转变发展方式的历史性交汇期，既面临着千载难逢的历史机遇，又面临着差距拉大的严峻挑战。当前，我国科技领域还存在诸多问题，关键核心技术受制于人的局面没有得到根本性改变，要实现建设世界科技强国目标，必须要深化科技体制改革，提高我国关键核心技术创新能力，把科技发展主动权牢牢掌握在自己手里。

据科技部咨询报告，我国农业科技仅 19%处于国际领先，17%处于并行，64%处于跟跑，形成了少量领跑、绝大部分学科和技术仍然处于并行和跟跑的状态。农作物基因组学研究、农作物强杂交优势利用与新品种创制、绿色超级稻培育、动物重大疫病流行机制与疫苗研制等方向处于世界前列甚至是领先地位；在基因编辑、植物工厂、无人机农业应用、农作物种质资源研究、动植物疫病控制等方向已达到国际先进水平或处于并行地位；在合成生物学、3D 打印、大型农机具装备等关键技术和重点领域处于跟跑或者跟踪状态。就我院来看，作物、植保、畜牧、兽医、生物学和资源环境学等学科已经达到全国一流、世界先进，但在大动物育种、大型农业机械装备等很多学科领域，距离建设“两个一流”还存在较大差距。这要求我们要进一步加大科技创新力度，在基础和前沿技术领域创新一批理论和方法，在受制于人的技术领域突破一批关键技术，大幅度降低农业技术对外依存度，为建设世界科技强国作出应有的贡献。习近平总书记指出，谁拥有了一流创新人才、拥有了一流科学家，谁就能在科技创新中占据优势。在新形势下，要把科技创新搞上去，要大力攻坚关键技术，就必须建设一支规模宏大、结构合理、素质优良的创新人才队伍。“不拒众流，方为江海”。习近平总书记强调，“现在，我们比历史上任何时期都更需要广开进贤之路、广纳天下英才。要实行更加开放的人才政策，不唯地域引进人才，不求所有开发人才，不拘一格用好人才，在大力培养国内创新人才的同时，更加积极主动地引进国外人才特别是高层次人才，让各类人才各得其所，让各路高贤大展其长”。“形势逼人，挑战逼人，使命逼人”是总书记对当前科技形势的总体判断，全院广大科技工作者要把握大势、抢占先机，直面问题、迎难而上，瞄准世界科技前沿，引领科技发展方向，肩负起历史赋予的重任，勇做新时代科技创新的排头兵。

（二）把握好农业科技人才队伍建设的新任务

党的十九大提出实施乡村振兴战略，并作为七大战略之一写入党章。乡村振兴战略是以习近平同志为核心的党中央着眼党和国家事业全局、顺应亿万农民对美好生活的向往，对“三农”工作作出的重大决策部署，是决胜全面建成小康社会、全面建设社会主义现代化国家的重大历史任务。在去年年底召开的中央农村工作会议上，习近平总书记系统阐释了实施乡村振兴战略的重大意义和深刻内涵，明确指出要走中国特色社会主义乡村振兴道路。在今年全国两会期间参加山东代表团审议时，习近平总书记强调要推动乡村产业振兴、人才振兴、文化振兴、生态振兴、组织振兴。习近平总书记关于实施乡村振兴战略的重要论述，高瞻远瞩、内涵丰富、要求明确，是新时代做好“三农”工作、推进乡村振兴的根本遵循和行动指南。

乡村振兴，人才是关键。要汇聚全社会力量，强化乡村振兴人才支撑，激励各类人才在农村广阔天地大施所能、大展才华、大显身手，打造一支强大的乡村振兴人才队伍。韩长赋部长指出，“没有人，乡村振兴就是一句空话。推进乡村人才振兴，要想方设法创造条件，吸引更多人才参与乡村振兴”。在新的历史时期，面向新的历史任务，我院要强化农业科研国家队的使命担当，不断加强科技创新、技术推广和成果转化人才队伍建设，做好职业农民的培训，为乡村振兴提供强有力的人才支撑。一是要在乡村振兴中发挥好农业科研国家队的引领示范作用。一方面要不断深化重大科技创新活动组织、资源配置、科技评价、人才培养等方面体制机制改革，为全国农业科研系统人才队伍建设提供参考；另一方面，要依托国家农业科技创新联盟、现代农业产业技术体系、农业科技创新工程等平台或项目，发挥国家队作为全国农业科研系统龙头的影响力，探索以协同创新为主要特征的农业科研人才组织与培养模式，带动全国农业科研人才队伍整体实力提升。二是要在乡村振兴战略中发挥好农业科技人员的创新支撑作用。乡村振兴，出路是科技，活力在创新。我院广大科技人员，要紧密围绕国家重大需求，追求真理，敢为人先，深入开展基础研究，作出原创性贡献；要大胆发明，勇于创新，把科技成果转化为现实生产力，解决我国现代化建设的关键科技问题；要发挥高端智库作用，为推动农业和农村发展建言献策，为乡村振兴提供有力的决策支持。三是要在乡村振兴中倡导广大科技人员扎根基层、扎根一线的奉献精神。习近平总书记指出，“农村是一个大舞台，基层是一个大课堂，农民是一名好老师”。乡村振兴是我们农业科技人才的重要责任，也为我们施展才华提供了良好舞台，我院广大科技人员要牢固树立服务“三农”理念，立足岗位、勤于实践、敢于担当、甘于奉献，发挥好自身优势，发挥好创新团队、社团协会等作用，通过博士服务团、扶贫挂职，院地合作等，深入农业农村，开展多种形式的技术服务；走近农民群众，不断提升农民职业技能，让更多人才汇聚到乡村振兴中。

（三）把握好新时期深化人才发展体制机制改革的新要求

前几年，许多大学特别是经济实力较强的东部和南部大学凭借其雄厚的财力，在全国掀起了抢夺人才的大战。近年来，二三线城市也加入其中，人才大战呈现白热化态势。我院虽然在科技人才队伍建设方面取得了一定成绩，但人才发展体制机制还不完善，激发人才创新创造活力的激励机制还不健全，仍然需要通过出台有针对性的措施加以解决。去年以来，国家先后印发了《关于分类推进人才评价机制改革的指导意见》《关于进一步加强科研诚信建设的若干意见》《关于深化项目评审、人才评价、机构评估改革的意见》《国务院关于优化科研管理提升科研绩效若干措施的通知》等。这些政策的制定出台，进一步把人才发展体制机制改革推向深入，也为我们在人才引进、培养、激励、评价等方面深化改革提出新的要求。特别是国发 25 号文件，在扩大科研人员和科研单位自主权、加大科研人员薪酬激励、简化科研项目经费预算编制、优化科研项目申报和过程管理等方面提出了许多新要求，对于进一步优化科研单位管理体制，激发人才创新创造活力提供了重要的政策指导，我们要结合院所实际，认真研究梳理，切实解决这些新要求在我院落地落实的问题。

关于人才工作的最新精神，今天下午我们邀请了人社部的领导给大家具体指导和讲解，在这里我结合习近平总书记今年关于人才发展体制机制改革的重要论述，简单谈一下关于人才评价的一点认识。习近平总书记指出，“当前，人才评价制度不合理，唯论文、唯职称、唯学历的现象仍然严重，人才帽子满天飞。要通过改革，改变以静态评价结果给人才贴上永久牌标签的做法”。大家知道，当前科研评价中以“帽子”论英雄，贴“永久牌”的不良倾向比较严重，人才总体趋于静态评价，如何改变这种情况？我理解，关键是要坚持“唯才是举”，不拘一格地选拔和使用人才。现在盛行的许多人才“帽子”，背景大多是我国为了延揽海内外学界精英、培养造就高水平学科带头人而实施的重大人才工程或项目计划。这些人才“帽子”在科研评价中受到各方重视，是有一定合理性的。但是，由于人才评价具有复杂性和特殊性，一旦一味简单地以“帽子”论英雄，势必会产生一定的负面影响。因此，要改变“以帽取人”的不良倾向，最重要的就是建立一个符合人才发展规律的人才评价机制，既要看“帽子”，更要看“里子”，这个“里子”就是人才当前的创新能力和未来的创新潜力，要坚持德才兼备、注重凭能力、实绩和贡献评价人才，真正做到“唯才是举”“能上能下”。

二、开拓进取，求真务实，坚定不移实施人才强院战略

2017 年，习近平总书记在我院建院 60 周年之际发来贺信，提出了“三个面向”“两个一流”“一个整体跃升”的重要指示。为深入贯彻落实习近平总书记贺信精神，我院启动实施了《青年人才工程规划（2017—2030 年）》，这是我院在新的历史阶段

提出的一项面向未来、实现跨越、增强核心竞争力的重大工程，确定了“优化结构、高端引领、完善机制、强化支持、营造环境”的人才发展思路；去年 7 月，我们在深圳召开了建院以来的首次人才工作会，全院上下解放思想、提高认识，确立了实施人才强院和人才优先发展战略，将人才队伍建设摆在了全院各项事业发展的重中之重。同时，围绕我院人才引进、培养、评价、激励、保障等 12 个方面提出了 30 项改革措施，部署了一系列重点任务。一年来，我院坚持党管人才原则，以制度建设为抓手，以提高科技创新能力为目标，着力激发人才创新创造活力，30 项改革措施，20 项已落地落实或初步完成，10 项正在推进；院级出台各项人才制度政策 9 项，院属单位相继出台了人才发展规划 22 项、人才配套措施 87 项，我院人才工作制度体系的“四梁八柱”已初步建立，人才创新创造活力得到有效激发，各项工作取得了较好成效。

（一）人才优先发展理念成为全院共识

一年来，院党组把人才队伍建设摆在更加突出的位置来部署、来谋划、来推进；通过党组会、院常务会研究人才工作议题十二次，着力改进和完善党管人才工作格局，制定了重点任务分工方案，形成定期督办机制，设立了院人才工程办公室，配备专职工作人员，制作了落实院人才工作会议精神情况展板，对各单位的政策落实情况进行定期督导，营造“比学赶帮”的氛围。2017 年 10 月和 2018 年 8 月，院领导两次带队在全院范围内开展人才工作专项督查。从督查的结果来看，各单位坚持树立“人才强所”的理念，主动落实“一把手抓第一资源”责任，通过党委会、理论中心组学习会、全所职工大会等积极学习贯彻院人才工作的最新精神；通过互联网、展板等大力宣传院人才工作政策；通过建立人才台账和领导干部联系人才措施，真正关心关爱人才，用心解决人才的各种困难和问题，把服务意识贯穿于人才工作的每个环节。广大科技人员对我院人才工作的改革举措充分肯定、积极赞许，人才优先发展理念深入人心，人才是第一资源、第一驱动、第一优势成为全院共识。

（二）建立更积极、更开放、更有效的人才引进机制

一年来，我院充分发挥国家级“海外高层次人才创新创业基地”和“创新人才培养示范基地”的作用，坚持不唯地域、不拘一格面向海内外重点引进高层次人才。积极实施精准引才，制定了《高层次人才岗位需求目录》，组织院内专家利用出访、学术交流等进行定向引才，增强人才引进的实效性和针对性；坚持不为所有、但为所用的原则，制定了《高层次人才柔性引进管理暂行办法》，拓宽了人才引进渠道，吸引和凝聚了更多的海内外优秀人才；优化完善人才引进机制，修订了《“青年英才计划”管理办法》，更加注重人才创新能力和发展潜力。一年来，全职引进海内外人才共计 43 人，包括从德国马普学会、美国冷泉港实验室等引进海外人才 37 人，从中国科学院计算所、

微生物所等引进国内人才 6 人；柔性引进高层次人才 115 人，其中国内外院士 6 人。值得一提的是，生物所成功从英国引进一名“外专千人”，实现我院引进外籍高层次人才的重大突破。

（三）建立高端引领、重点支持、协同推进的培养机制

对接国家层面各类人才计划，实施高层次人才特殊支持政策，出台了《农科英才特殊支持管理暂行办法》，按照顶端人才、领军人才和青年英才 3 个层次，给予人才 60 万~200 万元的科研工作经费、10 万~50 万元的岗位补助；在青年英才计划中下设培育工程，采取两段式培养模式，发挥院所两级的积极性，设定了 70% 的院级择优支持比例，有效强化了人才的培养质量；组织各级人才参加教育培训，举办三期科技创新工程团队首席培训班，院属 31 个研究所的 263 位科技创新团队首席完成轮训；选派 80 余名专家参加由中组部、人社部等组织的国情研修班等各类培训；打破职称、年限、资历等限制条件，实施专技职务和博导资格晋升的“绿色通道”。一年来，已有 53 名青年英才获得了高级职称，85 名青年英才获得了博导资格。一年来，我院 1 人当选工程院院士，1 人当选中科院院士，1 人入选“千人计划”，24 人入选“万人计划”，5 人获评国家杰青、优青，30 人获国家级人才称号或荣誉等；另外，我们开展了两批农科英才集中遴选，截至目前，农科英才共 307 人，其中，顶端人才 12 人、领军人才 A 类 32 人、B 类 67 人、C 类 90 人、青年英才 106 人。

（四）探索实施更科学、更合理的人才评价政策

人才分类评价是激发人才创新创造活力的核心关键。上个月，在第二批农科英才领军人才集中遴选中，我们探索并实践了针对不同类型、不同学科人才的分类评价。以品德、能力、业绩、贡献和潜力为导向，坚持覆盖顶天立地，坚持破除论资排辈，不唯论文资历，不唯帽子头衔，按照基础研究、应用研究和软科学研究分类进行遴选。对于基础研究类人才，着重评价其提出和解决重大科学问题的原创能力、成果的科学价值、学术水平和影响；对于应用研究类人才，着重评价其取得自主知识产权和重大技术突破、成果转化、对产业发展的实际贡献，并淡化论文要求；对于软科学研究类人才，着重评价其为国家农业产业发展提供政策咨询、技术支撑的能力和工作绩效。同时，综合考虑到我院农科英才队伍年龄老化和我院的未来发展问题，此次我们重点遴选了 50 岁左右具有较大发展潜力的优秀人才。此外，为树立良好的学术道德和科研诚信，我们把品德作为人才评价的首要内容，在遴选中专门就人才的科学精神、职业道德、党风廉政等情况征求院所两级学术委员会和纪检监察部门的意见，进一步突出了德才兼备的评价导向。

（五）建立院所两级齐抓共管的人才管理机制

坚持院为统筹、所为主体，协同推进的人才工作格局。一方面，积极发挥研究所主体作用，简化院级备案审核程序，将人才的引进遴选权限下放到所，提高人才引育效率和质量；本着“科学界定、合理下放、稳步推进”的原则，逐步下放高级职称评审权，我院 2017 年度的职称评审方案拟在近期报部人事司，将有 5 个研究所的正高级职称评审权争取被下放。另一方面，为确保研究所行使好用人自主权，给予其有力的措施支持。在农科英才考核管理中，院层面制定了“农科英才管理协议”和“基础目标任务指标体系”，提出了 5 年考核周期、累计年限考核方式和基础性、培育性、应急性任务目标指标体系，人才可以结合实际自主选择符合发展方向的任务目标，从而帮助用人单位订立可量化、可考核、可退出的农科英才管理协议，避免了人才贴上“永久牌”的标签。此外，为进一步推动院属单位协同创新，打破人才流动制度壁垒，院里出台《人才跨所流动暂行办法》，揭牌成立了“院人才交流服务中心”，研究起草了《人才协同引进工作办法》，打破了现有户籍、身份、学历、人事关系等制约，促进了院所之间人才协调发展。

（六）建立更加健全、更加完善的人才服务保障机制

做好人才服务保障工作，是为科研人员营造潜心科研环境的重要保证。一年来，我院不断加大人才服务保障力度。一是强化人才经费保障。专门设立了人才发展专项资金，制定了《人才发展专项资金管理办法》，并积极谋划利用社会资源成立我院人才基金。2017 年院所两级发放各类岗位补助 3 000 余万元，科研工作经费 1.6 亿元，累计用于保障和促进人才发展的经费已超过 2 亿元。2018 年院所两级预计支出岗位补助等 6 800 余万元，科研工作经费 1.8 亿元，人才发展经费规模将接近 2.5 亿元。二是强化人才住房保障。制定了《农科英才住房租售暂行办法》，利用现有房源和住房改革政策，发挥住房租赁市场的辅助作用，解决了部分人才的住房问题。截至目前，共计下拨安家费补助 1 000 余万元。通过住房配售和协调周转房，解决了 20 余名高层次人才的住房问题。三是强化科研工作条件保障。鼓励支持引进的青年英才招收博士后，为每名引进人才配备约 2~3 名研究生或研究助理。据不完全统计，各单位为引进人才共配备了实验及办公用房 5 000 余平方米，为人才的科技创新发展提供了强有力的支撑保障。

一年来，我院把深化人才发展体制机制改革贯穿于人才工作的全过程，从科技人员最期盼的领域改起，积极主动向用人单位放权、为人才松绑，实现了科技人才队伍的稳定、持续发展，有效化解了高校“双一流”建设过程中严峻的人才竞争压力，人才发展体制机制改革成效初步显现出来。我院人才工作得到了上级部门的充分肯定，在 2017 年中组部召开的“深化人才发展体制机制改革经验交流座谈会”上，我院作了专

题书面交流。

在肯定取得成绩的同时，我们还要清醒看到，与中央深化人才发展体制改革的要求相比，与农业科研国家队的地位和使命相比，我院人才工作还存在较大差距，一些深层次的问题依然严峻。一是高层次领军型人才匮乏的形势没有根本改变。从数量上看，具有国际影响力的科学大家、两院院士、国家杰青、千人计划等人才总量偏少，农科英才领军以上人才全院仅有 201 名，仅占全院专技人员的 3%，占高级职称人员的 6%；从质量上看，具有国家级人才称号或以主要完成人获得国家科技奖励的人才仅有 126 人，占全院在编职工的不足 2%。二是高层次人才队伍年龄结构老化的形势没有根本改变。从创新队伍来看，我院两院院士平均年龄 71 岁；农科英才领军人才平均年龄 51 岁，其中，领军人才 A 类平均年龄 54 岁、B 类 48 岁、C 类 52 岁，接近 2/3 的领军人才超过 50 岁；40 岁以下担任首席的不足 6%。从管理队伍来看，副处级以上领导干部年龄在 50 岁以上的接近一半，40 岁以下仅占 19%，其中：近 70%的领导班子成员年龄超过 50 岁，近五年退休的占 22%，正所和副所的平均年龄基本持平（53 岁）。从支撑和转化队伍来看，50 岁以上的均已超过 40%。三是高层次人才在学科间分布不平衡的形势没有根本改变。作科所、植保所、资划所、牧医所、蔬菜所农科英才领军人才数量均达 10 人以上，占总人数的 42. 3%；16 个单位的领军人才数量不足 5 人；还有 4 个单位没有领军人才（营养所、灌溉所、果树所、草原所）。此外，去年召开人才会的时候，我们有 12 家单位没有引进青年英才，今年这些单位仍然没有突破。这些问题的存在，一方面是因为个别单位对人才工作重视程度还不够，观念陈旧，主动谋划、积极进取的意识不强；另一方面也反映出我院人才发展中还存在着体制不顺、机制不活、布局不优、效率不高等问题，特别是与科技创新活动密切相关的项目管理和经费使用管理等方面，“放管服”还尚未有效落地，科技人员还未真正放权松绑。希望各级领导班子高度重视这些问题，切实扛起责任，认真谋划，在今后的工作中下更大的力气加以解决。

刚刚听了 6 家单位的工作交流，我想大家和我一样，深受启发，这 6 家单位在落实院人才工作会议精神、推进人才发展体制机制改革方面各有特色、各有经验、各有实招，值得大家去学习和借鉴。

三、再接再厉，乘势而上，推动我院人才工作取得新成效

2018 年是改革开放 40 周年，是乡村振兴战略的开局之年，也是我院实施科技创新工程进入全面推进期的关键之年。全院上下要以此次会议为契机，从全局和战略高度，切实增强做好人才工作的责任感和紧迫感，牢固树立强烈的创新意识、人才意识和大局意识，进一步把人才发展体制机制改革向纵深推进，努力开创人才辈出、人尽其才的生动局面。

（一）紧紧围绕农业农村发展大局，深入推进人才发展体制机制改革

围绕中心、服务大局，始终是人才工作的使命和价值所在。深入推进我院人才发展体制机制改革，必须增强战略思维，更好的服务创新驱动发展战略和乡村振兴战略，促进人才发展与经济社会发展、现代农业发展深度融合。一是要服从服务于乡村振兴战略。实施乡村振兴战略是统领新时代“三农”工作的重大部署，我院启动实施“乡村振兴科技支撑行动”是全面落实习近平总书记致建院60周年贺信指示、强化农业科研国家队的使命担当的重大举措。坚持与实施乡村振兴科技支撑行动同步谋划、同步推进，更加积极主动作为，是我院人才发展体制机制改革应有的政治站位和时代要求。乡村振兴科技支撑行动部署到哪里，人才发展体制机制改革就推进到哪里，围绕重大行动凝聚人才、培育人才、发现人才，既为农业农村各项事业发展造就了源源不断的人才大军，也为广大人才施展才华提供了广阔的事业平台。二是要支撑引领现代农业产业。人才与产业对接的越精准，人才工作服务供给侧结构性改革、产业转型发展越有效。我院作为农业科研国家队，构建适应新形势的科研创新体系，就要面向世界农业科技前沿，超前部署一批领先优势学科和急需的新兴学科；要面向国家重大需求，针对现代育种技术、现代农机等关键技术短板，突破一批关键技术；要面向现代农业建设主战场，重点集成推广一批全产业链技术模式。我们的人才工作也要紧紧围绕这些学科布局、技术短板和关键问题，重点引进、加快培养一批高层次科技创新人才，造就一支覆盖全产业链的科技人才队伍，促进人才链与创新链、产业链、信息链的深度融合，加速推动形成促进现代农业发展的源动力。三是要聚焦对接我院重点工程。农业科技创新工程和全国农业科技创新联盟已成为推动我院实现跨越发展的新引擎，全院人才队伍建设要更加紧密地对接院重点工程，在实施重大协同攻关创新任务中，加强人才的基础支撑和学科引领，把它们作为锻造高层次人才的孵化器，作为推进人才发展体制机制改革的试验田，为打造聚集国内外一流农业科技人才高地、形成抢占国家竞争制高点的战略力量提供保障。

（二）以优化结构布局为核心，推动人才发展体制机制改革向纵深发展

当前我院人才工作的重点和难点就是解决人才发展不平衡的问题，既包括人才年龄结构、院所间分布、队伍梯次配备的不平衡，也包括学科领域布局、不同研究类型和不同工作岗位之间的不平衡。下一步，深化人才发展体制机制改革的关键，要以优化人才队伍结构布局为核心，坚持以高层次人才队伍为引领，统筹推进各类人才队伍建设。一是充分发挥高层次人才队伍的引领作用。要坚持把高层次科技人才作为我院创新人才队伍建设的重点。在引进和培养的过程中，要注意基础研究、应用研究、软科学研究领域的布局，坚持顶天和立地既有侧重区别，也要体现实际需求；在引进和培养方式上，要

注意结合地域特点、发展趋势，坚持引育并举，坚持全职引进和柔性引进并重；在对待已引育的高层次人才，要比量齐观、不分轩轾，支持他们深度参与国家计划项目、开展科技攻关，充分发挥高层次科技人才在科技创新中的竞争优势。二是统筹推进创新、管理、支撑和转化四支人才队伍建设。创新、管理、支撑和转化四支人才队伍好比是一辆汽车的四个轮子。创新人才队伍是引领科研院所发展的核心关键，这两年通过深化改革，放权松绑，取得了初步成效。管理人才队伍是做好各项工作的根本保证，习近平总书记在全国组织工作会议上深刻阐明了新时代党的组织路线，“正确的路线确定之后，干部就是决定的因素”，明年院里将召开领导班子和干部队伍建设会议，重点研究加强管理干部队伍建设的问题。支撑人才队伍和转化人才队伍是科研院所持续健康发展的重要保障，由于不是科技创新主业，近年来往往容易被忽视，但是我们的科研如果没有条件支撑、平台支撑、基地支撑，没有中试生产、推广示范、转移转化，那创新就是镜中花、水中月。因此，统筹推进四支队伍建设，增强推动事业发展的四驱动力，是下一步院人才工作的重点内容。本次会议有两个关于加强支撑和转化人才队伍建设的征求意见稿，希望大家要认真思考、深入研讨，积极建言献策。三是着眼长远，进一步加大青年人才培养支持力度。要以青年人才工程规划为引领，进一步实施好青年英才计划，各单位要注重发挥团队的积极性，建立引才育才目标责任制，充分利用各种渠道扩大宣传，抢抓机遇，进一步提高青年人才引进效率；发挥好所学术委员会和同行专家学术评价作用，确保青年人才培养质量；加强整合、统筹、协调所内所外各种资源，在科研工作和生活保障方面给予青年人才更大的支持力度。同时，要进一步加大博士后科研人员队伍建设力度，强化博士后“人才战略储备库”功能，发挥好“战略蓄水池”作用，充分利用好在站时间延长的有利政策，创新管理模式和支持方式，进一步扩大规模、提升质量，吸引更多优秀博士后为我院科技创新发展服务。

（三）以营造人才发展良好环境为重点，不断激发人才创新创造活力

环境育人、化人，也留人、成就人。深化人才发展体制机制改革，必须营造良好的工作环境、生活环境、制度环境，使各类人才创新有平台、发展有空间，形成近者悦、远者来的人才发展生态。一是要进一步转变人才管理职能。要充分发挥用人单位在人才培养、吸引和使用中的主导作用，保障和落实用人主体自主权，减少对人才不必要的限制，要让科学家从繁文缛节中解脱出来，把更多的精力投入科技创新活动中去；要积极稳妥下放公开招聘、人才引育、职称评审、薪酬分配、人才流动等权限。同时，要加强院级监督指导，确保职能转变工作规范有序、平稳顺利，确保各单位对相关权力“接得住、运行好”。二是要进一步完善人才引进和培养机制。要遵循农业科研规律和人才成长规律，以“三个面向、两个一流”为导向，加大农科英才选拔培养力度，确保科研工作经费、岗位补助、科研条件等及时足额保障到位；要用好《高层次人才引进岗位需求目录》，树立“高精尖缺”导向，实行精准引才、靶向引才；要用好柔性引才用

才的各项政策，坚持不求所有、但求所用，不求所在、但求所为，弹性管理、个性服务。三是要进一步健全人才分类评价机制。要深入推进人才分类评价机制改革，在职称评审、人才举荐、绩效考核等工作中，建立健全涵盖品德、知识、能力、业绩和贡献等要素，科学合理、各有侧重的人才评价标准；探索推行代表性成果评价，突出评价研究成果质量、原创价值和对经济社会发展实际贡献；要坚持德才兼备，加强对人才科学精神、职业道德、党风廉政等评价考核；要注重个人评价与团队评价相结合，实行以合作解决重大科技问题为重点的整体性评价。四是要进一步健全人才激励机制。要确保国家出台的“放管服”措施落地，赋予团队首席和领军人才更大的人财物支配权、技术路线决策权；要构建科学有效的薪酬激励机制，用足用好成果转化奖励收入分配政策，让优秀人才得到合理回报；要依托我院人才交流服务中心，鼓励人才合理流动，促进协同创新，为人才获得更大的科技成果创造条件。

（四）加强对改革的组织领导，确保各项政策措施落地见效

深化人才发展体制机制改革，必须加大统筹指导和协调力度，加强宣传引导，为改革提供坚强的政治和组织保障。一是加强对人才工作的组织领导。强化院人才工作领导小组核心作用，进一步改进和完善党管人才工作格局，履行好管宏观、管政策、管协调、管服务的职责。研究制定人才工作目标责任制，将人才工作列为领导班子年终述职述廉的重要内容，层层传导压力，严格督查问责。二是加强对人才工作的宣传引导。各单位各部门要广泛宣传院所各项人才工作政策，要大力宣传优秀人才及改革典型，要广泛运用传统媒体和新媒体，进一步推动人才优先发展理念深入人心、落地生根。有关部门要定期组织开展人才工作经验交流活动，对于在实践中好的用人理念，灵活的用人机制、有效的激励模式，要不断总结完善。三是加强政治引领和政治吸纳。要加强对人才的政治引领，做好各类人才教育培训、国情研修等工作，增强他们的政治认同感和向心力，实现增人数和得人心有机统一。要做好领导班子联系服务人才工作，政治上充分信任、工作上创造条件、生活上关心照顾，多为他们办实事做好事解难事。针对海外人才、编制外人才不断增加等情况，各单位党组织要进一步研究加强政治吸纳的措施，加大在高层次人才中发展党员力度，把各方面优秀人才集聚到农业科技事业发展中来。

同志们，人才工作是我院各项工作的头等大事，深化人才发展体制机制改革，需要方方面面共同来做，需要持续推进、久久为功。全院上下要更加紧密地团结在以习近平同志为核心的党中央周围，以更加坚定的信心、更加坚韧的决心、更加进取的姿态，把人才发展体制机制改革向纵深推进，为推动我国农业科技实现整体跃升，支撑引领现代农业发展，实现“两个一百年”奋斗目标、实现中华民族伟大复兴的中国梦作出新的更大的贡献。

中国农业科学院党组书记张合成在中国农业科学院人才工作推进会上的总结讲话

2018 年 9 月 9 日

同志们：

刚刚，4 位同志分别代表本组总结了分组讨论情况。大家普遍反映，此次会议组织得很严肃、参与得很投入、准备得很充分，会议主题明确、内容丰富、重点突出，开得很成功。概括起来，主要有五个“好”。一是会议主题好。去年召开的首次人才工作会议全面部署了我院人才工作，今年召开人才工作推进会，进一步深入研究、系统谋划、纵深推进人才发展体制机制改革工作，体现了院党组久久为攻抓落实的态度。二是会议报告好。华俊院长的报告全面阐述了我院人才工作的形势、任务、问题、目标和措施，为今后我院落实好“三个面向”，深入实施人才优先发展战略和人才强院战略，提出了明确的要求。三是会议地点好。河南是一个农业大省，是我院科技创新工作的重要区域，也是人才队伍发挥作用的重要地点，选择在郑州召开会议，体现了我院坚持“面向现代农业建设主战场”的出发点和落脚点。四是会议筹备的好。会议的报告、讨论的文件、相关的材料准备得很认真、很仔细，会议服务得很周到、很细致。五是会议成果好。会议形成共识，并为今后做好新时期人才工作指明了方向。应该说，此次会议达到了预期的目的。

下面我从 3 个方面对本次会议做一个简要小结。

第一个方面，此次会议取得的 5 点收获。

一是进一步提高了思想认识。会议进一步统一了“人才优先发展”的思想认识。“认识上不去，工作就做不上去”，不少所长、书记都表示，听了唐院长的报告，进一步提高了对做好人才工作重要性的认识，更加深刻理解了“人才强所”的内涵要义。还有一名人事处长说，通过参加这次人才工作推进会，更加坚定认识到人才发展是事业发展的核心关键，加强人才队伍建设是组织人事部门的使命与担当。

二是进一步交流了工作经验。大家一致认为，6 家单位的交流发言带来了很多的启示和思考，找到了学习的榜样和模范。此外，18 家单位的书面材料也有很多改革实践成果值得学习借鉴。例如，蜜蜂所的“香山人才”、信息所的“双百人才”、水稻所的“中稻英才”都是比较完善的人才引育支持体系；蔬菜所的争取社会资源、牧医所的创新文化建设、油料所的青年人才培养、兰牧药的柔性引才、烟草所的博士后工作等，也都是比较有特色、有亮点的经验做法。

三是进一步找到了问题差距。分组讨论中大家一致认为，唐院长提出的“三个没有根本改变”的判断，坚持了我院人才工作的问题导向，清晰的指出了我院人才发展中急需解决的突出问题。不少同志在发言中谈到，对照发言交流的单位，进一步找到了问题、不足和差距，感觉身上的责任更重了、压力更大了。

四是进一步聚焦了任务目标。各组讨论过程中，大家紧密结合唐院长的报告，围绕人才队伍建设是否形成梯队、事业发展是否后继有人、组织体系是否充满活力等问题对本单位下一步人才工作的任务目标进行了再梳理、再聚焦、再突出。大家表示，下一步深化改革的重点，就是要立足“三个面向”“两个一流”，进一步完善人才引进机制，创新分类评价机制，开创协同培养机制，健全党管人才制度机制。

五是进一步坚定了信心决心。不怕困难，不怕问题，就怕没有信心。大家在讨论交流中，都对进一步抓好人才队伍建设充满了信心。一位党委书记表示，唐院长提出的新要求新思路新举措，为继续深化改革指明了方向，也给我们进一步做好工作提供了坚强的理论支撑和组织保障。一位人事处长说，去年的人才工作会翻开了我院人才工作的新篇章，今年第二次人才会以推进工作抓落实为重点，充分体现了院党组求真务实的工作作风，让我们组工干部进一步增强了做好工作的信心决心。

第二个方面，落实好此次会议精神的 5 项任务。

会议结束后，关键是抓好相关工作的落实。

一是要做好各类人才的成长规划。始终把立足人才培养作为人才队伍建设的主体，加大自主人才培养力度，依托重大科研项目、创新工程、创新联盟等，培养造就一批堪当大任的青年骨干人才、领军人才和战略科学家。院属各单位要找准本单位人才队伍建设存在的问题，认真调研、广开言路，尽快制定一个针对创新、管理、支撑、转化四支队伍各类人才的培养规划，要通过明确的培养目标，切实可行的培养措施，让优秀年轻人才快速成长、脱颖而出。

二是要制定科学有效的引才计划。坚持“高精尖缺”导向，重点引进在基础前沿领域从事重大原始创新的人才，在农业生产领域有望产生重大突破的人才和具有较大发展潜力的青年人才。要坚持“不为所有、但为所用”原则，用好用足柔性引才政策，吸引更多人才为我院服务；要坚持全院一盘棋的工作格局，科学制定引才计划，定期发布《高层次人才岗位需求目录》，提高引才针对性和实效性。

三是要建立科学分类的评价标准体系。会后，有关部门要加快推进我院《关于人才分类评价工作的指导意见》的出台，坚持差异化原则，充分考虑研究所之间、岗位之间、学科之间的不同，将分类评价用于各类人才的选拔推荐、考核评估中；各单位要结合自身实际，坚持以一线科研人员为本的理念，兼顾各类人才队伍建设需要，加快建立健全本单位人才分类评价标准体系，引导广大科技人员发扬十年磨一剑的科学精神，静心做学问、搞研发，多出好成果、大成果。

四是要建立激发内生动力的管理制度。外部激励的核心是要激发内生动力。院属各单位要坚持问题导向，不断创新人才管理的工作机制。通过加大创新文化建设，进一步凝聚思想、凝聚共识、凝聚力量；通过事业留人，感情留人，进一步激励人才作出更多的贡献；通过优化高级专家延退及退休返聘政策，让有经验、有声望、有资历、有成果的同志发挥更大的作用；通过积极创造条件，切实解决科研人员最关心最直接的后顾之忧。以实事求是的态度，研究建立一套符合本单位发展需要、调动内生动力、激发自身活力的管理制度。

五是要倡导优化创新环境的思想。各单位要系统梳理、认真分析制约人才创新发展的环境问题，切实把国发 25 号文件精神，落到科研项目管理、经费管理、薪酬激励、评价考核等具体工作中，加快制定细化落实的工作方案，明确时间表、责任人，通过完善工作制度、优化管理流程，营造良好的创新创造氛围。同时，各级纪检监察部门要由事后监督问责，转为加强事前教育引导，发挥好“安全员”的作用，让科研人员明白规矩、红线，减轻精神负担，全身心投入科研工作。

第三个方面，落实好下半年全院工作的 3 件大事。

2018 年已经过去一多半，半年多来，全院上下认真贯彻中央决策部署和部院党组要求，以深化人才发展体制机制改革为突破口，切实增强科技创新能力、科研保障能力、成果转化能力和产业支撑服务能力，各项工作都按照预期目标向前推进，亮点很多，值得充分肯定。下半年，要以本次人才工作推进会作为谋事创业的新起点，以钉钉子的精神扎实推进各项工作，确保 2018 年年初制定的各项任务目标顺利完成。

一是要始终坚持把政治建设摆在首位。全院各级党组织和党员干部要认真学习习近平新时代中国特色社会主义思想，坚定“四个自信”，强化“四个意识”，坚决维护习近平总书记在党中央和全党的核心地位，坚决维护党中央权威和集中统一领导，确保党中央决策第一时间传达贯彻、确保部院党组部署第一时间迅速执行。各单位主要负责同志要带头讲规矩，把纪律挺在前面，严格执行重大事项报告制度和请假制度，坚持以身作则，发挥共产党员的先锋模范作用，营造良好的干事创业作风环境。进一步加强党的组织建设，有关单位要抓紧推动党委换届工作，不断加强党委班子的凝聚力和战斗力，切实发挥好政治核心作用；要深入推进“红旗党支部”创建行动，把支部建在团队上，积极创新支部工作方法，切实发挥好党支部的战斗堡垒作用。

二是要始终坚持“三个面向”的战略定位。习近平总书记关于“三个面向”的重要指示是我院各项工作的总方向、总目标、总任务、总要求、总抓手。全院一定要把“三个面向”的要求落在每一个处室，每一个创新团队，每一项科技成果上。一要对标“面向世界农业科技前沿”，就是要通过对标定向，弄清楚我们所在的科研领域谁是第一个领跑的，我们占据着什么位置，我们距离前沿还有多远；二要紧扣“面向国家重大需求”，就是要紧扣节约资源、环境友好、营养健康、绿色生产、节本增效、进口替代等领域最基础、最突出、最“卡脖子”的科技问题，凝练方向、聚焦重点，扎实开展富有成效的创新研究；三要“面向现代农业建设主战场”看科技产出，就是要聚焦农业生产、农村发展和农民增收，紧紧围绕脱贫攻坚、乡村振兴、绿色发展、“一带一路”等现代农业建设主战场，兼顾经济效益和社会效益，充分发挥我院农业科研国家队和主力军的作用。

三是要扎实做好下半年的重点工作。一是要进一步深入贯彻落实习近平总书记贺信精神，紧密结合国家发展战略需求，深入推进院所发展战略研究；二是要把管理效益年的各项工作抓实，强化制度建设，提升管理水平和服务质量；三是要集中全力把科技创新工程推向纵深，按照新的学科体系，进一步优化学科方向和创新团队，强化目标导向，争取大项目、产出大成果；四是要持续推进全国农业科技创新联盟建设，加快推进任务牵引、资源共享、行业协同、市场驱动等机制建设落到实处；五是要加快推动乡村振兴科技支撑行动的落地实施，提升我院在科技支撑上的主动权和话语权；六是要加强人才队伍建设和研究生培养，进一步强化人才优先发展，不断激发人才创新创造活力；七是要着力推进京区条件平台建设，营造良好院区环境，展现农业科研国家队形象；八是要推进绿色发展技术集成模式研究与示范，着力加强农业科技与农业产业深度融合。

同志们，我们已经迈进了中国特色社会主义新时代，这是一个伟大光荣的时代，也是一个开拓进取的时代，更是一个奋斗担当的时代，我们要紧密团结在以习近平同志为核心的党中央周围，始终坚持“三个面向”“两个一流”，以改革创新的精神，求真务实的作风，把人才发展体制机制改革向纵深推进，把农业科技创新工程向纵深推进，推动我院各项工作提上新水平，迈上新台阶。

张合成书记在中国农业科学院 2018 年新入职人员岗前培训班上的讲话

2018 年 10 月 16 日

各位新同事：

大家好！首先，我代表院党组欢迎你们加入中国农业科学院，加入中国农业科研的伟大事业中。

当前，中国农业科学院正经历非常重要的时代，正处在跨越发展的历史机遇期，这个时代主要有以下几方面的特点。

第一，这是成就非凡事业的新时代。正如党的十九大报告中指出的，国家正在开启进行伟大斗争、建设伟大工程、推进伟大事业、实现伟大梦想的新时代。

第二，这是乡村振兴、重塑城乡关系的新时代。党的十九大作出实施乡村振兴战略的伟大决定，把农业、农村、农民问题历史性的认定为事关国计民生的根本性问题，把农业农村工作历史性地确定为党和国家优先发展的重要议题，提出了城乡融合发展的总安排。我们的奋斗目标是“让农业成为有奔头的产业，让农民成为有吸引力的职业，让农村成为安居乐业的美丽家园”。

第三，这是科技兴农的新时代。中国农业正面临千年未遇之大变局，主要有 3 方面表现：一是农业已经基本上进入旱涝保收的时代。我们国家的粮食产量，已经连续 10 余年稳定在 11 000 亿斤的粮食安全线以上，近 5 年稳定在 12 000 亿斤以上，真正实现了旱涝保收，农业科技为此作出了历史性贡献。二是农村正在告别手工劳作的时代。随着我国农业机械化率超过 50%，绝大部分的劳作已经由机器代替。“二牛抬杠”作为农耕历史文化传承的表现，已经逐渐演变为文化符号。三是农民正在告别自给自足的时代。与曾经的春种夏收自给自足相比，现在的农民都要靠市场购买粮食，生产的农产品绝大多数是用来交易，农业发展模式已经发生了深刻变化。

第四，这是放飞梦想的新时代。中国农业科学院要按照总书记的要求实现“三个面向”，农业科技水平要朝着世界一流进发；科研方式和科技方向要面向国家重大需求，解决国家农业农村发展中的重大实际问题；农业科研要面向农业农村现代化的主战场。当前的主战场就是脱贫攻坚，全国现在还有 3 000 万人贫困人口，需要通过产业扶贫获得稳定的收入渠道实现脱贫。新时代天地广阔、大有可为，在这个时代加入中国农业科学院，我和大家一样感到非常光荣。下面，我以“崇尚科学、热爱三农、品学兼修”12 个字为主题，与大家进行交流。

一、崇尚科学

2017 年是中国农业科学院建院 60 周年，1957 年中共中央正式批准成立了中国农业科学院，与中国科学院、中国社会科学院并称为三大科学院。建院 60 年来，几代农科人栉风沐雨、薪火相传，在服务国家经济发展、引领农业科技进步中作出重大历史性贡献，取得了丰硕的创新成果。累计获得科技成果 6 000 多项，相当于全国农业科技成果总数的 1/5；其中获得国家奖 300 多项，相当于全国农业领域的 16%，获得国家一等奖 20 项，占到全国农业领域的 25%。选育出一大批重大品种，确保了国家粮食安全。在世界上首创矮败小麦及配套育种方法、水稻三系配套育种方法，培育各类新品种 360 余个，累计推广面积超过 1.6 亿公顷；中黄 13 是唯一累计推广面积超亿亩的大豆品种，也是唯一获得国家科技进步一等奖的大豆品种。由于 10 余年来粮食生产始终保持在安全线以上，在当前中美贸易战中，国家是有底气的，人民心里是踏实的，也正因为有了农业农村经济的稳定发展，为国家进行一系列的重大改革创造了非常良好的环境。转化了一大批优秀成果，推动国家农产品的供给。随着具有自主知识产权的科技成果不断转化，陆续打破了国外技术垄断，培育抗虫棉品种 200 余个，播种面积占全国总面积的 97%以上，培育的大通牦牛已覆盖全国 75%的牦牛产区。培育了一大批特色产业，促进农民增收致富。培育蔬菜、水果、特种经济动植物品种 400 余个，开展绿色发展技术集成示范，推动蔬菜总产量由 1997 年的 3.4 亿吨增加到 7.9 亿吨，促进了农民增收。有效防控了重大动物疫病，确保公共卫生安全。禽流感疫苗占国内市场份额的 95%以上，口蹄疫疫苗在我国主要口蹄疫多发区广泛使用，消灭了牛瘟、牛肺疫等疾病，有效控制重大动物疫病暴发。

在这些辉煌成就的背后，凝聚了一代又一代农科人拼搏进取、攻坚克难、艰苦奋斗的汗水和心血。60 年来，在我院涌现出一大批两院院士、知名科学家、全国劳动模范和全国先进科技工作者。这当中有奠定现代农业发展根基的老一辈科学家，如我国现代稻作科学主要奠基人、我院首任院长、我国第一个稻作专业研究机构的创立者丁颖院士，他被周恩来总理誉为是“中国人民优秀的农业科学家”。有我国现代小麦科学主要奠基人、我院第二任院长金善宝院士，我院第三任院长、农业经济学家卢良恕院士，还有 103 岁高龄仍耕耘在科研一线教书育人的小麦育种科学家庄巧生院士等。这当中有为“三农”事业作出重要贡献的前辈科学家，如蔬菜遗传育种科学家方智远院士，动物营养科学家张子仪院士，分子生物科学家范云六院士，茶学科学家陈宗懋院士，我院第四任院长、大豆育种科学家王连铮，植物分子遗传育种科学家李家洋院士、植物种质资源科学家刘旭院士等。这当中有奋斗在乡村振兴一线的新一代科学家，我院现任院长、数字农业科学家唐华俊院士，他的主要成就是通过卫星遥感技术应用，实现对农业生产的天、空、地一体化精准管理和数字化管理。还有棉花科学家喻树迅院士，植保科学家吴孔明院士，水稻科学家万建民院士，油料科学家王汉中院士，兽医科学家陈化兰院士。这当中还有一批年轻有为、正在成长的中青年科学家，如黄三文、陆宴辉、张忠华研究员等。同时，院里还有一批常年奋战在农业生产第一线的非常优秀的科学家。如长期扎根国家级贫困县河北阜平扶贫一线的郑州果树所专家刘继伟同志，他在阜平挂职副县长，被当地的老百姓誉为“果树县长”。还有被人民日报大版面报道、被誉为最美农技员的兴城果树所专家王海波同志。还有像棉花研究所、祁阳红壤试验站这样长期扎根基层、历尽艰辛，孕育出了伟大的中棉所精神、祁阳站精神的功勋集体。今天，你们加入了中国农业科学院这个光荣的集体，一定要以这些优秀科学家和科技工作者为榜样，继承发扬他们热爱祖国、淡泊名利的政治品格，献身三农、无私奉献的家国情怀，勇于进取、求实创新的科学精神，艰苦奋斗、细致严谨的人格学风，努力在各自的岗位上建功立业，为提高我国农业科技自主创新能力、加快建设现代农业贡献力量。

二、热爱“三农”

习近平总书记在梁家河度过了 7 年知青岁月，孕育了深厚的“三农”情怀，在他长期的工作实践中，对农业农村工作进行了一系列研究，对“三农”工作给予了高度的重视。总书记从心底里爱农业、爱农村、爱农民。党的十九大提出实施乡村振兴战略，这是我们党历史上最重要的一次“三农”理论创新，是城乡关系思想的重大创新，是马克思主义农民理论的重大创新。目前，我国城乡差距还很大，只有热爱“三农”、奉献“三农”，才能让农业成为有奔头的产业，才能让农民成为有吸引力的职业，才能让农村成为安居乐业的美丽家园。到中国农业科学院来，一定要打好热爱“三农”这一重要的工作基础和思想基础。

近年来，我国农业科技发展取得了长足进步，农业科技进步贡献率达到 57.5%，主要农作物良种基本实现全覆盖，自主选育品种面积占 95%，畜禽养殖规模化率提高到 58%，农作物耕种收综合机械化水平达到 67%，农业发明专利申请量全球第一，学术论文总发文量和总被引频次全球第二。依靠农业科技的发展，靠天吃饭的时代已经一去不复返，旱涝保收的时代已经到来。但同时，我国农业科技还面临着很多严峻的问题，据科技部咨询报告，我国农业科技仅 19%处于国际领先，17%处于并行，64%处于跟跑。要按照总书记“懂农业、爱农村、爱农民”的要求，认识、研究、解决新时代农业农村发展中的重大科技问题。一是农业资源利用率总体偏低，中国是个缺水的国家，而中国农业是用水大户，水肥利用效率不及发达国家的 50%，1 立方米水只生产 1 千克粮食，而发达国家能达到 2 千克，以色列可以达到 2. 32 千克。作物秸秆很多还是露天燃烧，畜禽粪便资源化处理率只有 20%，而我们的目标是 75%~80%。二是主要畜禽良种繁育滞后，畜禽核心种源 80%依赖国外进口，奶牛种公牛更是达到 90%，肉牛种公牛培育一直没有走出引进、退化、再引进、再退化的怪圈。三是园艺作物品种“国土化”程度也比较低，从日本引进的富士苹果占国内栽培面积的 70%左右，从日本、美国引进葡萄品种占栽培面积的70%，切花月季品种90%以上是国外育成的，百合品种几乎100%依赖进口。四是重要作物农机农艺融合不足，棉花、油菜、蔬菜、水果等农产品生产中都需要投入大量的人力，农产品的人工成本已高达40%以上，严重影响农产品在国际市场上的竞争力。而我国大中型农机装备长期依赖进口，中小型的低端的装备结构比较单一，无故障间隔时间仅为国外同类产品的1/3左右。五是农产品贮藏加工与质量安全控制工艺落后，生产、流通、加工过程中质量安全隐患多，贮藏加工技术比较落后，产后损失大，附加值低，增产不增收问题严重。六是动植物病虫害综合防治还要加强，与10年前相比，每年暴发的病虫害种类增加了1倍以上，每年损失粮食近500亿斤、经济作物1 800万吨，因各类疾病引起的畜禽死亡率依然处于较高水平。

作为农业科研的国家队，中国农业科学院是国家破解发展难题、确保长期粮食安全、夯实农业基础的战略力量。

习近平总书记在致我院建院60周年的贺信中指出：中国农业科学院要面向世界农业科技前沿、面向国家重大需求、面向现代农业建设主战场，加快建设世界一流学科和一流科研院所，推动我国农业科技整体跃升。学习贯彻总书记贺信精神是你们来院工作后的第一堂必修课，这是全院当前最大的政治任务，是中国农业科学院发展的总方向、总目标、总任务、总要求和总抓手。全院必须从思想上、行动上向总书记的指示和要求看齐，全面实施科技创新工程，加快推进“两个一流”目标建设，把“三个面向”的要求落到实处。一是面向世界农业科技前沿，在重要农业学科领域跻身世界领先行列。首要任务就是要明确学科领域的世界前沿和顶端高度，明确世界科研机构在该领域的实力排名，明确自身科研水平所处的位置，进而明确奋斗目标。一定要将站在世界科学前沿作为最终目标，对标世界最高水平找差距，制定赶超世界一流的时间表。二是面向国家重大需求，破解“三农”发展中的核心、关键科技难题。要重点解决节约资源、环境友好、营养健康、绿色生产、节本增效、进口替代等方面最基础、最突出、最“卡脖子”的科技问题。三是面向现代农业主战场，创造技术推广、示范转化、产业融合发展的新模式。要聚焦农业生产、农村发展和农民增收，紧紧围绕脱贫攻坚、乡村振兴、绿色发展、“一带一路”等现代农业建设主战场。

同志们，你们刚刚参加工作，就赶上了中国农业科学院全力推进创新跨越发展的历史性时代，希望你们凝心聚力、刻苦钻研，努力承担起发展我国农业科技的历史重任，为解决制约现代农业发展的科学问题贡献自己的聪明才智。

三、品学兼修

作为国家队的年轻成员，你们是农科院的未来和希望，院党组始终重视青年人才培养，为广大青年成长成才、建功立业创造了良好的环境和条件。2017年，院里召开了人才工作会，2018年9月又召开了人才工作推进会，人才优先发展思想深入人心，人才强院战略成为院里的核心战略，人才已然是我院核心竞争力。农业农村部韩长赋部长亲自启动我院“青年人才工程”，院里实施了“青年英才计划”，对优秀青年人才给予特殊支持，在职称评审中开辟了“绿色通道”，创新团队中设置了助理首席岗位，助推有潜力的青年人才快速成长。通过这些专门面向青年科技人员的政策，引导大家投入到“三个面向”的伟大战役中去。

你们已经踏上了新的工作岗位，开启新的人生篇章，在此我提几点希望。

一要坚定理想，不忘初心。中国农业科学院的青年人务必认真学习领会习近平新时代中国特色社会主义思想，重点要学习近平总书记“三农”思想和关于乡村振兴的重要思想。这是当前面临的最大的政治，也是最需要学懂弄通做实的光荣任务。要清楚认识到承担的责任使命，要依靠农业科技创新引领发展，农业才能强，中国才能强；农民才能富，中国才能富；农村才能美，中国才能美。大家要务必志存高远，树立献身科技、服务三农、立志做人民科学家的崇高理想，这是周总理给我们农科院一代一代科学人的勉励；要务必铭记学农爱农的初心，通过辛勤的努力，在现代农业建设的主战场上建功立业。

二要坚持学习、提高本领。读书学习是增强本领最直接最有效的方式，在长期的生活养成中，只有多学习、多读书，人才会逐渐地强大起来、智慧起来。希望同志们重视学习，潜心读书，要防止那些花里胡哨的东西占据我们的脑力，避免被社会上、手机上形形色色的东西所影响、所干扰。谁能潜心读书，谁就有可能成为中国最优秀的新一代农业科学家。在读书问题上要有选择性，一定要选好书来读。

三要脚踏实地、艰苦奋斗。我们要脚踏实地，从现在做起，从柴米油盐做起。郑州果树所的一位领导同志说，要让青年人“少在实验室坐着，多在果园走走”，我觉得这句话应该是对农业科研工作非常鲜明生动的写照。我在部党组中心组学习会上发言时讲了一段话：“农业科学家的所有的问题和灵感，来自田间地头，我们要走出大院大所，走出实验室，走进田间地头，走进乡村农户。”农业科技工作者要经常深入到田间地头去，到生产一线去，要学会体会农民的苦，学会自己吃苦，学会在一线寻找科研问题，同志们一定不要放弃到第一线锻炼的机会。从事农业科研工作要做好吃苦的准备，要有板凳一坐十年冷的恒心，不要有一夜暴富的心态。

四要敢于探索，勇于创新。习近平总书记指出，创新是引领发展的第一动力。当前，全球科技创新进入空前密集活跃的时期，新一轮科技革命和产业变革正在重构全球创新版图、重塑全球经济结构。中国要强盛、要复兴，就一定要大力发展科学技术，努力成为世界主要科学中心和创新高地。中国农业科学院肩负着引领国家农业科技整体跃升和支撑实施乡村振兴战略的历史使命，我们每一位农科人都应当牢记使命光荣、责任重大。希望大家在工作中努力做到受命之日，食不甘味，寝不安席，始终坚持探索真知、求真务实的科学态度，充分发挥聪明才智，善于破解各项科研难题，为我国农业科技创新发展作出贡献。

五要修身正己，诚信治学。当前，社会上还存在不少学术不端、学风浮躁的现象。

2017 年《肿瘤生物学》杂志撤回了 107 篇论文，作者都是中国学者，在社会上引起了极大反响。希望从今天开始，从这次培训开始，在你们撰写的培训学习体会中，关于诚信治学要表个决心，要尊重他人的知识产权，带头抵制社会上以及身边的各种不良现象。今天，我重点强调了这一点，主要是想提醒各位在学术研究方面一定要坚持实事求是，坚定自信，修身正己，自我约束，坚决抑制学术上和日常生活中的不正之风，努力成为严谨治学的力行者、优良学术道德的传承者、良好学术风气的维护者。

同志们，希望你们尽快融入中国农业科学院这个大家庭中来，融入农业科技创新伟大的事业中来，学习先辈继往开来，紧跟时代砥砺前行，担当责任奋发有为，为中国农业科学院早日建成世界一流农业科研院所，实现我国农业科技整体跃升贡献智慧、贡献青春、贡献力量。

祝大家生活愉快，工作顺利，谢谢各位！

中国农业科学院副院长吴孔明在第三届支撑人才岗位技能竞赛开幕式上的讲话提纲

2018 年 12 月 19 日

各位参赛选手、同志们：

大家上午好！经过紧锣密鼓的筹备，中国农业科学院第三届支撑人才技能竞赛今天正式开幕了。在此，我代表院里向本届竞赛的举办表示热烈的祝贺！向参加竞赛的各位选手、竞赛组委会、协办单位以及为竞赛付出辛勤劳动的工作人员致以诚挚的问候！本届竞赛是近年来院里第三次举办专门针对技能人才的竞赛活动，是我院深入实施人才强院战略，统筹推进四支队伍建设的实际行动，目的是进一步加大支撑人才培养力度，提高服务保障科技创新能力，打造一支技能拔尖、技术精湛、爱岗敬业的支撑人才队伍，为落实总书记“三个面向”要求、推动创新工程快见实效、实施好乡村振兴科技支撑行动、打赢脱贫攻坚战提供有力的支撑保障。

同志们，人才是第一资源已是我院全体干部职工的共识，人才工作是院党组重点抓的核心工作，院里近几年提出了统筹推进科研、管理、支撑、转化四支人才队伍建设的总体思路，特别是对科研队伍建设常抓不懈。在支撑人才队伍建设方面，最近几年人事局从全院人才建设系统工程方面，针对我们过去的弱点，将四个方面整合到一起，不断摸索建立有利于支撑人才队伍发展的管理体系，这是历史上从来没有的。中国农业科学院是一支庞大的科技组织，对支撑人才的需求也是多方位、多种类型的，所以从支撑人才建设上没有一个成熟的模式可以照搬，这就要求我们进一步创新机制、解放思想。采取支撑人才岗位竞赛的这种方式，就是一个创新，一个有益实践，为发现和选拔高技能支撑人才提供了平台。院里已经成功举办了两届竞赛，第一届是面向饲料和畜产品安全检测人员的，第二届是面向期刊编辑校对人员，随着工作的深入和经验的积累，组织管理越来越完善，参赛人数越来越多，影响力也越来越大。本次竞赛有 253 位参赛选手，基本上覆盖了所有研究所，我们也非常希望支撑岗位的技能竞赛能够办下去，能够涉及越来越多的领域，争取形成品牌。以竞赛的方式开展人才技能大比武，意义主要有以下几个方面。一是营造良好的学习氛围。通过这个行动，能够引起各个单位的高度重视，能够集中时间，让大家精心准备，认真思考，营造一个能够相互影响、安心学习的环境。二是有利于活跃工作氛围。中国农业科院科研任务繁重，各位参赛同志也都是科研队伍成员，平常科研工作艰苦，长期处于紧张、程序化的工作环境。希望通过搞竞赛、搞比武的形式能够为大家创造出一个轻松、活跃的工作环境。这次，我们设置了竞赛组织奖，希望大家展现良好风貌，为集体争光。三是为支撑人才提供展示的舞台。过去，与科研人才队伍建设相比，支撑人才展示的舞台要少得多，技能竞赛是以支撑人才为主体开展的一项全院性活动，是大家展现能力和才华的舞台，希望你们在这个舞台上将才华、能力和水平展现出来，使这次支撑人才竞赛成为我们院关注的一个焦点。本届竞赛面向科研财务助理队伍，立意很好，也很及时。大家知道，中央统筹推进科研“放管服”，着力为科研人员松绑，在深化科技体制改革中做出了一系列重要部署和安排，这是提升创新体系效能、激发创新活力最亟待破解的难题。习近平总书记在2016年的全国科技创新大会和在2018年的两院院士大会上反复强调，要“着力改革和创新科研经费使用和管理方式，让经费为人的创造性活动服务，而不能让人的创造性活动为经费服务。”过去几年，在科研经费管理上，经历了一个国家改革的过程。一开始，相对来说管理较为宽松，在管理中出现了很多不合规的地方，在院巡视、纪检工作中也反映出不少这样那样的问题，直接影响到科技创新工作，这里面的问题和教训，也是突出的。针对这些问题，我院出台了一系列政策加强管理，但是层层加码，不同的研究所采取的方式不同，最后越管越紧、越管越死，问题是不再出现，但是事情也做不了了。一张条子，一个班子的人去签批，很多正常的工作没有办法正常进行。所以从管理上，我们就要寻求一个平衡点，既要加强管理，但是又不能管的过紧、过死。这就是“放管服”要解决的问题。一个财务的管理能够有2万个发文，能够由总书记反复强调，这反映出这项工作的重要性。在中国农业科学院如何落实中央“放管服”的精神？其实，就是要靠大家。能不能落地取决于你们这支由几百人组成的科研财务助理队伍，你们就站在地上，所以我觉得这项工作的意义是非常重要的。院里也是高度重视“放管服”这些措施落地，2017年院领导带队到各个研究所宣讲“放管服”的政策，也先后出台了20多项科研经费管理办法进一步为科技创新工作松绑，激发科技人员创新积极性，院科研财务助理队伍也是在这个背景下建立起来的。科研财务助理概念由中国农科院最先提出，财政部在“放管服”文件中吸收了这个建议。目前，我院有700人左右的财务助理。院里专门成立了3个工作组，在2018年下半年，调研研究所在“放管服”中存在的突出问题。通过调研发现，财务管理是科研人员反映问题最为集中的方面。有的研究所财务报销程序复杂，一次报销需要课题组长、团队首席、科研处、财务处、分管科研所领导、分管财务所领导、所长等七八个人签字，一个人不在家，事情就运行不下去；每张发票都要验真，出租车票要注明起点、终点和事由，所有办公用品都要政府采购，这些看似是些不起眼的小事，其实都是大事，这样的管理方式增加了科研人员的工作量，也造成了科研工作的低效率，甚至没有办法向下运转。针对调研过程中反映的问题，院里研究提出了科研、财务、人事、国际合作、纪检监察、研究生教育等各个工作中给科研人员松绑的工作方案，张书记给我们大家的要求是，方案中每条措施都是现货，不搞期货，每条措施都可以立刻落地生效，不能讲大道理，不能谈虚的。在座每位同志的工作都非常重要，你们的业务能力和工作表现直接决定了能否真正减轻科研人员负担，让他们一心一意地搞科研。我个人觉得，做好这项工作，需要注意两个方面。第一，我们所有的财务工作都是为科研服务的，任何一个项目的资金，都有它需要做的事。在处理财务，尤其是处理报账的议题上，首先要把握一点，就是这个项目究竟要做什么，我花的钱就是项目要做的事，要把项目的每一件事都做好。只要合乎这个大的原则，就不会出问题。如果我们利用项目的钱，挪作他用，尤其是变成为个人或小集体服务，账面上做得再好，早晚也会出问题。所以我觉得这个大的原则，你们一定要把握。第二，要把握业务的细节，特别是财务制度。这个制度掌握得好，很多事情都能够合理的体现在账目上，这个事情掌握不好，很多合理的事情也会在账目上弄出问题。所以，希望大家认真学习，真正学懂、弄通、做实。本次竞赛也是对全院科研财务助理队伍整体水平的一次集中展示，也是一次集体检阅，我们相信，通过这个全院性的平台，希望能够达到以赛代训、以赛促学、以赛聚才的目的，能够营造尊重知识、尊重技能人才的政策环境和工作氛围，通过树立一批典型、培养一批能手，使一批高技能人才脱颖而出。这次竞赛是人事局自始至终在组织、推动，我觉得比财务局做这个事情高度更高，更有意义。财务局可能只是组织一项业务工作培训，但是人事局从人才培养、人才管理、人才队伍建设这个站位统筹考虑，高度更高。而且我相信，人事局会根据竞赛结果，在人事管理和人才任用上给予考虑。

在竞赛正式开始之前，我代表院党组提几点希望：第一，希望全体参赛选手沉着冷静、正常发挥，赛出水平、赛出风格、赛出友谊，充分展现我院支撑人才队伍，尤其是科研财务助理队伍良好的精神风貌。第二，希望全体考务人员，能够按照竞赛组委会的总体部署，严肃纪律、严格监考、精心实施，保障有力，努力把本次竞赛办成有特色、有成效、有影响的竞赛。第三，希望全院广大支撑人才树立学习意识，能够以本次竞赛为契机，强化岗位练兵，引导岗位成才，全面提升实际工作能力和技术水平，为加快推进世界一流农业科研院所建设作出更大的贡献。第四，希望赛事组织者进一步深入研究，总结经验，按照支撑人才队伍岗位特点，不断丰富竞赛组织形式，持续提升竞赛专业化、知识化水平，扩大竞赛覆盖面与影响力，将支撑人才岗位技能竞赛打造成我院人才队伍建设的品牌活动。

最后，预祝各位参赛选手取得优异成绩，预祝本次技能竞赛圆满成功，谢谢大家！

中国农业科学院党组成员、人事局局长贾广东在2018年农业农村部组织人事工作会议上的发言提纲

2018年11月27日

党的十八大以来，在部党组的亲切关怀和正确领导下，我院坚决贯彻习近平总书记关于人才工作的重要讲话精神，坚持人才优先发展。在建院60周年之际，习近平总书记发来贺信作出重要指示，韩部长亲自宣布启动“青年人才工程”。我院紧紧围绕“三个面向”，连续两年召开人才工作会议，不断深化人才发展体制机制改革，努力开创人才工作新局面。

一、构建更开放、更有效的人才引育机制

在人才引进方面突出精准性和实用性。修订“青年英才计划”管理办法，发布高层次岗位需求目录，着重考量目标人才的创新潜能与创新团队的匹配性，着力强化靶向引才、精准引才；制定“人才柔性引进”管理办法，不求所有、但求所用，一人一策、一事一议，吸引和凝聚更多的海内外优秀人才。2013年以来，全职引进220人，柔性引进115人，大多成为我院各创新团队核心或骨干，发挥出较好地引领带动作用。

在人才培养支持方面注重系统性和整体性。出台农科英才特殊支持政策，建立由顶端、领军和青年人才构成的较为完整培育体系；打破唯帽子、唯资历倾向，以业绩能力为导向，开展自主遴选，兼顾引进和自有、海外和本土，给予同等经费和岗补支持。目前已特殊支持包括院士、国家千人、国家万人等高层次人才307人，其中没有各类称号的超过1/3。

二、探索更科学、更合理的人才考核评价机制

一是树立德才兼备的评价导向。把品德作为人才评价的首要内容，通过学术委员会、纪检监察部门查实查准人才在科学精神、从业操守、党风廉政等方面的情况，并实行一票否决。

二是科学设置评价标准，实施分类评价。在农科英才遴选、职称评审过程中，不唯论文学历，不唯项目经费，按照基础研究、应用研究和软科学研究设置不同评价标准，

凭能力、实绩和贡献分类进行评价。

三是完善考核退出机制。为避免农科英才贴上永久牌标签，建立涵盖论文、项目、成果转化、人才培养、协同创新等 15 项可自选、可量化的任务指标，实行累进年限考核、五年终期评估。目前已有 5 位农科英才因考核不合格而取消特殊支持。

三、形成院所两级、齐抓共管的人才管理机制

一方面充分发挥研究所用人主体作用。将人才的引进权限下放到所，简化院级备案审核程序，提高人才引育效率；全面下放副高职称评审权限，研究所制定业绩评价标准和外语条件，真正实现“权责统一、自主管理”。

另一方面强化院层面监督和指导。人才体制机制改革纳入院督办事项，开展两次人才工作专项督查；确立质量优先导向，按 70%的比例择优支持青年英才；挂牌“人才交流服务中心”，指导研究所破解户籍、社保等限制，鼓励人才跨所流动。

此外，设立人才发展专项资金，谋划成立丁颖基金会，多渠道筹措各类经费支持人才发展；制定住房租售办法，整合内外多种资源解决人才后顾之忧；建立院士工作办公室，强化对高端人才的培育和服务；深入贯彻落实中共中央关于科技体制改革精神，进一步为人才放权松绑，构建更健全、更完善的保障机制。

尽管我院在人才工作方面取得了一些进展，但与中央和部里的要求相比还存在较大差距。我们将认真贯彻此次会议精神，学习其他单位的先进经验，为全面实施乡村振兴战略提供更有力的科技支撑和人才保障。

贾广东局长在中国农业科学院离退休工作培训班上的讲话

2018 年 5 月 24 日

同志们：

这次在南京举办离退休工作培训班，深入学习全国老干部局长会议和部、院离退休工作相关会议精神，围绕部、院离退休工作部署，就筹划开展好“增添正能量·共筑中国梦”主题的“五个一”活动和深入推动离退休职工党支部开展帮扶工作进行再动员再部署，对去年开展的“庆建院六十年·赞院所新发展”摄影书画活动先进单位和个人进行通报表彰，邀请江苏省委老干部局、部离退休干部局和农民日报社相关领导分别就学习贯彻中办发〔2016〕3 号文件、离退休政策、新闻写作以及利用网络新媒体促进离退休服务工作作了情况介绍和学习辅导，安排院属 4 个单位进行工作经验交流，还组织到农机化所现场教学活动和分组讨论。

3 天来，大家认真学习、主动思考、相互交流，普遍感到这次培训班办得很好。一是站位高，接地气。既及时传达上级会议精神，对做好新形势下离退休干部工作目标、任务进行了解读，又重点围绕“增添正能量·共筑中国梦”主题，对开展“五个一”系列活动进行安排部署。二是内容多，形式好。培训课程安排紧凑，内容翔实，既有辅导报告，又有工作交流、学习研讨。三是感受多，收获大。明确了目标，学到了知识，坚定了信心，特别是一些刚从事离退休工作的同志收获更大，较好地解决了工作中遇到的困惑和问题。这次培训农机化所给予了大力的支持，为大家学习生活提供了许多便利的条件和帮助，在此，我提议大家以热烈的掌声向他们表示感谢！

下面，我就贯彻落实好全国老干部局长会议和部院离退休工作部署，不断加强和改进院所离退休工作讲 4 点意见。

一、把握离退休工作关键所在，切实加强离退休干部“三项建设”

党的十九大作出了把政治建设纳入党的建设总体布局并摆在重要位置的重大决策。今年全国老干部局长会议就加强离退休干部政治建设、思想建设、党组织建设作出明确部署，大家要深入学习领会，认真抓好落实，抓好三项建设。

首先，要强化政治建设的统领地位和作用。老干部工作说到底是政治工作，必须旗帜鲜明讲政治。各单位要按照中共中央和部、院党组要求，认真组织离退休职工深入学习习近平新时代中国特色社会主义思想和党的十九大精神，以更高的政治站位、更宽广的视野来谋划离退休工作。要结合推进“两学一做”学习教育常态化制度化，把学习党的十九大报告和党章作为加强离退休职工政治建设的重要内容，自觉学习、融会贯通，通过学习增强“四个自信”，牢固树立“四个意识”，坚决维护习近平同志在党中央的核心、在全党的核心地位，坚决维护以习近平同志为核心的党中央权威和集中统一领导。要按照中央统一部署，组织开展好“不忘初心、牢记使命”主题教育，通过灵活多样的学习教育形式，引导广大离退休职工珍惜光荣历史，不忘革命初心，永葆政治本色，争做合格共产党员。

其次，要探索思想建设的新方法。要以实效性为目标，做到因人而异。要深入到离退休职工中，虚心听取他们的意见，真正把握离退休职工的思想状况、特点和个性规律。正视并尊重离退休职工在思想观念上的个体差异，根据不同对象的特点，有的放矢、对症下药，分层分类，有针对性地进行引导和教育。要以感情为依托，注重人文关怀。坚持以人为本，主动关心老同志疾苦，倾听老同志呼声，掌握老同志情绪思想变化。注重分析研究，及早采取措施，切实增强思想工作的前瞻性和主动性。在职领导和离退休工作人员要定期与离退休老领导、老同志进行沟通联系，多听取他们的意见建议，对身体较差的老同志多做上门走访工作，常关心常问候，对家庭困难的老同志更要多做雪中送炭的工作，对思想消极或偏激的老同志更要随时关注，思想上多沟通，及时化解他们的疑惑。

最后，要提升基层党组织组织力。一是选好配强支部班子。支部班子选配不好，组织力无从谈起。要严把选配对象的政治标准，把理论功底扎实、政治思想敏锐、敢于纠偏正向、会做政治工作的老同志纳入选配对象。要把选好书记作为支部建设的重中之重，努力让政治坚定、作风民主、服务热情、乐于奉献、勇于担当的老同志挑大梁。在班子搭配上，努力做到“四个互补”，即年龄结构互补，身体状况互补，家庭情况互补，性格爱好互补，争取实现“五个有”，即学习教育有内行，思想疏导有骨干，组织活动有领队，工作缺位有替补，团结互助有纽带。二是提供支撑保障。要强化支部活动经费保障，严格党费使用管理，京区单位使用好院直属机关党委100%返还的离退休职工党员党费，京外单位要积极与地方党组织沟通协调，争取最大可能提高党费的返还比例。同时，各单位要根据离退休党建工作需要，增加年度党建工作经费预算，这方面，《中央和国家机关基层党组织党建活动经费管理办法》（财行〔2017〕324 号）已有明确规定，这个文件院直属机关党委也已转发。支部活动场所是基层党组织和党员开展集中学习、活动的主要阵地，要加强活动场所建设，配备互联网电脑、桌椅等必要设施，环境布置上做到党旗上墙、入党誓词上墙、党员权利义务上墙、党支部职责上墙等，使支部工作进一步规范化、制度化。三是严格组织生活制度。认真落实“三会一课”，组织生活会、党日活动等制度，教育党员干部严守党的政治纪律和政治规矩，坚持高标准、严要求，不折不扣执行党内政治生活准则和党内监督条例，引导党员干部牢固树立

“四个意识”，自觉向中共中央看齐，向党的理论和路线方针政策看齐，向中共中央决策部署看齐。要严格落实组织生活制度，既不能降低标准，也不搞一刀切，对身体条件好的，要坚持严格要求积极参加，对身体条件差的要从实际出发，灵活多样、合理适度开展各项活动。四是创新方法手段，增强吸引力和凝聚力。不断改进“三会一课”内容与形式，与主题党日、主题学习教育实践等活动相结合，通过“走出去看”“请进来讲”等形式增加开展组织活动的多样性，增强支部活动的吸引力和感染力。要通过报纸、网站、支部 App 和微信公众号等多种渠道开展党建学习，对因身体原因不能参加学习和在国外、外地市居住的老同志，可通过 QQ 聊天、微信互动等方式送学上门，通过视频通话等方式使其远程参加支部的学习和活动，在开拓老同志视野的同时增强支部活动的吸引力和凝聚力。

二、树立精准服务理念，努力提升离退休服务工作质量效益

今年的全国老干部局长会议上，中组部常务副部长姜信治强调“增强精准服务意识，敬爱致恭、深怀感情地做好离退休干部服务工作”，中组部老干部局局长许宏彬的总结讲话通篇围绕“牢固树立精准理念、用心用情做好离退休干部工作”这一主题进行阐述。我们要认真探索进一步为离休干部提供精准化的服务的方式方法，思考如何努力提高他们的晚年生活质量，让他们生活得更加幸福、更有尊严。

一要摸清需求底数，为实施精准服务提供有力支撑。精准服务的关键在于准确了解老同志的需求，要在现有离退休干部姓名、出生日期、家庭住址、联系电话等基本信息的基础上，不断采集完善离退休干部的居住情况、身体情况、家庭情况、特长爱好、情绪心理、性格特征、困难要求等信息，全面、准确地掌握离退休职工信息，并对这些数据进行综合、分析，为实施精准化服务提供基础支撑。

二要确定好目标人群，明确精准服务主要对象。针对目前离休干部逐年减少，退休干部需求日益多样化的特点，可以把离休干部和有特殊困难的退休干部作为当前精准服务的重点对象，在时机成熟时逐步向更多的老同志扩展。要建立精准服务档案，及时记录和更新老同志需求信息，将精准服务对象按重病、高龄、失能、失独、空巢、独居、家庭负担重等不同特点分类，精准施策帮扶。要根据院离退办的安排要求，深入离退休职工中了解掌握情况，切实摸清全院离休干部和有特殊困难老同志的情况，明确精准服务重点。各单位可结合实际，确定自己的精准服务对象和内容。做好老同志相互帮扶工作是实现精准服务的有效措施，要深入推动以离退休党支部为主体的相互帮扶工作，部离退休干部局在部系统推行帮扶工作两年来，我院一些单位对这项工作的认识还不到位、行动不够积极主动，与部里的要求还有差距，与老同志的实际需求还有差距。2017 年年底，余欣荣副部长在部系统离退休干部党建座谈会上指出，要把让困难老同志“心声有人听、冷暖有人问、困难有人帮、生病有人看”这“四有”作为老干部工作的基本要求，作为一个品牌，抓紧抓好并不断赋予新的内涵，同时提出每两年要对各单位

开展离退休干部工作情况进行督查，这项工作也是督查一项重要内容，希望大家高度重视，按照部、院离退工作要求，深入扎实地把帮扶工作抓紧抓好。

三要增强精准意识，着力在“四化”上下功夫。一是服务内容精细化。可根据老干部身体状况、生活能力、服务需求等实际，对每类老干部的具体服务项目进行细化，明确服务内容、服务时间、服务举措等。对于身体很好和较好的，更多的组织开展学习和文体活动，搭建发挥作用平台；对于不能参加会议活动的，更多的主动上门进行关怀照顾；对于丧偶以及长期卧床的，重点做好精神慰藉；对于长期住院和身患重病的，重点做好定期看望、建立与家属、医院沟通机制。截至 2017 年年底，全院离休干部仅有 143 人，对离休干部中存在的特殊需求，要真正以“等不起”“慢不得”“坐不住”的责任感和紧迫感，本着有什么困难就解决什么困难，有什么问题就解决什么问题，把握原则、创造条件，尽量满足实际需求的原则来实施精准服务。**二是服务效果优质化。**当前，大部分离退休干部都是居家养老，要进一步利用社会资源，构建以家庭为主体，社区为依托，社会服务和社区志愿者服务为补充的老同志居家养老服务模式。为老同志引进社区日托、送餐送货上门、家政保洁、医疗陪诊等服务。各单位可参考部离退休干部局做法，在购买服务的同时，积极发挥“智慧养老”的优势，依托社区信息平台，不断收集老同志需求数据和服务使用数据，通过精准分析科学设计服务科目，按需为老同志提供及时、高效服务。**三是服务途径便利化。**做好精准服务不能陷入单位“孤军作战”的误区，要以“四就近”为抓手，以社会化服务为方向，做好离退休干部精准服务与社会服务的对接。一方面加强各单位之间的沟通协作，共同整合资源，相互补充，合力打造我院离退休干部精准服务品牌；另一方面加强与所在城市各养老机构和服务企业的合作，使其通过提供专业、细致的服务项目，达到精准服务的目的，积极争取所在城市养老服务相关政策能够惠及我院离退休职工。**四是服务方式个性化。**做好离退休干部精准服务不仅是锦上添花，更重要的是雪中送炭。各单位要进一步完善帮扶困难离退休干部的长效机制，更加注重生活困难、身患重病等特殊人员，针对他们提供重点关照，如开展“夏送清凉”“冬送温暖”“节日送祝福”活动，多为他们办实事做好事解难事。

三、聚焦增添正能量主题，深入持续开展好“五个一”活动

2017 年，根据中组部的统一部署，我院在离退休职工中组织开展的“畅谈 · 展望”和“建言十九大”系列活动有声有色，为喜迎党的十九大召开营造了良好氛围，但也存在个别单位主题不够聚焦、平台载体单一、宣传不够及时等问题，需要我们在今年开展的“增添正能量 · 共筑中国梦”主题活动中认真克服加以解决。

一是紧贴中心工作，把握活动主题。当前，根据国务院机构改革方案，农业农村部已经组建完毕，它既是国务院的组成部门，又是党中央的议事办事机构，部党组确立了“四加强一加快”目标任务，即：加强党对“三农”工作的集中统一领导，加强农村发

展方面职能，加强“三农”政策制定和全面深化农村改革职能，加强统筹实施乡村振兴战略职能；加快推进农业转型升级和现代农业建设。我院的当前中心工作就是认真贯彻落实习近平总书记贺信提出的“三个面向”“两个一流”和“一个整体跃升”目标要求，努力为农业、农村发展振兴提供科技支撑。2018 年中组部部署了开展“增添正能量·共筑中国梦”主题活动，根据部离退休干部局的要求，活动要紧紧围绕乡村振兴战略、产业精准扶贫，开展具有我院特色的系列活动，组织和支持老同志发挥专业特长，通过开展基层调研、科技咨询、撰写建言、著书立说等形式，为决胜全面建成小康社会、实现中华民族伟大复兴的中国梦贡献智慧和力量。

二是打造活动品牌，创新平台载体。按照部里的统一安排，以“增添正能量·共筑中国梦”为主题开展“五个一”系列活动，部里方案已转发各单位，院里方案要求也在培训班上进行了明确，各单位要结合实际科学筹划、严密组织、抓好落实。近年来，我院围绕中组部的正能量活动主题，先后组织开展了“五个一”活动，还结合我院实际组织开展了“喜看院所发展　安享幸福生活”和“庆建院六十年　赞院所新发展”为院所发展建设增添正能量活动，都收到很好效果。今后要在总结成功做法和经验的基础上，形成院机关和院属单位上下联动，齐心协力打造正能量活动品牌，动员广大离退休职工积极参与到正能量活动中来。各单位要结合开展“五个一”活动，根据自身特点，突出亮点、特色，自创自设活动载体，激发老同志参与热情，扩大活动的影响，增强活动的效果。

三是注重宣传表彰，选树先进典型。各单位要充分利用传统媒体以及各种新媒体，加大对正能量活动先进典型的持续宣传，全面展现活动阶段性成果，生动地表现老同志的精神风貌。在开展宣传上也要树立精准意识，把握好重要题材的时间节点。在开展正能量活动过程中，各单位也要注意挖掘和选树典型，发挥示范引领作用。同时，加大对先进单位和个人的表彰力度，激励更多的老同志参与活动，积极为党和人民事业增添正能量。今年，部离退休干部局要在先进典型的创设和评选方面，拿出切实可行的办法和措施，明年进行评选，各单位要提前着手做好典型挖掘和相关材料的收集整理工作。

四、以高素质专业化为目标，加强离退休工作队伍建设

离退休干部工作看似具体、琐细，实则大有学问，没有专业能力、专业精神是做不好的。我们在调研中发现，个别单位还存在基础数据不完善、底数不清的现象；有的单位服务管理工作缺乏规范，工作的随意性较大，这些都是我们的弱项和短板。以高素质专业化为目标加强队伍建设在工作中要注意以下几方面。

第一要提高政治素质。没有脱离政治的业务，也没有脱离业务的政治。要加强政治学习，强化政治锻炼，努力使自己的政治觉悟和政治能力与担负的岗位职责相匹配，才能与老同志真正对得上话、合得上拍。要积极参加“不忘初心、牢记使命”主题教育，不断增强做好离退休干部工作的政治责任感、历史使命感和职业荣誉感。

第二是提升专业素养。要认真学习、熟练掌握离退休干部工作政策，通过业务培训、岗位练兵、交流轮岗、挂职锻炼等多种方式，拓宽工作视野，克服经验盲区；要广泛涉猎科学技术、法律法规、文化艺术、历史、医疗保健、老年心理等方面的知识，提升文化素养，弥补知识弱项；要与时俱进地谋划和开展工作，熟练掌握运用互联网技术和信息化手段做好服务管理的技能，提高工作本领，补齐能力短板。

第三是要保持优良作风。要始终牢牢把握提高工作质量的要求，落实好陈希同志在全国组织部长会上围绕实践实干实效提出的注重“做”、更注重“做好”，注重政策的精准性、更注重执行的有效性，注重“量”、更注重“质”的提升，注重雷厉风行、更注重久久为功等要求，发扬“钉钉子”的钻劲和跑“马拉松”的韧劲，着重在把握工作方法，狠抓工作落实，着重在方法精准、路径精准、成效精准上下功夫，解决离退休干部的“急难愁”等问题。

最后，再强调一下贯彻落实中办发〔2016〕3 号文件、部党组发〔2017〕7 号文件、院党组发〔2017〕35 号文件精神问题。部、院党组高度重视离退休干部工作，研究制定了贯彻中办发〔2016〕3 号文件精神的具体意见，部党组副书记、余欣荣副部长主持召开部离退休干部工作领导小组 2018 年第一次会议，对加强工作领导、落实领导班子的责任提出了明确要求。我院陈萌山书记在今年的院离退休工作领导小组会上也对做好离退休工作提出了具体的要求。抓好上级文件精神和部、院领导指示要求的贯彻落实，不断加强和改进院所离退休工作，重点要把握以下几个关键点。

一是要切实加强组织领导。各单位要把离退休干部工作摆上重要日程，定期听取汇报，定期研究部署，主要领导要经常关心过问离退休干部工作，经常联系走访老同志，经常出席重要活动，带头向老同志通报情况。要成立离退休工作领导小组，由主要领导或分管离退休工作领导担任组长，相关职能部门负责人为组员，定期研究部署工作、解决问题。分管领导要切实负起责任，具体抓，深入抓，直接协调解决问题。离退休干部工作部门要认真履职，主动作为，加强沟通协调，推动形成工作合力。

二是要科学设立离退休工作部门和配备工作人员。按照部离退休干部局的意见，离退休职工人数在 200 人以上的单位，要设立专门的离退休工作部门，离退休职工人数超过 100 人的必须有专职的工作人员，进一步明确工作职责和要求，切实做到离退休工作有部门管、有专兼职人员做，切实克服和解决那种多部门管，工作相互扯皮没人做的问题。

三是要积极加强活动场所建设和经费保障工作。要把离退休职工活动场所建设纳入单位整体建设规划，采取多种方式不断改善离退休职工日常组织学习、召开会议和进行文化体育活动场所的条件，这方面有的单位做得好，有的单位做得差。近年来，院里离退休工作会议选在比较好的所来开，并组织大家到现场参观学习，其目的是让大家相互学习、共同提高，积极推动离退休各项工作落实、努力促进离退休职工活动场所建设和活动开展。今后几年，院离退休工作会议我们已初步打算安排在离退休工作和活动场所建设相对落后的单位开，请大家对号入座，回去以后向主要领导作好汇报，及早动手加强和改进离退休工作及活动场所建设。另外，在离退休职工活动经费保障方面，各单位也要从确保各项活动需要出发，纳入预算给予充分保障。

从2018年开始，根据部领导的指示要求，部离退休干部局将加大对部系统各单位贯彻落实上级文件和工作部署要求进行督导检查，检查情况将向部党组进行专题汇报，院里也将采取多种方式加大对离退休工作的指导和检查力度，请大家高度重视、认真对待，按照上级文件要求不折不扣地抓好各项工作落实。

同志们，2018年是贯彻落实党的十九大精神的开局之年，做好新形势下的离退休干部工作，任务艰巨、使命光荣。让我们紧密团结在以习近平同志为核心的党中央周围，在院党组的领导下，围绕中心工作，不断开拓创新，以良好的作风和优异的工作成绩，努力开创全院离退休工作新局面！

贾广东局长在 2017 年度“西部之光”访问学者、少数民族特培学员培养工作总结座谈会上的讲话提纲

2018 年 7 月 12 日

同志们：

今天，农业农村部 2017 年度“西部之光”访问学者、少数民族特培学员培养工作总结座谈会在我院召开。首先，受唐华俊院长和陈萌山书记委托，我代表中国农业科学院，对中组部、人社部、农业农村部领导和培养导师代表的光临表示热烈欢迎！向全体“西部之光”访问学者、少数民族特培学员一年来所取得的收获与成就表示热烈祝贺！

实施“西部之光”访问学者和少数民族特殊培养计划，是中共中央对于加强西部人才队伍建设的一项重要举措，也是贯彻落实国家西部大开发战略，开展智力扶贫、精准扶贫，支持西部地区和少数民族地区乡村振兴的具体行动。能够承担这项国家级的重大人才培养任务，中国农业科学感到非常光荣，这既是对我们的信任和支持，也对促进中国农科院与地方农业科研单位的交流合作有着积极的促进作用。2018 年是我院连续第十四年承担农业农村部系统的“西部之光”访问学者培养工作。自 2004 年接收首批访问学者开始，已经有 277 名“西部之光”访问学者和 22 名少数民族特培学员，先后在我院 24 个研究所进行研修。借此机会，向长期以来关心支持我们这项工作的上级部门、参与培训的院属单位和广大科技人员表示最衷心的感谢。

一是感谢中组部、人社部的充分信任和殷切关怀。长期以来，中组部、人社部一直关心支持中国农业科学院的工作，特别是 2004 年来，将“西部之光”访问学者和少数民族特殊培养工作任务交给我院，充分体现了对我院在农业科技创新、人才培养管理工作方面的认可，也为我院加大与西部地区交流合作，更好地为西部地区的经济社会发展服务搭建了桥梁。中组部人才局、人社部专技司的领导始终关心学员研修及培养管理工作，利用调研、考察、座谈等机会，对我们在工作中遇到的问题和困难给予了很大帮助，让我们很受感动、备受鼓舞。

二是感谢农业农村部人事司的具体指导和全力支持。为确保培养工作的顺利进行，农业农村部人事司每年都专门拨付西部之光培养工作管理经费，并对管理服务工作提出具体指导意见。每年的专题研修班，人事司都严格审定培训计划，安排和邀请有关领导和专家讲课，并采用专题讲座与研讨交流、实地考察、素质拓展训练相结合的方式，丰富培训内容、扩展培训形式。同时，不断创新培训管理方式，在人事司的指导下，我院

今年继续对“西部之光”访问学者、少数民族特培学员的学习研修情况进行中期考核。学员们集中汇报研修进展，导师们认真点评指导，大家深入探讨、明确方向、完善方案，进一步提升了本年度访学质量。

三是感谢院属单位的高度重视和精心安排。承担培养任务的研究所能够充分认识到为西部培养优秀人才这一义不容辞的责任和使命的重要性，根据访问学者和特培学员的实际情况，在充分尊重他们选择的基础上，确定知名专家担任培养导师。这些导师大多是我院相关学科领域的带头人，承担国家重点研发计划、国家自然科学基金等重大课题。院属各单位还尽最大努力为学员们做好服务工作，据了解，蔬菜所所长亲自分管“西部之光”访问学者培养的各项工作，在现有办公用房紧张的状况下，为学员专门安排了办公室；研究生院除了负责好访问学者和特培学员的集中管理、食宿安排和生活服务保障等工作外，还充分利用教学条件，为他们开放了各种选修课程及科技活动，并为他们组织开展活动提供了必要的场所和便利条件等。

四是感谢培养导师的积极配合和辛勤培养。各位导师能够充分认识到这项工作的重要性，把访问学者、特培学员的培养工作作为一项非常重要的工作来抓，在完成繁忙的科研工作的同时，不仅为访问学者制定了详细的培养计划，让他们直接参与到国家和农业农村部重大科研项目，还提供了许多课题调研、学术交流的机会，开阔了访问学者、特培学员的专业视野和科研思路，发挥了较好的传、帮、带作用，得到了学员们的一致好评。今年 6 月，我院组织作科所任贵兴研究员、牧医所孙宝忠研究员、麻类所朱爱国研究员等 8 位培养导师赴新疆伊犁哈萨克自治州农科所、伊犁职业技术学院、新疆生产建设兵团第四师农科所开展导师集体回访活动，通过开展专题报告会、交流座谈会、基地考察、现场指导等，导师们结合当地实际，有针对性地帮助他们解决实际工作中的问题和困惑，取得较好的效果。此外，作科所宗绪晓研究员、牧医所储明星研究员还分别到学员的派出地进行学术交流和考察调研，受到当地高度的重视。

五是感谢培训学员们的勤奋努力和理解包容。本批访问学者和特培学员的年龄大多在 40 岁左右，既是单位的业务骨干，家庭负担也比较重。在研修学习的一年里，大家克服了家庭、气候、饮食、工作生活环境等诸多方面的不适应，圆满完成了研修任务。有的同志身体不适，继续坚持学习研究；有的同志因研修任务重，回家探亲一推再推。很多研究所和培训导师也反映，通过与广大访问学者和特培学员的合作交流，进一步加强对西部地区科研需求的认识和了解，学员们的勤奋努力、好学奋进、踏实肯干的优良品质和作风，给我们留下了深刻印象。因条件有限，院所两级在服务和培养中有许多不够周到之处，但大家都十分体谅，感谢大家的理解和包容。也希望大家有什么意见建议能够留下来，帮助我们在今后的工作中不断改进和提高。

最后，受唐华俊院长和陈萌山书记委托，我也代表院里向中组部、人社部和农业农村部表个态：在今后的工作中，一定不辜负上级领导的信任和希望，继续落实好培养任务，不断完善工作机制，改进管理方式，进一步做好“西部之光”访问学者和少数民族特培学员的培养工作。同时，也欢迎各位学员常回来看看，与我院保持长久合作关系，将地方资源环境优势和中国农业科学院科研优势充分结合，努力提高西部地区的农业科研水平，努力促进农业科技成果的转化应用，为“三农”工作和经济建设作出新的更大的贡献！

我就讲这些，谢谢大家！

贾广东局长在中组部加快改进人才评价机制调研座谈会上的汇报提纲

2018 年 7 月 26 日

各位领导：

大家好！受唐院长的委托，下面，我结合调研主题，主要汇报以下 3 方面的内容。

一、中国农业科学院的基本情况

中国农业科学院成立于 1957 年，是国家级综合性农业科研机构，担负着全国农业科技重大基础、应用基础、应用及高新技术研究任务，致力于解决全国农业及农村经济发展中基础性、方向性、全局性、关键性的重大科技问题。目前，全院共有 34 个研究所、1 个出版社、1 个研究生院；京内单位 16 个，京外单位 20 个。核定事业编制 10 700 名。截至 2017 年年底，全院从业人员 10 670 人，正式在编职工 7 026 人，其中，专业技术人员 5 911 人，占 84.13%；管理人员 1 575 人（含双肩挑 1 443 人），占 22.41%；工勤人员 983 人，占 13.99%。专业技术人员中，具有正高级职称 1 142 人，占科技人员总量的 19.3%；副高级 1 811 人，占 30.6%。我院现有“两院”院士 13 人，“千人计划”“万人计划”“国家杰青”“创新研究群体”“百千万人才工程”“农业科研杰出人才”等高层次专家 300 余人。在站博士后 470 余名。

建院 60 年来，中国农业科学院在国家农业科技布局中始终发挥着核心和“领头羊”作用，共获得各类成果奖励 3 242 项，其中国家奖占农业领域的 1/3。取得了一批国际领先的原创性科技成果，在世界上首创矮败小麦及配套育种方法、水稻“三系”配套育种方法，攻克了黄淮海中低产田改良关键技术，发现并建立了蝗虫、黏虫、小麦条锈病等重大害虫流行规律和防治技术体系。育成了一系列粮棉油果蔬等农作物新品种，抗虫棉花新品种的培育打破了国外抗虫棉品种的垄断，创建了世界上单体最大、原生资源最多、总量世界第二的农作物种质资源保存体系。攻克了制约畜牧业发展的重大动物疫病，系统建立了动物疫病防控技术研发体系，为有效控制口蹄疫、禽流感等畜禽传染病，消灭牛瘟、猪瘟、牛肺疫，促进现代畜牧业发展作出了开拓性贡献。

党的十八大以来，全院共新增主持各级各类科技计划项目（课题）11 074 项，新增合同总经费 118.07 亿元。其中，2013—2017 年，我院牵头主持国家重点研发计划 10 个重点专项的 64 个项目，中央财政经费 25.75 亿元，分别占农口的 23%和 31%；2018

年上半年，牵头主持国家重点研发计划专项项目 13 项，中央财政经费 3.06 亿元。以第一完成单位共获得国家奖 41 项，占农业领域授奖总数的 30%左右，其中自然奖 1 项，发明奖 7 项，进步奖 33 项。“广适高产优质大豆新品种中黄 13”“中国小麦条锈病综合治理”获国家科技进步一等奖，小麦遗传育种团队获农业领域首个创新团队奖，“禽流感病毒分子机制研究”获得兽医领域迄今唯一一个国家自然科学奖。

二、中国农业科学院在改进人才评价机制方面的做法和成效

在 2018 年的两院院士大会上，习近平总书记强调指出，当前，人才评价制度不合理，唯论文、唯职称、唯学历的现象仍然严重，名目繁多的评审评价让科技工作者应接不暇，人才“帽子”满天飞，人才管理制度还不适应科技创新要求、不符合科技创新规律。针对这些问题，近年来，我院在人才、项目、经费和现代院所管理中坚持深化“放、管、服”改革，不断创新评价机制，逐步建立以创新能力、质量、贡献为导向的评价体系，在构建有利于科技人才潜心研究和创新的评价制度方面进行了积极有益的探索。

（一）强化人才分类评价，树立正确的引才育才导向

人才评价是人才资源开发管理和使用的前提，我院在深化人才体制机制改革的过程中，围绕人才评价中分类评价不足、评价标准单一、评价手段趋同、用人主体自主权落实不够等突出问题进行重点改革。

一是建立分类评价标准。我们以工作内容和岗位要求为基础，探索分类建立涵盖品德、知识、能力、业绩和贡献等要素，各有侧重的人才评价标准。在职称制度改革中，按照科技、转化、支撑、管理 4 类岗位属性，构建了科学研究、农业技术等 7 个系列不同层级的定性定量相结合的指标体系，建立动态调整机制，让标准更加体现评价导向。同时，坚持德才兼备，将政治思想素质、职业道德和敬业精神作为职称评审的首要条件。此外，我们针对优秀青年人才还开辟了不唯学历、资历，注重业绩贡献的绿色评审通道，累计已有 54 名人才通过绿色通道获得了职称晋升。在任务目标考核中，着力解决考核标准“一刀切”问题，建立了涵盖基础性、培育性、应急性的任务目标体系，注重兼顾基础研究、应用基础研究和应用研究等不同类型，兼顾科研业绩产出和重大成果培育，兼顾团队建设和人才培养，兼顾不同单位、不同地域、不同学科差异等因素，由人才自主选择符合自身特点的，可量化、可考核的任务目标。

二是创新人才评价方式。建立以同行评价为基础的业内评价机制，改变片面将论文、专利、项目、经费数量等与科技人才评价直接挂钩的做法，对于引进的海外人才和自我培养的本土人才一视同仁，重点评价近 5 年的工作业绩、代表性成果及创新发展潜力。在实行的农科英才特殊支持政策中，对于拥有各级各类“帽子”的人才和达到同

等业绩贡献、通过评审的人才提供同等的稳定支持和待遇保障，做到既看帽子，又看里子，从而避免了单纯以帽取人的不良倾向（目前我院自主实施的人才项目中，没有“帽子”的人才已超过1/3）。同时，为了避免人才“帽子”贴上永久牌，我院结合农业科研的特点，对所支持的人才建立了5年考核评估周期，实行累进年限考核，注重过程评价和结果评价、短期评价和长期评价相结合，实现优胜劣汰、能进能出，动态考核的管理机制。今年就有1个“千人计划”入选者，由于聘期满业绩考核不达标，而没有续聘。

三是尊重用人单位主导作用。通过发挥院级监督指导作用，强化落实院属各单位“一把手抓第一资源”责任，确保用人单位自主权充分发挥。在人才引育工作中，实行“所先行引进培养，院再择优支持”的模式，简化备案程序，进一步提高人才引育工作效率和质量；在职称评审工作中，本着“科学界定、合理下放、稳步推进”的原则，到2016年陆续下放了33个研究所的副高级职称评审权，并逐步下放正高级职称评审权。通过进一步保障和落实研究所的自主权，充分调动了用人主体在促进人才评价与培养、使用、激励等相衔接的积极作用。2017年7月院人才工作会议以来，已有27家院属单位围绕人才引育、评价激励等方面新制定出台了68项人才工作配套政策措施，识才爱才用才的良好氛围在全院上下逐步形成。

（二）创新科研组织模式，激发人才的创新创造活力

2013年国家批准我院启动实施科技创新工程，这是继中国科学院和社会科学院之后，财政部支持的第三个国家级创新工程。我院以此为契机，按照既出成果、又出人才的要求，重组优化学科布局，按照学科重点方向组建创新团队，集聚优势科研力量，大力推进持续创新和协同创新，并不断完善在重大科研、工程项目实施、急难险重工作中识别、评价人才的机制。

一是构建一流的创新团队。建立以支持科研团队为基础的科研组织新模式，将全院33个研究所原有的1 026个课题组，优化整合为331个科研团队，把“小而散”转变为“大而强”。同时，按照“按需设岗、按岗聘人、岗位固定、人员流动”原则组建创新团队。进入创新团队的编内人员比例不超过60%，流动岗位比例不低于20%，建立不求所有、但求所用的灵活用人机制。以公开竞聘方式确定创新团队成员，树立能者上、庸者下的科学用人导向；根据绩效考核结果调整创新团队成员，建立能进能出的动态调整机制。赋予创新团队首席科学家更大的科研自主权，将创新团队作为放权基本单元，在依法依规前提下，创新团队首席科学家可自行选聘、考核团队成员，自主预算、调整、配置科研经费，独立决策科研技术路线。

二是建立稳定科研投入机制。过去我院近80%的科研经费来源于竞争性经费，缺乏稳定经费支持。科技创新工程实施后，重新构建了经费统筹配置机制，创新工程经费的60%给予创新团队长期稳定支持，其余40%通过竞争性任务支持。同时，围绕粮食

安全、生态安全、食品安全等国家重大需求，安排基础研究引导、重大成果培育、重大项目储备等专项经费给予长期重点支持。此外，借助国家农业科技创新联盟，按照产业链部署创新链，创新链部署人才链，整合全国农业科研单位、教学单位、涉农企业、技术推广服务机构的科技力量和平台资源，探索构建产学研用相结合的协同育人模式，培养科学研究、技术开发、成果推广、生产加工等各方面人才。

三是健全考核评价激励机制。科研组织模式创新带来绩效考核方式的彻底转变，改变原来面向个人的年度考核，实行面向团队的阶段性目标性考核，建立"部对院、院对所、所对团队"以及"一年一监测、三年一评估、五年一考核"的分级分期绩效考评制度。注重个人评价与团队评价相结合。适应科技协同创新和跨学科、跨领域发展等特点，实行以合作解决重大科技问题为重点的整体性评价，尊重认可团队所有参与者的实际贡献，杜绝无实质贡献的虚假挂名。通过完善绩效考核机制，延长考核周期，营造坐稳"冷板凳""十年磨一剑"的创新氛围，引导科研人员重视团队合作、共同发展。同时，健全成果转化奖励机制。2014 年我院主动承担国家种业科研成果权益改革试点任务，并率先出台了鼓励科研人员创新、促进科技成果转化的实施意见，让作出贡献的集体有成就感、获得感，实现人才"名利双收"。我院水稻研究所朱旭东团队选育的华占系列杂交水稻品种，2015 年推广面积超过 1 000 万亩，实现农民增收 7 亿多元，该团队也收获了丰厚的经济回报，当年获得转化收入 210 万元。

（三）建立现代院所评价制度，营造潜心研究、追求卓越、风清气正的科研环境

2012 年起，我院实施了研究所评价工作，从发展实力、发展速度、人均实力 3 个方面对院属研究所开展综合评价，较好发挥了引领、导向和激励作用，使研究所评价成为研究所发展的"指挥棒"，成为人才评价的"风向标"。

一是坚持数量与质量并重。发展实力作为研究所评价的核心，主要从科研立项、科研产出、成果转化、人才队伍、科研条件、协同创新、国际合作以及管理水平 8 个方面对研究所进行评价，评价指标体系由 7 个一级指标、21 个二级指标、98 个统计指标构成。为了强化高质量的成果产出，避免研究所和科技人员单纯追求成果数量，在赋予指标分值的时候，加大创新性成果分值，最高分值是最低分值的 10~15 倍。在质量指标的引导下，量变的积累逐渐形成了质变的飞跃，全院基础和应用基础研究水平得到了跃升，高水平创新性成果不断增加。我院作科所、植保所、哈兽研等传统强所已经达到国际领先水平，蜜蜂所、郑果所等基础研究较弱的研究所也实现了重大突破。

二是坚持顶天与立地并重。作为国家综合性农业科研机构，我院既要"顶天"，在国际农业科技前沿领域占据重要位置，又要"立地"，在农业科技产业化和生产应用过程中发挥关键作用。近年来，在研究所评价中越来越注重在产业贡献、成果转化等方面的实绩。通过增加"立地"类指标、调高知识产权转移、科技产业开发收入等指标的

分值，进一步强化成果转化导向，促进科技创新成果落地，产业贡献作用不断增强。研究所评价有效引导各所科学化设置人才评价指标，对主要从事技术创新的人才，重点考察技术创新集成能力及品种、技术等产出情况，并淡化论文要求；对主要从事技术转移转化的人才，重点考察技术集成、示范、推广及科学普及等能力以及对产业发展的贡献；对主要从事科技管理和科技支撑类人才，重点考察在科技管理理论、实务层面的创新等。

三是坚持评价与激励并重。研究所评价工作开展以来，评价结果成为研究所配置所内资源、确定科研人员绩效奖励的重要依据，部分研究所出台新的薪酬分配和绩效考评办法，改变了过去按人头平均的大锅饭模式。在院所两级资源配置过程中合理利用研究所评价结果，既体现公平、公正的原则，又有效提升科技资源配置效率，充分发挥绩效导向作用，使资源向创新能力强的研究所、团队、个人倾斜，形成了追求卓越、竞争发展、风清气正的创新环境。

（四）深化“放管服”改革，简化科研经费管理的繁文缛节

根据中央财政科研项目资金管理改革精神，我院通过健全资金投入机制，下放部分科研项目经费审批权限，改革创新科研经费使用管理方式，推行科研财务助理制度等，积极探索建立了一套高效便捷的经费使用管理制度体系，赋予科研人员更大自主权，让人才从纷繁复杂的各类报表中解脱出来。

一是简化经费预算编制，下放部分科研项目经费预算调整审批权。根据科研活动规律和特点，改进预算编制方法，出台了科研项目经费预算调剂管理办法。简化预算编制科目，将直接费用中会议费、差旅费、国际合作与交流费合并为一个科目，在不突破预算总额的前提下，合并后的支出预算由科研人员按规定统筹安排使用。下放科研项目预算调剂权，在项目总预算不变的情况下，项目承担单位在直接费用中多数科目的预算调剂方面获得更大自主权。

二是发挥经费集聚效应，协调竞争性经费和稳定支持经费投入机制。根据学科布局和各种经费的既定任务和目标，将创新工程经费用于支持基础性、前沿性和创新性研究任务；基本科研业务费增量部分配合创新工程开展跨所跨学科重大命题；非营利性科研机构改革专项启动费用于科研团队及相应的研究所公共服务与支撑；修缮购置专项支持创新工程任务相关的科研条件建设；各类科技经费统筹联动、融合互补，充分发挥增量带动存量的“撬动作用”，提高了科研经费的使用效益，保证科学研究的系统性和连续性。

三是建立科研财务助理队伍，利用信息化手段服务科研。为加强财务与科研工作的有效衔接，提高资金使用效率，保障资金使用安全，我院创新服务方式，出台《中国农业科学院科研财务助理管理办法（试行）》，加强专业化的科研财务助理队伍建设。科研财务助理主要在科研团队中兼具科研管理与财务管理双向职能，可以在项目预算编

制、经费支出、财务决算和验收、项目管理等方面提供专业化服务，减少科研人员的事务性工作，使他们能够潜心从事科学研究。目前，我院现有科研财务助理 534 人，已成为科研创新中的一支重要支撑队伍。同时，院属单位充分利用会计电算化和财务管理系统，实行网上报账预约、审核，利用信息系统开展政策宣传和咨询服务，真正做到“让信息多跑路，让科学家少跑腿”。

三、当前我院在改进人才评价机制遇到的新情况新问题及意见建议

我院在深化人才发展体制机制改革、科研项目经费管理改革以及分类推进人才评价机制改革中，取得了一定的成效，同时也遇到了一些新问题。借此机会，向调研组各位领导简要汇报一下。

一是人才分类评价机制改革需要上下协调，统筹推进。人才分类评价与机构职能定位密不可分。2002 年科技体制改革后，我院有 12 个主要承担公益性研究职能的研究所被确定为拟转企研究所，由于职能定位不清，造成人才评价导向出现混乱。因此，建议结合事业单位分类改革的不断深入，进一步明确这些研究所的公益性属性及定位。此外，在科技、人社、农业等部门实施的人才项目工程中，由于分类基础、评价标准和评价导向不一致，也造成用人单位在推进人才分类评价机制改革难以深入。以我院为例，从隶属关系讲，是农业农村部所属的科研事业单位，我们在农业科研人才评价方面倡导“论文写在大地上”，强调要以服务行业、服务三农为评价标准和评价导向；从业务关系讲，科技部作为科技项目主管部门，在人才推荐和项目评审方面更多倾向于基础科学和前沿科学的先进性。因此，建议在进行顶层设计时，加强各部门协调配合，基于不同行业、不同领域、不同工作性质开展科学分类，才能形成既分工明确又协调高效的分类评价体系，发挥好人才评价的导向作用。

二是健全国家和部委级人才项目计划的考核评估退出机制。近年来，国家层面和各有关部委通过实施一系列重大人才工程（计划），吸引培养凝聚了一大批高层次领军人才，在建设创新型国家中发挥着积极的作用。因此，重大人才工程（计划）入选者，在人才评价中受到各方重视，是有一定合理性的。但是，“上有所好，下必趋之”，当前一些地方和单位，却简单地把是否入选人才工程（计划），是否拥有“学术头衔”作为人才评价的唯一标准，仅以“帽子”论英雄，这也在科技界产生了一定的负面影响。要改变“帽子”满天飞、永久牌的现象，就要自上而下建立健全人才动态考核评价机制，完善合理的退出机制。

三是深入推进职称制度改革要与岗位设置管理改革齐头并进。事业单位人事制度改革的核心问题就是变身份管理为岗位管理，然而 2008 年启动的事业单位岗位设置管理改革中提到的岗位动态管理机制却始终没有落地，岗位结构性失衡的情况越来越突出。中央《关于深化职称制度改革的意见》中明确提出，对于全面实行岗位管理、专业技

术人才学术技术水平与岗位职责密切相关的事业单位，一般应在岗位结构比例内开展职称评审。因此，加快推进建立事业单位岗位结构动态调整机制，要与深化职称制度改革工作同部署、同落实。

四是加大持续稳定支持是鼓励潜心研究和创新的前提与基础。2017 年，我国研发经费投入总量 1.75 万亿元，研发经费投入强度为 2.12%。而农业科技投入强度仅为 0.6%左右，是全国平均水平的 1/3。除了总量不足的问题，农业科研的稳定性经费支持比例也比较低。我院 2017 年度基本科研业务费经费和科技创新工程经费两项科学研究类稳定支持经费，占全院财政拨款收入的 23.6%。而同期德国马普学院占比为 90%，中国科学院超过 50%。此外，由于事业单位分类改革仍未到位，中央财政仍根据 2002 年科技体制改革确定单位类型予以不同水平的投入。据初步测算，我院平均财政投入人员经费的保障率不足 40%，全成本核算科技人员工资仅占总投入的 15%左右，尤其是拟转企研究所的保障率更低，社保医保缺口更大，“有钱打仗、没钱养兵”的问题比较突出。

五是推动“放管服”改革还需进一步持续和深化。我院深化科技领域“放管服”改革，得到了广大科研人员的一致好评。但是财务主管部门在预算执行进度管理方面，仍要求科研项目按照行政部门时序进度来执行经费开支，给科研人员造成较大困扰。同时，目前的审计、巡视和财务检查都将国家科技项目执行情况作为重点，多头检查、重复检查和过度检查问题仍比较突出，造成科研人员不堪其扰。此外，中央明确提出对承担关键领域核心技术攻关任务的科研人员加大薪酬激励，对高端人才实行年薪制，可相应增加当年绩效工资总量。但在实际操作中，我院给予高层次人才的特殊支持政策仍受制于绩效工资总量的限制。因此，建议人社、财政和科技管理部门在深化“放管服”改革过程中，加快推进各项改革措施及时落地，按照能放尽放的原则，赋予科研机构和科研人员更大的人财物自主支配权。同时，由于我院科研人员绩效奖励资金来源较为单一，建议参照国家重点研发计划项目资金管理办法，在我院科技创新工程专项经费和基本科研业务费中留出 20%的间接费，作为科研人员绩效奖励支出。

汇报完毕，谢谢大家！

贾广东局长在农业农村部 2018 年“西部之光”访问学者、少数民族特培学员欢迎座谈会暨专题研修班开班式上的讲话提纲

2018 年 9 月 26 日

各位领导、各位专家，同志们：

大家上午好！

受唐华俊院长、张合成书记委托，我代表中国农业科学院对各位访问学者、特培学员表示热烈的欢迎！向农业农村部人事司多年来对我院的关心、支持和帮助，表示衷心的感谢！同时，也对长期以来支持我院“西部之光”、少数民族特培工作的专家和同志们致以崇高的敬意！

根据安排，下面先就我院的一些情况向大家做个介绍。

一、中国农业科学院的基本情况

中国农业科学院成立于 1957 年，是农业农村部直属的国家级农业科研机构。全院现有 34 个专业研究所和 9 个共建研究所、1 个研究生院、1 个出版社。经过 60 多年的发展，形成了 9 个学科集群、57 个学科领域、302 个重点方向的学科体系，建成了 69 个国家与部门重点实验室、27 个国家农作物畜禽改良中心与国家工程技术研究中心等科技创新平台，9 个国家重大科学工程与工程实验室、29 个国家与部门野外台站等科技支撑平台，以及 34 个国家与部门质检中心等科技服务平台。全院共有正式在编职工 7 025 人，其中，专业技术人员 5 911 人，高级专业技术职务人员 2 953 人，两院院士 13 人，千人计划入选者 8 人，万人计划入选者 52 人，“百千万人才工程”国家级人选 66 人，享受政府特贴专家 119 人。

“十二五”以来，我院共获国家科技奖励成果 38 项，其中科技进步奖 30 项，发明奖 7 项，自然科学奖 1 项，实现了国家三大奖全覆盖；共争取国家自然科学基金 2 030 项、创新研究群体 4 项，杰出青年基金 3 项，优秀青年基金 12 项，发表科技论文 2.9 万篇，其中 SCI 论文超过 1 万篇，在 *Nature*、*Science* 等国际顶尖期刊上发表论文 30 篇；编写学术著作 1 528 部；有 605 个作物品种通过审定，其中国审品种 127 个；获得新品种权 153 个；获得专利授权 5 199 项，其中发明专利 2 749 项；获得新兽药证书 48 个，充分展现出我院作为农业科研国家队的主体地位和职责使命，有力发挥了高端引领

和科技支撑作用。

二、我院承担培养任务的主要做法

2018 年是我院连续第 14 年承担“西部之光”访问学者和少数民族特培学员的培养任务。在上级部门的正确领导下，在院属相关单位通力配合下，在培养导师悉心指导下，我院不断改进管理方式，完善工作机制，截至目前已圆满完成了 300 名“西部之光”访问学者、21 名新疆特培学员、7 名西藏特培学员、1 名内蒙古特培学员的培养工作。今年，我院又承担了 28 位“西部之光”访问学者、5 位新疆、西藏、内蒙古特培学员的培养任务。在 2016 年举办的全国第五批新疆特培工作启动大会上，我院作为培养单位代表作了典型发言。归纳起来，我院的培养工作主要有 3 个特点。

（一）有一套完善的服务机制

一是管理集中化。根据“强化统一管理”的要求，从承担第一批“西部之光”访问学者培养任务开始，农业农村部系统的全体学员均统一由我院集中管理。我院研究生院在住房资源有限的情况下，腾出研究生公寓，添置书桌，开通网络，为访问学者和特培学员提供良好的住宿条件；尊重少数民族学员生活习惯，安排独立宿舍和清真餐厅，尽最大努力营造良好的生活学习环境，保证学员全身心投入学习研究。

二是服务班级化。研究生院充分利用学生管理的经验和模式，每批访问学者和特培学员均组建班级，由一名处长兼任班主任，进行统一管理并提供服务，进一步增强了访问学者和特培学员的集体意识和协作精神。同时，利用教学条件资源，为他们组织开展活动提供必要的场所和便利条件，丰富日常生活，提供交流互动的良好平台。

三是分工协作化。专门制定《培养工作管理办法》和班委会、临时党支部组织制度等，建立院人事局、研究生院和相关研究所三级管理培养模式，突出访问学者和特培学员的自我组织、自我管理和自我教育。其中，院人事局负责落实培养任务，组织协调相关工作；研究生院负责经费管理和生活服务保障工作；研究所负责学员的具体培养。

（二）有一套高效的培养模式

一是培养计划系统性。学员报到之后第一个月内，我院要求培养导师结合双方学科背景和研修方向，尽快为他们制定切实可行的培养计划，明确培养目标、研究题目、研究内容、技术路线等，并报院人事局备案。研修计划和培养目标作为研修工作任务完成时的考核依据。

二是培养方式多样性。坚持“三会两班”制度，定期组织召开欢迎会，介绍全院情况、学科及专家团队；召开中期考核会，帮助大家查漏补缺，进一步提高培养质量；召开总结会，介绍学习及研究进展；举办 2 期专题研修班，帮助学员深入了解我国科技发展总体情况和农业科技创新的最新进展。同时，面向学员开放研究生学历教育系统，方便大家旁听专业课程、借阅图书等。

三是培养内容实效性。组织学员参与课题项目研究工作，在干中学、在学中干，切实帮助他们解决科技工作中的实际问题。培训班结束后，要求集合全班智慧形成专题研修报告，进一步加深大家对西部农业科技发展的认识和思考，并积极建言献策。一年访学结束时，我们会把每位学员访学期间的学术论文或调研报告汇编成册，作为研修成果；并为考核合格人员发放结业证书，确保访学质量。

（三）有一支高水平的导师队伍

一是高度重视培养导师学术水平。我院根据学员派出地区主导产业、重点行业和优势特色学科发展的需要，在充分尊重学员选择的基础上，确定知名专家作为培养导师，进行一对一的培养。选派的导师都是我院相关学科领域的带头人或优秀科技骨干，大多承担着国家自然科学基金、国家重点研发计划等重大科研任务，在国内外有着较强的学术影响力，今年更有 1 位院士、3 位研究所所长担任培养导师。

二是切实发挥好传、帮、带作用。研修期间，培养导师除了认真落实好研修计划，有针对性的培养学员，还要积极提供科学研究和学术交流机会，使学员在学习先进理论知识和实验技能的同时，也能够开阔思路、掌握学术前沿动态；同时，导师还会对学员在科研项目、自然基金的申请中提供意见建议，给予更有针对性的指导和帮助。

三是以培养学员为契机，促进西部地区农业科技发展。在做好为西部培养科技人才的同时，我院还积极推进与学员派出单位、派出地的科技合作。在每年培养期结束前后，院里要求导师及其团队骨干亲自到学员的派出地进行科技考察，2015 年、2017 年我院开展了两次导师集体回访活动，通过建立良好的科研协作关系，促进了西部地区农业科技发展，帮助西部地区有效解决农业生产中的实际问题。

在多年承担“西部之光”访问学者、少数民族特培学员培养任务的基础上，我院总结并形成了一套培养模式和工作方法，有成绩也有不足。希望大家日后多给我们提出宝贵意见，我们将不断完善体制机制，改进工作方法，提高工作效率，更加圆满出色地完成这项光荣任务。

三、几点建议

今天的欢迎会后，各位学员将要开始在我院一年的研修工作和生活了，利用这个机会，我想对在座的学员们提几点建议。

（一）利用好我院学科体系优势，夯实专业理论基础

中国农业科学院拥有较为完备的学科体系，基本可以满足各位学员各个研修方向的

需求，希望大家能够充分利用好这一条件，通过接受国内农业科技领域最好的专业技能训练，学习课题研究的基本方法和研究规律，掌握先进的科学实验技能，获得更多的专业知识。此外，我院研究生院的学历教育还具备涉及农学、理学、工学、管理学 4 大门类，17 个一级学科的学科体系，大家可以根据自己的专业需要和兴趣，在我院研究生院选修相关专业课程，深入学习专业理论知识，为将来返回工作岗位承担更多、更重的科研任务奠定基础。

（二）利用好我院平台资源优势，提升科学研究能力

一要利用好我院的科技平台。我院现已构建了较为完善的国家级，省部级和院级，创新、支撑和服务“三级三类”科技平台体系，平台数量达到 488 个，基本实现了每个学科方向科技平台支撑的全覆盖；国家重大科技工程、国家重点实验室、国家工程技术研究中心、农业农村部重点实验室等重大平台建设，为多学科发展和高新技术集成构建了专用的公共性重大基础平台。希望学员们能够结合研修方向，利用好我院各种科技平台，努力提高基础理论研究水平和前沿技术探索能力。

二要利用好我院的项目平台。农科院承担的绝大部分的竞争性科技任务都是国家级科研任务，各位学员所在的课题组或培养导师都承担着多项涉及国家农业科技发展方向的重要项目，希望大家能够借助这些的项目优势，真正参与到农业科技前沿研究中来，努力提高把握科研发展趋势的能力。

三要利用好我院的学术平台。我院每年都组织和承办众多国际会议、学术研讨会以及科技咨询等大型科技活动，这给大家提供了难得的了解农业科技前沿和发展趋势的机会，希望各位学者能够把握机会，多与知名专家进行学术交流，讨论学术问题，提高学术见解。

（三）利用好我院技术成果优势，发挥桥梁纽带作用

各位学员都是西部地区各省区市重点培养的中青年科技人才，不仅要努力提升自己专业水平，也肩负着发展西部、建设家乡的重任。希望你们能够利用好我院的技术成果优势，将先进的科技理念和技术成果与西部地区的农业农村经济发展相对接，切实帮助西部地区解决农业农村生产中的实际问题。希望你们在完成好学习、研究工作的过程中能够积极牵线搭桥，加强我院与西部各省区市的沟通联系，并利用好导师回访的机会，建立长期的合作关系，为促进当地社会经济发展作出积极贡献。

最后，再次向各位访问学者、特培学员表示热烈欢迎！祝你们在一年的学习、工作和生活中，顺心、愉快，安全、健康！

谢谢大家。

六、计划财务管理与条件建设

中国农业科学院 2018 年财务管理工作概况

2018 年是实施乡村振兴战略的开局之年，也是中国农业科学院深入贯彻落实习近平总书记“三个面向”重要指示精神之年。全院各级财务部门认真落实部、院党组的工作部署，以高度的使命感和责任感全力完成各项工作任务，努力为全院科技创新和各项事业发展提供支撑和保障。

一、以预算为抓手，强化协调落实保重点，2019 年部门预算重点经费再获突破

2018 年全院收支总预算 79.20 亿元。科技创新工程，重点实验室专项的科研仪器设备经费、基本科研和开放运行经费，重点科研设施运行费均有显著增长，经费结构进一步优化，财务保障更加有力。基本支出财政拨款 11.80 亿元、财政专项经费 23.29 亿元，分别较上年增长 9%和 12%。科技创新工程和基本科研业务费分别为 8.5 亿元和 2.28 亿元，院级统筹能力持续增强。2018 年创新工程经费 8.5 亿元经费中，支持创新团队持续开展科技攻关 6.98 亿元，其中人才科研经费 1.61 亿元，保障了农科英才特支计划的落实，院级经费保障率达到了 70%；支持协同创新任务 1.18 亿元、重大产出选题任务 2 400 万元、新增国际合作任务 1 000 万元。2018 年基本科研业务费安排院级统筹经费 1.01 亿元，重点支持基础研究引导计划、重大成果培育计划、国家农业科技创新联盟工作、农业基础性长期性工作等院级统筹任务；所级统筹经费 1.27 亿元，用于各所统筹支持行业基础性、支撑性、应急性科研任务，使用方向更加符合院、所发展规划。在落实农科英才科研经费和仪器设备购置经费的同时，积极筹措资金，保障人才发展，安排自有资金 3 700 多万元用于农科英才岗位补助。统筹安排经费大力支持西部农业研究中心、国家成都农业科技中心建设，保障全院学科布局调整。

2019 年经费保障能力进一步提升。根据 2019 年部门预算“一下”控制数，全院 2019 年科技创新工程预算再增 1 亿元，总规模达到 9.50 亿元。基本科研业务费专项 2.852 亿元，比 2018 年增加 5 704 万元，增幅 25%。科研设施运行费增加 2 100 万元，增幅 23.30%，其中哈尔滨兽医研究所生物安全高级别实验室运行费增加 1 300 多万元至 2 500 万元，有力保障了实验室的运行；新增棉花所郑州科研中心和油料所江西红壤三熟制试验基地运行费。科学事业单位修缮购置专项 2.97 亿元，立项支持 47 个项目，比 2018 年增加 1 375 万元，增幅 4.85%。30 个科学事业单位研究所均获得至少 1 个项目支持，有 8 个单位申报 2 个及以上项目，全部获得财政支持。成都中心、国家农业科

技创新园、新乡基地等一批院级和所级重点项目得到落实。棉花所申报的中国农业科学院第一个“一带一路”专项获批，3 年经费规模 5 000 万元，2019 年安排经费 2 000 万元。基因组所“山竹”强台风灾后重建经费得到落实。

二、多措并举，强监管促内控，不断提高风险防范能力

一是坚持以案为鉴，深入推动内控制度建设。2018 年年初草原所发生银行存款被挪用案件后，根据院里安排，迅速查明案情、核实资金损失情况，指导草原所改进财务工作的同时，第一时间起草印发了《关于严格落实内控制度 防范财务风险的紧急通知》，要求院属各单位针对可能存在的管理漏洞，紧急开展自查，全面核对银行账户存款余额、梳理银行印鉴等印章管理问题，对未按要求分离不相容岗位等内控措施落实不到位的问题立行立改，做到举一反三，排查问题隐患，严格落实内控制度，防范财务风险。根据农业农村部开展的会计基础工作和内部控制监督检查情况，督促问题整改，推动夯实会计基础工作，完善单位内部控制体系。结合中国农业科学院建设现代化科研院所和开展管理效益年的要求，组织开展内控制度建设专题讲座，部署院机关内部控制规程的修订工作，督促院机关各部门通过完善内控规程，进一步堵塞管理漏洞。强化了预决算、房产出租出借等重要事项的信息公开，推动了内部监督措施的落实。

二是配合开展预算执行审计，督促落实审计整改。全力配合审计署农林水利审计局对中国农业科学院 2017 年预算执行及 2018 年政策落实等情况的审计，全程跟踪现场审计动态，及时了解审计发现的问题苗头，指导相关单位对所办企业管理、会议培训管理等方面存在的问题进行立行立改；对审计决定披露的问题，认真制定整改落实方案，督促相关单位及时落实整改。

三是开展经济责任审计，强化风险防控。根据经济责任审计工作安排，组织开展对北京畜牧兽医所原所长李明等 5 位同志进行离任经济责任审计，对审计初步查出 77 个的问题逐项梳理、核对，指导相关单位边审边改，推动单位强化规范管理意识，消除风险隐患。同时，根据 2017 年经责审计台账，对 4 个研究所审计报告中发现的问题逐条逐项督促整改，总体整改到位率达到 60%以上。

四是配合开展巡视工作，打好监管“组合拳”。编印《中国农业科学院 2018 年专项巡视（科研经费专项整治活动）培训手册》，指导巡视组审计人员开展专项审计，并对研究所经费运行情况进行全面“体检”；对巡视发现的财务问题，及时指导院属单位进行整改，切实提高“组合拳”实效。

五是开展科研经费抽查摸底活动，防范经费使用管理风险。为全面掌握科技创新工程实施 5 年来院属单位科研经费管理与使用情况，及时发现存在的问题，防范系统性风险，提升我院科研经费管理水平和使用效益，组织对第一批实施科技创新工程 11 个研究所的创新工程经费管理与使用情况进行了摸底诊断。同步开展了科研经费管理与使用情况抽查，详细抽查 11 个科研团队在科研经费管理与使用和内部控制建设情况，共发

现问题59个，抽查科研资金涉及2.85亿元。

三、以房屋出租出借为重点，坚持问题导向，强化国有资产监管

一是调研处理天作大厦等历史遗留问题。按照中央巡视组整改的要求，与承租方天作盛唐投资有限公司进行多轮协商谈判，签订补充协议，实现从2018年起天作大厦的年租金实行动态上浮，初步解决了多年困扰我院的天作大厦遗留问题。落实审计整改要求，查找有关历史资料，按有关规定，将天作大厦和科技培训展示楼（艺海）房产纳入院机关固定资产账进行管理，解决这两处房产多年未入账管理的问题，并积极协助推进天作大厦不动产登记证办理工作。

二是加强房产出租出借监管。全面梳理全院房产出租出借现状，摸清找准管理中存在的问题，将梳理出的问题作为国有资产重点考核和检查内容，督促规范操作加强管理。针对京区房产出租出借管理不规范问题，深入京区单位开展调研，制定出台《中国农业科学院京区房产出租出借管理暂行办法》，统筹、规范京区房产管理，进一步提高京区房产竞价能力和整体收益水平。研究印发了《中国农业科学院关于进一步规范和加强房产出租出借管理的通知》，提出规范和加强全院房产出租出借管理的7项具体要求，细化要求、压实监管责任，并在院财务工作会议上专题部署房产出租出借监管工作，层层传导压力、增强全院财务系统对强化房产出租出借监管的认识。按照驻部纪检监察组要求，对牧医所房产出租问题进行核查，研究提出整改意见，协助指导研究所处理历史遗留问题，督促该所规范房产出租出借行为。

三是组织完成国有资产清查核实和国有资产管理绩效考核工作，落实资产管理责任。申报核实资产盘盈4 473.54万元、资产损失3 937.75万元、资产挂账3 507.84万元，解决了一批资产管理历史遗留问题，进一步夯实了资产管理基础。组织开展2017年度国有资产管理绩效考核自评，全面评价我院国有资产管理现状、客观反映房产出租出借和土地资产管理情况，配合农业农村部考评组完成对烟草所等3个单位的现场重点考评，组织对环保所等4个单位的院级重点考评，对检查中发现的问题督促各单位认真整改，推进落实院属单位国有资产管理责任。

四是做好车改取消车辆处置工作。参与完成院属京区单位和部分京外单位公车改革，严格把关做好资产审核审批事项办理。

五是落实“放管服”精神，抓好仪器设备采购管理。强化服务意识，简化采购流程，做好仪器设备采购政策指导，2018年全院根据科研活动需求进口采购大型设备863台（套），有力保障了科研活动开展。

四、以落实挂钩机制为手段，深入推进绩效管理，2018 年全院预算执行进度大幅提升

按照预算绩效管理的要求，积极探索推进建立统分结合的绩效考评体系。各部门根据职责分工各负其责，建立年度监测和中期绩效评价相结合的机制，覆盖绩效目标管理、绩效执行监控、绩效自评和年度评价等预算绩效管理全过程。2018 年组织完成科技创新工程、基本科研业务费、现代农业产业技术体系、修购项目、基建项目等 476 个部门预算二级项目 2017 年度绩效自评，经费共计 23. 66 亿元，绩效自评覆盖率达到 100%。完成了创新工程、基本科研业务费、运转费、共享服务平台等项目 2018 年度支出绩效目标设定、审核和细化分解，为项目执行、监控和评价等奠定良好基础。组织开展全院 2018 年部门预算所有 28 个一级项目、686 个二级项目 1—7 月支出绩效执行监控，绩效监控覆盖率也达到 100%，系统总结和梳理了项目支出绩效目标执行情况。持续开展修购项目绩效评价，与项目验收同步进行，总结项目实施完成情况和成效，全年完成验收和绩效评价项目 35 个、资金 2. 87 亿元。强化绩效评价结果运用，建立完善激励和退出机制。将评价结果运用于创新工程和基本科研业务费经费安排、条件平台建设、科研任务支持与退出等工作。实施预算绩效与预算执行双“监控”，建立预算执行旬报及通报制度、强化预算安排与预算执行挂钩制度等措施，从 5 月底开始对院属各单位预算执行情况进行排序考核，同时加强跟踪调度，指导和督促重点单位做好重点项目任务实施，加快资金支出进度。我院 2018 年预算执行总体进度为 92%，比上年同期有较大跃升，在农业农村部事业单位排名第二十七名。

五、改作风建机制，推进工作提质增效，管理效益年活动取得成效

按照《中国农业科学院关于印发管理效益年活动指导意见的通知》要求和部署，精心组织，结合工作实际，改作风建机制，深入推进“放管服”，一手抓自身建设，履职尽责，确保各项决策部署的落实；一手抓全院财务队伍建设，强化服务意识，提升服务水平。

一是完善机制，形成合力。按照院党组的要求，进一步增强大局意识、服务意识，积极发挥统筹、协调和审核把关作用，深入推进事权、财权配合。在预算编制、执行、绩效评价等环节基本做到了管理职责分工清晰，各负其责，运转有序。在创新工程、基本科研业务安排方面，基本做到了事权部门提需求、提方案，共同谋划、编制完成了《2019—2021 年修购专项规划》，促进了修购专项与基建项目、基地建设规划的对接和融合。

二是强化制度建设。对现行财务和资产管理工作主要制度文件进行系统梳理，编印

了《国有资产与政府采购管理规章制度选编》《基本科研业务费专项管理制度文件选编》《修购专项管理制度文件选编》和《预算绩效管理制度文件选编》，并在全院范围印发，提高日常工作效率。制定印发了《中国农业科学院机关公务交通费用报销管理办法（试行）》《院机关公费医疗经费管理办法（试行）》和《院机关职工子女医疗费用报销办法（试行）》等办法，规范院机关公务交通费用报销、院机关公费医疗经费管理等行为，起草了《关于成都中心抽调人员差旅补助有关事项的请示》，明确院机关在成都中心常驻人员的差旅费补助标准并予以规范。

三是研究提出落实科研“放管服”6项具体措施。根据统一部署，开展调研，研究提出了进一步服务科研，落实“放管服”改革的6项具体措施，包括完善差旅、会议等经费管理制度，简化报销手续，改进服务方式，推进财务信息化，统筹监督检查，简化科研仪器设备采购流程等。大力推进财务管理信息化建设，实地调研中国社会科学院、中国水产科学研究院，以及中国农业科学院环发所、作科所的信息化建设情况，推动院属单位财务管理信息化，并初步起草了院机关信息化方案。目前37个院属单位中有13家单位已开发了综合型财务信息系统，11家单位正在开发财务信息系统，10家单位计划在1年内开发建设财务信息系统。

四是持续加强财务会计人员队伍建设。及时统计更新全院财务人员信息和科研财务助理信息，实时掌握财务队伍情况；组织各单位参加农业农村部举办的财务处长培训班，举办全院政府会计制度改革与政府部门财务报告编制培训班、政府会计制度改革与财务管理信息化培训班、财务骨干和科研财务助理培训班，提升财务队伍专业素质；组织院属各单位财会人员、内部审计人员积极参加农业农村部财务知识竞赛和审计署内部审计知识竞赛，提高相关知识水平。

五是加强组织和工作指导，积极做好全面实施政府会计制度改革准备工作。组织开展2017年财务报告试点编制工作，顺利实现院内业务冲抵和财务报告编纂，完成了全院财报编制汇总上报。通过带领院属单位边学边干，促进全院财务人员把握政策改革要点、发现工作难点、梳理工作思路、总结应对策略，为实施政府会计制度改革奠定了良好的基础。统一政府会计科目体系，夯实规范会计核算的基础。成立政府会计制度实施工作组，研究制定实施工作方案，制定会计科目体系和核算软件选定工作，结合中国农业科学院实际，组织研究制定《农业科研事业单位政府会计科目体系》，印发《政府会计科目体系及辅助核算设置建议》及相关说明，规范和统一院属各单位政府会计核算工作。组织软件测试选型和信息系统升级准备工作。组织院属各单位就政府会计制度信息化应对方案展开交流，召开政府会计制度下的财务信息化研讨会，探讨新制度下财务信息系统改造方案，提前部署政府会计核算软件模拟测试工作，确保会计核算系统的平稳有序过渡。同时与用友政务有限公司开展深度合作，签订政府会计核算软件采购、升级等合作意向，为院属单位选定政府会计核算软件及服务提供平台。

2019年财务工作思路是，以习近平新时代中国特色社会主义思想为指导，围绕部、院党组中心工作，对标“三个面向”“两个一流”要求，继续深入落实“放管服”要求，围绕争取资金保发展、强化管理保安全主线，加强项目筹划、提升经费保障能力，全面实施预算绩效管理，优化资源配置，强化科研经费监管，提高资金使用效益，为我院科研事业发展提供更加坚实的科技创新物质基础。

中国农业科学院2018年公共预算财政拨款收入支出决算表

（单位：万元）

项目		年初结转和结余金额	本年收入金额		本年支出金额			年末结转和结余余额
支出功能分类科目编码	科目名称		合计	其中基本建设资金收入	合计	基本支出小计	项目支出小计	
类 款 项	合计	64 265.44	378 968.77	23 554.00	400 714.28	123 106.62	277 607.65	42 519.94
202	外交支出	550.45	190.00		635.54		635.54	104.91
20203	对外援助	398.00			343.87		343.87	54.13
2020306	对外援助	398.00			343.87		343.87	54.13
20299	其他外交支出	152.45	190.00		291.67		291.67	50.78
2029901	其他外交支出	152.45	190.00		291.67		291.67	50.78
205	教育支出	81.20	190.94		239.00		239.00	33.14
20508	进修及培训	81.20	190.94		239.00		239.00	33.14
2050803	培训支出	81.20	190.94		239.00		239.00	33.14
206	科学技术支出	47 021.14	321 122.62	18 408.00	334 279.01	96 502.51	237 776.51	33 864.75
20602	基础研究	10 902.23	45 529.28	18 108.00	42 088.35	893.54	41 194.81	14 343.16

（续表）

项目		年初结转和结余金额	本年收入金额		本年支出金额			年末结转和结余余额
支出功能分类科目编码	科目名称		合计	其中基本建设资金收入	合计	基本支出小计	项目支出小计	
类 款 项	合计	64 265.44	378 968.77	23 554.00	400 714.28	123 106.62	277 607.65	42 519.94
2060201	机构运行	30.28	894.63		893.54	893.54		31.37
2060204	重点实验室及相关设施	10 862.95	35 789.25	18 108.00	32 340.41		32 340.41	14 311.79
2060206	专项基础科研	9.00			9.00		9.00	
2060299	其他基础研究支出		8 845.40		8 845.40		8 845.40	
20603	应用研究	16 205.83	239 762.34		250 107.75	95 608.96	154 498.78	5 860.42
2060301	机构运行	628.41	95 103.34		95 608.96	95 608.96		122.78
2060302	社会公益研究	15 577.42	144 659.00		154 498.78		154 498.78	5 737.64
20605	科技条件与服务	18 345.81	34 985.00		40 827.80		40 827.80	12 503.00
2060503	科技条件专项	18 345.81	34 985.00		40 827.80		40 827.80	12 503.00
20609	科技重大项目	106.84	546.00		506.17		506.17	146.68
2060901	科技重大专项	106.84	546.00		506.17		506.17	146.68
20699	其他科学技术支出	1 460.44	300.00	300.00	748.94		748.94	1 011.49
2069999	其他科学技术支出	1 460.44	300.00	300.00	748.94		748.94	1 011.49
207	文化体育与传媒支出	1 220.78	617.93		829.34	112.60	716.74	1 009.38

（续表）

项目		年初结转和结余金额	本年收入金额		本年支出金额			年末结转和结余余额
支出功能分类科目编码	科目名称		合计	其中基本建设资金收入	合计	基本支出小计	项目支出小计	
类 款 项	合计	64 265.44	378 968.77	23 554.00	400 714.28	123 106.62	277 607.65	42 519.94
20701	文化	1 220.78			311.32		311.32	909.46
2070104	图书馆	1 220.78			311.32		311.32	909.46
20704	新闻出版广播影视		117.93		112.60	112.60		5.33
2070408	出版发行		117.93		112.60	112.60		5.33
20799	其他文化体育与传媒支出		500.00		405.41		405.41	94.59
2079903	文化产业发展专项支出		500.00		405.41		405.41	94.59
208	社会保障和就业支出		3 331.90		3 200.60	3 200.60		131.30
20805	行政事业单位离退休		3 331.90		3 200.60	3 200.60		131.30
2080502	事业单位离退休		2 505.54		2 505.54	2 505.54		
2080505	机关事业单位基本养老保险缴费支出		826.36		695.06	695.06		131.30
211	节能环保支出	999.18	2 393.29		3 109.79		3 109.79	282.69
21103	污染防治	848.29	1 561.00		2 202.85		2 202.85	206.44
2110399	其他污染防治支出	848.29	1 561.00		2 202.85		2 202.85	206.44
21104	自然生态保护	150.89	832.29		906.94		906.94	76.25

（续表）

项目		年初结转和结余金额	本年收入金额		本年支出金额			年末结转和结余余额
支出功能分类科目编码（类 款 项）	科目名称		合计	其中基本建设资金收入	合计	基本支出小计	项目支出小计	
	合计	64 265.44	378 968.77	23 554.00	400 714.28	123 106.62	277 607.65	42 519.94
2110402	农村环境保护	150.89	832.29		906.94		906.94	76.25
213	农林水支出	14 265.02	34 505.79	5 146.00	41 788.94	6 658.85	35 130.09	6 981.87
21301	农业	14 265.02	34 505.79	5 146.00	41 788.94	6 658.85	35 130.09	6 981.87
2130104	事业运行	205.95	9 772.48		9 672.65	6 399.17	3 273.48	305.78
2130106	科技转化与推广服务	1 652.00	4 404.38	1 846.00	5 635.17		5 635.17	421.21
2130108	病虫害控制	3 637.38	1 113.30		3 608.38		3 608.38	1 142.30
2130109	农产品质量安全	1 862.97	7 882.84		9 369.31		9 369.31	376.51
2130110	执法监管	2.04			2.04		2.04	
2130111	统计监测与信息服务	597.29	1 627.19		2 162.99		2 162.99	61.49
2130112	农业行业业务管理	820.34	1 325.91		2 078.33		2 078.33	67.92
2130114	对外交流与合作	220.62	760.59		956.28		956.28	24.93
2130126	农村公益事业	41.46	192.04		221.75		221.75	11.75
2130135	农业资源保护修复与利用	3 266.39	6 662.38	2 580.00	6 468.63		6 468.63	3 460.15
2130199	其他农业支出	1 958.58	764.68	720.00	1 613.42	259.68	1 353.74	1 109.84

（续表）

项目		年初结转和结余金额	本年收入金额		本年支出金额			年末结转和结余金额
支出功能分类科目编码	科目名称		合计	其中基本建设资金收入	合计	基本支出小计	项目支出小计	
类 款 项	合计	64 265.44	378 968.77	23 554.00	400 714.28	123 106.62	277 607.65	42 519.94
221	住房保障支出	127.66	16 616.30		16 632.07	16 632.07		111.89
22102	住房改革支出	127.66	16 616.30		16 632.07	16 632.07		111.89
2210201	住房公积金	45.83	10 655.86		10 647.45	10 647.45		54.24
2210202	提租补贴	23.61	580.40		573.39	573.39		30.62
2210203	购房补贴	58.22	5 380.04		5 411.23	5 411.23		27.03

中国农业科学院2018年行政事业类项目收入支出决算表

（单位：万元）

项目		资金来源					支出金额			年末结转和结余金额	
支出功能分类科目编码	科目名称（二级项目名称）	合计	年初结转和结余金额		财政拨款金额	其他资金金额	合计	财政拨款	其他资金	合计	其中财政拨款结转和结余
			小计	其中财政拨款结转和结余							
类 款 项	合计	282 782.67	38 648.46	35 224.89	232 906.82	11 227.39	257 553.98	245 847.76	11 706.22	25 228.69	22 283.95
202	外交支出	740.45	550.45	550.45	190.00		635.54	635.54		104.91	104.91
20203	对外援助	398.00	398.00	398.00			343.87	343.87		54.13	54.13
2020306	对外援助	398.00	398.00	398.00			343.87	343.87		54.13	54.13
20299	其他外交支出	342.45	152.45	152.45	190.00		291.67	291.67		50.78	50.78
2029901	其他外交支出	342.45	152.45	152.45	190.00		291.67	291.67		50.78	50.78
205	教育支出	272.14	81.20	81.20	190.94		239.00	239.00		33.14	33.14
20508	进修及培训	272.14	81.20	81.20	190.94		239.00	239.00		33.14	33.14
2050803	培训支出	272.14	81.20	81.20	190.94		239.00	239.00		33.14	33.14
206	科学技术支出	249 021.24	31 677.19	29 264.59	206 716.65	10 627.40	226 460.03	215 334.60	11 125.43	22 561.21	20 646.64

（续表）

项目		资金来源					支出金额			年末结转和结余金额	
支出功能分类科目编码	科目名称（二级项目名称）	合计	年初结转和结余金额		财政拨款金额	其他资金金额	合计	财政拨款	其他资金	合计	其中财政拨款结转和结余
			小计	其中财政拨款结转和结余							
类 款 项	合计	282 782.67	38 648.46	35 224.89	232 906.82	11 227.39	257 553.98	245 847.76	11 706.22	25 228.69	22 283.95
20602	基础研究	27 998.17	415.03	0.37	26 526.65	1 056.49	23 462.28	22 336.49	1 125.80	4 535.89	4 190.53
2060204	重点实验室及相关设施	17 681.62	0.37	0.37	17 681.25		13 491.09	13 491.09		4 190.53	4 190.53
2060299	其他基础研究支出	10 316.55	414.66		8 845.40	1 056.49	9 971.20	8 845.40	1 125.80	345.36	
20603	应用研究	165 764.81	17 575.36	15 577.42	144 659.00	3 530.45	158 457.95	154 498.78	3 959.17	7 306.85	5 737.64
2060302	社会公益研究	165 764.81	17 575.36	15 577.42	144 659.00	3 530.45	158 457.95	154 498.78	3 959.17	7 306.85	5 737.64
20605	科技条件与服务	48 462.92	13 477.92	13 477.92	34 985.00		37 891.13	37 891.13		10 571.79	10 571.79
2060503	科技条件专项	48 462.92	13 477.92	13 477.92	34 985.00		37 891.13	37 891.13		10 571.79	10 571.79
20609	科技重大项目	6 693.31	106.84	106.84	546.00	6 040.47	6 546.63	506.17	6 040.47	146.68	146.68
2060901	科技重大专项	6 693.31	106.84	106.84	546.00	6 040.47	6 546.63	506.17	6 040.47	146.68	146.68
20699	其他科学技术支出	102.03	102.03	102.03			102.03	102.03			
2069999	其他科学技术支出	102.03	102.03	102.03			102.03	102.03			
207	文化体育与传媒支出	500.00			500.00		405.41	405.41		94.59	94.59
20799	其他文化体育与传媒支出	500.00			500.00		405.41	405.41		94.59	94.59
2079903	文化产业发展专项支出	500.00			500.00		405.41	405.41		94.59	94.59

（续表）

项目		资金来源					支出金额			年末结转和结余金额	
支出功能分类科目编码	科目名称（二级项目名称）	合计	年初结转和结余金额		财政拨款金额	其他资金金额	合计	财政拨款	其他资金	合计	其中财政拨款结转和结余
			小计	其中财政拨款结转和结余							
类 款 项	合计	282 782.67	38 648.46	35 224.89	232 906.82	11 227.39	257 553.98	245 847.76	11 706.22	25 228.69	22 283.95
211	节能环保支出	3 392.47	999.18	999.18	2 393.29		3 109.79	3 109.79		282.69	282.69
21103	污染防治	2 409.29	848.29	848.29	1 561.00		2 202.85	2 202.85		206.44	206.44
2110399	其他污染防治支出	2 409.29	848.29	848.29	1 561.00		2 202.85	2 202.85		206.44	206.44
21104	自然生态保护	983.18	150.89	150.89	832.29		906.94	906.94		76.25	76.25
2110402	农村环境保护	983.18	150.89	150.89	832.29		906.94	906.94		76.25	76.25
213	农林水支出	28 856.37	5 340.44	4 329.47	22 915.94	599.99	26 704.21	26 123.42	580.79	2 152.16	1 121.99
21301	农业	28 856.37	5 340.44	4 329.47	22 915.94	599.99	26 704.21	26 123.42	580.79	2 152.16	1 121.99
2130104	事业运行	3 579.26	205.95	205.95	3 373.31		3 273.48	3 273.48		305.78	305.78
2130106	科技转化与推广服务	2 883.05	324.67	324.67	2 558.38		2 822.47	2 822.47		60.58	60.58
2130108	病虫害控制	1 143.21	29.91	29.91	1 113.30		1 143.21	1 143.21			
2130109	农产品质量安全	9 503.55	1 620.71	1 620.71	7 882.84		9 127.04	9 127.04		376.51	376.51
2130111	统计监测与信息服务	2 224.48	597.29	597.29	1 627.19		2 162.99	2 162.99		61.49	61.49
2130112	农业行业业务管理	2 146.25	820.34	820.34	1 325.91		2 078.33	2 078.33		67.92	67.92
2130114	对外交流与合作	981.21	220.62	220.62	760.59		956.28	956.28		24.93	24.93

（续表）

项目		资金来源					支出金额			年末结转和结余金额	
支出功能分类科目编码	科目名称（二级项目名称）	合计	年初结转和结余金额		财政拨款金额	其他资金金额	合计	财政拨款	其他资金	合计	其中财政拨款结转和结余
			小计	其中财政拨款结转和结余							
类 款 项	合计	282 782.67	38 648.46	35 224.89	232 906.82	11 227.39	257 553.98	245 847.76	11 706.22	25 228.69	22 283.95
2130126	农村公益事业	223.01	30.97	30.97	192.04		221.75	221.75		1.27	1.27
2130135	农业资源保护修复与利用	4 561.38	479.00	479.00	4 082.38		4 337.87	4 337.87		223.52	223.52
2130199	其他农业支出	1 610.96	1 010.97			599.99	580.79		580.79	1 030.18	

中国农业科学院 2018 年度修缮购置专项资金项目批复情况表

序号	预算代码	单位名称	专项合计	
			数量（项）	金额（万元）
—	—	全院合计	47	29 417.25
1	125161001	沼科所	1	355.00
2	125161002	环保所	1	445.00
3	125161003	院本级	2	1 270.00
4	125161004	研究生院	1	210.00
5	125161005	农经所	1	245.00
6	125161008	信息所	1	80.00
7	125161009	作科所	1	475.00
8	125161010	蔬菜所	1	305.00
9	125161012	环发所	1	1 115.00
10	125161013	资划所	3	1 300.00
11	125161014	植保所	2	790.00
12	125161015	加工所	1	920.00
13	125161016	棉花所	2	3 475.00
14	125161017	油料所	3	1 320.00
15	125161018	果树所	1	535.00
16	125161019	郑果所	1	1 065.00
17	125161021	茶叶所	1	1 545.00
18	125161023	烟草所	2	1 115.00

（续表）

序号	预算代码	单位名称	专项合计	
			数量（项）	金额（万元）
19	125161024	麻类所	0	0.00
20	125161028	牧医所	2	1 265.00
21	125161029	蜜蜂所	1	890.00
22	125161030	哈兽研	2	2 460.00
23	125161031	兰兽医	1	955.00
24	125161032	兰牧药	2	1 030.00
25	125161033	草原所	1	325.00
26	125161034	特产所	1	1 380.00
27	125161035	上兽研	1	480.00
28	125161036	水稻所	1	1 220.00
29	125161038	饲料所	1	680.00
30	125161039	生物所	3	1 115.00
31	125161007	质标所	1	195.00
32	125161026	灌溉所	1	181.00
33	125161037	农机化所	2	376.25
34	125161043	基因组所	1	300.00

中国农业科学院 2018 年
基本科研业务费项目评审汇总情况

2018 年，中国农业科学院获中央级公益性科研院所基本科研业务费支持 22 816 万元，35 个单位共立项资助项目 1 085 个，其中院级统筹经费预算 10 100 万元，立项资助项目 295 个。

序号	预算编码	单位	2018 年合计		其中院级统筹经费	
			项目数（项）	预算金额（万元）	项目数（项）	预算金额（万元）
		全院合计	1 085	22 816	295	10 100
1	125161001	沼科所	23	517	7	300
2	125161002	环保所	20	517	6	250
3	125161003	院（本级）	38	1 109	38	1 109
4	125161004	研究生院	15	202		
5	125161005	农经所	41	303	13	200
6	125161007	质标所	20	456	9	280
7	125161008	信息所	53	1 002	19	535
8	125161009	作科所	52	1 460	21	670
9	125161010	蔬菜所	31	783	9	350
10	125161012	环发所	42	1 026	14	605
11	125161013	资划所	70	1 208	15	645
12	125161014	植保所	37	1 000	14	545
13	125161015	加工所	24	603	6	200
14	125161016	棉花所	59	1 140	10	450
15	125161017	油料所	37	840	12	310

（续表）

序号	预算编码	单位	2018 年合计		其中院级统筹经费	
			项目数（项）	预算金额（万元）	项目数（项）	预算金额（万元）
16	125161018	果树所	22	308	1	40
17	125161019	郑果所	35	553	3	100
18	125161021	茶叶所	25	454	3	110
19	125161023	烟草所	31	492	6	165
20	125161024	麻类所	23	224	1	20
21	125161026	灌溉所	15	372	3	90
22	125161028	牧医所	54	1 011	15	615
23	125161029	蜜蜂所	16	340	5	115
24	125161030	哈兽研	29	1 216	10	380
25	125161031	兰兽研	30	620	6	220
26	125161032	兰牧药	23	478	4	90
27	125161033	草原所	29	367	2	70
28	125161034	特产所	38	696	3	65
29	125161035	上兽研	35	344	4	120
30	125161036	水稻所	14	728	6	160
31	125161037	农机化所	44	846	8	335
32	125161038	饲料所	20	358	3	120
33	125161039	生物所	24	759	11	450
34	125161042	营养所	10	320	3	251
35	125161043	基因组所	6	164	5	135

中国农业科学院 2018 年度国有资产概况

根据《中国农业科学院 2018 年度部门决算报表》，全院 2018 年年底资产总额达到 160.89 亿元，其中流动资产 69.07 亿元、固定资产（净值）58.03 亿元、在建工程 27.91 亿元、长期投资 3.65 亿元、无形资产（净值）2.16 亿元、待处置资产损溢 0.07 亿元（图），分别占资产总额的 42.93%、36.07%、17.35%、2.27%、1.34% 和 0.04%。全院共有 25 个单位资产总量超过 2 亿元，其中 10 个单位资产总量超过 5 亿元（表），全院国有资产规模持续扩大，为中国农业科学院"三个面向、两个一流"建设提供了坚实的物质基础支撑。

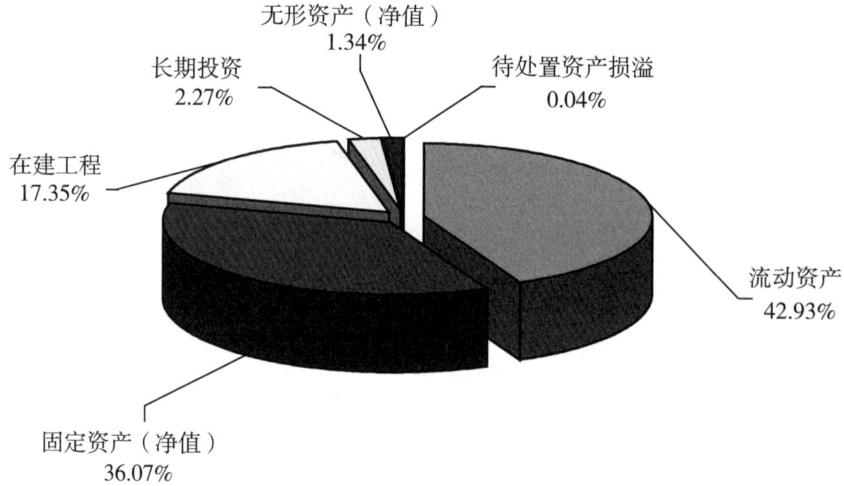

图　中国农业科学院 2018 年年末资产构成

数据来源：中国农业科学院 2018 年度部门决算报表

表　中国农业科学院 2018 年年末资产状况

（单位：万元）

序号	单位	合计	流动资产	固定资产（净值）	无形资产（净值）	长期投资	在建工程	待处置资产损溢
	全院合计	1 608 912. 51	690 700. 52	580 279. 62	21 597. 67	36 519. 51	279 077. 05	738. 14
1	沼科所	9 764. 42	3 878. 21	5 148. 28	566. 19	145. 00	26. 74	0. 00
2	环保所	27 974. 30	19 489. 78	4 717. 59	217. 13	63. 19	3 486. 61	0. 00
3	中国农业科学院（本级）	207 910. 90	62 199. 09	55 919. 33	3 185. 37	3 480. 00	83 127. 11	0. 00
4	中国农业科学院研究生院	24 845. 02	14 954. 64	9 702. 37	28. 80	140. 00	19. 21	0. 00
5	农经所	11 025. 26	8 367. 24	2 446. 50	211. 52	0. 00	0. 00	0. 00
6	质标所	25 839. 57	12 003. 52	10 969. 23	209. 18	0. 00	2 657. 64	0. 00
7	信息所	50 115. 08	10 055. 16	36 211. 20	2 403. 96	116. 00	1 328. 76	0. 00
8	作科所	84 929. 73	59 377. 07	20 791. 46	770. 73	276. 21	3 714. 26	0. 00
9	蔬菜所	36 943. 04	23 886. 48	9 273. 93	12. 04	530. 00	3 240. 59	0. 00
10	环发所	27 203. 15	16 407. 54	8 838. 21	1 239. 08	244. 38	473. 94	0. 00
11	资划所	62 944. 13	32 389. 04	15 338. 34	754. 93	85. 00	14 376. 82	0. 00
12	植保所	68 779. 97	31 581. 74	14 884. 35	765. 24	1 160. 00	20 388. 64	0. 00
13	加工所	40 950. 86	18 176. 41	15 544. 72	64. 76	4 254. 06	2 910. 91	0. 00
14	棉花所	37 799. 52	12 531. 11	16 682. 34	1 801. 16	2 239. 60	4 545. 31	0. 00
15	作物所	56 199. 33	22 924. 90	23 536. 26	2 941. 36	3 029. 50	3 767. 31	0. 00

（续表）

序号	单位	合计	流动资产	固定资产（净值）	无形资产（净值）	长期投资	在建工程	待处置资产损溢
16	果树所	11 678. 89	4 441. 87	6 488. 98	33. 24	120. 00	594. 80	0. 00
17	郑果所	19 188. 95	8 284. 01	6 979. 01	39. 45	10. 00	3 876. 48	0. 00
18	茶叶所	30 296. 94	15 780. 94	12 738. 70	911. 01	866. 29	0. 00	0. 00
19	烟草所	30 432. 75	13 813. 87	10 718. 85	739. 06	700. 00	4 460. 97	0. 00
20	麻类所	20 148. 57	7 501. 90	11 151. 72	595. 80	42. 06	857. 09	0. 00
21	灌溉所	18 118. 15	3 717. 81	13 188. 18	241. 98	62. 00	908. 18	0. 00
22	牧医所	71 234. 18	18 097. 07	41 787. 03	234. 92	340. 90	10 774. 26	0. 00
23	蜜蜂所	13 114. 00	5 070. 09	5 676. 02	51. 65	238. 00	2 078. 24	0. 00
24	哈兽研	202 452. 37	40 195. 57	95 177. 09	0. 00	5 580. 00	61 499. 71	0. 00
25	兰兽研	143 059. 82	98 122. 57	18 432. 05	241. 79	2 400. 00	23 863. 41	0. 00
26	兰牧药	20 533. 31	7 217. 66	10 325. 35	12. 47	239. 57	2 738. 26	0. 00
27	草原所	10 631. 66	3 159. 20	6 152. 61	62. 71	489. 00	30. 00	738. 14
28	特产所	45 079. 14	11 672. 64	20 018. 83	803. 25	1 638. 00	10 946. 42	0. 00
29	上兽研	29 755. 36	12 704. 57	14 479. 52	396. 27	1 175. 00	1 000. 00	0. 00
30	水稻所	66 682. 34	37 666. 34	19 942. 99	55. 52	3 444. 45	5 573. 04	0. 00
31	农机化所	29 460. 80	11 001. 40	15 962. 28	1 723. 12	774. 00	0. 00	0. 00

（续表）

序号	单位	合计	流动资产	固定资产（净值）	无形资产（净值）	长期投资	在建工程	待处置资产损溢
32	饲料所	15 667. 86	6 791. 49	5 964. 11	45. 26	655. 00	2 212. 00	0. 00
33	生物所	27 041. 34	14 534. 67	9 074. 95	138. 00	1 882. 30	1 411. 42	0. 00
34	出版社	12 368. 89	9 844. 31	379. 38	16. 28	0. 00	2 128. 92	0. 00
35	营养所	4 006. 72	1 935. 60	2 036. 49	34. 63	0. 00	0. 00	0. 00
36	基因组所	14 736. 19	10 925. 01	3 601. 37	49. 81	100. 00	60. 00	0. 00

数据来源：中国农业科学院 2018 年度部门决算报表。

中国农业科学院 2018 年政府采购情况

一、2018 年政府采购工作总体情况

2018 年，在农业农村部的正确领导下，在院机关各部门和院属各单位的密切配合下，中国农业科学院政府采购管理各项工作顺利完成。为落实《中共中央办公厅 国务院办公厅关于进一步完善中央财政科研项目资金管理等政策的若干意见》"放管服"要求，梳理编印了《国有资产与政府采购管理规章制度选编》，汇总相关制度办法，指导和规范全院资产管理与政府采购的工作开展；进口科研仪器设备专家集中论证和统一备案工作顺利完成，全力支撑科研工作高效开展；政府采购日常管理和业务培训等工作稳步推进，全院政府采购制度不断完善、政府采购程序更加规范，政府采购管理人员队伍基本稳定，保证了全院政府采购工作依法、合规、高效开展。

二、2018 年全院政府采购执行情况

根据中国农业科学院《2018 年政府采购信息统计报表》，全院 2018 年政府采购计划金额 62 094. 57 万元，实际采购金额 58 427. 60 万元，全部使用财政性资金，较 2017 年（55 591. 85 万元）增加 2 835. 75 万元，增幅 5. 10%。实际采购相对计划节约资金总额 3 666. 97 万元，总节约率 5. 90%。具体分析如下。

从政府采购构成情况来看，货物类采购金额 36 455. 45 万元，工程类采购金额 21 008. 88 万元，服务类采购金额 963. 26 万元，分别占采购总金额的 62. 39%、35. 96% 和 1. 65%。

从政府采购组织形式来看，集中采购金额 2 224. 97 万元，分散采购金额 56 202. 63 万元，分别占总采购金额的 3. 81% 和 96. 19%。其中，货物类集中采购金额 1 572. 17 万元、分散采购金额 34 883. 28 万元，分别占货物类总采购金额的 4. 31% 和 95. 69%；工程类集中采购金额 232. 06 万元、分散采购金额 20 776. 82 万元，分别占工程类集中采购金额的 1. 10% 和 98. 90%；服务类集中采购金额 420. 74 万元、分散采购金额 542. 52 万元，分别占服务类总采购金额的 43. 68% 和 56. 32%。

从政府采购方式来看，公开招标采购金额 56 395. 96 万元，邀请招标采购金额 424. 11 万元，竞争性磋商采购金额 0. 93 万元，协议供货采购金额 827. 58 万元，定点采购金额 755. 59 万元，单子卖场采购金额 23. 43 万元，分别占采购总金额的 96. 52%、0. 73%、0. 002%、1. 42%、1. 29%、0. 04%。从以上数据来看，公开招标是中国农业科

学院政府采购的主要采购方式，与《政府采购法》的管理要求相吻合。

从政府采购合同授予情况来看，授予国内厂商 31 879. 18 万元，授予国外厂商 26 548. 42 万元，分别占总采购总额的 54. 56%和 45. 44%。其中，授予国外厂商的全部为货物类采购。

全院 2018 年实际采购节能节水产品 1 202. 69 万元，占同类产品采购总金额（1 232. 88 万元）的 97. 55%；实际采购环保产品 739. 14 万元，占同类产品采购总金额（770. 04 万元）的 95. 98%。

中国农业科学院机关公务交通费用报销管理办法（试行）

第一条 为贯彻落实中央和农业农村部关于公务用车制度改革和《国务院关于优化科研管理提升科研绩效若干措施的通知》（国发〔2018〕25 号）有关精神，加强和规范中国农业科学院机关（以下简称院机关）公务交通费用报销管理，根据《中国农业科学院本级公务用车制度改革实施方案》和公务用车制度改革等有关要求，结合院机关实际，制定本办法。

第二条 本办法所称的公务交通费用指院机关工作人员因工作需要，在北京市行政区域内公务出行或加班，乘坐地铁、公共汽车等公共交通工具，乘坐出租车、租用车辆，以及使用网约车服务等市场化交通工具发生的费用。

第三条 公务交通费用报销遵循从严管理、预算控制的原则。各部门应从严管理公务交通费用报销，切实履行审核审批职责，确保支出真实性。各部门年度公务交通费用实行总额控制，在批复的年度预算总额内报销。

第四条 公务出行有多种交通工具可供选择时，在不影响公务、确保安全的前提下，应当优先选择地铁、公共汽车等公共交通工具。

第五条 工作人员发生的公务交通费用（不含市政交通一卡通充值专用发票），应规范填写《综合审批单》，整理齐全附件，按照院机关财务审批权限逐级审批后，及时到财务部门报销。市政交通一卡通充值专用发票由各部门综合处统一报销，各部门应采用办理本部门公共公务交通卡并实行使用公共公务交通卡出行登记的方式，各部门办理公共公务交通卡数量不超过部门内处室设置的数量。

第六条 每笔公务交通费用报销均需提供发票。报销公务交通费用（不含市政交通一卡通充值专用发票），属于正常上班以外的时间发生的公务出行，需要明确乘车起点、终点和事由。乘坐出租车的，直接在发票上标注起点、终点和事由；租用车辆 5 000 元以下的，需提供用车明细等相关证明材料并注明用车事由；租用车辆 5 000 元及以上的，需提供租车协议和用车明细等相关证明材料并注明用车事由；使用网约车服务的，需提供网约车单位出具的“电子行程单”或者同等效力的证明材料并注明用车事由。报销市政交通一卡通充值专用发票的，由各部门综合处做好使用人签名、时间段等信息的登记、保管和备查。

第七条 乘坐出租车、租用车辆、网约车等出行发生的相关过路过桥费、停车费等费用，可凭费用凭据与相关公务交通费用一并报销。

第八条 乘坐出租车、网约车发生的费用，可以使用现金结算，乘坐其他市场化交通工具应按照规定使用公务卡或银行转账等方式结算。

第九条 工作人员在北京市行政区域外公务出行，以及在远郊区县发生住宿费的其他公务活动出行，按照《中国农业科学院差旅费管理办法（试行）》相关规定办理。

第十条 严禁以任何名义长期租用车辆变相作为部门或个人固定用车；私车公用发生的任何费用不得报销；乘坐公务用车出行的，不得再报销公务交通费用。

第十一条 违反本办法及国家相关规定报销公务交通费用的，一经查实，应当责令退回报销费用，领取报销费用的人员一年内公务交通费用全部自费，并视情节轻重对有关责任人给予批评教育、组织处理或者纪律处分。

第十二条 本办法由中国农业科学院财务局负责解释。

第十三条 本办法自发布之日起施行。

中国农业科学院机关公费医疗经费管理办法（试行）

第一章　总　则

第一条　为进一步加强院机关公费医疗经费管理，保障职工基本医疗，依据《北京市公费医疗管理办法》（京卫公字〔1990〕100 号）、《关于进一步加强公费医疗管理的通知》（京劳社医发〔2005〕49 号）、《关于进一步促进社区卫生服务发展引导职工和退休人员到社区就医有关问题的通知》（京劳社医发〔2007〕52 号）、《关于进一步加强我市公费医疗管理有关问题的通知》（京劳社医发〔2008〕191 号）、《关于医事服务费基本医疗保险支付标准有关问题的通知》（京人社医发〔2017〕66 号）等文件精神，结合院机关实际，制定本办法。

第二条　院机关享受公费医疗待遇的人员包括院机关在职职工和离退休职工。

第三条　财务局负责院机关公费医疗经费管理工作。每年 1 月 15 日前，人事局负责提供当年在职职工及所属部门名单和离退休职工就近医院清单，院机关各部门负责提供本部门职工就近医院清单。年中人员增加时，院机关各部门应协助新进人员及时办理医疗费报销卡并提供就近医院清单。院机关各部门负责本部门职工医疗费的审核审批，人事局负责离退休职工医疗费的审核审批。

第四条　院机关公费医疗经费管理遵循国家、单位和个人共同负担的基本原则，在国家给予部分拨款的基础上，自筹经费、自主管理，保障各类人员的基本医疗需求，合理使用有限的医疗经费，同时使个人的经济负担逐步与医疗保险制度改革要求相适应。

第二章　公费医疗就医医院的规定

第五条　按照北京市公费医疗管理办法规定，享受公费医疗待遇单位的职工需到指定的公费医疗医院就医，院机关定点医院为北京市海淀医院和中国农业科学院门诊部。在职职工和离退休职工可根据需要在本市就近选择一家医保定点医疗机构和一家医保定点社区卫生服务中心（站）作为就近医院就医。经国家卫生健康委员会保健局批准的医疗照顾人员（含北京市直管医疗照顾人员及其他医疗照顾人员，下同）可依据批复文件到指定合同（定点）医院就医。就近医院每年选定后，原则上年中不得变动。

第六条　因病情诊治需要转往非定点医院就医者，由海淀医院或自选就近医院开具“北京市公费医疗转诊单”并盖章后，按指定项目到转诊医院诊治所发生的医疗费按定点医院就医比例报销。转诊单在医院开具的日期范围内有效。

第七条 在职职工因公外出等情况，如发生急诊可就近在当地一家一级以上医保定点医疗机构就医，凭医院诊断证明书或者同等效力的急诊证明材料按定点医院就医比例报销费用。

第八条 离退休职工回原籍或在京外居住期间就医，应事先提出书面申请，经人事局离退休职工工作办公室审核，报海淀区公费医疗管理办公室批准后，在当地选择一家一级以上医保定点医疗机构就医，京外居住期间在北京市发生的医疗费不予报销。

第九条 到非医保定点医疗机构就医或自行外购药品等不在公费医疗报销范围内的费用不予报销。

第三章 公费医疗费用的报销

第十条 凡在北京市公费医疗报销范围目录内的药品及诊疗项目，按公费医疗有关规定报销。

第十一条 离休职工、经国家卫生健康委员会保健局批准的医疗照顾人员在定点医院就医的报销比例为100%。经过工伤认定的职工，治疗因工伤引发的疾病产生的医疗费报销比例为100%。退休职工在定点医院就医的报销比例见表1，在职职工在定点医院就医的报销比例见表2。

表1 退休职工在定点医院就医的报销比例

医疗费报销金额	报销比例
3万（含3万元）以下	91%
3万~4万元（含4万元）	94%
4万元以上	97%

表2 在职职工在定点医院就医的报销比例

医疗费报销金额	报销比例
3万（含3万元）以下	90%
3万~4万元（含4万元）	93%
4万元以上	96%

院机关职工就近医院、按规定转诊及急诊就医的医疗费按定点医院就医比例报销；其他情况在非定点医院就医，降低20个百分点报销。

第十二条 职工报销医疗费时，应规范填写医疗费报销单，按照院机关财务审核审批权限审批。报销需附就医费用明细单和处方（住院费报销需提供诊断证明，转院需提供转诊单）。职工同时报销多家医院就医产生的医疗费时，需按不同医院分别填报整理报销单据。

第十三条　职工因病住院需要借款的，需填写支票领用单，按照院机关财务审批权限审批后，办理住院借款手续。领取支票时需交纳支票金额 30%的押金，待报销住院费时一并结算。

第十四条　职工医疗费原始单据丢失的，应尽快到就医医院办理相关证明，持医院提供的原始票据复印件，同时加盖医院收费专用章方可报销。

第十五条　北京市直管医疗照顾人员就医需手工报销时，由所在单位将其医疗单据交至财务局，由财务局到北京市人力资源和社会保障局进行手工报销申请，待北京市人力资源和社会保障局医保中心审核结算后，将报销的费用汇入所在单位账户。

第十六条　医疗费应及时报销。当月医疗费的报销最迟不得超过下月底，每位职工每月原则上报销不超过 1 次医疗费，12 月的医疗费报销截止时间以财务部门的通知为准。

第四章　附　则

第十七条　凡借公费医疗条件弄虚作假者，一经查实，将进行通报批评，同时做出相应处理。

第十八条　其他有关公费医疗事宜按北京市人力资源和社会保障局、北京市财政局等有关规定执行。

第十九条　本办法由中国农业科学院财务局负责解释。

第二十条　本办法自 2019 年 1 月 1 日起施行。2000 年 11 月 1 日起执行的《关于印发〈中国农业科学院机关公费医疗改革〉实施意见（暂行）的通知》（农科院计财字〔2000〕333 号）同时废止。

中国农业科学院机关职工子女医疗费用报销办法（试行）

第一条 为解决院机关职工子女的医疗费报销问题，结合我国人口生育政策的变化，制定本办法。

第二条 院机关职工子女指符合国家生育政策且年龄未满 18 周岁的院机关职工子女。每年 1 月 15 日前院机关各部门将本部门职工子女名单报财务部门备案，作为报销依据。

第三条 职工子女的医疗费报销范围，参照职工公费医疗的报销范围。

第四条 职工子女医疗费报销比例为 40%，院机关双职工最高报销 80%，每年每个子女医疗费报销限额为 1 000 元。职工子女医疗费报销实行总额控制，一名子女一年内医疗费累计报销金额不超过 1 000 元的，其余额可由该职工其他符合报销条件的子女使用。

第五条 职工子女医疗费报销，应规范填写报销单，整理齐全附件，经所在部门审核审批后，及时到财务部门报销。附件单据为原始医疗费单据或配偶单位开具的分割单（附原始医疗费单据复印件）。

第六条 本办法由中国农业科学院财务局负责解释。

第七条 本办法自 2019 年 1 月 1 日起施行。

中国农业科学院京区房产出租出借管理暂行办法

第一章　总　则

第一条　为加强中国农业科学院京区房产出租出借管理，规范房产出租出借行为，依据《农业部行政事业单位房产管理暂行办法》（农财发〔2010〕102 号）和《中国农业科学院房产管理暂行办法》（农科院财〔2011〕47 号）以及上级部门关于规范和加强房产出租出借管理的有关要求，结合我院实际，制定本办法。

第二条　本办法所称房产，是指院本级和院属单位（以下简称各单位）占有、使用、管理的位于京区的房屋建筑物，包括各单位使用财政资金或自有资金购建的房产以及通过划拨等其他方式取得的房产。

第三条　房产管理要立足服务科研、服务院所发展，强化院所两级统筹管理。各单位要围绕发展定位和关键需求统筹使用本单位房产，在满足自用的基础上确有剩余房产需对外出租的，须向院提出申请，优先满足院内其他单位科研需求后，方可对外出租。

第四条　房产出租出借按照"谁出租（借）、谁管理、谁负责"的原则，坚持管理与服务相结合，分级管理，民主决策，严格程序，依法监管。

第五条　各单位取得的房产出租出借收益，应纳入单位预算，统一核算，统一管理。

第二章　审核审批

第六条　房产出租出借事项，应事先报院审批。报批需提交以下材料：

（一）房产出租出借申请文件。

（二）房产所有权证复印件。

（三）能够证明拟出租出借房产价值的有效凭证，如购房发票、工程决算、记账凭证等复印件（加盖单位公章）。

（四）出租出借的可行性分析报告。包括拟出租出借房产的位置、面积、使用现状、出租原因、招租方式、租期设定、租价确定方法、对承租方的限定条件等。

（五）单位法人证书复印件、拟承租承借方的单位法人证书复印件或企业营业执照复印件、个人身份证复印件。

（六）同意利用房产出租出借的领导班子会议决议。

（七）其他需提交的材料。

第七条 院财务局承办房产出租出借审批事项。其中，出租出借房产，单项或批量账面价值 800 万元（含 800 万元）以上的，院财务局审核并报院常务会议审议通过后，报农业农村部审批；单项或批量账面价值 800 万元以下的，院财务局审核并报院领导审批后予以批复，批复文件报农业农村部备案。房产出租出借相关批复材料抄送院后勤服务中心作为房产院内调配或委托出租的依据。

第三章 房产出租出借管理

第八条 房产出租出借事项原则上委托院后勤服务中心经营管理。院后勤服务中心要按照合理、合法、合规的原则开展房产出租出借活动，发挥专业管理优势，提高房产竞价能力和整体收益水平。

第九条 院内单位需调配使用房产的，由需求单位向院后勤服务中心提出用房需求申请，院后勤服务中心统筹协调房产资源，提出房产调配方案并报主管院领导批准后，以有偿出借方式进行调配，并按照不高于房产年度租金基准价格收取费用。

第十条 对外出租房产，由院后勤服务中心统一组织或委托组织实施。对外出租房产需以保证院所区正常工作、生活秩序为前提，遵守我院京区建设总体规划和区域功能布局的要求，并严格满足以下条件。

（一）禁止同业竞争，即禁止将房屋出租给经营我院及院属单位研发或生产同类产品的院外单位。

（二）保护我院知识产权，即禁止承租机构在经营活动中以任何形式使用包含“中国农业科学院”“中国农科院”“农科院”“中农”及院属单位中外文字符、标识及图片等，或从事任何可能对我院及院属单位带来不良影响的活动。

（三）维护院区管理秩序，禁止将房产出租给保险、物流、培训等人员密集型经营机构，以严格控制院区载荷。

第十一条 对外出租房产应公开、公正，原则上采取公开招租的形式确定出租价格和承租方，租金标准不得低于房产年度租金基准价格，租期一般不得超过 5 年。院后勤服务中心根据市场调研或委托资产评估机构对拟出租房产进行评估，合理确定年度租金基准价格。

第十二条 出租房产前应加强对承租方的资信调查，收取一定的保证金。对承租期限较长的整租客户，应当收取不低于两个月房租的保证金，严格控制房产出租风险。

第十三条 加强房产出租出借合同管理。委托院后勤中心出租出借房产的，应与院后勤服务中心签订委托管理合同。院后勤服务中心向院内单位出借房产或对外出租房产，应与承借或承租方签订房屋出借或出租合同。出借或出租合同应使用院后勤服务中心统一制定的制式合同，信息填写完整、清晰，加盖双方法人单位公章或合同专用章等有效印章。

第四章　日常管理与监督检查

第十四条　房产出租出借单位对出租出借房产承担安全生产管理责任。要建立出租出借房产档案和管理台账，对出租出借房产做专项登记并及时更新相关信息。要加强对承租承借方经营活动的动态跟踪，防止出现安全风险，发现承租承借人擅自转租、改变用途、破坏标准、形成安全隐患的，应及时采取有效措施予以更正，必要时，应依法解除租赁合同，妥善处理与承租承借方的租赁关系。

第十五条　房产出租出借单位承担出租出借房产的办公（生活）秩序和环境美化等维护和日常管理责任，并负责维护房产周边责任区域内的正常秩序，保证责任区域内安全措施到位、环境卫生整洁、车辆停放有序、环境安静优美。

第十六条　委托院后勤服务中心经营管理的房产，其安全生产管理及办公（生活）秩序和环境美化等日常管理工作，可一并委托院后勤服务中心负责，相关事项在双方委托合同中予以明确。

第十七条　房产出租出借单位应按照农业农村部关于房产出租出借情况公开的要求，公布房产出租出借信息。院财务局负责组织不定期对京区房产出租出借情况进行抽查。

第十八条　房产出租出借单位应监督承租承借方严格遵守我院房产管理有关规定和合同约定，依法依规用房，不得从事违反国家法律法规和规章制度的活动。

第五章　附　则

第十九条　院国有资产管理公司接受院委托管理的院本级房产，其对外出租出借事项，参照本办法管理。

第二十条　我院京外房产出租出借事项由房产单位组织实施，京外各单位应结合本单位实际，制定房产出租出借管理实施细则，报院财务局备案。

第二十一条　《中国农业科学院土地房屋开发经营管理办法》（农科院产业〔2002〕420号）规定的院属各单位房产出租出借收入上交比例调整为10%，用于人才发展所需经费。

第二十二条　本办法由院财务局负责解释。院其他管理办法如与本办法不一致的，执行本办法。办法执行中如国家有关法律法规进行修订或调整，按照修订后的规定执行。

第二十三条　本办法自发布之日起实施，《中国农业科学院京区大院房屋出租管理暂行办法》（农科院财〔2008〕334号）同时废止。

吴孔明副院长在2018年院财务工作会议上的讲话

2018年10月18日

同志们：

本次会议是中国农业科学院进入第二个甲子年召开的第一次全院财务工作会议，是在全院上下认真学习贯彻习近平新时代中国特色社会主义思想、党的十九大精神和习近平总书记致我院建院60周年贺信精神，认真谋划、推进乡村振兴战略科技支撑行动等各项重点工作的背景下召开的一次重要的会议。一年多来，全院各单位按照部院党组的部署，认真贯彻落实财政改革的各项措施和科研领域“放管服”的要求，积极谋划、统筹配置资源，强化财务管理和服务，为全院各项事业发展提供了有力的保障和支撑。全院财务人员付出了辛勤的劳动。在此，我代表院党组表示衷心的感谢。

本次会议的主要任务，深入学习贯彻习近平新时代中国特色社会主义思想、党的十九大精神、习近平总书记在两院院士大会上的讲话精神和致我院建院60周年贺信精神，进一步推进科研领域“放管服”各项政策措施的落实和内控制度建设，扎实做好政府会计制度改革实施的各项准备工作，总结部署加强财务、资产管理工作，为全院各项事业发展提供更加有力的保障和支撑。我共讲5个问题。

一、对标“三个面向、两个一流”的目标要求，统筹优化资源配置，全面加强绩效管理

在我院建院60周年之际，习近平总书记对我院提出了“三个面向”“两个一流”和“一个整体跃升”的要求，为我院发展定位指明了方向，是中国农业科学院各项工作的总方向、总目标、总任务、总抓手，也是我院财务工作的总要求、总遵循。前不久，中共中央和国务院又印发了《全面实施预算绩效管理的意见》，这是落实党的十九大提出的“加快建立现代财政制度，建立全面规范透明、标准科学、约束有力的预算制度，全面实施绩效管理”的重要举措，总体思路是，创新预算管理方式，更加注重结果导向，强调成本效益，硬化责任约束，力争用3~5年的时间基本建成全方位、全过程、全覆盖的预算绩效管理体系，实现预算和绩效管理一体化，着力提高财政资源配置效率和使用效益，改变预算资金分配的固化格局，提高预算管理水平和政策实施效果，为我国经济社会发展提供有力保障。全面实施预算绩效管理，包括政府预算、部门和单位预算、政策和项目预算绩效管理，将部门和单位预算收支全面纳入绩效管理，增强其预算统筹能力，推动提高部门和单位整体绩效水平；将政策和项目预算全面纳入绩

效管理，实行全周期跟踪问效，建立动态评价调整机制，推动提高政策和项目实施效果。全面加强预算绩效管理是政府治理和预算管理的深刻变革，是财务管理工作的重中之重。

中国农业科学院作为农业科研国家队，预算管理最大的绩效就是按照“三个面向”“两个一流”的目标要求，统筹安排资源，自觉调整完善研究所发展目标、学科建设方向，积极谋划科技创新任务，努力抢占世界农业科技竞争制高点，牢牢掌握我国农业科技发展主动权，为我国由农业大国走向农业强国提供坚实的科技支撑。创新工程的实施，为我院实现“三个面向”“两个一流”提供了条件，加上基本科研业务费、修购项目、国家重点实验室运行费等，我院稳定支持经费超过了 10 亿元，各单位可自主统筹调配的资源不断增加。能否统筹用好稳定支持经费与竞争性经费、存量资金与增量资金、科研项目经费与农业农村部细化的农业财政项目资金，对院属各单位能否快速发展至关重要。最近两年来，创新工程经费分配，从试点期的按人员分配，逐步调整到优先按人才、协同创新任务、绩效进行分配。2018 年这三块经费共安排 3.4 亿元，占创新工程经费的 40%。2018 年基本科研业务费加大了院级统筹，院级统筹经费 1.01 亿元，重点支持院基础研究引导计划、重大成果培育计划、国家农业科技创新联盟工作等任务。初步研究，2019 年基本科研业务费院级统筹将重点支持乡村振兴行动、科技创新联盟建设、学科力量优化布局、基地平台提质增效、重大成果提升培育、国际科技合作交流、农业智库建设等 8 个方面，为我院“两个一流”建设和乡村振兴战略科技支撑行动实施提供有力支撑。新一期的修购规划，统筹安排规划额度，重点支持成都中心、西部中心建设。我院稳定支持经费安排基本体现了“三个面向”的要求。从创新工程实施的情况看，纵向比，各研究所都取得了较大进步，但横向比，研究所间人才、产出的差距有拉大的趋势，少数研究所仍然存在力量整合不到位，研究方向不聚焦，经费使用分散的问题，缺少标志性成果产出。院属各单位要高度重视，主动对标，统筹配置使用好这些资源，才能获得更多的支持。

各单位要按照面向国家重大需求和面向现代农业主战场的要求，主动承担任务，积极争取其他各类资源。院党组明确要求院属各单位要主动对接农业农村部和相关部委的对口司局，加强工作联系，主动承担乡村振兴战略技术支撑、扶贫攻坚任务。要充分利用产业政策，多渠道争取资金，加强绿色增产增效技术推广示范，加强农业科研基地、野外台站建设，发挥好示范带动作用。从 2018 年开始，农业农村部实行了部门财政专项开放式项目申报，不再固定在“一上”“二上”等时间节点，项目申报只要成熟一个就可以积极向上级部门申报项目，各单位要按照“成熟一个、申报一个、评审一个”的原则，适时通过农业农村财务管理信息平台申报项目。要统筹当前和长远，对拟申报项目充分酝酿、论证成熟，切实提高项目的前瞻性、指向性、精准性和有效性。

绩效管理方面，各单位要不断强化绩效管理理念，将绩效理念贯穿于各项工作中去，营造“讲绩效、重绩效、用绩效”的氛围，按照“花钱必问效、无效必问责”的要求，探索建立动态评价调整机制，科学合理开展绩效评价，构建退出机制。2017 年以来，我院根据财政部和农业农村部要求和安排，陆续组织各单位开展了绩效目标设定、审核、批复和执行监控，年度部门预算项目支出绩效自评等工作，对预算绩效管理做了积极探索，预算绩效管理理念逐步建立。2018 年 8 月开展的绩效监控，覆盖了 2018 年部门预算所有一级项目，连同所属二级项目。按照预算绩效管理要求，单位主要负责同志对本单位绩效负责，项目责任人对项目绩效负责，对重大项目的责任人实行绩效终身责任追究制，各单位要落实单位管理主体责任和项目管理责任。院级层面这项机制已基本建立，财务局总协调，具体工作各业务部门各负其责，研究所层面还有待继续加强和完善。

二、认真落实“放管服”的各项要求，进一步完善财务制度，改进管理和服务方式

自 2016 年中办发 50 号文件（《中共中央办公厅　国务院办公厅关于进一步完善中央财政科研项目资金管理等政策的若干意见》）出台以来，我院高度重视，结合实际制定出台了落实“放管服”改革政策的 20 项制度，下放落实了预算调剂、间接费用统筹、结余资金使用、劳务费管理，自主规范了横向经费管理、差旅和会议费管理等权限，建立了科研财务助理制度等。各研究所改革也不断深入，加强了制度建设和服务创新，例如，蜜蜂所通过细化制度，按照“分类核定、比例控制、统筹安排、规范使用”的原则，规范间接费用提取，改变了以前研究所“一刀切”的提取模式。水稻所创新管理制度与方式，建立完善科研财务助理队伍，清理科研经费低效审批环节，统筹调配人力物力，扎实做好科研服务。沼科所通过所企合作，改造科研试剂耗材采购流程，做到一次审批解决采购、合同、验收、报销等多环节重复签字的问题等。财务管理信息化方面，目前院属单位中有 13 家单位已开发了综合型财务信息系统，11 家单位正在开发财务信息系统，10 家单位计划在 1 年内开发建设财务信息系统。我院配套制度的出台和研究所的细化落实得到广大科研人员的欢迎，进一步激发了我院科技创新活力。

各相关部门、各单位制定出台的一系列制度和措施，为科研“松了绑”，但部分科研人员仍感觉落实不到位、获得感不强。5 月 29 日习近平总书记在两院院士大会上，重申“要着力改革和创新科研经费使用和管理方式，让经费为人的创造性活动服务，而不能让人的创造性活动为经费服务……”，并要求有关部门要认真听取大家的意见和建议，继续深入推进，把人的创造性活动从不合理的经费管理、人才评价等体制中解放出来。提出不能让繁文缛节把科学家的手脚捆死了，不能让无穷的报表和审计把科学家的精力耽误了！随后国务院印发了《关于优化科研管理提升科研绩效若干措施的通知》，要求按“能放尽放”的原则赋予科研人员更大的人财物自主支配权，进一步减轻科研人员在课题申报、预算编制、绩效考核等方面的负担。近期财政部、科技部正在对中发办 50 号文件落实情况进行大范围的督察，科研领域“放管服”改革政策落地正在深入推进。

在我院人才工作推进会上，唐华俊院长、张合成书记对全院深入推进“放管服”政策落地进行了再动员再部署。9 月下旬，张合成书记亲自挂帅，成立了 5 名院领导组成的工组小组，组织 3 个联合调研组对京内 6 家单位落实“放管服”改革情况进行调研，广泛听取科研一线人员和管理人员的意见。张书记主持两次办公会听取调研组汇报，部署院机关各部门梳理调研发现的问题，研究对策措施。财务管理方面竖立了五大方面 10 个问题，主要包括：财务报销环节多，报销审批耗时长、效率低；管理责任落实不到位，在部门负责人或单位领导出差期间，无法签字报销；未能合理设置审批权限，存在用“签字”代替“管理”的问题；“放管服”政策落实不到位，特殊情况下发生的费用，报销困难；科研财务助理更换频繁，优秀的财务助理留不住；资产管理和政府采购服务保障不足，小型仪器采购流程复杂，不能及时采购，等等。

针对调研中发现的问题，院里将形成一个报告、下发一个通知、进行一次专项督察。目前院机关各部门正在抓紧研究和落实。对涉及财务管理方面的改进措施将作为这次会议的一项任务进行研讨完善。初步提出了以下措施：一是完善制度。针对科研任务紧急等特殊原因，需要超标准乘坐交通工具，以及往返机场和基地市内交通费等报销问题，要修订差旅费管理办法；研究制定基本科研业务费管理办法，修订创新工程经费管理办法，强化研究所法人责任，简化文本编制、检查验收等工作。二是落实责任，简化流程。对经费报销进一步完善审批的分级授权，减少报销过程中不必要的审核、审批环节（原则上不超过 3 个环节），夯实项目（课题）负责人对支出事项的真实性负责等直接责任、财务部门的把关责任，原来多位所领导审批的，改为 1 人审批。避免同一事项重复审批、反复审批以及用“签字”代替“管理”的情况。明确各环节办理时限要求。三是改进管理方式。充分利用“放管服”政策空间，对于票据验真、会计资料电子化等工作，通过加强单位财务力量和科研财务助理队伍建设或购买外部财务服务等方式解决，减轻科研人员工作负担。研究所纪检监察、内审等部门要强化监管措施，按照“双随机”要求，对关键风险点进行不定期随机抽查。对科研人员反映强烈的出租车票背书问题，取消背书后如何管理需要大家出谋献策。四是加快综合政务和财务管理信息化建设，推进综合政务系统和财务管理信息系统的融合与信息共享，让信息多跑路，进一步压缩单位内部运转时间，提高管理效能。

调研过程中也发现，少数科研人员过度强调“放”，认为“专家咨询费发放每次都要写说明很麻烦”“发票抬头写错了，直接修改不行吗，为什么要更换”“报销单金额错误，必须要重新填制吗”，这些情况反映出在“放管服”落实过程中，政策宣传还不到位，没让科研人员明白必要的“管”和政策红线。落实“放管服”，不是一放了之，必须做到“放得下，接得住，管得好”，为此院党组研究提出要做到“纪律严明、改进方式、宽松环境”。各单位要加强政策和纪律宣传，画好政策制度红线，对违规违纪行为要坚决查处，让纪律亮起来，带上电，才能避免“一放就乱”的问题，才能解决“一人生病，大家吃药”的问题。

三、切实增强风险意识，进一步完善内控建设，提升监管能力和水平

内控制度建设是推进全面从严治党、规范权力运行的一项重要抓手，也是防范经济风险的重要措施。最近几年来，财政部围绕单位内部控制建设制定了一系列的制度，包括《行政事业单位内部控制规范》《关于全面推进单位内部控制建设的指导意见》和《行政事业单位内部控制报告管理制度（试行）》等，我院各单位按照财政部、农业农村部和院里的部署，制定了各单位的内控制度，但从实际情况看，各单位在内控制度建设和执行方面还存在一些问题，不少单位对内控制度建设的重要性认识不够，仅把制定内控制度当成一项任务，未能真正落实到管理实践当中去。去年以来，发生在我院财务管理、所办企业中的问题已经证明了这一点，有没有内控制度？有！落实了没有？汇报说是落实了，实际情况怎么样？等出了问题才发现，多个关键环节都失控。

草原所的案件纪检监察部门还在办理过程中，不便作具体分析。近期，网上有一个镇财政所会计侵吞公款的案例，相信大家看了。广州市花都区的一个靠市、区两级财政转移支付和帮扶的山区镇，镇财政所会计 7 年间侵吞公款 7 745 万元。案件怎么发现的？2016 年 11 月，财政所原来的出纳休产假，新入职的出纳接替后，到银行打对账单，财政所负责人发现基本户余额差了近 600 万元，便让会计整理最近支出明细，被会计以“年底工作多，等忙完这一阵子再说”推托了。2017 年 1 月出纳再次去银行打印对账单，发现有一笔转出的 197 万元，是她接手出纳工作当天发生的，而她并没有看到这笔支出的支票存根和支出凭证，出纳继续核对对账单发现，财政专户的余额不足 1 万元，这与她在交接资料中看到的“余额 1 000 多万元”差别巨大。案件很快侦破了，该会计网络赌球，越赌越输，越输越赌，走上了不归路。该会计利用管理会计账目、代发工资等职务便利，通过虚增本人工资、重复报账、虚构工程项目款支出等方式，把财政所的 3 个账户当做自己的提款机。

何以得逞，何以持续 7 年？据查，在案发前，该财政所各项内部财经制度和监督制约措施形同虚设，财政所法人章交由该会计保管，财政所工作人员为了工作方便，提前在空白支票上加盖财务专用章和出纳章，让该会计自行操作应由出纳负责的支票打印工作。在支出凭证和证明材料的审核环节，放任该会计藏匿支票存根及支出凭证等支付材料；不严格执行对账制度，甚至将打印银行账户流水明细交由该会计负责。正是利用这些“便利”条件，该会计每月任意删改对账单、侵吞巨额公款都未被发现。案发后，该镇财政所的工作人员均称“没想到”“真的没想到，我们一直认为他很老实，对他很信任。他工作态度看起来也很积极，业务能力也是所里会计、出纳中比较突出的”。“信任”让该会计简单的作案手段屡屡得逞。概括起来：一是出纳岗位未按规定履行职责，会计一人可办理货币资金支付、对账业务的全过程，甚至打印银行账户流水明细；二是支出缺少必要的审核和审批制约，给会计伪造支出凭证以及利用已有支出凭证重复

报账制造了可乘之机，甚至自行打印已提前盖章的空白支票；三是长期未对会计和出纳等关键岗位进行轮岗；四是内部审计监督机制缺位，以信任代替监督。

同志们！这个案件与发生在我们身边的案件几乎是一模一样的。在这起触目惊心的贪污案中，该镇有 15 名党员干部因履行“两个责任”不力、不履行或不正确履行职责被严肃问责。希望在座的同志们以案为鉴，吸取深刻教训。加强内控制度建设绝不是应付差事。制度的生命力在于执行，必须强化措施落实，防止有制度不执行，防止信任代替监督。

一要切实增强风险意识，强化责任落实。最大的风险就是不知道风险，盲目自信。增强财务风险意识，最大限度地防范和控制财务风险，是一项长期的、十分重要的任务，必须始终绷紧这根弦。单位主要负责人要增强主体责任意识，强化责任落实和责任追究，做到层层负责，责任到人，要支持和督促财务部门、会计人员依法进行会计核算，实行会计监督。各单位负责人，无论是主要负责同志，还是分管财务工作的同志、财务处长一定对本单位财务管理水平做到心中有数。

二要不断完善内控制度和业务流程，强化风险控制。单位负责人要高度重视并亲自参与内控体系建设，确保内控措施落地，各项措施制衡有效。要对照内控管理制度，梳理现有制度体系，抓紧健全各项制度，切实将各项制度嵌入内部管理流程中。财务部门要按内控规范要求保证不相容岗位分离设置，建立货币资金业务的岗位责任制，明确职责权限，确保办理货币资金业务的不相容岗位相互分离、制约和监督。出纳人员不得兼任稽核、会计档案保管和收入、支出、费用、债权债务账目的登记工作，更不得由一人办理货币资金业务的全过程。对货币资金业务要建立严格的授权批准制度，加强与货币资金相关的票据管理，明确各种票据的购买、保管、领用、背书转让、注销等环节的职责权限和程序，并专设登记簿进行记录，防止空白票据的遗失和被盗用。财务处长一定要经常梳理回放，看看关键措施是否落实到位。

三要完善监管手段，强化重要风险点的管理。扎实推进财务管理信息化平台建设，开通网银业务，减少现金支付业务。有条件的单位应建立内部审计制度，也可借助社会中介对重要事项实行审计检查，对货币资金、国有资产、政府采购等重点业务和重要风险点，应当确保每年至少检查一次。单位纪检监察、财务和科研管理等相关部门应建立联动的监控、会商机制，切实做到抓早抓小，防患于未然。

四是配齐配强财务管理机构负责人和财务人员，打牢财务工作基础。健全财务机构，建设一支人员数量合理、结构优化、素质精良的财务队伍，是做好财务工作的基础。财务机构负责人业务要精、责任心要强。要根据实际业务量、经费收支规模、财务部门职责及精细化要求，配备财务工作力量，合理规范设岗。要建立并认真落实财务人员岗位轮换制度，强化财务人员教育管理，遵守财务人员的职业道德，对不适合财务岗位的人员要进行岗位交流。

除了上述问题外，审计、检查工作中还发现：部分单位还存在扩大财政资金支出范围或挤占财政专项的问题；部分单位往来款长期挂账不清理，有的甚至账龄已达 10 年以上，所办企业监管不到位、对审计检查发现的问题整改不及时，个别单位2017年经济责任审计发现的问题在整改期限内整改到位的仅占25%。各单位要高度重视整改工作，坚决杜绝“新官不理旧账”现象。要认真学习《中国农业科学院落实审计整改意见实施细则》，单位主要负责人要切实履行审计整改工作第一责任人的职责，无论是上级部门，还是院内开展的审计检查等发现的问题，都要在规定期限内整改到位；确因需要履行外部审批程序等原因，短时间难以整改到位的，应制定限期整改计划，及时向财务局、成果转化局等单位报送整改方案和整改结果。院里将健全整改“回头看”工作机制，进一步监督整改责任人履职尽责，督促整改意见落实到位，切实铲除审计“牛皮癣”现象。

四、提高认识，落实责任，切实加强国有资产管理

资产是单位履行职能和各项事业发展的重要物质基础，同时也是单位管理的廉政风险点之一。近年来，我院积极适应新形势新任务的要求，制定印发了《中国农业科学院京区房产出租出借管理暂行办法》和《中国农业科学院科研仪器设备采购管理暂行办法》，进一步完善了资产管理制度；组织开展全院资产清查、土地资产和房屋出租出借情况调查统计等，基本摸清了全院家底，掌握了土地、房屋等重要资产使用管理现状；资产管理基础不断强化，审核审批事项管理等不断规范。但从巡视、审计和检查等反映的问题来看，我院资产管理基础依然薄弱、漏洞不少，不规范问题依然突出，主要表现在：一是“重钱轻物”“重资金轻资产”“重购置轻管理”的思想仍然存在，落实资产管理责任的意识比较淡薄。二是房产出租程序不规范、不公开招租、价格偏低、租期过长等问题还比较突出，房产出租出借管理中的廉政风险问题仍然存在。三是资产管理水平总体偏低。少数单位仍然存在资产账账、账实、账证不符，资产重复配置、超标准配置等现象；有的单位存在资产处置不够及时规范，新建、扩建工程没有及时转固定资产管理等，为后续管理埋下风险隐患。四是资产管理机构队伍建设不健全，院属单位均未设独立的资产管理机构，大多数人员是兼职从事资产管理工作，有的单位资产管理岗位人员变动频繁，管理人员业务不熟，难以适应规范管理的要求。

部党组高度重视资产管理工作，9月26日召开部系统国有资产监管工作会议，对加强和改进资产管理提出了新的更高的要求。中央纪委国家监委驻农业农村部纪检监察组对资产管理中出现的问题也是高度重视，年初吴青海组长在我院加强党的建设工作会议上专门指出了我院房屋出租出借方面存在的问题，最近又专门致函我院和部计划财务司，指出“近年来，中国农业科学院本级及下属单位发生多起房产对外出租程序违规、价格偏低、租期过长问题，极易造成国有资产收益流失，甚至引发干部廉洁问题，引发干部职工强烈反映。”要求对我院本级及院属单位出租出借行为进一步强化监督，严格落实已制定的房屋出租出借管理办法，采取切实有效措施，杜绝此类情况再次发生。请同志们注意，驻部纪检监察组的要求是杜绝再次发生。2018年审计署农业水利审计局

对我院的预算执行审计也重点披露了房屋出租出借等资产管理问题。为贯彻落实部系统国有资产监管会议精神和驻部纪检监察组的指示精神，请各单位高度重视，切实采取措施加强管理，防范廉政风险。

第一，提高认识，压实压紧资产管理责任。中共中央、国务院高度重视国有资产管理工作。习近平总书记强调指出，“国有资产资源来之不易，是全国人民的共同财富。要完善国有资产资源监管制度，强化对权力集中、资金密集、资源富集的部门和岗位的监管”。国务院印发了《关于改革和完善国有资产管理体制的若干意见》，强调要加强国有资产监管。根据中央决策部署，从今年起建立了国务院向全国人大常委会报告资产管理情况制度，国务院要像部门预算一样向全国人大报告资产情况，接受全国人大的监督。可以看出，中央对资产管理工作的重视程度前所未有，将其作为全面从严治党的重要举措来部署和推进。各单位要切实提高认识、转变观念，把思想和行动统一到中央决策部署上来，不断增强对资产管理工作重要性紧迫性的认识，增强资产管理的主体责任，切实加强和改进国有资产管理。一是要强化单位“一把手”责任。各单位“一把手”是本单位资产管理第一责任人，要强化对资产管理的重视程度和责任担当意识，对重要资产管理事项要亲自研究、亲自部署，对重大的资产管理事项要按照有关规定，履行领导班子集体研究等程序；要带头执行资产管理各项规章制度，做到按制度办事，重视和发挥资产管理部门的作用，重大经济活动和经济事项要充分听取财务资产部门的意见。二是要落实资产管理职责，避免出现多头管理、相互推诿的现象；要按照“谁使用、谁负责”的原则，每一名干部、每一个部门都要对本人、本部门使用和管理的资产负责，培养干部职工牢固树立人人都是资产管理者的观念，自觉管好用好国有资产。三是要强化责任追究，进一步重申和严格执行资产管理各项制度要求，对违反规定的，坚持有责必究，对损坏、丢失等造成国有资产流失的，该赔偿的赔偿，该处罚的处罚。

第二，严格执行制度，规范房屋出租出借管理。针对房屋出租出借中存在的突出问题，近期农业农村部制定出台了《农业部行政事业单位房屋资产出租出借管理暂行办法》，我院在出台《京区房产出租出借管理暂行办法》加强京区房屋出租出借的同时，对京外单位房屋出租出借加强了监管。京区单位在执行农业农村部办法的同时还要执行我院的办法，因此，各单位要全面领会两个办法内容，切实吃透精神，结合自身实际制定本单位房产出租出借实施细则，完善内部制度，确保各项要求落到实处。重点要落实好以下三项制度。一是履行领导班子集体研究讨论决策制度。各单位应严格控制房产出租出借行为，围绕发展定位和关键需求统筹管理使用本单位房产，按科研用房设计建设的房屋要用于科研活动，在满足自用的基础上确有剩余房产需对外出租的，要优先满足院内其他单位需求后，方可对外出租出借。对外出租出借房产事项（包括利用房产对外合作经营事项），应当按照规定履行报批备案手续，所有出租出借事项必须经单位领导班子集体研究讨论决策，坚决杜绝未经单位领导班子集体研究决策，随意出租出借房产的行为。二是实行公开招租制度。对外出租房产原则上实行公开竞价招租，必要时可以采取评审或者资产评估等方式确定出租价格，确保出租过程公开透明。三是实行公示和年度信息公开制度。各单位确定意向承租方后，应在办理批复文件和签订合同前，向单位全体职工公开拟出租、出借房屋基本情况，公示时间不得少于 5 个工作日。每年 3 月底前，各单位应及时汇总分析上年度房产出租、出借情况，并将上年度房产出租、出借实际情况和租金收入向全体职工公开，公示时间不得少于 10 个工作日。此外，各单位要对照部、院出台的房产出租出借管理办法进行自查，对存在不符合办法要求的出租出借行为，如个别单位存在无偿或低价出租给所办企业或行业协会使用的问题，要立即进行整改，年底前整改到位。对已出租且仍在租期内的房产，尚未进行报备的，要补充履行单位审批程序，12 月底前将批复文件和领导决策会议纪要报院财务局备案。财务局要加强房产出租出借监督检查，对房屋出租出借事项隐瞒不报的，一经查实，要立即督促整改并予以通报。

第三，加强基础工作，夯实资产管理。一要建立健全资产管理制度，扎紧资产管理制度的笼子。要针对存在的突出问题，结合单位实际，建立和完善资产清查登记、内部控制、统计报告、日常监督检查等管理制度，切实堵塞管理上的漏洞，完善资产管理制度体系，不断提升管理的规范化、制度化水平。二要加强资产管理队伍建设，配齐配强资产管理人员，保证人员配备与其承担的工作任务相适应。按照农业农村部国有资产监管工作会议精神要求，固定资产超过 1 亿元的单位，原则上都要设立专岗专职的资产管理员。为便于开展工作，资产账与财务账管理要设在同一部门，建议研究所在财务部门增设资产管理岗位；对有条件的单位，建议设置资产管理处级工作岗位，提升资产管理工作位势。要鼓励资产管理人员加强业务培训，支持资产管理人员履职尽责，调动资产管理人员的积极性、主动性，不断提高工作能力和本领。三要巩固 2016 年全院资产清查和 2018 年资产核实工作成果，每年定期做好资产账账、账实核对，消除资产账账、账实不符问题；要及时组织做好报废资产处置，消除账面资产“虚胖”现象。四要抓好对外投资等经营性国有资产的监管，规范国有资产运营，确保国有资产安全完整、保值增值。

五、加强组织领导，稳步推进政府会计制度改革，做好新旧制度衔接和各项准备工作

政府会计制度将于 2019 年 1 月 1 日正式实施，这是财务基础工作中最重要、最深远的一次变革，各单位财务部门、财务人员已经做了大量的准备工作。今天是第一次在院属单位领导层面部署这项工作，是希望大家了解这项改革，落实好这项改革，确保政府会计制度顺利实施。

首先，作为单位负责人，应该了解政府会计制度改革的主要内容和重要意义。这项改革是党的十八届三中全会提出的一项重大改革举措，是行政事业单位会计制度的一次重要变革。从 2014 年修订《中华人民共和国预算法》、国务院批转财政部权责发生制

政府综合财务报告制度改革方案起，准备工作已经历时 4 年多。现行政府会计标准体系主要反映预算收支执行情况，无法准确、完善反映政府资产负债“家底”，以及政府的运行成本等情况。目前，行政单位、事业单位、科学单位、医院和高校等，各有各的制度，体系繁杂、内容交叉、核算口径不一，造成会计信息可比性不高，政府财务报告信息质量较低，这次改革就是要统一各级各类行政事业单位的制度。

新的政府会计制度可以概括为三个“双”，即双功能、双基础、双报告。打个形象的比喻，原来一个研究所有一个会计，现在就需要两个会计；原来记录一本账，现在要记录两本账；原来年底做一套决算报表，现在要做两套报表，既要做现在的部门决算报表，还要出一套政府财务报告。如果各单位在不增人的情况下，就必须要求每个财务人员，脑子里总要有两本账，任何经济事项发生时，两边都要记账，还要分清楚两边怎么记。大家不要简单地认为就是多一套报表，政府财务报告不仅仅是财务账务系统的数据，还要披露很多细节。按照制度要求一共要披露 21 张表，我院涉及其中 18 张表格。政府会计制度实施以后，研究所的每一笔收支都要登记明细，写清楚支付的钱是给谁的，收到的钱是谁给的，包括单位的固定资产明细、基建明细、无形资产明细都要披露。这些信息需要单位各个部门紧密配合，相互支持，共同完成，这次改革绝不是财务部门单打独斗可以完成的。改革的不仅仅是一项会计核算的“游戏规则”，更重要的是管理理念、业务流程和内部治理的变革。各单位一定要做好政策宣传，实施新的政府会计制度一定会增加管理部门、财务人员的工作量，如何处理好平衡好这些矛盾，需要各单位所领导班子重视，提前做好组织部署。

其次，要了解这次改革中研究所需要重点关注并做好的 5 个方面工作。

一是构建政府会计核算体系。各单位财务部门应及时更新会计核算系统，按照政府会计制度要求清理旧账、建立新账、做好新旧会计制度的衔接工作。各单位要树立“业财融合”理念，推动经济业务与财务管理的深度融合，以政府会计制度实施为契机，加强信息化建设，最终实现经济业务的信息化管理，为政府会计制度实施提供支撑。政府会计制度改革，对各单位的信息化工作提出了更高的要求，必须充分利用先进的技术手段实现管理工作的变革，各单位要加强交流学习，看一看先进单位是如何通过信息化改善管理的。

二是扎实做好资产清查核实。各单位应在资产清查的基础上，对应政府会计制度要求，进一步明晰产权责任关系，清查核实固定资产、无形资产、在建工程、对外投资等资产数据，为后续政府财务报告披露工作提供基础信息。特别是农业事业单位，要完整梳理资产情况，确保折旧计提、费用摊销等工作顺利开展。

三是全面清理分析往来款项。各单位应全面开展往来款清理和账龄分析，确有坏账的账目，应积极协商资产管理部门及时处理。建立规范的往来款管理流程，业务部门应主动配合财务部门做好往来款管理，及时清理往来款项。要抓紧清理历史形成的往来款项，不要等到年末转账时无法下手，也要避免未来披露的时候出现问题。

四是清理基本建设会计账务。各单位应按规定及时办理基本建设项目竣工财务决算和固定资产入账手续，为取消基建账套、统一基本建设业务的会计核算准备条件。

五是规范合同管理。各单位应建立适合本单位的合同管理机制，明确科研有关活动的合同预收款和委托任务的责任主体。收入类合同应明确收入权责确认依据和时点要求，支出类合同应明确付款依据和进度时间，为按照权责发生制要求进行账务处理提供依据。

再次，要做好各项保障工作，确保新制度于2019年顺利实施。各单位应加强对政府会计制度落实的领导，成立由单位主要领导牵头，财务、资产、科研、基建、人事等部门组成的领导小组，落实主体责任，按照财政部要求的时点倒排工期。要适应政府会计制度改革要求，有计划地通过业务培训提升财务人员业务水平。各单位应于2018年11底前，搭建满足新制度核算要求的软件和硬件环境，于2019年1月底前做好各类数据信息准备，确保政府会计制度顺利实施。

最后，我想强调一下加强会计基础工作的问题，2018年4月农业农村部计划财务司对107家部属单位开展了会计基础工作和内部控制交叉检查，我院的得分总体偏低，排名倒数的5家单位都是我院的，为此，部计划财务司专门约谈了财务局负责人。会计基础工作是会计工作的根本，它决定着财务工作质量的高低，希望院属各单位、全体会计人员高度重视会计基础工作，打牢财务管理工作的基础。

同志们，做好财务管理，任务艰巨，使命光荣，让我们紧密团结在以习近平同志为核心的党中央周围，牢记农业科研国家队的使命，锐意改革，拼搏进取，为我院“两个一流”目标的早日实现，提供更加有力的支撑和保障，为实现“两个一百年”奋斗目标、实现中华民族伟大复兴的中国梦作出新的更大的贡献。

中国农业科学院 2018 年基本建设工作总结

2018 年，中国农业科学院基本建设工作紧扣“三个面向”战略定位，围绕“两个一流”建设目标，统筹谋划条件平台布局，狠抓重大建设任务落实，扎实推进全院创新能力条件建设。

一、2018 年重点工作情况

一是坚持“三个面向”战略定位，加强条件平台建设。面向世界农业科技前沿，快速推进农业基因组学研究中心立项准备，8 月底报农业农村部申请立项并通过评审；顺利完成国家畜禽改良研究中心验收，构建我国畜禽资源挖掘与创新利用的一流设施平台。面向国家重大战略需求，强力推进国家作物种质库前期审批及开工建设，获得习近平总书记和韩正、胡春华、刘鹤 3 位副总理批示，成为全院贯彻总书记贺信精神的最重要举措之一；成功立项北方水稻中心建设项目，对完善国家级水稻科研平台布局、服务东北大粮仓建设具有重大意义。面向现代农业主战场，完成国家成都农业科技中心总体规划和一期 10 万平方米科研建筑施工图设计，确保成都中心 6 月开工建设，为 2019 年年底交付使用夯实基础；完成西部农业研究中心修建性详细规划编制与审批，完成可行性研究报告编制并通过院常务会审议，于 9 月中旬报部审核。

二是围绕“两个一流”建设目标，强化学科支撑与能力提升。申请数字农业创新中心、重要农产品全产业链大数据等 8 个数字农业项目立项，为我院强化新兴学科建设、构建世界一流的数字农业平台提供支撑；全面完成农产品风险监测与预警的实验室体系建设，累计完成投资近 8 000 万元，购置大型仪器设备 66 台（套），为农产品质量与加工科学平台建设迈上新台阶、强化农产品风险监测与预警能力作出重要贡献。全年新申请 16 个基建项目立项，争取国家投资超过 3.5 亿元；完成国家投资 2.2 亿元，完成项目验收 21 个，建成科研及辅助用房 5.2 万平方米，新增 2 345 亩科研用地（西部中心、北方水稻中心、兰考基地），为一流院所建设提供有力保障。

三是加强能力建设，提高基本建设规范管理水平。突出规划引领，全力推进京区土地总体规划，率先启动面向 2035 年的重大科技基础设施规划研究，完成兰考试验基地、阳逻试验基地、沅江试验基地等 5 个重要基地规划，为实现“两个一流”建设目标提供有效支撑。突出项目监管，2018 年年初印发全院在建项目分季度进度目标，全年通过信息系统在线实时调度和监管；召开全院 18 个新开工项目督导会议部署工作，同时加强日常施工图符合性审查，确保项目按批复要求实施；加强与监察局业务协同，联合开展工程建设领域廉政风险防范宣传教育，并对全院55个在建项目开展全面自查与院级检查。突出队伍建设，以麻类所综合实验室为典型案例，举办全院基本建设现场交流培训班；围绕设计、验收、档案整理等专题，组织院属单位互相观摩学习10次。

四是强化责任担当，开辟京区发展建设新篇章。在北京市“留白补绿”大背景和“等拆等建”严格要求下，通过反复沟通争取，国家作物种质库、农业科技国际交流中心、马连洼研究生宿舍、海外农业研究中心等一批重点项目成功获得城市规划和建设主管部门审批，累计新开工总面积约9.3万平方米（地上6.2万平方米），其中争取地方支持拆建平衡指标4.4万平方米，拟拆除院内老旧建筑1.8万平方米。项目全部建成后，我院京区环境和科研保障能力都将实现历史性跨越。

在院所共同努力下，我院基本建设工作得到了上级主管部门的高度认可，在农业农村部首届“农业优质工程奖”评选中，全院共2个项目被评为农业优质工程、4个单位获得先进集体、6名同志荣获先进个人等称号，其中院本级是唯一同时获得三项荣誉的部属单位。

二、2019年重点工作部署

围绕“乡村振兴科技支撑行动”等院中心工作，坚持目标和需求导向，统筹谋划条件平台建设，狠抓重大建设任务落实，为“两个一流”建设提供有力支撑。

一是做好顶层设计。学深悟透北京市新总规要求，找到工作突破点，着力推动京区土地总体规划取得突破性进展。全面开展面向2035年的重大科技基础设施规划研究，为我院跨越式发展超前部署和储备若干重大科学装置。根据部院统一部署，做好雄安新区创新基地总体规划，落实国家重大布局。

二是抓好重点任务。全力以赴抓好国家成都农业科技中心建设，确保2019年年底如期交付使用；千方百计推动国家作物种质库建设，把总书记“下决心把民族种业搞上前去”的重要指示落到实处；院所合力推进农业基因组学研究中心、西部农业研究中心等重大项目立项、国家口蹄疫参考实验室重大项目通过国家验收，为抢占科技前沿和推动区域布局提供高点支撑；坚决落实农业科技国际交流中心、科技培训楼超规划建设处理、农业图书馆工程款结算纠纷等事项，最大程度争取我院利益、最强力度推动问题解决。

三是夯实发展基础。加强全院条件平台建设的长期性、基础性工作，完善提升全院基建规划管理信息系统；开展基建管理常见问题清单、投资项目管理政策等专题研究，提高业务管理科学化水平；加强管理队伍建设，提高预算执行能力，落实廉政风险防范和安全生产责任，为事业发展提供有力保障。

中国农业科学院 2018 年基本建设项目立项情况

2018 年批复立项的基本建设项目共 16 个，批复总投资35 382 万元，全部为中央预算内投资。

序号	项目名称	建设年限	项目单位	总投资（万元）
1	中国农业科学院北京畜牧兽医研究所北京鸭种质资源保护建设项目	2019—2021	北京畜牧兽医研究所	1 110
2	中国农业科学院特产研究所吉林梅花鹿种质资源场建设项目	2019—2021	特产研究所	1 485
3	中国农业科学院兰州畜牧与兽药研究所大洼山综合试验基地建设项目	2019—2021	兰州畜牧与兽药研究所	2 867
4	中国水稻研究所北方水稻研究中心建设项目	2019—2022	中国水稻研究所	8 894
5	中国农业科学院草原研究所国家牧草种质资源中期库建设项目	2020—2022	草原研究所	1 057
6	中国农业科学院油料研究所国家油料种质资源中期库建设项目	2019—2021	油料作物研究所	1 050
7	中国农业科学院麻类作物研究所国家麻类种质资源中期库建设项目	2020—2022	麻类研究所	1 055
8	中国农业科学院蔬菜花卉研究所国家蔬菜种质资源中期库建设项目	2020—2022	蔬菜花卉研究所	1 076
9	中国农业科学院草原研究所沙尔沁试验基地建设项目	2019—2021	草原研究所	2 704
10	中国农业科学院哈尔滨兽医研究所国家动物疫病防控生物安全研究设施建设项目	2020—2022	哈尔滨兽医研究所	2 765

（续表）

序号	项目名称	建设年限	项目单位	总投资（万元）
11	中国农业科学院哈尔滨兽医研究所国家马鼻疽和马传染性贫血参考实验室建设项目	2019—2021	哈尔滨兽医研究所	1 298
12	农业纳米技术与新材料研制集成设施建设项目	2020—2022	农业环境与可持续发展研究所	2 715
13	中国农业科学院农业基因组研究所研究生宿舍建设项目	2019—2021	深圳农业基因组研究所	2 768
14	中国农业科学院农田灌溉研究所农田灌溉实验室建设项目	2019—2021	农田灌溉研究所	1 528
15	农业农村部麻类生物学与加工重点实验室建设项目	2019—2021	麻类研究所	1 417
16	中国农业科学院饲料研究所功能饲料与营养调控重点实验室建设项目	2019—2021	饲料研究所	1 593

中国农业科学院 2018 年基本建设投资计划概况

2018 年基本建设项目共下达 3 批计划，下达中央预算内投资 23 554 万元。

第一批计划文件《农业部关于下达 2018 年部门自身建设项目中央预算内投资计划的通知》（农计发〔2018〕3 号）下达投资 19 128 万元。

第二批计划文件《农业部关于下达 2018 年种业良种工程中央预算内投资计划的通知》（农计发〔2018〕4 号）下达投资 2 580 万元。

第三批计划文件《农业部关于下达 2018 年草原防火基础设施等专项中央预算内投资计划的通知》（农计发〔2018〕5 号）下达投资 1 846 万元。

中国农业科学院2018年基本建设投资计划情况表

序号	项目名称	建设性质	建设地点	主要建设内容	建设年限	投资来源	下达投资（万元）
	2018年合计					合计	4 426
						中央投资	4 426
						自有资金	0
1	国家作物种质库建设项目	新建	北京市海淀区中关村南大街12号	建设低温种子库、试管苗库、超低温库、DNA库以及技术研发、质量控制、资源标本、信息网络服务等设施20 943平方米，购置仪器设备117台（套）、工艺设备90台（套）	2016—2021	合计	2 000
						中央投资	2 000
						自有资金	0
2	中国农业科学院蔬菜所国家草本花卉种质资源圃建设项目	新建	北京市海淀区中关村南大街12号和昌平区南口镇中国农业科学院南口试验基地	新建日光温室2 880平方米、阴棚1 250平方米、保存槽1 665平方米，扩建并改造8米跨日光温室6 616平方米，改造10米跨日光温室5 500平方米；土壤改良2 100立方米，硬化道路及地面960平方米，配套供暖、供电、供水管线；购置气相色谱质谱联用系统、植物光合测定仪、倍性分析仪等仪器设备和农机具共73台（套）	2018—2020	合计	580
						中央投资	580
						自有资金	0

（续表）

序号	项目名称	建设性质	建设地点	主要建设内容	建设年限	投资来源	下达投资（万元）
3	中国农业科学院农业资源与农业区划研究所国家数字农业示范工程建设项目	新建	北京市海淀区数字农业中心在北京市海淀区中关村南大街 12 号，区域试验示范基地分别在黑龙江省农业科学院国家现代农业示范园、四川省农业科学院现代农业科技创新示范园	一是数字农业中心建设，包括标准机房改造、成果展示控制中心、智能分析与决策业务运行中心建设等；二是仪器设备购置，包括农田感知设备、农田耕作设备、数据存储设备和展示系统设备等；三是系统软件购置，包括数据分析软件、智能分析和决策系统、智能管理和精准控制软件等；四是数字农业大数据（资源台账）智能挖掘平台系统开发	2017—2018	合计	1 846
						中央投资	1 846
						自有资金	0

注：部门自身建设项目投资计划共计 33 个项目由于涉密未在此表列出。

中国农业科学院 2018 年建成项目一览表

序号	项目名称	项目单位	完成建设内容	完成国拨投资（万元）
1	中国农业科学院哈尔滨兽医研究所国家动物疫病防控高级别生物安全实验室建设项目	哈兽研	建设实验楼、变电所、热交换站、污水处理站、锅炉房 5 个单体总建筑面积 17 669.8 平方米，其中实验室主体建筑面积 14 540 平方米；购置仪器设备 256 台	38 157
2	中国农业科学院棉花研究所温室建设项目	棉花所	建设温室 545 平方米	210
3	乳品质量安全风险监测能力建设项目	牧医所	完成实验室改造 48 平方米，购置仪器设备 4 台（套）	632
4	中国农业科学院蔬菜花卉研究所国家花卉改良中心建设项目	蔬菜所	新建日光温室 1 559.68 平方米、连栋玻璃温室 3 037.96 平方米，装修冷库用房 260.15 平方米，铺设供水管线 12 米、采暖管线 323 米、场区电缆 1 622 米、场区道路 428.9 平方米；完善田间灌溉工程，整理土地 12.6 亩；购置仪器设备 64 台（套）	1 195
5	湖北省武汉市国家农作物品种区域试验抗性鉴定试验站建设项目	油料所	改造实验室 93.6 平方米、挂藏室 342 平方米、农机库 174 平方米；整理土地 20 亩，建设自动化喷雾及防鸟网设施 20 亩，修筑田埂 168 米，改造排灌渠 200 米，修建围栏 316.3 米，新建晒场 144 平方米，改建简易温室 2 座、网室 2 座；购置仪器设备及农机具 51 台（套）	395

（续表）

序号	项目名称	项目单位	完成建设内容	完成国拨投资（万元）
6	中国农业科学院油料作物研究所农业部生物毒素检测重点实验室建设项目	油料所	购置气相色谱—质谱联用仪（含顶空进样器、氢气发生器）、液相色谱仪等仪器设备共 14 台（套）	814
7	农业部农业生物质能源产品质量安全监督检验测试中心	沼科所	购置三重四极杆液相色谱质谱联用仪、连续流动化学分析仪等仪器设备共 43 台（套）	1 430
8	中国农业科学院大理试验基地建设项目	环保所	新建科研用房 1 517.44 平方米、生活用房及食堂 1 139.16 平方米、门卫室及配电室 171.49 平方米、防虫和防鸟网室各 261 平方米、玻璃温室 261 平方米，配套建设混凝土道路、铁艺围墙、绿化、电气、大门、给排水等场区工程；购置柴油发电机组、自动气象观测站、谷物收获机、插秧机、采样车各 1 台（套），旋耕机 2 台，以及实验边台 122 延米、中央实验台 10 延米和通风橱 16 延米	1 160
9	中国农业科学院烟草研究所青岛试验基地建设项目	烟草所	新建科研用房 2 141 平方米、农机物资库 1 234.92 平方米、智能玻璃温室 1 248 平方米、温室操作间 280 平方米、门卫室 28 平方米、设备间 28 平方米、地下消防水池泵房 187 平方米、废水池、化粪池、室外给排水、暖、消防、电气管网敷设、室外园路 1 469 平方米，浇筑晒场 743 平方米，安装路灯、监控，绿化场区 2 600 平方米等相关配套设施，购置设备 5 台（组）、中央实验台 1 组、实验台 1 组	1 776

（续表）

序号	项目名称	项目单位	完成建设内容	完成国拨投资（万元）
10	农业农村部烟草生物学与加工重点实验室建设项目	烟草所	购置全自动电泳系统、超低温保存系统等仪器设备共 11 台（套）	710
11	国家畜禽改良研究中心建设项目	牧医所	完成建设总面积 30 032. 12 平方米，其中北京畜牧兽医研究所院内新建科研楼 15 121. 5 平方米、SPF 试验动物房 1 838. 15 平方米，昌平实验基地新建畜禽现场检测室 1 332. 17 平方米、畜禽饲养舍 13 栋 7 688. 3 平方米，改造原有科研楼 4 052 平方米；购置仪器设备 615 台（套）	23 832
12	中国农业科学院茶树一级采穗圃建设项目	茶叶所	新建遮阳架 1 584 平方米、工具间 102 平方米、块石挡土墙 2 219. 4 立方米、混泥土挡土墙 208. 5 立方米、隔离保护带 3 490 米，回填土方 12 292 立方米、改良土壤 3. 96 亩，改造温棚 4 640 平方米、田间道路 2 226 平方米、排水沟 1 817 米，购置仪器设备及农机具 41 台（套）	725
13	麻类研究所综合实验室建设项目	麻类所	新建综合实验室 7 994. 10 平方米，其中地上 8 层建筑面积 7 165. 32 平方米，地下 1 层建筑面积 828. 78 平方米，购置实验台并建设配套室外工程	2 986
14	国家牧草科研育种创新基地建设项目	牧医所	改建检验室、机井房 296 平方米、农机库 304 平方米、库房 151. 2 平方米、晒棚 960 平方米、晒场 2 241 平方米；新建围栏 3 662 延米，滴灌系统 260 亩；购置仪器设备及农机具 25 台（套）	494

（续表）

序号	项目名称	项目单位	完成建设内容	完成国拨投资（万元）
15	农业农村部兽用药物与兽医生物技术学科群北京科学观测实验站建设项目	牧医所	购置安装动物饲养笼具设施及仪器设备 29 台（套），建设物联网/数据获取处理系统	396
16	国家肉牛遗传评估中心建设项目	牧医所	改造实验室和机房 517.4 平方米，其中实验室 410.2 平方米、机房 107.2 平方米，购置仪器设备 37 台（套）	415
17	国家种质资源吉林山葡萄圃改扩建项目	特产所	扩建种质资源圃 45 亩，新建日光温室大棚 1 044.48 平方米、联栋避雨大棚 1 648.64 平方米、防护围栏 1 345 米、建设与完善田间道路、排水渠、滴灌设施、蓄水池等基础设施，购置仪器设备 15 台（套）	485
18	农业农村部华北动物遗传资源与营养科学观测实验站建设项目	牧医所	完成鸡舍改造 525 平方米，购置畜禽养殖设施、试验台等配套设施，购置原子吸收分光光度计、水质分析仪等仪器设备共 25 台（套），建设物联网数据获取与处理系统	386
19	农业农村部果树育种技术重点实验室建设项目	郑果所	改造实验室 305 平方米，购置高分辨质谱联用仪、实时荧光定量 PCR 仪等仪器设备共 12 台（套）	819
20	农业农村部农产品加工重点实验室建设项目	加工所	集成创制传统主食工业化装备、植物蛋白修饰改性装备、农产品联合干燥及制粉装备、新型天然生物保鲜材料加工装备各 1 套，共 35 台	1 285

（续表）

序号	项目名称	项目单位	完成建设内容	完成国拨投资（万元）
21	国家数字农业示范工程建设项目	资划所	改造数字农业中心421.85平方米，包括标准机房47.29平方米、远程控制与服务中心71.76平方米、智能分析与决策业务运行中心97.8平方米、成果展示控制中心205平方米；建设100亩农田灌溉系统；购置仪器设备39台（套）、系统软件20套，建设天空地一体化农业生产过程智能感知系统、数字农业智能分析与决策系统、数字农业智能管理与精准控制系统、数字农业业务支撑与智能服务平台；定制开发多源数字农业大数据导入处理等软件7套，建设大数据智能挖掘平台	2 346

中国农业科学院关于印发《中国农业科学院院区规划管理和建设监督暂行办法》的通知

农科院基建〔2018〕95 号

院属京区各单位、院机关各部门：

为进一步提高院区规划建设管理水平，保障院区内各类建设项目有序实施，依据《农业部直属单位建设项目管理办法》《北京市建设工程施工现场管理办法》及有关法律法规，我院研究制定了《中国农业科学院院区规划管理和建设监督暂行办法》，并经中国农业科学院 2018 年第五次常务会议审议通过，现将办法印发给你们，请遵照执行。

中国农业科学院

2018 年 6 月 11 日

中国农业科学院
院区规划管理和建设监督暂行办法

第一章　总　则

第一条　为提高院区规划建设管理水平，保障院区内各类建设项目有序实施，依据《农业部直属单位建设项目管理办法》《北京市建设工程施工现场管理办法》及有关法律法规，结合我院实际，制定本办法。

第二条　本办法所称院区是指中国农业科学院中关村院区、马连洼院区、院本级负责管理的其他科研及生活区域，适用于院本级和院属单位在院区实施的建设项目。

第三条　院区规划管理是指以保证“两个一流”发展目标为前提，进行的院区功能分区、空间布局、土地利用及规划建设等管理活动。院区建设监督是以保障院区良好科研、办公及生活环境为目标，对建设项目实施行为进行的监督管理。

建设项目是指因科研、生活或其他需要而实施的各类资金支持的建设项目，包括建筑物或构筑物新建、改建、扩建，建筑物或构筑物外立面装饰改造，以及室外水、电、气、路、电信等基础设施改造与建设等内容。

第四条　院区综合治理委员会是落实院党组关于院区发展和建设工作部署的总协调机构，主要负责监督院区发展建设规划实施、处理违反规划等行为。基本建设局是院区规划的归口管理部门，主要负责编制建设总体规划、审核建设项目选址、审核建设项目方案等。后勤服务中心（院区综合管理委员会办公室）是院区建设监督的归口管理部门，主要负责监督建设项目施工秩序、提供施工公共条件保障等。院机关各部门依据职责分工，配合和支持院区规划和建设监督工作。

第二章　院区规划管理

第五条　院区规划是我院确定建设项目、开展院区建设的重要依据，审定院区规划应执行院“三重一大”决策制度，审定后的院区规划应征求城市规划部门意见后，报送农业农村部审核或备案。

院区内实施的建设项目必须符合规划要求，如遇特殊情况需对院区规划进行调整的，应充分论证后报请院常务会审定。

第六条　编制建设总体规划。依据我院职能定位与“两个一流”建设目标，结合北京市及所在区域城市规划，基本建设局统筹研究京区土地利用总体方案，编制院区建设总体规划，规划期限原则上与北京市及所在区域城市规划一致。

规划期限结束或我院发展战略有重大调整，应重新编制院区建设总体规划，并按程序报批。

第七条 审核建设项目选址。依据院区建设总体规划，基本建设局对新建建筑进行选址审核，符合规划的以中国农业科学院基建文件批复选址，会同后勤服务中心提出水电气等主要基础设施接入意见；同时同意项目建设单位办理建设项目选址意见书（规划条件），批复文件抄送北京市规划和国土资源管理委员会。

第八条 审核建设项目方案。项目建设单位在完成建筑设计方案后（房屋修缮和基础设施类工程在申报实施方案前），应报院审核。符合规划的，基本建设局向项目建设单位核发《建设项目方案告知书》，同时抄送后勤服务中心。建设项目方案发生重大调整的，包括总建筑规模、外立面颜色、基础设施接入方案等，应重新履行审核程序。

第九条 申报材料有关要求。项目建设单位应以请示文件向院报送建设项目选址和建设项目方案，其中项目选址应说明新建建筑物的主要建设目标、规模、用途及拟选位置等，涉及资产处置的应履行相关程序。

建设项目方案应说明拟采取的主要技术方案，其中新建和扩建建筑需附建筑平面图、立面图、剖面图和建筑效果图；涉及外立面装饰改造的，应附立面图和建筑效果图；涉及室外管线改造与建设的，应附管线敷设方案。

第十条 管理规划基础信息。项目建设单位在完成规划验收后 1 个月内，应将与建设项目相关的建设项目选址意见书（规划条件）、建设用地规划许可证、建设工程规划许可证和建筑工程规划验收合格证等行政许可的复印件报基本建设局备案。

第三章 院区建设监督

第十一条 院区建设监督是落实院区规划，加强院区综合治理的重要途径。后勤服务中心负责监督院区内建设项目实施、零星施工活动、加强公共条件保障等，项目建设单位是项目管理的主体。

第十二条 审批建设项目施工。项目建设单位在履行完国家规定的行政审批程序后，应向后勤服务中心提出开工申请，说明施工内容、施工地点、预计工期等基本情况，并根据施工内容简要说明破路或开挖位置、施工现场检查井及树木保护措施、临建设施搭设位置、环境保护措施等。

后勤服务中心依据院区管理相关规定对施工申请进行审核，审核合格后，向项目建设单位核发《中国农业科学院院区施工审核意见书》。

第十三条 监督施工现场秩序。监督项目建设单位认真执行《建筑施工现场环境与卫生标准》等规定，做到安全施工、绿色施工。

（一）水电管理。因施工需要停水、停电等可能影响到施工现场周边单位和居民的工作、生活时，应提前 5 个工作日报后勤服务中心批准，并通告可能受影响的单位和居民。因施工导致突发性停水、停电时，建设单位应立即向后勤服务中心报告，同时采取补救措施。

（二）设施保护。项目建设单位应对施工现场内的隐蔽工程、检查井、树木及周边道路等采取有效保护措施；在施工期间造成损失的，由项目建设单位承担。

（三）安全管理。项目建设单位应加强施工场地内和周边区域的安全管理。其中，建设项目外立面紧邻人行道或者车行道的，应在该道路上方搭建安全天棚，设置警示和引导标志；因施工需要，对道路实施全部或部分封闭，影响行人出行安全的，应设置安全通道和夜间警示灯；临时占用施工工地以外场地的，应设置围挡予以封闭。

（四）环境保护。

（1）降低噪声干扰。因建设施工向环境排放噪声的，应遵守相关法律、法规的规定；建设施工过程中可能产生噪声的机械设备应设置在远离噪声敏感建筑物一侧，运输车辆进入施工现场严禁鸣笛；除抢修、抢险作业外，禁止在夜间22时至次日凌晨6时进行产生环境噪声污染的建筑施工作业。

（2）防止光污染。进行电焊作业或者夜间施工等使用灯光照明的，应采取有效的遮蔽光照措施，避免光照直射居民住宅。

（3）保持环境整洁卫生。建筑垃圾应集中、分类堆放，及时清运；生活垃圾应采用封闭式容器，日产日清；水泥和其他易飞扬细颗粒散体材料，应库内存放或有覆盖物封闭，运输要防止遗撒、飞扬，卸运应有降尘措施，施工现场出入口应设洗车处；施工现场应设置良好的排水系统，保持排水畅通，地面无积水。

（五）工程车辆管理。工程车辆进出院区，由项目建设单位提前报后勤服务中心备案，并按指定路线行驶。

第十四条 加强公共条件保障。后勤服务中心协助项目建设单位，指导施工单位按规定接入水电和独立计量；协调因施工需要的停水、停电等工作，因施工引起的安全突发事件，牵头受理因施工造成的院内投诉；及时更新院区主要基础设施信息，确保院区建设与管理衔接高效。

第四章 责任追究

第十五条 项目建设单位未经审批，不得在院区内实施建设项目。

第十六条 院后勤服务中心负责日常巡查，及时制止和纠正违章建设、私搭乱建等行为。

第十七条 对违反本办法的，由院区综合管理委员会责令改正；情节严重或拒不改正的，由院区综合管理委员会责令停工，对责任单位进行通报批评，追究相关责任人；因严重违反本办法，且造成重大影响的，依法追究其法律责任。

第五章　附　则

第十八条　本办法由基本建设局负责解释。

第十九条　本办法自发布之日起施行，《中国农业科学院院区规划建设管理办法》（农科办基建〔2014〕156 号）和《中关村院区建设施工管理办法（试行）》（农科办服〔2014〕159 号）同时废止。

七、研究生教育与管理

中国农业科学院2018年度研究生教育概况

2018年，研究生院深入学习贯彻党的十九大精神、习近平总书记系列重要讲话精神，以及习近平总书记致中国农业科学院建院60周年贺信中提出的“三个面向”“两个一流”和实现“一个整体跃升”的建设要求，在部、院党组的坚强领导和全体教职工的共同努力下，围绕中国农业科学院“世界一流科研院所”建设和农业科技创新工程，深入贯彻落实党委领导下的院长负责制，服务“顶天立地”，积极推进“一流学科”和“一流研究生院”建设，坚持扩大招生规模，提高培养质量，规范内部管理，拓宽思路，服务科研，研究生教育事业取得新的发展。

一、落实贺信精神，进一步统一思想行动

根据上级部署，在习近平总书记致中国农业科学院建院60周年贺信一周年之际，以总书记贺信精神再学习、再思考、再落实为主题，就研究生教育发展态势、一流研究生院、一流学科建设等开展了理论中心组专题学习。结合研究生教育事业发展，从党的建设、招生规模、教育质量、学科建设、内部管理、社会培训、条件建设等方面积极思考、提前谋划，形成具体方案，将贺信精神落实到具体工作中，进一步达成了共识、统一了思想，形成了推动教育事业发展的强大合力。

二、拓宽渠道，招生规模大幅增加

加强院校合作，拓宽招生渠道。2018年新增与西南大学、南京农业大学联合培养博士生项目并招生，并与河北农业大学、沈阳农业大学签署联合培养博士生协议，拟在教育部批准后从2019年开始招生。

全年累计招生1 717人，较2017年（1 591人）增加126人，增长8%。其中博士生招生总计569人（全日制博士生371人、留学生博士生158人、中外合作办学项目博士生40人），生师比为1.15∶1（具有招生资格的博导497人），实现了1个博导年均招收1名博士生的目标。硕士生招生总计1 142人（全日制硕士804人，非全日制专业学位硕士311人，留学生硕士27人），生师比为1.15∶1（具有招生资格的硕导992人），实现了1个硕导年均招1名硕士生的目标。现有在校生总计6 066人。

三、多管齐下，教育质量稳步提升

1. 改革选拔机制，吸引优秀生源

启动博士生招生选拔机制改革试点工作，制定并试行兽医学院 2019 年博士研究生“申请—考核制”招生实施方案，推进博士生生源质量提升；优化联合培养项目管理工作，制定实施《中国农业科学院研究生院与高等学校联合培养博士研究生项目工作管理暂行办法》，为联合培养项目健康运行提供制度保障；改革招生宣传方式，提高招生宣传针对性，改变过去研究生院集中统一举办夏令营的方式，鼓励并支持兽医学院及京内外 8 个研究所通过举办特色夏令营活动选拔优秀推免生，优化生源结构，提高生源质量。

2. 改革培养方案，提高教学质量

按照教育部相关文件精神要求，组织完成了中国农业科学院“农业硕士各领域培养方案”的修订，达到了职业型、复合型、应用型高素质人才的培养的需求。组织完成农业硕士各领域、兽医硕士、兽医学研究生培养方案以及农业机械化工程、农业生物环境与能源工程 2 个专业博士生培养方案的修订，进一步完善了研究生培养体系。召开教学委员会四届一次会议，深入推进研究生教育教学改革，制修订 16 门教学大纲，首次制定外语免修办法。新开设课程 4 门，回所课程 56 门，增加 12 门；扩充自主学习平台，录制精品课程 9 门，普通课程 11 门。

3. 突出思政教育，促进全面发展

以《高校思政工作质量提升工程实施纲要》为指导，落实“研究生综合素质提升方案”，利用“农科校园”App 及微信公众号，加强新形势下思想政治建设，完成国学、科研诚信等 8 期树人讲堂暨学术节讲座；举办首届三分钟论文演讲比赛；开展在校生心理筛查并进行主动干预，关注学生心理健康；参与中国研究生创新实践系列大赛并获佳绩。召开研究生“两代会”、组织北京、河北两地学生代表座谈，针对问题，立行立改，提高服务质量。组织义务植树、无偿献血、暑期社会实践等系列团学活动，引导学生树立和践行社会主义核心价值观。

在河北安新、内蒙古呼伦贝尔等地建成 7 个研究生培养暨博士创新实践基地，提升研究生理论服务实践的能力，培养新时代优秀人才。

4. 提高“出口”质量，优化就业服务

严格学位论文评阅、答辩及学位申请材料审核等关键环节管理，对论文评阅中存在问题的进行重点审核，并对论文答辩过程重点督查。全年共授予博士学位 223 人、硕士学位 872 人，学位授予过程规范有序。2017—2018 学年在校生以第一作者发表 JCR 大类一区论文 38 篇，较上一学年增加 3 篇，创历史新高。2018 届夏季毕业生以第一作者发表 SCI 论文 387 篇，生均 0. 48 篇，总数较 2017 年增加 25 篇。国务院抽检我院的博士学位论文全部合格，1 篇硕士学位论文获第七届全国兽医专业学位优秀硕士学位论文奖。

多渠道开展精准就业指导工作，点对点关注跟踪特殊群体就业并积极帮扶。加大信息化建设力度，提高就业服务水平。举办 2 次京区科研单位联合双选会，15 次校园专场招聘会。加强与用人单位和地区人力资源中心的联系，为学生就业搭建优质平台。2018 届毕业生共计 872 名（其中博士生 211 名、硕士生 661 名），就业率达 97.13%，在京区科研单位中位居前列。

5. 加强师资队伍建设，落实立德树人职责

为深入贯彻党的十九大关于加强师德师风建设及教育部于 2018 年 1 月印发《教育部关于全面落实研究生导师立德树人职责的意见》要求，以“加强师德师风建设、落实立德树人职责”为主题举办导师培训班，对全院 216 名新增导师进行了培训。围绕研究型教学、案例教学、师生沟通、信息化时代的混合式教学、教学设计、讨论式教学等内容举办教师教学培训班，近 70 名专兼职教师参加培训。制定《中国农业科学院全面落实研究生导师立德树人职责实施细则》，从划定导师禁行行为“红十三条”并实施“一票否决”等方面多措并举构建导师立德树人工作长效机制。严把导师遴选及招生资格年度审核“入口关”，遴选博导 159 人、备案硕导 205 人，通过 2019 年招生资格 1 674 人。

6. 秉持内涵发展，完善学科体系

院所联动、精心筹备，积极汇报、努力争取，新增农业工程一级学科博士学位授权点、大气科学和水产 2 个一级学科硕士学位授权点、工程硕士和图书情报硕士 2 个专业学位授权点。完成工程硕士专业学位授权点调整申报工作。组织申报兽医博士专业学位授权点，通过北京市学位委员会审核。以评促建，组织、协调全院各研究所完成 16 个学术学位授权点、2 个专业学位授权点自我评估工作，梳理现状、查找问题并提出持续改进计划。秉持内涵发展理念，对学科专业设置进行了调整，撤销情报学、设施农业与生态工程及作物土壤机械工程学 3 个二级学科。

四、深化交流合作，提升教育国际化水平

坚持以提高质量为核心，积极推进国际教育学院建设，国际教育发展迈上新台阶。通过“全年接受申请，春秋两季入学”措施，共报到留学生 191 人（春季 54 人、秋季 137 人），其中博士生 158 人，中国政府奖学金生 108 人，“一带一路”沿线国家的生源占 61%。在校留学生 523 人，比 2017 年增长 32.4%。全年获得中国政府、北京市奖学金经费共计 2 152 万元，比 2017 年增加 42.9%。规范留学生培养管理，持续推进英文课程建设和小班课程教学，开设英文课程 35 门次，其中新开课 12 门。2018 年毕业留学生 43 人，共发表论文 139 篇，其中 SCI 论文 111 篇，第一作者 SCI 论文 43 篇，论文平均影响因子 3.03，单篇最高影响因子 7.44，创历史新高。留学生荣获“我与北京”征文比赛二等奖。5 名毕业生获得中国农业科学院 2018 年优秀毕业生荣誉。进修生汉

斯·瑞恩施（Hans Riensche）获得世界粮食基金会博劳格—劳恩国际 2018 年度实习生计划项目唯一的“约翰．克里斯托奖”（John Crystal Award）。

积极推进中外合作办学项目。录取中比、中荷项目 40 人。利用中外合作办学项目和国际应用生物科学中心（CABI）等渠道，引进国外优质课程 7 门。21 名中外合作办学项目学生首次获得中国政府奖学金资助。2018 年中比项目 8 名毕业生发表论文 29 篇，人均 3.6 篇，其中 SCI 论文 20 篇，单篇最高影响因子为 9.236。美国北卡罗来纳州立大学合作博士学位教育项目首期 2 个博士生抵达美国学习。与加拿大阿尔伯塔大学、爱尔兰国立都柏林大学成功签署博士学位教育项目合作协议。与澳大利亚默多克大学等 3 所高校初步达成合作办学意向。全年接待 14 个团组 31 人次来访，组织 9 个团组 25 人次出访，签订合作谅解备忘录 7 个，扩大了中国农业科学院的国际知名度。

五、发挥资源优势，助力乡村振兴与科教扶贫

根据院党组部署要求，充分利用中国农业科学院优质科技人才资源，积极开展社会培训服务，助力我国乡村振兴和科教扶贫战略落地实施。参与起草中国农业科学院乡村振兴科技支撑规划和科技扶贫行动实施方案，制定“一懂两爱”农业科技队伍建设行动方案，将培训工作纳入中国农业科学院乡村振兴和科技扶贫的统一部署。制定组建“中国农业科学院乡村振兴学院”实施方案并获中国农业科学院批准，成为服务乡村振兴战略实施的有力载体，服务乡村振兴取得阶段性进展。积极配合中国农业科学院做好“院地合作”工作，结合院所地域分布积极推进培训基地建设。与新津县人民政府和新希望集团联合共建“天府希望绿领学院”，与史来贺干部学院合作建立培训基地，在北京顺鑫控股集团、哈尔滨兽医研究所、成都沼气研究所、成都新津县、新疆农垦科学院、甘肃敦煌种业集团、河北白洋淀国家农业科技园区管理委员会等地建立 7 个培训基地。

全年完成扶贫培训、“院地合作”培训、上级委派类培训、市场化培训班及国际会议 25 个，累计培训 3 495 人次，比 2017 年（2 377 人次）增加 1 082 人次，增长 47%；完成“西部之光”培养管理和服务，取得良好社会效益。

六、开拓办学思路，加强院地合作

加强与深圳市政府密切沟通，推进深圳研究生院建设，过渡校区及新校区选址规划均已初步完成，取得阶段性成果。在院地合作框架下，与呼伦贝尔学院签署战略合作协议，围绕人才培养、学科建设等方面展开交流合作，支援边疆地区研究生教育发展。在前期密切沟通合作的基础上，与河北农业大学正式签署合作协议，在教学培养、师资队伍建设等方面展开深入合作，2018 年，中国农业科学院 530 名硕士新生在河北农业大学顺利开展课程学习，在思政教育、后勤保障等方面开始了新的探索，解决了中国农业科学院办学条件的迫切需求，同时通过将高水平师资派往河北农业大学授课带动了河北

农业大学研究生教学队伍水平的提升，实现了互利共赢。

七、规范内部管理，服务事业发展

加强制度建设，提高管理效益。结合中国农业科学院管理效益年活动，进一步规范内部管理。坚持以“建章立制”作为提升管理水平的总抓手，建立完整的制度化、程序化、规范化的管理体系并不断巩固完善，修订完成《中国农业科学院研究生院规章制度汇编（2018 版）》，制修订党务、行政等各类管理制度 60 余个，使管理工作有章可循、有据可依。正式启用智慧农科系统（OA 系统），加强督办工作，强化执行力，降低办公成本，提高管理效率和水平。完成中文网站改版及新版宣传册制作，提升宣传工作水平，扩大社会影响力。

强化队伍建设，提供人才保障。认真贯彻落实中国农业科学院人才工作推进会精神，修订完善了《中国农业科学院研究生院“科教英才计划”管理办法》并组织招聘。积极向上级部门申请增加编制和人员，调入职工 9 人，招聘聘用人员 11 人。首次组建了副高级评审委员会，具有了评审副高级的权限。评审推荐正高级 2 人、通过副高级 2 人、通过中级 3 人。完成 3 名职工专业技术职务初次认定，1 人聘高级技师，推荐 1 人为 2018 年享受政府特殊津贴人员。加强岗位管理，组织完成 9 个管理岗位的聘用工作，充分调动现有人员积极性。配合人事局，积极做好我院参加中央事业单位养老保险材料准备工作。

严格财务管理，服务事业发展。顺利通过院巡视组和部财务司的巡视及会计基础工作和内部控制监督检查工作。严格按要求做好财务预决算工作，大额支出严格按照“三重一大”执行，确保经费使用合理合规。大力推行银行转账，减少现金支付业务。严格执行《中国农业科学院研究生院内部控制规程》，规范关键节点管理活动，有效防控廉政风险和财务风险。

八、加强条件建设，狠抓安全生产

实施完成“数字校园无线覆盖设备购置项目”，执行经费 210 万元，布置完成无线接入点 1 035 个，实现了全院办公教学生活区域无线网络全覆盖，极大改善了研究生院院区的无线网络环境，在全院范围内走在前列。完成“一卡通”系统升级改造工作，提升后勤管理信息化水平。加强基础设施建设，积极推进马连洼学生公寓项目，已完成文物保护评估审批。

投资完成电动自行车充电桩安装等修缮项目 20 余项，重点做好安全生产所急需的各类维修改造，有效提升了院区安全环境。进一步加强物业管理，及时修缮研究生公寓、维修更换各类设备设施，保障了教学、生活工作的顺利开展。狠抓安全生产工作，投资 100 多万元，完成消防门的升级改造及安全设备的更新维护。组织开展 4 次安全生产知识讲座及实地演练，提高师生安全意识和防范自救能力。召开专题会议强调部署安全生产，落实安全责任，建立检查台账，开展安全生产大检查，发现隐患立即整改。协助做好中国农民大学安全生产工作。作为示范单位，在农科院作典型发言，安全生产工作做到全年无事故。荣获中国农业科学院平安建设先进单位，1 人获得北下关地区交通安全工作先进个人。

九、坚持党的领导，加强党建和精神文明建设

认真贯彻落实党委领导下的院长负责制，加强党的领导，坚持师生党建分类指导、齐抓共管。将党的政治建设摆在首位，通过中心组学习、党课辅导报告等多种形式，教育引导广大师生党员牢固树立“四个意识”，坚定“四个自信”，坚决做到“两个维护”，召开专题会议学习贯彻习近平总书记对推进中央和国家机关党的政治建设的重要指示精神，认真对照检查，深入查摆问题，确保全院上下在思想上政治上行动上始终与以习近平同志为核心的党中央保持高度一致。

加强思想建设。全年组织 7 次中心组学习会，认真落实“三会一课”制度，深入学习习近平总书记关于“三农”、教育、乡村振兴和脱贫攻坚等方面的重要论述。通过开展重温入党誓词，组织观看电影《厉害了，我的国》《青年马克思》，参观“复兴之路·新时代部分”及“伟大的变革——庆祝改革开放 40 周年”展览等系列活动和“不忘初心　牢记使命”主题教育，坚定理想信念，强化党性观念。

加强组织建设。开展“红旗党支部创建行动”，进一步促进党建和业务工作互融互促。加强干部队伍和人才队伍建设，完成 2 名副院长的试用期满考核转正，完成 3 名正处级干部选拔任用和 6 名副处级干部的试用期满考核转正工作。严格按程序做好发展党员工作，全年发展党员 36 人。

加强党风廉政建设。积极配合院巡视组巡视工作，针对巡视组反馈的问题，多次召开党委会、院务会部署推进整改工作。党委书记和各处室负责人签订党风廉政建设责任书，认真落实党风廉政建设责任制。通过学习新版《中国共产党纪律处分条例》、观看警示教育片、参观中央国家机关廉政教育基地等多种形式，加强廉政教育，增强党员干部纪律规矩意识。

深入推进精神文明建设。与国防大学军事文化学院联合举办“一二·九”合唱比赛、师生元旦联欢会等活动，提高军民共建工作水平。发挥工青妇及研究生会等群团组织作用，组织师生健步走、读书交流会、摄影比赛等活动，营造良好氛围。荣获中国农业科学院群众性体育活动先进单位、精神文明奖和健步走“优秀组织奖”“凯旋奖”（团体总分第一名）。加强创新文化建设，荣获中国农业科学院创新文化建设先进单位。1 名同志借调至中央巡视组工作并得到肯定，1 名同志荣获中国农业科学院 2016—2017 年度优秀共产党员称号，1 名同志荣获中国农业科学院团委特殊贡献奖。研究生院党委建院以来首次同时荣获农业农村部和中国农业科学院 2016—2017 年度先进基层党组织称号。

中国农业科学院
2018年研究所研究生教育评价结果

为进一步贯彻落实《国务院学位委员会 教育部关于加强学位与研究生教育质量保证和监督体系建设的意见》(学位〔2014〕3号)文件精神,走内涵式发展道路,为中国农业科学院建设世界一流学科和一流科研院所提供强有力的人才支撑,强化和规范研究所的研究生教育管理工作,提高研究生教育质量,根据中国农业科学院研究所评价工作统一安排,2018年研究生院继续组织实施研究所研究生教育评价工作。

2018年,根据《中国农业科学院全面落实研究生导师立德树人职责实施细则》文件要求,对《中国农业科学院研究所研究生教育考核评价指标体系》进行了个别修订,"导师管理""导师履职"两个三级指标修改了指标含义(评分标准及权重不变),另外增加了"师德师风建设"减分项。总体上,指标体系构建以环节管理和要素管理相结合,覆盖面全且突出重点,采取百分制分级量化打分,客观反映研究生教育管理水平,体现导向性、合理性、实用性,力争简便易行,可操作性强,评价结果作为研究所研究生教育评优和资源配置的重要依据。

表 2018年研究所研究生教育评价综合排名

排名	研究所	得分	排名变化	排名	研究所	得分	排名变化
1	哈兽研	97.33	+1	17	棉花所	72.23	-6
2	牧医所	91.06	+2	18	上兽研	72.06	+6
3	质标所	87.25	-2	19	油料所	71.59	-9
4	植保所	82.10	-1	20	蔬菜所	70.91	-4
5	兰兽研	80.38	+12	21	蜜蜂所	70.08	+8
6	生物所	78.42	+13	22	烟草所	69.56	-16
7	沼科所	77.21	+5	23	环保所	69.36	-15
8	兰牧药	76.90	+15	24	特产所	68.68	-2
8	作科所	76.90	-1	25	营养所	68.32	+7
10	加工所	75.93	-5	26	农机化所	67.79	-8
11	茶叶所	75.49	+17	27	灌溉所	67.03	-6
12	郑果所	74.87	+2	28	果树所	66.45	-8

（续表）

排名	研究所	得分	排名变化	排名	研究所	得分	排名变化
13	资划所	74. 62	0	29	农经所	65. 91	+1
14	环发所	74. 24	+11	30	草原所	63. 78	−3
15	水稻所	74. 06	−6	31	信息所	63. 54	0
16	饲料所	72. 82	−1	32	麻类所	58. 75	−6

关于表彰中国农业科学院 2018 年度研究生管理工作先进集体和先进个人的决定

农科研生〔2019〕25 号

按照《关于评选中国农业科学院 2018 年度研究生管理工作先进集体和先进个人的通知》(农科研生〔2019〕1 号)文件精神，在各研究生培养单位申报的基础上，根据《中国农业科学院研究生院研究生管理工作先进集体和先进个人评选办法》，并结合 2018 年度中国农业科学院各研究所研究生教育考核指标体系考核评价结果，经研究生院 2019 年 3 月 1 日院务会研究决定，表彰哈尔滨兽医研究所等 10 个研究所为 2018 年度研究生管理工作先进集体（附件 1）；表彰高友兰等 27 位同志为 2018 年度研究生管理工作先进个人（附件 2）；授予在研究生管理工作岗位工作 10 年以上的刘益民、邱坤、宋国立 3 位同志研究生管理工作特别荣誉奖。

附件：1. 中国农业科学院 2018 年度研究生管理工作先进集体名单
　　　2. 中国农业科学院 2018 年度研究生管理工作先进个人名单

中国农业科学院研究生院

2019 年 3 月 12 日

附件 1

中国农业科学院 2018 年度
研究生管理工作先进集体名单

哈尔滨兽医研究所
北京畜牧兽医研究所
农业质量标准与检测技术研究所
植物保护研究所
兰州兽医研究所
生物技术研究所
沼气科学研究所
兰州畜牧与兽药研究所
农产品加工研究所
茶叶研究所

附件 2

中国农业科学院 2018 年度研究生管理工作先进个人名单

高友兰　哈尔滨兽医研究所
王皓宇　北京畜牧兽医研究所
吴　伟　农业质量标准与检测技术研究所
王友华　生物技术研究所
邱　坤　沼气科学研究所
孟　培　作物科学研究所
周　磊　兰州畜牧与兽药研究所
徐倩倩　郑州果树研究所
彭慧珍　农业环境与可持续发展研究所
吴万灵　饲料研究所
宋国立　棉花研究所
顾惠明　上海兽医研究所
彭　睿　油料作物研究所
霍伶艳　蔬菜花卉研究所
杨　磊　蜜蜂研究所
侯婉莹　烟草研究所
周　莉　环境保护科研监测所
陈　曦　特产研究所
黄家章　农业农村部食物与营养发展研究所
张　萌　南京农业机械化研究所
沈菊艳　农田灌溉研究所
程少丽　果树研究所
毛世平　农业经济与发展研究所
胡海红　草原研究所
王　川　农业信息研究所
吕　拓　麻类研究所
刘益民　兽医学院

中国农业科学院研究生院教学委员会四届一次会议纪要

7 月 16 日，研究生院教学委员会四届一次会议在北京召开，委员 41 人参加会议。中国农业科学院副院长、教学委员会主任委员吴孔明院士出席会议并讲话。中国农业科学院党组成员、研究生院党委书记、院长刘大群教授主持会议并作总结发言。会议分作物科学、动物科学、资源环境与植物保护、管理与工程 4 个学科组审议与讨论相关议题，会议纪要如下。

一、中国农业科学院研究生第一外国语（英语）课程免修管理办法（试行）议题

会议原则审议通过了该办法并提出了具体修改建议。会议认为，实施研究生第一外国语（英语）课程免修，有利于满足我院研究生对公共英语课程因材施教、个性化学习的需求，同时建议针对英语免修的研究生开设高级英语听说与写作选修课。

二、培养方案议题

（一）农业硕士各领域培养方案

会议原则审议通过了农业硕士各领域培养方案，另行发文公布。会议认为，新修订的农业硕士培养方案有利于推进我院研究生分类培养模式改革，对于“双导师制”“实践训练”等，建议研究生院进一步制定有关办法。

（二）兽医学研究生与兽医硕士专业学位研究生培养方案

会议原则审议通过了兽医学一级学科博士生培养方案，兽医学一级学科下基础兽医学、预防兽医学、临床兽医学、中兽医学、兽药学 5 个专业的硕士生培养方案，以及兽医硕士专业学位研究生培养方案，另行发文公布。

（三）农业机械化工程、农业生物环境与能源工程2个专业博士生培养方案

会议原则审议通过了新制订的农业工程一级学科下农业机械化工程、农业生物环境与能源工程2个专业的博士生培养方案，另行发文公布。

三、课程教学大纲议题

会议原则审议通过了现代农业发展与实践案例、现代植物生产理论与技术、动物繁殖理论与生物技术、农业资源及有害生物调查与评价、植物有害生物综合防控、农化产品高效利用与管理（案例）、资源利用技术进展、农产品安全生产技术与应用、农业工程与信息技术案例、食品安全案例、论文写作共11门新制订的课程教学大纲，以及现代基因工程、动物遗传原理与育种方法、高级动物营养学、高级试验设计与统计、现代管理学共5门修订后的课程教学大纲，并对其中13门课程教学大纲提出了具体修改意见，会后反馈给有关研究所教研室修改完善实施。

四、课程建设验收议题

会议原则审议通过了第四批、第五批立项的课程建设项目中放牧管理学、高级观赏植物育种学、高级蔬菜育种学、分子遗传学、烟草质量安全、蜜蜂生物学、土壤化学、植物病原细菌学、昆虫生态学、农药学、农药制剂学、农药残留与毒理学、高级生物安全、波谱学与色谱学、农村金融学、农业信息分析学、产业经济学、农业技术经济学、外国农业经济、多媒体与虚拟农业技术共20门课程的建设成果，并对其中6门课程建设成果提出了具体修改意见，会后反馈给有关研究所教研室修改完善实施。

关于授予段绍光等 44 人博士学位、汪玉琼等 89 人硕士学位的决定

农科学位〔2018〕2 号

中国农业科学院第九届学位评定委员会第二次会议于 2018 年 1 月 25 日在北京召开，根据《中国农业科学院学位授予工作实施细则》的规定，决定授予段绍光等 44 人博士学位（含留学生 7 人）；授予汪玉琼等 89 人硕士学位，其中全日制学术学位硕士 3 人（含留学生 1 人），全日制专业学位硕士 3 人，非全日制专业学位硕士 83 人，授予学位日期为 2018 年 1 月 25 日。具体名单见附件。

附件：中国农业科学院 2018 年春季授予学位人员名单

中国农业科学院学位评定委员会

2018 年 1 月 25 日

附件

中国农业科学院 2018 年春季授予学位人员名单

一、授予博士学位人员名单（44 人）

段绍光　朱运钦　张　钊　王　军　常利芳　王仕龙　梁秋菊　刘莉铭　杨顺利
张中旺　郭　远　董玉凤　张　建　王　杰　刘长友　王　婷　霍丽娟　郭　义
白　皓　韩　宾　刘新生　魏衍全　张　昊　游新勇　刘　磊　罗宗秀　张　莉
赵　曼　杨　敏　李玉明　党光辉　王　增　曹培丽　王泽祥　赵晓丹　高　飞
张治会　Zheney Makay　Takahashi Yuya　Ali Mumtaz
Sinumporn MR. Sittipun　Rashid Muhammed Mahbubur
Rashid, Md Harun Or　Dossa Komivi

二、授予全日制学术学位硕士学位人员名单（3 人）

汪玉琼　王　尧　Kaium Abdul

三、授予全日制专业学位硕士学位人员名单（3 人）

李振庆　杨　芳　程芳芳

四、授予非全日制专业学位硕士学位人员名单（83 人）

韩　杨　田济南　郭　毅　余　晖　张　丁　刘艳超　胡志南　白士忠　陈宇鹏
林启靖　潘　羲　肖长洪　李　聪　韩　林　俞　兰　张廷珍　国　宁　籍立杰
庞艳岑　陈丽戎　郭其乐　王雪莹　许　杨　邵　勇　胥剑雯　顾义兵　马凤江
苗　羽　迟吉捷　周兴忠　高　洁　陈宏波　诸葛翀　傅鸿妃　韩春芳　江雪芳
唐俊泓　余文慧　刘继超　文　颖　李华丽　刘延明　刘军亮　朱　姣　万　露
孙　凯　路耀明　杨晓潇　高玉秋　兰成云　成学斌　涂苑楠　劳琦静　潘建武
吴继日　楼宇涛　罗小龙　刘鉴洪　冯名姗　赵仕英　郑　捷　陈　玮　李　亮
钱　艳　傅兴晨　史　磊　宋艳雨　胡晓萍　宋爱华　张东东　王海亮　陈　波
孙作鹏　周　波　张　意　廖　东　于凯波　李晓丹　方　健　熊同舟　郑　巧
毛治安　严　成

关于授予邹亚飞等 179 人博士学位、赵俊敏等 783 人硕士学位的决定

农科学位〔2018〕10 号

中国农业科学院第九届学位评定委员会第三次会议于 2018 年 6 月 27 日在北京召开，根据《中国农业科学院学位授予工作实施细则》的规定，决定授予邹亚飞等 179 人博士学位（含留学生 30 人）；授予赵俊敏等 783 人硕士学位，其中全日制学术学位硕士 449 人（含留学生 5 人），同等学力硕士 2 人，全日制专业学位硕士 215 人，非全日制专业学位硕士 117 人，授予学位日期为 2018 年 6 月 27 日。具体名单见附件。

附件：中国农业科学院 2018 年夏季授予学位人员名单

中国农业科学院学位评定委员会

2018 年 6 月 27 日

附件

中国农业科学院2018年夏季授予学位人员名单

一、授予博士学位人员名单（179人）

邹亚飞	陶永宏	王闵霞	孟繁露	张晴	衡月芹	唐鹏钦	张学彪	冯楠
江红梅	马金奉	刘刈	王吉鹏	陈智芳	刘薇	张辉	段然	史学涛
殷万东	徐汉卿	田茜	曹小安	吉艳红	仇志恒	李龙	宋高原	薛鲜丽
崔学安	尚立国	赵阁	段盛文	杨晓燕	卢威	李健陵	马春芽	崔华
周志强	许诚	王莉	刘朝雷	华宇峰	陈焱	王冰	周喆	张慧敏
高磊	马进川	荣勤雷	高翔	刘逸竹	韩晓静	李振旺	胡琼	刘伟
张晓晓	黄晓庆	秦发亮	李廷刚	杨帆	张屾	张卫兵	张莉	孟丽峰
刘汇涛	侯强	刘莹	曲昱蓉	牛银杰	山丹	赵帅阳	成温玉	马晓霞
程培培	彭秀媛	肖阳	王晨	汪必旺	孙青	张强	王潇	杨婷
李晓华	周元清	陈晓丽	王斌	张彩霞	刘小刚	吴志超	王琳琳	孙滨
蔡怡聪	朱吉风	付深造	曹晓林	赵杰	江泽军	段海涛	焦博	杜曼婷
张维清	张笃芹	汪精磊	张芬	徐华	刘晓永	钟超	孔祥久	孙航军
康师	杨利娟	潘兴鲁	杨艳	王泽宇	张易	黄训兵	周梅	马彩云
崔虎	游帅	马宁	衣云鹏	高新桃	仝明薇	张贺伟	王方方	李朋
许金朋	闫大为	叶超	季爽	尹海畅	王广文	刘永相	王海明	韩蓉
殷方媛	张世栋	朱阵	栗振义	罗建川	韩冰	陈桂鹏	夏雪	杨亚东
陈祥新	梁丽	程长林	崔姹	卢德成	Hoang Long			

Samesh Bahadur Adhikari	Faheeda Soomro
Sadia Hassan	Berhanu Lemma Robe
Estifanos Tsegaye Redda	Latyr Diouf
Mohammad Abdul Awal Khan	Mamoudou Saidou
Kiflom Weldu Okubazghi	Bilal Ahmad Asad
Severin Marie Marc Hatt	Samoura Mohamed Lamine
Mohammed Abdallah Musa Salih	Zady Gnawa Cyrille
Mohammad Rezaul Islam	Thun Sophak
Muhammad Ali Abid	Shoaib Ur Rehman
Javaria Ashraf	Awet Estifanos Gebre
Tolera Kumsa Gemeda	Zewdu Ararso Hora
Dalia Kamal Mohamedkheir Khojely	Sajid Hussain
Abdul Waheed Solangi	Muhammad Adeel Hassan

Shahbaz Ali　　Emelin Mwenda

Altangerel Oyungerel

二、授予全日制学术学位硕士人员名单（449人）

赵俊敏　张艳丽　王万宁　王振玉　程雄彬　热孜宛古丽·阿卜杜克热木
赵　燕　马　超　苏日高格　包阿茹汗　余婧婧　栗文瀚　刘　笑　马倩倩
秦晓晨　史　萍　张　铁　周志花　靖云阁　王宇洲　张　妍　顾　源　刘　婧
孙先花　黄　义　秦伟彤　张宏扬　王　炼　曾　洁　杨依伟　张　雪　丁庆倩
李红丹　秦　超　苏　强　唐均勇　徐其隆　许欣颖　杨　娟　郑凯丽　李占占
董　美　范　鑫　霍亚云　刘　欢　马晓净　宁晓彦　宋夏夏　王作以　辛红佳
薛满德　易　尘　占　锦　赵　辉　赵璐璐　周嘉豪　李争光　宋　静　耿海荣
吕　聪　肖艳青　张　斌　胡　鸣　李晓康　田妮妮　张　凤　陈度宇　吕　鹏
张　宇　翟志文　岳焕然　潘亚茹　方　明　李　锋　刘　彪　娄尚易　乔白羽
王　帅　王　昕　吴　腾　伍文杰　张书彦　张亚萍　常　迪　李　彪　李　双
马筱建　南　茜　王鹏翔　张传更　赵鹏飞　朱忠锐　冯　禹　柯行林　刘　焕
闫文凯　郭康莉　章　程　王秀梅　姜奕圻　岳彩德　苏家磊　季　超　王　霜
李　辉　宋　月　苏　杭　王昕璐　张　超　张桂兰　郭亚龙　王　珺　许　岩
杨金姝　杨　莹　张　玥　王晴雨　于梦娇　张海平　周　倩　刘晶晶　曹晶晶
丁振江　宋慧慧　王　策　王瑞斌　吴立国　杨　妍　袁　利　赵　璞　李淑叶
刘丽媛　赵运成　刘继坤　徐同庆　杨银菊　张玉琴　周　平　禚其翠　陈　影
崔凤超　董　乐　郭　晨　贾奥琳　李冬冬　刘丽凤　邱海阳　任蒙蒙　王坤杨
王　琪　王　芸　许达兴　杨文英　朱　慧　郭　岩　李　雪　刘俊芳　张照华
侯　美　钞书粉　高易宏　罗荣剑　孟　帅　秦耀斌　孙志超　王备芳　薛　炮
韩林贺　王　晓　王　新　张雨生　安怡昕　雷　蕾　张林林　赵宇杨　季高翔
张传义　洪　双　宋延滨　张　森　窦心敬　陈　静　柴爽爽　秦美玲　李盼盼
刘　祥　陶　怡　马世峰　薛墨庸　李小沛　于云飞　张春阁　郑惠元　吴艳迪
张　倩　侯倩倩　王玉娇　张小双　崔轶男　董荣荣　窦文文　郝　佳　黄　雾
焦志成　李志远　刘　波　苗田田　沈　赫　史利雪　王玲玲　郗　希　谢　庆
赵　红　折红兵　朱明钊　姬万丽　白家赫　刘　岩　穆　兵　冉　伟　沈　晨
施莉婷　汤丹丹　杨　晨　张晶晶　张　琳　郑高言　姜赛平　连慧姝　曲潇琳
王传杰　王慧颖　黄　荣　王雪晴　陈　蕊　燕金香　李小利　秦丽娟　张雪丽
郑　欠　范玲玲　郭文茜　韩家琪　刘　航　张玉静　郭润婷　翟明娟　张晓慧
葛逢勇　刘泉成　马玉彤　佟　蕾　王程安　王凯娜　王明玉　王　帅　姚全杰
于　畅　张潇婉　张瀛东　赵玉丹　郑媛萍　单柳颖　王　杰　张振威　袁　媛
董文凤　田雪莹　刘贻聪　陈东凯　陈　耕　蒋　欣　李亚萍　刘　臣　刘雪微

刘雨潇 苗雨桐 王　倩 谢殿杰 张文璐 赵胜园 吴林珂 田志强 陈凯颖
冯程程 任宗杰 王丽萍 王　前 王芹芹 王　召 周召路 董婉莹 李　敏
叶福宇 韩艳华 梅　杰 盛世英 孙瑞梁 王　峰 杨静逸 安翠平 常天鹏
郭红洲 胡言青 黄自强 李　嫒 李小俊 梁奔梦 梁永虎 王丹丹 邬杨楠
夏　青 贤　明 邢义珅 许　红 张统雨 周伟伟 凌笑笑 张剑搏 胡凤明
胡　孟 李文娟 李新新 齐常华 刘　宇 龙　烁 鲁程瑶 时　博 王　昊
郑雪玲 党方昆 李梦珠 厉秀梅 孙玲玲 唐志文 夏　冰 薛佳佳 张立兰
张牧臣 张树敏 吴鹏杰 袁晓龙 张雪蕾 赵志峰 周永娜 邵莉萍 申栋帅
宋天琪 王　静 谷晨晨 李新培 孙亚茹 王雅文 车广胜 陈　婷 池秋燕
荆雅玮 李继红 任晓梅 汪　琪 相　笑 肖长广 薛亚飞 游艳敏 张　君
张玉娇 赵宗平 周昌娈 程晨曦 崔蒙蒙 范明惠 高嘉聪 景朝阳 梁文花
刘春晓 卢曼曼 马　乐 马　芹 马　骁 马艳龙 孟　飞 潘俊慧 任超琪
时　静 孙君帅 王莉莉 王曼曼 王美月 王　睿 王同云 谢永兴 徐海峰
杨丽君 杨彦超 尹　馨 赵　博 赵青青 周林宜 陈　凯 崔晓乐 邓　阳
冯欢欢 甘利鹏 季文恒 康　棣 李世芳 滕志东 田艾灵 吴　锋 许　笑
张巧玲 张淑敏 华伟毅 陈　敏 唐雪娟 李　瑾 张晓德 崔会婷 刘希强
刘佳月 臧　辉 刘文超 韦草原 张敏敏 郑开涛 袁　梦 周绪晨 吴和桑
张倩月 余颖雅 王琦琪 张　萌 何亚萍 刘　明 陆秋臻 蔡鸿毅 贾小玲
胡玲梅 王佳新 林梦星 李斐斐 罗洁霞 许振宝 龚　浩
Allen Bohr James　Muhammad Mohsin Nawaz　Kang Soohyun
Tefo Steve Ramatshaba　Kirungu Nyangasi Joy

三、授予同等学力硕士人员名单（2 人）

郝　楠 彭智超

四、授予全日制专业学位硕士人员名单（215 人）

胡熙琤 黄显雷 王海英 海恭剑 陈静静 孙洋洋 田　宇 王旭东 张红岩
张　伟 赵俊杰 朱　琳 耿延会 李传宗 刘其宝 鲁宁宁 乔文青 曲朝阳
杨秋红 张冰蕾 邹先炎 黄文辉 田志涛 王　莹 杨文娟 许雯雯 陈　平
李紫荷 史鸿志 周梦玉 李文丽 李正鹏 刘世馨 刘要旭 隋程程 许迪之
杨艺炜 尹鹏嘉 张震彪 刘海双 张新静 苏一钧 曹雨薇 耿树文 郭亚鹤
李福凯 李晓曼 吕建春 王志荣 肖志亮 徐玉凤 杨若雯 刘贝贝 孙世航
张南南 赵仁宗 毛　娟 宁秋燕 王松琳 尹洪旭 韩　晓 刘　娣 龙禹桥
毛晓洁 任凤玲 许　猛 张　涛 周　璇 黄成成 张宏祥 朱虹晖 管远清

郝月崎　李爱秀　李科利　李　兆　王济世　罗臣乾　朱　桃　李登辉　李晓宇
曹雅倩　曾颖达　高　环　郭金梦　韩本凤　何　浩　黄春蒙　孔　肖　李　超
栗增然　刘晓晨　马艳华　田小娟　王安佳　王慧敏　王京京　王雪静　张　强
张夏瑄　赵文珺　俎瑶琛　李　爽　李　倩　梁梦琦　张双纳　侯玉煌　乜　豪
吴正可　郝丽媛　李崇阳　李　凤　彭丹丹　余小飞　张潆月　张园园　李仁德
王　静　杨万云　曹　婧　冯　欣　宋梓璇　许鹏宇　周扬帆　高佳佳　郭荣达
李　婕　盛彩娇　钟　苑　朱　婷　纪　媛　刘梦琪　杨　森　岳晓甜　罗秀秀
张宇微　何雯菁　刘成新　刘　芳　刘　悦　张　婵　高梦笛　郭　静　解雅晶
鞠志远　李函彤　李　娟　李志航　罗其琪　苏笑芳　吴淑娟　梁馨文　张元元
栾　倩　马会芳　薛　莉　原　喆　朱婷婷　张鸿儒　孟祥玉　韦海婷　柴淑梅
韩阳瑞　何川川　李慧春　刘　腾　潘　学　佘如凤　王　欢　赵小超　左叶雯
白思宇　程玉笛　杜纳丽　谷文丽　郭　杰　胡玉珍　李翠霞　李　辉　梁甜甜
刘慧敏　马泽林　宋甲宝　宋文凤　王娜娜　王兴童　向广韬　薛雨佳　杨宝琳
杨　亲　臧金凯　赵　璐　周陈陈　白满元　陈冬冬　陈银银　高　雅　郭鹏飞
刘　翠　牛贤云　王　俊　王凯玲　王莉杰　魏南南　吴燕涛　于瑞明　袁　莉
张志君　侯艳华　秦文文　桑梦琪　孙　静　王　丹　王丹阳　赵吴静

五、授予非全日制专业学位硕士人员名单（117 人）

姜　鑫　李　超　张　雷　杨　科　王　聪　张　映　海　心　罗　陈　梁丹彤
史祀永　宋佳静　栗爱丽　梁永丰　张曦鹤　郑金光　周　雷　汝甲荣　张代新
黄　沁　周尚勤　张守福　王玲玲　潘瑛子　陈　斌　王　海　王加恩　张　薇
陈　晨　赵　晶　杜　慧　杨　晔　叶巧燕　郑　辰　屈云鹏　向明凤　杨　宇
李盛楠　李彭爽　茹　欣　张　博　庄红帅　王　利　董　平　杨　舟　孔祥颖
钟应霞　李　楠　程爱华　杨　海　沈文英　张丹丹　蔡云霞　樊利强　杨　颖
郝春峰　王　轩　张梓乔　苏保华　徐　充　王　昊　郝曦煜　刘凤菊　金　凤
刘　炜　张雯琪　李　平　张觊轩　柳　红　韩登云　黄　娟　彭　瑞　朱　菲
罗进军　侯　芳　贾清华　李雅雯　王田蕊　王子坤　赵晓琴　苏欢乐　陈柯宇
何成海　梁瑜珊　袁广慧　陈佳祎　刘青翠　马桂燕　李天娇　王祎秋　张珂珂
谭佳悦　朱梓菲　张雪竹　吴　瑕　宋川颖　谷　月　刘世君　张文旭　王艳飞
李泽青　李德瑞　李政廷　梁黎明　刘　园　王　萍　张大鹏　吕海芳　张鹏程
周吉辉　王晓娟　赵　航　王建伟　吕二文　邢　星　王笑宇　高广深　杨　毅

中国农业科学院 2018 年度优秀论文名单

中国农业科学院 2018 年度优秀博士学位论文名单

序号	姓名	培养单位	专业代码及名称	导师	学位论文题目
1	崔学安	生物所	071010 生物化学与分子生物学	路铁刚	控制水稻维管束发育基因 *TWI*1 的图位克隆和功能研究
2	衡月芹	作科所	090102 作物遗传育种	程治军	水稻穗顶部颖花退化基因 *PAA*1 的图位克隆与功能分析
3	汪精磊	蔬菜所	090202 蔬菜学	李锡香	萝卜抽薹开花相关基因鉴定及抽薹时间的 QTL 定位分析
4	胡　琼	资划所	0903Z2 农业遥感	唐华俊	基于时序 MODIS 影像的农作物遥感识别方法研究
5	孙航军	烟草所	090401 植物病理学	王凤龙	马铃薯 Y 病毒侵染过程中烟草 CLC-Nt1 蛋白的功能研究
6	潘兴鲁	植保所	090403 农药学	郑永权	手性杀菌剂啶菌噁唑和苯酰菌胺对映体生物活性、生态毒性及环境行为研究
7	游　帅	饲料所	090502 动物营养与饲料科学	蔡辉益	高比活嗜热木聚糖酶 XYL10C-ΔN 结构与功能关系的研究
8	王　增	哈兽研	090602 预防兽医学	陈化兰	EAH1N1 亚型猪流感病毒在豚鼠间飞沫传播的分子机制及其抗原变异的研究

中国农业科学院 2018 年度优秀硕士学位论文名单

序号	姓名	培养单位	专业/代码及名称	导师	学位论文题目
1	李占占	饲料所	071010 生物化学与分子生物学	王建华	新型穿膜嵌合肽的分子设计及其对胞内沙门氏菌的杀灭作用研究
2	冯　禹	环发所	082802 农业水土工程	龚道枝	黄土高原东部旱作玉米田耗水过程与模拟
3	杨　莹	加工所	083201 食品科学	郑金铠	柑橘油纳米乳液体系的构建及其表征
4	董　乐	作科所	090102 作物遗传育种	谢传晓	基因编辑创制玉米母体孤雌生殖单倍体诱导系与高效双荧光蛋白单倍体鉴定体系构建
5	王玉娇	果树所	090201 果树学	聂继云	坚果和干果真菌毒素污染及风险评估研究
6	穆　兵	茶叶所	090203 茶学	林　智	茶叶中挥发性成分对映异构体研究
7	姜奕圻	沼科所	083001 环境科学	王文国	藻菌协同净化沼液系统的构建与优化
8	王　霜	沼科所	083002 环境工程	邓良伟	PN-Anammox 同步脱氮工艺处理猪场废水厌氧消化液调控策略研究
9	王　杰	加工所	090401 植物病理学	戴小枫	大丽轮枝菌 *VdDfs* 基因簇调控寄主落叶性状的分子机制研究
10	田雪莹	烟草所	090401 植物病理学	张成省	砂引草内生菌多样性及一株内生菌 *Alternaria* sp. P8 次级代谢产物研究
11	周召路	植保所	090403 农药学	黄啟良	农药助剂调控雾滴在典型作物上的蒸发、沉积及弹跳行为研究

（续表）

序号	姓名	培养单位	专业/代码及名称	导师	学位论文题目
12	李　媛	牧医所	090501 动物遗传育种与繁殖	苗向阳	两品种猪不同脂肪组织中环状RNA 的鉴定及其功能分析
13	马　乐	哈兽研	090602 预防兽医学	华荣虹	SPCS1 影响乙型脑炎病毒复制的分子机制研究
14	时　静	哈兽研	090602 预防兽医学	郑永辉	HIV-1 Nef 拮抗新型宿主限制性因子 SERINC5 分子机理的研究
15	杨丽君	哈兽研	090602 预防兽医学	王玉娥	表皮生长因子受体 EGFR 在 PEDV 感染中的调控作用及机制研究
16	胡熙璕	水稻所	095101 作物	王克剑	水稻 CRISPR 基因组编辑系统的拓展及优化
17	李　凤	牧医所	095105 养殖	杜卫华	外源谷胱甘肽通过 γ-谷氨酰循环促进牛早期胚胎内 GSH 的合成

中国农业科学院 2017—2018 学年度高水平论文奖名单

序号	研究所	学号	姓名	学生类别	专业/领域	导师	发表期刊	发表论文名称	JCR 大类分区	影响因子
1	作科所	82101151011	孙　青	博士	生物化学与分子生物学	李文学	*Molecular Plant*	MicroRNA528 affects lodging resistance of maize by regulating lignin biosynthesis under nitrogen - luxury conditions	生物一区	7.435
2	作科所	82101171012	李少雅	博士	生物化学与分子生物学	夏兰琴	*Molecular Plant*	Expanding the scope of CRISPR/Cpf1-mediated genome editing in rice	生物一区	7.435
3	作科所	82101179101	杜庆国	博士	生物化学与分子生物学	李文学	*Plant Physiology*	The PILNCR1 - miR399 regulatory module is important for low phosphate tolerance in maize	生物一区	6.526
4	作科所	82101131049	刘　薇	博士	作物遗传育种	韩天富	*New Phytologist*	Functional diversification of flowering locus T homologs in soybean: GmFT1a and GmFT2a/5a have opposite roles in controlling flowering and maturation	生物一区	7.404
5	作科所	82101151047	刘广周	博士	作物栽培学与耕作学	李少昆	*Field Crops Research*	Canopy characteristics of high-yield maize with yield potential of 22.5 Mg ha-1	农林科学一区	2.984

（续表）

序号	研究所	学号	姓名	学生类别	专业/领域	导师	发表期刊	发表论文名称	JCR 大类分区	影响因子
6	作科所	82101161043	张　鑫	博士	作物栽培学与耕作学	张卫建	*Soil & Tillage Research*	Significant residual effects of wheat fertiliztion on greenhouse gas emissions in succeeding soybean growing season	农林科学一区	2.911
7	资划所	82101171142	刘元望	博士	农业环境学	李兆君	*Bioresource Technology*	Dynamics of bacterial composition and the fate of antibiotic resistance genes and mobile genetic elements during the co－composting with gentamicin fermentation residue and lovastatin fermentation residue	工程技术一区	5.021
8	资划所	82101151110	吴尚蓉	博士	农业遥感	陈仲新	*Remote Sensing of Envrionment*	Influence of reconstruction scale spatial resolution and pixel spatial relationships on the sub－pixel mapping accuracy of a double－calculated spatial attraction model	环境科学与生态学一区	6.180
9	资划所	82101169013	丁文成	博士	植物营养学	何　萍	*Field Crops Research*	Improving yield and nitrogen use efficiency through alternative fertilization options for rice in China：a meta－analysis.	农林科学一区	2.984
10	环发所	82101141031	李健陵	博士	农业气象与气候变化	李玉娥	*Geoderma*	Combination of modified nitrogen fertilizers and water saving irrigation can reduce greenhouse gas emissions and increase rice yield	农林科学一区	3.221

（续表）

序号	研究所	学号	姓名	学生类别	专业/领域	导师	发表期刊	发表论文名称	JCR 大类分区	影响因子
11	环发所	82101151041	王　斌	博士	农业气象与气候变化	李玉娥	*European Journal of Agronomy*	Responses of yield, CH_4 and N_2O emissions to elevated atmospheric temperature and CO_2 concentration in a double rice cropping system	农林科学一区	3.216
12	环发所	82101161026	王春鑫	博士	生物物理学	崔海信	*Pest Management Science*	Optimization and characterization of lambda-cyhalothrin solid nanodispersion by self-dispersing method	农林科学一区	2.919
13	环发所	82101141913	张　拓	博士	土壤学	曾希柏	*Geoderma*	Investigation of synthetic ferrihydrite transformation in soils using two-step sequential extraction and the diffusive gradients in thin films (DGT) technique	农林科学一区	3.221
14	饲料所	82101151142	游　帅	博士	动物营养与饲料科学	蔡辉益	*Biotechnology for Biofuels*	Insight into the functional roles of Glu175 in the hyperthermostable xylanase XYL10C-ΔN through structural analysis and site-saturation mutagenesis	工程技术一区	5.897
15	饲料所	82101152014	孙先花	硕士	微生物学	苏小运	*Journal of Agricultural and Food Chemistry*	Efficient co-production of mannanase and cellulase by transformation of a codon - optimized endo - mannanase gene from Aspergillus niger into Trichoderma reesei	农林科学一区	2.974

（续表）

序号	研究所	学号	姓名	学生类别	专业/领域	导师	发表期刊	发表论文名称	JCR 大类分区	影响因子
16	生物所	82101141011	崔学安	博士	生物化学与分子生物学	路铁刚	*Molecular Plant*	5-Methylcytosine RNA methylation in arabidopsis thaliana	生物一区	7.435
17	生物所	82101171006	谢李楠	博士	微生物学	徐玉泉	*Proceedings of the National Academy of Sciences of the United States of America*	Methylglucosylation of aromatic amino and phenolic moieties of drug-like biosynthons by combinatorial biosynthesis	综合性期刊一区	9.586
18	生物所	82101162053	徐　帆	硕士	生物化学与分子生物学	普　莉	*Molecular Plant*	Trithorax group proteins act together with a polycomb group protein to maintain chromatin integrity for epigenetic silencing during seed germination in arabidopsis	生物一区	7.435
19	植保所	82101171162	王平平	博士	农药学	刘新刚	*Journal of Hazardous Materials*	Evaluation of biochars in reducing the bioavailability of flubendiamide in water/sediment using passive sampling with polyoxymethylene	工程技术一区	5.143
20	植保所	82101141711	张　勇	博士	农业昆虫与害虫防治	陈巨莲	*Journal of Agricultural and Food Chemistry*	Watery saliva secreted by the grain aphid, *Sitobion avenae* stimulates aphid resistance in wheat	农林科学一区	2.974
21	植保所	82101131107	史学涛	博士	植物病理学	王国梁	*PLoS Pathogens*	The fungal pathogen *Magnaporthe oryzae* suppresses innate immunity by modulating a host potassium channel	生物一区	7.058

（续表）

序号	研究所	学号	姓名	学生类别	专业/领域	导师	发表期刊	发表论文名称	JCR 大类分区	影响因子
22	植保所	82101162330	许春丽	硕士	农药学	黄啟良	*Chemical Engineering Journal*	Emulsion - based synchronous pesticide encapsulation and surface modification of mesoporous silica nanoparticles with carboxymethyl chitosan for controlled azoxystrobin release	工程技术一区	5. 282
23	植保所	82101162336	高彦杰	硕士	植物保护	彭于发	*Journal of Agricultural and Food Chemistry*	Safety assessment of *Bacillus thuringiensis* insecticidal proteins Cry1C and Cry2A with a zebrafish embryotoxicity test	农林科学一区	2. 974
24	牧医所	82101161153	张　凯	博士	动物营养与饲料科学	张军民	*Journal of Agricultural and Food Chemistry*	Isobaric tags for relative and absolute quantification (itraq) -based untargeted quantitative proteomic approach to identify change of the plasma proteins by salbutamol abuse in beef cattle	农林科学一区	2. 974
25	加工所	82101151079	焦　博	博士	农产品加工利用	王　强	*Angewandte Chemie International Edition*	High-internal-phase pickering emulsions stabilized solely by peanut - protein-isolate microgel particles with multiple potential applications	化学一区	11. 655
26	加工所	82101152148	赵　璞	硕士	食品科学	吕加平	*Journal of Agricultural and Food Chemistry*	Differences in the triacylglycerol and fatty acid compositions of human colostrum and mature milk	农林科学一区	2. 974

（续表）

序号	研究所	学号	姓名	学生类别	专业/领域	导师	发表期刊	发表论文名称	JCR 大类分区	影响因子
27	蜜蜂所	82101165158	乔江涛	硕士	食品加工与安全	张红城	*Journal of Agricultural and Food Chemistry*	Non-enzymatic browning and protein aggregation in royal jelly during room-temperature storage	农林科学一区	2.974
28	油料所	82101179202	高鸿飞	博士	生物化学与分子生物学	华　玮	*Journal of Agricultural and Food Chemistry*	Sensitive and facile electrochemiluminescent immunoassay for detecting genetically modified rapeseedbased on novel carbon nanoparticles	农林科学一区	2.974
29	油料所	82101155158	栾　倩	硕士	食品加工与安全	黄凤洪	*Journal of Agricultural and Food Chemistry*	Cellulose-based composite macrogels from cellulose fiber and cellulose nanofiber as intestine delivery vehicles for probiotics	农林科学一区	2.974
30	水稻所	82101159038	董　青	博士	作物遗传育种	马良勇	*Rice*	Dissection and fine-mapping of two QTL for grain size linked in a 460-kb region on chromosome 1 of rice	农林科学一区	3.692
31	水稻所	82101151048	张彩霞	博士	作物栽培学与耕作学	陶龙兴	*Rice*	Heat stress induces spikelet sterility in rice at anthesis through inhibition of pollen tube elongation interfering with auxin homeostasis in pollinated pistils	农林科学一区	3.692
32	水稻所	82101161074	邱振楠	博士	作物种质资源学	郭龙彪	*Rice*	The rice white green leaf 2 gene causes defects in chloroplast development and affects the plastid ribosomal protein S9	农林科学一区	3.692

（续表）

序号	研究所	学号	姓名	学生类别	专业/领域	导师	发表期刊	发表论文名称	JCR 大类分区	影响因子
33	沼科所	82101152120	王　霜	硕士	环境工程	邓良伟	*Bioresource Technology*	Control of partial nitrification using pulse aeration for treating digested effluent of swine wastewater	工程技术一区	5.021
34	沼科所	82101152115	姜奕圻	硕士	环境科学	王文国	*Biotechnology for Biofuels*	Cultivation of lipid－producing microalgae in struvite － precipitated liquid digestate for biodiesel production	工程技术一区	5.897
35	果树所	82101152316	田志强	硕士	农业昆虫与害虫防治	仇贵生	*Pest Management Science*	Molecular characterization and functional analysis PBPs and GOBPs from *Carposina sasakii.*	农林科学一区	2.919
36	哈兽研	82101151170	王海明	博士	预防兽医学	蔡雪辉	*Transboundary and Emerging Diseases*	A natural recombinant PRRSV between HP-PRRSV JXA1-like and NADC30-like strains.	农林科学一区	3.081
37	哈兽研	82101152413	景朝阳	硕士	预防兽医学	冯　力	*Transboundary and Emerging Diseases*	A G3P［13］porcine group A rotavirus emerging in China is a reassortant and a natural recombinant in the VP4 gene	农林科学一区	3.081
38	兰兽研	82101131167	曹小安	博士	预防兽医学	景志忠	*Transboundary and Emerging Diseases*	Molecular epidemiological characterization of Brucella isolates from sheep and yaks in northwest China	农林科学一区	3.081

关于公布中国农业科学院2018年新增博士研究生指导教师名单的通知

农科学位〔2018〕5号

院属各研究生培养单位：

根据《中国农业科学院研究生指导教师工作条例》的规定，严格按照个人申报、研究所学位评定委员会初审、研究生院组织院外同行专家通讯评议、学科评议组复审、院学位评定委员会终审的遴选程序，经中国农业科学院第九届学位评定委员会第二次会议审议并无记名投票表决，遴选159人为2018年新增博士研究生指导教师（其中农科英才70人、其他在岗科研人员89人）。新增博士研究生指导教师名单在中国农业科学院网站公示无异议，现予以公布（附件1和附件2）。另外，会议还认定了1人的博士研究生指导教师资格，名单一并予以公布（附件3）。博士研究生指导教师资格从2018年1月25日起生效。

附件：1. 中国农业科学院2018年新增博士研究生指导教师名单（农科英才）
2. 中国农业科学院2018年新增博士研究生指导教师名单（其他在岗科研人员）
3. 中国农业科学院2018年1月博士研究生指导教师资格认定名单

中国农业科学院学位评定委员会
2018年3月14日

附件 1

中国农业科学院
2018 年新增博士研究生指导教师名单
（农科英才）

序号	姓名	所在单位	性别	出生年月	专业
1	吕海鹏	茶叶所	男	1980.6	茶学
2	许勇泉	茶叶所	男	1983.1	茶学
3	高会江	畜牧所	男	1972.6	动物遗传育种与繁殖
4	蒋　琳	畜牧所	女	1982.11	动物遗传育种与繁殖
5	徐凌洋	畜牧所	男	1984.11	动物遗传育种与繁殖
6	赵学明	畜牧所	男	1979.9	动物遗传育种与繁殖
7	丁学智	兰牧药	男	1979.3	动物遗传育种与繁殖
8	孙　鹏	畜牧所	女	1979.9	动物营养与饲料科学
9	黄火清	饲料所	男	1981.10	动物营养与饲料科学
10	曹　珂	郑果所	男	1978.11	果树学
11	谷　峰	上兽研	男	1977.12	基础兽医学
12	刘红芝	加工所	女	1980.5	农产品加工利用
13	刘兴训	加工所	男	1985.7	农产品加工利用
14	薛晓锋	蜜蜂所	男	1979.2	农产品质量与食物安全
15	张兆威	油料所	男	1979.11	农产品质量与食物安全
16	金　芬	质标所	女	1978.6	农产品质量与食物安全
17	孙约兵	环保所	男	1978.7	农业环境学
18	陈秧分	农经所	男	1983.4	农业经济管理
19	钟　钰	农经所	男	1979.6	农业经济管理

（续表）

序号	姓名	所在单位	性别	出生年月	专业
20	徐　磊	信息所	男	1979.5	农业经济管理
21	萧玉涛	基因组所	男	1983.1	农业昆虫与害虫防治
22	邵长亮	资划所	男	1974.6	农业生态学
23	庚　强	资划所	男	1979.2	农业生态学
24	李中阳	灌溉所	男	1980.10	农业水土工程
25	刘恩科	环发所	男	1979.10	农业水资源与环境
26	张西美	环发所	男	1983.8	农业水资源与环境
27	吴文斌	资划所	男	1976.12	农业遥感
28	李广悦	植保所	男	1983.10	生物防治学
29	汪　泉	基因组所	男	1981.11	生物化学与分子生物学
30	向　勇	基因组所	男	1979.5	生物化学与分子生物学
31	闫建斌	基因组所	男	1979.2	生物化学与分子生物学
32	邢福国	加工所	男	1979.2	生物化学与分子生物学
33	刘头明	麻类所	男	1981.6	生物化学与分子生物学
34	韩剑锋	饲料所	男	1978.11	生物化学与分子生物学
35	何明雄	沼科所	男	1978.11	生物化学与分子生物学
36	童红宁	作科所	男	1981.2	生物化学与分子生物学
37	王　琰	环发所	女	1982.6	生物物理学
38	张　亮	环发所	男	1983.8	生物物理学
39	崔　鹏	基因组所	男	1981.10	生物信息学
40	王　欢	生物所	女	1983.2	生物信息学
41	付俊杰	作科所	男	1978.6	生物信息学
42	薄凯亮	蔬菜所	男	1983.2	蔬菜学

（续表）

序号	姓名	所在单位	性别	出生年月	专业
43	程　锋	蔬菜所	男	1982. 11	蔬菜学
44	黄泽军	蔬菜所	男	1974. 10	蔬菜学
45	张扬勇	蔬菜所	男	1977. 7	蔬菜学
46	任卫波	草原所	男	1979. 10	饲草遗传育种与种子科学
47	王　珍	畜牧所	女	1974. 4	饲草遗传育种与种子科学
48	李继莲	蜜蜂所	女	1977. 7	特种经济动物饲养
49	刘永军	蜜蜂所	女	1981. 8	特种经济动物饲养
50	许保增	特产所	男	1980. 1	特种经济动物饲养
51	杨建军	环发所	男	1983. 5	土壤学
52	冯文婷	资划所	女	1981. 4	土壤学
53	燕永亮	生物所	男	1977. 4	微生物学
54	罗会颖	饲料所	女	1973. 8	微生物学
55	承　磊	沼科所	男	1982. 4	微生物学
56	魏海雷	资划所	男	1979. 8	微生物学
57	安同庆	哈兽研	男	1978. 9	预防兽医学
58	祁小乐	哈兽研	男	1980. 12	预防兽医学
59	赵东明	哈兽研	男	1982. 10	预防兽医学
60	郑海学	兰兽研	男	1979. 4	预防兽医学
61	李　彦	蔬菜所	男	1983. 1	植物病理学
62	寇艳君	水稻所	女	1985. 7	植物病理学
63	高　利	植保所	女	1978. 3	植物病理学
64	宁约瑟	植保所	男	1984. 11	植物病理学
65	艾　超	资划所	男	1985. 9	植物营养学

（续表）

序号	姓名	所在单位	性别	出生年月	专业
66	商海红	棉花所	男	1978.4	作物遗传育种
67	王跃星	水稻所	男	1982.7	作物遗传育种
68	吴玮勋	水稻所	男	1985.7	作物遗传育种
69	王林海	油料所	男	1979.6	作物遗传育种
70	杨　平	作科所	男	1984.4	作物遗传育种

附件 2

中国农业科学院
2018 年新增博士研究生指导教师名单
（其他在岗科研人员）

序号	姓名	所在单位	性别	出生年月	学科专业
1	孙晓玲	茶叶所	女	1974. 4	茶学
2	王新超	茶叶所	男	1975. 10	茶学
3	尹军峰	茶叶所	男	1968. 2	茶学
4	王秀东	农经所	男	1974. 2	产业经济
5	牟玉莲	畜牧所	女	1975. 1	动物遗传育种与繁殖
6	杨述林	畜牧所	男	1975. 1	动物遗传育种与繁殖
7	张　莉	畜牧所	女	1975. 7	动物遗传育种与繁殖
8	武书庚	饲料所	男	1972. 5	动物营养与饲料科学
9	张乃锋	饲料所	男	1974. 10	动物营养与饲料科学
10	程存刚	果树所	男	1969. 1	果树学
11	严作廷	兰牧药	男	1962. 8	临床兽医学
12	王　锋	加工所	男	1974. 11	农产品加工利用
13	王凤忠	加工所	男	1972. 4	农产品加工利用
14	郭波莉	加工所	女	1974. 4	农产品质量与食物安全
15	陈兰珍	蜜蜂所	女	1974. 11	农产品质量与食物安全
16	陈爱亮	质标所	男	1975. 9	农产品质量与食物安全
17	刘霁欣	质标所	男	1975. 10	农产品质量与食物安全
18	佘永新	质标所	男	1970. 7	农产品质量与食物安全
19	芮昌辉	植保所	男	1964. 3	农药学
20	王秋霞	植保所	女	1977. 3	农药学

（续表）

序号	姓名	所在单位	性别	出生年月	学科专业
21	徐　军	植保所	女	1977.9	农药学
22	丁永祯	环保所	男	1977.1	农业环境学
23	黄益宗	环保所	男	1970.2	农业环境学
24	胡志全	农经所	男	1972.8	农业技术经济
25	辛　岭	农经所	女	1971.10	农业技术经济
26	刘合光	农经所	男	1975.11	农业经济管理
27	赵一夫	农经所	男	1973.8	农业经济管理
28	刘瀛弢	信息所	女	1972.5	农业经济管理
29	郑海霞	信息所	女	1975.4	农业经济管理
30	张　峰	植保所	男	1973.5	农业昆虫与害虫防治
31	张国良	环发所	男	1967.12	农业生态学
32	金　轲	资划所	男	1971.12	农业生态学
33	龚道枝	环发所	男	1976.2	农业水土工程
34	孔繁涛	信息所	男	1968.7	农业信息分析学
35	刘继芳	信息所	男	1965.10	农业信息管理
36	毛克彪	资划所	男	1977.8	农业遥感
37	杨秀春	资划所	女	1975.9	农业遥感
38	郭立华	植保所	女	1972.9	生物防治学
39	农向群	植保所	女	1964.3	生物防治学
40	张礼生	植保所	男	1973.2	生物防治学
41	张海文	生物所	男	1969.10	生物化学与分子生物学
42	张执金	生物所	男	1975.2	生物化学与分子生物学
43	吴　刚	油料所	男	1976.8	生物化学与分子生物学
44	陈　明	作科所	男	1972.4	生物化学与分子生物学

（续表）

序号	姓名	所在单位	性别	出生年月	学科专业
45	李宏宇	作科所	女	1970. 1	生物化学与分子生物学
46	徐兆师	作科所	男	1976. 5	生物化学与分子生物学
47	贺超兴	蔬菜所	男	1965. 6	蔬菜学
48	王孝宣	蔬菜所	男	1970. 12	蔬菜学
49	张圣平	蔬菜所	男	1975. 2	蔬菜学
50	李志勇	草原所	男	1965. 12	饲草遗传育种与种子科学
51	于林清	草原所	男	1965. 10	饲草遗传育种与种子科学
52	石　巍	蜜蜂所	女	1962. 5	特种经济动物饲养
53	龙怀玉	资划所	男	1969. 10	土壤学
54	卢昌艾	资划所	男	1968. 12	土壤学
55	张文菊	资划所	女	1978. 7	土壤学
56	张晓霞	资划所	女	1974. 10	微生物学
57	张亚玉	特产所	女	1968. 5	药用植物资源学
58	高玉龙	哈兽研	男	1974. 9	预防兽医学
59	乔传玲	哈兽研	女	1973. 6	预防兽医学
60	王靖飞	哈兽研	男	1972. 12	预防兽医学
61	储岳峰	兰兽研	男	1978. 12	预防兽医学
62	李有全	兰兽研	男	1975. 8	预防兽医学
63	卢曾军	兰兽研	男	1971. 9	预防兽医学
64	孙世琪	兰兽研	男	1971. 5	预防兽医学
65	陈鸿军	上兽研	男	1979. 8	预防兽医学
66	陈兆国	上兽研	男	1970. 4	预防兽医学
67	董　辉	上兽研	男	1977. 11	预防兽医学
68	韩红玉	上兽研	女	1973. 11	预防兽医学

（续表）

序号	姓名	所在单位	性别	出生年月	学科专业
69	韩先干	上兽研	男	1976.8	预防兽医学
70	于　海	上兽研	男	1980.6	预防兽医学
71	李义强	烟草所	男	1976.2	植物病理学
72	王忠跃	植保所	男	1963.8	植物病理学
73	梁国庆	资划所	男	1963.10	植物营养学
74	李　强	甘薯所	男	1971.6	作物遗传育种
75	叶国友	基因组所	男	1964.10	作物遗传育种
76	朱爱国	麻类所	男	1973.5	作物遗传育种
77	杨代刚	棉花所	男	1965.1	作物遗传育种
78	张永山	棉花所	男	1971.9	作物遗传育种
79	楼向阳	水稻所	男	1967.8	作物遗传育种
80	罗　炬	水稻所	男	1972.12	作物遗传育种
81	杨爱国	烟草所	男	1977.5	作物遗传育种
82	赵应忠	油料所	男	1963.1	作物遗传育种
83	吴存祥	作科所	男	1969.11	作物遗传育种
84	谢传晓	作科所	男	1972.4	作物遗传育种
85	郑　军	作科所	男	1976.2	作物遗传育种
86	李亚兵	棉花所	男	1972.12	作物栽培学与耕作学
87	方福平	水稻所	男	1971.12	作物栽培学与耕作学
88	刘　方	棉花所	男	1972.8	作物种质资源学
89	关荣霞	作科所	女	1974.4	作物种质资源学

附件 3

中国农业科学院 2018 年 1 月博士研究生指导教师资格认定名单

姓名	所在单位	性别	出生年月	学科专业
庞永珍	畜牧所	女	1976. 9	饲草遗传育种与种子科学

关于修订并印发《中国农业科学院学位授予工作实施细则》的通知

农科学位〔2018〕7号

为进一步规范我院学位授予工作，加强质量监控，根据国家有关规定，经中国农业科学院第九届学位评定委员会第二次会议审议通过，将《中国农业科学院学位授予工作实施细则》中博士学位公示期由45天修改为90天，自2018年1月起实施。请遵照执行。

附件：中国农业科学院学位授予工作实施细则

中国农业科学院学位评定委员会
2018年3月14日

附件

中国农业科学院学位授予工作实施细则

（2018 年 1 月 25 日院学位评定委员会九届二次会议修订）

第一章　总　则

第一条　根据《中华人民共和国学位条例》和《中华人民共和国学位条例暂行实施办法》，结合我院的实际情况，制订本实施细则。

第二条　本院授予的硕士、博士两级学位，按理学、工学、农学、管理学等学科门类授予。

第三条　凡是我院在籍研究生和备案申请学位的在职人员，拥护中国共产党的领导，拥护社会主义制度，热爱祖国、遵纪守法、品德良好，完成培养方案规定的课程学习和必修环节，成绩合格，取得规定的总学分，完成学位论文，通过论文答辩，符合《中国农业科学院研究生攻读学位期间发表学术论文要求的规定》，可向我院学位评定委员会申请相应的学位，申请人不得同时向两个学位授予单位提出申请。

第二章　学位评定委员会

第四条　中国农业科学院学位评定委员会（以下简称院学位评定委员会），是学位授予的权力机构，由 25~33 人组成，设主席 1 人，副主席 2~3 人，秘书 1 人，由院主要负责人和科研、教学人员担任，成员均为具有研究员、教授或相当职称的专家，任期 4 年。院学位评定委员会主席由院长担任，委员由中国农业科学院院务会议确定，由院长聘请。换届遴选时，新委员人数不得少于 30%。委员名单经中国农业科学院院务会议审核，上报农业部批准，转报国务院学位委员会备案。院学位评定委员会下设学位办公室（设在研究生院），是院学位评定委员会的日常办事机构，负责有关学位和学科建设的日常管理工作。

第五条　院学位评定委员会按学科（群）设若干学科评议组，协助院学位评定委员会工作。学科评议组会由 7~11 人组成，主要由从事科研、教学、管理工作的人员担任，成员均为具有研究员、教授或相当职称的专家，任期 4 年。学科评议组设组长 1 人，副组长 1~2 人，秘书 1 人，学科评议组组长必须由院学位评定委员会委员担任，学科评议组成员构成须经院学位评定委员会审议。

第六条　中国农业科学院凡是具有研究生培养职能的研究所均需成立所级学位评定委员会，任务是协助学科评议组、院学位评定委员会完成学位授予及其他研究生管理工作。所级学位评定委员会由 7~15 人组成（具体人数按照研究生规模确定），主要由研究所负责人和科研、教学人员担任，成员均为具有研究员、教授或相当职称的专家，任期4年。所级学位评定委员会设主席1人，副主席1~2人。所级学位评定委员会主席必须由学科评议组成员或院学位评定委员会委员担任，所级学位评定委员会人员构成须经院学位评定委员会审议。

第七条 院学位评定委员会、学科评议组、所学位评定委员会的有效工作对保证我院的学位授予质量至关重要，凡出国一年以上以及由于各种原因无力承担学位评定委员会工作的成员应进行调整，调整的申报程序按产生委员会的正常程序进行。

第八条 学位评定委员会的职责

院学位评定委员会依据国务院学位委员会授权，统一领导全院学位与研究生教育工作，对学科评议组和所学位评定委员会给予指导和监督，主要职责为：

(1) 统筹规划学位与研究生教育工作，为学位与研究生教育的发展提供战略咨询与建议；

(2) 审批通过新增和拟撤销学位授权学科、专业与类型；

(3) 审核通过学位申请人员名单，做出授予博士学位和硕士学位的决定；

(4) 审批通过拟授予名誉博士学位人员名单；

(5) 做出撤销错授或违反规定而授予学位的决定；

(6) 审批院级优秀博士、硕士学位论文名单；

(7) 审批增列博士生指导教师的申请；

(8) 审核增设博士、硕士学位授权学科和专业点的申请；

(9) 研究和处理授予学位工作中的争议问题和其他有关学位授予的问题；

(10) 决策我院学位与研究生教育业务工作的重大事宜。

学科评议组接受院学位评定委员会的指导和委托，研究和处理本学科（群）范围内学位与研究生教育工作，主要职责为：

(1) 审议学位与研究生教育的规章制度；

(2) 审议新增和拟撤销学位授权学科、专业与类型；

(3) 审查本学科（群）学位申请人有关情况，提出建议授予学位人员名单；

(4) 审议拟授予名誉博士学位人员的建议名单；

(5) 审议因违反规定而撤销授予学位人员的建议名单；

(6) 审议本学科（群）优秀博士、硕士学位论文推荐名单；

(7) 审查并推荐本学科（群）博士生指导教师遴选名单；

(8) 审查本学科（群）学位授权点申报材料，组织本学科（群）学位授权点质量评估工作；

(9) 研究和审议有关研究生培养和学位授予的事项。

所级学位评定委员会，接受院学位评定委员会和相关学科评议组的指导和委托，研究和处理本单位的学位与研究生教育工作，主要职责为：

(1) 审查本所学位申请人的有关情况，提出建议授予学位人员名单；

(2) 提出因违反规定而撤销授予学位的人员建议名单；

（3）指导和督促导师对学生的指导；

（4）培养和推荐优秀博士、硕士学位论文；

（5）推荐博士生指导教师遴选名单；

（6）组织、协调学位授权点申报、评估及其他有关事宜；

（7）研究和处理有关研究生培养和学位授予的事项。

第三章　学位课程

第九条　硕士学位的考试课程包括：马克思主义理论课、基础理论课和专业课、一门外国语。

申请人必须修完培养方案所规定的学位课程和指定的选修课，并取得规定的总学分，掌握马克思主义的基础理论，在本门学科上掌握坚实的基础理论和系统的专门知识，能比较熟练地运用一门外国语阅读本专业的外文资料。

第十条　博士学位的考试课程包括：马克思主义理论、基础理论课和专业课、外国语。

申请人必须修完培养方案所规定的学位课程和指定的选修课，并取得规定的总学分，较好地掌握马克思主义的基础理论，在本门学科上掌握坚实宽广的基础理论和系统深入的专门知识，能熟练地阅读本专业的外文资料，并具有良好的写作能力。

第四章　学位论文

第十一条　学位论文应由申请人在导师指导下独立完成，学位论文写作按照《中国农业科学院学位论文与摘要写作规范》执行。

第十二条　硕士学位论文要求有 1 年以上工作量，论文正文字数 2 万字以上、参考文献 80 篇以上（含一定数量的外文文献）。博士学位论文要求有 2 年以上工作量，论文正文字数 4 万字以上、参考文献 150 篇以上（含一定数量的外文文献）。各学科博士、硕士学位论文的具体要求按照《中国农业科学院学位授予标准》（自 2016 级研究生开始实施）执行。

第五章　论文答辩

第十三条　申请人按计划完成本专业培养方案规定的全部课程学习和必修环节，成绩合格，达到所规定的总学分，完成学位论文的研究和撰写工作，可申请进行学位论文答辩。

第十四条　申请人须在规定日期前向学位办公室提交论文答辩申请，由管理部门依据有关规定从政治思想表现、课程成绩、学分等方面对申请人进行资格审查。逾期不提交论文答辩申请者，学位办公室将不受理其答辩事宜。

第十五条 申请人资格审查合格后，由学位办公室按照有关规定确定其论文评阅人和答辩委员会成员。

第十六条 论文答辩组织工作，由学位办公室和研究所共同负责，研究所落实专人负责管理，论文答辩应当公开举行（保密论文除外）。

第十七条 博士学位论文和部分硕士学位论文的评阅采用双盲制匿名评审方式进行（按照《中国农业科学院学位论文双盲制评阅实施办法》执行）。硕士学位论文的评阅人为2名（院外专家至少1名），博士学位论文的评阅人为3名（院外专家至少2名），同等学力申请硕士学位论文的评阅人为3名（申请人所在单位以外和院外的专家至少1名）。

第十八条 论文评阅人应对论文写出详细的学术评语（包括立题意义、研究水平以及对申请人业务素质的客观评价等），并对论文可否提交答辩、论文水平（优、良、合格、不合格4级）以及是否达到所攻读学位的学术水平等提出意见。两位评阅人中有一位评阅人的评语属否定的，应增聘一名评阅人，3位评阅人中如有2位评阅人的评语属肯定的，可以答辩，如有两位评阅人的评语属否定的，则本次申请无效。

第十九条 硕士学位论文答辩委员会至少由5人组成（其中院外专家至少2人），要求由副研究员以上或相当职称的专家担任；博士学位论文答辩委员会至少由7人组成（其中院外专家至少3人），要求由研究员或相当职称的专家担任。

论文评阅人一般不兼任答辩委员，如果需要，仅一名论文评阅人可兼任，但不能担任答辩委员会主席，指导教师不得作为答辩委员。

第二十条 论文送审时效

为保证论文评阅人有足够的时间评阅论文，从《学位论文评阅书》发出到举行论文答辩的时间间隔不少于一周。

第二十一条 论文答辩程序

由学位办公室或研究所组织，宣布论文答辩委员会主席、委员及答辩秘书名单，论文答辩由论文答辩委员会主席主持。论文答辩程序如下：

（1）答辩委员会主席宣布开始；

（2）申请人报告论文的要点，时间一般为30~40分钟；

（3）委员提问，申请人答辩；

（4）由导师简要介绍申请人的简历、学习成绩、业务素质等；

（5）答辩委员会主席宣读论文评阅人的论文评阅意见，答辩委员对申请人的论文进行审议，以无记名方式进行表决，决定是否通过答辩及是否建议授予学位，对论文水平（按照优、良、合格、不合格4级）做出评定，并讨论答辩委员会决议；

（6）答辩委员会主席宣布表决结果和答辩委员会决议；

（7）申请人对宣布的结果表态并向答辩委员会致谢，答辩结束。

第二十二条 答辩委员会决议应当场审定，并由答辩委员会主席签名。主要应包括论文评语、表决结果和学位授予建议 3 部分，其中，论文评语必须写明结论、论文的价值或创新之处，同时必须指出对评阅意见的参考情况、目前存在缺点及修改意见。决议应当文字精练，行文流畅，表述准确，体现规范性、真实性、科学性。

第二十三条 经答辩委员会全体成员 2/3 以上同意，方可通过论文答辩并建议授予学位。学位论文答辩通过后，即可毕业。论文答辩未通过者，按结业处理。

第二十四条 论文答辩委员会认为申请人的论文虽未达到博士学位的学术水平，但已达到了硕士学位的学术水平，而申请人又尚未获得过该学科的硕士学位，可做出授予硕士学位的决议，报送学位办公室，由院学位评定委员会审批。

第六章 学位授予与撤销

第二十五条 研究生通过学位论文答辩，并且发表的学术论文符合《中国农业科学院研究生攻读学位期间发表学术论文要求的规定》，经导师同意后，须在规定时间内向学位办公室提出学位申请。

第二十六条 在校期间未发表学术论文或不符合《中国农业科学院研究生攻读学位期间发表学术论文要求的规定》者，须在 3 年内持已刊发的学术论文提出学位申请，逾期未申请者，视为自动放弃学位申请资格。

第二十七条 申请人应在规定日期前向学位办公室提交以下材料：

（1）《学位申请表》；

（2）学位论文；

（3）答辩材料：包括课程成绩单、答辩报告书、论文评议书、答辩委员名单、表决票和答辩记录，均要求用签字笔或钢笔书写或打印，用圆珠笔填写无效；

（4）《毕业研究生登记表》，要求内容准确无误，贴有照片；

（5）《研究生攻读学位期间发表论文情况表》，并附代表作的复印件；

（6）《授予博（硕）士学位人员登记表》，此表由研究生管理系统打印，本人签字确认；

（7）论文和中文摘要的电子版。电子版必须与纸质版内容完全一致，必须是一个完整的 WORD 文件或 PDF 文件。文件名用申请人的汉语名称描述，如“×××硕士学位论文”“×××硕士论文摘要”。

第二十八条 所学位评定委员会、学科评议组对答辩委员会建议授予硕士、博士学位的申请人，逐个进行政治思想表现、课程考试、论文答辩、答辩后论文等情况的全面审核。审核合格者，由所学位评定委员会、学科评议组向院学位评定委员会提出建议授予学位人员名单；审核不合格者，所学位评定委员会、学科评议组会视情况做出允许在一年或两年内修改论文并重新申请答辩一次的决议，或向院学位评定委员会提出缓授或不授予学位的建议。对个别有争议的申请者，由所学位评定委员会、学科评议组提交院学位评定委员会重新审查。对于所学位评定委员会、学科评议组建议授予学位的人员，如果院学位评定委员会审核后认为不合格的，可以做出不授予学位或修改论文、重新答辩一次的决定。

第二十九条 院学位评定委员会、学科评议组，每年1月和7月召开两次全体委员会会议。如遇特殊情况，可以临时召集全体委员会会议。所学位委员会可根据具体情况，决定召集会议的时间和次数。

各级学位委员会举行会议应有会议记录，会议应有全体委员的2/3以上（含2/3）出席方为有效，以无记名投票方式表决，经全体委员半数以上同意为通过，表决不能采取通讯方式，表决结果应由主席或副主席当场宣布。

第三十条 学位办公室根据院学位评定委员会的决定，发布学位授予文件，授予相应学位，颁发学位证书。授予博士学位名单在网站上公示90天无异议者，方可颁发博士学位证书。

第三十一条 对于已经授予的学位，如发生下列情况之一者，应依法予以撤销：

（1）发现论文确有舞弊作伪、抄袭剽窃等严重违反《中华人民共和国学位条例》的事实；

（2）在抽样检查复议后，发现论文未达到学位条例规定标准；

（3）发现在毕业时确有不符合本细则第三条的事实。

第三十二条 由学位办公室组织有关专家对需复议的材料进行核实、评议等工作后，向院学位评定委员会提交报告，院学位评定委员会在审议该报告后，做出是否撤销已授予学位的决定。院学位评定委员会在做出撤销学位的决议时，会议应有全体委员的2/3以上（含2/3）出席方为有效，以无记名投票的方式表决，经全体委员半数以上同意为通过，表决不能采取通讯方式。对于决定撤销的学位予以通报公布，并报上级管理部门备案。

第三十三条 本细则解释权归院学位评定委员会，由院学位评定委员会办公室负责解释。

第三十四条 本细则自2018年1月起实施，之前的相关规定同时废止。

关于撤销设施农业与生态工程、作物土壤机械工程学 2 个自主设置二级学科的通知

农科学位〔2018〕11 号

根据《北京市学位委员会关于下达 2017 年审核增列的博士、硕士学位授权点名单的通知》（京学位〔2018〕3 号），我院农业工程博士学位授权一级学科经国务院学位委员会第三十四次会议审议批准获得授权，自 2019 年起招收研究生。

为理顺学科归属、促进学科内涵式发展，做好研究生培养工作，在征求相关研究所意见的基础上，经中国农业科学院第九届学位评定委员会第三次会议审议通过，撤销设施农业与生态工程、作物土壤机械工程学 2 个自主设置二级学科。具体事项通知如下：

一、撤销自主设置在生态学一级学科下的设施农业与生态工程二级学科（学科代码 0713Z2），该学科导师对应调整到农业工程一级学科下的农业生物环境与能源工程二级学科；撤销自主设置在作物学一级学科下的作物土壤机械工程学二级学科（学科代码 0901Z5），该学科导师对应调整到农业工程一级学科下的农业机械化工程二级学科。

二、自 2019 级研究生开始，按照对应调整后的学科招生、培养和学位授予。

请有关研究生培养单位、研究生院各业务处室按要求做好学科建设及研究生招生、培养和学位授予工作。

中国农业科学院学位评定委员会

2018 年 7 月 6 日

中国农业科学院2018年审核增列的学位授权点名单

新增学位授权点涉及培养单位名单

序号	学位授权点	授权级别	涉及培养单位
1	农业工程	博士一级	灌溉所、农机化所、环发所、沼科所
2	大气科学	硕士一级	环发所
3	水产	硕士一级	中国水产科学研究院
4	工程硕士	硕士专业学位	农业工程领域：灌溉所、农机化所、环发所、沼科所 环境工程领域：环保所、环发所、资划所、沼科所 食品工程领域：加工所、质标所、油料所、烟草所、作科所、牧医所、水稻所、饲料所、蜜蜂所、营养所、果树所、郑果所、兰牧药
5	图书情报硕士	硕士专业学位	信息所

中国农业科学院2018年研究生奖助学金评选情况统计及国家奖学金获奖名单

2018年研究生奖助学金情况统计

奖助类别	奖助对象及标准	奖助人数（人）	金额（万元）
国家奖学金	博士生30 000元/人，硕士生20 000元/人	硕士生：46 博士生：29	179
国家助学金	研究生院阶段：博士生每月2 750元/人，硕士生每月1 500元/人； 研究所阶段：博士生每月1 750元/人，硕士生每月800元/人	3 286	4 039.4
学业奖学金	一等奖：博士生每年11 000元/人，硕士生每年9 000元/人，占比20%； 二等奖：博士生每年10 000元/人，硕士生每年8 000元/人，占比80%	3 286	2 663.1
助研津贴	研究所阶段：博士生每月不低于1 750元/人，硕士生每月不低于1 000元/人	3 286	5 271.9
优秀学生干部	全体在校生学生干部的30%，1 000元/人	212	21.2
社会活动优秀奖	各班级人数的10%	326	无奖金
优秀毕业生	毕业生总数的5%	47	无奖金
先正达奖学金	5 000元/人	5	2.5
默克生命科学奖学金	10 000元/人	5	5
三仪最佳论文奖	3 000元/人	9	2.7

(续表)

奖助类别	奖助对象及标准	奖助人数（人）	金额（万元）
三仪优秀学生干部标兵	1 000 元/人	10	1
陶氏益农可持续奖	5 000 元/人	7	3.5
陶氏益农勤学奖	5 000 元/人	7	3.5

2018 年博士研究生国家奖学金获奖名单

序号	姓名	性别	民族	基层单位	专业	学号	入学年
1	马树杰	男	汉族	哈尔滨兽医研究所	预防兽医学	82101161175	2016
2	张洪亮	男	汉族	哈尔滨兽医研究所	预防兽医学	82101161188	2016
3	林丽娜	女	汉族	农环境保护与科研监测所	植物营养学	82101171134	2017
4	张玉琪	女	汉族	农业环境与可持续发展研究所	设施农业与生态工程	82101161037	2016
5	赵少杰	男	汉族	农产品加工研究所	农产品加工利用	82101161089	2016
6	毛箬青	女	汉族	兰州兽医研究所	预防兽医专业	82101151177	2015
7	邓　勇	男	汉族	麻类研究所	作物遗传育种专业	82101161056	2016
8	顾丽姣	女	汉族	棉花研究所	作物遗传育种	82101151053	2015
9	凡文磊	男	汉族	北京畜牧兽医研究所	动物营养与饲料科学	82101159024	2015
10	高亚男	女	汉族	北京畜牧兽医研究所	动物营养与饲料科学	82101161155	2016
11	林青宁	男	汉族	农业经济与发展研究所	产业经济	82101161221	2016

（续表）

序号	姓名	性别	民族	基层单位	专业	学号	入学年
12	刘元望	男	汉族	农业资源与农业区划研究所	农业环境学	82101171142	2017
13	盖霞普	女	汉族	农业资源与农业区划研究所	农业生态学	82101151031	2015
14	朱　杰	男	汉族	上海兽医研究所	预防兽医学	82101161166	2016
15	刘　欣	男	汉族	深圳农业基因组研究所	蔬菜学	82101161105	2016
16	谢李楠	女	汉族	生物技术研究所	微生物	82101171006	2017
17	季家磊	男	汉族	蔬菜花卉研究所	蔬菜学	82101161104	2016
18	邱振楠	男	汉族	水稻研究所	作物种质资源学	82101161074	2016
19	高　飞	女	汉族	饲料研究所	生物化学与分子生物学	82101169002	2016
20	李晓旭	男	汉族	烟草研究所	作物遗传育种专业	82101161063	2016
21	樊双虎	男	汉族	研究生院	生物化学与分子生物学	82101151028	2015
22	杨瑞楠	女	汉族	油料作物研究所	农产品质量与食物安全	82101161083	2016
23	杨红男	女	汉族	沼气科学研究所	农业环境科学	82101161122	2016
24	方文生	男	汉族	植物保护研究所	农药学	82101161138	2016
25	薛丁榕	女	汉族	植物保护研究所	植物病理学	82101159017	2015
26	杨　龙	男	汉族	植物保护研究所	农业昆虫与害虫防治	82101161131	2016
27	李少雅	女	汉族	作物科学研究所	生物化学与分子生物学	82101171012	2017
28	杜庆国	男	汉族	作物科学研究所	生物化学与分子生物学	82101179101	2017
29	董慧雪	女	汉族	作物科学研究所	生物化学与分子生物学	82101171007	2017

2018 年硕士研究生国家奖学金获奖名单

序号	姓名	性别	民族	基层单位	专业	学号	入学年
1	王小巧	女	汉族	北京畜牧兽医研究所	动物遗传育种与繁殖	82101162353	2016
2	吴绪伦	女	达斡尔族	北京畜牧兽医研究所	养殖	82101165120	2015
3	张天留	男	汉族	北京畜牧兽医研究所	动物遗传育种与繁殖	82101162359	2015
4	王君雅	女	汉族	茶叶研究所	茶学	82101172250	2015
5	熊俊垚	男	汉族	哈尔滨兽医研究所	预防兽医学	82101162431	2015
6	许嘉宇	男	汉族	哈尔滨兽医研究所	预防兽医	82101162432	2015
7	张越秀	女	汉族	哈尔滨兽医研究所	预防兽医学	82101162440	2015
8	马玉玲	女	汉族	环境保护科研监测所	环境科学	82101162118	2015
9	梁子敬	男	汉族	兰州畜牧与兽药研究所	兽医	82101165223	2016
10	白梦捷	女	汉族	兰州兽医研究所	预防兽医学	82101162442	2015
11	王艺凝	女	满族	兰州兽医研究所	预防兽医学	82101162450	2015
12	杨大贺	男	汉族	蜜蜂研究所	特种经济动物饲养	82101162385	2015
13	王康丽	女	汉族	棉花研究所	作物栽培学与耕作学	82101165016	2015
14	陈智锴	男	汉族	南京农业机械化研究所	农业机械化工程	82101162087	2015
15	张晓文	女	汉族	农产品加工研究所	食品加工与安全	82101165156	2015
16	赵　峥	女	汉族	农产品加工研究所	食品科学	82101162139	2015

（续表）

序号	姓名	性别	民族	基层单位	专业	学号	入学年
17	韩　洋	男	汉族	农田灌溉研究所	农业水土工程	82101162100	2015
18	高海河	男	汉族	农业环境与可持续发展研究所	农业水资源与环境	82101172273	2015
19	占源航	男	汉族	农业环境与可持续发展研究所	环境工程	82101162121	2015
20	王一杰	男	汉族	农业经济与发展研究所	农村与区域发展	82101165137	2015
21	张小允	男	汉族	农业信息研究所	农业信息分析学	82101162494	2015
22	洪思慧	女	汉族	农业质量标准与检测技术研究所	食品科学	82101162130	2015
23	李俊改	女	汉族	农业资源与农业区划研究所	环境科学	82101162111	2015
24	项铭涛	女	汉族	农业资源与农业区划研究所	农业遥感	82101162281	2015
25	张宏媛	女	汉族	农业资源与农业区划研究所	农业生态	82101162080	2015
26	李慧民	女	汉族	上海兽医研究所	兽医	82101165174	2015
27	王帅勇	男	汉族	上海兽医研究所	兽医	82101165177	2015
28	徐　帆	女	汉族	生物技术研究所	生物化学与分子生物学	82101162053	2015
29	徐丹丹	女	汉族	蔬菜花卉研究所	农业昆虫与害虫防治	82101162308	2015
30	闫文雪	女	汉族	蔬菜花卉研究所	植物保护	82101165078	2015
31	赵春艳	女	汉族	水稻研究所	作物种质资源学	82101162205	2015
32	李　媛	女	汉族	饲料研究所	动物营养与饲料科学	82101162365	2015
33	李　爽	女	汉族	特产研究所	预防兽医学	82101162394	2015
34	李琦瑶	男	汉族	烟草研究所	作物栽培学与耕作学	82101162159	2015

（续表）

序号	姓名	性别	民族	基层单位	专业	学号	入学年
35	尚宪超	男	汉族	烟草研究所	农产品质量与食物安全	82101162216	2015
36	廖子亚	女	汉族	研究生院	生物化学与分子生物学	82101162070	2015
37	汪丹丹	女	汉族	油料作物研究所	农产品质量与食物安全	82101162210	2015
38	王薇廷	女	蒙古族	沼气科学研究所	生物化学与分子生物学	8210162069	2015
39	李兵兵	男	汉族	郑州果树研究所	园艺	82101165052	2015
40	高彦杰	男	汉族	植物保护研究所	转基因生物安全学	82101162336	2015
41	王　琪	男	汉族	植物保护研究所	农业昆虫与害虫防治	82101162315	2015
42	王献礼	男	汉族	植物保护研究所	农药学	82101162327	2015
43	杨远坤	男	汉族	植物保护研究所	植物保护	82101165093	2015
44	杜勇涛	男	汉族	作物科学研究所	生物化学与分子生物学	82101162019	2015
45	李　腾	女	汉族	作物科学研究所	作物遗传育种	82101165003	2015
46	胡经煌	男	汉族	作物科学研究所	植物病理学	82101162283	2015

唐华俊院长在 2018 届研究生毕业典礼暨学位授予仪式上的讲话

2018 年 6 月 28 日

尊敬的各位来宾、各位老师、亲爱的同学们：

大家上午好！今天，我们在这里隆重举行 2018 届研究生毕业典礼暨学位授予仪式，与 184 名博士研究生、659 名硕士研究生共同分享毕业的喜悦和感动，我代表全院师生员工，向全体毕业生同学表示热烈的祝贺！向圆满完成学业的 35 名留学生致以特别的祝福！回望来时路，你们能够取得今天的成绩，离不开传道授业的老师，离不开含辛茹苦的父母，也离不开相互支持的同学，在这个特殊的时刻，让我们用最热烈的掌声向他们致以衷心的感谢！

几年前，大家满怀憧憬和希望来到中国农业科学院。求学的时光易逝，青春的年华却没有虚度。教室楼见证了你们笔耕不辍的身影，图书馆记住了你们博览群书的模样，实验室洒下了你们攻坚克难的汗水……几年来，你们在学术上求真知，在实践中长本领，既能在 *Nature*、*Science* 等国际顶级期刊上发表文章，也能在国际设施园艺大会等国际活动中大显身手。你们的成长进步，是中国农业科学院最亮丽的风景，我为你们感到骄傲！更为学校能够为国家培养输送这么一大批高质量人才而深感自豪！

2018 年，是改革开放 40 周年，也是贯彻党的十九大精神、实施乡村振兴战略的开局之年。在党和国家的关怀支持下，中国农科院栉风沐雨、薪火相传，通过一代代农科人的不懈努力，在知识创新、技术研发、成果转化和人才培养等方面都取得了长足发展，这些成绩的取得，同样蕴含着一批批农科学子的奋斗和付出。前不久，习近平总书记在北大师生座谈会上对广大青年提出了爱国、励志、求真、力行四点要求。在你们即将离开母校、走向社会的关键时刻，我谈几点体会，与大家共勉。

一要坚定信仰、牢记使命，把握实现民族伟大复兴的不懈追求。去年，习近平总书记向中国农业科学院建院 60 周年发来贺信，充分肯定了农科院为我国“三农”事业发展做出的重要贡献，明确提出了“三个面向”“两个一流”和“一个整体跃升”的发展要求；2018 年 5 月，在习近平总书记致我院 60 周年贺信发表一周年之际，胡春华副总理专程到我院调研，进一步部署深入学习总书记贺信精神，增强农业科研国家队的责任感、使命感，努力开创新时代农业科技工作的新局面。这充分体现了党和国家对农业科研工作的高度重视，激励全院上下策马扬鞭、继续前进。现在，正是你们施展才华、实现抱负的大好时机。希望你们不忘初心，立足所学，坚定报国为民的理想信念，投身新时代国家发展建设的大潮，为实现中华民族伟大复兴的中国梦、构建人类命运共同体注入农科智慧。2018 年毕业的 35 名留学生中，有很多来自“一带一路”沿线国家，也希望你们能为推进“一带一路”建设，增进本国与中国的友谊作出积极贡献。

二要潜心钻研、格物致知，攀登发展振兴“三农”事业的奋斗阶梯。习近平总书记在 2018 年新年贺词中说道：“幸福都是奋斗出来的。”对每个人而言，奋斗是通往幸福的阶梯；对全社会来说，奋斗是促进时代前进的动力。青年时期是人生最宝贵的时期，你们怎样，中国的明天便怎样。放眼当今世界，新形势新挑战应接不暇，新知识新技术层出不穷，想在事业上有所建树，就必须抱定“逆水行舟、不进则退”的积极心态。农业科研不是敲锣打鼓、轻轻松松就能取得重大成就的事情。不惧险阻、扎实奋斗，从来都是中国农业科学院的光荣传统。郭予元院士在解决稻瘟病难题时，常在施满羊粪的稻田里一泡就是四五个小时，腿上长满脓包也从未停下钻研的脚步；卢良恕院士年轻时便立下“效仿后稷济万家”的志向，耄耋之年仍奔波在大江南北。老一辈农业科研先驱身体力行为我们做出了最好的榜样。你们中有一部分人可能要转行到其他领域了，但无论身在何方，身兼何职，请大家一定把母校赋予的农科精神留在心间，常读常新，漫贪嬉戏思鸿鹄，莫让年华付水流。

三要笃实力行、开拓创新，传承农科人顶天立地的精神气魄。习近平总书记多次强调：创新是一个民族进步的灵魂，是一个国家兴旺发达的不竭动力，特别是在激烈的国际竞争中，惟创新者进，惟创新者强，惟创新者胜。作为农业科研国家队，中国农业科学院只有立足我国国情，遵循农业科技规律，加快创新步伐，才能抢占世界农业科技竞争制高点，才能掌握我国农业科技发展主动权，才能为我国由农业大国走向农业强国提供坚实科技支撑。作为农科学子，希望大家始终坚持问题导向，强化批判思维，传承科学精神，独立思考、开拓进取，切实提高创新创业能力，为民族复兴铺路架桥，为祖国建设添砖加瓦，这是农科人义不容辞的责任，更是我们共同的目标。“少年不负青云志，百舸竞流勇争先”。农科院的几载光阴必将成为你们永生的记忆，作为你们的师长，我希望你们在今后的日子里，始终铭记农科人使命在前、勇于担当的家国情怀，始终发扬农科人谦虚严谨、甘于奉献的优良传统，以青春之我、奋斗之我奏响磅礴嘹亮的人生乐章。

同学们！离别总免不了伤感，但今天的离别却更多了几分豪情壮志和慷慨激昂。今日一别，你们将实现从研究生向社会人的角色转变，投入到建设富强民主文明和谐美丽社会主义现代化强国的伟大实践中，“海阔凭鱼跃、天高任鸟飞”，希望你们铭记“明德格物、博学笃行”的院训，走进新时代、踏上新征程、干出新成绩，成为实现中华民族伟大复兴的生力军，肩负起乡村振兴、农业腾飞的重任和希望。

同学们！无论你们飞得多高、走得多远，母校永远是你们心灵的港湾。最后，祝大家身体健康，事业有成，生活幸福，前程似锦！期待在不久的将来，你们载誉归来，母校时刻准备倾听你们新的精彩与辉煌！

谢谢大家！

不负韶华，做新时代的奋进者与担当者

——中国农业科学院研究生院刘大群院长在 2018 级新生开学典礼上的讲话

2018 年 9 月 1 日

尊敬的唐院长、各位来宾、老师、同学们：

大家好！

今天，我们在这里隆重举行 2018 级研究生开学典礼。首先，我代表中国农业科学院党组和研究生院，向在百忙之中应邀光临本次典礼的各位领导、来宾表示热烈的欢迎！向 2018 级 371 名博士研究生、1 115 名硕士研究生以及来自 42 个国家的 162 名留学生表示热烈的欢迎和衷心的祝贺！并借此机会，向辛勤培育你们的老师、家长致以深深的敬意和诚挚的问候！

同学们，一年前，你们怀揣梦想，为了农科院这一共同目标昼夜拼搏；一年后，你们满载希望，正式以农科学子的名义为梦启航。你们的到来为农科院注入了新鲜的血液，也使农科校园更加焕发生机。作为农科院的新主人，你们不仅是农科院发展的见证者，更将成为农科院再创新高的参与者和创造人。

中国农业科学院自 1957 年建院以来，历经 60 余年的变革和发展，目前已建设成为全国规模最大、学科最全、综合研究实力最强的国家级综合性农业科研机构，其发展始终以解决我国农业及农村经济发展中的重大科技问题为使命，坚持“顶天立地”的科技创新方向，着力推动农业科技创新，努力提升我国农业科技水平和国际竞争力。建院 60 余年来，在广大农业科研人员的共同努力下，取得一大批具有国际先进水平的重大原创成果，更培养造就了一大批农业科技领军人才，他们勇于承担重大科研任务，以孜孜不倦、甘于奉献的精神，在农业各领域发挥着举足轻重的作用。

当前，我国农业正处于由传统农业向现代农业转型的关键阶段，农业科技已成为现代农业发展的主要推动力。党和国家一直以来高度重视农业科技的发展，在去年 5 月中国农业科学院建院 60 周年之际，习近平总书记在贺信中强调“农业现代化关键在科技进步和创新”，明确提出了“中国农业科学院要面向世界农业科技前沿、面向国家重大需求、面向现代农业建设主战场，加快建设世界一流学科和一流科研院所，勇攀高峰，率先跨越，推动我国农业科技整体跃升”的批示要求。作为我国农业科研的国家队，中国农业科学院始终贯彻国家科技创新发展战略，从 2013 年启动实施中国农业科学院科技创新工程，到2014年牵头成立国家农业科技创新联盟，再到2017年发布《“跨越2030”农业科技发展战略》，努力助力农业现代化，为实现农业大国到农业强国的转变奠定坚实的基础。

科技创新的关键在于人才的培养。同学们，你们有幸身处新时代的发展浪潮之下，时代赋予你们新的使命和责任，中国农业科学院也为你们提供了良好的科研环境和发展机会。研究生院依托40多个研究所的优质资源，“院所结合，两段式培养”，具有其独特的优势，研究生培养和教育水平近年来呈跨越式发展，具体体现在以下几个方面：我院学科体系完善，部分学科发展处于国家领先水平，在第四轮全国学科评估中，我院作物学、植物保护、畜牧学、兽医学、生物学、农业资源与环境6个学科被评为A类，占博士学位一级学科授权点的60%，在全国处于领先地位；先进的科研设施设备、大量的前沿课题项目、充足的科研经费、丰富的图书文献资源，一流的导师队伍，为研究生开展学术研究、参与课题实践和培养创新能力提供了强大支撑；国际交流与合作不断拓展深化，我院已经与全球60多个国家或地区的农业科研机构、大学建立了合作关系，与比利时列日大学、荷兰瓦赫宁根大学等高校开展合作培养博士生项目，为在读研究生提供国际化的科研平台和视野，提升研究生的培养、管理水平。

同学们，未来几年，你们将在这里开始崭新的学习和科研生涯。在新时代背景之下，我们不仅要追踪国际前沿，更要立志做行业发展的领路人，始终以“建成世界一流农业科研院所”为发展目标。希望你们不负韶华，砥砺前行，做新时代的奋进者和担当者。在此，我提出以下3点希望。

第一，要勇于担当，争做“领跑者”。梁启超先生说：“人生于天地之间，各有责任。知责任者，大丈夫之始也；行责任者，大丈夫之终也。”青年人一定要树立家国意识，将个人志向与国家需要结合起来。当前形势下，我国农业正处在深刻转型的关键阶段，今年中美贸易战折射出我国农业仍然存在产出量不能满足人民日益增长的美好生活需要的难题，破解这一难题的关键还在于继续提高农业科技水平。同学们，周恩来总理自小就立志“为中华之崛起而读书”，作为时代的新生力量，你们肩负着我国由“农业大国向农业强国”转变的伟大历史使命，希望你们志存高远，深学细做，为实现农业现代化贡献自己的一份力量。

勇于担当不是一句口号，重要的是体现在平日的言行中。做一名合格的研究生，首先要树立积极主动的意识，主动学习，敢于担当，不断提高个人能力与综合素质。唯有如此，才能赢得别人的敬重与关怀，获得他人的认同和信赖。

第二，要不断创新，永葆科研活力。当今时代是一个创新的时代，科技生活日新月异，科学也必将以前所未有的方式，更加深远地影响人类文明的进程。我国作为历史悠久的农业大国，目前农业科技进步贡献率超过了56%，但在国际上处于领先的技术只占19%，农业科技创新不足已经成为制约农业发展的一大瓶颈。只有不断提升科研创新能力，才能破解目前我国农业面临的发展难题。

青年时期是人一生中最富活力、最具创造力的阶段，许多伟大科学家的重大发现都是在青年时期获得的。爱迪生发明留声机时 29 岁，发明电灯时 31 岁；牛顿发明微积分时 22 岁；爱因斯坦提出狭义相对论时 26 岁，提出广义相对论时 37 岁；李政道和杨振宁发现弱相互作用下宇称不守恒定律时分别是 30 岁和 34 岁。同学们，科研必然离不开创新。希望你们勇于创新创造，走在创新创造前列。要敢于突破常规，敢于挑战权威，提出自己的想法，不怕犯错，在错误中进步；也要博学而笃志，切问而近思，勤于思考，善于发现问题，提出问题；更要以开放的心态面对新事物，在实践中开阔视野，活跃思路，做到“大胆假设，小心求证”。

第三，要不畏艰苦，锤炼坚强意志。经历风雨，树木才能参天而立；历经锤炼，宝剑才会锋利无比。科研工作是艰难的，搞农业科研更需要付出加倍的辛苦和努力。同学们，科研不但是对智商的考验，同时也是对意志的磨炼。在探索求新的道路上难免会遭遇艰难险阻、停滞不前、甚至需要推倒重来，如何看待及应对挫折，通常决定了人一生中所能到达的成就高度。

科研成果的获得从来都不是容易的。老一辈科学家身体力行，为我们树立了学习榜样。我院作物科学研究所国家作物种质资源库凝结着以董玉琛院士为代表的几代人的心血和汗水。自 1978 年中国农业科学院作物品种资源所成立伊始，他们就开始对中国边远地区的作物种质资源进行考察收集，先后多次亲自到云南、新疆等边远地区进行实地考察。云南地处横断山脉，地势陡峭险峻，江水湍急，许多地方前行艰难，然而不论是年近花甲的教授还是青年学生，都不畏艰险，毅然前行；在地域辽阔的新疆，尽管气候变化无常，交通也极为不便，他们仍穿越了大半个新疆。最终，经过几代人的不懈积累和努力，最终建成了一座世界一流的现代化国家作物种质资源库，保存着我国 48 万份作物种质资源。

同学们，无奋斗不青春！习近平总书记曾寄语青年人，“现在，青春是用来奋斗的；将来，青春是用来回忆的”。希望正值芳华的你们，奋力成长，努力创造，同所有农科人一起，秉承“建成世界一流农业科研院所”的目标，不负韶华，在新时代做一个有担当的农科人，一个不畏艰难、奋进前行的农科人！

谢谢大家！

八、综合政务管理

唐华俊院长在中国农业科学院传达学习“两会”精神干部大会上的讲话

2018年3月21日

同志们：

今天会议的主要任务是传达学习全国“两会”精神，进一步统一思想认识、明确目标任务，努力开拓进取，在推进乡村振兴中做出中国农业科学院应有贡献。刚才，萌山书记传达了全国“两会”精神。下面，我就贯彻落实“两会”精神讲3点意见。

一、深刻学习领会“两会”精神，迅速把思想和行动统一到“两会”部署要求上来

2018年“两会”，是在全国各族人民深入学习贯彻习近平新时代中国特色社会主义思想和党的十九大精神，决胜全面建成小康社会，开启全面建设社会主义现代化国家新征程的重要时刻，召开的一次重要会议。会议圆满完成了各项议程，开得非常成功。大会全票选举习近平总书记继续担任国家主席、中央军委主席，这是近3 000名全国人大代表的集体意志，是13亿多全国各族人民的共同心愿，必将鼓舞和激励亿万人民更加紧密团结在以习近平同志为核心的党中央周围，为在新的历史起点上全面推进党和国家事业提供根本政治保证。实践证明，习近平总书记无愧为全党拥护、人民爱戴的领袖，无愧为国家的掌舵者、人民的领路人。中国农业科学院坚决拥护“两会”作出的各项决定和决议。我们要全面贯彻习近平新时代中国特色社会主义思想，认真学习领会全国“两会”精神，把握党和国家发展的大局大势，坚决落实中央部署要求。

一是要深入学习领会习近平总书记在“两会”期间的重要讲话精神。“两会”期间，习近平总书记在参加山东代表团审议时，就乡村振兴战略进行了系统深刻阐述。在参加内蒙古代表团审议时强调，要把脱贫攻坚同实施乡村振兴战略有机结合起来。在参加广东代表团审议时指出，城镇化、逆城镇化两个方面都要致力推动，城镇化进程中农村也不能衰落，要相得益彰、相辅相成。充分体现了习近平总书记对乡村振兴战略实施的高度重视。习近平总书记在全国人大闭幕会上发表重要讲话，再一次发出了夺取新时代中国特色社会主义事业伟大胜利的号令。总书记在“两会”期间讲话统揽全局、内涵丰富，深刻阐述了进入新时代党和国家发展的一系列重大问题，是指导我们做好新时代各项工作的科学指引和重要遵循。我们一定要认真学习，把学习成果体现在旗帜鲜明

讲政治上，体现在坚决维护以习近平同志为核心的党中央权威和集中统一领导上，把思想和行动统一到习近平总书记重要讲话精神上来，把智慧和力量凝聚到党中央决策部署上来，更加出色地完成全院科技创新各项工作。

二是要深入学习领会宪法修改的重大意义。十三届全国人大一次会议表决通过的宪法修正案，把党的十九大确定的重大理论观点和重大方针政策特别是习近平新时代中国特色社会主义思想载入国家根本法，是党中央从新时代坚持和发展中国特色社会主义全局和战略高度作出的重大决策，是时代大势所趋、事业发展所需、党心民心所向，是推进全面依法治国、推进国家治理体系和治理能力现代化的重大举措，是保障党和国家长治久安的顶层设计和制度安排，体现党和国家事业发展新成就新经验新要求，必将为实现“两个一百年”奋斗目标和中华民族伟大复兴中国梦提供有力宪法保障。我们一定要深刻认识这次宪法修改的重大意义，认真学习把握宪法修正案，不断强化宪法意识，自觉尊崇宪法、学习宪法、遵守宪法、维护宪法、运用宪法，坚决维护习近平总书记的核心地位，维护党中央权威和集中统一领导，推动广大党员干部做遵法学法守法用法的模范。

三是要深入学习领会中央关于深化党和国家机构改革的部署要求。深化党和国家机构改革，是以习近平同志为核心的党中央从国家事业发展全局作出的重大政治决策，彰显了非凡的改革魄力和强烈的历史担当，是着眼实现全面深化改革总目标的重大制度安排，是推进国家治理体系和治理能力现代化的一场深刻变革，对于提高党的执政能力和领导水平，广泛调动各方面积极性、主动性、创造性，推动党和国家事业发展都具有重大意义。改革方案着眼新时代坚持和加强中国共产党的全面领导，坚持以人民为中心的发展思想，以推进党和国家机构职能优化协同高效为着力点，改革机构设置、优化职能配置，深化转职能、转方式、转作风，提高效率效能，为新时代新征程提供有力制度保障，必将有力促进国家和社会的有效治理。

四是要深入学习领会政府工作报告的精神实质。政府工作报告指出，过去 5 年，是以习近平同志为核心的党中央团结带领全国各族人民砥砺前行，统筹推进“五位一体”总体布局，协调推进“四个全面”战略布局，改革开放和社会主义现代化建设全面开创新局面极不平凡的 5 年。政府工作报告提出，2018 年要深入推进供给侧结构性改革，加快建设创新型国家，深化基础性关键领域改革，坚决打好三大攻坚战，大力实施乡村振兴战略，扎实推进区域协调发展战略，积极扩大消费和促进有效投资，推动形成全面开放新格局，提高保障和改善民生水平。政府工作报告体现了习近平新时代中国特色社会主义思想和十九大精神，总结成绩客观、发现问题透彻、提出措施精准，回应人民关切，是一个提信心、振士气、鼓干劲的好报告。我们要按照政府工作报告的决策部署，扎扎实实地推进落实，为实现农业农村经济持续平稳发展尽责任、作贡献。

二、以全国“两会”精神为指导，积极推动我院改革发展

全国“两会”对农业农村工作提出了新的部署和要求，我们要紧密联系工作实际，对工作思路再聚焦、再扩充、再梳理，进一步明确重点工作与实施路径，积极推动各项工作取得新进展。

一是深入学习贯彻习近平总书记“三农”思想和致我院建院60周年贺信精神，进一步增强乡村振兴战略的使命感责任感。习近平总书记“三农”思想，是实施乡村振兴战略、做好新时代农业农村工作的根本遵循，全院各级党组织和广大党员干部一定要深入学习领会。要进一步认清实施乡村振兴战略的重大意义，这是一盘大棋，是到2050年实现社会主义强国的关键。要准确把握重要原则和基本问题，增强农业科研国家队的使命感责任感。去年以来，我们深入贯彻落实总书记致我院建院60周年的贺信精神，在创新发展方面取得了很好的成效。今年我们要继续深入学习贯彻总书记贺信精神，再学习、再思考、再部署，以实际行动全面贯彻落实贺信要求。中国农业科学院要按照农业农村部的统一部署，认真学习领会全国“两会”精神，切实把思想和行动统一到党中央重大决策部署上来，切实把党的路线方针政策和党中央决策部署贯彻落实到实际工作中，推动农业、农村和农业科技阔步向前。

二是落实“五个振兴”，全力推进乡村振兴科技支撑行动。“两会”期间，习近平总书记在参加山东团审议时就乡村振兴战略的“五个振兴”提出明确要求。落实总书记的重要指示，中国农业科学院就是要大力实施乡村振兴科技支撑行动，以乡村振兴统领全院科技创新，促进新时代我院科技事业全面高质量发展，推动全国农业科技整体跃升。全院干部职工要从建设创新型国家和推进农业农村现代化的战略高度，全面深刻认识实施乡村振兴科技支撑行动的重大意义，要以“五个振兴”为目标，坚持需求导向，优化创新布局，突出前沿颠覆性技术、核心关键技术等创新，引领农业转型升级。坚持问题导向，加快调整优化农业科技创新供给，加强科技成果转化，支撑精准扶贫精准脱贫和农业农村现代化发展。坚持统筹推进，强化示范引领，强化技术集成，打造乡村振兴科技引领示范区和典型示范样板。坚持双轮驱动，推动整体跃升，梯次推进一流学科、一流院所建设和发展。谋划推动一批农业领域国家实验室、国家重点实验室、重大科学工程、重大成果孵化转化平台、综合基地和示范县等基础设施建设，强化运管机制创新和共建共享共用。

三是深化院所改革，为科技创新提供一流的管理服务。习近平总书记在参加人大广东代表团审议时，提出了“进一步解放思想、改革创新”的要求，代表委员们从各个方面热议改革，都释放出把改革不断向前推进的重要信号，也必将为新时代深化改革再出发凝聚广泛共识、汇聚强大力量。落实总书记讲话精神，就是要增强进取意识，大胆探索，聚焦突出问题，全面开展院所管理效益年活动。院属各单位、院机关各部门要根据院活动方案，结合工作实际制定活动计划，围绕强化决策落实、强化制度建设、强化

管理队伍建设、强化管理服务能力提升，开展风险问题查摆，制定整改方案，明确整改任务、具体措施、责任人、整改时限，重点解决政令不畅通、制度不完善、管理运行不规范、服务水平跟不上创新发展步伐的问题，向管理要效益、抓管理出效益，加快提升院所管理科学化、规范化水平。要聚焦提升创新能力、创新效率和创新活力，深化改革，加快与一流院所相适应的治理体系建设。要加强院级宏观调控，尤其是进一步加强对全院人、财、物综合调配。要加快院所和人才分类评价体系建设，努力创造竞相发展、比拼赶超的氛围。为使管理效益年切实取得实效，院里将结合部对院绩效考核，制定量化考核指标体系，对院属各单位和院机关管理绩效情况进行全面考核，并与绩效奖励进行挂钩。希望大家高度重视，认真落实，使我们的管理工作再上新水平新台阶。

三、迅速掀起学习贯彻落实全国“两会”精神的热潮，统筹做好各项工作

今年的全国“两会”是一次十分重要的会议，提出了一系列新论述、新论断、新要求，进一步深刻阐述了党和国家发展的一系列重大问题，为做好各项工作指明了方向。全院上下要把学习宣传贯彻“两会”精神作为当前一项重要政治任务抓紧抓实，准确把握新形势新任务新要求，以“两会”精神为引领，统筹部署，全力抓好各项重点任务的落实。

这里，我提 3 点要求。

一是迅速组织传达贯彻“两会”精神。各单位、各部门要开展多种形式的学习活动，及时组织广大干部职工认真学习新《中华人民共和国宪法》《政府工作报告》、党和国家领导人在“两会”期间的重要讲话等。要把学习“两会”精神与学习贯彻习近平新时代中国特色社会主义思想、党的十九大精神和习近平总书记贺信精神结合起来，同推动实施乡村振兴战略、推进农业供给侧结构性改革的各项工作紧密结合起来，与日常工作紧密结合起来，切实将“两会”精神转化为积极有效的工作措施，转化为广大干部职工的自觉行动。坚持在提高认识上下功夫、在服务中心工作上下功夫、在创新载体上下功夫、在营造氛围上下功夫，进一步总结经验、拓展思路、突出重点、完善机制，努力提高为科研服务、为“三农”服务的本领，为农业科技创新和农业农村现代化建设提供有力支撑。

二是勇于创新开拓发展新局面。习近平总书记指出：“发展是第一要务，人才是第一资源，创新是第一动力。”当前我院最大的问题就是农业科研国家队的引领、支撑作用还不够突显，不少研究所思维方式还停留在过去的老套路上，摊子越铺越大，但是大而不强、力量分散、作用不大。在农业高质量发展迎来春天的历史机遇期，惟创新者进，惟创新者强，惟创新者胜。要不断提高思想的开放度、敏锐度，特别是领导干部要勇于解放思想，迎接挑战、克服困难。要克服消极畏难情绪和自我满足思想，啃硬骨头、勇攀高峰，以创新的思路和办法推动工作落实。

三是狠抓工作落实促“两会”精神落地。崇尚实干、狠抓落实、注重实效，是习近平总书记反复强调的执政理念和工作要求。要在全面推进我院2018年10项重点工作中切实贯彻好全国“两会”精神，以乡村振兴科技支撑行动为主线，以推进科技创新工程和科技创新联盟工作为抓手，以开展管理效益年活动为突破口，加强农业宏观战略研究，推进科技平台和基础设施建设，聚焦重大成果和一流人才产出，强化农业科技合作，全面加强党的建设和全面从严治党。各单位、各部门要一步一个脚印，把既定的工作部署抓实、抓出成效，对已经确定的工作思路、工作计划进行再梳理、再完善，对已经提出的工作措施再深化、再落实，以优质高效的落实，实现我院新作为。

同志们，让我们高举习近平新时代中国特色社会主义思想伟大旗帜，更加紧密地团结在以习近平同志为核心的党中央周围，开拓创新、奋发进取，牢牢把握中国农业科学院发展的重要战略机遇期，共同谱写新时代的精彩篇章，为建设富强民主文明和谐美丽的社会主义现代化强国、实现中华民族伟大复兴的中国梦作出农科院人的贡献！

谢谢大家！

陈萌山书记在中国农业科学院传达学习“两会”精神干部大会上的讲话提纲

2018 年 3 月 21 日

同志们：

我分 4 个部分传达十三届全国人大一次会议和全国政协十三届一次会议精神。

一、会议概况

十三届全国人大一次会议和全国政协十三届一次会议，分别于 3 月 5 日至 20 日和 3 月 3 日至 15 日在北京召开。今年“两会”是在全国各族人民深入学习贯彻习近平新时代中国特色社会主义思想和十九大精神，决胜全面建成小康社会、开启全面建设社会主义现代化国家新征程的重要时刻召开的，又逢换届之年，各项议程事关中央各项决策部署的贯彻落实，对于推动党和国家事业继往开来、再创辉煌，具有十分重要的意义。

人大会议期间，代表们认真听取和审议了李克强总理代表国务院向大会所作的政府工作报告；审查了国务院关于 2017 年国民经济和社会发展计划执行情况与 2018 年国民经济和社会发展计划草案的报告；审查了国务院关于 2017 年中央和地方预算执行情况与 2018 年中央和地方预算草案的报告；听取了关于中华人民共和国宪法修正案草案的说明，并进行了审议；听取了关于中华人民共和国监察法草案的说明，并进行了审议；听取了关于国务院机构改革方案的说明，并进行了审议；听取和审议了张德江同志向大会作的十二届全国人大常务委员会工作报告，以及最高人民法院工作报告和最高人民检察院工作报告。

大会表决通过了《政府工作报告》等 6 个决议草案，表决通过了中华人民共和国宪法修正案和监察法草案，批准了 2018 年国民经济和社会发展计划，批准了 2018 年中央预算，批准了国务院机构改革方案。这次人大会议，顺利完成了各项换届选举任务。大会选举习近平为中华人民共和国主席、中华人民共和国中央军事委员会主席，选举栗战书为第十三届全国人大常委会委员长；任命李克强为国务院总理；选举王岐山为中华人民共和国副主席；选举王晨等 15 人为十三届全国人大常委会副委员长，杨振武为秘书长，选举乃依木 · 亚森等 159 人为常委会委员；任命许其亮、张又侠为中华人民共和国中央军事委员会副主席，魏凤和等 4 人为中华人民共和国中央军事委员会委员；选举杨晓渡为国家监察委员会主任，周强为最高人民法院院长，张军为最高人民检察院检察长；决定了十三届全国人大各专门委员会的设立，表决通过了10个专门委员会组成人员名单；任命韩正、孙春兰、胡春华、刘鹤为国务院副总理，魏凤和、王勇、王毅、肖捷、赵克志为国务委员，肖捷为国务院秘书长，任命了各部部长、各委员会主任委员、中国人民银行行长、审计长。会议结束时，习近平主席发表了重要讲话。他指出，中国人民是具有伟大创造精神、伟大奋斗精神、伟大团结精神、伟大梦想精神的人民，有这样伟大的人民，有这样伟大的民族，有这样的伟大民族精神，是我们的骄傲，是我们坚定中国特色社会主义道路自信、理论自信、制度自信、文化自信的底气，也是我们风雨无阻、高歌行进的根本力量。中国特色社会主义进入了新时代，勤劳勇敢的中国人民更加自信自尊自强。中国共产党第十九次全国代表大会描绘了决胜全面建成小康社会、开启全面建设社会主义现代化国家新征程、实现中华民族伟大复兴的宏伟蓝图。把蓝图变为现实，是一场新的长征。我们要适应我国发展新的历史方位，紧扣我国社会主要矛盾的变化，中国特色社会主义伟大旗帜，全面贯彻党的十九大和十九届二中、三中全会精神，坚持以马克思列宁主义、毛泽东思想、邓小平理论、"三个代表"重要思想、科学发展观、新时代中国特色社会主义思想为指导，坚持稳中求进工作总基调，坚持以人民为中心的发展思想，统揽伟大斗争、伟大工程、伟大事业、伟大梦想，统筹推进"五位一体"总体布局，协调推进"四个全面"战略布局，奋力开创新时代中国特色社会主义事业新局面。会议结束时，栗战书委员长也发表了讲话。

政协会议期间，全体委员听取和审议了俞正声同志代表政协十二届常委会所作的工作报告和万钢同志所作的关于提案工作情况的报告；列席了十三届全国人大一次会议，听取并讨论了《政府工作报告》及其他有关报告，讨论了宪法修正案草案和监察法草案、国务院机构改革方案及其他有关报告；审议通过了中国人民政治协商会议章程修正案；审议通过了政协十三届一次会议政治决议；审议通过了政协十三届一次会议关于常务委员会工作报告的决议；审议通过了政协十三次会议提案审查情况的报告。会议选举汪洋为政协十三届全国委员会主席，张庆黎等24人为副主席，夏宝龙为秘书长，于广洲等300人为常务委员。会议结束时，汪洋主席发表了讲话。

此次"两会"严格执行中央八项规定及实施细则和厉行节约精神，各项组织服务工作节俭务实，会风清新扑面。代表委员严守党的政治纪律、组织人事纪律和换届纪律，认真履职尽责，集中精力开好会议。实现了违纪违规问题"零报告"，实现了会议的风清气正。

二、会议主要精神

会议期间，李克强总理代表国务院所作的政府工作报告，总结回顾了过去5年的政府工作，并对2018年政府工作的主要任务进行了部署。过去五年，面对及其错综复杂的国内外形势，我国经济社会发展取得历史性成就、发生历史性变革。集中体现在：一是经济实力跃上新台阶。二是经济结构出现重大变革。粮食生产能力达到1.2万亿斤。

三是创新驱动发展成果丰硕。四是改革开放迈出重大步伐。五是人们生活持续改善。脱贫攻坚取得决定性进展，贫困人口减少 6 800多万，易地扶贫搬迁 830 万人，贫困发生率由 10. 2%下降到 3. 1%。农村危房改造 1 700 多万户。六是生态环境状况逐步好转。

报告指出，过去 5 年取得的全方位、开创性成就，发生的深层次、根本性变革，再次令世界瞩目，全国各族人民倍感振奋和自豪。我国改革发展成就实属来之不易。这是以习近平同志为核心的党中央坚强领导的结果，是习近平新时代中国特色社会主义思想科学指引的结果，是全党全军全国各族人民团结奋斗的结果。

报告指出，2018 年发展主要预期目标是：国内生产总值增长 6. 5%左右；居民消费价格涨幅 3%左右；城镇新增就业 1 100 万人以上，城镇调查失业率 5. 5%以内，城镇登记失业率 4. 5%以内；居民收入增长和经济增长基本同步；进出口稳中向好，国际收支基本平衡；单位国内生产总值能耗下降 3%以上等。

报告强调，要紧紧抓住大有可为的历史机遇期，统筹兼顾、突出重点，扎实做好各项工作：一是深入推进供给侧结构性改革；二是加快建设创新型国家；三是深化基础性关键领域改革；四是坚决打好三大攻坚战；五是大力实施乡村振兴战略；六是扎实推进区域协调发展战略；七是积极扩大消费和促进有效投资；八是推动形成全面开放新格局；九是提高保障和改善民生水平。

张德江同志所作的十二届全国人大常委会工作报告，回顾了过去 5 年的主要工作，总结了 5 年来的工作体会，提出了 2018 年工作建设。栗战书同志在闭幕会上的讲话中指出，第十三届全国人民代表大会第一次会议圆满完成了各项议程，完成了宪法修改的崇高任务，审议通过了监察法、国务院机构改革方案，审议批准了政府工作报告和其他报告，选举和决定任命了新一届国家机构领导人员。十三届全国人大及其常委会要认清使命、奋发有为，切实肩负起新时代长期坚持、不断完善人民代表大会制度的崇高使命。要切实增强政治意识、大局意识、核心意识、看齐意识，自觉把党的领导贯穿人大工作始终，切实做到一切重要工作、重要事项都围绕党和国家工作大局开展、在党的领导下进行。要依法行使立法权、监督权、决定权、任免权，敢于担当、善于作为，切实履行好党和人民赋予的光荣职责。要坚持以人民为中心，为人民用权、为人民履职、为人民服务，自觉接受人民监督，更好发挥人大代表作用，使全国人大及其常委会成为全面担负起宪法法律赋予的各项职责的工作机关，成为同人民群众保持密切联系的代表机关。

政协会议期间，俞正声同志作了政协第十二届常务委员会工作报告，回顾了十二届政协的工作，总结了主要经验，并对今后工作提出建议。汪洋同志在政协闭幕会上的讲话中指出，会议期间，中共中央总书记、国家主席、中央军委主席习近平等党和国家领导同志出席大会开幕会和闭幕会，深入到界别小组同委员共商国是。广大委员以高度的政治责任感，深入讨论政府工作报告和其他报告，讨论宪法修正案草案和监察法草案，以及国务院机构改革方案，认真审议全国政协常委会工作报告、政协章程修正案草案等文件，履职建言成果丰硕。人民政协要认真学习贯彻中共十九大精神，把习近平新时代中国特色社会主义思想作为统揽各项工作的总纲，坚持中国共产党的领导、坚持人民政协性质定位、坚持大团结大联合、坚持发扬社会主义民主，携手新时代、落实新部署，发扬优良传统、忠实履职尽责，奋力谱写新时代人民政协事业发展的新篇章。

这次会议审议批准了《中华人民共和国宪法修正案》。此次宪法修改是自1982年宪法公布施行后的第五次修改，宪法修改遵循以下原则：一是坚持党对宪法修改的领导；二是严格依法按程序推进宪法修改；三是充分发扬民主、广泛凝聚共识；四是坚持对宪法作部分修改、不作大改。《中华人民共和国宪法修正案》对我国现行宪法作出21条修改，集中在11个方面。

这次会议审议通过了《中华人民共和国监察法》。制定监察法是坚持和加强党对反腐败工作的领导，构建集中统一、权威高效的国家监察体系的必然要求。监察法分为9章，共69条，主要内容有7个方面。

这次会议批准了国务院机构改革方案。一是关于国务院组成部门调整。组建自然资源部，组建生态环境部，组建农业农村部，组建文化和旅游部，组建国家卫生健康委员会，组建退役军人事务部，组建应急管理部，重新组建科学技术部，重新组建司法部，优化水利部职责，优化审计署职责，监察部、国家预防腐败局并入新组建的国家监察委员会。二是关于国务院其他机构调整。组建国家市场监督管理总局，组建国家广播电视总局，组建中国银行保险监督管理委员会，组建国家国际发展合作署，组建国家医疗保障局，组建国家粮食和物资储备局，组建国家移民局，组建国家林业和草原局，重新组建国家知识产权局，调整全国社会保障基金理事会隶属关系，改革国税地税征管体制。这次改革，正部级机构减少8个，副部级机构减少7个。改革后，除国务院办公厅外，国务院设置组成部门26个。

关于组建农业农村部。方案提出，将农业部的职责，以及国家发展和改革委员会、财政部、国土资源部、水利部的有关农业投资项目管理职责整合，组建农业农村部，作为国务院组成部门。其主要职责是，统筹研究和组织实施“三农”工作战略、规划和政策，监督管理种植业、畜牧业、渔业、农垦、农业机械化、农产品质量安全，负责农业投资管理等。原农业部的草原资源调查和确权登记管理职责调整至自然资源部，监督指导农业面源污染治理职责调整至生态环境部，草原防火职责调整至应急管理部，渔船检验和监督管理职责划入交通运输部。不再保留农业部。

三、代表委员审议讨论情况

会议期间，人大代表和政协委员围绕《政府工作报告》《中华人民共和国宪法修正案（草案）》《中华人民共和国监察法（草案）》、国务院机构改革方案及各项决议（决定）草案进行了认真审议和讨论，提出了许多有针对性的意见和建议。国务院根据大家的审议意见，对政府工作报告认真进行了修改。

关于讨论政府工作报告。代表委员们完全赞同李克强总理所作的政府工作报告，认为报告通篇贯彻了习近平新时代中国特色社会主义思想和中共十九大精神，站位高；全面总结了过去 5 年我国经济社会发展取得的成就，内容实；准确把握了国际国内环境和我国经济社会主要矛盾变化，提出了切实可行的总体部署、重点任务和具体举措，接地气。整个报告具有很强的思想性、指导性、针对性和可操作性，是一个求真务实、改革创新、鼓舞人心、催人奋进的好报告。

关于讨论宪法修正案草案。代表委员们完全拥护宪法修正案草案。大家一致认为，这次宪法修改是党和国家政治生活中的一件大事，是中共中央站在新时代坚持和发展中国特色社会主义全局和战略高度作出的重大决策，也是推进全面依法治国、推进国家治理体系和治理能力现代化的重大决策，具有重大现实意义和深远历史意义，完全符合党心民心，是时代的必然、实践的必要、法治的必需。

关于讨论监察法草案和国务院机构改革方案。代表委员们赞同监察法草案和国务院机构改革方案。代表委员们认为，监察法草案充分体现了国家监察体制改革的重大成果，体现了依规治党与依法治国、党内监督与国家监督、党的纪律检查与国家监察的有机统一。

四、"两会"涉及"三农"工作及创新型国家建设的情况

2018 年"两会"期间，"三农"问题仍是代表委员们关注的焦点。李克强总理在政府工作报告中充分肯定和高度评价了过去五年农业农村经济取得的突出成绩和对整个国民经济作出的重大贡献。报告提出，2018 年要大力实施乡村振兴战略，科学制定规划，健全城乡融合发展体制机制，依靠改革创新壮大乡村发展新动能。一要推进农业供给侧结构性改革。促进农林牧渔业和种业创新发展，加快建设现代农业产业园和特色农产品优势区，稳定和优化粮食生产。新增高标准农田 8 000万亩以上、高效节水灌溉面积 2 000万亩。培育新型经营主体，加强面向小农户的社会化服务。发展"互联网+农业"，多渠道增加农民收入，促进农村一二三产业融合发展。二要全面深化农村改革。落实第二轮土地承包到期后再延长 30 年的政策。探索宅基地所有权、资格权、使用权分置改革。改进耕地占补平衡管理办法，建立新增耕地指标、城乡建设用地增减挂钩节余指标跨省域调剂机制，所得收益全部用于脱贫攻坚和支持乡村振兴。深化粮食收储、集体产权、集体林权、国有林区林场、农垦、供销社等改革，使农业农村充满生机活力。三要推动农村各项事业全面发展。改善供水、供电、信息等基础设施，新建改建农村公路 20 万千米。稳步开展农村人居环境整治三年行动，推进"厕所革命"，促进农村移风易俗。健全自治、法治、德治相结合的乡村治理体系。坚持走中国特色社会主义乡村振兴道路，加快实现农业农村现代化。报告还提出，要加大精准脱贫力度。今年再减少农村贫困人口 1 000万人以上，完成易地扶贫搬迁 280 万人。深入推进产业、教育、健康、生态扶贫，补齐基础设施和公共服务短板，激发脱贫内生动力。

政府工作报告也对加快建设创新型国家提出了新的要求。报告指出，要把握世界新

一轮科技革命和产业变革大势，深入实施创新驱动发展战略，不断增强经济创新力和竞争力。要加强国家创新体系建设，强化基础研究和应用基础研究，启动一批科技创新重大项目，高标准建设国家实验室。要落实和完善创新激励政策。改革科技管理制度，绩效评价要加快从重过程向重结果转变。赋予创新团队和领军人才更大的人财物支配权和技术路线决策权。对承担重大科技攻关任务的科研人员，采取灵活的薪酬制度和奖励措施。探索赋予科研人员科技成果所有权和长期使用权。

习近平总书记等党和国家领导人分别参加有关人大代表团和政协联组会审议，对农业农村改革发展和精准扶贫提出了明确要求。习近平总书记在参加内蒙古代表团审议时强调，全面建成小康社会，标志性的指标是农村贫困人口全部脱贫、贫困县全部摘帽。打好脱贫攻坚战，关键是打好深度贫困地区脱贫攻坚战，关键是攻克贫困人口集中的乡（苏木）村（嘎查）。在参加广东代表团审议时强调，将来我国还会有三四亿人生活在农村，农村发展和城市化应该相得益彰、相辅相成。在参加山东代表团审议时强调了6个方面：一要推动乡村产业振兴，紧紧围绕发展现代农业，围绕农村一二三产业融合发展，构建乡村产业体系，实现产业兴旺，把产业发展落到促进农民增收上来，全力以赴消除农村贫困，推动乡村生活富裕。要发展现代农业，确保国家粮食安全，调整优化农业结构，加快构建现代农业产业体系、生产体系、经营体系，推进农业由增产导向转向提质导向，提高农业创新力、竞争力、全要素生产率，提高农业质量、效益、整体素质。二要推动乡村人才振兴，把人力资本开发放在首要位置，强化乡村振兴人才支撑，加快培育新型农业经营主体，让愿意留在乡村、建设家乡的人留得安心，让愿意上山下乡、回报乡村的人更有信心，激励各类人才在农村广阔天地大施所能、大展才华、大显身手，打造一支强大的乡村振兴人才队伍，在乡村形成人才、土地、资金、产业汇聚的良性循环。三要推动乡村文化振兴，加强农村思想道德建设和公共文化建设，以社会主义核心价值观为引领，深入挖掘优秀传统农耕文化蕴含的思想观念、人文精神、道德规范，培育挖掘乡土文化人才，弘扬主旋律和社会正气，培育文明乡风、良好家风、淳朴民风，改善农民精神风貌，提高乡村社会文明程度，焕发乡村文明新气象。四要推动乡村生态振兴，坚持绿色发展，加强农村突出环境问题综合治理，扎实实施农村人居环境整治三年行动计划，推进农村“厕所革命”，完善农村生活设施，打造农民安居乐业的美丽家园，让良好生态成为乡村振兴支撑点。五要推动乡村组织振兴，打造千千万万个坚强的农村基层党组织，培养千千万万名优秀的农村基层党组织书记，深化村民自治实践，发展农民合作经济组织，建立健全党委领导、政府负责、社会协同、公众参与、法治保障的现代乡村社会治理体制，确保乡村社会充满活力、安定有序。六要推动乡村振兴健康有序进行，乡村振兴是一项长期性工作，既要有紧迫性，也不可一哄而上，要规划先行、精准施策、分类推进，科学把握各地差异和特点，注重地域特色，体现乡土风情，特别要保护好传统村落、民族村寨、传统建筑，不搞一刀切，不搞统一模式，不搞层层加码，杜绝“形象工程”。李克强总理和胡春华副总理等党和国家领导同志也对“三农”工作高度关注，分别在参加有关代表团审议和政协联组会议讨论时就实施乡村振兴战略、农业农村改革和精准扶贫等工作作出指示。

“两会”期间，韩长赋部长和潘显政同志出席了十三届全国人大一次会议新闻中心举办的专场记者会，回答了有关提问。韩部长还接受了央视《部长之声》栏目的专访。

“两会”期间，代表委员围绕“三农”问题提出了很多宝贵的建议和意见。其中乡村振兴和产业扶贫受到代表委员的集中关注，农村集体产权制度改革和农产品质量安全等也成为高度关注的问题。一些代表还认为，乡村振兴迫切需要科技支撑，要进一步加大对现代农业产业技术体系的资金投入，加强地方农业科技队伍建设，为乡村振兴提供科技支撑。科技创新本质上是人才创新、人才驱动，要围绕人来加强改革，让愿意创新、有能力、取得创新成果的人得到社会更多的尊重。

这次“两会”再次充分证明，党中央、国务院高度重视“三农”工作，始终把“三农”工作放在全党全国工作的重中之重，坚持农业农村优先发展，将继续加大政策支持力度，大力推动农业农村现代化和改革发展，代表委员和社会各界也十分关心“三农”问题，这为农业和农业科技部门大力实施乡村振兴战略、推动农业转型升级提供了、创造了良好的外部环境，也对我们的工作提出了更高的要求。

“两会”精神传达完毕。

牢记国家队使命 努力开创新时代农业科技工作新局面

——陈萌山书记在中共中国农业科学院党组（扩大）会上的讲话

（2018年5月28日）

同志们：

2017年5月26日，在中国农业科学院建院60周年之际，习近平总书记专门发来贺信，李克强总理专门做出批示，时任副总理汪洋同志专程到我院考察并提出要求。一年来，在农业农村部党组的坚强领导下，全院上下开展了一系列学习贯彻落实活动，极大地增强了农业科研国家队的责任感和使命感，极大地激发了广大科技人员创新活力和创造激情，极大地促进了全院跨越式发展，全院科技创新、成果转化、人才队伍建设、国际合作取得了新的成效。

2018年5月26日，在习近平总书记致我院建院60周年贺信发表一周年之际，中共中央政治局委员、国务院副总理胡春华专程到我院考察。他先后到国家作物种质资源库、重大科学工程楼和现代农业科技展示园，了解农作物种质资源安全保存与有效利用情况、现代作物育种技术研发与应用进展，实地考察蔬菜营养品质调控及植物工厂智能化管控等研发应用进展情况，并与科研人员讨论交流。调研期间，他主持召开农业科技专家座谈会，听取了8位不同领域专家、企业家对农业科技工作的意见建议。他充分肯定了广大农业科技人员胸怀报国富民之志，潜心钻研学术，致力于科技创新，克服重重困难，付出极大辛劳，取得了丰硕的成果，为推动我国农业科技进步和创新发挥了不可替代的重要作用。这次胡春华副总理专程到我院调研，进一步强调贯彻落实总书记贺信精神的重大意义，充分体现了党中央国务院对农业科技工作的高度重视，对我院加快发展的大力支持，对全体农业科技工作人员的亲切关怀。

今天，我们召开院党组扩大会，传达胡春华副总理讲话精神，进一步动员部署，深化贺信精神的学习，全面落实总书记对农业科技的要求，对我院提出的殷切期望。下面，我讲两点意见。

一、按照胡春华副总理要求，深化总书记贺信精神学习，进一步提高思想认识

胡春华副总理强调，深入学习总书记贺信精神，最关键的是要全面落实总书记对农业科技的要求。总书记强调，“农业现代化关键在科技进步和创新”。他从推动“我国由农业大国走向农业强国”的战略高度，为我国农业科技创新指明了努力方向，就是要“立足我国国情，遵循农业科技规律，加快创新步伐，努力抢占世界农业科技竞争制高点，牢牢掌握我国农业科技发展主动权”。胡春华副总理认为，总书记这一要求是很高的，强调要深入学习贯彻习近平总书记关于农业科技创新的一系列重要指示精神，按照党中央、国务院决策部署，坚持把农业科技创新摆到农业农村发展的核心位置，进一步完善政策举措，加大支持力度，加快提升农业科技进步和创新水平，为我国由农业大国走向农业强国提供坚实的基础。

习近平总书记在贺信当中提出了“三个面向”“两个一流”和“整体跃升”的具体要求。胡春华副总理认为，这既是对中国农科院的要求，也是对整个农业科技工作的要求，充分体现了总书记对加快农业科技创新的高度重视和殷切希望。胡春华副总理特别强调，中国农业科学院、中国科学院要发挥好国家队作用，牵头开展好重大科技攻关，引领科技发展。我们要按照胡春华副总理的要求，进一步坚定地落实好总书记的指示精神。

胡春华副总理指出，在充分肯定我国农业科技创新成绩的同时，要清醒地认识到差距和不足。他就落实总书记贺信精神，加强农业科技创新工作，提出了3条重要要求。一是找准农业科技创新的重点突破方向。他指出要立足我国国情、农情，遵循农业科技规律，找准农业科技突破方向，着力破解制约农业创新发展的突出科技难题，以此带动我国农业科技整体跃升。二是以需求为导向，加快形成农业科技产业创新体系。他指出，要紧紧围绕农业现代化发展需要，大力推进农业科技产业创新，充分发挥企业在创新决策、研发投入、科研组织、成果转化等方面的主体作用，促进产学研一体化发展，加快把农业科技创新成果转化为现实生产力。要完善农业科研评价机制，引导广大科研人员把论文写在田间地头，把成果应用在农村产业发展上。三是加快对农业科技创新的支撑。他指出，要深化农业科技体制改革，加大政策、投入等支持保障力度，为加快农业科技创新营造良好条件和环境。

我们要按照胡春华副总理的要求，进一步对标总书记贺信精神，坚持问题导向，找准差距，全力补齐短板，采取有力措施，切实解决存在的问题。找准创新的方向，集中力量突破，充分发挥“领头羊”作用，带动农业科技创新整体提高。深化体制机制改革，释放创新活力，提高创新效率，当好农业科技改革“排头兵”。

二、按照胡春华副总理要求，进一步贯彻落实总书记贺信精神

过去的一年来，在总书记贺信精神的指引下，我院出现了新的明显的变化，但是与总书记要求相比，我们深切地感到履行国家队使命责任的能力还亟待进一步提升，建设世界一流学科和一流院所的征程还亟待抓住机遇、加快发展速度。正如胡春华副总理指出的，一定要清醒的认识存在的距离和不足，他认为，我们现在的科技跟总书记的要求还有很大的差距。

对照贺信“三个面向”“两个一流”的要求，我院目前存在的主要问题：一是科研布局和重点研究方向还不能完全适应新时代农业农村高质量发展要求。优势学科大多集中在生产环节和传统农畜产品的技术创新上，质量兴农、绿色发展等方面研究力量相对较弱。在乡村振兴、农业农村现代化等宏观战略研究方面亟待加强。二是重大成果产出和有效供给能力有待提高。对“三农”事业发展和科技进步具有颠覆性、革命性的成果还不够多，推进科技创新成果转移转化力度不够。三是人才团队建设与参与国际国内竞争的实际需求还不相适应。高层次科技人才短缺，特别是世界级科技领军人才匮乏，青年领军人才和后备人才不足，新兴学科和交叉学科人才短缺。四是体制机制改革与建设世界一流科研院所的实际需求还不相适应。在体制机制改革创新上、在现代科研院所管理上，还存在一些差距。引领带动作用需进一步增强，组织协调全国农业科技联合攻关手段不足、能力不强，“领头羊”作用尚未充分发挥。科技成果转化、推广、应用仍然是薄弱环节，科研与生产结合不紧密，先进适用技术集成示范滞后，对当前农业“转方式、调结构”引领支撑不够。院所两级都存在管理薄弱、管理意识不强、管理水平不高的问题。

我们要以这次胡春华副总理考察为契机，以习近平新时代中国特色社会主义思想为指导，深入贯彻落实党的十九大精神和贺信精神，以乡村振兴科技支撑行动为总抓手，以科技创新工程为引领、以国家农业科技创新联盟为载体、以体制机制创新为动力、以加强党的建设为保障，正视问题，迎接挑战，抓住机遇，加快建设世界一流学科和一流科研院所，推动我国农业科技创新能力整体跃升，为实施乡村振兴战略、促进农业农村现代化提供强有力的科技支撑。

首先要深化习近平总书记贺信精神和习近平新时代中国特色社会主义思想的学习。院党组年初已经成立理论学习研究组，以院长、党组书记为组长，以院领导，院机关各部门一把手，以及农经所、信息所、区划所、营养所等部分专家为组员，开展学习研讨，进一步把思想和行动统一到总书记的要求上来。院理论学习研究组今年分为创新型国家和两个一流建设、科技革命与新时代农业科技前沿、新时代农业重大需求与乡村振兴科技支撑行动等 5 个专题小组，拟开展 5 次集体研讨交流活动。院属各单位、机关各部门要高度重视进一步深化总书记贺信精神学习，通过召开中心组专题学习会、专题研讨会，对总书记贺信精神再学习、再思考、再落实。

按照贺信精神要求，我们要继续抓好以下几项工作的落实。

（一）大力实施乡村振兴科技支撑行动

以实施乡村振兴科技支撑行动为总抓手，面向世界农业科技前沿，引领创新方向，在农业生物资源与遗传多样性、动植物重要性状形成机理与遗传解析、资源与环境因子演化规律、农业病原生物变异与致病机制、农产品品质形成与调控等领域创新和储备一批重大基础理论和方法；面向国家重大需求，围绕粮食等重要农产品有效供给、产业提质增效、农业绿色发展、农业信息化与智能化等方向突破一批关键共性技术和颠覆性前沿技术；面向现代农业建设主战场，继续推进水稻、蔬菜等 16 个产业绿色发展技术集成模式研究与示范工作，完善覆盖全国主要产区的协同攻关网络，构建支撑全产业链农业绿色发展的综合技术模式；在河北阜平、江苏东海、广东德庆等典型区域启动乡村振兴科技支撑行动试点建设。

（二）全面推进科技创新工程向纵深发展

全面加强创新工程管理，进一步深化体制机制创新，推进创新能力和创新效率持续提升。开展创新工程 5 年考核总结，系统梳理创新工程实施成效，凝练科研创新模式，为做大做强科技创新工程提供支撑。实施创新工程全面推进期中期评估，下决心梳理出我院领先优势学科和急需开辟的新学科，突破固有的规制，整合研究所重复、交叉研究领域和学科方向，进一步校正创新团队的研究重点和发展方向，按照“三个面向”要求，聚焦重点创新方向和创新任务，确保高质量完成全面推进期创新目标，推进我院“两个一流”建设和跨越式发展。推进科研团队创新任务和协同创新行动实施，凝练重大成果培育清单，加强任务执行监测，强化实施过程管理，产出一批重大科学突破、重大技术创新和重大产品应用成果。完善创新工程绩效管理，提高创新效能，提高投入效益。通过创新工程实施，更好地发挥中国农业科学院创新国家队、改革排头兵、决策智囊团的作用。加强农业宏观战略研究。围绕农业农村经济和农业科技发展重大问题，加强组织和开展系列调研和专题研究，充分发挥中国农业科学院在理论创新、政策支持、舆论引导及社会服务等方面的作用。

（三）深入推进国家农业科技创新联盟建设

发挥联盟在推进乡村振兴战略实施中的重要作用，探索农业科技协同攻关和转化应用的重大机制创新，建立全国农业科技协同攻关新模式。以保障绿色农产品有效供给和推进产业结构调整为主攻方向，围绕质量兴农、绿色发展等重大问题，凝聚全国优势农业科技力量，实施一批重大协同创新任务。加大协同创新与技术集成转化应用力度，强化科技支撑与示范带动。继续完善政府支持、任务牵引、资源共享和评价激励的联盟运行机制，更好地发挥联盟引导性、系统性、整体性的综合创新优势和解决“三农”重大问题的独特作用。

（四）进一步加强人才队伍建设

要紧密围绕全院中心工作，统筹四支队伍建设。初步决定在8月前后，再组织召开一次人才工作交流会，对去年人才工作会议提出的要求、出台的措施落实情况，进行全面的总结评估和交流，梳理存在的问题，进一步研究抓好落实的措施和办法。继续抓好研究生教育，着力提升教育规模和教育质量，做好新增学科申报及学科评估建设工作。

（五）着力提升院所国际化水平

高效谋划国际化布局，积极推动务实合作，调整合作战略，面对国际科技前沿，逐步推进对发达国家（欧美国家）与国际组织（CGIAR、CABI、FAO等）共建联合实验室、开展大科学项目合作研究、高层次人才培养的合作模式；落实走出去战略和国家一带一路倡议，对发展中大国（如金砖国家）深化科技伙伴关系、开展技术示范中心建设和联合项目对接的合作模式；通过强化利用国际组织渠道和网络、牵头中非“10+10”合作机制，对欠发达国家开展技术集成示范、成果转让、能力培训的合作模式，形成高低有秩、层次合理的国际合作新格局。

（六）强化现代农业科研院所机制创新

进一步落实国家促进科技成果转化法。将科研成果归属依法赋权给科研单位和科技人员，鼓励多出成果、快出成果、出好成果，推动科技成果快速向生产力转化。建立科学分类评价机制。扭转唯论文、唯学历的评价导向，将分类评价结果作为科技人员职务晋升、职称评聘、绩效考核等的重要依据，切实调动农业农村科技人员创新创业积极性。继续深化科技领域的“放管服”改革力度，探索实行负面清单管理模式，赋予农业科研院所在职称结构、引人用人、收入分配等方面的自主权，推动国家创新创业、成果转化、收益分配等政策的落地见效，要落实国家给科研院所松绑的政策，鼓励正常学术交流、科研推广活动、群团组织活动，增强凝聚力，鼓励科研人员潜心研究、勇于创新、献身三农。

（七）进一步加强党的建设

要以党的政治建设为统领，扎实组织开展“不忘初心、牢记使命”主题教育，持续推进“两学一做”学习教育常态化制度化，深入学习贯彻习近平新时代中国特色社会主义思想，牢固树立“四个意识”。要以提升组织力为重点，组织实施好“红旗党支部创建行动”，深化拓展院地支部共建活动。要深入推进创新文化建设和精神文明建设，构筑农科院精神、农科院价值、农科院力量。要持续推进中央巡视整改，对院属研究所的巡视实现全覆盖。要继续开展院所办企业、试验基地、学会协会、期刊杂志、质检中心五个领域专项整治，持续打造信息公开“阳光工程”和民主决策机制“防火墙工程”，推动科研经费使用管理更加规范高效。要积极探索运用“互联网+”监管新模式，加强工程建设领域廉政风险防范。

我们要按照胡春华副总理这次考察我院时提出的要求，牢记总书记嘱托，继续发扬肯于创新、善于创新的优良传统，树立雄心壮志，勇攀科学高峰，加快推动农业科技的整体跃升，为实施乡村振兴战略、推动农业农村现代化作出新的更大的贡献。

抢抓重大历史机遇　加快建设“两个一流”为建设世界科技强国作出应有贡献

——唐华俊院长在中国农业科学院学习贯彻落实习近平总书记2018年两院院士大会重要讲话精神座谈会上的讲话

同志们：

中国科学院第十九次院士大会、中国工程院第十四次院士大会于5月28日到6月1日在北京举行。28日上午，会议在人民大会堂隆重开幕，习近平总书记出席开幕式并发表了重要讲话，李克强、王沪宁、韩正等领导同志出席会议，1 300多位两院院士、外籍院士等参加大会。29日下午，李克强总理作了经济形势报告。30日下午，刘鹤副总理作了科技工作有关情况的报告。习近平总书记的讲话高屋建瓴，思想深刻，内容丰富，情深意切，吹响了以科技强国梦助推民族复兴梦的时代号角。李克强总理的讲话着眼大局，求真务实，数据翔实，分析精辟，引起了大家的强烈共鸣。刘鹤副总理讲话对我国科技事业未来发展的重点任务提出了明确意见。习近平总书记等中央领导同志出席院士大会并发表重要讲话，充分体现了党中央、国务院对科技创新支撑经济社会发展的殷切期望。我们由衷感到使命光荣，责任重大。

今天座谈会的主题是，认真学习贯彻习近平总书记在2018年两院院士大会上的重要讲话精神，深入分析农业科技面临的新形势新挑战新任务，抓住机遇，直面问题，明确使命，全面推进农业科技创新，加快“两个一流”建设，为我们国家建设世界科技强国作出应有的贡献。刚才，大家围绕学习贯彻落实习近平总书记的重要讲话，谈认识、讲体会、议举措，发言都很好，我听了很受启发。特别是针对各位科研一线的同志提出的好的建议，会后院有关部门要认真研究，进一步细化完善有关管理制度，把科研工作保障好、服务好。下面，我讲3点意见。

一、深刻领会习近平总书记在两院院士大会上的重要讲话精神，切实把全院广大干部职工的思想和行动统一到建设世界科技强国上来

习近平总书记在两院院士大会上的重要讲话，站在建设社会主义现代化强国的战略高度，把握世界科技革命发展大势，全面总结了党的十八大以来我国科技事业的历史性

成就和“六个坚持”“五个着力”的宝贵经验，深刻分析了当前我国科技领域面临的形势任务和突出问题，指出我们迎来了世界新一轮科技革命和产业变革同我国转变发展方式的历史性交汇期，明确提出了科技创新领域的重大任务，鼓励全国科技工作者要把握大势、抢占先机，直面问题、迎难而上，建设世界科技强国。习近平总书记的讲话是一个充满思想性、战略性、指引性的重要报告，是做好当前和今后一个时期我国科技工作的根本遵循。

我们学习领会习近平总书记在两院院士大会上的重要讲话，重点要把握以下几个方面。

第一，习近平总书记指出，充分认识创新是第一动力，提供高质量科技供给，着力支撑现代化经济体系建设。纵观人类发展历史，创新始终是一个国家、一个民族发展的重要力量，也始终是推动人类社会进步的重要力量。综合国力的竞争主要在于经济和科技的比拼，而科技竞争的关键在于创新体系之争。只有推动科技创新和经济社会发展深度融合，才能提高科技进步对经济增长的贡献率，使创新成为经济发展的强大引擎。要以“鼎新”带动“革故”，以增量带动存量，促进我国产业迈向全球价值链中高端，推动我国经济实现高质量发展。

第二，习近平总书记指出，矢志不移自主创新，坚定创新信心，着力增强自主创新能力。只有自信的国家和民族，才能在通往未来的道路上行稳致远。自力更生是中华民族自立于世界民族之林的奋斗基点，自主创新是我们攀登世界科技高峰的必由之路。我国广大科技工作者要有强烈的创新信心和决心，以关键共性技术、前沿引领技术、现代工程技术、颠覆性技术创新为突破口，敢于走前人没有走过的路，努力实现关键核心技术自主可控，把创新主动权、发展主动权牢牢掌握在自己手中。要强化战略导向和目标引导，加强对关系根本和全局的科学问题的研究部署，在关键领域、卡脖子的地方下大功夫。

第三，习近平总书记指出，全面深化科技体制改革，提升创新体系效能，着力激发创新活力。科技领域是最需要不断改革的领域。科技体制改革要敢于啃硬骨头，敢于涉险滩、闯难关，破除一切制约科技创新的思想障碍和制度藩篱。要坚持科技创新和制度创新“双轮驱动”，以问题为导向，以需求为牵引，在实践载体、制度安排、政策保障、环境营造上下功夫，在创新主体、创新基础、创新资源、创新环境等方面持续用力。要改革和创新科研经费使用和管理方式，改革科技评价制度，把人的创造性活动从不合理的经费管理、人才评价等体制中解放出来。

第四，习近平总书记指出，深度参与全球科技治理，贡献中国智慧，着力推动构建人类命运共同体。要深化国际科技交流合作，在更高起点上推进自主创新，主动布局和积极利用国际创新资源，努力构建合作共赢的伙伴关系，共同应对未来发展、粮食安全、能源安全、人类健康、气候变化等人类共同挑战，在实现自身发展的同时惠及其他更多国家和人民，推动全球范围平衡发展。要坚持以全球视野谋划和推动科技创新，积极主动融入全球科技创新网络，鼓励我国科学家发起和组织国际大科学计划和工程。

第五，习近平总书记指出，牢固确立人才引领发展的战略地位，全面聚集人才，着力夯实创新发展人才基础。要创新人才评价机制，建立健全以创新能力、质量、贡献为导向的科技人才评价体系，形成并实施有利于科技人才潜心研究和创新的评价制度。要完善科技奖励制度，释放各类人才创新活力。要通过改革，改变片面将论文、专利、资金数量作为人才评价标准的做法，不能让繁文缛节把科学家的手脚捆死了，不能让无穷的报表和审批把科学家的精力耽误了。要营造良好创新环境，加快形成有利于人才成长的培养机制、有利于人尽其才的使用机制、有利于竞相成长各展其能的激励机制、有利于各类人才脱颖而出的竞争机制。

二、认清形势，直面挑战，牢记使命，准确把握农业科技创新的主要任务

习近平总书记深刻分析了全球科技创新形势以及存在的主要问题，用了“形势逼人，挑战逼人，使命逼人”来形容当前态势。当前，我国农业科技和我院也面临新的形势、新的挑战和新的任务，必须充分认识，准确把握，明确使命，勇于创新。

（一）充分认识农业科技面临的新形势

习近平总书记指出，21世纪以来，全球科技创新进入空前密集活跃的时期，新一轮科技革命和产业变革正在重构全球创新版图、重塑全球经济结构。科学技术从来没有像今天这样深刻影响着国家前途命运，从来没有像今天这样深刻影响着人民生活福祉。当今世界新一轮农业科技革命蓄势待发，现代生物、信息、新材料、新能源、先进制造等技术日新月异，不断催生出新的农业业态，孕育出颠覆性的农业科技，一些重要的科学问题和核心关键技术已呈现出革命性突破的先兆，世界各国抢占农业科技发展制高点的竞争日益加剧。习近平总书记在致我院建院60周年贺信中也强调，要加快创新步伐，努力抢占世界农业科技竞争制高点，牢牢掌握我国农业科技发展主动权，为我国由农业大国走向农业强国提供坚实科技支撑。

当前我国经济总量已经跃居世界第二，主要经济指标跃居世界第二，我国农业科学家发表在国际期刊上的学术论文数量和被引文量也排在世界第二。农业科技进步贡献率达到57.5%，为农业农村经济快速发展作出了巨大贡献。随着经济发展进入新常态，以及工业化、信息化、城镇化、市场化、国际化的深入推进，农村经济社会发展出现了许多阶段性、标志性的新情况新动向。党中央提出实施乡村振兴战略，大力实施质量兴农战略，推动农业绿色发展，加快农业高质量发展，这对农业科技提出了新要求。我们必须加快自主创新步伐，不断用新技术支持农业强国建设，为实现“两个一百年”奋斗目标、实现中华民族伟大复兴的中国梦作出新的更大的贡献。

（二）准确把握农业科技面临的挑战和问题

一是农业科技布局与发展需求不适应。总体来看，我国已经形成了较为完备的农业科研、教学和推广体系，但目前仍然存在“上下一般粗，左右皆兄弟”的局面，科研教学机构职能定位不明确，中央级、省级和地区级机构功能一致，农业科技机构的盲目竞争导致了科技资源的巨大浪费。从我院自身发展来看，有些研究所建立于计划经济短缺年代，已与目前产业发展形势严重不适应。有的研究所和学科重复设置。此外，我院科研机构分类改革依然没有完全落地，农业科技体制机制改革进展一直都比较缓慢。与党中央对我们的要求相比，仍有一定差距，如科技资源配置不均衡、学科发展不平衡、科技资源共建共享不充分、科技人员创新积极性不够、创新环境需要不断改善等。

二是科技创新水平与发达国家差距较大。据科技部咨询报告，我国农业科技仅19%处于国际领先，17%处于并行，64%处于跟跑，形成了少量领跑、绝大部分学科和技术仍然处于并行和跟跑的状态。农作物基因组学研究、农作物强杂交优势利用与新品种创制、绿色超级稻培育、动物重大疫病流行机制与疫苗研制等方向处于世界前列甚至是领先地位；在基因编辑、植物工厂、无人机农业应用、农作物种质资源研究、动植物疫病控制、畜禽水产健康养殖、纳米制品、生物防治等方向已达到国际先进水平或者处于并行地位；在合成生物学、3D 打印、智慧农业、大动物育种、大型农机具装备、农产品精深加工与智能制造、农产品质量安全、农业废弃物资源化利用、绿色低碳农业等关键技术和重点领域处于跟跑或者跟踪阶段。就我院来看，作物、植保、畜牧、兽医、生物学和资源环境等学科已经达到全国一流、世界先进，其他学科距离建设“两个一流”还有一定差距。“科学技术是世界性的、时代性的，发展科学技术必须具有全球视野。”作为农业科研国家队、战略军，我们一定要在“面向世界农业科技前沿”上，充分发挥先锋队作用，力争在农业重大基础科学和科技竞争前沿、农业核心关键技术等方面实现重大突破。

三是农业科技创新导向问题突出。习近平总书记在会上指出“我国技术研发聚焦产业发展瓶颈和需求不够，以全球视野谋划科技开放合作还不够，科技成果转化能力不强”。对于农业科技创新导向，习近平总书记在山东农业科学院召开座谈会时就强调“矛盾和问题是科技创新的导向”，在 2013 年中央农村工作会议上强调“着重解决好科研和生产两张皮的问题，真正让农业插上科技的翅膀”。多年来，尽管我国在加快农业科技成果转化、服务“三农”方面做了大量工作，但科技创新与国家需求、产业需求对接不太紧密。很多研究课题的设立与市场需求对接不太紧密，有些研究成果形成后就束之高阁。论文世界第二，但重大原创性和能够转化的成果数量少、成熟度不高、产品单一、后续更新换代不足。科企深层次合作偏少，成果转化工作进展不明显。如何面向国家重大需求，破解“三农”发展科技难题，如何面向现代农业建设主战场，发挥农业科技驱动作用，支撑引领现代农业发展，是农业科技必须重点思考的问题。

四是激发人才活力的体制机制还不完善。习近平总书记讲“我国人才发展体制机制还不完善，激发人才创新创造活力的激励机制还不健全，顶尖人才和团队比较缺乏”“硬实力、软实力，归根结底要靠人才实力”“要把人的创造性活动从不合理的经费管理、人才评价等体制中解放出来”。前几年，许多大学特别是经济实力较强的东部和南部大学凭借其雄厚的财力，在全国掀起了抢夺人才的大战。近年来，二三线城市也加入其中，人才大战呈现白热化态势。我院虽然在科技人才队伍建设方面取得了一定成绩，但与农业科研国家队地位和国家农业科技发展需要相比，还有一定差距，这些问题仍然需要通过出台有针对性的措施加以解决。

（三）进一步明确农业科技的新使命

第一，进一步强化农业科技高质量供给，支撑农业供给侧结构性改革和高质量发展。农业的出路在现代化，农业现代化关键在科技进步。新时代的农业科技创新，要以提高农业发展质量和效益为中心，以农业供给侧结构性改革为主线，进一步提高科技成果的质量，在确保国家粮食安全和重要农产品有效供给的同时，引领农业发展方式转变，推动农业发展的质量变革、效率变革、动力变革。

第二，加强事关农业发展全局的研究部署，增强自主创新能力。自主创新是攀登世界科技高峰的必由之路，农业科技创新要积极抢占科技竞争和未来发展制高点，关键要加强农业关键共性技术、前沿引领技术、现代工程技术、颠覆性技术等事关农业发展全局的研究部署，集合精锐力量，作出战略性安排，尽早取得突破，把发展主动权牢牢掌握在自己手中。

第三，进一步明确功能定位，不断完善体制机制。要优化和强化技术创新体系顶层设计，明确企业、高校、科研院所等创新主体在创新链不同环节的功能定位，激发各类主体创新激情和活力。要进一步创新体制机制，着力改革和创新科研经费使用和管理方式，改革研究所评价制度，正确评价科技创新成果的科学价值、技术价值、经济价值、社会价值、文化价值，把人的创造性活动从不合理的经费管理、人才评价等体制中解放出来。

第四，深化国际科技交流合作，主动融入全球农业科技创新网络。农业科技要大力加强国际合作交流，积极融入全球科技创新网络，主动布局和积极利用国际创新资源，努力构建合作共赢的伙伴关系，合力应对未来发展、粮食安全、气候变化等人类共同挑战。要鼓励研究所或科研人员发起和组织国际科技合作计划，积极参与和主导国际大科学计划和工程，以全球视野谋划和推动科技创新。

第五，确立人才引领发展的战略地位，激发人才创新活力。要抓住农业科研特点，深入推进人才分类评价机制改革，建立健全以创新能力、质量、贡献为导向的科技人才评价体系。在人才激励方面，加大绩效工资政策支持力度，让优秀科技创新人才得到合理回报。要改变片面将论文、专利、资金数量作为人才评价标准的做法，营造良好创新环境，加快形成有利于人才成长的培养机制、有利于人尽其才的使用机制、有利于竞相成长各展其能的激励机制、有利于各类人才脱颖而出的竞争机制。

三、以讲话精神为指引，明确方向，攻坚克难，扎实推进“两个一流”建设

下一步，中国农业科学院要把学习贯彻习近平总书记在两院院士大会上的重要讲话精神作为一项重要政治任务，结合我院正在开展的进一步落实习近平总书记贺信指示精神系列活动，用习近平科技创新思想统领全院工作，切实落实胡春华副总理来院调研讲话要求，聚焦方向，直面问题，明确措施，大力推动农业科技创新，加快“两个一流”建设。

第一，要深入学习讲话内容，把思想和行动统一到讲话精神上来。院属各单位要通过理论中心组学习会、党支部学习会、专题研讨会、座谈会等多种形式，组织干部职工和科研人员认真学习习近平总书记的重要讲话，把握核心要义，领会精神实质。要继续深入学习习近平总书记的科技思想，尤其是致农科院建院 60 周年贺信精神，不断增强加快农业科技创新的责任感、使命感。要对照习近平总书记的讲话要求，定向对标，找出差距，拿出行动，把建设科技强国的精神动力转化为实实在在的工作举措。

第二，要持续推进三大重点工程，充分发挥农业科研国家队的引领作用。一是持续推进科技创新工程，实施一批重大协同创新任务，加强基础支撑和学科引领。通过创新工程探索农业科研体制机制创新，为农业科技体制改革提供经验和模式。二是加强农业科技创新联盟建设，强化顶层设计，发挥其载体和桥梁作用，建立全国农业科技协同攻关新模式，形成全国一盘棋的农业科技创新格局。三是加快乡村振兴科技支撑行动试点示范，强化科技引领精准扶贫、融合发展、绿色高质量发展的模式研究，探索整建制推进机制，打造乡村振兴科技示范样板。

第三，要加快优化调整学科布局，构建适应新形势的科研创新体系。面向世界农业科技前沿，立足全球视野，超前部署一批领先优势学科和急需的新兴学科；面向国家重大需求，针对现代农机、现代育种技术等关键技术短板，集中精力攻关，突破一批关键技术；面向现代农业建设主战场，针对技术集成不足的关键问题，重点集成推广一批全产业链技术模式。突破固有的规制，对相关研究所重复、交叉的研究领域和学科方向予以整合。

第四，要大力推动重大平台建设，强化农业科技基础支撑。科技创新除了需要项目、人才，也需要有重大平台支撑，包括国家实验室、国家重点实验室、野外基地、台站等。要把平台作为科技创新的关键要素，围绕农业科研需求和“两个一流”目标要求，抓紧谋划与建设一批重点实验室和试验示范基地，为科学研究和成果转化推广提供基本保障。要坚持因需购置，强化共享共用，避免仪器设备重复浪费，不断提高使用效率。

第五，要进一步加强人才队伍建设，推动人才工作整体提升。过去一年，我们全面实施人才强院战略，在人才队伍建设方面花大力气，做了很多工作。各个研究所细化落实院里的要求，结合工作实际出台了一批政策措施，在人才引进和培育上取得了初步成效。今年我们要筹划召开第二次全院人才工作会议，对去年人才工作会议提出的要求、出台的措施落实情况进行全面总结评估，梳理存在问题，加大扶持力度，进一步研究制定促进人才全面发展的制度措施，推进科研、转化、管理、支撑四支人才队伍建设。

第六，要深化体制机制改革，不断释放农业科技创新活力。我院开展现代院所建设，改革人才评价机制、收入分配机制和科技评价机制已经多年，各部门和各单位要认真研究总结，提出进一步加快改革、激发科技人员活力的办法。全院各级领导干部要尊重规律、守住底线、敢于担当，强化体制机制政策研究与决策咨询，探索建立人才评价、分配激励等新机制，确保国家出台的“放管服”改革措施真正落地，切实形成勇于创新的良好氛围，为农业农村现代化提供更加有力的科技支撑。

第七，要主动融入全球科技创新网络，着力提升院所国际化水平。要高效谋划国际化布局，逐步推进对发达国家（欧美国家）与国际组织共建联合实验室、开展大科学项目合作研究、高层次人才培养的合作模式；落实走出去战略和国家“一带一路”倡议，建立对发展中大国（如金砖国家）深化科技伙伴关系、开展技术示范中心建设和联合项目对接的合作模式；建立对欠发达国家开展技术集成示范、成果转让、能力培训的合作模式，形成层次合理的国际合作新格局。

第八，要全面推进党的建设，坚持和加强党对科技事业的领导。党的领导是中国特色科技创新事业不断前进的根本政治保证。我们要坚持和加强党对科技事业的领导，切实落实党中央关于新时代全面从严治党的决策要求，以“不忘初心、牢记使命”主题教育、“红旗党支部创建行动”、重点领域专项整治等为契机，全面加强全院各级党组织的政治建设、思想建设、组织建设、作风建设、纪律建设，为农业科技创新提供政治保障。各级领导干部和管理人员要加强学习实践，不断增强领导和推动农业科技工作的本领。要大力弘扬创新文化，尊重科研规律和科研管理规律，尊重科研人员意见，为科技工作者创造良好环境。

唐华俊院长在草原所管理效益年等三项重点工作督查暨创新工程考核评估会议上的讲话

2018年8月8日

同志们：

在全院范围内组织开展这次三项重点工作督查和创新工程团队评估，是院党组作出的一项重要安排。刚才，侯向阳所长就草原所总体发展情况、几项重点工作落实情况作了汇报，任天志局长代表专家组对创新工程评估情况作了通报和点评，督查组开展了民主测评，应该说专家意见和测评结果，客观反映了研究所的工作成效、存在问题和干部职工的思想状况。草原所自建所以来，在历届所领导班子的带领下，在一代代人的努力下，长期立足西部、扎根基层、艰苦创业，在科技创新、产业服务、人才队伍建设等方面取得了重要进展，为我国草业科学进步、产业发展和地方经济发展提供了有力支撑。借此机会，我代表院党组对草原所干部职工包括离退休老同志作出的贡献表示衷心感谢。同时我们也应看到，研究所包括全院范围内存在的一些问题。院党组之所以花那么大的力量，由院领导分别带队开展督查和评估，就是因为这些工作院里部署得多，但落实得不到位、不平衡，离设计和要求还有差距，从院党组、研究所到科研及管理一线，存在上热、中温、下凉的现象，希望通过督查推动重点工作得到更好落实。下面，我谈几点想法，跟大家做一个交流。

一、深入贯彻习近平总书记贺信精神，高标准高质量实施好科技创新工程

科技创新工程实施5年来，在院所发展定位、科研任务凝练以及科研组织模式、投入方式和评价机制创新方面，进行了一系列重要探索，这几年全院获得的国家科技奖励、发表的高水平论文以及新品种、新产品、新专利等各项成果都有较大增幅，在国家农业科技创新体系中的骨干作用和引领能力进一步增强，创新工程功不可没。但是，对照农业科技新形势和国家队的职责使命，我们还有不少差距。2017年建院60周年之际，习近平总书记专门致信祝贺，充分肯定成绩的同时，给我们提出了“三个面向、两个一流、一个整体跃升”的要求。面向世界农业科技前沿，就是作为国家队，在国际上要有重要影响；面向国家重大需求，就是针对产业上的问题，我们要从技术层面提出解决方案；面向现代农业建设主战场，就是在农业农村发展中，我们能提供有力的科

技支撑。我们还要建设一流学科、一流院所，来带动整个国家农业科技水平的跃升。2018 年 5 月 26 日贺信发表一周年之际，胡春华副总理专程来院调研，要求深入学习习近平总书记重要指示精神，立足国情农情，找准突破方向，着力破解科技难题，带动我国农业科技整体跃升。韩长赋部长在几天前的中国农业科学院干部大会上，要求我们坚持“三个面向”战略定位，做抢占国际竞争制高点的引领者、改革创新农业科技体制机制的引领者、科技支撑乡村振兴的引领者。

习近平总书记对中国农业科学院怎么定位、怎么发展，提出了明确要求。怎么落实好总书记的要求？结合当前创新工程实施情况，有几个大的问题需要大家思考。

第一，研究所和团队的定位问题。当初设计科技创新工程时，首先就要求各研究所搞清自身定位，给自己画张像，我们研究所是干什么的？就是要有所为、有所不为。团队作为研究所的细胞，工作也要有重点。每个团队主要做两三件事，其他的也可以做，但不能全面开花。比如草原所，要重点做几个方向和领域，达到国内国际都有所影响。如果什么都想做、大而全，就不可能有突破。因为我们的科研人员数量有限。尽管所里已经做了一些梳理，但是面对新形势，草业研究在生态文明建设中发挥什么作用？草原所怎么定位、怎么发展？都值得我们再思考。我们必须在现有工作基础上，对照“三个面向”要求进一步凝练，使科研方向更加聚焦，才更有能力为产业发展提供支撑和服务。

第二，团队管理中紧密和松散问题。包括院里其他研究所，有的看似一个创新团队，实际上和以前的课题组一样，团队里几个组各干各的，要交差的时候把成果汇一汇，这不是我们的初衷。我们把创新工程作为研究所改革发展的一号工程，就是希望通过创新工程来全面改革和重塑我们的研究体系。以往的课题制本身没有错，但是很多单位基本上一两个人、两三个人一个课题，类似于大学里一个老师带两个学生，小团队找点小课题，但是我们中国农业科学院作为创新研究、服务产业的国家队，如果也是这样的课题组，不可能出大量成果。比如说搞育种的，一个好的品种如果没有栽培、土肥、植保的配合，很难发挥作用，因此要改变现有的科研组织方式和模式，组建大一点的、真正紧密合作的团队，才能真正发挥作用，为产业做出大的成果。

第三，重大科技项目争取与实施问题。创新工程是院里千辛万苦才从国家争取到的一个特别的支持、稳定的支持。但是经费也是有限的，全院一共 8 亿~9 亿元，落到每个所经费更加有限。这个经费可以支持我们长期稳定地安排一些创新工作，但并不等于单靠创新工程经费能把我们创新工作都做好，我们还必须积极争取国家各类重大科技项目、竞争性项目经费。一方面，有竞争才能保持活力；另一方面，国家的重大项目如果不参与，长此以后就会失去国家队的地位，甚至被淘汰出局。我们现在有很多研究所，有了创新工程就认为手头有钱了，不用再找项目了。假如有一天政策变了，创新工程没有了，我们的工作就做不了了。因此我希望，创新工程是我们工作的定心丸，不等于进了保险箱。几年前设计创新工程时，我们去中国科学院某研究所调研，当时他们做基础研究，经费是包起来的，最后发现这个研究所的竞争力直线下降，在国内国际参与竞争的能力越来越弱，后来他们也进行了调整。因此我希望，大家要有紧迫感，认真谋划，积极争取，去参与实施国家重大项目。

第四，加强重大平台建设问题。科技创新最根本的三要素，就是人才、项目、平台。尤其是做农业科研需要两个平台，一个是室内平台，就是研究室和仪器设备；另一个是室外平台，就是野外、田间的试验场所。目前全院的部级重点实验室等平台不少，但这还不够。我们既要把现有平台运行好，发挥好作用，又要积极谋划更多的平台，尤其是国家级重大平台，争取几年内能够再申请或联合申请到国家重点实验室，包括建设国家野外台站。有了这些重大平台的支持，才有手段从事创新工作。

第五，加强重大成果培育问题。科学研究要出人才、出成果、出效益。对于我们国家队而言，更多的是出人才、出成果。成果有多种形式，有论文、品种、专利、著作权，等等。我们各个团队要一边做科研，一边有产出。有的领域可能产出时间长一点，但也要积极谋划。如果一个研究所干了 10 年、20 年，还没有像样的科技成果，就很难在相应领域里占有一席之地。尽管社会上对于科技成果评价有各种各样的议论，但国家级奖励、高水平论文、重要专利、大的品种仍是衡量一个研究所产出的非常重要的指标。中国农科院作为一个整体，应该说这几年还是不错的，基础类学科也有很大进展。希望草原所也要积极谋划国家相关奖励，包括草的品种、专利等。

二、加大人才培养引进力度，完善多层次人才支撑体系

一流的创新必须有一流的人才，人才队伍是我们研究所发展的根本。去年第一次院人才工作会议以来，全院上下深入实施人才优先发展和人才强院战略，制度体系逐步健全，经费保障日益增强，人才政策稳步落实，高层次人才队伍不断壮大，人才工作迈上了新台阶，但仍有一些普遍性问题需要我们正视，突出体现在创新、管理、转化、支撑四支队伍结构不合理、发展不平衡。**一是高层次和中青年领军人才缺乏。**全院具有国家级人才称号或以主要完成人获得国家科技奖励的专家仅有 126 人，占在编职工比例不足 2%，占具有高级职称人员的 4%，这与国家队的定位存在很大差距。创新团队首席整体年龄偏大，未来 5 年达到退休年龄的占首席总数的 40%，研究助理和流动岗位人员少，后备力量不足。今天很高兴看到，草原所科研骨干中年轻同志还不少。我们需要一个合理的结构，老中青结合，一代人接着一代人干。**二是管理队伍建设跟不上。**有的人认为创新靠的是科学家，不是靠管理人员，这种认识是错误的。一个研究所管理队伍不强，就会带来一系列问题。尤其是现在国家出台的制度规定多、要求更规范，如果管理队伍跟不上，就不能适应这种形势。现在的所班子包括中层干部年龄老化，还有的所某个职能处室长期一个人、半个人甚至没人，这样我们会在很多工作上被动。为什么今年在院里专门开展管理效益年活动？就是向管理要效益，这个问题后面要专门讲，这里就不展开了。**三是支撑队伍和成果转化队伍不受重视。**做支撑、做实验室、做基地、做成果转化的同志们很辛苦，评职称也困难，但这两支队伍恰恰是非常重要、又容易被忽视的。

比如很多重大仪器设备需要专门的专业技术人才来运行，在欧美很多科研院校，有的高级工程师待遇比教授还高，而我们院里有很多好的设备，却闲置在实验室、仓库甚至楼道里，既浪费了资金，又不能支撑科研。

人才队伍建设，最核心的还是要转变观念、提高认识。当前，我们还有的研究所对人才工作认识不够，主动谋划、积极进取的意识不强；有的所出台的制度办法与自身实际联系不够紧，有几个所还没有出台配套措施；有的甚至还停留在计划和准备阶段。受地域、学科、条件等影响，我们有的研究所人才引进确实有难度，留不住、引不进，但是在人才队伍建设的认识上，没有西部东部之分，同一个地方有些单位就有更多的人愿意去。因此我们各个研究所领导班子，要进一步增强责任感和紧迫感，继续推进深化改革，努力开创人才辈出、人尽其才的生动局面。

一是提升思想站位。要牢固树立“人才资源是第一资源”的思想，把人才工作聚焦到研究人才政策、服务人才需要、加强人才思想教育、营造人才发展环境等方方面面。越是人才引进困难的研究所，人才工作越为重要。所领导班子要围绕院里人才工作总体部署，积极思考，不等不靠，主动作为，真正关心人才、重视人才，下大力气想办法、找出路。

二是强化人才措施。院里从政策引导、宏观协调和管理监督的层面，出台了一系列人才新政。要结合研究所自身实际，充分把握大方向，在人才评价、绩效考核、分类培养和人才引进等方面，抓紧制定完善具体办法或操作细则，确保能落地、有创新、见实效。

三是坚持引育并举。人才引进可以多种方式，培养也可以多种方式。要在引进人才的同时，加强自有优秀青年人才的选拔使用，坚持人才数量、质量、结构齐推进，通过给任务、压担子，不断促进青年人才的成长。要强化人才柔性引进，充分利用现有政策，加大高层次、领军型人才引进力度，做到“不为所有、但求所用”。

四是加强分类评价。要坚持人才分类评价，采取定量评价与定性评价相结合的方法，针对科技、管理、转化、支撑四支队伍，制定不同的评价指标体系。在研究所自主举荐人才、绩效分配、考核评优方面，要注意克服唯学历、唯资历、唯论文的倾向，注重考察各类人才的专业性、创新性和履责绩效、创新成果、实际贡献，真正激发人才创新活力。

三、夯实管理基础性工作，更好服务院所发展

没有规矩，不成方圆。研究所要朝着正确的方向发展，规范的管理非常重要。作为国家级研究所，科研水平从某种程度上既反映出管理水平，又取决于管理水平。近年来，我们通过开展现代院所建设行动、群众路线教育实践活动等系列活动，通过中共中央巡视整改和全面落实中央50号文件精神，突出抓管理创新、文化创新，抓一流作风建设、制度规范建设，管理水平和服务能力不断提升，制度体系更加健全，管理队伍素

质进一步提升，科研“放管服”政策进一步细化落地，管理工作出现新气象，但仍然有几个方面问题亟待解决。

一是狠抓管理的理念不够坚定。所领导是专家，既要搞科研又要抓管理，这是科研单位的特色。但既然作为所长，就要把主要精力放在管理上。在实际工作中，有的所长考虑个人的科研工作多，考虑全局性工作少，把管理工作当成了“副业”；有的忽视抓内部管理这个基础工作，管理失之于宽、失之于软，致使管理上出现这样那样的问题。

二是贯彻决策部署不够深入。个别研究所对总书记贺信精神学习不够深、领会不够透，在贯彻中央决策精神上不彻底、打折扣。对院里具体工作部署，有的所选择性落实，强调自身困难和特殊性多，深入思考破解瓶颈的办法少。有的所领导看完文件就了事，工作停留在材料上，汇报材料写得多，实际执行上落实得少。有的所对管理效益年活动不重视，活动流于形式，甚至虚报活动情况。

三是制度执行不够到位。从近期管理中出现的问题来看，有的所把规章制度“写在纸上，贴在墙上，挂在嘴上”，有章不依，执行不严。有的所领导班子没有严格执行民主集中制和“三重一大”决策制度，决策程序上存在问题。有的是没有执行制度，缺乏监督制约，在具体工作中让个别人钻了空子，给单位造成了损失。

四是管理效益不够突出。在管理理念上，不善于在一流科研院所的格局中找定位、定目标，应对科研管理新形势新要求的措施不够及时。在管理手段上，不能很好地运用现代技术，信息化手段落后，办公自动化水平不高，有的所财务管理仍然采用手工记账。有的所自身条件本来就有限，好容易争取来的经费又用不好，结果被收走了。

总之，我们在管理上与一流院所建设和创新发展要求还有一定差距，各单位必须采取措施，全面提升科学管理水平和服务能力，开创管理工作新局面。

一要落实管理主体责任。院里一直强调领导班子成员要把主要精力放在管理上，就是希望所领导班子能够带领研究所更好发展。尤其是党政一把手要切实发挥好把方向、管大局、抓落实的领导核心作用，不仅要抓科研发展，更要把内部管理作为一项基本工作抓紧抓实。要勇于对单位里的不正之风、违规违纪问题碰硬较真，绝不能睁一只眼闭一只眼，任由事态发展。要时刻把自己放到分管工作中，对重要工作亲自部署、重大问题亲自过问、重点环节亲自协调，确保层层有责任、事事有认领、件件有着落。

二要强化管理制度执行。要全面梳理研究所的管理制度，对涉及人、财、物管理的方方面面，把制度制定好、执行好，使我们的工作更加规范高效、不出问题。要结合《国务院关于优化科研管理提升科研绩效若干措施的通知》（国发〔2018〕25 号）等系列文件，进一步落实好中央科研“放管服”。领导班子成员要带头讲规矩，严格执行民主集中制和“三重一大”决策制度，该集体决定的、决不个人拍板，该公开征求职工意见的、决不暗箱操作，该各负其责的、决不越俎代庖。要对规章制度落实情况进行专项检查，对每项制度和风险点进行逐项检查，查找问题，堵塞漏洞。要增强风险意识，尽快建立完善可追溯机制和责任追究机制，重点加强对涉及单位重大利益的合同、项目、资金和决策的管理。

三要加强管理队伍建设。要注重引进和培养具备现代管理理念、热爱农业科研事业的管理人才，打造一支精干的管理队伍。要加强管理人员培训，转变思想观念，增强服务意识，提高服务质量和工作效率。要强化激励，把管理目标、岗位责任和工作实绩同管理人员的绩效挂钩，完善考核、评价和晋升机制。要强化约束，进一步加强对重要部门、重大事项、重要岗位的监督。

四要创新管理模式和手段。要突破思维上的老框框、工作上的老套路，从加快推进一流科研院所建设、更好满足科研人员获得感的视角，对管理方式、管理模式、管理手段进行全方位审视、全方位创新、全方位提升。要认真梳理、进一步简化工作流程，切实从办事程序上给科研人员减压减负。要继续加大科研信息化工作力度，把能信息化的工作想办法搬到网上，进一步提升管理与服务效率。要加强院所文化和科研环境建设，为科技创新提供优美、和谐的环境氛围。

四、坚持不懈推进党的政治建设，为农业科技创新提供坚强保证

上周，院党组组织传达学习了习近平总书记对推进中央和国家机关党的政治建设的重要批示、中央和国家机关党的政治建设推进会及农业农村部党组会议精神，并就贯彻落实作了专门部署。我们坚持以习近平新时代中国特色社会主义思想为指导，贯彻落实中央决策部署和部党组要求，坚决履行全面从严治党主体责任，坚持加强党的领导，不断强化党的建设，为推动科技创新、促进跨越式发展中提供了坚强的思想、政治和组织保证。但同时也要看到，个别单位和党员领导干部还存在未能打通党建工作“最后一公里”、党建工作基础有待加强、政治建设与业务工作融合不够紧密等问题。全院各级党组织和广大党员干部必须牢固树立“四个意识”，坚决维护习近平总书记在党中央和全党的核心地位，坚决维护党中央权威和集中统一领导，努力把我院建设成让党中央放心、让农民群众满意的农业科研国家队。

一要深入学习习近平总书记关于加强党的政治建设重要批示精神。要深刻领会习近平总书记指出的“一个带头”“三个表率”“模范机关”的总体要求，学习贯彻习近平总书记关于“三农”工作、科技创新的重要论述，切实提高政治站位和政治觉悟，用习近平总书记贺信精神统领农业科技创新工作，把“两个维护”内化于心、外化于行，在任何时候任何情况下，政治上都要站得稳、靠得住。

二要以政治建设为统领，全面加强党的建设。要以党的政治建设为统领，全面推进党的政治建设、思想建设、组织建设、作风建设、纪律建设，努力把我院各级党组织建设成贯彻落实习近平总书记贺信精神和党中央决策部署的坚强战斗堡垒，把党员干部塑造成不忘初心、牢记使命，能够勇于开拓创新、积极投身农业现代化建设的农业科技人才。

三要坚持政治和业务两手抓、两手硬。做到政治建设与业务工作同部署、同落实、

同检查、同考核，把加强党的政治建设特别是遵守政治纪律和政治规矩情况作为绩效考核、党建考核和领导干部年度述职的重要内容。所以这次综合督查，我们在对管理效益年、五个领域专项整治、人才工作会议精神落实情况等重点工作进行督查，对科技创新工程进行团队评估的同时，专门督导加强党的政治建设的内容。

四要强化党的建设责任落实。要抓住领导班子这个“关键少数”，认真落实“一岗双责”，坚持问题导向，拿出过硬措施，把政治建设抓实抓细、抓出实效。各级党组织书记要落实第一责任人职责，真正把抓政治建设的责任扛在肩上、抓在手上、落实在行动上，层层传导压力，逐级压实责任。纪检监察组织要全面履行监督责任，严格监督执纪问责。

最后借此机会，我还要强调两个方面问题。

第一，关于进一步扩大研究所的影响，为产业提供强有力支撑的问题。研究所的影响力体现在方方面面，既有发表论文、国家奖励，还有决策建议、咨询报告、服务产业、科技扶贫、科普宣传等，这些都是很重要的方面。因此我们研究所要思考，在哪些方面能更加有利于扩大影响力、提高社会知名度，为我们的发展营造出更好的社会环境。比如草原所，建所以来在各个阶段都发挥了重要作用，当前实施乡村振兴战略、加强生态文明建设，草学学科发展受到前所未有的关注，国家还专门成立了林业和草原局，希望你们抓住机遇、积极谋划，加强与有关方面沟通协调，通过多种形式进一步扩大研究所的影响，彰显农业科研国家队的职能作用。

第二，关于进一步解放思想，担当作为、加快发展的问题。像草原所处在西部地区，在各项工作中更需要解放思想、主动作为、勇于担当，才能加快发展。当前全面加强党的建设、推进全面从严治党，是为了加强各项管理，在更加规范高效的环境中加快发展、可持续发展。中央八项规定实施以后，有些人有错误的认识，就是把正常业务工作与奢侈浪费等同起来。尤其是国务院最近发布的关于优化科研管理、提升科研绩效的 25 号文件，赋予科研人员更大的人财物自主支配权，做到了能放尽放。下一步到研究所怎么落地？财务报销是否还要十个人、八个人签字？国家政策包括部里、院里的政策，不可能细化到适用于每个具体的研究所，这就需要我们深入研究思考，把国家的政策、制度和办法精神吃透，同时按照研究所发展规律，在上级要求的框架下制定出台适合研究所的管理办法。院里很多所已经做了很好的尝试。在各项检查包括审计、巡视中，关键是看研究所有没有管理制度、制度是不是按规范程序制定通过的、各级规定的制度有没有严格执行。院里的巡视工作也不能机械化地照搬党政机关的要求，既要符合中央指导思想和总体部署，又要考虑科研单位的特点，要看有没有把中共中央的决策部署贯彻落实好、有没有把科研经费用在科技创新上。当然，敢于担当也不是乱担当，国家有明确规定的，必须做到不踩红线、不越底线、不碰高压线。

同志们，这次把加强党的政治建设、三项重点工作督查和科技创新工程考核评估结合起来一并进行，充分体现了统筹协调和精简高效的原则，效果非常好。下一步，要建立重点工作督查督导的长效机制，确保中央路线方针政策的贯彻执行、确保我院工作落地落实。最后再次感谢草原所广大干部职工对研究所发展、对产业发展作出的贡献，也希望大家勠力同心、再创佳绩，更好地服务农业农村发展。

我就跟大家交流这些内容，谢谢大家！

中国农业科学院管理效益年活动指导意见

在全院开展管理效益年活动，是全面贯彻落实习近平总书记对中国农业科学院建院60周年贺信精神的重要行动，是实现院所治理现代化的重要抓手，必须全力以赴，抓出成效。现就开展管理效益年活动提出如下指导意见。

一、准确把握总体要求

（一）指导思想

以习近平新时代中国特色社会主义思想为指引，全面贯彻落实党的十九大精神，坚持以习近平总书记贺信精神、“三农”思想、科技创新思想指导新时代农业科技创新工作，坚持新发展理念，坚持以人为本，以管理体系和管理能力现代化为导向，以管理创新作为中国农科院发展新动能，以提高管理效率和服务质量为着力点，精准发力、突出重点，深化管理改革，全面优化院所决策管理、组织管理、运行管理、考核评价，深入转作风、抓落实、上水平，在建设一流学科和一流院所、推动全国农业科技整体跃升中发挥中国农业科学院的引领作用。

（二）工作要求

坚持强化管理与推动工作相结合。以解决管理中的突出问题和薄弱环节为重点，扎实开展短板消缺和瓶颈突破，加快管理水平的全面提高。将开展活动与做好重点工作相结合，通盘考虑、统筹推进，以管理效益提升推动工作落实，努力开创新时代中国农科院管理工作新局面。

坚持从严治院与服务科研相结合。立足农业科研单位实际，以强化管理助力院所发展，既要严肃纪律、严格管理，确保令行禁止、风清气正，又要通过优化资源配置、提升管理理念，营造宽松和谐的科研氛围，为全面提升全院科研创新和成果转化能力提供动力保障和制度基础。

坚持继承传统与管理创新相结合。发扬中国农业科学院建院以来形成的优良作风，并固化到管理中，形成独特的管理文化。积极开展管理创新活动，全方位开展职责安排、组织架构、管理制度的评价和创新，夯实管理基础、改进管理方式、规范管理流程，不断扩大管理效益年活动的实效。

坚持制度约束与激励引导相结合。管理诸要素的核心是人。要特别重视管理人员评价体系建设，引导和激励管理人员尽职尽责，真正落实管理责任、取得管理实效。要树立典型、弘扬正气，加强教育，提升管理人员政治思想觉悟，发挥党员干部的先锋模范作用，持续保持管理创新活力。

（三）主要目标

通过开展管理效益年活动，形成常态化长效化工作机制，建立政令畅通、管理规范、运行高效、服务优质、纪律严明的院所机关，实现院所决策管理、规章制度、运行管理、考核评价的全面优化，为科研人员提供一流服务。

政令更加畅通。院所两级领导、职能部门管理人员的政治意识、大局意识、核心意识、看齐意识进一步提升，贯彻落实中央路线方针政策和上级部署更加及时、准确、坚决，责任更加明确，措施更加有力。

管理更加规范。制度建设更加规范，制度体系更加完善、执行更加到位，管理更加有效，重点风险领域制度漏洞得以堵塞，各项工作更加制度化、程序化、标准化、规范化，围绕中心，形成合力。

运转更加高效。院所机关职责更加清晰、任务更加明确，统筹协调能力、主动担当和配合意识进一步增强。管理信息化水平达到国内科研单位一流水平。办事流程更加合理、简化、顺畅。

纪律更加严明。监督监察机制进一步完善，从严治党“两个责任”进一步明确、意志更加坚定，监督、执纪、问责能力进一步增强；管理人员规矩意识、法制观念、底线思维牢固确立，形成风清气正的科研生态。

服务更加优质。服务质量明显提升，服务理念更加先进，服务手段、激励机制更加健全，管理人员牢固树立服务至上理念，业务素质、管理素质、服务意识大幅提升。科研环境更加美好。科研人员满意度大幅提高。

（四）进度安排

自 2018 年 2 月至 2019 年 3 月，分 3 个阶段进行。

第一阶段：启动部署阶段。主要是成立领导和工作机构，动员部署。2018 年 4 月底前完成。

第二阶段：查摆整改阶段。院属各单位、院机关各部门要认真查摆问题，制定整改方案、增效台账，并于 2018 年 5 月底前报送给院活动领导小组办公室。院办公室负责牵头制定院机关整改方案。集中查摆整改阶段于 2019 年 2 月底前完成。

要坚持立行立改，随时查摆问题，随时完善台账，随时整改。要持续深化整改、巩固整改成果、建立整改长效机制。院机关各部门要坚持统一指挥、统一步调，带头查摆和整改。

第三阶段：评估总结阶段。主要是核实并对活动成效进行评价。2019 年 3 月底前完成。

二、全力完成重点任务

从院、所两个层面，按照管理效益年的工作目标，坚持问题导向和任务导向，坚持放管服结合，坚持抓主要矛盾，通过深化管理改革，使决策落实、制度建设、队伍建设、管理服务再上新水平。

（一）强化决策落实

围绕深入贯彻落实习近平总书记贺信精神、落实中央以及上级机关、中国农业科学院的决策部署和工作安排，进一步完善和制定重大决策部署落实办法，建立主要领导首问责任制。围绕提升决策质量，坚持以群众利益、集体利益为取向，进一步完善决策制度、决策程序、决策规范，严格执行民主集中制、三重一大事项决策制度，实现决策的科学化、民主化和制度化。围绕切实纠正有令不行、有禁不止的行为，完善重大决策部署落实情况报告制度、督查制度、惩戒制度，以法治思维切实维护中央和上级领导机关、本级组织的决策权威，真正把中央的决策部署转化为干部群众的自觉行动。

（二）加强制度建设

围绕进一步落实“放管服”精神，严格依法依纪依规办事，深化人财物管理改革，配套管理制度，更好激发人才、经费、设施等要素活力，最大限度地释放政策红利，实现资源价值最大化。围绕提升制度规范化水平，修订、完善或废除与新形势新任务新要求不相适应的规章制度，制定新制度堵塞制度漏洞，优化流程防止流程缺陷。围绕切实发挥制度效力，建立制度执行情况督查机制、制度修订机制，编制印发制度汇编。设立专家咨询体系，对制度进行系统性、科学性评估，定期研究、完善内部管理制度与程序。

（三）狠抓管理队伍建设

围绕发挥头雁作用，强化院所两级领导班子管理责任，完善领导班子成员外出请假报告制度和工作安排汇报制度。围绕提高管理人员政治素质，切实转变作风，增强担当精神、服务意识，结合“不忘初心、牢记使命”主题教育活动做好管理人员的政治思想教育。围绕提高管理素质，开展现代管理知识讲座，派遣管理干部分赴国内外知名机构和大学实地考察学习现代院所治理经验。围绕一流管理队伍建设需求，制定管理队伍中长期提升计划，加快完善管理人员知识结构、梯队结构，优化队伍结构，消除管理干部年龄断代等短板问题。加强对中青年干部的培养力度，加大干部能上能下、能进能出管理运行机制的执行力度。完善管理人员考核评价体系，稳步推进绩效工资实施，健全与岗位职责、工作业绩、实际贡献相联系的收入分配制度。统筹考虑管理人员和科研人员绩效评价体系，建立管理人员与科研人员绩效挂钩机制。

（四）着力服务质量提升

围绕领导决策能力的提升，进一步完善领导联系基层制度和调研机制，使调研活动真正成为领导干部了解实际、解决问题、落实工作、谋划思路的重要渠道。围绕强化担当意识、提升执行力，落实首问责任制和限时办结制，建立覆盖各领域、各环节工作的督办机制。重点加强对政策方针、决策部署、计划与审批的督办。围绕持续改进管理模式，通过对标一流科研院所，优化业务流程，实现从战略、规划、计划、预算、实施、风险等管理全过程，涵盖人财物全要素的精细化管理。围绕提升办事效率，优化岗位职能和机构设置，开展流程再造，确保院所机关系统高效、组织有力、监管到位。围绕完善服务手段，加快推进管理信息系统、业务系统和办公自动化系统的应用，切实提高管理效率、降低管理成本、防范管理风险。

三、突出抓好关键环节

（一）认真查摆问题

（1）开展决策落实情况自查。要对照中共中央决策部署、上级要求、院里的决定，通过核实会议记录、会议纪要等档案文书，查是否存在贯彻执行中央路线方针政策和决策部署上打折扣、做选择、搞变通、“上有政策、下有对策”等问题，是否召开会议、集体研究落实举措，看是否主动作为、创造性地开展工作。查是否存在照本宣科、照抄照转，以会议贯彻会议、以文件贯彻文件，当“收发室”等问题，看是否以时不我待的紧迫感和夙夜在公的责任感，求真务实，锐意进取，勇于担当，直面问题，解决问题。要对照“三个面向”“两个一流”“一个整体跃升”的要求，开展专题查摆，查资源要素配置与使用是否符合三个面向要求，各项工作是否聚焦两个一流，目标是否有利于推动全国农业科技整体跃升、最终能支撑“三农”发展，看否真正落实习近平总书记贺信精神。

（2）开展制度建设情况自查。要对照中央精神，查是否存在制度漏洞、修改不及时问题，看制度体系是否健全，是否符合中央决策部署、最新文件精神、单位工作实际，是否真正落到实处，是否有利于提高创新发展效率。要对按照习近平总书记贺信精神，查是否各项制度符合“三个面向”要求，是否有利于“两个一流”目标，是否有利于“推进全国农业科技整体跃升”。要按照放管服相结合的原则，对规章制度进行综合评价，查是否存在该放的仍然抓着不放、该管的仍然放着不管，以及以管代服、管理缺位、服务不到位的问题，看放管服精神是否真正落地。

（3）开展领导班子抓管理情况自查。要对领导班子全体成员尤其是党政一把手管理职责履行情况进行检查。根据《中共中国农业科学院党组关于进一步贯彻落实中央八项规定实施精神加强作风建设的实施办法》和反“四风”要求，对照领导班子的工作安排记录，查领导班子成员是否存在热衷当专家、搞评审，是否经常参与同本研究领域无关的学术和非学术活动等问题，看是否把主要精力放在管理上。查每位领导班子成员是否有对分管工作政策掌握不透、业务不熟、解决问题不力、督查缺失等问题，看分管工作是否做好、做到位。

（4）开展职能部门服务质量自查。要重新梳理院所职能部门的职责定位，根据职责安排梳理办事流程，查是否有不必要的环节，是否有不合理的流程，看是否有制约办事效率提升的环节、流程。要对内设管理部门（处室）管理服务意识、能力、效果进行检查。各单位要在2017年民主生活会征求意见的基础上，进一步通过座谈会、调查问卷、网络互动的形式，征求科研人员和服务对象对管理部门的意见，找出管理中存在问题、风险点，查是否存在重复填报资料、重复请示汇报、推诿扯皮、一问三不知等形式主义、官僚主义问题，看管理部门服务是否主动，尽到责，当回事，群众办事是否方便。

院属各单位、院机关各部门除对以上问题进行重点查摆外，还要结合实际，进一步查摆影响决策落实、制度建设和执行、管理队伍建设、服务质量提升等方面的突出问题，并一同列入问题清单。

（二）严肃整改落实

（1）制定整改方案。院属各单位根据问题清单，制定初步整改方案。组织专家进行专题咨询，诊断本单位管理短板，提出解决措施，优化方案。根据优化方案，制定管理增效台账。台账具体包括整改问题（整改内容）、整改目标、整改措施、时间安排（完成时限）、取得成效、牵头部门、责任人等内容。

院机关各部门将查找出的问题分为自身建设问题和业务管理问题，分别有针对性地制定整改措施，并报院活动领导小组办公室。院活动领导小组办公室根据各部门业务管理中的问题，梳理出院机关整改方案，并下发各部门。

（2）组织实施整改。院属各单位根据整改方案，对照增效台账，逐条、逐项进行整改落实。院机关各部门根据院机关整改方案和任务分工进行重点整改。

（三）做好评估总结

（1）开展效益评估。院属各单位对管理效益年活动开展情况进行总结。院里派督导组对照整改任务，对院属各单位管理效益年活动开展情况进行全面核查。根据院对所定量考核办法对院属各单位管理绩效情况进行定量考核。院属各单位参照院对所定量考核办法，制定所对职能部门定量考核办法，并进行定量考核。

（2）进行大会总结。结合年中工作总结，召开管理效益年总结会，全面总结活动成效，表彰管理效益年活动先进单位及个人，交流好经验好做法。

四、切实保障活动实效

（一）加强组织领导

院所两级分别成立管理效益年活动领导小组和工作机构，统筹管理效益年活动的开展。院长、院党组书记对管理效益年活动负总责，其他院领导按分工具体抓好落实。院属各单位党政一把手负责抓好本单位整改任务的落实，组织完成院里安排的活动任务。院机关各部门主要领导牵头，负责本部门自身建设和业务归口范围的管理整改工作。院活动领导小组办公室设在院办公室，负责组织协调院机关各部门共同落实管理效益年活动任务，适时报告全院活动进展情况及需要领导小组协调、决策的事项。

（二）强化分级督导

院、所两级活动领导小组负责分别对院、所机关各部门管理效益年活动开展情况进行督导。院督导组负责指导和督导院属各单位管理绩效年活动开展情况。要指导院属各单位制定好整改方案和增效台账，督导院属各单位落实重点任务。要深入督导单位，组织个别谈话，听取管理整改意见，指导各督导单位深入查摆问题、找准关键问题、认真整改问题、解决管理难题。要及时听取各督导单位汇报，实地考察各督导单位活动实施情况，对重点整改任务进行督查，对取得成效进行评价，向领导小组反映问题、报送活动进展和成效。

（三）营造宣传氛围

根据业务归口范围，院机关各部门各选取一个单位作为管理典型单位，解剖麻雀，总结经验，示范推广。院各级组织要在管理效益年活动的各个重要节点进行持续宣传，及时宣传亮点和经验，持续保持宣传精彩纷呈。发挥“一网两号一端”的宣传媒介作用，强化对活动的意义、目标、进展情况的宣传力度，提高职工的关注度和参与度，营造人人关心、人人参与、力争创先的氛围。建立管理效益年活动交互平台，讨论工作方法，交流先进经验，树立先进典型，集思广益，推动活动向纵深发展。

（四）建立长效机制

建立以每月督查、季度交账、日常监管、督导整改、年终考核为主要方式的管理绩效考核常态化机制。建立管理成效会诊机制，为院属各单位、院机关各部门管理工作定期把脉。参照部对院机关考核指标体系，完善院对院属各单位及院机关各部门的考核办法，将院里确定的重点管理任务、管理会诊整改任务、督查督办情况纳入定量考核指标。结合已有的定性考核办法，突出对贡献和实效的考核。推进制定领导干部管理绩效考核办法，对领导班子成员主要精力抓管理进行考核。

中国农业科学院办公室关于印发《中国农业科学院机关管理增效分工方案》的通知

农科办办〔2018〕111号

院机关各部门：

根据《管理效益年活动指导意见》，院机关在多方征求意见建议和自查的基础上，明确了自身存在的问题和整改方向，经反复凝练，最终确定了院机关管理增效方案，现从强化决策落实、加强制度建设、强化队伍建设、提升服务质量4个方面，提出以下管理效益年整改分工意见，请遵照执行。

中国农业科学院办公室

2018年7月5日

中国农业科学院机关管理增效分工方案

一、强化决策落实

（一）以深入贯彻落实总书记贺信精神为重点，全面贯彻落实党的十九大精神、习近平总书记“三农”思想、创新发展理念，坚持三个面向，加快两个一流建设，推动我国农业科技“整体跃升”

任务 1：深入开展习近平总书记贺信精神研究（院办公室）。

任务 2：制定一流学科建设工作方案，明确一流学科建设的标准、措施和评价指标（科技局）。

任务 3：深入推进创新联盟实施，推动我国农业科技“整体跃升”（科技管理局）。

（二）严格执行院重大决策

任务 4：修订院常务会、党组会等重大会议制度，制定《院长办公会议议事规则》（院办公室）。

任务 5：利用信息化手段，建立网上督办机制，加强对督办事项的跟踪，督促与落实（院办公室）。

（三）严格执行民主集中制、三重一大事项决策制度

任务 6：建立院领导班子三重一大决策事项定期信息公开制度（院办公室）。

任务 7：开展院属单位所务会（所长办公会）、党委会（党总支）会议专项检查，开展各单位民主集中制、三重一大决策规范与决策事项检查，督导院属各单位建立完善所务会（所长办公会）、党委会（党总支）会议制度（院办公室、监察局、直属机关党委）。

二、加强制度建设

（一）加强综合政务制度建设（院办公室牵头，相关部门配合）

任务 8：开展综合政务制度建设和执行情况专项检查。

任务9：对现有制度进行修订、汇编，建立和完善电子政务方面制度和规范，组织相关宣贯活动。

（二）加强科研管理制度建设（科技局牵头，相关部门配合）

任务10：加强学术委员会和学术道德委员会建设，制定科研信用管理办法和学术问题调查认定办法。

任务11：加强基本科研业务费管理，提高项目和经费使用及管理的流程化、规范化水平。

（三）加强人事人才制度建设（人事局牵头，相关部门配合）

任务12：充分考虑各研究所学科背景的区别，研究建立人才分类评价管理机制。

（四）加强财务管理制度建设（财务局牵头，相关部门配合）

任务13：尊重科研规律，完善财务预算执行制度。

任务14：加强内控制度体系培训，落实内控制度体系。

（五）加强基建管理制度建设（基本建设局牵头，相关部门配合）

任务15：加强基建项目立项、施工审查、开工建设和竣工指导，严格落实立项审批方案，从过程环节上加强监督，堵塞管理漏洞。

（六）加强国际合作制度建设（国际合作局牵头，相关部门配合）

任务16：建立科研人员因需出国管理机制。

任务17：建立对自然类和社科类国际合作重大项目分类考核方式。

（七）加强成果转化制度建设（成果转化局牵头，相关部门配合）

任务18：建立成果转化人员绩效考核办法。

任务19：加快落实《关于支持和鼓励事业单位专业技术人员创新创业的指导意见》，制定我院科技人员兼职兼薪、在岗创新创业实施细则。研究制定成果转让，加强知识产权创造、保护和运用的若干意见及实施管理细则。

（八）加强党建制度建设（直属机关党委牵头，相关部门配合）

任务 20：健全完善基层党建工作考核评价机制，促进基层党建工作与业务工作互融互促。

任务 21：研究制定《中国农业科学院基层党组织党务公开实施办法》，推进基层党务公开工作。

（九）强化后勤服务管理制度建设（后勤服务中心牵头，相关部门配合）

任务 22：研究制定院区物业管理办法，明确院区治理规范和标准。

三、强化队伍建设

（一）落实院人才工作会议精神

任务 23：进一步释放政策红利，为科学家松绑，激发科研人员创新活力（财务局、科技管理局、人事局、成果转化局）。

任务 24：对标落实院人才工作会议精神进行督导，开好第二次人才工作会（人事局）。

（二）加强所局级领导干部队伍建设

任务 25：研究完善所局级领导人员考核评价机制，强化管理考核指标，引导所局级干部把主要精力放在管理工作上（人事局）。

任务 26：加强年轻后备人才培养，选拔德才兼备、年富力强的青年干部充实所局级领导班子，落实所局级领导班子任期制、目标责任制（人事局）。

（三）加强院机关处级及以下管理队伍建设

任务 27：研究制定优秀青年干部培养选拔相关制度，加强对年轻干部实践锻炼、业务培训、交流轮岗等工作指导，开展七级以下职员晋级常态化实时聘用，进一步激发机关干部工作积极性（人事局）。

（四）强化对院所管理队伍的激励

任务28：加强和完善管理工作方面的绩效考核机制，提高管理考核比重，提高管理绩效水平（人事局）。

任务29：建立多渠道解决青年职工安居问题的机制和办法（基本建设局、后勤服务中心）。

四、提升服务质量

（一）加强机关作风建设

任务30：进一步梳理本单位职能，改进管理模式，制定权力下放清单，优化办事流程，更好地适应新形势发展需求（院办公室及机关各部门）。

（二）提高服务手段

任务31：强化信息化建设，研究推进机关管理体系和管理能力现代化机制，提高办事效率，推进OA系统使用，加强全院智能化管理（院机关各部门，信息所）。

任务32：对标国际一流科研单位，建立试验基地、科研仪器、平台统筹管理和共享使用机制，调整优化现有科技平台体系，提升现有平台运行水平，组建专业平台运行支撑团队，寻求稳定支持机制（科技管理局、基本建设局、财务局）。

（三）进一步提升大院治理水平，建设美好科研环境

任务33：进一步加强“智慧院区”管理系统设计和实施，实现院区管理智能化，提升整体科技形象（后勤服务中心）。

任务34：制定合理的办公区和家属区隔离方案，加大全院助老设施的投入（后勤服务中心）。

中国农业科学院关于 2018 年度平安建设年终考评情况的通报

农科院办〔2019〕3 号

院机关各部门、院属各单位：

根据《中国农业科学院开展“平安单位”创建活动实施细则》（农科办办〔2017〕207 号）要求，院安委会办公室组织对院属各单位 2018 年平安建设进行了年终考核，考核组依照《中国农业科学院“平安单位”百分考核内容及评分标准》，对各单位严格考核，经 2019 年院安委会第一次全体会议审定，评出 2018 年度平安建设优秀单位 20 个，平安建设达标单位 16 个，赵英杰同志等 21 人被评为平安建设单位先进个人。

特此通报。

附件：2018 年度平安建设优秀单位、平安建设达标单位和平安建设先进个人

中国农业科学院

2019 年 1 月 11 日

附件

2018 年度平安建设优秀单位达标单位名单和平安建设单位先进个人

一、平安建设优秀单位（20 个）

后勤服务中心、研究生院、作科所、植保所、牧医所、蜜蜂所、生物所、农经所、信息所、水稻所、棉花所、油料所、麻类所、郑果所、茶叶所，兰牧药、上兽研、环保所、农机化所、烟草所

二、平安建设达标单位（16 个）

蔬菜所、环发所，饲料所、加工所、质标所、营养所、出版社、灌溉所、特产所、沼科所、基因组所、果树所、哈兽研、兰兽研、草原所、都市所

三、平安建设单位先进个人（21 人）

院办公室	赵英杰
研究生院	王仕龙
植保所	郭大庆
蜜蜂所	马　健
农经所	孙慧峰
水稻所	王建军
油料所	戴伟民
郑果所	杨发向
兰牧药	符金钟
环保所	李　刚
烟草所	宋　贺
后勤服务中心	史天楠
作科所	马建军
牧医所	浦　华
生物所	谢志刚
信息所	程海鹏
棉花所	马雄风
麻类所	郑　科
茶叶所	来和生
上兽研	石耀军
农机化所	侯建宏

中国农业科学院关于印发《中国农业科学院进一步落实习近平总书记贺信精神实施方案》的通知

院属各单位、院机关各部门：

《中国农业科学院进一步落实习近平总书记贺信精神的实施方案》，已经中国农业科学院2018年第三次常务会通过，现印发给你们，请遵照执行。

中国农业科学院

2018年4月9日

中国农业科学院进一步落实习近平总书记贺信精神的实施方案

2017年中国农业科学院建院60周年之际，习近平总书记发来贺信，提出了“三个面向”“两个一流”和“整体跃升”的发展要求。院党组立即召开专门会议，对全院贯彻落实进行部署。全院通过全体职工大会、中心组学习会议、支部大会、专题辅导会和院所发展战略研讨会等多种形式，对照贺信要求，纠偏寻策，切实把思想认识统一到贺信精神上来，切实用贺信要求统领各项工作，并结合党中央提出的实施乡村振兴战略，组织专家制定了“乡村振兴科技支撑行动方案”经过近一年的努力，在科技创新、人才强院、产业科技扶贫、国际合作交流、科技成果转化等多方面取得了明显成效，农业科技发展呈现出新气象。

2018年，为进一步落实习近平总书记贺信的指示精神，建立常态化的学习贯彻机制，使我院的各项工作部署能够始终对标总书记贺信的指示要求，特制定如下实施方案。

一、总体要求

深入学习贯彻习近平新时代中国特色社会主义思想和党的十九大精神，全面落实“三个面向”“两个一流”和“整体跃升”的要求，以乡村振兴科技支撑行动为总抓手，以科技创新工程为引领、以国家农业科技创新联盟为载体、以体制机制创新为动力，科技创新和转化并重，加快建设世界一流学科和一流科研院所，推动我国农业科技创新能力整体跃升，为实施乡村振兴战略、促进农业农村现代化提供强有力的科技支撑。

二、重点任务

（一）坚持“三个面向”，大力实施乡村振兴科技支撑行动

以实施乡村振兴科技支撑行动为总抓手，面向世界农业科技前沿，引领创新方向，在农业生物资源与遗传多样性、动植物重要性状形成机理与遗传解析、资源与环境因子演化规律、农业病原生物变异与致病机制、农产品品质形成与调控等领域创新和储备一批重大基础理论和方法；面向国家重大需求，围绕粮食等重要农产品有效供给、产业提

质增效、农业绿色发展、农业信息化与智能化等方向突破一批关键共性技术和颠覆性前沿技术；面向现代农业建设主战场，继续推进水稻、蔬菜等 12 个产业绿色发展技术集成模式研究与示范工作，启动实施茶叶、果树等 2 个产业项目，完善覆盖全国主要产区的协同攻关网络，构建支撑全产业链农业绿色发展的综合技术模式；在典型区域开展乡村振兴科技支撑行动试点建设，重点为河北省阜平等地区特色产业的绿色发展提供精准科技帮扶，为乡村振兴战略的实施提供强有力的科技支撑。

（二）深入推进实施科技创新工程，建设一流学科

进一步优化全院学科体系设置，突出乡村振兴和农业供给侧结构性改革的重大科技需求，强化优势和特色学科建设，拓展新兴学科领域及方向，重点研究方向再聚焦、再强化、再突出，用新的学科体系引领支撑创新工程实施。落实全面加强创新工程管理的要求，对研究所的发展定位、重点方向、发展态势进行全面评估，并深入开展科技创新团队的诊断评估，进一步校正创新团队的研究重点和发展方向，激发创新活力，对创新工程团队任务与协同创新任务执行情况进行重点评估，根据评估结果及时调整创新团队与协同创新任务。

（三）深化国际合作，打造世界一流农业科研院所

在世界农业科技前沿和农业农村发展的关键领域，开展创新合作，构建全球化农业科技创新网络，推进全球农业科技资源整合和布局以及国际大科学项目培育，争取成为国际重大农业科技议题和规则的倡导者、推动者和制定者。一要积极推进发起以我为主的大科学计划，形成国内外资源的优势互补，提升我院科技创新影响力。二要加强不同区域、不同类型、不同需求的海外联合实验室平台建设，构建面向全球的科技创新体系。三要切实做好国际合作协同创新专项任务，组织农业科技走出去联盟，充分发挥海外农业研究中心高端智库作用，集成科技成果。为农业产品、企业和产能“走出去”提供支撑和服务，四要高标准建设国际教育学院，做好留学生的培养、优秀人才的引进、海外技术经纪人的培育等工作，形成聚集全球农业科技优势人才资源的高端平台。

（四）深入推进创新联盟建设，实现我国农业科技“整体跃升”

发挥联盟在推进乡村振兴战略实施中的重要作用，探索农业科技协同攻关和转化应用的重大机制创新，建立全国农业科技协同攻关新模式。以保障绿色农产品有效供给和推进产业结构调整为主攻方向，围绕质量兴农、绿色发展等重大问题，凝聚全国优势农业科技力量，实施一批重大协同创新任务。加大协同创新与技术集成转化应用力度，强化科技支撑与示范带动，形成一批可复制可推广的综合技术解决方案和模式，继续完善

政府支持，任务牵引、资源共享和评价激励的联盟运行机制。更好地发挥联盟引导性，系统性、整体性的综合创新优势和解决“三农”重大问题的独特作用，推动我国农业科技整体跃升。

（五）开展管理效益年活动，建立高效管理制度

“两个一流”建设，关键靠人，靠高效管理。因此，通过开展中国农业科学院管理效益年活动，以管理体系和管理能力现代化为导向，以提高管理效率和服务质量为着力点，深化管理改革，全面优化院所决策管理，组织管理、运行管理、考核评价，深入转作风、抓落实，上水平。建立政令更加畅通、管理更加规范，运行更加高效，纪律更加严明、服务更加优质的院所机关，实现院所决策管理、规章制度、运行管理、考核评价的全面优化，为科研人员提供一流的制度保障。

（六）深化人才强院战略，建设优秀人才队伍

以建立国际一流的人才队伍为目标，继续深化人才发展体制机制改革，召开第二次人才工作会议。健全人才管理制度体系，继续开展农科英才遴选，组织农科英才管理协议备案审核，保证支持政策及时兑现。组织“青年英才计划”院级入选者评审，强化人才考核管理，提高青年英才质量。创新人才引进机制，制定高层次人才柔性引进办法，探索建立海外人才工作站，谋划在深圳建立人才交流中心积极推进人才分类评价，推动正高级职称评审权限下放推进干部人事制度改革，制定培养选拔优秀年轻干部一揽子政策，选拔优秀年轻干部进入班子。

（七）加大科技平台与基础设施建设，打造先进科研设施

以建设与“两个一流”战略目标相配套的科技条件保障体系为目标，坚持规划引领，整体推进，大力抓好重大科研布局、重大科技基础设施和综合试验基地 3 项重点建设任务，全力推进成都科技中心，西部农业研究中心等战略性科研布局调整与建设，为实施“一带一路”倡议、农业“走出去”等提供关键性支撑。加强农业高等级实验动物创制，作物表型鉴定设施等国家重大科技基础设施建设，打造一批具有世界影响力的农业标志性重大工程；继续强化典型生态区、主要农产品优势区的综合性试验基地建设，成为推进乡村振兴科技支撑行动的重要阵地。

（八）加强党的建设，推进全面从严治党向纵深发展

以党的政治建设为统领，以提升组织力为重点，以开展“不忘初心、牢记使命”

主题教育和推进“两学一做”学习教育常态化、制度化为抓手，全面推进党的建设各项工作。实施“红旗党支部”创建行动，继续推进支部建设。在科研团队和业务处室等考核单元上，配强支部班子特别是党支部书记。坚持“三会课”制度，创新支部活动方式，强化党建工作与业务工作互融互促，落实全面从严治党政治责任，坚持全覆盖、无禁区、零容忍，坚持重遏制、强高压、常震慑，充分运用监督执纪“四种形态”，驰而不息纠正“四风”，持之以恒落实中央八项规定精神。以院所办公司企业为重点深化五个领域专项整治，强化工程建设领域和科研经费廉政监督，营造良好政治生态和科研环境。

三、有关活动

（一）成立理论研究组

院党组成立贯彻落实习近平总书记贺信精神理论研究组，以中国农业科学院院长、党组书记为组长，以院属各单位、院机关各部门一把手，以及农经所、信息所、区划所、营养所等部分专家为组员，围绕习近平新时代中国特色社会主义思想、习近平“三农”思想、习近平关于科技创新的系列论述等开展深入研究。

（二）召开中心组学习落实系列活动

召开中国农业科学院院所两级的党组中心组系列活动，以习近平总书记贺信精神再学习、再思考、再落实为主题，就新时代农业科技态势、中国农业科学院“两个一流”建设、乡村振兴科技支撑行动、创新联盟建设的国际经验等开展专题学习，安排院领导进行专题汇报。

（三）召开习近平总书记贺信精神座谈研讨会

2018 年 5 月召开贺信精神学习座谈研讨会，组织国内高校、科研单位等有一度影响力的专家学者，围绕“三个面向”“两个一流”和“整体跃升”的贺信精神，结合各单位发展的实际开展研讨交流，剖析问题，总结经验，讨论和分析进一步落实的工作举措。

（四）组织推进系列专项活动

就中国农业科学院进一步落实贺信精神开展一系列的成果交流和落实推动活动，主要包括：召开乡村振兴科技支撑行动启动会，中国农业科技发展论坛、中国农业展望大会，全国农业科技成果转化大会等，开展创新联盟系列活动、中国农业发展战略研究院系列活动等。

四、保障措施

（一）加强组织领导

院长、院党组书记负总责，其他院领导按工作分工抓好落实，由院办公室负责牵头和组织落实，院属各单位和院机关各部门主要领导根据任务分工和要求，明确具体负责同志，组织和参与具体工作。

（二）制定工作方案

各单位、各部门要结合重点任务和有关活动的安排，制定进一步贯彻落实习近平总书记贺信精神的工作方案，抓好工作落实，确保行动有效，成果突出。

（三）强化工作落实

成立专项检查组，推动院属各单位和院机关各部门落实各项重点任务和有关活动。主要领导负总责，分管领导重点抓，主管部门集中抓，相关部门配合抓，干部群众支持抓，形成“齐抓共管”的工作格局，确保各项工作任务及时有效完成。

（四）做好成果发布

各单位、各部门要全面细致做好工作记录和总结，树立学习典型，总结重点工作的经验和成效，加强理论研究成果的宣传，在一些主流报刊、媒体和学术期刊上发布系列成果。

中国农业科学院办公室

2018年4月10日印发

中国农业科学院办公室关于印发《中国农业科学院电子文献资源建设办法》的通知

院属各单位：

《中国农业科学院电子文献资源建设办法》已经院常务会审议通过，现正式印发，请遵照执行。

中国农业科学院办公室

2018 年 1 月 15 日

中国农业科学院电子文献资源建设办法

第一章 总 则

第一条 为促进院电子文献资源建设可持续、健康发展，进步提升电子文献资源服务保障能力，特制定本办法。

第二条 本办法所称电子文献资源是指以互联网 IP 认证、本地镜像、远程 VPN 方式提供服务，需要付费采购的网络版电子文献出版物。主要包括文摘/引文/工具型数据库、数值数据库、全文数据库、电子期刊数据库、学位论文全文数据库、电子图书数据库和多媒体数据库等。

第三条 电子文献资源建设应以建设世界一流农业科研院所为导向、以满足全院科技创新与发展需求为宗旨，遵从以下原则：

（一）共同投入原则。在积极争取国家经费支持的前提下，根据“谁使用谁付费”要求，不断探索和完善院级投入带动、院属各单位费用共担的电子文献资源投入机制与模式。

（二）规范管理原则。明确相关单位的责任和义务，制定电子文献资源建设的相关制度和工作规范。强化沟通和协调，建立电子文献资源建设共同参与的工作机制，营造电子文献资源持续发展的工作环境。

（三）科学采集原则。以需求为导向，科学开展电子文献资源需求分析、资源评价、协议谈判、经费分担方案核算，统筹拟定电子文献资源建设方案。

（四）信息公开原则。坚持电子文献资源采购工作的公开和透明，及时、准确地向院属各单位通报电子文献资源采购方案以及费用分担信息。

第二章 组织管理

第四条 院信息化工作领导小组的主要职责：

（一）统筹协调院属单位电子文献资源共建管理工作；

（二）审定共建数据库年度费用分担方案。

第五条 电子文献资源建设专家咨询委员会的主要职责：

（一）为院电子文献资源建设工作提供专家咨询；

（二）审议年度电子文献资源建设方案；

（三）审议年度电子文献资源共建工作方案。

第六条 信息所的主要职责：

（一）筹集电子文献资源经费，建立和完善电子文献资源经费共同投入、联合保障机制和模式；

（二）完成共建数据库的经费分担计算；

（三）完成电子文献资源共建服务工作。

第七条　院属各单位应明确 1 名所级领导分管电子文献资源建设工作，至少推荐 1 名领导或学科领域专家担任院电子文献资源建设专家咨询委员会委员，选定 1 名熟悉电子文献资源的人员担任联络员。院属各单位及联络员的主要职责：

（一）协助信息所开展电子文献资源需求调查；

（二）了解本单位对于共建数据库的需求，选择和确认本单位拟共建购买的国内外数据库，并按要求支付共建费用；

（三）将数据库开通、试用、培训等信息及时传递给本单位相关人员；将本单位电子文献资源使用的相关问题报送信息所相关业务人员；为信息所业务人员到所培训提供支持。

第三章　经费使用

第八条　经费来源主要包括国家科技图书文献中心（NSTL）经费、院经费以及院属各单位共建经费等 3 部分组成。

第九条　筹集的电子文献资源经费用于购买 NSTL 指定检索工具型数据库、全院共性数据库和院属单位个性化数据库。

第十条　信息所应每年留有一定风险基金（一般为共建数据库费用总额的 5%），用于汇率变化等费用。基金剩余部分转入下年度，不足部分由信息所垫付并从下一年度经费中扣除。

第十一条　院属各单位共建经费直接支付给数据库商或指定的图书进口代理。

第四章　费用分担方法

第十二条　共建数据库以院属单位需求较大的外文全文数据库、经费体量较大的外文引文数据库为主。

第十三条　计费方法分 3 种情况：

1. 某单位数据库分担费用＝（数据库费用总额－NSTL 和院补贴经费）×

$$\left(\frac{\text{某单位该数据库上一年度或上半年实际用量}}{\text{该数据库上一年度或上半年全部用量}}\times 100\%\right)$$

备注：指能够提供分单位使用数据的外文数据库

2. 某单位数据库分担费用＝（数据库费用总额－NSTL 和院补贴经费）×

$$\left(\frac{\text{某单位在该数据库中发文量}}{\text{所有共建单位在该数据库中发文量}}\times 50\%+\frac{\text{某单位引用该数据库论文数量}}{\text{所有共建单位引用该数据库论文数量}}\times 50\%\right)$$

备注：指无法提供分单位使用数据的外文电子期刊数据库。

3. 某单位数据库分担费用=数据库费用总额×

$$\left(\frac{\text{某单位该数据库上一年度或上半年实际用量}}{\text{该数据库上一年度或上半年全部用量}}\times 100\%\right)$$

备注：指可提供分单位使用数据的中文全文数据库。

第五章　工作流程

第十四条　需求调研。通过问卷调查、引文分析、使用调查等手段，组织开展院属各单位对电子文献资源调研。

第十五条　供应调研、通过多种途径查找、发现和遴选电子文献资源供应情况，了解电子文献资源的服务模式、价格模型以及国内集团采购方案。

第十六条　综合评估，采用资源内容质量、学科匹配度、使用（试用）统计分析、平台易用性、经济性以及出版商服务等多项指标，对续订数据库和拟新增数据库进行综合评估，确定电子文献资源引进顺序。

第十七条　拟定采购计划。根据电子文献资源续订、拟新增初步分析，以及 NSTL 和院电子文献资源经费预算情况，拟定院电子文献资源年度采购计划。

第十八条　咨询论证。将拟定的电子文献资源年度采购计划提交“中国农业科学院电子文献资源专家咨询委员会”咨询和论证，根据专家咨询意见修改。

第十九条　各单位确认。将拟采购数据库中的共建数据库信息发送至院属各单位，由院属各单位确认本单位拟参加共建数据库的种类，并将相关信息反馈给信息所。

第二十条　采购。信息所与出版商或代理商开展资源续订和新增采购价格方案的谈判，并签订有关协议。

第二十一条　费用分担。根据数据库商提供的分单位使用数据和信息所开展发文引文分析结果计算出各单位共建数据库的分担费用，由院信息化领导小组审核批准。

第二十二条　付费。院属各单位依据付费通知，直接向指定的数据库代理公司支付分担费用。付费时间应在收到代理公司付款通知后 2 个月内完成。

第二十三条　延期付费手续费，院属各单位延期付费超过 2 个月的，将承担代理公司资金垫付手续费。手续费收取标准为：延期付款时间 1 个月以内为付款金额的 3%；延期 2 个月以内为付款金额的 4%；延期 3 个月以内为付款金额的 5%；延期 3 个月以上，信息所将按停订处理，即停止数据库开通服务。

第二十四条　运维服务，信息所负责数据库的开通服务、IP 地址更新、资源整合平台维护、使用咨询与培训等服务工作，保障科研人员方便、快捷、深度利用电子文献资源，提升科研创新能力。

第六章　附　则

第二十五条　本办法由院信息化工作领导小组办公室和信息所共同负责解释。

第二十六条　本办法自发布之日起正式施行。自本办法施行之日起，2014 年 11 月发布的《中国农业科学院电子文献资源建设管理办法（试行）》（农科院〔2014〕273）同时废止。

中国农业科学院办公室

2018 年 1 月 17 日印发

中国农业科学院办公室关于印发《中国农业科学院机关公务用车管理办法》的通知

院机关各部门：

《中国农业科学院机关公务用车管理办法》，已经中国农业科学院2018年第七次常务会审议通过，现印发给你们，请认真执行。

中国农业科学院办公室

2018年7月13日

中国农业科学院机关公务用车管理办法

第一章　总　则

第一条　为进一步加强和规范院机关公务用车配备、使用、管理和监督工作，厉行节约，切实提高公务用车使用效率，确保公务用车使用“规范、安全”，严格落实中央八项规定精神，根据中共中央办公厅、国务院办公厅印发的《党政机关公务用车管理办法》和《中国农业科学院本级及院属京区单位公务用车制度改革工作方案》，结合院机关实际，特制定本办法。

第二条　本办法适用范围为中国农业科学院机关。

第三条　本办法所称公务用车，是指院机关公务用车制度改革后，按规定保留的用于履行公务的机动车辆。

第二章　职责分工

第四条　院办公室负责对公务用车统筹协调和监管。

第五条　财务局负责保障公务用车购置和车辆运行费用；负责公务用车资产账务管理及资产存量变动统计汇总；负责公务用车运行维护费统一审核、支付、结算。

第六条　后勤服务中心负责对公务用车进行集中管理、统一调度；配合做好公务用车的购置、调拨、调剂、报废、报损等相关工作；负责司勤人员录用与管理。

第七条　后勤服务中心负责根据公务用车运行需求提出车辆更新申请，报经院领导审批同意后，由财务局负责编制车辆新增资产配置预算和政府采购预算。

第三章　公务用车使用与管理

第八条　严格执行中央和国家机关公务用车指标管理规定，强化公务用车购置指标管理，不得超标准配备和更新公务用车。

第九条　公务用车主要用于副部级领导专车保障、院士工作用车以及院重大活动、科研管理、科技交往、国际合作、一线调研、综合试验基地管理、机要通信、应急、特种作业、离退休人员服务等公务活动。

第十条　除副部级领导专车专用外，其他人员使用公务用车，应坚持统一管理、统一调度、统筹安排、确保安全，优先保障紧急、重大、重要工作任务，一般情况下按照“先申请、先安排”的原则。

第十一条　严格公务用车使用时间、事由、地点、里程、油耗、费用等信息登记和公示制度。严格执行回单位或者其他指定地点停放制度，节假日期间除工作需要外应当封存停驶。

第十二条　实行公务用车保险、维修、加油政府集中采购和定点保险、定点维修、定点加油制度，健全公务用车油耗、运行费用单车核算和年度绩效评价制度。

第十三条　用车部门应提前将用车事由、路线、往返时间告知车队。车队负责人统一填写派车单，通知驾驶员出车。节假日期间，无特殊情况不得派车。

第十四条　在公务用车有空置的情况下，机关副局级及以上领导干部因公可以申请派车，已派车的不得再行报销交通费和领取交通补助。其他机关工作人员除特殊情况外，原则上不得派车。需同地点、同时间派车的应当拼车前往，减少派车数量。

第十五条　赴外地办理公务，应优先选择乘坐公共交通工具，特殊情况经审批后派车。

第十六条　公务用车驾驶员应具有驾驶相应车辆资格，并具备相应的驾龄要求，保证文明驾驶，安全行车。

第十七条　公务车运行与维护费用统一由部门预算安排。

第四章　公务用车监督检查

第十八条　不得以任何理由将公务用车用于非公务活动，严禁违规对公务用车进行豪华装饰。

第十九条　严格执行一车一卡加油制度，从源头堵塞燃油流失漏洞。因特殊情况在行车中未按规定在定点处加油，驾驶员要写明情况理由，随行人证明，由车队领导及后勤服务中心领导审核批准后按有关财务规定报销。

第二十条　严格执行公务用车配备使用管理各项规定，把公务用车的配备管理工作纳入领导干部党风廉政建设责任制和节能减排检查考核内容，按照谁主管、谁负责的原则，明确责任分工，加强公务用车配备使用管理工作，发现问题，严肃处理。

第五章　附　则

第二十一条　本办法由中国农业科学院办公室、后勤服务中心会同有关部门负责解释。

第二十二条　本办法未尽事宜按《党政机关公务用车管理办法》执行。

第二十三条　本办法自发布之日起施行。

中国农业科学院办公室

2018 年 7 月 16 日印发

中国农业科学院办公室关于表彰 2015—2016 年度科技传播工作先进单位与优秀通讯员的通知

院属各单位、院机关各部门：

2015—2016 年度，中国农业科学院科技传播工作坚持党的领导，牢牢把握正确的舆论导向，充分发挥新闻通讯员队伍主力军作用和各方面专业人才优势，围绕科技创新，以院所重要活动、重大进展、重点事项为抓手，与新闻媒体交相呼应，凝练总结工作亮点，唱响科技创新主旋律。两年里，在创新工程试点 3 年成效、“绿色增产增效模式”实施 3 年成效、国家科技奖励成果等系列专题宣传中取得可喜成绩；同时与中央媒体共同见证国家农业科技创新联盟、海外农业研究中心、国家重点研发计划项目等启动和成立活动，得到了社会与行业的广泛关注；提供、撰写新闻素材，结合社会热点适时推送科技新闻，得到中央媒体的高度关注和刊载。两年累计被中央及有关部委重要媒体刊登达千余篇次，在头版、头条等重要版面报道 150 篇次，分别比上两年增加了 5% 和 64%。同时，在院网新开设的“走进科研一线　讲述精彩故事”“践行三严三实　打造一流作风”“回眸‘十二五’”“海外农业研究中心”等专栏里，全院科技传播工作者踊跃推荐并撰写文章，集中展示了中国农业科学院各项工作的突出成绩，充分展现了我院科研综合实力与科技工作者的优良形象，为加快世界一流农业科研院所建设提供了有力的舆论支持与精神动力。

为激励先进、推动全院科技传播工作持续提升，院办公室依照《中国农业科学院信息宣传工作考核奖励办法》以及八项规定等有关文件精神，开展了 2015—2016 年度科技传播工作先进单位、优秀通讯员的评选，评选综合考虑了各单位科技传播绩效评分及进步程度、通讯员实际发挥的作用等因素，评选出 14 个先进单位和 15 名优秀通讯员。

希望获奖单位和个人珍惜荣誉，继续努力，再创佳绩。各单位及通讯员要以获奖单位和个人为榜样，进一步增强科技传播意识，加大工作力度，提升传播影响力，开创科技传播工作新局面，为农业科技创新工程、国家农业科技创新联盟以及乡村振兴科技支撑行动的实施，营造良好的舆论氛围、作出更大的贡献。

附件：中国农业科学院 2015—2016 年度科技传播工作先进单位与优秀通讯员名单

中国农业科学院办公室

2018 年 7 月 20 日

附件

中国农业科学院2015—2016年度科技传播工作先进单位与优秀通讯员名单

一、中国农业科学院2015—2016年度科技传播工作先进单位名单（14个）

中国农业科学院办公室
中国农业科学院国际合作局
中国农业科学院成果转化局
中国农业科学院科技管理局
中国农业科学院农产品加工研究所
中国农业科学院农业资源与农业区划研究所
中国农业科学院作物科学研究所
中国农业科学院植物保护研究所
中国农业科学院蔬菜花卉研究所
中国农业科学院油料作物研究所
中国农业科学院农业信息研究所
中国农业科学院北京畜牧兽医研究所
中国水稻研究所
中国农业科学院农业经济与发展研究所

二、中国农业科学院2015—2016年度优秀通讯员名单（15名）（排名按姓氏笔画为序）

卫　斐　王　瑀　王燕军　卢　迪　邬震坤　孙　爻　李海芬　时舒慧　余　波
张　莉　陈鎏琰　尚　辰　官　涛　高羽洁　曹新明

中国农业科学院办公室

2018年7月20日印发

中国农业科学院办公室关于调整院信息化工作领导小组及办公室成员与职责的通知

院机关各部门、院属各单位：

为进一步增强院信化工作领导小组的领导和决策能力，进一步提升全院信息化支撑能力，根据院党组要求，现对中国农业科学院信息化工作领导小组及办公室成员、职责进行调整，成员名单及职责附后，特此通知。

附件：1. 中国农业科学院信息化工作领导小组及办公室成员名单

2. 中国农业科学院信息化工作领导小组及办公室职责

中国农业科学院办公室

2018 年 11 月 6 日

附件 1

中国农业科学院
信息化工作领导小组及办公室
成员名单

一、领导小组成员名单

组　长：张合成（党组书记）
副组长：梅旭荣（副院长）
　　　　贾广东（院党组成员　人事局局长）
　　　　高士军（院办公室主任）
成　员：任天志（科技管理局局长）
　　　　陈金强（财务局局长）
　　　　刘现武（基本建设局局长）
　　　　贡锡锋（国际合作局局长）
　　　　王述民（成果转化局局长）
　　　　孙　坦（信息所所长）

二、领导小组办公室成员名单

主　任：孙　坦（信息所所长）
副主任：杨永坤（院办公室副主任）
　　　　周国民（信息所副所长）
　　　　罗长富（研究生院副院长）
　　　　张应禄（出版社社长）
成　员：苗水清（科技管理局综合处处长）
　　　　王海峰（人事局综合处处长）
　　　　李　宁（财务局综合处处长）
　　　　于　辉（基本建设局综合处处长）
　　　　柯小华（国际合作局综合处处长）
　　　　彭　卓（成果转化局综合处处长）
　　　　邬震坤（院办公室宣传信息处副处长）
　　　　王　川（信息所科技管理处处长）
　　　　王仕龙（研究生院办公室副主任）
　　　　刘家益（出版社数字出版中心副主任）

附件 2

中国农业科学院
信息化工作领导小组及办公室职责

一、院信息化工作领导小组主要职责

在院党组领导下，统领全院信息化顶层设计及建设工作，统筹全院信息化资源，审议院信息化发展战略及规划，审定院信息化工作计划及相关政策，审定全院性重大信息化建设项目。

二、院信息化工作领导小组办公室主要职责

在院信息化工作领导小组领导下，负责起草院信息化发展战略及规划，制定院信息化工作计划及相关政策，指导全院性重大信息化建设项目，协调有关单位为全院工作做好信息化技术支撑。

中国农业科学院办公室

2018 年 11 月 7 日印发

中国农业科学院关于表彰 2015—2017 年度优秀新闻作品的决定

各相关新闻媒体记者：

2015—2017 年，各相关新闻媒体深入践行习近平新时代中国特色社会主义思想，牢把握正确的舆论导向，坚持贴近“三农”工作，深入田间地头和科研一线，采写刊播了一系列新闻作品，面向社会充分展现了我院在推进农业科技现代化发展进程中的突出贡献和重要作用。

为表彰先进，鼓励多出精品，按照《中国农业科学院办公室关于开展 2015—2017 年度优秀新闻评选活动的通知》精神，经研究决定，对《“农科样本”说明啥（科技杂谈）》等 29 件新闻作品给予表彰。希望受到表彰的个人和团队珍惜荣誉，再接再厉，再创佳绩，广大新闻工作者要深入贯彻习近平总书记关于宣传思想工作重要论述，进一步坚持正确的政治方向、舆论导向和新闻志向，不断推出精品佳作，在新的起点上为推动我国农业科技跨越发展营造良好的舆论氛围。

附件：2015—2017 年中国农业科学院优秀新闻作品名单（2018 年 11 月）

中国农业科学院
2018 年 12 月 4 日

附件

2015—2017 年中国农业科学院优秀新闻作品名单
（2018 年 11 月）

序号	奖项	作者/团队	媒体/单位	作品题目
1	特等奖	蒋建科	人民日报	“农科样本”说明啥（科技杂谈）
2	特等奖	孙英兰	《瞭望》新闻周刊	中国农业科技创新工程进入推进期
3	特等奖	邱履辉	中国青年报	中国农科院绘制未来 15 年农业科技路线图——新科技革命前夜中国人“吃”的问题该咋办
4	一等奖	蒋建科	人民日报	粮食连年增产农业科技进步贡献率达 56%
5	一等奖	蒋建科	人民日报	想吃啥样的西红柿？“编辑”吧！
6	一等奖	董　峻	新华社	（十九大代表风采）何中虎：破解小麦品质的“生命密码”
7	一等奖	孙英兰	《瞭望》新闻周刊	水稻研究：从高产量迈向高品质
8	一等奖	周　伟	中央广播电视总台	我国农业基因组研究已居世界前列
9	一等奖	杨　舒	光明日报	马铃薯变身记——农科院专家张泓的“土豆故事”
10	一等奖	常　理	经济日报	生物防治：把农药用量降下来
11	一等奖	王晓东	中国日报	International cooperation can solve agricultural challenges
12	一等奖	瞿　剑	科技日报	在这里，科学家为什么被“迷信”
13	一等奖	邱晨辉	中国青年报	中国农科院向农业科研人才青黄不接的问题开刀
14	一等奖	吴　佩	农民日报	中国农业科技如何迈向强国行列——访中国工程院院士、中国农科院院长唐华俊
15	一等奖	李丽颖	农民日报	聚焦产业关键问题　加强技术集成攻关
16	一等奖	李　晨	中国科学报	创新工程：从试点走向全面推进
17	二等奖	胡璇子	中国科学报	作物管养强化，让隐性饥饿消弭
18	二等奖	王　方	中国科学报	阜平，践行精准扶贫承诺
19	二等奖	秦志伟	中国科学报	肥料“混”了，农业自然“绿”了

（续表）

序号	奖项	作者/团队	媒体/单位	作品题目
20	二等奖	张晴丹	中国科学报	农科院集团军阜平扶贫记
21	院庆特别奖	董　峻	新华社	新媒体：中国农业科学院建院 60 周年
22	院庆特别奖	周　伟	中央广播电视总台	中国农业科学院建院 60 周年成就展表彰大会
23	院庆特别奖	杨　舒	光明日报	农业科技“国家队”的使命担当
24	院庆特别奖	霍　剑	科技日报（中国科技网）	中国农业科学院迎来 60 华诞　习近平致信祝贺　李克强作出批示表示祝贺
25	院庆特别奖	吴　佩	农民日报	迈向农业强国的创新力量——中国农科院引领我国农业科技跨越发展 60 年纪实
26	院庆特别奖	李　晨	中国科学报	以科技兴农事　为民生谋福祉——写在中国农业科学院建院 60 周年之际
27	深入基础奖	蒋建科	人民日报	养猪是门技术活
28	优秀团队奖	中国科学报记者团队	中国科学报	农业周刊系列报道
29	优秀团队奖	农科专家在线运维团队	中国农业科学技术出版社	农科专家在线公众号系列报道

中国农业科学院办公室

2018 年 12 月 10 日印发

九、党的建设、思想政治和党风廉政工作

中国农业科学院
2018 年直属机关党委的工作综述

2018 年，在院党组坚强领导下，直属机关党委以习近平新时代中国特色社会主义思想为指导，以党的政治建设为统领，以提升组织力为重点，全面推进党的建设各项工作，圆满完成了全年计划任务，为贯彻落实“三个面向”重要指示精神，扎实推进创新工程、乡村振兴科技支撑行动和脱贫攻坚工作提供了坚强保证。

一、把党的政治建设摆在首位落到实处，确保“三个面向”指示精神落地落实

一是坚决贯彻党中央各项决策部署。认真组织学习党的十九大，十九届二中、三中全会和全国组织工作会、全国宣传思想工作会、庆祝改革开放 40 周年大会等重大会议精神，把学习宣传贯彻工作摆上重要议事日程，部署组织各级党组织迅速传达学习、深入贯彻落实、强化宣传引导，使全院广大党员干部充分认识领会党中央大政方针和最新精神，牢固树立“四个意识”，坚定“四个自信”，坚决维护习近平总书记党中央核心、全党核心地位，坚决维护党中央权威和集中统一领导，切实提高政治站位和政治觉悟，确保党中央决策部署第一时间传达贯彻、久久为功、落到实处，确保部院党组工作部署第一时间得到迅速执行、见人见事见效。

二是持续深入贯彻落实习近平总书记贺信精神。在习近平总书记致我院贺信一周年之际，组织基层党组织对贺信精神进行再学习、再思考、再落实。积极挖掘在落实贺信精神过程中涌现出的先进典型，选取 5 位代表人物在院网开辟专栏进行大力宣传，引导广大职工学习身边的榜样，立足“三个面向”，投身“两个一流”建设。

三是深入贯彻落实习近平总书记对推进中央和国家机关党的政治建设重要指示精神。第一时间组织召开院党组专题学习会和全院党组织、纪检组织负责人会，安排部署各级党组织迅速逐级传达、深入学习贯彻，针对中央和国家机关党的政治建设推进会上提出的相关问题，逐条认真对照检查并制定整改措施。开展加强党的政治建设工作专项督查，院领导分别带队对各部门、各单位进行全面督查，保证学习贯彻活动效果，推动整改工作落实到位。形成《中国农业科学院关于传达学习贯彻习近平总书记对推进中央和国家机关党的政治建设重要指示精神的情况报告》，报农业农村部直属机关党委。

四是认真组织召开民主生活会和组织生活会。印发通知，对民主生活会进一步明确、细化要求，规范、严格程序，全程督导院属 45 个部门、单位的民主生活会召开情

况，确保各部门各单位领导班子经受严格的党性和党内政治生活锻炼。按要求扎实做好院党组民主生活会各环节工作，认真制定工作方案、召开通报会、开展群众满意度测评，广泛征求党员干部群众和基层党组织的意见建议，确保院党组民主生活会顺利完成。认真执行组织生活制度，扎实抓好党员集体学习、广泛征求意见建议、对照查摆问题、党员自我评议与相互评议、评定等次等程序和环节。京区各党支部全部认真开展了组织生活会和民主评议党员工作，共 2 959 名党员参加民主评议，评出优秀党员 844 名，占比 28. 52%；合格党员 2 100 名，占比 70. 97%。

二、深入学习贯彻习近平新时代中国特色社会主义思想，持续强化理论武装

一是深入学习贯彻习近平新时代中国特色社会主义思想。购买发放《习近平谈治国理政》《习近平新时代中国特色社会主义思想三十讲》等读物，组织各级党组织和广大党员深入学习贯彻习近平新时代中国特色社会主义思想特别是“三农”思想、科技创新思想、加强党的领导和党的政治建设的重要论述等。强化理论武装工作的使命感和责任感，通过举办辅导报告会、组织“三会一课”学习、借助“两微一端”新媒体平台发布推广等多种方式，切实把学习贯彻工作抓紧抓好。

二是发挥理论中心组示范引领作用。对中心组学习提出严格要求，明确年度重点学习内容，督促拟定学习计划，督查学习情况，每半年进行通报，推动中心组学习制度化、规范化与质量提升。组织所局级干部认真撰写理论学习论文 179 篇，通过开展评选和通报，不断提升论文质量和撰写的积极性。

三是把握和引领职工思想动向。坚持每半年开展一次职工思想状况调查，及时掌握各单位各部门政治学习情况和职工思想动态。以纪念马克思 200 周年诞辰和改革开放 40 周年等重大活动为契机，通过组织参观主题展等方式，引导广大职工更加坚定“四个自信”，更加坚定共产主义理想信念，以更加饱满的热情投身到工作中。

四是积极开展“弘扬爱国奋斗精神　建功立业新时代”活动。在院网开辟“光荣榜”专栏，在“中国农业科学院”微信公众号定期推送典型事迹，大力选树宣传先进，讲述新时代农科人的爱国奋斗故事，发挥先进典型的示范引领作用。

五是抓好宣传舆论阵地建设。持续提升支部工作 App 的使用频率和阅读量，在院网和机关党建网开辟“深入学习贯彻落实党的十九大精神”和“学习知青岁月获奖文章”等专栏，利用宣传橱窗和展板进行主题宣传，全年发布党建信息 900 余条，表彰了在院党建宣传信息工作中表现突出的 12 个基层党组织和 20 名信息员。

六是加强党建研究。开展了《科研体制改革背景下思想政治工作的挑战与对策研究》《全面从严治党向科研院所基层支部延伸的制约因素和有效途径研究》《推动科研院所“两学一做”常态化制度化研究》等课题研究，获全国党建研究会优秀奖和全国党建研究会科研院所专委会课题研究成果一、二等奖。组织开展 2018 年度“两研会”

理事会研究论文报送和评选，充分发挥党建研究会智库作用。

三、以提升组织力为重点，党的基层组织建设全面加强

一是启动实施“红旗党支部创建行动”。制定印发《中国农业科学院“红旗党支部”创建行动方案》，提出创建要求、明确创建标准，全面部署创建工作。利用实地调研、综合督查、业务培训等方式，广泛宣传、推动落实。推动支部建在科研团队，做到中心工作开展到哪里，党的建设就跟进到哪里。

二是加强基层党组织带头人队伍建设。开展全覆盖的党务群团干部培训，结合工作实际和重点环节组织实操演练和经验交流。全年组织培训7次，培训党委书记、纪委书记、党办主任、党支部书记和群团干部近400人。特别是在杭州举办的全院党委书记、纪委书记培训班上，全面部署我院党的工作总要求、总目标和总任务，使“两委”书记进一步明确党组织的功能定位、工作重点和要求，增强责任意识，为深入推进党的建设各项工作提供坚实基础。

三是深化拓展“院地支部共建　服务农村基层”主题实践活动。组织蔬菜所、蜜蜂所、资划所的5个党支部深入北京密云山区开展结对共建，提供科技服务。针对我院对口帮扶的贫困县阜平，开展“支部结对帮扶　助力脱贫攻坚”主题活动，发挥党的组织优势，充分调集力量助力脱贫。成果转化局党支部与阜平县白家峪村党支部、蜜蜂所党委与密云区高岭镇郝家台村党支部的结对帮扶列入农业农村部直属机关党委党组织结对帮扶活动名单。截至目前，我院已有近50个党支部与地方党组织结对共建，由此形成的“院地支部共建　服务农村基层”案例被中央和国家机关工委评为示范案例。

四是组织开展纪念建党97周年系列活动。“七一”前夕，组织召开纪念建党97周年大会，举办专题党课报告，部署推进重点工作，表彰优秀共产党员、优秀党务工作者和先进基层党组织。认真组织开展“不忘初心　重温入党志愿书”主题党日活动，通过专题组织生活会、恳谈会、重温入党誓词等形式，强化党员意识和使命意识。

五是严格督促执行“三会一课”制度。部署要求基层党支部组织党员按期参加党员大会、党小组会和上党课，定期召开党支部委员会会议，确保达到规定次数和要求。突出抓好学习教育和党性锻炼，开展经常、认真、严肃的批评和自我批评，努力做到形式有创新、质量有提升，不断巩固和增强党内政治生活的政治性、时代性、原则性和战斗性。

六是做好抓基层、打基础工作。严格落实基层党组织任期制度，制定出台《关于推进基层党组织按期换届工作的通知》，督促指导基层党组织按期换届，全年指导6个党组织完成换届改选、2个党组织增补委员。做好发展党员和党费收缴使用管理工作，严格执行《中国共产党发展党员工作细则》，注重在科研人员尤其是创新团队骨干中发展党员，全年发展党员97名。用好《农业部直属机关党费手册》，确保广大党员按月、主动、足额缴纳党费，党支部自觉、足额、按月上缴党费；建立党费使用内控机制，指

导留存党费的党组织设立单独账户，严格管理使用流程，确保有序规范。

七是做好党建述职评议考核工作。按照现场和书面相结合、每 3 年轮述一遍的原则，组织机关部门、院属单位的 10 个党组织书记现场述职，其他党组织负责人书面述职，要求各基层党支部书记在本单位述职评议，强化基层党组织落实抓党建的主体责任和“一岗双责”。研究制定《中国农业科学院基层党建述职评议考核实施办法（试行）》，完善工作机制，增强规范化和制度化。

四、加强党规党纪教育，作风建设和纪律建设持续深化

一是持续开展“四风”整治。深入学习贯彻习近平总书记关于进一步纠正“四风”、加强作风建设的重要批示精神，按照院党组《关于进一步贯彻落实中央八项规定精神、加强作风建设的实施办法》的要求，紧盯年节假期等重要时间节点，利用邮件、QQ 群、微信群及时转发廉洁过节通知和案例，实行节日期间值班和报告制度，公布举报电话，接受群众监督，坚决杜绝“节日腐败”。在全院范围内组织党员干部逐条认真对照查摆，深挖问题根源，并作为党员领导干部民主生活会和组织生活会对照检查的重要内容，针对重点和突出问题着力整治，确保中央八项规定精神有效落实。

二是坚持把纪律挺在前面。组织全院各级党组织和纪检组织认真学习贯彻新修订的《中国共产党纪律处分条例》，及时转发中央纪委①关于违反八项规定等典型案例通报，以案明纪、以案示人，推动党规党纪教育融入日常、严在经常。

五、加强对群团统战工作的领导，创新文化和精神文明建设深入推进

一是加强对群团工作的领导。指导院工会和团委按要求顺利完成换届，支持群团组织结合各自特点积极开展活动。组织了全院第七届职工运动会、职工健步走、乒乓球赛等，为我院在农业农村部“放歌新时代”职工文艺汇演和跳绳比赛中夺得冠军。筹集补助慰问资金 35.1 万元，做好送温暖工作。认真开展“五四”主题团日活动，精心组织回乡调研和“不忘初心　牢记使命”专题学习征文等，12 名青年的文章和报告在部相关比赛和评选中获奖。举办巾帼建功评选表彰和“农科巾帼心向党　科研建功新时代”主题活动，组织参加农业农村部妇工委“玫瑰义卖”和“恒爱行动”，践行社会主义核心价值观。

二是认真做好统战工作。贯彻落实院党组《进一步加强新时期统一战线工作的意见》，多次组织召开党外人士座谈会，通报情况，听取意见建议。支持各民主党派基层

---

① 中国共产党中央纪律检查委员会，全书简称中央纪委。

组织建设和发挥作用，指导开展活动。积极举荐统战对象，作科所刘春明当选农业农村部侨联副主席，3 名同志当选新一届部侨联委员。

三是深入推进创新文化建设。组织召开全院创新文化建设现场观摩推进会，交流经验，部署工作，表彰先进。举办农科讲坛 7 期，累计参加观众近 3 000 人。组织编辑出版《农科英才》(2017 版)，增补近 5 年来全院新晋院士和部分英才模范的先进事迹。

四是加强精神文明建设。全面部署年度工作，积极组织参加部文明单位创建，作科所、植保所被评为“2016—2018 年度农业农村部文明单位”。

六、不断加强自身建设，保障各项工作有序高效完成

一是以好作风开展工作。注重领导班子自身建设，班子团结进取、求真务实。坚持民主集中制，严格按制度办事，重大事项广泛征求意见，集体讨论决定。开好民主生活会和组织生活会，严肃批评和自我批评，认真查找学习、工作、生活上的不足和差距，提出整改意见、措施并改进和落实。成立支部纪检小组，履行廉政教育和监督提醒职能。加强作风建设，作为党务干部，全体同志带头遵守党纪国法和各项规章制度，树立良好形象。坚持服务基层、服务科研，领导带头并要求主动为研究所服务、为专家服务，利用举办或参加各类会议培训、专项督导、党日活动等契机，到基层党组织了解指导工作，听取意见建议，及时掌握广大科研人员的真实诉求和存在困难，并将调研结果积极运用到工作中、体现到制度中、落实到实践中。

二是以高水平推进工作。重视学习，着力提升政治理论水平和履职尽责能力，全年组织理论中心组学习 7 次、支委会 13 次、党员大会 12 次、主题党日活动 3 次、领导干部讲党课 4 次。积极开展“红旗党支部创建”，严格做好规定动作，不断创新方式方法，做好“四学”，即充分发挥理论中心组作用，班子成员率先垂范，领导带头做好“领学”；与院人事局、办公室和环发所有关党支部互学互促，充分调动各种资源，共建共享开展“联学”；设立“党建大讲堂”和“党员小课堂”，邀请专家作辅导、组织党员讲专题，结合岗位职责积极推动“深学”；认真开展党建研究，围绕热点、难点、重点和党员干部普遍关心的问题进行调研，以深入钻研“促学”。注重学习成果转化运用，不断提升业务能力、增强工作针对性与指导性，切实做到启发思想、武装头脑、指导实践、推动工作。

三是以高效率完成工作。不断健全完善制度，规范工作程序。认真开展管理效益年活动，制定工作方案，推进整改落实。共梳理整改任务 9 条、整改措施 15 项，目前已完成整改 11 项，持续推进 3 项，待上级党组织部署的 1 项。制定实施了《机关党委内部工作规则》《机关党委关于贯彻落实上级重大决策部署的实施意见》《机关党委安全生产管理办法》，修订了《保密工作制度》等，内部决策落实不断强化、制度建设不断完善、服务质量不断提升、管理效率不断提高。加强队伍建设，把干部使用和培养结合起来，积极创造条件和机会，敢于给年轻同志压担子，全体同志始终以饱满的工作热情

和积极的开拓精神，扎实高效完成了各项任务。

一年来，直属机关党委认真履职尽责，取得了显著成绩。2 位同志分获院“优秀共产党员”和“优秀党务工作者”称号，1 项课题获部机关党建课题研究优秀成果奖，被评为部党建信息报送工作先进单位和支部工作 App 先进单位，1 位同志获“优秀通讯员”称号。直属机关党委等 4 个党组织、7 名党员被评为部先进基层党组织、优秀共产党员或优秀党务工作者，植保所陆宴辉荣获第二十二届“中国青年五四奖章”并增补为全国青联委员，党的十九大代表、环发所魏灵玲荣获“全国三八红旗手”称号，作科所刘春明荣获“中国侨界贡献奖一等奖”。在农业农村部部属事业单位党建工作述职考核中，院直属机关党委排名第二，得到部党组通报表扬。

2019 年，我院党的建设要以习近平新时代中国特色社会主义思想为指导，全面贯彻落实新时代党的建设总要求和党的组织路线。把党的政治建设摆在首位，严肃党的组织生活，牢固树立“四个意识”，坚定“四个自信”，坚决做到“两个维护”，扎实落实“三个面向”重要指示，坚决贯彻落实党中央决策部署和部院党组工作要求。以提升组织力为重点，扎实开展“红旗党支部”创建工作，加强党支部标准化、规范化建设，推进支部建在科研团队，把党的领导落实到科研团队，把“三个面向”指示要求落实到科研团队，推动基层党组织全面进步、全面过硬。坚持用习近平新时代中国特色社会主义思想武装头脑，扎实开展“不忘初心　牢记使命”主题教育，深入开展“弘扬爱国奋斗精神　建功立业新时代”主题活动。加强群团统战工作的领导，推动工青妇组织增强政治性、先进性、群众性，充分发挥党外人士作用。谋划开展“与时代同发展　与祖国共奋进”庆祝建国 70 周年系列主题活动，为实施创新工程、助力乡村振兴和脱贫攻坚凝聚力量。

中国农业科学院 2018年党建工作要点

2018年中国农业科学院党建工作的总体思路是：以习近平新时代中国特色社会主义思想为指导，全面贯彻落实党的十九大和十九届二中、三中全会精神，以党的政治建设为统领，以提升组织力为重点，全面推进我院党的建设各项工作，推动全面从严治党向纵深发展，为深入推进科技创新工程、实施乡村振兴科技支撑行动提供坚强保证。

一、把党的政治建设摆在首位，坚决维护以习近平同志为核心的党中央权威和集中统一领导

（一）坚决维护党中央权威和集中统一领导

旗帜鲜明讲政治，牢固树立“四个意识”，坚决维护习近平总书记在党中央和全党的核心地位，在政治立场、政治方向、政治原则、政治道路上同以习近平同志为核心的党中央保持高度一致。坚决防止和纠正自行其是、各自为政，有令不行、有禁不止，上有政策、下有对策等行为。牢牢把握科技创新服务乡村振兴的政治方向，深入贯彻落实习近平总书记对我院提出的“三个面向”“两个一流”和“整体跃升”的要求，成立中国农科院党组理论研究组，深入开展习近平总书记“三农”思想和科技发展理论研究；召开院党组中心组学习落实推进会，对习近平总书记贺信精神进行再学习、再思考、再部署；启动乡村振兴科技支撑行动，开展创新联盟系列活动、中国农业发展战略研究院系列活动、中国农业科技发展论坛、中国农业展望大会等。

（二）严守党的政治纪律和政治规矩

自觉学习党章、严格遵守党章、模范贯彻党章、坚决维护党章，严格执行《关于新形势下党内政治生活的若干准则》，严格落实民主集中制各项制度，严格民主生活会、组织生活会、党员领导干部双重组织生活会等制度，严肃认真开展批评和自我批评，增强党内政治生活的政治性、时代性、原则性、战斗性，营造风清气正的政治生态。加强对党的路线方针政策执行情况、党内政治生活状况监督检查，自觉同违反党章、破坏党的纪律、危害党中央集中领导和团结统一的言行作斗争。

（三）加强党内政治文化建设

抓住“关键少数”，坚持“三严三实”，严肃党内政治生活，强化党内监督，发展积极健康的党内政治文化，大力营造维护核心、维护党中央集中统一领导的鲜明导向和浓厚氛围。弘扬以爱国主义为核心的民族精神和以改革创新为核心的时代精神，弘扬忠诚老实、公道正派、实事求是、清正廉洁价值观。坚决防止和反对个人主义、分散主义、自由主义、本位主义、好人主义，坚决防止和反对宗派主义、圈子文化、码头文化，坚决反对搞两面派、做两面人。

二、强化理论武装，坚持用习近平新时代中国特色社会主义思想武装头脑、指导实践、推动工作

（一）深入学习贯彻习近平新时代中国特色社会主义思想

认真组织学习《习近平谈治国理政》（第一卷、第二卷），坚定“四个自信”，坚定不移用习近平新时代中国特色社会主义思想武装头脑、指导实践、推动工作，自觉做共产主义远大理想和中国特色社会主义共同理想的坚定信仰者、忠实实践者。深入组织开展习近平总书记致中国农业科学院建院 60 周年贺信精神和习近平“三农”思想、科技创新思想的学习贯彻，学深悟透贯穿其中的坚定理想信念、鲜明人民立场、强烈历史担当、勇于创新精神和科学思想方法。学好用好习近平新时代中国特色社会主义经济思想，深化对习近平总书记党建重要思想、观点、方法的学习研究。

（二）深入学习宣传贯彻党的十九大精神

综合运用辅导报告会、培训班、农科讲坛等载体和品牌，抓住“关键少数”，发挥理论中心组示范引领作用和党支部主体作用，持续深入学习宣传贯彻党的十九大精神和党的十九届二中、三中全会精神以及全国“两会”精神，开展分专题、分层次学习，全面系统学、联系实际学，不断提高理论学习质量。积极参加农业农村部“学习十九大、基层在行动”主题党课宣讲的征集、评选活动。

（三）组织开展“不忘初心、牢记使命”主题教育

以处级以上领导干部为重点，在全院组织开展“不忘初心、牢记使命”主题教育，教育引导党员干部坚定理想信念，不忘科技报国初心、牢记服务“三农”使命，更加自觉地为实现新时代党的历史使命、实现农业农村现代化不懈奋斗。结合我院实际，围

绕“乡村振兴科技支撑行动”，开展精准扶贫、科技下乡等活动，创新学习教育方法，不断改进工作作风，特别要力戒形式主义，以好的作风确保好的效果。精心组织主题教育宣传报道，适时组织以主题教育开展情况为主要内容的党建工作综合督查。

（四）继续推进“两学一做”学习教育常态化制度化

弘扬马克思主义学风，把学习贯彻习近平新时代中国特色社会主义思想作为“两学一做”学习教育常态化制度化的主要内容，抓在经常、融入日常，推动党员干部真正学有所思、学有所悟、学有所获。开展学习尊崇党章活动，以党章规范各级党组织和党员干部行为，坚持以“三会一课”为基本制度，以党支部为基本单位，以解决问题、发挥作用为基本目标，健全完善党内经常性教育工作机制。把推进“两学一做”学习教育常态化制度化与开展“不忘初心、牢记使命”主题教育相结合，加强统筹协调，形成工作合力。

三、坚持党管干部、党管人才原则，着力加强人才队伍和干部队伍建设

（一）认真贯彻落实院首次人才工作会议精神

进一步强化院属单位主动意识和主体作用，指导督促各单位制定切实可行的配套措施。进一步深化人才发展体制机制改革，逐步健全完善人才工作制度体系，召开全院第二次人才工作会议，挖掘典型，总结经验，持续推动我院人才工作快速健康发展。落实农科英才特殊支持政策，强化院所在科研条件、薪酬待遇、人文关怀等方面的支持保障，激发人才创新创造活力。深入实施“青年英才计划”，开展引进工程和培育工程择优支持评审，坚持优中选优，强化人才考核管理，提高青年英才质量。组织制定高层次人才岗位需求目录，加大宣传力度，探索建立首个海外人才工作站，拓展引才渠道，按需精准引才，推行柔性引才；谋划在深圳建立人才交流中心，利用地域和政策优势解决我院高层次人才总量不足、分布不均问题。

（二）建设高素质专业化干部队伍

坚持政治标准，选拔信念坚定、对党忠诚、敢担当有作为的领导班子成员，注重选拔优秀年轻干部进入班子。深入开展党性教育培训，强化理论与实践相结合，坚持缺什么补什么，完善知识结构，打造“有所专长”的内行领导。出台培养选拔优秀年轻干部政策，多渠道选派干部挂职锻炼，为优秀年轻干部提供成长平台，努力培养一支能够适应新形势新任务新要求的高素质干部队伍。坚持严管与厚爱结合，把干部选拔任用、

干部日常管理监督、巡视工作融合，抓早抓小抓经常，切实加强干部管理监督的政治性、原则性、实效性。

四、以提升组织力为重点，突出政治功能，全面加强基层党组织建设

（一）实施“红旗党支部创建行动”

全面贯彻落实党的十九大关于基层组织建设的新部署、新要求，牢固树立“党的一切工作到支部”的鲜明导向，做好顶层设计，把“红旗党支部创建行动”作为我院开展“不忘初心、牢记使命”主题教育的创新举措。坚持任务引领，以提升组织力为重点，突出政治功能，进一步优化支部设置，继续推进支部建在科研团队、业务处室等考核单元上，配强支部班子特别是党支部书记，创新工作方法，推动形成“一支部一工作法”，推进党建工作与业务工作互融互促。通过创建，使我院基层党支部更加符合新时代基层党组织建设的新要求，更好承担直接教育党员、管理党员、监督党员和组织群众、宣传群众、凝聚群众、服务群众的职责，成为党员成长的“大熔炉”、关爱党员的“大家庭”、凝聚群众的“吸铁石”、激活创新的“动力源”，切实把我院基层党组织建设成为宣传党的主张、贯彻党的决定、领导基层治理、团结动员群众、推动改革发展的坚强战斗堡垒。注重典型培育和宣传带动，打造基层党建品牌。

（二）创新支部活动方式和载体

全面推行支部主题党日，强化党性教育和党性实践的融合，深化拓展“亮明党员身份　彰显榜样力量”和“院地支部共建　服务农村基层”主题实践活动，推动院所各级党组织特别是党支部深入贫困农村开展支部结对共建、帮扶脱贫攻坚，推动广大党员干部在帮扶脱贫中增强党性、提升能力、改进作风，形成基层党建和脱贫攻坚相得益彰的好格局。加强“支部工作 App”等新媒体传播途径的有效利用，宣传典型，推动工作。推动党员信息化管理，运用信息化手段提高党员教育管理服务和组织建设精准化、科学化水平。

（三）扎实做好抓基层、打基础工作

认真落实部党组《关于加强和改进部属科研院所党的建设工作的意见》，以落实“三会一课”制度为重点，认真落实谈心谈话、民主评议党员、党务公开等制度。加强分类指导，推动科研、管理、学生、离退休、学会协会、企业等不同类型基层党组织全面发展。做好“两个覆盖”复查工作，巩固深化社会组织党的组织和党的工作覆盖。

认真落实农业农村部《关于建立健全基层党组织按期换届提醒督促机制的通知》，建立完善基层党组织换届工作机制和台账。做好党费收缴管理使用工作，规范党建活动经费管理。认真落实党员发展年度计划，坚持把政治标准放在首位，注重在科研骨干中发展党员。继续做好党内统计、失联党员规范管理、不合格党员组织处置等工作。持续深化“灯下黑”问题专项整治，进一步解决基层党组织存在的突出问题。组织好2016—2017年度“两优一先”评选工作。激励关心服务党员群众，充分发扬党内民主，保障党员民主权利，完善激励关怀帮扶机制，充分调动党员群众积极性、主动性、创造性。

（四）加强和改进研究生党员教育管理

严格落实《关于进一步加强和改进研究生党员教育和管理工作的意见》，创新研究生党员教育和管理方式，明确责任、狠抓落实，进一步加强和改进研究生党员教育管理工作。研究生院党组织要围绕加强研究生党员教育管理积极开展调研，突出思想教育，配合各研究所基层组织开展好党组织关系转接、入党积极分子培训、党员发展与教育、严肃党内生活、开展支部活动等工作。各研究所党组织要高度重视研究生党员的教育和管理，充分发挥研究生党员在中国农业科学院科技创新中的重要作用。

五、坚持全面从严治党，进一步深化作风和纪律建设

（一）压紧压实全面从严治党主体责任

深刻认识全面从严治党的总体要求，落实管党治党政治责任作为最根本的政治担当，党政同责，层层压紧压实全面从严治党主体责任。所长同党委书记一起承担全面从严治党主体责任，共同做好党建工作，为科技创新把握方向、创造条件、优化环境、营造氛围。紧紧咬住“责任”二字，抓住“问责”要害，对落实主体责任不力，不担当不作为的干部，坚持有责必问，问责必严，推动全面从严治党主体责任落到实处。

（二）完善作风建设长效机制

深入学习贯彻习近平总书记关于进一步纠正“四风”、加强作风建设的重要批示精神，按照院党组《关于进一步贯彻落实中央八项规定精神、加强作风建设的实施办法》的要求，持续整治“四风”问题特别是形式主义和官僚主义新表现，不断改进工作作风。健全完善制度机制，扎牢不能腐的制度笼子，强化对权力运行的监督制约，确保权力始终在正确的轨道上运行。强化日常教育监督管理，组织开展内容丰富，形式多样，符合科研单位特点的教育活动，发挥先进典型的示范引领作用和反面典型的警示教育作用，不断增强不想腐的思想自觉。紧盯年节假等重要时间节点，提前预警监督，使党员

干部习惯在受监督和约束的环境中工作生活。坚持领导干部基层联系点制度，大兴调查研究之风，深入开展党建课题研究，形成党建理论成果，推动成果转化应用，不断提升党建工作质量。

（三）开展院所管理效益年活动

坚持新发展理念，坚持以人为本，以管理体系和管理能力现代化为导向，以管理创新作为中国农业科学院发展新旧动能转换的有力抓手，以提升管理质量和效率为着力点，精准发力、突出重点，深化管理改革，全面优化院所决策管理、组织管理、运行管理、考核评价，深入转作风、抓落实、上水平，形成政令更加畅通、管理更加规范、运转更加高效、纪律更加严明、服务更加优质的良好局面。

（四）深化重点领域的专项整治

继续深入开展五个领域专项整治和工程建设领域专项治理，坚持问题导向，深查隐患漏洞抓整改，建立制度机制抓管理，盯住违规违纪抓查处。继续强化科研经费监管，按照“放管服”的要求，以内部控制建设为抓手，强化法人职责，加强财务专项检查和审计整改的力度，加强资金监管，千方百计防止国有资产损失。

（五）严格监督执纪问责

坚持把纪律挺在前面，强化不敢腐的纪律震慑，重点强化政治纪律和组织纪律，带动廉洁纪律、群众纪律、工作纪律、生活纪律严起来。加强监督检查，认真贯彻落实党内监督条例，组织开展纪委书记述责述职，发挥好纪检组织党内监督专责机关的作用。强化执纪问责，落实农业农村部直属机关纪委关于加强纪检工作的有关要求，深化运用监督执纪“四种形态”，坚持惩前毖后、治病救人，抓早抓小、防微杜渐。

（六）加强巡视工作

认真贯彻《中国共产党巡视工作条例》，强化政治巡视，围绕党的政治建设、思想建设、组织建设、作风建设、纪律建设和夺取反腐败斗争压倒性胜利开展监督检查，坚持问题导向，强化责任担当。要发挥好巡视、审计、监察的“组合拳”作用，进一步加大工作力度，创新工作机制，实现全院新一轮巡视工作全覆盖。加强巡视意见反馈工作和巡视成果的综合运用，确保整改落实，确保巡视利剑作用充分发挥。

六、加强党对群团和统战工作的领导，深入推进新时代精神文明建设

（一）推动群团组织增强“三性”

加强党组织对群团工作的领导，推动群团组织增强政治性、先进性、群众性。加强群团组织建设，完成院工会、团委换届工作。举办群团干部培训班，不断提升群团干部履职能力。支持群团组织开展学习贯彻党的十九大精神主题活动，开展“先进集体、先进工作者”“巾帼建功”等评选活动，开展群众性文体活动，组织第七届职工运动会。

（二）推进新时代精神文明建设

切实加强党的领导，充分发挥群团组织作用，发挥先进人物模范带头作用，组织党员干部职工深入学习贯彻习近平新时代中国特色社会主义思想，开展中国特色社会主义和中国梦宣传教育，培育和践行社会主义核心价值观，加强社会公德、职业道德、家庭美德和个人品德教育，坚定理想信念，树立正确世界观、人生观、价值观。积极推进文明社会风尚行动，组织参加2016—2018年度农业农村部文明单位创建活动，推动新时代精神文明建设再上新台阶。深入开展职工思想状况调查，有针对性地做好干部职工思想工作。

（三）推进创新文化建设

围绕“两个一流”建设，营造有利于创新的文化氛围。继续办好农科讲坛，努力在推出新人、传播科学精神上下功夫，不断提高讲坛的知名度和影响力。编辑出版《农科英才》（2017版），继承和发扬我院优良传统和科学精神。加强标识文化建设，在科研办公区建设文化标识，激发正能量、启迪创新思维。加强院区文化建设，实施中关村院区和马连洼院区绿化提升工程，营造良好发展环境。

（四）认真做好统战工作

认真贯彻落实《中国农业科学院党组关于进一步加强新时期统一战线工作的意见》，落实好党委委员联系统战对象、定期通报、走访慰问等制度。培养、举荐优秀党外人士，充分发挥党外人士建言献策、民主监督的作用。支持民主党派加强自身建设，做好组织换届、成员发展、教育培训等工作。全面贯彻党的宗教工作基本方针，引导信

教群众立足岗位作贡献，在推动院所改革发展、维护和谐稳定方面发挥积极作用。

七、健全完善党建制度体系，不断提高党的建设质量

（一）落实党建工作责任

根据中央和国家机关工委、农业农村部有关制度规定，对中国农业科学院党建工作制度体系进行再修订、再完善。充分发挥院党的建设工作领导小组作用，统筹推进院属京内外单位党建工作，进一步加强京外研究所党建工作的领导。强化责任落实，形成党委抓、支部抓、书记抓，一级抓一级、层层抓落实的工作格局。

（二）完善基层党建述职评议考核体系

进一步健全完善考核机制，统筹开展党组织工作评价和党建述职评议考核工作。进一步完善考核方式方法，强化日常考核和考核结果运用，考核结果与党组织书记个人年度考核挂钩、与党组织和党员评优评先挂钩，有效发挥考核“指挥棒”作用。

（三）加强党务干部队伍建设

按照部党组《关于加强和改进部属科研院所党的建设工作的意见》有关要求，继续推动健全党务工作机构，配强专职党务干部。加强党务干部培训，适时组织“两委书记”、党办主任、党支部书记培训班，着力建设高素质党务干部队伍。

中国农业科学院
党建综合督查自查报告

根据部党组关于《2018年农业农村部党建综合督查工作方案》通知要求，认真开展自查，客观总结成绩，主动查找问题并研究解决问题的措施。现将有关情况报告如下。

一、党建工作开展情况

一年来，在农业农村部党组和直属机关党委的坚强领导下，中国农业科学院各级党组织以习近平新时代中国特色社会主义思想为指导，以党的政治建设为统领，以提升组织力为重点，紧紧围绕“三个面向”“两个一流”和“整体跃升”指示要求，全面推进党的建设各项工作，为深入推进科技创新工程、实施乡村振兴和脱贫攻坚提供了坚强保证。

（一）政治建设方面

院党组以及全院各级党组织把党的政治建设摆在首位，牢固树立“四个意识”，坚定“四个自信”，坚决维护习近平总书记党中央核心、全党核心地位，坚决维护党中央权威和集中统一领导，确保党中央决策第一时间传达贯彻，确保部、院党组工作部署第一时间得到迅速执行。严守政治纪律和政治规矩，坚决防止“七个有之”，切实做到“五个必须”。坚决贯彻落实党的十九大、十九届二中、三中全会精神，牢牢把握科技创新服务乡村振兴的政治方向，深入推进实施科技创新工程和创新联盟建设，大力实施乡村振兴科技支撑行动；持续深入贯彻落实习近平总书记贺信精神，特别是在习近平总书记致中国农业科学院贺信一周年之际，通过组织召开4次理论研究组专题研讨会、党组（党委）理论中心组学习会等形式，联系实际学、带着问题学、不断跟进学，对贺信精神进行再学习、再思考、再落实。深入贯彻落实习近平总书记对推进中央和国家机关党的政治建设的重要批示精神，第一时间组织召开院党组专题学习会和全院党组织、纪检组织负责人会议，全院各级党组织逐级传达学习、贯彻落实，针对丁薛祥同志点到的8个方面问题认真开展对照检查并制定整改措施，切实抓好整改，确保取得实效。

（二）思想建设方面

深入学习贯彻习近平新时代中国特色社会主义思想和党的十九大精神，紧扣“三个面向”指示要求，突出抓好政治建设、乡村振兴、创新强国、高质量发展、绿色发展、脱贫攻坚等重大战略专题学习。院党组以及全院各级党组织始终把加强和改进中心组学习作为加强领导班子思想政治建设的重要抓手，2018 年初制定学习计划，并确保全年集中学习不少于 4 次。加强对各部门、各单位理论中心组学习的督查，实施每半年一次通报学习情况制度。全院党员领导干部根据自身实际，制定个人学习计划，通过购买发放学习资料、利用院党建网、支部工作 App 等平台自学和参加专题学习辅导报告会、培训班等形式集中学习，撰写学习论文（共 176 篇），不断提高自身的理论素养、政策水平和解决实际问题的能力。

（三）组织建设方面

不断创新党支部工作，制定印发《中国农业科学院“红旗党支部”创建行动方案》，谋划实施“红旗党支部创建行动”，推进支部建在科研团队和职能处室上，支部书记由创新团队首席或业务处室负责人中党员担任，打造一批“红旗党支部”，凝练推广一批品牌“支部工作法”，夯实党的基层基础；深化“院地共建支部　服务农村基层”主题活动，2018 年 5 月 16 日，中国农业科学院又与河北省阜平县开展“支部结对帮扶　助力脱贫攻坚”主题活动。截至目前，已有近 50 个党支部与地方党组织结对共建，开展精准扶贫，科技下乡等活动，帮助农民解决生产实际问题，助力乡村振兴。认真组织开展主题党日活动，组织院各直属党委、总支和支部结合实际开展“不忘初心　重温入党志愿书”主题党日活动，基层党支部通过召开专题组织生活会、恳谈会、重温入党誓词、参观纪念马克思 200 周年诞辰主题展览等形式写心得、谈体会、忆往事、表心声，中国农业科学院推送的 1 篇优秀心得体会被选入部心得体会汇编。严格落实基层党组织任期制度，及时印发《关于推进基层党组织按期换届工作的通知》，全面摸清超过换届期限的基层党组织情况，截至目前，督促指导 2 个直属党组织换届改选，2 个直属党组织增补 4 名委员，2 个直属党组织将于近期完成换届改选工作。严肃认真开展党内政治生活，对院属 45 个单位和部门民主生活会召开情况进行了全程督导；院属京区各党支部严格落实“三会一课”制度，做到次数有保证，质量有提升；认真开展组织生活会，党员领导干部以普通党员身份参加所在支部的组织生活会，扎实开展民主评议党员工作，共有 2 959 名党员参加民主评议，优秀党员 844 名，占比 28.52%，合格党员 2 100 名，占比 70.97%。健全党建述职评议考核机制，按照“现场述职、书面述职”相结合，每 3 年轮述一遍的原则，2018 年 10 个党组织书记参加现场述职，实现了院各直属党组织负责人全覆盖；各基层支部书记也在支部党员会上进行述职评议，通过党建述职评议，强化各级党组织落实履行抓基层党建主体责任、“一岗双责”，形成齐抓共管的良好局面。扎实推进党务公开工作，起草《院党组贯彻落实〈中国共产党党务公开条例（试行）〉实施细则（试行）》，详细制定四级党务公开目录，目前正在征求意见，待党组会审定后予以印发。做好发展党员和党费收缴使用管理工作，严格执行《中国共产党发展党员工作细则》，按照发展党员年度计划，将部直属机关党委下达的105个指标具体落实到人，目前已完成发展党员20名，其他正在按部就班进行中。按规定用好《农业农村部直属机关党费手册》，广大党员能够按月、主动、足额缴纳党费，党支部能够自觉、足额、按月上缴党费。院直属机关党委建立党费使用内控机制，并要求留存党费的党组织设立单独账户，严格管理使用流程，确保管理使用有序规范。配齐配强党务干部，各直属党组织根据党员人数，优化党务机构设置，有8个研究所单独设立党办，有7个单位设立党办人事处，9个机关部门和2个单位党务工作在综合处（办公室）具体承办，现有工作人员87人，其中专职党务工作57人。

（四）纪律和作风建设方面

认真学习传达部党组2018年全面从严治党工作会议精神，贯彻落实《农业农村部2018年全面从严治党任务的分工意见》，制定中国农业科学院分工方案，对任务细化分解，明确34项工作、53项具体任务，由12个责任部门牵头、院属34个单位党组织负责，责任到人，强化落实。落实党风廉政建设责任制，组织签订《2018年全面从严治党责任书》，层层压实全面从严治党政治责任。建立健全纪检组织，目前全院36个院属单位都建立了纪检组织，选齐配强纪委书记，通过开展纪委书记述职、建立支部纪检小组、举办纪检监察干部培训班，有力推动了管党治党政治责任向基层延伸。充分运用“四种形态”，落实监督执纪问责职责，对违规违纪行为严格依规依纪处理，严格审查和审批程序。及时修订完善廉政风险防控制度，印发《关于修订完善内部控制规程》和《关于严格落实内控制度防范财务风险的紧急通知》，通过科研经费信息公开平台、中国农科物资采购平台，以信息化技术支撑单位内控管理，初步实现了采购信息大数据分析及风险预警。开展深化五个领域专项整治活动并进行督查，明确了责任、排查了风险、强化了制度执行和规范管理。印发学习贯彻新修订的《中国共产党纪律处分条例》（以下简称《条例》）的通知，通过理论中心组专题学习会、专题辅导报告会、制作展板、开设网络专栏等多种形式，掀起学习贯彻《条例》的热潮。制定加强经常性纪律教育工作方案，在院党组理论中心组2018年第三次（扩大）学习会上专题学习传达部警示教育大会精神，通报中国农业科学院近期查处的4起典型违规违纪案例，编辑“红线手册”“案例选编”，教育引导党员干部和科研人员懂法纪、明规矩、知敬畏、守底线，使铁的纪律真正转化为日常习惯和自觉遵循。按照院党组《关于进一步贯彻落实中央八项规定精神、加强作风建设的实施办法》的要求，紧盯年节假期等重要时间节点，及时印发廉洁过节的通知，确保中央八项规定精神有效落实。开展管理效益年活动，围绕强化决策落实、加强制度建设、狠抓管理队伍建设和着力服务质量提升等方面查摆问题，抓好整改落实，改进作风，提升管理水平。扎实开展“四风”问题自查自纠，结合2017年度民主生活会，院党组成员、各单位领导班子成员自觉把自己摆进去，对照部系统形式主义、官僚主义表现，认真对照检查，切实抓好整改。院机关各部门、院属各单位认真开展本单位“四风”问题自查自纠，防止“四风”回潮复燃。

（五）其他方面

2017年度部推进“两学一做”学习教育常态化制度化综合督查对我院的两条反馈意见全面整改到位。深入推进创新文化建设，研究起草院党组《关于加强创新文化建设的意见》，目前正在征求意见，待党组会审定后予以印发。组织召开全院创新文化建设推进会，举办农科讲坛8期（总39期），对激励创新精神、启发创新思维发挥了积极作用。加强典型宣传引领，在院网开辟“光荣榜”专栏，大力宣传我院在贯彻落实习近平总书记贺信精神、培育重大科技成果、改革发展和党的建设中涌现出来的先进典型。深入开展“弘扬爱国奋斗精神、建功立业新时代”活动，结合实际制定实施方案，为落实“三个面向”要求、推动“两个一流”建设、力争率先跨越建功立业。按照增强群团组织的政治性、先进性、群众性要求，院工青妇各级组织统筹谋划，举办了院第七届职工运动会、组织“五四”主题团日活动和开展“农科巾帼心向党　科研建功新时代”主题实践活动等主题鲜明、形式丰富的活动。深入贯彻落实党中央关于统一战线的一系列重大决策部署，根据院党组《关于进一步加强新时期统一战线工作的意见》，把统战工作纳入全院党的建设工作要点，同安排、同部署。在直属机关党委加挂统战工作处，作为专门机构，配备兼职统战干部，不断建立健全工作机制。中国农业科学院统战工作在对党外知识分子政治引领、积极培养举荐优秀统战对象、支持民主党派基层组织建设等方面都取得了显著成效。

二、存在问题及原因

一是在贯彻落实中央决策部署方面，存在不平衡问题，一些研究所专题研究不够、长远谋划不够、争先创新的精神不够；在落实载体上，还存在典型引领的手段不多，方法需要进一步创新，工作举措有待进一步加强等问题。二是在政治理论学习方面，有的单位存在读原著、学原文、悟原理不够系统全面，理论钻研不深入、结合农业科技创新工作实际还不够紧密，特别是对习近平总书记关于做好“三农”、科技创新和实施乡村振兴战略等工作的重要论述还没有与自身科研工作做到融会贯通、知行合一。三是在组织建设方面，有的党支部设置还有待进一步优化，“三会一课”与“三个面向”要求结合不够紧密，落实不够有力。四是在纪律和作风建设方面，虽然运用教育、约谈、督导等多种手段，层层传导压力，但在压力传导，形成监督合力，提高监督效能上仍需下功夫。

产生上述问题，原因是多方面的，有客观因素和惯性思维的影响，也有自身主观因素造成的，在思想认识、能力素质、创新意识等方面存在着不足。一是理论学习不深入、认识不到位。部分党组织和部分党员对强化理论武装的极端重要性认识有时不够到位，被动学习多、主动学习少，零散学习多、系统学习少，对习近平新时代中国特色社会主义思想的立场观点方法理解不深不透。二是联系院所实际不足。对农业科研院所加强新时代党建工作出现的新情况新问题缺乏深入研究和思考，虽然在深入开展调研方面下了功夫，但还缺乏站在农业科技创新和科技工作者角度、立场思考问题，联系实际、推动党建成果转化方面有待进一步加强。三是攻坚克难的锐气不够。在贯彻落实“三个面向”指示精神和党中央重大决策部署工作中，面对新形势、新要求，创新意识和能力素质不足。

三、整改具体措施

针对以上存在的主要问题，中国农业科学院将紧密结合实际，提出整改具体措施并抓好整改落实，确保取得实效。

（一）坚持不懈推进全院党的政治建设，确保党员政治合格

以党的政治建设为统领，持续深入学习领会习近平总书记关于党的政治建设的重要指示精神，牢固树立“四个意识”、坚定“四个自信”，坚决做到“两个维护”。引导党员不断提高政治站位，在坚决贯彻落实习近平总书记“三个面向”指示要求、坚决贯彻落实党中央决策部署和部院党组工作部署上作表率，以更强烈的使命担当，真抓实干，在党的建设、科技创新、产业支撑、人才培养等方面实现新突破和新发展，为国家农业科技事业发展作出新的更大贡献。坚持问题导向，紧密结合产业发展需求和科研工作实际，组织开展有针对性的专题调研，进一步提高政治理论水平和履职尽责能力，使党的建设真正融入业务工作中，把政治建设抓实抓细、抓出实效。

（二）大力加强思想建设，确保习近平新时代中国特色社会主义思想落地生根、入脑入心

结合我院实际，教育引导各级党组织和广大党员在深入学习贯彻习近平新时代中国特色社会主义思想特别是习近平“三农”思想、科技创新思想、实施乡村振兴战略思想、党建思想和贺信精神上作表率。在中心组学习的示范引领下，推动各部门各单位党组织广泛开展多种形式的主题联学，引导党员干部学懂弄通做实党的十九大精神，推动

学习宣传贯彻习近平新时代中国特色社会主义思想往深里走、往实里走、往心里走。

（三）推进党支部建在科研团队上，充分发挥党支部战斗堡垒作用和党员先锋模范作用

抓好抓实“红旗党支部”创建行动，推动党支部全面进步、全面过硬，引导各基层党组织加强标准化、规范化建设。全面推进支部建在科研团队和职能处室上，一个团队设置一个支部，严肃和规范支部组织生活，不断强化“三会一课”制度的督促和检查，把落实“三个面向”指示要求作为重要考评指标。加强党员干部队伍建设，通过各类学习培训，把党的全面领导和“三个面向”指示精神贯彻落实到每个支部和党员、每个科研团队和科技人员，进一步提升学习教育的质量。

（四）创新和改进监督工作方式方法，为服务科研、激励创新保驾护航

探索运用信息化手段，整合巡视、纪检、监察、直属机关纪委、审计、科研道德监督、干部监督等多种监督资源，实现信息、问题、线索、经验、成果共享，突出问题导向和分析研判，促进监督见人见事见结果。突出科研单位监督重点，严格开展中央八项规定精神执行情况监督、“四风”监督、选人用人监督等，持续加强科研经费、财务管理、国有资产、五个领域等重点领域监督。积极利用大数据实施廉政监督，在确保试剂耗材采购平台为科研人员提供优质服务的基础上，对采购数据科学分析，完善平台监督预警功能。

深入学习习近平科技创新重要论述 加快新时代农业科技创新改革步伐

农业农村部党组成员、中国农业科学院院长　唐华俊

2018 年 12 月 27 日

党的十八大以来，习近平总书记总揽改革开放发展全局，以历史视角和全球视野，从时代发展前沿和国家战略高度，就科技创新发表了一系列重要论述，科学回答了科技创新的一系列重大问题，形成了系统、完整、科学的科技创新理论体系。这些重要论述是指导全党全国走中国特色自主创新道路、实施创新驱动发展战略、建设创新型国家和世界科技强国的基本遵循和行动指南。习近平总书记特别强调，“农业出路在现代化，农业现代化关键在科技进步”“要给农业插上科技的翅膀”。因此，深刻学习领会习近平总书记科技创新重要论述，对于我们适应和引领经济发展新常态、抢抓新一轮科技革命和产业变革历史机遇、加快实现科学技术跨越发展，引领农业科技整体跃升具有十分重要的指导意义。

一、深刻领会习近平科技创新重要论述的丰富内涵

习近平科技创新重要论述是在中国特色社会主义进入新时代和人类社会进入又一次大转型的时代背景下，站在我国和世界发展新的历史方位，面对主要矛盾的变化和发展的新特征、新问题，立足和着眼于现代化建设的新需要和新实践，以及人类文明发展的未来和挑战，提出以“创新发展”为首的新发展理念和一系列科技创新重大论断。学习领会和贯彻落实总书记关于科技创新重要论述的丰富内涵，必须牢牢把握好以下“八个核心重点”。

一是牢牢把握科技创新是引领发展的第一动力。“创新是引领发展的第一动力，是建设现代化经济体系的战略支撑”，这是习近平总书记深刻把握新时代发展动力机制演变规律的重大判断。创新始终是一个国家、一个民族发展的重要力量，也始终是推动人类社会进步的重要力量。国际竞争格局的重大转变始于科技革命，全球地区间普遍存在的收入差距缘于科技革命。创新驱动发展是涉及生产力和生产关系的全要素、全方位创新。必须围绕全产业链创新能力的培育和发展，突出先导性和支柱性，优先培育和发展战略性新兴产业集群，要塑造更多依靠创新驱动、更多发挥先发优势的引领型发展。谁牵住了科技创新这个“牛鼻子”，谁走好了这步先手棋，谁就能占领先机、赢得优势。

二是牢牢把握科技创新是提高社会生产力和综合国力的战略支撑。党的十八大提出实施创新驱动发展战略，强调科技创新是提高社会生产力和综合国力的战略支撑，必须摆在国家发展全局的核心位置。我们要实现全面建成小康社会奋斗目标，实现中华民族伟大复兴，必须集中力量推进科技创新，真正把创新驱动发展战略落到实处。在国际上，没有核心技术的优势就没有政治上的强势。当前，我国部分产业仍处于全球价值链的中低端，一些关键核心技术仍受制于人。必须把推进科技创新作为治国理政的重要方略，使科技创新成为经济社会发展和维护国家安全最重要的战略资源，成为政策制定和制度安排的核心要素，成为衡量区域、行业、企业发展绩效的关键标准，成为参与全球竞争合作的重要内容。必须推动创新链与产业链精准对接、无缝衔接、循环促进、融合发展，推进新兴技术跨界创新，促进产业链再造和价值链提升，增强核心竞争力，从根本上打通从科技强到产业强、经济强、国家强的通道。

三是牢牢把握自主创新是科技创新的必由之路。坚定不移走中国特色自主创新道路，是习近平总书记关于科技创新重要论述的重要观点。中国特色自主创新道路的最大优势就是社会主义制度能够集中力量办大事。我们必须增强创新自信，把创新的主动权、发展的主动权牢牢掌握在自己手中。我们强调的自主创新是开放环境下的创新，面对知识、技术、人才的全球流动，必须全方位加强国际科技创新合作，积极融入全球创新网络，在更高起点上推进科技创新。积极抢占科技竞争和未来发展制高点，突破关键核心技术，在领先领域把握趋势、扩大优势，在并行领域奋力拼搏、发力超越，在跟踪领域实施非对称措施、抢占先机，为经济社会发展、保障和改善民生、保障国家安全提供有力科技支撑。

四是牢牢把握建设世界科技强国是科技创新的奋斗目标。这是中共中央在新的历史起点上作出的重大战略抉择，契合建设社会主义现代化国家的理论逻辑和历史逻辑。建设世界科技强国，是习近平总书记关于科技创新重要论述的落脚点。习近平总书记提出了我国科技创新“三步走”战略目标，也就是到 2020 年进入创新型国家行列，到 2030 年进入创新型国家前列，到中华人民共和国成立 100 年时成为世界科技强国，这是中共中央对国家发展和民族未来的历史宣示，体现了强大的道路自信和时代担当。我们要从实现中华民族伟大复兴的战略高度，充分认识建设世界科技强国的重大现实意义和深远历史意义，以只争朝夕的精神，为实现“两个一百年”奋斗目标贡献创新智慧和创新力量，创造新业绩、作出新贡献。

五是牢牢把握国家创新体系是科技创新的战略力量。习近平总书记在党的十九大报告中将加强国家创新体系建设作为加快建设创新型国家的重要任务，将技术竞争升华到创新体系竞争，演化了马克思关于技术因素在国家竞争中作用的观点，是对改变世界体系不平等结构力量的最新认识。科技创新活动不断突破地域、组织、技术的界限，演化为创新体系的竞争。只有国家创新体系强，经济竞争力和创新力才会强，现代化经济体系才会强。科技的竞争实质上是能力的竞争和体系的对抗。必须推动分散式的创新向成系统的创新转变，从创新主体、创新能力和创新机制等方面整合资源，优化配置，提高创新体系的整体效能。

六是牢牢把握人才是科技创新的核心要素。“创新驱动实质上是人才驱动，人才是创新活动中最为活跃、最为积极的因素”。习近平总书记科技创新重要论述将人才作为创新的最重要要素，这是对马克思生产力学说的新发展。谁拥有一流的创新人才，谁就拥有了科技创新的优势和主导权。当代社会，人才资源成为经济社会发展的第一资源，人力资本成为最重要的资本，人才竞争成为综合国力竞争的核心。总书记强调，要把人才资源开发放在科技创新最优先的位置，努力造就一批世界水平的科学家、科技领军人才、工程师和高水平创新团队，注重培养一线创新人才和青年科技人才。我们必须深入推进人才发展体制机制改革，完善人才培养、评价、流动、激励等制度机制，充分激发各类人才的创造性，形成知识创造价值、价值创造者得到合理回报的良性循环，营造有利于创新创业的良好环境，让各类人才在建设世界科技强国伟大进程中竞相成长、脱颖而出、各展其能。

七是牢牢把握“双轮驱动”是科技创新的根本动力。实现科技创新和体制机制创新“双轮驱动”，是习近平总书记科技创新重要论述对马克思主义生产力与生产关系理论在创新领域的新发展。创新驱动发展，改革驱动创新。着力强化科技创新，就是要提高生产力水平，为我国进行体制创新，并建立更加完善和先进的生产关系，让人民群众分享更多的发展成果打造物质基础，在更高层次和更大范围发挥好支撑引领作用。着力强化体制机制创新，就是要破除制约科技创新的思路障碍和制度藩篱，推进构建以企业为主体、市场为导向、产学研相结合的技术创新体系，建立促进创新的制度环境，构建良好的创新生态，最大限度释放创新活力，提升有效供给，创造有效需求。

八是牢牢把握以科技创新为核心的全面创新。习近平总书记在党的十八大报告中，提出以创新为首并涵盖协调、绿色、开放、共享的新发展战略，是马克思主义在新时代背景下，为解决我国人民日益增长的美好生活需要和不平衡不充分的发展之间的矛盾，实现社会进步而进行的重大理论创新。推进以科技创新为核心的全面创新，是习近平总书记科技创新重要论述对马克思生产力要素学说的新发展。不仅突出了马克思劳动生产力“五要素”论中科学技术的关键作用，更是对马克思劳动过程“三要素”论的深化和拓展。要大力推进实施创新驱动发展战略，全方位推进科技创新、产业创新、企业创新、产品创新、市场创新、业态创新、品牌创新、管理创新等，加快形成以创新为主要引领和支撑的经济体系和发展模式。根据不同创新需求和创新活动的特征和规律，鼓励创新主体、创新类型、创新模式多样化，统筹开展基础科学研究、关键共性技术、前沿引领技术、现代工程技术和颠覆性技术等不同类型创新活动。要推动政府主导与研发机构（含企业）自主、个人自发相结合，科学研究型、工程技术型、市场效率型、客户中心型创新等相结合，原始创新、整合创新、集成创新、渐进式创新、颠覆性创新等相结合，以及技术创新与商业模式创新、体制机制创新相结合，八仙过海各显神通，充分激发创新活力，竞相释放创新动能，全面支撑农业农村和经济社会高质量发展。

二、准确把握农业科技创新“三个面向”的核心要义

2017 年 5 月 26 日，习近平总书记在中国农业科学院建院 60 周年之际专门发来贺信，提出了“三个面向”“两个一流”和“一个整体跃升”的重要指示，是新时代中国农业科学院的行动指南，是我国农业科技创新的战略纲领，是我国建设农业科技强国的时代号召。全面贯彻落实总书记贺信精神，尤其对标“三个面向”“两个一流”和“一个整体跃升”的总目标总要求，加快形成“再学习、再认识、再落实”的长效机制，对加快中国农业科学院和全国农业科技创新发展具有十分重大的理论和现实意义。

一是坚持面向世界科技前沿，推动原始创新，夯实农业科技创新的根基。“高、精、尖”的重大科技成果是各国竞相抢占的战略高地，是世界科技强国的鲜明标志。总书记的贺信把握世情国情科情农情，提出了“农业现代化关键在科技进步和创新”的科学论断，要求农业科技“努力抢占世界农业科技竞争制高点，牢牢掌握我国农业科技发展主动权”，对全国农业科技的发展具有划时代的指导意义。一些国家抓住科技革命的难得机遇，实现了经济实力、科技实力、国防实力迅速增强，综合国力快速提升。近代以来，由于国内外各种原因，我国屡次与科技革命失之交臂。总书记强调：“面对科技创新发展新趋势，世界主要国家都在寻找科技创新的突破口，抢占未来经济科技发展的先机。我们不能在这场科技创新的大赛场上落伍，必须迎头赶上、奋起直追”“力争在重要科技领域实现跨越发展，跟上甚至引领世界科技发展新方向，掌握新一轮全球科技竞争的战略主动”。长期以来，我国基础前沿研究相对薄弱，“跟踪式的研究多，领跑原创成果少”。这就要求我们尽快优化基础研究和战略高技术的发展布局，加大对生命、信息、材料、能源等领域的攻关力度，在重要科技领域努力跻身世界前列，建成若干世界农业科学中心。

二是坚持面向国家重大需求，强化战略导向，引领农业供给侧结构性改革。农业农村农民问题是关系国计民生的根本性问题。没有农业农村的现代化，就没有国家的现代化。党的十八大提出实施创新驱动发展战略，十九大明确提出实施乡村振兴战略，走中国特色社会主义乡村振兴道路，是“三农”发展观的一次飞跃，是统领新时代“三农”工作的重大部署。2018 年“两会”期间，习近平总书记在参加湖南代表团审议时强调，“新形势下农业的主要矛盾已经由总量不足转变为结构性矛盾，推进农业供给侧结构性改革，是当前和今后一个时期我国农业政策改革和完善的主要方向”。我们要认真贯彻落实总书记的重要指示精神，坚持以新发展理念为引领，以推进农业供给侧结构性改革为主线，围绕农业增效、农民增收、农村增绿，加强科技创新引领，调整农业科技创新方向和重点，完善国家农业科技创新体系，建立一批现代农业产业科技创新中心和农业科技创新联盟，推进资源开放共享与服务平台基地建设，为加快提升农业质量效益和竞争力提供科技支撑。目前，我国高端产品供给不足，消费需求“外溢”。同时，由于核心关键技术缺失，出现“高端产业低端代工”的尴尬局面，投资主要集中在技术含量

低和附加值低的环节。改变这种“高端短缺、低端过剩”的状况，必须把高水平的科技创新作为供给侧结构性改革的重要内容，“鼎新”与“革故”并重，无中生有，有中生新，新中求进，形成需求与供给良性循环。习近平指出：“必须把重要领域的科技创新摆在更加突出的地位，实施一批关系国家全局和长远的重大科技项目。这既有利于我国在战略必争领域打破重大关键核心技术受制于人的局面，更有利于开辟新的产业发展方向和重点领域、培育新的经济增长点。”要围绕实现农业绿色高质量发展的战略需求，强化健康、生态、环保、安全等重点领域的共性关键技术研究，建设一批具有重大带动作用的区域创新中心，形成一批具有引领作用的增长点、增长带和增长极，依靠科技创新满足 13 亿人对美好生活的向往。

三是坚持面向现代农业主战场，增加科技供给，培育农业农村现代化发展新动能。习近平指出：“科学研究既要追求知识和真理，也要服务于经济社会发展和广大人民群众。广大科技工作者要把论文写在祖国的大地上，把科技成果应用在实现现代化的伟大事业中”“科技成果只有同国家需要、人民要求、市场需求相结合，完成从科学研究、实验开发、推广应用的三级跳，才能真正实现创新价值”。促进科技和经济结合是改革创新的着力点，也是我们与发达国家差距较大的地方。要围绕产业链部署创新链，聚焦产业发展需求，集聚各类创新资源，突出关键共性技术、前沿引领技术、现代工程技术、颠覆性技术创新，加快科技成果转化和产业化，培育产学研结合、上中下游衔接、大中小企业协同的良好创新格局。当前，我国农业现代化发展还面临重大科技瓶颈，农业科技基础仍然薄弱，科技创新能力特别是原创能力与发达国家还有很大差距。习近平强调“只有把核心技术掌握在自己手中，才能真正掌握竞争和发展的主动权，才能从根本上保障国家经济安全、国防安全和其他安全”。必须面向现代农业建设主战场，强化重点核心领域关键环节的重大技术开发，构建结构合理、先进管用、开放兼容、自主可控的现代农业产业技术体系，以技术的群体性突破引领新兴产业发展，促进传统产业的改革提升。必须要坚持产业发展以科技创新为驱动、科技创新以产业发展为重要目标，加快农业科技创新步伐，加快科技成果向现实生产力转化，着力推动新技术、新产业、新业态和新模式的融合创新和跨界发展，支撑产业向价值链高端迈进，真正实现产业和科技互融共促。

三、清醒认识当前农业科技创新存在的差距与面临的挑战

新时代农业科技创新既要“顶天”，面向世界科技前沿，致力于未来发展；又要“立地”，面向国家战略需求，赢得战略主动；同时还要“惠民”，面向现代农业主战场，促进农业增效农民增收。只有坚持“三个面向”，找准差距，摸清短板，攻坚克难，走以自主创新为主的中国特色农业科技创新道路，世界农业科技强国的建设才能行走在正确而宽广的道路上。但是，对标“三个面向”目标要求，我国农业科技创新仍有不小的差距，还有很长的路要走。

(一) 对标世界科技前沿，支撑重大突破的基础前沿研究储备不足

长期以来，我国农业科技工作的重心是应用研究，对作为创新源头、引领学科发展的农业基础研究投入相对不足，难以带动催生颠覆性技术（基础研究、应用研究与开发：2016 年为 5.2∶10.3∶84.5，国际上黄金比为 14∶24∶62）。基础性长期性工作积累不够，在水土质量、农业生态等方面，缺乏长期系统的观测监测，重要资源底数不清。重要领域基础研究不够，难以支撑重大技术突破和产业变革。重大前沿技术研究不够，如基因编辑、物联网等前沿技术研究起步晚、研究力量不足、发展较滞后。

习近平强调："新一轮科技革命带来的是更加激烈的科技竞争，如果科技创新搞不上去，发展动力就不可能实现转换，我们在全球经济竞争中就会处于下风。"当今世界，新一轮科技革命蓄势待发，一些重大科学问题的原创性突破正在开辟新前沿新方向，一些重大颠覆性技术创新正在创造新产业新业态，科技创新链条更加灵巧，技术更新和成果转化更加快捷，产业更新换代不断加快，推动农业生产向自动化、智能化发展，劳动生产率将再次出现大的飞跃。但是，近年来，我国农业技术领域仅有 19%处于国际领先地位，17%处于并行阶段，64%处于跟踪阶段，我们在大动物育种、信息技术、大型智能装备等方面还存在很多短板缺陷，很大程度上还受制于人。近年来，得益于国家政策和市场驱动，基于应用驱动的技术研发有所突破，但一些基础、高端核心技术的研发和生产依然被锁定在低端环节，不少行业对单一关键部件、核心材料受制于人可能带来的全局性、系统性风险估计不足。无数的事实说明，这些领域的核心关键技术是靠钱买不来的，只能靠我们自力更生、自主创新，只能靠我们自己只争朝夕、快马加鞭地拼搏。要加强评估、预警和应对，系统梳理各领域"卡脖子"关键核心技术及供应链风险，组织攻关突破；同时强化有优势或潜力的战略领域，培育"杀手锏"技术，通过攻守结合、交叉控制，提升对外制衡和反制衡能力。

(二) 对标国家重大需求，满足绿色发展的核心关键技术研发不足

在传统农业向现代农业转型升级的过程中，支撑农业发展机械化、信息化、绿色化、标准化的重大技术突破和储备不足。在农业遗传育种方面，水稻、小麦、玉米、大豆单产水平仅为先进国家的 63%、65%、54%、52%左右，畜禽遗传育种核心种源 80%依赖国外进口，自主选育的高端设施蔬菜品种较少，设施番茄和辣椒国外品种市场占有率达 60%以上。在农机装备方面，农作物精密播种、高速栽插、高效植保与施肥、多功能收获等关键部件及技术研究不足，定位变量、智能控制、农机农艺配套和联合复式作业机具尤其缺乏。在畜禽水产养殖方面，规模化、智能化健康养殖技术、深水离岸网箱设施养殖技术研发薄弱。在农业资源环境方面，农业绿色投入品少，农业投入品安全使用技术、高效精准实时检测技术研发不够，农业废弃物循环利用技术储备不足，缺乏

农业资源高效、环境友好的综合技术解决方案。

科技创新的重大突破和加快应用极有可能重塑全球经济结构，使产业和经济竞争的赛场发生转换。加快科技创新，是保持我国经济持续健康发展的必然选择。在十八届五中全会第二次全体会议上，习近平总书记指出："创新发展注重的是解决发展动力问题。我国创新能力不强，科技发展水平总体不高，科技对经济社会发展的支撑能力不足，科技对经济增长的贡献率远低于发达国家水平，这是我国这个经济大个头的'阿喀琉斯之踵'"。新形势下，长期以来主要依靠资源、资本、劳动力等要素投入支撑现代农业发展的方式已不可持续，我国发展正面临着动力转换、方式转变、结构调整的繁重任务。现在，我国低成本资源和要素投入形成的驱动力明显减弱，需要依靠更多更好的科技创新为产业发展注入新动力；生态文明发展面临日益严峻的环境污染，需要依靠更多更好的科技创新建设天蓝、地绿、水清的美丽中国；能源安全、粮食安全、网络安全、生态安全、生物安全、国防安全等风险压力不断增加，需要依靠更多更好的科技创新保障国家安全。

（三）对标现代农业主战场，加快科技成果转化的体制机制不完善

科技成果运用于产业发展是科技创新活动全过程的"最后一公里"，成果转化是否顺利决定了科技创新活动的绩效。多年来，我国一直存在着科技成果向现实生产力转化不力、不顺、不畅的痼疾。近年来，我国专利数量、论文数量大幅跃升的同时，创新力和竞争力并未同步提高，一个重要原因是科技成果转化体制机制还不顺畅。

权威数据显示，目前我国科技成果转化率不足 30%，而先进国家这一指标高达60%~70%，我国科技成果与市场需求脱节的"两张皮"现象十分显著。以产业问题为导向的成果评价机制尚未建立，仍存在"重论文、轻应用、重数量、轻质量"等问题，成果权益改革不到位，分类评价与激励机制不健全，科研工作与产业需求衔接不够紧密，面向产业需求导向的技术研发不足，科技第一生产力的作用没有充分发挥。

习近平强调："要深入研究和解决经济和产业发展亟需的科技问题，围绕促进转方式调结构、建设现代产业体系、培育战略性新兴产业、发展现代服务业等实际需求，推动科技成果转移转化，推动产业和产品向价值链中高端跃升。"必须要通过更加深入细致系统的工作，强化政策的横向配套和纵向贯通，形成"组合拳"，疏通"快车道"，开好"直通车"，真正拆除阻碍产业化的"篱笆墙"，突破实现技术研发、产品制造、市场模式、产业发展"一条龙"的各类关卡和瓶颈，促进更多科研成果快速转化为现实生产力，使科技创新在实体经济发展中的贡献份额不断提高。

四、新时代农业科技创新与改革发展的战略举措

习近平总书记科技创新重要论述是指导全党全国走中国特色自主创新道路、实施创

新驱动发展战略、建设创新型国家和世界科技强国的基本遵循和行动指南，我们要深入学习领会和贯彻落实，尤其是要将总书记致我院 60 周年院庆贺信中提出的“三个面向”“两个一流”和“一个整体跃升”指示精神和要求融合到谋划农业科技创新中去，持续聚焦科技进步大方向，努力在重大创新领域抢占先机、实现突破；持续把握产业革命大趋势，努力为现代农业发展提供新动力、拓展新空间；持续推进集聚人才大举措，努力营造人人皆可成才、人人尽展其才的创新环境；加快实现我国在重要农业科技领域由跟跑者向并行者和领跑者的根本转变，为现代农业绿色可持续发展和乡村振兴提供科技支撑和引领示范。

（一）发展思路

全面贯彻党的十九大和十九届二中、三中全会精神，以习近平新时代中国特色社会主义思想为指导，深入实施乡村振兴战略、创新驱动发展战略、人才强国战略，面向世界农业科技前沿、面向国家重大需求、面向现代农业建设主战场，以建设农业科技强国为目标，以重塑农业科技创新体系为主线，以深化农业科技体制机制改革创新为重点，以实施重大工程重点项目为抓手，以攻克农业核心关键技术为突破口，统筹推进科技创新要素配置、科学研究与技术推广、条件平台与人才队伍建设，着力构建职责聚焦、分工科学、导向明确、创新驱动的中国特色农业科技创新体系，为实现乡村全面振兴、农业农村现代化和农业强国建设提供强劲动能。

（二）战略目标

一是面向世界农业科技前沿，打造全球农业科学珠峰。把握科学前沿，引领创新方向，超前部署、自主创新，勇于挑战最前沿的科学问题，提出原创思想、作出原创发现、产生原创力量，在战略必争的农业基础科学和前沿技术领域实现率先跨越，打造全球农业科学珠峰。

二是面向国家重大需求，建设国家战略性技术创新高地。紧紧围绕粮食安全、绿色发展、食品安全、农民增收、美丽乡村建设等重大农业科技需求，加大核心关键技术、共性技术和战略性技术创新，催生引领性、革命性、颠覆性重大成果，建设战略性技术创新高地。

三是面向现代农业建设主战场，成为引领全国农业产业转型升级的科技硅谷。更加注重农业应用技术创新、成果转让、示范转化、推广培训，更加注重科技与农业产业整体联动、融合发展的模式和方式，更加注重创新链、产业链、金融链的融合，促进农业产业跨越发展，成为引领农业产业转型升级的科技硅谷。

综合分析国际、国内形势和我院发展条件、发展基础，我院提出自 2018 年起，分 3 个阶段推进“两个一流”建设。到 2020 年，1/5 左右的学科成为世界一流学科，1/5

左右的研究所建成定位准确、布局合理、运行高效的世界一流科研院所，引领全国农业科技整体跃升；到 2035 年，2/3 以上学科领域达到世界一流学科水平，2/3 研究所建成世界一流科研院所，带动全国农业科技进入世界前列；到 2050 年，全面建成世界一流学科和世界一流院所，科学研究综合实力和国际影响力在全球居于领先水平，推动全国农业科技跃居世界前列。

（三）战略举措

1. 坚持科技创新服务国家乡村振兴大局

（1）加强顶层设计，系统谋划乡村振兴科技支撑行动。党的十九大提出实施乡村振兴战略后，我院迅速组织相关力量谋划部署乡村振兴科技支撑行动，加强统筹规划和组织领导，发布了《中国农业科学院乡村振兴科技支撑行动计划（2018—2035 年）》《中国农业科学院乡村振兴科技支撑规划（2018—2035 年）》《中国农业科学院实施乡村振兴战略十大行动方案（2018—2022 年）》等系列规划和实施方案。

（2）实施十大行动。围绕国家乡村振兴战略 2022 年阶段目标，以乡村振兴统领全院科技创新，统筹科技创新工程和国家农业科技创新联盟，采取“整合资源、强化协同、示范引导、跟进考核”的推进机制，系统部署实施“乡村振兴政策创设支撑行动、乡村振兴标准体系创建行动、农业科技精准扶贫示范行动、乡村振兴整县推进科技示范行动、农业绿色提质增效技术集成转化行动、农业绿色投入品创制行动、农业关键核心技术跨越行动、农业科技前沿突破行动、‘一懂两爱’农业科技队伍建设行动、农业科技创新平台提升行动”等“十大行动”，加快形成一批引领和支撑乡村振兴的宏观战略、政策制度、关键技术和典型模式，促进一流院所、一流学科建设，推动农业科技创新能力和水平整体跃升。

2. 推动创新工程出大成果、出大成效

科技创新工程是财政部为中国农业科学院更好发挥国家战略科技力量作用而量身打造的国家工程，目的是以机制创新撬动院所改革，以稳定支持增强创新能力，以重大成果驱动农业农村发展。我院将创新工程作为“头号工程”，大刀阔斧进行改革，调整优化学科布局，加大人才引进力度，完善科研支撑条件，深化国际交流合作，稳定支持科研团队持续攻关，科技创新取得长足进步。

2018 年，我院开展了创新工程 5 年考核与全面推进期中期评估工作。从外部同行专家、管理专家评估意见和定量数据对比分析可以看出，随着创新工程实施，全院精神面貌焕然一新，院所发展定位更加聚焦，创新能力全面增强，创新效率大幅提升，创新成果不断涌现，改革排头兵、创新国家队、决策智囊团地位与作用愈发凸显。

但是，在取得成绩的同时，我们也清醒地认识到，对照新时代的新要求，对照习近平总书记贺信指示，创新工程实施中还存在部分科研团队融合不够，整体性有待加强；个别研究所定位不清，部分学科优化调整行动缓慢；团队首席年龄偏大、领军人才不足、新兴交叉学科人才匮乏；部分科研团队研究任务分散，聚焦“三个面向”不够；个别领域存在研究方向交叉、研究内容重复；部分协同创新任务组织管理和实施效果欠佳；缺乏人员激励机制等问题，必须引起重视。

今后，按照习近平总书记“三个面向”重要指示和新时代新要求，要继续深化体制机制创新，依据评估结果加快学科团队优化调整，着力建设一批一流学科，打造一批一流团队，产出一批一流成果，为乡村振兴和农业农村现代化提供强有力的科技支撑。

（1）建立以创新工程为牵引的资源配置机制。一是发挥引领作用。强化创新工程的引领地位，树立一切工作服务创新工程、推动创新工程的工作导向。利用稳定支持优势，加强国家竞争性科技项目谋划争取。二是加强统筹协调。建立定期联席会议制度，研究决定重要事项；加强院所联动，加强财务与科研的配合。三是加强绩效管理。加大绩效评估结果运用力度，引导管理目标落实落地。加大宣传力度，挑选标杆研究所、标杆团队、标杆科研成果。四是完善信息系统。做好数据收集、分析、总结，减少繁琐报表；提升信息传输效率，及时掌握实际情况。

（2）统筹部署农业科技创新任务。坚持国家需求和问题导向，统筹部署农业科技创新任务，凝练培育重大科技成果。在战略必争的基础和前沿技术领域，取得一系列重大理论与方法突破，攻克一批前沿技术，率先进入世界先进行列。在受制于人的核心关键技术领域，突破一批瓶颈技术，取得核心自主知识产权，建立重大技术系统。在区域农业可持续发展技术领域，破解重大技术难题，集成区域现代农业可持续发展综合解决方案和技术模式。在长期性基础性科技工作领域，研制建立科学监测规范和标准，采集、收集典型区域生物资源、生产环境要素等科技数据与资料，建立农业科学大数据，显著增强对科学研究和政府宏观决策的基础支撑作用。

（3）优化学科布局，推动“学科—团队—任务”一体化发展。对标“三个面向”，进一步加强学科优化调整，突出学科体系的指令性功能，落实学科对团队建设的引领作用，引导团队向学科重点方向聚焦，加快推进“学科—团队—任务”的整体布局和一体化发展。强化对团队任务的管理，优化部分团队科研选题，加强创新工程预算和绩效任务书中团队任务的审核把关，监测和考核中进一步关注团队任务及实施情况，引导研究所强化团队任务的顶层设计和审核把关。通过强化团队任务管理，促使团队明确核心使命，使团队任务更聚焦、更明确、更突出，同时，主动挖掘苗头性成果产出，培育重大成果。

（4）打造卓越联动的人才团队。人才兴则国家兴，人才强则农业强，新时代做好农业科技创新工作，关键在于抓好人才团队建设。根据农业科技创新的使命定位和目标任务，坚持学科引领和产业导向，打造一批具有国内外重要影响力的创新团队，成为研究所的核心智力支撑。加强各学科创新团队的科研协作，不断拓展前沿交叉新领域，建立出重大成果、出领军人才的长效机制。培养“一懂两爱”农业科技人才，为乡村振兴提供智力支持和人才支撑。

（5）建设功能完备的创新平台。围绕研究所一流学科和一流团队建设需求，坚持系统性和匹配性原则，重点推动重大科研基础设施和创新平台建设。主要包括国家实验室、国家重大科学工程、国家重点实验室、“学科群”重点实验室、国家工程研究中心、国家技术创新中心、国家野外科学观测研究站、农业科学试验基地、农作物改良中心等。同时，提升各类创新平台的开放共享水平，为全国农业科技创新提供支撑和服务。

（6）加强重大成果培育。一是面向重大需求，统筹部署规划。研判趋势，聚焦我国农业农村发展基础性、方向性、全局性、关键性重大核心问题。梳理学科，进一步优化布局，更加突出新兴学科，引导学科与产业交汇，培育产业技术创新生长点。强化培育，充分发挥全院各类优势资源的推动作用，制定中长期成果培育规划。二是充分聚焦重点，培育突破性成果。聚焦重点，对有冲击重大成果希望的苗头性成果开展重点培育，推动尽快实现突破，加速形成理论技术体系。对已完成核心领域科技创新但尚未形成体系的成果，重点进行熟化完善、梳理凝练、查漏补缺，力争尽快取得颠覆性、突破性重大成果。三是强化团队建设，坚持长期攻关。结合团队任务，推动一流团队建设，强化团队人才梯队建设、创新机制建设和特色文化建设，引导团队整体优势与个性化发展相结合。围绕重大成果培育坚持长期攻关，不断提升团队凝聚力与可持续发展能力，不断深化理论研究，提升研发技术水平。四是落实培育计划，提升管理水平。规划、制定、推进年度成果培育方案，扩大成果应用转化范围，提升产业影响和经济社会效益。做好项目验收、科技查新、科技评价等基础工作。做好院奖组织管理工作，把握重大成果形成规律，推动高水平成果脱颖而出。

3. 以科技创新联盟为抓手推进机制创新

2014年年底，由农业部主导，我院牵头，国家级、省级和地市级三级农（牧）业、农垦科学院，涉农高校和部分农业企业共同组建了国家农业科技创新联盟。联盟通过科技资源共享、协同机制创新、科技任务牵引等手段，集聚了全国农业科技优势资源和力量，致力于通过机制创新解决科技与产业、科研与生产“两张皮”问题，初步构建了产学研用紧密结合，上中下游有机衔接的协同协作机制。

（1）持续加强联盟科技创新。一是构建上中下游协同的集团军式产业协同攻关模式。创建并完善覆盖上中下游的农业新型组织模式，在奶业、棉花、智慧农业、深蓝渔业等领域形成生产技术、应用示范与成果转化一体化的产业链条。构建产学研深度融合模式，建立“企业出题，专家问诊”的问题导向机制，在水稻商业化育种、天敌昆虫、航空植保等领域发挥企业技术创新主体作用。二是集成并完善一批区域重大问题的综合技术解决方案。针对东北玉米秸秆焚烧、华北地下水超采、南方重金属污染等区域重大问题，组织中央和地方科技力量开展协同创新凝练科学技术问题，集成关联不足的单项技术，形成可行的综合解决方案。聚焦乡村振兴科技支撑重点任务，因地制宜地打造一批整建制示范点，形成可复制、可推广、可持续的区域治理典型样板。

（2）持续推进联盟机制创新。一是通过联盟实体化创新模式，构建各成员单位的利益联结机制。引导产业联盟（企业联盟）向“构建实体、优势互补、利益共享、风险共担”的产学研深度融合方向发展。在运营机构实体化（废弃物联盟）、研究机构实体化（水稻分子育种联盟）和服务机构实体化（渔业装备联盟）等多种形式上探索实体化机制创新模式。二是加强农业科技资源共建共享，提升创新效率。着力构建基础性公共服务平台，依托联盟各成员单位创新力量，在科技信息服务、生物资源共享等方面构建一批符合现代农业产业发展的平台。创建切实有效的共建共享共赢合作机制，加强联盟成员间的沟通互助，带动成员积极贡献各自积累的宝贵资源，实现全国农业科技资源使用效率的整体升级。

（3）持续开展农业基础性长期性科技工作。依托国家农业科学实验站，在全国形成布局完整的原始数据、连续性数据观测获取网络。面向种质资源、土壤质量、植物保护、畜禽养殖、动物疫病等十大领域开展原始数据的汇集和综合分析，推进形成一批农业基础资源和数据中心。构建我国农业基础性长期性大数据中心，并通过深度分析挖掘，形成由数据采集到知识发现的桥梁。

4. 建设科学适用的一流院所管理制度

按照“职责明确、评价科学、开放有序、管理规范”的现代院所建设目标要求，建设适合我国国情的一流现代院所管理制度。切实加强党对科技工作的领导，保证党中央决策部署的贯彻执行，保证科研方向不偏航，把党组织内嵌到法人治理结构中。进一步完善院所长负责制，健全所务会、学术委员会、职工代表大会等治理机制。进一步建立健全分类评价机制，逐步建立农业科研机构和科技人员分类评价机制，突出科研成果技术研发的创新度、产业需求的关联度和对产业发展的贡献度。落实好放、管、服改革精神，加强科研诚信建设，推行分级授权，将责任落实到位，强化研究所科研项目承担主体责任。

结　语

现代化的本质是人民有更美好的生活。没有农业的现代化，就没有国家的现代化。

实现农业持续稳定发展、长期确保农产品有效供给，解决 13 亿～15 亿人口吃饱吃好问题，根本出路在于农业科学技术！

谢谢！

不忘初心 牢记使命
为实现“两个一流”建设目标不懈奋斗

——中国农业科学院纪念建党97周年专题党课报告

中国农业科学院党组书记 陈萌山

2018年6月28日

同志们：

今天，我们召开全院党员大会，隆重纪念中国共产党成立97周年，这是全院广大党员的一件盛事。刚才，通报了我院获得农业农村部2016—2017年度先进基层党组织、优秀共产党员和优秀党务工作者，表彰了2016—2017年度全院先进基层党组织、优秀共产党员、优秀党务工作者，4个单位、个人作了典型发言。首先，我代表院党组，向受表彰的集体和个人表示热烈的祝贺，向全院共产党员致以节日的问候！各级党组织、广大党员要以受表彰的党组织和党员为榜样，学习他们的优秀品质和宝贵精神，锤炼对党忠诚的政治品格，锤炼为民奉献的政治情怀，锤炼革故鼎新的政治勇气，锤炼无私无畏的政治担当，为建设世界一流学科、一流院所再立新功。

同志们，97年来，中国共产党领导人民进行新民主主义革命，建立了社会主义新中国；进行社会主义革命，完成了中华民族有史以来最广泛而深刻的社会变革；进行改革开放新的伟大社会革命，找到中国特色社会主义道路。可以说，中国共产党走过的97个年头，就是我们党探索救国图强，开辟民族独立、人民解放、国家富强道路的97年；是我们党带领全国各族人民，披荆斩棘、艰苦奋斗，不断从胜利走向胜利的97年；也是我们党立足中国革命、建设、改革实践，不断推进马克思主义中国化的97年。

党的十八大以来，以习近平同志为核心的党中央站在历史与现实、中国与世界的时代制高点，坚持辩证唯物主义和历史唯物主义，紧密结合新的时代条件和实践要求，以全新的视野深化对共产党执政规律、社会主义建设规律、人类社会发展规律的认识，进行艰辛的理论探索，取得重大理论创新成果，形成了习近平新时代中国特色社会主义思想，开拓了治国理政新境界，开创了中国特色社会主义事业新局面。历史和现实充分证明，中国共产党不愧为伟大、光荣、正确的马克思主义政党，不愧为领导中国人民不断开创事业发展新局面的核心力量。没有中国共产党，就没有新中国；没有中国共产党，就没有我们今天所取得的巨大成就。

在纪念建党 97 周年的重要时刻，我们重温党的章程，深入学习贯彻党的十九大精神和习近平新时代中国特色社会主义思想，特别是习近平总书记“三农”思想、科技创新思想及致我院建院 60 周年贺信精神，动员全院各级党组织和广大党员不忘科技报国、科技为民、科技兴农的初心，以先进典型为榜样，弘扬党的优良传统和作风，切实肩负起农业科研国家队的职责使命，在“三个面向”的指引下，为实现“两个一流”的奋斗目标作出新的更大贡献。围绕这个主题，下面，我谈 3 点认识和看法。

一、全院基层党组织和广大共产党员要学习先进、接续努力，充分发挥战斗堡垒作用和先锋模范作用

今天表彰的优秀共产党员、优秀党务工作者和先进基层党组织，是我院全体共产党员和党组织的杰出代表，是在工作第一线用实干筑就农科梦、中国梦的先锋模范。他们都是我们身边朝夕相处的同事、朋友，但又不普通，他们能在关键时刻挺身而出、在挑战前迎难而上、在平凡中执着坚守，处处彰显出共产党人的优秀品质和良好风貌。

坚定的理想信念是优秀共产党员共同的人生品格。他们党性观念强，政治素养高，带头执行党的路线方针政策和部、院党组各项决策部署，认真履行党员义务，积极承担党的工作，全力完成党的任务。奋力建功立业是优秀共产党员共同的行为特征。他们爱岗敬业、求真务实，勇于创新、拼搏进取，在本职岗位上取得了优异成绩，有的抢占农业科技创新制高点，取得具有国际先进水平的重大原创性成果；有的在解决国家农业发展重大科技问题中，发挥了中流砥柱的作用；有的积极探索成果转化新模式，为农业现代化建设作出了突出贡献；有的在支撑和管理岗位上，甘当绿叶、用心服务，为科技创新创造条件、保驾护航。争做先锋模范是优秀共产党员共同的精神追求。他们自觉践行社会主义核心价值观，热爱祖国、献身“三农”，服务党员和群众意识强，热心为职工做好事、办实事，严于律己，品德高尚、清正廉洁。

党员作用发挥得怎么样，党组织战斗力强不强，党务干部是关键。此次受表彰的优秀党务工作者，都是敢于和善于按照全面从严治党要求抓工作、带队伍的“领头雁”，他们从严律己、开拓创新，不断汇聚组织的信心和力量，让党的旗帜在中国农业科学院始终高高飘扬。政治素质过硬是优秀党务工作者共同的人生品格。他们忠于党的事业，热爱党务工作，讲党性、重品行、作表率，理论水平高，创新能力强。服务工作到位是优秀党务工作者共同的行为特征。他们密切联系党员群众，主动服务意识强，服务水平高，严于律己、公道正派、作风民主，在党员群众中威信很高。党务工作能力突出是优秀党务工作者共同的精神追求。他们认真学习党务知识，充分发挥科研单位的特色和优势，善于把握运用规律，创造性开展党务工作，做到了党建与科研互融互促。

基层党组织是党的全部工作和战斗力的基础。只有把基层党组织打造成坚强的战斗堡垒，才能激发科技创新的活力，才能增强改革攻坚的动力。“四个意识”强是先进基层党组织共同的政治品质。它们紧紧围绕科研中心工作开展党的工作，抓党建促科研，

确保党的路线方针政策和决策部署贯彻落实到位，确保科研工作瞄准世界农业科技前沿，服务国家重大需求，融入现代农业建设主战场，为科技创新保好驾护好航。工作亮点纷呈是先进基层党组织共同的行为特征。它们紧密结合科技创新工作和党员群众实际需求，积极探索党组织活动的新思路、新方法、新载体，形式富有特色，内容富有吸引力。服务成效显著是先进基层党组织共同的精神追求。他们团结带领广大党员和群众，以饱满的热情、务实的作风、奉献的精神，投身科技创新和管理服务工作，充分展现了党组织的号召力、影响力和凝聚力。

一年来，在习近平总书记致我院贺信精神的指引和激励下，在全院先进基层党组织、优秀党员和优秀党务工作者的示范带动下，广大党员干在各自岗位上，忠实履行着职责，恪守信仰与忠诚、职责与担当，做出了骄人的业绩，推动全院各项事业取得了新的突破。我院专家在国际顶尖期刊发表论文 24 篇，9 位专家被爱思唯尔（Elsevier）纳入 2017 年农业和生物领域中国高被引学者榜单，在水稻基因组全测序、杂交 Bt 棉延缓红铃虫抗性、番茄风味遗传基础等领域取得重大突破。牵头承担国家重点研发计划重点专项项目 76 项，合同经费 26.93 亿元，在农口专项中的立项数占比达 23.1%，中央财政经费占比达 26%，显示了国家队的占位优势。2018 年获国家自然科学基金资助项目 310 项，平均立项率达 24%，超过全国 22%的平均水平。2017 年，我院以第一完成单位荣获国家科技奖励 7 项，占全国农口科技奖励数的 23.3%，2018 年，预计将获得 8 项国家科技奖励。2017 年，获发明专利 673 件，实用新型 905 件，植物新品种权 79 件，有 8 项专利获得中国专利优秀奖，科技成果转化收入 5.36 亿元，转化收入增长 11.9%。据科睿唯安发布的《2017 全球创新报告》显示，我院作物科学研究所以 694 件发明专利，在生物技术领域排名全球第一，兰州畜牧与兽药研究所以 466 件发明专利，在制药领域全球第一。一年来，重点建设了农业废弃物循环利用、农业重金属污染防控、东北玉米秸秆综合利用、奶业科技创新等 20 个标杆联盟，这些联盟聚焦重点，攻克了一批制约产业发展的核心关键技术，形成了一批区域重大问题综合解决方案，有效支撑了国家农业产业发展。一年来，组织实施水稻、玉米、小麦、大豆、油菜、棉花、马铃薯、蔬菜、苹果、茶叶、奶牛、羊、生猪、肉鸭等 16 个重要产业的绿色发展技术集成示范工作，组织院内 19 个研究所、48 个团队、225 名科技人员，院外 240 个单位、2 800 多人加盟攻关，形成了全国大联合、大协作的协同攻关网络，集成 180 项先进适用技术，构建了 38 套可复制可落地可推广的绿色发展技术模式。一年来，组织科技下乡 8 万余人次，培训各类基层技术人员和农牧民 115 万多人次，推广应用新品种 190 个、新产品 650 个、新技术 230 项，推广科技成果总面积 4.1 亿亩，推广畜禽 3.2 亿头（羽）。一年来，新增两院院士 2 名、国家级人才 44 人次，遴选农科英才 263 人，从欧美等发达国家和国际机构引进高层次人才 42 人。一年来，我院牵头举办了“国际农业科技发展峰会”等 4 项重要国际会议和 56 项各类国际学术研讨会，接待外国领导人和政府重要团组来访活动 38 次，成为我国对外展示交流的重要窗口。

一个组织就是一座堡垒，一名党员就是一面旗帜。全院广大党员、党务工作者和各级党组织都要向受表彰的先进学习、向优秀看齐，树立起新时代的行为规范，努力做到“五要”：一要认真学习贯彻习近平新时代中国特色社会主义思想，坚定理想信念，对党绝对忠诚，在思想上政治上行动上同以习近平同志为核心的党中央保持高度一致。二要自觉遵守党章，严格执行党的各项纪律特别是政治纪律和组织纪律。三要认真学习、勤于钻研，不断提升政策理论水平和管理业务素质。四要积极投身农业科技事业，充分发挥先锋模范和战斗堡垒作用。五要自觉践行社会主义核心价值观，清正廉洁、品德高尚，赢得党员群众的信任和拥护。

树立起新时代的行动目标，就是要以创新科技、服务国家、造福人民为宗旨，以建设世界一流学科和一流科研院所为目标，努力学习、认真工作、不断创新，新时代农科院的共产党员要有崇高的人生理想，热爱祖国，热爱“三农”，热爱科技事业，做有信仰、有情怀、有担当的人，在报效祖国、服务人民的光荣事业中实现自己的人生价值；新时代农科院的党务工作者要政治忠诚，信念坚定；胸怀大局，服务大局；提升能力，锤炼作风，努力争做科学家的知心人、贴心人，用科学家的语言沟通感情、推进工作，用科学家认同的方式方法、提升党建工作水平。新时代农科院党的基层组织要坚持围绕中心、服务大局，建设一流组织、打造一流队伍、培育一流作风、创造一流业绩，引领院所加快发展。

二、深入学习习近平科技创新思想和贺信精神，准确把握农业科研国家队的初心使命

要准确把握习近平科技创新思想的科学内涵和时代特征。党的十八大以来，习近平总书记继往开来、与时俱进，总揽改革发展全局，以历史和全球视野，从时代发展前沿和国家战略高度，就科技创新发表了一系列重要论述和讲话，形成了系统、完整、开放的科技创新思想体系。前不久，在全国两院院士大会上，习近平总书记发表的重要讲话，为推进我国科技事业和人才发展进一步指明了前进方向、提供了根本遵循。学习领会和贯彻落实总书记科技创新思想，必须牢牢把握好“八个强化、八个坚持”。

一是强化目标牵引，坚持把建设世界科技强国作为奋斗目标。建设世界科技强国，是习近平科技创新思想的落脚点。党的十九大把加快建设创新型国家作为现代化建设的一项战略举措，提出到 2020 年，我国要进入创新型国家行列；到 2030 年进入创新型国家前列；到中华人民共和国成立 100 年时成为世界科技强国，这是我国科技创新“三步走”战略目标。我们要从实现中华民族伟大复兴的战略高度，充分认识建设世界科技强国的重大现实意义和深远历史意义，以只争朝夕的精神，为实现“两个一百年”的奋斗目标贡献创新的智慧和力量。

二是强化创新驱动，坚持把科技创新作为引领发展的第一动力。这是习近平总书记深刻把握新时代发展动力机制和演变规律，作出的重大判断。抓创新就是抓发展，谋创新就是谋未来。创新始终是一个国家、一个民族发展的重要源泉，始终是推动人类社会

进步的重要力量，始终是促使国际竞争格局发生重大转变的重要动力。创新驱动发展是涉及生产力和生产关系的全要素、全方位创新，谁牵住了科技创新这个牛鼻子，谁走好这步先手棋，谁就能占领先机、赢得优势。

三是强化问题导向，坚持把科技创新摆在国家发展全局的核心位置。习近平总书记在党的十八大报告中，提出以创新为首并涵盖协调、绿色、开放、共享的新发展战略，这是马克思主义在新时代背景下，为解决我国人民日益增长的美好生活需要和不平衡不充分发展之间的矛盾，实现社会进步而进行的重大理论创新。在国际上，没有核心技术的优势就没有政治上的强势。当前，我国许多产业仍处于全球价值链的中低端，一些关键核心技术仍受制于人。科技创新是提高社会生产力、提升国际竞争力、增强综合国力的战略支撑，必须把推进科技创新作为治国理政的重要方略，使科技创新成为经济社会发展和维护国家安全最重要的战略资源，成为政策制定和制度安排的核心要素，成为衡量区域、行业、企业发展绩效的关键标准，成为参与全球竞争合作的重要内容。

四是强化创新自信，坚持把走中国特色自主创新道路作为科技创新的必由之路。坚定不移走中国特色自主创新道路，是习近平科技创新思想的重要观点。中国特色自主创新道路的最大优势就是社会主义制度能够集中力量办大事。我们必须增强创新自信，把创新的主动权、发展的主动权牢牢掌握在自己手中。我们强调的自主创新是开放环境下的创新，面对知识、技术、人才的全球流动，必须融入全球创新网络，在更高起点上推进科技创新。积极抢占科技竞争和未来发展制高点，突破关键核心技术，为经济社会发展、保障和改善民生、保障国家安全提供有力科技支撑。

五是强化创新引领，坚持把依靠科技创新作为打造先发优势的重要手段。推进以科技创新为核心的全面创新，是习近平科技创新思想对马克思主义生产力要素学说的新发展。不仅突出了马克思主义生产力"五要素"论述中科学技术的关键作用，更是对马克思主义劳动力"三要素"论述的深化和拓展。我们要塑造更多依靠创新驱动、更多发挥先发优势的引领型发展。打造先发优势没有捷径可走，必须埋头苦干、持之以恒地把科技创新搞上去，提高自主判断和选择科技发展方向的能力，在领先领域把握趋势、扩大优势，在并行领域奋力拼搏、发力超越，在跟踪领域实施非对称措施、抢占先机。

六是强化双轮驱动，坚持把科技体制改革作为调动激发科技创新活力的必然选择。科技创新和体制机制创新两个轮子共同转动，是习近平对马克思主义生产力与生产关系理论在创新领域的新发展。创新驱动发展，改革驱动创新。转动科技创新这个轮子，就是要提高生产力水平，为我国进行体制创新，并建立更加完善和先进的生产关系，让人民群众分享更多的发展成果打造物质基础。转动体制机制创新这个轮子就是要破除制约科技创新的思路障碍和制度藩篱，建立促进创新的制度环境，最大限度释放创新活力。

七是强化战略力量，坚持把构建国家创新体系作为创新发展的基础支撑。习近平总书记在党的十九大报告中将加强国家创新体系建设作为加快建设创新型国家的重要任务，将技术竞争升华到创新体系竞争，演化了马克思主义对技术因素在国家竞争中作用的观点，是对改变世界体系不平等结构力量的最新认识。科技创新活动不断突破地域、组织、技术的界限，演化为创新体系的竞争。只有国家创新体系强，经济竞争力才会强，现代化经济体系才会强。科技的竞争实质上是能力的竞争和体系的对抗。必须推动分散式的创新向成系统的创新转变，从创新主体、创新能力和创新机制等方面整合资源，优化配置，提高创新体系的整体效能。

八是强化人才驱动，坚持把人才作为科技创新的核心要素。创新驱动实质上是人才驱动，把人才作为创新的核心要素是习近平对马克思主义生产力学说的新发展。谁拥有一流的创新人才谁就拥有了科技创新的优势和主导权。当今社会，人才资源成为经济社会发展的第一资源，人力资本成为最重要的资本，人才竞争成为综合国力竞争的核心。我们必须深入推进人才发展体制机制改革，完善人才培养、评价、流动、激励等制度机制，充分激发各类人才的创造性，形成知识创造价值、价值创造者得到合理回报的良性循环，营造有利于创新创业的良好环境，让各类人才竞相成长、脱颖而出、各展其能。

习近平科技创新思想是对马克思主义科技学说的重大发展，是中国特色社会主义理论的重大创新，具有鲜明的时代特征和丰富的理论内涵。我们必须深刻学习领会，把这一思想作为实施创新驱动发展战略、建设世界科技强国的根本指导思想，体现在部署中，落实到行动上。

2017 年 5 月 26 日，在中国农业科学院建院 60 周年之际，习近平总书记专门发来贺信。总书记的贺信高瞻远瞩、鞭辟入里，指明了新时代农业科技创新方向和中国农业科学院的发展目标。一年来，全院上下开展了一系列学习贯彻落实活动，极大地增强了农业科研国家队的责任感和使命感，极大地激发了广大科技人员创新活力和创造激情，极大地促进了全院跨越式发展。2018 年 5 月 26 日，胡春华副总理专程到我院考察，强调要深入贯彻落实总书记贺信精神，发挥好国家队作用，牵头开展好重大科技攻关，引领科技发展。我们要深入学习领会习近平新时代“三农”思想、科技创新思想，以及致我院贺信精神，加深对“三个面向”“两个一流”和“一个整体跃升”这个总目标总要求的认识。

“三个面向”：即“面向世界农业科技前沿、面向国家重大需求、面向现代农业建设主战场”。这“三个面向”，既是当前我国农业科技发展的根本着眼点，也是建设农业科技强国，实现中国梦的战略基点。把“三个面向”落到实处，科技才能真正成为国家赖之以强，农业赖之以赢、人民生活赖之以好的国之利器。坚持面向世界农业科技前沿，就是要求我们夯实科技基础，在重要科技领域努力跻身世界前列；坚持面向国家重大需求，就是要求我们强化国家战略导向，更好服务国家发展大局；坚持面向现代农业建设主战场，就是要求我们加强科技供给，加快培育现代农业产业发展新动能。

“两个一流”：明确了新时代中国农科院的发展目标和发展路径，一流学科建设和一流院所建设互为前提、相互促进，学科是科研院所的基本元素，学科水平是科研院所核心竞争力的集中体现，建设一流学科是建设一流科研院所的加速器；而科研院所的人才、项目、平台、成果、管理、文化等要素是学科发展的驱动力，一流院所建设反过来也促进一流学科建设。

“整体跃升”：赋予了新时代中国农业科学院的新使命新任务，要求中国农业科学院要当好“国家队”和“领头羊”，通过自身“勇攀高峰，率先跨越”，示范带动我国农业科技实现“整体跃升”。“一花独放不是春，百花齐放春满园”，我们要在加快自身发展的同时，带动全国农业科研整体发展，才能迎来我国农业科技创新的繁荣春天。

“三个面向”“两个一流”和“一个整体跃升”是总书记“五位一体”总体布局、“四个全面”战略布局和新发展理念对农业科技创新和中国农业科学院工作指导的具体化，是今后一个时期我院建设发展的总目标、总抓手。我们要继续把学习宣传贯彻习近平总书记贺信精神作为首要政治任务，深刻领会和准确把握习近平总书记的指示要求，着力搞清弄明农业科研国家队的初心、使命和任务。

要深刻认识农业科研国家队的初心。农业是人类“母亲产业”，农业在整个国民经济中占有极其重要的基础地位。农业的基础地位是否牢固，关系到人民的切身利益，社会的安定和整个国民经济的稳定发展，关系到我国在国际竞争中能否保持独立自主的地位。目前我国农业生产方式正在加快转型，结构性矛盾比较突出，农业农村经济仍然是国家整体发展中不平衡不充分的突出领域。作为一个农业大国，农业不兴，无从谈百业之兴，农民不富，难保国泰民安。习近平总书记明确指出“农业出路在现代化，农业现代化关键在科技进步”。农业科技工作者要有报国、为民、兴农的初心本色、伟大情怀。报国，就是把人生的科技追求自觉融入国家发展伟业，不断创新、勇于开拓、不负重托，致力于国家富强与民族昌盛。为民，就是把人民利益至上作为行动准则，老百姓是天，老百姓是地，科研顶天立地就必须体现人民的意志，反映新时代人民对美好生活的向往。兴农，就是要以科技兴农为己任，深耕三农，忠诚担当，催生梦想，薪火相传，砥砺奋进，为推动农业农村现代化发展贡献智慧和力量。

要深刻认识农业科研国家队的使命。中国农业科学院是国家战略科技力量，关系着国家长远发展和战略全局，关乎国家粮食安全、农业农村现代化、农业可持续发展等重大战略目标的实现，是我国农业综合竞争力的集中体现。实现中国农业科学院的科研使命，就是要致力于国家长期性、基础性科学领域，致力于世界农业科技前沿战争必争的领域，致力于国家经济安全、生态安全、粮食安全的重大需求，致力于全国协同攻关、形成集成优势的重大需求，致力于国家重大创新平台、国际农业大科学计划平台建设，致力于全国技术转移与技术集成推广基地建设。党的十九大报告指出，建设创新型国家，要突出关键共性技术、前沿引领技术、现代工程技术、颠覆性技术创新。这四类技术创新是构建现代化经济体系的根本支撑，既与当代科技发展规律高度契合，又全面体现了现代化建设的重大需求，是新时代农业科技创新的重点领域和方向。我们要始终牢记国家战略科技力量的使命，坚决贯彻落实总书记贺信精神，加快构建需求和市场导向的新型农业科技创新体系，加快创新步伐，着力推动农业发展方式转变、农业产业结构优化、农业增长动能转换，不断增强我国农业的创新力和竞争力，做建设创新型国家和世界科技强国的先锋。

要深刻认识新时代农业科研国家队的重大任务。中共中央提出实施乡村振兴战略，推动农业绿色发展，实现质量兴农，这对中国农业科学院的科技创新工作提出了新的要求。

一是在重要农业学科领域率先跻身世界领先行列。当今世界，新一轮科技革命蓄势待发，现代生物、信息、新材料、新能源、先进制造等技术日新月异，不断催生出新的农业业态，孕育出颠覆性的农业科学技术，一些重要的科学问题和核心关键技术已呈现出革命性突破的先兆，世界各国抢占农业科技发展制高点的竞争不断加剧。我们要适应现代农业与农业科技发展新形势、新特点和新需求，按照总书记面向世界农业科技前沿的要求，坚定创新自信，坚定敢为天下先的志向，把握科学前沿，引领创新方向，超前部署、自主创新，勇于挑战最前沿的科学问题，提出原创理论，作出原创发现，力争在重要科技领域实现跨越发展，掌握新一轮全球科技竞争的战略主动，使我国农业科技跃居世界前列，一批研究所、学科领域和科研团队达到世界一流水平，成为国家倚重的战略科技力量，建设成为具有全球影响力的科学硅谷和创新高地。

二是持续产出更具影响力的重大创新成果。我们要遵循新发展理念，全面推进科技创新工程向纵深发展，大力实施乡村振兴科技支撑行动，优化调整全院学科体系、科研方向和创新路径，在基础和前沿领域取得一批具有前瞻性的原创成果，在核心关键技术领域产出更多有效满足国家重大需求的技术与产品，在产业创新上发展具有颠覆性引领性的关键核心技术，加快资源节约型、环境友好型、生态保育型等农业模式创新，推动科技与农业深度融合，大幅提升高端高质量科技供给，从根本上解决低水平重复、低端低效产出等问题，率先实现农业科技跨越发展。

三是示范带动国家农业科技创新体系建设。把深化体制机制改革作为着力点和突破口，深入推进国家农业科技创新联盟建设，让机构、人才、装置、资金、项目都充分活跃起来，形成推进科技创新发展的强大活力和巨大合力。继续完善政府支持、任务牵引、资源共享和评价激励的联盟运行机制，发挥联盟在推进乡村振兴战略实施中的重要作用，建立全国农业科技协同攻关新模式。围绕质量兴农、绿色发展等重大问题，实施一批重大协同创新任务。加大协同创新与技术集成转化力度，强化科技支撑与示范带动。要进一步深化与大学、企业与地方的战略合作，大力推进各项改革举措落到实处。要加强现代院所治理体系建设，进一步落实国家促进科技成果转化法，将科研成果归属依法赋权给科研单位和科技人员，鼓励多出成果、快出成果、出好成果，推动科技成果快速转化。建立科学分类评价机制，切实调动研究所和科技人员创新创业积极性。继续深化“放管服”改革，进一步推动国家创新创业、成果转化、收益分配等政策的落地见效，建立符合农业科研活动规律的科研院所管理制度。

四是快速全面提升创新条件与人才支撑能力。加强科技条件建设，积极谋划推动国家重点实验室和重大科学设施建设。充分发挥现有科研平台的集群优势，构建开放共享的运行机制，提升装置设备的使用效率和水平。组织开展高水平多学科交叉研究，在解决重大科学问题、产出重大创新成果中发挥国之利器的作用。加强人才队伍建设，全面落实院人才工作会议精神，以提升人才队伍质量、优化人才队伍结构为重点，建立有效的人才培养机制和引进机制，汇聚一大批高端科技人才。通过开展大科学项目合作研究、高层次人才培养的合作模式，培养造就一支具有国际影响力的战略科学家队伍。继续探索完善人才激励机制和措施办法，稳定高端人才，大力培养扶持中青年骨干人才，率先建成国家农业科技创新人才高地。

五是不断强化农业智库在国家决策中的核心力量。切实加强宏观战略和规划政策研究，建设好国家高端农业智库，开展发展战略和决策咨询研究，制定卓越2050国家农业科技发展规划纲要，认真做好国家重大农业科技任务和项目布局的前瞻研究与建议。围绕农业农村经济和农业科技发展重大问题，加强系列调研和专题研究，充分发挥中国农业科学院在理论创新、政策支持、舆论引导及社会服务等方面的作用，持续推出中国农业科学院在战略研究方面的品牌智库产品，形成一批重大战略咨询研究报告，提出一批重大政策建议，为国家“三农”决策发挥更加积极有效的权威性影响，率先建成国家高水平农业智库。

三、高举旗帜、担当作为，谱写催人奋进的农业科技新篇章

我们要按照中央要求，落实部党组部署，结合“不忘初心、牢记使命”主题教育的具体要求，重点做好以下5个方面工作。

一是以党的政治建设为统领，为我院新时代农业科技创新提供坚强保证。将党的政治建设摆在首位，始终旗帜鲜明讲政治，就是要始终坚持和加强党对农业科技创新事业的领导，坚决贯彻落实中共中央、国务院和部院党组关于“三农”工作的重要部署和决策安排，坚决维护以习近平同志为核心的党中央权威和集中统一领导。具体来讲，就是要深入学习领会习近平新时代中国特色社会主义思想，特别是习近平“三农”思想和科技创新思想，深入贯彻落实习近平总书记贺信精神，在发展定位、战略方向、研究计划、研究布局、人才队伍建设等方面，聚焦主战场、打好主动仗。当前，重点是要做好科技创新工程5年考核和全面推进期中期评估工作。要对标“三个面向”的目标要求，梳理研究所发展定位和科研团队研究方向。要综合评估科研团队的创新能力水平、科研产出水平和产业支撑能力，重点考核有没有取得重大科学突破、重大技术创新、重大产品应用，有没有对产业发展发挥引领主导的作用，有没有对现代农业建设作出显著贡献，有没有显著提升学科在国内外同领域的位势和影响力。要以此次考核评估为契机，看差距，抓谋划，优化创新模式，调整学科布局，聚焦重点创新方向，凝练重大任务选题。

二是着力提升组织力，持续打造推动农业科技创新的战斗堡垒。党的十九大对党的建设作出战略谋划和系统部署，把提升基层党组织组织力作为重大政治任务摆在全党面前。我们要突出政治功能，坚持目标导向和问题导向，全面加强基层党组织建设。要牢固树立“党的一切工作到支部”的鲜明导向，大力实施“红旗党支部创建行动”，院里已经印发了行动方案，各级党组织要主动落实，对准目标要求，积极承担直接教育党

员、管理党员、监督党员，以及组织群众、宣传群众、凝聚群众、服务群众的职责，努力成为党员成长的“大熔炉”、关爱党员的“大家庭”、凝聚群众的“吸铁石”和激活创新的“动力源”。要深化拓展“亮明党员身份 彰显榜样力量”和“院地支部共建 服务农村基层”主题实践活动，推动院所各级党组织特别是党支部深入农村一线、深入贫困地区开展支部结对共建、帮扶脱贫攻坚，推动广大党员干部在基层实践中增强党性、提升能力、改进作风。要加强党对群团工作的领导，推动群团组织增强政治性、先进性、群众性，开展一系列主题实践活动。

三是持之以恒正风肃纪，为农业科技创新事业提供作风保证。全面从严治党永远在路上，作风建设永远在路上。我们要把正风肃纪放到推进我院科技创新全局工作中谋划推进，坚定不移把全面从严治党引向深入。

要驰而不息纠正“四风”。全院各级领导干部，特别是院领导和所局级主要领导，要以坚如磐石的决心，坚决贯彻中央和部院党组关于进一步贯彻落实中央八项规定精神、加强作风建设的有关规定和实施办法，发挥“头雁效应”，以身作则、以上率下，层层带动。各单位党组织和纪检监察部门要把纪律挺在前面，充分运用好“四种形态”，敢于红脸出汗，敢于抓早抓小，敢于问责亮剑。要坚持全覆盖、零容忍、无禁区，重遏制、强高压、常震慑，对顶风违纪问题发现一起、查处一起、曝光一起，对造成严重后果和恶劣影响的，要“一案双查”，决不姑息、决不手软。要紧盯重要时间节点，密切关注形式主义、官僚主义的新动向新表现，加大专项治理力度，以钉钉子精神、持之以恒抓好八项规定精神落实，为科技创新营造良好的纪律和作风氛围。

要强化重点领域廉政监督。继续强化政治巡视，坚持问题导向，加大工作力度，创新工作机制，提高发现问题、解决问题的能力，发挥好显微镜和探照灯作用。要强化巡视成果运用，以问题促整改，以压力促动力，发挥好巡视利剑作用；继续深化五个领域专项整治，特别是要突出抓院所办企业清理整顿，党政一把手挂帅，强化主体责任落实，深查隐患漏洞抓整改，建立制度机制抓管理，盯住违规违纪抓查处，推进党风廉政建设全覆盖；继续加强科研经费和工程建设领域监管，加大财务专项检查和审计整改力度，完善内控机制建设，扎紧制度笼子。切实发挥“两个平台”作用，利用现代信息技术和大数据技术，强化风险预警，强化科学监督，提高监督质量和管理效率。

要加强经常性纪律教育。树立严管就是厚爱的意识，充分发挥先进典型的示范引领作用和反面典型的警示教育作用，采取深入科研一线宣讲、通报典型案例、编发案例汇编等多种形式，把纪律教育渗透到每一个基层党组织、每一个团队、每一名党员，引导党员干部知敬畏、存戒惧、守底线，习惯在受监督和约束的环境中工作。要以学习宣传贯彻中共中央办公厅、国务院办公厅《关于进一步加强科研诚信建设的若干意见》为契机，完善科研诚信管理工作机制和责任体系，加强科研活动全流程诚信管理，推进科研诚信制度化建设，营造诚实守信、勇于创新、风清气正的学术氛围和科研环境。

四是深入开展创新文化建设，为农业科技创新营造良好的人文环境和舆论氛围。习近平总书记指出，文化自信是一个国家、一个民族发展中更基本、更深沉、更持久的力量。我们开展创新文化建设，就是要倡导科学精神、优化创新环境，树立优良科研道德和学术风气，营造科学、民主、和谐、创新的文化氛围，为科研人员安心研究、施展才干创造良好环境。前不久，我们在牧医所召开了创新文化建设推进会，总结了我院近年来创新文化建设取得的积极成效，明确了深入开展创新文化建设的目标任务，对进一步做好相关工作进行了动员部署。全院各级党组织都要以创新文化建设为引领和抓手，采取实实在在的措施，把深化创新文化建设工作做实做好，力求实效。要加强理想信念教育，增强“四个意识”，坚定“四个自信”，自觉践行社会主义核心价值观。要凝炼核心价值体系，形成既继承和弘扬传统，又着眼于未来长远发展，既体现科研单位特点，又充分体现农业农村特色，既具有教育意义，又具有目标性和前瞻性的院所精神，贯穿于科技创新实践全过程。要坚决贯彻新时代全院发展战略，以人为本，真诚尊重人、细致关心人、充分信任人、全面发展人，营造民主平等、宽松和谐、激励创新的环境，营造鼓励原始创新、宽容失败的文化氛围。要推进制度文明建设，不断加强制度的制定、执行、监督、评价和修改完善，增强人人尊重和自觉执行制度的意识。要增强文化服务功能，充分发挥群团组织作用，用丰富多彩的文化活动和文化产品满足科研人员的精神文化生活需要，打造农科院人的精神文化家园。要加强科学文化传播，综合发挥各类传播资源作用，形成科学文化传播合力，通过媒体、讲座、展览等形式，系统全面地向社会展示我院创新成果，宣传创新人物，宣讲创新案例，宣传科学思想，倡导科学道德，弘扬科学精神。

五是持续加强自身建设，不断提升科技创新能力和科研管理能力。新时代农业科技创新使命艰巨，任重道远，我们既要仰望星空，满怀理想与激情，更要脚踏实地，不断提升自身素质，以一流的科技创新能力和卓越的科研管理能力，迎接各项挑战。要树立终身学习理念，持之以恒加强学习。1 000年前，科技进步曲线爬升得非常缓慢，要让世界的面貌焕然一新、截然不同，可能需要100年的时间。但是，到了20世纪，科学技术的进步开始加速，重大科技创新出现的周期缩短到20~30年。而进入21世纪，科技进步的曲线斜率越来越大，重大科技进步的周期缩短到5~7年。今天，科技进步的速度不断颠覆我们的记忆，不断改变我们的教育方式，不断挑战我们的生存能力。面对改变速度变得如此之快的现实，保持你傲立科技前沿的位势、保持你终身工作能力的唯一办法就是终身学习、即时学习。我们要在深入学习习近平新时代中国特色社会主义思想和党的十九大精神的基础上，拓展学习领域、丰富学习内容、优化知识结构，主动学习农业科技创新的最新成果，了解国际国内科技创新发展趋势，了解国家重大需求和现代农业发展需要，做到始终把握农业科技前沿，始终把握农业重大需求，不断增强推动农业科技创新的本领。

最后，我再强调一下加强管理工作。管理高效是建设世界一流学科、一流科研院所最重要的保障。一流院所的管理，就是要按照科技创新规律和现代农业发展特点，不断改革完善管理制度和评价体系，对资源进行合理配置，优化组织，协调控制，努力营造奋发向上的科研环境，提高整体运行效率，从而达到科研产出和成果转化的效率最大化。

为了提升院所治理现代化水平，2018 年我们部署开展了管理效益年活动，院里专门印发了指导意见。开展管理效益年活动，就是要通过优化院所决策管理、组织管理、运行管理和考核评价，重构工作流程，厘清工作职能，强化工作责任，使院所机关内部系统是合理的、协调的、高效的，使外部联系是畅通的、有利的、和谐的。要突出问题导向，每个研究所都要找准面临的主要问题、管理的薄弱环节，紧盯重点不放。要坚持开门搞活动，认真听取职工群众特别是科研人员的意见，结合履行职能职责，通过群众提、自己找、上级点、互相帮，深入查摆、认真梳理管理问题。要严肃整改落实，坚持一所一方案、一事一对策，逐条、逐项进行整改落实，不搞一刀切，避免走过场，确保取得实效。要坚持以上率下，切实发挥领导干部示范带动作用，对于活动中发现的问题，院、所、局的领导要主动担当、分析原因、拿出办法，放在心上、拿在手上、落在地上，重点要强化服务意识，改进工作作风，努力创造公开、透明、高效、优质的服务环境。要严格督促检查，院办要对各单位各部门查找的问题、制定的整改方案、增效台账，认真审核，严格把关，做到思想认识上不去的不放过，查摆问题不聚焦不具体的不放过，整改措施不到位的不放过，职工群众不满意的不放过。

同志们，科技创新能力从来没有像今天这样被摆在如此重要的战略地位之上，总书记用“形势逼人、挑战逼人、使命逼人”来总结目前中国科技面临的严峻挑战；科学技术发展被视作中国强盛和复兴的关键，总书记发出了建设世界科技强国的号令，中国科技发展面临着新的难得机遇。让我们紧密团结在以习近平同志为核心的党中央周围，不忘初心，牢记使命，迎接挑战，砥砺前行，为加快实现我院“两个一流”建设目标不懈奋斗，为加快我国农业现代化发展和建设世界科技强国作出新的更大的贡献。

以习近平总书记“三个面向”重要指示引领全院党员干部思想行动

——张合成书记在中国农业科学院党委书记纪委书记培训班上的讲话

2018年11月20日

同志们：

多年来，在中共中央国务院和农业农村部党组坚强领导下，中国农业科学院党组带领全院党员干部，全面落实从严治党要求，始终把党的政治建设摆在首位，认真抓好中央巡视整改落实，大力推进科技创新工程实施，积极推动农业科技创新联盟建设，启动实施乡村振兴科技支撑行动，主动投身科技扶贫攻坚战，组织实施“青年英才”计划，推动全院党的建设、干部人才队伍建设、现代院所建设等工作取得明显进步，为农业农村现代化作出重要贡献，也赢得了全院党员干部的充分信赖和高度评价。2017年，在中国农业科学院建院60周年之际，习近平总书记专门发来贺信做出“三个面向”的重要指示，李克强总理专门作出批示。今年8月1日，在中国农业科学院干部大会上，农业农村部韩长赋部长向全院干部职工提出坚持把政治建设摆在首位、坚持“三个面向”战略定位、牢固树立人才是第一资源等三点要求。按照韩部长的要求，院党组把落实习近平总书记“三个面向”的重要指示作为当前和今后一个时期的总方向、总目标、总任务、总要求、总抓手，系统安排了深入学习习近平总书记重要指示的系列理论研讨，突出部署了创新工程中期评估，全面部署了乡村振兴、脱贫攻坚行动和创新联盟建设，系统分析了巡视整改和全面从严治党落实情况，明确了院党组当前以政治建设为统领的五项重点工作，并决定举办全院党委书记和纪委书记培训班。所以，这次培训意义十分重大，时机十分重要。

这次培训的主要任务是深入学习贯彻习近平新时代中国特色社会主义思想和新修订的党章党规，深入学习贯彻新时代党的建设总要求和党的组织路线，全面贯彻落实习近平总书记贺信精神，全面部署我院党的工作总要求、总目标和总任务，全面提高“两委书记”的政治站位和履职能力，以更加进取的精神、更加务实的作风、更加有效的措施，加强党的领导，加强党的建设，推进全面从严治党，确保“三个面向”指示精神落地落实，确保创新工程、人才工程、创新联盟建设快见成效，确保乡村振兴科技支撑行动和脱贫攻坚工作取得实效。下面，我讲5点意见。

一、把党的政治建设摆在首位落到实处

政治建设是党的根本性建设，旗帜鲜明讲政治是我们党作为马克思主义政党的根本要求。我院各级党组织要坚定不移加强党的全面领导，以政治建设为统领，加强党的各项建设。

（一）切实发挥党组织把方向、管大局、保落实的重要作用

习近平总书记在十九大报告中指出“坚持党对一切工作的领导。党政军民学，东西南北中，党是领导一切的。”具体到农科院，就是要加强党对农业科研工作的领导。

一要深入学习领会习近平总书记关于加强党的领导和党的政治建设的重要论述。习近平总书记对加强党的领导和党的政治建设发表了一系列重要论述，我们要认真学习领会。习近平总书记在全国两院院士大会上强调：“我们要坚持和加强党对科技事业的领导，坚持正确政治方向，动员全党全国全社会万众一心为实现建设世界科技强国的目标而努力奋斗。”在对中央和国家机关推进党的政治建设重要指示中强调要求：“中央和国家机关首先是政治机关，必须旗帜鲜明讲政治，坚定不移加强党的全面领导，坚持不懈推进党的政治建设。”在全国组织工作会议上强调：“基层党组织组织能力强不强，抓重大任务落实是试金石，也是磨刀石。”这些论述都是我们做好工作的根本遵循。

二要坚决做到“两个维护”。深入学习贯彻习近平新时代中国特色社会主义思想和党的十九大精神，牢固树立“四个意识”，坚定“四个自信”，坚决维护习近平总书记党中央核心、全党核心地位，坚决维护党中央权威和集中统一领导，这是中央的要求。具体到我院，就是要坚决贯彻落实“三个面向”指示精神，确保党中央决策部署第一时间传达贯彻、久久为功、落到实处，确保部院党组工作部署第一时间迅速执行、见人见事见效。加强党的政治建设是具体的而不是抽象的，我院有的专家认为自己是自然科学家，不需要关心政治；有的同志认为自己不是党员，不需要讲政治；有的领导干部表态快、调门高、行动少；有的所长书记至今未到农业农村部和科技部等相关部委的对口司局对接过工作、认领过任务；有的研究所大局意识不强，没有全院一盘棋思想，只强调本所利益，忽视全院利益，无视兄弟所利益，如此等等，这些问题都需要全院党员干部认真思考，切实加以解决。

三要建立重大工作报告制度。按照中共中央有关规定，中央重大决策部署的落实情况要及时向上级党组织报告。创新工程是我院一号工程，也是中央和部党组赋予我院的重大任务，科研进展应该及时报告，这就需要建立研究所、科研团队重大成果和重要科研进展报告制度。诸如脱贫攻坚、乡村振兴、创新联盟等重大工作都要及时向院党组报告。这是政治任务，是工作制度，必须严格执行。

四要加强领导班子建设。所党委要确保所长负责制得到全面落实，切实发挥把方

向、管大局、保落实的重要作用。坚持集体领导、分工负责，重大事项会议决定。党委书记要支持所长依法行使职权，要讲团结，紧紧依靠党委班子，凝聚团队智慧，把党委建设成为“五个过硬”、朝气蓬勃、团结一心的领导集体。

五要加强党对群团工作的领导。支持群团组织依法依章程创造性开展工作，为科研创新凝聚力量。切实推动群团组织增强政治性、先进性、群众性，打牢高举旗帜、维护核心、紧跟党走的思想政治根基，围绕科技创新、乡村振兴、扶贫攻坚等重大任务，引导和激励广大干部职工立足岗位、建功立业。广泛开展群众性文体活动，切实增强干部群众的组织归属感和幸福感。加强党对统战工作的领导，利用多种渠道创造条件、搭建平台，培养和举荐党外人士，发挥他们的专业特长和优势。

六要把党的领导落实到科研团队。我院大部分研究所党支部设置与科研团队不匹配，联合建立支部的居多，党支部在科研工作的战斗堡垒作用不易有效发挥。要牢固树立一切工作到支部的鲜明导向，把支部建在科研团队，把党的领导落实到科研团队，坚持中心工作开展到哪里，党的建设就跟进到哪里，脱贫攻坚主战场在哪里，中国农业科学院专家团队就到哪里。要尽快实现一个科研团队设立一个党支部，支部书记由科研团队党员首席担任。

（二）创建具有农业科研特色的基层党建制度

党的基层组织是党在社会基层组织中的战斗堡垒，是党的全部工作和战斗力的基础。全院各级党组织要全面贯彻落实新时代党的建设总要求和党的组织路线，以提升组织力为重点，突出政治功能，不断加强和改进基层党的建设，推动基层党组织全面进步、全面过硬。

一要抓好“红旗党支部”创建。开展“红旗党支部”创建行动是我院加强基层党组织建设的重要抓手和重大举措，目前各单位还存在开展不平衡的问题。有的单位重视不够，推动不力、成效不明显；有的单位实施方案不具体、考核指标不明确、党支部和党员参与积极性不高。下一步，院所要共同努力，抓紧制定考评办法，细化实施方案，扎实开展创建工作，要把落实“三个面向”和推动中心工作作为重要考评指标，有效发挥“指挥棒”作用，鼓励科研人员持之以恒地开展基础性、公益性研究，勇攀科学高峰，鼓励引导支部带领科研团队走出实验室、走出研究所，走进乡村农户、走进田间地头，到农业主战场发挥作用，助力乡村振兴和脱贫攻坚。要积极挖掘凝练、推广普及典型案例和品牌支部工作法，加强示范引领带动，营造比学赶超的良好氛围。

二要严肃党的组织生活。中央专项巡视以来，我院各级党组织对组织生活重视程度有很大提升，但还没有形成思想自觉和行动自觉；虽然“三会一课”次数基本达到要求，但还存在（“四多四少”的问题）传达宣讲多，思想碰撞少；表扬肯定多，批评与自我批评少；讲别的单位问题多，说身边的问题少；就政治谈政治多，政治与业务结合少等问题。全院各级党组织要严肃党内政治生活，严格执行“三会一课”、民主生活会、组织生活会、谈心谈话、党员民主评议等基本制度，全面推行主题党日活动。要创新支部活动方式，支部学习要突出政治建设、创新强国、乡村振兴、脱贫攻坚、高质量发展、绿色发展等重大战略的专题学习，支部工作要聚焦“三个面向”、围绕中心工作，充分发挥党支部战斗堡垒作用和党员先锋模范作用，切实把党建工作优势转化为推动中心工作的成效。

三要加强党务工作部门建设。党务部门是党组、党委履行领导职责的参谋助手，首先是政治机关，必须素质过硬、本领高强，不能作为一般性部门和安置性岗位。各单位要按照有关规定和要求统筹设立党务、人事、纪检、监察等相关机构，选优配强党务干部，加强业务培训和锻炼培养，保持党务干部队伍活力，确保党建工作有人抓、有人干、能干好。

四要选拔培养优秀年轻干部。建立优秀年轻干部脱颖而出的选拔机制，培养一批50岁以下的正所级优秀年轻干部，45岁以下的副所级优秀年轻干部，35岁以下的处级优秀年轻干部，通过挂职扶贫、到院机关锻炼、轮岗交流、党校培训等，增强才干，锤炼党性，积累经验。实施好农科英才特殊支持政策，加强科研团队首席助理配备和接班人培养，培养一批45岁左右的团队首席，培养一批40岁左右的正高级人才，35岁左右的副高级人才，推动优秀青年人才脱颖而出。

二、学习好、领会好、践行好总书记“三个面向”指示精神

习近平总书记对我院提出的“三个面向”指示精神，是我院农业科技创新的总方向、总目标、总任务、总要求、总抓手，各级党组织要对标对表，在各项工作中贯彻落实。

（一）深刻学习领会“三个面向”精神实质

全院各级党组织和广大党员干部、科研人员要深入学习习近平总书记贺信精神，联系习近平总书记“三农”思想、科技创新思想等系列重要讲话和论述，将思想和行动统一到贯彻落实“三个面向”的要求和目标上来。

一要深化学习“三个面向”的指示精神。要深刻把握世界农业科技前沿、趋势和进展，深刻把握国家重大需求、核心关键技术和技术短板，深刻把握现代农业各经营主体的具体技术需求，进一步增强农业科研国家队的使命感、紧迫感和责任感。

二要系统学习习近平总书记“三农”思想。要牢牢把握“党管农村工作的传统不能丢”“农业农村优先发展”“中国人的饭碗任何时候都要牢牢端在自己手上”等习近平总书记系列讲话和“三农”思想精神实质，要深入学习理解“给农业插上科技的翅膀”等科技创新的重要论断，紧密联系实施乡村振兴战略、脱贫攻坚等党中央“三农”工作部署，不断拓展、丰富学习内涵。

三要联系院所实际，明确“三个面向”的学习目标。基于我院“建设世界一流学科和世界一流科研院所”发展目标，分析我们的差距和问题，细化落实习近平总书记对我院提出“三个面向”的具体要求，针对中国农业科学院要怎么做、研究所要怎么干、科研团队要做什么，进一步细化行动方案，落实到科研选题、经费、人才、平台、评价考核、激励机制等具体工作中。

（二）找出落实“三个面向”存在的问题

目前，我院学习贯彻落实“三个面向”指示要求仍存在“上热中温下凉”的现象，主要表现为“三不两没有”：一是不了解世界农业科技前沿。很多科技人员、甚至有一些团队的首席还没有弄清楚所在科研领域的世界前沿，不了解领先的水平、标准是什么，我们处在什么位置，距离前沿还有多远。二是不知道国家重大需求。很多科研团队没有抓住目前我国农业科技创新亟需解决的关键性问题、亟需攻克的关键性技术，没有紧扣住自己研究领域最基础、最突出、最“卡脖子”的重大产业科技问题。三是不清楚现代农业建设主战场。很多科研团队没有将自己的研究聚焦到国家政策部署的重点问题上来，没有将科研工作与我国当前关注推进的各项重点工作相结合，没有充分发挥我院农业科研国家队的服务作用。四是没有对世界一流学科和世界一流科研院所进行战略研究。很多研究所对本所学科领域和研究方向没有规划，没有创先争优的标杆，没有发愤图强榜样，在学科调整、研究所发展等方面缺乏“两个一流”建设的战略规划，对标对表流于表面。五是没有凝练目标成果。一些研究所、科研团队、科研人员只把发表论文、评职称、申报奖励等作为第一任务，科研目标存在“踩西瓜皮”的现象，滑到哪里是哪里，没有明确的科研成果目标，缺乏对研究进展和目标成果的统筹规划，没有制定时间表和路线图，科研创新的紧迫感和针对性不足。

（三）落实“三个面向”的四大措施

要统一思想认识，把落实“三个面向”作为全院最大的政治，落在每一个处室、每一个科研团队、每一项科技成果上，不能仅仅当作口号，落在口头，而要形成统一的行动，变成领导班子的行动、变成科研团队的行动、变成全体干部职工的行动，争取用2年左右的时间解决好“三不两没有”的问题。

一要请进来讲解。各研究所根据本所的科研领域，邀请相关领导和专家结合“三个面向”指示要求，围绕国家重大方针政策进行讲解，开展竞争力、综合实力、影响力研究分析，帮助科研团队调整科研方向，为研究所优化学科体系、把控研究方向、制定重大举措、统筹部署工作提供借鉴。

二要组织分学科研修。人事局牵头负责制定具体方案，分学科组织院内外相关领导、专家和团队首席针对本研究领域进行集中式研修，重点优化研究所学科体系，加强培育学科新增长点，明确团队首席对落实“三个面向”的具体责任，强化目标导向，提出重点任务，争取大项目、产出大成果。

三要做好新同志轮训。院所对新入职的同志，包括科研人员、行政管理、转化支撑等各人才队伍，除了要进行必要的院情所情培训之外，还要重点进行关于“三个面向”的培训，要将“三个面向”指示精神扎根在年轻干部的心中，强化落实“三个面向”的政治意识，不断激发人才创新创造活力。

四要逐团队梳理。要将创新工程三年中期评估和五年团队考核的结果通知到每个团队和团队个人，根据评估和考核结果对每个团队进行梳理，考核优秀的予以表扬和奖励，考核不合格的坚决撤销，评估不理想的要进行有针对性的整改。院所两级还要专门组织相关专家和管理人员，深入每个团队，面对面梳理每个团队的创新任务、创新目标和创新成果，为每个团队量身打造有针对性的创新时间表和路线图。各科研团队每年都要至少梳理出 1 项本团队的年度亮点工作或突出成果，向所里、院里汇报。

三、“三级书记”要保障创新工程快见实效

我院科技创新工程是获得国家稳定支持并具有明确使命和任务的农业科技工程，是全院贯彻落实习近平总书记贺信精神的重要抓手。从院党组书记、所党委书记到团队支部书记必须充分认识创新工程的重要性，下大力气解决考核评估中发现的问题，推动科技创新工程快见成效、快见实效。

（一）确保创新工程方向不偏离“三个面向”

落实“三个面向”战略方向是我院科技创新的根本遵循。这次创新工程考核评估发现，有的研究所学科方向设置与“三个面向”结合不紧密，与国家队的使命担当还有差距。有的科研团队我行我素、自娱自乐，研究任务脱离国家重大需求，更谈不上作出科研攻关的重点部署，很多研究所内部学科方向交叉重复的问题仍然不同程度存在。各研究所要突出 2018 版《学科简表》的基础性地位、标杆式作用、指令性功能，指导创新重点优化调整，引领科技资源优化配置，为研究所发展和科研团队建设提供方向指导。

（二）努力探索实施创新工程的新体制新机制

创新工程实施以来，我院在科研组织模式、经费支持模式、人才支持模式、协同攻关模式等方面进行了大胆改革探索，取得了很大成效，但还存在一些问题。有的研究所没有把创新工程作为撬动研究所改革发展的重要契机和抓手，面对矛盾问题选择性落实、绕道走，很多制度没有落到实处。比如，仍然存在因人设岗、团队退出机制虚设、

绩效考核结果运用不充分等问题。有的研究所领导班子和主要领导改革创新的魄力担当不足，实施创新工程的主动性和创造性不足，存在等靠要思想。因此，必须不断强化体制机制创新。院层面要进一步修订完善科技创新工程管理制度体系，加强督查落实力度。研究所要立足自身实际，深化制度机制创新，理顺科研团队与课题组和研究室的关系，切实落实首席科学家负责制，培育有情怀、有心胸、有能力的团队首席，加快首席后备人才和青年骨干人才培养引进，建立科技人员分类评价机制，打造方向合理、任务聚焦、结构优化、协同紧密的科研团队。

（三）确保创新工程经费产出高效

创新工程经费来之不易，提高经费使用效益是我们追求的目标。有些研究所创新工程经费仍然是按人头分钱，有的研究所将创新工程经费作为其他项目的补充，围绕重大科技成果培育主动统筹配置资源的意识缺乏。各研究所要高度重视、认真解决。要按照中办发〔2016〕50号和国发〔2018〕25号文件精神，尽快完善相关制度，简化优化审批流程，切实解决“放管服”落地“最后一公里”问题。要按照财权配合事权原则，科学合理编制科技发展规划和经费预算规划，引导科技资源优化配置，完善经费使用效益评估机制，确保创新工程经费用出效益。

（四）重大成果培育要有时间表

刚刚结束的创新工程考核评估发现，不少研究所和科研团队的科研任务不聚焦、科研产出不明确、科研成果小而散、碎片化突出。有些研究所缺乏顶层设计，将院里制定的研究所综合评价指标直接照搬分解到团队和科研人员，科研人员疲于“挣工分”，将大量时间精力花在了容易完成的指标上。以专利为例，有些专利对产业发展没有实质意义，更不可能转化应用，只是为了增加研究所评价的分数。对此，院里将持续加强重大科研产出选题凝练、定向支持、跟踪服务，加快培育一批革命性、颠覆性成果，显著提升创新能力和影响力。各研究所要制定具体的重大成果培育方案，凝练一批重大科学突破、重大技术创新、重大产品创制任务，加大全方位支持力度，加大科技进展宣传力度，积聚社会影响，力争短期内取得重大突破。

（五）共产党员在创新工程中要发挥先锋模范作用

全院党员要增强党员意识，牢记初心使命，立足工作实际，在科研工作中发挥先锋模范作用。要围绕院所发展目标及团队创新任务，立足科研团队建设和发展的实际，给自己定任务、压担子、树目标、做标杆。要在“三个面向”征程上冲锋在前，带头勇挑重担，带头攻坚克难，带头培育重大成果。要有团队意识，加强团结协作，强化协同创新，凝聚起推动创新工程发展的磅礴力量。

四、全院党员干部要踊跃投身乡村振兴和脱贫攻坚主战场

我院高度重视乡村振兴战略实施，谋划制定了《中国农业科学院乡村振兴科技支撑规划（2018—2035 年）》，包括实施乡村振兴政策创设行动、科技精准扶贫行动、乡村振兴示范县建设等十大行动，各有关单位要积极谋划、突出重点、主动作为。

（一）优先抓好乡村振兴科技支撑四大行动

一是开展乡村振兴示范县建设行动。发挥我院综合技术优势，联合省市农科院和地方政府开展乡村振兴示范县建设。2019 年在江苏东海县、江西婺源县、河南兰考县、四川邛崃市 4 个县（市）启动试点，每县由一个研究所牵头组织实施，其他相关所积极参与，重点开展战略研究与咨询服务，帮助编制发展规划，强化关键技术集成与示范应用，强化技术培训，将示范县打造成为国内领先的农业高新技术集聚园、先行先试试验田、绿色发展先行区，为全国乡村振兴战略实施提供我院的智慧和样板。

二是开展绿色提质增效技术集成转化行动。围绕国家粮食安全和重要农产品有效供给，在粮食生产功能区、重要农产品保护区、特色农产品优势区等地区重点开展水稻、玉米、小麦等主要粮棉油作物和奶牛、羊等 16 个产业的绿色发展技术集成与转化应用，每个产业由一个牵头研究所为主，其他相关研究所积极参与，实行首席专家负责制，强化责任落实，纳入研究所年度考核评价和创新工程绩效评价体系。通过协同攻关，突破一批“卡脖子”的产业发展核心关键技术、推广一批节本增效降耗的先进适用技术、集成一批可复制可推广的全产业链综合技术模式，为我国粮食安全和乡村振兴提供技术支撑和模式储备。

三是开展农业绿色投入品创制行动。按照“一控两减三基本”的要求，围绕乡村生态振兴重大需求，研发一批环保高效的肥料、农药、饲料及添加剂、疫苗及诊断制剂、兽药和地膜等新型产品，突破农业生产中资源环境和质量安全等方面的瓶颈问题，创制一批节能智能的栽培、养殖、植保、收获、加工等机械装备，为农业绿色发展和农村人居环境改善提供基础保障。

四是开展“一懂两爱”农业科技队伍建设行动。围绕乡村振兴人才振兴需求，重点强化农业科技人才队伍建设，创新青年人才培养方式，丰富农业人才培训模式，壮大科技成果转化人才、技术转移人才、科技推广人才、产业经营人才、新型农民和农业农村实用人才等队伍。制定加强转化人才队伍建设的指导意见，探索设立农业科技成果推广奖，设立“一懂两爱”农业人才培训专项，开展“授渔脱贫培训专项”“联盟科技人才培训专项”等专题培训。

（二）重点落实脱贫攻坚四大任务

要从政治和战略高度充分认识脱贫攻坚的重要性、必要性、紧迫性，在脱贫攻坚中体现出国家队的使命担当，按照中共中央、国务院有关部署和《中国农业科学院党组深入推进科技扶贫工作的意见》，建立和完善组织领导机构，明确责任分工，落实工作任务。

一要做好重点贫困县的脱贫攻坚工作。按照我院科技扶贫工作三年实施方案，针对环京津地区的阜平、秦巴山区的安康、武陵山区的恩施、大兴安岭片区以及“三区三州”深度贫困地区深入开展结对帮扶。2019 年重点实施阜平县、紫阳县、桦川县、临潭县的科技帮扶，每县的帮扶工作由一个研究所牵头，联合院内其他相关研究所开展协同攻关，突破一批制约现代农业产业发展的技术瓶颈，示范一批先进适用成果，帮助引进一批龙头企业，扶持建立一批特色产业，培训一批脱贫致富带头人。

二要抓好“三区三州”团队对口帮扶。按照“脱贫攻坚主战场在哪里，中国农业科学院专家团队就到哪里”的行动方针，鼓励引导专家团队走出实验室、走出大院大所，走到田间地头，进村入户，深入到新疆、西藏及四省藏区等“三区三州”深度贫困地区开展帮扶，从生产实践中发现问题、解决问题，帮助发展特色产业，开展技术服务，提高经济发展水平，带动农牧民脱贫致富。

三要强化人才和智力帮扶。各单位要在对口帮扶县选派挂职干部，形成科技帮扶的“桥梁”与“纽带”，为专业帮扶团队服务，帮助地方政府做好战略咨询、发展谋划和科技规划。依托院培训中心，开展对口帮扶地区管理和技术人员培训，提升贫困地区管理干部的综合素质和视野，提高战略谋划能力。

四要抓好支部结对帮扶工作。要深入开展“支部结对帮扶、助力脱贫攻坚”行动，所党委主要负责同志要亲自推动、亲自协调，支部要主动参与、积极参战，党员要冲锋在前、勇于担当，确保每个科研支部都能结对帮扶一个贫困村，加强产业指导、技术援助、人员培训、主体培育和营销帮扶等，帮助结对帮扶村发展壮大特色产业。

（三）夯实国家农业科技创新联盟

创新联盟是我院作为农业科研国家队带动全国农业科技整体跃升的重要平台，更是实施乡村振兴科技支撑行动的重要抓手，对于解决我国农业科技资源配置碎片化、科研交叉重复等问题意义重大。

一要确保联盟工作向主产区聚焦。联盟的目标是解决产业发展的共性技术问题和重大关键问题，要求联盟必须结合农业农村部“三区三园”工作，集中各类资源向重点产区和典型生态区聚焦发力，“联盟总部”必须设在主产区，棉花联盟围绕新疆主产区开展协同作战就是一个很好的例子。现在很多联盟还没有明确的重点攻关区域，眉毛胡子一把抓，重复以往传统科研“撒胡椒面”的现象，要彻底改变。

二要有效激发企业主体参与积极性。联盟成立的宗旨之一就是通过机制创新解决科技与产业、科研与生产“两张皮”的问题。目前，联盟的企业参与度远远不够，各主体的创新积极性远没有发挥出来，更谈不上产学研融合，今后要有意识地加强，通过培育科技企业创新能力来推动科技和产业的深入融合，真正实现农业科技从“研学产”转向“产学研”。

三要完善共建共享的创新机制。目前，作科所的大型仪器共享和信息所的文献科技信息共享模式得到了联盟成员的认可，各个专业联盟、区域联盟都要扩大开放共享程度，建立起基地、人才、技术、成果、信息全方位的科技资源共建共享新机制，真正实现各类资源有效配置。

四要发挥联盟区域错位发展优势。各联盟要明确自身定位，充分厘清联盟与产业技术体系、学会和协会之间的关系和界限，形成自身发展特色，实现联盟错位发展。要尽快解决整个产业链条上各主体利益联结、各环节技术衔接的问题，联盟内部各成员间也要明确分工，摆正位置、找准特色、发挥优势，避免同质化竞争。

五、全力营造纪律严明环境宽松的创新氛围

各所党委纪委要认真履行全面从严治党政治责任，严明纪律、宽松环境、改进方法，为科技创新提供有力保证。

（一）坚持信任不能代替监督

习近平总书记强调，“信任不能代替监督”“建立以信任为前提的机制”。信任不能代替监督，这体现的是全面从严治党的原则和态度，必须认真坚持，毫不含糊。我们要建立完善以信任为前提的科研管理机制，体现了以习近平同志为核心的中共中央对科技人员的关切，是充分释放创新创造活力的要求，必须坚决落实。信任是前提，监督是保证，严管是厚爱，二者是辩证的统一。在监督执纪实践中，要结合农业科研单位的实际，把握“宽与严”的界限。我认为应该是“四严四宽”：“私要严、公要宽，关键少数要严、专家学者要宽，作风建设要严、学术氛围要宽，重点人重点事上要严、一般性科研探索要宽”。构建宽严相济、信任激励与监督保障相统一的机制，这里要强调的是，推动“放管服”落实与严明纪律要一体推进，对违反政治纪律政治规矩、违反中央八项规定精神等逾越底线、触碰红线的问题要坚决处理；要对学术不端、师德失范、假公济私三类行为零容忍。

（二）坚持不懈地严明纪律

一要突出纪律教育。要建立纪律红线手册，使科研人员明底线、知界限，给科研人员系好安全带，当好安全员；要加强违纪案例通报，编辑《典型案例》，用身边事教育身边人；要充分运用“四种形态”，特别是用好“第一种形态”，采取提醒谈话、诫勉谈话、廉政约谈、组织处理等多种方式咬耳扯袖、红脸出汗，抓早抓小，防于未病。

二要加强重点领域监督。要突出科研单位监督重点，重点关注“三个面向”落实、中共中央八项规定精神执行、“四风”问题、科研经费使用、院所办企业、试验基地、期刊、网站安全、社团（学会协会）、外事、房屋出租出借、基建安全12个方面的问题，加强日常监督，确保全面从严治党全覆盖、无禁区、零容忍。

三要严管学术不端和师德失范问题。加强正面引导，强化科研人员严守科研诚信和学术道德规范、广大导师以德立身和以德立学的自觉性和主动性；重点聚焦学术造假、抄袭剽窃、篡改侵吞他人学术成果、师德失范等行为，发现一起严肃查处一起。根据情节严重程度。除给予批评教育、诫勉谈话、责令检查、通报批评、党纪处分外，还要在项目申报、评奖评优、职务晋升、职称评定、年度考核、招生资格等方面实行“一票否决”。

四要把巡视整改作为“四个意识”的试金石。各单位党委要把巡视整改作为落实主体责任的政治担当，对巡视反馈的问题要逐条分析，确保“件件有着落，条条要整改”。要透过业务看政治，着力检查“三个面向”要求是不是落实到位，创新工程、创新联盟、乡村振兴科技支撑行动是不是有效开展，确保推动整改落到实处。

（三）营造潜心科研的宽松环境

一要减少繁文缛节，给科研人员松绑。要完善科技评价程序，优化科研项目管理，避免多头重复检查；简化财务报销环节签字审批手续，优化科研项目预算制定，简化科研仪器设备采购和处置程序；推动外事审批信息化建设，优化科研人员出国审批流程。院纪检组和各单位纪委要把督促“放管服”政策落地作为重要政治任务，组织专项督查，推动我院即将下发的《关于进一步落实“放管服”政策的方案》落实，对落实工作不力的单位和领导要严肃问责。

二要摒弃“四唯”倾向。各部门和研究所要对人才项目、学科评估、团队考核、绩效激励进行梳理，清理涉及“唯论文、唯职称、唯学历、唯奖项”的做法。树立正确的评价导向，转变对论文、品种、产品等简单量化的做法，突出品德、能力、业绩、质量导向，对拥有各级各类“帽子”的人才和达到同等业绩贡献的人才一视同仁，做到既看“帽子”又看“里子”。

三要为干事创业的干部撑腰鼓劲。建立容错纠错机制，准确把握“三个区分开来”，明辨“公”与“私”，分清“无心”与“有意”，严格划分“失误”与“违纪”的界线，鼓励创新、允许失误、宽容失败、尽职免责，为敢担当的干部担当，为敢负责的干部负责，形成干事创业的良好风尚。

四要学术活动要多、学术气氛要浓。良好的学术环境和学术风气是一个研究所创新实力的重要体现。要组织形式多样的学术活动，形成促进思想碰撞、激发创新灵感、营造学术争鸣的良好氛围。防止学术活动行政化、学术交流一言堂、团队首席像首长，院所机关是衙门。

（四）落实教育监督的责任机制

一要压紧压实党委主体责任。党委的主体责任是推动全面从严治党工作的“牛鼻子”。党组织主要负责人要进一步强化责任担当，履行好第一责任人职责，层层传导压力，同步部署检查教育监督职责落实情况，坚决防止“上热中温下凉”。要认真落实问责制度，对履职尽责不到位造成严重后果的，严肃问责，倒逼责任落实。

二要强化研究所纪委履职尽责。目前，院里设有纪检组、监察局、纪委、审计处，人事局负责干部监督，科技局负责科研道德监管，研究生院负责导师师德管理，还有巡视组。监督各自组织，信息各自记录，同一个人的违规信息记录在多个部门，难以做到联合惩戒。“上面八条线，下面一根针”。如何实现有效、高效、精准监管？下一步，首先院里要形成合力，研究所党委纪委要尽快做到监督上统筹谋划，工作上一盘棋推进。要选拔政治素质高、业务能力强、敢担当、善作为的干部担任纪委书记，强化述职考核，激发纪委书记的工作激情和工作活力。要积极探索对党外干部职工监察全覆盖的组织方式。

三要发挥纪检小组教育监督作用。党支部要成立纪检小组，把教育监督的触角延伸到每个团队和每位科研人员身边，加强纪检小组成员的能力建设，使纪检小组在教育、监督上发挥主力军作用，当好科研人员的纪律宣传员、政治安全员。

结　语

同志们，以习近平总书记“三个面向”重要指示引领全院党员干部的思想行动，是院党组作出的庄严承诺。让我们更加紧密团结在以习近平同志为核心的党中央周围，始终坚持把党的政治建设摆在首位，把握新时代新要求，激励新担当新作为，扎实落实“三个面向”指示要求，大力推进创新工程、人才工程和创新联盟建设，不忘初心，锐意进取，勇攀高峰，率先跨越，为全面支撑乡村振兴、脱贫攻坚和农业农村现代化作出新的更大贡献。

中国农业科学院
“红旗党支部”创建行动方案

为深入学习贯彻习近平新时代中国特色社会主义思想和党的十九大精神，贯彻落实习近平总书记致我院建院60周年贺信精神，坚持和加强党的全面领导，推动全面从严治党向纵深发展，牢固树立党的一切工作到支部的鲜明导向，切实发挥基层党组织的重要基础作用，为深入推进科技创新工程、实施乡村振兴科技支撑行动提供坚强保证，特制定本方案。

一、总体思路

贯彻落实新时代党的建设总要求，结合开展“不忘初心、牢记使命”主题教育，组织开展“红旗党支部”创建行动，全面加强我院基层组织建设，授予符合新时代基层党组织建设要求的党支部“红旗党支部”荣誉称号。以提升组织力为重点，突出政治功能，聚焦党支部履行直接教育党员、管理党员、监督党员和组织群众、宣传群众、凝聚群众、服务群众职责，彻底打通基层党建“最后一公里”，有效推动基层党组织成为“宣传党的主张、贯彻党的决定、领导基层治理、团结动员群众、推动改革发展”的坚强战斗堡垒。

二、工作原则

（一）坚持突出重点

坚持把党的政治建设摆在首位、落到基层，着力提升基层党组织的政治领导力，充分发挥好党的政治优势，把党的全面领导落实到我院基层党组织。

（二）坚持任务导向

围绕党的十九大对基层组织建设的新部署、新要求，明确创建任务，全面提升基层党组织组织力，持续用力，久久为功，使党的基层基础更加牢固。

（三）坚持分类指导

结合农业科研单位实际和科研工作特点，对科研、管理、离退休、学生、学会协会、企业等不同类型基层党组织加强分类指导，形成我院党建工作全面发展新局面。

（四）坚持统筹兼顾

要把“红旗党支部”创建行动与开展“不忘初心、牢记使命”主题教育、推进“两学一做”学习教育常态化制度化结合起来，统筹推进，形成工作合力。

三、目标任务

主要目标：围绕“三个面向”“两个一流”和“整体跃升”要求，着力落实新时代加强基层党组织建设新部署，着力解决党支部建设存在的突出问题，着力提升我院基层党组织组织力（政治领导力、思想引领力、组织覆盖力、群众号召力、创新促进力、发展推动力），努力把我院基层党组织建设成为“宣传党的主张、贯彻党的决定、领导基层治理、团结动员群众、推动改革发展”的坚强战斗堡垒。

主要任务：以提升组织力为重点，突出政治功能，有效对接科技创新工程和乡村振兴科技支撑行动。提升政治领导力，发挥党组织把握方向、参与决策、监督保障的重要作用；提升思想引领力，坚持用党的创新理论武装头脑，坚定党员理想信念宗旨；提升组织覆盖力，优化、扩大基层党组织覆盖面，推动党的组织和党的工作全面覆盖；提升群众号召力，用共同的价值追求凝聚广泛共识、汇聚磅礴力量；提升创新促进力，围绕创新、服务创新、促进创新；提升发展推动力，推动改革发展、推动“两个一流”建设和“整体跃升”。

——**加强政治建设。**引导全院党支部旗帜鲜明讲政治，把握政治方向、政治立场、政治大局，提高政治站位，坚决维护以习近平同志为核心的中共中央权威和集中统一领导，坚决贯彻中共中央、国务院关于“三农”问题的重大方针、政策，坚决执行部、院党组各项决策部署，坚决防止和纠正自行其是、各自为政，有令不行、有禁不止，上有政策、下有对策等现象和行为。

——**强化理论武装。**深入学习领会习近平新时代中国特色社会主义思想，用党的创新理论武装头脑、指导实践、推动工作。持续推进“两学一做”学习教育常态化制度化，抓实抓好党支部集中学习教育和经常性学习教育，紧密结合农业科研工作实际，创新学习形式、方法手段，增强学习的时代性、针对性和实效性。

——**优化组织设置。**按照符合党章规定、遵循科研规律、便于开展工作的原则，继续推进支部建在创新团队、研究室（中心）、职能处室等业务单元上，对学会协会功能型党组织、企业党支部进行调整优化，在我院普遍建成“规模适度、政治过硬、战斗力强”的党支部，不断提升支部的战斗力和凝聚力。坚持做到科研业务工作开展到哪里，党建工作就跟进到哪里，实现党的组织和党的工作全覆盖。

——**配强支部班子**。选优配强党支部班子特别是党支部书记，继续推进由团队首席（科研骨干）或业务部门负责人中的党员担任支部书记，履行第一责任人职责。遴选“政治合格、作风过硬、党员群众信任”的党员担任支部委员，履行“一岗双责”，发挥支部委员的表率作用。支委会坚持民主集中制原则，形成一个优势互补、敢于担当、团结奋进、开拓进取的坚强集体，把支部建设成为凝聚党员、群众的“吸铁石”。

——**严肃组织生活**。充分发挥党支部的主体作用，强化党支部的自我约束力，监督、指导各党支部严格执行《关于新形势下党内政治生活的若干准则》，严格落实好“三会一课”制度，坚持好经常性谈心谈话制度、民主评议党员制度，组织开展主题党日活动，着力增强党内政治生活的政治性、时代性、原则性、战斗性，坚决防止和杜绝随意化、平淡化、娱乐化和庸俗化，把支部建设成为党员成长的“大熔炉”。

——**创新活动方式**。鼓励、引导各党支部创造性地开展工作，探索支部建设的新思路，充分利用支部工作 App、“两微一端”等灵活、便捷的学习载体，创新理论学习的形式；通过项目化运作、轮值化主持等方式，创新组织生活的方式；通过院地共建支部等工作，创新服务“三农”的途径，逐步实现“一支部一工作法”，进一步提升党支部工作的吸引力和凝聚力。

——**培育创新文化**。大力开展创新文化建设，培育和践行社会主义核心价值观，传承和弘扬农科精神，营造崇尚创新、宽容失败的良好氛围，不断激发党支部内在动力，增强创新活力。加强创新团队学风建设，引导党员群众自觉培养高尚科研和职业道德情操，抵制学术不端行为。通过营造良好的文化氛围，把支部建设成为关爱党员、群众的“大家庭”。

——**促进中心工作**。围绕我院“三个面向”“两个一流”和“整体跃升”要求，深入探索科研院所党建工作规律，发挥党支部推动发展的重要作用，将基层党组织的组织资源转化为推动发展资源、组织优势转化为推动发展优势、组织活力转化为推动发展活力，把党员群众智慧和力量凝聚到科技创新、服务“三农”事业上来，把支部建设成为激活创新的“动力源”，促进科研、业务等各项中心工作取得显著成效。

四、工作重点

（一）推广示范支部工作法

总结提炼我院党支部工作的好经验好做法，阐明工作的主要目标、基本理念和工作思路，形成一批具有创造性、操作性、示范性的支部工作法，提升对农业科研院所基层党建工作规律性认识，为全院基层党组织建成坚强战斗堡垒提供理论指导、实践引领、方法供给和典型样板。

（二）打造党员教育实践基地

充分利用院所试验基地（台站），选定一批党员教育实践基地。努力将这些基地打造成为加强党性锻炼的重要场所，培养党员意识的重要阵地，学习党的知识的重要课堂，教育党员不忘科技报国的初心，担当起科技支撑乡村振兴战略的历史使命。

（三）培育优秀党支部书记

在创建行动中坚持选优配强党支部书记，将支部书记纳入干部队伍建设和管理。通过工作指导、业务培训、经验交流、典型引领等多种形式，不断增强支部书记的政治意识、责任意识，提升学习本领、组织本领和服务本领，培育一批“政治过硬、本领高强、党员群众满意”的党支部书记。

（四）完善党支部工作制度

贯彻落实新时代党的建设总要求，坚持思想建党和制度治党同向发力，结合院所实际，围绕加强基层党组织政治建设、党支部工作和党员教育管理工作等，适时制定务实管用的相关工作制度，切实增强制度的系统性、整体性和协调性。

五、保障措施

（一）加强组织领导

我院“红旗党支部”创建行动在院党组领导下，由院党建工作领导小组组织实施，院党建工作领导小组办公室（直属机关党委）具体落实，定期对开展“红旗党支部”创建行动进行安排部署和检查考核。各单位党组织结合实际成立相应的组织领导机构，明确职责任务。

（二）强化工作落实

各级党组织要站在全面从严治党的高度，将“红旗党支部”创建行动纳入党建工作整体部署，作为开展“不忘初心、牢记使命”主题教育和持续推进“两学一做”学习教育常态化制度化的创新举措，制定工作方案，抓好工作落实。要充分调动和激发基层党组织和党员群众的积极性，坚持问题导向、抓住关键环节，持续用力、久久为功，切实打牢党的基层基础。

（三）做好考核评价

将依据“红旗党支部”创建标准（附件），结合年底基层党支部述职评议考核，在各单位定量自评基础上，院党建工作领导小组组织评定。每年“七一”前夕，评选表彰一批优秀“红旗党支部”。

（四）营造良好氛围

通过院网、机关党委网站、院报等多种媒体广泛宣传涌现出来的“红旗党支部”先进事迹或支部工作法，注重先进典型的经验推广，充分调动党员参与创建工作的积极性，营造抓好党支部建设的浓厚氛围。

附件：中国农业科学院“红旗党支部”创建标准

附件

中国农业科学院
“红旗党支部”创建标准

一、支部设置科学合理

支部建在创新团队、研究室（中心）、职能处室等业务单元上，做到科研业务工作开展到哪里，党建工作就跟进到哪里。支部规模适度，便于开展工作。按期进行换届选举。

二、支部班子坚强有力

支部书记由团队首席（科研骨干）或业务部门负责人中的党员担任；支部书记履行第一责任人职责，支部委员履行“一岗双责”；支委会议事坚持民主集中制原则。

三、支部职责履行到位

坚决维护以习近平同志为核心的党中央权威和集中统一领导，坚决贯彻上级党组织各项决策部署，坚持用习近平新时代中国特色社会主义思想武装头脑、指导实践、推动工作，严格落实教育党员、管理党员、监督党员和组织群众、宣传群众、凝聚群众、服务群众职责。

四、组织生活严肃认真

严格执行《关于新形势下党内政治生活的若干准则》，严格落实“三会一课”、谈心谈话、民主评议党员等组织生活制度，组织开展支部主题党日活动。《党支部工作手册》记录规范、内容翔实。

五、支部活动方式创新

创新学习教育方式方法，能够充分利用支部工作 App、“两微一端”等新媒体开展灵活有效的理论学习和思想教育；创新主题实践活动方式方法，主题党日活动形式新颖，能够采取支部共建、亮明党员身份等载体强化党员党性锻炼。

六、支部工作成效显著

党建工作规范化、科学化水平明显提升，党的建设质量不断提高；党建工作有力促进中心工作，科研业务工作成绩突出。

中共中国农业科学院党组
关于深入学习贯彻习近平总书记在
两院院士大会上重要讲话精神的通知

院属各单位、院机关各部门：

5 月 28 日，中国科学院第十九次院士大会、中国工程院第十四次院士大会隆重召开，习近平总书记在会上发表了重要讲话。作为农业科技创新的国家队，认真学习贯彻习近平总书记在院士大会上的重要讲话精神，是我院当前和今后一个时期的一项重要政治任务。现就做好我院学习贯彻习近平总书记重要讲话精神通知如下。

一、统一思想，充分认识学习贯彻习近平总书记重要讲话精神的重大意义

中国科学院第十九次院士大会、中国工程院第十四次院士大会，是党的十九大后我国科技界召开的一次盛会。习近平总书记在“两会”上发表的重要讲话，站在党和国家事业发展的战略全局，高度概括党的十八大以来我国科技事业的历史性变革与成就，准确把握科技创新与发展大势，深刻分析我国科技发展面临的形势与任务，对实现建设世界科技强国的目标作出了重大部署、提出了明确要求。这一重要讲话对于鼓舞广大科技工作者勇做新时代科技创新排头兵，动员全党全国全社会为实现建设世界科技强国的目标而努力奋斗，具有重大现实意义和深远历史意义。

认真学习贯彻习近平总书记重要讲话精神，对于动员和鼓舞全国广大科技工作者更加紧密地团结在以习近平同志为核心的党中央周围，坚定信心，攻坚克难，不辱使命，不负重托，不断增强科技实力和创新能力，实现建设世界科技强国的奋斗目标，具有十分重要的意义。

把习近平总书记在院士大会上的重要讲话精神学习好、贯彻好，与我院深入学习贯彻习近平总书记致建院 60 周年贺信精神一脉相承，全院各单位各部门要按照 5 月 26 日中央政治局委员、国务院副总理胡春华到我院调研农业科技工作时强调的，要深入学习贯彻习近平总书记关于农业科技创新的一系列重要指示精神，按照中共中央、国务院决策部署，坚持把农业科技创新摆到农业农村发展的核心位置，进一步完善政策举措，加大支持力度，加快提升农业科技进步和创新水平，为我国由农业大国走向农业强国提供坚实科技支撑。

全院广大党员干部和干部职工要深入学习贯彻好习近平总书记在院士大会上的重要

讲话精神，把思想和行动统一到讲话精神上来，把智慧和力量凝聚到实现习近平总书记致我院贺信精神确定的各项任务要求上来，坚持问题导向，找准创新方向，充分发挥“领头羊”作用，加快“两个一流”建设，推动我国农业科技整体跃升，为实施乡村振兴战略，加快农业农村现代化，实现“两个一百年”奋斗目标，实现中华民族伟大复兴的中国梦作出新的更大贡献。

二、深入学习，深刻领会，全面把握习近平总书记重要讲话精神实质

全院各单位各部门要加强组织领导，结合实际制定切实可行的学习贯彻方案，把集中学习和个人自学结合起来，把通读讲话全文和专题学习研讨结合起来；要创新载体，丰富形式，采取中心组集体学、专家辅导学、研讨交流学等形式，利用院所网站、宣传展板、组织学习征文活动等平台，增强学习贯彻的针对性和时效性；院所局级领导干部要带头学习，充分发挥模范带头作用。院属各单位、院机关各部门要在年底前组织一次专题学习会。

学习贯彻习近平总书记院士大会重要讲话精神，要重点学习领会习近平总书记在院士大会上的讲话全文和人民日报的评论文章，切实把思想和行动统一到讲话精神上来。

一要准确理解和把握党的十八大以来，我们总结我国科技事业发展实践，观察大势，谋划全局，深化改革，全面发力，推动我国科技事业发生的历史性变革、取得的历史性成就。深刻认识我国科技事业之所以发生历史性变革、取得历史性成就，关键就在于以习近平同志为核心的党中央观察大势，谋划全局，深化改革，全面发力，坚持党对科技事业的领导，为我国科技事业发展提供了坚强政治保证。

二要准确理解和把握进入21世纪以来，全球科技创新面临的形势和当前我国科技领域仍然存在一些亟待解决的突出问题。特别是与党的十九大提出的新任务新要求相比，我国科技在视野格局、创新能力、资源配置、体制政策等方面存在诸多不适应的地方。要深刻认识“中国要强盛、要复兴，就一定要大力发展科学技术，努力成为世界主要科学中心和创新高地”“我们比历史上任何时期都更接近中华民族伟大复兴的目标，我们比历史上任何时期都更需要建设世界科技强国”这些重大关键判断。

三要准确理解和把握世界新一轮科技革命和产业变革同我国转变发展方式的历史性交汇期，我们既面临着千载难逢的历史机遇，又面临着差距拉大的严峻挑战。我国广大科技工作者要把握大势、抢占先机，直面问题、迎难而上，瞄准世界科技前沿，引领科技发展方向，肩负起历史赋予的重任，勇做新时代科技创新的排头兵。第一，要深刻学习领会“六个坚持”“五个着力”的宝贵经验，这是在新的实践中赢得优势、开创未来的根本保证，也是未来科技事业发展的重要抓手。第二，要充分认识创新是引领发展的第一动力，是建设现代化经济体系的战略支撑。只有推动科技创新和经济社会发展深度融合，才能使创新成为经济发展的强大引擎。第三，要增强自主创新能力，最重要的是

坚定不移走中国特色自主创新道路，坚持自主创新、重点跨越、支撑发展、引领未来的方针，加快创新型国家建设步伐。第四，要全面深化科技体制改革，提升创新体系效能，着力激发创新活力。坚持科技创新和制度创新“双轮驱动”，优化和强化技术创新体系顶层设计，激发广大科研人员的创新激情和活力，培育一批核心技术能力突出、集成创新能力强的创新型领军团队。第五，要深度参与全球科技治理，贡献中国智慧，着力推动构建人类命运共同体，要深化国际科技交流合作，在更高起点上推进自主创新。第六，要牢固确立人才引领发展的战略地位，全面聚集人才，着力夯实创新发展人才基础。要创新人才评价机制，改变不合时宜的人才评价标准，营造良好创新环境。

三、坚决落实习近平总书记重要讲话精神和贺信精神要求，加快推进“两个一流”建设

习近平总书记的重要讲话是新时代建设世界科技强国的动员令，为推进我国科技事业和人才发展指明了前进方向、提供了根本遵循。全院广大干部职工和科技工作者要牢记习近平总书记的殷殷嘱托，紧紧围绕面向国家重大战略需求，面向世界农业科技前沿，面向现代农业建设主战场，带动农业科技创新整体提升。

一要勇于攻坚克难，矢志不渝坚持自主创新，全面推进科技创新工程向纵深发展，大力实施乡村振兴科技支撑行动，加快优化调整学科布局，大力推动重大平台建设，抢占科技竞争和未来发展制高点，努力实现农业领域关键核心技术自主可控，把创新主动权、发展主动权牢牢掌握在自己手中。

二要深化科技体制改革，坚持科技创新和制度创新“双轮驱动”，深入推进国家农业科技创新联盟建设，探索农业科技协同攻关和转化应用的重大机制创新，实施一批重大协同创新任务，更好的发挥联盟引导性、系统性、整体性的综合创新优势和解决“三农”重大问题的独特作用。

三要深入推进人才发展体制机制改革，牢固确立人才引领发展的战略地位，全面聚集人才，着力夯实创新发展人才基础。要围绕全院中心工作进一步加强人才队伍建设，完善人才培养、评价、流动、激励等制度机制，切实解决唯论文、唯职称、唯学历等问题。今年再组织召开一次人才工作交流会，进一步研究抓好人才队伍建设的措施和办法。

四要强化现代农业科研院所机制创新，进一步落实国家促进科技成果转化法，继续深化科技领域“放管服”改革力度，把人的创造性活动从不合理的经费管理、人才评价等体制中解放出来，推动国家创新创业、成果转化、收益分配等政策落地见效。组织开展好管理效益年活动，探索建立一套适合农业科研单位特点的科技管理体系。

五要着力提升院所国际化水平，要坚持以全球视野谋划和推动科技创新，高效谋划国际化布局，逐步推进对发达国家（欧美国家）与国际组织共建联合实验室、开展大科学项目合作研究、高层次人才培养的合作模式；落实“走出去”战略和国家“一带

一路”倡议，对发展中大国（如金砖国家）深化科技伙伴关系、开展技术示范中心建设和联合项目对接的合作模式；对欠发达国家开展技术集成示范、成果转让、能力培训的合作模式，形成高低有秩、层次合理的国际合作新格局。

六要进一步加强党的建设，要坚持和加强党对科技事业的领导，坚持正确政治方向，加快两个一流建设。要扎实组织开展好“不忘初心、牢记使命”主题教育，组织实施好“红旗党支部创建行动”，深入推进创新文化建设和精神文明建设，形成尊重人才、礼敬人才、服务人才的良好氛围，营造有利于创新创业的良好环境，让各类人才在建设世界一流学科、一流科研院所和推动我国农业科技创新能力整体跃升的伟大进程中竞相成长、脱颖而出、各展其能。

中共中国农业科学院党组
关于 2017 年度民主生活会情况的报告

2018 年 3 月 27 日

农业部人事劳动司、直属机关党委：

根据中共中央的要求和农业部直属机关党委的部署，2018 年 2 月 5 日，中国农业科学院党组召开了 2017 年度民主生活会。现将有关情况报告如下。

一、基本情况

中国农业科学院党组高度重视开好此次民主生活会，严肃认真做好民主生活会各环节各方面的准备工作。会前，院党组紧密围绕主题研究制定了具体工作方案，专门召开中心组专题学习会，学习习近平新时代中国特色社会主义思想、党的十九大精神和中央农村工作会议、全国农业工作会议精神，为开好本次民主生活会打牢思想基础。院长唐华俊同志和党组书记陈萌山同志共同主持起草、修改了院党组对照检查材料。通过多种方式，广泛征求基层党组织、基层十九大代表、民主党派人士代表、科研人员代表以及广大干部群众对院党组和领导班子成员的意见建议，深入开展谈心谈话。

会上，陈萌山书记代表院党组作对照检查，按照中共中央和农业农村部有关要求、紧密结合思想工作实际深入查摆 8 个方面存在的突出问题，提出了下一步的努力方向和改进措施。各位院党组成员紧扣民主生活会主题，把自己摆进去、把思想摆进去、把工作摆进去，聚焦存在的问题，深刻进行党性分析，深入剖析原因，深挖思想根源，坦诚直率地开展了批评与自我批评。大家普遍感到，本次民主生活会开出了高质量，达到了“红脸出汗”的效果，营造了“团结——批评——团结”的良好氛围，经受了一次严格的党性和党内政治生活锻炼。中央纪委驻农业农村部纪检组副组长蔡晓、中组部干部四局四处处长韩敏、农业农村部科技教育司巡视员刘艳、农业部人事劳动司副司长崔鹏伟等出席会议，相关领导作了点评讲话。

二、主要做法

一是深化学习研讨。院党组紧扣本次民主生活会主题，深入学习领会习近平新时代中国特色社会主义思想和党的十九大精神，把着力点聚焦到习近平新时代中国特色社会主义思想是党必须长期坚持的指导思想上等 6 个方面，在各位院党组成员自学的基础上，1月8日，院党组理论学习中心组组织了专题学习研讨。深刻学习领会习近平新时代中国特色社会主义思想的历史地位和丰富内涵，搞清楚、弄明白“八个明确”主要内容和“十四个坚持”基本方略的重大创新思想创新观点，学习了习近平“三农”思想和中央农村经济会议精神，充分认识实施乡村振兴战略的重大意义和部署要求，为开好民主生活会打牢了思想基础。

二是通报2016年度民主生活会整改落实情况并开展群众满意度测评。1月25日，院党组召开通报会，通报院党组2016年度民主生活会整改措施落实情况，并在通报范围内进行满意度测评。群众满意率和比较满意率达到100%，整改落实情况得到全院干部职工的充分认可。

三是广泛征求群众的意见和建议。院党组围绕“认真学习领会习近平新时代中国特色社会主义思想，坚定维护以习近平同志为核心的党中央权威和集中统一领导，全面贯彻落实党的十九大各项决策部署”主题，通过向院属45个单位和部门党组织以及院机关离退休党总支发放征求意见函、在院网开通征求意见邮箱、在院办公楼设置征求意见箱等方式广泛征求了党员干部群众和基层的意见建议。1月11日和1月16日，院长唐华俊同志、党组书记陈萌山同志还分别主持召开座谈会，听取中国农业科学院基层十九大代表、科研人员代表和民主党派人士代表等各方面代表意见建议。院党组主要负责同志及时向院党组及党组成员反馈了通过座谈会、函件、网上信箱和意见箱征求到的意见。对于征求到的意见和建议，归纳梳理为46条。

四是深入开展谈心谈话。院党组高度重视开展谈心谈话活动，每位院领导都安排了充足的时间开展谈心谈话，切实做到了院长、院党组书记同其他院领导之间，院领导之间，院领导和分管部门主要领导之间开展谈心谈话，并接受党员、干部约谈。通过广泛深入地开展谈心谈话，听取意见、交流思想、交换看法、达成共识，为开展批评和自我批评打好基础。

五是认真准备对照检查材料。院党组的对照检查材料由唐华俊院长和陈萌山书记共同主持起草，征求党组成员的意见后确定。院党组严格根据党章和《关于新形势下党内政治生活的若干准则》等党内有关规定，对照《中共中央政治局关于加强和维护党中央集中统一领导的若干规定》《中共中央政治局贯彻落实中央八项规定实施细则》精神，结合征求到的意见建议，聚焦学习贯彻习近平新时代中国特色社会主义思想，执行党中央、国务院和农业部党组关于“三农”工作的决策部署，对党忠诚老实，担当负责、攻坚克难，纠正四风，严格执行廉洁自律准则，认真履行“两个责任”和“一岗双责”，扎实开展调查研究等8个方面的要求，深入查找存在的问题和差距，明确整改措施和努力方向。

院领导根据征求到的意见建议，对照初心和使命，坚持理论联系实际，坚持问题导向，强化问题意识，密切联系分管工作，联系违纪违法反面典型，联系中央专项巡视发现的问题，联系中国农业科学院重要工作案例，切实把自己摆进去、把思想摆进去、把工作摆进去，深入查摆突出问题，深刻剖析思想根源，自己动手撰写了对照检查材料，深入具体地进行党性分析，做到了落细落小、见人见事。会前，陈萌山书记对每位院领导个人发言提纲多次审阅、指导把关。

六是切实开好民主生活会。民主生活会上，陈萌山书记代表院党组作对照检查。然后，9 位院领导班子成员依次作了个人对照检查，每位班子成员发言后，其他成员对其提出批评意见。

院领导对 2016 年度民主生活会整改落实情况作出了说明，对个人、家庭、亲属重大事项做了如实报告，重点聚焦本次民主生活会规定的 8 个方面内容，开展党性分析，查找存在的问题，深入剖析原因，深挖思想根源，坦诚开展批评和自我批评，明确努力方向和改进措施。院领导直面问题，既从工作中找问题差距，又从思想上、党性上深挖根源，开展了深刻的自我批评；相互批评直截了当，实事求是提意见、真心实意帮同志，形成了互动交流的良好氛围。

七是认真制定整改落实方案。会后，院党组针对征求到的职工群众意见和民主生活会上查找的问题，逐个进行研究，明确整改重点，各位院领导按照职责分工，组织分管部门有针对性地制定了具体的整改措施，形成了《中共中国农业科学院党组 2017 年度民主生活会整改落实方案》。会后，院党组适时将民主生活会情况在一定范围内进行通报。

三、取得的成效

一是维护以习近平同志为核心的党中央权威和集中统一领导的自觉和决心更加坚定。通过召开高质量的民主生活会，院领导深刻学习领会了习近平新时代中国特色社会主义思想的历史地位和丰富内涵，进一步提升了党性修养，更加牢固树立了“四个意识”，坚定了“四个自信”，更加坚定了维护以习近平同志为核心的党中央权威和集中统一领导、维护习近平总书记在党中央和全党核心地位的自觉和决心。院领导一致表示，要进一步深入学习领会、贯彻落实党的十九大、十九届中央纪委二次全会精神，坚持用习近平新时代中国特色社会主义思想武装头脑、指导实践、推动工作，更加坚决贯彻党中央和农业部党组各项决策部署，增强新时代推动农业科技创新工作的本领。

二是责任担当进一步强化。通过广泛征求意见建议、认真对照查摆问题、深刻剖析产生原因，院领导班子进一步认识到与习近平总书记对我院提出的“三个面向”“两个一流”和“整体跃升”目标的差距和不足，进一步增强了新时代实施乡村振兴科技支撑行动、抓好农业科技创新，推进全面从严治党的紧迫感和使命感，坚决表示要奋力推动习近平新时代中国特色社会主义思想在我院形成生动实践。各位领导同志进一步坚定了科技为民报国的初心，强化了农业科研国家队的使命意识，担当尽责、开拓作为的斗志更加昂扬，一致表示要更加坚决贯彻落实中央八项规定实施细则精神，持之以恒反对“四风”，营造风清气正的科研氛围。

三是党内政治生活进一步加强和规范。院党组严格根据党章和《关于新形势下党内政治生活的若干准则》《中国共产党党内监督条例》《县以上党和国家党员领导干部民主生活会若干规定》等有关要求，高度重视并认真做好民主生活会前各项准备工作。会上，主要领导带头示范，开门见山，直面问题，勇于自我革命，结合思想和工作实际，严格按照8个方面要求查摆剖析。其他院领导也都开诚布公、直截了当地提出意见，开展了积极健康、严肃认真的批评和自我批评。民主生活会严格贯彻了中央和部党组有关要求，达到了坚持真理、修正错误、增进团结、振奋精神的目的。同时也充分发挥了以上率下的作用，为院属各单位、各部门开好党员领导干部民主生活会提供了示范引领。

四是进一步推动了整改落实。院党组高度重视抓好整改落实工作，在会上进一步明确了努力方向和改进措施。会后，针对征求到的职工群众意见和民主生活会上查找的问题，认真研究制定了整改落实方案，拿出了过硬措施。唐华俊院长和陈萌山书记对整改落实工作负总责，各位院领导按分工负责具体抓好落实。各牵头单位在主管院领导的领导下，按照各自职责承担具体整改任务。院办公室、机关党委负责监督检查，把握整改工作进度，有序推进整改工作取得实效。

四、存在不足及下一步打算

中国农业科学院党组严格落实中央要求和农业部直属机关党委《关于认真开好2017年度党员领导干部民主生活会的通知》（农党委2017〔83〕号）部署，紧扣主题做好各项组织工作，但在学习研讨方面，系统性、深入性还有待进一步加强；在征求群众意见建议方面，还没有把征求意见的过程和整改落实的过程有机结合起来开展。

为进一步组织好民主生活会，院党组将继续严格执行党章和《关于新形势下党内政治生活的若干准则》《县以上党和国家机关党员领导干部民主生活会若干规定》等党内有关规定，进一步严格党内政治生活。一是继续加强理论学习，深入学习贯彻习近平新时代中国特色社会主义思想特别是习近平“三农”思想和关于科技创新工作的重要论述，学习领会习近平总书记致我院建院60周年贺信精神。发挥好理论中心组学习的示范引领作用，持续深入推进“两学一做”学习教育常态化制度化，精心谋划开展“不忘初心，牢记使命”主题教育，用习近平新时代中国特色社会主义思想武装头脑、指导实践、推动工作，切实把思想和行动统一到中央的部署要求上来，增强新时代推动农业科技创新工作的本领。二是继续抓好落实整改，紧扣保持党同人民群众血肉联系这一关键抓好作风建设，针对征求到的意见建议，按照整改落实方案一步一步扎实整改，在立行立改上继续下功夫，确保一锤接着一锤敲，一个问题接着一个问题解决。深入开展调查研究，勇于担当作为，深化改革，跨越发展，全面加强基层党组织建设，以乡村振兴科技支撑行动为总抓手，全面贯彻落实党的十九大各项决策部署，更加及时解决党员干部和职工群众的关切，更加有力回应党员干部和职工群众对院所发展的期待。

特此报告。

中共中国农业科学院党组关于 2017 年度组织生活会和民主评议党员工作开展情况的报告

2018 年 3 月 20 日

农业部直属机关党委：

根据《关于认真开好 2017 年度基层党组织组织生活会和开展民主评议党员的通知》（农党委〔2018〕1 号）要求，中国农业科学院直属机关党委高度重视，结合单位实际作出具体安排，向各直属党委、总支、支部印发《关于认真开好 2017 年度基层党组织组织生活会和开展民主评议党员的通知》（直党字〔2018〕2 号），指导各直属党组织做好有关工作。中国农业科学院各级党组织紧紧围绕“深入学习贯彻党的十九大精神、牢固树立‘四个意识’、坚定‘四个自信’、提升基层党组织组织力、查找纠正‘四风’突出问题特别是形式主义、官僚主义新表现”这一基本要求，明确会议主题，结合工作实际，做出工作部署，有序组织实施，扎实抓好党员集体学习、广泛征求意见建议、对照查摆问题、党员自我评议与相互评议、评定等次等程序和环节。截至 2018 年 3 月 2 日，中国农业科学院京区各党支部认真开展了组织生活会和民主评议党员工作。现将有关情况报告如下。

一、主要做法

（一）组织集中学习，统一思想行动

会前，各党支部通过印发学习资料、领学宣讲、党课辅导、交流讨论等多种形式，组织党员集中学习了习近平新时代中国特色社会主义思想、党的十九大报告和党章，特别是结合农业科研工作实际，认真学习了习近平“三农”思想和中央农村工作会议精神，深刻领会习近平新时代中国特色社会主义思想的历史地位和丰富内涵，充分认识实施乡村振兴战略的重大意义和部署要求，搞清楚、弄明白“八个明确”主要内容和“十四个坚持”基本方略，搞清楚、弄明白党员义务、党的基层组织的基本任务等内容。通过开展集中学习，各支部广大党员切实把思想和行动统一到维护以习近平同志为核心的党中央权威和集中统一领导上来，统一到落实党的十九大确定的各项任务上来，为开好组织生活会打牢了思想基础。

（二）广泛征求意见，联系思想工作实际认真查摆问题

各支部班子成员之间、党员之间结合思想工作实际，深入开展了谈心谈话、交流沟通思想、相互听取意见、帮助查找不足等工作，广泛听取了群众和服务对象的意见。在此基础上，紧密围绕政治功能强不强、“四个意识”牢不牢、“四个自信”有没有、工作作风实不实、发挥作用好不好、自我要求严不严，联系具体工作，深入查摆具体问题，撰写总结报告和党性分析材料。党支部班子认真对照党的十九大报告关于基层党组织要成为宣传党的主张、贯彻党的决定、领导基层治理、团结动员群众、推动改革发展的坚强战斗堡垒的要求，对照党章规定的党支部职责，重点查摆突出政治功能、提升组织力方面存在的问题和差距。班子成员和党员认真学习落实习近平总书记关于进一步纠正“四风”、加强作风建设重要批示精神，重点查摆形式主义和官僚主义新表现。党支部班子、班子成员和党员认真对照党章要求，检查坚持组织生活制度，遵守党的纪律特别是政治纪律、组织纪律方面的问题。

（三）严肃认真开展批评与自我批评

我院各支部组织生活会紧紧围绕深入学习贯彻党的十九大精神，牢固树立“四个意识”，坚定“四个自信”，提升基层党组织组织力，查找纠正“四风”突出问题特别是形式主义、官僚主义新表现来开展。会上，支部书记报告一年来党支部工作情况、查摆党支部建设存在的问题，班子成员认真对照查摆履职尽责情况、进行自我批评、开展相互批评。支部党员从理想信念、作风建设、作用发挥、遵守党纪等方面认真做了个人党性分析，并开诚布公进行互评，支部书记做出点评并提出进一步整改与提升的意见建议。部分党支部组织生活会和民主评议党员工作结合进行。农业部直属机关党委派员莅临信息所第四党支部进行指导和点评，体现了上级党组织有力的督促指导，发挥了良好的示范作用。院、所领导分别到所在支部参与组织生活会，并对支部组织生活会和民主评议党员情况进行了点评。

（四）客观公正做出组织评定，做好结果运用

党支部根据民主评议情况和党员日常表现，经支委会集体讨论研究，按照优秀、合格、不合格 3 个等次对党员进行等次评定。中国农业科学院京区 2 958 名党员参加本次民主评议工作，844 名党员评议为优秀，2 100 名党员评议为合格。党委（支部）对评定结果以适当方式进行了公示，征求党员本人意见，并报上级党组织进行备案，同时收集整理好评议的各类资料归档。民主评议评出的优秀党员，党委（支部）将作为评选“两优一先”的重要依据。对“不合格”的党员，按照要求及时进行组织处置。同时，

各支部认真组织党员对党支部班子工作、作风等进行了评议，评议结果报上级党组织，作为考核党支部班子的重要依据。

二、取得成效

（一）维护以习近平同志为核心的党中央权威和集中统一领导的自觉和决心更加坚定

为开好本次组织生活会，各支部广大党员认真学习了习近平新时代中国特色社会主义思想、党的十九大报告和党章，深刻学习领会了习近平新时代中国特色社会主义思想的历史地位和丰富内涵，进一步明确了党员的义务，更加牢固树立了“四个意识”，坚定了“四个自信”，更加坚定了维护以习近平同志为核心的党中央权威和集中统一领导、维护习近平总书记在党中央和全党核心地位的自觉和决心。广大党员纷纷表示，要旗帜鲜明讲政治，坚决做到在政治立场、政治方向、政治原则、政治道路上同以习近平同志为核心的党中央保持高度一致。

（二）党性修养进一步提升，理想信念更加坚定

广大党员自觉联系个人思想工作实际，进行对照检查及党性分析，重点查找在理想信念上的差距、作风建设上的不足，对自身存在的问题有了更深刻的认识，进一步明确了整改措施和今后的努力方向，经历了一个全面回顾、深刻反思、不断提升的过程，进一步增强了党性观念。会上，每位党员严肃认真提意见，满腔热情帮同志，经历了一次严格的党内政治生活锻炼。通过认真参加组织生活会及民主评议党员工作，广大党员进一步认识到与总书记提出的“三个面向”“两个一流”“一个整体跃升”奋斗目标之间的差距，进一步增强了新时代农业科技创新的责任感和紧迫感，理想信念更加坚定，工作主动性得到进一步增强。

（三）党支部战斗堡垒作用进一步夯实，教育管理监督党员和组织宣传凝聚群众的作用进一步发挥

为做好本次组织生活会和民主评议党员工作，支部班子认真对照党的十九大报告关于基层党组织建设的新任务、新要求，对照党章规定的党支部的功能、职责，结合我院农业科技创新工作实际，重点查摆了党支部在突出政治功能、提升组织力方面存在的问题和差距，进一步明确了新时期党支部建设的具体职责和功能定位，党支部的战斗堡垒作用进一步夯实。通过严肃认真地组织好民主评议工作，党员干部进一步密切了群众关系，思想境界得到进一步提高；党支部的政治生态得到进一步净化，激发了创新争优的

良好氛围，组织力得到进一步提升，教育管理监督党员和组织宣传凝聚群众的作用有效发挥，凝聚力、战斗力进一步增强。

三、存在不足及意见建议

在本次民主生活会和民主评议党员工作中，各个支部都按照文件要求组织开展了十九大报告和党章的集体学习，但个别支部存在学习系统性不够强、理论联系实际不够的情况，在学习深度与广度上有待进一步深化，在学习形式上有待进一步创新和丰富；在对照查摆问题，进行党性分析方面，个别党员存在查摆一般问题、共性问题多，深层次、具体问题剖析不够深入具体的现象；大多数党员能够认真开展自我批评，开诚布公进行相互批评，但也存在个别党员相互间开展批评不够的情况；院直属机关党委应进一步加强督导工作，强化民主评议党员工作成果的整理运用。

组织生活会及民主评议党员工作是严肃党内政治生活的重要一环，是学习贯彻党的十九大精神的重要举措，也是推进“两学一做”学习教育常态化制度化的基本要求。下一步，我们将以实施“红旗党支部创建行动”为抓手，持续深入推进“两学一做”学习教育常态化制度化，进一步夯实支部从严教育管理监督党员、组织宣传凝聚群众的作用，探索创新支部工作方法和活动方式，注重典型培育引领，打造基层党建优秀品牌，不断增强基层党组织的政治领导力、思想引领力、组织覆盖力、群众组织力、科研号召力、发展推动力，把中国农业科学院基层党组织建设成为宣传党的主张、贯彻党的决定、领导基层治理、团结动员群众、推动改革发展的坚强战斗堡垒。

关于表彰中国农业科学院 2016—2017 年度优秀共产党员、优秀党务工作者和先进基层党组织的决定

院属各单位、院机关各部门党组织：

2016 年以来，中国农业科学院各级党组织和广大党员坚持以习近平新时代中国特色社会主义思想为指导，深入学习贯彻党的十八大、十九大和十九届一中、二中、三中全会精神，围绕科技创新工程和“两个一流”建设目标，扎实开展“两学一做”学习教育，持续推进“两学一做”学习教育常态化制度化，不断提升党建工作质量，党组织的创造力、凝聚力和战斗力显著增强，党员的先锋模范作用进一步发挥，涌现出一批优秀共产党员、优秀党务工作者和先进基层党组织。

为全面贯彻落实党的十九大精神，进一步弘扬正气、树立标杆，充分发挥先进典型在促进农业科技创新中的引领、示范和带动作用，在建党 97 周年之际，根据院“两优一先”评选表彰工作总体安排，在各单位申报、评委会评审的基础上，经直属机关党委常委会研究，院党建工作领导小组审议，并报院党组同意，决定授予王丹英等 40 名同志“优秀共产党员”荣誉称号，授予于辉等 30 名同志“优秀党务工作者”荣誉称号，授予研究生院党委等 20 个单位（部门）党组织“先进基层党组织”荣誉称号。

希望受表彰的单位和个人珍惜荣誉，再接再厉，再创佳绩。各单位党组织、广大共产党员和党务工作者要以此次评选表彰为契机，深入学习贯彻习近平新时代中国特色社会主义思想和党的十九大精神，不断加强党的政治建设、思想建设、组织建设、作风建设、纪律建设和制度建设，扎实开展“不忘初心，牢记使命”主题教育和红旗党支部创建行动，奋发进取、创先争优，在推进科技创新工程、实施乡村振兴科技支撑行动中作出新的更大贡献。

附件：1. 中国农业科学院 2016—2017 年度优秀共产党员名单
2. 中国农业科学院 2016—2017 年度优秀党务工作者名单
3. 中国农业科学院 2016—2017 年度先进基层党组织名单

附件 1

中国农业科学院 2016—2017 年度优秀共产党员名单
（40 名）
（按姓氏笔画为序排列）

王丹英（女）	中国水稻研究所研究员
王凤龙	烟草研究所植物保护研究中心主任、研究员
王玉娣（女）	后勤服务中心经营开发处副处长
王红军	中国农业科学技术出版社综合办公室主任
王林海	油料作物研究所芝麻与特色油料研究室副主任、副研究员
王桂荣	植物保护研究所植保生物技术研究室副主任（主持工作）、研究员
王海东	农业经济与发展研究所人事处副处长、副研究员
文　杰	北京畜牧兽医研究所副所长、研究员
石　瑾（女）	院办公室综合处（秘书处）八级职员、助理研究员
刘在新	兰州兽医研究所口蹄疫研究室主任、研究员
刘济伟	郑州果树研究所副研究员
刘雅学	草原研究所基地处处长、研究员
闫艳春（女）	研究生院生物学教研室主任、教授
杜雄明	棉花研究所品种资源研究室主任、研究员
李　强	茶叶研究所高级农技师
李伟明	院人事局干部处七级职员、助理研究员
李呈军	哈尔滨兽医研究所动物流感基础与防控研究创新团队首席科学家助理、研究员
李金山	农田灌溉研究所农业农村部节水灌溉工程实验室副主任、研究员、第四党支部书记
李蓓蓓	上海兽医研究所副研究员
吴崇友	农业农村部南京农业机械化研究所研究员
吴黎明	蜜蜂所农业农村部蜂产品质量监督检验测试中心副主任、研究员
谷晓峰	生物技术研究所植物分子生物学研究室副主任、研究员、第二党支部书记
张彩霞（女）	果树研究所果树资源与育种研究中心副主任、研究员
尚小飞	兰州畜牧与兽药研究所助理研究员
周国民	农业信息研究所副所长、研究员
屈　昊	院财务局预算处八级职员

赵　阳	院监察局综合处七级职员、助理研究员
赵令卓	院直属机关党委办公室八级职员、助理研究员
胡　悦（女）	深圳农业基因组研究所博士后
顾兴芳（女）	蔬菜花卉研究所党委委员、研究员
徐丽君（女）	农业资源与农业区划研究所第四党支部书记、助理研究员
黄长玲	作物科学研究所育种中心主任、研究员
黄家章	农业农村部食物与营养发展研究所科技管理处处长、副研究员
崔　凯	饲料研究所助理研究员
雷云辉	沼气科学研究所工程中心副主任
漆新华	农业农村部环境保护科研监测所农业生态与环境治理研究中心副主任、教授
谭志坚	麻类研究所麻产品研究室主任助理、副研究员
翟　琳（女）	院国际合作局国际组织处处长、助理研究员
冀　枫（女）	院机关离退休党总支后勤离休干部（处级待遇）、助理研究员
魏灵玲（女）	农业环境与可持续发展研究所研究员

附件 2

中国农业科学院 2016—2017 年度优秀党务工作者名单（30 名）（按姓氏笔画为序排列）

于　辉　院基本建设局党支部委员、综合处处长、副研究员
王立霞（女）　植物保护研究所行政与后勤党支部书记、党委办公室主任
左　旭（女）　院办公室党支部委员、综合处副处长、副研究员
卢林纲　农业农村部食物与营养发展研究所第一党支部书记、研究员
刘朋飞　蜜蜂研究所党委办公室副主任（主持工作）
严定春　院人事局党支部委员、干部处处长、研究员
杨　敏　兰州兽医研究所纪委委员、副研究员
杨长登　水稻研究所水稻生物学国家重点实验室第一党支部书记、水稻生物学国家重点实验室副主任、研究员
杨培龙　饲料研究所第二党支部书记、饲料资源与经济研究室副主任、研究员
吴京凯　院机关离退休党总支书记、人事局副局长、副研究员
何秀梅（女）　郑州果树研究所党委办公室主任、助理研究员
宋晓龙　农业农村部环境保护科研监测所党支部委员、助理研究员
张圣平　蔬菜花卉研究所第六党支部书记、研究员
张丽丽（女）　上海兽医研究所党务主管
张晓鹏　哈尔滨兽医研究所党委办公室主任、纪委副书记、副研究员
周振亚　农业资源与农业区划研究所第一党支部书记、助理研究员
郑　军　作物科学研究所基因与分子设计中心第二党支部书记、研究员
郑　莹（女）　农业信息研究所第八党支部书记、助理研究员
胡　强　茶叶研究所党务干部、农艺师
荔　霞（女）　兰州畜牧与兽药研究所党委办公室主任、纪委委员、离退休党支部书记、副研究员
钟　娟（女）　院监察局党支部委员、综合处副处长、副研究员
段成立　院后勤服务中心党委委员、综合二党支部书记、党委办公室主任、副研究员
姜淑苓（女）　果树研究所党委办公室主任、研究员
夏春华　农业农村部南京农业机械化研究所党委委员、党委办公室主任、副研究员

姬军红（女）	农业与环境可持续发展研究所党委办公室主任、党办人事处处长、副研究员
崔金杰	棉花研究所科研第二党支部书记、研究员
蒋鸿涛	沼气科学研究所党务干部、助理研究员
韩　进	院直属机关党委党支部委员、组织处处长、副研究员
赖燕萍（女）	农业质量标准与检测技术研究所党委副书记、纪委书记、研究员
燕永亮	生物技术研究所第五党支部书记、分子微生物学研究室副主任、研究员

附件 3

中国农业科学院 2016—2017 年度先进基层党组织名单（20 个）

研究生院党委
植物保护研究所党委
农业环境与可持续发展研究所党委
茶叶研究所党委
兰州畜牧与兽药研究所党委
烟草研究所党委
院办公室党支部
院科技局党支部
院人事局党支部
院监察局党支部
后勤服务中心幼儿园党支部
蔬菜花卉研究所第四党支部
蜜蜂研究所科研一支部
农产品加工研究所科研第一党支部
农业资源与农业区划研究所第二党支部
农业信息研究所第三党支部
中国水稻研究所财务处党支部
棉花研究所科研第二党支部
特产研究所第一科研党支部
南京农业机械化研究所第三党支部

中国农业科学院基层党建述职评议考核实施办法（试行）

第一章　总　则

第一条　为贯彻落实新时代全面从严治党要求，进一步压紧压实党建工作责任，推动全面从严治党向基层延伸，根据农业农村部党组《农业农村部系统基层党建述职评议考核办法（试行）》的精神，结合中国农业科学院实际，制定本办法。

第二条　院基层党建述职评议考核（以下简称党建述评考核）坚持“科学合理、实事求是、严格标准、务求实效”的原则，通过述职评议、定量评分等方式，对中国农业科学院基层党组织书记进行考核评价。

第二章　领导和组织

第三条　党建述评考核工作在院党组领导下，由院党建工作领导小组组织实施，院党建工作领导小组办公室（直属机关党委）具体落实。

第四条　院党建工作领导小组主要负责组织制（修）订党建述评考核办法；审定年度党建述评考核工作方案（含定量评分指标）并组织实施；审议年度党建述评考核结果和等次；贯彻落实中央和部院党组关于党建述评考核的其他要求。

第五条　院党建工作领导小组办公室主要负责组织起草党建述评考核办法及修订方案；组织起草年度党建述评考核工作方案及定量评分指标；承担党建述评考核的各项具体工作；承担院党建工作领导小组关于党建述评考核的其他工作。

第六条　党建述评考核范围为院机关各部门、院属各单位党组织书记（以下简称各单位党组织书记）。

第七条　各单位党组织书记向院党建工作领导小组述职。

第八条　各单位党组织应结合实际，明确相应的组织领导机构及其职责任务。党组织书记是第一责任人，负责本单位党建述评考核工作。党建述职评议可结合年度考核一并进行。

第九条　设党委、党总支的院属各单位党组织负责组织下一级党组织的党建述评考核工作。

第三章　考核的主要内容

第十条　党建述评考核重点围绕贯彻中央和部院党组关于基层党建工作部署要求，落实年度基层党建重点任务，推动全面从严治党向基层延伸等情况进行。

第十一条　党建述评考核的主要内容包括：

（一）履行基层党建工作责任情况。党组织书记抓基层党建主体责任、履行第一责任人职责，班子其他成员履行“一岗双责”情况。重点突出书记履职尽责，领导、研究、部署基层党建工作，解决基层党建工作重点难点问题等情况。

（二）抓基层党建工作情况。认真落实中央和部院党组全面从严治党各项要求，扎实推进基层党的政治建设、思想建设、组织建设、作风建设、纪律建设、制度建设等情况。

（三）抓基层党建取得的成效。突出政治功能，提升组织力，在落实“三个面向”、保障创新工程、人才工程、创新联盟建设、乡村振兴科技支撑行动和脱贫攻坚工作中，发挥基层党组织战斗堡垒作用和党员先锋模范作用等方面的成效。

（四）存在问题及改进措施。巡视、督查、上年度党建述评考核以及履行职责过程中发现的突出问题，以及整改落实情况和进一步加强改进工作的思路措施。

（五）其他内容。中央组织部、中央和国家机关工委以及部院党组要求述评考核的其他内容等。

第四章　方式和程序

第十二条　党建述评考核采取各单位党组织书记述职评议测评和抓基层党建工作情况定量评分相结合的方式进行。

第十三条　院党建工作领导小组组织的党建述评考核，一般按照以下程序进行。

（一）启动部署。每年年中院党建工作领导小组办公室根据院年度党建重点工作，拟定定量评分指标，主要涉及坚持党的领导、加强党的建设、全面从严治党等方面。年底根据中央和部院党组要求，依据本办法制定年度党建述评考核工作方案，经院党建工作领导小组审定并报部直属机关党委审核通过后印发通知。各单位党组织按要求制定本单位年度党建述评考核工作方案，并报院党建工作领导小组办公室审核通过后组织实施。

（二）撰写述职报告。各单位党组织书记深入调研分析本单位党建工作情况，查找存在的突出问题，认真撰写述职报告，报院党建工作领导小组办公室审核。

（三）进行自评核分。各单位党组织书记根据定量评分指标，围绕抓基层党建工作情况进行自评，形成自评报告并提供自评得分证明材料，报院党建工作领导小组办公室进行核分。

（四）开展述职评议。各单位党组织书记述职评议采取现场述职和书面述职相结合，每 3 年现场轮述一遍的方式进行。

1. 现场述职。院党建工作领导小组召开年度现场述职考核评议会，每年选取 1/3 的单位党组织书记进行现场述职。参加现场述职的党组织书记向院党建工作领导小组述职，院党建工作领导小组组长点评，院党建工作领导小组成员、各单位党组织书记对现场述职的党组织书记进行测评。参加院现场述职的党组织书记，在本单位可不再进行现场述职评议测评。

2. 书面述职。主要有以下两种情形：

（1）不参加院里现场述职的单位党组织书记向院党建工作领导小组提交书面述职报告，在本单位党组织范围内进行现场述职，接受党员干部评议测评。

（2）任现职时间未超过半年的党组织书记向院党建工作领导小组进行书面述职，在本单位范围内进行现场述职，不参加党员干部评议测评。

在职党员人数在 100 名以内的单位，原则上全部参加现场述职会；党员人数在 100 名以上的单位，原则上要求参会党员代表不少于 100 名并且不少于在职党员总数的 2/3。要根据离退休干部职工党员的实际情况，安排适当比例的离退休干部职工党员参加现场述职会。单位内现场述职情况和评议测评结果报院党建工作领导小组办公室。

（五）确定评价等次。各单位党组织书记述职评议测评得分和定量评分分别占总得分的 30% 和 70%。院党建工作领导小组结合述评考核总得分以及巡视、年度督查等情况，对各单位党组织书记抓基层党建工作情况形成综合评价意见，分“好、较好、一般、差”4 个等次提出等次意见。综合评价意见及考核等次报院党组会议审定。

第十四条　对任现职时间未超过半年的党组织书记不评定等次。年度中因党风廉政建设发生严重问题并被问责或有党员干部受到撤销党内职务、留党察看、开除党籍等重处分的党组织，其书记述评考核等次不能为“好”。

第十五条　设党委、党总支的单位可参照院党建工作领导小组的考核方式和程序，结合各自实际，对下一级党组织书记抓基层党建工作情况进行述评考核。下一级党组织数量较多的，可采取现场述职和书面述职相结合的方式进行。离退休党组织的党建述职考核工作可由各单位党组织结合实际，采取书面述职形式进行。派驻业务主管社会组织的党建工作指导员参照党支部书记进行述评考核。

第十六条　党委、党总支组织的现场述职会，一般以党委、党总支委员会扩大会议的形式，组织下一级党组织书记进行现场述职。吸收党员干部群众代表组成考核评议组，进行现场评议测评。党委书记或党总支书记负责点评，班子成员可结合分工进行点评。会后，可将述职报告摘要公布，接受群众监督。

第十七条　各单位党组织要及时总结并向院党建工作领导小组报告本单位年度党建述评考核工作情况。院党建工作领导小组办公室在院机关各部门、院属各单位范围内通报年度党建述评考核情况。

第五章　考核结果运用

第十八条　对抓基层党建总体评价“好”的党组织书记，年度考核才能确定为“优秀”等次；对总体评价为“一般”“差”的党组织书记，要进行约谈、限期整改，情况严重的要依据《中国共产党问责条例》进行问责。

第十九条　各单位党组织书记综合评价意见及考核等次向本人反馈，写入年度考核评价，归入本人档案，并在一定范围内通报；对党组织书记空缺或党组织书记任职未超过半年的，对单位党组织党建工作情况进行综合评价并反馈。

第二十条　党建述评考核情况作为评优评先、选拔任用干部的重要依据。各单位党组织根据党建述评考核情况，参照院“两优一先”和年度考核的有关做法对先进基层党组织、优秀党务工作者进行奖励。

第二十一条　针对党建述评考核中发现的问题，各单位党组织书记要列出问题清单，制定整改方案，逐项抓好整改落实。院党建工作领导小组要对照清单，加强指导和督促检查，推动工作落实。

第二十二条　对违反本办法规定的，考核结果无效，并依规依纪严肃查处，追究相关党组织及人员的责任。

第六章　附　则

第二十三条　本办法试行后，中央和部院党组有关新要求可通过年度党建述评考核工作方案予以贯彻落实。

第二十四条　各单位党组织可依据本办法制定具体实施细则。

第二十五条　本办法由院党建工作领导小组办公室负责解释。

第二十六条　本办法自印发之日起试行。

中国农业科学院关于表彰 2016—2017 年度先进集体和先进工作者的决定

院机关各部门、院属各单位：

2016 年以来，全院上下全面落实农业农村部、院党组各项安排部署，学习贯彻习近平新时代中国特色社会主义思想，践行“三个面向”指示要求，扎实推进创新工程、人才工程和创新联盟建设，抢抓机遇、真抓实干、奋勇争先，在农业科技创新工作中取得了突出成绩，有力支撑了农业农村经济的快速发展，也涌现出一批爱岗敬业、团结奉献、开拓创新、锐意进取、具有鲜明时代特征的先进集体和个人。

为表彰先进、树立标杆，进一步激励广大干部职工立足本职、建功立业，经各单位申报、院评委会评审，并报院党组审定，决定授予作物科学研究所作物栽培与耕作中心等 10 个集体“中国农业科学院 2016—2017 年度先进集体”荣誉称号；授予曹坳程等 20 名同志“中国农业科学院 2016—2017 年度先进工作者”荣誉称号。

希望受到表彰的先进集体和个人，珍惜荣誉、再接再厉，充分发挥模范表率作用，再创佳绩，再立新功。各部门、各单位和广大干部职工要以受表彰的先进集体和个人为榜样，更加紧密地团结在以习近平同志为核心的党中央周围，以习近平新时代中国特色社会主义思想为指导，不忘初心、牢记使命，加快建设世界一流学科和一流科研院所，推动农业科技创新能力整体跃升，为全面支撑乡村振兴、脱贫攻坚和农业农村现代化作出新的更大贡献。

附件：中国农业科学院 2016—2017 年度先进集体和先进工作者名单

中国农业科学院

2019 年 1 月 14 日

附件

中国农业科学院 2016—2017 年度先进集体和先进工作者名单

一、先进集体名单（10 个）

作物科学研究所	作物栽培与耕作中心
蔬菜花卉研究所	叶菜类蔬菜遗传育种创新团队
蜜蜂研究所	蜂产品质量与风险评估创新团队
农业质量标准与检测研究所	农产品质量安全研究室
中国水稻研究所	国家水稻改良中心
油料作物研究所	油料所驻田凤坪村工作队
哈尔滨兽医研究所	猪消化道传染病创新团队
农业农村部环境保护科研监测所	养殖业污染防治创新团队
研究生院	学位办公室
院办公室	综合处（秘书处）

二、先进工作者名单（20 名）

曹坳程　植物保护研究所　研究员
魏灵玲　农业环境与可持续发展研究所　研究员
侯水生　北京畜牧兽医研究所　研究员
李秀波　饲料研究所　研究员
辛晓平　农业资源与农业区划研究所　研究员
周国民　农业信息研究所　副所长、纪委书记、研究员
杜雄明　棉花研究所　研究员
王朝云　麻类研究所　副书记、副所长、纪委书记、研究员
王海波　果树研究所　副研究员
曹永生　郑州果树研究所　所长、研究员
李　强　茶叶研究所　高级农艺师
郑海学　兰州兽医研究所　研究员
阎　萍　兰州畜牧与兽药研究所　副所长、研究员
刘光清　上海兽医研究所　研究员
孙德水　特产研究所　副主任药师

谢焕雄　农业农村部南京农业机械化研究所　研究员
杨金广　烟草研究所　副研究员
黄三文　农业基因组研究所　所长、研究员
熊明民　科技管理局　副局长、副研究员
李伟明　人事局　助理研究员

关于表彰中国农业科学院 2013—2018年度群众性体育活动先进单位的决定

农科院党组发〔2018〕16号

院属各单位：

党的十八大以来，全院各单位党组织认真贯彻落实全民健身国家战略和院党组关于积极开展群众性文体活动的工作部署，积极组织开展丰富多彩的群众性体育活动，营造了健康向上、团结奋进的创新文化氛围，有力促进了“两个一流”建设，涌现出一批先进单位。

为充分发挥先进典型引领带动作用，在各单位申报、专家组评选基础上，经研究决定对开展群众性体育活动成绩突出的单位进行表彰，授予作物科学研究所等21个单位“中国农业科学院群众性体育活动先进单位”荣誉称号。

希望受表彰的单位珍惜荣誉，再接再厉，再创佳绩。各单位党组织要以此次评选为契机，进一步引导广大职工凝心聚力、奋勇争先，在全面落实习近平总书记贺信指示精神，深入推进科技创新工程、实施乡村振兴科技支撑行动中作出新的更大贡献。

附件：中国农业科学院群众性体育活动先进单位名单

中共中国农业科学院党组
2018年4月24日

附件

中国农业科学院群众性体育活动先进单位名单

作物科学研究所
植物保护研究所
蔬菜花卉研究所
农业环境与可持续发展研究所
北京畜牧兽医研究所
蜜蜂研究所
生物技术研究所
农业经济与发展研究所
农业资源与农业区划研究所
农业信息研究所
农业质量标准与检测技术研究所
中国水稻研究所
郑州果树研究所
哈尔滨兽医研究所
兰州畜牧与兽药研究所
特产研究所
农业农村部环境保护科研监测所
南京农业机械化研究所
农业农村部烟草研究所
研究生院
后勤服务中心

不忘初心　牢记使命　锐意进取
努力开创新时代中国农业科学院工会工作新局面

——中国农业科学院工会第十五届委员会工作报告

各位代表、同志们：

在全党、全国深入学习贯彻习近平新时代中国特色社会主义思想和党的十九大精神的新形势下，我们在这里隆重召开中国农业科学院工会第十六次会员代表大会，听取并审议院工会第十五届委员会工作报告和经费审查委员会工作报告，选举院工会第十六届委员会和经费审查委员会。这是全院职工政治生活中的一件大事，也是中国农业科学院工会工作的一件盛事。受中国农业科学院工会第十五届委员会委托，现在我向大会做工作报告，请予审议。

这次大会的主题是深入学习贯彻习近平新时代中国特色社会主义思想和党的十九大、十九届二中、三中全会精神，认真贯彻落实中央关于加强和改进党的群团工作的决策部署，进一步加强和改进我院工会工作，切实增强工会组织的政治性、先进性、群众性，凝心聚力，奋发有为，不断开创工会工作新局面，为加快农业科技创新、实施乡村振兴战略作出新的更大贡献。

一、第十五届工会委员会工作回顾

中国农业科学院工会第十五届委员会自2011年12月成立以来，在院党组、农业农村部直属机关工会和院直属机关党委坚强领导和大力支持下，认真学习贯彻习近平新时代中国特色社会主义思想和党的十八大、十九大以及十九届二中、三中全会精神，深入贯彻落实中央群团改革决策部署和中国工会十六大精神，带领我院各级工会组织紧紧围绕中心工作，充分发挥党组织联系职工群众的桥梁纽带作用，组织动员广大职工为农业科技创新和“两个一流”建设积极贡献力量。

（一）深入学习贯彻习近平新时代中国特色社会主义思想，教育引导广大职工自觉同党中央保持高度一致

把党的政治建设摆在首位，积极开展思想政治工作，组织引导广大职工听党话、跟党走。一是强化政治引领。组织职工认真学习贯彻习近平新时代中国特色社会主义思想

和党的十八大、十九大精神，参加基层一线党的十九大代表巡讲等系列活动，教育引导广大职工牢固树立“四个意识”，坚定“四个自信”，在政治上思想上行动上同以习近平同志为核心的党中央保持高度一致。二是深入学习贯彻习近平总书记致中国农业科学院建院 60 周年贺信精神。使全院职工深刻把握习近平总书记“三个面向”“两个一流”和“整体跃升”的精神实质，切实把思想和行动统一到贺信精神上来，进一步增强使命感和责任感，为加快农业科技创新，实现农业农村现代化砥砺前行。三是深入开展思想政治工作。每年坚持定期调研分析职工思想状况，及时了解掌握职工思想动态，提高思想政治工作的针对性和有效性。

（二）组织动员广大职工立足岗位，服务大局，锐意进取，发挥主力军作用

培育和践行社会主义核心价值观，传承和弘扬农科精神，动员引导广大职工振奋精神，担当作为。一是坚持围绕中心。紧密结合农业科技创新工程和“两个一流”建设目标，组织职工参观“砥砺奋进的五年”大型展览，引导职工充分认识党和国家事业取得的历史性成就和发生的历史性变革，进一步坚定“四个自信”，立足岗位，勇创佳绩。二是坚持典型引路。广泛开展向沈浩、廖俊波、黄大年、李保国等先进人物学习活动。组织开展先进集体和个人事迹报告会。加强社会公德、职业道德、家庭美德、个人品德和科研道德建设。三是大力选树典型。围绕岗位建功，扎实开展创先争优，评选表彰了 20 个先进集体、20 名先进工作者。“作物科学研究所作物遗传育种系”荣获“全国工人先锋号”称号，陈万权、董红敏同志荣获“全国五一劳动奖章”，李奎同志荣获“中央国家机关五一劳动奖章”。

（三）创新工会活动方式，不断丰富职工精神文化生活

充分发挥各级工会和广大职工积极性，组织开展形式多样、富有特色的主题活动，打造具有农科特点的活动品牌。一是举办系列文艺演出。院工会在院工作会议期间，先后组织 5 场大型团拜会，720 名职工参与演出，近 2 400 名职工观看演出。尤其是 2017 年成功举办了建院 60 周年文艺演出，通过职工自编自演的多种艺术形式展示了我院 60 年的光辉历程，弘扬了不忘科技报国初心的农科情怀，得到各级领导和全院职工的一致赞扬和好评。二是举办系列主题活动。与共青团、妇工委等群团组织一起，结合劳动节、青年节和“三八”妇女节等举办先进事迹报告会、诗朗诵、专题讲座等系列活动 30 余次。三是组织开展体育健身活动。成功举办了第六届和第七届全院职工运动会，3 500 余名职工参加。组织开展了“拥抱阳光健康生活”“中国梦健康美”“走创新路圆跨越梦——健康伴我行”“一带一路走出精彩”等不同主题的京区职工健步走活动，累计参加人次达 8 000 余人。举办职工第九套广播体操比赛，推广普及莲花太极扇和戏

曲广播操，支持职工篮球、羽毛球、乒乓球、文艺、瑜伽等文体俱乐部举办各类文体比赛活动。四是组织参加上级工会举办的各类比赛活动。先后获得中央国家机关第四届职工运动会太极拳比赛一等奖，2013 年和 2016 年农业农村部职工羽毛球赛冠军，2014 年农业农村部职工乒乓球赛冠军，2017 年农业农村部职工篮球赛冠军等。

（四）坚持服务群众，关心职工生活，为职工办实事

以服务职工为出发点，以解决职工实际困难为目标，努力做到政治上关心、思想上关注、生活上关怀，当好职工的“娘家人”。一是维护职工合法权益。注重倾听职工意见建议，坚持每年对职工年休假制度执行和落实情况进行检查、提醒和督促，维护好职工的休息权和健康权。2017 年还对职工夏季防暑降温工作提出了保障性要求。积极协助上级工会认真落实好我院荣获国家级荣誉称号的各类先进人物的健康疗养。二是大力帮扶困难职工。认真落实《农业农村部困难职工补助实施办法》，重点关注大病特困职工、失独家庭、残疾子女家庭、女职工关爱行动和“阳光助学”等职工帮扶工作。在统筹好上级工会补助经费的同时，积极筹措资金进行配套补助，加大帮扶力度，积极有效开展送温暖活动。在每年元旦春节和其他重要节日期间，院领导、工会领导和各单位负责人都要走访慰问困难职工。6 年来，院工会和各基层工会组织慰问职工累计近 600 人次，累计发放慰问金近 150 万元，及时把组织的温暖送到了职工心里。三是关心职工日常需求。从解决好职工普遍关心的事情着手，从细节入手，使各级工会组织成为职工的“贴心人、知心人、娘家人”。积极推进职工日常健身，6 年共投入 168 万元为 17 742 名工会会员办理公园年票；组织开展心理健康讲座、参观展览、观看电影、开展春秋游等活动；在职工生日、结婚、生育、生病住院、退休时，送上组织的问候和祝福；坚持每年组织职工进行健康体检，职工家庭遇到困难主动关心尽力帮助渡过难关。四是搞好基础建设。针对职工文体活动的实际需求，在院基建局和后勤服务中心的大力支持下，为职工修建了室外篮球场、东区休闲花园和室内健身活动中心。

（五）加强自身建设，努力提高工会工作能力和水平

认真贯彻落实中央及部院关于加强和改进党的群团工作的意见，不断加强自身建设。一是加强党的领导。牢固树立“四个意识”。主动向党组织汇报、请示重要事项，主动邀请党组织负责同志参加工会活动，督促各级工会贯彻落实中央及上级工会要求，加强和改进党对工会的领导。二是夯实基层组织。加强对基层工会建设督促检查，6 年来指导基层工会组织换届 11 个。三是完善职代会制度。制定出台了《中国农业科学院研究所职工代表大会条例》，坚持定期召开职代会。京区各研究所现已全部成立了职工代表大会（或职工大会），并制（修）订了工会工作有关制度。四是注重教育培训。院工会先后举办了以“文化建设”“人文关怀心理疏导”“工会实务培训”为主题的能力

培训，培训工会干部 360 人次。五是严格财务制度。严格执行中央八项规定精神和工会有关财务制度。工会经审委员会认真履行职责，严格按照规定审查工会经费的收支和财务预决算，做到了及时审计、及时报告、严格控制、规范管理，确保经费使用合法合规、合理有效。

近年来，院工会荣获农业农村部优秀工会工作奖 3 次，有 3 名优秀工会干部，8 名优秀工会积极分子获农业农村部表彰。

这些成绩的取得，得益于院党组、农业农村部直属机关工会、院直属机关党委的高度重视和正确领导，得益于各级党组织、工会组织的关心支持和工会干部的辛勤工作，得益于广大职工的共同努力和积极参与。在此，我谨代表第十五届工会委员会向所有关心支持工会工作的各级领导和同志们一并表示衷心感谢！

二、做好工会工作的几点体会

回顾 6 年来的工作，有以下几点体会。

一是坚持党的领导是做好工会工作的根本保证。院党组和各单位党组织高度重视工会工作，加强对工会的领导，支持工会开展工作，积极参加工会组织的重大活动，有力推动了工会工作的顺利开展。实践证明，只有坚持和加强党的领导，工会工作才能明确方向、把握重点。

二是坚持围绕中心服务大局是工会工作的主线。工会工作要紧密结合院所实际，坚持围绕中心、服务大局，只有这样才能展现自身价值，才能找准切入点和着力点，才能团结带领广大职工立足岗位做贡献，在“两个一流”建设中充分发挥主力军作用。

三是坚持党的群众路线是工会工作的生命线。工会是“职工之家”，只有依靠群众、服务群众，工会工作才能真正焕发出旺盛生命力，才能充分调动职工积极性和主动性，才能扎实推进各项工作，取得好的成绩。

四是坚持建设队伍是做好工会工作的组织保证。加强工会干部培训，建设一支热爱工会工作、热心为职工服务的高素质工会干部队伍，培养具备各类特长的工会积极分子，是工会有效开展工作的基础和保证。

在回顾既往工作、总结成绩的同时，也要清醒地认识到，与新时代工会工作新要求相比，与广大职工新期盼相比，我院工会工作还需要不断加强和改进：工会工作的政治性需要进一步增强，围绕中心、服务大局的作用有待进一步发挥，宣传思想方法需要不断创新，维护职工权益、活跃文体生活的形式需要不断丰富，工会组织自身建设也需要不断加强。

三、对今后一个时期工作的建议

党的十九大报告明确指出，要“增强群众工作本领，创新群众工作体制机制和方式方法，推动工会、共青团、妇联等群团组织增强政治性、先进性、群众性，发挥联系群众的桥梁纽带作用，组织动员广大人民群众坚定不移跟党走”。这些新部署新要求为新时代工会工作指明了方向。我们要以习近平新时代中国特色社会主义思想为指导，全面贯彻落实党的十九大精神，牢固树立“四个意识”，坚定“四个自信”，不断增强政治性、先进性、群众性，团结带领广大职工锐意进取，努力开创新时代我院工会工作新局面。

（一）坚持正确政治方向，坚决维护以习近平同志为核心的党中央权威和集中统一领导

习近平总书记指出：“工会工作做得好不好、有没有取得明显成效，关键看有没有坚持正确政治方向。”坚持正确政治方向，就是要坚持中国共产党领导和中国特色社会主义制度。我院各级工会组织要把学习宣传贯彻习近平新时代中国特色社会主义思想和党的十九大精神作为当前和今后一个时期的首要政治任务，教育引导广大职工牢固树立“四个意识”，坚定“四个自信”，旗帜鲜明讲政治，坚决维护习近平总书记在党中央和全党的核心地位，坚决维护党中央权威和集中统一领导，坚决贯彻执行党中央决策部署和院党组工作部署，自觉服从服务于院所改革发展大局，突出自身特点、发挥自身优势，组织动员广大职工坚定不移跟党走。

（二）加强职工思想引领，在深入推进科技创新工程、实施乡村振兴科技支撑行动中发挥主力军作用

深入学习贯彻习近平新时代中国特色社会主义思想。开展中国特色社会主义和中国梦宣传教育，培育和践行社会主义核心价值观，加强社会公德、职业道德、家庭美德和个人品德教育，坚定理想信念，牢固树立正确世界观、人生观、价值观。

加强和改进思想政治工作。不断创新思想政治工作方式方法，充分利用“两微一端”等新媒体传播途径，以职工喜闻乐见的形式，宣传党的声音，团结动员广大职工积极投身“两个一流”建设。

激发广大职工立足岗位建功立业。认真做好中国农业科学院先进集体、先进工作者、先进基层工会组织、优秀工会干部、优秀工会积极分子评选表彰工作，积极推荐优秀团队和个人参加上级工会荣誉评选，选树先进典型，引领带动广大职工见贤思齐，创先争优，在农业科技创新和乡村振兴科技支撑行动中建功立业。

（三）维护职工合法权益，有效保障职工的知情权、参与权、表达权和监督权

充分发挥职代会的作用。认真贯彻执行《中国农业科学院研究所职工代表大会条

例》，充分发挥职代会民主管理、群众监督职能，充分调动职工参与单位改革发展的积极性。

积极维护职工合法权益。加强服务阵地建设，在职工教育培训、维护职工劳动权、休息权、健康权等方面积极开展工作，不断赢得职工的信赖和支持。

持续开展送温暖活动。重点关注大病特困职工、失独家庭、残疾子女家庭、女职工关爱行动和“阳光助学”等职工帮扶工作，坚持到家、到岗慰问困难职工。继续做好职工体检、休假和年节福利发放等工作。

（四）积极开展群众性文体活动，不断丰富广大职工精神文化生活

继续开展特色文化活动。深入推进“书香农科”建设，以文艺演出、诗词书画摄影展，“两微一端”等新媒体形式，大力弘扬农科精神，自觉培养高尚道德情操，营造积极向上、团结和谐的科研氛围。

组织开展职工体育活动。继续支持篮球、羽毛球、乒乓球、瑜伽、文艺等文体俱乐部，积极开展职工参与性强、认可度高的文体活动；组织职工参加上级工会组织的文体比赛活动。

切实加强人文关怀。通过举办心理讲座、组织参加联谊会等活动，关心关爱职工心理健康和青年职工的工作生活。

（五）加强和改进工会自身建设，打造深受职工信赖的“职工之家”

进一步夯实工会工作基础。坚持党对工会的领导，各级工会组织要主动向党组织汇报工作，争取党组织的支持，配强工会领导班子。不断健全工会工作制度，督促指导基层工会依法按期换届。

继续加强工会干部培训。不断提高工会干部政治理论水平和业务素质，增强群众工作本领，努力把工会干部锤炼成听党话、跟党走、职工群众信赖的“娘家人”。

不断创新工会工作方法。对照党的要求和职工的期盼，不断改进工作作风，以职代会会议、工作座谈会、专题调研等形式，深入了解掌握基层工会情况，创新工作方法，扩大工作覆盖、增强工作实效。

各位代表、同志们，让我们在院党组和农业农村部工会领导下，以习近平新时代中国特色社会主义思想为指导，深入学习贯彻中央党的群团工作会议特别是习近平总书记重要讲话精神，不忘初心、牢记使命，锐意进取，努力开创新时代我院工会工作新局面，为贯彻落实好习近平总书记“三个面向”“两个一流”和“整体跃升”的发展要求作出新的更大贡献！

关于中国农业科学院工会第十六届委员会和经费审查委员会组成人员的通知

农科工会〔2018〕16号

院机关工会、院属京区各单位工会：

经中国农业科学院工会第十六次会员代表大会和第十六届委员会、经费审查委员会第一次会议选举，并报农业农村部直属机关工会委员会批准，中国农业科学院工会第十六届委员会和经费审查委员会组成人员名单如下。

一、中国农业科学院工会第十六届委员会

主　席：王晓举

常务副主席：赵红梅

副主席：刘　燕

常　委（共9人，以姓氏笔画为序）：

王　欣　王晓举　刘　燕　杨永坤　佟继旭　沈银书　赵红梅　郝志强　郭同军

委　员（共21人，以姓氏笔画为序）：

王　欣　王长江　王晓红　王晓举　刘　燕　刘继芳　李志平　李克民　李思经　杨永坤　吴京凯　佟继旭　沈银书　宋　斌　张之宣　项伯纯　赵红梅　郝志强　胡　鸿　郭同军　赖燕萍

二、中国农业科学院工会第十六届经费审查委员会

主　任：韩小玲

副主任：李　宁

委　员（共5人，以姓氏笔画为序）：

王爱辰　李　宁　张帼俊　章以吉　韩小玲

中国农业科学院工会

2018年11月29日

共青团中国农业科学院
第十一届委员会委员名单

书　记：马　骁

副书记：王　珑　夏　晨

委　员：马　骁　王　珑　刘朋飞　李月明　李然嫣　宋　振　夏　晨
　　　　顾今吾　高韵哲

中央纪委驻农业部纪检组组长、农业部党组成员吴清海在中国农业科学院全面从严治党工作会议上的讲话提纲

2018 年 2 月 24 日

中国农业科学院是农业科研国家队、农业科技进步主力军，摊子大、机构多，党员多、基层党组织多，做好全面从严治党和党风廉政建设工作尤为重要。会前，我看了农科院的一些有关材料，春节前也专门到院里做了一点调研，连同日常处理有关人民来信、群众举报，对中国农业科学院全面从严治党，推进党风廉政建设有了一个基本了解。2017 年，中国农业科学院党组认真贯彻落实党的十八大、十九大精神，坚持以习近平新时代中国特色社会主义思想为指导，落实党中央全面从严治党的总体部署和要求，聚焦中央巡视发现问题的整改，更加重视强化党的领导，加强党的建设，落实“两个责任”。院领导班子切实履行“主体责任”，以上率下，传导压力，全面从严治党和党风廉政建设取得了积极成效，应予充分肯定。刚才，4 个单位负责同志作了发言，介绍了从严管党治党的经验做法，从不同角度反映了中国农业科学院全面从严治党的新风貌。我相信，长期不懈抓下去，效果会越来越好。

在肯定成绩的同时，我们必须清醒地认识到中国农业科学院全面从严治党存在的问题。从中央巡视组反馈的意见看，中国农业科学院还存在党的领导不够有力，一些直属单位党的领导弱化、党的建设薄弱，党委长时间不换届、党委难以有效参与决策，选人用人不规范，违反中央八项规定精神问题突出；全面从严治党与中央的要求有差距，少数领导干部不讲规矩带头违纪，科研经费管理使用中问题频发。从驻部纪检组掌握的情况看，自 2016 年 3 月综合派驻以来，反映农科院系统的信访举报以及对农科院系统干部的立案数，均占农业部系统信访量和立案总数的近一半（分别为 43. 3%、42. 9%），主要涉及违反中央八项规定精神和“四风”问题，违规选人用人，套取科研经费，违规发放奖金，以及非法收受他人财物等多个方面。这些情况表明，全面从严治党永远在路上，农科院党风廉政建设和反腐败斗争形势依然严峻复杂，全面从严治党依然任重而道远，形势不容乐观，全面从严治党必须高度重视、常抓不懈。

下面，我就全面贯彻落实党的十九大有关全面从严治党和中央纪委二次全会精神，结合中国农业科学院的实际，代表驻部纪检组讲几点意见。概括起来说，就是切实在以下 4 个方面把中国农业科学院自身摆进去。

一、在始终坚持把党的政治建设摆在首位，全面净化党内政治生态方面，切实把中国农科院摆进去

今天这个会，是中国农业科学院全面从严治党工作会议，是一次严肃的党内政治生活，当然必须旗帜鲜明讲政治。把政治建设摆在首位，就必须讲中国共产党的理想信念宗旨。习近平总书记对这个讲得最多，也提出了很多具体的要求。那么多干部出问题，根子就出在这里。看看曾经是党的高级领导干部写的忏悔录，哪个不毁在理想信念宗旨的动摇上，哪个不毁在对党不忠诚上，他们后悔的、忏悔的无一不都在这些方面。领导干部一旦理想信念宗旨这个总阀门发生偏差，没有不出事的，官越大，出的事就越大。没有理想信念宗旨这一条，哪有"四个意识"？又哪有坚决维护党中央权威和集中统一领导？也谈不上"四个自信"。

习近平总书记高度重视科技对于农业农村现代化发展的重大意义，作出了一系列重要论述。2017 年给中国农业科学院建院 60 周年发来贺信，对农业科研国家队寄予很高期望，提出了"三个面向""两个一流"和"整体跃升"的很高要求，体现了总书记对中国农业科学院发展的殷切关怀。党的十九大作出乡村振兴战略部署，提出农业农村优先发展，加快推进农业农村现代化重大任务。农村发展、农业现代化，需要坚持质量兴农、绿色兴农，这些都离不开农业科技的支撑，中国农业科学院肩负着艰巨任务和光荣使命。我认为，如果没有全院共产党员坚定的理想信念宗旨和政治担当，没有全院各级党组织坚强的凝聚力战斗力，总书记的要求在农科院是落实不好的，也是落实不到位的。

2016 年中央巡视反馈意见指出，中国农业科学院在落实中央决策部署和"三农"方针政策方面还不够全面、不够到位，聚焦"三农"的全国性、革命性科研项目选题不多，有特色的重大科技成果不够突出，帮助农业直接应用科技成果的覆盖面较小。我们从群众反映和执纪审查中也发现，院系统部分研究所对强化党的领导、全面从严治党认识不到位、意识缺乏，党员观念淡漠，党组织政治功能作用发挥不够，基层组织的组织力薄弱。具体表现在，有的落实主体责任的主动性和自觉性不强，对本单位如何落实全面从严治党深入思考不够，投入精力不足，具体行动和有效措施不多；有的停留在学习理论、体会精神和表态上，有的党员领导干部总以业务干部自居，时常把"我是搞科研、抓业务的"挂在嘴边，就是忘记自己还是党员，还是党员领导干部，忘记自己从事的科研和业务首先是党领导下的，业务和党建没有进入到同一个坐标系中，"重业务，轻党建"的思想没有得到彻底纠正。有的党组织和纪委对群众反映的问题高举轻放，睁一只眼闭一只眼，不是去查出问题追究责任，而是去抹平事情。有的基层党组织"三会一课"制度执行不到位，党组织生活不严肃、不规范，出现了以行政会议代替党员大会或支部会议等现象。

从来就没有脱离政治的业务，也没有脱离业务的政治，任何时候都要把讲政治摆在

首位。讲政治不是空泛的，农科院各级党组织不能纸上谈兵，空喊口号。作为农业科研单位，要突出各级党组织的政治功能，可以创新组织体系，比如将支部建在科研团队上，通过提升支部组织力，统一思想，提高站位，将党的意图转化成广大科研工作者的工作自觉，主动围绕贯彻党的“三农”决策部署，开展重大科研活动，服务广大农民群众，这也是讲政治。

讲政治要抓落实，要注意查找对党不忠诚、阳奉阴违的“两面人”“两面派”，纠正个人主义、分散主义、自由主义、本位主义、好人主义，查找拉帮结派、搞圈子文化的行为。解决“宽松软”，走向“严紧硬”，也不是一步能到位的，全面从严治党必须长期坚持。中国农业科学院各级党组织和党员领导干部都要把自己摆进去，深刻对照检查，站稳政治立场，坚持政治原则，坚守政治担当，绷紧政治纪律，坚决同危害中共中央权威和集中统一领导的行为作斗争，营造和净化好中国农业科学院党内政治生态。

二、在巩固拓展落实中央八项规定精神成果，持之以恒正风肃纪方面，切实把中国农业科学院摆进去

中共中央制定八项规定，作为全面从严治党的开篇之作，作为管党治党的切入口，发出刹风正纪的强烈信号。连续5年咬住不放，寸步不让，刹住了那些司空见惯的歪风邪气。巩固拓展落实中央八项规定精神成果，持之以恒推进党的作风建设，事关党群关系、人心向背，必须在常和长、严和实、深和细上下功夫，管出习惯，抓出成效，化风成俗。

八项规定精神实施5年多了，农科院落实得怎么样呢？事实证明，“四风”问题有很强的顽固性、反复性，对此我们必须要有清醒的认识。综合派驻以来，我们处置反映中国农业科学院的193件问题线索中，反映违反廉洁纪律的问题线索116件，占问题线索总量的60%。其中涉及中央八项规定精神的问题线索也不少，主要涉及违规使用科研经费、办公用房面积超标、违规配备使用公车、借出差之机公款旅游、公款吃喝等问题。我们对其中的3个问题进行了立案处理。这3个问题都发生在2015—2016年，属于顶风违纪行为，性质较为恶劣。

比如郑果所，时任所长办公室面积68.82平方米，超标一倍多，时任书记办公室面积45.88平方米，也超标50%。所领导班子2011年搬入超标的办公室后，农科院曾3次提出整改要求，但郑果所一直坚持原来“打隔断”的整改方案，在落实中央八项规定精神上面搞变通，直到中央巡视组进驻才予以纠正。时任所长、书记均受到党内严重警告，所纪委书记也受到党内警告处分。

又如，农科院机关某单位党委书记，曾长期占用下属企业车辆，在院党组连续发文清理纠正违规借车问题的情况下，仍有令不行、有禁不止，不按要求将车辆封存停驶，受到党内严重警告处分。

在违反中央八项规定精神方面，还存在有的领导干部超标准乘坐交通工具、超标准

公款接待，有的公车私用，有的多占住房等问题。在中央如此高压纠“四风”的情况下，这些人还心存侥幸、我行我素、顶风违纪，表明贯彻落实中央八项规定精神在农科院系统依然面临政治考验，工作还需进一步深化加强。

经过这几年持之以恒纠“四风”，通过对违反中央八项规定精神问题严查严处、通报曝光，一些显性的问题基本得到遏制。但另一些问题则穿上了“隐身衣”，躲进了“青纱帐”，需要我们擦亮眼睛，更加关注并识别违反中央八项规定精神的新表现、新动向，发现问题，露头就打，特别是要在反对形式主义、官僚主义上下功夫，认真对照总书记指出的十种表现，一一查摆、切实纠正。韩长赋同志 2 月 9 日在重点工作汇报会上，列出了农业部系统存在的形式主义、官僚主义 10 个倾向性问题，农科院系统有没有？哪些表现得更突出？都要切实把自己摆进去，对照检查，提出整治措施，以作风建设的新成效赢得全院干部职工的信任和支持。

三、在全面加强党的纪律建设，巩固发展反腐败斗争压倒性态势方面，切实把中国农科院摆进去

纪律是党的生命，党的十九大把纪律建设纳入党的建设总体布局。无数案例表明，党员“破法”，都是从“破纪”开始的。从我们综合派驻以来的立案情况看，对农业农村部系统立案 35 件，其中，中国农业科学院 15 件（驻部纪检组立案 7 件、农业农村部机关纪委和农科院党组纪检组立案 8 件），占比 42.9%；从处分人员情况看，农业部系统 33 人受到党政纪处分，其中农科院系统 19 人（包括 9 名司局级、3 名县处级、1 名科级、6 名研究人员），占 57.6%，其中党内警告 6 人、党内严重警告 6 人、留党察看 1 人、留党察看并降级 1 人、开除党籍开除公职移交司法 1 人，另有行政警告 3 人、行政记过 1 人。从执纪情况看，反腐败斗争压倒性态势已经形成，巩固发展这种态势直到大获全胜的决心必须坚如磐石。从我们监督执纪和群众反映的情况看，农科院系统存在的一些突出问题和薄弱环节需要引起足够重视。

一是科研经费使用管理方面，依然存在挤占、挪用、贪占、浪费等突出问题。在科研经费申请、分配、使用等环节，一些课题组或科研人员刻意钻制度漏洞，随意列支费用。经费申请时，按最高限申报，导致批复的经费用不完，便想方设法突破底线去占用。有的通过虚列名单冒领专家费、劳务费、咨询费，有的以合作方式拨出大笔经费套取资金，有的手段则更加低级，明目张胆在科研经费中报销家电、服装、奶粉等个人消费支出。管理上也存在漏洞，横向课题经费挤占纵向课题经费较为普遍，通过挤占结余部分用于发放奖金。大量国家科研项目经费被挤占挪用，拿什么来保证国家科研项目的产出？试想一个科研单位及其科研人员，如果一心想着从科研经费中创收，又怎么能从我国农业农村现代化发展这个大局和实际需求出发，创造出重大科研成果呢？中国农科院作为国家级科研机构，近年来国家投入了巨额资金，对这些资金的使用和管理，物资采购、经费外拨、项目招投标、成果评审等方面的廉政风险容不得一丝一毫的松懈。为

了争取更多的经费、顺利通过项目评审、评奖、评职称，以非正当方式拉拢有关部门和相关审批人员的问题也需要引起重视。对这些问题，要举一反三，认真自查、严肃整改。

二是财务管理不规范的问题。2018 年春节前夕，某研究所发生了出纳跳楼身亡的重大事件，初步判断原因是该所银行账户的账面余额与实际余额严重不符。从掌握的情况看，该账户账实不符的情况早在 2000 年左右就已经发生，至今长达十几年了，其间竟然没人发现，财务监管失控可见一斑。中央巡视期间，就曾对财务不规范的问题提出过要求，时至今日，还发生这样的事件，教训极为深刻。在座的同志们都要想想查查，你所在单位有没有这样的问题？该研究所和院机关还有谁对此负有责任？应该问谁的责任？

三是院所办企业的问题。农科院系统办的企业不少，我们收到这方面的举报反映也不少。党员领导干部不准经商办企业，不能拥有非上市公司股份，国家有明文规定，也是纪律红线。但有些科研单位的领导干部，在公司股份方面明脱暗不脱，跟组织“躲猫猫”，这是把纪律当儿戏。还有一些反映科研单位在企业改制过程中搞利益输送，将国家资产低价评估，让利与人。

四是房屋出租出借管理问题。农科院对外出租的房屋规模相当大，据了解，2017 年房屋出租收入有 1.8 亿元，出租收入为弥补事业经费发挥了重要作用。但在出租管理上群众多有一些反映，主要是管理不规范，招租不公开，低价出租且合同一签 10 年、20 年的都有，造成国有资产流失，群众怀疑个别领导和管理人员收受好处，存在利益输送问题。

五是干部使用问题。反映主要在两个方面，一个是一些单位提拔使用干部公信度和群众认可度不够，有的领导干部帮助做工作，群众意见较大；另一个是一些所长在一个单位任“一把手”时间太长，群众反映作风霸道，民主氛围不好，积累历史问题较多。

这些问题都很严肃。根源在哪里？这些单位没有党组织吗？显然不是。根本原因还是党性原则不强，政治站位不高，是党委及党组织的作用发挥不充分，不重视制度建设和执行，在管党治党的责任压力传导方面层层递减、存在“死角”。

从严管理干部是党组织的责任。干部有了问题，组织就要批评、教育、处理。农科院党组已经发现了一些突出问题，并下决心解决整改，搞了 5 个方面的专项整治。出发点很好，一定要在见实效上下功夫，不能走了过场。院长、党组书记高度重视，亲自挂了帅，建议还要亲自出征，工作重心下移，真正针对问题，提出管用的举措并抓好落实，同时明确纪律要求。专项整治以后，再发现类似问题，怎么办？要划红线！用党的纪律管住大多数才叫全面从严治党。各单位党组织要把纪律和规矩挺在前面，全面加强纪律建设，从严教育、管理、监督干部，使铁的纪律转化为党员、干部、职工日常习惯和自觉遵循。

四、在持续推动全面从严治党责任落到实处，以问责促担当方面，切实把中国农科院摆进去

党的十八大之后，中央紧紧盯住全面从严治党不力这个症结，坚持行使权力和担当责任相统一，要求各级党组织真正把落实管党治党政治责任作为最根本的政治担当，咬住“责任”二字，抓住“问责”这个要害。全面从严治党责任在农科院系统落实得怎么样，各级党组、党委有没有履行好主体责任，纪委、纪检机构履行监督责任效果怎么样，都需要把自身摆进去，加以对照。

从群众反映和执纪掌握的情况看，院系统“两个责任”的落实，与中央的要求还是有差距的，有往下递减的现象。有的党委书记有职责无作为，不愿意多抓，主要精力不在履行管党治党责任上。有的党委书记抓工作有顾虑，认为所长才是单位“一把手”，自己甘愿当“副手”。有的党委书记抓党的建设感觉力不从心，并且担心不被理解和支持。有些纪委书记不敢、不愿监督，遇到问题绕着走或大事化小，怕得罪人。全面从严治党党政同责，院所长与党委书记应共同对此负责；纪委、纪检机构是党内监督的专责机关，不监督、不执纪，纪委书记、纪检组长就是失职渎职。

2016 年，驻部纪检组和农科院党组先后对农经所发生的大面积科研经费违规使用问题进行问责，给予履行全面从严治党主体责任、监督责任不力的原所长留党察看一年处分，党委书记、原纪委书记党内严重警告处分；对生物所违反财务管理规定，擅自转拨科研经费问题进行问责，分别给予履行全面从严治党主体责任不力的所长、党委书记行政记过、党内警告处分。我们要从中吸取教训，有职就有责、失责就要被追究，这是当前全面从严治党，各级党组织和党员领导干部应有的担当。

党的十八大以来，中央巡视的利剑效应，大家有目共睹。中国农业科学院党组应该说是重视巡视工作的，2009 年开始到 2013 年已经覆盖一轮。形式上重视，效果上怎么样，恐怕要反思、总结提升。第二轮从 2014 年开始到去年年底，4 年期间巡视了 15 个单位，2017 年虽然做了加强，但这样的巡视监督，力度恐怕是不够的。中国农业科学院党组要加强巡视力度，进一步突出政治巡视，同时强化巡视发现问题的能力，强化对发现的问题一抓到底、扭住不放、严肃对待的态度。对失职失责的，要严肃问责，只有抓住了问责这个要害，才能以问责促担当，层层传导压力，把全面从严治党责任有效延伸到每一个单位、每一个党支部，落实到每一位党员、干部身上。

最后，我在这里也表个态，驻部纪检组将带头从严教育和管理干部，以更高要求加强自身建设，坚决做到在行使权力上慎之又慎，在自我约束上严之又严，防止“灯下黑”。请农科院各级党组织和广大党员干部对我们进行监督。

推进全面从严治党向纵深发展
为加快“两个一流”建设提供坚强保证

中国农业科学院党组书记 陈萌山

2018年2月24日

同志们：

刚才，唐华俊院长传达了中央纪委二次全会精神，我们要认真领会、贯彻落实。3个研究所和基建局分别介绍了经验和做法。清海组长作了重要讲话，很有针对性、指导性，清海组长是在深入调查、深入研究的基础上，对中国农科院全面从严治党工作提出要求，是一堂很深刻的廉政课、党课，特别是举了大量的违规违纪案例，一针见血、分析透彻、发人深省，院党组要深刻地反思，在座的同志要深刻地反思，点到问题的单位更要深刻地反思。

下面，我就贯彻落实党的十九大精神、中央纪委二次全会精神以及农业部全面从严治党工作会议精神，贯彻落实清海组长刚才的重要讲话要求，总结工作成效和做法，分析面临的形势和挑战，部署我院2018年深入推进全面从严治党，加强党风廉政建设和反腐败工作，为加快我院“两个一流”建设提供坚强保证讲3点意见。

一、落实全面从严治党主体责任，推动管党治党走向严紧硬，党风廉政建设和反腐败工作取得新的成效

近年来，院党组按照中央全面从严治党的要求，密切联系中国农科院实际，狠抓工作落实，切实增强全面从严治党的系统性、创造性、实效性，有效保证全院各项事业的快速发展。在工作推进过程中，我们始终明确两个重要的指导思想：一是坚持把加强党的建设聚焦到引领科技创新服务于“三农”工作，充分发挥党组织的战斗堡垒作用；二是坚持把全面从严治党放到全局工作谋划推进，推动管党治党走向严紧硬。

（一）坚持把加强党的建设聚焦到引领科技创新服务于“三农”工作，充分发挥党组织的战斗堡垒作用

一是牢牢把握科技创新正确方向，确保党和国家的路线方针政策在我院不折不扣贯彻执行。院党组深入学习贯彻党的十九大精神、习近平新时代中国特色社会主义思想和

习近平总书记给我院贺信的精神，以“四个意识”为政治标杆，全面落实党中央、国务院关于农业、农村与农业科技工作的方针政策，围绕贯彻党的十九大精神和实施乡村振兴战略，组织制定“乡村振兴科技支撑行动方案”，以科技创新工程为载体，重点突破一批基础前沿技术，攻克一批核心关键技术，集成一批农业绿色发展模式，转化一批科技创新成果，打造一批乡村振兴科技示范典型，为乡村振兴战略实施提供强有力的科技支撑。全院围绕创新型国家建设的任务要求，对标“三个面向、两个一流”，找准差距，弥补短板，在发展定位、战略方向、研究计划、队伍组织、研究布局等方面，不断聚焦主攻方向、优化队伍结构，确保我院农业科技创新工作始终面向产业需求，服务“三农”工作，体现“国家队性质”。

二是坚持把政治建设作为党的根本性建设摆在首位。我认为，党组织主体责任落实的好坏，首先体现在党组织的政治功能是否充分发挥了。我们在工作推进中始终明确，就是要有效地用党的路线方针政策统一思想、凝聚共识，推进科研人员政治思想建设；不折不扣地把党的路线方针政策的要求转化到科研工作中，推进科研团队建设；始终坚持党的路线方针政策，推进科研生态建设。这“三个建设”是坚持政治建设的具体体现。严格按照中央的部署要求，突出农业科研院所特色，扎实开展党的群众路线教育实践活动、“三严三实”“两学一做”专题学习教育，夯实全面从严治党思想政治基础。第一时间组织全院党员学习贯彻习近平总书记贺信精神，制定学习宣传贯彻党的十九大精神方案，召开全院党员干部大会和院党组理论中心组专题学习会，组织党的十九大代表深入基层宣讲，召开片区座谈会、先进事迹报告会、辅导报告会，采取集中学习、个人自学、专家辅导、知识测试等多种方式，迅速把思想和行动统一到中央的要求上来，把智慧和力量凝聚到科技创新、服务“三农”事业上来，全院各级党组织和广大党员干部的“四个意识”显著增强，农业科研国家队的使命感、责任感愈加强烈，实施乡村振兴科技支撑行动的思想自觉和行动自觉更加坚定，推动我院科研产出、人才队伍、平台建设等各项工作取得了丰硕成果。

三是坚持把加强党的建设融入科技创新全过程，增强党组织的凝聚力战斗力。院党组注重建立管党治党长效机制，加强全院各级基层党组织领导班子建设。制（修）订《院属单位党委纪委换届审批工作规定》《关于进一步加强党内生活制度建设的实施细则》《院属单位党委工作规则》《院属单位执行“三重一大”决策制度监督办法》《党建述职评议考核工作实施办法》等一批规章制度，严格执行党员领导干部民主生活会、双重组织生活、“三会一课”、民主评议党员等党内生活制度，党建工作与业务工作同部署、同检查、同考核。结合院所实际，坚持树立党的一切工作到支部的鲜明导向，按照“支部建在创新团队上”“建在业务考核单元上”的原则，选优配强支部书记的要求，全面推进支部规范化建设，抓好党建“最后一公里”，促进管党治党责任落实到人、扎根到基层。党的建设，这两年，我们重点抓了“一建一强”，“一建”就是推动支部建在创新团队和职能处室，“一强”就是选优配强支部书记。这是一条经验，也是党的建设一项重大的原则和制度安排。1927 年 9 月，毛主席有感于南昌、秋收起义相继失败，是因为缺乏革命中心力量，提出实施支部建在连队上，在连队设置党支部，在优秀士兵中发展党员，在班排设党小组，在连队上设党代表，在部队建设完整的党组织体系，为党的全面建设和部队的战斗力、组织力提供了可靠组织保证。军工科研体制巨大的优势，就是党的组织力、执行力十分强大，我们要发扬和坚持，把“一建一强”抓到位。

（二）坚持把全面从严治党放到全局工作谋划推进，推动管党治党走向严紧硬

我院基层党组织多、党员人数多，党建工作点多、线长、面广，任务艰巨。院党组强化责任担当，坚决贯彻全面从严治党战略部署，以“两个责任”为支点，以“六项纪律”为标尺，以监督执纪“四种形态”为杠杆，砥砺动真碰硬、严实深细的优良作风，推动全面从严治党纵向延伸、横向拓展、全面覆盖。

一是带头落实管党治党政治责任。牢牢牵住主体责任这个“牛鼻子”，层层传导压力、激发动力，强化责任意识和担当精神，一级做给一级看，一级带着一级干，自上而下推动管党治党责任落实。院里建立党建工作领导小组，统筹京内外党建工作，成立党风廉政建设工作领导小组，每年召开党建与思想政治工作研究会、党风廉政建设工作会议，印发工作要点，制定落实“两个责任”的意见和实施办法，分解年度任务分工，组织层层签订责任书，出台贯彻落实《中国共产党问责条例》实施细则，把主体责任和监督责任一贯到底，形成了齐抓共管的良好局面。院长和党组书记切实履行“第一责任人”责任，党组成员侧重分管领域的党建工作，带头深入基层党支部督导“两学一做”，开展党建调研，自觉履行“一岗双责”。2017 年，院党组成员分别带队，在全院范围组织开展了 34 场“落实全面从严治党主体责任和科研管理放管服”巡回宣讲活动，既讲明政策空间，又划清纪律红线，进一步激发了科技创新活力。

二是持续推进中央巡视整改落实。院党组把中央巡视反馈意见整改作为管党治党、建立长效机制的政治担当，以坚决的态度、严格的标准和果断的措施抓整改、抓落实、抓成效。坚持以问题为导向，逐项逐条对照梳理，制定问题清单、任务清单和责任清单，明确责任领导、责任部门、完成时限和目标要求，研究提出九大方面 37 项整改任务 122 项具体整改措施，下大力气整改部分干部住房分配不规范、艺海租赁、延庆基地建设管理等历史长期遗留问题。目前，巡视反馈意见中指出的 37 个具体问题中，除部分干部住房分配不规范问题还在推进落实中外，其余问题已全部整改到位；同时，举一反三、着眼长远，结合科研“放管服”要求，有针对性地新建立了 22 个导向明晰、约束有力的规章制度，促进了全院科技创新和管理能力的整体提升。

三是严格落实中央八项规定精神。院党组对标中央八项规定精神要求，不断细化落实中央八项规定精神具体措施，先后制定《中国农业科学院改进工作作风有关规定的实施办法》《关于进一步贯彻落实中央八项规定精神加强作风建设的实施办法》等制度

规定，从调查研究、改进会风、精简文件、文稿发表、公务接待、财务管理、出国（境）管理、厉行节约等方面，建立了一系列更加严格、更加有操作性的配套办法。针对在公车管理自查工作发现的问题，组织开展了专项整治工作，对整治中立查立改工作不到位的 3 个研究所党政主要负责人进行了集体约谈提醒谈话，并责成相关责任人向院纪检组进行了书面检查。针对公款吃喝、公款旅游、公车私用等可能易发问题的环节，坚持从大处着眼，小处着手，一个节点一个节点抓落实，重点节日坚持以多种形式开展节日廉政教育，坚决落实中央八项规定精神。

四是进一步加强和改进巡视工作。修订了《中共中国农业科学院党组巡视工作实施办法》，并结合我院实际情况，为加强院巡视力量，在全院范围建立了巡视干部人才库，并把参加巡视工作作为干部培养重要手段。2017 年，先后对 5 个研究所进行了专项巡视，对 1 个研究所开展了巡视“回头看”工作。巡视中注重加强巡视监督的政治“显微镜”“探照灯”作用，聚焦党的领导、党的建设和全面从严治党，并注重打“组合拳”，将选人用人专项检查、科研经费专项审计、重点领域专项整治、问题线索调查核实工作结合开展。以促进被巡视单位的各项工作为目的，注重发现问题，注重提出整改建议。坚持由院巡视领导小组审议巡视工作报告，院党组审议巡视反馈意见，院党组成员带队反馈意见制度。反馈意见中坚持直面问题，不怕红脸出汗，整改要求明确具体，坚决落实追责问责，以问题促整改，以压力促动力。进一步完善了巡视意见反馈形式，进一步明确主体责任，进一步传导压力，进一步强化整改要求。针对巡视中发现的问题，对 2 个研究所班子党政主要负责人进行了集体约谈提醒谈话，对发现的履责失职问题，责成研究所对相关人员追责问责进行组织处理。巡视发现问题、形成震慑的利剑作用进一步凸显。

五是充分运用监督执纪“四种形态”。坚持把纪律和规矩挺在前面，综合运用监督执纪“四种形态”，特别是用好用足“第一种形态”，常咬耳朵，常扯袖子，做到该提醒的提醒，该批评的批评，该诫勉的诫勉，防止小问题造成大影响。2017 年对 22 人予以诫勉，对 11 个党政领导班子主要负责人进行了集体约谈提醒谈话。严格执行监督执纪工作规则，通过组织处理、纪律处分多样化的执纪方式，让“四种形态”真正成为落实监督责任的重要遵循，成为惩前毖后、治病救人的利器。有 3 名干部因违反党纪政纪受到处分，其中，环保所一名干部违规设立“小金库”、利用职务便利为亲属谋利、违规开支，被予以行政记过处分、免去副主任职务，一名编审参与以上违纪违规行为，被予以党内警告处分；蔬菜花卉所一名课题组组长利用返聘人员工资套取科研经费，用公款违规购买 8 部手机，被予以党内警告和行政警告处分。这几年从严治党的一条最重要的经验，就是把加强监督与关心信任相统一。首先是对我们的科研人员充分信任，尽量关心爱护，但信任关心爱护不能代替监督，监督不能有例外。监督也是一种关心爱护，特别是“四种形态”的监督，这是从政治上的特殊的关心帮助。我们一定要习惯在监督下工作，要增强这个理念，不要讲我们不是权力机关，这几年院里发生的许多问题案例，告诉我们天涯无净土。

六是注重强化重点领域风险防控。坚持问题导向，拉长监督“探头”，排查风险隐患，做到管党治党工作全面覆盖。通过认真分析院所管理中存在的薄弱环节和问题，组织开展了所办企业、试验基地、学会协会、期刊编辑部、检测中心五个领域专项整治活动，通过制定整体工作方案，召开全院视频会议动员部署，采取自查和重点抽查相结合的方式，对五个领域的管理现状、财务收支、对外合作经营等方面情况进行了全面排查，发现了一些监督管理等方面不容忽视的问题，为下一步深化整治工作打下基础。进一步持续加强科研经费管理工作，积极探索符合农业科研活动规律的科研经费监管模式。组织科研经费专项检查，制定16条禁止性规定，开展科研经费使用管理政策宣讲，层层落实责任，推动科研经费使用管理规范高效。积极建设和运用科研经费信息公开平台、物资采购平台，以信息化技术支撑内控管理，中国农科物资采购平台全面运行，我院及农业部系统34个单位600多个课题组实行线上采购，实现科研采购公开透明、线上留痕、全程监控，采购信息大数据分析及风险预警。

七是坚持党管干部原则，为全面从严治党提供坚强的组织保证。院党组认真落实《党政领导干部选拔任用工作条例》要求，严格执行干部选拔任用“凡提四必”，组织开展选人用人专项检查，严把干部廉洁关。始终突出领导班子建设这个重点，强化政治纪律和政治规矩，坚决做到“四个服从”，自觉维护党中央权威。研究制定《关于加强纪检监察机构和干部队伍建设的暂行规定》，坚持定期举办业务培训，坚持严管就是厚爱，对新提任的纪委书记逐一进行任职谈话，建立纪委书记述职制度，不断锤炼与新时代全面从严治党要求相适应的能力。院纪检监察部门全面加强自身建设，认真履行监督执纪问责职责，敢于动真碰硬，发现问题、坚决处理、形成震慑，纪检监察工作更有底气、更加硬气、更具权威，推动全面从严治党各项工作严起来、实起来，为科技创新营造了风清气正的良好氛围。

二、认真学习贯彻落实党的十九大和十九届中央纪委二次全会精神，进一步增强全面从严治党的责任感紧迫感

党的十九大报告鲜明提出，党要团结带领人民进行伟大斗争、推进伟大事业、实现伟大梦想，必须毫不动摇推进伟大工程。党的建设新的伟大工程，是引领伟大斗争、伟大事业、最终实现伟大梦想的根本保证。保持战略定力，把全面从严治党引向纵深，是新时代党的建设新的伟大工程的必然要求。全院各级党组织和党员干部要深入学习贯彻党的十九大、十九届中央纪委二次全会精神，牢固树立“四个意识”，不忘初心，牢记使命，持之以恒，善作善成，务求取得全面从严治党和党风廉政建设的新成效。

（一）切实增强对全面从严治党永远在路上重要性的认识

党的十八大以来全面从严治党成效卓著，反腐败斗争压倒性态势已经形成并巩固发

展，但形势依然严峻复杂。习近平总书记反复要求我们，全面从严治党还远未到大功告成的时候，不能有差不多了，该松口气、歇歇脚的想法，不能有打好一仗就一劳永逸的想法，不能有初见成效见好就收的想法，决不能跌入抓一抓、松一松，出了问题再抓一抓、又松一松的循环，要把“严”字长期坚持下去。科研单位不是权力机关，但也不是一片净土，全面从严治党管党没有例外。2016 年以来，我院信访举报数和立案数分别占到农业部系统的 43.3%和 42.9%，从处分人员情况看，农业部系统 33 人受到党纪政纪处分，其中我院有 19 人。2017 年，院纪检监察部门受理各类举报共计 93 件，虽然比 2016 年信访量下降了 29%，但是信访总量仍然很大，反映的问题仍然比较严重，有的性质比较恶劣。我们要清晰地看到党风廉政建设任务的艰巨性，深刻认识到全面从严治党面临的形势和任务，切实把思想和行动统一到中央对反腐败斗争形势的重大判断上来，统一到中央全面从严治党决策部署上来，增强对永远在路上和任重道远的认识，持之以恒、坚忍不拔，推动全面从严治党在坚持中深化、在深化中发展。

（二）切实增强对政治建设统领党的建设重要性的认识

党的十九大报告强调，旗帜鲜明讲政治是我们党作为马克思主义政党的根本要求，党的政治建设是党的根本性建设，决定党的建设方向和效果，必须把党的政治建设摆在首位，必须以党的政治建设为统领。中国农业科学院的党员领导干部必须牢固树立“四个意识”，自觉在政治立场、政治方向、政治原则、政治道路上同党中央保持高度一致，坚决维护以习近平同志为核心的党中央权威和集中统一领导，以习近平新时代中国特色社会主义思想武装头脑、指导实践，贯彻落实习近平科技创新思想的工作要求，按照“三个面向”“两个一流”目标要求，把乡村振兴科技支撑、科技创新工程、创新联盟建设等重大科技任务贯彻好落实好，以实际行动践行农业科研国家队的使命担当。

（三）切实增强对锲而不舍落实中央八项规定精神重要性的认识

习近平总书记就查摆和纠正形式主义、官僚主义问题作出重要指示时强调，“纠正四风不能止步，作风建设永远在路上”，再次向全党释放强烈信号——坚定不移全面从严治党，驰而不息改进作风。这是在新起点上的再部署、再出发，是深化作风建设的动员令，是我们今后一段时期驰而不息纠正“四风”的重要遵循。作风问题具有顽固性和反复性，绝不能抓抓停停，一定要持之以恒抓下去，踏石留印、抓铁有痕。农科院的各级领导班子和党员干部必须要把自己摆进去，提高政治站位和政治觉悟，要发扬钉钉子精神，一锤接着一锤敲，一个节点一个节点坚守，一个问题一个问题解决，不松劲、不停步、再出发，一刻不停歇地推动作风建设向纵深发展，以实际行动落实中央八项规定精神。

（四）切实增强对加强纪律建设重要性的认识

纪律建设是全面从严治党的治本之策，为其他各项建设提供规范和保障。党的十九大将纪律建设摆在更加突出位置，要求重点强化政治纪律和组织纪律，带动廉洁纪律、群众纪律、工作纪律、生活纪律严起来。在所有纪律中，最重要的、第一位的是政治纪律。要时刻绷紧讲政治这根弦，坚持和加强党的全面领导不动摇，贯彻党的基本理论、基本路线、基本方略不含糊，在任何时候任何情况下，都要坚决听从中央指挥，落实部党组、院党组工作部署，绝不能各行其是、我行我素，绝不允许擅作主张、不请示不汇报，决不允许工作落实打折扣、跟组织讨价还价。要经常对照党章党规党纪检视自己的言行，严格自律、以身作则、率先垂范，始终做政治上的明白人。

同志们，从总体上看，我院坚持和加强党的领导和党的建设，坚定不移推进全面从严治党，成效是好的，但是距离新时代党的建设总要求仍有差距，主要体现以下方面。

在加强党的领导方面，有的研究所国家队的使命意识不够强，单位发展长期徘徊不前。有的在院里考核中多年处在后几位，发展速度缓慢，科研实力增长慢，极不适应国家产业需求和职工群众的期待。有的多年没有主持国家级项目（除了创新工程以外），没有重大科技成果和国家级奖励，甚至连省一级科技成果奖励都很少，行业影响力不足，科技服务“三农”的作用发挥得不到位，与国家队地位不匹配。这里需要表扬的是麻类所、蜜蜂所，新班子上任后，加强党的领导，不怕困难、大胆改革、勇于创新，学科调整、人才建设、条件建设、成果转化连年突破，科研实力不断提升，发展速度大幅提高。

在全面落实主体责任方面，仍存在主体责任落实不够到位问题。有的单位政治敏锐性不够高，落实主体责任的主动性、自觉性不强，作风建设、纪律建设抓得不严不实，发现问题苗头、抓早抓小的意识不够强，发现问题怕得罪人、当和事佬，干部从严管理不到位；一些单位主体责任落实存在较大差距，对“三重一大”制度以及所内的各项制度执行不规范；党建工作与业务工作仍然不同程度地存在“两张皮”现象，全面从严治党的统筹作用发挥的不够充分；有的就党建论党建，结合中心工作不够；有的单位党员领导干部以业务自居，“一岗双责”意识不强；有的抓文件传达学习多，结合实际工作推动少。有的领导班子民主生活会质量有待提高，党委对支部工作督导检查不够到位，“三会一课”制度执行质量有待提高。

在作风建设方面，形式主义、官僚主义在一定程度上仍然存在。有的单位在贯彻落实上级精神时，习惯于当“二传手”，以会议贯彻会议、以文件落实文件，照葫芦画瓢，“上下一般粗”，去年院人才工作会议精神，至今还有一些研究所没有出台针对性强、行动有力的贯彻落实办法；有的领导干部缺乏大局意识、全局意识，看问题站位不够高，没有围绕院所中心工作和大局去落实，没有把主要精力放在单位管理和发展谋划上，被一般性事务和杂事琐事牵着转；有的单位和领导干部思想僵化，习惯于单打独斗，协同创新意识不强、动力不足，因循守旧、一成不变；少数党员领导干部的担当意识、奉献意识不够强，或是缺乏迎难而上、攻坚克难的闯劲，工作推动不实，雷声大、雨点小，或是参加一般性的活动过多，习惯参加评比、论坛，考虑自己的一亩三分地过多，精力分散，影响履职尽责。

在院所管理方面，部分单位管理薄弱，制度执行不规范，存在不少廉政隐患。在巡视、信访举报和各类专项检查中反映出的问题，主要原因是管理薄弱、工作不规范、制度不健全、制度执行不到位而导致的。有的单位群众工作开展不力，对群众关心的问题重视不够，信访举报不断，正常工作受到影响。有的单位制度执行混乱，部分制度甚至是形同虚设。一些单位在财务管理、内控制度等方面存在明显漏洞，过程监管、制度执行、审核把关、合同管理等方面存在有制度不执行或执行不规范问题，导致发生一些不该发生的问题。有的单位去年仍然出现横向科研经费零成本、乱发劳务费的问题，有的房屋出租合同不规范，程序不健全，存在严重的违规隐患，个别单位监管缺位，内控制度执行缺失，致使发生了严重的财务管理问题。我院一个研究所春节前发生了出纳涉嫌大量挪用资金、坠楼身亡的重大事件，初步了解，该出纳从 2000 年左右开始，挪用大量资金，至今已有 10 余年的时间，造成国有资产损失惨重，教训惨痛。这件事初步反映了 3 个方面的问题：一是单位领导班子风险管理意识弱化，日常监管形同虚设；二是内控制度缺失，一些关键环节，如签发支票、银行余额对账确认等环节审核把关不严；三是对财务骨干长期失去有效监督。对此我们要以此为鉴，举一反三，年前院里发出了紧急通知，各研究所要继续开展自查自纠，强化内部制约，推动规范安全管理。

对于上述这些问题和清海组长刚才指出的问题，我们绝不能掉以轻心，要把全面从严治党、党风廉政建设工作摆在更加重要的位置，牢固树立“四个意识”，坚持问题导向，保持战略定力，坚定不移抓下去。

三、履职尽责，敢于担当，以永远在路上的执着把我院全面从严治党引向深入

2018 年，我院全面从严治党，加强党风廉政建设和反腐败工作指导思想是：全面贯彻落实党的十九大和中央纪委二次全会精神以及农业部全面从严治党工作会议精神，以习近平新时代中国特色社会主义思想为指导，牢固树立“四个意识”，坚定“四个自信”，紧紧围绕坚持和加强党的全面领导，紧紧围绕维护党中央权威和集中统一领导，全面推进党的政治建设、思想建设、组织建设、作风建设、纪律建设，持之以恒正风肃纪，重点抓好选人用人监督、科研经费和工程建设监管，深入推进五个领域专项整治，营造风清气正的良好政治生态，以重整行装再出发的精神状态，永远在路上的执着，没有完成时的韧劲，切实推进我院全面从严治党向基层延伸，向纵深发展，为科技创新和实施乡村振兴科技支撑行动提供强有力保证。着力抓好以下重点工作。

（一）要旗帜鲜明讲政治，坚决维护以习近平同志为核心的党中央权威和集中统一领导

要深入学习习近平新时代中国特色社会主义思想，深刻理解和正确把握中国特色社会主义最本质的特征是中国共产党的领导，中国特色社会主义制度的最大优势是中国共产党的领导，党是最高政治领导力量这一重大论断的理论和实践意义，不断提高思想政治水平和工作能力。全院各级党组织特别是党员领导干部要旗帜鲜明讲政治，要牢固树立“四个意识”，严守政治纪律和政治规矩，严格遵守党章，坚决维护以习近平同志为核心的党中央权威和集中统一领导，做到政治上拥护、组织上服从、思想上认同、理论上自觉、行动上彻底。党员领导干部要按照《关于加强和维护党中央集中统一领导若干规定》的要求，严肃党内政治生活，真正做到对党忠诚、襟怀坦白，守纪律、讲规矩，任何时候任何情况下，都要在政治上站得稳、靠得住，与党中央同心同德，听党指挥、为党尽责。要坚决肃清孙政才的恶劣影响。要不折不扣贯彻落实中央以及部党组、院党组决策部署，认真谋划好自身的改革发展，切实做到科技创新的目标任务符合“三个面向”的要求，各项建设管理符合“两个一流”的目标定位，科技创新力争取得重大突破，更好地服务三农事业发展。

（二）要深刻认识和认真贯彻新时代加强党的建设总要求，全面加强党的建设

要按照中共中央部署，精心组织开展“不忘初心，牢记使命”主题教育，以严和实的标准，围绕党的宗旨和“两个百年”目标实现的要求，解决好世界观、人生观、价值观这个“总开关”问题，进一步统一思想，凝聚共识，落实好服务“三农”和实施乡村振兴科技支撑行动。要严肃党内政治生活，坚持民主集中制，严格组织生活制度，坚持自我革命，解决具体问题，充分发挥党组织的战斗堡垒作用。要深入领会贯彻习近平新时代中国特色社会主义思想，学懂弄通做实，用党的创新理论武装头脑、指导实践、推动工作。要加强基层党组织建设，继续推进“一建一强”，优化基层党支部设置、创新支部活动形式、选优配强党支部书记、加强支部书记队伍建设，做到科技创新工作推进到哪里，党的基层组织就建设到哪里，党的活动就开展到哪里，党员的先锋模范作用就体现在哪里。

（三）要锲而不舍落实中央八项规定精神，驰而不息纠正“四风”

要深刻认识贯彻落实中央八项规定精神的极端重要性，严格按照中央要求，坚决落实农业部、院党组《关于进一步贯彻落实中央八项规定精神加强作风建设的实施办

法》，以高度的政治自觉，继续在常和长、严和实、深和细上下功夫，管出习惯、抓出成效、化风成俗。全院各级领导干部，特别是院领导和所局级主要领导，要从深入基层调查研究入手，发挥“头雁效应”，以身作则、以上率下，层层带动。坚持工作重心下移，扑下身子深入群众，耐心听取群众意见，面对面、心贴心、实打实做好群众工作。各单位党组织和纪检监察部门要紧盯时间节点，密切关注形式主义、官僚主义的新动向新表现，从一件一件小事抓起，一个节点一个节点坚守，一个问题一个问题突破，抓具体、补短板、防反弹，以钉钉子精神抓牢抓实抓成，使八项规定精神落地生根。

（四）要坚持以上率下，层层夯实管党治党的政治责任

要压实主体责任。全院各级党组织要把落实管党治党政治责任作为最根本的政治担当，紧紧咬住“责任”二字，抓住“问责”这个要害，推动全面从严治党的主体责任落到实处。要以问题意识，加强制度创新，切实解决实际工作中存在的问题；要坚持真管真严、敢管敢严、长管长严，注重抓早抓小、防微杜渐。各级班子领导成员要履行一岗双责，在抓好自己分管领域业务工作的同时，必须要切实落实全面从严治党的要求，抓好党风廉政建设和反腐败工作。要做到党政同责。院所长负责制是科研单位管理运行的特点，所长既是研究所的法人代表，也是管党治党的责任主体，同党委书记一起承担全面从严治党主体责任。实践证明，凡是党建工作搞得好的研究所，科研成绩也突出，科研搞得好的研究所，党建也是先进。我多次强调，我院党建工作就是要为科技创新把握方向、创造条件、优化环境、营造氛围。在这个问题上，党政主要领导必须形成共识、毫不含糊，切实加强党的建设，充分发挥党组织战斗堡垒作用和党员的先锋模范作用。要强化监督责任。“两委书记”不能当“泥瓦匠”和稀泥，要当“铁匠”硬碰硬，如果监督责任不到位，就是严重失职，推动管党治党责任层层传导、落到实处。各单位要把业务工作和党建工作同部署、同检查、同落实。院与所、所与部门和各个重点领域逐级签订党风廉政建设责任书，做到全覆盖、无死角。纪检监察部门要加强对“两个责任”“一岗双责”落实情况、党的路线方针政策执行情况、党内政治生活状况的监督检查，对失管失察、失职失责的党员干部坚决予以问责，确保全面从严治党各项工作部署扎扎实实落实到位。

（五）要全面加强党的纪律建设，用严明的纪律管党治党

要把纪律挺在前面，充分运用监督执纪“四种形态”，不断增强党员干部政治定力、纪律定力、道德定力和抵腐定力。一要在强化监督执纪问责上下功夫。转变监督理念，主动监督，主动作为，加强对重点人和关键岗位的监督，紧盯主体责任和监督责任落实不到位问题、违反政治纪律和政治规矩问题、违反中央八项规定精神问题、违反规定选人用人问题、科研经费违纪违规问题、“五个领域”和工程建设领域违纪违规问题

等不放松，对顶风违纪的行为一案双查、严肃处理、严厉问责，强化不敢腐的震慑。二要在强化制度落实上下功夫。要层层传导压力，落实谈话函询、约谈提醒、述责述廉、督导检查、绩效考核等制度，以强有力的问责倒逼责任落实。要完善风险防控机制建设，加强对贯彻落实民主集中制、"三重一大"事项决策等制度情况的监督和检查，强化制度执行，强化日常监督执纪，扎牢不能腐的笼子。三要在强化纪律教育上下功夫。开展经常性纪律教育，发挥先进典型的示范引领作用和反面典型的警示教育作用，使更多的干部红脸出汗、知错知止，让铁的纪律转化为党员干部的日常习惯和自觉遵循，增强不想腐的自觉。

（六）要把好选人用人和干部监督工作的风向标

要坚持党管干部原则，坚持德才兼备、以德为先，认真贯彻《党政领导干部选拔任用工作条例》，严把选人用人关口，坚持五湖四海、任人唯贤，坚持事业为上、公道正派，把好干部标准落到实处。坚持正确选人用人导向，突出政治标准，选优配强各级领导班子。研究所党委要以高度责任感，落实好院人才工作会议精神，落实落细配套措施，切实在人才队伍建设上取得实效。坚持严管与厚爱结合，激励与约束并重，完善干部考核评价机制，建立容错纠错机制，旗帜鲜明为敢于担当的干部担当，为敢于负责的干部负责，为不谋私利的干部撑腰鼓劲。

（七）要让巡视利剑作用更加彰显

要认真贯彻《中国共产党巡视工作条例》，不断加强和改进我院巡视工作。要强化政治巡视，围绕党的政治建设、思想建设、组织建设、作风建设、纪律建设和夺取反腐败斗争压倒性胜利开展监督检查。要发挥政治"显微镜"和政治"探照灯"的作用，坚持问题导向，强化责任担当，树立"该发现的问题没有发现是失职、发现问题不处理不报告是渎职"的意识，敢于较真碰硬、敢于直面问题、敢于纠正问题，主动担当，勇敢履责。今年，要进一步加大工作力度，创新工作机制，实现全院新一轮巡视工作全覆盖。被巡视单位要严肃认真对待巡视反馈意见，制定整改方案，落实整改措施，报告整改结果，确保巡视工作取得实效，确保巡视利剑作用充分发挥。要强化巡视成果综合运用，健全整改督查制度，对整改责任不落实、整改不力、敷衍整改的，要严肃追责问责。

（八）要深化重点领域专项整治工作，推动管理监督水平全面提升

要继续深入开展五个领域专项整治，紧盯目标要求不放松，坚持问题导向，对专项整治整改情况及时跟进、检查、督导。华俊院长和我要继续挂帅，研究所主要领导也要

继续挂帅，盯住违规违纪抓查处，深查隐患漏洞抓整改，建立制度机制抓管理。院里要在各研究所自查的基础上开展抽查，特别是把院所办企业作为重中之重，深入推进专项整治工作。院所办企业目前面临的问题不能回避，廉政风险值得我们高度重视。我院有89家院所办企业，目前面临的问题主要有，相当一部分企业长期亏损，是违规违纪甚至违法的高危领域；体制不顺、机制不活、事企不分，企业法人治理结构不完善，经营管理不规范；党建薄弱，监督体系不健全，存在利益输送、兼职取酬等问题。对于上述问题我们要抓住不放，作为今年深化五个领域专项整治工作的重点，下决心解决存在的问题。要加强工程建设领域廉政风险防范。工程建设领域涉及资金多，与市场结合紧，廉政风险大。我院在工程建设领域曾出现过违法违纪违规的教训，必须增强风险防控意识，堵塞监管漏洞。院基建管理部门、财务部门要切实担负起工程建设领域廉政风险防范的监管责任，广泛开展政策宣讲、组织排查廉政风险，发现问题及时纠正，建立长效机制。无论是五个领域专项整治工作还是工程建设领域专项治理，我们要画一条红线，明确政策、明确要求，如果经过专项整治还出现问题，必须更加严厉地问责。各单位要坚持问题导向，主动作为，深入开展自查，明确责任，完善制度，确保工程建设领域事业健康发展。要继续强化科研经费监管。要按照“放管服”的要求，以内部控制建设为抓手，组织开展内部控制评价工作，要以个别研究所出现严重的系统性的风险作为警示、作为靶子，全面查找内部控制隐患，强化内部控制制度和机制建设。要切实提高全院财务工作信息化水平，充分发挥“两个平台”监管作用，实现科研经费阳光监管、靶向监督。要坚持问题导向，加强检查力度和针对性，确保我院科研经费使用更加规范高效。要深刻吸取教训，强化法人主体责任，深入开展财务专项检查，采取切实有效措施，加强财务资金监管，千方百计防止国有资产损失。要大力开展管理监督效益年活动。全面从严治党、建设“两个一流”院所，都对管理监督水平提出更高的要求。要从提升院所职能部门管理监督水平入手，大力推进现代院所制度建设，增强服务管理能力。重点查找管理机制是否科学、岗位职责是否明晰、人员岗位是否匹配、工作落实是否到位等问题。对于不思进取、不接地气、不抓落实、不敢担当的部门和人员，要严肃问责，做到能者上、庸者下，形成能干事、想干事、干成事的良好氛围。

（九）要打造忠诚干净担当的纪检干部队伍

打铁必须自身硬。纪检监察部门和纪检监察干部必须坚定理想信念，始终做到忠诚坚定、担当尽责、遵纪守法、清正廉洁，要坚守职责定位，强化监督、铁面执纪、严肃问责，履行好全面从严治党的政治责任。要认真执行监督执纪工作规则，强化自我监督，健全内控机制，加强请示报告，把权力关进制度笼子。要组织开展好纪委书记述职评价工作，促进纪委书记知责、明责、履责、尽责。各单位党组织要严格执行向上级纪检监察部门请示报告制度，选拔素质高、能力强、作风实、纪律好的优秀干部担当纪检监察职责，确保纪检监察队伍的战斗力，为落实全面从严治党的政治责任提供组织保证。

同志们，2018 年全面从严治党、党风廉政建设和反腐败工作要求十分明确，各项工作十分繁重，让我们紧密团结在以习近平同志为核心的党中央周围，不忘初心，牢记使命，切实推进全面从严治党向纵深发展，勤勉工作，奋发有为，为加快“两个一流”建设作出新的贡献。

中国农业科学院贯彻落实 2018 年全面从严治党工作任务分工意见

为全面贯彻落实党的十九大和十九届中央纪委二次全会精神，按照农业部、中国农业科学院 2018 年全面从严治党工作会议部署和要求，根据党风廉政建设责任制的规定，结合我院实际，对落实 2018 年全面从严治党工作任务提出以下分工意见（列在首位的为牵头单位，其他按各自职责承担相应的任务）。

一、旗帜鲜明讲政治，坚决维护以习近平同志为核心的党中央权威和集中统一领导

（1）深入学习贯彻党的十九大精神、十九届中央纪委二次全会精神，深入学习领会习近平新时代中国特色社会主义思想。通过各单位中心组学习、领导班子民主生活会、党支部组织生活会、“三会一课”以及党员干部教育培训等多种教育形式，学懂弄通做实，提升学习效果，用党的创新理论武装头脑、指导实践、推动工作。（直属机关党委、监察局、人事局，各单位党组织、纪检组织）

（2）旗帜鲜明讲政治，牢固树立“四个意识”，坚决维护以习近平同志为核心的党中央权威和集中统一领导。贯彻《关于加强和维护党中央集中统一领导若干规定》的要求，与党中央同心同德，听党指挥、为党尽责。（直属机关党委、监察局，各单位党组织、纪检组织）

（3）不折不扣贯彻落实中央以及部党组、院党组决策部署，认真谋划好单位的改革发展，切实做到科技创新的目标任务符合“三个面向”的要求，各项建设管理符合“两个一流”的目标定位，科技创新力争取得重大突破，更好地服务“三农”事业发展。（院办公室、科技管理局、成果转化局、人事局，各单位党组织、纪检组织）

二、深刻认识和认真贯彻新时代加强党的建设总要求，全面加强党的建设

（1）坚持政治建设统领，层层压实全面从严治党主体责任。把落实管党治党政治责任作为最根本的政治担当，做到党政同责。所长同党委书记一起承担全面从严治党主体责任，共同做好党建工作，为科技创新把握方向、创造条件、优化环境、营造氛围。（直属机关党委、监察局，各单位党组织、纪检组织）

（2）认真落实党风廉政建设责任制，自上而下签订责任书。各级领导班子要履行一岗双责，抓好分管领域党风廉政建设和反腐败工作，坚持问题导向，切实加强风险防控，落实好全面从严治党要求。（监察局，各单位党组织、纪检组织）

（3）强化监督责任。紧紧咬住“责任”二字，抓住“问责”要害，认真贯彻《问责条例》，坚持有责必问，问责必严，持续释放严肃执纪的强烈信号，推动全面从严治党主体责任落到实处。（监察局、人事局、直属机关党委，各单位党组织、纪检组织）

（4）纪检监察部门要加强对“两个责任”“一岗双责”落实情况、党的路线方针政策执行情况、党内政治生活状况的监督检查，对失管失察、失职失责的党员干部坚决予以问责，确保全面从严治党各项工作部署扎扎实实落实到位。（监察局、直属机关纪委，各单位党组织、纪检组织）

（5）把思想建党摆在更加突出的位置。按照中央部署，精心组织开展“不忘初心，牢记使命”主题教育，以严和实的标准，围绕党的宗旨和“两个一百年”目标实现的要求，解决好世界观、人生观、价值观这个“总开关”问题，统一思想，凝聚共识，落实好服务“三农”和实施乡村振兴战略科技支撑行动。（直属机关党委，各单位党组织）

（6）严肃党内政治生活。坚持民主集中制，严格组织生活制度，健全完善党组织议事规则和决策程序，坚持自我革命，创新方式方法，解决具体问题，开展好谈心谈话、“三会一课”、民主生活会、组织生活会、民主评议等，强化组织观念，增强组织活力。（直属机关党委、监察局、人事局，各单位党组织、纪检组织）

（7）加强基层党组织建设。坚持树立党的一切工作到支部的鲜明导向，按照“支部建在创新团队上”“建在业务考核单元上”的原则，选优配强支部书记，全面推进支部规范化建设，抓好党建“最后一公里”，促进管党治党责任落实到人、扎根到基层，充分发挥党组织战斗堡垒作用和党员的先锋模范作用。（直属机关党委、人事局，各单位党组织）

三、锲而不舍落实中央八项规定精神，驰而不息纠正“四风”

（1）严格按照中央要求，坚决落实院党组《关于进一步贯彻落实中央八项规定精神加强作风建设的实施办法》。以高度的政治自觉，继续在常和长、严和实、深和细上下功夫，管出习惯、抓出成效、化风成俗。（院办公室、直属机关党委、监察局，各单位党组织、纪检组织）

（2）切实加强作风建设。全院各级领导干部，特别是院领导和所局级主要领导，要从深入基层调查研究入手，发挥“头雁效应”，以身作则、以上率下，层层带动。坚持工作重心下移，扑下身子深入群众，耐心听取群众意见，面对面、心贴心、实打实做好群众工作。（院办公室、人事局、直属机关党委，各单位党组织、纪检组织）

（3）强化日常监督执纪。紧盯重要时间节点，密切关注形式主义、官僚主义的新动向、新表现，密切关注“四风”隐身衣的新形式、新动向，以查纠公款吃喝、公款旅游、公款消费、公车私用为重点，综合运用巡视、审计、信访举报、内部检查等多种手段，以钉钉子精神抓牢抓实抓成，使八项规定精神落地生根。（监察局、巡视组、直属机关纪委，各单位党组织、纪检组织）

四、全面加强党的纪律建设，用严明的纪律管党治党

（1）强化监督执纪问责。把纪律挺在前面，充分运用监督执纪“四种形态”，不断增强党员干部政治定力、纪律定力、道德定力和抵腐定力。转变监督理念，主动监督，主动作为，加强对重点人和关键岗位的监督，紧盯主体责任和监督责任落实不到位等问题不放松，对顶风违纪的行为一案双查、严肃处理、严厉问责，强化不敢腐的震慑。（监察局、人事局、财务局、直属机关纪委，各单位党组织、纪检组织）

（2）强化制度落实的监督。

①层层传导压力，落实谈话函询、约谈提醒、述责述廉、绩效考核、督导检查等制度，以强有力的问责倒逼责任落实。

谈话函询、约谈提醒（监察局、人事局、直属机关纪委，各单位党组织、纪检组织）

述责述廉（人事局、监察局，各单位党组织、纪检组织）

绩效考核、督导检查（院办公室、人事局、直属机关党委、巡视组，各单位党组织、纪检组织）

②加强对贯彻落实民主集中制、“三重一大”事项决策等制度情况的监督检查，强化制度执行，强化日常监督，予以制度保证。（直属机关党委、院办公室、人事局、监察局、巡视组，各单位党组织、纪检组织）

（3）强化经常性纪律教育。

①发挥先进典型的示范引领作用，教育党员干部树立社会主义核心价值观，爱岗敬业、无私奉献，为农业科技创新事业贡献力量。（直属机关党委，各单位党组织、纪检组织）

②加强警示教育。利用反面典型的警示教育作用，使更多的干部红脸出汗、知错知止，让铁的纪律转化为党员干部的日常习惯和自觉遵循，增强不想腐的自觉。（监察局、直属机关纪委，各单位党组织、纪检组织）

（4）加强重点岗位和关键时间节点廉政监督。

①出国（境）管理监督。（国际合作局，各单位党组织、纪检组织）

②项目审批管理监督。（科技管理局、国际合作局，各单位党组织、纪检组织）

③资金安排、政府采购及招投标管理监督。（财务局，各单位党组织、纪检组织）

④干部选拔、员工入职管理监督。（人事局，各单位党组织、纪检组织）

⑤基建项目及招投标管理监督。（基本建设局，各单位党组织、纪检组织）

⑥研究生招生等管理监督。(研究生院)

⑦年节重要时间节点廉政提醒。(直属机关纪委、监察局、院办公室，各单位党组织、纪检组织)

五、把好选人用人和干部监督工作的风向标

(1) 坚持党管干部原则，认真贯彻《党政领导干部选拔任用工作条例》《科研事业单位领导人员管理暂行办法》，坚持德才兼备、以德为先，坚持五湖四海、任人唯贤，坚持事业为上、公道正派，把好干部标准落到实处，选优配强各级领导班子。(人事局，各单位党组织)

(2) 严把选人用人关口，严格执行“凡提四必”“三个不上会”“两个不得”“五个不准”的要求，充分发挥干部监督工作联席会议作用，加强选人用人监督。(人事局、监察局、巡视组，各单位党组织、纪检组织)

(3) 严把廉政意见出具关，建立干部廉政档案。(监察局、人事局，各单位党组织、纪检组织)

(4) 坚持严管与厚爱结合，激励与约束并重，完善干部考核评价机制，建立容错纠错机制，旗帜鲜明为敢于担当的干部担当，为敢于负责的干部负责，为不谋私利的干部撑腰鼓劲。(人事局、监察局，各单位党组织、纪检组织)

六、让巡视利剑作用更加彰显

(1) 认真贯彻《中国共产党巡视工作条例》。强化政治巡视，敢于较真碰硬、敢于直面问题、敢于纠正问题，主动担当，勇敢履责。进一步加大工作力度，创新工作机制，实现全院新一轮巡视工作全覆盖。(巡视组)

(2) 加强巡视意见反馈工作。规范巡视意见审核、审定程序，建立巡视意见反馈长效机制。督促被巡视单位严肃认真对待巡视反馈意见，制定整改方案，落实整改措施，报告整改结果，确保巡视工作取得实效，确保巡视利剑作用充分发挥。(巡视组，被巡视单位党组织)

(3) 要强化巡视成果综合运用。健全整改督查制度，对巡视中发现的履责失职问题以及整改责任不落实、整改不力、敷衍整改的，要严肃追责问责。(巡视组、人事局、直属机关党委、财务局、科技管理局、监察局)

七、深化重点领域专项整治工作，推动管理监督水平全面提升

(1) 继续深入开展五个领域专项整治。紧盯目标要求不放松，坚持问题导向，对专项整治整改情况及时跟进、检查、督导。盯住违规违纪抓查处，深查隐患漏洞抓整

改，建立制度机制抓管理。(总牵头：监察局，责任单位如下)

①院所办企业。(成果转化局，各单位党组织、纪检组织)

②试验基地。(成果转化局，各单位党组织、纪检组织)

③学会协会。(人事局、财务局、直属机关党委、科技管理局，各单位党组织、纪检组织)

④杂志编辑部。(院办公室，各单位党组织、纪检组织)

⑤检测中心。(科技管理局，各单位党组织、纪检组织)

(2) 加强工程建设领域廉政风险防范。

①广泛开展政策宣讲、组织排查廉政风险，发现问题及时纠正，建立长效机制。(基本建设局、财务局，各单位党组织、纪检组织)

②坚持问题导向，主动作为，深入开展自查，明确责任，完善制度，确保工程建设领域事业健康发展。(基本建设局、财务局，各单位党组织、纪检组织)

(3) 继续强化科研经费监管。

①按照“放管服”的要求，以内部控制建设为抓手，组织开展内部控制评价工作。以个别研究所出现严重的系统性风险为警示，全面查找内部控制隐患，强化内部控制制度和机制建设。(财务局，各单位党组织、纪检组织)

②切实提高全院财务工作信息化水平，充分发挥“两个平台”监管作用，实现科研经费阳光监管、靶向监督。(财务局、监察局，各单位党组织、纪检组织)

③坚持问题导向，强化法人主体责任，深入开展财务专项检查，加强检查力度和针对性。采取切实有效措施，加强财务资金监管，严防国有资产流失，确保我院科研经费使用更加规范高效。(财务局、监察局，各单位党组织、纪检组织)

(4) 加强学风建设。开展科研诚信教育，进一步完善学风问题处理机制，引导科研人员信守科研道德，崇尚科学精神，自觉抵制和杜绝科研不端行为。(科技管理局，各单位党组织、纪检组织)

(5) 加强对公务用车、房屋土地等国有资产经营的监督管理，完善管理制度，强化责任落实，加强监督检查，做到依法依规管理。

①公务用车监管。(院办公室、后勤服务中心，各单位党组织、纪检组织)

②房屋、土地等国有资产经营监管。(财务局、后勤服务中心，各单位党组织、纪检组织)

(6) 大力开展管理监督效益年活动。

①从提升院所职能部门管理监督水平入手，重点查找管理机制是否科学、岗位职责是否明晰、人员岗位是否匹配、工作落实是否到位等问题，大力推进现代院所制度建设，增强服务管理能力。(院办公室、人事局，机关各部门，各单位党组织、纪检组织)

②对于不思进取、不接地气、不抓落实、不敢担当的部门和人员，要严肃问责，做到能者上、庸者下，形成能干事、想干事、干成事的良好氛围。(人事局、院办公室、

监察局，各单位党组织、纪检组织）

八、打造忠诚干净担当的纪检干部队伍

（1）加强纪检监察干部的教育培养，进一步强化纪检监察队伍能力建设和作风建设。（监察局、人事局，各单位党组织、纪检组织）

（2）认真执行监督执纪工作规则。强化自我监督，健全内控机制，加强请示报告，把权力关进制度笼子。（监察局、直属机关纪委，各单位党组织、纪检组织）

（3）组织开展好纪委书记述职评价工作。完善纪委书记述职工作，建立长效机制，促进纪委书记知责、明责、履责、尽责。（监察局、直属机关纪委，各单位党组织）

（4）严格执行向上级纪检监察部门请示报告制度，选拔素质高、能力强、作风实、纪律好的优秀干部担当纪检监察职责，确保纪检监察队伍的战斗力，为落实全面从严治党政治责任提供组织保证。（监察局、人事局，各单位党组织、纪检组织）

以上任务分工，要求各牵头单位会同有关责任单位，纳入 2018 年年度考核任务，制定工作方案，明确分管领导、责任部门、时限进度和任务要求，于 2018 年 3 月 31 日前报院党风廉政建设工作领导小组办公室。牵头单位要加强组织协调，有关责任单位要主动配合，形成工作合力，共同努力抓好落实，并于 2018 年 12 月 10 日前，将年度任务完成情况报院党风廉政建设工作领导小组办公室。

中共中国农业科学院党组纪检组关于落实《农业农村部 2018 年全面从严治党工作任务的分工意见》情况报告

部党风廉政建设工作领导小组办公室（直属机关党委）：

2018 年上半年，中国农业科学院认真贯彻落实《农业农村部 2018 年全面从严治党任务的分工意见》的要求和部署，深入学习贯彻党的十九大和十九届中央纪委二次全会精神，以习近平新时代中国特色社会主义思想为统领，坚决维护以习近平同志为核心的党中央权威和集中统一领导，切实履行全面从严治党政治责任，扎实推进党风廉政建设各项工作顺利开展，为我院农业科技创新各项工作提供了有力保证。现将有关情况报告如下。

一、深入学习贯彻习近平新时代中国特色社会主义思想，切实在学懂弄通做实上下功夫

（一）深入学习贯彻习近平新时代中国特色社会主义思想

院党组对深入学习贯彻习近平新时代中国特色社会主义思想高度重视，全面部署，要求全院各级党组织和广大党员干部把习近平“三农”思想、习近平关于科技创新系列论述、《习近平谈治国理政》（第一卷、第二卷）、习近平总书记两院院士大会上重要讲话精神、《习近平新时代中国特色社会主义思想三十讲》作为加强理论武装的必修课程，通过辅导报告会、理论中心组学习、“三会一课”和“两微一端”新媒体平台等多种方式，以高度的使命感和责任感系统学习、深入学习，深刻领会习近平新时代中国特色社会主义思想的重大意义、核心要义和创新观点，切实把思想和行动统一到习近平新时代中国特色社会主义思想上来，统一到党的十九大确定的重大决策部署上来，为实施乡村振兴战略，加快农业农村现代化作出新的更大贡献。

（二）坚持理论中心组学习制度和“三会一课”制度

对全院党组织 2018 年中心组学习工作提出了严格要求，督促各部门拟定中心组全年学习计划，推动党组（党委）书记带头学习、亲自宣讲，对各单位理论中心组学习进行督查，并通报有关情况，推动各单位中心组学习的制度化、规范化，发挥龙头示范

作用。

（三）扎实推进“两学一做”学习教育常态化制度化

组织开展“不忘初心、牢记使命”主题教育前期调研，前往油料所等单位，与所领导班子成员、职能部门负责人、支部书记以及科研人员代表进行座谈交流，进一步了解基层党组织和党员在组织开展学习教育活动方面的好经验、好做法，为即将开展的主题教育做好准备。

（四）谋划实施“红旗党支部创建行动”

为全面贯彻落实党的十九大关于基层组织建设的新部署、新要求，牢固树立“党的一切工作到支部”的鲜明导向，以实施“红旗党支部创建行动”为抓手，扎实推进基层党组织建设，坚持做到科研业务工作开展到哪里，党建工作就跟进到哪里，实现党的组织和党的工作全覆盖。制定印发《中国农业科学院“红旗党支部”创建行动方案》，全面部署红旗党支部创建工作，通过创建和评选表彰，力争打造一批“红旗党支部”，凝练推广一批品牌“支部工作法”，夯实党的基层基础。

二、坚持把政治建设摆在首位，旗帜鲜明讲政治

（一）坚持以政治建设为统领

组织召开全院党组织、纪检组织负责人会议，认真学习领会习近平总书记对中央和国家机关党的政治建设的重要批示和农业农村部党组的部署，要求全院各级党组织和广大党员干部，牢固树立“四个意识”，坚定“四个自信”，切实提高政治站位和政治觉悟，旗帜鲜明讲政治，以高度的政治自觉、思想自觉、坚持不懈推进党的政治建设，坚决维护习近平总书记在党中央、全党的核心地位，坚决维护党中央权威和集中统一领导。

（二）不折不扣贯彻落实中央决策部署

牢牢把握科技创新服务乡村振兴的政治方向，深入推进实施科技创新工程和创新联盟建设，大力实施乡村振兴科技支撑行动；深入贯彻落实习近平总书记贺信精神，制定实施方案，成立以院长和党组书记为组长的理论研究组，通过召开专题研讨会、党组（党委）理论中心组学习会和专题座谈会等形式，对习近平总书记贺信精神进行再学习、再思考、再落实。

（三）严肃党内政治生活

认真执行《关于县以上党和国家机关党员领导干部民主生活会的若干规定》，进一步规范和严格民主生活会程序，对院属 45 个单位和部门民主生活会召开情况进行了全程督导。按照院党组的指示精神，扎实做好院党组民主生活会各环节工作，制定工作方案、召开通报会、开展群众满意度测评、广泛征求党员干部群众和基层党组织的意见建议，确保院党组民主生活会顺利完成。认真执行组织生活制度，紧紧围绕主题，结合工作实际，有序组织实施，扎实抓好党员集体学习、广泛征求意见建议、对照查摆问题、党员自我评议与相互评议、评定等次等程序和环节。

三、层层传导压力，全面落实管党治党政治责任

（一）召开全面从严治党工作会议

2018 年年初召开“中国农业科学院 2018 年全面从严治党工作会议”，及时传达学习十九届中央纪委二次全会精神和部 2018 年全面从严治党工作会议精神，学习领会新时代全面从严治党新形势、新任务、新要求，分析我院全面从严治党和党风廉政建设工作存在的问题，部署安排 2018 年重点工作，以永远在路上的执着推进我院全面从严治党向纵深发展。

（二）组织签订《2018 年全面从严治党责任书》

认真落实党风廉政建设责任制，院长、党组书记与院属单位党政主要负责人签订责任书，各单位自上而下逐级签订责任书，要求认真落实主体责任、监督责任、一岗双责，层层压实全面从严治党政治责任。

（三）制定全面从严治党工作任务分工意见

认真梳理部、院 2018 年全面从严治党工作会议部署的各项工作，在广泛征求意见基础上，研究制定《中国农业科学院贯彻落实 2018 年全面从严治党工作任务分工意见》，对 2018 年全面从严治党工作任务细化分解，明确 34 项工作、53 项具体任务，明确任务分工、时限进度、任务要求，确定牵头部门和协作部门，分别由监察局等 12 个责任部门、单位牵头、院属 34 个单位党组织负责。各部门结合业务工作，制定方案，明确责任，强化落实，各项任务按计划推进。

（四）组织开展集体廉政谈话

一是在全面从严治党工作会议上，对各单位参会领导班子进行集体廉政谈话和警示教育；二是分两批次，对新任职所局级领导干部共 29 人进行了集体廉政谈话。要求党员干部时刻绷紧纪律规矩这根弦，知敬畏、存戒惧、守底线，习惯在受监督和约束的环境中工作和生活。

四、全面加强党的纪律建设，用严明的纪律管党治党

（一）持续抓好经常性纪律教育和警示教育

印发《关于开展经常性纪律教育的通知》，利用“两委书记”和纪检监察干部微信平台，编发党风廉政建设和纪检监察工作信息，发布各类廉政资讯，及时转发典型案例，拓展党风廉政建设宣传教育阵地，传递中央和中央纪委声音，传播正风肃纪正能量，形成全面从严治党的浓厚氛围。向院属各单位印发《关于我院两起违规违纪典型案例的通报》，及时开展警示教育，用身边事教育身边人，深刻剖析，警钟长鸣，强化党员干部和科研人员底线红线意识。

（二）认真做好信访举报工作

认真执行《信访举报办理细则》《纪律审查工作规程》、纪检监察建议书制度、问题线索了结集体决议、信访问题定期分析等制度规定，规范谈话函询工作办法，加强请示报告，全方位扎紧制度笼子，坚决防止“灯下黑”。2018 年上半年，监察局共收到信访举报 28 件（重复件 8 件），其中自收 23 件，部纪委及驻部纪检组转 5 件。已办结 21 件，正在办理 3 件，转上级部门等 4 件。按时按要求报送“农业农村部党风廉政建设情况季度报表”，上半年完成月报 6 次、季报 2 次。

（三）综合运用“四种形态”，着力强化第一种形态运用

把谈话函询作为用好“第一种形态”的重要方式，经常化开展、规范化落实。通过批评教育、组织处理、纪律处分多样化的执纪方式，让“四种形态”真正成为落实监督责任的重要措施。2018 年上半年，对环保所、灌溉所、蔬菜所、植保所 4 个研究所党政领导班子主要负责人进行了集体约谈。对 1 名同志予以行政警告，1 名同志予以诫勉谈话。

（四）强化日常监督执纪

深入开展公务用车及加油卡使用管理自查清理工作，对党的十八大以来特别是 2017 年我院“公车使用管理专项整治”后的公务用车及加油卡使用管理情况及整改情况进行细致深入的排查，对发现的个别违规问题分析原因，严肃整改。水稻所对 1 名违反公务用车规定的劳务派遣人员给予了行政警告处分，并约谈了有关管理人员、开展了警示教育。

（五）深化五个领域专项整治

把深化院所办企业、试验基地、学会协会、期刊编辑部、检测中心五个领域专项整治工作作为今年全面从严治党工作的重要任务，下发《深化五个领域专项整治工作方案》，制定督导检查计划，要求深查隐患漏洞抓整改、建立制度机制抓管理、盯住违规违纪抓查处，确保深化整治活动不走过场、取得实效，推进五个领域专项整治向纵深发展。

（六）科研经费监管常抓不懈

一是开展劳务费咨询费专项调研。为加强科研经费使用日常监督，防范廉政风险，在院属 36 个单位中开展了劳务费、咨询费管理和使用情况专项调研，全面掌握了各单位劳务费、咨询费管理使用的现状和存在问题，为进一步工作打下基础。二是持续抓好科研经费监管两项工程、两个平台建设。继续抓好物资采购平台建设，给 17 个研究所提供数据分析报告，进行采购风险提示，着力发挥平台的监督功效。三是针对草原所财务管理出现的重大问题，在全院范围开展了财务大检查，强化内控机制建设，防范风险，堵塞漏洞，千方百计防止国有资产流失。

（七）加强工程建设领域廉政风险防范

拉长监督探头，加强工程建设领域廉政风险防控。明确院基建管理部门、财务部门承担工程建设领域廉政风险防范的监管责任。各单位坚持问题导向，主动作为，开展工程建设项目自查检查，加强基建队伍建设，广泛开展政策宣讲、组织排查廉政风险，发现问题及时纠正，建立长效机制，明确管理监督责任，完善监督制度，确保工程建设领域事业健康发展。

(八) 加强巡视工作，发挥巡视利剑作用

严格落实中央巡视方针，及时跟进学习中央巡视工作新精神，认真贯彻落实《中国共产党巡视工作条例》《中国农科院党组巡视工作办法》，不断深化政治巡视。召开2次巡视工作领导小组会议，听取巡视组工作汇报，对做好2018年巡视进行认真研究部署。召开2018年巡视工作动员会和深化巡视工作推进会，组织2批10个巡视组、60多名干部，对10个研究所开展了专项巡视。巡视中，突出政治巡视要求，将选人用人监督、科研经费监督、五个领域专项整治、问题线索调查核实工作结合开展，聚焦问题、多管齐下、形成合力，切实发挥巡视利剑作用。

五、坚持抓常抓细抓长，持之以恒强化作风建设

(一) 坚决落实中央八项规定精神，持之以恒反“四风”

院党组坚决贯彻落实中央八项规定精神，认真执行《关于进一步贯彻落实中央八项规定精神加强作风建设的实施办法》等制度规定，从调查研究、改进会风、精简文件、文稿发表、公务接待、财务管理、出国（境）管理、厉行节约等方面，建立了一系列行之有效的配套制度。党组领导在抓部署、抓推进、抓落实的同时，身体力行，率先垂范，在办公用房、公务用车及“三公”经费等方面从严从紧执行，发挥表率作用。

(二) 坚持从小处着手、一个节点一个节点抓落实

2018年上半年编发6期《案例转载》，转发上级部门有关违反中央八项规定精神典型案例以及其他违规违纪行为的案例通报；印发《关于进一步纠正“四风”加强作风建设的通知》；紧盯年节假期等重要时间节点，利用网站、微信等平台进行廉政提醒，驰而不息纠正“四风”。

(三) 大兴调查研究之风

院领导、所局级干部紧密结合农业科技创新和工作实际，大兴调查研究之风，深入扎实地进行理论思考，认真撰写领导干部理论学习论文，有45个单位部门报送了179篇所局级干部论文，组织开展论文评选并汇编出版，供学习交流。

（四）大力开展管理效益年活动

为促进院所治理现代化，深化管理改革，转作风、抓落实、上水平，促进一流学科和一流院所建设，向院属单位下发《中国农业科学院开展管理效益年活动的实施意见》，在全院大力开展管理效益年活动。要求强化管理助力院所发展，严肃纪律、严格管理，确保令行禁止、风清气正，同时，优化资源配置、提升管理理念，营造宽松和谐的科研氛围，为全面提升科研创新和成果转化能力提供动力保障和制度基础。

六、切实加强自身建设，提升干部队伍素质能力水平

（一）重视加强领导班子建设

全面对标习近平总书记“五个过硬”要求，选好配强各单位领导班子。开展院属单位领导班子换届调研。分析行政到届的 19 个院属单位班子成员情况，进一步探索领导班子换届考察方式，为新领导班子人选酝酿及换届考察做好铺垫。进一步加强院属单位党的建设，为植保所、牧医所、生物所、资划所、基因组所 5 个单位选拔配备党委书记，完成 4 个单位 5 名所级领导试用期满考察和 8 名所级领导宣布任职。

（二）严把党风廉政意见回复关

从规范工作流程入手，严把党员干部党风廉政意见回复关，对拟提拔任用干部、拟评优对象进行廉政体检，坚决防止“带病提拔”“带病评优”。2018 年上半年，院纪检组监察局共审查回复党员干部和集体党风廉政情况 133 人次。

（三）探索建立领导干部廉政档案制度

研究制定《领导干部廉政档案管理规定》，在全院 198 名所局级领导干部中开展廉政档案建档工作，实现专人专管、专档专卷、专柜专存，不断提升廉政档案管理的制度化、规范化水平，为评定党员干部的廉政情况提供重要的事实依据和参考意见，也为加强动态监督管理提供新的途径。

（四）坚持教育引导，强化能力培训和实践锻炼

突出教育培训精准化和实效性。选派 70 余名所局级干部参加上级部门组织的专题培训班，全面提升干部适应新时代、实现新目标、落实新部署的能力。优化干部成长路

径。注重在基层一线和艰苦地区培养锻炼，选派9名干部分赴地方扶贫挂职。重视青年干部学习教育，累计选派50余名年轻同志参加农业农村部学习活动。

(五) 加强纪检监察干部队伍建设

按照部直属机关纪委《关于开展“进一步加强纪检工作问题研究”课题调研的通知》要求，牵头组织全院45个党组织开展了专题调研，摸清了全院纪检组织建设情况、纪检监察干部队伍情况，为进一步加强院系统纪检工作打下了基础。举办院纪检监察干部培训班，90名纪检干部接受培训，选派12名同志参加2018年驻部纪检组综合监督单位纪检干部业务培训班；2批10人次参与驻部纪检组的联合核查工作，1名同志在中央国家机关纪工委参与纪律审查工作，以案代训，不断提高干部队伍专业化水平和履职尽责本领。

七、工作中存在的问题

在加强党的领导方面，有的研究所对强化党的领导，全面从严治党的认识还不够到位，国家队的使命意识不够强，单位发展长期徘徊不前。有的领导干部尚停留在理论学习、体会精神和表态上，对全面从严治党深入思考不多，投入精力不足，具体行动和有效措施不多。

在全面落实主体责任方面，仍存在主体责任落实不够到位问题。有的单位政治敏锐性不够高，落实主体责任的主动性、自觉性还不够强。发现苗头问题怕得罪人，抓早抓小、红脸出汗、从严管理不到位；党建工作与业务工作仍然不同程度地存在“两张皮”现象。

在作风建设方面，形式主义、官僚主义在一定程度上仍然存在。有的单位在贯彻落实上级精神时，习惯于当“二传手”，以会议贯彻会议、以文件落实文件。少数党员领导干部的担当意识、奉献意识不够强，或是缺乏迎难而上、攻坚克难的闯劲，工作推动不实，或是参加一般性的活动过多，习惯参加评比、论坛，考虑自己的一亩三分地过多，精力分散，影响履职尽责。

在院所管理方面，部分单位管理薄弱，制度执行不规范，存在廉政隐患。一些单位在财务管理、内控制度等方面存在明显漏洞，过程监管、制度执行、审核把关、合同管理等方面存在有制度不执行或执行不规范问题，导致发生一些不该发生的问题。

八、2018年下半年工作重点

一是认真贯彻落实习近平总书记对推进中央和国家机关党的政治建设的重要指示精神。牢牢把政治建设摆在首位，坚决做到“两个维护”。

二是坚持不懈用习近平新时代中国特色社会主义思想武装头脑、指导实践、推动工作。

三是严格落实党的组织生活各项制度，不断增强党内政治生活的政治性、时代性、原则性、战斗性。

四是进一步强化“两个责任”，全面从严治党不停步、不放松。

五是充分运用“四种形态”，履行好监督第一职责。

六是继续巩固拓展落实中央八项规定精神成果，驰而不息纠正“四风”。

七是不断深化五个领域专项整治工作成效，加强重点领域监督，落实好管理效益年活动。

八是进一步加大巡视工作力度，实现全院新一轮巡视工作全覆盖。同时，严肃巡视整改，做好巡视的“后半篇文章”。

九是扎实开展“不忘初心、牢记使命”主题教育，继续推进“两学一做”学习教育常态化制度化。

十是以提升组织力为重点，全面加强党的基层组织建设，不断强化政治功能。

中国农业科学院
党风廉政建设工作领导小组会议纪要　第1期

2018年3月19日上午，中国农业科学院召开党风廉政建设工作领导小组2018年第一次会议。农业部党组成员、中国农业科学院院长唐华俊出席会议。会议由院党组书记陈萌山主持。会议纪要如下。

会议审议通过《中国农业科学院贯彻落实2018年全面从严治党工作任务分工意见》（以下简称《分工意见》），并对贯彻落实《分工意见》进行工作部署，提出明确要求，确保我院2018年全面从严治党各项工作任务落地生根，取得实效。一要切实强化全面从严治党责任意识。全面从严治党永远在路上，只能不断加强，不能有丝毫松懈。各部门各单位一定要把自己摆进去，树立强烈的责任意识和忧患意识，通过贯彻落实《分工意见》，进一步明确主体责任，落实“一岗双责”，切实做到守土有责、守土负责、守土尽责。二要切实抓好落实。院领导要带头落实，以身作则，以上率下，发挥头雁作用；机关职能部门作为落实分工意见的牵头单位，既要抓好本部门全面从严治党主体责任落实、工作措施落实，发挥表率作用，还要对所负责的系统业务工作履行监管职责，确保党风廉政建设全覆盖。三要创新工作方法。要善用问题导向的工作方法，从问题着眼，从问题入手，解剖典型案例，举一反三，汲取教训，进一步强化担当意识，推动工作深入开展。四要把服务和监管有效结合起来。落实“放管服”与“严管就是厚爱”相结合，紧密围绕我院科技创新发展，围绕激发创新活力和充分调动科研人员、科研机构积极性，把“三个面向”“两个一流”和“整体跃升”的发展要求落实到位，更好地服务“三农”事业发展。

会议还就部分具体任务的落实作了进一步强调。

一是以院所办企业为重点深化五个领域专项整治。要高度重视，主动作为，积极部署，坚定不移推进院所办企业清理整顿，加快企业改制，下大功夫排除隐患，强化管理，确保企业、研究所健康发展。要专门召开系统性会议，由各单位一把手参加，明确整治任务和要求，组织开展重点抽查，高度重视可能违反中央八项规定精神等“踩红线”的问题，如违规占用企业车辆、违规在企业报销有关费用等。（成果转化局负责）

二是创新科研经费监管体制机制。要按照“放管服”要求，坚持问题导向，以案为鉴，全面查找内部控制隐患，建立起严格的内控体系和内控机制，强化管理，健全制度，堵塞漏洞，防范风险。（财务局负责）

三是强化外事纪律。要杜绝未经批准超计划、变更行程安排等违反外事纪律的行为，及时按要求提交出访报告。坚持服务指导和监管监督相结合，加强组织服务，提高

出访质量，提升出访效果，扩大出访成果。(国合局负责)

四是强化院所规范管理。要加强公章管理、合同管理、档案管理等，出台相应的管理办法，排除风险隐患，提升管理监督水平。(院办公室负责)

会议要求，各牵头单位会同有关责任单位，要制定《分工意见》落实方案，明确分管领导、责任部门、时限进度和任务要求。牵头单位要加强组织协调，有关责任单位要主动配合，形成工作合力，扎实有效推进我院全面从严治党工作落实到位。各成员单位 2018 年 3 月 31 日前向院党风廉政建设工作领导小组办公室报“分工任务落实工作方案”；2018 年 12 月 10 日前报“年度任务完成情况”。

出席：唐华俊　陈萌山　李杰人　贾广东　张逐陈　高士军　任天志　陈金强
　　　刘现武　贡锡锋　王述民　王晓举　舒文华　卢玉明
列席：李延青　吴限忠　马秀勇
记录：王　琤

中国农业科学院
党风廉政建设工作领导小组会议纪要　第2期

2018年11月1日下午，院党组书记张合成主持召开中国农业科学院党风廉政建设工作领导小组2018年第二次会议。农业农村部党组成员、中国农业科学院院长唐华俊出席会议。会议纪要如下。

一、传达学习农业农村部党组全面从严治党专题会议精神

唐华俊院长传达了农业农村部党组与中央纪委国家监委驻农业农村部纪检监察组共同召开的全面从严治党专题会议精神。要求全院各级党组织深入学习领会习近平总书记关于全面从严治党的重要论述和指示精神，切实增强政治自觉、思想自觉、行动自觉，不断提高政治站位，牢固树立“四个意识”，坚定“四个自信”，坚决做到“两个维护”，做到严明纪律与科研“放管服”两手抓，把教育挺在前面，严明纪律底线红线，强化廉洁意识，注重抓早抓小，为实现“三个面向”、支撑乡村振兴战略提供坚强政治保障。

二、总结检查2018年全面从严治党分工任务落实情况

会议听取了领导小组各成员单位负责人关于全面从严治党重点牵头任务落实情况的汇报，逐一分析研判我院在执行中央八项规定精神、紧盯严防“四风”；贯彻落实习近平总书记“三个面向”指示精神，夯实基层党组织战斗堡垒；学风建设和师德教育；土地、房屋等国有资产管理；基建领域风险防范；院所办企业、试验基地、期刊、学（协）会领域的监督管理；因公、因私出国（境）管理和行前教育等工作中存在的不足、问题和易发风险，指出了各领域下一步深化全面从严治党的工作方向和举措。

会议要求，院办公室要带头抓好全院作风建设，进一步精简会议和文件，把控新闻报道方式和篇幅，改进领导干部和机关部门下基层调研方式，做到深入团队、深入研究室、深入科研人员；要严格落实中央八项规定精神，扎实落实我院内部公务接待不上酒的规定；要高度重视期刊和网站管理，把握正确政治导向和确保信息安全。科技管理局要牢牢把握从业务看政治，着力研究解决当前科技创新工作中存在的“三个面向”不充分，脱离世界前沿、脱离国家需求、脱离主战场的问题，通过对团队首席、科学家加强培训等方式，把“三个面向”要求落实到位；要与财务局、成果转化局等部门协同

配合，共同做好科研项目及经费管理信息化建设，进一步优化项目预算执行管理。人事局要加强对全院挂靠学（协）会的管理，强化院属各单位“挂靠谁谁负责”的主体责任意识；严格规范因私出国（境）管理，加强纪律教育提醒；把学术诚信、师德师范表现与职称评审、提拔任用、业绩考核等挂钩，建立统一的评价考量体系，强化教育警示的效果；严肃领导干部个人事项申报提醒，加强案例教育，避免因认识不到位出现瞒报漏报等情况；强化干部队伍思想政治和业务能力建设，与科技局、财务局配合，把“三个面向”要求落实到干部队伍培养建设中去，有针对性地开展培训交流等工作，确保所领导、团队首席、科学家充分了解国家政策和需求。财务局要加强内部审计，着力发现问题，提前化解风险，为宽松环境打基础、做保障；要高度重视房屋出租出借等国有资产管理的风险防控，基本建设局、成果转化局积极配合。基本建设局要充分做好项目规划设计，高标准建设，体现一流院所的标准和需求；要防范基建风险，吸取图书馆项目的问题教训，避免类似风险再发生。国际合作局要进一步做好因公出国（境）行前教育，强化纪律规矩意识，严防“出国超时”“路线拐弯”等违纪违规行为；要协调好压减出访团组与满足科研人员因需出国的关系，为科研人员开展国际学术交流提供更加宽松快捷的服务保障。成果转化局要按照农业农村部有关要求，强化院所办企业监督管理，深入推进清理整顿，建立企业审计例行制度，加强风险防控。直属机关党委要关注重视科学家和科研人员的思想动态，做到政治红线要严，学术氛围要松；把支部建在团队上，推动一线党员、基层党组织在“三个面向”“两个一流”建设中充分发挥先锋模范和战斗堡垒作用。监察局要做好五个领域专项整治工作总结，加强督查，推动整改落实；各职能部门密切配合，履行好分管领域主体责任。后勤服务中心要重点加强内控机制建设，推进房产管理信息化。

三、部署下阶段中国农业科学院全面从严治党重点工作

院党组书记张合成作会议总结，要求各部门继续以钉钉子精神扎实推进各项任务落实，重点抓好 7 个方面工作。一是牢牢把政治建设摆在首位，坚决做到“两个维护”，认真查摆和解决当前科研工作中存在的脱离前沿、脱离国家需求、脱离主战场的问题，扎实落实“三个面向”总要求。二是健全“两个责任”工作体系，进一步健全研究所纪检监察机构，抓好纪委书记述职，在全院党支部建立纪检监察小组。三是把教育挺在前面，用好“四种形态”，特别是充分运用“第一种形态”，抓早抓小、红脸出汗、防治于未病。四是不断深化五个领域专项整治工作成效。五是加强重点领域监督，明确风险易发多发地带，重点关注院所办企业、试验基地、期刊、网站安全、社团（学会协会）、外事出访、房屋出租出借、科研经费使用、基建安全、“四风”问题、八项规定执行、“三个面向”落实这 12 个方面。六是落实好管理效益年活动的督查整改。七是加强巡视工作，把巡视整改作为“四个意识”的试金石，着力检查“三个面向”要求是不是落实到位，创新工程、创新联盟、科技支撑乡村振兴战略行动是不是有效开展，

做好巡视后半篇文章。

出席：唐华俊　张合成　李杰人　贾广东　高士军　任天志　陈金强　刘现武
　　　王述民　王晓举　舒文华　卢玉明　郝卫平
请假：贡锡锋
列席：李延青　吴限忠　马秀勇
记录：王　琤

陈萌山书记在 2018 年巡视工作部署会上的讲话

2018 年 4 月 16 日

同志们：

今天召开我院 2018 年巡视工作部署会，同时也是今年巡视工作的启动动员会。

院党组、院巡视工作领导小组研究决定，抽调院 40 名所局级党员领导干部，组成 20 个巡视组，对全院 20 个单位集中开展巡视，这是深入贯彻落实党的十九大精神和习近平新时代中国特色社会主义思想，落实中央巡视工作五年规划，实现党的十八大以来全院巡视工作全覆盖，巩固深化发展巡视工作，推进全面从严治党向纵深发展所作出的一项重要决策部署，从力度到规模，都是从来没有过的。下面我讲 3 点意见。

一、以高度的政治自觉贯彻落实中央巡视工作精神，进一步增强对新时期巡视工作重要性的认识

党的十八大以来，以习近平同志为核心的党中央高度重视巡视工作，把巡视作为加强党内监督的重大制度安排，纳入全面从严治党总体部署，深入推进巡视工作理论、实践、制度创新，巡视工作力度、广度、深度不断提升，取得的成果得到社会和人民群众普遍的赞誉，发挥的重大作用影响深远，成为党之利剑、国之利器。在党中央的坚强领导下，巡视工作的定位和内容不断与时俱进，从聚焦“四个着力”到紧扣“六项纪律”再到聚焦“三大问题”，突显严肃党内政治生活，净化党内政治生态，政治巡视定位越来越精准、指向越来越聚焦，政治“显微镜”和政治“探照灯”作用不断深化。

针对新时代全面从严治党的新任务，党的十九大对巡视工作提出了新的更高的要求，新修订的党章专列一条对巡视制度做出规定，党中央制定了《中央巡视工作规划（2018—2022 年）》，确定了十九届中央巡视工作的“路线图”“任务书”，为我们全面贯彻落实党的十九大精神、以习近平新时代中国特色社会主义思想为指导做好巡视工作定了坐标，指明了方向，提供了遵循。

从中央要求看，新时期巡视工作的政治定位是，全面从严治党的重大举措和党内监督的战略性制度安排。巡视工作的方针是，深化政治巡视，坚持问题导向，盯住关键少数，查找政治偏差，发挥巡视利剑作用。巡视工作的总体目标是，政治巡视进一步深化，巡视监督体系进一步完善，巡视质量水平进一步提高，成果运用水平进一步强化，监督合力进一步增强，做到“三个全覆盖”，即发现问题、形成震慑全覆盖；推动落实管党治党政治责任全覆盖；增强党的意识、严明党的纪律全覆盖。巡视工作的重点内容

是“六个围绕、一个加强”，这“六个围绕”是围绕党的政治建设、思想建设、组织建设、作风建设、纪律建设和夺取反腐败斗争压倒性胜利，深化政治巡视，开展监督检查；“一个加强”是加强对十八届巡视整改情况的监督检查，巩固已经取得的巡视成果。全院各级党组织和巡视组全体同志一定要认真学习中央精神、坚决贯彻中央精神，要站在战略和全局的高度，不断深化对巡视工作重要性、必要性和紧迫性的认识，深刻理解和把握巡视工作是管党治党战略性措施的认识，是党的建设重大制度安排的认识，是需要长期坚持的党内监督常态化重大举措的认识，坚决防止和纠正把巡视当成一般性检查，搞“一阵风”“走过场”，甚至认为已经开展过巡视没有必要再来一次的错误认识。要营造巡视常规化、制度化的环境，坚持以习近平新时代中国特色社会主义思想为指导，把学习贯彻中央巡视工作精神与贯彻落实十九大精神、习近平总书记贺信精神结合起来，与推进“两学一做”学习教育常态化制度化结合起来，与深入开展“不忘初心、牢记使命”主题教育结合起来，与落实我院党建工作要点和全面从严治党分工意见结合起来，与开展管理效益年活动结合起来，从政治定位、总体目标、重点内容上准确把握巡视工作新精神新部署新要求，把巡视工作摆在全面从严治党更加突出的位置，牢固树立“四个意识”，精准对标中央，自觉服从大局，强化巡视工作的思想自觉、政治自觉和行动自觉，确保中国农业科学院始终成为自觉维护以习近平同志为核心的党中央权威和集中统一领导的坚强阵地。

从中国农业科学院具体实践来看，我院 2014 年正式组建巡视组，在农业农村部党组的领导下，巡视工作逐步规范化、制度化。院党组坚决贯彻中央巡视工作方针部署，结合实际制定了《中国农业科学院党组巡视工作实施办法》（以下简称《实施办法》），切实履行管党治党主体责任，把深化政治巡视作为重大政治任务始终摆在突出位置，把党的领导贯穿巡视工作始终，结合科研院所实际，强化巡视工作领导体制、制度保障、方法创新、问题整改，把管党治党的压力传导到基层，推动巡视工作取得实效。特别是 2015 年以来，集中党建、人事、财务审计、纪检监察、科研管理骨干力量，“巡视牵头、审计先行、监察跟进”，打出专项巡视“组合拳”，发现问题、解决问题、查处问题，充分运用批评教育、提醒谈话、诫勉谈话、组织处理等多种方式，建立完善院党组专题研究巡视工作、定期听取巡视工作汇报、研究制定反馈意见、健全院党组领导带队向被巡视单位反馈巡视意见、监督巡视整改等工作机制，强化巡视成果运用，督促被巡视单位健全制度、建立机制、强化管理、防控风险，有力促进了党的建设、加强了党的领导，推进全面从严治党责任落实，为科技创新事业提供了坚强保证。

当前，我院全面从严治党工作面临的形势依然严峻复杂，任务依然艰巨繁重。从去年信访举报、五个领域专项整治和个别研究所财务管理重大突发事件等方面反映的问题和线索来看，我院有的党组织和部分党员领导干部仍然存在政治和纪律两个观念不够强，主体和监督两个责任落实不到位，执纪和问责两个职责履行不够到位，领导干部的带头和担当两个作用发挥不够有力，推进我院全面从严治党，净化党内政治生态任重道远，巡视工作必须进一步加大力度，充分发挥尖兵和利剑作用。

这次巡视覆盖院属20个单位，时间紧，任务重，要求高，既是对十八大期间未被巡视单位开展的一次集中“补课”，也是对标中央巡视工作新要求，紧密联系中国农业科学院实际，巩固深化巡视工作，推动全面从严治党向纵深发展的重要政治任务。全院各级领导干部和广大党员要认真学习、坚决贯彻中央巡视工作精神，切实提高思想认识，坚决执行中央关于巡视工作的各项决策部署。要把接受巡视作为一项政治任务，作为经受组织考验的过程、作为党性锻炼的过程、作为自我完善提高的过程，把思想认识和具体行动迅速统一到中央要求上来，以高度的政治责任感和使命感，提高主动接受监督和检查的自觉性。要把接受巡视作为一个契机，作为净化优化党内政治生态的重要契机，通过巡视促进发现问题，聚焦问题，完善制度，堵塞漏洞，全面改进加强农科院党的建设，要聚焦科研经费监管、重点领域专项整治、建设一流科研院所，把全面从严治党引向深入。要把接受巡视作为一个动力，作为加快实现“三个面向、两个一流、一个整体跃升”的动力，通过巡视调动全院广大科技人员和干部职工的积极性，推动党和国家的路线方针政策在我院不折不扣贯彻执行，为农业科技创新营造良好的政治生态。巡视是组织考验、党性锻炼，是以高度的政治责任感和使命感，做好科研经费的监管、做好各项工作的动力。巡视过程中，可以发现问题隐患、推动方针政策的制定落实。

二、牢牢把握政治定位，突出重点，扎实开展巡视工作

政治巡视要把坚决维护以习近平同志为核心的党中央权威和集中统一领导作为根本任务，聚焦坚持和加强党的全面领导、新时代党的建设总要求、全面从严治党，突出主体责任落实，推进管党治党责任履行，检查践行农业科研国家队职责使命情况，重点是聚焦“六个落实”。

一是聚焦落实新时代全面加强党的建设新的伟大工程情况。习近平总书记强调，“伟大斗争，伟大工程，伟大事业，伟大梦想，紧密联系、相互贯通、相互作用，其中起决定作用的是党的建设新的伟大工程”。必须把加强新时代党的建设新的伟大工程作为巡视的重中之重。要以政治建设为统领，盯住关键少数，查找政治偏差，发挥政治“探照灯”“显微镜”作用。

要深入检查被巡视研究所党组织贯彻党章和党的十九大精神、执行加强和维护党中央集中统一领导若干规定情况以及贯彻落实农业农村部党组、院党组工作要求情况，紧盯政治立场、政治忠诚、政治责任、政治生态，切实增强“四个意识”。

要深入检查被巡视单位党组织坚持和加强党的全面领导情况，着力发现党的领导弱化、党的建设缺失、全面从严治党不力，党的观念淡漠、组织涣散、纪律松弛，管党治党宽松软等突出问题，督促落实管党治党政治责任。

要深入检查是否严格按照要求开展党内政治生活，是否严格执行民主集中制，是否严格按照要求开展选人用人工作，支部建在创新团队、建在业务工作单元，选优配强支

部书记是否落实到位，在科技创新和服务“三农”事业中党的领导是否坚强有力、党组织是否充分发挥战斗堡垒作用等。

二是聚焦落实全面从严治党政治责任情况。把全面从严治党引向纵深，是新时代党的建设新的伟大工程的必然要求。落实管党治党政治责任是各级党组织特别是党员领导干部的最根本政治担当。巡视中要紧紧盯住党组织特别是主要负责人，认真检查党组织是否扛起全面从严治党主体责任、是否认真履行全面从严治党主体责任、是否聚焦全面从严治党重点任务，督促落实主体责任和监督责任。

重点检查是否存在主体责任落实不到位问题。看政治敏锐性是否到位，落实主体责任的主动性、自觉性是否到位，业务工作和党建工作是否同部署、同检查、同落实，作风建设、纪律建设抓得是否到位，发现问题苗头、抓早抓小的意识是否到位、干部从严管理是否到位等。

重点检查是否存在监督责任不到位问题。看监督执纪问责是否到位，是否有怕得罪人、当和事佬、愿当“泥瓦匠”和稀泥、不愿当“铁匠”硬碰硬问题，党风廉政建设是否做到无禁区、全覆盖、零容忍，“四种形态”是否积极实践，是否存在能发现的问题没有发现，发现了问题不报告不处置、不整改不问责问题等。

重点检查全面从严治党的统筹作用发挥得是否充分。看是否存在就党建论党建、结合中心工作不够、党建业务“两张皮”问题，是否存在党员领导干部以业务自居、重业务轻党建、“一岗双责”意识不强问题等。

重点检查“三重一大”制度以及所内的各项制度执行是否规范。看是否严格执行民主集中制，重大事项决策是否规范，领导班子民主生活会是否取得实效，党委对支部工作督导检查是否到位，“三会一课”制度执行是否有创新有实效等。

三是聚焦落实习近平总书记贺信精神和十九大精神情况。按照中央要求，政治巡视要坚决对照党的十九大作出的重大战略决策部署，对照习近平总书记围绕各领域、各地区和各方面工作发表的重要讲话和指示批示精神，深入了解被巡视党组织是否密切联系实际抓好落实，要一项一项“对账”，坚决防止做选择、打折扣、搞变通，大事化小小事化了。为此，我院巡视工作要重点巡视习近平总书记致我院建院60周年贺信精神贯彻落实情况。“三个面向”“两个一流”和“一个整体跃升”是习近平总书记“五位一体”总体布局、“四个全面”战略布局和新发展理念对我国农业科技工作、对中国农业科学院工作指导的集中体现，是我院改革建设发展的总指导、总目标、总抓手。要对照贺信精神，重点检查科研方向、科研布局、科研任务、科研成果以及研究所建设和管理是否符合“三个面向”和“两个一流”的要求，农业科技创新国家队、改革排头兵、决策智囊团的作用是否充分发挥；重点检查乡村振兴战略科技支撑行动是否部署到位、行动有力。通过巡视，督促被巡视单位强化“四个意识”，以实际行动落实习近平总书记贺信精神，加快农业科技创新步伐，为实施乡村振兴战略作出更大贡献。

四是聚焦落实中央八项规定精神、加强作风建设情况。十九届中央政治局会议审议通过中央八项规定实施细则，释放了继续从严的强烈信号。农业农村部和院党组制定了落实中央八项规定实施细则的具体办法。巡视中要全面检查被巡视单位落实情况。重点检查巡视党组织学习贯彻落实中央八项规定和实施细则精神认识是否到位，是否把自己摆进去、带头转变作风、带头身体力行、以上率下、发挥“头雁效应”。

重点关注“四风”新动向、新表现，聚焦农业农村部党组指出的形式主义官僚主义 10 种新表现，看是否存在贯彻落实上级精神时，习惯于当“二传手”，以会议贯彻会议、以文件落实文件，照葫芦画瓢，“上下一般粗”问题；是否存在领导干部缺乏大局意识、全局意识，看问题站位不够高，没有围绕院所中心工作和大局去落实，没有把主要精力放在单位管理和发展谋划上，被一般性事务和杂事琐事牵着转问题；是否存在单位和领导干部思想僵化，习惯于单打独斗，协同创新意识不强、动力不足，因循守旧、一成不变问题；是否存在担当意识、奉献意识不够强，或是缺乏迎难而上、攻坚克难的闯劲，工作推动不实，雷声大、雨点小，或是参加一般性的活动过多，习惯参加评比、论坛，考虑自己的一亩三分地过多，精力分散，影响履职尽责问题；是否存在表态多、调门高、落实差，只作批示不抓落实等重痕迹、轻实效等形式主义问题；是否存在爱惜羽毛、回避问题、慵懒无为、不作为、不尽责、懒政怠政等脱离群众的官僚主义问题等。

要紧盯特权思想和特权现象，看领导班子特别是主要领导干部是否正确对待和处理公与私、义和利、俭与奢、廉与腐、苦与乐、亲与清的关系，是否做到严格约束自己，注重家庭、家教、家风，严格管理亲属和身边工作人员；是否存在利用职权或影响力为家属亲友谋求特殊照顾等问题。对“四风”问题要扭住不放、寸土不让，一个节点一个节点坚守，一个问题一个问题突破。

五是聚焦落实重点领域专项整治情况。开展重点领域专项整治是我院全面从严治党向纵深推进的重要举措，巡视对此要高度重视，加强监督检查。

要紧盯科研经费专项整治，看被巡视单位科研经费专项整治各项措施是否到位、制度是否完善、长效机制是否建立，特别要看制度是否落实、责任是否到位，比如财务管理制度是否落实，重要岗位轮岗制度是否落实，内控机制、监督机制是否落实，针对个别研究所出现的财务管理重大问题是否举一反三、开展警示教育、采取有力防范措施等；要看“两项工程”“两个平台”是否落实，财务管理信息化是否实现，经费是否阳光运行、做到“三个全公开”，试剂耗材采购是否实现线上采购留痕、网上追溯、数据分析、精准监督，大额经费使用是否集体决策、科学决策、民主监督、风险可控，构筑廉政风险“防火墙”，确保经费管理使用不出系统性风险、不出重大案件等。

要紧盯“五个领域”专项整治，看研究所主要领导是否亲自挂帅，是否盯住违规违纪抓查处，是否深查隐患漏洞抓整改，是否建立制度机制抓管理。

要紧盯选人用人工作，看党组织是否坚持党管干部原则，突出政治标准，落实好干部标准，树立正确用人导向；是否严格执行干部选拔任用条例和有关规章制度，是否严格按照党的干部工作原则、程序、纪律办事；是否存在打招呼、递条子，干预干部选拔任用等问题，是否存在任人唯亲、带病提拔、跑官要官、买官卖官问题，是否存在爱惜羽毛的“老好人”，推诿扯皮、上推下卸的“圆滑官”，不求有功、但求无过的“太平官”。

六是聚焦落实中央巡视反馈意见整改情况。中央要求，要加强十八大以来中央巡视整改落实情况的监督检查。巡视工作中，要集中检查中央专项巡视反馈意见整改落实情况。要对照巡视报告、反馈意见以及整改报告，有重点地监督检查，窥一斑见全貌，重点检查巡视发现问题是否整改到位，有没有报假账、报虚账、做表面文章，巡视移交的问题线索是否认真处置、核查，巡视中群众反映强烈的领导干部是否依然有反映或者新的反映，群众反映强烈的问题是否得到解决、是否产生新的问题。要用好问责武器，对敷衍应付、整改不力的，推动严肃问责，发挥“问责一个、警醒一片”的震慑效果，督促被巡视党组织切实担负起主体责任，使巡视利剑作用更加彰显。

三、加强组织领导，强化保障措施，确保巡视工作取得实效

为做好今年巡视工作，院党组多次召开会议专题部署，制定印发《中国农业科学院党组巡视工作实施办法》和《中国农业科学院 2018 年巡视工作方案》，以最快的时间抽调人选、确定被巡视对象，于今天启动部署巡视工作。目标任务已经明确，工作方案已经明确，现在关键是要全力以赴落实落细。被巡视单位党政领导班子、院巡视组全体成员，要切实增强“四个意识”，统一思想、齐心协力，忠诚履职、担当尽责，共同完成好今年巡视各项任务。

一要明确责任，强化主体意识。做好巡视工作是落实全面从严治党主体责任的政治担当和具体体现，是巡视组和被巡视单位共同的政治责任和政治任务。巡视工作领导小组作为巡视工作的实施主体，要及时听取巡视组的巡视情况汇报，及时研究解决巡视中的困难和问题，做到指导督促到位、组织力量到位、协调推进到位、成果运用到位。巡视组作为巡视工作的执行主体，责任重大，特别是年内完成巡视全覆盖，任务艰巨，要聚焦主责主业，把发现问题作为巡视的主要任务和衡量巡视成效的重要标准，把全部精力、全部心思聚焦在发现问题上，坚守“该发现的问题没有发现就是失职、发现问题不如实报告就是渎职”的巡视要求，重点在巡视了解、巡视报告、线索处置、巡视反馈、巡视移交等方面下功夫，严守巡视纪律，扎实履职尽责。被巡视单位作为接受巡视的整改主体，要把整改工作贯穿于巡视全过程，对巡视前自查的问题，要闻风而动、即知即改；对巡视中指出的问题，要诚恳接受、立行立改；对巡视后反馈的问题，要全面制定整改方案，提出具体的整改措施，建立问题清单、责任清单、任务清单，明确整改措施和时限，真改实改、全面整改，确保事事有回音、件件有着落。

二要加强协调，强化组织保障。巡视工作涉及面广、政策性强、工作量大，必须加强协调，形成各方积极参与的整体合力。巡视组要坚持围绕中心、服务大局，充分考虑被巡视单位的实际情况和中心任务，紧紧依靠被巡视单位党组织开展工作，不干预被巡

视单位的正常工作，不履行执纪审查的职责，不隐瞒巡视中了解的重要情况，不对重要情况和重要问题表态。巡视过程中遇到的突发事件、紧急情况、重要问题线索，要及时向院党组、院巡视工作领导小组汇报，按照职责权限妥善予以处置。被巡视党组织领导班子及其成员应当自觉接受巡视监督，积极配合巡视组开展工作。各级领导干部要坚决服从巡视安排，全方位、无条件地配合巡视工作，实事求是、毫无保留地向巡视组提供情况，不回避问题，不遮掩躲闪，决不允许隐瞒实情，决不允许任何人以任何形式干扰、妨碍、阻止干部群众向巡视组反映问题，在执行纪律和规矩上不能有丝毫的任性。要通过各方的统筹协调、积极参与，形成助推巡视工作的整体合力，确保巡视工作按计划有序推进。

三要严明纪律，强化队伍建设。执纪者必先守纪，律人者必先律己。巡视组受院党组委派、肩负着院党组的信任和重托，担负着全面从严治党的具体职责，更要将纪律和规矩挺在前面，做到忠诚、干净、担当。要深入学习习近平新时代中国特色社会主义思想，认真学习党章党规和宪法法律，了解掌握所监督领域专业知识，着力增强政治鉴别能力、谈话突破能力、明察暗访能力、组织协调能力、信访处置能力，练就敏锐、深透、能准确抓住问题要害的能力。要认真学习习近平巡视工作思想以及《巡视工作条例》《巡视工作规划》等制度规定，及时校准巡视的目标和途径，从严从实落实好巡视工作。巡视干部要坚定理想信念，敢于碰硬、敢于负责，坚持求真务实，深入群众、深入基层，听取意见，了解情况，带头落实中央八项规定精神，严守廉洁纪律，严格执行各项制度，严禁跑风漏气、打探说情，严格把好人情关、友情关，绝不做任何不利于巡视工作的事情。同时，要不断加强巡视队伍的建设，把巡视组作为培养锻炼干部的平台，优先选派优秀骨干参加巡视工作，展现铁的纪律和过硬作风，以永不懈怠的精神状态推进工作。

四要监督整改，做好相关工作。巡视发现问题是为了解决问题，巡视整改是“试金石”，整改不力是失职，不抓整改是渎职，必须加强巡视整改情况的监督检查，强化整改落实和成果运用，做好巡视“后半篇文章”。被巡视单位党组织担负巡视整改主体责任，所长、书记是第一责任人。院巡视组、纪检部门和组织部门要担负起监督责任，把督促巡视整改落实作为日常监督的重要内容，确保条条都整改、件件有着落。对巡视发现的问题和线索，按照干部管理权限和职责分工，及时移交处置。纪检部门对反映领导干部问题线索和“四风”问题，要优先研办，运用监督执纪“四种形态”分类处置。组织部门对选人用人突出问题要严肃处理，把巡视结果作为干部考核评价、选拔任用的重要依据；对那些不担当、不作为、不适宜担任现职的干部，该调整的调整，使能上能下成为常态。对巡视发现的普遍性、倾向性问题，要加强综合分析，形成专题报告，为院党组决策提供问题导向参考，深化标本兼治。院巡视组办公室要及时向院党组、院巡视工作领导小组报告情况，督促被巡视单位严肃问责追责，建立“巡视后评估”制度，确保巡视成果落实落地。

同志们，做好这次巡视工作，使命崇高、责任重大。我们要紧密团结在以习近平同志为核心的党中央周围，坚决贯彻落实中央巡视工作指示精神，按照农业农村部党组和中央纪委驻部纪检组具体要求，以高度的政治责任感，光荣的使命感，保持不忘初心的战略定力，统一思想、振奋精神、同心同德、扎实工作，高质量的完成巡视任务，为实施乡村振兴战略，实现“两个一百年”宏伟目标作出应有贡献。

中国农业科学院关于印发《深化五个领域专项整治工作方案》的通知

院属各单位、院机关各部门：

为深入贯彻落实党的十九大和十九届中央纪委二次全会精神，将我院全面从严治党不断引向深入，按照我院 2018 年全面从严治党工作会议部署和要求，继续深化院所办企业、试验基地、学会协会、期刊编辑部、检测中心五个领域专项整治，促进五个领域健康发展。现将《深化五个领域专项整治工作方案》印发给你们，请按照要求，认真贯彻执行。

一是要强化主体责任抓落实。各单位要切实提高认识，把深化五个领域专项整治作为推进党风廉政建设全覆盖、加快“两个一流”建设的重要举措。所长、书记要亲自挂帅，履行主体责任，班子成员要分工负责。要明确落实各相关部门在专项整治中的责任、任务、要求，制定具体工作方案，加大工作力度，确保责任落细、落实、落地。

二是要深查隐患漏洞抓整改。要坚持问题导向，紧密联系实际，深入查找隐患，研究确定本单位五个领域问题清单，决不能疏忽遗漏；要认真研究整改，提出可行措施，彻底整改到位，决不能推诿搁置。

三是要建立制度机制抓管理。要立足长远，认真谋划，完善制度，建立健全有效的工作机制和监管机制。通过专项整治，全面提升五个领域管理水平，发挥好五个领域支撑作用。

四是要落实工作措施抓成效。各单位要确定五个领域专项整治工作的牵头责任部门，负责督促协调各有关部门按工作方案要求落实工作，担负监督责任，对五个领域专项整治工作进行检查、抽查，确保专项整治责任落实，问题清楚，整改到位，取得实效。

深化五个领域专项整治工作方案

为深入贯彻落实党的十九大和十九届中央纪委二次全会精神，按照我院 2018 年全面从严治党工作会议的部署和要求，在全院继续深化院所办企业、试验基地、学会协会、期刊编辑部、检测中心五个领域专项整治工作。现制定工作方案如下。

一、总体要求

深化五个领域专项整治工作在院党风廉政建设工作领导小组统一领导下进行。坚持《中共中国农业科学院党组关于在全院开展五个领域专项整治工作的通知》（农科院党组发〔2017〕51 号）提出的指导思想、目标任务、组织领导和工作要求，各单位主要领导挂帅，落实主体责任，加强组织领导，加大工作力度，深度自查、巡视、专项审计、重点抽查相结合，深查隐患漏洞抓整改、建立制度机制抓管理、盯住违规违纪抓查处，确保深化整治活动不走过场、取得实效，为五个领域事业健康发展提供有力保证。

二、工作目标

（一）认真谋划发展，发挥支撑作用

各单位要高度重视五个领域工作，将其作为实现“三个面向、两个一流、整体跃升”的重要内容，纳入科技创新和事业发展大局中认真谋划，加强领导和引导，加大支持力度，促进五个领域进一步提升管理水平，增强服务意识，提升服务效率，发挥好促进创新、保障创新、服务行业、带动产业的支撑作用。对五个领域发展中存在的突出问题，要认真研究解决，制定符合实际的发展规划，落实好“放管服”政策，从人才上、项目上、经费上、机制上、条件上给予支持，该放活的放活，该激励的激励，使五个领域支撑作用充分发挥。

（二）健全监管机制，落实主体责任

要明确每个领域分管领导、主管部门、主管人员，扣紧管理责任的每一环，建立人员及责任清单，落实监督责任、明确监督任务、细化监督措施。要加强日常检查、加强考核问责，重点对五个领域事业发展、干部兼职、开展活动、对外合作、重要决策、收支管理、资产管理、人员教育等方面进行指导监督、审批审查、监督把关、检查规范，把压力传导到位，解决主体责任落实“最后一公里”问题。

（三）健全内控机制，完善管理制度

要抓住五个领域人、财、物管理的关键环节，对照专项整治的指标要求，继续深入查找风险点和薄弱环节，把坚持问题导向的思路贯穿在日常管理中，规范工作流程、优化管理流程、强化内部监督制约、完善管理制度、加强制度的落实和执行力度，把管理控制、风险防控、责任考核融入每个岗位、每个环节、每个人员。

（四）挺牢纪律规矩，加强队伍建设

要充分运用监督执纪“四种形态”，把纪律规矩挺在前面。对五个领域专项整治活动中发现的问题要敢于红脸出汗、敢于较真碰硬，敢于执纪问责。要切实加强五个领域党的组织建设和党员的日常教育、纪律规矩学习，组织开展好党的组织生活，强化党的领导。重视宣传教育监督全覆盖，确保五个领域工作人员参加学习，接受教育。

三、工作措施

（一）深度自查

认真对照自查清单（见附件），深入查找问题，分析原因，提出整改措施，明确整改时间表，上报整改落实情况；对照检查未发现问题的，由单位主要领导签字背书，强化责任落实。

管理部门要督促检查有关单位自查及整改到位，并针对五个领域管理监督方面存在的问题和薄弱环节深入思考，加强调研，有针对性地提出工作建议，健全完善相关管理制度。

（二）专项审计

以“防范风险、规范管理、强化内控、提高效益”为目标，以财务管理的规范性为关注重点，对院所办企业开展审计监督，发现问题、解决问题，防范廉政风险，确保国有资产保值增值。

1. 组织实施

由院成果转化局牵头、财务局协助，从院本级、植保所及哈兽研选择 3 个院所办企业组织开展审计。其他企业由各单位视情况选择和实施审计。

2. 有关要求

以财务管理规范性为重点，围绕遵守中央八项规定精神情况、出资人对企业履行监

管责任情况、重大决策制度落实情况、股权变动和资产处置情况、企业内控制度建设情况、国有资产保值增值情况等开展审计。充分发挥审计的监督震慑作用，注重迅速发现问题并审深查透，分析产生问题的原因，督促落实整改，促进院所办企业健康快速发展。

（三）巡　视

在2018年巡视工作中，把巡视单位五个领域专项整治情况列入重点内容，注意发现问题，督促整改。

（四）重点抽查

有关责任部门负责组织开展本领域重点抽查。要突出问题导向，综合掌握的情况、问题线索和自查基础，有针对性地开展抽查。通过抽查，深入查找发现问题，推动“两个责任”“最后一公里”落实到位，促进建章立制和规范管理，真正发挥专项整治工作的“防火墙”作用。

四、工作要求和进度安排

（一）深度自查及整改工作

各单位须于2018年7月底前完成自查及整改，向院党风廉政建设工作领导小组办公室统一报送自查及整改工作报告（每个单位提交一份总报告，纸质版及电子版）。

邮箱：jcj001@ caas. cn

房间号：院主楼监察局423房间

（二）专项审计和重点抽查工作

有关责任部门收到通知后及时制定审计、抽查工作计划，报院党风廉政建设工作领导小组办公室。

（三）巡　视

依照巡视工作安排。

（四）工作总结

各责任部门负责汇总本领域自查、整改、审计、抽查等情况，形成本领域深化整治工作报告，于 2018 年 9 月底前报院监察局。

院监察局在各责任部门和责任单位工作报告基础上，全面综合情况，形成《中国农科院深化五个领域专项整治工作报告》提交院党风廉政建设工作领导小组。

牵头部门

联系人：王琤，监察局监察一处

电话：82106044　　邮箱：jcj001@ caas. cn

院所办企业方面

联系人：喻冰晓，院成果转化局产业开发处

电话：82105196　　邮箱：yubingxiao@ caas. cn

试验基地方面

联系人：彭卓，院成果转化局综合处（园区基地管理处）

电话：82109420　　邮箱：pengzhuo@ caas. cn

学会协会方面

联系人：王珑，院人事局综合（劳资）处

电话：82105562　　邮箱：wanglong01@ caas. cn

期刊编辑部方面

联系人：邬震坤，院办公室宣传信息处

电话：82105106　　邮箱：xcc@ caas. cn

检测中心方面

联系人：魏延迪，院科技管理局科技平台处

电话：82109422　　邮箱：weiyandi@ caas. cn

附件：深化五个领域专项整治对照自查清单

附件

深化五个领域专项整治对照自查清单

一、院所办企业

（一）国有资产投资管理方面

国有资产对外投资集体决策、前期论证程序及执行情况；履行对外投资审批手续情况；相关决策会议纪要情况等。

（二）确保事企分离方面

完善法人治理结构、规范企业管理的情况。深入查找是否存在院所办企业产权不清、资产使用与处置不规范、向院所办企业出借资金、院所办企业无偿占用单位资产等。

（三）企业清理方面

院所办企业清理整顿工作的进展执行情况，对亏损且扭亏无望及其他应清理的院所办企业清算注销或股权转让的情况。

（四）出资人职责履行及监管方面

对院所办企业履行监管职责的情况、制度建设情况、对企业重大经济行为的监管情况；对院所办企业管理监督的有关会议纪要情况；院所办企业党建工作情况；企业财务监管情况，深入查找有无违反中央八项规定精神、利益输送、在企业违规列支等。

二、试验基地

（一）基地设立及审批程序方面

基地设立集体决策、论证和审批情况；是否存在未经研究所审批的基地及相关情况。

（二）服务科研方面

条件建设、开放共享、服务质量、支撑效率方面的情况；有无变相使用基地等问题。

（三）科研副产品管理方面

科研副产品的管理制度及执行情况、科研副产品收入管理情况。

（四）财务等监管方面

院属单位对基地履行监管职责的情况；基地财务管理情况、监督及内控机制建设情况。

（五）对外合作与经营方面

签订合同、履行审批手续的情况；收入支出及监管情况；土地、房屋出租出借情况，是否符合国有资产管理相关规定，出租出借收入管理情况。

三、学会协会

（一）履行监管职责方面

所班子对学会协会的监督管理情况；负责日常管理监督的职能部门和人员情况；监管责任落实情况；对学会协会进行监督指导的情况；对学会协会收支管理监督情况；对处级干部在学会协会兼职审批情况。

（二）内部管理方面

内部管理机构设置情况；制度建设情况；财务管理情况；党组织建设和管理情况；换届情况。

（三）发挥作用方面

开展活动、发挥作用的情况。

四、期刊编辑部

（一）财务等监管方面

院属单位对期刊编辑部履行监督管理职责的情况；对其财务及重大活动监管情况；审稿费、稿酬以及开展会议或其他活动的收支管理情况；收支管理制度。

（二）对外合作与经营方面

发行、印刷、广告、组稿等合作行为管理方面：管理制度情况；查找签订合同是否规范、选择合作方是否符合有关规定和程序、广告和组稿业务是否外包等。

五、检测中心

（一）规范管理方面

档案管理、人员聘用、工作程序等情况；管理制度情况；收支管理及监督情况；成本分摊方面有无不合理现象。

（二）权力监控方面

廉政风险防控制度建设情况；人员法治教育、廉洁教育情况；出具检测结果的审核审批制度健全落实情况。

中共中国农业科学院党组纪检组
关于进一步推进深化五个领域专项整治工作的通知

院属各单位、院机关各部门：

近日，院监察局会同有关部门对部分期刊编辑部、学会协会、院所办企业等领域开展深化专项整治情况进行了调研，发现了一些不容忽视的问题，需要引起各单位高度重视。现就坚持问题导向，切实做好深化五个领域专项整治工作，确保专项整治取得实实在在成效，进一步提出要求如下。

一是要切实将主体责任履行到位。各单位领导班子要进一步提高认识，把五个领域专项整治工作与深化全面从严治党紧密结合，与加快“两个一流”建设紧密结合，与管理效益年活动紧密结合，将主体责任层层落实到位。各单位要充分体现管理者的主体责任、监督责任，主动深入五个领域，认真细致调查研究，以解剖麻雀的认真态度，全流程、全方位了解五个领域的现状、问题、发展瓶颈，切实提高查找问题、纠正问题、解决问题的主动性和积极性。

所长、书记要亲自挂帅，加强研究部署、督促检查和审核把关；班子成员要分工负责，认真落实；要确定五个领域专项整治工作的牵头责任部门，抓好督促协调；相关部门要明确责任，制定方案和措施，加大工作力度，确保责任落细、落地。

二是要切实把查摆问题放在首位。深化专项整治，关键是要准确查找出问题和隐患，以小见大、以点带面，堵塞漏洞、完善管理，确保专项整治的针对性和有效性。今年继续让各单位深化自查，首要任务就是要坚持问题导向，真正查摆问题，做到自查自纠、红脸出汗，切忌遮遮掩掩、敷衍过关。各单位要在《深化五个领域专项整治工作方案》（以下简称《方案》）附件“问题清单”的基础上，结合本单位实际，建立和细化本单位的问题清单。

2018 年深化五个领域专项整治，院所办企业方面是重点。从审计、信访举报、巡视以及日常了解情况看，院所办企业公司还存在一些管理监督漏洞，主要表现为：第一，公司股份明脱暗不脱，领导干部变相违规持股；第二，企业改制过程中，将国有资产低价评估，让利于人，或者采取不正常手段稀释国有资产股份，搞利益输送，或者有的由个人再成立相关公司，院所办企业不赚钱，个人公司赚钱；第三，企业销售领域，搞商业贿赂，从事非法交易；第四，公司财务管理混乱，有的没有财务管理规定，不遵守财经纪律，财务支出没有严格的审批程序，财务管理还处于原始状态，采用手工记账；第五，“三重一大”制度不健全，对外大额投资不经集体研究，大额投资长期挂账，对经营、产生效益情况不跟踪等；第六，国有资产管理失控，有的资产管理制度严重缺失，几十万甚至上百万的资产，不办理固定资产登记，有的长期闲置、报废、造成巨大浪费等；第七，八项规定执行不到位，比如车辆及加油卡管理不规范，违规报销加油费；购买食品、礼品、电影票，只有发票，不附明细；在各种商场、超市采购办公用品、劳保用品，只有发票，不附明细；有的将无关票据夹在差旅费中报销等；第八，单位对所属企业管理监督不到位，有的注销对外投资企业未履行相关手续，有的违反规定向企业出借资金等。以上情况说明，我院在企业公司管理方面存在较大廉政风险，需要在深化整治活动中格外重视。各单位要对企业公司的发展认真分析研究，认真查找企业决策、资产管理、财务管理、执行中央八项规定精神等方面的问题和隐患，结合企业清理整顿工作，规范管理，降低风险，切实发挥院所办企业成果展示、转化平台的重要支撑作用。

其他领域需要重点关注的问题还有：试验基地方面，要特别查找是否存在资产闲置浪费现象，有没有充分发挥作用；学会协会方面，要加强对下属组织的管理，如一级学会对二级学会的管理，要健全制度、理顺关系、避免风险；期刊编辑部方面，要完善内部决策程序，加强公章合同管理，加强单位监管；检测中心方面，要规范成本核算等。另外，各单位对五个领域发展还需要进一步做好长远谋划和给予政策支持，促进五个领域健康发展。

三是要切实把整改工作落到实处。各单位要在主动查找问题的基础上，认真研究整改，提出可行措施，列出整改计划和期限，决不能推诿搁置。整改工作要注重建章立制，把好的想法、做法用制度体现和固化下来，建立健全有效的工作机制和监管机制，通过制度管长远、谋长效，真正达到规范管理、提升管理的目的。

各单位要以本次五个领域专项整治督导检查为契机，认真自查工作是否到位、责任是否明确、问题是否清楚、整改是否落实，严肃工作纪律，提高工作成效，严格按照《方案》要求，于 2018 年 7 月底前报送自查及整改工作报告（院监察局一处）。

中共中国农业科学院党组纪检组 关于2018年度党风廉政建设工作的报告

农业农村部直属机关纪委：

2018年，中国农业科学院深入学习习近平新时代中国特色社会主义思想和党的十九大精神，认真学习贯彻习近平总书记贺信精神，扎实推动“三个面向”落实，牢固树立“四个意识”，坚定“四个自信”，践行“两个维护”，紧紧围绕中共中央、中央纪委关于全面从严治党、党风廉政建设和反腐败斗争战略部署，扛牢抓实“两个责任”，把纪律教育挺在前面，加强重点领域监督，充分运用“四种形态”，抓早抓小，防微杜渐，推动我院党风廉政建设全覆盖，为农业科技创新、支撑脱贫攻坚和乡村振兴战略实施提供坚强的政治纪律保证。现将中国农业科学院2018年度党风廉政建设工作情况报告如下。

一、把政治建设摆在首位，全面加强党对科研工作的领导

院党组及全院各级党组织认真学习贯彻党的十九大精神和习近平新时代中国特色社会主义思想、习近平“三农”思想和“科技创新”思想，对习近平总书记贺信精神进行再学习、再思考、再落实。成立贺信理论学习研究组，分4个专题组织研讨交流，举办“两个一流”座谈会等主题系列活动等，切实把全院干部职工和科技人员的思想认识统一到贺信精神上来，以“三个面向”引领创新，凝心聚力。牢牢把握“透过业务看政治”，把落实习近平总书记“三个面向”重要指示作为当前和今后一个时期的总方向、总目标、总任务、总要求、总抓手，研究起草《中共中国农业科学院党组关于扎实落实“三个面向”“两个一流”加强党的政治建设的实施方案》。坚定农业科技创新服务乡村振兴的政治方向，针对面向世界农业科技前沿，强化农业基础研究，超前部署新兴学科领域和重点方向，发起国际大科学计划，在重要农业学科领域实现跨越发展，牢牢掌握我国农业科技发展主动权；针对面向国家重大需求，开展乡村振兴科技支撑行动，全面推进创新工程实施，申报国家重点研发计划竞争性项目，部署重大产出科研选题，力争突破一批基础前沿技术，攻克一批核心关键技术，培育一批突破性成果，破解“三农”发展科技难题，锻造农业科技核心力量；针对面向现代农业建设主战场，深入推进科技扶贫攻坚，开展绿色发展技术集成转化行动，加快建设全国农业科技成果转化转移服务平台，发挥科技支撑引领现代农业发展的作用；切实增强国家队的责任感使命感，加快建设世界一流学科和世界一流科研院所，深入推进农业科技创新联盟建设，凝

聚全国力量，推动我国农业科技整体跃升。

严守政治纪律和政治规矩，坚决维护习近平总书记党中央核心、全党核心地位，坚决维护党中央权威和集中统一领导，确保党中央决策第一时间传达贯彻，确保部、院党组工作部署第一时间迅速执行。落实重大工作报告制度，要求各级党组织及时向上级党组织报告中央重大决策部署落实情况，研究所、科研团队及时报告重大成果和重要科研进展，把重大事项报告作为政治任务和工作制度严格执行。深入贯彻落实习近平总书记对推进中央和国家机关党的政治建设的重要批示精神，第一时间组织召开院党组专题学习会和全院党组织、纪检组织负责人会议，逐级传达学习、贯彻落实，并认真开展对照检查、制定整改措施，切实抓好整改，确保取得实效。

不折不扣落实中央八项规定精神，严格党员领导干部和机关部门作风建设，坚决克服形式主义、官僚主义现象。结合实际制定《关于进一步贯彻落实中央八项规定精神加强作风建设的实施办法》等制度规定，从调查研究、改进会风、精简文件、文稿发表、公务接待、财务管理、出国（境）管理、厉行节约等方面，建立了一系列行之有效的配套制度，从小处着眼、从小事抓起，经常提醒和教育，从严从紧执行。深入开展公务用车及加油卡使用管理自查清理工作，细致深入排查，对发现的个别违规问题严肃整改。水稻研究所对 1 名违反公务用车规定的劳务派遣人员给予了行政警告处分，并约谈了有关管理人员、开展了警示教育。改进调查研究，要求领导干部和机关部门开展调研必须深入基层、深入一线、深入科研人员中间，扑下身子，重心下移，听实情、讲实话、出实招、办实事。院领导带头深入各研究所靠前指挥，带队开展党的政治建设、五个领域专项整治、管理效益年、人才工作和创新工程考核评估五项重点工作调研督查；组织调研组深入一线，与科研人员面对面交流，了解科研“放管服”落实情况和政策需求。开展管理效益年活动，深入转作风、抓落实、上水平，以过硬作风和优良管理推动一流院所建设。

加强党的基层组织建设，发挥党支部在科技攻坚中的战斗堡垒作用。根据最新统计，我院共有党组织 440 个：党委 36 个（含直属机关党委），党总支 6 个，党支部 398 个。其中在职党支部 291 个，离退休党支部 68 个，学生党支部 39 个。共有党员 8 171 名，其中在职党员 4 588名，离退休党员 2 059名，学生党员 1 524名。院党组把抓好党支部建设作为管党治党的基本任务，研究起草《关于加强和改进基层党的建设工作的若干意见》，大力推进支部建在创新团队、职能处室上，由科研团队首席（科研骨干）或业务处室负责人中的党员担任支部书记，履行第一责任人职责，坚持做到科研业务工作开展到哪里，党建工作就跟进到哪里，确保支部战斗力的凝聚和发挥。严格落实基层党组织任期制度，谋划实施“红旗党支部创建行动”，深化“院地支部共建 服务农村基层”主题实践活动。截至目前，已有近 50 个党支部与地方党组织结对共建，开展精准扶贫，科技下乡等活动，助力乡村振兴。2018 年年初，“院地支部共建 服务农村基层”案例被中央和国家机关工委评为 2017 年示范案例。

二、压紧压实“两个责任”，确保全面从严治党工作部署落实到位

（一）以上率下，夯实主体责任

院党组抓住主体责任这个“牛鼻子”，切实担当管党治党政治责任。年初召开“中国农业科学院全面从严治党工作会议”，及时传达学习十九届中央纪委二次全会精神和全面从严治党工作会议精神，分析我院全面从严治党和党风廉政建设工作存在的问题，部署安排2018年重点工作。组织签订《2018年党风廉政建设责任书》，院长、党组书记与院属单位党政主要负责人签订责任书，各单位自上而下逐级签订责任书，要求认真落实主体责任、监督责任、一岗双责，层层压实全面从严治党政治责任。研究制定《贯彻落实2018年全面从严治党工作任务分工意见》（以下简称《分工意见》），对2018年全面从严治党工作任务细化分解，明确34项工作、53项具体任务，落实到12个牵头责任部门、单位以及院属34个单位党组织。召开院党风廉政建设工作领导小组会议，审议《分工意见》，研究部署全面从严治党重点工作，总结检查重点任务进展情况，做到重大工作重要环节亲自研究、亲自部署、亲自检查，不断推动工作落实落地，取得实效。

严肃党内政治生活。院党组带头严肃认真召开民主生活会，规范和严格民主生活会制度，同时，对院属45个单位和部门民主生活会召开情况进行了全程督导。基层党支部认真开展组织生活和党员民主评议，严格落实“三会一课”制度，做到次数有保证，质量有提升，党员领导干部以普通党员身份参加所在支部的组织生活会，发挥头雁效应。

健全党建述职评议考核机制。“现场述职、书面述职”相结合，今年10个党组织书记参加现场述职，实现了京区直属党组织负责人现场述职全覆盖。各基层支部书记也在支部党员会上进行述职评议。通过党建述职评议，强化各级党组织落实主体责任、书记履行第一责任人职责和班子成员履行“一岗双责”的意识，形成齐抓共管的良好局面。

加强廉政宣传。利用“两委书记”和纪检监察干部微信平台，编发党风廉政建设和纪检监察工作信息，发布各类廉政资讯，紧盯年节假期等重要时间节点进行廉政提醒，拓展党风廉政建设宣传教育阵地，传递中央和中央纪委声音，传播正风肃纪正能量，形成全面从严治党的浓厚氛围。及时宣传我院全面从严治党工作进展，报送上级部门宣传材料20件次，3篇中央和国家机关工委《紫光阁》网报道，4篇驻部纪检监察组网站报道，9篇院网报道，27篇机关党委网站报道，49篇监察局网站报道。

（二）履职尽责，强化监督责任

一是创新开展纪委书记述职。院党组把抓好纪委书记队伍建设作为强化监督责任，推进全面从严治党向基层延伸的重要抓手。在2017年书面述职基础上，2018年进一步探索述职形式和内容，先后组织召开2批纪委书记述职会，20个研究所纪委书记聚焦履职重点，紧紧围绕推动巡视整改、落实“三个面向”、强化经常性纪律教育、抓好五个领域专项整治等重点领域监督，特别是在“咬耳扯袖、红脸出汗”方面结合具体事例，谈做法、晒亮点、言不足，院党组书记、纪检组组长和院党风廉政建设工作领导小组成员，现场提问、当面点评、交流研讨、测评打分，达到了发现问题、红脸出汗、压实责任、促进工作的目的。

二是认真办理信访举报。严格执行《信访举报办理细则》《纪律审查工作规程》等制度规定，规范谈话函询工作办法，扎紧制度笼子。自2017年12月21日至2018年12月，共收到来信、来电、来访44件（不含重复件16件。上级部门转办8件，自收36件），其中已办结23件，依据干部管理权限径报上级部门17件，正在办理4件。

三是综合运用“四种形态”，突出抓早抓小。认真分析研判问题线索，注重运用“第一种形态”，使“咬耳扯袖、红脸出汗”成为常态。开展函询10人次，对2名所局级干部诫勉谈话，2名所局级干部提醒谈话，对4个研究所班子集体约谈。据统计，院属各单位开展集体廉政谈话共计34次；开展任前谈话、岗位教育、提醒谈话、廉政约谈等各类廉政谈话共计102人次。同时，二三四种形态不放松，对逾越底线、触碰红线的行为严肃处理，4人受到党纪、政纪处分。

四是组织开展集体廉政谈话。在全面从严治党工作会议上，对各单位参会领导班子进行集体廉政谈话和警示教育。分两批、对29名新任职所局级领导干部进行集体廉政谈话。要求党员干部时刻绷紧纪律规矩这根弦，知敬畏、存戒惧、守底线，习惯在受监督和约束的环境中工作和生活。

三、深入开展重点领域廉政监督

（一）深化五个领域专项整治

院党组坚持问题导向，着力风险防控，继续深化五个领域专项整治。下发《深化五个领域专项整治工作方案》《关于进一步推进深化五个领域专项整治工作的通知》，细化问题清单，聚焦查找问题，督促院属单位强化问题意识，压实工作责任，进一步深化专项整治活动，确保问题查找彻底、整改取得实效。综合运用调研交流、督导督查、巡视审计等多种途径深化整治。先后组织6个调研组，深入16家单位，实地调研督导，解剖麻雀；将五个领域专项整治开展情况纳入2018年度院专项巡视和“院五项重点工作督查行动”重要内容，院长、书记及各位院领导带队，组成10个督查组，对全院五个领域专项整治工作实现了全覆盖督查；及时梳理各单位专项整治工作情况，编辑印发5期《深化五个领域专项整治工作简报》，对专项整治工作中发现的问题、整改措施、工作经验进行总结提炼，使五个领域专项整治更有针对性、实效性，问题更加明确、措施更加有力、整改更加到位。

通过专项整治，聚焦了一批问题，建立了问题清单。36个单位共查找问题305个，提出整改措施321条。各单位进一步深刻认识到五个领域在推动落实“三个面向”、服务支撑科技创新、建设“两个一流”科研院所进程中承担的重要作用，增强了促进五个领域健康快速发展的责任感和紧迫感，切实强化了问题导向和风险意识，立行立改，明确责任，堵塞管理漏洞，促进管理规范，化解廉政风险，建立健全了一批管理制度，提出了很多针对性较强的整改措施，从人才上、项目上、经费上、机制上、条件上给予五个领域更多支持和激励，激发干事创业动力，增强发展活力，使五个领域的发展更有保障、支撑科研的作用发挥更加充分。五个领域从业人员进一步树立了防范风险、自觉在监督和约束氛围中工作的意识，筑牢了廉洁自律思想防线，使专项整治的过程成为纪律教育的过程、规范管理的过程、压实责任的过程。

（二）持续抓好科研经费监督

始终把科研经费管理使用作为我院监督重点常抓不懈。继续抓好试剂耗材采购平台建设。选取17个研究所，对其半年采购数据进行分析，针对采购价格过高、验货不及时、大额采购集中、采购商品种类单一等廉政风险点和审批流程繁琐等“放管服”落实不到位问题进行反馈，下发采购行为分析报告，强化了各单位采购风险防范意识。加强资金监管力度，组织开展科研经费抽查和创新工程经费摸底。按照《中国农业科学院院属单位科研经费管理与使用情况抽查办法》等规定，组织对我院第一批进入创新工程的11个研究所，开展科研经费管理与使用情况抽查暨科技创新工程经费管理情况摸底诊断工作，并督促整改落实。开展劳务费咨询费专项调研。开展劳务费、咨询费管理和使用情况专项调研，全面掌握各单位劳务费、咨询费管理使用的现状和存在问题，进一步规范了劳务费管理和廉政监督。强化财务内控机制建设。针对草原所财务管理出现的重大问题，在全院范围开展了财务大检查，全面查找内部控制隐患，强化内部控制制度和机制建设，防范风险，堵塞漏洞，千方百计防止国有资产流失。

（三）强化房屋、土地等国有资产经营监管

认真贯彻落实农业农村部规范和加强房产出租出借管理工作的部署和《农业农村部行政事业单位房屋资产出租、出借管理暂行办法》，研究出台《中国农业科学院京区房产出租出借管理暂行办法》。在院财务工作会议上，对加强房产出租出借监管进行了

专题部署。目前正在起草加强我院国有资产工作的指导意见，进一步规范国有资产管理重点环节的工作，强化土地、房屋、大型设备和公务用车等重要资产监督管理。

（四）严格干部选拔任用监督

认真贯彻执行《科研事业单位领导人员管理暂行办法》《党政领导干部选拔任用工作条例》等规章制度，坚持好干部标准，严把选人用人关口。研究制定领导人员选拔任用纪实制度、个人有关事项报告材料管理办法等，完善选人用人制度体系；强化任前把关，坚持民主集中原则，加强动议审查，不折不扣执行“凡提四必”要求；建立112名领导干部廉政档案，严格审核考察人选对象党风廉政情况，严把廉政意见回复关，全年出具廉政意见函224人次。严格执行领导干部述职述廉制度，紧盯院机关及院属单位党政主要负责同志等“关键少数”，将执行政治纪律和政治规矩、履行管党治党责任、推进党风廉政建设和反腐败工作以及执行廉洁纪律情况作为年度考核述职的重要内容，促进党员领导干部廉洁用权。加强《领导干部报告个人有关事项规定》和《领导干部个人有关事项报告查核结果处理办法》的学习宣传和贯彻执行，年内接受中组部随机抽查59人，重点抽查80人，其中，提醒谈话3人，诫勉4人。

（五）严格领导干部经济责任审计

2018年对5位所局级同志进行了离任经济责任审计；对2017年审计的4个研究所继续跟踪督办整改落实情况并建立了整改台账，形成《2017年经济责任审计整改进展情况报告》和《特产所企业相关问题整改进展情况汇报》。另外，结合专项巡视，对20个研究所财务管理情况、科研经费管理情况开展了审计。

（六）加强基建领域风险防范

印发《中国农业科学院关于加强工程建设领域廉政风险防范的工作方案》，在开工项目进度督导会上安排专题报告，对各单位基建管理重点岗位人员开展廉政风险防范宣传教育。针对工程建设关键节点，强化风险排查力度，对全院55个在建项目开展专项检查，重点排查建设项目“四制”落实、建设程序履行、资金安排、招投标、大额资金支付等高风险环节，建立风险防范长效机制。

四、实现院属单位专项巡视全覆盖

院党组认真贯彻中央巡视工作方针，强化巡视工作政治定位，建立巡视工作长效机制，定期听取巡视工作汇报，研究巡视工作计划，建立巡视干部人才库，设立巡视工作专项经费，召开巡视工作部署会、深化巡视工作推进会，抽调下属研究所党委书记 8 人、纪委书记 18 人、60 多名干部，全年分 4 批组成 20 个巡视组，对全院 20 个单位开展为期 1 个月的驻所巡视，实现了全院巡视工作的全覆盖。发挥巡视工作政治“显微镜”和“探照灯”的作用，聚焦巡视中发现的突出问题，把巡视整改作为“四个意识”试金石，着力抓好反馈整改，把问题谈透，把整改要求说清，做到压实责任，红脸出汗，形成促进监督整改的氛围，做好巡视工作后半篇文章。

五、改进方式方法，全力营造纪律严明环境宽松的创新氛围

（一）坚持不懈严明纪律，筑牢安全底线

把教育挺在前面，持续抓好经常性纪律教育和警示教育。院党组专题研究加强经常性纪律教育工作方案，印发《关于开展经常性纪律教育的通知》，研究制定“科研人员纪律红线清单”，完善典型案例通报机制，向院属各单位下发《关于 2 起典型案例的通报》，用身边事教育身边人。编发《案例转载》10 期、《学习园地》8 期，转发上级部门有关违反中央八项规定精神典型案例以及其他违规违纪行为的案例通报，及时开展警示教育，强化党员干部和科研人员底线红线意识。大力学习宣传贯彻新修订的《中国共产党纪律处分条例》，通过理论中心组学习、专题党课、集体廉政谈话、网站主题专栏、学习园地、宣传展板、多媒体展示、参观警示教育基地、观看警示教育片等多种途径开展广泛学习教育，形成学纪守纪的良好氛围。

坚持“两个坚决处理”“三个零容忍”“六个一票否决”，二三四种形态不放松。牢固树立“信任不能代替监督”意识，对违反政治纪律政治规矩、违反中央八项规定精神等逾越底线、触碰红线的问题坚决处理；对学术不端、师德失范、假公济私“三类行为”零容忍，依规依纪严惩严处，在评奖评优、职务晋升、职称评审、年度考核、项目申报、招生资格 6 个方面“一票否决”，让顶风违纪者付出惨痛代价、得到深刻教训，切实起到警示作用。2018 年以来，我们对 1 名研究生导师师德师风不正、长期骚扰女学生的问题，2 名干部违规设立“小金库”、利用职务便利为关联公司谋利问题，1 名课题组长利用返聘人员工资套取科研经费等问题，进行了严肃查处并通报曝光，进一步强化了纪律处分与警示教育的效果。

严管学术不端和师德失范问题。突出科研单位特点，加强科研诚信和学风建设，研究制定《中国农业科学院科研诚信与信用管理暂行办法》和《中国农业科学院学术道德与学术纠纷问题调查认定办法》，采用正面管理与负面惩戒相结合的方式，加强科研诚信与科研信用管理，明确我院学术纠纷和学术道德问题的受理、调查、复议、认定、处理程序，对科研失信行为和学术不端行为严肃处理，搭建起我院科研诚信的管理体系。制定《中国农业科学院全面落实研究生导师立德树人职责实施细则》，划定导师禁行行为“红十一条”，构建导师立德树人工作长效机制。

（二）大力营造宽松环境，激励创新作为

为推进“放管服”精神在我院真抓真落实、见人见实效，切实解决阻碍一线科研人员创新活力和效率的突出问题，我院组织召开了“落实科研放管服精神”等三项工作推进会，对科研管理“放管服”工作进行部署，组织成立调研组深入研究所，听取科研人员关于科研管理、财务、人事、外事等方面存在的影响科研效率的突出问题。明确从办事程序和政策两个主攻方向，上级主管部门、院、研究所3个层面责任主体，财务报销、科研项目管理、国际交流、人才待遇和其他等五大类工作，推进“放管服”精神落地。拟下发《关于进一步落实“放管服”政策的方案》，并由监察局负责督查落实实施情况。重点是完善科技评价程序，优化科研项目管理，避免多头重复检查；简化财务报销环节签字审批手续，优化科研项目预算制定，简化科研仪器设备采购和处置程序，把财务信息化作为落实“放管服”的重要举措稳步推进；推动外事审批信息化建设，优化科研人员出国审批流程。通过推动“放管服”政策落实落细，切实营造潜心科研的宽松环境。

（三）建立健全工作机制，加强队伍建设

健全教育监督体系。坚持支部建在团队上，部署和推动建立纪检小组，发挥纪检小组成员熟悉科研、贴近科研人员的优势，为科研人员提供政策指导、纪律宣传、纪律服务，使科研人员及时了解党的路线、方针、政策，自觉对标对表“三个面向”要求，自觉严守纪律规矩，成为科研人员身边的纪律宣传员、政治安全员。

加强纪检监察干部队伍能力建设。2018年，院纪检监察系统26人次参加中央国家机关纪工委、中央纪委驻部纪检监察组、农业部机关纪委举办的培训班以及以案代训、联合核查等工作；97人参加了我院举办的纪检监察干部培训班，业务素质、工作能力得到进一步提高。

六、存在问题及下一步工作重点

我院全面从严治党工作在取得成效的同时，还存在一些问题，值得警醒、深思和探索。一是在贯彻落实“三个面向”指示要求上存在“三不两没有”问题，即有的研究所和团队不了解世界农业科技前沿，不知道国家重大需求，不清楚现代农业建设主战场，没有对世界一流学科和世界一流科研院所进行战略研究，没有凝练目标成果。在党内组织生活方面存在“四多四少”的问题，即传达宣讲多，思想碰撞少；表扬肯定多，批评与自我批评少；讲别的单位问题多，说身边的问题少；就政治谈政治多，政治与业务结合少。在“两个责任”落实上存在着压力传导不够到位、“上热中温下凉”问题，

表现在全面从严治党意识还不够强，主体责任抓得不紧不实，纪律规矩的弦儿绷得还不够紧，日常教育和监督跟不上等。在监督机制上，存在监督资源分散，不能形成合力的问题，“上面八条线，下面一根针”，影响监督效果和监督作用的发挥。下一步，要重点做好以下几方面工作。

一是突出加强政治建设，围绕“三个面向”落实，发挥保证监督作用。以政治建设为统领，全面加强党的建设，聚焦“三个面向”总方向、总要求、总目标、总抓手、总任务，围绕科技创新中心工作，充分发挥党组织把方向、管大局、保落实和纪检组织的监督保障作用，以贯彻落实“三个面向”的实际成效检验“两个责任”是否落实到位。全院“三级书记”，从院党组书记、所党委书记到团队支部书记层层落实责任，下大力气解决好“三不两没有”问题，逐个查找问题，逐个团队过关，提出解决措施和时间表。纪检组织坚持问题导向，发挥监督推动作用，着力监督解决重大决策部署落实中的“梗阻”问题，推动主体责任落实，确保科技创新方向不偏离“三个面向”。

二是严肃党内政治生活，打造支部战斗堡垒。全院各级党组织要以学习贯彻《党支部工作条例》、开展“不忘初心、牢记使命”主题教育活动为契机，对照“四多四少”问题，进一步严肃党内政治生活和组织生活，严格执行“三会一课”、民主生活会、组织生活会、谈心谈话、党员民主评议等基本制度，创新支部活动方式，在政治政策学习上、思想建设上、团队建设上、创先争优上聚焦落实“三个面向”，聚焦发挥支部战斗堡垒作用，聚焦发挥党员在科研一线的先锋模范作用，强化基层党组织战斗力、凝聚力，把政治优势转化为推动中心工作的实实在在成效。

三是切实强化经常性纪律教育，把教育挺在前面。在全院干部职工、科研人员中普及纪律红线手册，充分发挥支部纪检小组的教育监督作用，做好红线的解读、宣传工作，让科研人员知晓“哪些能做，哪些不能做”，做到未病先防、轻装前行、安全科研。突出警示教育的针对性，用身边事教育身边人，最大化发挥教育感化和震慑警醒作用，使广大党员干部真正受警醒、明底线、知敬畏，起到“查处一个、教育一片”的效果；着力做实做深问题处理的“后半篇文章”，促使有关单位以案促改，查原因、补漏洞，把教育成果体现在切实解决问题、建立长效机制上，有效发挥警示教育的治本作用。

四是努力把握“四严四宽”，形成良好氛围。坚持严管与厚爱相结合，激励与约束并重，把严明纪律与落实科研“放管服”一体推进，把实事求是、宽严相济等政策贯穿监督执纪全过程，努力把握好“四严四宽”，形成想干事、能干事、干成事、不出事的良好环境。一是私要严、公要宽，出于私心的要从严，出于公心的要从宽。绝不允许科研经费变相进入个人腰包，绝不允许损公肥私、假公济私。二是“关键少数”要严、专家学者要宽，对领导干部要严上加严，发挥表率作用，建立鼓励创新、宽容失败的容错机制，为心无旁骛、潜心研究的科研人员营造宽松环境。三是作风建设要严、学术氛围要宽，严格落实八项规定精神，坚决反对“四风”，加强科研诚信建设，营造百家争鸣、宽松包容的学术氛围。四是重点人重点事上要严、一般性工作要宽，大力推进形成利于创新人才成长、利于创新活力激发、利于重大成果产出的廉政文化。

五是抓住12个方面监督重点，持续推动管党治党严紧硬。院党组坚持问题导向，结合我院工作实际，分析研判风险易发多发领域，明确“三个面向”落实、中央八项规定精神执行、“四风”问题、科研经费使用、院所办企业、试验基地、期刊、网站安全、社团（学会协会）、外事、房屋出租出借、基建安全12个方面为监督重点。要求进一步加强风险防控意识，加强日常监督，确保全面从严治党无禁区、全覆盖、零容忍。其中，涉及五个领域专项整治方面，要巩固工作成效，下功夫抓好整改落实，建立清单，明确措施，跟踪落实，对各单位五个领域存在的主要问题逐一过关，切忌整治“一阵风”“雨过地皮湿”，真正把监管意识树立起来，把制度“防火墙”建立起来。

六是在抓早抓小上下功夫。着力抓早抓小，坚持从小处着手，从小事、小节、小问题、小毛病、小现象抓起，落实谈话函询制度，及时红脸出汗、咬耳扯袖，把防微杜渐体现在平常、落实到经常，筑牢党员干部和科研人员纪律和规矩意识。

七是完善工作机制，提升监督效率。统筹纪检、监察、纪委、巡视、审计、干部监督、科研道德、师德师范监督力量，推进信息共享，形成监督合力。强化各单位纪委工作一盘棋意识，“上面八条线，下面一根针”，在监督上统筹谋划、一体推进，强化担当、主动作为，不断提高监督效率，促进监督责任落实。

中共中国农业科学院党组
关于调整院党风廉政建设工作领导小组成员的通知

根据工作需要和人员变动情况，现将我院党风廉政建设工作领导小组成员进行调整，调整后的名单如下。

组　长：唐华俊（农业农村部党组成员、中国农业科学院院长、院党组副书记）
　　　　张合成（院党组书记）
副组长：李杰人（院纪检组组长、党组成员）
成　员：贾广东（院党组成员、人事局局长）
　　　　张逐陈（巡视组组长）
　　　　高士军（院办公室主任）
　　　　任天志（院科技局局长）
　　　　陈金强（院财务局局长）
　　　　刘现武（院基本建设局局长）
　　　　贡锡锋（院国际合作局局长）
　　　　王述民（院成果转化局局长）
　　　　王晓举（院直属机关党委常务副书记）
　　　　舒文华（院监察局局长）
　　　　卢玉明（院后勤服务中心主任）
　　　　王志东（巡视组副组长）

领导小组办公室设在院监察局。

主　任：舒文华（兼）
副主任：高士军（兼）
　　　　李延青（院监察局副局长、直属机关纪委副书记）
　　　　马秀勇（院直属机关党委副书记、直属机关纪委书记）

中共中国农业科学院党组纪检组
关于开展2018年度纪委书记述职工作的通知

院属各单位、院机关各部门：

为促进院属各单位全面加强党的政治建设，落实主体责任，强化监督责任，为科技创新营造“纪律严明，环境宽松”的良好氛围，经院党组批准，2018年度纪委书记述职工作采取现场述职与书面述职相结合的方式开展，现将有关事项通知如下。

一、组织形式

（1）召开现场述职会议。选取20个单位纪委书记分二批进行现场述职，相关单位党委书记同时参会，院党风廉政建设领导小组成员听取述职并予以测评。

（2）书面述职。不参加现场述职的单位按照有关要求报送书面述职报告。

二、述职内容

认真对照院党组要求，重点围绕各单位全面从严治党主体责任和监督责任落实情况进行述职。包括：

（一）单位落实全面从严治党主体责任情况

加强政治建设情况、落实全面从严治党和党风廉政建设主体责任情况、本年度建立监督制约机制情况、查摆问题及巡视整改情况、“五个领域”专项整治等重点工作完成情况。

（二）开展纪律教育、履行监督责任情况

开展经常性廉政教育、纪律教育的情况；督促落实科研管理“放管服”政策、保障服务科研情况；在科研经费管理、项目评审、财务管理、基建招投标、干部任用、人员招聘等相关业务工作中发挥监督作用情况；受理群众举报问题线索及研究处理情况；践行监督执纪“四种形态”特别是第一种形态的情况（要求至少结合一个具体案例汇报）；组织纪委专题会议、工作部署、工作检查及学习情况等。

（三）工作成效、存在问题及改进措施

密切结合科研实际、积极落实“放管服”政策、营造“纪律严明、环境宽松”科研氛围方面的工作亮点、特色做法及进一步发挥纪委作用面临的主要问题与工作建议。要求围绕履职情况，分析存在问题及其产生原因，紧扣问题提出改进措施。

三、述职安排

（1）第一批述职单位为灌溉所、哈兽研、上兽研、兰牧药、茶叶所、质标所、作科所、植保所、生物所、环发所。时间为 2018 年 10 月 10 日全天，地点在环发所报告厅。

（2）第二批述职单位为蔬菜所、饲料所、信息所、郑果所、麻类所、草原所、环保所、加工所、牧医所、油料所。时间暂定为 2018 年 11 月中旬。具体安排另行通知。

四、有关说明和要求

（1）高度重视，认真准备。纪委书记述职是对各单位落实全面从严治党政治责任、加强党风廉政建设、促进科技创新工作成效的检验。院党风廉政建设工作领导小组将在纪委书记述职基础上，综合各单位党风廉政建设总体情况，做出总体评价，对责任落实到位、工作措施有力、工作成效明显的单位进行表彰奖励，并作为对单位党建工作考核以及相关领导干部年度考核、选拔任用的重要依据。

（2）述职报告要避免长篇大论，要摆事例、列数据、讲效果，内容翔实、重点突出。篇幅一般控制在 3 000 字以内，述职时间为 15 分钟。

（3）第一批现场述职单位于 9 月 25 日前将述职报告报送院监察局。第二批现场述职单位述职报告于 10 月 25 日前、其他单位的书面述职报告于 2018 年 11 月底前报送院监察局。

联 系 人：顾　伟　吴限忠
邮　　箱：guwei@ caas. cn
联系电话：010-82109488　　010-82105166

十、人物介绍

梯次加工　引领羊肉加工业跨越发展

——记国家科技进步奖二等奖获得者张德权研究员

张德权博士是我国肉品加工科研领域年轻一代的学科带头人，国家“万人计划”科技创新领军人才、全国农业科研杰出人才、科技部中青年科技创新领军人才、中国农业科学院领军人才、中国农业科学院农业科技创新工程肉品加工与品质调控创新团队首席科学家。面向世界肉品科技前沿和肉类产业重大需求，张德权博士带领团队开展肉品加工理论、技术、装备研发与产品创制研究，构建了适合我国饮食习惯的羊肉梯次加工技术体系，使我国羊肉加工从“手工经验”跨越到“标准化工业化”的新时代。

深入基层，与羊结下不解之缘

2002 年 10 月，刚从校园毕业两年的张德权博士，积极响应中组部、团中央号召，满怀激情和热情，投身到火热的西部大开发事业中，作为第二批博士服务团成员赴宁夏吴忠市挂职锻炼。挂职期间张德权博士充分发挥自身农产品贮藏加工的专业优势，深入盐池、同心、红寺堡等贫困地区开展产业调研，他发现宁夏有很多优势的特色资源，如“宁夏滩羊”“中卫山羊”驰名中外，但当地农民基本靠卖活羊、卖羊胴体等原字号产品维持生计，守着金饭碗讨饭吃，一直未摆脱贫穷的窘境。张德权博士立足宁夏，面向全国，放眼全球，经过系统论证、科学分析，他认为宁夏肉羊产业落后、效益低下的重要原因之一在于产业链短、加工产业落后、附加值低，精深加工率仅有 2.9%，与发达国家 50%的平均水平差 16 倍，导致宁夏羊肉优质不优价，农民靠养羊卖羊增收乏力。为此，张德权博士暗下决心一定要攻克羊肉精深加工的技术难题，补齐肉羊产业链中加工落后的短板，破解产业困局，通过产业扶贫、科技扶贫实现农民脱贫。2003 年挂职结束回到中国农业科学院农产品加工研究所以后，他义无反顾地投身到羊肉梯次加工技术研发中，这一干就是 16 年。

联合攻关，破解产业发展困局

在国家科技攻关计划、公益性行业（农业）科研专项等项目资助下，张德权博士整体布局，潜心科研，历经 16 年产学研联合攻关，按照理论、技术、装备、产品创新的技术路线，突破了分级分割、保质保鲜、深加工三大环节的关键技术瓶颈，首创了适合我国饮食习惯的羊肉梯次加工技术体系，打破了国外技术垄断，引领了行业发展，解决了我国羊肉加工技术落后、装备依赖进口的局面。羊肉标准化分级分割率由 2003 年的 4.8%提高到 2017 年的 92.5%，工业化深加工率由不足 3%提高到 17%，实现了由作坊式生产向工业化标准化跨越，推动了行业科技进步、转型升级。针对青海、西藏等牧区需求，张德权博士将复杂技术、高新技术轻简化，深受牧民欢迎，近 10 年累计带动 120 余万户农牧民增收，户均年增收 6 500 元，在精准扶贫、乡村振兴中发挥重要作用。联合美、英、法、澳等 10 国科研机构，牵头构建了羊肉品质联合研究平台，张德权博士 2017 年以来受国际肉类科技大会特邀作为 10 人评委中国唯一委员参评年度国际肉品科技奖（IMS），产生了广泛的国际影响。

立足国情，自主创新引领发展

根据我国羊肉饮食习惯不同于西方，肉羊品种多而杂，分级分割技术落后，装备长期依赖进口，但核心的模型、数据、软件要不来、买不来、讨不来的现状，张德权博士带领团队对我国四大肉羊主产区 46 个品种肉羊的品质特性进行了系统挖掘与整理，探清了我国羊肉加工特性，构建了专用数据库；创建了我国专用的羊肉分级模型和中式涮制、烤制、酱卤、风干适宜性评价模型，攻克了长期以来模型缺乏的问题，实现精准判别；发明了同步机械去皮技术装备，替代进口，效率提高 1~1.5 倍，皮张带肉率降低 50%以上，实现连续生产，近 3 年国内市场占有率达 30%以上；研建了分波段近红外分级模型，发明了近红外无损分级技术，打破国外垄断，分级准确率较国外同类产品提高 20 个百分点；研发了标准化分割软件、计算机视觉辅助分割技术，填补国内空白，分割准确率较国外同类技术提高近 20 个百分点；牵头研制了我国羊肉分级和分割标准，构建了分级、分割技术体系，并产业化应用，结束了长期依赖进口的局面，增值 20%以上。

十年磨剑，攻克保质保鲜难题

长期以来，我国羊肉保质保鲜技术落后，货架期不足 7 天，损耗率高达 5%~8%，年损失相当于西北三省羊肉产量之和。针对上述问题，张德权博士带领团队首次发现并揭示了蛋白质磷酸化负向调节羊肉品质的内源机制，以及不同包装、温度下微生物影响羊肉品质的外源机制，阐明了冰温/亚过冷延滞并抑制蛋白质磷酸化的保质机理和冰温/亚过冷抑菌保鲜的效应，构建了微生物测报模型，研制了羊肉冰温/亚过冷保质保鲜技术装备，解决了贮运损耗高的难题，与世界最先进的冰温技术相比，损耗降低 2 倍；研发了 100 余种柔性组合保鲜模块，构建了“冷藏/冰温/亚过冷+”栅栏保质保鲜技术体系，突破了羊肉货架期短的难题，货架期从 7 天延长到了 45 天以上，满足各种生产模式和销售需求。

传承发展，传统产品实现工业化

烤羊腿、烤肉串、酱卤羊肉、风干羊肉、羊肉香肠等中式羊肉制品我国独有，但工业化过程中存在传统特色品质保持难、营养损失严重、能耗高污染重、手工作坊式生产成本高的难题，而国外又没有现成技术装备可以引进，工业化加工步履维艰。针对上述问题，张德权博士带领团队揭示了羊肉加工过程水分迁移、凝胶形成和特色风味保持的品质形成机制，为工程化技术研发奠定基础；研制了低温高湿变温解冻、脉冲变压调理、绿色烤制、定量卤制、梯度变温风干、凝胶成型6项品质保持关键技术，解决了中式羊肉制品特色品质保持难的问题，解冻损耗降低57.2%，品质均匀度提高了8.3~30个百分点，节能近40%；研制了解冻、调理、烤制、酱卤、风干五大类核心装备，解决了工业化装备缺乏的问题；研发中式烧烤、酱卤、调理、风干、香肠五大类系列新产品，制定了系列标准，并产业化应用。

成绩斐然，直挂云帆济沧海

16年来，项目获授权专利140件，发表SCI/EI论文142篇，出版著作8部，获国家科技进步奖二等奖、中华农业科技奖一等奖、全国商业科技进步特等奖、专利优秀奖各1项；牵头制定了系列羊肉加工标准，规范全行业发展。项目技术在前十强羊肉加工企业、四大肉羊主产区推广应用，推广率达41.1%，解冻、调理技术援助非洲和南美国家，产品远销中东、中亚、南亚等地，产生了深远的国际影响；项目技术深受中华老字号和肉羊屠宰加工企业青睐，技术用户内蒙古蒙都羊业食品股份有限公司通过技术革新、新旧动能转换，一举成长为行业最大的科技型羊肉制品加工企业；新建生产线25条，累计新增销售额84.60亿元，新增利润7.73亿元；近3年新增销售额62.70亿元，新增利润5.61亿元，取得了显著的经济社会效益。

获奖不是终点，而是新的开始，科学的道路永无止境。张德权博士带领其团队又瞄准了更高的目标，面向世界肉品科技前沿、国家重大战略需求和现代农业建设主战场，聚焦乡村振兴、健康中国和创新驱动发展战略，以满足人民日益增长的美好生活需要为出发点和落脚点，立足我国膳食模式和饮食习惯，向肉品智能加工和营养健康进军，为将我国由肉类生产大国向肉类强国迈进而努力奋斗。

新生代棉花守护者

——记第二十二届中国青年五四奖章获得者陆宴辉研究员

“与他朝夕相处的是一群群面目可憎的棉花害虫，让他心心念念的是一片片似雪如云的棉田花海，从黄河流域到西北内陆，田间地头12年的坚守，他用黝黑的面庞换来了棉农真心的笑容。”

这是一段来自第22届“中国青年五四奖章”颁奖仪式上的颁奖词，讲述的正是中国农业科学院植物保护研究所研究员陆宴辉。

“80后”博导，中组部“万人计划—中青年科技领军人才”、人社部“有突出贡献中青年专家”，“中国青年科技奖”“中国优秀青年科技人才奖”获得者……陆宴辉身上，如今又新添了一枚徽章——“中国青年五四奖章”。

然而，无论获得外界多少赞誉，陆宴辉坚持认为，他的主战场始终在田间、在棉花地里。从华北到新疆，从学生、助手到骨干、首席，这是他一直不变的初心。

立足华北　攻关转基因棉花害虫演替难题

1980年，陆宴辉出生于“纺织之乡”江苏省海门市。生于农家、长于农村，陆宴辉目睹了村里人与棉花害虫的艰难斗争，背负沉重农药桶、汗流浃背行走在炎炎烈日下的那些背影，让他至今记忆犹新。

1992年，我国棉铃虫大暴发，在各种作物上累计发生面积达2 192万公顷，造成直接经济损失逾百亿元。此情此景，让无数农业科研工作者痛心疾首。为了防治棉铃虫，我国从1997年开始商业化种植转*Bt*基因抗虫棉（*Bt*棉花），到2000年已在华北地区大面积种植。

与此同时，外界也出现了质疑的声音——大规模种植*Bt*植物对生态环境可能产生的潜在影响，以及*Bt*棉花对害虫地位演化的影响，都引起广泛争议。面对质疑，农业科技“国家队”——中国农业科学院承担起这项研究任务。

2005年，陆宴辉被中国农业科学院农业昆虫与害虫防治博士专业录取。这时，他的导师吴孔明院士正带领团队在河北省廊坊市跟踪棉铃虫在*Bt*棉花田和常规棉花田的种群动态，他们已经持续研究了近10年。

2008年，陆宴辉所在的团队证实，过去10年间，我国华北地区大规模种植的*Bt*棉花不仅降低了棉花中棉铃虫的数量，而且还减少了周边没有进行*Bt*改良的农作物的虫害。这是世界上首个针对转基因作物抗虫性进行的大规模长期跟踪研究，论文作为封面故事被刊登在2008年9月19日出版的《科学》杂志上。

但新的问题也接踵而至，“转基因棉花大面积种下去后，棉铃虫数量确实大幅降低，农民打药次数也就减少了，但这又有可能导致其他害虫上升为棉田的主要害虫。”陆宴辉说。

于是，为了攻克转基因棉花非靶标害虫种群地位演替机制难题，陆宴辉驻守在河北农村，一待就是好几年。从早到晚，他天天耗在棉田、实验室里试验调查、反复验证。几年时间里，他几乎走遍了整个华北棉区，收集了大量生产一线的棉花害虫发生资料。

功夫不负有心人，多年耕耘终于获得回报，陆宴辉所在的团队成功解析了转基因棉花大面积种植后非靶标害虫种群地位演替规律及其生态学机制，有力地澄清了关于转基因作物环境安全问题的争议和误解。这一系列研究成果先后在《科学》《自然》上发表，其中，2010年发表于《科学》上的论文被该杂志列为当期亮点论文之首，2012年发表于《自然》上的研究结果入选该年度“中国科学十大进展”。

扎根新疆　突破棉花害虫绿色防控技术瓶颈

2010年前后，随着国家棉花种植区域布局调整，华北地区棉花种植规模大幅缩减，同时，西北内陆棉区的棉花产量已经占据了全国的2/3。于是，从2011年开始，课题组决定将棉花害虫防治的重心，从华北地区转移到新疆。

彼时，经过华北棉区多年的磨练，陆宴辉已经快速成长起来。然而，当他孤身一人来到新疆时，仍然面临不少难题。

“新疆的研究与华北的工作内容基本上是一条线的，但是新疆气候条件、生态环境不一样，棉花耕作制度、种植方式、害虫种类、害虫发生规律与华北有很大不同，以前在华北地区的工作只能起到借鉴作用，在新疆的很多研究是从零开始。”陆宴辉说。

与华北地区相比，新疆的科研基础、工作条件相对落后。为了推进研究工作的开展，陆宴辉跑遍了全疆棉花种植的每个地区，求教了300多位当地科研同行和基层农技人员，先后在南疆喀什、阿克苏、库尔勒以及北疆昌吉、石河子、博乐建立了6个试验点。

有了平台，还要有人。新疆地处我国边疆，要招到合适的科研人才并不容易。“还是要培养本土人才，我们重点招收新疆本地长大，或者是在新疆上学毕业，或者确实愿意在新疆发展、家里也支持的研究生和博士后，逐渐组成了一支科研团队。”陆宴辉说。

平台搭好了，队伍拉起来了，科研工作也就能按部就班地进行。8年多来，陆宴辉带领团队系统研究新疆棉花害虫区域性发生规律与灾变机制，创新研发了害虫行为调控、天敌保护利用等10多项核心技术与专利产品，集成推广了棉花害虫监测预警与绿色防控系列技术体系与标准，他们的研究成果显著提升了新疆的棉花害虫预测与防治水平。

2017 年，由陆宴辉主持的国家重点研发计划项目“棉花化肥农药减施技术集成研究与示范”获批立项，他的科研之路也迎来新的挑战。

“独立主持项目，压力肯定比以前大很多，原来我只是整个项目中的一部分，只用做好自己一小块的工作就可以了。现在我需要考虑整个团队的科研进展，考虑如何切实解决生产问题。”陆宴辉说，挑战也是机遇，他很享受不断超越自我的成就感。

有舍有得　砥砺奋进不负青春好韶华

2018 年 5 月 3 日，参加完“中国青年五四奖章”颁奖仪式回来，陆宴辉用“受之有愧”4 个字形容自己的心情。

“获奖者中有的为国防、航天等重大事业作出了突出贡献，有的在国际重要赛事中为国争光，有的为工作流血受伤、牺牲巨大，与他们相比，我只是做好了本职工作而已。所以，获得这个荣誉，不是表明我做得多好，而是一种鞭策与鼓励，给我继续前行的动力。”陆宴辉说。

也有很多人好奇，今年才 38 岁的陆宴辉，如何能取得这样的成就？

其实，陆宴辉的成长离不开他所在的平台环境。陆宴辉所在的棉花害虫课题组有着悠久的历史，20 世纪 80 年代至 90 年代，以郭予元院士为代表的老一辈科学家，发展棉铃虫综合防治技术体系，开启了棉花害虫基础研究。自 20 世纪 90 年代后期开始，以吴孔明院士为代表的新一代科学家，实现了棉花害虫防控基础与应用研究的有机结合、相互促进，发展 *Bt* 棉花害虫综合防控技术体系，有效提高了棉花害虫的绿色防控能力。正是沿着前人的足迹，陆宴辉等新生代“棉花卫士”迅速成长起来。当然，陆宴辉的成绩更离不开他个人的奋斗与努力。作为农村出来的孩子，陆宴辉自有一股踏实肯干的精神，正是在日复一日的学习、琢磨、实践过程中，他茁壮成长。

现在，陆宴辉自己带了 20 多名研究生和博士后，平时他非常注重新生力量的培养。他要求团队成员每个月例行集中交流一次，汇报各自试验进展，平时与学生点对点讨论时，他更是精确到试验的每一步骤、每个细节，发现问题及时纠正。

点开陆宴辉的微信朋友圈，并不全是关于科研、工作的内容，最多的是女儿的照片。自己常年在新疆工作，女儿在北京读书，没能参与孩子的成长，也许是陆宴辉心中最大的遗憾。

但是，陆宴辉并无抱怨：“田间研究就是到处跑，尤其是我们农业科研工作者。即使是做室内研究，很多人也都把大部分精力放在了实验室里。与家人聚少离多，对科研人员来说是一种普遍现象，不唯独是我一个人。”

“不恋虚名列夏花，洁身碧野布云霞。”棉花品性如此，陆宴辉亦然。在他身上，我们能看到一大批“三农”青年科研工作者的身影——他们，正是新时代乡村振兴的中坚力量。

铸防控之盾　驱腹泻狂魔

——记国家技术发明奖二等奖获得者冯力研究员

冯力，男，1968年10月生于辽宁省昌图县，中共党员，博士，研究员。现为中国农业科学院哈尔滨兽医研究所副所长（中国动物卫生与流行病学中心哈尔滨分中心副主任），博士研究生导师，猪消化道传染病创新团队首席科学家；是国务院政府特殊津贴专家，全国农业杰出科研人才，黑龙江省龙江科技英才，黑龙江省优秀中青年专家，黑龙江省杰出青年基金、黑龙江省 五四青年奖章、五一劳动奖章获得者，中国农业科学院农科英才，兼任中国免疫学会兽医免疫学分会秘书长。

1991年7月参加工作以来，冯力一直在科研一线从事猪病毒性腹泻综合防控技术和基础研究工作，为我国猪病毒性腹泻的科学防控作出了重要的贡献。他主持完成的项目“猪传染性胃肠炎、猪流行性腹泻、猪轮状病毒三联活疫苗创制与应用”荣获2018年度国家技术发明奖二等奖。

仔猪成活率：差距与伤痛

农业是国民经济的基石，畜牧业是这一基石的重要组成部分，而动物防疫就是重中之重。动物防疫工作是衡量一个国家动物保护事业发展水平的重要标志，甚至代表着一个国家的文明程度和经济发展实力。伴随着生猪产业的发展，我国猪传染病的整体防控水平与发达国家还存在着一定差距。

在众多的猪传染病当中，预防和控制猪传染性胃肠炎病毒（TGEV）、猪流行性腹泻病毒（PEDV）和猪轮状病毒（PoRV）的流行与传染迫在眉睫。中国工程院院士陈焕春认为“生得少，死得多，长得慢”是压在养猪业头上的三座大山，而由这3种病毒引起的猪病毒性腹泻就属于“死得多”那座大山，它们主要侵染7日龄以内的哺乳仔猪，严重程度是“连窝端”，死亡率可高达100%，每年造成的经济损失超过100亿元。

虽然导致仔猪死亡是一个综合因素的结果，但是据统计数据显示，仔猪病毒性腹泻是导致仔猪死亡的主要原因，是哺乳仔猪死亡的“第一杀手”，同时更是直接导致我国生猪疫病防控水平与世界发达国家存有巨大差距的直接因素。“我们用到一个术语叫PSY值，就是每头母猪每年能提供的健康活仔数，2017年中国的PSY值大约是17，而发达国家如丹麦达到了30，差距很大。”冯力介绍。

在我国，猪的品种大都引自国外，如美国、加拿大、法国等国家。为什么品种一样，PSY 值却跟国外有如此大的差距呢？究其原因是疫病的防控水平不一样，冯力沉重地说道。接着，他算了一笔账："PSY 值水平最高的是丹麦 30，如果我国能达到这个值，那母猪根本就不用养那么多。目前我国年出栏生猪 7 亿头，现在我们得养 4 000 多万头母猪，才能达到这个目标。如果 PSY 值能达到 30，我们养 2 000 多万头母猪就行。如果母猪饲养真正的减少一半，那整个生产效率得提高多少？环境压力会减少多少？所以从潜在的社会、经济、环境效益来看，提高疫病的防控水平意义非常大。"

"立足国需""创新""前沿"一直以来都是冯力及其团队秉持的科研原则。随着生猪产业的发展，临床上新病多发、老病新传、多病原共感染问题日趋严重，安全高效的疫苗是保障养殖健康、食品安全的重要工具。2010 年以来，猪病毒性腹泻疫情再次暴发，使我国生猪产业遭受重创，引起我国政府高度关注。冯力作为资深专家，凭借多年在一线积累的经验，锁定病因为猪传染性胃肠炎病毒、猪流行性腹泻病毒和猪轮状病毒引起的猪病毒性腹泻，并且 3 种病毒的混合感染率非常高，他的判断为迅速控制疫情提供了宝贵的经验。在疫病流行期间，冯力带领团队深入疫情发生地开展流行病学调查，并加强疫病相关知识的宣传，很快腹泻疫情得到了控制。虽然腹泻的防控取得了阶段性胜利，但冯力并没有止步于此，作为一名亲历者，他清醒地意识到创制具有自主知识产权的腹泻三联活疫苗的重要性。

科技攻坚：创新与开拓

对于冯力来说，他所从事的工作是一份承载着光荣使命的事业，因此，哪怕再苦再累，他都愿意倾力付出。1991 年 7 月沈阳农业大学毕业的冯力加入了有着悠久研究历史的中国农业科学院哈尔滨兽医研究所猪消化道传染病研究室，从此开启了努力拼搏，梦想实践的征程。

近 30 年过去，当年懵懵懂懂的小伙子已经在自己认定的领域闯出了一片天地。他的团队也成长为一支以冠状病毒、呼肠孤病毒、小 RNA 病毒等为主要研究对象，在流行病学、致病机制研究、新型疫苗与分子诊断试剂创制，科技成果转化及产业化等方面不断取得创新性突破，多项成果填补国内空白，为我国猪消化道传染病防控事业作出巨大贡献的团队。

虽然一直处事低调，但冯力这几十年来所做的工作在业界却有目共睹。20 世纪 70 年代，猪腹泻疫情传入我国，刚入哈兽研工作的冯力一头扎进这场没有硝烟的防控战争。他所在的研究室率先分离出了猪腹泻相关病毒，研发了猪传染性胃肠炎与猪流行性腹泻二联灭活疫苗和活疫苗，有效地控制了猪腹泻病的流行。在此期间，冯力在猪消化道传染病研究方面积累了丰富的经验。

人类的进化史就是与病原微生物斗争的历史。在"猪传染性胃肠炎、猪流行性腹泻、猪轮状病毒三联活疫苗创制与应用"项目攻关中，他们遇到的第一个难题就是腹泻相关病毒的分离培养。冯力举了个例子，从 1978 年开始，全世界的科学家都在探索如何能使猪流行性腹泻病毒适应细胞。“适应细胞是什么概念呢？病毒可以在猪体内繁殖，而我们想做的是拿到体外繁殖，这就得先把细胞拿出来养好，再把病毒接到细胞上，让病毒在细胞上长，全世界科学家投入10年的时间，在1988年才把这个难题解决掉，可想而知病毒的分离有多难。但再难也要做，因为分离不出病毒，后续的所有工作都无法进行。”冯力说。

病毒成功分离后，如何既能达到致弱的效果，又能保证它的免疫原性不受影响呢？这是冯力团队遇到的第二个难题。他们采取了固相病毒蚀斑克隆和猪体交替传代的技术，解决了这个难题。对于操作过程，冯力做了简单描述：“病毒回到猪体，它的抗原性会恢复，只有反反复复地从细胞到猪体，再从猪体到细胞这样交替致弱，才能既保证病毒的致弱性、安全性，又保证它的免疫原性，找到那个最合适的平衡点。”

随着研究的深入，难题一个个接踵而至。原来病毒都是在原代细胞中培养，后续他们发现原代细胞有好的一面也有不好的一面。不好的是，疫苗有外源病毒的污染，如果检验环节没做好，投放到市场上甚至会造成潜在的生物安全隐患。考虑到这些，在培养病毒时，他们用传代细胞系完全代替了原代细胞系。“这样做，我们可以全面监控细胞的各个指标，如支原体、霉菌、真菌污染等情况，全面保证细胞的纯净和安全。”冯力形容，病毒的繁殖就像种庄稼一样，只有把它种在肥沃的土地上，才能长出优质的果实。回到病毒培养上，就是只有选出纯净而且状态好的细胞才能使病毒有效繁殖，不受其他因素的干扰。

冯力介绍，三联活疫苗不是单单把3个病毒混在一起那么简单，为保证3个病毒混在一起效果不打折，在如何提高效价方面他们也投入了大量的精力。除此之外，在疫苗株与野毒株的区分，包括检验工作上他们同样也遇到了很多难题，但逢山开路、遇水搭桥，难点被他们一一解开了。

通过坚持不懈的攻关，他们发明了适应传代细胞系的安全性高、免疫原性好，具有独特分子标记的TGEV、PEDV和PoRV（G5型）弱毒株，攻克了3种猪腹泻病毒难以适应细胞、致弱过程中免疫原性减弱、强弱毒株难以区分的世界性难题。通过筛选敏感传代细胞系，优化添加胰酶、二甲基亚砜等辅助因子使病毒成功适应细胞。在病毒致弱过程中，采用敏感细胞系和未吃初乳仔猪交替继代，结合固相病毒蚀斑克隆及全基因组测序等技术，优选安全性高、免疫原性好的克隆株，独创了猪腹泻病毒分离致弱体系，发明了安全、稳定、免疫原性好并具有独特分子标记的TGEV华毒株、PEDV CV777株和PoRV G5型NX株3种弱毒株，为三联活疫苗的创制及产业化生产奠定了关键性基础。除此之外，他们创建的传代细胞系替代原代细胞系的生产新工艺，突破了原代细胞培养过程中外源病毒污染难以控制的技术瓶颈，能降低生产成本约2/3，为疫苗制造与检验规程及质量标准的制定提供了新路径。

防控之盾：助力与提升

2014 年，为了将所得科研成果更好地推向市场，冯力和他的团队创建了产业化成果转化孵化平台。作为首要创始人，冯力带领团队利用发明的 3 种弱毒株及新工艺，创制了我国首个猪病毒性腹泻三联活疫苗，主动免疫保护率为 96. 15%，被动免疫保护率为 88. 67%，对哺乳仔猪、妊娠母猪在内的所有猪只均安全有效。该疫苗的发明填补了我国无猪病毒腹泻三联活疫苗、无猪轮状病毒疫苗可用的空白，真正实现了一针防三病。

冯力说项目的攻关不单是为了创制三联活疫苗，标准化的诊断技术与综合的防控体系研究也包含其中。因此除了创制疫苗外，他们还创立了与疫苗配套应用的检测和监测技术体系，实现了猪病毒性腹泻的精准高效诊断与防控。根据疫苗毒株独特的分子标记，他们独创了与该疫苗完全匹配的强、弱毒株鉴别诊断方法，实现了疫苗株与野毒株的鉴别；建立了敏感特异的抗原、抗体检测和监测技术；制定了猪病毒性腹泻诊断行业标准；创立了以疫苗为核心、以诊断为支撑的猪病毒性腹泻精准高效防控技术体系；形成了集精确诊断、有效疫苗防控、精准抗体检测、全进全出消毒体系、全方位检测的“五位一体”防控模式。“虽然这不是一种规范，但五位一体的防控模式通过我们的科普宣传已基本推广到整个养猪行业。通过在国内大会上的报告还有我们自己的生物技术开发公司做的技术培训，我们会把这些理念继续推广下去，让大家在防控当中有意识地去应用这一模式。”冯力说。

目前三联活疫苗包括五位一体的防控模式已推广到我国除台湾、香港、澳门以外的所有省、市、自治区，已推广 2 560 万头份，免疫覆盖仔猪 1. 54 亿头，产生经济效益 5. 13 亿元。经权威机构测算，在成果应用期内，可实现经济效益 38. 94 亿元。

因防控效果显著，三联活疫苗产品曾被南方报业传媒集团评价为“2016 中国生猪产业榜年度最受关注新产品”。因贡献突出，项目成果相继获得国家发明专利 2 项、国家二类新兽药证书 1 项、黑龙江省技术发明奖一等奖 1 项、中国专利优秀奖 1 项、中国农业科学院杰出科技创新奖 1 项；制定行业标准 2 项；发表文章百余篇，并被 *Nature* 等杂志引用，极大地推动了国内外 3 种腹泻病防控理论与技术体系的丰富和完善。

2018 年，国家技术发明奖二等奖的获得，无疑又是对项目所获成果的极大肯定。

不忘初心：传承与发展

冯力说，从 20 世纪 70 年代开始研究猪病毒性腹泻防控至今，40 多年过去，这已是团队获得的第三个国家奖。从 80 年代的单苗到现在的三联活疫苗，它是一个循序渐进的过程，虽是在他们这代人手上结出的果实，但却是两代人辛苦奉献、不断积累的结果。

他的硕士导师马思奇、王明两位研究员就是为事业奉献了一辈子的老先生。他们脚踏实地，为科研百折不挠。即使退休了，还是常常进实验室。不光是他们，所里的很多老前辈都是这样，他们的这种精、气、神深深感染了冯力等一代代哈兽研人。冯力说："他们是我实验、临床经验的启蒙老师，也是塑造我科研精神的前辈，很多工作之所以能开展下去，正是因为有他们这样的前辈，为我们打下了坚实的基础，给了我们底气。猪病毒性腹泻三联活疫苗在2015年3月24日上市那天，我非常激动，产品上市就像自己的孩子考上大学后，毕业成家立业了一样。"

从2003年起冯力全面接手了研究组的工作，以严重危害养猪业的猪消化道传染病及其病毒为研究重点，立足于解决养猪业中猪消化道疫病的防控问题，研究组在前人的基础上继续开拓创新。经过长期的积累与凝练，在形成了病原学及流行病学、猪消化道传染病防控新技术、病原致病分子机制、疫苗免疫及黏膜免疫机制、病原与宿主相互作用及其影响病毒复制分子机制五大研究方向的同时，研究组也实现了不断壮大。

尤其是从2013开始，在农业科技创新工程的支持下，研究组更是得到了长足的发展和进步，形成了一支由首席科学家领衔、以中青年科研人员为骨干、以博士后和研究生为基础，在国内外享有一定声誉的猪消化道传染病创新团队。

在首席科学家冯力的带领下，先后获得国家科技进步奖二等奖，黑龙江省科技成果发明奖一等奖，中国农业科学院科学技术成果奖一等奖等国家、省部级奖项近10个；获得一类新兽药证书2项，二类新兽药证书2项；国家发明专利11项；制定行业标准2项；出版专著14部；累计发表研究论文104篇，其中SCI文章61篇，以第一作者或通信作者在国际知名杂志*Journal of Virology*、*Virology*、*Journal of General Virology*、*Veterinary Microbiology*等发表SCI文章45篇；培养博士、硕士40余人。

冯力介绍，团队现在的工作虽然还是以侵染消化道传染病的研究为主，但是因为又整合了其他6个研究组，所以有关其他病毒的研究团队也在做，包括圆环病毒、细小病毒和小RNA病毒。目前在圆环病毒研究方面团队已取得了丰硕的成果，研制的猪圆环病毒2型灭活疫苗（LG株）已于2010年获得国家二类新兽药证书，用于预防猪圆环病毒2型感染所引起的相关疾病，适用于3周龄以上仔猪和成年猪，保护效率高于80%。因社会经济意义重大，该产品被评为国家重点新产品，并获得农业技术推广成果奖二等奖、中华农业科技奖三等奖、中国专利奖优秀奖和中国农业科学院科学技术成果奖一等奖，2018年，成果又获得改革开放40年畜牧兽医领域"突出成就奖"。在产业化方面，截至目前该疫苗共签订技术转让合同5份，累计转让合同金额3 400万元，产业化产值累计6亿元。

随着团队规模的不断增大，作为团队首席科学家的冯力比以前更忙了，虽然辛苦但他很自豪。随着创新团队的发展，青年人才得以茁壮成长，科研产出硕果累累，产业支撑能力不断提升。在中国农业科学院哈尔滨兽医研究所全资公司哈尔滨维科生物技术有限公司常规苗销售这部分，有一半销售额是他们团队贡献的产品，每年产值达1个多亿。团队能出这样的成绩，冯力很自豪。

迎接挑战：责任与信心

谈起自己与猪病毒性腹泻疾病的结缘，冯力说那是 1991 年 7 月从沈阳农业大学畜牧兽医学院本科毕业时候的事。学兽医学专业的冯力，一毕业就被分配到了中国农业科学院哈尔滨兽医研究所，一来就被分到了这个方向。“好在，我一直都在这个方向坚持着，从来没有左右摇摆过，坚持了 20 余年，等真正研究到一定程度的时候，才发现猪病毒性腹泻研究在行业中是有需求的，如果真正把问题一个个解决掉，是能为产业做些实事的，所以更坚定了一路走下去的信心。”冯力说。

谈到未来的工作，冯力说我国猪病毒性腹泻的防控面临的形势日趋复杂。新发腹泻病原，如猪德尔塔冠状病毒、哺乳动物呼肠孤病毒 3 型、猪严重急性腹泻综合征病毒、猪杯状病毒、猪肠道病毒、猪星状病毒等的不断出现；传统猪腹泻病毒，如猪流行性腹泻病毒、猪传染性胃肠炎病毒的变异，多群、多血清型的猪轮状病毒的出现和流行都严重地威胁着我国的养猪业。而针对新发病原、多血清病原缺乏有效的防控手段，同时，对其致病机制、免疫机制的理论知识匮乏以及相关基础研究工作的相对滞后，都使团队面临的挑战更加严峻。

猪的消化道是开放的系统，被侵染的概率非常大，所以不是简简单单 3 个病毒疫苗就能包打天下。因此，他们需要将视野放得更加开阔，积极去研究新型病毒，去应对不断出现的挑战。“未来我们不敢说百分之百能把所有的猪病毒性腹泻问题和挑战解决掉，但是我们一定要朝着这个目标前进，为生猪产业健康、绿色、可持续发展做一些真正有价值、有意义的事情。”冯力诚恳地说。

大豆优异种质挖掘、创新与利用推动国产大豆产业发展

——记国家科技进步奖二等奖获得者邱丽娟

1月8日上午，2018年度国家科学技术奖励大会在人民大会堂隆重举行。中国农业科学院作物科学研究所邱丽娟研究员作为第一完成人，带领团队完成的“大豆优异种质挖掘、创新与利用”获得国家科技进步二等奖。

众所周知，大豆是我国重要的植物油脂和蛋白质来源。20世纪90年代，针对大豆生产上疫霉根腐病、灰斑病和干旱/盐碱等危害严重，大豆品种油分含量低，优异种质资源发掘滞后，高油、抗病新种质创制难度较大等问题，邱丽娟研究员联合东北农业大学、黑龙江省农业科学院佳木斯分院和绥化分院，以及内蒙古自治区呼伦贝尔市农业科学研究所等主产区优势单位，按照生物技术与传统技术相结合、优异种质挖掘与育种利用紧密衔接的思路，开展大豆优异种质挖掘、创新与利用攻关，历时20余年，在优异种质挖掘、抗逆、高油等重要性状QTL/基因发掘，抗病优质新种质创制，新品种培育和推广利用方面取得显著成效。

立足资源研究　在传承中创新　在创新中传承

我国是大豆起源国，国家种质资源库内保存3万多份大豆资源，数量位居世界首位，却不是研究和利用的强国。

邱丽娟研究员看在眼里，急在心里。为了能高效发掘急需的优异资源，在构建大豆核心种质，与带领团队成员一起争分夺秒，例如，去武汉取样品，晚上从北京坐火车出发，白天到达后顶着烈日取样品，晚上再坐车回京，早晨到达后就直奔办公室继续工作，在构建大豆核心种质期间，这种夕发朝至型是当时的工作常态。她说这样既可以省住宿费，又节省时间，何乐而不为。

当时，如何用分子方法构建核心种质，没有可参考的方法，邱丽娟指导学生探索用不同方法对SSR标记进行筛选，提出了核心引物的概念，并首次将资源结构分析应用于资源分类，后来均被水稻、小麦等作物所参考和利用。由于用SSR标记鉴定资源的份数比较多，当时又没有简便快捷的方法，她就像个司令员一样，每天都带领实验室老师和学生分析数据、协调进度，既有鉴定、又有质量检查，带出了一支团结协作攻关的队伍。

通过团队的不懈努力，邱丽娟研究员首次提出大豆核心种质构建的最佳取样策略，率先从库存种质资源中创建代表性强、遗传多样性丰富的核心种质和应用核心种质，不但使我国国家种质资源库中的大豆种质资源得到了系统的收集、储存、分类和部分特性鉴定，而且为美国、日本和巴西的大豆核心种质构建，以及国内外油菜、花生、绿豆等 14 种农作物的核心种质研究提供了借鉴。

由于核心种质具有规模小，代表性强，遗传多样性丰富的特点，促进了资源高效精准鉴定。从中挖掘出的 149 份抗病、高油等优异种质，显著提高了优异资源评价和挖掘效率，为解决疫霉根腐病、灰斑病、盐碱等危害，提升含油量等育种提供了丰富亲本资源。

开创分子标记辅助创制新种质新思路
解决品质和产量难以协同提高难题

为解决高效发掘优异基因难的问题，邱丽娟研究员带领项目组协作攻关，从核心种质中选择代表性资源，进行了从头测序。她指导团队从不同角度对组装的序列进行检测，通过协作，构建了植物领域第一个泛基因组，全面揭示大豆基因组遗传变异特征，为基因发掘和分子育种提供了信息和工具，结果发表在国际高水平杂志 *Nature Biotechnology* 等。

利用优异资源和核心种质，挖掘抗病、耐盐、高油等重要性状 QTL/基因占国内外已发表相关性状 QTL 的 65.1%。即包括 72 个贡献率大于 15%的主效基因，还包括国际首个产量相关基因 *GmTfl1*（国际合作）、新命名的抗疫霉根腐病新基因 *Rps10* 及图位克隆的耐盐关键基因 *GmSALT3*，为分子标记辅助大豆新品种培育提供了必要信息。

在耐盐基因发掘过程中，邱丽娟打破常规，将耐盐性当作质量性状进行鉴定，并拓展了集团分离分析方法，指导学生不仅构建了两个后代池，还构建了两个品种池，由于方法创新，仅筛选了 100 多个 RAPD 标记就鉴定出紧密连锁的标记，为耐盐基因 *GmSALT3* 克隆奠定了基础。

邱丽娟带领团队根据定位和克隆 QTL 开发实用分子标记，通过杂交聚合，构建变异广泛的大分离群体，创制聚合至少 3 个 QTL 的新种质 8 份。如首次耐疫霉根腐病的 CH19、多抗的中品 03-5373 等，这些新种质已成为重要育种亲本。育成了聚合多个抗性基因的中黄 57 等大豆新品种，解决了多基因聚合的难题。

促进品种更替　推动我国大豆应用基础研究步入国际行列

解决大豆生产问题是根本目的。邱丽娟勤学好问，常说“知识到用时方恨少”。她不仅向前辈学习、还注重与同行的交流与协作，继承和发扬资源的鉴定与创新，加强发掘和创新资源的分发利用。通过创建的大豆种质资源表型和基因型等信息高效共享平台，为国内140个（次）单位提供核心种质和优异资源4万余份次，为克山1号、冀黄13等103个新品种提供了优异血缘，据不完全统计，仅49个品种的累计推广面积已达到1.26亿亩，显示了巨大的应用潜力。

在邱丽娟的带领下，项目组通过联合攻关和协同创新，育成优质抗病新品种17个。其中国审品种6个，区域试验对照品种7个，农业部推介生产主导品种6个。17个品种平均含油量21.55%，超过国家高油品种标准21.50%，其中12个高油品种平均含油量为22.35%，最高达23.57%，比普通品种高3~4个百分点，抗一种或几种病害，解决了优质和抗逆协调改良的难题，2006—2017年累计推广1.25亿亩，新增社会经济效益97.82亿元，在提高生产水平和实现农民增收中发挥了重要作用。

奉献不言苦　追求无止境

——记国家科技进步奖二等奖获得者顾兴芳

黄瓜是重要蔬菜作物，也是我国第一大设施蔬菜，年播种面积约 1 500 万亩，年产值约 4 000 亿元，对于保障蔬菜周年供应和乡村振兴意义重大。针对生产上黄瓜品种复合抗病性差、商品品质欠佳、易出现苦味等突出问题，顾兴芳率领的团队以提高黄瓜品质和抗病性为主要目标，大规模发掘优异种质，创建高效育种技术，培育出适于不同生态型的优质多抗新品种。其研究结果推动了我国黄瓜育种由常规到与分子标记辅助选择相结合的重大变革，为推动蔬菜产业的发展作出了重大贡献。

顾兴芳，女，1963 年出生，中国农业科学院蔬菜花卉研究所党委委员、研究员。2000—2015 年任蔬菜花卉研究所葫芦科蔬菜遗传育种研究室主任。现为中国农业科学院创新工程葫芦科蔬菜遗传育种团队首席、国家大宗蔬菜产业技术体系岗位专家、农业农村部杰出人才及创新团队“黄瓜优异基因挖掘与种质创新团队”负责人，兼任中国园艺学会黄瓜分会副理事长，国际园艺学会葫芦科分会主席。自 1988 年起一直从事黄瓜遗传育种工作，以第一完成人获得国家科技进步奖二等奖、北京市科学技术奖一等奖和中华农业科技奖一等奖各 1 项，以主要完成人获国家发明奖三等奖 1 项，北京市科技进步奖二等奖 1 项和农业部科技进步奖一等奖 1 项。获授权国家发明专利 12 项，植物新品种保护权 5 件，审定认定品种 20 多个，在全国各地累计推广面积 1 000 多万亩。发表文章 150 多篇，其中 SCI 30 多篇。

参加工作以来，认真学习和执行党的路线、方针、政策，一心扑在工作上，各项工作想在前、干在前，充分起到了模范带头作用。突出的业绩，勤政务实的工作作风也得到了领导和群众的充分肯定，任职期间历年考核优秀，曾被评为有突出贡献的中青年专家，享受政府特殊津贴，农业部优秀共产党员，院巾帼建功活动标兵及先进工作者，全国巾帼文明岗。

一、怀抱梦想，孜孜求学，誓当优秀育种人

20 世纪 80 年代初我国改革开放伊始，百废待兴，高校入学率很低，全国上百万年轻人挑灯夜战，都期望通过通往高校的独木桥。在这千军万马的高考大军中，就有山东掖县（今山东省莱州市）一中的优秀生顾兴芳。一门生物课，磕开了她立志踏上农业科学之门，利用农业科学改变农村面貌的初心。她在高考志愿上毫不犹豫地写下了南京农学院（现南京农业大学）。跨入学校大门，她如饥似渴地学习每一门功课。1985 年，

她以每门优异的成绩完成学业，来到了我国最高蔬菜研究机构——中国农业科学院蔬菜研究所，开启了梦想之旅……

在育种前辈的言传身教下，她虚心学习请教，渐渐喜欢上了黄瓜育种这个行业。1999年在澳大利亚获得硕士学位后，她放弃了继续攻读博士学位的机会，毅然回国挑起了黄瓜育种课题组负责人的重任，从此与黄瓜结下了一辈子的情缘，誓当一名优秀黄瓜育种人的志向也从此扎根于心。

二、身体力行，忘我工作，一腔热血洒田地

顾兴芳在科学研究上极具创新精神和坚韧的意志。她在工作中总是严格要求自己，处处以身作则。为全身心地投入工作，1989年她将出生8个月的儿子送回山东老家，孩子上小学后又送往寄宿学校直到大学。回国后，由于住家和单位相距较远，为保证科研的进程，她毅然搬进单位集体宿舍。

黄瓜育种的工作艰苦而复杂，生育周期短，一年之中从播种到收获可多达7~8次，从露地到大棚到温室，从酷暑到寒冬，日复一日，年复一年，工作量非常繁重。顾兴芳带领团队成员每周穿梭于各个农场，从早忙到晚，经常超出日常工作时间三四个小时，放弃节假日和休假也就成为她经常性的选择。她对工作一腔热情，毫无怨言，无论刮风下雨，坚持下地，亲力亲为，几十年如一日。夏季和冬季，温室大棚里环境恶劣，患有高血压的她坚持与同事们一起授粉、选种、调查，绝不错过黄瓜育种的各个环节。

长期超负荷的田间工作，导致她患上了严重的骨关节炎、腰肌劳损和腰椎间盘突出症，医生多次建议她卧床休息。2002年，为了不误花期和实验，即使膝盖肿得不能下蹲，仍跪在地上进行授粉操作，直到膝盖化脓并伴有高烧，才被家人和同事强行送到医院，经诊断为极严重的滑膜炎并已发展到肿瘤，需要马上手术。2015年冬天在海南南繁，繁重的工作导致腰椎间盘突出急性发作，春节只能一直趴卧在床上度过。多年来，她默默承受病痛，坚守在科研第一线，黄瓜已完全融于她的生命。

育种工作单调而辛苦，然而顾兴芳却把这项工作当作是一种享受，每天去黄瓜田已成为她一直以来的习惯。她认为在田间专心科研能够净化人的心灵，减少浮躁和杂念。一年一年过去，一茬一茬收获，一代一代改良，自然能取得应有的成果回报。苗子生长离不开土地，而顾兴芳也扎根试验田、心系试验田，一辈子也离不开了！

三、坚守使命，攻坚克难，开辟黄瓜育种新篇章

相信广大消费者对黄瓜的苦味有较深的不好印象，解决黄瓜的苦味，培育出没有苦味的黄瓜品种成为了顾兴芳20世纪90年代中后期的一个新的目标。她深知黄瓜的苦味成因复杂，除内在遗传因素外，还与环境条件相关。苦味的鉴定需人工大量亲口品鉴，国内外在这方面的研究并不完善，难度很大。她从搞清遗传规律着手，带领团队从子叶

开始品尝，直至所结的每根黄瓜。实验连续多年每年采用春秋两茬进行研究，每季种植不同亲本、F_1、F_2、BC_1P_1、BC_1P_2 等多个世代，上千单株。每株子叶、卷须、果实都要亲口品鉴，经常尝到恶心呕吐。值得欣慰的是，经过多年努力她基本搞清了黄瓜苦味的遗传规律，找到了与黄瓜苦味紧密连锁的分子标记，解除了苦味基因对于材料创新和新品种开发的困扰。

顾兴芳在坚守传统育种的同时，不忘吸收当今世界的先进育种理念和生物科学技术，关注学科的国际前沿进展，把握团队的学术发展方向，迎接国内外黄瓜研究和推广的巨大挑战，提高我国黄瓜育种新水平。针对黄瓜生产中的实际情况及时调整研究方向，以其本人为核心成员参与的国际黄瓜基因组计划为契机，在分子标记辅助选择育种上做起了大文章。经过多年的不懈努力，她和团队在黄瓜分子标记辅助育种领域取得了引领性成果。构建了首张栽培黄瓜高密度遗传图谱，创建了国际领先的分子标记多基因聚合育种技术。首次实现了黑星病、枯萎病、番木瓜环斑病毒、西瓜花叶病毒、白粉病和霜霉病等多个抗病性状及苦味、果皮光泽等多个品质相关性状的遗传定位，并开发出了简便实用的 SSR 和 Indel 标记，应用于分子标记辅助选择育种。采用常规育种与分子标记相结合，创制出一批优质多抗优异骨干自交系，育成适应不同生态区的新一代无苦味、有光泽、抗病毒病、黑星病等优质多抗黄瓜新品种 20 多个，实现了密刺型黄瓜优质多抗育种的突破。在全国 27 个省市累计推广面积达 1 000 万亩，新增社会经济效益约 100 亿元。其中保护地密刺型新品种中农 16 号、中农 26 号等，占辽宁、河北等设施黄瓜主产区总面积的 50%以上，引领了中短瓜条密刺型黄瓜的高品质育种方向。中农 106 号、中农 18 号等成为广东、云南等 7 省区的主栽品种，占主产区的 30%以上，实现了南菜北运黄瓜主栽品种的更新换代。中农 19 号、中农 29 号等水果型黄瓜新品种已部分替代进口同类品种，抵御了国外品种的冲击。

四、率先垂范，光明磊落，带出团队新风貌

对黄瓜育种工作的热爱和认真踏实做事的态度促使顾兴芳及其团队取得了丰硕的研究成果。实现了一个农业科研工作者不仅将一篇篇论文自豪地书写在国内外一流刊物上，更是将一篇篇重量级的论文写在了农民的大地上、消费者的餐桌上。然而她做事低调，从不居功自傲，她将所取得的科研成果归功于领导的支持、课题组成员团结协作及国内外其他团队合作的结果。

她注重团队建设及人才培养，毫无保留地将经验和方法传授给团队年轻人，帮助其快速成长。为提高青年科研工作者的学术素养，在承担繁重科研任务的情况下，仍派遣青年学者出国学习和培训。在她的凝聚下，团队成员相互协作、加强交流，工作氛围轻松和谐。近年来，团队培育出了一批出色的科研和育种人才，在管理和科研等岗位上发挥了重要作用，为我国蔬菜事业的发展作出积极贡献。2017 年，团队获全国妇联颁发的全国巾帼文明岗荣誉称号。

顾兴芳始终不忘初心，以共产党员的标准严格要求自己，弘扬正能量，敢于说真话，敢于同不良现象和歪风邪气作斗争。她具有较高的集体荣誉感，在做好本职工作的同时，处处以大局为重，积极支持并带头参加院所组织的文体活动、捐款救灾、资助张北贫困学生等各项活动。这种率先垂范的精神，激励着团队的每一个成员，增强了团队的向心力和凝聚力，受到广大党员和群众的赞誉。

五、不忘初心，砥砺前行，而今迈步从头越

习近平总书记“人们对美好生活的向往就是我们的奋斗目标”的嘱托始终在耳边回响……

气候、植物病虫害、消费者需求一直在变化，不断满足广大消费者对黄瓜品质的需要，对黄瓜育种提出了新要求。如今，顾兴芳及其团队牢记嘱托，不忘初心，正以奉献不言苦，追求无止境的态度和热情，开启新的奋斗征程，不断攀登黄瓜育种新高峰！

奋斗永远在路上……

十一、大事记

中国农业科学院2018年大事记

1月

1月3日 福建省南平市人民政府和中国农业科学院农业资源与农业区划研究所、南平市数聚能信息科技有限公司三方在北京签署了“农业空间信息技术产业战略合作框架协议”。中国农业科学院党组书记陈萌山，福建省南平市人民政府常务副市长伍斌，南平市数聚能信息科技有限公司董事长张公华等出席签约仪式。

1月8日 中共中央、国务院在北京隆重举行国家科学技术奖励大会。以中国农业科学院主持完成的1项成果荣获国家技术发明奖二等奖，6项成果荣获国家科学技术进步奖二等奖。蜜蜂研究所吴黎明研究员牵头完成的“优质蜂产品安全生产加工及质量控制技术”获得国家技术发明奖二等奖、作物科学研究所杨庆文研究员牵头完成的“中国野生稻种质资源保护与创新利用”，蔬菜花卉研究所金黎平研究员牵头完成的“早熟优质多抗马铃薯新品种选育与应用”，农业环境与可持续发展研究所杨其长研究员牵头完成的“高光效低能耗LED智能植物工厂关键技术及系统集成”，农业资源与农业区划研究所任天志研究员牵头完成的“全国农田氮磷面源污染监测技术体系创建与应用”，农业资源与农业区划研究所张金霞研究员牵头完成的“食用菌种质资源鉴定评价技术与广适性品种选育”和油料作物研究所廖伯寿研究员牵头完成的“花生抗黄曲霉优质高产品种的培育与应用”等6项成果分别获得国家科学技术进步奖二等奖。

1月8日 中国农业科学院举行党组中心组2018年第一次（扩大）学习会，进一步深入学习习近平新时代中国特色社会主义思想和党的十九大精神，传达贯彻中央经济工作会议、中央农村工作会议和全国农业工作会议精神，聚焦乡村振兴战略，研究谋划乡村振兴科技支撑行动以及今后一个时期的工作思路和重点任务。

1月10日 中国农业科学院副院长吴孔明会见了来访的孟加拉国内阁秘书长穆罕默德·阿拉姆（Mohammad Shafiul Alam）、孟加拉国驻华大使法兹勒·卡利姆（Fazlul Karim）一行。双方就加强农业科技合作，共建农业领域联合实验室等内容进行了协商与探讨。

1月12日 中国农业科学院深圳农业基因组研究所黄三文研究员领衔的科研团队在番茄风味品质研究中取得重大突破。科学家利用大数据分析，揭示了番茄在驯化和育种过程中营养和风味物质发生的变化，及其调控位点，为番茄果实风味、营养物质的遗传调控和全基因组设计育种提供了路线图。相关科研论文在国际顶尖生命科学领域期刊

《细胞》(*Cell*) 2018 年第 1 期发表，这是中国农业科学院第一次在该刊上发表文章，也是今年中国科学家在该刊上发表的第一篇文章。

1 月 15 日　农业部党组成员、中国农业科学院院长唐华俊主持召开 2018 年第一次常务会，研究实施乡村振兴科技支撑行动，审议 2018 年会议计划、国际会议计划、因公临时出国（境）计划以及 2017 年度研究所评价、重大科技成果表彰等事宜。

1 月 16 日　中国农业科学院党组书记、院离退休工作领导小组组长陈萌山主持召开院离退休工作领导小组 2018 年第一次工作会议。会议通过了调整院离退休工作领导小组成员的决定，审议了院离退办 2017 年工作总结和 2018 年主要工作安排，研究讨论了春节前走访慰问等几项离退休重点工作。院党组成员、人事局局长、院离退休工作领导小组副组长贾广东及院离退休工作领导小组成员出席会议。

1 月 16 日　人力资源社会保障部和农业部印发《关于表彰全国农业劳动模范和先进工作者的决定》，中国农业科学院北京畜牧兽医研究所文杰研究员、蔬菜花卉研究所金黎平研究员、油料作物研究所黄凤洪研究员、哈尔滨兽医研究所蔡雪辉研究员 4 位专家被授予全国农业先进工作者称号。

1 月 18 日　中国农业科学院中国农业政策与科技发展战略研究中心成立大会在北京召开。中国农业科学院党组书记陈萌山，院党组成员、人事局局长贾广东出席会议。会议由中国农业科学院副院长梅旭荣主持。

1 月 19 日　中国农业科学院党组书记陈萌山主持召开 2017 年度基层党建述职评议考核会议，院属 10 个单位的党组织书记分别汇报了落实全面从严治党和党建工作责任制的情况，查摆了问题，并提出了下一步整改措施。院党建工作领导小组成员逐一进行了严肃认真的评议。

1 月 23—25 日　中国农业科学院 2018 年工作会议在北京召开。会议以习近平新时代中国特色社会主义思想为指导，深入学习贯彻党的十九大及中央经济工作会议、中央农村工作会议精神，贯彻落实全国农业工作会议的部署要求，认真总结 2017 年中国农科院工作，全面分析新形势新任务，研究部署 2018 年和今后一个时期的工作，通报了 2017 年研究所评价结果，对 2017 年度国家科学技术成果奖和院科技成果奖、2015—2017 年度院文明单位进行了表彰。农业部党组成员、中国农业科学院院长唐华俊作了题为《深入贯彻落实党的十九大精神　努力开创新时代中国农业科学院工作新局面》的工作报告。院党组书记陈萌山主持会议。农业部科教司司长廖西元、人事司副司长崔鹏伟，科技部农村科技司副司长蒋丹平、国家自然科学基金委国际合作局局长冯锋，以及院领导班子成员、院级老领导、院内两院院士，院机关各部门和院属各单位负责同志等参加了会议。院属各单位处级以上干部、创新工程团队首席专家、科研人员代表在分会场同步收看大会实况。

1 月 26 日　由中国工程院联合中国农业科学院发起的中国农业发展战略研究院在北京成立。研究院第一届理事长由中国工程院院长周济和中央农村工作领导小组办公室主任韩俊担任，第一届院长由农业部党组成员、中国农业科学院院长唐华俊担任。农业部副部长张桃林出席大会并讲话。会议由中国农业科学院党组书记陈萌山主持。

1月31日 农业部党组成员、中国农业科学院院长唐华俊会见了来访的比利时农业部长丹尼斯·杜卡姆（Denis Ducarme）。双方在共同感兴趣的合作领域展开了深入交流。中国农业科学院副院长吴孔明出席座谈会。比利时驻华大使马克文（Marc Vinck）与比利时联邦食品安全局局长等官员参加会谈。

1月31日 经农业部党组会议研究决定：李红康同志任中国农业科学院植物保护研究所党委书记，自任职之日起上岗试用，试用期1年。

1月31日 经农业部党组会议研究决定：马莹同志任中国农业科学院北京畜牧兽医研究所党委书记，自任职之日起上岗试用，试用期1年。

1月31日 经农业部党组会议研究决定：姜梅林同志任中国农业科学院生物技术研究所党委书记，自任职之日起上岗试用，试用期1年。

1月31日 经农业部党组会议研究决定：郭同军同志任中国农业科学院农业资源与农业区划研究所党委书记，自任职之日起上岗试用，试用期1年。

1月31日 经农业部党组会议研究，并征得中共深圳市委同意，决定：骆建忠同志任中国农业科学院农业基因组研究所党委书记，自任职之日起上岗试用，试用期1年。

1月31日 经农业农村部党组会议研究，并征得中共兰州市委同意，决定：免去杨志强的中国农业科学院兰州畜牧与兽药研究所所长职务，按规定办理退休手续。

2月

2月1日 农业部党组书记、部长韩长赋来到中国农业科学院，登门看望庄巧生院士、李振声院士，代表农业部党组向他们致以节日问候。农业部党组成员、中国农业科学院院长唐华俊，中国农业科学院党组书记陈萌山等陪同看望。

2月1日 英国首相特雷莎·梅到中国农业科学院参观了国家现代农业科技展示园。农业部部长韩长赋，中国驻英大使刘晓明，农业部党组成员、中国农业科学院院长唐华俊，院党组书记陈萌山陪同参观。

2月1日 世界银行中东北非地区关于改善农业水管理技术知识交流研讨会在中国农业科学院召开，来自埃及、黎巴嫩等国家的政府高层官员、世界银行代表和国内有关专家参加了此次会议。中国农业科学院副院长吴孔明出席会议并讲话。

2月2日 农业部党组成员、中国农业科学院院长唐华俊，院党组书记陈萌山，院领导李金祥、李杰人、吴孔明、王汉中、万建民、梅旭荣、刘大群、贾广东分别走访慰问了离退休院领导、老专家、老同志及红军时期老干部遗属，向他们送去节日慰问和新春祝福。

2月3—4日 国家小麦改良中心成立20周年学术研讨会暨优质小麦产业发展论坛在中国农业科学院作物科学研究所举行。中国工程院副院长刘旭院士，中国农业科学院党组书记陈萌山，中国工程院院士方智远、吴孔明、赵振东、张洪程、康振生等领导和专家出席会议。农业部科教司司长廖西元、种植业司副司长潘文博，国家自然基金会国际合作局局长冯锋等出席会议。来自国家小麦改良中心、13 个小麦改良分中心的专家代表、面粉和食品加工企业、种子公司的代表 100 多人参加了会议。

2 月 5 日　中国农业科学院党组召开 2017 年度民主生活会，以认真学习领会习近平新时代中国特色社会主义思想、坚定维护以习近平同志为核心的党中央权威和集中统一领导、全面贯彻落实党的十九大各项决策部署为主题，深入查找突出问题，开展批评与自我批评，进一步牢固树立“四个意识”、增强“四个自信”，统一思想，明确方向，凝聚力量，推动工作。中国农业科学院党组书记陈萌山主持会议，农业部党组成员、中国农业科学院院长唐华俊以及其他党组成员出席会议。中央纪委驻农业部纪检组副组长蔡晓、中组部干部四局四处处长韩敏、农业部科技教育司巡视员刘艳、农业部人事劳动司副司长崔鹏伟等出席会议并做点评。

2 月 6 日　中国农业科学院召开离退休职工通报会暨迎新春团拜会。农业部党组成员、中国农业科学院院长唐华俊通报了 2017 年全院工作情况和 2018 年重点工作计划。会议由院党组书记陈萌山主持。通报会后，院离退休职工表演了精彩的文艺节目。在家院领导，离退休院领导代表，院机关各部门和院属京区各单位主要负责同志、离退休所局级领导，老专家、老同志代表，离退休党支部书记，以及负责离退休工作的同志共 300 余人参加会议。

2 月 7 日　中国农业科学院召开 2018 年安全生产工作视频会议。会上，总结了院 2017 年安全生产工作，通报了院 2017 年度“平安单位建设”考评情况。院党组成员、纪检组组长、安全生产委员会主任李杰人出席并讲话。

2 月 7 日　中国农业科学院在京召开 2018 年信息化工作会议，总结 2017 年工作成效，部署 2018 年重点任务。院党组书记陈萌山出席会议并讲话。

2 月 11 日　农业部党组成员、中国农业科学院院长唐华俊，中国农业科学院党组书记陈萌山一行赴马连洼院区调研、慰问一线职工，并召开现场办公会议。中国农业科学院党组成员、研究生院院长刘大群等随同慰问和调研。

2 月 12 日　中国农业科学院召开 2018 年党外人士迎新春座谈会，副院长李金祥出席座谈会并讲话。民革农科院支部、民盟农科院委员会、民建农科院支部、农工党农科院支部、致公党农科院小组、九三学社农科院委员会、侨联农科院小组和无党派人士代表应邀参加座谈会。

2 月 12 日　中国农业科学院副院长梅旭荣到北京畜牧兽医研究所开展全球畜牧产业发展问题及前沿科技专题调研。

2 月 13 日　农业部党组成员、中国农业科学院院长唐华俊，副院长梅旭荣，院党组成员、研究生院院长刘大群，院党组成员、人事局局长贾广东等一行，先后来到院办公室、院中央监控室、职工食堂、综合服务厅、热力站等部门，亲切看望慰问春节期间坚守岗位的干部职工，送去院领导的关怀与温暖。

2月24日 中国农业科学院召开2018年全面从严治党工作会议。农业部党组成员、中国农业科学院院长唐华俊主持会议并传达了十九届中央纪委二次全会精神和农业部2018年全面从严治党工作会议精神。中央纪委驻农业部纪检组组长吴清海出席会议并讲话。中国农业科学院党组书记陈萌山作《推进全面从严治党向纵深发展 为加快"两个一流"建设提供坚强保证》工作报告。中央纪委驻农业部纪检组副组长蔡晓出席会议。院基建局、加工所、烟草所、信息所作交流发言。全体院领导，院巡视组负责人，院属各单位领导班子、纪检监察干部、党支部书记、副处级以上干部在主会场和分会场参加会议。

2月27日 农业部农产品营养标准专家委员会在北京成立，来自农业、食品、营养卫生等领域的知名专家、学者应邀参加了成立座谈会。中国农业科学院党组书记陈萌山任专委会主任委员，农业部食物与营养发展研究所为秘书处承担单位。农业部农产品质量安全监管局局长广德福出席会议。

3月

3月2日 农业部党组成员、中国农业科学院院长唐华俊会见了来访的吉林市市委书记王庭凯一行。双方就开发利用特产研究所左家所区事宜进行了交流研讨。会议由中国农业科学院副院长王汉中主持。

3月5日 中国农业科学院召开纪念"三八"国际劳动妇女节暨"农科巾帼心向党 科研建功新时代"活动启动大会。中央国家机关妇工委副主任、统战群工部副部长马莉，农业部直属机关妇工委主任、人事劳动司副司长陆红，农业部直属机关妇工委副主任、科技教育司巡视员刘艳，中国农业科学院党组成员、副院长李金祥，院党组成员、人事局局长贾广东出席会议。院妇工委委员、直属妇委会主任，历年全国、省部级三八红旗手、巾帼建功标兵获得者和女职工代表近300人参加了启动大会。院属各单位、院机关各部门妇女组织负责人和青年女科技工作者70余人参加了培训。

3月6日 农业部党组成员、中国农业科学院院长唐华俊会见了来访的江苏省连云港市委常委、政法委书记、市委农村工作领导小组组长王立斌一行。双方就加强科技合作，共建乡村振兴科技示范县进行了探讨交流。中国农业科学院副院长王汉中，院党组成员、人事局局长贾广东陪同会见。

3月7日 为落实春节前马连洼现场办公会议和院离退休工作领导小组会议精神和相关部署，中国农业科学院党组成员、人事局局长贾广东带领人事局、基本建设局、后勤服务中心相关人员到马连洼院区调研老干部活动中心运行情况。

3月7日 农业部党组成员、中国农业科学院院长唐华俊会见了来访的新西兰梅西大学副校长司塔特·莫里斯（Stuart Morriss）。双方就继续深化合作交流交换了意见。

3月8日 中国农业科学院副院长吴孔明会见了全球知名文献出版集团爱思唯尔（Elesvier）出版总监露西娅·弗兰科（Lucia Muñoz Franco）。双方就加强合作交换了意见。

3 月 9 日　党的十九大代表、中国农业科学院农业环境与可持续发展研究所魏灵玲研究员荣获 2018 年度“全国三八红旗手”荣誉称号。

3 月 15 日　农业部党组成员、中国农业科学院院长唐华俊会见了陕西省安康市人民政府市长赵俊民一行，就进一步加强合作，为安康特色产业提供科技支撑等问题进行了座谈。副院长王汉中出席座谈会。

3 月 16 日　中国农业科学院组织召开重大产出科研选题咨询论证会，对拟纳入 2018 年创新工程部署实施的 8 个重大产出科研选题进行咨询论证，进一步明确选题绩效目标，确保取得预期成果产出。中国农业科学院副院长李金祥、万建民出席会议。

3 月 18—24 日　中国农业科学院副院长万建民应邀率团出访孟加拉国和泰国，就加强科技合作和能力建设，促进当地农业发展进行了磋商。

3 月 19 日　中国农业科学院召开党风廉政建设工作领导小组 2018 年第一次会议。会议审议通过了《中国农业科学院贯彻落实 2018 年全面从严治党工作任务分工意见》，部署了 2018 年全面从严治党重点工作任务。农业农村部党组成员、中国农业科学院院长唐华俊出席会议。会议由中国农业科学院党组书记陈萌山主持。院党风廉政建设工作领导小组全体成员出席会议。

3 月 20 日　由农民日报社与中国种子协会联合开展的“2012—2017 年度中国种业十大杰出人物”推介活动在北京举行揭晓仪式。中国水稻研究所程式华、中国农业科学院作物科学研究所黄长玲荣获“2012—2017 年度中国种业十大杰出人物”荣誉称号。农业农村部党组副书记、副部长余欣荣等出席揭晓仪式，并为十杰人物颁发证书。

3 月 21 日　中国农业科学院召开传达贯彻全国“两会”精神干部大会。农业农村部党组成员、中国农业科学院院长唐华俊强调，中国农业科学院坚决拥护十三届全国人大一次会议和全国政协十三届一次会议作出的各项决定和决议。院各级党组织和广大党员干部要认真学习领会习近平总书记在“两会”上的重要讲话和“两会”精神，牢固树立“四个意识”，坚定“四个自信”，切实把思想和行动统一到“两会”决策部署上来，自觉在思想上政治上行动上同以习近平同志为核心的党中央保持高度一致，全面落实习近平总书记提出的“三个面向”“两个一流”“整体跃升”的要求，不断深化中国农业科学院各项事业的改革、创新和发展，继续推动农业科技工作阔步向前。中国农业科学院党组书记陈萌山主持会议。院领导，近期退出院领导班子的同志，离退休院级老领导，在京全国人大代表、政协委员，院巡视组负责同志，院属京区各单位负责同志，院机关各部门班子成员等参加会议。

3 月 22 日　农业农村部种植业司和中国农业科学院在江西省婺源县联合召开全国油菜多功能开发利用技术现场会。中国农业科学院党组书记陈萌山，江西省副省长胡强，中国工程院院士傅廷栋、官春云，中国农业科学院副院长李金祥，全国农业技术推广服务中心党委副书记刘信出席会议。会议由中国农业科学院副院长王汉中主持。

3 月 23 日　中国农业科学院绿色发展技术集成模式研究与示范工作会议在江西省

婺源县召开，会议全面总结2017年工作进展，研究部署2018年的重点工作任务。中国农业科学院党组书记陈萌山，副院长李金祥出席会议。会议由副院长王汉中主持。

3月26日 中国农业科学院蔬菜花卉研究所在辽宁大连瓦房店市举办了中农26号黄瓜品种展示及成果研讨会。中国农业科学院副院长王汉中，中国工程院方智远、陈温福、李天来、邹学校院士出席会议。

3月27—28日 中国农业科学院海外农业研究中心新一届专家委员会和管理委员会在北京分别召开了专家委员会和管理委员会会议。会议选举中国农业科学院党组书记陈萌山担任海外中心管理委员会主任，农业农村部国际合作司司长隋鹏飞担任副主任，中国农业科学院副院长吴孔明担任海外中心专家委员会主任。陈萌山书记出席并讲话。

3月28—29日 由农业农村部种子管理局主办、中国农业科学院作物科学研究所承办的“2018年国家良种重大科研联合攻关部署会”在北京召开。农业农村部副部长余欣荣，中国农业科学院党组书记陈萌山，中国工程院院士盖钧镒、戴景瑞、万建民、赵振东、赵春江等领导和专家出席会议。

3月30日 中国农业科学院2018年第一期“农科讲坛”（中国农业科技报告会）在国家农业图书馆报告厅举行。本期农科讲坛特邀农业农村部党组成员吴宏耀解读2018年中央一号文件。报告会由中国农业科学院党组书记陈萌山主持。

4月

4月2日 湖北省召开2017年科学技术奖励大会，中国农业科学院油料作物研究所张学昆研究员主持完成的“油菜耐渍性遗传机理与新品种选育应用”获湖北省科技进步奖一等奖。

4月2日 国家生物安全科学中心组织召开2018年学术委员会会议。中国农业科学院副院长吴孔明、万建民出席会议并讲话。

4月3日 农业农村部党组成员、中国农业科学院院长唐华俊主持召开2018年第三次常务会，研究进一步落实习近平总书记贺信精神实施方案，审议管理效益年指导意见、国家农业科技展示园建设规划、成都农业科技中心章程等事宜。

4月8日 中国农业科学院副院长吴孔明会见了意大利时任司法部部长、路易斯大学（Università LUISS）校长宝拉·赛维利诺（Prof. ssa Avv. Paola Severino）及意大利驻华大使谢国谊（S. E. Ettore Francesco Sequi）一行。双方就开展食品安全方面的合作交换了意见。

4月9日 中国农业科学院科技管理局在京组织召开大型科研仪器开放共享交流培训会，旨在贯彻落实国家大型科研仪器开放共享要求，真正实现院所对接、全院共用、全国共享。中国农业科学院副院长万建民院士出席会议仪式并讲话，全院研究所70多位代表参加会议。

4月10日 由中国农业科学院特产研究所牵头的国家特种经济动物科技创新联盟

成立大会在长春市召开。中国农业科学院副院长梅旭荣出席成立大会并讲话。

4 月 10 日　中国农业科学院党组书记陈萌山到中国水稻研究所、中国农业科学院茶叶研究所调研。

4 月 11 日　农业农村部党组成员、中国农业科学院院长唐华俊到作物科学研究所调研，深入了解研究所建设发展现状和工作思路，与科技创新工程创新团队首席、现代农业产业技术体系首席等专家进行座谈交流。

4 月 12 日　荷兰王国副首相兼农业、自然及食品质量部大臣卡罗拉·斯考腾与荷兰瓦赫宁根大学及研究中心校长阿瑟·摩尔率领的代表团到访中国农业科学院。农业农村部党组成员、中国农业科学院院长唐华俊接待了荷方客人，双方共植了一棵象征友谊与合作的常青树。中国农业科学院相关研究所负责人、专家以及荷兰驻华使馆、瓦赫宁根大学及研究中心校友代表等 30 余人参加活动。

4 月 12 日　中国农业科学院党组书记陈萌山会见了来访的江西省科学院院长熊绍员一行。双方就合作领域与意向进行了交流研讨。中国农业科学院副院长王汉中出席座谈会。

4 月 12 日　农业农村部党组成员、中国农业科学院院长唐华俊到后勤服务中心调研，与中心领导班子成员及各处室负责人、生产服务一线管理人员座谈，就如何开展好管理效益年活动，进一步提升院区管理质量和服务水平进行深入交流。中国农业科学院副院长李金祥、院机关有关部门负责同志参加调研。

4 月 12 日　2017 年度浙江省科学技术奖励大会传来喜讯，中国水稻研究所吴明国研究员主持的“晚粳稻优异种质春江 12 的创制与利用”研究成果获得浙江省科技进步一等奖。

4 月 12—13 日　中国农业科学院作物科学研究所牵头的全国农作物种质资源保护与利用专项 2018 年度工作会议在四川成都召开。中国工程院副院长刘旭、中国农业科学院副院长万建民出席会议。

4 月 13 日　中国农业科学院副院长李金祥一行赴棉花研究所调研，并就现代农业科研基地建设和管理、加强院所间的基地建设合作等进行了座谈交流。

4 月 16 日　中国农业科学院召开 2018 年巡视工作启动部署会，院党组书记陈萌山、中央纪委驻农业农村部纪检组副组长蔡晓出席会议。院党组成员、纪检组组长李杰人主持会议。院巡视工作领导小组成员、院专项巡视组全体成员、被巡视单位主要负责同志共计 120 余人参加会议。

4 月 17 日　农业农村部党组成员、中国农业科学院院长唐华俊主持召开 2018 年第四次常务会，研究科技创新工程全面推进期中期评估工作方案、京区房产出租出借管理办法等事宜。

4 月 17 日　由中国农业科学院和挪威生物经济研究院等 9 家科研机构联合主办的中国—挪威农业科技研讨会在北京召开。研讨会以“食品安全、全球健康及气候智慧农业”为主题。中国农业科学院副院长吴孔明，科技部国际合作司副司长陈霖豪，挪威教研部司长托瑞尔·约翰森（Toril Johansson）、挪威研究理事会国际部主任克里斯汀·丹尼尔森（Kristin Danielsen）出席会议并致辞。国家自然科学基金委副主任、中国疾病预防控制中心主任高福作主旨报告。

4月17日 中国农业科学院—山东省农业科学院科技创新工程协同创新任务实施方案论证会在北京举行。会议对双方合作开展的协同创新任务实施方案进行了咨询论证。中国农业科学院副院长梅旭荣、山东省农业科学院院长万书波出席会议。

4月18日 中国农业科学院2018年第二期“农科讲坛”（中国农业科技报告会）在国家农业图书馆报告厅举行。本期农科讲坛特邀中国农业科学院农业纳米研究中心主任、农业环境与可持续发展研究所崔海信研究员讲述“纳米科技与农业绿色发展”。中国农业科学院党组书记陈萌山出席报告会。报告会由中国农业科学院副院长梅旭荣主持。

4月19日 宁夏农林科学院院长周东宁一行来中国农业科学院开展科技合作专题调研。中国农业科学院副院长梅旭荣出席座谈会。

4月20日 由农业农村部市场预警专家委员会支持，中国农业科学院农业信息研究所主办，农业农村部信息中心、农村经济研究中心、农业贸易促进中心协办的“2018中国农业展望大会”在京开幕。会议发布了《中国农业展望报告（2018—2027）》，对未来10年中国主要农产品市场供需进行了预测和展望。农业农村部党组副书记、副部长，中央农村工作领导小组办公室副主任韩俊出席大会并发表演讲，农业农村部党组成员、中国农业科学院院长唐华俊致欢迎辞。联合国粮食及农业组织代表文森特·马丁（Vincent Martin）、美国农业部首席经济学家罗伯特·约翰逊（Robert Johannson）、澳大利亚驻华大使詹恩·亚当斯（Jan Adams）、商务部市场运行和消费促进司副巡视员陈平、辽宁省农委副主任于衡，美菜网总裁刘传军先后致辞。世界贸易组织（WTO）副总干事艾伦·威廉·沃尔夫（Alan William Wolff）、中国农业大学原校长柯炳生作主题报告。开幕式由中国农业科学院副院长吴孔明主持。

4月24日 中国农业科学院副院长吴孔明会见了密克罗尼西亚联邦共和国（以下简称“密联邦”）国会议长威斯利·西米纳（Wesley W. Simina）一行，全国政协人口资源环境委员会委员、原驻会副主任凌振国陪同来访。双方就开展农业科技领域的合作交换了意见。

4月24—26日 中国农业科学院在南京举办2018年纪检监察干部培训班。院党组成员、纪检组组长李杰人出席开班仪式并讲话。

4月26日 中国工程院和中国农业科学院在京组织召开“新时代农业科技创新体系建设座谈会”。农业农村部党组成员、中国农业科学院院长唐华俊院士主持会议，中国工程院副院长刘旭院士出席会议并讲话。中国工程院邹学校院士、吴孔明院士和万建民院士，科技部农村科技司副司长蒋丹平，科技部中国农村技术开发中心副主任刘作凯，南京农业大学校长周光宏，中国水产科学研究院院长崔利锋，农业农村部农村经济研究中心党委书记魏琪，以及山东省、黑龙江省、河南省农业科学院、中国水利水电科学研究院、中国环境科学研究院、国家农业信息中心、西北农林大学、沈阳农业大学等单位的专家和中国工程院“中国农业科技发展战略与政策取向”咨询研究项目的骨干成员近40人出席会议。

4月28日　中国农业科学院第七届职工运动会隆重举行。农业农村部党组成员、中国农业科学院院长唐华俊，在家院领导班子成员李金祥、李杰人、吴孔明、万建民、梅旭荣、刘大群、贾广东，农业农村部直属机关党委副书记、部工会主席侯曜禹，海淀区北下关街道党工委书记张泽根等领导出席开闭幕式及相关活动。

4月29日—5月5日　第一届澳大利亚—中国可持续农业技术论坛在澳大利亚举行。中国农业科学院副院长梅旭荣率团出席论坛。中澳双方共约50名专家学者围绕土壤养分与水分管理、农田湿地水质及环境改善、蜜蜂健康等共同感兴趣的领域进行了深入交流，并达成了10个项目的初步合作意向框架。

5月

5月3日　中国农业科学院团委在北京房山霞云岭堂上村开展了“五四”主题团日活动。中国农业科学院副院长李金祥出席活动并讲话。京区40余名青年代表参加了活动。

5月3日　中国农业科学院副院长王汉中会见了来访的新西兰梅西大学副校长雷蒙德·盖尔先生（Raymond Geor）及国际关系部主任迈克尔·奥肖尼（Michael O’Shaughnessy）一行。此次访问是对2017年11月中国农业科学院代表团访问新西兰梅西大学的回访。

5月4日　新疆科技厅副厅长高旺盛一行来中国农业科学院开展科技合作对接调研。中国农业科学院副院长李金祥出席对接会。

5月4日　第22届“中国青年五四奖章”颁奖仪式在共青团机关礼堂举行。中国农业科学院植物保护研究所陆宴辉研究员荣获“中国青年五四奖章”，这也是农业农村部系统2018年唯一一位“中国青年五四奖章”获得者。

5月8—9日　为进一步推动落实中国农业科学院与江苏省淮安市科技合作事宜，院党组成员、人事局局长贾广东带队赴江苏省淮安市开展工作调研并欢送挂职干部到岗任职。

5月10日　中国农业科学院党组书记陈萌山主持召开习近平总书记贺信精神理论学习研究组2018年第一次研讨会，围绕“以习近平总书记贺信精神为指引，加快‘两个一流’建设”主题展开研讨。院领导李金祥、李杰人、梅旭荣、刘大群、贾广东出席会议。

5月11日　农业农村部党组成员、中国农业科学院院长唐华俊主持召开2018年第五次常务会。会议审议并原则通过科技创新工程绩效考评方案、京区房产出租出借管理办法以及院区规划管理和建设监督暂行办法等。

5月11日 中国农业科学院副院长吴孔明会见了来访的乌兹别克斯坦共和国创新发展部第一副部长巴赫提约尔·马乌洛夫（Bakhtiyor Umarov）一行，双方就进一步落实既有合作协议，熟化重点领域合作成果，拓展未来创新领域合作开发等达成了共识。

5月11—15日 中国农业科学院人事局在北京举办“不忘初心 牢记使命”组织人事部门能力建设培训班。院党组书记陈萌山出席开班仪式并作了题为“关于建设‘两个一流’的若干思考”首场辅导报告。院系统分管人事工作的所领导、人事部门负责同志以及人事骨干约120人参加培训。

5月14日 农业农村部党组成员、中国农业科学院院长唐华俊会见中国化工集团总裁杨兴强一行，就推动双方多领域合作、助力乡村振兴等方面进行座谈交流。中国农业科学院副院长万建民和院机关有关部门负责人、作物科学研究所有关专家参加座谈。

5月14—16日 由中国农业科学院、中国植物保护学会、国际生物防治组织主办，中国农业科学院植物保护研究所、植物病虫害生物学国家重点实验室、生物农药与生物防治产业技术创新战略联盟承办的“第一届国际生物防治大会”在北京召开。农业农村部党组成员、中国农业科学院院长唐华俊，中国科协国际联络部副部长王庆林，国际生物防治组织（IOBC）主席乔治·海默尔（George Heimpel）出席会议开幕式并致辞。开幕式由中国农业科学院副院长吴孔明主持。

5月16日 中国农业科学院—山东省农业科学院创新工程协同创新任务“区域农业绿色发展关键技术与集成示范”2018年工作部署会议在山东召开。中国农业科学院副院长、任务总指挥吴孔明，山东省农业科学院院长、任务总指挥万书波，黄河三角洲农业高新技术产业示范区管理委员会副主任毕建明出席会议。

5月16日 国家奶业科技创新联盟帮扶阜平暨“中国小康牛奶行动”2018牛奶助学公益启动仪式在河北省阜平县王林口镇中心小学举行。中国农业科学院党组书记陈萌山、副院长王汉中，农业农村部畜牧业司副司长王锋，国家奶业科技创新联盟理事长王加启及相关领导等出席启动仪式。

5月16日 中国农业科学院与阜平县院地支部结对帮扶协议签订仪式在阜平举行。院党组书记陈萌山出席仪式并讲话。中国农业科学院副院长王汉中出席仪式。

5月16日 国家鸽业科技创新联盟助力阜平奔小康暨阜平首家硒鸽产业富民示范项目启动仪式在河北省阜平县王林口镇举行。中国农业科学院党组书记陈萌山、副院长王汉中、农业农村部畜牧业司副司长王锋、阜平县委书记郝国赤等出席启动仪式。

5月16日 由中国农业科学院农业环境与可持续发展研究所主办，研究生院承办的“养殖污染控制与资源化利用培训班”在河北省阜平县举办。中国农业科学院党组书记陈萌山、副院长王汉中、阜平县委书记郝国赤、阜平县副县长赵敏涛出席开班仪式。

5月19日 国家灌溉农业绿色发展联盟成立大会暨河南省节水农业院士工作站启动仪式在河南新乡市举行。农业部科教司副司长冯志勇，河南省科技厅副厅长夏培臣，新乡市人民政府常务副市长李跃勇、副市长职伟，中国农业科学院党组成员、副院长、国家农业科技创新联盟秘书长梅旭荣，院党组成员、人事局局长贾广东等领导出席会议并讲话，西北农林科技大学校长吴普特教授，中国工程院罗锡文院士、康绍忠院士、陈学庚院士、赵春江院士等专家参加会议。

5 月 22—24 日 中国农业科学院在南京举办离退休工作培训班。院党组成员、人事局局长贾广东出席培训班并讲话。院属各单位负责离退休工作的部门领导、离退休工作专兼职人员等共计 67 人参加了培训。

5 月 22 日 “蔬菜优质栽培与植保技术”博士后学术论坛在山东省寿光市举行。中国农业科学院党组成员、人事局局长贾广东出席并讲话。

5 月 23 日 中国农业科学院在河北省石家庄市召开“华北小麦绿色发展技术集成模式观摩会”。中国工程院副院长刘旭院士，中国农业科学院副院长王汉中院士，河北省农林科学院院长兼党组书记张铁龙等领导出席观摩会。

5 月 25 日 中国农业科学院举行党组中心组 2018 年第二次（扩大）学习会，进一步学习领会习近平总书记致我院建院 60 周年贺信精神，进一步深化对“三个面向”“两个一流”“整体跃升”的认识。农业部党组成员、中国农业科学院院长唐华俊出席会议。会议由院党组书记陈萌山主持。全体院领导，院机关各部门负责人，院巡视组负责同志参加会议。

5 月 26 日 中共中央政治局委员、国务院副总理胡春华到中国农业科学院调研农业科技工作。

5 月 27 日 中国农业科学院和保定市人民政府联合举办的“优质节水小麦现场观摩会”在保定市举行。中国农业科学院党组书记陈萌山、中国工程院副院长刘旭、出席观摩会。会议由中国农业科学院副院长王汉中主持。

5 月 29 日 国家林业和草原局副局长彭有冬带队到中国农业科学院进行调研，就农业科技成果转化等工作进行了座谈。中国农业科学院党组书记陈萌山会见了彭有冬副局长一行。院纪检组组长、党组成员李杰人主持座谈会。

5 月 29 日 第二十二届中韩农业科技工作组会议在中国农业科学院茶叶研究所召开。中国农业科学院副院长梅旭荣、韩国农村振兴厅次长李圭鋥出席会议。双方分别介绍了中韩两国农业技术研究进展，汇报了 2017—2018 年度中韩合作项目取得的成绩，研讨了今后合作的重点领域和研究方向。

5 月 30—31 日 中国农业科学院副院长梅旭荣到新疆昌吉院西部农业研究中心调研并主持召开院长办公会，部署和推进 2018 年重点工作。昌吉回族自治州党委副书记、州长张承义出席会议并讲话。

5 月 31 日 中国农业科学院幼儿园举办了“七彩童年，欢乐六一”庆祝活动，中国农科院党组书记陈萌山，副院长李金祥，院党组成员、人事局局长贾广东，以及院机关各部门院属京区单位的领导和北下关区所属幼儿园的园长，与全体小朋友欢聚一堂，共同欢度“六一”国际儿童节。

5 月 31 日 老挝人民革命党中央政治局委员、中央书记处书记、中组部部长占西·普西坎率代表团在我驻老挝大使王文天陪同下访问了中国农业科学院。院党组书记陈萌山会见了代表团一行。

5月31日 中国农业科学院副院长李金祥会见了赞比亚农业合作社联盟总经理詹姆斯·齐瓦。双方就兽医生物制品和建立中赞联合实验室进行会谈。

6月

6月4日 中国农业科学院第三十四期“农科讲坛”（中国农业科技报告会）在国家农业图书馆报告厅举行。本期农科讲坛特邀国家行政学院经济学部副主任张孝德讲述迈向新时代的乡村振兴战略。报告会由中国农业科学院副院长梅旭荣主持。

6月4日 中国农业科学院举行学习习近平总书记院士大会讲话精神座谈会，传达学习习近平总书记在2018年两院院士大会上的重要讲话精神，研究部署贯彻落实讲话精神的工作措施。农业农村部党组成员、中国农业科学院院长唐华俊主持会议并讲话。中国农业科学院副院长吴孔明、院属有关单位负责同志和科研人员代表作交流发言。在家院领导、院机关有关部门负责同志出席会议。

6月4日 由农业农村部环境保护科研监测所主持的中国农业科学院科技创新工程“丹江口水源涵养区绿色高效农业技术创新集成与示范”协同创新任务现场观摩会在湖北省十堰市召开。中国农业科学院党组书记陈萌山出席并讲话，湖北省政协副主席、十堰市委书记张维国出席相关活动，中国农业科学院副院长王汉中主持会议。

6月6日 由中国农业科学院主办，郑州果树研究所和兰考县人民政府承办的“甜瓜绿色发展技术集成模式研究与示范工作”现场会在河南省兰考县举行。中国农业科学院党组书记陈萌山、副院长李金祥，农业农村部种植业司副司长杨礼胜，河南省农业厅副厅长陈金剑，河南省农业科学院党委书记魏蒙关，兰考县县长李明俊等出席。会议由中国农业科学院副院长王汉中主持。

6月6日 中国农业科学院党组书记陈萌山带队到河南省兰考县调研。陈萌山一行考察了郑州果树研究所在兰考实施的甜瓜绿色发展技术集成模式研究与示范现场、兰考构树种植基地及有关产业，并与兰考县政府就共建农业示范基地进行研究磋商，签署了科技合作协议。中国农业科学院副院长李金祥、王汉中，农业农村部种植业司副司长杨礼胜陪同调研。

6月8日 农业农村部党组成员、中国农业科学院院长唐华俊主持召开2018年第六次常务会。会议审议并原则通过了中国农业科学院学科体系优化调整方案、2019—2021年修购专项规划和2019年修购项目安排建议等。

6月8日 吉尔吉斯斯坦总统热恩别科夫率团在我驻吉大使肖清华陪同下访问了中国农业科学院。农业农村部副部长屈冬玉，农业农村部党组成员、中国农业科学院院长唐华俊，中国农业科学院党组书记陈萌山接待了总统一行。农业农村部国际合作司巡视员谢建民，中国农业科学院副院长吴孔明等相关研究所负责同志陪同参观。

6 月 11 日 中国农业科学院在北京畜牧兽医研究所召开创新文化建设推进会，总结交流创新文化建设工作，部署推进下一阶段工作。院党组书记陈萌山出席会议并讲话，院领导李金祥、李杰人、刘大群、贾广东出席会议。

6 月 13 日 中国农业科学院副院长吴孔明会见了来访的陶氏杜邦公司农业事务部首席运营官柯林斯（James C. Collins）一行。

6 月 14—21 日 中国农业科学院党组成员、研究生院院长刘大群率团访问了新西兰梅西大学、新西兰皇家食品与植物研究所、澳大利亚塔斯马尼亚大学及澳大利亚自然资源管理组织南部分支。

6 月 15 日 中国侨联第七届新侨创新创业成果交流大会在人民大会堂举行。农业农村部侨联副主席、中国农业科学院作物科学研究所所长刘春明荣获中国侨界贡献奖一等奖，这是中国农业科学院首位专家获此殊荣。

6 月 15 日 中国农业科学院党组书记陈萌山到油料作物研究所进行专题调研，就深入推进管理效益年活动、“五个领域”专项整治和党建工作与所领导班子成员、职能部门负责人、支部书记以及科研人员代表座谈。

6 月 19—21 日 中国农业科学院在湖南长沙举办 2018 年基本建设现场交流培训班。中国农业科学院副院长李金祥出席开班仪式并讲话。

6 月 19—21 日 中国农业科学院—山东省农业科学院科技创新工程协同创新任务“智慧农业关键技术与系统集成”2018 年工作部署会议在山东栖霞市召开。中国农业科学院副院长、任务总指挥梅旭荣，山东农业科学院党组书记周林、副院长张立明，栖霞市市长陈洪军等领导出席会议。

6 月 20 日 朝鲜劳动党委员长、国务委员会委员长金正恩参观了中国农业科学院国家农业科技创新园，中共中央政治局委员、北京市委书记蔡奇陪同。

6 月 22 日 中国农业科学院第三十五期“农科讲坛”（中国农业科技报告会）在国家农业图书馆报告厅举行。本期农科讲坛特邀中国工程院院士、中国农业科学院副院长王汉中讲述油菜科技创新呵护人类健康。院党组书记陈萌山，院纪检组组长李杰人，党组成员、人事局局长贾广东出席报告会。报告会由中国农业科学院副院长梅旭荣主持。

6 月 22 日 农业农村部党组成员、中国农业科学院院长唐华俊率员赴河北雄安新区，与河北省委常委、副省长，雄安新区党工委书记、管委会主任陈刚以及管委会有关负责同志就农业科技支持雄安新区建设问题进行了座谈交流。

6 月 22 日 在中国农业科学院与河南新乡科技合作 60 周年之际，中国农业科学院副院长王汉中会见来访的中共新乡县委书记申乐民一行。

6 月 22 日 中国农业科学院在 2018 年首批支持 8 个重大产出科研选题之一的“优质绿色超级稻新品种选育与示范”项目启动会在中国水稻研究所富阳基地举行。中国农业科学院副院长万建民出席启动会，中国水稻研究所领导及相关职能部门、项目骨干等 20 余人参会。

6月22—25日 中国农业科学院党组成员、研究生院院长刘大群一行6人赴呼伦贝尔对接中国农业科学院研究生院与呼伦贝尔市的院地合作事宜，呼伦贝尔市人民政府市长姜宏、副市长郝桂娟，呼伦贝尔学院党委副书记、院长侯岩等陪同调研。

6月25—26日 中国农业科学院在京举办国际农业大科学计划宣讲研讨会。农业农村部党组成员、中国农业科学院院长唐华俊出席会议并致辞。会议开幕式由中国农业科学院副院长吴孔明主持。

6月26日 中国农业科学院和国际食物政策研究所联合发布《中国农业产业发展报告》与《2018全球粮食政策报告》，分别对中国农业产业发展重大进展、全球食物和营养安全、未来机遇与挑战进行了深入探讨。农业农村部党组成员、中国农业科学院院长唐华俊出席大会并致辞。

6月27日 中国农业科学院举办了以“筑梦新征程　奋进新时代”为主题庆祝改革开放40周年离退休文艺演出。院党组书记陈萌山，院纪检组组长李杰人，院党组成员、人事局局长贾广东参加并观看了演出。

6月28日 中国农业科学院召开纪念建党97周年大会。农业农村部党组成员、中国农业科学院院长唐华俊主持大会，中国农业科学院党组书记陈萌山为党员干部讲党课。

6月28日 中国农业科学院2018届研究生毕业典礼暨学位授予仪式在北京举行。农业农村部党组成员、中国农业科学院院长、院学位评定委员会主席唐华俊出席仪式。埃塞俄比亚驻华大使伯哈内·加布雷·克里斯托斯委派大使夫人科特玛·莱达和公使衔参赞尼古斯·科布德出席。典礼由中国农业科学院党组成员、研究生院院长、院学位评定委员会副主席刘大群主持。

6月29日 农业农村部党组成员、中国农业科学院院长唐华俊与来访的河北省衡水市委书记王景武一行举行了座谈，双方就深入推进科技合作交换了意见。院市有关单位在会上签署了专项合作协议。座谈会由中国农业科学院副院长梅旭荣主持。

6月29日 十三届全国政协农业和农村委员会主任罗志军一行到中国农业科学院调研。全国政协农业和农村委员会副主任陈雷、陈晓华参加调研，全国政协委员、农业农村部副部长余欣荣陪同调研。全国政协委员、中国农业科学院党组书记陈萌山主持调研座谈会。

6月29日 从农业农村部纪念建党97周年大会上获悉，中国农业科学院作物科学研究所、植物保护研究所被授予“2016—2018年度农业农村部文明单位”荣誉称号。

7月

7月1日 全国人大常委会副委员长、九三学社中央主席武维华一行20余人到中国农业科学院草原研究所农牧交错区试验示范基地考察指导工作。中国农业科学院副院长万建民等陪同考察。

7 月 4 日　中国农业科学院与来访的国际热带农业研究中心（CIAT）代表团在京举行合作研讨会。中国农科院副院长吴孔明、CIAT 主任艾彻瓦（Ruben Echeverria）分别在研讨会上致辞。

7 月 5 日　由中国农业科学院主办，中国水稻研究所和江西成新农场承办的中国农科院科技创新工程协同创新项目双季超级稻绿色提质增效技术集成示范暨国家农业科技创新联盟双季稻全程机械化绿色增产增效技术集成示范现场会在江西南昌召开。中国农业科学院副院长王汉中及相关部门领导和专家参加了会议。

7 月 5 日　中国农业科学院深圳农业基因研究所承担的中国农业科学院重大产出科研选题“马铃薯二倍体实生籽育种（优薯计划）”项目启动会在北京召开。中国农业科学院副院长万建民出席会议。

7 月 6 日　农业农村部党组成员、中国农业科学院院长唐华俊主持召开 2018 年第七次常务会。会议研究审议了管理效益年等 3 项重点工作督查、院机关公务用车管理、院“年度十大科技进展”评选等工作。

7 月 7 日　中国农业科学院棉花研究所与郑州大学共建的郑州大学农学院正式成立。院党组书记陈萌山、河南省人大常委会原副主任蒋笃运、中国工程院刘旭院士、郑州大学校长刘炯天院士共同出席揭牌仪式。院党组成员、人事局局长贾广东、河南省农业厅、郑州大学、棉花所领导班子成员以及双方各有关单位负责人和教职工代表参加会议。

7 月 7 日　中国农业科学院和山东省农业科学院共同组织实施的创新工程协同创新任务“山东名优农产品提质增效标准化生产技术研究”2018 年工作部署会在山东召开。中国农业科学院副院长梅旭荣，山东省农业科学院院长万书波、副院长张立明等出席会议。

7 月 12 日　农业农村部 2017 年度“西部之光”访问学者、少数民族特培学员培养工作总结座谈会在中国农业科学院召开。中国农业科学院党组成员、人事局局长贾广东等领导出席会议。

7 月 12 日　中国农业科学院 2018 年首批支持的 8 个重大产出科研选题之一“优质节水小麦和玉米新品种选育与示范”项目启动会在作物科学研究所举行。中国农业科学院副院长万建民出席会议。

7 月 12 日　中国农业科学院 2018 年首批支持的重大产出科研选题“主要农作物优质、多抗、高效基因资源挖掘”项目启动会在作物科学研究所举行。中国农业科学院副院长万建民出席会议。

7 月 12 日　中国农业科学院和赤峰市人民政府联合主办，中国农业科学院北京畜牧兽医研究所和内蒙古塞飞亚农业科技发展股份有限公司承办的肉鸭绿色发展技术集成模式研究与示范现场观摩会暨“中畜草原白羽肉鸭配套系”成果发布会在内蒙古自治区赤峰市宁城县召开。中国农业科学院党组书记陈萌山等出席会议。会议由中国农业科学院副院长李金祥主持。

7月13日 中国农业科学院召开习近平总书记贺信精神理论学习研究组2018年第二次研讨会。农业农村部党组成员、中国农业科学院院长唐华俊，院领导李金祥、李杰人、王汉中、刘大群、贾广东出席会议。会议由中国农业科学院党组书记陈萌山主持。

7月14日 中国农业科学院主办，农业农村部环境保护科研监测所承办的乡村环境治理科技创新联盟成立大会暨学术研讨会在北京召开。中国农业科学院党组书记陈萌山、农业农村部科教司司长廖西元等出席会议并讲话。中国工程院杨志峰院士等专家参加会议。会议由国家农业科技创新联盟秘书长、中国农业科学院副院长梅旭荣主持。

7月15—24日 应塔吉克斯坦国家农业科学院、塔吉克农业大学，乌兹别克斯坦科技创新发展部、国家农业科学院和乌兹别克农业大学，以及哈萨克斯坦国立农业大学和赛福林农业科技大学的邀请，农业农村部党组成员、中国农业科学院院长唐华俊率团赴上述3个国家进行了访问。

7月17日 中国农业科学院作物科学研究所作为技术依托单位牵头开展的“第三次全国农作物种质资源普查与收集行动”调度会在湖南省长沙市召开。农业农村部副部长余欣荣、中国农业科学院党组书记陈萌山、中国农业科学院副院长万建民出席会议。

7月17日 中国农业科学院党组书记陈萌山到麻类研究所调研。陈萌山实地考察了南方经济作物综合实验楼项目、所区改造以及南方饲料作物种质资源与利用创新团队建设情况，看望科研一线人员，并与他们进行互动交流。调研期间，陈萌山主持召开座谈会。

7月28日 由中国工程院主办，中国农业科学院农业资源与农业区划研究所、国家智慧农业科技创新联盟等联合承办的“2018年中国工程科技论坛——智慧农业论坛”在京开幕。农业农村部党组成员、中国农业科学院院长唐华俊担任论坛主席。

7月30日 中国农业科学院党组书记陈萌山主持召开院党组会议，传达学习习近平总书记对推进中央和国家机关党的政治建设的重要批示、中央和国家机关党的政治建设推进会及部党组会议精神，研究部署贯彻落实工作。

7月30日 农业农村部党组成员、中国农业科学院院长唐华俊主持召开2018年第八次常务会，审议2018年度中国农业科学院科学技术成果奖拟授奖成果、成立“中国农业科学院青岛特种作物研究中心”等事宜，听取了2019—2021年支出规划和2019年预算“一上”建议等有关事项的汇报。

7月31日 中国农业科学院工会召开第十六次会员代表大会。中国农业科学院党组书记陈萌山、农业农村部直属机关党委副书记、工会主席侯曜禹出席会议并讲话，院党组成员、人事局局长贾广东主持开幕式。

8月

8月1日 中国农业科学院国家薯类作物研究中心（NECTAR）在马铃薯分子育种

国际研讨会期间成立。农业农村部副部长屈冬玉，农业农村部党组成员、中国农业科学院院长唐华俊出席会议并讲话。会议由中国农业科学院党组书记陈萌山主持。中国农业科学院副院长吴孔明介绍了薯类中心的管理机制、任务目标、机构设置以及目前已开展的薯类科研创新项目计划等有关情况。

8月1日　中国农业科学院召开干部大会。中组部干部四局局长钟海东宣布中央决定：张合成同志任中国农业科学院党组书记，免去陈萌山同志中国农业科学院党组书记职务。农业农村部党组书记、部长韩长赋出席会议并讲话。农业农村部党组成员、中国农业科学院院长唐华俊主持会议。

8月2—4日　中国农业科学院主办，兰州畜牧与兽药研究所和永昌县人民政府承办的“肉羊绿色发展现场观摩暨养殖技术培训会”在甘肃省永昌县召开。中国农业科学院副院长李金祥、甘肃省农牧厅副厅长阎奋民、金昌市人民政府市长杨建武、永昌县人民政府县长张政能出席会议并讲话。

8月2日　中国农业科学院副院长梅旭荣会见塔里木大学党委书记赵光辉一行，双方就进一步加强院校合作进行座谈。

8月3—6日　中国农业科学院植物保护研究所和中国植物保护学会生物入侵分会主办的第五届全国入侵生物学大会在乌鲁木齐市举行。中国农业科学院副院长李金祥、新疆农业科学院院长陈彤、科技部社会发展科技司副司长田保国等出席开幕式并讲话。

8月7—8日　农业农村部党组成员、中国农业科学院院长唐华俊带队到草原研究所开展推进管理效益年活动、深化“五个领域”专项整治、人才工作会议精神落实情况等3项重点工作督查和创新工程团队评估。院党组成员、人事局局长贾广东主持督查工作会议。

8月8日　中国农业科学院蜜蜂研究所牵头举办的“国家蜂业提质工程暨蜂产业扶贫攻坚现场会”在陕西省宁陕县举行。中国蔬菜协会会长薛亮、中国农业科学院副院长李金祥、中共中央办公厅机要交通局副局长南海晨、陕西省安康市副市长鲁琦等出席现场会。

8月10日　挪威皇家农业与食品部秘书长莱弗·福塞尔（Leif Forsell）先生访问了中国农业科学院。中国农业科学院副院长万建民会见了代表团一行。双方就如何进一步提升合作的水平和成效，促进中挪农业发展再上新台阶进行了深入交流。

8月15日　中国农业科学院主办，国家畜牧科技创新联盟、北京畜牧兽医研究所承办的“奶牛绿色发展技术集成模式研究与示范项目”观摩会在宁夏吴忠召开。中国农业科学院副院长李金祥，全国畜牧总站副站长刘连贵，宁夏回族自治区农牧厅党组成员、首席兽医师罗晓瑜，吴忠市委常委政府副市长苏慧娟等出席会议。

8月15—18日　由农业农村部农垦局、中国农业科学院指导，中国农垦乳业联盟、全国农业科技成果转移服务中心、国家奶业科技创新联盟、中国农业科学院农业信息研究所主办，《中国乳业》杂志社、新疆生产建设兵团第八师承办的2018中国农垦乳业联盟成员大会暨全国乳业科技成果转化大会在新疆石河子市召开。中国农业科学院副院长王汉中，农业农村部农垦局巡视员何子阳、新疆生产建设兵团第八师党委常委、副师长杨青云、新疆石河子市副市长乐旸等领导出席会议并讲话。

8月17日 经农业农村部党组会议研究决定：免去孙好勤同志的中国农业科学院作物科学研究所党委书记职务。

8月17—18日 中国农业科学院主办，郑州果树研究所与许昌市建安区人民政府联合承办的“全国梨绿色发展技术集成模式研究与示范现场会”在许昌召开。中国农业科学院副院长王汉中出席会议并讲话。

8月18日 中国农业科学院党组书记张合成到兰州兽医研究所、兰州畜牧与兽药研究所调研，分别听取了两个研究所的工作汇报，并就科技创新、成果转化、党建和人才培养等问题与研究所领导班子成员、创新团队首席和中层干部代表进行了座谈。院党组成员、人事局局长贾广东等一同调研。

8月19日 院士专家工作站揭牌仪式暨农业科技专家论坛在贵州省遵义市播州区举行。中国农业科学院党组成员、人事局局长贾广东，中国工程院院士方智远，播州区委书记黄国宏出席会议。

8月20日 中国农业科学院副院长吴孔明会见了来访的巴拿马农业发展部部长爱德华多·卡尔勒斯一行，双方就开启农业科技合作交换了意见。

8月20日 中国农业科学院召开2018年第十六次党组会议，深入学习习近平总书记关于加强党的政治建设的重要论述，以及韩长赋部长在中国农业科学院干部大会上的讲话精神，研究进一步落实院党组政治领导责任、发挥好院党组重要作用、保障院长负责制更好落实的相关举措。农业农村部党组成员、中国农业科学院院长唐华俊出席会议并讲话。会议由院党组书记张合成主持。

8月21日 马来西亚总理马哈蒂尔率代表团访问中国农业科学院。农业农村部党组成员、中国农业科学院院长唐华俊接待了马哈蒂尔总理代表团一行，并与我驻马来西亚大使白天一道陪同代表团参观了作物科学研究所、国家农业科技创新园。双方并就加强农业科技合作交流进行了会谈。

8月23日 中国农业科学院党组书记张合成会见了来访的甘肃省武威市委书记柳鹏一行。双方就深化农业科技合作，推进武威市民勤县农业产业发展规划编制工作进行了座谈。会议由中国农业科学院副院长万建民主持。

8月24日 中国农业科学院植物保护研究所召开科技创新工程考核评估会。中国农科院副院长万建民院士出席会议并讲话。

8月24日 中国农业科学院党组书记张合成会见了来访的塔吉克斯坦议会下院外事委员会主席萨利姆佐达·奥利姆一行，中国农业科学院副院长李金祥参加了会见。

8月27日 由农业农村部农产品加工局主办、中国农业科学院油料作物研究所承办的功能型菜籽油产地加工技术现场观摩活动在湖北省监利县召开，现场展示了高品质功能型菜籽油产地加工技术装备应用情况。中国农业科学院副院长、国家油菜产业技术体系首席科学家、中国工程院院士王汉中和农业农村部农产品加工局、湖北省农业厅、监利县政府等有关单位领导和专家出席了会议。

8月28日　中国水稻研究所北方水稻研究中心在黑龙江省双鸭山市宝清县正式揭牌成立并召开建设发展研讨会。农业农村部党组成员、中国农业科学院院长唐华俊，中国农业科学院副院长万建民，双鸭山市市长郑大光出席会议。

8月28—29日　中国农业科学院党组书记张合成带队到农业基因组研究所开展加强党的政治建设、创新工程团队评估、推进管理效益年活动、深化“五个领域”专项整治、落实人才工作会议精神等五项重点工作督查。院党组成员、人事局局长贾广东等参加了督查工作会。

8月28—30日　农业农村部党组成员、中国农业科学院院长唐华俊赴黑龙江省佳木斯市调研农业科技创新与绿色发展情况，并出席中国农业科学院与佳木斯市政府全面战略合作座谈会。中国农业科学院副院长万建民，黑龙江省农业科学院院长李文华，佳木斯市委书记徐建国、市长邵国强、市人大常委会主任刘臣、市政协主席王志鹏等出席活动。万建民和邵国强分别代表双方在全面战略合作协议上签字。

8月29日　中国农业科学院人才交流服务中心（深圳）在深圳农业基因组研究所揭牌，院党组书记张合成，院党组成员、人事局局长贾广东出席并讲话。

9月

9月2日　索马里总统穆罕默德率代表团访问了中国农业科学院。农业农村部党组成员、中国农业科学院院长唐华俊会见了代表团一行。中国农业科学院副院长吴孔明出席活动。

9月3日　由中国工程院中国工程科技知识中心、中国农业科学院、中国林业科学研究院、中国水产科学研究院联合主办的“2018大数据智能与知识服务高端论坛暨农林渔知识服务产品发布会”在青岛召开。中国工程院院士刘旭、唐启升，中国林业科学研究院院长张守攻、中国农业科学院副院长梅旭荣、中国水产科学研究院院长崔利锋等出席会议。

9月6日　农业农村部党组成员、中国农业科学院院长唐华俊会见了来访的新希望集团董事长刘永好一行，双方就如何贯彻实施乡村振兴战略、院企合作推进农业科技创新与产业发展进行了座谈交流。新希望集团副董事长王航、常务副总裁李建雄、新希望六和股份有限公司总裁邓成等，以及中国农业科学院副院长李金祥、王汉中等参加了座谈会。

9月6日　中国农业科学院油料作物研究所油菜遗传改良创新团队首席科学家王汉中院士带领科研人员揭示了油菜种子重量的母体调控新机制，为油菜产量性状改良提供了新的理论和途径。相关研究成果发表在《植物生物技术》（*Plant Biotechnology Journal*）上。

9月7日　农业农村部党组成员、中国农业科学院院长唐华俊主持召开2018年第9

次常务会，审议科研诚信与信用管理等事宜。

9月8—9日 中国农业科学院人才工作推进会在郑州召开。会议的主要任务是深入学习党的十九大精神和习近平总书记关于“三农”工作和科技人才工作的重要论述，深入贯彻习近平总书记对中国农业科学院建院60周年贺信中“三个面向”“两个一流”重要指示精神，总结交流人才工作经验，查找问题不足，研究思路举措，将人才发展体制机制改革向纵深推进。河南省副省长武国定、河南省科技厅、农业厅、林业厅，农业农村部人事司、科技教育司以及人社部专技司、河南省人社厅等有关领导出席会议。农业农村部党组成员、中国农业科学院院长唐华俊出席会议并讲话，大会由院党组书记张合成主持。中国农业科学院领导班子成员、院机关各部门负责人、院属各单位党政主要负责同志及人事处处长共计150余人参加会议。

9月8日 中国农业科学院党组书记张合成到郑州果树研究所调研。中国农业科学院副院长吴孔明陪同调研。

9月8日 农业农村部党组成员、中国农业科学院院长唐华俊赴新乡综合试验基地调研。中国农业科学院副院长王汉中陪同调研。

9月8—15日 中国农业科学院副院长万建民率团出访印度和菲律宾，与相关农业科研单位就开展科技合作进行磋商。

9月9—15日 中国农业科学院副院长吴孔明率团赴马达加斯加塔那那利佛参加了2018年度国际植物保护公约非洲区域会议，同时对马达加斯加农业和畜牧业部、国家农村发展研究中心（FOFIFA）和马达加斯加农业和畜牧业部农村发展和应用研究中心（FIFAMANOR）进行了访问。

9月10日 农业农村部党组成员、中国农业科学院院长唐华俊深入中关村院区，就院区管理工作开展实地调研。唐华俊强调，要对标“两个一流”建设要求，围绕科研工作和职工群众需求，进一步提升院区的系统化、精细化管理水平，服务于农业科技创新和院所建设发展。

9月10日 由中国农业科学院主办，国家畜牧科技创新联盟、中国农业科学院北京畜牧兽医研究所、驻马店市畜牧局、驻马店市畜牧业协会承办的“2018生猪绿色发展技术集成模式研究与示范”协同创新项目现场会在河南驻马店召开。中国农业科学院副院长李金祥出席会议。

9月11日 中国农业科学院第三十六期“农科讲坛”（中国农业科技报告会）在国家农业图书馆报告厅举行。本期农科讲坛特邀国家水禽产业技术体系首席科学家、农业农村部动物遗传育种与繁殖（家禽）重点实验室主任、北京畜牧兽医研究所水禽育种与营养团队首席科学家侯水生研究员讲述品种创制对我国肉鸭产业发展的影响。报告会由中国农业科学院副院长梅旭荣主持。

9月11日 澳大利亚塔斯马尼亚州州长威尔·霍吉曼（Will Hodgman MP）率代表团访问中国农业科学院。农业农村部党组成员、中国农科院院长唐华俊会见了代表团一行，副院长梅旭荣出席了相关活动。

9 月 12—13 日　由中国农业科学院生物技术研究所主办，西部农业研究中心、新疆农业科学院和昌吉国家农业科技园区协办的“一带一路”生物技术协同创新行动高端论坛在新疆昌吉回族自治州举行。中国农业科学院副院长梅旭荣，全国政协常委、新疆农业大学校长蒋平安，新疆昌吉回族自治州州长张承义，新疆农业科学院院长陈彤，中国科学院新疆生地所副所长张元明等出席论坛并致辞。

9 月 13 日　由科技部和宁夏回族自治区联合举办的“科技支宁”东西部合作推进会在银川举行。科技部部长王志刚、宁夏回族自治区党委书记石泰峰、中国农业科学院副院长王汉中等领导出席会议。

9 月 17 日　农业农村部党组成员、中国农业科学院院长唐华俊赴四川省新津县调研。成都市政协主席李仲彬，中国农业科学院党组成员、研究生院院长刘大群等出席了相关活动。

9 月 20 日　2018 中国农业农村科技高峰论坛在京举行，论坛主要发布《中国农业农村科技发展报告（2012—2017）》《2017 全球农业研究前沿分析解读》《2017 中国农业科技论文与专利全球竞争力分析》《2017 中国农业科学重大进展》和《2017 中国农业农村新技术、新产品和新装备》5 个专项研究报告和智库报告。农业农村部党组成员、中国农业科学院院长唐华俊，中国农业科学院副院长梅旭荣出席论坛。

9 月 20 日　由农业农村部科技教育司指导，中国农业科学院、农业农村部科技发展中心和中国农学会共同主办的“2018 中国农业农村科技发展高峰论坛”在北京召开。农业农村部副部长张桃林出席论坛并讲话，农业农村部党组成员、中国农业科学院院长唐华俊等发布系列报告。

9 月 20 日　农业农村部副部长张桃林到全国农业科技成果转移服务中心进行调研。农业农村部科技教育司司长廖西元、副司长汪学军，中国农业科学院副院长王汉中陪同调研。

9 月 20—27 日　中国农业科学院副院长李金祥应邀率团赴加拿大、美国农业科研教学机构和国际食物政策研究所（IFPRI）进行了访问。代表团就动物健康养殖与疫病防治、抗生素替代、食品安全与营养强化以及人才培养与研究生教育等领域合作与外方进行了深入交流，进一步推进了中国农业科学院与两国科研机构和国际食物政策研究所在相关领域的合作。

9 月 21 日　由中国农业科学院作物科学研究所和宿州市人民政府主办的中黄 13 一亿亩收获暨国家大豆良种攻关黄淮海现场会在安徽省宿州市召开。我国大豆产业发展进入里程碑阶段，优质大豆品种中黄 13 喜迎累计种植面积第一亿亩收获，国家大豆良种重大科研联合攻关效果显著。农业农村部副部长余欣荣，中国农业科学院党组书记张合成、副院长万建民院士，中国工程院盖钧镒院士等领导和专家出席现场会。

9 月 22 日　在中国农业科学院蔬菜花卉研究所成立 60 周年之际，“蔬菜花卉科技与产业发展战略研讨会”在京举行。第五任所长、现任农业农村部副部长屈冬玉，农业农村部党组成员、中国农业科学院院长唐华俊，中国工程院院士邓秀新、刘旭、方智远、李天来、邹学校等领导和专家出席会议。

9月23日 首届中国农民丰收节（黑龙江）分会场活动在绥化市庆安县举行。为贯彻习近平总书记对首届中国农民丰收节的重要指示精神，展示农业农村发展成就，与农民朋友共庆丰年、分享喜悦，受农业农村部委托，中国农业科学院党组书记张合成出席了相关活动。

9月26日 由中国农业科学院海外农业研究中心、国际合作局主办，农业信息研究所承办的第二届海外农业研究大会在京举行。中国农业科学院副院长、海外农业研究中心专家委员会主任吴孔明，农业农村部国际合作司司长隋鹏飞，商务部西亚非洲司副司长沈翔，中国科学技术交流中心副主任赵新力，全球农业研究论坛（GFAR）秘书长马克·霍德尼斯等出席会议开幕式并致辞。

9月26日 由中国农业科学院，黑龙江省农业科学院和国家智慧农业科技创新联盟共同主办的"天空地数字农业技术集成示范现场会"在黑龙江现代农业示范区召开。农业农村部党组成员、中国农业科学院院长、中国工程院院士唐华俊，中国工程院院士马建章、李坚，联合国粮食与农业组织原副总干事何昌垂，中国农业科学院副院长、国家农业科技创新联盟秘书长梅旭荣，黑龙江省农业科学院院长李文华、党组书记刘娣等出席现场会。

9月28日 中国农业科学院组织召开习近平总书记贺信精神理论研究组2018年第三次研讨会暨院党组理论学习中心组第三次学习启动会，会议围绕实施乡村振兴战略展开研究讨论。农业农村部党组成员、中国农业科学院院长唐华俊传达了习近平总书记在中共中央政治局第八次集体学习的重要讲话精神，院党组书记张合成传达了韩长赋部长在农业农村部党组会议上的讲话精神。院党组成员、院机关各职能部门和京区部分研究所主要负责同志参加了研讨。

9月29日 农业农村部党组成员、中国农业科学院院长唐华俊会见了来访的法国农科院院长菲利普·莫甘（Philippe Mauguin）一行，双方举行座谈交流并签署了合作意向书，就进一步加深合作达成共识。

9月29日 经农业农村部党组会议研究，并征得中共湖北省委同意，决定：黄凤洪任中国农业科学院油料作物研究所所长，自任职之日起上岗试用，试用期一年；免去廖伯寿的中国农业科学院油料作物研究所所长职务，保留正所级待遇。

9月29日 经农业农村部党组会议研究，并征得中共内蒙古自治区委同意，决定：全轲任中国农业科学院草原研究所所长，自任职之日起上岗试用，试用期一年；免去侯向阳的中国农业科学院草原研究所所长职务，保留正所级待遇。

9月30日—10月6日 中国农业科学院党组成员、人事局局长贾广东率团赴英国执行国家外专局"现代农业科研院所建设与发展培训"，院属14个单位及院机关共18名同志参加培训。

10月

10月8日　2018年中国农业科学院电子文献资源建设专家咨询委员会会议在京召开。中国农业科学院副院长梅旭荣、国家科技图书文献中心副主任吴波尔出席会议。

10月10日　中国农业科学院和呼伦贝尔市人民政府全面战略合作签约座谈会在北京举行。农业农村部党组成员、中国农业科学院院长唐华俊，副院长王汉中，院党组成员、研究生院院长刘大群，呼伦贝尔市委书记于立新、市长姜宏等出席座谈会。王汉中和姜宏分别代表双方签署了合作协议。

10月10日　中国农业科学院召开2018年度第一批纪委书记述职会。院党组书记、院党风廉政建设工作领导小组组长张合成出席会议并讲话，院党组成员、人事局局长贾广东参加会议。会议由院党组成员、纪检组组长李杰人主持。

10月12日　中国农业科学院与江西省科技合作座谈会在京召开，江西省副省长胡强、中国农业科学院党组书记张合成出席会议并讲话，会议由中国农业科学院副院长万建民主持。

10月12日　中国农业科学院党组书记张合成会见了来访的内蒙古自治区政协副主席董恒宇一行。双方就开展智库合作，推进内蒙古自治区农业农村发展进行了座谈。院党组成员、人事局局长贾广东出席会议。会议由中国农业科学院副院长梅旭荣主持。

10月14日　由中国人民大学主办的贯彻落实习近平新时代中国特色社会主义思想高端对话在四川宜宾召开。受农业农村部韩长赋部长委托，中国农业科学院党组书记张合成出席并作主题演讲。

10月15日　农业农村部党组成员、中国农业科学院院长唐华俊会见了来访的宁夏回族自治区吴忠市人民政府市长喜清江一行，双方就推进现代农业科技与产业合作进行了座谈交流。座谈会由院党组成员、纪检组组长李杰人主持。

10月15—17日　由中国农业科学院、定西市人民政府和国家马铃薯产业科技创新联盟联合举办的“马铃薯绿色发展技术集成模式研究与示范”现场观摩会系统展示了7项核心技术和6种可复制可推广的生产模式。中国农科院副院长李金祥参加会议并讲话。

10月15—19日　中国农业科学院2018年新入职人员岗前培训班在京举行，院党组书记张合成出席开班仪式并讲话，院党组成员、人事局局长贾广东主持开班仪式。

10月16—19日　中国农业科学院与国际应用生物科学中心（CABI）共同对CABI亚太地区成员国之间加强密切合作、应对全球挑战进行了研讨。农业农村部党组成员、中国农业科学院院长唐华俊表示，农业科技国际合作对推动中国农业科技创新具有至关重要的作用。

10月18—21日　由中国农业科学院农业资源与农业区划研究所主办的“面向乡村振兴的农业资源环境暨全国（第十届）土壤肥料研究所管理与发展研讨会”在京召开。

中国农业科学院副院长梅旭荣参加大会。

10月18—22日 2018全国植物生物学大会围绕“植物科学助力乡村振兴”，共同研讨我国植物生物学研究的最新成果和进展，交流研究思路和内容，促进植物生物学各相关研究领域科研人员之间的交流与合作，为科技助力乡村振兴贡献力量。中国工程院院士、中国作物学会常务副理事长、中国农业科学院副院长万建民教授出席大会并讲话。

10月19日 中国农业科学院专题研讨党的建设工作，深入学习贯彻习近平总书记在全国组织工作会议上的重要讲话精神，交流并听取全院关于加强党的政治建设、落实“三个面向”指示精神、保障创新工程和创新联盟建设、支撑乡村振兴战略实施、加强和改进基层党建工作等方面的意见和建议。中国农业科学院党组书记张合成、副院长王汉中、副院长梅旭荣、院党组成员、人事局局长贾广东等人出席会议。

10月22日 农业农村部党组成员、中国农业科学院院长唐华俊主持召开2018年第10次常务会，研究审议了院基本科研业务费年度使用重点、院乡村振兴科技支撑行动规划与实施方案、院科技扶贫行动以及院机关公务交通费用报销等事项。

10月22日 2018年第十九次中国农业科学院党组会议明确了全面加强党的政治建设等5项重点工作。一是全面加强党的政治建设。二是扎实落实“三个面向”“两个一流”和“一个整体跃升”工作。三是推进科技创新工程快见成效、快见实效工作。四是全面支撑乡村振兴战略和脱贫攻坚工作。五是纪念改革开放40周年工作。

10月24日 中国农业科学院第三十七期“农科讲坛”（中国农业科技报告会）在国家农业图书馆报告厅举行。本期农科讲坛特邀农业资源与农业区划研究所植物营养团队首席科学家、中国植物营养与肥料协会副理事长、“973”计划首席专家周卫研究员讲述养分资源高效利用创新之路。报告结束后，科技部基础研究司巡视员彭以祺、中国农业科学院资源所金继运研究员作为点评嘉宾与现场科研人员及学生代表进行了互动交流。中国农业科学院党组书记张合成为主讲人和点评嘉宾颁奖。报告会由副院长梅旭荣主持。

10月24日 经研究决定：免去王志东同志的原农业农村部（中国农业科学院）巡视组副组长职务，退休，按规定办理手续。

10月24—25日 中国农业科学院农业环境与可持续发展研究所召开农业科技创新与绿色发展博士后论坛暨第一期环发讲坛。中国农业科学院副院长梅旭荣应邀作报告，院党组成员、人事局局长贾广东等人出席会议。

10月27日 中国农业科学院党组书记张合成到麻类研究所调研，指导“三个面向”重点工作。中国农业科学院副院长王汉中，院党组成员、人事局局长贾广东陪同调研。

10月29日 中国农业科学院召开院党组会议，决定成立中国农业科学院乡村振兴、脱贫攻坚工作领导小组及领导小组办公室，统筹推进全院的乡村振兴和脱贫攻坚工作。乡村振兴、脱贫攻坚工作领导小组由农业农村部党组成员、中国农业科学院院长唐华俊、院党组书记张合成担任组长，副院长王汉中、梅旭荣担任副组长。乡村振兴、脱贫攻坚工作领导小组下设办公室，挂靠在成果转化局，两块牌子一套人马，由王汉中兼任办公室主任。

10 月 29—30 日 由中国农业科学院牵头，联合全国各省（自治区、直辖市）农（牧）业科学院、部分重点农业高等院校和涉农企业组成的全国农业科技"走出去"联盟在贵阳成立。中国农业科学院副院长、联盟理事长吴孔明出席大会。

10 月 30 日 从第七届中国—加拿大科技合作联委会上获悉，中国农业科学院副院长王汉中与加拿大农业与农业食品部助理部长吉尔斯·萨登共同签署了中国—加拿大油菜遗传改良与利用联合实验室（武汉）合作协议。中国科技部副部长张建国与加拿大创新、科学和经济部副部长大卫·麦戈文见证了签约。

10 月 30 日—11 月 4 日 中国农业科学院副院长吴孔明率团赴埃塞俄比亚参加"非洲草地贪夜蛾管理：研究促进发展行动与战略研讨会"，并赴意大利访问联合国粮食及农业组织（FAO）总部，就开展草地贪夜蛾防治合作研究进行会谈。

10 月 31 日 中国农业科学院党组书记张合成一行到农业信息研究所调研并指导工作。院党组成员、人事局局长贾广东等 40 余人参加了会议。

10 月 31 日 中国农业科学院党组书记张合成专题听取院信息化工作汇报，宣布组建新一届院信息化工作领导小组及办公室，并部署下一步信息化重点工作。院信息化工作领导小组及办公室成员参加了会议。

11 月

11 月 1 日 全国妇联第十二届执行委员会举行第一次全体会议，选举全国妇联第十二届主席、副主席和常务委员。中国科学院院士、中国农业科学院哈尔滨兽医研究所研究员陈化兰当选全国妇联副主席。

11 月 1 日 中国农业科学院党风廉政建设工作领导小组召开 2018 年第二次会议，学习传达贯彻农业农村部党组与中央纪委国家监委驻农业农村部纪检监察组共同召开的全面从严治党专题会议精神，研究部署全院深化全面从严治党重点工作。农业农村部党组成员、中国农业科学院院长唐华俊传达部专题会议精神，院党组书记张合成主持会议并讲话。院党风廉政建设工作领导小组全体成员出席会议。

11 月 1—2 日 中国农业科学院农业信息研究所召开 2018 全国农业大数据与监测预警学术研讨会。中国农学会副秘书长王甲云致辞并讲话，中国农业科学院副院长梅旭荣作主旨讲话。

11 月 2 日 中国农业科学院组织了 8 位院士、31 位院外知名领域专家和管理专家组成 3 个评估专家组，对全院 33 个研究所科技创新工程全面推进期中期进展情况进行了综合评估。农业农村部党组成员、中国农业科学院院长唐华俊出席会议并讲话，院党组书记张合成主持会议，农业农村部科教司副司长汪学军、财务司调研员张洵出席评估会，中国农业科学院纪检组长李杰人，副院长万建民、梅旭荣分别主持分组评估会。

11月3日 萨尔瓦多总统桑切斯率代表团访问中国农业科学院。农业农村部党组成员、中国农业科学院院长唐华俊接待了桑切斯总统代表团一行。

11月5日 农业农村部党组成员、中国农业科学院院长唐华俊会见了来访的国际农业研究磋商体系组织（CGIAR）下属国际玉米小麦改良中心（CIMMYT）主任马丁·克罗夫（Martin Kropff）、国际水稻研究所（IRRI）所长马太·莫雷尔（Matthew Morell）、国际农用林业中心（ICRAF）主任托尼·西蒙斯（Tony Simons），就进一步加深合作达成共识。

11月5日 中国农业科学院党组召开会议，专题研究全院传达贯彻农业农村部警示教育大会精神、加强经常性纪律教育工作方案，部署下一步具体落实工作。农业农村部党组成员、中国农业科学院院长唐华俊出席会议，院党组书记张合成主持会议，全体院党组成员参加会议。

11月6—8日 中国农业科学院党组书记张合成带领专家团队赴武威调研，为武威现代农业发展、脱贫攻坚和乡村振兴战略实施出谋划策。中国农业科学院副院长王汉中，甘肃省农科院党委书记魏胜文，武威市委书记柳鹏、市人大常委会主任王扎东、市长周伟等领导陪同或出席相关活动。

11月8日 中国农业科学院党组书记张合成到油料作物研究所调研。张合成与所领导班子成员、中层干部、团队首席、支部书记进行了座谈，听取了各团队在落实习近平总书记“三个面向”“两个一流”贺信精神方面的工作汇报，考察了农业农村部油料加工重点实验室、油料及制品质量监督检验测试中心和油料作物生物学重点实验室。院党组成员、人事局局长贾广东等陪同调研。

11月8日 南方经济作物发展战略学术交流会暨中国农业科学院麻类研究所建所60周年系列学术活动在长沙召开。中国农业科学院党组书记张合成在讲话中充分肯定了麻类所60年来取得的可喜成绩。中国农业科学院副院长王汉中，院党组成员、人事局局长贾广东等600人参加会议。

11月8日 经农业农村部党组研究决定：张逐陈同志任农业农村部巡视组组长（正局级），其原任职务因机构更名自然免除。

11月8日 经农业农村部党组研究决定：钱永忠任农业农村部质量标准研究中心主任，其原农业部质量标准研究中心主任职务因机构更名自然免除。

11月8日 经农业农村部党组研究决定：王小虎任农业农村部食物与营养发展研究所所长；王东阳任农业农村部食物与营养发展研究所副所长；孙君茂任农业农村部食物与营养发展研究所副所长；王晓红任农业农村部食物与营养发展研究所副所长。以上同志原任职务因机构更名自然免除。

11月8日 经农业农村部党组研究决定：刘荣乐任农业农村部环境保护科研监测所所长，其原任职务因机构更名自然免除。

11月8日 经农业农村部党组研究决定：张国良同志任农业农村部环境保护科研

监测所党委书记，其原任职务因机构更名自然免除。

11 月 8 日　经农业农村部党组研究决定：王登山任农业农村部成都沼气科学研究所所长，其原任职务因机构更名自然免除。

11 月 8 日　经农业农村部党组研究决定：蔡萍同志任农业农村部成都沼气科学研究所党委书记，其原任职务因机构更名自然免除。

11 月 8 日　经农业农村部党组研究决定：陈巧敏任农业农村部南京农业机械化研究所所长，其原任职务因机构更名自然免除。

11 月 8 日　经农业农村部党组研究决定：胡志超同志任农业农村部南京农业机械化研究所党委书记，其原任职务因机构更名自然免除。

11 月 9 日　中国农业科学院召开了“纪念改革开放 40 周年，建设‘两个一流’院所国际合作座谈会”，会议全面回顾全院国际合作成就与经验，并为全院“两个一流”建设建言献策。中国农业科学院副院长吴孔明、梅旭荣出席会议并讲话。

11 月 13 日　中国农业科学院党组书记张合成到农业资源与农业区划研究所调研并指导工作。院党组成员、人事局局长贾广东等陪同调研。

11 月 14 日　中国农业科学院党组书记张合成到农业环境与可持续发展研究所调研指导工作。院党组成员、院人事局局长贾广东等 50 多人参加座谈。

11 月 14 日　中国农业科学院党组书记张合成一行到蜜蜂研究所调研并指导“三个面向”工作部署。院党组成员、副院长李金祥，院党组成员、人事局局长贾广东陪同调研。

11 月 15—18 日　由农业农村部、中央网信办和江苏省人民政府共同主办的全国新农民新技术创业创新博览会在南京举行。中央农村工作领导小组副组长兼办公室主任、农业农村部党组书记、部长韩长赋，江苏省委书记娄勤俭到中国农业科学院展区参观指导。中国农业科学院展区现场展示技术与成果共 27 项，涵盖了种植、养殖、加工各环节的新品种、新技术、新装备、新产品。中国农业科学院副院长梅旭荣等陪同参观并现场讲解。

11 月 16—17 日　农业农村部党组成员、中国农业科学院院长唐华俊带领专家团队深入四川省邛崃市调研乡村振兴实施情况。

11 月 17 日　农业农村部党组成员、中国农业科学院院长唐华俊赴国家成都农业科技中心调研时强调，成都“两所一中心”要有大格局、高站位，立足长远，一体化谋划国家成都科技创新中心建设。中国农业科学院副院长李金祥陪同调研。

11 月 18 日　中国农业科学院原院长、中国科学院院士李家洋获 2018 科学未来大奖。

11 月 19—21 日　中国农业科学院党组成员、副院长李金祥一行前往黑龙江双鸭山市、宝清县等地，就加快推进中国水稻研究所北方水稻研究中心建设及运行管理机制等问题进行调研，并就深入推进在宝清县共建中国水稻研究所北方水稻研究中心、深化和拓展合作等事宜与双鸭山市进行了磋商和深入交流。

11 月 19—21 日 中国农业科学院于杭州举办党委书记、纪委书记培训班。院党组书记张合成作题为“以习近平总书记‘三个面向’重要指示引领全院党员干部思想行动”的主题报告。院纪检组组长李杰人，院党组成员、研究生院党委书记、院长刘大群，院党组成员、人事局局长贾广东全程参加培训并主持相关课程。院机关各部门党支部书记、院属各单位党委书记、纪委书记 80 余人参加了本次培训。

11 月 19—22 日 中国作物学会油料作物专业委员会、中国农业科学院油料作物研究所联合主办了中国作物学会油料作物专业委员会第八次会员代表大会，选举产生了新一届专业委员会。中国工程院院士万建民等出席会议。

11 月 19—22 日 中国农业科学院植物保护研究所在京举办澜沧江—湄公河合作专项基金项目高层论坛暨澜湄专项年度总结会议。论坛参与各方就澜湄区域有害生物联合监测防控达成了 10 项重点合作意向。植保所与湄公河流域 5 国共同签署了会议纪要，深入推进澜湄区域在病虫害绿色防控领域的多边合作。中国工程院院士、中国农业科学院副院长吴孔明指出，澜沧江—湄公河流域农作物主要病虫害绿色防控合作平台的创建，为区域植物保护研究机构提供国际科技合作新渠道，将促进先进适用植保技术“走出去”和“引进来”，对该地区农业绿色发展具有重要意义。

11 月 20 日 中国农业科学院党组书记张合成一行赴茶叶研究所考察调研并召开座谈会，听取茶叶研究所所长杨亚军关于研究所工作进展情况汇报。院纪检组组长李杰人，院党组成员、人事局局长贾广东等陪同调研。

11 月 20—22 日 中国农业科学院在新疆乌鲁木齐市举办“科技人员科研创新能力提升培训班”。此次培训班是中国农业科学院深入贯彻习近平总书记在建院 60 周年贺信中提出的“三个面向”“两个一流”和“一个整体跃升”的指示精神，落实国家“一带一路”倡议、创新驱动发展战略和乡村振兴战略，实现院地协同发展的又一项重要举措。中国农业科学院副院长梅旭荣出席会议。

11 月 21 日 中国农业科学院党组书记张合成到中国水稻研究所调研指导工作。院纪检组组长李杰人，院党组成员、研究生院党委书记、院长刘大群等陪同调研。

11 月 22 日 中国农业科学院召开 2018 年度第二批纪委书记述职会。院党组书记、院党风廉政建设工作领导小组组长张合成出席会议并讲话，院党组成员、研究生院党委书记、院长刘大群，院党组成员、人事局局长贾广东参加会议。会议由院党组成员、纪检组组长李杰人主持。

11 月 27 日 中国农业科学院与山东省人民政府在济南联合举办深入学习贯彻习近平总书记重要指示精神系列活动。农业农村部党组成员、中国农业科学院院长唐华俊，山东省政府副省长于国安出席活动。

11 月 27 日 从发展中国家科学院（TWAS）第二十八届院士大会上获悉，中国科学院院士、中国农业科学院哈尔滨兽医研究所国家禽流感参考实验室主任陈化兰研究员当选发展中国家科学院（TWAS）院士。

11 月 27 日 中国农业科学院烟草研究所在青岛举办“特种作物发展战略研讨会暨

烟草所建所60周年学术交流会”。会议回顾研究所的发展历史和取得成就，探讨生物科技、功能成分、智慧农业等领域科技创新，共商科技支撑烟区现代农业高质量发展大计，助推乡村振兴战略实施。国家烟草专卖局科技司司长张虹，中国烟叶公司总经理陈江华，农业农村部种植业司副司长杨礼胜出席会议。中国农业科学院副院长、党组成员、中国工程院院士王汉中、美国科学院院士朱健康等作了专题报告。

11月27日　经农业农村部党组会议研究决定：吕春生任中国农业科学院后勤服务中心主任，免去卢玉明的中国农业科学院后勤服务中心主任职务，保留正所级待遇。

11月27日　经农业农村部党组会议研究决定：范静同志任中国农业科学院作物科学研究所党委书记，自任职之日起上岗试用，试用期一年。

11月27日　经农业农村部党组会议研究决定：免去王小虎的农业农村部食物与营养发展研究所所长职务，柳正任农业农村部食物与营养发展研究所副所长。

11月27日　经农业农村部党组会议研究决定：柳正同志任农业农村部食物与营养发展研究所党委书记。

11月27日　经农业农村部党组会议研究，并征得中共安阳市委同意，决定：潘燕荣同志任中国农业科学院棉花研究所党委书记，自任职之日起上岗试用，试用期一年；免去吕春生同志的中国农业科学院棉花研究所党委书记职务。

11月27日　经农业农村部党组会议研究，并征得中共四川省委同意，决定：免去蔡萍同志的农业农村部成都沼气科学研究所党委书记职务。

11月28日　中国农业科学院党组书记张合成到草原研究所调研指导工作。座谈会上，张合成听取了研究所的工作汇报，以及各团队围绕“三个面向”开展的科研工作汇报，并就全面落实“三个面向”，调整、凝练学科方向和研究任务，与创新团队首席、科研骨干进行了深入研讨。院纪检组组长李杰人，院党组成员、人事局局长贾广东等30余人参加了调研座谈会。

11月29日　中国农业科学院副院长吴孔明在特产研究所调研时强调，要重点面向国家重大需求和现代农业建设主战场，构建布局合理的特产学科体系。

11月29日　中国农业科学院在京组织召开了创新工程协同创新任务中期评估会，对先期启动的19项协同创新任务的进展情况进行了综合评估。农业农村部科技发展中心主任杨雄年担任评估小组组长，中国农业科学院副院长李金祥、王汉中、梅旭荣出席会议。院机关有关部门、院属研究所负责同志、科研管理人员共计100余人参加了评估会。

11月29—30日　中国农业科学院在吉林长春召开2018年国际合作工作会。会议回顾改革开放40年来中国农业科学院国际合作工作的历程，分析当前农业科技国际合作面临的形势和任务，学习国家相关外事政策和管理制度，总结交流2018年国际合作工作经验，研究部署2019年国际合作工作。中国农业科学院副院长吴孔明出席会议并讲话。

11月30日　中国农业科学院举行党组中心组2018年第三次（扩大）学习会，深入学习习近平总书记关于实施乡村振兴战略和脱贫攻坚的一系列重要论述，进一步提高认识、理清思路、把握重点，研究部署贯彻落实的工作举措，推进乡村振兴科技支撑行动落地，发挥好农业科技在乡村振兴与脱贫攻坚中的支撑引领作用。农业农村部党组成员、中国农业科学院院长唐华俊出席会议并讲话。会议由院党组书记张合成主持。

12月

12月4—6日 中国农业科学院副院长王汉中率专家团队赴秦巴山区陕西省安康市考察科技扶贫示范县安康市紫阳县富硒茶及富硒产业发展情况，为安康市富硒产品研发中心院士工作站成立揭牌，以主任委员身份召开了中国富硒产业研究院学术委员会成立暨第一次会议。陕西省人大常委会副主任、安康市委书记郭青，安康市政府市长赵俊民等领导和专家参加了相关活动。

12月6日 中国农业科学院与宁波市签署院地合作协议，中国农业科学院党组书记张合成出席签字仪式并强调，要在科技创新、战略咨询和高端人才培养等方面全方位、大力度支持宁波乡村振兴。在宁波期间，张合成一行还深入浙江省宁波市振海区考察乡村振兴和小城镇建设情况。中国农业科学院副院长万建民与宁波市副市长卞吉安代表双方签署协议。

12月7日 中国农业科学院第三十八期"农科讲坛"（中国农业科技报告会）在国家农业图书馆报告厅举行。本期农科讲坛特邀中国农科院农业信息研究所所长、海外农业研究中心主任，农业农村部大数据重点实验室主任孙坦研究员讲述大数据驱动的智慧农业思考与实践。中国农业科学院副院长梅旭荣主持报告会并为主讲人和点评嘉宾颁奖。

12月9日 中国农村改革40周年暨中国农业科学院农业经济与发展研究所建所60周年学术报告会在京举行。中央农村工作领导小组副组长兼办公室主任、农业农村部党组书记、部长韩长赋专门作出指示，要求农经所在新时代乡村振兴战略研究中更好地发挥智库作用。中央农村工作领导小组办公室副主任、农业农村部党组副书记、副部长韩俊、农业农村部党组成员、中国农业科学院院长、中国工程院院士唐华俊、国务院研究室党组书记、主任黄守宏致辞并讲话。全国政协农业和农村委员会副主任、原农业部党组成员、副部长陈晓华，国务院研究室党组成员、副主任郭玮，湖南省第十二届人大常委会党组书记、副主任韩永文，中国农业科学院党组书记张合成等领导出席报告会。

12月11日 中国农业科学院副院长万建民会见江苏科技大学党委书记葛世伦一行，双方就进一步推动院校合作，加强江苏科技大学蚕业研究所（中国农业科学院蚕业研究所）建设进行座谈。院党组成员、人事局局长贾广东等相关负责人参加了座谈。

12月12日 农业农村部第六届中华农业英才奖正式揭晓，中国农业科学院植物保护研究所周雪平教授、北京畜牧兽医研究所文杰研究员、油料作物研究所李培武研究员喜获该项殊荣。

12 月 12 日 中国农业科学院原院长、党组副书记王连铮同志，因病在北京逝世，享年 88 岁。

12 月 13 日 农业农村部党组成员、中国农业科学院院长唐华俊会见了来访的甘肃省人民政府副省长张世珍一行，双方就选派高层次人才到甘肃挂职工作进行座谈交流。甘肃省委组织部部务委员李杰，甘肃省人民政府副秘书长贯宁，甘肃省科技厅厅长史百战、副厅长王彬，中国农业科学院副院长李金祥，院党组成员、人事局局长贾广东等参加座谈会。中国农业科学院副院长王汉中和广元市副市长杨浩分别代表双方在协议上签字。

12 月 13 日 中国农业科学院副院长王汉中一行赴改革开放总设计师邓小平的家乡——四川省广安市调研乡村振兴工作，并为广安乡村振兴、绿色发展积极建言献策。广安市委书记李建勤、市长曾卿等领导陪同调研并出席座谈会。

12 月 14—16 日 农业农村部党组成员、中国农业科学院院长唐华俊带领中国农业科学院蔬菜、茶叶、果树、农经等方面的专家团队，赴秦巴山集中连片贫困地区的四川省广元市进行调研，并与广元市签署了战略合作协议。

12 月 15—16 日 农业农村部部长韩长赋在中国农业科学院哈尔滨兽医研究所调研时强调，要切实加强非洲猪瘟防控，立足当前，着眼长远，坚持生物安全措施和科研攻关两手抓，大力推动疫苗研发等相关工作，为疫情防控提供科技支撑。农业农村部副部长于康震，农业农村部党组成员、中国农业科学院院长唐华俊参加调研。

12 月 18 日 中国农业科学院在上海召开 2018 年科研管理工作会议，总结科技创新工程实施成效，对标“三个面向”查找问题与原因，研究加快创新工程实施、加快培育重大科技成果的思路与举措。中国农业科学院副院长万建民出席会议并讲话。

12 月 18—19 日 中国农业科学院第三届支撑人才技能竞赛在京举办。此次竞赛主要面向全院科研财务助理队伍，来自 34 个院属单位的 253 名科研财务助理参加本届竞赛。中国农业科学院副院长吴孔明指出，习近平总书记对推进科研“放管服”提出明确要求，中央在深化科技体制改革中做出了重要部署和安排，近年来中国农业科学院积极探索落实“放管服”工作，组织了全院性的政策宣讲，专门出台了 19 项科研经费管理办法，努力营造宽松的科研环境，科研财务助理队伍也是在这个背景下建立起来的。中国农业科学院党组成员、人事局局长贾广东主持开幕式。院党组成员、研究生院党委书记、院长刘大群等出席开幕式。

12 月 18 日 中国农业科学院党组书记张合成到作物科学研究所调研，听取工作汇报，并与所领导班子、创新团队首席和青年科研人员代表进行座谈。中国农业科学院党组成员、人事局局长贾广东等陪同调研。

12 月 20 日 中国农业科学院党组书记张合成与共青团中国农科院第十一届委员会全体委员集体谈话时要求，要带领全院团组织，动员青年科学家投身农业科研主战场，在主体业务上建功立业。

12 月 21 日 中国农业科学院举行党组中心组 2018 年第四次（扩大）学习会，深入学习领会习近平总书记在庆祝改革开放40周年大会上的重要讲话精神，研究贯彻落实意见。农业农村部党组成员、中国农业科学院院长唐华俊出席会议。会议由院党组书记张合成主持。院领导、院机关各部门主要负责同志参加会议。

12月22日 经农业农村部党组研究决定：免去刘大群同志的中国农业科学院党组成员、中国农业科学院研究生院党委书记职务，退休。

12月22日 经农业农村部党组研究决定：免去刘大群的中国农业科学院研究生院院长职务，退休。

12月24日 农业农村部党组成员、中国农业科学院院长唐华俊主持召开中国农业科学院非洲猪瘟防控科研攻关领导小组第一次会议。会议宣布成立中国农业科学院非洲猪瘟防控科研攻关领导小组，哈尔滨兽医研究所、兰州兽医研究所、上海兽医研究所、北京畜牧兽医研究所、兰州畜牧与兽药研究所5家单位分别汇报了非洲猪瘟防控研究基础、攻关计划与预期目标。与会人员就非洲猪瘟防控科技攻关的重点与难点、技术路线与机制保障等进行了研讨交流。中国农业科学院副院长李金祥、万建民等参加会议。

12月26日 中国共产党的优秀党员，忠诚的共产主义战士，我国著名农学家、大豆遗传育种学家，黑龙江省人民政府原副省长、党组副书记，原农业部副部长、党组副书记，中国科学技术协会第四、第五届副主席，中国农业科学院原院长、党组副书记王连铮同志遗体送别仪式在八宝山革命公墓东礼堂举行。农业农村部部长韩长赋，副部长余欣荣、张桃林、屈冬玉、于康震，中国农业科学院院领导唐华俊、张合成、李金祥、李杰人、吴孔明、王汉中、万建民、梅旭荣、刘大群、贾广东等共360人参加了遗体送别仪式。

12月26日 中国农业科学院召开2019年度国家自然科学基金项目申报动员与技能培训视频会议。中国农业科学院副院长万建民出席会议并作动员讲话。

12月27日 中国农业科学院举办主题党课报告会，农业农村部党组成员、中国农科院院长唐华俊作主题党课报告，院党组书记张合成主持报告会。在家院领导，院属京区各单位领导班子成员、党委和纪委委员、团队首席、科研处处长、人事处处长、党办主任、党支部书记，院机关全体党员干部400余人参加报告会。

十二、附　　录

中国农业科学院科技期刊及报纸一览表

序号	刊物名称	主办单位	主管单位	创刊年份	类别	学科	主编	编辑部主任	电话	刊号	联系人	联系人电话	电子邮件	网址	刊期
1	中国农业科学	中国农业科学院（信息所承办）	农业农村部	1960	学术类	综合	万建民	孙雷心	010-82109808	CN 11-1328/S ISSN 0578-1752	孙雷心	010-82109808	sunleixin@ caas. cn	www.ChinaAgriSci. com	半月
2	*Journal of Integrative Agriculture*	中国农业科学院（信息所承办）	农业农村部	2002	学术类	综合	万建民	张以民	010-82105098	CN 10-1039/S ISSN 2095-3119	张以民	010-82105098	zhangyimin@ caas. cn	www.ChinaAgriSci. com	月
3	农产品质量与安全	中国农业科学院（质标所承办）	农业农村部	2003	学术类	质量安全与加工	翟虎渠	钱永忠	010-82106522	CN 11-5896/S ISSN 1674-8255	李　艳	010-82106522	aqs@ caas. cn	www.iqstap.com/sites/iqt/	双月
4	农业科技通讯	中国农业科学院（信息所承办）	农业农村部	1972	技术类	综合	侯连德	刘　东	010-82109664	CN 11-2395/S ISSN 1000-6400	刘　东	010-82109664	tongxun@ caas. cn tongxuna@ 126. com	aii. caas. net. cn	月
5	中国食物与营养	中国农业科学院/国家食物与营养咨询委员会（信息所承办）	农业农村部	1995	技术类	质量安全与加工	许世卫	刘　宏	010-82109761	CN 11-3716/TS ISSN 1006-9577	刘　宏	010-82109761	foodandn@ 263. net	aii. caas. cn	月
6	作物学报	中国作物学会/作科所	中国科协	1950	学术类	作物	万建民	程维红	010-82108548	CN 11-1809/S	程维红	010-82108548	chengweihong@ caas. cn	zwxb. chinacrops. org/	月
7	*The Crop Journal*	中国作物学会/作科所/中国科技出版传媒股份有限公司	中国科协	2013	学术类	作物	万建民	程维红	010-82108548	CN 10-1112/S	程维红	010-82108548	chengweihong@ caas. cn	www.journals. elsevier.com/the-crop-journal/	双月

（续表）

序号	刊物名称	主办单位	主管单位	创刊年份	类别	学科	主编	编辑部主任	电话	刊号	联系人	联系人电话	电子邮件	网址	刊期
8	作物杂志	中国作物学会/作科所	中国科协	1985	技术类	作物	赵　明	姚　杰	010-82108790	CN 11-1808/S	姚　杰	13681491781	yaojie@ caas.cn	zwzz.cbpt.cnki.net zwzz.chinacrops.org/magas. asp? menuid=22	双月
9	中国种业	作科所/中国种子协会	农业农村部	1982	技术类	作物	王述民	陈丽娟	010-82109494	CN 11-4413/S ISSN 1671-895X	陈丽娟	13683272938	chenlijuan@ caas.cn	www.chinaseedqks.cn	月
10	植物遗传资源学报	作科所/中国农学会	农业农村部	2000	学术类	作物	刘　旭	陈丽娟	010-82109494	CN 11-4996/S ISSN 1672-1810	陈丽娟	13683272938	chenlijuan@ caas.cn	www.zwyczyxb.cn	双月
11	植物保护	中国植物保护学会，中国农业科学院植物保护研究所	中国科协	1963	学术类	植物保护	陈万全	王　音	010-62819059	CN 11-1982/S ISSN 0529-1542	王　音	13581952263	zwbh1963@ 263.net	www.plantprotection.ac.cn	双月
12	中国蔬菜	蔬菜所	农业农村部	1981	技术类	园艺	孙日飞	龚一帆	010-82109550	CN 11-2326/S ISSN 1000-6346	龚一帆	13718787897	zgsc@ caas.cn	www.cnveg.org	月
13	园艺学报	中国园艺学会/蔬菜所	中国科协	1962	学术类	园艺	杜永臣	赵　华	010-62192388	CN 11-1924/S ISSN 0513-353X	陈　洁	010-62192388	yuanyixuebao@ 126.com	http：//www. ahs. ac.cn	月
14	*Horticultural Plant Journal*	中国园艺学会/蔬菜所/中国农业科技出版社	中国科协	2015	学术类	园艺	王晓武	赵　华	010-62192388	CN 10-1305/S ISSN 2095-9885	陈　洁	010-82109523	ivfyyxb@ caas.cn	网站正在建设中	双月
15	中国生物防治学报	植保所/中国植物保护学会	农业农村部	1985	学术类	植物保护	张　杰	张　莹	010-62815625	CN 11-5973/S ISSN 2095-039X	张　莹	010-62815625	bj_ zhangying @ 163.com	www.zgswfz.com.cn	双月
16	中国农业气象	环发所	农业农村部	1979	学术类	资源与环境	梅旭荣	雷水玲	010-82109774	CN 11-1999/S ISSN 1000-6362	雷水玲 高志平	010-82109774 010-82109772	leishl@ ieda.org.cn gaozhiping @ ieda. org.cn	zgnyqx.ieda.org.cn	双月

（续表）

序号	刊物名称	主办单位	主管单位	创刊年份	类别	学科	主编	编辑部主任	电话	刊号	联系人	联系人电话	电子邮件	网址	刊期
17	畜牧兽医学报	中国畜牧兽医学会	中国科协	1956	学术类	畜牧、兽医	文　杰	任　鹏	010-62815987	CN 11-1985/S ISSN 0366-6964	任　鹏	010-62815987	xmsyxb@263.net	www.xmsyxb.com	月
18	中国畜牧兽医	畜牧所	农业农村部	1974	技术类	畜牧、兽医	李　琍	晋大鹏	010-62816020	CN 11-4843/S ISSN 1671-7236	李　琍	010-62811226	zgxmsy@caas.cn	www.chvm.net	月
19	中国蜂业	蜜蜂所/中国养蜂学会	农业农村部	1934	综合类	畜牧	方兵兵		010-62598244	CN 11-5358/S ISSN 0412-4367	刘世丽	010-62595931	zgyf2008@126.com	www.bee1934.org	月
20	中国农业科技导报	中国农村技术开发中心（生物所承办）	科技部	1999	学术类	综合	范云六	蔡晶晶	010-82109845	CN 11-3900/S ISSN 1008-0864	温小杰	010-82109848	nykjdb@163.com nkdb@caas.cn	www.nkdb.net	月
21	核农学报	中国原子能学会/原子能所	农业农村部	1987	学术类	作物	刘录祥	杨　洋	010-62811654	CN 11-2265/S	杨　洋	010-62811654	hnxb5109@126.com	www.hnxb.org	月
22	农业经济问题	中国农业经济学会/农经所	农业农村部	1980	学术类	信息与经济	王东阳	李玉勤	010-82108705	CN 11-1323/F	张宁宁	010-82109789	zhangningning@caas.cn	www.iaecn.cn	月
23	农业技术经济	中国农业技术经济研究会/农经所	农业农村部	1982	学术类	信息与经济	王济民	李玉勤	010-82108705	CN 11-1883/S	张宁宁	010-82109789	zhangningning@caas.cn	www.iaecn.cn	月
24	中国土壤与肥料	资划所/中国植物营养与肥料学会	农业农村部	1964	学术类	资源与环境	徐明岗	张　华	010-82109637	CN 11-5498/S ISSN 1673-6257	单秀枝	010-82108656	trfl@caas.cn	chinatrfl.alljournal.net.cn	双月
25	植物营养与肥料学报	中国植物营养与肥料学会	农业农村部	1994	学术类	资源与环境	白由路	张　华	010-82109637	CN 11-3996/S ISSN 1008-505X	徐晓芹	010-82108653	zwyf@caas.ac.cn zwyf@chinajournal.net.cn	www.plantnutrifert.org	双月
26	中国农业资源与区划	资划所/全国农业资源区划办公室	农业农村部	1980	学术类	资源与环境	唐华俊	张　华	010-82109637	CN 11-3513/S ISSN 1005-9121	李　刚	010-82109628	quhuabjb@caas.cn	www.cjarrp.com	月

（续表）

序号	刊物名称	主办单位	主管单位	创刊年份	类别	学科	主编	编辑部主任	电话	刊号	联系人	联系人电话	电子邮件	网址	刊期
27	中国农业信息	资划所	农业农村部	1989	技术类	信息与经济	王道龙	张　华	010-82109637	CN 11-4922/S ISSN 1672-0423	李　刚	010-82109628	zgnyxx001@126.com nyxxbjb@caas.cn	www.cjarrp.com	半月
28	农业图书情报学刊	信息所	农业农村部	1984	学术类	信息与经济	贾善刚	刘　东	010-82109667	CN 11-2711/G2	孔晔晗	010-82109667	xuekan@caas.cn	nytsqb.caas.cn	月
29	中国乳业	信息所	农业农村部	2002	技术类	畜牧	冯艳秋	赵京颐	010-82109890	CN 11-4768/S ISSN 1671-4393	聂迎利	010-82109890	zhgry@caas.cn	www.ryzxw.com	月
30	生物技术通报	信息所	农业农村部	1985	学术类	综合	路铁刚	李　楠	010-82109903	CN 11-2396/Q ISSN 1002-5464	李　楠	010-82109903	biotech@caas.cn linan@caas.cn	biotech.caas.cn	月
31	农业网络信息	信息所	农业农村部	1986	技术类	信息与经济	刘世洪	赵京颐	010-82109657	CN 11-5065/TP ISSN 1672-6251	陈晓明	010-82109657	nywlxx@caas.cn	aii.caas.net.cn/	月
32	农业展望	信息所	农业农村部	2005	技术类	信息与经济	许世卫	潘月红	010-82109913	CN 11-5343/S ISSN 1673-3908	潘月红	010-82109913	nyzy@caas.cn	aii.caas.net.cn/	月
33	中国园艺文摘	信息所	农业农村部	1985	技术类	园艺	赵瑞雪	李文炬	010-82109897	CN 11-4921/S	李文炬	010-82109897	zgyywz@caas.cn	aii.caas.net.cn/	月
34	中国猪业	信息所	农业农村部	2006	技术类	畜牧	冯艳秋	赵京颐 彭　华	010-82106275	CN 11-5435/S	彭　华	010-82106275	zhuye@caas.cn	aii.caas.net.cn/	月
35	中国畜牧兽医文摘	信息所	农业农村部	1985	技术类	畜牧 兽医	刘继芳	刘　斌	010-82109897	CN 11-4919/S ISSN 1672-0857	刘　斌	010-82109924	zgxmsywz@126.com	zxwa.cbpt.cnki.net/WKD/WebPublication/index.aspx?mid=zxwa	月
36	中国畜禽种业	信息所	农业农村部	2005	技术类	畜牧	孟宪学	杨　碚	010-82106255	CN 11-5342/S	张跃武	010-82106255	zgxq010@126.com	aii.caas.cn	月
37	农业科研经济管理	中国农学会	中国科协	1993	学术类	信息与经济	史志国	张　华	010-82109637	CN 11-3801/S ISSN 2095-3577	李　刚	010-82109628	nykygl@126.com	www.cjarrp.com	季

（续表）

序号	刊物名称	主办单位	主管单位	创刊年份	类别	学科	主编	编辑部主任	电话	刊号	联系人	联系人电话	电子邮件	网址	刊期
38	灌溉排水学报	灌溉所	水利部/农业部	1982	学术类	工程与机械	段爱旺	乔冬梅	0373-3393346	CN 41-1337/S ISSN 1672-3317	刘春成	0373-3393346	gfid@ sina.com	ggps.cbpt.cnki.net	双月
39	中国水稻科学	水稻所	农业农村部	1986	学术类	作物	程式华	阮刘青	0571-63370480	CN 33-1146/S ISSN 1001-7216	夏小东	0571-63370278	cjrs@ 263.net ruanlq@ 163.com	www.ricesci.cn	双月
40	*Rice Science*［水稻科学（英文版）］	水稻所	农业农村部	1990	学术类	作物	程式华	阮刘青	0571-63370480	CN 33-1317/S ISSN 1672-6308	李　冠	0571-63371017	li@ ricescience.org	www.ricescience.org	双月
41	中国稻米	水稻所	农业农村部	1995	技术类	作物	钱前	庞乾林	0571-63370368	CN 33-1201/S	庞乾林	13388608073	zgdm@ 163.com	www.zgdm.net	双月
42	中国棉花	棉花所	农业农村部	1958	技术类	作物	李付广	刘全义	0372-2525362/9	CN 41-1451/S ISSN 2096-5044 eISSN 2523-3254	曾志平	0372-2525369	journal@ cricaas.com.cn cottonsci@ gmail.com	journal.cricaas.com.cn	月
43	棉花研究（英文）	棉花所/中国农学会	农业农村部	2017	学术类	作物	李付广	刘全义	0372-2525362/9	CN 41-1451/S ISSN 2096-5044 eISSN 2523-3254	曾志平	0372-2525369	journal@ cricaas.com.cn cottonsci@ gmail.com	journal.cricaas.com.cn	季
44	棉花学报	中国农学会	中国科协	1989	学术类	作物	李付广	刘全义	0372-2525362/9	CN 41-1163/S ISSN 1002-7807	曾志平	0372-2525369	journal@ cricaas.com.cn cottonsci@ gmail.com	journal.cricaas.com.cn	双月
45	中国油料作物学报	油料所	油料所	1979	学术类	作物	廖伯寿	肖唐华	027-86813823	CN 42-1429/S ISSN 1007-9084	吴克力	13147160655	ylxb@ oilcrops.cn	www.jouroilcrops.cn	双月
46	中国油料作物学报（英文）	油料所	油料所	2014	学术类	作物	廖伯寿	肖唐华	027-86813823	CN 42-1861/S	董彩华	18907148250	ocs@ oilcrops.cn		季

（续表）

序号	刊物名称	主办单位	主管单位	创刊年份	类别	学科	主编	编辑部主任	电话	刊号	联系人	联系人电话	电子邮件	网址	刊期
47	中国麻业科学	麻类所	农业农村部	1979	学术类	作物	熊和平		0731-88998521	CN 43-1467/S ISSN 1671-3532	黎　宇	18900710623	csibfc@ sina.com	www.chinaibfc.com/zyzz/&i=46&comContentId=46.html	双月
48	中国果树	果树所	农业农村部	1959	技术类	果树	赵进春		0429-3598131	CN 21-1165/S ISSN 1000-8047	郝红梅	0429-3598131	zggsbjb@ vip.163.com	www.zggskj.com	双月
49	果树实用技术与信息	果树所	农业农村部	1994	科普类	果树	赵进春		0429-3598131	CN 21-1342/S	郝红梅	0429-3598131	gsjsxx@ 126.com	www.zggskj.com	月
50	果树学报	郑州果树所	农业农村部	1984	学术类	园艺	王志强	陈新平	0371-65330928	CN 41-1308/S ISSN 1009-9980	王　珂	0371-65330927	chinagsxb@ 163.com	gskk. cbpt. cnki. net/WKA/Web-Publication/index. aspx? mid=gskk	双月
51	中国瓜菜	郑州果树所	农业农村部	1988	技术类	园艺	刘君璞	陈新平	0371-65330928	CN 41-1374/S	代　军	0371-65330927	zggc@ 163.com	www.zzgss.cn/Qk/QkDefault. aspx?tid=3	双月
52	果农之友	郑州果树所	农业农村部	2000	技术类	园艺	陈新平	陈新平	0371-65330928	CN 41-1343/S	李艳萍	0371-65330949	gnzy@ 163.com	www.zzgss.cn/Qk/QkDefault. aspx?tid=1	月
53	中国茶叶	茶叶所	农业农村部	1979	学术类	园艺	黄　飞		0571-86650375	CN 33-1117/S	黄　飞	0571-86650375	zjf@ mail.tricaas.com	http：//www.caayee.com/	月
54	茶叶科学	中国茶叶学会	中国科协	1964	学术类	园艺	朱永兴	朱永兴	0571-86651902	CN 33-1115/S	朱永兴	0571-86651902	cykx@ vip.163.com	www.tea-science.com	双月
55	生物技术进展	茶叶所/生物所	农业农村部	2011	学术类	生物	林　敏	蔡晶晶	010-82109845	CN 33-1375/Q ISSN 2095-2341	刘　莹	010-82106118-802	curr _ biotech @ 163.com prog _ biotech @ caas.cn	www.swjsjz.cn	双月
56	中国预防兽医学报	哈尔滨兽医所	农业农村部	1979	学术类	兽医	步志高	赵晓岩	18946066140	CN 23-1417/S ISSN 1008-0589	赵晓岩	18946066140	zhaoxiaoyan2080@ aliyun.com	www.zgyfsyxb.com	月

（续表）

序号	刊物名称	主办单位	主管单位	创刊年份	类别	学科	主编	编辑部主任	电话	刊号	联系人	联系人电话	电子邮件	网址	刊期
57	畜牧兽医科技信息	哈尔滨兽医所	农业农村部	2002	技术类	畜牧、兽医	王笑梅	秦红丽	0451-51997179	CN 23-1501/S ISSN 1671-6027	秦红丽	0451-51997179	Xmsykjxx2004@sohu.com		月
58	中国兽医科学	兰州兽医所	农业农村部	1971	学术类	兽医	殷　宏	张文举	0931-8342195	CN 62-1192/S ISSN 1673-4696	张文举	13919450537	zgsykx@zgsykx.com	www.zgsykx.com	月
59	中国草食动物科学	兰州牧药所	农业农村部	1981	学术类	畜牧	阎　萍	魏云霞	0931-2115279	CN 62-1206/Q ISSN 2095-3887	肖玉萍	0931-2115279	xumuchj@163.com	zgcsdw.periodicals.net.cn/	双月
60	中兽医医药杂志	中兽医所	农业农村部	1982	学术类	兽医	杨志强	赵四喜	0931-2115280	CN 62-1063/R ISSN 1000-6354	王华东	0931-2115280	zsyyyzz@periodicals.net.cn zhaosixi@sina.com		双月
61	中国动物传染病学报	上海兽医所	农业农村部	1993	学术类	兽医	童光志		021-34293142	CN 31-2031/S ISSN 1674-6422	郑海红	021-34293142	bianjibu@shvri.ac.cn	www.shvri.ac.cn/zazhi/	双月
62	中国草地学报	草原所	农业农村部	1979	学术类	作物	侯向阳	刘天明	0471-4926880	CN 15-1344/S ISSN 1673-5021	刘天明	0471-4926880	zgcdxb@126.com	www.gricaas.net/web/news.asp?nc=13.80	双月
63	特产研究	特产所/中国农学会特产学会	农业农村部	1962	技术类	综合	杨福合	刘艳环	0431-81919588	CN 22-1154/S ISSN 1001-4721		13804326623	tcyjbjb@126.com		季
64	特种经济动植物	特产所	农业农村部	1982	技术类	综合	杨福合	周淑荣	0431-81919599	CN 22-1155/S ISSN 1001-4713		15943088623	tzjjdzw@126.com		月
65	农业资源与环境学报	环保所/中国农业生态环境保护协会	农业农村部	1984	学术类	资源与环境	任天志	李无双	022-23611149	CN 12-1437/S ISSN 2095-6819	肖　洁	022-23611102	caed@vip.163.com	www.aed.org.cn	双月
66	农业环境科学学报	环保所/中国农业生态环境保护协会	农业农村部	1982	学术类	资源与环境	李文华	李无双	022-23674336	CN 12-1347/S ISSN 1672-2043	潘淑君	022-23674336	caep@vip.163.com	www.aes.org.cn	月

（续表）

序号	刊物名称	主办单位	主管单位	创刊年份	类别	学科	主编	编辑部主任	电话	刊号	联系人	联系人电话	电子邮件	网址	刊期
67	中国沼气	沼科所/中国沼气学会	农业农村部	1983	学术类	工程与机械	张凤桐	任晓斌	028-85230681	CN 51-1206/S ISSN 1000-1166	杨雅涵	13880092462	zhongguozhaoqi1983@ vip.163.com		双月
68	中国农机化学报	农机化所	农业农村部	1957	学术类	工程与机械	陈巧敏		025-84346296	CN 32-1123/S ISSN 1006-7205	凌小燕	025-84346270	jcam@ vip.163.com		双月
69	农业开发与装备	农机化所	农业农村部	1995	学术类	工程与机械	陈巧敏	胡进鑫	025-84346221	CN 32-1779/TH ISSN 1673-9205	胡进鑫	025-84346221	njjzy2189@ sina.com	www.nriam.com/njjzy	月
70	中国烟草科学	烟草所	农业农村部	1979	学术类	作物	王树声	梁晓芳	0532-88703238	CN 37-1277/S ISSN 1007-5119	梁晓芳	13515327122	liangxiaofang@caas.cn	www.zgyckx.com.cn	双月

中国农业科学院通信录

单位名称	通信地址	邮编	区号	电话	传真
院办公室	北京市海淀区中关村南大街 12 号	100081	010	82109401	82103005
科技管理局	北京市海淀区中关村南大街 12 号	100081	010	82109427	82105534
人事局	北京市海淀区中关村南大街 12 号	100081	010	82109437	82109437
财务局	北京市海淀区中关村南大街 12 号	100081	010	82105658	82105668
基本建设局	北京市海淀区中关村南大街 12 号	100081	010	82105586	82105581
国际合作局	北京市海淀区中关村南大街 12 号	100081	010	82106756	62174060
成果转化局	北京市海淀区中关村南大街 12 号	100081	010	82105192	82105540
直属机关党委	北京市海淀区中关村南大街 12 号	100081	010	82105707	82105707
监察局	北京市海淀区中关村南大街 12 号	100081	010	82109502	82109502
后勤服务中心	北京市海淀区中关村南大街 12 号	100081	010	82109668	82109668
研究生院	北京市海淀区中关村南大街 12 号	100081	010	82109689	82106609
作物科学研究所	北京市海淀区中关村南大街 12 号	100081	010	82109715	82105819
植物保护研究所	北京市海淀区圆明园西路 2 号	100193	010	62815905	62895365

（续表）

单位名称	通信地址	邮编	区号	电话	传真
蔬菜花卉研究所	北京市海淀区中关村南大街 12 号	100081	010	82109520	62146160
农业环境与可持续发展研究所	北京市海淀区中关村南大街 12 号	100081	010	82109567	82109567
北京畜牧兽医研究所	北京海淀区圆明园西路 2 号	100193	010	62815851	62895372
蜜蜂研究所	北京市海淀区香山北沟 1 号	100093	010	62596028	62596122
饲料研究所	北京市海淀区中关村南大街 12 号	100081	010	82109812	82106054
农产品加工研究所	北京市海淀区圆明园西路 2 号	100193	010	62815836	62895382
生物技术研究所	北京市海淀区中关村南大街 12 号	100081	010	82106405	82106405
农业经济与发展研究所	北京市海淀区中关村南大街 12 号	100081	010	82109801	62187545
农业资源与农业区划研究所	北京市海淀区中关村南大街 12 号	100081	010	82109640	82106225
农业信息研究所	北京市海淀区中关村南大街 12 号	100081	010	82109915	82103127
农业质量标准与检测技术研究所	北京市海淀区中关村南大街 12 号	100081	010	82106515	82106500
农业部食物与营养发展研究所	北京市海淀区中关村南大街 12 号	100081	010	82105179	82105184
中国农业科学技术出版社	北京市海淀区中关村南大街 12 号	100081	010	82109706	82109700
农田灌溉研究所	河南省新乡市牧野区宏力大道（东）380 号	453002	0373	3393354	3393344
中国水稻研究所	浙江省杭州市富阳区新桥水稻所 28 号	310006	0571	63370235	63370989

（续表）

单位名称	通信地址	邮编	区号	电话	传真
棉花研究所	河南省安阳市黄河大道西段38号	455000	0372	2562200	2562256
油料作物研究所	湖北省武汉市武昌区徐东二路2号	430062	027	86811837	86816451
麻类研究所	湖南省长沙市岳麓区咸嘉湖西路348号	410205	0731	88998505	88998528
果树研究所	辽宁省兴城市兴海南街98号	125100	0429	3598108	3598288
郑州果树研究所	河南省郑州市未来路南端	450009	0371	65330901	65330987
茶叶研究所	浙江省杭州市梅灵南路9号	310008	0571	86657307	86650056
哈尔滨兽医研究所	黑龙江省哈尔滨市香坊区哈平路678号	150069	0451	51997177	51997166
兰州兽医研究所	甘肃省兰州市城关区盐场堡徐家坪1号	730046	0931	8342489	8340977
兰州畜牧与兽药研究所	甘肃省兰州市七里河区硷沟沿335号	730050	0931	2164180	2115191
上海兽医研究所	上海市闵行区紫月路518号	200241	021	54082828	54081818
草原研究所	内蒙古呼和浩特市新城区乌兰察布东街120号	010010	0471	4961330	4961330
特产研究所	吉林省长春市净月经济开发区聚业大街4899号	130112	0431	81919856	81919800
环境保护科研监测所	天津市南开区复康路31号	300191	022	23613820	23613820
沼气科学研究所	四川省成都市人民南路四段13号	610041	028	85230691	85230691
南京农业机械化研究所	江苏省南京市玄武区中山门外柳营100号	210014	025	84346267	84432672

（续表）

单位名称	通信地址	邮编	区号	电话	传真
烟草研究所	山东省青岛市崂山区科苑经四路 11 号	266101	0532	88701806	88702056
深圳农业基因组研究所	广东省深圳市大鹏新区鹏飞路 7 号	518120	0755	23250160	23251430
都市农业研究所	四川省成都市天府新区科学城湖畔西路 99 号天府青蓉 D 区 B1 栋 2 楼	610213	028	80203191	80203187
家禽研究所	江苏省扬州市邗江区仓颉路 58 号	225125	0514	85599000	85599010
柑橘研究所	重庆市北碚区歇马镇柑橘村 15 号	400712	023	68349709	68349709
农业遗产研究室	江苏省南京市卫岗 1 号南京农业大学院内	210095	025	84396771	84396771
水牛研究所	广西南宁市邕武路 24－1 号	530001	0771	3338589	3338814
草原生态研究所	甘肃省兰州市嘉峪关西路 768 号	730020	0931	8913074	8913074
甘薯研究所	江苏省徐州市经济技术开发区徐海路高铁站北	221131	0516	82189208	82189209
蚕业研究所	江苏省镇江市四摆渡	212018	0511	85616572	85628183
军事兽医研究所	吉林省长春市净月经济开发区柳莺西路 666 号	130122	0431	86985807	86985889
中国农业科学院资产经营公司	北京市海淀区中关村南大街 12 号	100081	010	62189180	62189189
甜菜研究所	黑龙江省哈尔滨市南岗区学府路 74 号	150080	0451	86609312	86609312

各省、自治区、直辖市农（牧、林）业科学院通信录

单位名称	通信地址	邮编	区号	电话	传真
北京市农林科学院	北京市海淀区曙光中路 11 号	100097	010	51503241	51503300
天津市农业科学院	天津市南开区白堤路 268 号	300192	022	23678666	23678667
河北省农林科学院	河北省石家庄市和平西路 598 号	050051	0311	87652019	87066140
山西省农业科学院	山西省太原市龙城大街 81 号	030031	0351	7073032	7040092
内蒙古自治区农牧业科学院	内蒙古呼和浩特市玉泉区昭君路 22 号	010031	0471	5295455	5295644
辽宁省农业科学院	辽宁省沈阳市沈河区东陵路 84 号	110161	024	31027396 31023112 （一楼大厅收发室）	31027397
吉林省农业科学院	吉林省长春市生态大街 1363 号	130033	0431	87063015 87063030	87063028
黑龙江省农业科学院	黑龙江省哈尔滨市南岗区学府路 368 号	150080	0451	86662295	86662295
黑龙江省农垦科学院	黑龙江省哈尔滨市香坊区香福路 101 号	154007	0451	55399306	55399306
上海市农业科学院	上海市奉贤区金齐路 1000 号	201403	021	62200183	62201221
江苏省农业科学院	江苏省南京市孝陵卫钟灵街 50 号	210014	025	84390012	84392233

（续表）

单位名称	通信地址	邮编	区号	电话	传真
浙江省农业科学院	浙江省杭州市德胜中路 298 号	310021	0571	86404011	86400481
安徽省农业科学院	安徽省合肥市庐阳区农科南路 40 号	230031	0551	65160537	62160337
福建省农业科学院	福建省福州市五四路 247 号	350003	0591	87884606	87884262
江西省农业科学院	江西省南昌市南昌县莲塘北大道 1738 号	330200	0791	87090310	87090001
山东省农业科学院	山东省济南市工业北路 202 号	250100	0531	83179224	88604644
河南省农业科学院	河南省郑州市花园路 116 号	450002	0371	65729140 65723784	65711374
湖北省农业科学院	湖北省武汉市洪山区狮子山街南湖大道 29 号	430064	027	87389499	87389499
湖南省农业科学院	湖南省长沙市芙蓉区远大二路 892 号	410125	0731	84691212 84691327	84691624
广东省农业科学院	广东省广州市天河区金颖路 29 号	510640	020	85516501 87511099	87503358
广西壮族自治区农业科学院	广西南宁市大学东路 174 号	530007	0771	3243866 3248710	3244521
海南省农业科学院	海南省海口市兴丹路 14 号	571100	0898	65369365 65231208	65314539
四川省农业科学院	四川省成都市锦江区静居寺路 20 号	610066	028	84504011	84504198
重庆市农业科学院	重庆市九龙坡区白市驿镇农科大道	401329	023	65705208	65703532
贵州省农业科学院	贵州省贵阳市花溪区金欣社区	550006	0851	83761026	83761504

（续表）

单位名称	通信地址	邮编	区号	电话	传真
云南省农业科学院	云南省昆明市北京路2238号	650200	0871	65136637	65136633
西藏自治区农牧科学院	西藏拉萨市金珠西路130号	850000	0891	6862174	6862174
西北农林科技大学（陕西省农业科学院）	陕西省杨陵示范区	712100	029	87082809 87080678	87082810
甘肃省农业科学院	甘肃省兰州市安宁区农科院新村1号	730070	0931	7616187	7616187
青海省农林科学院	青海省西宁市城北区宁大路253号	810016	0971	5311151	5311192
宁夏农林科学院	宁夏银川市黄河东路590号	750002	0951	6886710	6886712
新疆农业科学院	新疆乌鲁木齐市南昌路403号	830091	0991	4502057 4500711	4516057
新疆畜牧科学院	新疆乌鲁木齐市经济技术开发区阿里山街468号	830011	0991	3075180	3075183
中国热带农业科学院（华南热带农业大学）	海南省海口市城西学院路4号	571101	0898	66962965 66968965	66962904

农业农村部有关司局及直属单位电话号码

单位	电话	单位	电话	单位	电话
办公厅值班室	010-59192316	渔业渔政管理局	010-59192936	中国农业电影电视中心	010-82101700
中央农办秘书局	010-59191884	农垦局	010-59192648	农民日报社	010-85834842
人事司	010-59192510	种业管理司	010-59192813	中国农业出版社	010-59195133
法规司	010-59192730	农业机械化管理司	010-59192822	中国农村杂志社	010-68250953
政策与改革司	010-59193108	农田建设管理司	010-59191293	中国农民体育协会	010-59194391
发展规划司	010-59192532	机关党委	010-59192416	管理干部学院、党校、中央农业干部教育培训中心	010-81706299 010-81708543
计划财务司	010-59191178	驻部纪检监察组	010-59192480	人力资源开发中心（农学会）	010-59194203
乡村产业发展司	010-59191899	离退休干部局	010-59192411	农村经济研究中心	010-66115901
农村社会事业促进司	010-59192668	长江流域渔政监督管理办公室	010-59193091	农产品质量安全中心	010-59198500
农村合作经济指导司	010-59193160	机关服务局	010-59192225	中国绿色食品发展中心	010-62122266
市场与信息化司	010-59193146	农业农村部信息中心	010-59192709	规划设计研究院	010-59196868

（续表）

单位	电话	单位	电话	单位	电话
国际合作司	010-59192440	农业农村部国际交流服务中心	010-59191510	工程建设服务中心	010-59193925
科技教育司	010-59193024	农林水利审计局	010-59192601	财会服务中心、中华农业科教基金会	010-59194361
农产品质量安全监管司	010-59193168	中国水产科学研究院	010-68673938	对外经济合作中心	010-59194805
种植业管理司	010-59192806	中国热带农业科学院	0898-66962965	农业贸易促进中心	010-59194627
畜牧兽医局	010-59191873	全国农业展览馆	010-65919095	中央农业广播电视学校	010-59196013
科技发展中心	010-59199373	农业机械化技术开发推广总站	010-59198610	农村社会事业发展中心	010-59199656
农业生态与资源保护总站	010-59196397	全国畜牧总站、中国饲料工业协会	010-59194609	全国水产技术推广总站	010-59195075
全国农业技术推广服务中心	010-59194544	中国动物疫病预防控制中心	010-59194743	中国水产学会	010-59199606
农药检定所	010-59194067	中国兽医药品监察所	010-62160625	华龙实业发展有限责任公司	010-59194432
农业机械试验鉴定总站	010-59199017	中国农垦经济发展中心	010-59199506		

有关单位通信录

单位	通信地址	邮编	区号	电话	电子邮件
科学技术部	北京市复兴路乙15号	100862	010	58881800	
国家发展和改革委员会	北京市西城区月坛南街38号	100824	010	68502000	bgt@ ndrc. gov. cn
国家机关事务管理局	北京市西城区西安门大街22号	100017	010	66036447	webmaster@ ggj. gov. cn
中国农业大学	北京市海淀区圆明园西路2号	100094	010	62736673	xbglq@ cau. edu. cn
中国农学会	北京市朝阳区麦子店街22号	100125	010	59194203	
中国科学技术协会	北京市海淀区复兴路3号	100863	010	68571878	